No.	Ort	Eigenthümer bezw. Unternehmer des Wasserwerkes	Grundlagen für die Bearbeitung
1	2	3	4
1	**Aachen**	Stadtgemeinde	Tarif und Regulativ vom 28. Mai 1880 nebst Nachtrag vom 22. December 1882 und 10. Juli 1888.
2	**Altenburg**	Stadtgemeinde	Regulativ vom 14. März 1867 nebst Nachtrag vom 26. März 1892.
3	**Altenessen**	Stadtgemeinde	Bedingungen vom 3. Juli 1891.
4	**Altona**	Stadtgemeinde	Regulativ vom 22. August 1894.
5	**Annaberg**	Stadtgemeinde	Regulativ vom 12. Februar 1872.
6	**Apolda**	Stadtgemeinde	Regulativ vom 26. Januar 1888, Bekanntmachung vom 10. April 1894.
7	**Aschersleben**	Stadtgemeinde	Ortsstatut vom 20. Juni 1894.
8	**Augsburg**	Stadtgemeinde	Bestimmungen vom 1. August 1878.
9	**Bamberg**	Stadtgemeinde	Gebrauchs-Ordnung vom 30. Juli 1889, nebst Tarif.
10	**Barmen**	Stadtgemeinde	Bedingungen vom 4. Decbr. 1888, Bestimmungen für die Installateure vom 1. April 1883.
11	**Basel**	Stadtgemeinde	Verordnung vom 3. Juli 1880, Tarif vom 15. Januar 1888.
12	**Bautzen**	Stadtgemeinde	Wasserbezugs-Ordnung vom 25. März 1890.
13	**Bayreuth**	Stadtgemeinde	Satzungen vom 20. Juni 1894.
14	**Bergedorf**	Carl Sievers & Co., Hamburg	Regulativ vom 9. Juni 1885.
15	**Berlin**	Stadtgemeinde	Tarif und Regulativ vom 31. Mai 1878, Bekanntmachungen vom 25. April 1883 und 17. April 1894.
16	**Bern**	Stadtgemeinde	Regulativ vom 14. November 1888.
17	**Bernburg**	Stadtgemeinde	Reglement und Wassergeld-Tarif vom 6. Mai 1874, Bekanntmachung vom 26. Januar 1874, Vorschriften vom 18. Februar 1874.
18	**Bielefeld**	Stadtgemeinde	Bedingungen, Vorschriften und Preissätze vom 16. Mai 1894.
19	**Bochum**	Stadtgemeinde	Bedingungen, gültig vom 1. April 1889 an, Preistabelle vom 1. April 1895.
20	**Bonn**	Rheinische Wasserwerksgesellschaft zu Bonn	Reglement und Tarif vom 15. Januar 1874.
21	**Borbeck**	Borbecker Gas-Actien-Gesellschaft	Bedingungen vom 16./21. Februar 1885.
22	**Braunschweig**	Stadtgemeinde	Regulativ vom 18. December 1885.
23	**Bremen**	Stadtgemeinde	Gesetz vom 26. Juni 1888 mit Anlage, Bedingungen vom August 1888.
24	**Breslau**	Stadtgemeinde	Regulativ sowie Vorschriften und Rathschläge vom 20. Juni 1888.
25	**Brieg**	Stadtgemeinde	Bedingungen vom 27. November 1893.
26	**Cassel**	Stadtgemeinde	Statut vom 16. Januar 1888 nebst Nachtrag vom 18. Februar 1889, Bestimmungen vom 16. Januar 1888 nebst Nachtrag vom 3. Juli 1889.
27	**Charlottenburg**	Charlottenburger Wasserwerke, A.-G. Westend p. p.	Tarif und Bedingungen vom 1. October 1890.
28	**Chemnitz**	Stadtgemeinde	Regulativ vom 20. Novbr. 1872 nebst Nachträgen vom 3. December 1878, 7. April 1881, 18. October 1883.

Vorwort.

Das Stadtbauamt München hat im Jahre 1883 unter dem Titel: »Auszug aus den Regulativen und den Preistarifen für die Wasserversorgung von 51 Städten Deutschlands, Oesterreichs und der Schweiz« ein Werk herausgegeben, welches in übersichtlicher Anordnung des Stoffes die auf die Wasserabgabe, Preise, Hausanlagen u. s. w. der Wasserwerke jener Städte bezüglichen Bestimmungen zum Abdruck bringt und daher für Wasserwerks-Verwaltungen, städtische Behörden u. s. w. als Nachschlagebuch von hohem Werthe ist.

Seit der Herausgabe dieser Schrift haben indess zahlreiche der in demselben behandelten Wasserwerke ihre Abgabebedingungen und sonstigen Vorschriften geändert, und ebenso sind in vielen Städten neue Wasserversorgungen entstanden. Die vom Deutschen Verein von Gas- und Wasserfachmännern eingesetzte Commission für Wasserstatistik hat sich daher die Aufgabe gestellt, das Münchener Werk neu zu bearbeiten und, nachdem der Verein auf seiner XXXIV. Jahresversammlung in Karlsruhe im Juni 1894 sich dem diesbezüglichen Vorschlage der Commission zustimmig erklärt hatte, ihr Mitglied, Herrn Iben-Hamburg mit dieser Aufgabe betraut.

Das nunmehr fertig gestellte Werk behandelt gleich dem Münchener Werk die Abgabebestimmungen, Wasserpreise, Bedingungen für die Herstellung der Hausleitungen und daneben noch die etwa bestehenden ortspolizeilichen Vorschriften von 137 Städten (129 Städten Deutschlands, 2 Städten Oesterreichs, 3 Städten der Schweiz und je einer Stadt von Dänemark, Schweden und Russland), welche mit nur wenigen Ausnahmen über 20000 Einwohner besitzen.

Indem die Commission ihre Arbeit hiermit der Oeffentlichkeit übergiebt, spricht sie denjenigen Wasserwerks-Verwaltungen, welche durch gütige Ueberlassung ihrer Abgabebestimmungen u. s. w., bereitwillige Auskunftertheilung und sonstige Beihülfe es dem Verfasser ermöglicht haben, das Werk in seinem gegenwärtigen Umfange vorlegen zu können, ihren verbindlichsten Dank aus.

Hamburg, October 1895.

Die Commission für Wasserstatistik.

Inhaltsübersicht.

Deutscher Verein von Gas- und Wasserfachmännern.

Tabellarische Zusammenstellung

der

Abgabebestimmungen, Wasserpreise, Bedingungen für die Herstellung der Hausleitungen, sowie der ortspolizeilichen Vorschriften

für die

Wasserversorgung von 137 Städten.

Bearbeitet im Auftrage der Commission für Wasserstatistik
(Thometzek-Bonn, Grohmann-Düsseldorf, Iben-Hamburg, Reese-Dortmund)
von
Otto Iben-Hamburg.

1895.

München und Leipzig.
Druck und Verlag von R. Oldenbourg.
1895.

No.	Ort	Eigenthümer bezw. Unternehmer des Wasserwerkes	Grundlagen für die Bearbeitung
1	2	3	4
29	**Coblenz**	Stadtgemeinde	Polizei-Verordnung vom 21. Januar 1886, Ortsstatut vom 24. März 1886, Bestimmungen sowie Installationsvorschriften vom 5. Mai 1886.
30	**Colmar**	Stadtgemeinde	Reglement vom 10. November 1893.
31	**Crefeld**	Stadtgemeinde	Ortsstatut und Polizei-Verordnung v. 23. Juni 1892.
32	**Danzig**	Stadtgemeinde	Regulativ v. 16. April 1887, Statut v. 24. Mai 1870.
33	**Darmstadt**	Stadtgemeinde	Satzungen und Installations-Bestimmungen vom 20. April 1892.
34	**Dessau**	Stadtgemeinde	Reglement vom 18. Februar 1876, Wassergeld-Tarif vom 8. April 1876, Gebäudesteuer-Ordnung vom 26. Februar 1876 nebst Nachtrag vom 19. Mai 1885.
35	**Dortmund**	Stadtgemeinde	Bestimmungen vom 5. November 1894 nebst Polizei-Verordnung.
36	**Dresden**	Stadtgemeinde	Ortsstatut vom 16. October 1876 nebst Nachträgen vom 26. November 1878 und 1. October 1886, Allgemeine Bedingungen, Wassertarif und Installations-Vorschriften.
37	**Düren**	Stadtgemeinde	Vorschriften vom 17. März 1885.
38	**Düsseldorf**	Stadtgemeinde	Regulativ vom 12. Juni 1883.
39	**Duisburg**	Stadtgemeinde	Bedingungen vom 16. März 1880, Polizei-Verordnung vom 14. Mai 1889.
40	**Eisenach**	Stadtgemeinde	Bestimmungen vom 2. November 1891.
41	**Eisleben**	Stadtgemeinde	Bedingungen vom 6. Juli 1887.
42	**Elberfeld**	Stadtgemeinde	Bedingungen.
43	**Erfurt**	Stadtgemeinde	Regulativ vom 28. September 1875 und Bekanntmachungen vom 29. März 1883 und 4. April 1888.
44	**Essen (Stadt)**	Stadtgemeinde	Allgemeine Bedingungen vom 24. April 1893 und Installations-Bedingungen.
45	**Flensburg**	Stadtgemeinde	Regulativ, Instruction und Polizei-Verordnung vom 25. Mai 1883.
46	**Frankfurt a. M.**	Stadtgemeinde	Ortsstatut vom 1. Februar 1889 und Ergänzungs-Bestimmungen vom 28. Juni 1892.
47	**Frankfurt a. O.**	Actien-Gesellschaft Wasserwerke	Bedingungen vom 10./11. Juli 1872.
48	**Freiberg i. S.**	Stadtgemeinde	Regulativ v. 10. December 1886 nebst Nachtrag I v. 14. Juni 1888 und Nachtrag II v. 20. October 1890.
49	**Freiburg i. B.**	Stadtgemeinde	Satzungen vom 4. Mai 1880, Ortspolizeiliche Vorschrift vom 22. Januar 1895.
50	**Gelsenkirchen-Schalke**	Wasserwerk für das nördliche westfälische Kohlenrevier	Abgabe-Bedingungen.
51	**Giessen**	Stadtgemeinde	Bedingungen vom 1. April 1891, Installations-Bestimmungen vom 1. October 1886, Polizei-Verordnung vom 25. Mai 1893 und Bekanntmachung vom 26. Februar 1894.
52	**Gladbach-M.**	Stadtgemeinde	Regulativ und Preisverzeichniss vom 25. Juli 1887.
53	**Glauchau**	Stadtgemeinde	Ordnung vom 18. Juli 1894.
54	**Glogau**	Stadtgemeinde	Bedingungen vom 1. Januar 1885.
55	**Glückstadt**	Stadtgemeinde	Regulativ vom 12. März 1891.

No.	Ort	Eigenthümer bezw. Unternehmer des Wasserwerkes	Grundlagen für die Bearbeitung
1	2	3	4
56	**Görlitz**	Stadtgemeinde	Ortsstatut, Installations-Vorschriften und Tarif vom 29. Januar — 8. Februar 1889, Polizei-Verordnung vom 12. October 1882 und Abänderung des Tarifs vom 9./24. Februar 1893.
57	**Göttingen**	Stadtgemeinde	Revidirtes Statut vom 30. Juli 1888 nebst Nachtrag vom 24. Januar 1894, Polizei-Verordnungen vom 17. October 1887 und 12. Februar 1894.
58	**Gotha**	Stadtgemeinde	Bestimmungen vom 19. December 1888 und Installations-Bestimmungen vom 23. Januar 1890.
59	**Greiz**	Stadtgemeinde	Bedingungen und Installations-Vorschriften vom 21. Februar 1890.
60	**Hagen i. W.**	Stadtgemeinde	Bedingungen vom 25. Mai 1886, Abgabepreise vom 7. October 1889.
61	**Halberstadt**	Stadtgemeinde	Bedingungen v. 27. September 1881, Installations-Vorschriften.
62	**Halle a. d. S.**	Stadtgemeinde	Bedingungen vom 21. December 1885, Polizei-Verordnung vom 22. Januar 1886.
63	**Hamburg**	Stadtgemeinde	Regulativ vom 10. November 1893, Instruction a. d. Mechaniker vom 15. Februar 1893.
64	**Hamm i. W.**	Stadtgemeinde	Bedingungen und Tarif vom 10. November 1892.
65	**Hanau**	Stadtgemeinde	Ortsstatut vom 10. December 1889 nebst Nachträgen vom 30. Juni 1892, 31. Jan. 1893, 10. Aug. 1894, Polizei-Verordnung vom 25. März 1890.
66	**Hannover**	Stadtgemeinde	Bestimmungen vom 18. April 1893, Zusatz vom 28. April 1894.
67	**Harburg (Elbe)**	Stadtgemeinde	Bekanntmachung vom 20. August 1891, mit Nachträgen vom 25. August 1893 und 4. Mai 1894, Installations-Vorschriften vom 9. September 1891, Tarif vom 10. August 1893.
68	**Heidelberg**	Stadtgemeinde	Vertragsbestimmungen vom 1. Januar 1891 nebst Anhang.
69	**Heilbronn**	Stadtgemeinde	Wasserabgabe-Ordnung vom 2. August 1889.
70	**Hildesheim**	Stadtgemeinde	Bestimmungen vom 5. Juni 1893.
71	**Höchst a. M.**	Stadtgemeinde	Ortsstatut vom 16. März 1894.
72	**Hof**	Stadtgemeinde	Wasserabgabe-Ordnung, Ortspolizeiliche Vorschriften vom 7. November 1890.
73	**Iserlohn**	Stadtgemeinde	Bestimmungen vom 21. November 1876 (Auszug).
74	**Karlsruhe**	Stadtgemeinde	Wasserbezugs-Ordnung.
75	**Kiel**	Stadtgemeinde	Bedingungen und Tarif, Statut vom 10. Juli 1880, Bekanntmachung vom 28. April 1888.
76	**Köln**	Stadtgemeinde	Bedingungen, treten am 1. April 1895 in Kraft.
77	**Königsberg**	Stadtgemeinde	Regulativ vom 14. Februar 1894.
78	**Königshütte**	Stadtgemeinde	Regulativ vom 6. März 1885, Orts-Polizeiverordnung vom 27. October 1887.
79	**Königswinter**	Stadtgemeinde	Regulativ vom 13. September 1889.
80	**Kopenhagen**	Stadtgemeinde	Regulativ vom 28. Juli 1859, Installations-Vorschriften vom 30. Juni 1884.
81	**Leipzig**	Stadtgemeinde	Ordnung vom 12. Juni 1892, Installations-Vorschriften vom 6. Februar 1888.

No.	Ort	Eigenthümer bezw. Unternehmer des Wasserwerkes	Grundlagen für die Bearbeitung
1	2	3	4
82	**Liegnitz**	Stadtgemeinde	Ortsstatut vom 26. Februar 1879, Tarif vom 5. Februar 1879, Polizei-Verordnung v. 2. October 1878, Ortspolizei-Verordnung vom 24. März 1887.
83	**Lindau**	Stadtgemeinde	Statut und Ortspolizei-Vorschrift v. 24. Oct. 1889.
84	**Lübeck**	Stadtgemeinde	Verordnung vom 17. April 1875.
85	**Magdeburg**	Stadtgemeinde	Regulativ vom $\frac{\text{15. September 1879}}{\text{2. März 1883, 24. März 1887}}$.
86	**Mainz**	Stadtgemeinde	Bestimmungen vom 8. Mai 1889.
87	**Mannheim**	Stadtgemeinde	Statut und Regulativ.
88	**Meiderich**	Stadtgemeinde	Bedingungen vom 1. Februar 1893, Tarif vom 31. October 1888.
89	**Merseburg**	Stadtgemeinde	Wasserwerks-Ordnung vom 24. Juni 1888, Installationsbestimmungen.
90	**Metz**	Stadtgemeinde	Statuten und Tarif vom 17. Januar 1876.
91	**Minden**	Stadtgemeinde	Bedingungen und Tarif vom $\frac{\text{20. October 1887}}{\text{7. November 1889}}$.
92	**Mülhausen i. E.**	Stadtgemeinde	Regulativ.
93	**Mülheim-Deutz-Kalk**	Rheinische Wasserwerksgesellschaft zu Bonn	Regulativ und Tarif vom 15. Juli 1873.
94	**Mülheim a. d. Ruhr**	Stadtgemeinde	Bedingungen vom 24. März 1888.
95	**München**	Stadtgemeinde	Wasserleitungs-Ordnung und Ortspolizeiliche Vorschriften vom 24. Januar 1888.
96	**Münster i. W.**	Stadtgemeinde	Bedingungen vom 21. December 1891.
97	**Neuwied**	Stadtgemeinde	Bedingungen vom 15. November 1893.
98	**Nürnberg**	Stadtgemeinde	Wasserleitungs-Ordnung und Ortspolizeiliche Vorschriften vom 5. October 1893.
99	**Oberhausen**	Oberhausener Wasserwerks-Actien-Gesellschaft	Bedingungen und Tarif vom 5. Februar 1884.
100	**Offenbach a. M.**	Stadtgemeinde	Bedingungen vom 19. April 1894.
101	**Offenburg**	Stadtgemeinde	Statut und Regulativ vom 14. Juli 1893.
102	**Oldenburg i. G.**	Wasserwerk für das nördl. westfäl. Kohlenrevier (Gelsenkirchen)	Bedingungen vom 22. Januar 1895.
103	**Osnabrück**	Stadtgemeinde	Bedingungen, Gemeindebeschluss v. 16. Aug. 1892 und Installations-Bestimmungen vom 4. Februar 1890.
104	**Plauen i. V.**	Stadtgemeinde	Bedingungen, Installations-Vorschriften vom 2. Juni 1892.
105	**Posen**	Stadtgemeinde	Bedingungen vom 20. December 1867, Nachtrag vom 13. August 1881.
106	**Potsdam**	Stadtgemeinde	Tarif und Bedingungen.
107	**Quedlinburg**	Stadtgemeinde	Ordnung vom 22. November 1883 mit Zusatz vom 10. August 1892.
108	**Ratibor**	Stadtgemeinde	Regulativ 14. December 1883, 8. Februar 1884.
109	**Regensburg**	Stadtgemeinde	Ortsstatut vom 26. December 1879.
110	**Remscheid**	Stadtgemeinde	Bestimmungen vom 17. April 1883 nebst Nachtrag, sowie Installations-Bestimmungen.

No.	Ort	Eigenthümer bezw. Unternehmer des Wasserwerkes	Grundlagen für die Bearbeitung
1	2	3	4
111	**Rheydt**	Stadtgemeinde	Wasserwerks-Ordnung vom 10. August 1894.
112	**Riga**	Stadtgemeinde	Reglement vom 17. April 1889.
113	**Rostock**	Stadtgemeinde	Revidirtes Regulativ 17. Juli 1874 nebst Tarif vom 17. Juli 1883.
114	**Rothenburg a. d. T.**	Stadtgemeinde	Mittheilung vom 31. Januar 1895.
115	**Rudolstadt**	Stadtgemeinde	Ortsgesetz und Tarif vom 30. December 1890.
116	**Salzburg**	Stadtgemeinde	Gebrauchsordnung vom 19. April 1875, Preistarif vom Juli 1894.
117	**Schwerin**	Stadtgemeinde	Ortsstatut nebst Tarif vom 8. August 1889.
118	**Solingen**	Stadtgemeinde	Bedingungen vom 3. August 1893.
119	**Stettin**	Stadtgemeinde	Bedingungen für die Entnahme von Wasser.
120	**Stockholm**	Stadtgemeinde	Tarif und Regulativ vom 1. December 1887.
121	**Stralsund**	Stadtgemeinde	Ordnung vom 18./20. December 1894.
122	**Strassburg i. E.**	Stadtgemeinde	Bedingungen v. Mai 1879, Tarif v. 26. März 1888.
123	**Stuttgart**	Stadtgemeinde	Vertrags-Bedingungen vom 22./24. Februar 1887 und 25. October 1888.
124	**Trier**	Wasserwerk Trier (Concessions-Anlage)	Reglement und Tarif.
125	**Viersen**	Stadtgemeinde	Bedingungen und Preisverzeichniss vom 10. Februar 1890.
126	**Wandsbek**	Stadtgemeinde	Bedingungen vom 21. August 1891, Bekanntmachung vom 29. März 1893, Beschluss vom 2. Februar 1894, Polizei-Verordnung vom 22. April 1892.
127	**Weimar**	Stadtgemeinde	Regulativ vom 1. Juni 1892.
128	**Weissenfels**	Stadtgemeinde	Ortsstatut und Tarif vom 5./8. October 1886, Polizei-Verordnung vom 15. Mai 1888.
129	**Wien**	Stadtgemeinde	Kundmachung vom März 1894, Regulativ vom September 1893.
130	**Wiesbaden**	Stadtgemeinde	Bestimmungen vom 8. Dezember 1892.
131	**Winterthur**	Stadtgemeinde	Regulativ vom 29. September 1894.
132	**Witten**	Stadtgemeinde	Bedingungen vom $\frac{\text{2. Februar}}{\text{31. Mai}}$, bezw. 27. Juli 1883.
133	**Worms**	Stadtgemeinde	Satzungen und Installations-Bestimmungen vom 4. September 1889.
134	**Würzburg**	Stadtgemeinde	Bestimmungen vom 27. Juni 1890, Revers.
135	**Zeitz**	Stadtgemeinde	Bedingungen vom 23. Mai 1893, Ortsstatut vom $\frac{\text{11. April}}{\text{27. October}}$ 1893, Polizei-Verordnung v. 29. März 1893.
136	**Zürich**	Stadtgemeinde	Reglement vom 17. Februar 1894, Installations-Vorschriften vom 12. December 1894.
137	**Zwickau**	Stadtgemeinde	Satzungen vom 24. October 1889, Bestimmungen vom 6. Februar 1890, Installations-Vorschriften vom 26. August 1889.

No.	Stadt	Grundzüge der Wasserabgabe	Anmeldung und Vertrag
		5	6
1	**Aachen** . .	Die Lieferung geschicht unter Anwendung von Wassermessern, die von der Stadt gestellt und unterhalten werden. Ausnahmsweise kann von der Anwendung von Wassermessern Abstand genommen werden und die Bezahlung nach einer andern Weise erfolgen.	Die Anmeldung geschieht vom Eigenthümer oder seitens eines Miethers oder Nutzniessers unter Genehmigung des Eigenthümers. Hierbei sind M 10 als Caution zu hinterlegen, welche erst nach Aufhebung des Abonnements verrechnet resp. zurückgegeben werden. Die Dauer des Abonnements muss mindestens 1 Jahr betragen. Das Abonnement hat nur Geltung für das betr. Grundstück. Für den Grossconsum tritt auf besonderen Antrag Preisermässigung ein, wenn ein bestimmter Mindestbetrag pro Vierteljahr garantirt wird. Im Falle der Gewährung ist der Antragsteller für 1 Jahr gebunden. Die Lieferung des Wassers zu den ermässigten Preisen läuft stillschweigend nach dem ersten Abonnementsjahre weiter.
2	**Altenburg**	Die Entnahme von Wasser, gleichviel zu welcher Verwendung, wird nur durch Wassermesser gestattet. Laufendes Wasser für Privatleitungen wird nur auf für jeden einzelnen Fall zu vereinbarende Zeit und in dem festgesetzten Quantum abgegeben.	In der Regel werden Verträge nur mit den Grundstücksbesitzern, nicht mit Miethbewohnern, Nutzniessern etc. abgeschlossen. Der Stadtrath hat das Recht, in einzelnen Fällen, wenn er dies für nöthig erachtet, zu verlangen, dass das Wasser für das ganze Grundstück, nicht blos für einzelne Theile desselben, entnommen werde. Contracte lauten mindestens auf 1 Jahr.
3	**Altenessen**	Die Abgabe von Wasser findet entweder zum gewöhnlichen Hausbedarf nach Tarif oder zu industriellen, gewerblichen oder landwirtschaftlichen Zwecken in der Regel nach Wassermesser statt. Bei der Einschätzung kommen stets sämmtliche Stockwerke eines Wohnhauses zur Berechnung, gleichviel ob der Wasserverbrauch nur in einzelnen Stockwerken oder zu einzelnen Zwecken stattfindet. Halbgeschosse (sogenannte Kniestöcke) kommen mit dem vollen tarifmässigen Preise zur Berechnung. Dasselbe gilt für Dachgeschosse, in welchen sich Wohnräume befinden. Speicher und Keller werden nur soweit in Rechnung gezogen, als wirklicher Wasserverbrauch daselbst stattfindet, in welchem Falle auch nur die Fläche des betreffenden Raumes in Betracht kommt. Für die Flächenberechnung werden die äusseren Abmessungen der Gebäude zu Grunde gelegt. Die Gemeinde ist jeder Zeit berechtigt, auf ihre Kosten, auch bei den Abnehmern nach Einschätzung, einen Wassermesser aufzustellen. Uebersteigt der Preis des nach demselben verbrauchten Wassers den Betrag nach Einschätzung, so hat der Abnehmer von da ab den ersteren höheren Preis zu zahlen, auch nach dem Ermessen der Gemeinde fernerhin das Wasser durch Wassermesser zu entnehmen. Zu industriellen, gewerblichen und landwirthschaftlichen Zwecken jeder Art, überhaupt in allen in dem Tarif für gewöhnlichen Hausbedarf, vergl. Tab. VII, 20, nicht angeführten Fällen, wird das Wasser grundsätzlich nur nach dem Wassermesser abgegeben. Solche Consumenten müssen dann auch das Wasser für den Hausbedarf durch den Messer beziehen. Zwei oder mehrere Häuser dürfen nicht durch ein und denselben Wassermesser das Wasser entnehmen, selbst dann nicht, wenn diese Häuser nur einen Besitzer haben. Ausgenommen von dieser Bestimmung sind die Arbeitercolonien und grösseren gewerblichen und landwirthschaftlichen Unternehmungen, soweit sie ein und demselben Besitzer gehören.	Anmeldungen, welche nicht von dem Eigenthümer des betreffenden Hauses oder Grundstückes ausgehen, können nicht berücksichtigt werden. Durch Unterzeichnung des Anmeldebogens und Anerkennung der Bedingungen verpflichtet sich der Abnehmer auf die Dauer von wenigstens einem Jahre, beginnend mit dem Zeitpunkte der vollzogenen Verbindung der Privatleitung mit dem Strassenrohre, das Wasser für sein Haus resp. Grundstück unter Erfüllung dieser Bedingungen zu entnehmen.

Zahlungsbestimmungen	Kündigung	Aenderungen der Bestimmungen
7	8	9
Der Wasserverbrauch wird am Schlusse eines jeden Monats aufgenommen. Die Aufnahme wird in ein im Besitze des Abnehmers verbleibendes Buch eingetragen. Dieses Buch dient dazu, im Falle von Differenzen bei der Berechnung am Schlusse des Quartals die Angaben zu controlliren. Legt der Abnehmer sein Buch nicht vor, so beweisen die Angaben des Beamten über den Verbrauch des Wassers für sich allein. Wasserzins und Wassermessermiethe werden im Laufe von 14 Tagen nach jedem Vierteljahrsschluss erhoben, bei Wassermessern über 25,4 mm Weite jedoch monatlich. Auf Erfordern der Stadtverwaltung kann der Wasserabnehmer angehalten werden, eine dem vierteljährigen Wasserzins und der Miethe gleichkommende Caution zu hinterlegen, die bei Aufhebung des Abonnements in der Schlussrechnung zum Ausgleich gebracht wird.	Wird vier Wochen vor Ablauf des ersten Jahres von keiner Seite gekündigt, so läuft das Uebereinkommen stillschweigend weiter und kann nur unter Beobachtung einer vierwöchentlichen Kündigung mit jedem Quartalschluss aufgehoben werden.	Die Verwaltung behält sich das Recht vor, nach ihrem Ermessen das gegenwärtige Reglement jederzeit abzuändern. Im Falle des Eintritts einer Abänderung des Regulativs ist der Wasserabnehmer berechtigt, auch vor Ablauf der Benutzungszeit nach vorheriger vierwöchentlicher Kündigung das Uebereinkommen aufzulösen.
Der Wasserzins ist vierteljährlich spätestens 8 Tage nach Behändigung der Rechnung zu entrichten. Feststehende Zahlungstermine sind der Anfang der Monate Januar, April, Juli und October. Die Verpflichtung zur Bezahlung des Wasserzinses beginnt mit dem Tage, von welchem an die Privatleitung aus der öffentlichen Leitung gespeist wird; es ist jedoch, wenn die Entnahme nicht nach Wassermesser erfolgt, der Zins vom ersten Tage des Monats zu berechnen, in welchem die Wasserabgabe beginnt.	Eine Kündigung muss stets 3 Monate vor Ablauf des Vertrages stattfinden; ist die Kündigung nicht zur festgesetzten Zeit erfolgt, so gilt der bestehende Contract als stillschweigend für das nächste Jahr verlängert.	Ergänzungen oder Abänderungen des Regulativs werden öffentlich bekannt gemacht werden und dürfen keinem Abnehmer gegenüber ohne dessen besondere Zustimmung früher, als nach Ablauf des mit demselben abgeschlossenen Vertrages in Wirksamkeit treten.
Die Bezahlung des Wassergeldes sammt der Messermiethe hat nach Ablauf jeden Vierteljahres, und die Bezahlung etwaiger Rechnungen über Anlagen und Ausbesserungen nach Ablauf jeden Monats zu erfolgen. Die Gemeinde ist berechtigt, die vorherige Gestellung eines Vorschusses zu verlangen.	Wird 3 Monate vor Ablauf des ersten Jahres von keiner Seite gekündigt, so läuft das Uebereinkommen stillschweigend weiter und kann nur unter Beobachtung einer am 1. Januar, 1. April, 1. Juli und 1. October stattzuhabenden dreimonatlichen Kündigung aufgehoben werden.	Wenn eine Aenderung in den Abgabebedingungen mit Genehmigung der Gemeinde-Vertretung vorgenommen wird, so hat der Consument das Recht, binnen 4 Wochen von dem bisherigen Uebereinkommen zurückzutreten oder binnen gleicher Frist seinen Rücktritt auf den Schluss des Kalenderjahrs anzumelden, in welch letzterem Falle er sich bis dahin den neueren Bedingungen unterwirft.

No.	Stadt	Grundzüge der Wasserabgabe	Anmeldung und Vertrag
		5	6
4	Altona . .	Die Abgabe erfolgt in der Regel nach Wassermesser; in geeigneten Fällen kann jedoch nach dem Ermessen der Commission für Gas- und Wasserversorgung die Lieferung von Wasser für hauswirthschaftliche und andere Versorgungszwecke auch ungemessen gegen Zahlung eines festen Wassergeldes stattfinden. Für alle Verbrauchszwecke wird event. eine Wasserlieferung ohne Anwendung eines Wassermessers nur dann gewährt, wenn sich in dem Grundstücke auch Wohnungs- oder Geschäftsgelegenheiten befinden, welche sämmtlich zum Wassergelde eingeschätzt werden. Wenn für einzelne in einem Grundstücke vorhandene Einschätzungs-Objecte kein Wasser beansprucht wird und dieselben daher nicht oder nur theilweise zur Berechnung kommen sollen, oder wenn die Wasserclosette durch Eingiessen mittelst Eimer, oder durch den Hahn des Handsteins, oder in einer ähnlichen Weise gereinigt und gespült werden, so findet eine Versorgung des Grundstücks nur nach Wassermesser statt. Auch beim Vorhandensein wirklicher Wasserclosette wird eine Versorgung ohne Wassermesser nur dann gewährt, wenn die Spülung der Closette mittelst sog. Spülkasten stattfindet. Wenn das Wasser nicht maassweise berechnet wird, bleibt der Verwaltung das Recht vorbehalten, zu jeder Zeit auf eigene Kosten einen Wassermesser zur Controlle des Verbrauchs in der Leitung anbringen zu lassen.	Die Zuleitung in ein Grundstück erfolgt auf Antrag, vorausgesetzt, dass das Grundstück an eine Strasse oder einen öffentlichen Weg stösst, welcher mit zur Versorgung geeigneten Wasserröhren bereits versehen ist. Andernfalls erfolgt die Versorgung nur auf Grund eines besonderen Vertrages. Als verantwortlicher Besteller oder Abnehmer wird nur der Eigenthümer des zu versorgenden Grundstückes angenommen. Der Vertrag lautet auf unbestimmte Zeit.
5	Annaberg	Die Entnahme des Wassers aus den öffentlichen Ständern zum häuslichen Bedarf ist unentgeltlich. Im Uebrigen wird das Wasser nach Schätzung oder nach Wassermesser unter Erhebung eines Mindestbetrages abgegeben. Gewerbetreibende, welche vorzugsweise und in grösseren Mengen Wasser zu ihrem Gewerbe bedürfen, eine eigne, vom städtischen Wasserwerk unabhängige Bezugsquelle aber nicht besitzen, sind unbedingt wasserzinspflichtig, gleichviel ob sie das Wasser durch besondere Privatleitungen oder durch die öffentlichen Ständer aus dem Wasserwerk entnehmen. Auch ist in diesem Falle, ebenso bei der Wasserabgabe zu grösseren Neu- oder Reparaturbauten, bei Privatleitungen für umfängliche Gebäude, Schul- und Staatsanstalten der Stadtrath berechtigt, die Aufstellung von Wassermessern zu verlangen. Laufendes Wasser zum gewöhnlichen Hausbedarf wird an Niemand abgegeben. Es ist daher auch die Aufstellung von Wassertrögen verboten. Der Gebrauch beweglicher Leitungen in Haushaltungen und Gärten ist unstatthaft.	Die Herstellung einer Privatleitung ist jedem Eigenthümer oder Administrator eines Grundstücks gestattet, so lange die Zuflüsse des Wasserwerks ausreichend erscheinen. Es ist vor der Ausführung derselben die Genehmigung des Stadtraths einzuholen und der vorgeschriebene Wasserüberlassungsschein auszustellen. Die Ueberlassung selbst erfolgt bis auf Weiteres oder auf Widerruf oder auf Aufkündigung.
6	Apolda . .	Die Lieferung des Wassers erfolgt nur mittelst Wassermesser unter Erhebung eines Mindestbetrages.	Die Anmeldung kann nur durch den Grundstücks-Eigenthümer erfolgen.
7	Aschersleben	Die Entnahme des Wassers erfolgt unter Controlle von Wassermessern. Jedem Eigenthümer einer Leitung ist der Verbrauch eines Durchschnittsquantums von höchstens 3 cbm täglich gestattet. Zu Bauzwecken kann Privaten die Entnahme von Wasser aus der Trinkwasserleitung mittels einer auf den Bauplatz zu führenden Zweigleitung gestattet werden.	Zur Anlegung von Privatleitungen aus der städtischen Trinkwasserleitung ist die Genehmigung des Magistrats erforderlich. Die Genehmigung kann nur im Einverständniss mit der Stadtverordneten-Versammlung verweigert werden.

Zahlungsbestimmungen	Kündigung	Aenderungen der Bestimmungen
7	8	9
Die Berechnung der Abgabe für das durch Wassermesser gelieferte Wasser findet monatlich statt, und ist die Rechnung bis zum Ablauf eines Monats nach ihrer Ausstellung zu bezahlen. Die Wassermessermiethe wird halbjährlich pränn. erhoben. Bei Berechnung nach Schätzung ist das vorauszuzahlende Wassergeld in halbjährlichen Raten am 1. Mai und 1. November fällig. Bei der Bestellung wird die erste Rate vom 1. des laufenden Monats bis zum nächsten der gedachten Halbjahrstermine vorausbezahlt. Für die Entrichtung der fälligen Wasserabgaben und Wassermessermiethen haftet der Grundeigenthümer und werden dieselben, falls Zahlung innerhalb festgesetzter Frist nicht erfolgt, als dingliche Gemeindeabgaben beigetrieben. Der Verwaltung bleibt ausserdem vorbehalten, falls Zahlung nicht rechtzeitig erfolgt, die die fernere Zuleitung von Wasser einzustellen.	Der Antrag auf Wasserversorgung gilt unter gegenseitigem Vorbehalte einer Kündigung zu ultimo April oder ultimo October, welche spätestens 3 Monate vor dem betreffenden Termine erfolgen muss.	
Die Wasserzinsen müssen vierteljährlich im Voraus entrichtet werden und zwar zu Anfang der Monate Januar, April, Juli und October. Rückgabe von bereits gezahltem Wasserzins findet nicht statt. Wenn der Wasserverbrauch durch Wassermesser ermittelt wird, ist die Zahlung bei Ablauf des Vierteljahres zu leisten.	Der Consument ist zu jeder Zeit berechtigt, auf das überlassene Wasser zu verzichten, und sich vom nächsten Zahlungstermin an vom Wasserzins zu befreien, soweit nicht die für Gewerbetreibende geltenden Bestimmungen (vergl. Sp. 5) dem entgegenstehen.	Ergänzungen und Abänderungen des Regulativs, welche vorbehalten bleiben, werden im Amtsblatt bekannt gemacht.
Der Wasserzins ist vierteljährlich innerhalb 14 Tagen nach Zustellung der Rechnung zu entrichten.	Die Wasserlieferung sowohl als auch die Zahlungsverpflichtung kann durch Kündigung mit einvierteljähriger Frist, welche sich aber auf das Ende eines Kalender-Quartales beziehen muss, aufgehoben werden. Soll aus irgend welchen Gründen der Wasserzufluss in einem Grundstück abgeschnitten werden, so erfolgt dies durch Schliessen und Plombiren des Hauptabsperrventils am Eingang der Leitung in das Haus.	Aenderungen sind vorbehalten.
Der Wasserverbrauch wird vierteljährlich festgestellt. Spätestens 8 Tage nach Empfang der Rechnung hat der Leitungseigenthümer deren Betrag an die Kämmereicasse zu zahlen. Diese Beträge haben die Eigenschaft einer auf dem betr. Grundstück haftenden Gemeindeabgabe; sie werden im Nichtzahlungsfalle im Verwaltungswege eingezogen.	Seitens der Eigenthümer der Privatleitungen kann die Benutzung derselben mit Ablauf eines jeden Monats aufgekündigt werden. Wird die Wasserzuführung oder die Entnahme Seitens des Magistrats, vergl. Tab. VIII, 26, bezw. Seitens des Leitungseigenthümers auf die Dauer eingestellt, so wird die Rohrleitung an der Grundstücksgrenze durch die Beauftragten des Magistrats auf Kosten des Eigenthümers der Leitung abgeschnitten und fest verschlossen, bezw. zugelöthet. Der Anbohrhahn und die unter dem Strassenterrain liegenden Theile der Privatleitung gehen in das Eigenthum der Stadt über. Bei eintretendem Wassermangel ist der Magistrat berechtigt, im Einverständniss mit der Stadtverordneten-Versammlung, die Benutzung der Privatleitungen nach vorheriger einmonatlicher Aufkündigung auf Zeit oder auf die Dauer zu unterbrechen.	Abänderungen des Regulativs kann der Magistrat im Einverständniss mit der Stadtverordneten-Versammlung nach einer dreimonatlichen Ankündigung eintreten lassen.

No.	Stadt	Grundzüge der Wasserabgabe	Anmeldung und Vertrag
		5	6
8	**Augsburg**	Die Abgabe des Wassers an Private erfolgt: 1. Mittelst ständigen Zuflusses. Wasser mittelst ständigen Zuflusses wird nur nach ganzen Litern in Mengen von 3—15 l per Minute abgegeben und werden als geringste Wassermenge, welche ein bewohntes Anwesen beziehen muss, 3 l per Minute angenommen. Der Stadtmagistrat behält sich jedoch vor, für kleine Anwesen, welche nur von einer Familie oder doch von nur wenigen Personen bewohnt sind, insbesondere für Anwesen in den äusseren Vorstädten, den Bezug einer geringeren Wassermenge zu gestatten. Desgleichen wird die Abgabe eines mehr als 15 l per Minute betragenden ständigen Zuflusses besonderer Genehmigung vorbehalten. Die Zumessung des ständig laufenden Wassers erfolgt ausschliesslich an dem Haupthahnen. 2. Zeitweise zum Zwecke des Bespritzens von Gärten, Höfen, Strassen, Trottoirs, dann zur Speisung von Springbrunnen, zu Bauzwecken. Hiefür ist eine eigene Leitung mit eigenem Haupthahnen anzulegen. Für diese Zwecke wird nicht unter 2 l per Minute abgegeben. 3. Mittelst Wassermesser zu gewerblichen, motorischen und sonstigen Zwecken. In diesem Falle ist eine eigene Leitung mit eigenem Absperrhahnen erforderlich. Bei Hydromotoren genügt an Stelle des Wassermessers ein entsprechendes Zählwerk. 4. Mittelst Feuerhahnen zu Feuerlöschzwecken.	Zur Anmeldung ist jeder Hausbesitzer verpflichtet, und zwar in der Regel für das ganze Anwesen. Der Magistrat behält sich jedoch vor, für mehrere Anwesen zusammen oder auch für Theile eines Anwesens Verträge abzuschliessen. Der Wasserbezug ist mit Ausnahme des Mehrbezugs unkündbar; für zeitweisen Wasserbezug wird die Vertragsdauer festgestellt.
9	**Bamberg** .	Die Lieferung des Wassers erfolgt nach den Bestimmungen des Tarifs, entweder ohne Messung oder mittelst Wassermessern, lediglich zum Eigenbedarf des Abnehmers innerhalb der angemeldeten Räume. Wassermesser sind zu setzen, wenn es vom Abnehmer oder von der Verwaltung verlangt wird. Wasser für Gärten, welche grösser sind als 200 qm, sowie für Springbrunnen und Wasserfälle wird nur nach Messung abgegeben, ebenso für Gewerbebetrieb.	In der Regel wird das Wasser nur für ein ganzes Grundstück, nicht für einzelne Theile (Wohnungen, Etagen) geliefert. Der Verwaltung ist es jedoch anheimgegeben, in besonderen Fällen auch für einzelne Theile eines Grundstückes Verträge über Wasserversorgung abzuschliessen.
10	**Barmen** . .	Die Abgabe erfolgt für hauswirthschaftlichen Bedarf nach Einschätzung, vergl. Tab. VII, 20, im Uebrigen nach Wassermesser. Wassermesser müssen verwendet werden bei allen gewerblichen Anlagen mit Dampfbetrieb, allen chemischen Fabriken, Färbereien, Wäschereien, Bleichen, Gerbereien, Seifensiedereien, Mineralwasserfabriken, Bierbrauereien, Eisfabriken, den Wasserstationen der Eisenbahnen, Badeanstalten, Eisteichen, Wassermotoren und Gasmotoren mit fortwährender Spülung, sowie Springbrunnen mit Caliberscheiben über 2 mm; Strahlpumpen mit einem Verbrauch über 100 cbm, Ventilatoren und derartige Einrichtungen. Wassermesser können Seitens der Verwaltung verlangt werden für: Destillationen, Weinhandlungen, Bierhandlungen, Schenkwirthschaften, Restaurationen, Gastwirthschaften, Schlächtereien, Bäckereien, Apotheken, Laboratorien, Cementwaarenfabriken, Kalklöschereien und sonstige Geschäfte, in denen der Wasserverbrauch für die Fabrikation oder den Geschäftsbetrieb über den gewöhnlichen Hausbedarf hinausgeht, ferner für Gartenanlagen mit Sprengvorrichtungen, welche nicht von Menschenhänden geführt werden, sondern auf Gestellen ruhen.	Durch seine Unterschrift verpflichtet sich der Antragsteller auf ein Jahr zur Erfüllung der vertragsmässigen Verpflichtungen und zur Zahlung der tarifmässig festgesetzten Beträge. Das Rechnungsjahr geht vom 1. April bis zum 31. März. Findet die Vollziehung des Vertrages in der Zwischenzeit statt, so gilt der Vertrag von dieser Zwischenzeit bis zum nächsten 31. März und dann noch ein volles Rechnungsjahr

Zahlungsbestimmungen	Kündigung	Aenderungen der Bestimmungen
7	8	9
Die Aufnahme und Erhebung des Verbrauches erfolgt nach Wassermesser monatlich postn., für ständigen Bezug halbjährlich am 1. April und 1. October, für Feuerhahnen jährlich am 1. April, für zeitweisen Wasserbezug prän. für die vertragsmässige Lieferzeit.	Der Mehrbedarf (s. Sp. 5 und 6) ist vierteljährlich kündbar.	Die Stadtgemeinde behält sich Regulirungen des Wasserzinses vor.
Der ohne Messung versorgte Abnehmer hat das Wassergeld nach Kalender-Quartalen im Voraus zu entrichten. Bei nach Wassermesser abgegebenem Wasser wird der Verbrauch durch das Wasserwerk nach dessen Ermessen entweder monatlich oder vierteljährlich festgestellt. Wer im ersten Monate eines Vierteljahres eintritt, hat den ganzen Quartalbetrag, wer im zweiten Monate eintritt, $^{2}/_{3}$ und wer im dritten Monate eines Quartals eintritt, $^{1}/_{3}$ des Quartalsbetrages zu entrichten. Die Wasserzinse und sämmtliche auf Grund der Gebrauchsordnung und des Wassergeldtarifes zu bezahlenden Beträge, insbesondere die Miethschillinge für die Wassermesser, die Kosten der Herstellung von Installationen etc. sind öffentliche Abgaben.	Der Vertrag kann sowohl von Seite des Wasserwerks als auch von der des Abnehmers jeder Zeit gekündigt werden. Die Verpflichtung eines Abnehmers zur Zahlung des Wassergeldes erlischt nur in Folge seiner Abmeldung. Die Abmeldung kann nur auf das Ende eines der üblichen Miethziele, also Lichtmess, Walburgi, Jakobi und Martini, unter Einhaltung einer dreimonatlichen Kündigungsfrist geschehen.	Der Stadtmagistrat behält sich das Recht vor, Ergänzungen und Abänderungen der Gebrauchs-Ordnung vorzunehmen.
Die Zahlungen finden in der Art statt, dass der Verbrauch nach dem Wassermesser monatlich postn., der Verbrauch ohne Wassermesser vierteljährlich prän., und der Verbrauch zu vorübergehenden Zwecken sogleich in Rechnung gestellt wird. Erfolgt die Zahlung innerhalb 14 Tagen nach dem Tage der übergebenen Rechnung nicht, so tritt Mahnung ein, wofür 25 Pf. Botengebühr zu entrichten sind; erfolgt die Zahlung nicht innerhalb weiterer 14 Tage bei der Wasserwerkskasse, so kann die Leitung abgeschnitten und gegen den Säumigen Klage eingelegt werden.	Tritt 3 Monate vor Ablauf des Rechnungsjahres keine Kündigung ein, so bleibt das Vertragsverhältniss auf ein weiteres Jahr bestehen. Miethswohnungen, welche nachweislich mindestens 3 Monate leer gestanden haben, sind für die Dauer ihrer Nichtbenutzung von der tarifmässigen Zahlung des Wasserzinses befreit. Der Beginn und die Beendigung der Miethslosigkeit sind vom Hausbesitzer der Verwaltung anzuzeigen.	

<table>
<tr><th>No.</th><th>Stadt</th><th>Grundzüge der Wasserabgabe</th><th>Anmeldung und Vertrag</th></tr>
<tr><th></th><th></th><th>5</th><th>6</th></tr>
<tr><td>11</td><td>Basel . . .</td><td>Die Wasserabgabe für Grundstücke aller Art und zu was immer für einen Zweck kann nur unter Anwendung von Wassermessern und gegen Bezahlung eines Mindestbetrages erfolgen. Wo es sich vorwiegend um Wasser für häusliche Zwecke handelt, setzt sich der Mindestbetrag zusammen:
1. Aus dem Ansatze, welcher dem Brandversicherungswerth der auf dem Grundstück gelegenen Gebäude entspricht.
2. Aus dem Zuschlage, welcher sich aus der Bodenfläche des betreffenden Grundstückes ergibt.
3. Aus dem Zuschlage, welcher sich nach dem Umfang und der Art des, resp. der auf dem Grundstücke betriebenen Gewerbe bemisst.
Für Grundstücke, die bereits zu einem Theile mit Wasser versehen sind, kann die Verwaltung eine angemessene Ermässigung der bezüglichen festen Tarifsätze eintreten lassen.
Wo für gekauftes Wasser Conversion gewünscht wird, kann dieselbe nur unter der Bedingung erfolgen, dass der Abonnent einen Wassermesser erhält, dessen Einsetzungskosten er an die Verwaltung zu vergüten hat, und ferner, dass er sich durch Abonnementsvertrag verpflichtet, den Mehrverbrauch über 3240 l pro 1/2 Helbling und Tag, bezw. 295 cbm per Quartal, vierteljährlich nach den Angaben des Wassermessers zu dem Normalpreis zu bezahlen (1 Helbling = 4,5 Minuten-Liter).</td><td>Der Vertrag wird mit dem Eigenthümer des Grundstückes auf eine bestimmte Zeitdauer mit gegenseitiger Kündigungsfrist abgeschlossen, und zwar so, dass in der Regel sämmtliche auf dem Grundstück gelegenen Gebäude, die darin betriebenen Gewerbe und die vom Grundstück eingeschlossenen Höfe und Gärten einbegriffen werden.
Sofern die Wasserabgabe gesetzlich zulässig erscheint, wird die Direction den Abonnementsvertrag ausfertigen. Der Vertrag tritt in Kraft, wenn er von beiden Theilen unterschrieben und wenn eine vom Abonnenten zu fordernde Caution geleistet ist.</td></tr>
<tr><td>12</td><td>Bautzen .</td><td>In jedem Grundstücke, welches an die öffentliche Wasserleitung Anschluss hat, ist zur Ermittelung des Wasserverbrauchs ein Wassermesser aufzustellen; es steht aber auch dem Stadtrathe das Recht zu, nach seinem freien Ermessen die Aufstellung von zwei und mehr Wassermessern in einem und demselben Grundstücke zu verlangen.
Von jedem Besitzer eines Grundstücks, a) welches an die öffentliche Wasserleitung angeschlossen ist, sowie b) welches an einer mit einem öffentlichen Wasserleitungsrohrstrange bereits versehenen Strasse liegt, ist eine Mindestzahlung als Grundabgabe zu entrichten.
Von den oben unter b) bezeichneten Grundstücken ist bis auf Weiteres die Hälfte der nach den Tarifsätzen zu berechnenden Grundzahlung als Wasserabgabe zu entrichten.</td><td>Die Genehmigung zur Entnahme von Wasser aus dem städtischen Wasserwerke wird nur für ein ganzes Hausgrundstück ertheilt, niemals für einzelne Theile desselben. Der Vertrag ist in der Regel nur mit dem Eigenthümer des betreffenden Grundstücks oder dessen legitimirtem Vertreter abzuschliessen und darf mit einem Miether oder Pächter nur dann abgeschlossen werden, wenn der Eigenthümer hierzu seine Einwilligung gibt.</td></tr>
<tr><td></td><td></td><td colspan="2">Soll ein Bau auf einem noch unbebauten Grundstücke erfolgen, welches noch keinen Anschluss an das städtische Wasserwerk hat, so wird das Wasser zu demselben unter Wassermessercontrolle abgegeben.</td></tr>
<tr><td>13</td><td>Bayreuth .</td><td>Die Abgabe des Wassers an die Privatabstiche erfolgt nur unter Anwendung von Wassermessern unter Erhebung eines Mindestbetrages.</td><td>Bei Erweiterung des Rohrnetzes für die Wasserversorgung wird jedem Hausbesitzer, welcher darum nachsucht, ein Abstich gewährt, und werden die Kosten für Zupflasterung der wegen des Wasserabstichs aufgebrochenen Strassenfläche auf die Gemeindecassa übernommen.</td></tr>
<tr><td></td><td></td><td colspan="2">Nach Vollendung des Rohrnetzes soll, wenn die weitere Abgabe von Wasser überhaupt den Interessen der Stadt noch entsprechend erachtet werden wird, dieselbe nur unter der Bedingung erfolgen, dass die treffenden Hausbesitzer die Kosten für die des neuen Abstichs wegen nothwendige Abstellung der Wasserleitung der ganzen Strasse, in der ihr Gebäude sich befindet, und die Kosten für die Wiederherstellung des zum Zwecke der Errichtung des Abstichs aufgerissenen Pflasters bezahlen.
In jedem Falle trägt der Wasserabonnent allein die Kosten der Privatleitung und ihrer Verbindung mit dem Hauptrohrstrange in der Strasse.
In Strassen, in welchen sich noch kein die Zuführung des Wassers vermittelnder Rohrstrang befindet, soll ein solcher auf Kosten der Gemeinde hergestellt werden, wenn zu erwarten ist, dass in Bälde so viele Abstiche für die Häuser dieser Strasse begehrt werden, dass durch den Wasserzins, den diese Abstiche voraussichtlich ertragen, die Verzinsung und Amortisation der Capitalsanlage für den Rohrstrang Deckung findet. In diesem Falle müssen die Antragsteller auf 10 Jahre Gewährschaft leisten, dass die jeweiligen zu bezahlenden Wasserzinse der einschlägigen Wasserabnehmer mindestens einen Betrag ergeben, welcher einer 6procentigen Zins- und Amortisationsquote des städtischen Aufwandes gleichkommt. Ist der Eingangs vorausgesetzte Fall nicht gegeben, so bleibt die Wasserzuleitung besonderer Vereinbarung vorbehalten.</td></tr>
</table>

Zahlungsbestimmungen	Kündigung	Aenderungen der Bestimmungen
7	8	9
Der Mindestbetrag ist ohne Rücksicht auf den effectiven Wasserverbrauch von allen Abonnenten vierteljährlich, und zwar zum Voraus zu bezahlen. Der Mehrverbrauch an Wasser über das dem Mindestbetrage entsprechende Freiquantum hinaus ist an den nachgenannten Terminen zu bezahlen, unbeschadet des den betreffenden Abonnenten bleibenden Rechtes zu nachträglicher Reclamation über die Ausmittlung des Wasserverbrauches. Die Bezahlung findet statt: a) vierteljährlich postn. zum Normalpreise für die Grundstücks-Abonnenten; b) monatlich postn. zum Normalpreise für die Bau-Abonnenten; c) monatlich postn. nach folgendem Schema für die Gewerbe-Abonnenten: für die ersten 300 cbm per Monat der Normalpreis, für die zweiten 300 cbm per Monat der Normalpreis mit 15 % Rabatt, für den Rest per Monat der Normalpreis mit 30 % Rabatt.	Die gegenseitige Kündigungsfrist wird vereinbart.	
Die Grundzahlung (Wasserabgabe) ist von den Grundstücksbesitzern in vierteljährlichen Raten im Voraus zu zahlen und zwar zugleich mit der nach dem Stande der Wassermesser für das abgelaufene Vierteljahr sich ergebenden Nachzahlung längstens binnen einer Woche nach Zufertigung der bezüglichen Rechnung. Die ausnahmsweise Bewilligung von Erlassen, insbesondere die Freilassung der mit Wasserentnahmestellen nicht versehenen Gärten von der Entrichtung eines Wasserzinsbeitrags unterliegt lediglich der Beschlussnahme des Stadtraths.	Die Wasserablieferung und die Zahlungsverpflichtung der Abnehmer wird durch Kündigung mit dreimonatlicher Frist unterbrochen. Diese Kündigung gilt nur für das Ende des nächstfolgenden Kalendervierteljahres. Sobald aus irgend einem Grunde die fernere Benutzung einer Privatleitung aufhört, muss der Besitzer des betreffenden Grundstücks auf Verlangen die Trennung derselben von der öffentlichen Leitung und die Herstellung eines ordnungsmässigen Zustandes an der letzteren auf eigene Kosten bewirken lassen. Die Verwaltung ist auch berechtigt, dies auf Kosten des Besitzers vorzunehmen und den Aufwand vom Besitzer einzuziehen, selbst in dem Falle, wenn der Vertrag nicht mit ihm, sondern mit einem Miether oder Pächter abgeschlossen worden ist.	Durch Unterschrift des Anmeldebogens unterwirft sich der Wasserabnehmer auch etwaigen späteren Veränderungen, welche bei Revisionen des Tarifs oder durch Einführung neuer Bestimmungen beschlossen werden sollten.
Der Stand des Wassermessers wird gegen Ende eines Vierteljahres aufgenommen. Die Zahlung ist mit dem Ablaufe des Vierteljahres fällig.	Mit Ausnahme der Hausbesitzer, die erst nach Vollendung des Rohrnetzes den Anschluss beantragt haben, und welche zum Wasserbezuge auf wenigstens 10 Jahre verpflichtet sind, kann jeder Abonnent an den 4 Quartalen Lichtmess, Walburgis, Jakobi und Martini den Wasserbezug kündigen; die Wasserlieferung schliesst sodann am darauffolgenden Quartale. Ein gleiches Kündigungsrecht steht dem Stadtmagistrate zu. Die Kündigungen müssen von Seite der Wasserentnehmer schriftlich erfolgen, von Seite des Stadtmagistrats erfolgen sie schriftlich oder durch Ausschreiben in den von ihm zu seinen Bekanntmachungen benützten öffentlichen Blättern.	Der Stadtgemeinde steht jederzeit das Recht zu, den Wasserzins anders zu regulieren, überhaupt die Satzungen auch in ihren übrigen Bestimmungen zu ändern.

No.	Stadt	Grundzüge der Wasserabgabe	Anmeldung und Vertrag
		5	6
14	**Bergedorf**	Die Abgabe erfolgt nach Einschätzung für den häuslichen Bedarf, nach Wassermesser für gewerbliche und Fabrikbetriebe, sowie für jede den gewöhnlichen Hausbedarf übersteigende Versorgung. Die Bewohner der unter einer bestimmten Niveaulinie liegenden Strassen haben Anspruch auf Zuleitung von Wasser in alle Stockwerke, während die Bewohner der über jener Niveaulinie liegenden 2. Zone nur die tägliche Füllung ihrer Hausbehälter verlangen können. Bewohner der höchsten 3. Zone können überhaupt keinen Anspruch auf Wasserbezug erheben.	Die Anmeldung erfolgt nur durch den Grundstücks-Eigenthümer, durch Miether nur mit Genehmigung des ersteren. Die Vertragsdauer gilt mindestens für das laufende Kalenderjahr.
15	**Berlin** . . .	Die städtischen Wasserwerke liefern das Wasser nur unter Anwendung von der Stadt gehörigen Wassermessern unter Erhebung eines Mindestbetrages.	Jede Bestellung über Wasserlieferung gilt auf unbestimmte Zeit.
16	**Bern** . . .	Die Abgabe erfolgt nach Einschätzung oder nach Wassermesser, und zwar bei Einschätzung für gewöhnliche Hausversorgung nach Raumtaxe, für laufendes Wasser (Brunnen und Springbrunnen), nach abzuschätzenden Minutenlitern, nach Wassermesser für industrielle Zwecke und, wenn die Verwaltung es für nöthig erachtet oder wenn der Abonnent es wünscht, in letzterem Falle jedoch nur, wenn sich der Abonnent zu einem Consum von mindestens 3 cbm per Tag verpflichtet. Ausnahmsweise können für Besitzungen auch Hydranten bewilligt werden, ohne dass für andere Zwecke in ein Abonnement eingetreten wird. In einem solchen Falle hat jedoch der betreffende Besitzer sämmtliche Kosten für den Hydranten und seine Verbindungsleitung zu tragen und überdies einen jährlichen Miethzins zu bezahlen. Wasser für neu zu erstellende Motoren wird bis auf Weiteres (1888) nicht mehr abgegeben. Die Abgabe von Wasser aus Leitungen ohne Hochdruck, sowie von Abwasser aus öffentlichen Brunnen und Springbrunnen geschieht nach besonderem Vertrag mit Genehmigung der Finanzdirection.	Mit Miethern von Wohnungen und Pächtern von Liegenschaften werden keine Verträge abgeschlossen. Der Vertrag wird mindestens auf 1 Jahr abgeschlossen. Für die Bestimmung des Wasserzinses werden sämmtliche bewohnbare Räume, Magazine und Werkstätten des Hauses in Berechnung gezogen, ebenso die Gartenanlagen, insofern nicht der Nachweis geleistet wird, dass für die Bewässerung dieser letztern in anderer Weise gesorgt ist.
17	**Bernburg** .	Das Wasser wird, soweit es nicht frei oder gegen einen Wasserzins geliefert wird, entweder nach dem durch den Wassermesser zu ermittelnden Verbrauche oder nach Pauschalsätzen bezahlt. Wird der Anschluss für andere Grundstücke als Wohnhäuser gewährt, so wird, wenn nicht die Bezahlung allen zum Verbrauch kommenden Wassers nach dem Wassermesser Seitens der Verwaltung oder Seitens des Consumenten vorgezogen wird, eine Einschätzung vorgenommen, wonach die Bezahlung zu erfolgen hat. Zur Controlle missbräuchlichen Wasserverbrauchs und des nach Pauschalsätzen ohne Wassermesser stattfindenden Wasserconsums für gewerbliche und andere Zwecke, wofür Bezahlung zu leisten ist, kann die Verwaltung jeder Zeit und zunächst auf städtische Kosten einen Wassermesser einschalten lassen. Uebersteigt nach dem Wassermesser bei angeblich ausschliesslicher Entnahme von Wasser zum blossen Haus- und Wirthschaftsbedarfe der durchschnittliche jährliche Verbrauch das bei Zugrundelegung von 45 l pro Tag und Kopf der Hausbewohner sich ergebende Quantum, so ist der Mehrverbrauch über den Höchstbetrag nach den Tarifsätzen für das nach Wassermesser entnommene Wasser zu vergüten. Ebenso ist, wenn der Wassermesser einen höheren Verbrauch für gewerbliche und andere Zwecke ergibt, als durch die bewilligten Pauschalsätze vergütet wird, die Bezahlung des Wassers für die controllirte Zeit statt nach diesem letzteren Satze, nach dem Tarife für das nach dem Wassermesser verabfolgte Wasser zu leisten. Ausserdem sind der Verwaltung in beiden Fällen die Kosten für die Anbringung des Wassermessers zu erstatten und die eingeschalteten Wassermesser von dem betreffenden Hausbesitzer käuflich zu erwerben, sofern nicht etwa wegen einer anderweitigen Pauschalvergütung ein Abkommen mit der Verwaltung vereinbart wird.	Jeder Hausbesitzer hat behufs Herstellung der Verbindung seiner Wasserleitungseinrichtung mit dem Privat-Haupthahne sein Vorhaben bei der Verwaltung anzumelden.

Zahlungsbestimmungen	Kündigung	Aenderungen der Bestimmungen
7	8	9
Die Zahlung des Wassergeldes hat, soweit dieselbe nicht nach Wassermesser erfolgt, in welch letzterem Falle monatliche Regulirung eintritt, vierteljährlich prän. zu erfolgen und zwar innerhalb 14 Tagen nach Zustellung der Rechnung.	Es steht dem Abnehmer eine vierwöchentliche Kündigung des Contractverhältnisses zum 1. April, 1. Juli, 1. October und 1. Januar zu. Wird das Wasser im folgenden Jahre einmal benutzt, so gilt dies als Bestellung für das ganze nächste Jahr.	
Der Stand des Wassermessers wird gegen Ende eines jeden Vierteljahres aufgenommen. Die Zahlung ist mit dem Ablaufe des Vierteljahres fällig.	Eine Kündigung kann nur mit dreimonatlicher Frist und immer nur dergestalt geschehen, dass die Lieferung mit dem Ende eines Kalender-Vierteljahrs abschliesst. Die Kündigungen müssen schriftlich von Seiten der Wasserentnehmer erfolgen, von Seiten der Direction erfolgen sie durch Bekanntmachung in den von dem Magistrat zu seinen Bekanntmachungen benutzten öffentlichen Blättern.	
Die Bezahlung erfolgt halbjährlich zum Voraus und zwar je auf 2. Januar und 1. Juli.	Wird eine Privatleitung oder ein Theil derselben längere oder kürzere Zeit nicht benutzt, so berechtigt dies den Besitzer nicht zu einem Anspruch auf völligen oder theilweisen Erlass des bedungenen Wasserzinses. Kündigung des Wasserbezugs kann nur 3 Monate vor Jahresschluss erfolgen.	Aenderungen sind vorbehalten und müssen öffentlich bekannt gemacht werden.
Die Bezahlung für das entnommene Wasser erfolgt vierteljährlich.	Es steht sowohl der Stadt wie dem Besitzer der Privatleitung eine dreimonatliche Kündigung zu. Sobald die fernere Benutzung einer Privatleitung aufhört, muss der Besitzer derselben, wenn solches von der Verwaltung verlangt wird, auf seine Kosten die Trennung der Leitung von der öffentlichen Rohrleitung in derselben Weise bewirken lassen, wie dies bei der Anlage der Fall war. In wieweit bei gänzlicher oder theilweiser Zerstörung oder beim Umbau von Gebäuden und beim Leerstehen von Wohnungen ein Erlass an dem Wasserzins eintritt, bleibt der Beschlussfassung der Behörden überlassen.	

No.	Stadt	Grundzüge der Wasserabgabe	Anmeldung und Vertrag
		5	6
18	Bielefeld .	Die Abgabe von Wasser erfolgt mit Ausnahme der Verwendung für Feuerlösch- und Bauzwecke nach Wassermessern unter Erhebung eines Mindestbetrages.	Die Abgabe des Wassers erfolgt an alle Grund- und Gebäudebesitzer, jedoch stets nur für ein ganzes Hausgrundstück, nicht aber für einzelne Theile desselben.
19	Bochum . .	Die Entnahme und Bezahlung von Wasser erfolgt nach Wassermesser und Erhebung eines Mindestbetrages. Jedes Grundstück erhält in der Regel einen besonderen Wassermesser, es ist jedoch auch statthaft, durch einen Wassermesser 2 oder mehrere Hausgrundstücke, sofern dieselben aneinander grenzen und einem und demselben Besitzer gehören, versorgen zu lassen, doch ist für jedes Grundstück mindestens ein Mindestbetrag zu zahlen. Als besonderes Grundstück gilt ein solches, welches eine von dem Nachbargrundstück verschiedene Hausnummer trägt, gleichgültig, ob die Scheidemauer Verbindungsthüren hat oder nicht. Haben beide Häuser dieselbe Hausnummer, so müssen dennoch 2 Minimalsätze gezahlt werden, wenn das Doppelhaus zwei besondere Eingänge und in der Scheidewand keine Verbindungsthüren hat.	Der Vertrag darf in der Regel nur mit dem Eigenthümer eines Hauses oder Grundstückes abgeschlossen werden, mit einem Miether oder Pächter nur dann, wenn der Eigenthümer seine ausdrückliche Genehmigung dazu ertheilt hat. Die Entnahme von Wasser aus dem städtischen Wasserwerke wird stets nur für ein ganzes Haus oder Grundstück (Vorder-, Seiten- und Hintergebäude), nie aber für einzelne Theile desselben (Wohnungen, Stockwerke u. s. w.) gestattet.
20	Bonn . . .	Die Bezahlung erfolgt entweder unter Erhebung eines Mindestbetrages nach Wassermesser oder nach Tarif. Bei der Einschätzung kommen stets sämmtliche Etagen eines Wohnhauses zur Berechnung, gleichviel ob der Wasserverbrauch nur in einzelnen Etagen oder zu einzelnen Zwecken stattfindet. Die Verwaltung ist jederzeit berechtigt, auf ihre Kosten einen Wassermesser auch da, wo das Wasser nach Tarif entnommen wird, zur Controlle aufzustellen. Uebersteigt der Preis des nach demselben consumirten Wassers den Betrag der Einschätzung nach Tarif, so hat der Consument von da ab den ersteren, höheren Preis zu zahlen.	Anmeldungen, welche nicht von dem Eigenthümer des betreffenden Hauses oder Grundstückes ausgehen, kann die Verwaltung unberücksichtigt lassen. Der Anmeldende verpflichtet sich auf die Dauer von 3 Jahren, welche nach vollzogener Verbindung der Privat-Ableitung mit dem Strassenrohre beginnen, das Wasser für sein Haus resp. Grundstück zu dem im Anmeldebogen angegebenen Preise und unter den Bedingungen des Reglements zu entnehmen.
21	Borbeck .	Das Wasser wird ausschliesslich nach Wassermesser abgegeben unter Erhebung eines Mindestbetrages.	Wer aus der Wasserleitung eine Abzweigung zum Privatgebrauch anlegen will, hat, sei er Hausbesitzer oder Miether, sein Vorhaben mittelst Anmeldebogen anzuzeigen.

Zahlungsbestimmungen	Kündigung	Aenderungen der Bestimmungen
7	8	9
Der Wasserverbrauch wird jeden Monat aufgenommen, vierteljährig zusammengestellt und hiernach berechnet. Ein Ineinanderrechnen der einzelnen Vierteljahre findet nicht statt. Das Wassergeld wird vierteljährlich nachträglich bezahlt, es steht indess der Verwaltung frei, in besonderen Fällen die Bezahlung in kürzeren Zwischenräumen zu fordern. Erfolgt die Zahlung nach zweimaliger Vorzeigung der Rechnung nicht, so wird gegen eine Mahngebühr ein Mahnzettel zugestellt, wonach innerhalb 8 Tagen die Zahlung zu geschehen hat. Der Abnehmer hat die Bezahlung aller ihm eingesandten Rechnungen auch dann innerhalb der von der Verwaltung festgesetzten Fristen zu leisten, wenn er glaubt, durch die Rechnungsaufstellung benachtheiligt zu sein. Es steht ihm indessen frei, innerhalb 14 Tagen nach Einreichung der Rechnung Einspruch gegen die Richtigkeit derselben zu erheben, und erhält er für den Fall, dass sein Einspruch begründet ist, das etwa zuviel Bezahlte zurückvergütet. Erfolgt hierbei zwischen ihm und der Verwaltung keine gütliche Einigung, so geschieht die Festsetzung endgültig durch die letztere. Die Anmeldung zum Wasserbezuge verpflichtet zur Zahlung des Wassergeldes bezw. des höheren Wassergeldes von dem Tage, an welchem der Anschluss des Grundstückes an das Strassenrohr hergestellt ist.	Abgesehen von den Fällen zwangsweiser Schliessung der Privatleitungen erlischt die Verpflichtung zur Zahlung des Wassergeldes nur zum Schlusse eines mit dem 31. März, 30. Juni, 30. September und 31. December ablaufenden Vierteljahres, und muss vor dem 1. März, 1. Juni, 1. September und 1. December die Kündigung eingereicht werden. Sofern Mieth-Wohnungen nachweislich mindestens 1/4 Jahr lang leer gestanden haben, und ein Miethgeld dafür nicht erhoben, die betreffende Wohnung auch von der Wasserleitung abgeschlossen ist, soll für die Zeit der Miethlosigkeit nach freier Entschliessung der Wasserwerks-Verwaltung ein entsprechender Nachlass am Wassergelde eintreten. Die Kosten der Abtrennung einer Privatleitung hat in allen Fällen deren bisheriger Inhaber zu tragen.	Aenderungen sind vorbehalten.
Die Zahlungen haben vierteljährlich postn. zu erfolgen. Die Direction ist berechtigt, solchen Abnehmern, welche innerhalb 8 Tagen nach Vorzeigung der Quittung resp. der Zustellung der Rechnung und erfolgter Mahnung keine Zahlung geleistet haben, den Wasserzufluss abzuschneiden und für jeden durch die Zahlungsweigerung erforderlichen Botengang einen besonderen Botenlohn von M 0,25 zu erheben. Ferner bleibt es der Direction überlassen, in gewissen Fällen die vorherige Gestellung einer Caution zu verlangen, welche dem höchsten Wasserverbrauch eines halben Jahres entspricht.	Der Vertrag wird auf unbestimmte Zeit unter dem Vorbehalt einer jedem Theile zustehenden dreimonatlichen Kündigung, welche aber nur am 1. Januar, 1. April, 1. Juli und 1. October erfolgen darf, abgeschlossen.	
Der Stand des Wassermessers wird am Schlusse jeden Monats aufgenommen; die Erhebung des Mindestbetrages geschieht vierteljährlich prän., die Erhebung des Mehrverbrauches vierteljährlich postn., oder wenn es zweifelhaft erscheint, ob ein solcher Mehrverbrauch eintreten wird, am Jahresschluss. Das nach Tarif bezogene Wasser wird vierteljährlich prän. bezahlt, und beginnt die Zahlung mit dem nächsten Ersten des Monats nach Herstellung und Verbindung der Zuleitung mit dem Strassenrohre.	Wird von dem Consumenten zwei Monate vor Ablauf der 3 Jahre nicht gekündigt, so läuft das Uebereinkommen stillschweigend von Kalenderjahr zu Kalenderjahr weiter und kann dann jedes Jahr bis zum 1. November gekündigt werden. Wenn die Zahlung regelmässig erfolgt und die Bedingungen des Reglements erfüllt werden, steht dem Wasserwerk kein Kündigungsrecht zu.	Wenn eine Abänderung an den Bestimmungen, wie dies vorbehalten bleibt, mit Genehmigung der Stadtvertretung vorgenommen wird, so hat der Consument das Recht, binnen vier Wochen von dem bisherigen Uebereinkommen zurückzutreten oder binnen gleicher Frist seinen Rücktritt auf den Schluss des Kalenderjahres anzumelden, in welch letzterem Falle er sich bis dahin den neuen Bestimmungen unterwirft.
Die Rechnungen über den Wasserconsum werden monatlich aufgestellt und sind die Beträge dem Boten gegen Aushändigung der Quittung zu zahlen. Für jeden weiteren Gang hat der Bote eine Vergütung von 20 Pfg. zu beanspruchen, welche von dem betreffenden Consumenten zu entrichten ist. Wer nicht bis zum 15. des Folgemonats bezahlt, dem kann die Wasserleitung sofort geschlossen werden. Erfolgt die Zahlung nachträglich, so darf für die Zeit des Verschlusses kein Abzug an der Vergütung gemacht werden.	Sobald aus irgend einem Grunde Seitens der Consumenten auf fernere Entnahme von Wasser aus der Leitung verzichtet wird, muss derselbe, falls die Verwaltung solches verlangt, auf seine Kosten die Trennung der Privatleitung von der Hauptleitung und die Beseitigung der dabei etwa vorkommenden Beschädigungen bewirken lassen.	Veränderungen der Bedingungen und Tarifsätze sind den Consumenten durch das Ortsblatt mitzutheilen. Der Consument hat das Recht, alsdann binnen 4 Wochen von dem bisherigen Vertrage zurückzutreten, oder binnen gleicher Frist seinen Rücktritt für den Schluss des Kalenderjahres anzumelden. Im letzteren Falle unterwirft er sich bis dahin den neuen Bedingungen.

No.	Stadt	Grundzüge der Wasserabgabe	Anmeldung und Vertrag
		5	6
22	Braunschweig	Das Wasser wird durch Zweigleitungen an die Besitzer von Privatgrundstücken unter der Bedingung abgegeben, dass der Verbrauch durch Wassermesser ermittelt und ausserdem ein Mindestbetrag erhoben wird. Zu bestimmten vorübergehenden Zwecken kann Wasser ohne Wassermesser abgegeben werden.	Wer den Anschluss seines Grundstücks bewirken will, hat solches unter Angabe der die Grösse des Wassermessers bestimmenden Anzahl, Art und lichten Weite der Ausflussöffnungen, welche die Leitung im Innern des Grundstücks erhalten soll, anzumelden. Der Vertrag gilt als für das laufende Jahr, und zwar vom ersten Tage des auf den Anschluss folgenden Monats und auf das nächstfolgende Kalenderjahr abgeschlossen.
23	Bremen . .	Die Wassersteuer wird bemessen nach dem Gebäude- oder dem Grundsteuerwerthe oder dem Miethzinse, und erhoben in der Stadt von jedem Eigenthümer und jedem Miether, im Landgebiete von denjenigen Eigenthümern und Miethern, deren Grundstücke oder gemiethete Gebäude an einer auf Kosten des Wasserwerks mit Röhrenleitung versehenen Strasse liegen oder durch eine für Privatrechnung hergestellte Leitung versorgt werden. An nur theilweise oder gar nicht mit Röhrenleitungen versehenen Strassen des Landgebiets sind nur diejenigen der Gebäudesteuer unterliegenden und diejenigen der Grundsteuer unterliegenden Grundstücke steuerpflichtig, welche mit ihrer nächsten Grenze nicht weiter als 50 m von einem Hydranten oder Freibrunnen entfernt liegen. Im Landgebiet kommen die der Grundsteuer unterliegenden Grundstücke nur nach ihrem Grundsteuerwerthe bis zu einer Tiefe von höchstens 150 m, von der Strasse gerechnet, in Ansatz, wobei verschiedene an einander grenzende Katasterparcellen eines und desselben Besitzers als ein Grundstück zusammenzufassen sind. Die Verwaltung des Wasserwerks ist jederzeit berechtigt, in einer Privatleitung nach ihrem Ermessen und auf ihre Kosten einen Wassermesser anzubringen. Die Anwendung eines von der Verwaltung auf Kosten der Consumenten anzuschaffenden und zu unterhaltenden Wassermessers und demgemäss die Berechnung des Wassergeldes nach Messung kann die Verwaltung und in den Fällen 1—3 auch der Consument verlangen: 1. wenn Wasser zu anderen Zwecken oder in anderer Weise verwendet werden soll, als bei ungemessener Wasserlieferung statthaft ist; 2. wenn das Wasser ganz oder erheblichen Theils anderen als Wohnungs-, Haushaltungs- und Luxuszwecken dient; 3. wenn Garten- oder Culturland oder ein Theil desselben auf Antrag des Consumenten von Anwendung des Ansatzes ausgeschlossen werden soll; 4. wenn eine gesetz- oder vertragswidrige Verwendung oder Vergeudung von Wasser stattgefunden hat, oder die Gefahr, dass eine solche in nicht zu überwachender Weise stattfinde, nach Beschaffenheit der örtlichen Verhältnisse und Einrichtungen vorhanden ist, worüber die Verwaltung entscheidet; 5. wenn das vertragsmässige Wassergeld auf das Cubikmeter des gelieferten Wassers weniger ausmacht als M 0,12 in der Stadt oder M 0,15 im Landgebiete.	Als Consument im Sinne des Gesetzes ist Derjenige berechtigt und verantwortlich, mit welchem der Vertrag über Wasserversorgung durch eine Privatleitung abgeschlossen wird. Die Eröffnung der Wasserversorgung durch eine Privatleitung kann zu jedem beliebigen Zeitpunkte beantragt werden. Der Vertrag über Wasserversorgung eines Grundstücks gilt auf unbestimmte Zeit, und der Consument bleibt der Verwaltung für die durch den Vertrag übernommenen Verpflichtungen bis zur Auflösung desselben durch vorschriftsmässige Kündigung verantwortlich, unbeschadet der von der Verwaltung etwa gegen einen Dritten als thatsächlichen Benutzer der Wasserleitung geltend zu machenden Ansprüche. Eine Verpflichtung der Verwaltung gegen diesen letztern tritt erst ein, wenn mit demselben auf seinen Antrag ein neuer Versorgungsvertrag abgeschlossen worden ist.
24	Breslau . .	Das Wasser wird unter der Bedingung in Privatgrundstücke abgegeben, dass für die Berechnung des Verbrauchs ein geprüfter Wassermesser allein maassgebend ist. Nur ausnahmsweise kann vorübergehend von der Anwendung eines Wassermessers Abstand genommen werden; in solchem Falle wird das entnommene Wasserquantum nach vorerfolgter Vereinbarung ermittelt oder nach Schätzung in Rechnung gestellt.	Wer eine Zweigleitung vom öffentl. Rohrnetz nach seinem Grundstück legen lassen will, hat dies bei der Verwaltung der Wasserwerke zu beantragen. Im Uebrig. vergl. Sp. 7.

<table>
<tr><th>Zahlungsbestimmungen</th><th>Kündigung</th><th>Aenderungen der Bestimmungen</th></tr>
<tr><th>7</th><th>8</th><th>9</th></tr>
<tr><td>Das Wassergeld für den festgestellten Mindestbedarf wird vierteljährlich im Voraus, der Preis für die über diesen Mindestbedarf hinaus verbrauchte Wassermenge dagegen nach Jahresschluss erhoben. Wird die bezügliche Quittung nicht sofort eingelöst, so ist deren Betrag binnen 8 Tagen einzuzahlen. Rücksichtlich der im Laufe eines Kalenderjahres angeschlossenen Grundstücke wird der jährliche Mindestbedarf nach Verhältniss der bereits verflossenen Zeit des Anschlussjahres gekürzt.</td><td>Dem Consumenten steht das Recht zu, das Vertragsverhältniss bis zum 1. October auf Jahresschluss zu kündigen, widrigenfalls eine stillschweigende Verlängerung für das nächste Kalenderjahr eintritt. Auch in solchen Fällen, in denen es sich nur um eine verminderte Benutzung derselben und in Folge dessen um Aufstellung eines anderen Wassermessers von geringerer Weite handelt, muss der bestehende Vertrag bis zum 1. October gekündigt und ein neuer für das folgende Kalenderjahr vereinbart werden.</td><td rowspan="2">Der Leitungsbesitzer ist — vorbehaltlich des ihm zustehenden Kündigungsrechts — denjenigen Veränderungen unterworfen, welche durch eine jederzeit vorbehaltene Revision oder durch sonstige neue Bestimmungen künftig herbeigeführt werden sollten.
Derartige Veränderungen werden öffentlich bekannt gemacht.
Bei Einführung solcher Aenderungen hat der Consument das Recht, entweder sich der Geltung derselben für ihn dadurch zu entziehen, dass er binnen 4 Wochen zurücktritt — in welchem Falle ihm der für den Mindestbedarf gezahlte Betrag für die noch übrige Zeit des laufenden Vierteljahres zurückerstattet wird — oder binnen gleicher Frist seinen Rücktritt auf den Schluss des Kalender-Jahres anzumelden, in welchem Falle er sich den neuen Bestimmungen bis dahin unterwirft.</td></tr>
<tr><td colspan="2">Sobald in Veranlassung einer Kündigung oder wegen Zuwiderhandelns gegen die Bestimmungen die fernere Benutzung einer Privatwasserleitung aufhört, muss der Besitzer auf seine Kosten die Trennung derselben von dem öffentlichen Rohrstrange und die Beseitigung der dabei etwa vorkommenden Beschädigungen bewirken lassen.</td></tr>
<tr><td>Die Wassermesser werden in der Regel monatlich abgelesen.
Einschätzungs- und Mindestbetrag sind halbjährlich im Voraus zu zahlen.</td><td>Alle Verträge über Wasserversorgung durch Privatleitungen sind wie vom Consumenten, so auch von der Verwaltung kündbar, und zwar beiderseits zu April und October Fahrnisszeit. Die Kündigung muss spätestens 3 Monate vorher erfolgen.</td><td>Abänderungen und Ergänzungen behält die Deputation sich vor, nach ihrem Ermessen zu April oder October Fahrnisszeit irgend eines Jahres nach öffentlicher spätestens 4 Monate vorher erlassener Bekanntmachung mit der Wirkung einzuführen, dass die neuen Bedingungen für jeden Consumenten, dessen Wasserversorgungsvertrag nicht zu dem Einführungstermine durch vorschriftsmässige Kündigung gelöst wird, in Kraft treten, ohne dass es dazu einer Kündigung des Wasserversorgungsvertrags Seitens der Verwaltung bedarf.</td></tr>
<tr><td colspan="2">Der Grundstücksbesitzer ist verpflichtet, für die Bezahlung des Wasserverbrauchs in seinem Grundstück aufzukommen. Diese Verpflichtung gilt auch in denjenigen Fällen, in welchen die Hausleitung auf Veranlassung eines Dritten hergestellt worden ist. Die Feststellung des Wasserverbrauchs, die Ausschreibung der Rechnungen und Einziehung der Beträge dafür erfolgt allmonatlich.</td><td>Aenderungen können von den städtischen Behörden beschlossen werden.</td></tr>
</table>

No.	Stadt	Grundzüge der Wasserabgabe	Anmeldung und Vertrag
		5	6
25	Brieg . . .	Die Wasserabgabe aus der Leitung des städtischen Wasserwerks an Häuser und Grundstücke wird nur gewährt, wenn der Verbrauch in denselben durch Wassermesser ermittelt wird.	Anträge auf Einrichtung von Zuleitungen müssen bei der Wasserwerks-Deputation eingebracht werden. In Verfolg des Antrages wird ein Kosten-Anschlag von der Verwaltung angefertigt, nach dessen Genehmigung durch den Antragsteller die Einrichtung ausgeführt wird, sobald die Hälfte der veranschlagten Kosten eingezahlt ist. Die Zahlung des Restes erfolgt nach Vollendung der Einrichtung. Die Wasserabgabe geschieht erst nach Zahlung dieses Restes und nach Vollziehung des Antragformulars. Wird für ein Grundstück, welches an einer Strasse liegt, durch die kein städtisches Wasserrohr führt, die Zuführung von Wasser beantragt, so trägt die hierdurch entstehenden Kosten das Wasserwerk; der Grundstücksbesitzer hat dagegen die Anlagekosten mit 5 % zu verzinsen.
26	Cassel . . .	Die städtische Wasserleitung führt den bewohnbaren Gebäuden der Stadtgemarkung das Wasser zu, soweit dies nach Lage der Gebäude ohne Aufwendung unverhältnissmässiger Kosten thunlich ist, und zwar bis zur Grenze desjenigen Grundstücks, auf welchem das Gebäude steht, bezw. des zwischen dem Gebäude und der Strasse etwa liegenden, einem Dritten gehörigen Privatgrundstücks, über welches das Wasser nach dem Gebäude geleitet werden kann. Für diese Anlage und für das zum Haus- und Wirthschaftsbedarf der Hausbewohner zugeführte Wasser bis zu dem durch die städtischen Behörden dafür festzusetzenden Maasse (Freiwasser) wird die eingeführte Steuer (siehe unten) erhoben. Für solche Häuser, in welchen 10 oder mehr Tagesarbeiter, welche in anderen Gebäuden innerhalb der städtischen Gemarkung ihre ständige Wohnung haben, beschäftigt werden, kann, ausser der sogen. Freiwassermenge für die ständigen Hausbewohner, eine weitere Freiwassermenge von 250 l vierteljährlich für jeden dieser Arbeiter gewährt werden. Dagegen sind besondere Vergütungen nach Maassgabe des Verbrauchs zu zahlen: a) für die Leitung des Wassers zu anderen als Wohngebäuden, bezw. für die Benutzung desselben zu anderen Zwecken als zum Haus- und Wirthschaftsbedarf, wie z. B. für Stallungen, Remisen, Gärten, Gewächshäuser, Fabriken, Werkstätten, gewerbsmässig betriebene Reinigungs-, Wasch- und Bade-Anstalten, sowie für alle Einrichtungen mit ständig fliessendem Wasser; b) für das zum Haus- und Wirthschaftsbedarf bestimmte Wasser, insoweit das dafür festgesetzte Maass überschritten wird. Die gesammten jährlichen Kosten für die Verwaltung der Wasserleitung, Erhaltung, Abnutzung und Erneuerung, Verzinsung und Amortisation sollen, insoweit dieselben durch das eigene Aufkommen nicht gedeckt werden, durch eine besondere »Wassersteuer« aufgebracht werden, welche in ihrem Gesammtbetrage von Jahr zu Jahr festgestellt wird. Dieser Wassersteuer sollen alle in der städtischen Gemarkung gelegenen, zur Staatsgebäudesteuer heranzuziehenden Häuser, mit Ausnahme der der Stadt Cassel gehörigen und vorzugsweise öffentlichen Zwecken dienenden, unterliegen, welchen die Benutzung der Wasserleitung für den Haus- und Wirthschaftsbedarf zugänglich gemacht worden ist, wobei es für die Wassersteuerpflicht keinen Unterschied macht, ob die Wasserleitung benutzt wird oder nicht. Die Abgabe von Wasser geschieht unter Anwendung von Wassermessern, welche von der Verwaltung gestellt und in die Hausleitungen eingeschaltet werden. Ausnahmsweise kann jedoch, wenn die frostfreie Aufstellung von Wassermessern besondere Schwierigkeiten bietet, und das Wasser nur für Haushaltungszwecke verwendet wird, von der Aufstellung eines Wassermessers widerruflich von Seiten der Verwaltung Abstand genommen werden.	Die Anmeldung hat Seitens der Grundstückeigenthümer oder deren Stellvertreter zu erfolgen.
27	Charlottenburg	Das Wasser wird den Entnehmern mittelst Wassermesser unter Erhebung eines Mindestbetrages zugemessen.	Jede Bestellung auf Wasserlieferung gilt auf unbestimmte Zeit und bleibt der Entnehmer verpflichtet, den Vierteljahrsbetrag so lange zu zahlen, bis er oder die Wasserwerke die Lieferung gekündigt haben, gleichviel ob das Wasser benutzt wird oder nicht.

Zahlungsbestimmungen	Kündigung	Aenderungen der Bestimmungen
7	8	9
Wer jährlich über 500 cbm Wasser entnimmt, muss monatlich bezahlen, sonst vierteljährlich. Als Maassstab gilt der jedesmalige vorjährige Verbrauch.		
Der Gesammtverbrauch wird in der ersten Hälfte eines jeden Monats aufgenommen, vierteljährlich zusammengestellt und hiernach der Mehrverbrauch gegen die für Haus- und Wirthschaftsbedürfnisse bestimmte freie Wassermenge festgestellt und berechnet. Ein Ineinanderrechnen der einzelnen Vierteljahre findet nicht statt. Für Häuser, welche innerhalb eines Vierteljahres zur Veranlagung kommen, erfolgt die erste Abrechnung ebenfalls mit dem Schlusse desselben. Die zu leistenden und festgestellten Vergütungen sind vierteljährlich zu berichtigen und zwar innerhalb 14 Tagen nach Behändigung der Rechnung.	Sobald aus irgend einem Grunde die fernere Benutzung einer Hausleitung aufhört, hat der Hausbesitzer oder dessen Stellvertreter dieses bei der Verwaltung anzuzeigen. In diesem Falle kann von der Letzteren die Trennung der betr. Hausleitung von der öffentlichen Rohrleitung verlangt werden. Die Kosten trägt der Hauseigenthümer oder dessen Stellvertreter.	
Der Stand des Wassermessers wird gegen Ende des Vierteljahres aufgenommen. Wassergeld und Messermiethe sind in den ersten 8 Tagen nach Ablauf des betreffenden Vierteljahres zahlbar. Die Verwaltung ist berechtigt, für Wasserraten Vorausbezahlung des ungefähren Quartalsbetrages zu verlangen, und bei Nichterfüllung dieses Verlangens eine etwa schon begonnene Wasserlieferung sofort einzustellen.	Die Kündigung, welche beiden Theilen freisteht und Seitens der Verwaltung auch durch öffentliche Bekanntmachung erfolgen kann, hat nur mit dreimonatlicher Frist und auf das Ende eines Kalender-Vierteljahrs zu geschehen.	

<table>
<tr><th>No.</th><th>Stadt</th><th>Grundzüge der Wasserabgabe</th><th>Anmeldung und Vertrag</th></tr>
<tr><td></td><td></td><td>5</td><td>6</td></tr>
<tr><td>28</td><td>Chemnitz .</td><td>Die Wasserleitung ist bestimmt, für die Bewohner der Stadt das zu hauswirthschaftlichen und kleingewerblichen Zwecken nöthige Wasser zu beschaffen. Die Abgabe von Wasser erfolgt nur mittelst Wassermesser unter Erhebung eines Mindestbetrages. Von jedem bebauten Grundstück, gleichviel ob dasselbe angeschlossen ist, wird eine Wassersteuer erhoben.
Werden für die oben gedachten Zwecke die vorhandenen Wassermengen nicht aufgebraucht, so kann, insoweit und wenn keine Veränderung der öffentlichen Leitung dadurch bedingt wird, die Abgabe von Wasser für industrielle Zwecke, zum Luxusverbrauch, wie bei Fontainen und dergleichen gegen Kündigung erfolgen.
Die Entnahme von Wasser von den Brunnenständern der städtischen Wasserleitung zu anderen als hauswirthschaftlichen und kleingewerblichen Zwecken kann ausnahmsweise gegen volle Entschädigung des zu entnehmenden Wasserquantums gestattet werden.</td><td>Die Anmeldung zum Anschluss hat Seitens des Hausbesitzers zu erfolgen.</td></tr>
<tr><td>29</td><td>Coblenz . .</td><td>Das Wasser wird an Privatgrundstücke in der Regel nur nach Wassermesser unter Erhebung eines Mindestbetrages abgegeben. Ausnahmsweise kann Wasser zu vorübergehenden Zwecken auch ohne Wassermesser abgegeben werden.
Zweigleitungen, die nur zur Speisung von Privatfeuerhähnen dienen, welche ausschliesslich für Feuerlöschzwecke verwendet werden, bedürfen in der Regel keines Wassermessers.</td><td>Jedes Grundstück, auf welchem ein zum dauernden Aufenthalt von Menschen bestimmtes Gebäude errichtet ist, muss an die städtische Wasserleitung angeschlossen werden. Ausgenommen von diesem Zwange sind nur diejenigen Grundstücke, von denen festgestellt wird, dass durch einen auf denselben befindlichen Brunnen für die ausreichende Beschaffung von dauernd gutem Wasser zum menschlichen Genusse gesorgt ist.
Anträge auf Anschlüsse von Grundstücken, welche jenem Zwange nicht unterliegen, müssen die ausdrückliche Erklärung enthalten, dass der Antragsteller sich mindestens auf die Dauer von 3 Jahren zum Wasserbezuge verpflichtet.</td></tr>
<tr><td></td><td></td><td colspan="2">Die Verpflichtung, den Anschluss der Grundstücke an die städtische Wasserleitung zu bewirken, liegt den Eigenthümern oder Verwaltern der Grundstücke ob.</td></tr>
<tr><td>30</td><td>Colmar . .</td><td>Die Wasserabgabe geschieht nur nach Wassermessern unter Festsetzung eines unter allen Umständen zu zahlenden Mindestbetrages.
Für jedes Haus wird nur ein Wassermesser aufgestellt.</td><td>Gesuche um Anschlüsse an die städtische Wasserleitung sind in der Regel durch den Hausbesitzer sowohl für ihn selbst, als für seine Miether zu stellen.
Das Abonnement wird auf unbestimmte Zeit abgeschlossen.</td></tr>
<tr><td>31</td><td>Crefeld . .</td><td>Der Wasserzins wird entweder nach bestimmten, mit Rücksicht auf den Verwendungszweck des Wassers festgesetzten Sätzen oder nach Wassermesser erhoben, in letzterem Falle unter Erhebung eines Mindestbetrages.
Die Aufstellung von Wassermessern kann sowohl von der Verwaltung als auch von dem Grundstücksbesitzer verlangt werden.</td><td>Jedes bebaute und zur Bebauung gelangende Grundstück muss, sobald die Strasse, an welcher dasselbe liegt, mit einem Canal oder Wasserleitungsrohr versehen oder sobald an Stelle eines alten Canals ein neuer hergestellt ist, auf Verlangen der Polizei-Verwaltung an diese innerhalb 6 Wochen angeschlossen werden. Die Verpflichtung hierzu liegt dem Eigenthümer und Nutzniesser des Grundstücks ob.</td></tr>
<tr><td></td><td></td><td colspan="2">Im Unterlassungsfalle wird der Anschluss von Amtswegen auf Kosten des Verpflichteten herbeigeführt.</td></tr>
</table>

Zahlungsbestimmungen	Kündigung	Aenderungen der Bestimmungen
7	8	9
Die Wassermesser werden monatlich abgelesen. Die Hebungstermine werden vom Stadtrath bestimmt, müssen aber mindestens 2 Monate auseinander liegen.	Abgesehen von denjenigen besonderen Fällen, welche die Verwaltung zu einer sofortigen Schliessung der Leitung berechtigen, erfolgt eine solche bei genehmigter Verwendung von Wasser zu andern, als zu hauswirthschaftlichen oder kleingewerblichen Zwecken nach einer sowohl der Stadt als dem Besitzer der Privatleitung zustehenden dreimonatlichen Kündigung, jedoch in der Regel nur zu den Terminen am 1. Januar, 1. April, 1. Juli und 1. October. Sobald aus irgend einem Gebäude die fernere Benutzung einer Privatleitung aufhört, muss der Besitzer derselben auf Verlangen auf seine Kosten die Trennung derselben von der öffentlichen Leitung und die Herstellung eines ordnungsmässigen Zustandes an der letzteren bewirken lassen. Die Verwaltung ist auch berechtigt, dies auf Kosten des Besitzers selbst vorzunehmen.	Aenderungen sind vorbehalten.
Der Stand der Wassermesser wird monatlich aufgenommen; der zu zahlende Betrag ist sofort und ohne Rücksicht auf etwa zu erhebende Reclamationen zu zahlen. Bleibt die aus der monatlichen Aufnahme sich ergebende Zahlungshöhe hinter dem ratirlichen Mindestwassergelde zurück, so wird letztere Summe verrechnet, und es findet die Regulirung beim Schlusse des Rechnungsjahres statt. Für Zuleitungen, die im Laufe eines Rechnungsjahres hergestellt oder geschlossen werden, wird der Mindestbetrag im Verhältnisse der Kalendermonate der Benutzung unter Vollrechnung des Anfangs- resp. Endmonats festgestellt. Die Beitreibung des monatlich fälligen Wasserzinses, sowie der etwa vom Grundstücksbesitzer zu zahlenden Kosten für den Anschluss erfolgt im Weigerungsfalle im Wege des administrativen Zwangsverfahrens.	Ist ein Wohnhaus mindestens 3 volle Monate unbewohnt und hat der Besitzer vorher den Schluss der Zuleitung beantragt, so wird für die vollen Kalendermonate, während welcher die Zuleitung continuirlich geschlossen gewesen ist, von der Erhebung des ratirlichen Mindestbetrages Abstand genommen. Auf Gärten, in welchen sich Wohngebäude nicht befinden, da sie nur zur Sommerszeit benutzt werden, findet diese Bestimmung nur Anwendung, wenn die Zuleitung und die Wegnahme des Wassermessers für die Wintermonate rechtzeitig beantragt und für die Wegnahme M 1 gezahlt wird. Will ein Abnehmer, der nicht zum Anschluss gezwungen ist, oder die Stadt in solchem Fall den Anschluss später aufheben, so kann solches nur mit Schluss des Rechnungsjahres und auf Grund einer 3 Monate vorher beiden Theilen zustehenden Kündigung erfolgen.	Die Stadt behält sich das Recht vor, Aenderungen an oder Zusätze zu den Bestimmungen und den Vorschriften für die Herstellung von Privatleitungen eintreten zu lassen, wenn das Bedürfniss sich dazu herausstellt.
Die Wasserzinse müssen vierteljährl. postn. zugleich mit der Verzinsung von Wassermesser und Zuleitung bezahlt werden. Die Rechnungen werden den Hauseigenthümern bezw. den Abonnenten zur Zahlung präsentirt. Da die Stadt für jedes Haus nur einen Wassermesser aufstellen lässt, fällt für den Fall, dass der Gesammtconsum des Hauses das Gesammtmaximum aller Haushaltungen übersteigt, die Zahlung des Mehrconsums dem Eigenthümer zur Last, welchem es überlassen bleibt, den gezahlten Mehrbetrag von den betreffenden Miethern wieder einzuziehen. Der Eigenthümer ist für die Entrichtung der zu zahlenden Wasserzinsbeträge verantwortlich und muss, falls er nicht in Colmar wohnt, sich hier durch jemanden vertreten lassen. Erfolgt die Zahlung nach zweimaliger Vorzeigung der Rechnung nicht, so wird ein Mahnzettel zurückgelassen, wonach innerhalb 8 Tagen die Zahlung an der Stadtkasse zu geschehen hat. Erfolgt die Zahlung auch dann nicht, so steht der Verwaltung ausser der gerichtlichen Klage das Recht zu, die Wasserlieferung ohne Weiteres einzustellen.	Jeder Partei steht jederzeit die Kündigung des Abonnements mit dreimonatlicher Frist auf Anfang eines jeden Kalendervierteljahres zu. Für den Fall zeitweiser Nichtbenutzung einer Wasserconcession, insbesondere bei dem Leerstehen einer Wohnung, kann insofern eine Reduction des Wassergeldes eintreten, als die Wasserleitung während mindestens 3 Monaten unbenutzt geblieben und hiervon alsbald bei Beginn der Nichtbenutzung Anzeige erfolgt ist.	Revision des Reglements bleibt vorbehalten, und der Eigenthümer hat sich den event. Aenderungen zu unterwerfen.
Die Zahlung hat vierteljährlich im Voraus zu erfolgen. Nur bei Aufstellung von Wassermessern erfolgt die Zahlung am Schlusse jeden Vierteljahrs, die Stadt ist jedoch berechtigt, von Zahlungspflichtigen, welche als säumig und unsicher bekannt sind, den vierteljährlichen Durchschnittsbetrag, vorbehaltlich der Abrechnung am Schlusse des Vierteljahres, im Voraus zu erheben.	Der Wasserbezug kann nur am Schlusse eines jeden Vierteljahres eingestellt werden und ist spätestens 3 Monate vorher bei der Verwaltung abzumelden.	Durch Gemeindebeschluss können die einzelnen Tarifsätze allgemein ohne höhere Genehmigung erniedrigt und bis zum 2/10 erhöht werden, falls die der Stadt durch die Canalisation bezw. die Wasserleitung entstehenden Kosten durch die Beiträge der Anschlusspflichtigen nicht gedeckt werden.

No.	Stadt	Grundzüge der Wasserabgabe	Anmeldung und Vertrag
		5	6
32	**Danzig . .**	Das Wasser aus der Prangenauer Quellwasser-Leitung wird nur nach Wassermesser abgegeben unter Erhebung eines Mindestbetrages. Für das Wasser, welches zum besonderen Bedarf der See-, Fluss- und Wasser-Schiffe und zu anderen besonderen Zwecken der öffentlichen Leitung entnommen wird, ist ebenfalls Bezahlung nach Wassermesser zu leisten. Die Bestimmung des Preises und der Bedingungen bleibt für diesen Fall dem Magistrat überlassen; jedoch muss mindestens der für die städtischen Wasserabnehmer geltende Satz gezahlt werden. Dasselbe findet statt, wenn Wasser der Prangenauer Leitung an ausserhalb des städtischen Bezirks wohnende Abnehmer verabfolgt werden soll.	Jeder, welcher aus der städtischen Wasserleitung eine Abzweigung zum Privatgebrauch anlegen will, hat dies bei dem Magistrat anzumelden, Beschreibung und Zeichnung der beabsichtigten Anlage vorzulegen, die Zwecke zu bezeichnen, für welche die Entnahme erfolgen soll, und den Unternehmer namhaft zu machen, durch welchen er die Einrichtungen innerhalb des Grundstücks ausführen lassen will.
33	**Darmstadt**	Die Abgabe erfolgt, sofern unter besonderen Verhältnissen nicht ausnahmsweise etwas Anderes vereinbart worden ist, nach Wassermesser unter Erhebung eines Mindestbetrages.	Der Haus- und Grundstücksbesitzer, von welchem die Anmeldung ausgeht, verpflichtet sich zum Wasserbezug für sein Besitzthum auf die Dauer von 3 Jahren. Der Verwaltung bleibt es überlassen, bei Abschluss des Uebereinkommens oder während desselben die Stellung einer Caution zu verlangen.
34	**Dessau . .**	Von allen zur Communal-Besteuerung veranlagten und in den Rayon der Wasserleitung fallenden Gebäuden, oder solchen, welche sich ausserhalb dieses Rayons das Wasser zuleiten lassen, ist eine Gebäude- (Wasser-) Steuer zu entrichten, wofür das Wasser zum Haus- und Wirthschaftsbedarf ohne besondere Bezahlung verabfolgt wird, jedoch nur bis zu einem Durchschnittsconsum von in maximo $^1/_{25}$ cbm pro Tag und Kopf der Bewohner des Hauses. Für Häuser, welche der Communal-Besteuerung nicht unterliegen, wird nach besonderer Vereinbarung bezahlt. Die Verwaltung ist befugt, zur Controlle missbräuchlichen und des nach Pauschalsätzen stattfindenden Consums für gewerbliche und andere Zwecke, wofür Bezahlung zu leisten ist, jederzeit und zunächst auf städtische Kosten einen Wassermesser einschalten zu lassen. Uebersteigt nach dem Wassermesser bei angeblich ausschliesslicher Entnahme von Wasser zum blossen Haus- und Wirthschaftsbedarfe der durchschnittliche jährliche Verbrauch das bei Zugrundelegung von $^1/_{25}$ cbm pro Tag und Kopf der Hausbewohner sich ergebende Quantum, so ist der Mehr-Verbrauch nach den Tarifsätzen für das nach Wassermesser entnommene Wasser zu vergüten. Ebenso ist, wenn der Wassermesser einen höheren Verbrauch für gewerbliche und andere Zwecke ergiebt, als durch die bewilligten Pauschalsätze vergütet wird, die Bezahlung des Wassers für die controllirte Zeit nach jenen Tarifsätzen zu leisten. Ausserdem sind der Verwaltung in beiden Fällen die Kosten für die Anbringung des Wassermessers zu erstatten und die eingeschalteten Wassermesser von dem betreffenden Hausbesitzer käuflich zu erwerben, sofern nicht etwa wegen einer anderweitigen Pauschal-Vergütung eine Vereinbarung stattfindet.	Die Anmeldungen werden in der Regel nur von den Grundstücks-Eigenthümern angenommen, von Pächtern, Miethern oder Nutzniessern jedoch dann, wenn die Eigenthümer ihre Genehmigung dazu ertheilt haben.
35	**Dortmund**	Die Wasserabgabe geschieht lediglich nach Wassermessern unter Erhebung eines Mindestbetrages.	Anmeldungen werden nur von den Hauseigenthümern, von Nutzniessern und Miethern aber nur in dem Falle angenommen, dass der Eigenthümer seine besondere Genehmigung dazu ertheilt hat.

Zahlungsbestimmungen	Kündigung	Aenderungen der Bestimmungen
7	8	9
Der Wasserzins ist vom Tage des Anschlusses ab zu entrichten. Der Wasserzins wird vierteljährlich, der Bauwasserzins am Ende eines jeden Kalendermonats berechnet und eingezogen. Die Einziehung des Betrages, welchen der Consument über den Mindestbetrag zu zahlen hat, erfolgt am Schlusse eines jeden Rechnungsjahres von dem derzeitigen Eigenthümer des Grundstückes. Die Deputation ist befugt, von den Abnehmern die Hinterlegung einer Caution zu verlangen, deren Höhe sie festsetzt.	Wenn einzelne Räume in Folge baulicher Aenderungen eingehen, oder wenn einzelne selbstständige Wohnungen ein Kalender-Quartal oder länger leer stehen und der Abnehmer dieselben bis zu dem achten Tage des dritten Kalender-Quartalsmonats abgemeldet hat, so kann der Abnehmer eine entsprechende Herabsetzung des Mindestsatzes für jedes volle Quartal verlangen.	Der Antragsteller unterwirft sich allen von den Communalbehörden zu beschliessenden Abänderungen.
Der Betrag des durch den Wassermesser als verbraucht angezeigten Wassers wird mit der Wassermessermiethe quartalsweise und, falls nichts Anderes vereinbart worden ist, in dem ersten Monat des folgenden Quartals von dem betreffenden Haus- oder Grundstücksbesitzer erhoben. Die Vertheilung des Geldbetrags unter die an dem Verbrauch betheiligten Miether oder Pächter bleibt den Haus- oder Grundstücksbesitzern überlassen.	Wird 3 Monate vor Ablauf der 3 Jahre von keiner Seite gekündigt, so läuft das Uebereinkommen stillschweigend weiter und kann nur unter Beobachtung einer am 1. Januar, 1. April, 1. Juli und 1. October stattfindenden dreimonatlichen Kündigung aufgelöst werden.	Aenderungen sind vorbehalten.
Die Gebäudesteuer (Wassersteuer) wird halbjährlich am 1. Mai und 1. November erhoben. Für das ohne Wassermesser nach bestimmten Tarifsätzen entnommene Wasser hat die Bezahlung monatlich prän. zu geschehen. Für das nach einem Wassermesser entnommene Wasser hat die Bezahlung ebenfalls monatlich und zwar innerhalb acht Tagen nach Behändigung der Rechnung zu erfolgen. Bei nicht rechtzeitig erfolgter Zahlung ist der Wasserzins im Verwaltungs-Executionswege einzuziehen.	Bei Verwendung von Wasser zu gewerblichen und andern, der tarifmässigen Bezahlung unterliegenden Zwecken steht sowohl der Stadt wie dem Besitzer der Privatleitung eine dreimonatliche Kündigung zu, welche jedoch nur auf den 1. Januar, 1. April, 1. Juli und 1. October statthaft ist. Sobald aus irgend einem Grunde die fernere Benutzung einer Privatleitung aufhört, muss der Besitzer derselben, wenn solches von der Verwaltung verlangt wird, auf seine Kosten die Trennung derselben von der öffentlichen Rohrleitung und die Herstellung der etwa dabei vorkommenden Beschädigungen in derselben Weise bewirken lassen, wie dies bei der Anlage der Fall war. Inwieweit bei gänzlicher oder theilweiser Zerstörung oder beim Umbau von Gebäuden und beim Leerstehen von Wohnungen ein Erlass des zu zahlenden Wasserzinses eintritt, unterliegt der Beschlussnahme des Gemeinderathes.	Der Abnehmer unterwirft sich auch denjenigen Veränderungen der Wasserzinsberechnung, welche durch die der Beschlussfassung des Gemeinderaths und der Bestätigung der Regierung jederzeit vorbehaltene Revision des Tarifs und Reglements oder durch sonst welche neue Bestimmungen etwa herbeigeführt werden.
Die Bezahlung hat je nach dem Ermessen der Verwaltung entweder monatlich postn. oder halbjährlich prän. zu erfolgen. Ergiebt sich in letzterem Falle im Laufe der Zeit, dass die Consumenten mehr Wasser gebraucht haben, als sie nach dem Mindestbetrag gebrauchen dürfen, wenn man als Einheitspreis den Preis von 10 Pfg. per cbm Wasser in Ansatz bringt, so sind sie auf Erfordern der Verwaltung gehalten, die Differenz zwischen dem wirklichen Consum und dem Mindestsatze nachträglich sofort zu entrichten. Der Consument hat alle Rechnungen über Wasserconsum oder Privatanlagen in der Regel bis zum Schlusse des Monats, in welchem ihm die Rechnung zugestellt worden ist, zu bezahlen, und zwar auch dann, wenn er glaubt, durch die Rechnungsaufstellung benachtheiligt zu sein. Es steht ihm indessen frei, innerhalb 14 Tagen nach Erhalt der Rechnung Einspruch gegen die Richtigkeit derselben zu erheben.	Ausser in den Fällen, in welchen der Verwaltung das Recht zusteht, den Wasserzufluss zu sperren, kann eine Schliessung der Wasserleitung auch zu Anfang eines jeden Kalendervierteljahres erfolgen, wenn entweder Seitens der Verwaltung oder Seitens des betr. Abnehmers eine dreimonatliche Kündigung vorhergegangen ist.	Aenderungen sind vorbehalten.

No.	Stadt	Grundzüge der Wasserabgabe	Anmeldung und Vertrag
		5	6
36	Dresden .	Die Besitzer von gemeindeanlagepflichtigen Grundstücken, welche mit Wohnhäusern bebaut, an die Hauptrohrleitung des Wasserwerks angeschlossen sind und mit Entwässerungsanlagen nach den städtischen Hauptschleussen versehen werden können, haben, gleichviel ob sie ihre Grundstücke mit Vorrichtungen zur Wasserentnahme versehen haben, und ob sie selbst oder die Bewohner ihrer Grundstücke von dem aus dem Wasserwerke zugeleiteten Wasser Gebrauch machen oder nicht, in Gemässheit der Specialbestimmungen des Tarifs eine nach der Zahl der Wohn- und Wirthschaftsräume bemessene jährliche Mindestzahlung (Wasserabgabe) zu leisten. Die Verwaltung ist befugt, den Verbrauch in jedem Grundstücke durch Wassermesser controlliren zu lassen und für den nicht veranlagten Consum nachträglich Zahlung zu beanspruchen. In solchen Grundstücken, in welchen sich Hôtels, Gastwirthschaften, Räume geschlossener Gesellschaften oder solche Gewerbe befinden, zu deren Betrieb — wie z. B. Brauereien, Färbereien, Leder-, Seifen-, Mineralwasser-, Zuckerwaarenfabriken, Schlächtereien, Fischhandlungen etc. — viel Wasser erforderlich, und in welchem der Verbrauch zu solchen Zwecken vorwiegend ist, wird in der Regel der Verbrauch des ganzen Grundstücks unter Wassermesser-Controle gestellt. Spülung von Closets und Pissoirs bedingt stets die Controlle durch Wassermesser unter Zugrundelegung eines Mindestbetrages.	Wer aus dem Wasserwerk Wasser beziehen will, hat sein Vorhaben unter specieller Angabe der in dem Grundstücke betriebenen Gewerbe bei der Verwaltung anzumelden.
37	Düren . . .	Die Lieferung des Wassers geschieht unter Erhebung eines Mindestbetrages nach Wassermesser.	Anmeldungen werden von dem Eigenthümer des betreffenden Grundstückes angenommen, von Nutzniessern und Miethern in der Regel nur unter Genehmigung des Eigenthümers. Jede Bestellung über Wasserlieferung gilt auf unbestimmte Zeit und bleibt der Abnehmer verpflichtet, den Wasserzins so lange zu zahlen, bis er die Lieferung gekündigt hat.
38	Düsseldorf	Die Lieferung des Wassers erfolgt in der Regel nach Einschätzung, sonst unter Erhebung eines Mindestbetrages nach Wassermesser; jedoch steht es jedem Consumenten frei, die Aufstellung eines Wassermessers zu verlangen. Die Wasserlieferung darf nur nach Wassermesser geschehen: für Fabriken und für solche Gewerbetreibende, welche bei ihrem Gewerbebetriebe grössere Wasserquantitäten verbrauchen; für Grundstücke, welche an den städtischen Schwemmkanal angeschlossen sind; für Grundstücke mit Elevatoren, soweit sie nicht ausschliesslich für Waschküchen benutzt werden, und für hydraulische Motoren. Die Einschätzung erfolgt stets für das ganze Haus nebst Zubehör ohne Rücksicht auf die Zahl der angebrachten Zapfstellen. Der Wasserzins wird nicht herabgesetzt, weil einzelne Räume unbenutzt geblieben sind.	Die Anmeldungen werden nur von dem Eigenthümer des Grundstückes, von Nutzniessern und Miethern aber nur angenommen, wenn der Eigenthümer seine Genehmigung dazu ertheilt hat. Jede Bestellung über Wasserlieferung gilt auf unbestimmte Zeit und bleibt der Consument verpflichtet, den Wasserzins so lange zu zahlen, bis er die Lieferung gekündigt hat.
39	Duisburg .	Die Wasserabgabe erfolgt entweder nach Einschätzung oder unter Erhebung eines Mindestbetrages nach Wassermesser. Letztere sind obligatorisch bei Wasserabgabe für grössere gewerbliche Anlagen mit Dampfkesselbetrieb, sowie Brennereien, Brauereien, Destillerien, Mineralwasserfabriken. Die Verwaltung, sowie auch die Consumenten sind berechtigt, für die zum Haus- und wirthschaftlichen Bedarf zu rechnenden Verbrauchsarten Wassermesser zu setzen bezw. zu verlangen. Kleingewerbe werden nach Einschätzung versorgt. Bei der Versorgung eines Hauses werden in der Regel alle Räume zur Berechnung herangezogen. Hinter- oder Nebenräume, welche nicht in directer Verbindung durch Thüren und Oeffnungen mit dem Haupthause stehen, können abgesetzt werden, wenn für dieselben die Leitung nicht benutzt wird und sich Zapfhähne nur im Haupthause befinden. Sind Zapfhähne auf dem Hofe angebracht, so ist der Wasserzins für sämmtliche mit dem Hofe direct verbundene Gebäude zu zahlen.	Jedes Grundstück, auf welchem ein zum dauernden Aufenthalt von Menschen bestimmtes Gebäude errichtet ist, muss sofern bezw. sobald in der Strasse Wasserröhren liegen, an diese angeschlossen werden. Ausgenommen von diesem Zwange sind nur diejenigen Grundstücke, bezüglich deren polizeilich festgestellt wird, dass durch einen auf denselben befindlichen Brunnen für die ausreichende Beschaffung von dauernd gutem Trinkwasser gesorgt ist. Die Verpflichtung, den Anschluss zu bewirken, liegt den Eigenthümern, Nutzniessern oder Verwaltern der betreffenden Grundstücke ob. Der Vertrag wird auf mindestens ein Jahr abgeschlossen.

Zahlungsbestimmungen	Kündigung	Aenderungen der Bestimmungen
7	8	9
Für das ohne Wassermesser bezogene Wasser ist vierteljährliche Vorauszahlung zu leisten. Für das nach Wassermessern bezogene Wasser haben die Abnehmer die tarifmässige Mindestzahlung ebenfalls in vierteljährlichen Raten vorauszuzahlen und zwar zugleich mit der nach dem Stande der Wassermesser erforderlichen Nachzahlung binnen 8 Tagen nach Zufertigung der bezüglichen Rechnung. Die Grundstücksbesitzer, sofern etwas Anderes nicht ausdrücklich vereinbart ist, sind berechtigt, von ihren Abmiethern Erstattung der Wasserabgabe nach Verhältniss der zu den einzelnen Miethabtheilungen gehörigen Räume etc. neben dem Miethzins zu fordern, wenn in dem betreffenden Stockwerke eine Vorrichtung getroffen worden ist, welche dessen Bewohnern die regelmässige Wasserentnahme ermöglicht.	Die Wassserlieferung sowohl, als die Zahlungsverpflichtung der Abnehmer, insoweit letztere nicht zur Zahlung der Wasserabgabe ortsstatutarisch verpflichtet sind, wird durch Kündigung mit dreimonatlicher Frist unterbrochen. Die Kündigung gilt nur für das Ende des nächstfolgenden Kalender-Quartals; auch Revision der Pauschal- und Mindestsätze wird von Quartal zu Quartal vorbehalten. Sind in einem Hause einzelne selbstständige Wohnungen oder Geschäftslokale während eines Kalenderjahres wenigstens 3 Monate lang nicht vermiethet und in Folge dessen nicht benutzt gewesen, so kann der Hausbesitzer einen der Zahl der wasserabgabepflichtigen Räume etc. entsprechenden Erlass von der das Haus treffenden Wasserabgabe beanspruchen, jedoch nur dann, wenn Anzeige darüber spätestens am 15. Januar des nächstfolgenden Jahres eingereicht wird.	Der Anmeldende unterwirft sich den Aenderungen, welche durch Revision des Tarifs oder neue Bestimmungen herbeigeführt werden.
Der Stand des Wassermessers wird jeden Monat aufgenommen. Das Wassergeld wird mit der Wassermessermiethe vierteljährlich entrichtet. Auf Erfordern der Wasserwerks-Commission kann der Abnehmer angehalten werden, einen dem vierteljährigen Wasserzins und der Miethe gleichkommenden Betrag als Bürgschaft zu hinterlegen.	Die Kündigung kann nur mit mindestens monatlicher Frist und derartig geschehen, dass die Lieferung mit Ende des laufenden Kalendervierteljahres abschliesst.	Der Abnehmer unterwirft sich auch allen denjenigen Veränderungen, welche durch neue Beschlüsse der Stadtverordnetenversammlung künftig herbeigeführt werden. Diese Veränderungen können nur mit Beginn eines neuen Vierteljahres in Kraft treten und sind 6 Wochen vorher in ortsüblicher Weise bekannt zu machen.
Die Zahlung des Wasserzinses nach Tarif, des Mindestbetrages und der Wassermesser-Miethe hat vierteljährlich praen. zu erfolgen. Der Stand des Wassermessers wird monatlich aufgenommen. Die Rabatt-Berechnung findet am Jahresschlusse statt.	Die Kündigung kann nur mit mindestens monatlicher Frist und derartig geschehen, dass die Lieferung mit dem Ende des laufenden Kalender-Quartals abschliesst. Wenn ganze Etagen länger als ein Vierteljahr leer stehen, kann eine Ermässigung des Wasserzinses eintreten. Dieser Anspruch auf Erlass geht für die Vergangenheit jedoch verloren, wenn derselbe nicht längstens 14 Tage nach Ablauf des betreffenden Vierteljahres geltend gemacht wird.	Veränderungen der Abgabebedingungen bleiben vorbehalten; sie werden in ortsüblicher Weise bekannt gemacht und sind alsdann für alle Consumenten bindend.
Die Zahlungen finden in der Art statt, dass der Verbrauch nach dem Wassermesser incl. Wassermessermiethe monatlich postn., der Verbrauch ohne Wassermesser vierteljährlich pränentrichtet wird. Der Mindestsatz wird nach Ablauf jeden Monats erhoben, wenn auch die Zahlungshöhe für das im Monat verbrauchte Wasser hinter diesem Mindestsatz zurückbleibt. Am Schlusse jedes Betriebsjahres findet ein Ausgleich unter den einzelnen Monaten dahin statt, dass der gesammte Jahres-Verbrauch pro cbm zu 10 Pf. in Rechnung gestellt und das, unter Berücksichtigung des Mindestsatzes, etwa bezahlte Mehr den Consumenten behufs Anrechnung bei den nächsten Zahlungen gutgeschrieben wird.	Wird drei Monate vor Ablauf des ersten Vertragsjahres, welches mit dem Zeitpunkte der vollzogenen Verbindung der Privatleitung mit dem Strassenrohre beginnt, von keiner Seite gekündigt, so läuft das Vertragsverhältniss stillschweigend weiter und kann nur unter Beobachtung einer am 1. Januar, 1. April, 1. Juli oder 1. October stattzuhabenden dreimonatlichen Kündigung aufgehoben werden. Die Kosten der Trennung der Privatleitung von der städtischen Leitung nach erfolgter Kündigung trägt der Kündigende.	Veränderungen werden durch die Tagesblätter bekannt gemacht. Derjenige Privat-Consument, welcher sich der beschlossenen Veränderung nicht fügen will, ist verpflichtet, sein Vertragsverhältniss zu kündigen, anderenfalls sein Einverständniss stillschweigend angenommen wird.

No.	Stadt	Grundzüge der Wasserabgabe	Anmeldung und Vertrag
		5	6
40	Eisenach .	Das Wasser aus der städtischen Wasserleitung wird nur nach Wassermesser abgegeben unter Erhebung eines Mindestbetrages.	Die Anmeldung zur Versorgung eines Grundstücks muss von dem Eigenthümer des Hauses oder Grundstücks oder dem legitimirten Vertreter desselben geschehen, und es haftet derselbe auch allein für die Zahlung des für die Wasserversorgung festgesetzten Preises. Durch die Unterschrift des Vertrages wird zugleich die Wasserlieferung für mindestens 1/2 Jahr und zwar vom ersten Tage des auf die Herstellung der Verbindung folgenden Monats abgeschlossen.
41	Eisleben .	Die Menge des aus der Hauptleitung entnommenen Wassers wird durch Wassermesser bestimmt.	Der Antrag auf Wasserabgabe ist von dem Hauseigenthümer an den Magistrat zu richten. In demselben muss angegeben sein: das Hausgrundstück, der Zweck, zu welchem das Wasser benutzt werden soll, die Rohrweite, und der Unternehmer, welcher die Leitung herstellen soll.
42	Elberfeld .	Die Abgabe geschieht nach Wassermesser unter Erhebung eines Mindestbetrages.	Das Abkommen wird nur mit den Eigenthümern von Grundstücken und Häusern getroffen, nicht mit Miethern.
43	Erfurt . . .	Das Wasser wird in der Regel nur nach Wassermessern abgegeben unter Erhebung eines Mindestbetrages.	Jeder Haus- oder Grundstückbesitzer, welcher aus der städtischen Wasserleitung eine Abzweigung zum Privatgebrauch anlegen will, hat dies beim Magistrat anzumelden und den Unternehmer namhaft zu machen, durch den er die Einrichtung innerhalb des Grundstückes ausführen lassen will. In der Regel werden nur Anmeldungen zur Wasserversorgung für ein ganzes Grundstück und nicht für einzelne Theile desselben angenommen. Mit Miethern werden keine Verträge abgeschlossen. Hiervon kann mit besonderer Zustimmung des Magistrats nur solchen Miethern gegenüber eine Ausnahme gemacht werden, welche ein ganzes Grundstück gemiethet haben und eine besondere schriftliche Genehmigung des Hausbesitzers beibringen. Der Vertrag gilt für unbestimmte Zeit.
44	Essen (Stadt)	Die Wasserabgabe erfolgt nach Wassermesser, für vorübergehende Versorgung, wenn die Aufstellung von Wassermessern nicht angängig ist, gemäss besonderer Vereinbarung.	Die Wasserabgabe erfolgt auf Bestellung an Haus- und Grundstücksbesitzer. Miethern, welche zum Gewerbebetrieb ein grösseres Quantum Wasser gebrauchen, kann gegen Cautionsgestellung event. durch Vermittelung des Grundstücksbesitzers Wasser verabfolgt werden.
45	Flensburg	Die Wasserabgabe erfolgt für die Hausversorgung nach Einschätzung, für den geschäftlichen Betrieb oder für sonstige nicht der Haushaltung dienende Zwecke nach Wassermesser. Bei kleinen Gärten oder solchen bereits mit Zweigleitungen versehenen gewerblichen Anlagen, in welchen nur nach gänzlicher Umlegung der Zweigleitungen Wassermesser eingeschaltet werden können, kann das Verbrauchsquantum durch Schätzung festgestellt werden. Für Neubauten und andere temporäre Zwecke kann nach specieller Vereinbarung Wasser geliefert werden.	Jeder Hausbesitzer, dessen Gewese im Bereiche des Rohrnetzes der städtischen Wasserversorgung liegt, kann aus derselben Wasser beziehen und sich nach vorschriftsmässiger Anmeldung zu diesem Zwecke eine Zweigleitung anlegen lassen. Dieses Vorhaben ist schriftlich anzuzeigen.

<table>
<tr><th>Zahlungsbestimmungen</th><th>Kündigung</th><th>Aenderungen der Bestimmungen</th></tr>
<tr><th>7</th><th>8</th><th>9</th></tr>
<tr><td>Die Bezahlung ist in Vierteljahresraten zu leisten. Erfolgt die Zahlung nicht sofort auf die ergangene Aufforderung und wird sie nicht nachher binnen 8 Tagen geleistet, so hat das Wasserwerksamt das Recht, dem Abnehmer sofort den Zufluss abzuschneiden. Erfolgt die Zahlung noch nachträglich, so darf für die Zeit des Verschlusses kein Abzug an dem Betrage gemacht werden.</td><td>Eine etwaige Kündigung muss bis zum 1. Juni oder 1. December des Jahres, für welches die Vereinbarung gilt, geschehen, widrigenfalls eine stillschweigende Verlängerung für das nächste halbe Kalenderjahr eintritt.
Dem Wasserwerksamt steht in allen denjenigen Fällen, wo solches in den Bestimmungen ausdrücklich angegeben ist, vergl. Tab. VII, 24 und 26, die Befugniss zu, den Vertrag sofort aufzuheben und den Wasserzufluss abzuschneiden.</td><td rowspan="2">Bei Aenderungen der Bestimmungen hat der Eigenthümer das Recht, sich der Geltung derselben für ihn dadurch zu entziehen, dass er binnen 4 Wochen von seinem Vertrage zurücktritt, in welchem Falle er die für die übrige Zeit des fragl. Kalenderjahres etwa vorausbezahlten Beiträge zurückerstattet erhält.</td></tr>
<tr><td colspan="2">Sobald aus irgend einem Grunde eine Privatwasserleitung nicht mehr benutzt werden soll, muss der Besitzer auf seine Kosten die Trennung derselben von der öffentlichen Röhrenleitung und die Herstellung der dabei etwa vorkommenden Beschädigungen durch das Wasserwerksamt bewirken lassen.</td></tr>
<tr><td>Die Wassermessermiethe und der Wasserzins sind nach dem Schlusse eines jeden Vierteljahres innerhalb der nächsten 14 Tage nach der Zustellung der Rechnung zu zahlen. Bei nicht rechtzeitiger Zahlung der Beträge erfolgt die Einziehung unter Ausschluss des Rechtsweges durch das Verwaltungszwangsverfahren. Dem Magistrat gegenüber ist der Hauseigenthümer allein für den Wasserzins und die Wassermessermiethe verhaftet.</td><td>Dem Magistrat wie dem Consumenten steht eine Kündigung des Vertrages am 1. Januar, 1. April, 1. Juli und 1. October mit dreimonatlicher Frist zu. Sobald aus irgend einem Grunde die fernere Benutzung einer Privatleitung aufhört, muss der Besitzer auf Verlangen auf seine Kosten die Trennung derselben von der öffentlichen Leitung und die Beseitigung der dabei etwa vorkommenden Beschädigungen bewirken lassen.</td><td></td></tr>
<tr><td>Die Forderungen für geliefertes Wasser und an Wassermessermiethe werden monatlich eingezogen. Die Berechnung des Mehrverbrauchs findet erst in dem Monate statt, in welchem die für den Mindestbetrag zu liefernde Menge</td><td>Die beabsichtigte Einstellung des Wasserbezuges ist 1 Monat vorher dem Wasserwerke mitzutheilen.</td><td rowspan="2"></td></tr>
<tr><td colspan="2">überschritten wird. Werden erfahrungsmässig mehr als 200 cbm jährlich verbraucht, kann die Berechnung auch monatlich nach dem Wassermesser erfolgen.</td></tr>
<tr><td rowspan="2">Die Zahlung der Mindestsätze resp. der Wasserzinsen nach Wassermesser wird durch Zufertigung der Rechnung fällig.</td><td>Das Vertragsverhältniss kann von beiden Theilen dergestalt gekündigt werden, dass die Wasserlieferung mit Schluss desjenigen Quartals, in welchem die Kündigung erfolgt, aufhört.</td><td>Durch die Anmeldung unterwirft sich der Grundstücks-Eigenthümer oder dessen legitimirter Vertreter denjenigen Veränderungen, welche durch eine etwa erfolgende, den städtischen</td></tr>
<tr><td colspan="2">Behörden jederzeit vorbehaltene Revision und Abänderung oder durch sonstige neue Bestimmungen herbeigeführt werden. Bei Einführung solcher Aenderungen hat der Grundstücks-Eigenthümer nur das Recht der vorgesehenen Kündigung.</td></tr>
<tr><td>Ueber das entnommene Wasser wird innerhalb der 1. Classe (vergl. Tab. VII, 18) in der Regel vierteljährl., bei den übrigen Classen aber monatl. Rechnung ausgefertigt. Erfolgt die Zahlung nicht, so steht dem Wasserwerk das Recht zu, die Abgabe sofort einzustellen. Auch bleibt es dem Werk überlassen, eine Caution zu verlangen.</td><td></td><td>Abänderungen der Bedingungen werden im Kreisblatt veröffentlicht u. treten ein Vierteljahr nach dieser Veröffentlichung in Kraft.</td></tr>
<tr><td>Das Wassergeld ist vierteljährlich zu entrichten.</td><td>Eine Kündigung der Wasserentnahme steht jedem Besitzer der Zweigleitung zu; die Kündigung kann jedoch nur zum 1. April erfolgen und muss spätestens am 31. December vorher geschehen.</td><td></td></tr>
</table>

No.	Stadt	Grundzüge der Wasserabgabe	Anmeldung und Vertrag
		5	6
46	Frankfurt a. M.	Die Wasserabgabe erfolgt entweder nach Einschätzung für Wohnungen, Geschäftsräume, Gärten u. s. w. oder nach Wassermesser bei Benützung der Wasserleitung: a) für Fabriken und solche gewerbliche oder landwirthschaftliche Betriebe, welche grössere Wassermengen verbrauchen, b) für Bauten und sonstige vorübergehende Zwecke, c) für hydraulische Betriebe mit Ausnahme derjenigen, welche sich in Häusern zum Alleinbewohnen befinden und lediglich häuslichen Zwecken dienen, d) in allen Fällen der Wasserentnahme, wenn nach dem Ermessen des Tiefbau-Amts eine vertragswidrige Verwendung des Wassers zu befürchten steht. Es bleibt dem Tiefbau-Amt überlassen, im Falle a) und b) von der Aufstellung der Wassermesser Abstand zu nehmen und statt dessen einen durch Aichung des Ausflussrohres oder sonst zu ermittelnden Durchschnittsverbrauch der Berechnung zu Grunde zu legen. Auch steht dem Magistrat die Befugniss zu, für besonders geeignete Fälle die Wasserentnahme nur auf Grund besonderer Bedingungen zu gewähren. Die Benutzung der auf öffentlichen Strassen und Plätzen befindlichen Röhrbrunnen der städtischen Wasserleitung steht Jedermann, jedoch lediglich für den gewöhnlichen Hausbedarf unentgeltlich frei, wogegen jede weitergehende Benutzung des Wassers aus diesen Brunnen, insbesondere zu gewerblichen und landwirthschaftlichen Zwecken, sowie das Holen des Wassers mittelst Hand- oder anderen Fuhrwerks untersagt ist. Das Tiefbau-Amt ist berechtigt, für Gärten, Springbrunnen und Pissoirs, Bauten, hydraulische und grössere gewerbliche Betriebe anstatt Quell- oder Grundwasser auch Flusswasser zu liefern, ohne dass hierdurch die Verpflichtungen des Abnehmers geändert werden. Jedoch ermässigt sich in solchem Falle der Preis pro cbm für hydraulische und grössere gewerbliche Betriebe, wenn der vierteljährliche Verbrauch 1000 cbm übersteigt, vergl. Tab. VII, 18.	Anmeldungen werden von den Nutzniessern oder Miethern eines Grundstücks dann angenommen, wenn zugleich die Genehmigung des Eigenthümers beigebracht wird.
47	Frankfurt a. O.	Die abonnementsweise Abgabe von Wasser aus den Leitungen des Wasserwerks findet vermittelst der sogenannten Discretionshähne, bezw. des Wassermessers statt, welche dem Abonnenten den Bezug einer in dessen Belieben gestellten Wassermenge gestatten.	Der Vertrag wird mit dem Eigenthümer des Grundstücks auf eine bestimmte Zeitdauer abgeschlossen und zwar in der Regel nur unter der Bedingung, dass sich derselbe gleichzeitig für sämmtliche, sowohl von ihm selbst benutzte als vermiethete oder zur Vermiethung bestimmte Räumlichkeiten seines Grundstücks abonnire.
48	Freiberg i. S.	Das Trinkwasser wird bis auf Weiteres unbeschadet bereits bestehender Verträge mit Eigenthümern bestimmter Grundstücke ausschliesslich durch öffentliche Brunnen der Einwohnerschaft gewährt. Die Entnahme von Wasser zu anderen als Genusszwecken, insbesondere für Bauten, zum Tränken von Vieh, zum Waschen u. s. w. ist, ausgenommen in Nothfällen und bezüglich derjenigen Grundstücke, welche noch nicht mit Brauchwasser versehen sind, unstatthaft und unterliegt der angedrohten Strafe. Das Brauchwasser wird bis auf Weiteres für den Haus- und Wirthschaftsbedarf nach Wahl des Hausbesitzers durch Wassermesser oder durch sogenannte Niederschraubhähne abgegeben. Dem Stadtrath steht das Recht zu, die Entnahme des Wassers lediglich durch Wassermesser geschehen zu lassen. Für gewerbliche und industrielle Zwecke, mit Ausnahme der Entnahme für Bauten, ferner für Viehwirthschaften, Springbrunnen, Pissoirs und Wasserclosets, nicht minder bei allen städtischen Gebäuden geschieht die Abgabe ausschliesslich durch Wassermesser. Erfolgt die Entnahme des Wassers nicht durch Wassermesser, so wird die Jahreswassersteuer alle 3 Jahre von dem Ausschuss für die Wasserbewirthschaftung bezw. auf Grund des Katasters für die städtische Grundsteuer festgesetzt. Neue Hausgrundstücke, welche noch nicht grundsteuerpflichtig sind, schätzt der Wasserversorgungs-Ausschuss nach Maassgabe des Regulativs für die Grundsteuer vorläufig für die Wassersteuer ein.	Alle Diejenigen, welche aus der städtischen Wasserleitung Brauchwasser mittelst Zweigleitung zum Privatgebrauch entnehmen wollen, haben dies bei der Wasserwerksverwaltung anzuzeigen und dabei den Zweck der Verwendung anzugeben. Ingleichen ist der Hausbesitzer bei Strafe verpflichtet, bevor ein Gewerbebetrieb, zu welchem Wasser aus der Brauchwasserleitung entnommen wird, in seinem Grundstück begonnen wird, dies bei der Verwaltung anzuzeigen. Zu solchen Gewerbebetrieben gehört insbesondere auch die Aufstellung von Gasmotoren.

<table>
<tr><th>Zahlungsbestimmungen</th><th>Kündigung</th><th>Aenderungen der Bestimmungen</th></tr>
<tr><th>7</th><th>8</th><th>9</th></tr>
<tr><td>Die Bezahlung des Wassergelds liegt dem Inhaber (Eigenthümer, Nutzniesser, Miether) der betreffenden Grundstücke oder Räume ob. Bei Gärten und hydraulischen Betrieben, welche der gemeinschaftlichen Benutzung mehrerer Bewohner derselben Liegenschaft dienen, ist der Eigenthümer oder Nutzniesser der Liegenschaft zur Zahlung verpflichtet. Gleiches gilt von Springbrunnen, hinsichtlich welcher die Zahlung nicht von Anderen übernommen ist.</td><td>Eine innerhalb des Halbjahres erfolgende, völlige oder theilweise Abmeldung des Wasserbezugs (wozu jedoch eine blosse Veränderung im Wasserbezuge wegen Wechselns der Wohnung nicht gehört) verpflichtet zur Zahlung des bisherigen Wassergeldes bis zum Ablauf desjenigen Monats, in welchem die Abmeldung erfolgte.</td><td rowspan="2">Die auf die Herstellung der Privatleitungen bezüglichen Vorschriften können abgeändert oder ergänzt werden.</td></tr>
<tr><td colspan="2">Das nach Veranlagung zu zahlende Wassergeld ist in vierteljährlichen Theilzahlungen im Voraus zu entrichten. Die Veranlagung erfolgt, abgesehen von der ersten Veranlagung, halbjährlich zum 1. April und 1. October.
Wer innerhalb des Halbjahres zum Wasserbezug angemeldet wird, ist vom ersten desjenigen Monats, in welchem die Anmeldung erfolgte, zur Zahlung des Wassergeldes, bezw. des höheren Wassergeldes verpflichtet.
Im Uebrigen werden alle sonstigen, innerhalb des Halbjahres eingetretenen Veränderungen im Wasserbezuge, namentlich in Folge eines Wechsels der Wohnung oder einer Aenderung des Miethswerths der letzteren erst vom Beginn des nächsten Halbjahrs und nur dann zu Gunsten des Verpflichteten berücksichtigt, wenn sie vorher angemeldet sind. Ebenso ist die Verpflichtung zur Zahlung des Wassergeldes nicht dadurch bedingt, dass während des Zeitraumes der Veranlagung eine Benutzung der Wasserleitung thatsächlich stattgefunden hat.</td></tr>
<tr><td colspan="3">Das nach Wassermesser zur Erhebung gelangende Wassergeld kann nach Ablauf eines jeden Monats erhoben werden.
Das Wassergeld ist eine für die Benutzung der städtischen Wasserversorgungs-Anstalt zu entrichtende besondere Abgabe (Gebühr), welche nach dem Gesetz der Beitreibung im Verwaltungs-Zwangsverfahren unterliegt.</td></tr>
<tr><td>Der Abonnementspreis ist für diejenigen Abonnenten, welche das Wasser nach Einschätzung beziehen, vierteljährlich praen., für solche hingegen, welche dasselbe durch Vermittlung von Wassermessern beziehen, postn. nach geschehener Aufnahme der Wassermesser zu bezahlen.</td><td>Für leerstehende Wohnungen wird der Abonnementspreis des Grundstücks entsprechend vermindert, wenn der Gesellschaft hiervon bei Präsentation der vierteljährlichen Abonnementsquittung Anzeige gemacht wird.
Die Kündigung kann von beiden Seiten stattfinden.</td><td></td></tr>
<tr><td>Bei Abgabe durch Wassermesser wird zu Ende jeden Vierteljahres das entnommene Quantum abgelesen und nach Mittheilung an den Hauseigenthümer oder Verwalter in das von demselben zu haltende Wassersteuerbuch eingetragen, letzteres auch behufs Einhebung der Wassersteuer an die Stadtkasse abgegeben. Die Steuer ist alsdann sofort im Laufe des ersten Monats des neuen Vierteljahres zu entrichten.
Die Steuer wird am 31. März, 30. Juni, 30. September und 31. December je für das abgelaufene Kalendervierteljahr fällig und ist binnen 4 Wochen zu entrichten.
Zur Bezahlung der Wassersteuer ist in erster Linie der Eigenthümer des betreffenden Grundstückes verpflichtet. Wird für einzelne Bewohner des Hausgrundstücks ein besonderer Wassermesser eingestellt oder zeigt der Hausbesitzer zusammen mit einem Abmiether vor Beginn eines Kalenderjahres an, dass der Abmiether einen bestimmten Theil des auf das betreffende Hausgrundstück entfallenden Wasserzinses zu entrichten übernimmt, so wird dieser Theil des Wasserzinses zunächst von dem betreffenden Abmiether eingehoben. Es bleibt jedoch der Hausbesitzer der Stadtgemeinde gegenüber, falls vom Abmiether durch Zwangsvollstreckung der Betrag nicht zu erlangen ist, für die Zahlung des Wasserzinses haftbar.</td><td>Wer weder Brauch- noch Trinkwasser mehr aus den städtischen Leitungen entnehmen will, hat dies spätestens am 30. Juni eines Jahres anzuzeigen und kommt alsdann die Wassersteuer für ihn von Beginn des folgenden Jahres an in Wegfall. Hierbei hat er, falls das in Frage kommende Grundstück ein bewohntes Gebäude ist, nachzuweisen, dass die Bewohner desselben in anderer Weise genügend mit Trinkwasser versorgt sind.</td><td>Eine Ermässigung oder Erhöhung der Wassersteuer bleibt vorbehalten.</td></tr>
</table>

No.	Stadt	Grundzüge der Wasserabgabe	Anmeldung und Vertrag
		5	6
49	**Freiburg i. B.**	Die Berechnung findet entweder nach Einschätzung (für gewöhnlichen Hausbedarf, Garten, Stallung etc.) oder nach Wassermesser unter Zugrundelegung eines Mindestbetrages statt. Bei Lieferungen für Grundstücke, die hinsichtlich der Tarifirung nicht unter die bez. Bestimmungen für Einschätzung eingereiht werden können, sowie bei Lieferungen von mehr als 30 cbm pro Tag, tritt freie Vereinbarung ein. Wasserabgabe zu vorübergehenden Zwecken kann die Brunnenverwaltung ausnahmsweise bewilligen.	Der Vertrag wird mit dem Grundstücks-Eigenthümer abgeschlossen und gilt auf unbestimmte Zeitdauer.
50	**Gelsenkirchen-Schalke**	Die Entnahme des Wassers geschieht entweder nach Wassermesser oder nach Einschätzung, und zwar stets nur für ein ganzes Grundstück, nie aber für einzelne Theile desselben. Für gewerbliche und für bauliche Zwecke, zum Speisen von Springbrunnen, Garten- und Strassensprengen, Viehtränken, Wasserclosets und Strahlpumpen, sowie für Häuser mit Kanalanschluss wird das Wasser nur vermittels Wassermesser abgegeben. Es steht jedoch dem Abnehmer frei, das zu allen anderen Zwecken dienende Wasser ebenfalls mittels Wassermesser zu beziehen. Die Gesellschaft ist jederzeit berechtigt, auch bei den Abnehmern nach Einschätzung einen Wassermesser aufzustellen und hat der Abnehmer von da ab fernerhin nach Messung zu bezahlen.	Anmeldungen werden nur von dem Eigenthümer des betreffenden Grundstückes, von Nutzniessern oder Miethern aber nur in dem Falle angenommen, dass der Eigenthümer seine besondere Genehmigung dazu ertheilt hat. Jede Bestellung auf Wasserlieferung gilt auf unbestimmte Zeit.
51	**Giessen** . .	Die Wassermenge, für welche Zahlung zu leisten ist, wird unter Erhebung eines Mindestbetrages durch Wassermesser bestimmt.	
52	**Gladbach-M.**	Die Abgabe erfolgt im Allgemeinen nach Wassermesser unter Erhebung eines Mindestbetrages. Für Wohngebäude jedoch, welche nur aus Erd- und einem Obergeschoss bestehen und mit etwa vorhandenen Hinter- oder Seitengebäuden eine bebaute Grundfläche von höchstens 80 qm haben und für Wohngebäude mit mehr als 2 Geschossen, deren Geschosse zusammen nicht mehr als 160 qm bebaute Fläche enthalten, kommt letzterer in Wegfall. Ausserdem ist es gestattet, für bauliche und Feuerlöschzwecke Wasser nach Tarif zu entnehmen. Der Commission bleibt vorbehalten, bei Häusern der Actien-Baugesellschaft oder bei Arbeiterwohngebäuden von den oben erwähnten Grössen von Privaten, welche ähnliche Zwecke wie die vorgenannte Gesellschaft verfolgen, Wasser mittelst einer Zuleitung und eines Messers an Häusergruppen abzugeben und eine solche Gruppe wie ein Gebäude zu behandeln.	Anmeldungen werden nur von dem Eigenthümer des Hauses oder Grundstückes angenommen; von dem Pächter, Miether oder Nutzniesser nur dann, wenn der Eigenthümer seine Genehmigung dazu ertheilt hat. Die Verpflichtung gilt auf unbestimmte Zeit.
53	**Glauchau** .	Der Wasserzins wird entweder durch Messer direct bestimmt oder geschätzt. Die Abgabe von Wasser zu industriellen oder gewerblichen Zwecken, für Springbrunnen, Teiche, Gärten u. s. w., Kessel, Motore, Heizanlagen, Bäder zum öffentlichen Gebrauche oder in Gasthöfen, Closets und Pissoirs etc. erfolgt nur nach Messer. Derartige Betriebe mit grossem Wasserbedarf können indess nur soweit befriedigt werden, als die verfügbaren Wassermengen ausreichen. An Grundstücke ohne oder nur mit kleinen gewerblichen Anlagen, welche Privatleitung und nachweislich nur geringen Wasserverbrauch haben, kann Wasser ohne Messer nach Schätzung abgegeben werden. Grundstücke ohne Privatwasserleitung können das zu Haus- und Wirthschaftszwecken erforderliche Wasser von der städtischen Leitung aus den aufgestellten Wasserständern unentgeltlich entnehmen; für das zu gewerblichen Zwecken entnommene Wasser ist jedoch Zins zu zahlen.	Die Abgabe des Wassers erstreckt sich stets auf das ganze Grundstück. Die Bestellung der Wasserlieferung seitens des Grundstücksbesitzers gilt für jedes Grundstück auf unbestimmte Zeit.

Zahlungsbestimmungen	Kündigung	Aenderungen der Bestimmungen
7	8	9
Das Ablesen der Wassermesser geschieht allmonatlich. Die Abonnenten sind berechtigt und aufgefordert, den Aufnahmen beizuwohnen. Die allmonatlich ausgefertigten Rechnungen sind sofort zu bezahlen. Erreichen die Beträge für das ganze Jahr nicht die Höhe des Mindestbetrages, so wird das Fehlende in der letzten Monatsrechnung in Ansatz gebracht. Die allein auf Grund von Einschätzungen zu entrichtenden Wassergelder sind vierteljährlich vorauszubezahlen. Die Pflicht zur Zahlung beginnt mit dem Tage, an welchem die Privatableitung aus der öffentlichen Leitung gefüllt wird; die Bezahlung des zum nächsten Termin sich berechnenden Theilbetrages hat sofort zu erfolgen. Der Miethzins für die Wassermesser wird vierteljährlich erhoben.	Jedem Theil steht eine Kündigung des Vertrages mit dreimonatlicher Frist zu, jedoch nur auf 1. Januar, 1. April, 1. Juli und 1. Oktober. Die Kündigung von Seite der Stadtgemeinde kann durch Bekanntmachung geschehen. Für miethfreie Miethwohnungen tritt Rückvergütung ein, wenn die betreffenden Wohnungsräume sich auf ein ganzes Stockwerk beziehen, wenn sie mindestens ein Vierteljahr leer stehen und wenn die dessfallsige Anzeige in den ersten 8 Tagen des Quartals gemacht wird, für welches eine Befreiung eintreten soll. Abgangsdecretur wird erst ertheilt, wenn die Wiedervermiethung angemeldet ist. Dann wird auch die Rückvergütung erstattet.	
Bei Entnahme nach Messung hat die Bezahlung des Wassergeldes sammt Messermiethe nach Ablauf eines jeden Monats bezw. Vierteljahres, bei Entnahme nach Einschätzung halbjährlich im Voraus und die etwaiger Rechnungen über Anlagen und Ausbesserungen nach Ablauf jeden Monats zu erfolgen; grössere Beträge müssen innerhalb 14 Tagen bezahlt werden. Der Vorstand ist berechtigt, in gewissen Fällen die vorherige Gestellung eines Vorschusses zu verlangen.	Eine Schliessung der Wasserleitung kann zu Anfang eines jeden Kalender-Vierteljahres erfolgen, wenn entweder seitens der Gesellschaft oder Seitens des betr. Abnehmers eine Kündigung mindestens 4 Wochen vorher stattgefunden hat.	
Die Zahlung ist mit Ablauf des Quartals fällig.		Die Aenderung des Wasserpreises ist vorbehalten.
Das nach Wassermesser bezogene Wasser wird vierteljährlich postn., das nach dem Tarife bezogene praen. bezahlt.	Die Verpflichtung des Abnehmers gilt auf unbestimmte Zeit unter Vorbehalt einer jedem Theile freistehenden dreimonatlichen Kündigung. Die Frist jeder Kündigung beginnt am 1. Januar, 1. April, 1. Juli und 1. October zu laufen. Nur bei Neubauten wird Wasser für die Dauer einer bestimmten Bauzeit abgegeben.	Die städtische Verwaltung behält sich das Recht vor, nach ihrem Ermessen das gegenwärtige Regulativ sowie das Preisverzeichniss jederzeit abzuändern.
Der Wasserzins ist von dem Zeitpunkte der Füllung der Leitung ab zu bezahlen. Er wird bei Leitungen ohne Wassermesser nach vollen Monaten erhoben und ist am 2. Januar, 1. April, 1. Juli und 1. October vierteljährlich voraus zu zahlen. Das nach Messer entnommene Wasser ist spätestens 8 Tage nach Behändigung der Rechnung zu bezahlen. Der Wasserzins wird wie öffentliche Abgaben beigetrieben. Bei unpünktlicher Zahlung wird die Leitung geschlossen. Wird eine Leitung in Folge Verschuldens des Besitzers geschlossen, so ist der Wasserzins auf das laufende Kalendervierteljahr voll, wird sie wieder geöffnet, so ist der Wasserzins auf den vollen laufenden Monat zu bezahlen.	Die Aufgabe des Wasserbezuges ist vom Abnehmer 3 Monate vorher anzuzeigen.	Der Stadtrath behält sich Abänderungen der Abgabebedingungen vor.

No.	Stadt	Grundzüge der Wasserabgabe	Anmeldung und Vertrag
		5	6
54	Glogau . .	Wasser zum wirthschaftlichen Gebrauch wird gegen Zahlung eines Pauschquantums und sofern es zur Spülung von Closets, grösseren Pissoir-Anlagen oder zu Bade-Einrichtungen benutzt wird, nur nach Wassermesser abgegeben. Für den Verbrauch von Wasser zu gewerblichen Zwecken wird, insofern genügendes Material für eine Schätzung vorliegt, ein Pauschquantum festgesetzt, andernfalls ist ein Wassermesser aufzustellen. Im Uebrigen steht es allen Consumenten auch in den Fällen, wo kein Wassermesser vorgeschrieben ist, frei, das Wasser nach einem solchen zu entnehmen.	Jeder Besitzer eines versorgten Grundstücks hat für die Bezahlung des Wasserverbrauches in seinem Grundstück aufzukommen. Insofern mit Genehmigung des Magistrats und des Hauswirths der Wasserverbrauch für einzelne Wohnungen durch besondere Wassermesser gemessen wird, gehen obige Verpflichtungen auf den jeweiligen Inhaber der betreffenden Quartiere über. Dem Antrage auf Anschluss muss eine die sämmtlichen Rohre und Ausgüsse ergebende Zeichnung beigefügt sein, ferner muss aus demselben zu entnehmen sein: die Zwecke der Benutzung, Anzahl der Haushaltungen, lichte Weite des Zuleitungsrohres, Material der Leitung (ob Eisen oder Blei) und der Name des ausführenden Unternehmers. Ist der Besteller nicht der Eigenthümer des Grundstücks, so muss er dessen Einwilligung oder Vollmacht beibringen, wonächst er, wie der Besteller haftet. Auch hat jeder Besteller auf Erfordern eine Caution für die Kosten der Anlage zu hinterlegen.
55	Glückstadt	Für den gewöhnlichen Hausbedarf besteht eine obligatorische Wasserabgabe, während für den Bedarf zu Luxus- oder gewerblichen Zwecken eine mittelst Einschätzung oder durch Wassermesser zu bestimmende Wasservergütung geleistet wird. Erstere ruht auf jedem Grundstück, welches im Bereiche der Wasserleitung liegt oder welches, sofern es nicht unmittelbar in deren Bereiche liegt, an die Wasserleitung angeschlossen ist. Dabei macht es keinen Unterschied, ob von der Wasserleitung Gebrauch gemacht wird, oder nicht. — Die Höhe der Wasserabgabe setzen die städtischen Collegien alljährlich in Gestalt von Zuschlägen zur Staatsgebäudesteuer fest. Grundstücke, welche zur Gebäudesteuer nicht oder noch nicht verpflichtet sind, werden zur Wasserabgabe besonders eingeschätzt, falls sie bewohnt werden. Die Einschätzung unbewohnter Grundstücke findet nur statt, wenn dieselben angeschlossen sind, oder auf denselben ein Verbrauch aus der Wasserleitung vorkommt. Wenn auf einem Grundstücke verhältnissmässig viel Wasser für den Hausbedarf verbraucht wird oder eine Vergeudung von Wasser stattfindet, so ist die Verwaltung berechtigt, dem Besitzer eine zusätzliche Wasserabgabe aufzuerlegen. Findet derselbe sich hierdurch beschwert, so kann er die Einschaltung eines Wassermessers gegen Miethe verlangen und muss sodann das auf dem Grundstück verbrauchte Wasser nach Cubikmeter und dem dafür festgesetzten Preis, mindestens aber die auf dem Grundstück ruhende Wasserabgabe bezahlen.	Jedem Eigenthümer eines Grundstücks in der Stadt und im »Lübschen Recht« ist es gestattet, sein Grundstück an die Wasserleitung anzuschliessen.
56	Görlitz . .	Für jedes angeschlossene (resp. anzuschliessendes) Grundstück ist ein Zins zu entrichten, welcher in einem Procentsatze von dem zur Gebäudesteuer veranlagten Nutzungswerthe des Gebäudes besteht. Den Grundstücken wird das für den Haus- und Wirthschaftsbedarf sämmtlicher Hausbewohner erforderliche Wasser geliefert mit der Einschränkung, dass für den Kopf der Hausbewohner nur 20 Liter, oder das nach Höhe des Wasserzinses und nach dem Tarif zu berechnende Quantum Haus- und Wirthschafts-Wasser täglich beansprucht werden kann. Die Verwaltung ist berechtigt, durch Wassermesser den Verbrauch controliren zu lassen, in welchem Falle der Wassermesser zunächst auf Kosten der Verwaltung aufgestellt wird. Die entstandenen Kosten sind erst dann vom Grundbesitzer zu bezahlen, wenn durch den Wassermesser eine erhebliche Ueberschreitung der zulässigen Wassermenge oder eine Vergeudung dargethan wird; in diesem Falle ist die Miethe oder der Preis für den Wassermesser, sowie der Wasserzins nach dem Tarif zu bezahlen. Der festgestellte Procentsatz vom Nutzungswerthe ist jedoch stets als Mindestbetrag des Wasserzinses zu entrichten. Das Wasser zu gewerblichen Zwecken ist nach Wassermesser, das zu Luxus- oder anderen Zwecken ist nach Tarif zu bezahlen. Den Grundstücksbesitzern ist der für das Haus- und Wirthschaftswasser bezahlte Wasserzins bei der Berechnung gut zu schreiben. Eine Ermässigung des Wasserzinses bis zur Hälfte des festgesetzten Procentsatzes vom Nutzungswerthe kann für Verkaufsläden mit einem jährlichen Nutzungswerthe von M 500 und darüber stattfinden, falls der Wasserverbrauch geringer ist, als für den Haus- und Wirthschafts-Bedarf. In Grundstücken, wo ein mit grösserem Wasserbedarf verbundener Gewerbebetrieb stattfindet, ist in der Regel der Verbrauch sämmtlichen Leitungswassers — auch für den Haus- und Wirthschaftsbedarf — durch Wassermesser festzustellen und nach dem Tarif zu bezahlen. — Auch in diesem Falle ist der für das Haus- und Wirthschaftswasser berechnete Betrag als Mindestbetrag zu entrichten und am Jahresschlusse zu berechnen, ob und in welcher Höhe der durch den Tarif für Abgabe des Wassers durch Wassermesser zu bestimmende Betrag den entrichteten Procentsatz vom Nutzungswerthe übersteigt oder nicht. — Für öffentliche, der Gebäudesteuer nicht unterliegende Gebäude wird der Verbrauch an Leitungswasser durch Wassermesser festgestellt und nach dem Tarif berechnet.	Für die ordnungsmässige Anmeldung ist der Grundstücksbesitzer, für die vorschriftsmässige Ausführung sowohl der Besitzer als der Unternehmer verantwortlich. — Dem Grundstücksbesitzer wird sein bestellter Vertreter im Sinne dieser Verordnung gleich geachtet.

Zahlungsbestimmungen	Kündigung	Aenderungen der Bestimmungen
7	8	9
Ueber das Quantum des nach Wassermesser verbrauchten Wassers wird dem Besitzer des Grundstücks oder seinem Stellvertreter vierteljährlich Rechnung zugestellt.	Sowohl dem Magistrat wie den Consumenten steht eine vierteljährliche Kündigung der Benutzung der Zweigleitung zu.	Abänderungen des Regulativs sind vorbehalten.
Zur Zahlung der Wasserabgabe ist verpflichtet, wer zur Zeit der Fälligkeit derselben Besitzer des zum Beitrage verpflichteten Grundstücks ist (Eigenthümer, Nutzniesser, Pächter, Miether des ganzen Grundstücks). Die Verpflichtung zur Zahlung beginnt mit dem ersten Tage des Monats, welcher auf den folgt, in welchem das Grundstück bezogen, oder, falls es nicht pflichtig, angeschlossen ist. Abgabe und Vergütung, wie der Miethpreis für Wassermesser sind vierteljährlich bis zum 15. Tage des 2. Monats im Vierteljahr zu entrichten. Im Falle der ausgebliebenen Zahlung ist sofortige Zwangsvollstreckung zulässig.		
Die Wasserzins-Beträge, einschliesslich der Kosten des Anschlusses, sind von dem Besitzer der betreffenden Grundstücke, welcher zur Zahlung allein verpflichtet ist, vierteljährlich voraus zu bezahlen. Die Berechnung nach Wassermessern erfolgt auf Grund der Abnahme des Wassermesserstandes in ein- bis dreimonatlichen Terminen. Die Zahlung ist spätestens binnen 8 Tagen nach Empfang der Berechnungen zu leisten. Im Falle der Unbeitreiblichkeit der Wasserzinsen ist die Zweigleitung auf Anordnung des Magistrats zu schliessen.	Erlass am Wasserzinse kann bewilligt werden, wenn einzelne selbstständige Mieths-Abtheilungen eines Hauses während eines Kalenderjahres wenigstens 3 Monate lang nicht vermiethet und unbenutzt gewesen sind. Der Erlass wird nach Verhältniss dieser Räume und des berechneten Wasserzinses festgestellt.	

No.	Stadt	Grundzüge der Wasserabgabe	Anmeldung und Vertrag
		5	6
57	**Göttingen**	Die Wasserabgabe erfolgt nur nach Wassermesser unter Erhebung eines Mindestbetrages, Die Entnahme von Wasser aus der städtischen Wasserleitung ist nur zu Trink- und Wirthschaftszwecken gestattet. Die ausnahmsweise Benützung derselben für Gewerbetreibende, Gärten, Fontainen u. s. w. kann unter Vorbehalt des jederzeitigen Widerrufs gestattet werden. Die Entnahme von Wasser zu Haushalts-, Wirthschafts- oder gewerblichen Zwecken aus den öffentlichen Brunnen, welche aus der städtischen Wasserleitung gespeist werden, ist nur mit besonderer Erlaubniss der Wasserwerksverwaltung gestattet.	Anträge sind in der Regel von dem Hauseigenthümer zu stellen und werden von Nutzniessern oder Miethern nur in dem Falle entgegengenommen, wenn der Eigenthümer seine Genehmigung zu der beabsichtigten Anlage ertheilt hat.
58	**Gotha . . .**	Der Wasserzins wird entweder auf einen festen Satz oder oder nach Wassermesser unter Bestimmung eines Mindestsatzes festgestellt. Der Regel nach erfolgt die Wasserabgabe lediglich nach Wassermesser. Nur ausnahmsweise, namentlich wo nur ein Auslaufhahn ohne Schlauchverschraubung angebracht wird und keine Einrichtung zum Wasserabfluss unter dem Ausflusshahn besteht, findet die Bestimmung eines festen Wasserzinses statt. Die Verwaltung ist berechtigt, jederzeit das Uebereinkommen über Zahlung des festen Satzes aufzuheben und zu fordern, dass der Wasserbezug nach Wassermesser dergestalt erfolgt, dass der bisherige feste Wasserzinssatz fernerhin als Mindestsatz gilt.	Jeder Grundstücks-Besitzer, welcher eine Zuleitung beantragen will, hat solches bei der Verwaltung anzumelden und dabei den Namen des Unternehmers anzugeben. Der Eigenthümer eines angeschlossenen Grundstücks haftet allein für die Bezahlung des Wasserzinses. Mit Miethern und Pächtern werden Verträge in der Regel nicht geschlossen. Ausnahmen sind statthaft gegenüber solchen Personen, welche ein ganzes Grundstück für längere Zeit gemiethet oder gepachtet und die Zustimmung des Eigenthümers zum Anschluss beigebracht haben. Regelmässig wird Wasser nur für den ganzen Bedarf ganzer Grundstücke abgegeben. Das Vertragsverhältniss gilt als auf unbestimmte Zeit abgeschlossen.
59	**Greiz . . .**	Das Wasser wird nur mittelst Wassermesser abgegeben, unter Erhebung eines Mindestsatzes.	Zum Bezug von Wasser aus der städtischen Quellwasserleitung ist Jeder berechtigt, der den hierfür geltenden Bedingungen entspricht und anschlussfähig am Rohrnetz liegt, ob er Hauseigenthümer sei oder bloss Miether. Wer Wasser beziehen will, hat dies der Gas- und Wasserwerksverwaltung anzuzeigen, wobei Miether und Pächter die Erlaubniss des Eigenthümers beizubringen haben.
60	**Hagen i. W.**	Wasser zu gewerblichen oder technischen Zwecken wird in der Regel nur nach Wassermesser unter Zugrundelegung eines Mindestbetrages abgegeben, auch kann unter Umständen die Verwaltung die Aufstellung eines Wassermessers für Hausbedarf auf ihre Kosten vornehmen. Wird durch den Wassermesser in dem einen oder anderen Falle ein den nach Einschätzung zu zahlenden Preis übersteigender Wasserverbrauch ermittelt, so ist unter allen Umständen nach Wassermesser und ebenso die Wassermessermiethe zu bezahlen. Die allgemeine Einführung von Wassermessern bleibt der Entscheidung des Stadtverordneten-Collegiums vorbehalten.	Aus der Wasserleitung wird nach vorheriger Anmeldung und Contractvollziehung innerhalb des Rohrnetzes Wasser an alle Grund- und Gebäudebesitzer abgegeben, jedoch stets nur für ein ganzes Haus oder Garten-Grundstück (Vorder-, Seiten- oder Hinter-Gebäude), nicht dagegen für einzelne Theile desselben (Wohnung, Stockwerke etc.).
61	**Halberstadt**	Die Menge des für ein Grundstück abgegebenen Wassers wird nur durch Wassermesser ermittelt.	Wer eine Abzweigleitung vom städtischen Rohrnetz in sein Grundstück anzulegen beabsichtigt, hat dies bei der Verwaltung des städtischen Wasserwerkes zu beantragen. Ist der Besteller nicht Eigenthümer des Grundstückes, so muss die Einwilligung des Letzteren beigebracht werden.

Zahlungsbestimmungen	Kündigung	Aenderungen der Bestimmungen
7	8	9
Wassergeld und Wassermessermiethe werden vierteljährlich postn., der Mindestbetrag jährlich praen. erhoben. Erfolgt die Zahlung nicht sofort bei der ersten Vorlegung der Rechnung und auch nicht nach einer zweiten, 8 Tage später ergehenden Aufforderung, so ist die Verwaltung berechtigt, den Wasserzufluss abzuschneiden, resp. das Hauptabsperrventil unter Verschluss zu legen. Der Consument hat keinen Anspruch auf Herabminderung des Mindestbetrages für die Zeit der Schliessung der Leitung. Einwendungen gegen die Richtigkeit der Rechnung sind innerhalb 8 Tagen nach der ersten Vorlegung derselben anzubringen, jedoch darf durch deren Erledigung die rechtzeitige Zahlung der Rechnung nicht verzögert werden. Dagegen wird, wenn die Zahlung bereits erfolgt ist und die Einwendungen sich als begründet erweisen, der etwa zu viel berechnete Betrag an der nächsten Rechnung in Absatz gebracht. Die Wasserbeiträge besitzen die Qualität öffentlicher Abgaben.		
Der Wasserzins wird in vierteljährlichen, nachzahlbaren Raten fällig.	Der Vertrag kann von beiden Theilen dergestalt aufgekündigt werden, dass mit Ablauf desjenigen Kalender-Vierteljahres, in welchem die Kündigung erfolgt ist, der Vertrag erlischt. Die Kündigung muss jedoch vor Anfang des letzten Monats des betreffenden Vierteljahres erfolgen, widrigenfalls die Verwaltung die Fortsetzung des Vertrags bis zum Ablauf des nächsten Kalender-Vierteljahrs zu fordern berechtigt ist. Wird die Benutzung des Wassers ganz oder theilweise eingestellt, so muss dies der Verwaltung angezeigt werden, wenn eine entsprechende Ermässigung des Wasserzinses stattfinden soll. Die Ermässigung tritt erst mit Ablauf des Monats ein, in welchem die Anzeige der Verwaltung zugeht. Soll eine Leitung ganz oder zum Theil nicht mehr benutzt werden, so kann Seitens der Verwaltung auf Kosten des Abnehmers die Entfernung der Leitung oder des nicht mehr zu benutzenden Theiles derselben gefordert oder Versiegelung der ausser Gebrauch zu stellenden Hähne oder durch sonstige Maassregeln Sicherstellung gegen Missbrauch angeordnet werden.	Durch die Anmeldung unterwirft der Grundeigenthümer oder der ausnahmsweise zugelassene Miether oder Pächter sich allen Veränderungen der Bestimmungen. Der Grundstückseigenthümer oder Miether kann, wenn er den Bestimmungen sich nicht unterwerfen will, von dem Kündigungsrechte Gebrauch machen.
Die Bezahlung des Wassers erfolgt unbedingt monatlich. Der Eigenthümer eines mit Wasserleitung versehenen Grundstückes haftet in allen Fällen für die Bezahlung des in demselben verbrauchten Wassers.	Beabsichtigt Jemand kein Wasser mehr zu beziehen, so hat er dies der Verwaltung anzuzeigen. Die Zahlungsverbindlichkeit des niedrigsten Satzes besteht bis zum Schluss des Monats, in welchem die Abmeldung erfolgt.	Der Gemeindevorstand behält sich vor, mit Genehmigung des Gemeinderathes weitere allgemeine Bestimmungen zu erlassen oder die gegenwärtigen abzuändern.
Das Wassergeld wird allmonatlich postn. bezahlt. Erfolgt die Zahlung nicht bis zum Schlusse des Monats, in welchem die Rechnung zugeschickt wird, so steht der Stadt ausser der gerichtlichen Klage das Recht zu, die Wasserlieferung einzustellen. Erfolgt die Zahlung noch nachträglich, so darf für die Zeit des Verschlusses kein Abzug an der tarifmässigen Vergütung gemacht werden. Die Wassermesser-Miethe wird bei Monatsrechnungen monatlich, bei Vierteljahrsrechnungen vierteljährlich erhoben.	Abgesehen von Fällen zwangsweiser Schliessung der Privatleitungen erlischt die Verpflichtung zur Zahlung des Wassergeldes nur nach dreimonatlicher Kündigung Seitens des Abonnenten oder der Stadt und nur zu Ende eines Kalenderquartals, soweit durch Verträge für einzelne Fälle nichts anderes vereinbart ist.	Aenderungen der Bestimmungen sind vorbehalten.
Das bezogene Wasser wird vierteljährlich bezahlt.	Sowohl dem Magistrat als dem Leitungsbesitzer steht es frei, mit zweimonatlicher Frist das Vertragsverhältniss zu kündigen und event. die Schliessung der Abzweigleitung zu verlangen. Die Kündigung entbindet nicht von der Verpflichtung der Bezahlung eines einjährigen Mindestbetrages.	Die städtischen Behörden behalten sich das Recht vor, Aenderungen oder Zusätze zu Bestimmungen eintreten zu lassen, wenn solche für nöthig erachtet werden.

No.	Stadt	Grundzüge der Wasserabgabe	Anmeldung und Vertrag
		5	6
62	Halle a. d. S.	Das Wasser zum gewöhnlichen Haus- und Wirthschaftsbedarf wird allen zur Kommunalbesteuerung in vollem Umfange herangezogenen Häusern, soweit sie an Strassen mit städtischen Rohrleitungen liegen, bis zu 25 Liter für Tag und Kopf der Hausbewohner unentgeltlich gewährt. In dem Wasser zum Haus- und Wirthschaftsbedarfe ist inbegriffen: das Wasser zum Trinken, Kochen, Waschen, Scheuern, Spülen für die Hauswirthschaft, zum Baden, zum Sprengen der Strassen und zum Sprengen ohne Schlauch beim Fegen der Höfe. Zur Controle des Wasserverbrauchs kann die Verwaltung jederzeit und zunächst auf ihre Kosten einen oder mehrere Wassermesser einschalten. Uebersteigt die nach Wassermesser für einen Monat ermittelte Menge diejenige, welche dem betreffenden Grundstück zukommt, so tritt Bezahlung nach Wassermessertarif ein. Ausserdem sind der Verwaltung die Kosten der Anbringung des Wassermessers und Herstellung der Wassermessergrube zu erstatten. Bezahlung nach Wassermesser kann ferner für solche Grundstücke verlangt werden, welche Springbrunnen (die unmittelbar mit der Leitung in Verbindung sind), Gärten über 500 qm, Dampfkessel, Strahlpumpen, hydraulische Aufzüge, Wasserkraftmaschinen oder Pissoirs enthalten, in welchen ein mit Wasserverbrauch verbundenes Gewerbe betrieben wird, welche der Communalbesteuerung in vollem Umfange nicht unterworfen sind, in denen wiederholt Wasservergeudung festgestellt worden ist und welche mehrere Zuleitungen haben.	Die Verwaltung unterhandelt bei Anmeldungen in allen Fällen nur mit dem Besitzer des mit Wasser versorgten Grundstücks oder dessen Bevollmächtigten, für dessen Abmachungen der Besitzer einzustehen sich erboten hat.
63	Hamburg.	Die Stadt-Wasserkunst verpflichtet sich, das Wasser in zur Aufnahme desselben bestimmte Behälter zu liefern und letztere alle 24 Stunden anzufüllen. Die Behälter sind in den mit Wasseranlagen zu versehenden Etagen eines Grundstücks gleichmässig zu vertheilen, sofern nicht ein Anderes vereinbart wird. Höher als bis auf 46 m über den Nullpunkt am Elbfluthmesser kann eine Versorgung nicht stattfinden. Die Lieferung des Wassers geschieht ohne Zuthun des Abnehmers; derselbe hat aber die Behälter mit Schwimmkugelhähnen zu versehen. Gewerbe- und Fabrikbetriebe werden in der Regel nur nach Wassermesser versorgt. Für sonstige Wasserlieferungen, als: zur Schiffsversorgung, Strassen- oder Gartenbesprengung, zu Bauarbeiten oder für andere specielle Zwecke, bleibt die Vergütung in jedem einzelnen Falle der Vereinbarung vorbehalten.	Die Stadt-Wasserkunst übernimmt auf Antrag der Eigenthümer die Wasserversorgung von innerhalb des Bereiches ihrer Leitungen belegenen Grundstücken.
64	Hamm i. W.	Die Abgabe von Wasser erfolgt grundsätzlich für die gewöhnlichen häuslichen und wirthschaftlichen Zwecke nach Pauschsätzen, für gewerbliche Zwecke unter Erhebung eines Mindestbetrages nach Wassermesser. Die Direction behält sich vor, in geeignet erscheinenden Fällen Controlwassermesser anzulegen. Der einzelne Abnehmer bezahlt dann nach Ermessen der Verwaltung entweder den Tarifpreis oder den durch den Wassermesser angezeigten wirklichen Verbrauch und die Wassermessermiethe. Der Wasserbedarf für gewerbliche oder technische Zwecke ist grundsätzlich nach Wassermesser zu entnehmen. Nur bei geringfügigen Betrieben ist die Ermittelung des gewerbl. Verbrauchs durch Abschätzung nach freiem Ermessen der Verwaltung zulässig. Jeder Bürger, der für häusliche oder gewerbliche Zwecke mindestens für M 30 Wasser gebraucht, kann seinen Bedarf nach Wassermesser beziehen.	Wer aus der städtischen Wasserleitung Wasser entnehmen will, hat dies unter Benutzung des vorgeschriebenen Anmeldebogens anzumelden.

Zahlungsbestimmungen	Kündigung	Aenderungen der Bestimmungen
7	8	9
Die durch Einschätzung festgestellten Sätze gelten auf ein Jahr. Die Beträge sind in der Regel vierteljährlich innerhalb 8 Tagen zu zahlen. Die dem Grundstücke nach der Einwohnerzahl zustehenden Wassermengen werden vierteljährlich abgerechnet. Der Grundeigenthümer haftet für die Bezahlung des Gesammtverbrauchs.	Die Verwaltung behält sich für alle Verträge über Lieferung von Wasser zu gewerblichen und der besonderen Bezahlung unterliegenden Zwecken eine dreimonatliche Kündigung, jedoch nur an den Terminen 1. Januar, 1. April, 1. Juli und 1. October vor. Die gleichen Kündigungstermine hat Consument inne zu halten.	Veränderungen und Ergänzungen der Abgabebedingungen bleiben vorbehalten.
Der Beitrag wird für ein volles Jahr im Voraus eingezogen. Für Abnehmer, welche im Laufe des Jahres eintreten, wird der erste Beitrag vom Tage der beginnenden Versorgung bis zum Jahresschluss nach Verhältniss der Zeitdauer berechnet. Im Januar wird über den Jahresbeitrag Rechnung ertheilt. Die Zahlung ist zur Hälfte innerhalb 14 Tagen nach Zusendung der Rechnung und zur andern Hälfte innerhalb 14 Tagen nach dem 1. Juli des laufenden Jahres zu entrichten; es bleibt jedoch unbenommen, den ganzen Betrag auf einmal einzuzahlen. Wird die Zahlungsfrist nicht eingehalten, so erhält der Abnehmer einen Mahnzettel, innerhalb 3 mal 24 Stunden zu zahlen, unter dem Präjudiz, dass ihm auf seine Kosten der Wasserzufluss abgeschnitten und die Versorgung so lange eingestellt werde, bis die rückständige Zahlung beschafft worden. Die Rechnungen über nach Wassermessern geliefertes Wasser sind innerhalb 14 Tagen nach Zusendung zu bezahlen. Erfolgt diese Zahlung nicht, so erhält der Abnehmer einen Mahnzettel, innerhalb 3 mal 24 Stunden zu bezahlen, unter obigem Rechtsnachtheile.	Der Abnehmer kann nur auf den 31. Decbr. jeden Jahres kündigen und muss die Aufkündigung spätestens am vorhergehenden 30. Novbr. eingeben. Mit Beendigung des contractlichen Verhältnisses hat der Abnehmer auf Verlangen auf seine Kosten die Zuleitung nebst Zubehör fortzuräumen und die Anschlussöffnung in der öffentlichen Leitung ordnungsmässig zu dichten. Grundstücke oder solche Theile derselben, welche ein für sich bestehendes geschlossenes Ganze bilden, sind, wenn sie unvermiethet und unbewohnt bleiben, vom Wasserbeitrage befreit; jedoch kann diese Befreiung nur von einem der gesetzlichen halbjährigen Umzieheterminе zum andern und nicht für kürzere Zeit als ein halbes Jahr beansprucht werden. Auch tritt die Befreiung nur dann ein, wenn der bezügliche Antrag vor dem jedesmaligen Umziehetermin gestellt wird und die betreffende Zuflussleitung in einer, der Verwaltung genügenden, die Controle ermöglichenden Weise abgesperrt werden kann. Bei leerstehenden abgeschlossenen Theilen neuerbauter Häuser erfolgt die Befreiung von dem Zeitpunkte ab, an welchem der tarifmässige Beitrag einzutreten hat, wenn der bezügliche Antrag sofort gestellt wird. Die Kosten der Absperrung sind vom Eigenthümer zu tragen. Im Falle die Absperrungsvorrichtungen erbrochen oder verletzt vorgefunden werden, ist der Eigenthümer zur Nachzahlung des vollen Betrages verpflichtet.	Das Regulativ soll nach Ablauf von 5 Jahren einer Revision unterworfen werden, übrigens liegt ein Antrag des Senats auf obligatorische Einführung der Wassermesser der Bürgerschaft gegenwärtig zur Berathung vor.
Das Wassergeld wird vierteljährlich nachträglich vom Haus-Eigenthümer eingezogen. Erfolgt die Zahlung nicht bis zum Schlusse des Monats, in welchem die Rechnung zugeschickt wird, so steht der Stadt ausser der gerichtlichen Klage das Recht zu, die Wasserlieferung einzustellen. Erfolgt die Zahlung noch nachträglich, so darf für die Zeit des Verschlusses kein Abzug an der tarifmässigen Vergütung gemacht werden. Ferner bleibt es der Direction überlassen, für jeden durch die Zahlungsweigerung erforderlichen Botengang einen besonderen Botenlohn von 25 Pf. und für die zwangsweise Schliessung und Wiederöffnung der Leitung den Betrag der Selbstkosten, mindestens aber M 1, zu erheben.	Sofern ein nach Pauschsätzen Wasser beziehender Abnehmer ein ganzes Haus oder ein zu Wohnungen bestimmtes Stockwerk mindestens ein Vierteljahr lang nicht benutzt hat, kann demselben ein entsprechender Nachlass an Wasserzins gewährt werden. Abgesehen von Fällen zwangsweiser Schliessung der Privatleitungen erlischt die Verpflichtung zur Zahlung des Wassergeldes nur nach einmonatlicher Kündigung Seitens des Abnehmers. Die Kosten der Abtrennung einer Privatleitung hat in allen Fällen deren bisheriger Inhaber zu tragen.	Durch die Unterschrift des Anmeldebogens unterwirft sich der Anmeldende zugleich denjenigen Veränderungen der Bedingungen und des Tarifs, welche durch eine jeder Zeit vorbehaltene Umarbeitung desselben oder durch sonstige neue Bestimmungen künftig herbeigeführt werden könnten. Jedwede derartige Veränderung oder Neubestimmung ist ortsüblich bekannt zu machen.

No.	Stadt	Grundzüge der Wasserabgabe	Anmeldung und Vertrag
		5	6
65	Hanau . .	Für die an die städtische Wasserleitung angeschlossenen Grundstücke und Räume wird das Wassergeld entweder auf Grund einer Einschätzung oder nach Verhältniss des thatsächlichen Verbrauchs auf Grund von Wassermessern erhoben. Die Erhebung des Wassergeldes nach Wassermessern findet statt bei Abgabe des Wassers: a) für Fabriken und solche gewerbliche oder landwirthschaftliche Betriebe, welche grössere Wassermengen verbrauchen; b) für Bauten oder sonstige vorübergehende Zwecke; c) in allen Fällen, wo eine Vergeudung des Wassers zu befürchten steht. Es bleibt der Verwaltung überlassen, im Falle a und b von der Aufstellung der Wassermesser Abstand zu nehmen und statt dessen einen durch Aichung des Ausflussrohres oder sonst zu ermittelnden Durchschnittsverbrauch der Berechnung zu Grunde zu legen oder an Grossconsumenten in geeignet erscheinenden Fällen einen Rabatt zu gewähren. Dem Stadtrath steht die Befugniss zu, nach seinem Ermessen für besonders geeignete Fälle die Wasserentnahme nur auf Grund besonderer Gebrauchsbedingungen zu gewähren.	Anmeldungen werden von den Nutzniessern oder Miethern eines Grundstücks nur dann angenommen, wenn zugleich die Genehmigung des Eigenthümers beigebracht wird.
66	Hannover	Das Wasser wird, ausser für Feuerlöschzwecke, nur nach Wassermesser abgegeben.	Die Abgabe von Wasser erfolgt auf Antrag des Haus- bezw. Grundstücksbesitzers oder dessen Bevollmächtigten.
67	Harburg (Elbe)	Die Abgabe erfolgt nach Wassermesser und zwar, abgesehen von vorüber gehenden Abgaben, unter Zugrundelegung eines Mindestbetrages. Jedes angeschlossene Grundstück wird in den an die Abzweigungen anschliessenden Leitungen mit Wassermesser so versehen, dass der gesammte Verbrauch des Grundstücks gemessen wird.	Soll ein Grundstück angeschlossen werden, so hat der Eigenthümer desselben oder sein Vertreter dies bei der Verwaltung anzumelden. Erfolgt die Benutzung nur für eine bestimmte Abtheilung eines Grundstücks oder für einen bestimmten Zweck, so ist sie durch den, der sie ausüben will, anzumelden. Ist dieser nicht der Eigenthümer des Grundstücks, so ist die Genehmigung des Eigenthümers schriftlich nachzuweisen.
68	Heidelberg	Die Wasserabgabe erfolgt nach Wassermesser unter Erhebung eines Mindestbetrages. Für Haushaltungszwecke erfolgt die Abgabe in der Regel nur für das ganze Anwesen, nicht für einzelne Theile desselben. Zu Bauzwecken wird Wasser nach besonderen Bedingungen und besonderer Einschätzung des Baues abgegeben.	Anmeldungen werden nur von dem Eigenthümer des Anwesens entgegengenommen. Nur ausnahmsweise werden solche unter Genehmigung des Eigenthümers auch von Miethern oder Nutzniessern angenommen. Der Abschluss des Vertrages erfolgt nur mit dem Eigenthümer, oder, insofern der Antragsteller nicht Eigenthümer ist, nur auf Grund der Bürgschaftsleistung des Letzteren für alle Verpflichtungen, welche dem Abonnenten aus diesem Vertragsverhältniss erwachsen. Sofern die Wasserabgabe nicht ihrer Natur nach eine auf eine gewisse Zeit beschränkte ist, und sofern bei Abschluss des Vertrages nichts über dessen Dauer festgesetzt wurde, läuft derselbe auf unbestimmte Zeit.

<table>
<tr><th>Zahlungsbestimmungen</th><th>Kündigung</th><th>Aenderungen der Bestimmungen</th></tr>
<tr><th>7</th><th>8</th><th>9</th></tr>
<tr><td>Die Bezahlung des nach Einschätzung für Räume etc. zu entrichtenden Wassergeldes liegt dem Inhaber (Eigenthümer, Nutzniesser, Miether) der betr. Grundstücke oder Räume ob. Bei Gärten, welche der gemeinschaftlichen Benutzung mehrerer Bewohner derselben Liegenschaft dienen, ist der Eigenthümer oder Nutzniesser der Liegenschaft zur Zahlung verpflichtet.
Das nach Veranlagung zu zahlende Wassergeld ist in vierteljährigen Theilzahlungen im Voraus zu entrichten.</td><td>Eine innerhalb des Halbjahres erfolgende, völlige oder theilweise Abmeldung des Wasserbezugs (wozu jedoch eine blosse Veränderung im Wasserbezuge wegen Wechseln der Wohnung nicht gehört) verpflichtet zur Zahlung des bisherigen Wassergeldes bis zum Ablauf desjenigen Monats, in welchem die Abmeldung erfolgte.</td><td>Die Bestimmungen über den Wassergeldtarif können jederzeit durch übereinstimmende Beschlüsse des Stadtraths und Gemeinde-Ausschusses abgeändert und durch andere öffentlich bekannt zu machende Bestimmungen ergänzt oder ersetzt werden.</td></tr>
<tr><td colspan="3">Wer innerhalb des Halbjahres zum Wasserbezug aus der städtischen Leitung angemeldet wird, ist vom 1. desjenigen Monats, in welchem die Anmeldung erfolgte, zur Zahlung des Wassergeldes verpflichtet.
Das nach Wassermesser zur Erhebung gelangende Wassergeld kann nach Ablauf eines jeden Monats erhoben werden.
Das Wassergeld für Springbrunnen wird im Monat April jeden Jahres für das ganze Jahr im Voraus erhoben. — Das Wassergeld für Bauzwecke ist auf einmal im Voraus zu entrichten. — Das Wassergeld für Gärten und Höfe wird für das ganze Jahr erhoben, ohne Rücksicht darauf, ob die Leitung in den Wintermonaten benutzt wird oder nicht, und zwar in 2 Raten am 1. April und 1. October jeden Jahres. Bei Anmeldungen im Laufe des Jahres wird das Wassergeld ebenfalls vom 1. April an für das ganze Jahr erhoben, wenn der Anschluss des betreffenden Grundstücks schon vor dem 1. April hergestellt war und das Eigenthums- bezw. Miethverhältniss des betreffenden Gartens nicht erst mit dem Zeitpunkt der Anmeldung begonnen hat. In allen übrigen Fällen wird das Wassergeld vom 1. des Monats, in welchem die Anmeldung erfolgte, berechnet.</td></tr>
<tr><td>Die der Berechnung zu Grunde zu legende Wassermesser-Ablesung erfolgt innerhalb des letzten Monats eines jeden Vierteljahres. Alle Rechnungen, sofern deren Betrag nicht durch die angestellten Wandererheber abgeholt wird, müssen innerhalb 14 Tagen bezahlt werden. Erfolgt die Bezahlung nach einmaliger Mahnung nicht, so kann die Zuleitung geschlossen werden. Der Besitzer bleibt jedoch zur Zahlung der Rechnung verpflichtet und hat auch die Mahngebühren zu tragen.</td><td>Die Wasserlieferung wird, abgesehen von zwangsweiser Schliessung, nur eingestellt am 1. Januar, 1. April, 1. Juli und 1. October. Eine Kündigung hat von beiden Seiten spätestens einen Monat vor Schluss des Kalender-Vierteljahres zu erfolgen.</td><td></td></tr>
<tr><td>Der Eigenthümer des Grundstücks ist zur Zahlung des gesammten Verbrauchs, bezw. des Mindestbetrages verpflichtet. Es bleibt ihm überlassen, sich mit seinen Miethern wegen Mittragung des Wassergeldes zu vereinbaren.
Wird das Wasser ausnahmsweise nur für</td><td>Sowohl der Stadt als dem Besitzer der Leitung steht das Recht dreimonatlicher Kündigung zu, welche jedoch an die Termine, 31. März, 30. Juni, 30. September, 31. December, gebunden ist.</td><td>Aenderungen sind vorbehalten.</td></tr>
<tr><td colspan="3">eine in sich geschlossene Abtheilung eines Grundstücks abgegeben, so ist zur Zahlung des Wassergeldes nur der betreffende Nutzungsberechtigte verpflichtet.
Jeder Wassermesser wird in der Regel in den letzten Tagen jedes Quartals abgelesen.
Die Wassermesser-Miethe ist in vierteljährlichen Raten postn. zahlbar, ebenso der festgesetzte Mindestbetrag.
Eine Rechnung über den Wasserverbrauch erhalten die zur Zahlung eines Mindestbetrages verpflichteten Abnehmer erst am Schlusse des Rechnungsjahres und nur in dem Falle, wenn der thatsächliche Wasserverbrauch das Quantum übersteigt, das für den bezahlten Mindestbetrag tarifmässig zu empfangen ist.
Der Mindestbetrag an Wassergeld ist in denjenigen Fällen, in welchen der Anschluss eines Grundstücks in der ersten Hälfte des Vierteljahres erfolgt, für das betr. Vierteljahr zu voll zu bezahlen. Ist dagegen der Anschluss in der letzten Hälfte des Vierteljahres erfolgt, so bleibt für das betreffende Vierteljahr ein etwaiger Mindestbetrag an Wassergeld ausser Ansatz.
Bezüglich des zu zahlenden Miethzinses für gelieferte Wassermesser wird in derselben Weise verfahren.
Den Consumenten soll nach jeder Ablesung durch den Controlleur eine Benachrichtigung über die Wassermesser-Anzeigen behändigt werden.</td></tr>
<tr><td>Der wirkliche Verbrauch an Wasser wird mit Hilfe des Wassermessers monatlich festgestellt und der den bereits gezahlten Satz etwa übersteigende Mehrverbrauch vierteljährlich zur Kenntniss des Abonnenten gebracht und jährlich nachbezahlt.</td><td>Für getrennte Familienwohnungen wird, wenn dieselben ein volles Vierteljahr leer standen und keine Miethe dafür erhoben wurde, auf diesbezüglichen Antrag eine entsprechende Wasserzinsrückvergütung gewährt.
Im Uebrigen besteht 3monatliche Kündigungsfrist.</td><td>Der Stadtrath behält sich das Recht vor, nach seinem Ermessen die gegenwärtigen Vertragsbedingungen jederzeit zu erweitern oder abzuändern, auch in den Fällen, auf welche die vorstehenden Bestimmungen nicht anwendbar sind, diejenigen Maassnahmen zu treffen und anzuordnen, welche im allgemeinen Interesse geboten erscheinen.</td></tr>
</table>

No.	Stadt	Grundzüge der Wasserabgabe	Anmeldung und Vertrag
		5	6
69	Heilbronn	Die Wasserabgabe erfolgt auf Grund einer Einschätzung nach Miethwerth eines Hauses, sowie unter Erhebung eines Mindestbetrages mittelst Anwendung von Wassermessern. Für Wasser zu kleinerem Gewerbebetriebe findet, wenn kein Wassermesser vorhanden ist, ein Zuschlag statt; dagegen wird Wasser für grösseren Gewerbebetrieb, auch für Motoren, nur durch Wassermesser abgegeben. Es wird nur für ein ganzes Anwesen Wasser abgegeben.	Wer Wasser vom städtischen Wasserwerk zu beziehen wünscht, hat das Gesuch an die Verwaltung einzureichen, welche für alle weiteren Einleitungen und Anordnungen, soweit es städtische Sache ist, Sorge tragen wird.
70	Hildesheim	Das Wasser wird nur nach Wassermessern unter Erhebung eines Mindestbetrages abgegeben. Jedes selbstständige Gebäude erhält in der Regel nur einen Wassermesser, indess ist es dem Grundstücksbesitzer unbenommen, ausserdem unter Zustimmung der Betriebsverwaltung auf eigene Rechnung für seine etwaigen besonderen Zwecke noch andere Wassermesser aufzustellen, auf welche alsdann die Vorschriften über Wassermesser keine weitere Anwendung finden.	Haus- und Grundstücks-Besitzern (Eigenthümern, Nutzniessern u. s. w.) kann auf Antrag der Anschluss an die städtische Wasserleitung und die Entnahme von Wasser mittelst der Anschlussleitung gestattet werden.
71	Höchst a. M.	Das Wassergeld wird erhoben nach Einschätzung bei Wasserabgabe für häusliche und wirthschaftliche Zwecke und bei sonstigen geringfügigen Abgaben, nach Wassermesser unter Festlegung eines Mindestbetrages bei Abgabe für gewerbliche und technische Zwecke, für Bauten und vorübergehende Zwecke, sowie in allen Fällen, wo der Abnehmer mehr Wasser verbraucht, als er bei einem Preise von M 0,20 pro cbm nach der Veranlagung bezahlt.	Die Anmeldungen können nur dann angenommen werden, wenn dieselben sich auf Liegenschaften beziehen, die innerhalb der Erstreckung des städtischen Röhrennetzes sich befinden, wenn sie das ganze Haus- oder Gartengrundstück umfassen, sowohl für den Wasserbezug, als auch für die dafür erforderlichen technischen Einrichtungen.
		Alle Anmeldungen haben von dem Hauseigenthümer zu erfolgen. Anmeldungen von Nutzniessern oder Miethern eines Grundstückes werden nur dann angenommen, wenn die Genehmigung des Eigenthümers zugleich beigebracht wird. Der Abnehmer verpflichtet sich ferner mit der Anmeldung zum Wasserbezuge auf die ganze Dauer des laufenden und des der Anmeldung folgenden Kalenderjahres.	
72	Hof i. B. .	Die Abgabe des Wassers erfolgt nur mittelst Wassermesser unter Erhebung eines Mindestbetrages.	Die Anmeldung zum Wasserbezug geschieht bei der Verwaltung durch den Anwesensbesitzer.
73	Iserlohn .	Die Wasserabgabe erfolgt lediglich nach Wassermesser unter Erhebung eines Mindestbetrages.	
74	Karlsruhe	Die Vergütung des Wasserbezugs für den gewöhnlichen Haushaltungsbedarf geschieht in der Regel nach Einschätzung des Miethwerthes sämmtlicher Wohnräume des Gebäudes. Dabei wird das Wasser stets als an das ganze Haus abgegeben betrachtet, wenn auch nur in einzelnen Stockwerken Hahnen angebracht sein sollten. Vom Hauptgebäude getrennte Hintergebäude werden jedoch hinsichtlich der Wasserzinsberechnung als besondere Häuser angesehen. — Der Verwaltung steht im einzelnen Falle das Recht zu, zu bestimmen, dass der Wasserbezug nach Wassermesser oder Kaliberhahn statt nach Einschätzung zu vergüten ist.	

Zahlungsbestimmungen	Kündigung	Aenderungen der Bestimmungen
7	8	9
Die Wassermessermiethe wird vierteljährlich mit dem Wasserzins erhoben. Für Gartenbesprengungen ohne Wassermesser wird Ende Juni und September bezahlt. Wird eine angefallene Schuldigkeit 14 Tage nach Verfall nicht bezahlt, so hat die Verwaltung das Recht, den Zufluss bis nach erfolgter Zahlung zu sperren; dasselbe erfolgt auch, wenn ein Hausbesitzer zahlungsunfähig wird.	Jedem Abnehmer steht vierteljährige Kündigung zu. Ist die Zuleitung auf Rechnung der Stadt ausgeführt worden, so kann die Kündigung erst nach Ablauf von fünf Jahren erfolgen, wenn nicht der Aufwand von dem Abnehmer ersetzt wird. Für den Fall der zeitweisen Nichtbenützung einer Einrichtung, z. B. wenn eine Wohnung leer steht, tritt eine Ermässigung des Wasserzinses ein, dieselbe findet jedoch erst Anwendung, wenn die Einrichtung mindestens ein Vierteljahr unbenützt ist und die Anzeige mit der Zeit des Beginnes der Nichtbenützung erfolgt ist. Nach erfolgter Kündigung hat eine Trennung der Hausleitung von der städtischen Leitung zu erfolgen; die Kosten der Abtrennung zahlt der Kündigende.	Aenderungen oder Zusätze, sowie Bestimmungen von nur vorübergehender Gültigkeit werden öffentlich bekannt gemacht und hierdurch für die Abnehmer ebenso verbindlich wie die gegenwärtigen Bestimmungen.
Die Ablesung des Wassermessers erfolgt monatlich. Die Bezahlung erfolgt in Terminen nach Maassgabe des Wassermessers; Wassermessermiethe und Mindestbetrag werden jährlich im Voraus erhoben. Erfolgt die Bezahlung nicht pünktlich, so kann die Zuleitung von der Betriebsverwaltung geschlossen werden. Der Besitzer bleibt jedoch zur Zahlung verpflichtet.	Eine Kündigung kann nur auf den 1. Jan., 1. April, 1. Juli und 1. October geschehen und hat spätestens am ersten Tage des vorhergehenden Monats zu erfolgen. Geschieht die Kündigung von Seiten des Haus- oder Grundstücksbesitzers, so hat er die gesammten Kosten der von der Betriebsverwaltung vorzunehmenden Aufhebung des Anschlusses mit allen Nebenkosten zu erstatten.	Die Abgabebestimmungen unterliegen jederzeitiger Abänderung durch die städtischen Collegien.
Die Zahlung erfolgt vom 1. desjenigen Monats an, in welchem die Anmeldung erfolgte. Die Verpflichtung zur Zahlung des Wassergeldes für häusliche und wirthschaftliche Zwecke liegt dem Benutzer (Miether oder Eigenthümer) ob. Diese Verpflichtung kann dem Eigenthümer allein auferlegt werden. Am Anfang eines jeden Monats wird das Wassergeld für das im vorhergegangenen Monate verbrauchte Wasser festgestellt und der Betrag nebst den Kosten für etwaige Wiederherstellungsarbeiten erhoben. Ein etwa nothwendiger Ausgleich findet in der Regel am Schluss des Etatsjahres statt. Falls schon vorher ein grösserer Verbrauch, welcher ein niedrigeres Wassergeld begründet, stattgefunden hat, so tritt die Ermässigung und Ausgleichung bereits bei der diesem Termin folgenden Zahlung ein. Bleibt ein Abnehmer länger als einen Monat mit der Bezahlung seiner Schuld im Rückstand, so steht der Stadt (abgesehen von der Beitreibung) das Recht zu, dem Abnehmer den Wasserzufluss zu entziehen. Auch kann der Abnehmer trotz nachträgilch erfolgter Begleichung seiner Schuld keinen Anspruch auf weiteren Zufluss erheben.	Sofern Miethwohnungen nachweislich mindestens $^1/_4$ Jahr lang leergestanden haben und eine Miethe dafür nicht erhoben, die betreffende Miethwohnung auch von der Wasserleitung abgeschlossen ist, wird für die Zeit der Miethlosigkeit ein entsprechender Nachlass am Wassergelde gewährt, jedoch immer nur für ganze Monate. Ausserdem kann für besondere Fälle ein Nachlass nach billigem Ermessen gewährt werden. Die Verpflichtung zur Zahlung des Wassergeldes erlischt jedoch nur in Folge vorausgegangener schriftlicher $^1/_4$ jährlicher Kündigung.	Die Vorschriften für die Installateure können geändert oder ergänzt werden.
Die Wasserzinse und Miethen für Wassermesser sind vierteljährlich postn. zu bezahlen.	Der Wasserbezug kann Seitens des Anwesensbesitzers halbjährlich am ersten Tage jeden Monats gekündigt werden.	Aenderungen der vorstehenden Bestimmungen, sowie der Gebührenordnung bleiben dem Ermessen der städtischen Collegien vorbehalten
Das Wassergeld wird mit der Wassermesser-Miethe monatlich erhoben.	Eine Kündigung kann beiderseitig mit dreimonatlicher Frist auf Schluss des Kalenderjahres erfolgen.	
Für das mittelst Privatleitung aus der städtischen Wasserleitung zu entnehmende Wasser wird der Wasserzins zum Voraus vierteljährlich erhoben. Erreichen die Beträge im Kalenderjahr die Summe von M 100 nicht, so wird das daran Fehlende mit jeder Vierteljahrsrechnung erhoben bezw. verrechnet.	Jedem Theile steht eine Kündigungsfrist von 3 Monaten, vom Kündigungstage an, zu.	

No.	Stadt	Grundzüge der Wasserabgabe	Anmeldung und Vertrag
		5	6
75	Kiel	Die Wassersteuer-Umlage wird von allen in der Stadt belegenen, der Communalbesteuerung unterliegenden und nach 4% des Nutzungswerths zur Staats-Gebäude-Steuer eingeschätzten Gebäuden erhoben, vorausgesetzt, dass die Strasse mit einem Hauptrohr versehen ist. Diese Gebäude erhalten das Wasser zum gewöhnlichen Hausbedarf ohne besondere Vergütung. Wird für ein Gebäude zugleich Wasser für gewerbliche Zwecke bezogen, für welches eine besondere Vergütung zu entrichten ist, so ist für letzteres ein Pauschalsatz zu vereinbaren. Die Hausbesitzer sind jedoch berechtigt, Zahlung nach Wassermesser zu verlangen. In diesem Falle ist von dem sich ergebenden Verbrauch das zulässige Maximal-Quantum zum gewöhnlichen Hausbedarf, für welches die Umlage zu entrichten ist, in Abzug zu bringen und für den Rest Bezahlung nach dem Tarif zu leisten, mithin mindestens der Betrag der Umlage und M 1 für jeden mm Durchmesser des Wassermessers. Die Verwaltung ist befugt, den Verbrauch in jedem Grundstück durch Wassermesser controliren zu lassen. Uebersteigt nach dem Wassermesser bei angeblich ausschliesslicher Entnahme von Wasser zum gewöhnlichen Hausbedarf der durchschnittliche Verbrauch das bei Zugrundelegung von 50 l pro Tag und Kopf der Hausbewohner sich ergebende Wasserquantum, so ist der Mehrverbrauch über den Maximalbetrag nach den Tarifsätzen für das nach dem Wassermesser entnommene Wasser zu vergüten. Ebenso ist, wenn der Wassermesser einen höheren Verbrauch für gewerbliche und andere Zwecke ergibt, als durch die bewilligten Pauschalsätze vergütet wird, die Bezahlung des Wassers für die controlirte Zeit, statt nach diesem letzteren Satze, nach dem Tarif für das nach Wassermesser verabfolgte Wasser zu leisten. Ausserdem sind der Verwaltung in beiden Fällen die Kosten für die Anbringung des Wassermessers zu erstatten und die eingeschalteten Wassermesser von dem Besitzer der Leitung zu übernehmen oder miethweise zu entleihen, sofern nicht etwa wegen einer anderweitigen Pauschalvergütung ein Abkommen mit der Verwaltung vereinbart wird. Vergl. übrigens Sp. 9.	Anmeldungen werden von den Hauseigenthümern, von Nutzniessern und Miethern aber nur in dem Fall angenommen, dass der Eigenthümer seine besondere Genehmigung dazu ertheilt hat.
76	Köln. . . .	Das Wasser wird nur nach Wassermesser unter Erhebung eines Mindestbetrages abgegeben. In besonderen Fällen kann jedoch von Aufstellung eines Wassermessers abgesehen und das Wassergeld nach näher festzustellenden Bedingungen erhoben werden. Zuleitungen, welche nur als Feuerlöschleitungen dienen und bei denen die Absperrschieber oder Feuerhähne unter Plombenverschluss gehalten werden, sind von der Aufstellung von Wassermessern entbunden.	Die Verträge werden mindestens auf 1 Jahr nur mit dem Grundeigenthümer abgeschlossen und nur bezüglich ganzer Grundstücke, nie für einzelne Theile derselben. Der Vertrag beginnt mit dem Zeitpunkt der Verbindung der Privatleitung mit dem Strassenrohre.
77	Königsberg	Die Wasserabgabe erfolgt nach Schätzung oder unter Erhebung eines Mindestbetrages nach Wassermesser. An Grundstücke, in welchen das Wasser für anderen als für häuslichen Bedarf, Pissoirspülungen, Feuer- und Besprengungshähne verwendet wird, erfolgt die Ueberlassung desselben nur nach Wassermesser. Wenn der Magistrat in einem Grundstücke, für welches andere Verwendungsarten als zum gewöhnlichen Hausbedarf nicht angemeldet sind, Wasservergeudung vermuthet, ist er berechtigt, behufs Controle einen Wassermesser einzustellen. Weist der letztere einen Verbrauch nach, welcher einen höheren Wasserzins ergibt, als wozu das Grundstück eingeschätzt ist, so trägt der Grundstücksbesitzer die Kosten der Einschaltung und Unterhaltung des Wassermessers und ist gehalten, fortan das Wasser nach Messung zu bezahlen. Andererseits steht es auch jedem Grundstücksbesitzer frei, von der Bezahlung nach Pauschale zur Entnahme durch Wassermesser überzugehen.	Die Anlegung einer Zweigleitung von der städtischen Leitung wird nur dem Eigenthümer oder dem Generalmiether des betreffenden Grundstücks, letzterem nach erfolgter Beibringung einer Genehmigung Seitens des Eigenthümers gestattet.
78	Königshütte O.-S.	Die Entnahme von Wasser für den Haus- und Wirthschaftsbedarf und den Kleingewerbebetrieb aus den öffentlichen Wasserständern oder Behältern des Wasserleitungsröhrennetzes ist unentgeltlich gestattet. Soweit der Vorrath an Wasser und die Ausdehnung des Rohrnetzes dies gestatten, wird Wasser für jene Zwecke mittelst Zweigleitungen in Privatgrundstücke nur unter der Bedingung der Zahlung eines Wasserzinses abgegeben, mit der Maassgabe, dass der Verbrauch durch Wassermesser ermittelt wird. Die Behörden behalten sich vor, event. auch einen Wasserzins von dem aus öffentlichen Wasserständern oder Behältern zu Bauzwecken oder zu Gewerbebetrieben, welche ein grösseres Wasserquantum erfordern, zu entnehmenden Wasser zu erheben. Die Entnahme von Wasser zum Grossgewerbebetrieb, als Hüttenwerke, Fabriken und andere grössere industrielle Anlagen, unterliegt der jedesmaligen besonderen Genehmigung Seitens der städtischen Behörden.	Der Antrag muss vom Grundstücks-Eigenthümer ausgehen. Ist der Besteller nicht der Eigenthümer des Grundstücks, so muss er dessen Einwilligung oder Vollmacht beibringen. Auch hat jeder Besteller eine Caution für die voraussichtlich entstehenden Kosten der Anschlussleitung zu leisten.

Zahlungsbestimmungen	Kündigung	Aenderungen der Bestimmungen
7	8	9
Die Wassermesser-Miethe wird monatlich postn. mit dem Wassergeld erhoben und, falls die Benutzung des Wassermessers im Laufe eines Monats beginnt oder aufhört, nach Verhältniss der Zeit der Benutzung berechnet.	Eine Kündigung kann nur zum 1. Januar, 1. April, 1. Juli und 1. October erfolgen und muss mindestens 3 Monate zuvor geschehen.	Eine Aenderung der Abgabebedingungen steht wegen der kürzlich beschlossenen obligatorischen Einführung der Wassermesser bevor.
Ueber jede Art des Consums wird dem Consumenten eine Rechnung resp. Quittung vierteljährlich postn. zugestellt, und ist der Betrag derselben, sowie die Miethe für den Wassermesser nebst dem Betrage etwaiger Fittingsarbeiten bei Vorlage derselben zu zahlen. Wird diese Zahlung nicht sofort oder binnen 5 Tagen geleistet, so erfolgt die Beitreibung im Wege des administrativen Zwangsverfahrens. Es kann die Stellung einer Caution für den Wasserverbrauch und die Wasseranlage verlangt werden.	Der Vertrag kann nur nach Ablauf des ersten Jahres (vergl. Sp. 6) unter Beobachtung einer am 1. Januar, 1. April, 1. Juli und 1. October stattzuhabenden dreimonatlichen Kündigung aufgehoben werden.	
Mit dem Tage der Eröffnung der Anschlussleitung beginnt die Verpflichtung zur Zahlung des Wasserzinses. — Der nach Messung zu erhebende Wasserzins ist allmonatlich postn. zu bezahlen, nach Tarif vierteljährlich prän. — In beiden Fällen ist der Zahlungsverpflichtete nur der Eigenthümer bezw. der Generalmiether des Grundstücks. Reclamationen gegen die Veranlagung und Anträge auf Revision sind zulässig, jedoch tritt eine etwaige Ermässigung des Wasserzinses nur für das laufende Quartal ein. Eine Rückzahlung etwa zu viel gezahlten Wasserzinses für die vorhergehenden Quartale findet nicht statt.	Der Vertrag gilt gelöst nach voraufgegangener dreimonatlicher Kündigung, welche beiden Theilen zusteht. Diese Kündigung kann nur zum 7. Januar, 7. April, 7. Juli und 7. October ausgesprochen werden. Nach vertragsmässig erfolgter Kündigung geschieht die Absperrung unentgeltlich. Für Wohnungen, welche ununterbrochen mindestens ein Miethsquartal unvermiethet gewesen sind und zugleich leer gestanden haben, tritt auf Verlangen des Hausbesitzers eine Rückvergütung des Wasserzinses, jedoch nur für volle Miethsquartale ein. Sobald eine solche unvermiethete Wohnung geräumt ist, muss bei Anspruch auf Rückgewähr des Wasserzinses bis spätestens 14 Tage nach Beginn des Miethsquartals der Verwaltung Anzeige gemacht werden.	
Ueber das Quantum des nach dem Wassermesser in jedem Grundstück verbrauchten Wassers wird dem Besitzer oder seinem Stellvertreter monatlich Rechnung zugestellt.		Aenderungen sind vorbehalten.

No.	Stadt	Grundzüge der Wasserabgabe	Anmeldung und Vertrag
		5	6
79	Königs-winter	Die Wasserlieferung erfolgt nach Ermessen der Wasserwerks-Commission in der Regel nach Einschätzung, sonst unter Anwendung von Wassermessern unter Erhebung eines Mindestbetrages, jedoch steht es auch jedem Consumenten frei, die Aufstellung eines Wassermessers zu fordern. In den nachstehend bezeichneten Fällen darf die Wasserlieferung nur durch und nach Wassermessern geschehen: für Fabriken und solche Gewerbetreibende, welche bei ihrem Gewerbebetriebe grössere Wasserquantitäten verbrauchen; für Grundstücke, welche das verbrauchte Wasser unterirdisch in Canäle oder in unsicht- und uncontrolirbarer Weise ableiten; für Grundstücke, in denen das Wasser zu mechanischen Leistungen, z. B. für Aufzüge, Ventilatoren, hydraulische Motoren und dergl. verwendet wird; ebenso für Springbrunnen über 2. mm Kaliber. Bei Wasservergeudung kann die Verwaltung ohne Weiteres die Aufstellung eines Wassermessers anordnen, dessen Aufstellungskosten und Miethe der Consument zu tragen hat. Beträgt die Summe für verbrauchtes Wasser mehr als die Einschätzung, so ist der Mehrbetrag zu zahlen.	Anmeldungen werden nur von dem Eigenthümer des Grundstücks, von Nutzniessern und Miethern aber nur in dem Falle angenommen, wenn der Eigenthümer seine besondere Genehmigung dazu ertheilt hat. Jede Bestellung über Wasserlieferung gilt auf unbestimmte Zeit. Die Einschätzung erfolgt stets für das ganze Haus nebst Zubehör ohne Rücksicht auf die Zahl der angebrachten Zapfstellen. Der Wasserzins wird nicht herabgesetzt weil einzelne Räume unbenutzt geblieben sind.
80	Kopen-hagen	Jeder Grundeigenthümer, der Wasser aus der städtischen Wasserleitung bezieht, hat einen nach der Grösse der Etagenflächen zu berechnenden Wasserzins zu entrichten, wofür je ein Zapfhahn in jeder Küche, im Hof, in jedem Stockwerk, sowie 1 Badehahn in jeder Etage gespeist wird. Weitere Hähne und Wasser für den Gewerbebetrieb werden besonders bezahlt. Diejenigen Grundeigenthümer, die keinen Anschluss haben, zahlen $^1/_3$ des Wasserzinses. Für öffentliche Gebäude wird kein Wasserzins berechnet. Sowohl der Magistrat wie auch der Abnehmer können die Versorgung nach Wassermesser fordern.	Die Anmeldung kann nur durch den Grundeigenthümer oder in dessen Namen beschafft werden. Das Uebereinkommen läuft auf unbestimmte Zeit.
81	Leipzig . .	Die Benutzung des Wasserwerks kann erfolgen zum gewöhnlichen Hausbedarf, zu gewerblichen Zwecken, für den Viehstand und Zubehör, zu Gartenanlagen und Springbrunnen, als treibende Kraft und zu vorübergehenden Zwecken. Die Abgabe erfolgt nach Wassermesser unter Erhebung eines Mindestbetrages. Von der Messung ausgeschlossen bleibt jedoch der Bedarf aus Feuerhähnen, soweit die Einrichtung der Leitung diese Ausschliessung gestattet. Wird die Leitung nur zu einem vorübergehenden Zwecke benutzt und ist anzunehmen, dass diese Benutzung nicht ein volles Jahr dauern werde, so ist von Zahlung eines Mindestbetrages abzusehen. Die Benutzung mittelst Abzweigung hat sich in der Regel auf das ganze anzuschliessende Grundstück zu erstrecken und kann nur ausnahmsweise auf eine in sich geschlossene Abtheilung des Grundstücks oder auf bestimmte Zwecke beschränkt werden.	Die Anmeldung der Versorgung eines Grundstücks durch Anschluss an die öffentliche Leitung hat vom Besitzer oder dessen Vertreter zu geschehen. Erfolgt die Benutzung nur für eine bestimmte Abtheilung eines Grundstücks oder für einen bestimmten Zweck, so ist sie durch den, welcher sie ausüben will, anzumelden; es ist aber, wenn dieser nicht der Besitzer des Grundstücks ist, dessen Genehmigung nachzuweisen.

Zahlungsbestimmungen	Kündigung	Aenderungen der Bestimmungen
7	8	9
Die Zahlung des Wasserzinses, sowie etwaige Miethe für Wassermesser hat monatlich im Voraus zu erfolgen. Der Stand des Wassermessers wird monatlich aufgenommen. Für den rechtzeitigen Eingang des Wasserzinses haftet stets der Grundstücks-Eigenthümer. Erfolgt die Zahlung nicht innerhalb 8 Tage, so steht dem Wasserwerke das Recht zu, die Wasserlieferung sofort einzustellen. Für die Wiedereröffnung des Hauptabsperrhahnes wird vom Consumenten eine Gebühr von M 3 entrichtet.	Die Kündigung kann frühestens nur 3 Jahre nach dem Anschlusse mit mindestens dreimonatlicher Frist und derartig geschehen, dass die Lieferung mit dem Ende eines Kalender-Quartals abschliesst. Nur wenn ganze Stockwerke länger als ein Vierteljahr leer stehen, kann eine Ermässigung des Wasserzinses eintreten. Dieser Anspruch geht jedoch verloren, wenn derselbe nicht vor Ablauf des betreffenden Vierteljahres geltend gemacht wird.	Aenderungen bleiben jederzeit vorbehalten.
Die Zahlungen haben vierteljährlich postn. zu geschehen.	Kündigung kann jederzeit erfolgen.	
Der Mindestbetrag ist mit der Wassermessermiethe halbjährlich am 2. Januar und 1. Juli im Voraus zu bezahlen. Die Pflicht zur Bezahlung beginnt mit dem Tage, an welchem die Leitungsanlage gefüllt wird. Jeder Messer wird mindestens einmal jährlich abgelesen und zwar thunlichst im Laufe der letzten Hälfte December und ersten Hälfte Januar. Uebersteigt der nach dem Grundpreise sich berechnende Betrag den gezahlten Mindestbetrag, so ist das Mehr binnen 8 Tagen zu bezahlen. Wird das Wassergeld nicht im ersten Monate nach dem Fälligkeitstermine bezahlt, so wird die Zuleitung am 1. des kommenden Monats geschlossen. Erfolgt die Zahlung nachträglich noch, so darf für die Zeit des Verschlusses kein Abzug an dem zu zahlenden Mindestbetrage gemacht werden. Im Uebrigen vergl. auch Sp. 8.	Sowohl dem Rathe als dem Besitzer der Leitung steht das Recht dreimonatlicher Kündigung auf Ende März, Juni, September und December zu. Zuleitungen, welche vom Grundstücksbesitzer für die Dauer gekündigt werden oder durch zwei Jahre ununterbrochen gekündigt geblieben sind, können von der Verwaltung entfernt werden. Wird der Vertrag durch Kündigung oder Schliessung gelöst, so ist von dem nächsten Quartale ab das im Voraus gezahlte Wassergeld, soweit dasselbe nicht für den festgestellten wirklichen Verbrauch aufgeht, sowie die Messermiethe nach Verhältniss der Zeit zurückzuzahlen. Wird nach erfolgter Schliessung das Wasser wieder zugelassen, so erfolgt für die Zeit der Schliessung kein Abzug. Wenn eine in sich geschlossene selbstständige Miethwohnung auf die Dauer mindestens eines vollen, mit dem 1. Januar, 1. April, 1. Juli oder 1. October beginnenden Kalendervierteljahres ununterbrochen unvermiethet und zugleich unbenutzt geblieben ist, so wird ein entsprechender Erlass an dem für das Grundstück veranlagten Mindestbetrage gewährt. Zur Erlangung desselben ist innerhalb der ersten 8 Tage des betr. Kalendervierteljahres Anzeige einzureichen. Die Meldung gilt nur für das Kalendervierteljahr, an dessen Anfang sie erfolgt ist, und ist in den ersten 8 Tagen jedes Kalendervierteljahres zu wiederholen, so oft die Vergünstigung Platz greifen soll. Bei leerstehenden und unbenutzten abgeschlossenen Miethwohnungen in neuerbauten oder neuangeschlossenen Häusern erfolgt die Befreiung von dem Zeitpunkte ab, von welchem der tarifmässige Beitrag einzutreten hat, wenn die bezügliche Anzeige sofort gemacht wird. Die in jedem Kalenderhalbjahre für leerstehende Wohnungen aufgelaufenen Erstattungsbeträge werden an der Mindestbetragrechnung für das folgende Halbjahr gut geschrieben. Bei neuerbauten oder neuangeschlossenen Häusern, für welche die vorgedachte Anzeige sofort gemacht worden ist, wird der Mindestbetrag erst vom Beginne der Benutzung an erhoben. Wird eine abgemeldete Wohnung im Laufe des Kalendervierteljahres vermiethet oder benutzt, so ist der Verwaltung sofort Anzeige zu machen. Wer dies unterlässt, kann für die Zukunft von der Vergünstigung der Rückgewähr ausgeschlossen werden.	Aenderungen sind vorbehalten.

No.	Stadt	Grundzüge der Wasserabgabe	Anmeldung und Vertrag
		5	6
82	Liegnitz .	Den dem Wasserzinse unterliegenden Grundstücken wird das für den Haus- und Wirthschaftsbedarf sämmtlicher Hausbewohner erforderliche Wasser ohne weitere, namentlich ohne eine besondere nach dem Verbrauche bemessene Vergütung geliefert. Dagegen wird für den Verbrauch von Wasser zu gewerblichen, Luxus-, sowie zu anderen als Haus- und Wirthschaftszwecken eine besondere Abgabe erhoben. Bei den zu einem öffentlichen Dienst oder Gebrauch bestimmten Grundstücken, welche an die Wasserleitung angeschlossen sind, bleibt freie Vereinbarung über den zu zahlenden Wasserzins vorbehalten. Mangels einer Vereinbarung wird das Wasser nur nach dem Wassermesser abgegeben. In jedem Falle aber muss, falls Wohnungen oder Verkaufslocale, oder Werk-, sowie gewerbliche Betriebsstätten in den betreffenden Grundstücken sich befinden, der Wasserzins, bezüglich die nach dem Wassermesser für den Wasserverbrauch zu zahlende Abgabe mindestens den Betrag erreichen, den eine Berechnung nach Räumen, welche zu den gedachten Wohnungen, Verkaufslocalen und Werkstätten gehören, ergeben würde. In allen Fällen, wo weder ein Wasserzins erhoben, noch eine sonstige andere Abgabe festgesetzt ist, wird die Abgabe nach dem Wassermesser bestimmt. Auf Verlangen der Verwaltung muss ein Wassermesser aufgestellt werden, wenn das Wasser zu gewerblichen Zwecken oder zum Gebrauch in öffentlichen Gebäuden entnommen werden soll; wenn in Folge besonderer Einrichtungen oder Anlagen ein vermehrter Wasserverbrauch zu erwarten ist; wenn zu besorgen ist, dass das Wasser zu anderen als den angemeldeten Zwecken, z. B. zum Gewerbebetriebe, benutzt oder überhaupt vergeudet werden möchte.	Jedem Grundstücksbesitzer ist gestattet, sein Grundstück an die öffentliche städtische Wasserleitung anzuschliessen. Grundstücke, welche nach den bestehenden Verordnungen den Strassencanälen sich anzuschliessen haben, bezw. welche das Regen-, Haus- und Wirthschaftswasser den öffentlichen Entwässerungsanlagen zuleiten, müssen an die öffentliche Wasserleitung angeschlossen werden. Wird innerhalb einer bestimmten Frist ein bezüglicher Antrag nicht gestellt, so wird der Anschluss von Amtswegen durch die Verwaltung des Wasserwerkes auf Kosten des Eigenthümers bewirkt. In der Regel wird die Anlegung einer Privatleitung nur dem Grundstückseigenthümer gestattet. Nutzniessern, Pächtern, Miethern etc. ausnahmsweise nur dann, wenn der Eigenthümer seine Genehmigung ertheilt.
83	Lindau . .	Die Abgabe des Wassers an die Wassergäste, auch an jene ausserhalb des Stadtbezirkes mit Anschluss an die Hochdruckleitung, erfolgt ausschliesslich nach dem Wassermessersystem unter Erhebung eines Mindestbetrages. Eine allgemeine Verpflichtung zum Wasserbezuge besteht z. Z. nicht, doch bleibt die Einführung des Zwangsanschlusses vorbehalten.	Die Anmeldung hat vom Anwesensbesitzer, welcher Wassergast der Stadtgemeinde wird, zu erfolgen. Derselbe ist verantwortlich für Einhaltung der den Wassergästen auferlegten Verpflichtungen und für Erfüllung der ortspolizeilichen Vorschrift zur Sicherstellung der Leitung.
84	Lübeck (Stadt)	Die Wasserabgabe für Hausbedarf findet nach Einschätzung statt. Hinsichtlich des grösseren Bedarfs für gewerbliche Zwecke, namentlich für den Geschäftsbetrieb der Fuhrleute u. dergl., sowie für den grösseren Bedarf der Springbrunnen und mit eigenen Besprengungsvorrichtungen versehenen Gärten in der Stadt wird eine Vereinbarung unter Zugrundelegung eines bestimmten Einheitspreises pro cbm versucht, andernfalls wird die Verbrauchsmenge durch einen Wassermesser festgestellt. In gleicher Weise ist die Vergütung des Bedarfs für nicht bewohnbare oder sonst nicht zu festen Beiträgen herbeizuziehende Gebäude festzustellen. Die Bewohner der mit Leitungen nicht versehenen Häuser und Wohnungen schöpfen ihr Wasser aus den zur allgemeinen Benutzung freigegebenen Zapfstellen. Für sämmtliche bewohnbare Gebäude der Stadt und der Vorstädte, welche an mit Leitungen der Stadt-Wasserkunst versehenen Strassen oder Plätzen oder doch in einer Entfernung bis zu 100 m Wegelänge von der nächsten öffentlichen Zapfstelle liegen, sind die Beiträge zur Stadt-Wasserkunst zu zahlen, und zwar ohne Rücksicht darauf, ob das Kunstwasser benutzt wird oder nicht.	Wer zur Zeit der Fälligkeit des Beitrages ein beitragspflichtiges Gebäude eigenthümlich besitzt, ist zur Zahlung des Beitrages verpflichtet. Von Personen, welche ein fremdes Gebäude ganz oder zu einzelnen Theilen für sich benutzen, werden die gedachten Beiträge nicht erhoben, vielmehr bleibt es dem Hauseigner überlassen, von diesen Personen die gezahlten Beiträge sich ersetzen zu lassen.
85	Magdeburg	Die Wasserabgabe findet nach Wassermesser unter Erhebung eines Mindestbetrages statt. Zu bestimmten vorübergehenden Zwecken kann Wasser ohne Anbringung eines Wassermessers abgegeben werden.	Der vom Grundstücksbesitzer zu stellende Antrag muss die lichte Weite des gewünschten Abzweigungsrohres enthalten, sowie die Anzahl, Art und lichte Weite der Ausflussöffnungen, welche die Leitung im Innern des Grundstücks erhalten soll.

Zahlungsbestimmungen	Kündigung	Aenderungen der Bestimmungen
7	8	9
Der Wasserzins ist monatlich prän., die nach Wassermesser berechnete Wasserabgabe, sowie die Wassermessermiethe monatlich postn., die Kosten der Aufstellung eines Wassermessers sind sofort zu zahlen. Bei nicht erfolgter Zahlung wird der Betrag executivisch beigetrieben, auch kann die Verabfolgung von Wasser zu gewerblichen und zu sonstigen Zwecken versagt werden. Die Verpflichtung zur Zahlung des Wasserzinses für die angeschlossenen Grundstücke beginnt in der Regel mit dem Ersten desjenigen Monats, in welchem der Anschluss des Grundstücks bewirkt, bezw. bei neuerbauten oder wieder aufgebauten Gebäuden mit dem Ersten desjenigen Monats, in welchem mit der Bewohnung bezüglich mit der Benutzung der Anfang gemacht worden ist.	Eine Verminderung des Wasserzinses kann gefordert werden, wenn die wasserzinspflichtigen Räume vermindert oder in ihrer Einrichtung oder Benutzung verändert werden, wenn die Zahl der Pferde etc. verringert wird, wenn ein Gebäude gänzlich oder theilweise zerstört oder abgebrochen ist, und zwar in der Regel mit Ablauf desjenigen Monats, in welchem die Veränderung eingetreten war. Auch kann ein Erlass des Wasserzinses beansprucht werden, wenn in einem Grundstücke einzelne selbstständige, zum Wasserzinse veranlagte Räume und Geschäftslocale 3 Monate lang nicht vermiethet und in Folge dessen nicht benutzt gewesen sind. Für Gärten und Springbrunnen ist während der Zeit vom 15. März bis 31. October keine Aufkündigung, wenn im Einzelfalle nicht ausnahmsweise ein Anderes bestimmt ist, zulässig.	
Jedes Vierteljahr wird ohne Uebertragung für sich berechnet. Die Ablesung der Wassermesser geschieht vierteljährlich. Dieser Ablesung kann der Wassergast anwohnen. Die Fälligkeitstermine für die Mindestwasserzinse sind vierteljährlich prän. Der über die vierteljährlichen Mindestbezugsmengen angezeigte Wasserverbrauch wird gleichfalls vierteljährlich zahlbar, jedoch immer nach Ablauf des Quartals. Der Wassermesser-Mieth- und Unterhaltungszins ist gleichfalls im Voraus zu entrichten und gelten dieselben Termine.	Der Wasserbezug kann durch den Wassergast ganz oder theilweise gekündigt werden. Die Kündigung hat mindestens 4 Wochen vor dem 1. Mai oder 1. November jeden Jahres zu erfolgen. Ein Vierteljahr nach stattgefundener Kündigung tritt diese in Kraft, wenn nicht ausnahmsweise ein früherer Austritt zugestanden wird.	Der Stadtgemeinde steht jederzeit das Recht zu, den Wasserzins anderweitig zu reguliren oder die Art der Wasserzuführung zu ändern.
Die Beiträge sind in vierteljährlichen Raten im Voraus zu leisten. Zur Sicherstellung der Beiträge ist die Behörde beauftragt, der Umschrift von Häusern und Wohnungen in den Büchern der Brandassecuranzkasse so lange Anstand zu geben, bis die Berichtigung der bereits fälligen oder rückständigen Beiträge erfolgt.		
Die Wassergelder werden auf Grund der Angabe der jeden zweiten Monat zu controllirenden Wassermesser eingezogen. Der Mindestbetrag wird vierteljährlich prän. erhoben.	Sowohl dem Magistrat als dem Leitungsbesitzer steht es frei, mit zweimonatlicher Frist das Vertragsverhältniss wegen der Wasserentnahme zu kündigen und eventuell die Schliessung der Leitung zu verlangen. Der Magistrat ist berechtigt, eine allgemeine Kündigung durch öffentliche Bekanntmachung zu bewirken. Die Kosten, welche durch Beseitigung der Leitung nach erfolgter Kündigung entstehen, insbesondere auch die der Herstellung der Trottoirs und Strassenpflaster, trägt der Leitungsbesitzer.	

No.	Stadt	Grundzüge der Wasserabgabe	Anmeldung und Vertrag
		5	6
86	**Mainz** . . .	Die Abgabe erfolgt nach Wassermesser ohne Erhebung eines Mindestbetrages.	Die Anmeldung hat in der Regel durch die Grundstücksbesitzer zu geschehen. Anmeldungen von Pächtern, Miethern oder Nutzniessern bedürfen der Zustimmung Seitens der betreffenden Grundstücksbesitzer. Die Letzteren sind Mithafter für alle bei der Wassereinführung übernommenen Verpflichtungen und verzichten auf Ersatzansprüche an die Stadt für die aus der Wassereinführung an ihrem Eigenthum etwa entstehenden Schäden.
87	**Mannheim**	Die Abgabe erfolgt nur unter Controle durch Wassermesser unter Erhebung eines Mindestbetrages. Bei Neubauten wird das Wasser zwar lediglich nach den Angaben des Wassermessers berechnet. Sobald jedoch eine oder mehrere Wohnungen bezogen sind, wird für den ganzen Neubau der Mindestbetrag erhoben. Befinden sich bei einem gewerblichen Betriebe eine oder mehrere Wohnungen, so ist für die Bestimmung des Wasserverbrauchs desselben ein besonderer Wassermesser aufzustellen, während für die Wohnungen die Mindesttaxe in Betracht kommt. Für Besitzer grösserer gewerblicher Anwesen, welche an verschiedenen Punkten der Stadt Fabriken betreiben, wird der gewerbliche Consum der betreffenden Wassermesser auf Antrag zusammen gerechnet und die dem ganzen Consum entsprechende Rückvergütung gewährt. Die Vergütung für vorübergehende Wasserabgabe bleibt besonderer Vereinbarung vorbehalten.	Die Anmeldung zum Wasserbezug für ein Grundstück oder Haus kann nur durch den Eigenthümer resp. seinen Bevollmächtigten für das ganze Haus — nicht für einzelne Miethparteien — erfolgen. Jeder Haus- oder Grundbesitzer, welcher Wasser beziehen, oder die bereits vorhandene Anschlussleitung für andere bislang nicht angemeldete Räume oder Zwecke benützen will, hat dies anzumelden. Derselbe ist verpflichtet, auch die Namen seiner Miether und den jährlichen Miethzins, den er von jedem Einzelnen bezieht, sowie alle darin geforderten Angaben gewissenhaft anzumelden. Der Abnehmer verpflichtet sich ferner zum Bezug von Wasser auf die ganze Dauer des der Anmeldung folgenden Kalenderjahres; nach diesem Zeitpunkt steht demselben vierteljährliches Kündigungsrecht zu.
88	**Meiderich**	Die Abgabe erfolgt entweder nach Einschätzung oder unter Erhebung eines Mindestbetrages nach Messung. Nach Einschätzung wird das Wasser nur für den gewöhnlichen Hausbedarf und für diejenigen Verbrauchsarten abgegeben, welche in Tab. VII, 3 besonders aufgeführt sind. Bei jeder anderen Verwendungsart des Leitungswassers, namentlich für Wassermotoren, bei Benutzung des Wassers zum Gewerbebetriebe u. s. w. ist Consument verpflichtet, dasselbe durch den Wassermesser zu beziehen.	Bei Anmeldungen, welche von dem Anpächter oder Nutzniesser eines Grundstückes ausgehen, muss der Besitzer des letzteren die Anmeldung und die Bedingungen gleichzeitig mit dem Pächter anerkennen. Durch diese Anmeldung verpflichtet sich der Eigenthümer resp. Anpächter zur Erfüllung der Bedingungen und zur Zahlung der tarifmässigen Beträge auf wenigstens 1 Jahr.
89	**Merseburg**	Der Wasserverbrauch wird nach Wassermesser unter Erhebung eines Mindestbetrages berechnet.	
90	**Metz**	Die Nutzniessung der städtischen Wasserleitung wird gewährt entweder auf Abschätzung ohne Messung für den täglichen Verbrauch von Haushaltungen oder vermittelst einer Wasseruhr für Fabriken, Erziehungsinstitute, Klöster, Spitäler, Kasernen etc. und im Allgemeinen für jede Nutzniessung, die nicht genau abgeschätzt werden kann.	Eine Nutzniessung der städtischen Wasserleitung wird nur den Haus-, Garten- und Fabrikeigenthümern gewährt; Miether können nur mit Erlaubniss des Eigenthümers und unter dessen Verantwortlichkeit eine Erlaubniss zur Nutzniessung erhalten. Dieselbe wird nur für ein ganzes Haus gewährt; will ein einzelner Miether Wasser haben, so wird das gegebene Wasser durch eine Wasseruhr gemessen, es sei denn, dass die Hahnen des Nutzniessers sich in einer geschlossenen Wohnung befinden. Der Nutzniesser muss bei Unterschrift des Abonnementsregisters legalen Wohnsitz in Metz wählen.

Zahlungsbestimmungen	Kündigung	Aenderungen der Bestimmungen
7	8	9
	Freiwillige Abmeldung des Wasserbezuges ist jeder Zeit statthaft. Die Abtrennung der Zuleitung geschieht auf Kosten des Antragstellers.	
Die Mindestbeträge werden in vierteljährlichen Raten im Voraus erhoben. Der Consum eines gesammten Anwesens wird jeweils am Ende des Quartals zusammengestellt. Ergibt sich hierbei ein grösserer Verbrauch als derjenige, welchen der Abnehmer nach dem Grundpreise von 20 Pfennig pro cbm verbrauchen darf, so muss der Mehrverbrauch à 20 Pf. pro cbm am Quartalschluss nachbezahlt werden. Falls aber in anderen Quartalen weniger Wasser verbraucht wurde, als der Abnehmer nach der Mindesttaxe verbrauchen durfte, findet eine Rückvergütung nicht statt. Der etwaige Mehrconsum jeder angeschlossenen Liegenschaft wird nur vom Besitzer derselben vierteljährlich nachträglich erhoben. Ausgleichungen des Mehr- und Minderverbrauchs an Wasser bei verschiedenen mit Wasser versorgten Liegenschaften eines und desselben Eigenthümers finden nicht statt. Für grössere gewerbliche Etablissements, insofern dieselben zu den Gross-Consumenten zählen, findet diese letztere Bestimmung keine Anwendung. Die Erhebung der Mindesttaxen erfolgt, jedoch nur insoweit es sich um Miethwohnungen von über M 300 jährlichen Miethwerth handelt, direkt bei den Miethern unter Haftbarkeit des Liegenschaftsbesitzers, bei Miethwohnungen von 300 M und weniger Miethwerth von Letzterem. Erfolgt Seitens des Miethers keine Zahlung, so hat der Liegenschaftsbesitzer hierfür aufzukommen. Erfolgt Seitens eines Haus- oder Liegenschaftsbesitzers trotz zweimaliger Aufforderung keine Bezahlung des fällig gewordenen Wasserzinses oder der Wassermesser-Miethe, so steht dem Wasserwerk (abgesehen von der gerichtlichen Verfolgung seiner Ansprüche) das Recht zu, die Wasserlieferung sofort einzustellen. Die Bezahlung der Wassermesser-Miethe erfolgt in vierteljährlichen Raten und wird von dem Hauseigenthümer oder Grundbesitzer erhoben.	Nach 1 Jahr kann vierteljährlich gekündigt werden. Wenn nachgewiesen werden kann, dass ein angeschlossenes Haus oder Grundstück, oder auch nur eine für sich abgeschlossene Wohnung desselben, 3 aufeinander folgende volle Monate leer steht, soll auf Verlangen entsprechender Rückersatz der für diese Wohnung bezahlten Mindesttaxe geleistet werden. Diesbezügliche Anträge sind vor Schluss des Kalender-Quartals zu stellen.	Aenderungen sind vorbehalten.
Der Stand der Wassermesser wird am Schlusse jeden Monats aufgenommen. Die Erhebung des Wasserzinses nach Einschätzung geschieht vierteljährlich im Voraus. Die Erhebung des Wasserzinses nach Messung und der Miethe für den Wassermesser geschieht monatlich postn.	Wird 3 Monate vor Ablauf des ersten Vertragsjahres, welches mit dem Zeitpunkte der vollzogenen Verbindung der Privatleitung mit dem Gemeinde-Wasserrohre beginnt, von keiner Seite gekündigt, so läuft der Vertrag stillschweigend weiter und kann nur unter Beobachtung einer auf Ende eines Kalenderquartals statthabenden dreimonatlichen Kündigung aufgehoben werden.	Veränderungen des Tarifs, sowie der Bedingungen werden öffentlich bekannt gemacht. Diese Bekanntmachung genügt, und ist derjenige Consument, welcher der beschlossenen Veränderung sich nicht fügen will, verpflichtet, sein Vertragsverhältniss zu kündigen, andernfalls sein Einverständniss stillschweigend angenommen wird.
Der Wasserverbrauch wird am Schlusse jeden Monats festgestellt. Das Ergebniss wird auch in ein im Besitze des Abnehmers verbleibendes Beibuch eingetragen. Das Wassergeld wird vierteljährlich gezahlt.	Die Kündigungsfrist ist eine dreimonatliche. Die Kosten der Wiederabtrennung einer Privatleitung von dem Strassenrohre hat der bisherige Besitzer zu tragen. Die Verpflichtung zur Zahlung erlischt in Folge Einstellung der Wasserlieferung seitens der Verwaltung vom Tage der Einstellung an und bei Kündigung seitens des Abnehmers vom Ersten des Kalendervierteljahres an, vor welchem die Kündigung erfolgte.	Aenderungen sind vorbehalten.
Der halbjährlich vorausbezahlbare Abonnementspreis muss in zwei gleichen Raten am 1. April und am 1. October bezahlt werden. Der Nutzniesser, welcher sich einer Wasseruhr bedient, hat erst nach Verlauf von 6 Monaten zu zahlen, nachdem ihm die Berechnung Seitens der Stadt zugestellt worden ist. Die Wassermesser werden monatlich abgelesen.	Den Hauseigenthümern können Entlastungsbons ertheilt werden, sobald eine Wohnung 6 Monate leer gestanden, und zwar in der Periode vom 1. Januar bis 24. Juni oder vom 24. Juni bis 31. December. Die Dauer einer Nutzniessung ist auf 6 Monate festgesetzt, und beginnt dieselbe mit dem 1. April oder 1. October. Dabei ist die abgelaufene Zeit des Halbjahres inbegriffen, während welcher die Nutzniessung begonnen hat. Wenn keine zweimonatliche vorherige Kündigung eintritt, gilt die Concession von Halbjahr zu Halbjahr stillschweigend verlängert. Eine jede industrielle Nutzniessung erlöscht, sobald die Industrie selbst erloschen ist. Jedenfalls verbleibt der Gemeindekasse das vorausbezahlte dreimonatliche Abonnement.	Aenderungen des Regulativs sind der Gemeinde-Verwaltung vorbehalten.

No.	Stadt	Grundzüge der Wasserabgabe	Anmeldung und Vertrag
		5	6
91	Minden . .	Die Wasserabgabe erfolgt für gewöhnliche häusliche Zwecke nach Einschätzung, für gewerbliche, technische, für Bauzwecke, sowie für öffentliche Gebäude unter Erhebung eines Mindestbetrages nach Wassermesser. Im Uebrigen steht sowohl den Konsumenten wie der Verwaltung die Wahl frei, ob nach Einschätzung oder nach Wassermesser geliefert werden soll.	Das Wasser wird, wenn die Einschätzung nach Tarif erfolgt, stets nur für ein ganzes Haus oder Gartengrundstück abgegeben, während bei Entnahme nach Wassermesser auch für einzelne Theile die Abgabe erfolgen kann.
92	Mülhausen i. E.	Die Lieferung des Wassers erfolgt unter Erhebung eines Mindestbetrages nach Wassermesser.	Die Anmeldung muss vom Eigenthümer des Grundstücks herrühren oder mit dessen Genehmigung versehen sein, falls sie durch einen Miether erfolgt, und zwar für mindestens 5 Jahre.
93	Mülheim-Deutz	Die Zahlung für den Wasserconsum erfolgt entweder nach Wassermesser oder nach Tarif, und zwar nach Wassermesser für gewerblichen Betrieb oder für Springbrunnen, auf Wunsch des Consumenten auch für Hausversorgung, aber stets unter Erhebung eines Mindestbetrages. Bei der Einschätzung kommen stets sämmtliche Etagen eines Hauses zur Berechnung, gleichviel ob der Wasserverbrauch nur in einzelnen Etagen oder zu einzelnen Zwecken stattfindet. Lässt sich der Gebrauch für den Gewerbebetrieb nicht scharf von dem Haushaltungszwecke trennen, so ist es zulässig, den gesammten Verbrauch durch den Wassermesser zu entnehmen. Es ist dem Consumenten freigestellt, das Wasser anstatt nach Tarif nach dem Wassermesser zu entnehmen. Die Verwaltung behält sich vor, bei Consumenten nach Tarif auf eigene Kosten Control-Wassermesser aufzustellen. Hat der Consument mehr Wasser verbraucht, als durchschnittlich pro Tag und Kopf der Grundstücksbewohner 125 Liter, so kann ihn die Verwaltung verpflichten, den ferneren Bezug nach dem Wassermesser zu entnehmen.	Anmeldungen, welche nicht von dem Besitzer des Grundstücks ausgehen, brauchen von der Verwaltung nicht berücksichtigt zu werden. Durch die Unterzeichnung des Reglements verpflichtet sich der Eigenthümer des Grundstücks, dem Wasserwerk gegenüber, auf wenigstens 3 Jahre zur Erfüllung der in dem Reglement enthaltenen Bedingungen und der Einschätzung.
94	Mülheim a. Ruhr	Das Wasser wird entweder nach Wassermesser unter Erhebung eines Mindestbetrages oder nach Einschätzung verabfolgt. Berechnung nach Wassermesser findet statt: Bei Verbrauch zu grösserem Gewerbebetriebe, zu Springbrunnen, Strahlpumpen, selbstthätigen Berieselungs- oder Besprengungsanlagen, beständig laufenden Spülungen, ferner, auf Wunsch der Consumenten, für Wohn- und sonstige Gebäude, für Gärten und andere Liegenschaften, welche auch nach Einschätzung bezahlen können. Das Curatorium der städt. Gas- und Wasserwerke ist jederzeit berechtigt, auf seine Kosten einen Wassermesser auch da aufzustellen, wo das Wasser nach Veranlagung bezahlt wird. Findet sich, dass mehr Wasser verbraucht wird, als für den eingeschätzten Betrag unter Zugrundelegung des Einheitspreises von 10 Pf. pro cbm zu liefern ist, so hat der Abnehmer von da ab den nach dem Messungsergebniss festzustellenden höheren Jahresbetrag zu zahlen, oder es findet der Verbrauch nach Wassermesser statt. Zum Anschluss sind alle bebauten Grundstücke innerhalb des Stadtbezirks verpflichtet, auf welchem ein zum dauernden Aufenthalt von Menschen bestimmtes Gebäude errichtet ist, sofern in der betr. Strasse Wasserröhren liegen, oder das Grundstück nicht mit einem für die Beschaffung dauernd guten Trinkwassers benutzbaren Brunnen versehen ist.	Jeder Abnehmer (Eigenthümer, Nutzniesser oder Verwalter), welcher auf Grund der Polizei-Verordnung verpflichtet ist, den Anschluss seines Grundstückes an die städtische Wasserleitung zu bewirken, hat die Herstellung der Zuleitungen bei dem Curatorium der städtischen Gas- und Wasserwerke zu beantragen.

Zahlungsbestimmungen	Kündigung	Aenderungen der Bestimmungen
7	8	9
Bei Entnahme nach Wassermesser wird der Verbrauch am Schluss eines jeden Monats aufgenommen. Die Aufnahme wird durch ein im Besitz des Abnehmers verbleibendes Buch, welches von letzterem dem Beamten vorzulegen ist, eingetragen. Dieses Buch dient dazu, im Falle von Differenzen die Angaben zu controliren. Legt der Abnehmer sein Buch nicht vor, so beweisen die Angaben des Beamten über den Werbrauch des Wassers für sich allein. Im Laufe der ersten 14 Tage nach dem Vierteljahr-Schluss hat jeder Abnehmer den für den Verbrauch und die Wassermessermiethe fälligen Betrag zu zahlen.	Abgesehen von Fällen zwangsweiser Schliessung der Privatleitungen erlischt die Verpflichtung zur Zahlung des Wassergeldes nur nach beiderseitiger dreimonatlicher Kündigung und nur zu Ende eines Kalenderquartals, soweit durch Verträge für einzelne Fälle nichts anderes vereinbart ist. Die Kosten der Abtrennung einer Privatleitung hat in allen Fällen deren bisheriger Inhaber zu tragen. Sofern Wohnungen mindestens $^1/_4$ Jahr ganz unbewohnt geblieben sind und ein Miethgeld hierfür nicht erhoben ist, soll für die Zeit des Leerstehens ein nach dem Zeitmaass zu verrechnender Abzug vom Wassergeld stattfinden.	Veränderungen sind vorbehalten.
Der Betrag des gelieferten Wassers sowie die Miethe des Wassermessers ist vierteljährlich zu bezahlen. Die Rabattberechnung findet am Jahresschlusse statt (31. März).	Die Kündigung der Wasserlieferung kann bei der Direction geschehen; in diesem Falle ist die Miethe des Wassermessers für jedes angefangene Vierteljahr voll zu entrichten.	Veränderungen des Regulativs werden in ortsüblicher Weise bekannt gemacht und sind alsdann für alle Consumenten bindend.
Die Erhebung des Mindestbetrages geschieht vierteljährlich pränum., die Erhebung des Mehrverbrauchs monatlich, event. vierteljährlich postn.. Die Zahlung beginnt am 1. des Monats nach Herstellung der Leitung. Der Stand des Wassermessers wird am Schluss jeden Monats aufgenommen. Das nach Tarif bezogene Wasser wird vierteljährlich postn. bezahlt.	Nach dreijähriger Vertragsdauer läuft das Uebereinkommen stillschweigend von Kalenderjahr zu Kalenderjahr weiter und kann jedes Jahr am 1. October gekündigt werden. Dem Wasserwerk steht, wenn die Zahlung regelmässig erfolgt und die Bedingungen des Reglements erfüllt werden, kein Kündigungsrecht zu.	
Das nach Wassermesser bezogene Wasser wird nach Ablauf jeden Monats und das nach Einschätzung bezogene vierteljährlich im Voraus bezahlt. Der Mindestsatz einschliesslich der Wassermessermiethe wird nach Ablauf jeden Monats erhoben, wenn auch die Zahlungshöhe für das im Monat verbrauchte Wasser hinter diesem Mindestsatz zurückbleibt. Am Jahresschlusse wird berechnet, ob in einzelnen Monaten als Mindestsatz ein höherer Betrag gezahlt worden ist, als bei Zugrundelegung der festgesetzten Preise zu entrichten gewesen sein würde, und die Differenz dem Abnehmer bis zur Höhe des in anderen Monaten über den Mindestsatz hinausgezahlten Wasserzinses behufs Anrechnung bei den nächsten Zahlungen gut geschrieben.	Der für ein Besitzthum festgesetzte Wasserzins kann nicht herabgesetzt werden, wenn auch einzelne Räume zeitweise unbenutzt sein sollten. Nur wenn in einem Wohnhause, welches mehrere Wohnungen enthält, eine derselben nachweislich länger als ein halbes Jahr leer steht, ist das Curatorium berechtigt, auf Antrag des Abnehmers einen Erlass eintreten zu lassen. Der Erlass findet jedoch nur für den Theil der Zeit statt, welcher innerhalb des laufenden Etatsjahres, in welchem die Anzeige geschieht, liegt. Für ausserhalb desselben liegende Zeitabschnitte kann eine Vergütung nachträglich nicht eintreten. Wegen Kündigung vergl. Sp. 9.	Veränderungen des Tarifs sowie der Bedingungen durch das Stadtverordneten-Collegium werden nach erfolgter Genehmigung des Herrn Oberpräsidenten Seitens des Curatoriums in ortsüblicher Weise bekannt gemacht. Diese Bekanntmachung genügt und hat derjenige, welcher nicht auf Grund der Polizei-Verordnung vom 10. October 1887 zum Anschlusse seines Grundstücks verpflichtet ist, wenn er sich der beschlossenen Aenderung nicht fügen will, dem Curatorium binnen 4 Wochen schriftlich zu kündigen, andernfalls sein Einverständniss stillschweigend angenommen wird.

No.	Stadt	Grundzüge der Wasserabgabe	Anmeldung und Vertrag
		5	6
95	München .	Die Wasserabgabe findet sowohl nach dem Aich-, wie nach dem Wassermessersysteme statt. Die Abgabe des Wassers nach dem Aichsystem erfolgt nur nach ganzen Kubikmetern, und ist das regelmässige Mindestquantum derselben 2 cbm pro Tag. Ausnahmsweise kann jedoch für Anwesen mit nicht mehr als 2 Geschossen (Erdgeschoss und I. Stock) nur zum Hausbedarf 1 cbm pro Tag als Mindestquantum abgegeben werden. Die Zumessung (Aichung) erfolgt im Niveau der Zuleitung mit einem Aichhahn durch Bedienstete des Stadtmagistrates in der Art, dass 3 m über demselben das verlangte Wasserquantum ausfliesst. Die Abgabe von Wasser für Privat-Feuerlöscheinrichtungen und für Motoren wird von besonderer Genehmigung des Stadtmagistrates abhängig gemacht und zu ersterem Zwecke nur Wasserabnehmern gewährt. Das zu Feuerlöschzwecken verwendete Wasser ist frei.	Die Anmeldung des Wasserbezuges hat von dem Anwesensbesitzer zu erfolgen.
96	Münster .	Die Abgabe von Wasser aus dem städtischen Wasserwerke erfolgt unter Erhebung eines Mindestbetrages nach Wassermesser; bis auf Weiteres wird jedoch gestattet, dass die Entnahme von Wasser nach Wahl des Abnehmers für den gewöhnlichen Hausbedarf auch ohne Wassermesser nach Taxe erfolgen kann. Der Begriff »gewöhnlicher Hausbedarf« ist überall da ausgeschlossen, wo das Wasser zu Closets, Pissoirs, Springbrunnen, zum Strassen- oder Gartensprengen mittelst Schlauch, zu Badevorrichtungen mit directer Zuleitung, für Pferde und Wagenwaschen, zu Bauzwecken, sowie zu irgend welcher gewerblichen Thätigkeit verwendet wird. Die Entnahme aus dem Wasserwerke wird stets nur für ein ganzes Haus oder Grundstück, nie aber für einzelne Theile desselben gestattet, wenn das Wasser nach Einschätzung entnommen wird; dagegen ist es unzulässig, mehrere abgeschlossene Wohngebäude durch einen Wassermesser zu versorgen.	Der Vertrag darf in der Regel nur mit dem Eigenthümer eines Hauses oder Grundstückes abgeschlossen werden, mit einem Miether oder Pächter nur dann, wenn der Eigenthümer seine ausdrückliche Genehmigung dazu ertheilt hat.
97	Neuwied	Die Entnahme des Wassers erfolgt nur nach Wassermesser unter Zahlung eines Mindestbetrages. Der Abonnent verpflichtet sich auf die Dauer von einem Jahre zur Erfüllung der Bedingungen und beginnt die Zahlungsverpflichtung mit dem Tage, an welchem die Zuleitung fertig gestellt ist. Von dieser Zeit ab läuft das Uebereinkommen stillschweigend von Etatsjahr zu Etatsjahr weiter, sofern nicht gekündigt wird.	Bei Anmeldungen, welche von dem Anpächter eines Grundstückes ausgehen, muss die Genehmigung des Grundstücksbesitzers beigefügt werden.
98	Nürnberg .	Die Wasserabgabe findet in der Regel nach Wassermesser unter Erhebung eines Mindestbetrages statt; wo jedoch gegenwärtig der Wasserbezug nach dem Aichsysteme stattfindet, kann derselbe beibehalten werden, so lange dies vom Abnehmer gewünscht wird. Neue Wasserabgaben nach dem Aichsysteme können ausnahmsweise insbesondere da zugelassen werden, wo die frostfreie Aufstellung des Wassermessers unthunlich oder mit erheblichen Schwierigkeiten oder Kosten verbunden sein würde. Die Abgabe von Wasser für Privat-Feuerlösch-Einrichtungen, Wassermotoren oder Fahrstühle ist von besonderer Genehmigung abhängig.	Die Anmeldung hat von dem Haus- oder Anwesensbesitzer unter Angabe der gewünschten Bezugsweise und, wenn der Bezug nach dem Aichsystem gewünscht wird, auch unter Angabe der Quantität zu erfolgen.

<table>
<tr><th>Zahlungsbestimmungen</th><th>Kündigung</th><th>Aenderungen der Bestimmungen</th></tr>
<tr><th>7</th><th>8</th><th>9</th></tr>
<tr><td>Die Ablesung der Wassermesser geschieht in der Regel vierteljährlich.
Der für die Abgabe des Wassers zu bezahlende Wasserzins, wie überhaupt sämmtliche auf Grund der Wasserleitungsordnung zu berechnenden Beträge sind öffentliche Abgaben und eine dem jeweiligen Besitzer des Anwesens obliegende Last.
Die Wasserzinse sind beim Aichsystem jährlich vorauszahlbar am 1. October fällig; ebenso die Mindestbeträge beim Wassermessersysteme, dann die auf jährlich M. 2.— festgesetzten Nachsichtsgebühren bei sog. Ewigstefteu und Brunnenunterhaltsbeiträge der sog. eigenen Steften. Die Wassermessermiethen werden am 1. October jeden Jahres nachzahlbar eingehoben.
Zinsraten und Wassermessermiethen werden</td><td>Der Wasserbezug kann hinsichtlich des Wasserquantums wie der Art des Bezuges von beiden Seiten gekündigt werden.
Die Kündigung des ganzen oder theilweisen Wasserquantums durch den Anwesensbesitzer hat mindestens 4 Wochen vor dem 1. October jeden Jahres, mit welchem Tage sie wirksam wird, zu erfolgen.
Alle anderen Kündigungen sind an keine Frist gebunden.
Die Abnehmer haben keinen Anspruch auf Ersatz bezw. Rückvergütung, wenn Privatleitungen (Anschluss- und Hausleitungen) auf ihre eigene Veranlassung oder bei zwangsweiser Absperrung auf längere oder kürzere Zeit nicht benutzt oder infolge Kündigung nutzlos werden.</td><td>Aenderungen der Bestimmungen, insbesondere auch über Inhalt, Umfang und Dauer der Rechte hinsichtlich des Wasserbezuges, bleiben dem Ermessen der Gemeinde-Collegien jederzeit vorbehalten.
In diesem Falle gelten die abgeänderten Bestimmungen auch für diejenigen Wassereinleitungen, welche zur Zeit der Beschlussfassung über die Abänderung bereits bewilligt und ausgeführt waren.</td></tr>
<tr><td colspan="3">bei Neueinleitungen jeweils bis zum 1. October nach ganzen Monaten berechnet und sofort bezahlt. Hierbei wird, wenn der Wasserbezug erst in der zweiten Hälfte des Monats beginnt, diese zweite Hälfte ausser Ansatz gelassen.
Der bei Wassermessern über die vierteljährlichen Mindestquantitäten angezeigte Wasserverbrauch wird vierteljährlich am 1. Januar, 1. April, 1. Juli und 1. October zahlbar.
Die Rechnungen für Ausführungen und Reparaturen von Anschlussleitungen, die Gebühren für Prüfung von Hausleitungen und Wassermessern sind 8 Tage nach Aufforderung zu begleichen. Zahlungssäumige werden bei Nichteinhaltung vorbezeichneter Termine gegen 20 Pf. Gebühr gemahnt.</td></tr>
<tr><td>Die Zahlungen haben vierteljährlich postn. zu erfolgen.
Abnehmer, welche ihren Wohnsitz nicht in Münster haben, sind verpflichtet, Jemanden in der Stadt mit der Zahlung des Wassergeldes zu beauftragen und diesen der Verwaltung namhaft zu machen.</td><td>Der Vertrag wird auf unbestimmte Zeit unter dem Vorbehalte einer jedem Theile zustehenden dreimonatlichen Kündigung, welche aber nur am 1. Januar, 1. April, 1. Juli und 1. October erfolgen darf, abgeschlossen. Verträge über Entnahme von Wasser auf bestimmte Zeit (zum Bauen u. s. w.) bedürfen einer besonderen Vereinbarung.</td><td></td></tr>
<tr><td rowspan="2">Die Wassermessermiethe mit dem Gelde für das verbrauchte Wasser werden zusammen vierteljährlich postn. erhoben.</td><td>Es kann nur auf den 1. Januar gekündigt werden.</td><td>Veränderungen des Tarifs sowie der Bedingungen können nur mit</td></tr>
<tr><td colspan="2">Genehmigung der Stadtverordneten-Versammlung vorgenommen werden. Derjenige Consument, welcher der beschlossenen Veränderung sich nicht fügen will, ist verpflichtet, sein Vertragsverhältniss mit der Verwaltung zu kündigen, andernfalls sein Einvernehmen stillschweigend angenommen wird.</td></tr>
<tr><td>Die Wasserzinse nach dem Aichsysteme und die Mindestbeträge, ferner die Wassermessermiethen sind jährlich vorauszahlbar und am 2. Januar zur Zahlung fällig. Bei neuen Zugängen tritt die Zahlungspflicht mit dem Tage der Prüfung der Anschlussleitung ein. — Der von den Wassermessern üb. den Mindestbezug von 100 cbm angezeigte Verbrauch ist zu Beginn eines jeden Kalender-Vierteljahres postn. zu bezahlen.</td><td>Der Wasserbezug kann von dem Haus- oder Anwesensbesitzer innerhalb der ersten 3 Tage eines jeden Vierteljahres des Kalenderjahres gekündigt werden. Die Kündigung hat die Wirkung, dass der Wasserbezug mit dem Ablaufe des treffenden Vierteljahres abgesperrt wird und dass der Abnehmer verpflichtet ist, sofort nach erfolgter Absperrung auf seine Kosten den Anstich am Hauptrohr und seine Anschlussleitung unter Wiederherstellung der Strasse und</td><td rowspan="2">Aenderungen an den Bestimmungen der Wasserleitungs-Ordnung bleiben dem Ermessen der städtischen Collegien vorbehalten und gelten auch für diejenigen, nicht auf immerwährenden älteren Rechten beruhenden Wasserbezüge, welche schon vor der Erlassung dieser Ordnung bewilligt und eingerichtet waren.</td></tr>
<tr><td colspan="2">des Trottoirs vom gemeindlichen Eigenthum zu entfernen; wird dieser Verpflichtung nicht genügt, so wird die Entfernung von Amtswegen auf Kosten des Hausbesitzers angeordnet.
Von der Verpflichtung, den Mindestwasserzins und die Wassermessermiethe für das laufende Jahr zu bezahlen, wird der Wassergast durch die Kündigung nicht befreit, auch hat derselbe</td></tr>
<tr><td colspan="3">den etwa bis zum Ablaufe der Kündigungsfrist eingetretenen Mehrverbrauch über den jährlichen Mindestbetrag zu vergüten.
Dem Stadtmagistrat bleibt es vorbehalten, die zu gewerblichen Zwecken verwendeten grösseren Wasserbezüge nach vorgängiger einjähriger Kündigung zurückzuziehen oder nach seinem Ermessen zu beschränken, wenn die Collegien den verfügbaren Wasservorrath als zur Befriedigung des Wasserbedürfnisses für den menschlichen Genuss und für den häuslichen Gebrauch nicht mehr genügend erachten sollten.</td></tr>
</table>

No.	Stadt	Grundzüge der Wasserabgabe	Anmeldung und Vertrag
		5	6
99	Oberhausen	Die Entnahme von Wasser aus der Leitung des Wasserwerks erfolgt entweder unter Erhebung eines Mindestbetrages nach Wassermesser oder nach Einschätzung. Berechnung nach Wassermesser findet statt: a) Bei Verbrauch zu grösserem Gewerbebetrieb, zu Springbrunnen im Freien, zu Strahlpumpen, zu selbstthätigen Berieselungs- oder Besprengungsanlagen, sowie zu beständig laufenden Spülungen. b) Für Wohn- und sonstige Gebäude, für Gärten und andere Liegenschaften, für welche der Besitzer es vorzieht oder die Verwaltung es für nothwendig erachtet, das Wasser nach Wassermesser zu beziehen. Die Abgabe nach Einschätzung erfolgt für den Hausgebrauch und den wirthschaftlichen Gebrauch, auch zum Besprengen von Gärten, Höfen, Strassenflächen, Zimmerspringbrunnen, Feuerhähne, bauliche und sonstige vorübergehende Zwecke, endlich für den Kleingewerbebetrieb. Die Verwaltung ist jederzeit berechtigt, bei Abgabe nach Einschätzung auf ihre Kosten einen Wassermesser aufzustellen. Findet sich, dass mehr Wasser verbraucht wird, als die Verwaltung für den eingeschätzten Betrag unter Zugrundelegung von 11,4 Pf. pro cbm zu liefern verpflichtet ist, so ist von da ab der nach dem Messungsergebniss festzustellende höhere Jahresbetrag zu zahlen, oder es findet der Verbrauch nach Wassermesser statt. Hinter- oder Nebengebäude, welche nicht durch Thüren oder Oeffnungen mit dem Haupthause oder hinter demselben gelegenen Hofe etc. in directer Verbindung stehen, können von der Berechnung ausgeschlossen werden. Dieses findet selbstredend nur dann statt, wenn für dieselben kein Wasser aus der Leitung entnommen wird und die Zapfhähne sich nur im Haupthause befinden. Befindet sich ein Zapfhahn auf dem Hofe, so sind alle Gebäude und Gebäudetheile einzuschätzen, welche von diesem Hofe aus zugängig sind. Räume werden einzeln berechnet, sobald sie durch eine Scheidewand oder auf sonst eine Weise getrennt sind. Kellerräume werden nur dann zur Veranlagung herangezogen, wenn sie zu Küchen- oder Baderäumen eingerichtet sind. Hausgärten dürfen nur dann mit Wasserleitungseinrichtungen versehen werden, wenn auch die zu denselben gehörigen Gebäude an die Wasserleitung angeschlossen oder mit eingeschätzt sind. Geschieht das Begiessen des Gartens mittelst Gefässen (Giesskannen, Eimern etc.), so ist dasselbe von der Veranlagung ausgeschlossen.	Die Anmeldungen sind von dem Eigenthümer des Hauses oder Grundstücks selbst zu stellen. Alleinmiether einer Besitzung werden nur dann zur Anmeldung als berechtigt anerkannt, wenn hierzu von dem Eigenthümer die Genehmigung ertheilt ist.
100	Offenbach a. M.	Das Wasser wird nur nach dem Wassermesser abgegeben unter Erhebung eines Mindestbetrages.	Der Anschluss, sowie das Aufstellen eines Wassermessers ist von dem Wasserentnehmer zu beantragen, und können nur solche Anmeldungen berücksichtigt werden, welche von dem Eigenthümer der betreffenden Hofraithe ausgehen. Jeder Abnehmer verpflichtet sich stillschweigend zur Wasserentnahme auf zehn Jahre. Sollte er früher auf die Wasserentnahme verzichten wollen, so hat er zur Deckung der Kosten, welche durch die Anschlussleitung verursacht sind, eine Entschädigung von M 12 auf jedes Jahr der nicht erfüllten 10jährigen Vertragszeit zu entrichten.
101	Offenburg	Die Vergütung für den gewöhnlichen Haushaltungsbedarf geschieht in der Regel nach der Taxation des Miethwerthes sämmtlicher Wohnräume des Grundstücks. Dabei wird das Wasser stets als an das ganze Haus abgegeben betrachtet, wenn auch nur in einzelnen Stockwerken Hahnen angebracht sein sollten. Hintergebäude werden jedoch nicht in Rechnung gezogen, wenn die Leitung nicht dahin führt, bezw. kein Auslauf daselbst sich befindet. Reichliche Wassermengen erfordernde Betriebe, sowie Abnehmer, welche die zum Hause gehörigen Strassenantheile, Fussstege, Höfe, Gärten etc. mittelst Schlauchhahns begiessen wollen, sollen in der Regel ihr Wasser mittelst Wassermesser beziehen, ebenso dort, wo Wasserverschwendung constatirt worden ist. Bei Abgabe nach Messung wird ein Mindestbetrag erhoben. Die Vergütung für das zu Bauzwecken bezogene Wasser wird nach der Quadratfläche des Baues und nach der Zahl der Stockwerke bestimmt, wobei Keller und Dachraum als ganze Stockwerke gelten.	Nur Eigenthümer der mit Wasser zu versorgenden Anwesen können Anträge auf Wasserbezug aus der städtischen Leitung stellen; auch werden nur mit diesen Verträge abgeschlossen.
102	Oldenburg i. G.	Das Wasser wird, sofern unter besonderen Verhältnissen nicht ausnahmsweise etwas anderes vereinbart worden ist, nach Wassermesser abgegeben.	Das Wasserwerk tritt in Bezug auf Lieferung von Wasser nur mit dem Eigenthümer des Hauses bezw. Grundstücks in Verbindung, und gilt dieser dem Wasserwerk gegenüber als Abnehmer bezw. Consument. Bei der Anmeldung ist ein einmaliger Beitrag von M 15 zu entrichten, falls in der Strasse, in welcher das anzuschliessende Grundstück liegt, ein Hauptrohr der Wasserleitung bereits gelegt ist. Wegen event. Ausnahmen vergl. Tab. III, 11. Ist dagegen ein Wasserrohr noch nicht vorhanden, so ist die Höhe des einmaligen Beitrags von einer Verständigung mit der Verwaltung abhängig.

Zahlungsbestimmungen	Kündigung	Aenderungen der Bestimmungen
7	8	9
Der Mindestsatz einschliesslich der Wassermessermiethe wird nach Ablauf jeden Monats erhoben, und nach Schluss jedes Quartals findet eine Berechnung des etwaigen Mehrverbrauchs statt, falls nicht ein über den Mindestsatz hinausgehender Verbrauch allmonatlich eintritt. Das nach Einschätzung bezogene Wasser wird vierteljährlich voraus bezahlt.	Der Wasserzins kann nicht herabgesetzt werden, wenn auch einzelne Räume unbenutzt sein sollten. Nur wenn in einem Wohnhause, welches mehrere Wohnungen enthält, eine derselben nachweislich länger als ein halbes Jahr leer steht, ist die Verwaltung verpflichtet, auf Antrag des Zinspflichtigen, einen Erlass eintreten zu lassen. Der Erlass findet jedoch nur für den Theil der Zeit statt, welcher innerhalb des laufenden Geschäftsjahres, in welchem die Anzeige geschieht, liegt. Für ausserhalb desselben liegende Zeitabschnitte kann eine Vergütung nachträglich nicht eintreten. Das Vertragsverhältniss läuft stillschweigend weiter. Will der Antragsteller dasselbe lösen, so hat er vor Schluss eines Quartals zu kündigen, wonach der Vertrag noch bis zum Schluss des nächsten Quartals bestehen bleibt.	Die Verwaltung behält sich Aenderungen der Bedingungen im Einverständniss mit dem Stadtverordneten-Collegium vor.
Die Aufnahme des Verbrauchs geschieht immer am Schluss jeden Monats, und muss auch die Zahlung für entnommenes Wasser, sowie für Neuanlagen, Miethe der Nebenmesser oder Ausbesserungsarbeiten monatlich erfolgen. Es bleibt der Verwaltung überlassen, bei Abnehmern, welche nicht Hauseigenthümer sind, die vorherige Gestellung einer Sicherheit von mindestens M 20 zu verlangen.	Wer den Wasserbezug aufgeben will, hat dieses vorher dem Wasserwerk anzuzeigen. Wird die Abmeldung unterlassen, so bleibt der Abnehmer oder dessen Vertreter für jeden daraus entstehenden Schaden haftbar.	
Der Wasserzins ist von dem Tage an zu entrichten, an welchem zum ersten Male Wasser in die Hausleitung eingelassen worden ist. Sofern der Wasserbezug ohne Wassermesser erfolgt, wird der Wasserzins in Vierteljahresraten, je am 1. Januar, 1. April, 1. Juli und 1. October, zum Voraus erhoben, andernfalls wird der Betrag des Wasserzinses monatlich festgestellt, nach Umlauf von 3 Monaten summirt und in den ersten 14 Tagen nach den genannten Terminen eingezogen.	Der Vertrag gilt in der Regel für unbegrenzte Zeit mit dreimonatlicher Kündigung abgeschlossen. Für miethfreie Wohnungen tritt Rückvergütung dann ein, wenn die betreffenden Wohnungsräume mindestens ein ganzes Stockwerk umfassen, diese Räumlichkeiten mindestens ein volles Vierteljahr leer stehen und die Anzeige zu einer Zeit erfolgt, dass eine Controle über die Nichtvermiethung einer Wohnung während eines Vierteljahres und mehr auch ausgeübt werden kann.	
Das nach dem Wassermesser entnommene Wasser wird monatlich postn. bezahlt. Erfolgt die Zahlung nicht spätestens 14 Tagenach Vorzeigung oder Einsendung der Rechnung, so steht der Verwaltung das Recht zu, den Wasserzufluss abzuschneiden. Bei Nichtzahlung der Kosten für Einrichtungen und Reparaturen ist die Verwaltung ebenfalls berechtigt, den Wasserzufluss sofort abzuschneiden. Die Verwaltung ist berechtigt, die vorherige Zahlung durch Gestellung einer dem Wasserverbrauch eines Monats entsprechenden Caution zu verlangen.	Ausser in den Fällen, in welchen der Verwaltung das Recht zusteht, den Wasserzufluss zu sperren, kann eine Schliessung auch zu Anfang eines jeden Monats erfolgen, wenn Seitens des betr. Abnehmers eine einmonatliche Kündigung vorhergegangen ist.	

<table>
<tr><th>No.</th><th>Stadt</th><th>Grundzüge der Wasserabgabe</th><th>Anmeldung und Vertrag</th></tr>
<tr><td></td><td></td><td>5</td><td>6</td></tr>
<tr><td>103</td><td>Osnabrück</td><td>Das entnommene Wasser wird nach Wassermessern unter Erhebung eines Mindestbetrages bezahlt.</td><td>Die Stadt tritt in Bezug auf die Wasserlieferung nur mit dem Hauseigenthümer in Verbindung. Der Anschluss erfolgt auf Antrag desselben.</td></tr>
<tr><td>104</td><td>Plauen i. V.</td><td>Der Wasserverbrauch wird durch Wassermesser bestimmt, jedoch werden 10 l pro Kopf und Tag gratis geliefert.</td><td>Die Verträge laufen mindestens auf ein Jahr.</td></tr>
<tr><td>105</td><td>Posen . . .</td><td>Die Abgabe erfolgt nach Einschätzung oder nach Wassermesser unter Erhebung eines Mindestbetrages.
Der Consument kann die Abgabe nach Wassermesser nur dann verlangen, wenn mehr als 3 cbm täglich verbraucht wird, die Verwaltung jedoch unter allen Umständen.</td><td>Anmeldungen zur Versorgung mit Wasser werden nicht nur für ein ganzes Grundstück angenommen, sondern können auch für einzelne Theile desselben (Vorder-, Seiten- und Hintergebäude) angenommen werden. Bei Verabfolgung des Wassers aus einem Hofständer kommt das ganze Grundstück zur Veranlagung.</td></tr>
<tr><td></td><td></td><td colspan="2">Von Miethern werden Anmeldungen nur mit Genehmigung des Grundstücks-Eigenthümers angenommen.</td></tr>
<tr><td>106</td><td>Potsdam .</td><td>Die städtischen Wasserwerke liefern das Wasser nur nach Wassermesser, und zwar in der Regel unter Erhebung eines Mindestbetrages.</td><td>In der Regel ist nur der Eigenthümer eines Grundstücks zu Anträgen auf Wasserlieferung berechtigt; bei Anträgen, die von Miethern etc. ausgehen, bedarf es</td></tr>
<tr><td></td><td></td><td colspan="2">der Zustimmung des Eigenthümers, die denselben gleich dem Miether etc. für Wasserzins und Wassermessermiethe, sowie sonstige Kosten verantwortlich macht.
Jede Bestellung gilt auf unbestimmte Zeit, vorbehaltlich einer beiden Theilen zustehenden Kündigung des Vertrages. Der Entnehmer bleibt verpflichtet, den Vierteljahrsbetrag so lange zu zahlen, bis er oder die Verwaltung die Lieferung gekündigt haben, gleichviel ob das Wasser benutzt wird oder nicht.</td></tr>
<tr><td>107</td><td>Quedlinburg</td><td>Der Verkauf des Wassers geschieht in der Regel nach Wassermessern, nach besonderem Abkommen aber in solchen Fällen, wo die Anwendung von Wassermessern dem Wasserwerke nicht geeignet erscheint. Das Wasserwerk ist jederzeit berechtigt, bei solchen Abnehmern, welche nach dem früheren Tarife Wasser beziehen, auf ihre Kosten Wassermesser einzuschalten.</td><td>Die Anmeldung ist vom Abnehmer zu vollziehen und, wenn dieser nur Nutzniesser des zu versorgenden Grundstücks ist, vom Eigenthümer desselben zu genehmigen.
Durch Unterzeichnung der Anmeldung verpflichtet sich der Abnehmer auf</td></tr>
<tr><td></td><td></td><td colspan="2">die Dauer von einem Jahre, beginnend mit dem Tage seines Anschlusses, das Wasser für sein Grundstück auf Grund der Abgabeordnung vom Wasserwerke zu entnehmen.</td></tr>
<tr><td>108</td><td>Ratibor . .</td><td>Das Wasser aus dem städtischen Wasserhebewerk wird abgegeben entweder gegen Wassermesser oder gegen Zuschläge zur Gebäudesteuer oder auf Grund besonderer Einschätzung zu Neu- und Reparaturbauten aus Hydranten.
Nur gegen Wassermesser darf das Wasser entnommen werden: a) von allen angeschlossenen Wohnhäusern und gewerblichen Anlagen, b) von öffentlichen Gebäuden und Anstalten, c) von Gemüsefeldern und Gartenanlagen, die sich im Besitze von den sub a) angegebenen Gebäudebesitzern befinden.
Der Procentsatz der Gebäude- bezw. Grundsteuer wird, wie der Preis des Wassers nach dem Wassermesser, alljährlich festgesetzt.</td><td>Bei der Anmeldung sind die Zwecke speciell zu bezeichnen, für welche die Wasserentnahme erfolgen soll.</td></tr>
</table>

Zahlungsbestimmungen	Kündigung	Aenderungen der Bestimmungen
7	8	9
Die Zahlung erfolgt zweimonatlich auf Grundlage der Angaben des Wassermessers.	Der Hauseigenthümer kann zu Anfang jeden Vierteljahres kündigen, jedoch frühestens, nachdem sein Anschluss ein Jahr bestanden hat.	Die Stadt behält sich Aenderungen der Abgabebedingungen vor. Derartige Aenderungen werden, ohne dass es einer Mittheilung an die einzelnen Hauseigenthümer bedarf, für die letzteren bindend durch die für städtische Bekanntmachungen übliche Veröffentlichung und zwar mit dem Tage dieser Veröffentlichung, sofern nicht etwas Anderes bestimmt wird.
Der Stand der Wassermesser wird allmonatlich abgelesen und in die in den Händen der Entnehmer befindlichen Wasserzinsbücher sowie in die Wasserzins-Journale eingetragen. Ueber den Verbrauch an Wasser wird den Entnehmern allvierteljährlich Rechnung mittels der Wasserzinsbücher zugestellt. Der Betrag ist allvierteljährlich zu bezahlen.	Eine beiden Theilen freistehende Kündigung des Vertrags hat 3 Monate vor Ablauf desselben stattzufinden; ist die Kündigung nicht zur festgesetzten Zeit erfolgt, so verlängert sich der bestehende Vertrag stillschweigend auf das nächste Jahr.	
Die Bezahlung des Wassers erfolgt vom Tage der Eröffnung der Leitung vierteljährlich, und zwar nach Tarif prän., nach Wassermesser postn. Ein Abschluss der Leitung kann stattfinden, wenn 14 Tage nach erfolgter Mahnung nicht die Zahlungen für geliefertes Wasser, für Wassermesser resp. deren Reparatur u. s. w. erfolgen.	Sowohl der Direction wie dem Consumenten steht eine dreimonatliche Kündigung auf 1. Jan., 1. April, 1. Juli und 1. October zu. Die Kündigung für Pferde, Rindvieh und Wagen wird auch im Laufe des Quartals angenommen, bis zum Schlusse des Quartals bleibt indess der Wasserzins fällig. Der in der Bestellung festgesetzte Wasserpreis bleibt bis zum Ablauf der für Wasserlieferung geltenden Zeitdauer unverändert, gleichviel ob das Wasser zu den angegebenen Zwecken benutzt wird oder nicht.	
Wassergeld sowie Wassermessermiethe werden vierteljährlich postn. erhoben. Der Stand der Wassermesser wird in der Zeit vom 25. des letzten bis zum 5. des ersten Quartalsmonats unter Zuziehung des Entnehmers oder, falls derselbe nicht anwesend ist und nicht für eine Stellvertretung gesorgt hat, selbstständig aufgenommen.	Die beiderseitige Kündigung kann nur mit dreimonatlicher Frist und derartig geschehen, dass die Lieferung mit dem Ende eines Kalenderquartals abschliesst. Es steht dem Entnehmer frei, für die Dauer eines oder mehrerer Vierteljahre die Wasserleitung absperren zu lassen. In diesem Falle hat er, wenn Wasser thatsächlich nicht entnommen wird und vor Beginn des Quartals eine entsprechende Anzeige an die Verwaltung gemacht ist, nur die Wassermessermiethe zu entrichten.	
Die Zahlung des Wasserzinses erfolgt nach jedem Vierteljahrsschlusse, doch ist das Wasserwerk berechtigt, Vorausbezahlung zu verlangen.	Wird 3 Monate vor Ablauf des ersten Jahres von keiner Seite gekündigt, so läuft das Uebereinkommen stillschweigend weiter und kann nur unter Beobachtung einer mindestens dreimonatlichen Kündigung zum 1. Januar, 1. April, 1. Juli und 1. October aufgehoben werden. Die Abtrennung der Privatleitung vom Strassenrohre erfolgt auf Kosten des Kündigenden.	Den vereinigten Stadtbehörden bleibt das Recht vorbehalten, an den Bestimmungen Aenderungen und Ergänzungen vorzunehmen, welche 14 Tage nach ihrer Veröffentlichung in Kraft treten.
Die Ablesung des Wassermessers erfolgt monatlich, ebenso die Bezahlung. Erfolgt die Bezahlung nicht innerhalb 8 Tagen, so wird die Wasserleitung abgesperrt. Der Besitzer der Leitung bleibt jedoch zur Bezahlung auch der nach Ausstellung der Rechnung entnommenen Wassermenge verpflichtet. Der Wasserzins für die nach Einschätzung versorgten Objecte, sowie die Wassermessermiethe wird vierteljährlich postn. gezahlt. Der Wasserzins, sowie die sonstigen Kosten und Miethen werden von den Besitzern der betreffenden Grundstücke nach vergeblicher Zahlungsaufforderung im Wege der administrativen Execution eingezogen.	Inwieweit bei gänzlicher oder theilweiser Zerstörung, oder beim Umbau von Gebäuden, oder beim Leerstehen von Wohnungen ein Erlass eintritt, bleibt der Beschlussfassung des Magistrats überlassen. Zwecks Aufhebung der Wasserversorgung steht sowohl dem Magistrat, wie dem Besitzer der Privatleitung eine dreimonatliche Kündigung, jedoch nur auf den 1. Januar, 1. April, 1. Juli und 1. October, zu. Sobald aus irgend einem Grunde die fernere Benutzung der Privatleitung aufhört, muss der Besitzer auf Verlangen auf seine Kosten die Trennung derselben von der öffentlichen Rohrleitung und die Beseitigung der dabei etwa vorkommenden Beschädigungen bewirken lassen.	Ergänzungen oder Abänderungen des Regulativs werden öffentlich bekannt gemacht und für den einzelnen Abnehmer, falls er von dem ihm zustehenden Kündigungsrecht keinen Gebrauch macht, ohne Weiteres verbindlich.

No.	Stadt	Grundzüge der Wasserabgabe	Anmeldung und Vertrag
		5	6
109	**Regensburg**	Die Wasserabgabe erfolgt entweder nach Einschätzung oder nach Wassermesser, oder nach geaichten Hähnen. In gewissen, den durchschnittlichen Bedarf übersteigenden Fällen, besonders für industrielle und Luxuszwecke, für grosse Gemeinschaften und Anstalten wird das Wasser nur nach Wassermesser abgegeben. In solchem Falle wird ein Mindestbetrag erhoben.	Die Anmeldungen sind vom Besitzer des Grundstückes zu beschaffen.
110	**Remscheid**	Das Wasser wird ausschliesslich nach Wassermessern abgegeben unter Erhebung eines Mindestbetrages.	Anmeldungen werden in der Regel nur von den Hauseigenthümern angenommen, von Nutzniessern oder Miethern aber auch in dem Falle, dass der Eigenthümer seine besondere Genehmigung zu der beabsichtigten Anlage ertheilt hat. Durch Unterzeichnung des Anmeldebogens verpflichtet sich der Consument auf die Dauer von einem Jahre, beginnend mit dem Zeitpunkte der vollzogenen Verbindung mit dem Strassenrohre, das Wasser für sein Haus oder Grundstück zu entnehmen. Wird 3 Monate vor Ablauf des Jahres von keiner Seite gekündigt, so läuft das Uebereinkommen stillschweigend weiter. Soll das Wasser für Bau- oder ähnliche Zwecke benutzt werden, so kann für kürzere Zeit der Wasserbezug stattfinden, jedoch nicht unter 3 Monaten.
111	**Rheydt** . .	Die Entnahme des Wassers aus der städtischen Wasserleitung erfolgt in der Regel durch Wassermesser unter Erhebung eines Mindestbetrages. Für Feuerlösch- und Bauzwecke wird nach Einschätzung bezahlt.	Anmeldungen werden sowohl von dem Eigenthümer des Hauses oder Grundstückes, wie von dem Pächter, Miether oder Nutzniesser angenommen. Die Verpflichtung zur Entnahme von Wasser wird auf unbestimmte Zeit abgeschlossen. Nur bei Neubauten wird Wasser für die Dauer einer bestimmten Bauzeit abgegeben.
112	**Riga**	Die Abnehmer dürfen nicht verlangen, dass die für den gewöhnlichen Hausbedarf zu leistende Vergütung statt nach dem Revenüenwerth nach dem thatsächlichen Verbrauch festgestellt werde. Die Verwaltung ist jedoch berechtigt, die Entnahme auch für den gewöhnlichen Hausbedarf nur unter Controle eines Wassermessers zu gestatten, wenn aus der Leitung zugleich auch für gewerbliche Zwecke Wasser entnommen wird. Für Grundstücke, auf welchen sich Anstalten mit gewerblichem Verbrauch befinden, wird das Wasser zum gewöhnlichen Hausbedarf nur unter der Bedingung verabfolgt, dass auch die Zahlung für den gewerblichen Verbrauch rechtzeitig erfolgt. Die Vergütung für das in öffentlichen Gebäuden und Anstalten zum gewöhnlichen Hausbedarf entnommene Wasser erfolgt in der Regel nach denselben Grundsätzen, wie die Vergütung für die Entnahme in Privathäusern. Wofern aber öffentliche Gebäude einer Revenüenschätzung nicht unterliegen, oder der Verbrauch in denselben ein unverhältnissmässig grosser sein sollte, wird die Zahlung entweder auf Grund einer Revenüenschätzung oder auf Grund des geschätzten Verbrauchs durch Vereinbarung festgestellt oder endlich der Verbrauch durch Wassermesser ermittelt und die Zahlung nach dem Tarif erhoben. Der Verbrauch für gewerbliche Zwecke wird, soweit nicht specielle Bestimmungen erlassen sind, in der Regel durch Wassermesser ermittelt, kann indessen auch durch Schätzung festgestellt werden.	Anträge auf Wasserzuleitung für ein Immobil werden nur von dem Besitzer desselben entgegengenommen.
113	**Rostock** .	Die Wasserabgabe erfolgt nach Tarif und unter Erhebung eines Mindestbetrages nach Wassermesser. Für gewerbliche Zwecke ist die Aufstellung eines Wassermessers unerlässlich, wenn der tägliche durchschnittliche Wasserverbrauch mindestens 3 cbm beträgt; ausserdem tritt sie auf besonderes Verlangen der Verwaltungs-Deputation ein und geschieht in allen Fällen auf Kosten der Gewerbetreibenden.	Die Wasserwerke übernehmen auf Antrag der Eigenthümer die Wasserversorgung der Grundstücke. Die Wasserlieferung wird für das laufende Jahr, und zwar vom ersten Tage des auf die Herstellung der Verbindung folgenden Monats und auf das nächstfolgende Kalenderjahr abgeschlossen.
114	**Rothenburg a. d. T.**	Die Wasserabgabe erfolgt nach Wassermesser unter Erhebung eines Mindestbetrages.	

Zahlungsbestimmungen	Kündigung	Aenderungen der Bestimmungen
7	8	9
Die Fälligkeitstermine der Wasserzinse sind beim Bezug nach Bedarf und nach geaichten Hahnen vierteljährlich am 2. Februar (Lichtmess), 24. April (Georgi), 25. Juli (Jakobi), 1. November (Allerheiligen); beim Bezuge nach Wassermesser monatlich am Letzten eines jeden Monats. Als öffentliche Abgaben verjähren die Wasserzinse erst nach 30 Jahren.	Der Eintritt in den Wasserbezug und der Austritt aus demselben findet nur nach den vier Zielzeiten statt, so dass beim Zu- und Abgang unter der Zeit das laufende Vierteljahr voll bezahlt werden muss.	Der Magistrat behält sich vor, die Wasserzinse von Zeit zu Zeit zu revidiren und anderweitig festzusetzen; er wird jedoch die Zielzeiten einhalten.
Die Rechnungen werden monatlich aufgestellt und bezahlt. Erfolgt die Zahlung nicht bis zum Schlusse desjenigen Monats, in welchem die Rechnung zugeschickt wird, so hat der Consument die Kosten der Einziehung zu tragen, und es steht der Verwaltung unbeschadet der gerichtlichen Klage das Recht zu, die Wasserlieferung einzustellen. Erfolgt die Zahlung noch nachträglich, so muss für die Zeit der Absperrung der Leitung doch der Preis für den Mindestconsum gezahlt werden. Auf Erfordern der Verwaltung ist eine einem vierteljährlichen Mindestbetrage gleichkommende Caution zu hinterlegen, die bei Aufhebung des Abonnements in der Schlussrechnung zum Ausgleich gebracht wird.	Das Uebereinkommen betreffs Wasserlieferung kann nur unter Beobachtung einer am ersten Tage eines jeden Kalenderquartals stattzuhabenden 3monatlichen Kündigung aufgehoben werden.	Veränderungen der Abgabebestimmungen können durch die städtischen Behörden beschlossen werden.
Das Wasser wird am Schlusse eines jeden Vierteljahrs bezahlt. Erfolgt die Zahlung nicht binnen 8 Tagen, so wird der Betrag gegen Zuschlag einer Abholungsgebühr von 25 Pfennig eingezogen. Auf Erfordern der Verwaltung kann jeder Abnehmer, welcher in der Zahlung des Wasserzinses säumig gewesen ist, angehalten werden, ein einem vierteljährlichen Satze gleichkommendes Haftgeld zu hinterlegen, welches bei etwaiger Aufhebung der Wasserlieferung in der Schlussrechnung zum Ausgleich gebracht wird.	Es steht jedem Theile 4wöchentliche Kündigung, jedoch nur auf den 1. Januar, 1. April, 1. Juli und 1. October, frei.	Das Wasserwerk behält sich das Recht vor, nach seinem Ermessen die gegenwärtigen Bestimmungen jederzeit abzuändern. Sofern ein Abnehmer nicht innerhalb 3 Monaten den abgeänderten Bestimmungen für seine Person widersprochen hat, unterwirft er sich stillschweigend den eingetretenen Aenderungen.
In den ersten Monaten des Kalenderjahres werden den Abnehmern die Rechnungen über die von ihnen reglementmässig oder vereinbarungsmässig zu leistende Vergütung für Wasserverbrauch zugesandt. Es ist den Abnehmern anheimgestellt, diese Vergütung nach ihrem Belieben entweder auf einmal und zwar spätestens bis zum 30. April oder in 2 gleichen Halbjahrsraten, die eine Hälfte bis zum 15. April und die zweite Hälfte bis zum 15. October, zu entrichten. Bei Nichteinhaltung der bezeichneten Termine werden ausser der Vergütung für den Wasserverbrauch noch Verzugszinsen im Betrage von 1% monatlich vom 1. Mai bezw. 16. October ab erhoben. Für den Wasserverbrauch zu vorübergehenden Zwecken ist die Vergütung binnen 8 Tagen zu entrichten, doch darf die Verwaltung auch Vorauszahlung fordern. Die Zahlungen für die Herstellung des Anschlusses und der Zuleitungen, sowie für sonstige vom Wasserwerk gelieferte Einrichtungen und Arbeiten sind ebenfalls binnen 8 Tagen zu leisten. Für den durch Wassermesser ermittelten Verbrauch haben die Wasserabnehmer monatlich Zahlung zu leisten.		Aenderungen sind vorbehalten.
Die Wassermesser werden monatlich abgelesen, und das Resultat wird den Interessenten mitgetheilt. Wassergeld und Wassermessermiethe sind vierteljährlich postn. zu entrichten.	Der Abnehmer kann nur auf den 30. Juni jeden Jahres kündigen und muss die Kündigung spätestens am vorhergehenden 31. Mai eingeben, widrigenfalls eine stillschweigende Prolongation für das nächste Kalenderjahr eintritt. Die Direction verzichtet auf ein Kündigungsrecht, jedoch steht ihr in allen denjenigen Fällen, wo solches in dem Regulativ ausdrücklich bestimmt ist, die Befugniss zu, diesen Vertrag sofort aufzuheben und den Wasserzufluss abzuschneiden, z. B. bei versäumter Zahlung des Beitrages, wiederholten Uebertretungen u. s. w. Sobald aus irgend einem Grunde die fernere Benutzung einer Privatwasserleitung aufhört, muss der Besitzer auf seine Kosten die Trennung derselben von der öffentlichen Röhrenleitung und die Beseitigung der dabei etwa vorkommenden Beschädigungen bewirken lassen.	Eine Aenderung der Bestimmungen bleibt im Wege städtischer Gesetzgebung vorbehalten.
Die Bezahlung des Wassergeldes erfolgt halbjährlich.		

No.	Stadt	Grundzüge der Wasserabgabe	Anmeldung und Vertrag
		5	6
115	Rudolstadt	Die Erhebung des Wasserzinses erfolgt entweder für hauswirthschaftliche Zwecke, Gartenbesprengung, Viehtränken u. s. w. auf Grund besonderer Veranlagung — Fixirung — oder bei Wasserabgabe für gewerbliche und technische Zwecke, Neubauten und sonstige vorübergehende Zwecke unter Erhebung eines Mindestsatzes nach Wassermesser. Die Verwaltung ist befugt, zum Zwecke der Controle des thatsächlichen Verbrauchs bei fixirtem Wasserzins Wassermesser für eigene Rechnung einzuschalten. Die Erhebung des Wasserzinses kann ausserdem für Grundstücke mit fixirtem Wasserzins angeordnet werden: wenn sich herausstellt, dass die Abnehmer das Wasser aus irgend einem Theile der Leitungen auslaufen lassen, ohne davon zu den Zwecken Gebrauch zu machen, für welche die Leitung angemeldet und bestimmt wurde, oder wenn der Abnehmer erweislich mehr Wasser verbraucht, als er nach der tarifmässigen Abgabe auf Grund der Veranlagung bezahlt. Hat der Verbrauch eines Grundstückes wegen Benutzung des Wassers auch zu gewerblichen und technischen Zwecken unter Wassermessercontrole stattzufinden, so kann dem Eigenthümer dennoch widerruflich zugestanden werden, einzelne Gebäude- oder Grundstückstheile, für welche einer fixirten Wasserzins-Erhebung nichts entgegensteht, von der Messer-Controle auszuschliessen. Es muss aber die Versorgung solcher Gebäude- bezw. Grundstückstheile durch besondere, vor dem Wassermesser abgezweigte Leitungen erfolgen. Für abgezweigte Leitungen, welche Berieselungszwecken, oder zur Speisung von Teichen oder von im Freien befindlichen Springbrunnen dienen, oder für welche nach der Benutzungsart die Verbrauchsmenge nicht abzuschätzen ist, muss in jedem Falle ein Wassermesser eingeschaltet werden.	Der Verwaltung gegenüber ist nur der Eigenthümer eines Grundstücks innerhalb seines Anwesens für die Entrichtung des Wasserzinses und für die Beachtung der Vorschriften verhaftet.
116	Salzburg .	Die Abgabe erfolgt entweder ohne Messung oder unter Erhebung eines Mindestbetrages nach Wassermesser lediglich zum Eigenbedarfe des Abnehmers innerhalb der angemeldeten Räume. Wassermesser werden für beständig fliessende Ausläufe, ferner für Springbrunnen und sonstige Luxuszwecke, grössere Gärten und solche für Gewerbebetrieb gesetzt. Bei Wasserabnahme zu gewerblichen und technischen Zwecken wird der Bedarf auf Grundlage bekannter Erfahrungen oder durch besondere Erhebungen annähernd ermittelt.	Ist der Besteller nicht zugleich Eigenthümer der betreffenden Liegenschaft, so ist, im Falle dieselbe noch nicht mit den erforderlichen Leitungen versehen ist, der Anmeldeschein von dem Eigenthümer mit zu unterzeichnen.
117	Schwerin .	Die Wasserabgabe erfolgt nach Schätzung oder nach Wassermesser. Auf Verlangen des Grundeigenthümers erfolgt die Abgabe des Wassers durch Vermittelung von Wassermessern. Bei Entnahme von Wasser zu gewerblichen, sowie zu vorübergehenden Zwecken ist stets ein Wassermesser anzubringen, wenn nicht der Abnehmer die festzusetzende Pauschalsumme zahlt. Der Magistrat ist berechtigt, in besonderen Fällen zur Controle des Wasserverbrauchs bezw. zur Berechnung des Wassergeldes einen Wassermesser an der Leitung anbringen zu lassen.	Jeder Eigenthümer eines Grundstücks an einer Strasse, welche neben demselben mit einer in Betrieb befindlichen Rohrleitung des Wasserwerks versehen ist, ist berechtigt, sein Grundstück an die Leitung anzuschliessen. Verpflichtet zum Anschluss sind die Eigenthümer, beziehungsweise deren gesetzliche oder gerichtlich verordnete Vertreter derjenigen an einer mit Wasserleitung versehenen Strasse belegenen Grundstücke, auf denen Gastwirthschaft oder Schenkwirthschaft betrieben wird. In diesem Falle muss die häusliche Anlage auf dem Grundstück fertig zum Anschluss an das Zuleitungsrohr binnen einer Frist von 3 Monaten, die von dem Tage an berechnet wird, an welchem den betreffenden Eigenthümern die Fertigstellung und Inbetriebnahme der Wasserleitung in der Strasse vom Magistrat angezeigt wird, zur Revision angemeldet werden, bei Vermeidung der festgesetzten Strafen und des im Wege der administrativen Zwangsvollstreckung zu bewirkenden Anschlusses. Zum Bauen an Strassen, die mit Wasserleitung versehen sind, darf in Zukunft nur Wasser aus der Leitung verwendet werden, wenn nicht für den Bau gutes Wasser anderweitig disponibel ist.
118	Solingen .	Das zu liefernde Wasser wird nur nach Wassermesser berechnet unter Erhebung eines Mindestbetrages. Für Doppel- und Hinterhäuser soll die Anbringung eines zweiten Wassermessers nicht obligatorisch sein.	Der Vertrag darf in der Regel nur mit dem Eigenthümer eines Hauses oder Grundstückes abgeschlossen werden. Einen Vertrag mit dem Miether oder Pächter in besonderen Fällen abzuschliessen, bleibt der Direction überlassen, jedoch muss dann der Eigenthümer seine ausdrückliche Genehmigung hierzu ertheilen. Der Vertrag wird auf unbestimmte Zeit abgeschlossen.

Zahlungsbestimmungen	Kündigung	Aenderungen der Bestimmungen
7	8	9
Die Verpflichtung zur Zahlung beginnt mit der Fertigstellung der Anschlussleitung. Der fixirte Wasserzins ist halbjährlich, und zwar spätestens während der ersten Hälfte der Monate April und October, zu entrichten. Das Ablesen der Wassermesser findet während der ersten 8 Tage eines jeden Kalender-Vierteljahres statt, und wird dementsprechend der Wasserzins und die Miethe für den Wassermesser vierteljährlich eingehoben. Für die an den tarifmässigen Vorzugspreisen Theil nehmenden Grundstücke erfolgt das Ablesen der Wassermesser und demgemäss die Berechnung und Entrichtung des Wasserzinses allmonatlich, die Entrichtung der Messermiethe aber vierteljährlich. Von der Einhebung der Miethe für den Wassermesser wird bei dauernden Versorgungen für das erste Vierteljahr der Inbetriebnahme einer Grundstücksleitung Abstand genommen, wenn während desselben der Wassermesser nicht wenigstens 45 Tage in Benutzung gewesen ist. Die Miethe für Wassermesser ist auch für diejenigen Vierteljahre eines Kalenderjahres zu entrichten, in welcher eine Wasserentnahme nicht stattgefunden hat.	Das Recht der Kündigung steht dem Abnehmer wie der Verwaltung zu, letzterer jedoch nur für Grundstücke, welche an die städtische Canalisation nicht angeschlossen sind. Der Wasserbezug hört im Falle der Kündigung auf mit Schluss des laufenden Kalender-Vierteljahres; wenn aber die Kündigung erst im letzten Monat des Vierteljahres erfolgt, mit Schluss des nächstfolgenden Monats. Sind in einem Hause einzelne selbstständige Wohnungen oder Geschäftslocale während eines Kalenderjahres nachweislich wenigstens 3 Monate lang unbenutzt geblieben und ist auch ein Miethgeld für dieselben nicht eingehoben worden, so kann der Hausbesitzer für die Dauer der Miethlosigkeit einen der Zahl der wasserzinspflichtigen Räume entsprechenden Nachlass beanspruchen, vorausgesetzt, dass die bei der Verwaltung hierüber einzureichende Anzeige spätestens am 15. Januar des nächstfolgenden Jahres erstattet worden ist.	Abänderungen der Tarifsätze für die Wasserabgabe unterliegen der Beschlussfassung des Stadtraths-Collegiums. Zu einer Erhöhung derselben ist die Genehmigung des Ministeriums erforderlich.
Der Abnehmer hat das Wassergeld nach Kalender-Quartalen zum Voraus zu entrichten. Wer in der 1. Hälfte des Vierteljahres eintritt, hat den ganzen, wer in der 2. Hälfte eintritt, den halben Quartalbeitrag zu entrichten. Bei der Wasserabgabe nach Wassermesser wird der wirkliche Verbrauch festgestellt und der Wasserzins vierteljährlich eingehoben.	Die Verpflichtung zur Zahlung des Wassergeldes erlischt nur in Folge Abmeldung. Dieselbe kann nur unter Einhaltung einer 14tägigen Kündigungsfrist geschehen.	Der Gemeinderath behält sich das Recht vor, Ergänzungen und Abänderungen der Gebrauchsordnung und des Wassergeld-Tarifes vorzunehmen.
Jeder Eigenthümer eines angeschlossenen Grundstückes bezw. eines Grundstückes an einer Strasse, welche neben demselben mit einer im Betrieb befindlichen Rohrleitung des Wasserwerks versehen ist, ist verpflichtet, das Wassergeld nach Tarif vierteljährlich postn. und zwar soweit das Wassergeld nach Einschätzung entrichtet wird, innerhalb der ersten 14 Tage der Monate Januar, April, Juli und October, und soweit es nach Wassermesser gezahlt wird, innerhalb 14 Tagen zu zahlen. Für Grundstücke, welche im Laufe des Quartals angeschlossen werden, wird die für ihren Wasserverbrauch zu berechnende Quote des Wassergeldes, sofern nicht nach Wassermesser gezahlt wird, nach Verhältniss der Zeit gezahlt.	Der Eigenthümer eines freiwillig angeschlossenen Grundstückes kann die Wasserentnahme zum Ende des laufenden Quartals kündigen, worauf mit dem Ende des Quartals der Zufluss Seitens der Verwaltung geschlossen wird, und die Verpflichtung zur Zahlung aufhört. Bei Verwendung von Wassermessern wird auch im Fall der Kündigung und Schliessung nur nach Maassgabe des Wassermessers bezahlt. Für Wohnungen ohne Wassermesser, welche nicht vermiethet sind und auch nicht anderweitig benutzt werden, wird für die Zeit, welche sie leer stehen, ein Wassergeld nicht erhoben, sofern der Eigenthümer von diesem Umstande bei Beginn des Leerstehens Anzeige macht und er die etwa vorhandene Leitung solcher Wohnung auf seine Kosten abseiten der Stadtverwaltung plombiren lässt.	
Vierteljährlich wird dem Consumenten eine Rechnung über den Wasserverbrauch zugestellt, und ist der Betrag hierfür, sowie die Wassermessermiethe sofort zu zahlen.	Jedem Theile steht dreimonatliche Kündigung zu, welche aber nur am 1. Januar, 1. April, 1. Juli und 1. October erfolgen darf.	Die Stadtverwaltung behält sich das Recht vor, nach ihrem Ermessen das gegenwärtige Reglement jederzeit abzuändern. Derjenige, welcher sich den beschlossenen Aenderungen nicht fügen will, hat der Direction binnen 4 Wochen zu kündigen, andernfalls sein Einverständniss stillschweigend angenommen wird.

<table>
<tr><th>No.</th><th>Stadt</th><th>Grundzüge der Wasserabgabe</th><th>Anmeldung und Vertrag</th></tr>
<tr><td></td><td></td><td>5</td><td>6</td></tr>
<tr><td>119</td><td>Stettin . .</td><td>Die Lieferung von Wasser erfolgt nur nach Wassermesser. Grundstücke, die an die städtische Entwässerungsanlage angeschlossen sind, werden nur so lange mit Wasser versorgt, wie die Benutzung der Entwässerungsanlage erfolgt.
Die Wasserlieferung wird eingestellt, wenn der zum Anschluss an die Entwässerungsanlage Aufgeforderte den Anschluss nicht bewirken lässt oder den Entwässerungsvertrag nicht abschliesst oder nicht befolgt.</td><td>Der Antrag ist von dem Eigenthümer des Grundstückes zu stellen. Von einem Miether, Pächter oder Niessbraucher wird ein solcher nur unter Genehmigung des Eigenthümers entgegengenommen.</td></tr>
<tr><td rowspan="2">120</td><td rowspan="2">Stockholm</td><td>Die Abgabe erfolgt zum gewöhnlichen Hausbedarf nach Einschätzung, für industrielle und gewerbliche Zwecke nach Wassermesser.</td><td>Die Anmeldung geschieht durch den Eigenthümer; bei anderer als Hausversorgung kann auch unter Genehmigung der Verwaltung mit dem Miether contrahirt werden.</td></tr>
<tr><td colspan="2">Der Vertrag gilt bis zum Schluss des dem Vertragsabschluss folgenden Jahres und läuft darnach stillschweigend weiter.</td></tr>
<tr><td>121</td><td>Stralsund</td><td>Das Wasser wird, ausser für Feuerlöschzwecke, nur nach Wassermesser unter Erhebung eines Mindestbetrages abgegeben. Für jede Leitung wird ein Wassermesser eingestellt.</td><td>Die Abgabe von Wasser aus der städtischen Wasserleitung erfolgt auf Antrag des Grundstücksbesitzers oder dessen Bevollmächtigten, welche für prompte Zahlung des Wassergeldes haften.</td></tr>
<tr><td rowspan="2">122</td><td rowspan="2">Strassburg i. E.</td><td>Die Abgabe erfolgt nur mittelst Wassermesser.</td><td>Die Anträge sind in der Regel von den Eigenthümern der betreffenden Liegen-</td></tr>
<tr><td colspan="2">schaften zu stellen; von Nutzniessern und Miethern werden dieselben nur in dem Falle angenommen, dass der Eigenthümer seine besondere Genehmigung dazu ertheilt hat.</td></tr>
<tr><td>123</td><td>Stuttgart .</td><td>Die Wasserabgabe erfolgt nach Schätzung oder unter Erhebung eines Mindestbetrages nach Wassermesser.
Eine Abgabe an einzelne Theile eines Anwesens findet in der Regel nicht statt.
Bei Benützung des Wassers zu gewerblichen Zwecken, oder im Falle überhaupt der Wasserverbrauch nicht leicht geschätzt werden kann, wird von der Verwaltung bestimmt, ob ein Wassermesser in Anwendung zu bringen ist, oder ob und welche Aversalsumme für den Wasserverbrauch jährlich zu bezahlen ist.
Bei Gärten mit 5 a und mehr Messgehalt hat für das ganze Anwesen ein Wassermesser in Anwendung zu kommen.</td><td>Der Antrag ist von dem Grundstücks-Eigenthümer zu stellen.
Befindet sich ein mit Wasserleitung versehenes Gebäude oder Grundstück im Besitz mehrerer Eigenthümer, so haften letztere der Verwaltung solidarisch für den Wasserzins und sonstige Kosten.
Der auswärts wohnende Abnehmer hat der Verwaltung einen in Stuttgart wohnenden Vertreter zu benennen.</td></tr>
</table>

Zahlungsbestimmungen	Kündigung	Aenderungen der Bestimmungen
7	8	9
Der Stand des Wassermessers wird in der Regel monatlich aufgenommen. Die Zahlung des Wasserzinses erfolgt nach Wahl der Deputation monatlich oder vierteljährlich und zwar innerhalb einer Woche nach Zustellung der Rechnung. Für die Berechnung des Zinses sind die von der Verwaltung aufgestellten Hauptmesser maassgebend. Auf Antrag werden die Stände der für einzelne Miether oder besondere Betriebe aufgestellten Nebenmesser gegen eine im Voraus zu zahlende Gebühr von vierteljährlich M. 0,50 für jeden Messer ebenfalls aufgenommen und auf der Rechnung des Antragstellers vermerkt. Der Wasserzins wird nur nach vollen cbm berechnet. Die Berechnung des Wasserzinses für Zeitperioden, die mit einer Standaufnahme-Periode nicht zusammenfallen, erfolgt durch Ermittelung der durchschnittlich auf den Tag entfallenden Wassermenge. Die Deputation hat das Recht, von dem Antragsteller jederzeit die Stellung einer Sicherheit in Höhe des Wasserverbrauchs eines Vierteljahres zu verlangen. Von Miethern, Pächtern und Niessbrauchern wird stets eine solche Sicherheit erfordert.	Die Lieferung von Wasser kann vom Antragsteller jederzeit abbestellt oder gekündigt werden. Zu dem bezeichneten Zeitpunkte wird die Leitung geschlossen. Die Deputation ist berechtigt, den Vertrag mit einer Frist von 3 Monaten jederzeit zu kündigen. Die Kündigung geschieht entweder schriftlich oder durch öffentliche Bekanntmachung. Nach Ablauf der Kündigungsfrist kann die Leitung jederzeit geschlossen werden. Eine Kündigung des Entwässerungsvertrages gilt zugleich als Kündigung des Wasserlieferungs-Vertrages desselben Grundstücks und umgekehrt. Die Kosten der Schliessung hat der Antragsteller zu tragen, in den letzten Fällen jedoch nur dann, wenn auf Verlangen desselben Antragstellers die Wiedereröffnung der Leitung erfolgt. Die Kosten einer vorübergehenden Schliessung hat zu tragen, wer die letztere beantragt. Schliessungen erfolgen erforderlichenfalls unter Plombirung der Strassenkappe. Ebenso hat die Kosten der Oeffnung einer Leitung zu tragen, wer die Oeffnung beantragt. Während der Zeit, wo eine Leitung geschlossen ist, wird eine Wassermessermiethe nicht berechnet.	
Die Bezahlung nach Einschätzung erfolgt vierteljährlich pränr., nach Wassermesser sowie der Wassermessermiethe vierteljährlich postn.	Nach Ablauf eines Jahres kann beiderseits im October zum Jahresschluss gekündigt werden.	Bleiben vorbehalten. Bei einer Aenderung muss jedoch ein neuer Vertrag abgeschlossen werden.
Das Mindestquantum wird auf den Verbrauch des ganzen Jahres verrechnet, dergestalt, dass der Mehr- oder Minderverbrauch während der ersten drei Vierteljahre in dem letzten Vierteljahre ausgeglichen wird. Die der Berechnung zu Grunde zu legende Wassermesser-Ablesung erfolgt innerhalb der letzten 14 Tage eines jeden Vierteljahres. Die Heranziehung der Miether oder sonstigen Consumenten zur antheiligen Erstattung von Wassergeld bleibt der privaten Vereinbarung überlassen, auch ist für bestimmte Einzelräume eines Grundstückes die Einschaltung von Nebenwassermessern gestattet. Dieselben werden auf Antrag des Grundstücksbesitzers zum Selbstkostenpreise geliefert und auf Kosten des Grundstücksbesitzers unterhalten. Eine Einziehung des nach Nebenwassermessern zu zahlenden Wassergeldes von den Miethern etc. findet indessen nicht statt, vielmehr bleibt auch in diesem Falle der Grundstücksbesitzer zur Zahlung verpflichtet.		
Die Wasserpreise und die Wassermessermiethe müssen vierteljährl. postn. bezahlt werden.	Die Abmeldung hat schriftlich bei der Verwaltung zu erfolgen.	Aenderungen sind vorbehalten.
Der Zeitpunkt für Bezahlung des Wassers ist der 1. April jeden Jahres. Der Verwaltung bleibt vorbehalten, bei einzelnen Abnehmern ratenweise Bezahlung des Wasserzinses, Vorausbezahlung oder Sicherheitsleistung zu verlangen. Beginnt der Wasserbezug in der Zwischenzeit eines Rechnungsjahres, so ist für diese die Rate zu bezahlen. Ebenso wird es bei etwaigem Aufhören des Wasserbezugs gehalten. Aenderungen, welche auf die Taxe Einfluss haben und in der ersten Hälfte eines Monats eintreten, werden von dessen Beginn an, solche welche in der zweiten Hälfte des Monats erfolgen, vom Ersten des nächsten Monats ab bei der Berechnung berücksichtigt.	Eine mindestens dreimonatliche, der Verwaltung angezeigte Nichtbenützung einer Stallung für ihre eigentlichen Zwecke begründet auch ohne Entfernung der Einrichtung Anspruch auf Befreiung vom Wasserzins. Tritt eine Wiederverwendung ein, so ist hievon der Verwaltung sofort Anzeige zu machen. Das kürzere oder längere Unbenütztsein wasserzinspflichtiger Räume, wie auch ganzer Stockwerke begründet keinen Anspruch auf Befreiung vom Wasserzins.	Die vorgesehene Höhe des Wasserzinses etc. ist für die Verwaltung nicht bindend, vielmehr steht derselben jederzeit das Recht der Aenderung der Bestimmungen zu. Aenderungen oder Zusätze zu gegenwärtigen Bestimmungen werden durch öffentliche Bekanntmachung zur Kenntniss der Abnehmer gebracht und hierdurch für letztere verbindlich.

No.	Stadt	Grundzüge der Wasserabgabe	Anmeldung und Vertrag
		5	6
124	**Trier** . . .	Die Abgabe erfolgt nach Schätzung oder nach Wassermesser unter Erhebung eines Mindestbetrages. Springbrunnen, Dampfkessel, continuirlich functionirende Apparate, ferner gewisse Berufsarten im Grundstück bedingen die Abgabe nach Wassermesser. Vorbehaltlich des Widerrufes ist das Wasserwerk bereit, auf Wunsch gegenüber jedem Consumenten Abgabe nach dem Wassermessersatz eintreten zu lassen.	Die Wasserabgabe findet nur immer für ganze Häuser sammt Zubehör statt und zwar nur an den Hauseigenthümer.
125	**Viersen** . .	Die Wasserabgabe erfolgt nur nach Wassermesser unter Erhebung eines vom Nutzungswerth des Wohngebäudes abhängigen Mindestsatzes, abgesehen von Bauversorgung und Wasserlieferung für Feuerlöschung, wo nach Einschätzung versorgt wird. Für das zu gewerblichen Zwecken benutzte Wasser, wozu auch das Trink-, Kaffee- und Waschwasser für die Arbeiter, sowie das Wasser für Haushaltungszwecke für die im Fabrikgebäude wohnende Familie des Aufsehers gehört, ist ein besonderer Wassermesser aufzustellen. Die Wohnung des Gewerbetreibenden muss ebenfalls angeschlossen sein. Es können, falls und so lange die Betriebseinrichtungen des Werks nicht ausreichen, Anträge auf Wasserentnahme ganz oder theilweise abgelehnt werden.	Die Anmeldungen werden nur von dem Eigenthümer des Grundstückes angenommen; von dem Pächter oder Nutzniesser nur dann, wenn der Eigenthümer seine Genehmigung dazu ertheilt hat. Bei Genehmigung des Antrages bleibt der Antragsteller wenigstens 3 Jahre verpflichtet. Von dieser Zeit ab läuft das Uebereinkommen stillschweigend von einem Rechnungsjahr bis zum andern weiter.
126	**Wandsbek**	Die Wasserabgabe findet statt bei Verwendung des Wassers zu gewöhnlichen und besonderen häuslichen oder zu wirthschaftlichen Zwecken nach Einschätzung, zu gewerblichen und landwirthschaftlichen, sowie besonderen vorübergehenden Zwecken nach Wassermesser, ebenso in allen Fällen, in welchen nach Ermessen der Verwaltung mehr Wasser verbraucht wird, als bei einem Preise von 20 Pf. pro cbm auf Grund der Einschätzung bezahlt wird, besonders wenn eine Vergeudung oder vertragswidrige Verwendung des Wassers zu befürchten steht. Bei der Wasserabgabe für gewerbliche, landwirthschaftliche und vorübergehende Zwecke können jedoch unter Umständen die Wassermengen auch nach Schätzung ermittelt werden. In besonderen Fällen kann die Entnahme nur auf Grund besonderer Bedingungen gewährt werden. Bei Abgabe für gewerbliche Zwecke, grössere Gärten einschl. Gewächshäuser wird ein Mindestbetrag erhoben. Mit Giesskannen entnommenes Wasser gehört zur Haushaltung und ist in der Veranlagung für gewöhnliche Hausversorgung enthalten. Die Entnahme durch Schläuche von einer Zapfstelle im Hause gilt als unmittelbare Besprengung.	Die Anmeldungen können nur dann angenommen werden, wenn dieselben sich auf Liegenschaften beziehen, die innerhalb der Erstreckung des städtischen Röhrennetzes sich befinden, und wenn diese Anmeldungen das ganze Haus oder Gartengrundstück umfassen, sowohl für den Wasserbezug als auch für die dafür erforderlichen technischen Einrichtungen. Alle Anmeldungen haben von dem Hauseigenthümer zu erfolgen. Anmeldungen von Nutzniessern oder Miethern eines Grundstückes werden nur dann angenommen, wenn zugleich die Genehmigung des Eigenthümers beigebracht wird.
127	**Weimar**	Das Wasser wird nur gegen Bezahlung nach Wassermesser abgegeben, und zwar zu häuslichen, wirthschaftlichen, industriellen, gewerblichen und sonstigen Zwecken mit Ausnahme der Spülung von Wasserclosets behufs Fortschaffung der Excremente durch die Canäle.	Die Anmeldung hat Seitens des Haus- oder Grundstücksbesitzers unter Bezeichnung des Unternehmers, welcher die Einrichtung im Innern des Grundstücks für ihn ausführen soll, zu geschehen. Mit Miethern und Pächtern werden Verträge nicht geschlossen. Vom Gemeindevorstande kann nach seinem Ermessen eine Ausnahme nur solchen Miethern und Pächtern gegenüber gemacht werden, welche ein ganzes Grundstück für längere Zeit gemiethet oder gepachtet und die Zustimmung des Besitzers zum Anschluss seines Grundstücks beigebracht haben. Das Vertragsverhältniss gilt als auf unbestimmte Zeit abgeschlossen. Alle Haus- und Grundstücksbesitzer, deren Häuser oder andere Grundstücke angeschlossen sind, haben, wenn sie nicht am Orte wohnhaft sind, oder sobald sie verziehen, den Grundbesitz aber behalten, einen Bevollmächtigten zu ihrer Vertretung und zur Bezahlung des Wasserzinses zu benennen.

Zahlungsbestimmungen	Kündigung	Aenderungen der Bestimmungen
7	8	9
Jeder Abnehmer ist für die Bezahlung des bedungenen Wasserbezugpreises haftbar; sind einem Abnehmer andere Personen, z. B. Miether für den Bezug haftbar, so hat auch die Direction das Recht, direct von diesen Personen die Beträge einzufordern, unbeschadet der Haftbarkeit des Abnehmers. Neu angeschlossenen Consumenten wird der Wasserzins, sowie das erlaubte Mindestquantum vom Tage des Anschlusses an nach dem Bruchtheil des Quartals berechnet. Abonnenten, welche nach Kündigung der Leitung wieder beitreten, zahlen das angefangene Quartal voll.	Die Verpflichtung eines Abnehmers zur Zahlung des Wassergeldes erlischt nur in Folge seiner Abmeldung. Die Abmeldung kann nur auf das Ende eines Vierteljahres, unter Einhaltung einer einmonatlichen Kündigungsfrist, geschehen.	
Die Verpflichtung zur Zahlung beginnt sofort nach Herstellung der Zuleitung bezw. der Einschaltung des Wassermessers. Wasserzins und Wassermessermiethe sind vierteljährlich zu entrichten.	Nach dreijähriger Dauer des Contractes kann spätestens 2 Monate vor Jahresschluss gekündigt werden.	Abänderungen der Bestimmungen sind zu veröffentlichen und damit für den Abnehmer verbindlich. Dieselben sollen nur mit dem Anfang des Rechnungsjahres Giltigkeit erlangen und müssen wenigstens 3 Monate vor dem 1. April jeden Jahres veröffentlicht werden, damit die Abnehmer, falls sie sich denselben nicht fügen wollen, von ihrem Kündigungsrechte Gebrauch machen können.
Die Verpflichtung zur Zahlung des Wassergeldes liegt dem Eigenthümer der betreffenden Grundstücke oder Räume ob. Das nach Veranlagung zu zahlende Wassergeld ist in vierteljährlichen Theilzahlungen im Voraus zu entrichten. Das nach Wassermessern zur Erhebung gelangende Wassergeld wird nach Ablauf eines jeden Monats erhoben.	Sofern Wohnungen, welche zum Vermiethen bestimmt sind, nachweislich mindestens $^1/_4$ Jahr lang leer gestanden haben, und eine Miethe dafür nicht erhoben, die betreffende Miethwohnung auch von der Wasserleitung abgeschlossen ist, wird für die Zeit der Miethlosigkeit ein entsprechender Nachlass am Wassergelde gewährt, jedoch immer nur für ganze Monate. Ausserdem kann für besondere Fälle ein Nachlass nach dem billigen Ermessen der Verwaltung gewährt werden. Eine völlige oder theilweise Abmeldung des Wasserbezuges verpflichtet zur Zahlung des bisherigen Wassergeldes bis zum Ablauf desjenigen Monats, in welchem die Abmeldung erfolgte. Die Verpflichtung zur Zahlung des Wassergeldes ist nicht dadurch bedingt, dass während des Zeitraumes der Veranlagung eine Benutzung der Wasserleitung thatsächlich stattgefunden hat.	Aenderung des Regulativs ist vorbehalten.
Bei allen Consumenten werden die Wassermesser regelmässig am Schlusse jedes Quartals abgenommen und die Rechnungen allvierteljährlich ertheilt, während bei sehr grossem Wasserbezug die Abnahme der Wassermesser monatlich bewirkt und auch die Zahlung monatlich verlangt werden kann. Der Wasserzins wird für jedes Haus und für jedes an die Wasserleitung angeschlossene andere Grundstück für sich und besonders berechnet, so dass, wenn jemand mehrere Häuser besitzt, nicht etwa der Wasserverbrauch für die mehreren Häuser zusammengerechnet und hiernach der Preis bestimmt wird. Der Eigenthümer eines angeschlossenen Grundstücks haftet allein für die Bezahlung des Zinses, und bleibt es ihm überlassen, sich mit seinen Miethern und Pächtern zu vereinbaren.	Der Vertrag kann von beiden Theilen dergestalt aufgekündigt werden, dass mit Ablauf desjenigen Quartals, in welchem die Kündigung erfolgt ist, der Vertrag und somit der Wasserbezug aufhört. Die Kündigung muss aber vor Anfang des letzten Monats des betr. Quartals erfolgen. Der Gemeindevorstand kann auch ohne vorherige Kündigung sofort den Vertrag aufheben, wenn Aenderungen an den Privatleitungen nicht angezeigt werden, die Zahlung des Wassergeldes nicht rechtzeitig erfolgt, die hinsichtlich der Wassermesser und Leitungen bestehenden Vorschriften nicht befolgt oder sonstwie gegen die Abgabebestimmungen gefehlt wird.	Durch die Anmeldung unterwirft sich der Antragsteller allen etwaigen Veränderungen, welche durch eine spätere Revision und Ergänzung, die den Gemeindebehörden jederzeit freisteht, etwa festgesetzt werden. In solchem Falle kann der Grundstückseigenthümer, wenn er den nachträglichen Bestimmungen sich nicht unterwerfen will, von dem ihm zustehenden Kündigungsrechte Gebrauch machen.

<table>
<tr><th>No.</th><th>Stadt</th><th>Grundzüge der Wasserabgabe</th><th>Anmeldung und Vertrag</th></tr>
<tr><td></td><td></td><td>5</td><td>6</td></tr>
<tr><td rowspan="2">128</td><td rowspan="2">Weissenfels</td><td>Die Wasserentnahme wird durch Wassermesser controlirt unter Erhebung eines Mindestbetrages.
Der Anschluss an die öffentliche Wasserleitung gibt zunächst nur die Befugniss, aus derselben alles zum häuslichen und wirthschaftlichen Gebrauch sämmtlicher Hausbewohner erforderliche Wasser zu entnehmen. Die Entnahme von Wasser zum Betriebe der Gewerbe und zu sonstigen Zwecken kann nur gestattet werden, soweit die Wassermenge und der vorhandene Druck dazu ausreicht.</td><td>Jedes Grundstück, auf welchem ein zum Aufenthalt von Menschen bestimmtes Gebäude errichtet ist, muss an die städtische Wasserleitung angeschlossen werden. Ausgenommen von diesem Zwange sind nur diejenigen Hausgrundstücke, an denen das städtische Wasserrohrnetz nicht vorbeigeführt ist. Die Verpflichtung, den Anschluss der Grundstücke an die städtische Wasserleitung zu bewirken, liegt den Eigenthümern oder Verwaltern der Grundstücke ob.</td></tr>
<tr><td colspan="2">Wird ein bezüglicher Antrag nicht binnen einer Frist von 8 Wochen gestellt, so wird der Anschluss von Amtswegen durch Vermittelung des städtischen Wasserwerks auf Kosten des Eigenthümers bewirkt.
Den Grundstückseigenthümern werden hinsichtlich der denselben auferlegten Verpflichtungen die Vicewirthe bezw. die sonstigen Vertreter der Grundstückseigenthümer gleich erachtet.</td></tr>
<tr><td rowspan="2">129</td><td rowspan="2">Wien . . .</td><td>Die Abgabe erfolgt ausser für Bauzwecke, Feuer- und Trottoirsprenghähne lediglich nach Wassermesser unter Zugrundelegung eines Mindestbetrages. Für den gewöhnlichen (normalen) Hausbedarf wird als Einheitssatz ein Consum von 25 l pro Kopf und Tag, mindestens jedoch 5 hl der Berechnung zu Grunde gelegt; hierbei wird ein Mehrconsum von 10 % ausser Acht gelassen, was indess darüber hinaus verbraucht wird, wird als aussergewöhnlicher Consum berechnet. Der aussergewöhnliche Consum, sowie der Consum für industrielle Zwecke etc. unterliegen einem besonderen Antrag, während zum Anschluss eines Hauses zu normalem Consum jeder Eigenthümer verpflichtet ist, falls er nicht eine anderweitige einwandsfreie Wasserversorgung nachzuweisen vermag.</td><td>Jeder Hausbesitzer, der nicht anderweite einwandsfreie Wasserversorgung nachzuweisen vermag, ist verpflichtet, sein Haus an die Wasserleitung anschliessen zu lassen. Zu Anträgen auf Wasserabgabe für gewerbliche Zwecke und aussergewöhnlichen Bedarf können sowohl Eigenthümer wie auch Miether zugelassen werden, letztere jedoch nur unter Einwilligung des Grundeigenthümers. Der Vertrag wird auf unbestimmte Zeit abgeschlossen.</td></tr>
<tr><td colspan="2">Für Bauzwecke wird nur eine festgesetzte Anzahl von Hectolitern in continuirlichem Zulauf abgegeben.
Das Wasser für Genusszwecke ist direct dem Zuleitungsrohre, also ohne Behälter, zu entnehmen. Ausnahmen können jedoch nach Sachlage gestattet werden.
Insofern durch eine Abzweigung in einem Hause für den normalen Bedarf bereits mindestens 5 hl per Tag bezogen werden, kann unter Einem für den aussergewöhnlichen oder industriellen Bedarf auch ein geringeres Quantum, jedoch nicht weniger als 3 hl per Tag zur Abgabe gelangen, anderenfalls müssen diese Versorgungen getrennt gehalten werden.
Die Abgabe an öffentliche Anstalten, wie Spitäler, Kasernen etc., werden von demselben Gesichtspunkte aus wie für Hausversorgung behandelt.</td></tr>
<tr><td>130</td><td>Wiesbaden</td><td>Die Abgabe erfolgt nach Wassermesser unter Erhebung eines Mindestbetrages. Sollte aus irgend welchen Gründen die Aufstellung eines Wassermessers nicht erfolgen, oder überflüssig erscheinen, wie z. B. bei der Abgabe für laufende Brunnen, Springbrunnen, Kaliberhähne, Fässer, Behälter u. dgl., so wird die Grösse des Verbrauchs abgeschätzt, bezw. eine Vereinbarung über die Abgabe und Kosten getroffen und hiernach die Höhe der monatlich zu zahlenden Beträge bestimmt.
Die Herstellung grösserer Einführungen, z. B. zum Betrieb von Aufzügen, Motoren etc., kann Seitens der Verwaltung abgelehnt oder an besondere Bedingungen geknüpft werden.</td><td>Die Anmeldung hat vom Grundstücksbesitzer unter Vorlage einer Zeichnung, aus welcher sich die Lage des Grundstücks, der Kellergrundriss, die Lage der Entwässerungs- und Wasserleitung ersehen lässt, zu geschehen. Auswärts wohnende Eigenthümer haben einen in Wiesbaden wohnenden Stellvertreter zu bezeichnen, welcher der Verwaltung gegenüber die Haftbarkeit für die Erfüllung aller dem Eigenthümer obliegenden Verpflichtungen solidarisch mit dem Eigenthümer zu übernehmen hat, und welchem Seitens des Eigenthümers die Befugnisse eines Zustellungs-Bevollmächtigten zu ertheilen sind. Wünscht der Pächter eines Grundstückes eine Leitung, so ist ausserdem die Zustimmung des Eigenthümers beizubringen.</td></tr>
</table>

Zahlungsbestimmungen	Kündigung	Aenderungen der Bestimmungen
7	8	9
Der Wasserzins ist monatlich postn. zu zahlen, alle übrigen Kosten können sofort bei Zustellung der Rechnung an den städtischen Erheber gegen dessen Quittung gezahlt werden, müssen aber innerhalb 14 Tagen nach Zustellung der Rechnung an die städtische Casse gezahlt sein. Ist nach Ablauf dieser Frist Zahlung nicht erfolgt, wird der Betrag zwangsweise beigetrieben. Die Verpflichtung zur Zahlung des Wasserzinses beginnt mit dem Tage der Inbetriebsetzung der Anschlussleitung. Die Zahlung der festgesetzten Beträge darf durch etwaige Reclamation nicht verzögert werden, muss vielmehr unbeschadet des Anspruchs auf Rückerstattung des etwa zu viel Gezahlten an den Fälligkeits-Terminen erfolgen. Die Beitreibung dieser Beträge erfolgt im Weigerungsfalle im Wege des administrativen Zwangsverfahrens.	Soll eine Leitung ganz oder zum Theil nicht mehr benutzt werden, so ist dies von dem Grundstückseigenthümer anzuzeigen und kann die Entfernung der Leitung oder des nicht mehr zu benutzenden Theils derselben gefordert, oder durch Versiegelung der ausser Gebrauch zu stellenden Hähne oder durch sonstige Maassregeln Sicherstellung gegen Missbrauch angeordnet werden.	
Das Entgelt für das Wasser, die Betriebsspesen und die Wassermesserrente sind für jedes Vierteljahr im Voraus zu entrichten. Die Controle des Wasserbezuges findet in thunlichst kurzen Zwischenräumen, die Abrechnung aber vierteljährlich statt.	Die Verträge für aussergewöhnlichen Bedarf und für industrielle Zwecke können beiderseitig vierteljährlich gekündigt werden.	
Monatlich wird der Wassermesserstand aufgenommen, der Verbrauch ermittelt und darüber zuzüglich etwaiger Messermiethe dem Haus- resp. Grundstücksbesitzer bezw. dessen Stellvertreter eine Quittung über die Beträge vorgelegt, welche sofort ohne Rücksicht auf eine etwa zu erhebende Reclamation einzulösen ist. Die Vergütung für das in ein Haus oder Grundstück abgegebene Wasser wird stets nur im Ganzen berechnet und den betreffenden Eigenthümern oder deren Stellvertretern in Anforderung gebracht, während die Vertheilung unter etwaige Miether oder Pächter den Interessenten überlassen bleibt. Die Verwaltung hat das Recht, für ihre Leistungen in Bezug auf Wasserzuführung und Messermiethe eine von ihr nach Höhe und Art zu bestimmende Caution zu verlangen. Die Rückgabe der Caution hat erst nach Deckung aller Forderungen des Wasserwerks für Wasserbezug und Messermiethe zu erfolgen. Auch kann sich die Verwaltung aus der Caution für ihre jeweiligen Ansprüche befriedigen, ohne dass es eines gerichtlichen Verfahrens oder einer vorgängigen Benachrichtigung des Cautionsbestellers bedarf. Haben in Folge von nicht erkennbaren Beschädigungen an Privatleitungen ohne Wissen des Besitzers Wasserverluste stattgefunden, so kann ein Nachlass an dem nach den Angaben des Messers berechneten Wassergeld nur dann in Frage kommen, wenn nach Entdeckung des Schadens sofort die erforderlichen Schritte gethan wurden behufs Verhütung eines weiteren Wasserverlustes, sowie zur Beseitigung der Undichtigkeit; der stattgehabte Wasserverlust selbst alsbald durch einen Bediensteten des Wasserwerks festgestellt wird, zu welchem Zweck entsprechende Meldung von Seiten des Besitzers zu machen ist; festgestellt wird, dass die Ursache des Wasserverlustes eine solche ist, welche dem Eigenthümer auch bei ordnungsmässiger Aufsicht über den Zustand der Leitung verborgen bleiben konnte. Nicht gewährt wird ein Nachlass bei undichten Closetleitungen, Spülapparaten und anderen frei liegenden Einrichtungen, oder wenn die Undichtigkeit durch schlechtes bezw. ungenügendes Material der Leitung veranlasst wurde.	Der Abnehmer ist verpflichtet, sobald er auf den ferneren Wasserbezug verzichtet, dieses der Verwaltung anzuzeigen und die rückständigen Beträge zu zahlen. Meldet der Abnehmer resp. der Grundstücksbesitzer den Bezug nicht ab, so bleibt er so lange für die Bezahlung auch des von seinem Nachfolger verbrauchten Wassers verpflichtet, bis diese Anzeige erfolgt oder der neue Besitzer sich angemeldet hat.	Der Magistrat behält sich das Recht vor, Aenderungen oder Zusätze an und zu den Bestimmungen eintreten zu lassen; solche Aenderungen erhalten einen Monat nach erfolgter Bekanntmachung ihre Giltigkeit.

No.	Stadt	Grundzüge der Wasserabgabe	Anmeldung und Vertrag
		5	6
131	Winterthur	Die Abgabe von Wasser erfolgt sowohl pacht- als kaufsweise. Der pachtweise Wasserbezug geschieht entweder im Abonnement oder nach Wassermesser, der kaufsweise Wasserbezug nach Minutenlitern durch Kaliberhähne. Die Verpachtung von Abwasser aus öffentlichen Brunnen oder Springbrunnen geschieht durch besonderen Vertrag, ebenso bei pachtweiser Abgabe von Wasser für Gebäude ausserhalb des Röhrennetzes, für Fabrikanlagen, öffentliche Gebäude etc. Zur Speisung von Springbrunnen, Cascaden u. dgl. sind Wassermesser einzusetzen. Ebenso kann die Anwendung eines Wassermessers bei Wasserabgabe für Viehstand, gewerbliche Zwecke, Garten- und vorübergehende Zwecke vorgeschrieben werden.	Die Anmeldung zur Versorgung eines Grundstückes muss Seitens des Eigenthümers oder eines bevollmächtigten Vertreters desselben geschehen, und es haftet der Verwaltung gegenüber der Eigenthümer. Die Dauer der Pacht beträgt zunächst ein Jahr, vom ersten Tage des auf die Herstellung der Verbindung mit dem städtischen Röhrennetze folgenden Monats an gerechnet.
132	Witten . .	Die Wasserabgabe geschieht entweder nach Messer unter Erhebung eines Mindestbetrages oder nach Einschätzung, oder auf Grund besonderer Vereinbarung und zwar stets für ein ganzes Haus oder Grundstück, nie aber für einzelne Theile desselben. Verpflichtet sind zur Entnahme des Wassers nur nach Wassermessern: Fabriken und Anlagen, welche Dampfkessel benutzen, Häuser, in welchen Gewerbe betrieben werden, die mit grossem Wasserconsum verbunden sind, Häuser resp. Grundstücke, aus deren Leitung Springbrunnen, Strahlpumpen, Motoren etc. gespeist werden, endlich Ziegelbrennereien. Für alle übrigen Versorgungen wird das Wasser nach Einschätzung abgegeben, jedoch ist es jedem Consumenten, auch wenn obige Vorbedingungen nicht vorhanden sind, gestattet, sich nach Messsung versorgen zu lassen. Die Verwaltung ist auch berechtigt, zur Controle des Wasserverbrauchs einen Wassermesser anbringen zu lassen, und ist der Consument verpflichtet, das Wasser nach dem Messer zu entnehmen und zu bezahlen, wenn der monatliche Verbrauch 50 cbm und mehr beträgt. Bei aussergewöhnlichen Verhältnissen kann zwischen der Verwaltung des Wasserwerks und den Consumenten ein anderer Modus der Zumessung und Berechnung stattfinden.	Die Wasserabgabe erfolgt an die Grund- und Hausbesitzer. Auswärtige Besitzer von Grundstücken und Gebäuden im Gemeindebezirk, welche aus der städtischen Wasserleitung ihr Wasser entnehmen, haben die Verpflichtung, Jemanden in Witten ein- für allemal zu beauftragen, welcher die rechtzeitige Bezahlung des Wassergeldes etc. veranlasst.
133	Worms . .	Die Abgabe erfolgt nur unter Controle durch Wassermesser unter Erhebung eines Mindestbetrages nach Maassgabe des Grundstücks-Reinertrags. Die Vergütung für vorübergehende Wasserabgabe bleibt besonderer Vereinbarung vorbehalten.	Die Anmeldung zum Wasserbezug für ein Grundstück oder Haus kann nur durch den Eigenthümer bezw. seinen Bevollmächtigten erfolgen. Der Anschluss einzelner Miethparteien ist nicht gestattet und kann nur in Ausnahmsfällen erlaubt werden. Der Wasser-Miether verpflichtet sich auf die ganze Dauer des der Anmeldung folgenden Kalenderjahres.
134	Würzburg	Die Wasserabgabe erfolgt mittelst Aichhahns nach Steften oder nach Wassermesser, in beiden Fällen unter Erhebung eines Mindestbetrages.	Die Anmeldung geschieht durch den Anwesensbesitzer oder durch den Miether unter Haftung des Ersteren für die Zahlung der Wasserzinse sowie etwaiger Leitungsreparaturkosten.

Zahlungsbestimmungen	Kündigung	Aenderungen der Bestimmungen
7	8	9
Die Bezahlung des Zinses erfolgt, wenn ein Wassermesser benutzt wird, je auf den Schluss eines Quartals. Für den Wasserbezug im Abonnement ist vierteljährliche Vorausbezahlung je auf 1. Januar, 1. April, 1. Juli und 1. October vorgeschrieben. Jeder Abnehmer, welcher die Zahlungs-Quittung nicht beim ersten Vorweisen einlöst, hat nachher eine Bezugsgebühr von M 0,40 zu bezahlen. Erfolgt die Zahlung nicht binnen 8 Tagen, von dem zweiten Versuch zum Incasso an gerechnet, so hat die Verwaltung das Recht, dem Säumigen den Wasserzufluss abzuschneiden; erfolgt die Zahlung nachträglich, so darf für die Zeit des Abschlusses kein Abzug gemacht werden.	Nach Ablauf des ersten Jahres dauert die Pacht auf unbestimmte Zeit fort, wobei dem Abnehmer das Recht der vierteljährlichen Kündigung, je auf 1. Januar, 1. April, 1. Juli und 1. October, zusteht. Die Verwaltung verzichtet auf ein Kündigungsrecht; jedoch steht ihr bei Nichtbezahlung der für Wasservergeudung, missbräuchliche Verwendung des Wassers u. s. w. erkannten Strafe die Befugniss zu, den Vertrag sofort aufzuheben und den Wasserzufluss abzuschneiden. Sobald aus irgend einem Grunde die Benutzung einer Leitung aufhört, muss der Eigenthümer derselben auf seine Kosten die Trennung von der öffentlichen Röhrenleitung und die Reparatur der bei dieser Arbeit entstehenden Schäden durch das Wasserwerk vornehmen lassen. Wird die Benutzung einer Wassereinrichtung während längerer oder kürzerer Zeit ausgesetzt, so berechtigt dies den Besitzer nicht zu einem Anspruch auf theilweisen oder völligen Erlass des Wasserzinses.	Aenderungen des Regulatives, welche jederzeit vorgenommen werden können, geben dem Wasserabnehmer das Recht, binnen 4 Wochen den sofort oder auf Jahresschluss zu erfolgenden Rücktritt vom Vertrage zu erklären. Stillschweigen binnen 4 Wochen seit Erlass der neuen Bestimmungen gilt als Anerkennung der Letzteren. Im Falle des Rücktrittes werden geleistete Vorauszahlungen entweder zurückerstattet oder durch die Fortsetzung der Wasserabgabe auf Grund der neuen Regulativbestimmungen während einer der Zahlung entsprechenden Schlussperiode compensirt.
Die Consumgelder nach Messer sind monatlich postn. und diejenigen nach Einschätzung vierteljährlich prän. zu entrichten. Die Consumgelder zu Neubauten sind vor Herstellung des Anschlusses zu zahlen. Die Verpflichtung zur Zahlung des Wassergeldes erfolgt nach vollzogenem Vertrag und Fertigstellung der Hausverbindung. Die Wassermessermiethe wird alljährlich in der Rechnung pro October mit aufgeführt.	Die Einstellung der Wasserabgabe Seitens des Wasserwerks und die Entnahme Seitens der Consumenten kann nur auf vorhergegangene, beiden Theilen zustehende, dreimonatliche Kündigung erfolgen, welche jedoch am 1. Januar, 1. April, 1. Juli oder 1. October stattfinden muss.	
Die Bezahlung des Wassergeldes und der Wassermessermiethe erfolgt in monatlichen Zielen. Wassergeld und die Miethe für den Wassermesser wird am Anfang eines Monats für den vorhergehenden Monat erhoben.	Nach einjähriger Vertragsdauer steht dem Wassermiether vierteljährl. Kündigungsrecht zu.	Aenderungen sind vorbehalten.
Die Wassermesserstände werden monatlich aufgenommen. Die Wasserzinse werden für die ständige Wasserabnahme halbjährlich am Schlusse eines jeden Winter- und Sommersemesters und bei unständiger Abnahme vierteljährlich erhoben. Es steht indessen auch dem Wasserwerk zu, in einzelnen Fällen Vorausbezahlung oder Stellung einer Caution zu verlangen.		

No.	Stadt	Grundzüge der Wasserabgabe	Anmeldung und Vertrag
		5	6
135	Zeitz. . . .	Das Wasser wird nur gegen Bezahlung nach Wassermesser abgegeben, ausgenommen bei Verwendung zum Strassensprengen und beim Verbrauche zu Feuerlöschzwecken. Jedes angeschlossene Grundstück hat unter allen Umständen einen festzusetzenden Mindestbetrag aufzubringen.	Jedes Hausgrundstück, welches an einer mit einer öffentlichen Wasserleitung versehenen Strasse liegt, muss zum Zwecke der Versorgung mit Wasser für Haus- und Wirthschafts-Bedarf direct an diese Wasserleitung angeschlossen werden. Befreit von dem Zwange des Wasserleitungsanschlusses sind einzig und allein nur diejenigen Grundstücksbesitzer, welche in überzeugender Weise nachweisen können, dass ihre Brunnen gutes Trinkwasser liefern. Der Magistrat hat, wenn der Anschluss innerhalb einer bestimmten Frist nicht beschafft wird, das Recht, denselben für Rechnung der Säumigen zu bewirken. Der Magistrat unterhandelt in allen Fällen nur mit dem Besitzer des mit Wasser versorgten Grundstückes oder dessen legitimirtem Vertreter, welcher für alle Vorkommnisse an der Leitung des Grundstückes, für die Bezahlung des Gesammtverbrauches und für irgend welche Zuwiderhandlungen gegen die Bestimmungen des Ortsstatuts wie gegen die Abgabe-Bedingungen haftbar ist.
136	Zürich . .	Die Abgabe des Wassers geschieht unter Ansetzung eines Mindestbetrages nach Messung. Dabei wird unterschieden zwischen einem unbeschränkten Wasserbezuge, einer festbegrenzten Wasserzuleitung (mittelst Kaliberhahns) und der Benutzung des Wassers als Triebkraft; indess übernimmt die Stadt keine unbedingte Verpflichtung zur Abgabe des Wassers für letztgenannten Zweck. Es steht der Stadt frei, ohne Vornahme einer Messung und ohne Aufstellung eines Wassermessers lediglich den bedungenen Mindestbetrag zu beziehen. Bei der Messung mittelst Kaliberhahns wird das in der Höhe der Strassenfläche oder des Kaliberhahns ausfliessende Quantum zu Grunde gelegt. Der Abnehmer kann das Wasser in beliebige Höhe leiten lassen, hat jedoch die Verminderung im Quantum durch den Druckverlust selbst zu tragen. Wird das zum Betriebe von Motoren benutzte Wasser noch anderweitig verwendet, so kann dasselbe nach den für unbeschränkten Wasserbezug festgesetzten Einheitspreisen verrechnet werden, und zwar wird je der höhere Betrag angesetzt.	Die Anmeldung zur Versorgung eines Grundstückes mit Wasser muss Seitens des Eigenthümers oder des gesetzlichen Vertreters desselben geschehen, und es haftet der Eigenthümer allein für die Zahlung. Mit Miethern von Gebäuden, Wohnungen, Geschäften oder von Motoren etc. werden keine Verträge abgeschlossen.
137	Zwickau .	Der Wasserzins für ein an das städtische Wasserwerk angeschlossenes Grundstück ist in der Regel nach Wasserzinseinheiten, die auf das Grundstück oder die darauf stehenden Gebäude gelegt werden, zu bemessen, unter gewissen Bedingungen und Voraussetzungen aber, bezw. unter gewissen Beschränkungen, nach dem Wasserverbrauche zu berechnen. Für jedes Grundstück, welches durch eine Anschlussleitung mit Wasser aus dem städtischen Wasserwerke versorgt wird, ist, wenn entweder der Stadtrath es für angemessen findet oder der Grundstücksbesitzer es beantragt, auf Kosten des Letzteren zum Zwecke der Ueberwachung des Wasserverbrauchs ein Wassermesser Seitens der Stadtgemeinde zu beschaffen, aufzustellen und zu unterhalten. Die Aufstellung eines Wassermessers und damit zugleich die Entrichtung des Wasserzinses nach Maassgabe der Bestimmungen ist namentlich in folgenden Fällen zu fordern: a) wenn in dem Grundstücke entweder ein Wassermotor aufgestellt oder eine Dampfkesselanlage errichtet ist oder ein Gewerbe betrieben wird, dessen Betrieb viel Wasser erfordert, wie z. B. Gast- und Schankwirthschaft, Flaschenbierhandel, Destillation, Fischhandel, Handelsgärtnerei, das Fleischer-, Färber-, Gerber- oder Seifensieder-Gewerbe, Lohnkutscherei oder dergl., b) wenn in dem Grundstücke mehr als 2 Pferde oder mehr als 3 Stück Rindvieh regelmässig gehalten werden, oder c) wenn in dem Grundstücke eine Closetspülung oder ein Gewächshaus sich befindet. Ausschliesslich nach Wassermesser ist der Wasserzins in folgenden Fällen zu berechnen: a) wenn das Grundstück dem Reichsfiscus oder dem Königlich Sächsischen Staatsfiscus eigenthümlich gehört, b) wenn der Stadtrath es für das Grundstück mit Rücksicht darauf, dass es dem Gottesdienste, dem öffentlichen Unterrichte oder sonstigen öffentlichen oder gemeinnützigen Zwecken dient, genehmigt oder angeordnet hat, c) wenn das Grundstück ein Wohngebäude nicht enthält, und der Stadtrath die Versorgung des Grundstücks mit Wasser aus dem städtischen Wasserwerke genehmigt hat.	Ist der Antragsteller nicht Eigenthümer des Grundstücks oder gesetzlicher Vertreter des Eigenthümers, so hat er zugleich seine Berechtigung zu dem Antrage nachzuweisen.

Zahlungsbestimmungen	Kündigung	Aenderungen der Bestimmungen
7	8	9
Die Zahlung des Wasserzinses wie des jährlichen Mindestbetrages erfolgt vierteljährlich nachträglich. Einwendungen gegen die zugefertigte Rechnung halten die Zahlung nicht auf. Die Forderung der Stellung einer Caution bleibt vorbehalten.		Durch die Unterschrift unterwirft sich der Antragsteller für sich selbst oder seinen Machtgeber auch den künftigen Abänderungen.
Die vertragsmässigen Zahlungen verfallen mit 1. April und 1. October und sind jeweilen auf halbjährlich ausgestellte Rechnungen hin zu leisten; bei Motoren, welche den reducirten Kraftpreis beanspruchen, und bei fahrbaren Motoren wird vierteljährlich Rechnung gestellt. Bei Ansetzung des Mindestbetrages wird je die Hälfte resp. ein Viertel desselben verrechnet.	Eine Seitens des Abonnenten verlangte, länger als ein Vierteljahr dauernde gänzliche Abstellung des Wasserzuflusses in eine vorübergehend unbewohnte Liegenschaft begründet entsprechende Reduction des Mindestbetrages. Die Abonnenten sind berechtigt, auf halbjährliche Aufkündigung hin, je auf 1. April und 1. October, den Wasserbezug aufzugeben. Bei einer Aufhebung des Abonnements bleiben die auf öffentlichem Grunde liegenden Vorrichtungen, inbegriffen der Hauptabstellhahn, auch wenn dieser im Privateigenthum liegen sollte, und der Wassermesser Eigenthum der Stadt, während der Abonnent über die übrigen Vorrichtungen frei verfügen kann. Betr. Kündigung Seitens der Verwaltung genügt eine Bekanntmachung im städtischen Amtsblatt.	Der Stadt steht das Recht zu, an den Abgabebestimmungen Aenderungen vorzunehmen und solche ein halbes Jahr nach geschehener Mittheilung in Kraft treten zu lassen.
Für den Wasserzins und etwaige Zuschläge zu demselben hat der Stadtgemeinde gegenüber ausschliesslich der Besitzer des wasserzinspflichtigen Grundstücks zu haften und aufzukommen. Derselbe ist jedoch berechtigt, von Abmiethern Erstattung des Wasserzinses neben dem Miethzinse zu fordern, vorausgesetzt, dass in dem betreffenden Stockwerk eine Vorrichtung sich befindet, welche den Bewohnern die regelmässige Wasserentnahme ermöglicht, und dass etwas Anderes nicht ausdrücklich vereinbart worden ist. Die Wasserbeiträge haben die Qualität directer öffentlicher Abgaben. Zum Zwecke der Feststellung des nach Wassermesser zu erhebenden Wasserzinses hat die Verwaltung jeden Wassermesser, der in einem Grundstücke aufgestellt ist, jährlich mindestens vier Mal ablesen zu lassen. Der Grundstücksbesitzer oder dessen Vertreter kann der Ablesung beiwohnen. Die gefundenen Angaben des Wassermessers sind von dem Beamten dem betreffenden Grundstücksbesitzer oder dessen Vertreter mitzutheilen.	In dem Falle, dass in einem Grundstücke, für welches der Wasserzins nicht ausschliesslich nach dem Wasserverbrauche zu entrichten ist, einzelne Stockwerke oder auch einzelne, eine geschlossene Abtheilung bildende Theile eines solchen während eines Kalenderjahres wenigstens 3 Monate lang nicht vermiethet und auch in anderer Weise nicht benutzt gewesen sind, kann der Grundstücksbesitzer einen entsprechenden Erlass des Wasserzinses dann beanspruchen, wenn er diesen Anspruch unter genauer Angabe der Zeit, während deren die Räume nicht benutzt worden, spätestens den 15. Januar des nächstfolgenden Kalenderjahres angemeldet hat. Die Wasserzinspflicht eines Grundstücks erlischt — unbeschadet der Verpflichtung zur Zahlung rückständigen Wasserzinses — mit Ablauf des Kalendermonats, in welchem jene Verbindung mit Genehmigung des Stadtraths aufgehoben wurde.	Der Behörde bleibt jeder Zeit vorbehalten, die getroffenen Bestimmungen zu ändern und zu ergänzen.

Tabelle III. Anschlussleitungen.

<table>
<tr><th>No.</th><th>Stadt</th><th>Herstellung, Besitz und Unterhaltung</th><th>Material und Kosten</th><th>Weitere Bestimmungen</th></tr>
<tr><td></td><td></td><td>10</td><td>11</td><td>12</td></tr>
<tr><td rowspan="3">1</td><td rowspan="3">**Aachen . .**</td><td>Die Anlage der Anschlussleitungen vom städtischen Strassenrohre bis unmittelbar hinter die Frontmauer (die in der Bauflucht liegende Mauer), bestehend aus dem Anbohrhahn, dem Leitungsrohr und einem äusseren Absperrhahn mit Strassenkappe, wird von der Direction auf Kosten des Abnehmers ausgeführt und unterhalten.
Das Eigenthum der Anschlussleitungen einschliesslich des Kastens zum Schutz des Wassermessers nebst allem Zubehör verbleibt der Stadt.</td><td>Die Kosten der Ausführung werden dem Abnehmer ohne Rücksicht auf die Länge der Leitung nach den folgenden Sätzen berechnet:
a) bei Bleileitungen
von 13 mm Durchm. auf M 60
„ 20 „ „ „ „ 70
„ 25 „ „ „ „ 90
„ 30 „ „ „ „ 115
„ 40 „ „ „ „ 150
b) bei Eisengussleitungen
von 50 mm Durchm. auf M 200
„ 60 „ „ „ „ 250
„ 80 „ „ „ „ 300</td><td rowspan="2">In der Regel soll die Zuleitung nur für ein Grundstück benutzt werden. Es soll jedoch gestattet sein, mehrere getrennte Häuser durch eine Zuleitung und einen Messer zu bedienen, wenn sie ein zusammenhängendes Eigenthum eines und desselben Besitzers bilden. Auch ist es gestattet, in Grundstücke von grosser Ausdehnung mehrere Abzweigungen vom Strassenrohr zu führen, insofern in jede Leitung ein Wassermesser eingeschaltet wird. In dem Falle, wo durch eine Zuleitung verschiedene Häuser angeschlossen werden, sollen so viel Abonnements genommen werden, als Häuser die Leitung benutzen.</td></tr>
<tr><td colspan="2">Für die Zukunft wird dieser Tarif jährlich von der Verwaltung je nach den betreffenden Vergantungspreisen festgesetzt.
Die auf die Unterhaltung verwendeten Kosten werden in jedem einzelnen Falle besonders berechnet.</td></tr>
<tr><td colspan="3">Der vor dem Grundstücke befindliche Absperrhahn darf von dem Besitzer der Hausleitung nicht eigenmächtig geöffnet werden. Wird zur Herstellung von Reparaturen im Innern des Hauses eine Absperrung nöthig, so ist hievon vorher der Direction Anzeige zu machen, es sei denn, dass höhere Gewalt die sofortige Abhilfe nöthig macht. In diesem Falle muss die Anzeige nachträglich erfolgen.</td></tr>
<tr><td>2</td><td>**Altenburg**</td><td>Derjenige Theil der Privatleitung, welcher in der öffentlichen Strasse liegt und zwar von der Hauptleitung bis zur Haus- oder Grundstücksgrenze, wird dem Abnehmer auf seine Kosten vom Stadtrathe geliefert und hergestellt und ist Eigenthum der Stadt, welche fortan auch dessen Unterhaltung auf öffentliche Kosten übernimmt.
Die Weite der Röhren einer Privatleitung von der Hauptleitung ab bis zur Grenze des betr. Grundstückes wird in allen Fällen nach dem muthmaasslichen Wasserverbrauche bestimmt.</td><td>Die Kosten der Anlage der Privatabzweigung und deren Verbindung mit dem öffentlichen Röhrenstrange, sowie der Instandhaltung der innerhalb des Privateigenthums liegenden Zuleitung trägt allein der Abnehmer.</td><td></td></tr>
<tr><td>3</td><td>**Altenessen**</td><td>Die Ausführung erfolgt durch die Gemeinde Altenessen nach ihrem Tarife und sind auch alle Reparaturen durch diese auszuführen. Bei Abnahme des Wassers durch Wassermesser gestattet die Gemeinde die Vornahme dieser Reparaturen durch den Abnehmer, soweit es sich um Anlagen hinter dem Wassermesser handelt.</td><td>Die Kosten der Zuleitungen aus dem Strassenrohre bis zu den Gebäuden bezw. Grundstücken und die daselbst noch erforderlichen Anlagen hat der Consument zu tragen.</td><td>Jedes Grundstück muss eine besondere Anschlussleitung haben und darf nicht von einem Neben- oder Nachbar-Grundstück aus gespeist werden.</td></tr>
<tr><td rowspan="2">4</td><td rowspan="2">**Altona . .**</td><td>Die Anschlussleitung nebst der Abschlussvorrichtung wird auf Kosten des Eigenthümers angelegt und unterhalten, und zwar erfolgt die Ausführung von der öffentlichen Leitung bis an</td><td>Es werden in der Regel Bleirohre verwendet, siehe auch Sp. 10, Abs. 2.</td><td></td></tr>
<tr><td colspan="3">die Grundstücksgrenze durch die Verwaltung. Es steht ausser in Nothfällen Niemandem das Recht zu, ohne Einverständniss der Verwaltung oder ohne Aufsicht ihrer Angestellten irgend welche Veränderungen an dieser Einrichtung vorzunehmen, insbesondere auch die Abschlüsse zu öffnen oder zu schliessen oder Einrichtungen, welche nicht mehr benutzt werden sollen, zu entfernen. Die in öffentlichem Grunde befindlichen Abschluss-Vorrichtungen stehen unter besonderem polizeilichen Schutze. Die in dem Trottoir eingelassenen Deckel der Abschlussvorrichtungen sind Seitens der Abnehmer stets rein und besonders im Winter frei von Eis und Schnee zu halten.
Die Zuleitung von dem Strassen-Sperrhahn bis zum Wassermesser darf keinerlei Abzweigung, Verschraubung oder Verlöthungsstelle enthalten, sie muss aus einem ganzen Stücke Bleirohr gefertigt werden. Der in dem Grundstücke anzubringende, zur Benutzung des Consumenten dienende zweite Sperrhahn ist bei Hochdruckmessern stets hinter dem Wassermesser einzuschalten.</td></tr>
</table>

Tabelle III. Anschlussleitungen.

No.	Stadt	Herstellung, Besitz und Unterhaltung	Material und Kosten	Weitere Bestimmungen
		10	11	12
5	**Annaberg**	Derjenige Theil der Privatleitung, welcher in der öffentlichen Strasse liegt und zwar von der Hauptleitung an bis an das betreffende Haus oder Grundstück wird von der Verwaltung auf Kosten des Antragstellers ausgeführt und geht nach erfolgter Herstellung ohne Vergütung in das Eigenthum der Stadt über, welche fortan auch dessen Unterhaltung auf öffentliche Kosten übernimmt.	Die Zuleitung wird in 35 mm Weite aus Gusseisenrohren (Deutsche Normaltab.) hergestellt. Jede Leitung erhält ihren besonderen, unmittelbar an der Hauptleitung einzubauenden Schieber.	
6	**Apolda** . .	Die Zweigleitungen vom Strassenrohr bis zu dem Absperrventil hinter dem Wassermesser im Innern des Grundstückes werden mit Einschluss des Letzteren durch das Stadtbauamt für Rechnung und auf Kosten des Grundstückseigenthümers hergestellt, gehen aber alsbald in das Eigenthum und in die Unterhaltung der Stadtgemeinde über. Der Grundstücksbesitzer darf an dem Wassermesser und den Absperrventilen keinerlei Veränderungen vornehmen; er ist verpflichtet, diese Apparate frostfrei und in gutem Zustande zu erhalten und haftet für allen Schaden, welcher denselben widerfährt. Das Absperrventil hinter dem Wassermesser darf vom Eigenthümer des Grundstückes nur zum Absperren und Entleeren der Hausleitung benutzt werden.	Siehe Sp. 10.	Kein Grundstück darf von einem Neben- oder Nachbargrundstück aus an die städt. Wasserleitung angeschlossen werden; jedes angemeldete Grundstück muss vielmehr eine besondere Anschlussleitung vom Strassenrohre aus erhalten. Mehrere Anschlüsse für dasselbe sind unter Umständen zulässig, müssen aber besonders beantragt und in jedem Falle auch besonders bezahlt werden.
7	**Aschersleben**	Von den Privatleitungen wird der Theil vom Hauptrohre bis zum Wassermesser des Grundstückes von den Seitens des Magistrats Beauftragten für Rechnung der Betheiligten hergestellt. Der Eigenthümer hat über diesen Theil der Leitung keine selbstständige Verfügung.	Siehe Sp. 10.	Der Hauptabschluss ist im Strassenterrain anzubringen, vergl. Tab. IV, 13.
8	**Augsburg**	Die Anschlussleitungen sind nach Tarif durch die Stadtgemeinde auszuführen, werden Bestandtheile des städtischen Rohrnetzes und sind sohin Eigenthum der Stadtgemeinde, welche auch die Unterhaltung übernimmt. Die Anschlussleitung vom Hauptleitungsrohr bis an die Grenze des Anwesens, oder falls der Haupthahnen ausserhalb desselben liegt, bis zu diesem Hahnen, werden mit dem Hauptrohr mittelst einer Rohrschelle verbunden; wenn die Anbohrung des Hauptleitungsrohres bei vollem Wasserdruck erfolgt, muss an die Rohrschelle ein Absperrhahnen eingeschaltet werden. Der Haupthahnen, bestehend aus dem Absperrhahnen, dem Eichhahnen und dem Control- oder Entleerungshahnen muss an der tiefsten Stelle der Hausleitung angebracht werden. Wird der Haupthahnen vor dem Anwesen angebracht, so ist ein Schacht mit gusseisernem Deckel, im Innern des Gebäudes ein verschliessbares Holzkistchen herzustellen. Aenderungen dürfen nur durch die Verwaltung vorgenommen werden.	Die Lichtweite der Anschlussleitung hat nicht unter $12^1/_2$ mm und nicht über 50 mm zu betragen. Anschlussleitungen von $12^1/_2$ bis 30 mm Weite aus schmiedeisernen Röhren, welche aussen und innen galvanisch verzinkt sind, Anschlussleitungen von 30 bis 50 mm Weite aus Gusseisen herzustellen. Die Anschlussleitungen haben 15 Atm. Probedruck auszuhalten. Die Haupthahnen sind entweder baar zu bezahlen oder können für 10 % der Anschaffungskosten pro Jahr vermiethet werden. Reparaturen an den Haupthahnen besorgt gegen entsprechende Vergütung ausschliesslich die Verwaltung.	In der Regel wird für jedes Anwesen, welches Wasser bezieht, eine eigene Anschlussleitung hergestellt; jedoch behält sich die Stadtgemeinde vor, in einzelnen Fällen für mehrere Anwesen, die nur kleine Wassermengen beziehen, gemeinschaftlich eine Anschlussleitung zu gestatten. Unter allen Umständen hat jedes einzelne Anwesen, dem Wasser zugeleitet wird, einen eigenen Haupthahnen zu erhalten.
9	**Bamberg** .	Die Einführung der Wasserleitung bis 1 Meter vor die Privat-Grundstücke geschieht von dem nächstgelegenen Theile des Strassenrohres aus durch das Wasserwerk. Dieser Theil der Hausleitung bleibt der ausschliesslichen Disposition des Wasserwerkes unterworfen, welches auch für Unterhaltung desselben auf eigene Kosten sorgt. Die Abzweigungen vom Strassenrohr beginnen mit dem Abgangsstutzen und endigen mit einem sogenannten Strassenschieber. Dieselben werden von den Strassenrohren bis 1 m vor die Grundstücke durch das Wasserwerk angelegt und bilden einen Theil der öffentlichen Leitung. Ausser dem Strassenschieber, dessen Handhabung lediglich dem Wasserwerke zusteht, soll jeder Privatleitung zur Abschliessung des Zuflusses ein Haupthahnen (Sperrventil) eingefügt sein.	Die Kosten des Anschlusses trägt der Abnehmer; ebenso werden die Kosten der event. Abtrennung einer Privatleitung in allen Fällen von deren bisherigem Inhaber getragen.	Kein Grundstück darf von einem Neben- oder Nachbarhaus oder -Grundstück aus gespeist werden. Ein jedes muss seine besondere Verbindung mit den Strassenröhren des Wasserwerks haben.

Tabelle III. Anschlussleitungen.

No.	Stadt	Herstellung, Besitz und Unterhaltung	Material und Kosten	Weitere Bestimmungen
		10	11	12
10	Barmen . .	Die Verbindung einer Privatleitung mit dem Strassenrohr der Wasserleitung, am Strassenrohr mit dem Anbohrhahn beginnend, und mit dem Absperrhahn im Keller des Gebäudes oder in einem Schacht des Grundstücks endigend, bleibt der Verwaltung vorbehalten.	Die Verwaltung berechnet die Selbstkosten an Arbeitslohn und Material, Beaufsichtigung der Arbeit, Verzinsung der Materialien, Verschleiss von Werkzeugen und Verlust von Material.	
11	Basel . . .	Für jedes Grundstück wird in der Regel eine besondere Zuleitung vom nächstgelegenen Strassenrohre her erstellt. Die Leitung bis zum Wassermesser, dieser selbst und die beiden Haupthahnen dürfen nur von der Verwaltung gelegt werden.	Die Kosten der Zuleitung und den Unterhalt derselben hat der Abonnent an die Verwaltung zu vergüten. Die Verwaltung ist verpflichtet, für ihre Auslagen vorherige Sicherheit zu verlangen.	
12	Bautzen .	Die Ausführung der Anschlussleitung, d. i. die Leitung vom Hauptrohre nach der Grundstücksgrenze, erfolgt auf Kosten der Antragsteller. Sofort nach Fertigstellung geht die Anschlussleitung, soweit sie auf öffentlichem Grund und Boden liegt, in das Eigenthum der Stadtgemeinde über.	Die durch die Herstellung der Anschlussleitung voraussichtlich entstehenden Kosten werden auf Wunsch vor Inangriffnahme der Arbeiten überschlagsweise dem Antragsteller von der Verwaltung, jedoch ohne Gewähr mitgetheilt.	
13	Bayreuth .	Die Zweigleitungen vom Stadtrohrnetze bis zur Grenze des Privatgrundstücks incl. Abschlusshahn werden auf Kosten des Abstichbesitzers durch die vom Stadtmagistrate hiemit betrauten Werkmeister oder Firmen hergestellt. Vergl. im Uebrigen Tab. II, 6. Nach Herstellung der Privatleitung gehen der Abschlusshahn und die zwischen ihm und dem Hauptrohre liegenden Theile der Leitung in das Eigenthum der Stadt über, welche fortan auch die Unterhaltung dieses Verbindungsstückes auf ihre Kosten übernimmt. Der Abnehmer ist nicht berechtigt, den Abschlusshahn zu benutzen.	Vergl. Sp. 10.	
14	Bergedorf	Die Zuleitung sowohl als die Hausleitung nebst den inneren Einrichtungen wird vom Unternehmer auf Kosten des Eigenthümers oder, wenn der Besteller nicht zugleich der Eigenthümer des zu versorgenden Grundstückes ist, nach erfolgter Erlaubniss des Eigenthümers hergestellt. Es wird jedoch vorher vom Unternehmer ein Kostenanschlag aufgestellt, den der Eigenthümer genehmigen muss. Ist eine Einigung hierüber nicht zu erzielen, so entscheidet der Magistrat nach Anhörung eines Sachverständigen auf Kosten des unterliegenden Theils.	Die Kosten sind, falls nicht etwas Anderes verabredet worden, 14 Tage nach Zustellung der Rechnung unter Einbehaltung von 10% derselben als Garantiesumme zu berichtigen. Die Auskehrung dieser Garantiesumme kann erst nach 6 Monaten, von der Ablieferung der Leitung an gerechnet, von dem Unternehmer gefordert werden.	Abänderungen, Erweiterungen und Reparaturen der Privatrohrleitungen u. Wasserbehälter, sowie der bestehenden Wassergefässe, dürfen auch durch andere geeignete Personen auf Kosten des Bestellers ausgeführt werden und ist in solchen Fällen der Interessent verpflichtet, von den beabsichtigten Arbeiten dem Unternehmer rechtzeitig Anzeige zu machen.
15	Berlin. . .	Die Zuleitung vom Hauptrohre auf der Strasse bis zu einer Entfernung von 2 m von der Haus- bezw. Grundstücksfront wird auf Kosten der Wasserwerke, von diesem Punkte ab jedoch bis 1 m hinter dem Wassermesser einschliesslich der Anbringung desselben nebst Zubehör auf Kosten des Consumenten durch die städtischen Wasserwerke nach Ermessen derselben eingerichtet, nach Vorschrift derselben in Stand gehalten und auf Verlangen derselben abgeändert. Jedes Zuleitungsrohr muss zum Schutz des Grundstücks vor Ueberschwemmung u. s. w. mit einem innerhalb des Hauses bezw. Grundstückes anzubringenden Haupt-Absperrhahn versehen sein. Der Haupt-Absperrhahn muss an der Stelle, wo das Zuleitungsrohr in das Grundstück eintritt, wo möglich nicht weiter als 1 m von der Strassenfront des Grundstücks entfernt, angebracht werden. Es muss dafür gesorgt werden, dass derselbe stets und leicht zugänglich ist, also auch über dem Niveau des Grundwassers zu liegen kommt. Die Bestimmung der Weite des Verbindungsrohres zwischen dem Strassenrohre und dem Anschluss an das Hauptrohr jedes Grundstücks bleibt in allen Fällen dem Ermessen der Direction vorbehalten.	Vergl. Sp. 10.	Kein Grundstück darf von einem Neben- oder Nachbar-Grundstück aus gespeist werden. Ein jedes muss seine besondere Verbindung mit den Strassenröhren haben.

No.	Stadt	Herstellung, Besitz und Unterhaltung	Material und Kosten	Weitere Bestimmungen
		10	11	12
16	Bern . . .	Die Zuleitung vom Rohrnetz zum Grundstück wird auf Kosten des Abonnenten (Grundeigenthümers) nach Tarif ausgeführt, und es geht hierauf der Theil der Leitung, welcher vom Hauptrohr bis zur Grenze des betreffenden Grundstücks sich erstreckt, incl. Abschlusshahn in das Eigenthum der Gemeinde über, welche dann die Unterhaltung in ihren Kosten übernimmt. Für den Anschluss von Zweigleitungen an andere, und für die gemeinschaftliche Benutzung von Privatleitungen behält sich die Direction vor, die erforderlichen Verfügungen zu treffen.	Vergl. Sp. 10.	
17	Bernburg	Für alle (1874) vorhandenen oder in Bau begriffenen, an der Hauptrohrleitung gelegenen Wohnhäuser werden zu deren Verbindung mit den Hauptröhren die nöthigen Anschlussleitungen einschliesslich der Privathaupthähne in den Gebäuden von der Stadt ausgeführt. Der von der Stadt aufgestellte Privathaupthahn dient nur als Abschlusshahn für die vom Hausbesitzer anzulegende Hausleitung und darf unter keinen Umständen zur Entnahme von Wasser benutzt werden. Der Hausbesitzer ist für jeden Schaden an diesem Privathaupthahn und an der von der Stadt in seinem Hausgrundstücke hergestellten Anschlussleitung verantwortlich und hat die Kosten der Wiederinstandsetzung zu tragen. Vergl. auch Sp. 11 u. 12.	Bei nicht an der Strassenfront liegenden Wohnhäusern werden für die Rohrstrecke von der Grundstücksgrenze bis an das Gebäude, sowie für eine event. Verlängerung der Leitung im Hause über 1 m nur die Selbstkosten berechnet. Vergl. auch Sp. 10.	Bei Wohnhäusern, welche unmittelbar an der Strassenfront liegen, wird die Zuleitung von den Hauptröhren durch die Frontmauer geführt und der Privathaupthahn in der Regel 1 m von der Frontmauer entfernt in einem frostfreien, leicht zugänglichen Kellerraum des Hausgrundstückes aufgestellt. Bei Wohnhäusern, welche nicht an der Strassenfronte liegen, wird die Leitung von dem Hauptrohre bis an die Grundstücksgrenze und innerhalb des Gebäudes bis zum Privathaupthahn, sowie dessen Aufstellung ausgeführt.
18	Bielefeld .	Die Zuleitungsröhren vom Strassenrohr bis hinter den Haupthahn im Innern der Gebäude werden Seitens der Stadt durch ihre eigenen Werkleute auf Kosten der Eigenthümer hergestellt. Für Beschädigungen an den innerhalb der Grundstücke befindlichen Theilen der Zuleitungsröhren bis einschliesslich des Haupthahns sind die Eigenthümer verantwortlich. Die Arbeiten an diesen Theilen der Privatleitung werden ebenfalls nur Seitens der Stadt auf Kosten der Eigenthümer hergestellt. Derjenige Teil der Zuleitungsröhren, welcher in eine öffentliche Strasse fällt, wird von dem Augenblicke an, in welchem Wasser in die Leitung gelassen wird, Eigenthum des Wasserwerks, welches Letztere auch alle Ausbesserungen dieses Theils der Privatleitung auf seine Kosten übernimmt.	Für die Berechnung der dem Eigenthümer zur Last fallenden Kosten der Zweigleitung wird, sofern es sich um auf beiden Seiten bebaute oder bebauungsfähige Strassen handelt, angenommen, dass das Strassenrohr in der Mitte der Strasse gelegt sei, sodass die Kosten für eine Zweigleitung entsprechend der hierdurch gegebenen Länge zu erstatten sind, wenn auch das Strassenrohr in Wirklichkeit näher oder entfernter von dem betreffenden Grundstück liegt. Dagegen kommt bei nur an einer Seite bebauungsfähigen Strassen die wirkliche Entfernung des Strassenrohrs von dem Grundstücke zur Berechnung.	Der Hauptabsperrhahn in der Privatliegenschaft muss möglichst nahe der Innenseite der Umfassungsmauer liegen. Hinter diesem Absperrhahn und hinter dem Wassermesser ist der Entleerungshahn einzusetzen. Sämmtliche Röhren müssen, wenn möglich, mit ununterbrochenem Gefälle nach dem Hauptabsperrhahn angelegt werden, im Uebrigen aber an den Tief- und Höhenpunkten Entleerungs- bezw. Luftventile haben.
19	Bochum . .	Das Anbohren der städtischen Leitungsrohre, die Herstellung der Anschlussleitung vom Strassenrohre bis höchstens 2 m innerhalb der Frontmauer oder Strassenflucht des Privatgrundstücks, sowie die Verbindung der Anschlussleitung mit der Privatleitung darf nur von der Directionaus geführt werden, welche auch sämmtliche hierzu nöthigen Materialien einschliesslich der inneren und äusseren Absperrhähne liefert. Die Anschlussleitung vom Strassenrohr bis zur Grundstücksgrenze wird sofort und ohne Entschädigung Eigenthum der Verwaltung, welche auch alle Reparaturen dieses Theils der Anschlussleitung auf ihre Kosten übernimmt. Auch die Ausführung von Reparaturen an der Anschlussleitung darf nur durch die Direction erfolgen. Jede Anschlussleitung erhält in der Regel auf dem Bürgersteige einen Strassen-Absperrhahn, der nur der Direction zugängig ist. Ausserdem wird im Grundstück hinter dem Wassermesser ein Privat-Absperrhahn mit Entleerung aufgestellt.	Die Ausführung erfolgt auf Kosten des Antragstellers zu bestimmten, alljährlich von der Verwaltung festzusetzenden Einheitspreisen. Vergl. auch Sp. 10.	

Tabelle III. Anschlussleitungen.

No.	Stadt	Herstellung, Besitz und Unterhaltung	Material und Kosten	Weitere Bestimmungen
		10	11	12
20	Bonn . . .	Die Zuleitung aus dem Strassenrohre bis an den auf dem Grundstücke befindlichen Hauptabschluss- und Entwässerungskrahnen, zu dessen Anbringung jeder Consument verpflichtet ist, und der nicht weiter als höchstens 2 m von der Strassenflucht entfernt liegen darf, geschieht ausschliesslich durch das Wasserwerk. Das Eigenthum der Zuleitung vom Strassenrohre bis an die Grundstücksgrenze resp. Frontmauer bleibt immer dem Wasserwerke. Bei Grundstücken, welche nicht an eine mit Wasserleitungsröhren versehene Strasse grenzen, bleibt die Herstellung von Zuleitungen einer besonderen Vereinbarung überlassen.	Die Zuleitung wird unentgeltlich hergestellt für diejenigen, welche sich innerhalb des ersten Jahres des Betriebes (1875) der Wasserleitung anschliessen. Diejenigen, welche diese Frist verstreichen lassen, zahlen für die Zuleitung bis einschl. Hauptabsperrkrahnen ohne Rücksicht auf die Länge M 18. Die Wiederherstellung des Trottoirs, Pflasters u. Mauerwerkes geschieht in jedem Falle auf Kosten des Grundstückbesitzers.	
21	Borbeck	Die Verwaltung bewirkt die Herstellung der Zuleitungsrohre vom Strassenrohr bis etwa 1 m hinter das innere Hauptabsperrventil resp. den Wassermesser, einschliesslich aller vorkommenden Arbeiten und Lieferungen, auf Kosten der Eigenthümer. Derjenige Theil dieser Zuleitungsrohre, welcher zwischen das Strassenrohr und das innere Hauptventil resp. den Wassermesser fällt, geht von dem Augenblicke an, in welchem Wasser in die Leitung gelassen wird, in das Eigenthum des Unternehmers über, der sodann auch alle Reparaturen dieses Theils der Privatleitungen auf seine Kosten übernimmt.	Vergl. Sp. 10.	Das äussere Hauptabsperrventil darf nur von den Angestellten der Verwaltung benutzt werden.
22	Braunschweig	Die Verbindung der Zweigleitung mit dem öffentlichen Rohrstrange und die Herstellung derselben bis mindestens 1,5 m hinter dem Wassermesser wird ausschliesslich durch das Wasserwerk für Rechnung des Grundstücksbesitzers bewirkt. Ebenso dürfen Veränderungen an diesen Theilen der Leitung nur Seitens der Verwaltung beschafft werden. Der Direction steht das Recht zu, unter Berücksichtigung des Umfangs der anzuschliessenden Leitung die Weite des Einleitungsrohres zu bestimmen. Die Zweigleitung, soweit dieselbe in der Strasse liegt, wird Eigenthum des Wasserwerks, dasselbe übernimmt die Unterhaltung dieses Theils der Leitung. Die sonstigen Kosten der Unterhaltung der Zweigleitung trägt der Besitzer.	Vergl. Sp. 10.	Vor dem Messer, innerhalb des Messergehäuses und bis zu einer Entfernung von weniger als 1,5 m hinter dem Gehäuse darf kein Abzweig von der Leituug angebracht werden. Kein Grundstück darf durch eine Abzweigung von der in einem anderen Grundstück vorhandenen Privatleitung mit Wasser versehen werden.
23	Bremen . .	Die Abzweigung von der Hauptrohrleitung bis an die Grenze des Privatgrundstücks sammt der vor Letzterer anzubringenden Absperrvorrichtung wird mit allem Zubehör durch die Verwaltung auf Kosten des Bestellers zu Tarifpreisen ausgeführt, und zwar wird in der Regel für jedes Grundstück eine besondere Anschlussleitung hergestellt. Die Länge der Abzweigung, für welche der Besteller die Kosten zu zahlen hat, wird für alle wassersteuerpflichtigen Grundstücke ohne Rücksicht auf ihre Entfernung von der Hauptrohrleitnng von der Mitte der Strasse gerechnet, von welcher die Einführung der Leitung auf das Grundstück beantragt wird, jedoch höchstens zu 10 m. Für Grundstücke, welche vermöge ihrer Lage nicht wassersteuerpflichtig sind, bleibt die Anlage einer Anschlussleitung der Verständigung mit der Verwaltung vorbehalten. Die Zweigleitungen mit Zubehör, soweit sie in öffentlichem Grunde liegen, werden von der Verwaltung unterhalten und sind deren Eigenthum.	Vergl. Sp. 10.	
24	Breslau . .	Die Anlage der Zweigleitungen vom öffentlichen Strassenrohre bis innerhalb der Frontmauer oder Strassenflucht, bestehend aus dem Anbohrhahn, dem Leitungsrohre und einem äusseren Absperrhahn, der ausserhalb der Grundstücksgrenze, aber nahe an der Hausfront, der Regel nach unter den Bürgersteig zu liegen kommt, wird von der Verwaltung auf Kosten des Grundstücksbesitzers ausgeführt. Diese in der Strasse liegende Anlage wird Eigenthum der Stadt, welche die fernere Unterhaltung übernimmt. Jeder Grundstücksbesitzer ist verpflichtet, der Verwaltung die Anbringung eines Hahnes zu öffentlichen Zwecken an dieser Leitung ausserhalb des Wassermessers an seiner Hausfront zu gestatten.	Die lichte Weite des Abzweigungsrohres soll in der Regel nicht unter 25 mm und nicht über 52 mm betragen. Die voraussichtlichen Kosten der Zweigleitung sind vor der Ausführung beim Wasserwerk zu hinterlegen.	Der Regel nach darf kein Grundstück durch eine Abzweigung von der in einem anderen Grundstück vorhandenen Privatleitung mit Wasser versorgt werden. Dagegen ist es gestattet, in Grundstücke von grosser Ausdehnung mehrere Abzweigungen vom Strassenrohre anzulegen, sofern in jede Leitung ein geprüfter Wassermesser und äusserer Absperrhahn eingeschaltet wird.

No.	Stadt	Herstellung, Besitz und Unterhaltung	Material und Kosten	Weitere Bestimmungen
		10	11	12
25	Brieg . . .	Die Einrichtung der Wasserzuleitung vom öffentlichen Rohrnetz in Häuser und Grundstücke wird ausschliesslich von der Verwaltung ausgeführt. Die Anlagekosten und die Unterhaltung der Zuleitungen bis zur Grenze derjenigen Grundstücke, welche an einer Strasse liegen, durch die bereits ein städtisches Wasserrohr führt, trägt die Verwaltung.	Vergl. Tab. II, 6 u. Tab. III, 10.	
26	Cassel . . .	Wird ausnahmsweise der das städtische Zuleitungsrohr nach den Grundstücken regelnde Abschlusshahn im Einverständniss mit dem betreffenden Grundbesitzer auf dessen Gebiet verlegt, so muss derselbe für die Verwaltung jederzeit zugänglich sein. Die Benutzung der Entleerungsvorrichtung dieses Abschlusshahnes zur Entnahme von Wasser ist untersagt, dagegen kann der Hahn vom Grundstückbesitzer zum Zweck der Abstellung der inneren Leitung geschlossen und zum Zwecke des Wiederanlassens geöffnet werden. Der Grundstückbesitzer hat alle durch eine aus solcher Veranlassung erforderlich werdende Wiederherstellung oder Anschaffung von Ersatzstücken entstehenden Kosten zu tragen.	Vergl. Sp. 10.	
27	Charlottenburg	Die Zuleitung bis zum Wassermesser einschliesslich Lieferung und Anbringung des Hauptabsperrhahnes dicht vor dem Messer und des Letzteren, der Verbindung der Leitungsröhren mit diesem bis 1 m hinter dem Gehäuse, der Lieferung und Einrichtung des Wassermesser-Gehäuses, aller an obigen Gegenständen etwa nöthigen Ausbesserungen und Veränderungen, endlich der Wiederabnahme des Wassers wird durch das Wasserwerk auf Kosten des Entnehmers gelegt und unterhalten. Die Weite der Zuleitung bestimmt die Verwaltung.	Die Verwaltung ist berechtigt, vor Ausführung von Arbeiten Vorschuss in Höhe des Kostenanschlags zu verlangen. Bei Nichterfüllung des Verlangens kann eine schon begonnene Wasserlieferung sofort eingestellt werden.	Jedes Grundstück muss seine besondere Verbindung mit den Strassenröhren haben und darf nicht von einem Nachbargrundstück gespeist werden.
28	Chemnitz .	Die Herstellung der Ableitung vom Strassenrohre bis Wassermesser incl. Absperrhahn erfolgt durch die Verwaltung auf Kosten des Abnehmers. Die Instandhaltung dieser Leitung bis zum Haus, beziehentlich bis zur Grundstücksgrenze, d. h. soweit die Rohre auf öffentlichem Areal liegen, übernimmt die Stadtgemeinde, wogegen ihr an diesem Theile der Leitung das Eigenthum verbleibt.	Vergl. Sp. 10.	Für das jedesmalige Schliessen des städtischen Abschlusshahnes am Ende des Zuleitungsrohres auf Antrag des betreffenden Besitzers sind M 0,50 zu entrichten und ebensoviel für das Wiedereröffnen desselben.
29	Coblenz . .	Die Zuleitungen, bestehend aus dem Anschlusse an das Hauptrohr, aus der Erdleitung auf dem städtischen Terrain, aus dem ausserhalb des Grundstückes stehenden städtischen Absperrhahne, aus der Leitung auf dem nicht städtischen Grundstücke bis zum Wassermesser, aus dem in dieser Leitung befindlichen Privathaupthahn und aus dem Wassermesser werden in allen ihren Theilen ausschliesslich von der Direction hergestellt und dauernd in richtigem Zustande erhalten. Die Grundstücksbesitzer dürfen irgend welche Arbeiten an ihren Zuleitungen nicht vornehmen und sind für alle denselben zugefügten Beschädigungen innerhalb ihres Grundstückes der Direction verantwortlich und haftbar; nur der Privathaupthahn darf für Reparaturen, zu nächtlichen Absperrungen bei Frostwetter etc. zeitweise von den Bewohnern geschlossen und wieder geöffnet werden, ist aber in letzterem Falle stets vollständig zu öffnen und offen zu halten. Die Benutzung des städtischen Absperrhahnes ist Jedem mit Ausnahme des Wasserwerkes streng verboten. Die Durchmesser der Zuleitungen und die Grösse der Messer bestimmt die Direction unter Berücksichtigung der in der Anmeldung gemachten Angaben bezüglich der Art, Weite, Höhenlage etc. der Ausführung. Fehlen solche Angaben oder übersteigen die späteren Ansprüche diese erste Meldung, so fallen bei etwa später nothwendig werdender Vergrösserung der Leitung in der Regel die dadurch entstehenden Mehrkosten dem Grundstücksbesitzer zur Last.	Die Kosten der ersten Herstellung der Zuleitungen und deren Unterhaltung werden von den Eigenthümern der Häuser und Grundstücke oder Denjenigen getragen, auf deren Antrag und für deren Rechnungen die Anschlüsse hergestellt werden. Muss der Anschluss an das Hauptrohr durch Einwechseln eines Abzweiges bewirkt werden, so hat der Grundstücksbesitzer die Kosten dafür der Stadt zu ersetzen. Beträgt die Leitungslänge auf dem Privatgrundstück mehr als 5 m, so hat der Grundstücksbesitzer die Kosten für diese Mehrlänge zu bezahlen. In beiden Fällen geht das verwendete Material in den Besitz der Stadt über. Wird die Zuleitung ohne Wassermesser (für Privatfeuerhähne) ausgeführt, oder wird an der Zuleitung ein Wassermesser so angebracht, dass er nicht alles durch die Zuleitung fliessende Wasser misst, so fallen die gesammten Kosten der Zuleitung dem Grundstücksbesitzer zur Last. Dieselbe wird einschliesslich des städtischen Absperrhahnes mindestens bis zur Grundstücksgrenze von der Stadt hergestellt und dem Grundstücksbesitzer verrechnet, verbleibt aber Eigenthum der Stadt. Für etwaige von einer solchen Leitung abzweigende Zuleitungen mit Wassermesser gilt erstere als Strassenrohr und es trägt die Stadt dementsprechend die Kosten der letzteren.	Die Versorgung verschiedener Grundstücke durch eine Zuleitung oder die Verbindung verschiedener Zuleitungen verschiedener oder derselben Grundstücke untereinander ist ohne Erlaubniss der Direction nicht gestattet.

Tabelle III. Anschlussleitungen.

No.	Stadt	Herstellung, Besitz und Unterhaltung	Material und Kosten	Weitere Bestimmungen
		10	11	12
30	Colmar . .	Das Anbohren des städtischen Wasserrohrnetzes sowie die Herstellung der Zuleitungen werden durch die Verwaltung ausgeführt. Die äussere Zuleitung, gemessen bis 1 m hinter der Grenzlinie der Strasse und des Privatanwesens bildet einen Bestandtheil des städtischen Rohrnetzes und bleibt in der Regel Eigenthum der Stadtgemeinde, welche dessen Unterhaltung übernimmt. Die Herstellung der inneren Zuleitung, von obigem Punkte bis zum Wassermesser, fällt dem Eigenthümer zur Last, welcher die betreffenden Kosten nach der Rechnung der Verwaltung zu erstatten hat. Für Neubauten dürfen nur ausnahmsweise Hydranten benutzt werden. Im Allgemeinen ist die Zuleitung für jeden Neubau sofort anzulegen.	Für die zur Anlage der äusseren Zuleitung ausgeführten Arbeiten und gemachten Lieferungen hat der Abonnent einen in vierteljährl. Raten zahlbaren Jahreszins von M 3 für die Zweigleitungen von 13 mm Durchmesser, M 4 für desgleichen von 20 mm Durchmesser, M 5 für desgleichen von 25 mm Durchmesser zu entrichten. Die Verzinsung von nicht zurückgekauften Zuleitungen und Wassermessern ist Sache des Hauseigenthümers. Zweigleitungen von über 25 mm Durchm. werden ausschliesslich auf Kosten des Abonnenten ausgeführt. Der Eigenthümer kann von der Entrichtung der Zinsen für die Zweigleitungen, selbst bei Auflösung des Abonnements, nur durch den Rückkauf derselben entbunden werden.	Erweiterungen des Rohrnetzes für neue Abonnenten werden nur dann ausgeführt, wenn der zu erwartende Abonnementsbetrag während 6 Jahren mit wenigstens 6 % des Anlagecapitals garantirt wird.
		Es ist den Eigenthümern bezw. Abonnenten auch freigestellt, die Herstellungskosten der äusseren Zuleitung in einer Summe abzutragen, welche festgestellt ist wie folgt: M 36 für die Zweigleitungen von 13 mm Durchmesser, M 48 für desgleichen von 20 mm Durchmesser, M 68 für desgleichen von 25 mm Durchmesser. In diesem Falle bleibt die Unterhaltung der Zweigleitung zur eigenen Last und unter persönlicher Verantwortlichkeit des Eigenthümers.		
31	Crefeld . .	Seitens der Stadtgemeinde werden die Anschlussleitungen im Bereiche städtischer Strassen und Plätze angelegt bis zur Innenseite der Grundstücks-Grenzmauer, die Abschlussventile angebracht und die Wassermesser im Innern der Gebäude aufgestellt. Die Anschlussleitung geht in das Eigenthum der Stadt über, welche dagegen die Unterhaltung und die etwa erforderlichen Reparaturen dieses Theiles dauernd, sowie diejenige der Wasserrohrleitung bis zur Innenseite der Mauern einschliesslich der Abschlussventile auf die Dauer eines Jahres übernimmt.	Die Kosten des Anschlusses der Grundstücke an die Wasserleitung fallen den zum Anschluss Verpflichteten zur Last. Sie können im Bedürfnissfalle gegen Zahlung von 5% Jahreszinsen und Stellung einer genügenden Sicherheit gestundet werden. Zur Leitung des Wassers, soweit dasselbe zum Genusse dienen soll, sind Zinnröhren mit Bleimantel zu verwenden. Für andere Leitungen sind gewöhnliche Bleiröhren und zu Leitungen für Feuerhähne gusseiserne asphaltirte Röhren mit einer lichten Weite bis zu 80 mm zulässig. Die zu verwendenden Röhren müssen folgende Mindestgewichte pro lfd. m besitzen: Zinnrohr mit Bleimantel Für 13 mm Rohrweite 1,90 kg „ 15 „ „ 2,50 „ „ 20 „ „ 3,50 „ „ 25 „ „ 4,75 „ „ 30 „ „ 6,00 „ Gewöhnliches Bleirohr Für 13 mm Rohrweite 3,00 kg „ 15 „ „ 3,50 „ „ 20 „ „ 4,50 „ „ 25 „ „ 5,50 „ „ 30 „ „ 7,50 „ Gusseisernes, asphaltirtes Rohr Für 50 mm Rohrweite 10,75 kg „ 60 „ „ 15,90 „ „ 80 „ „ 20,00 „	Jedes Grundstück ist mit einer Zuleitung zu versehen, deren Rohr nicht über 20 mm lichte Weite hat. Die Anlegung mehrerer Anschlussleitungen in einem Grundstück oder eines grösseren Rohrdurchmessers bedarf besonderer Genehmigung. Das von der Verwaltung aufgestellte Privat-Hauptventil darf zur Wasserentnahme nicht benutzt werden.
		Sämmtliche Röhren und übrigen Theile der Leitungen müssen einem Drucke von mindestens 8 Atm. widerstehen. Bei Zinnröhren mit Bleimantel darf die Zinnstärke nicht unter ½ mm betragen. Das Zinn muss rein und mit dem Bleimantel derartig verbunden sein, dass beide Metalle selbst bei mehrmaligem Verbiegen des Rohres sich nicht von einander abtrennen; es darf weder mit Blei, noch mit einem anderen Metalle legirt sein.		

No.	Stadt	Herstellung, Besitz und Unterhaltung	Material und Kosten	Weitere Bestimmungen
		10	11	12
32	**Danzig** . .	Der Magistrat lässt für Rechnung des Antragstellers das Anschlussrohr sowohl in der öffentlichen Strasse, wie innerhalb des Grundstücks, die Verbindung des Anschlussrohrs mit der öffentlichen Leitung ausführen, auch die Lieferung und Aufstellung des Hauptabsperrhahns innerhalb des Grundstücks besorgen. Soweit diese Anlagen nicht in der öffentlichen Strasse liegen, hat sie der Antragsteller zu unterhalten. Er muss sich aber bei der Ausführung von Reparaturen oder sonstigen Veränderungen an der Anschlussleitung und an dem Hauptabsperrhahn der Vermittlung des Magistrats bedienen.	Vergl. Sp. 10.	
33	**Darmstadt**	Denjenigen Haus- und Grundbesitzern, welche sich zum Wasserbezug auf die Dauer von 3 Jahren sowie zur Zahlung des entsprechenden jährlichen Mindestbetrages an Wasserzins während dieser Zeit verpflichten, wird die Stadt die Zuleitung vom Hauptrohr in der Strasse bis etwa 1 m innerhalb der betreffenden Liegenschaft auf Kosten der Stadt herstellen und ebenso die Wassermesser, sowie die Hauptabsperrhähne liefern und anbringen lassen. Die Zuleitung nebst Wassermesser und Haupthahn bleibt Eigenthum der Stadt. Letztere besorgt, soweit die Zuleitung etc. nicht im Innern des Hauses liegt, die Unterhaltung und Reparatur auf eigene Kosten, während Unterhaltung und Reparatur der im Innern des Hauses gelegenen Theile der Zuleitung, sowie des Wassermessers und des Haupthahns, so lange die Stadt nicht Veranlassung dazu ist, ausschliesslich auf Kosten der Besitzer erfolgt.	Hat die Abnahme des Wassers für einen geringeren Zeitraum als 3 Jahre stattgefunden, so muss der Abnehmer die Kosten der Zuleitung und des Wassermessers nebst 5 % Zinsen vom Tage der Ausführung an zurückerstatten, es sei denn, dass die Stadt es vorziehen sollte, den Mindestbetrag bis zum Ablauf des dreijährigen Vertragsverhältnisses fortzuerheben.	
34	**Dessau** . .	Den sich zur Entnahme von Wasser aus der Wasserleitung Meldenden wird das Zuleitungsrohr mit Abschlusshahn nur auf eigene Kosten gelegt, geht aber trotzdem in das Eigenthum der Stadt über. Dasselbe gilt von Zuleitungen für Häuser, welche nicht an Strassen liegen, durch welche die Wasserleitungsröhren führen, in welchem Falle von der Stadt jedoch die Kosten der Zuleitung für 10 m Länge getragen werden.	Vergl. Sp. 10.	Das Oeffnen und Schliessen des städtischen Abschlusshahnes darf nur von den Beamten bewirkt werden. Für das jedesmalige Schliessen des Abschlusshahnes am Ende des Zuleitungsrohres auf Antrag des betreffenden Hausbesitzers sind M 0,50 zu entrichten und ebensoviel für das Wiederöffnen desselben.
35	**Dortmund**	Die Verwaltung stellt die Zuleitungsröhren vom Hauptrohr bis 0,5 m hinter dem Abschlusshahn im Innern der Gebäude auf Kosten der Eigenthümer her. Derjenige Theil dieser Zuleitungsröhren, welcher in eine öffentliche Strasse fällt, wird von dem Augenblicke an, in welchem Wasser in die Leitung gelassen wird, Eigenthum des Wasserwerks, welches auch alle Reparaturen dieses Theils der Privatleitung auf seine Kosten übernimmt. Für Abänderungen in Folge von Veränderungen an der öffentlichen Leitung trägt die Verwaltung die Kosten.	Bei der Anmeldung hat der Consument einen einmaligen Beitrag von M 15 zu entrichten, falls in der betreffenden Strasse ein Hauptrohr auf alleinige Kosten des Wasserwerks bereits gelegt ist; in allen anderen Fällen ist die Höhe des einmaligen Beitrags von einer gegenseitigen Verständigung abhängig. Als Regel soll hierbei festgehalten werden, dass in allen Strassen, welche als zur Bebauung fertig gestellt erklärt sind oder in nächster Zeit fertig gestellt werden, ein Leitungsrohr Seitens des Wasserwerks gelegt wird. Jeder Interessent, welcher an eine solche Leitung anzuschliessen wünscht, hat für die ganze Front seiner in der betr. Strasse gelegenen Grundstücke M 2 per lfd. m Frontlänge zu zahlen. Ist eine Strasse zur Bebauung noch nicht fertig gestellt, und wird trotzdem die Herstellung der Leitung beantragt, so kann dieselbe auf Kosten der antragstellenden Interessenten geschehen, jedoch mit der Maassgabe, dass diesen ein Rückerstattungsanspruch von M 2 per lfd. m Grundstücksfront an die Nachbarinteressenten zugestanden wird, welcher von der Verwaltung zu vertreten ist. Wird im Laufe der Zeit die Strasse für die Bebauung nachträglich fertig gestellt, und sind bis dahin die entsprechenden Rückerstattungen nicht eingetreten, so hat die Verwaltung den Restbetrag herauszuzahlen, vorbehaltlich natürlich ihres Rechtes, diesen Betrag von den noch nicht herangezogenen Interessenten wieder einzuziehen.	Wird die Verwaltung genöthigt, ausser der allgemeinen Erinnerungsgebühr für das Einlegen von Hauptleitungsröhren noch eine besondere Erinnerungsgebühr an die Provinzial-Verwaltung für etwaige Durchkreuzung der Wege zu zahlen, so sind diejenigen Consumenten, deren Grundstücke durch die hier in Frage kommenden Querleitungen mit Wasser versorgt werden, verpflichtet, ausser dem nach dem Tarife zu zahlenden Wassergelde die besondere Erinnerungsgebühr an die Verwaltung jährlich im Voraus zu entrichten.

Tabelle III. Anschlussleitungen.

No.	Stadt	Herstellung, Besitz und Unterhaltung	Material und Kosten	Weitere Bestimmungen
		10	11	12
36	Dresden . .	Für alle gemeindeanlagepflichtigen, mit Wohnhäusern bebauten Grundstücke, bis zu welchen die Hauptröhren des Wasserwerks gelegt worden sind, wird der Anschluss an die Hauptröhren, d. i. die Zweigleitung von Letzteren bis 1 m innerhalb der Grundstücks-Frontmauern oder Einfriedigung einschliesslich einer daselbst anzubringenden Abschlussvorrichtung auf Stadtkosten von der Verwaltung ausgeführt; dieser Theil der Leitung wird auch Eigenthum der Stadt und auf Stadtkosten unterhalten. Zweigleitungen für nicht gemeindeanlagepflichtige Grundstücke oder zu anderen als hauswirthschaftlichen Zwecken werden für Rechnung der Abnehmer durch die Verwaltung hergestellt, gehen aber ebenfalls in Eigenthum und Unterhaltung der Stadt über.	Vergl. Sp. 10.	Die in den Grundstücken und Gebäuden angebrachte Vorrichtung zum Abschluss der Privatleitung von der städtischen Zweigleitung (Privathaupthahn oder Ventil) darf von Privaten nur zu diesem Zwecke, nicht aber zur Entnahme von Wasser benutzt werden. Für Beschädigung dieses der Stadt gehörigen Haupthahnes oder Ventils sind die Grundstücksbesitzer verantwortlich.
37	Düren . . .	Die Anlage der Zuleitungen vom städtischen Strassenrohre bis unmittelbar hinter die Stirnmauer bezw. Baufluchtlinie, bestehend aus Rohrschelle, Bleirohrleitung und dem äusseren Absperrhahn mit Strassenkappe, wird von dem Wasserwerk auf Kosten des Abnehmers ausgeführt. Alle Zuleitungen vom Hauptrohr bis zur Baufluchtlinie werden Eigenthum des Wasserwerks, welches dafür alle zukünftigen Reparaturen und Erneuerungen an denselben auf eigene Kosten besorgt. Die Verbindung der städtischen Zuleitung mit der Leitung der Abnehmer sowie die Aufstellung des Wassermessers werden durch das Wasserwerk hergestellt, verändert und reparirt, unter Berechnung der Selbstkosten. Nur Personen, welche im Dienste des Wasserwerks stehen, dürfen irgend welche Arbeiten an den Zuleitungen und Wassermessern vornehmen.	Die Kosten der Zuleitung betragen bei einem Durchmesser von 13 mm M 40,— „ 20 „ „ 50,— „ 25 „ „ 60,— „ 30 „ „ 70,— „ 40 „ „ 85,— u. s. w. Bei Grundstücken, welche in Strassen liegen, die nicht mit Wasserleitungsröhren versehen sind, bleiben die Herstellungskosten der Zuleitung besonderer Vereinbarung vorbehalten. Arbeiten und Lieferungen, welche hinter der Stirnmauer bezw. Baufluchtlinie nöthig sind, werden in allen Fällen besonders berechnet.	
38	Düsseldorf	Die Zuleitung von dem Strassenrohre und die Verbindung derselben mit der Privatleitung, sowie die Aufstellung und Verbindung des Wassermessers dürfen nur durch das Wasserwerk hergestellt, verändert oder reparirt werden. Die Weite der Zuflussleitung hat die Direction zu bestimmen.	Für die Herstellung der Zuleitung bis zur Strassenfluchtlinie, incl. Anlage des äusseren Hauptabsperrhahns zahlt jeder Consument sofort bei der Anmeldung den festen Satz von M 30. Sollten für den Anschluss der Privatleitung auch noch Arbeiten über die bezeichnete Grenze hinaus erforderlich sein, so werden dieselben besonders berechnet. Die Kosten der Unterhaltung von der Zuleitung trägt das Wasserwerk, dessen Eigenthum diese Theile bleiben, in allen durch den naturgemässen Verschleiss hervorgerufenen Fällen, dagegen fallen diese Kosten dem Consumenten in allen übrigen Fällen, abgesehen von denen, welche höhere Gewalt verursacht hat, allein zur Last.	
39	Duisburg .	Die Anbohrungen an das städtische Rohrnetz für Privatableitungen und die Ausführung dieser Leitungen, soweit solche in öffentlicher Strasse liegen, bis zu dem innerhalb des Privatgrundstücks liegenden Hauptabsperrhahn besorgt ausschliesslich das Wasserwerk auf Kosten des Anmeldenden. Das Verbindungsstück der Privatleitung mit dem städt. Rohre (der Anbohrhahn resp. Schieber) geht ohne Vergütung in das Eigenthum der Stadt über.	Den Bewohnern solcher Strassen, in welchen Wasserleitungsröhren zur Verlängerung des städtischen Rohrnetzes verlegt werden, wird unentgeltliche Anbohrung bewilligt, wenn sich dieselben innerhalb 3 Tage nach erfolgter Mittheilung durch Circulair oder Bekanntmachung über die Fertigstellung der Leitung zum Anschluss beim Wasserwerk melden.	

No.	Stadt	Herstellung, Besitz und Unterhaltung	Material und Kosten	Weitere Bestimmungen
		10	11	12
40	Eisenach	Das Zuleitungsrohr vom Strassenrohr bis zur Wasseruhr wird von dem Wasserwerksamt auf Kosten des Antragstellers ausgeführt. Die Unterhaltungskosten dieser Leitung bis zum städtischen Abstellhahn trägt der Abnehmer. Die Weite der Zuleitungsrohre sowie der Platz für die Wassermesseraufstellung wird vom Wasserwerk bestimmt. Die Zuleitungsrohre und die zum Anschluss erforderlichen Verbindungsstücke sind Eigenthum der Stadt, soweit sie in deren Grundbesitz liegen, selbst wenn sie auf Kosten Anderer eingelegt worden sind.	Vergl. Sp. 10.	Für das jedesmalige Schliessen des städtischen Abflusshahnes am Ende des Zuleitungsrohres auf Antrag des betreffenden Grundstücksbesitzers sind M 0,20 zu entrichten und ebensoviel für das Wiederöffnen desselben.
41	Eisleben .	Die Anbohrung des Hauptrohrs und die Herstellung der Zweigleitung bis zu dem Haupthahne an der Grundstücksgrenze einschliesslich geschieht durch die Stadt auf Kosten der Antragsteller, desgleichen deren Unterhaltung und Veränderung. Die Kosten der Veränderung an der Zweigleitung, welche durch eine Veränderung der Hauptleitung erforderlich werden, trägt der Magistrat. Die Zweigleitung vom Hauptrohr bis zur Grundstücksgrenze wird mit der Fertigstellung Eigenthum der Stadt.	Der Antragsteller hat die Kosten der Unterhaltung des Strassenpflasters über der Zweigleitung in einer Breite von 3 m auf die Dauer von 5 Jahren zu tragen. Die Ausführung der betreffenden Pflasterarbeiten übernimmt der Magistrat.	Die Zweigleitung ist an der äusseren Haus- oder Grundstücksgrenze mit einem Haupthahn zu versehen.
42	Elberfeld .	Die Zuleitung von dem Hauptrohre bis 1 m hinter dem Wassermesser wird Seitens der Stadt für Rechnung des Grundstücks-Eigenthümers hergestellt und unterhalten; die Rechnung muss 14 Tage nach der Zustellung bezahlt sein, andernfalls Absperrung des Wassers erfolgen kann.	Vergl. Sp. 10.	In der Regel soll jedes Haus oder Grundstück einen selbstständigen Anschluss haben, jedoch dürfen mehrere nebeneinanderliegende oder doch mit ihren Umlagen ein zusammenhängendes Ganzes bildende, einem Eigenthümer gehörige Häuser durch eine Zuleitung versorgt werden, insofern für jedes Haus der Mindestsatz gezahlt wird. Dieser Anschluss mehrerer Häuser an eine Zuleitung kann nur mit Erlaubnis der städtischen Wasserwerke erfolgen.
43	Erfurt. . .	Die Ausführung sämmtlicher Heimleitungen bis hinter die Haupthähne der Privateinrichtungen, und zwar der Anschluss an die Röhren des Wasserwerks, die Aufstellung des Haupthahnes, die Lieferung und Aufstellung des Wassermessers, die Verbindung der Privatleitung mit dem Haupthahn erfolgt durch den Magistrat und bleiben die Heimleitungen Eigenthum der Stadt, gleichviel, ob sie von den Grundstücks-Eigenthümern ganz oder theilweise bezahlt worden sind oder nicht. Für Beschädigungen des Haupthahns und des Wassermessers, sowie der innerhalb des Grundstücks befindlichen Theile der Anschlussleitung sind die Grundstücksbesitzer unbedingt, für Beschädigungen der Anschlussleitung ausserhalb des Grundstücks insoweit verantwortlich, als sie dabei ein Verschulden trifft.	Vergl. Sp. 10.	Jedes Hausgrundstück muss eine besondere Heimleitung haben. Gemeinschaftliche Abzweigungen für mehrere Häuser sind unzulässig. Der von dem Magistrat aufgestellte Haupthahn darf zur Wasserentnahme nicht benutzt werden und soll nur als Abschluss- u. Entleerungshahn für die innerhalb des Grundstücks befindlichen Leitungen dienen.

Tabelle III. Anschlussleitungen.

No.	Stadt	Herstellung, Besitz und Unterhaltung	Material und Kosten	Weitere Bestimmungen
		10	11	12
44	Essen . . .	Die Anschlussleitung besteht aus dem Anschluss an das städtische Rohrnetz, der Erdleitung auf städtischem Terrain, der Erdleitung auf nicht städtischem Terrain mit dem Hauptabsperrhahn, dem Wassermesser und wenn erforderlich dem Wassermesserschacht, einem Meter Rohrlänge hinter dem Wassermesser und dem Privathaupthahne. Die Anschlussleitung wird in allen ihren Theilen ausschliesslich vom Wasserwerk für Rechnung des Grundstückbesitzers hergestellt und unterhalten, bezw. entfernt.	Die Kosten für Herstellung einer Anschlussleitung, Aufstellung und Wiederentfernung von Wassermessern oder für sonstige Einrichtungen und dem Consumenten zur Last fallende Unterhaltungen müssen vom Besteller binnen acht Tagen nach Zustellung der Rechnung bezahlt werden. Bis zur vollständigen Bezahlung dieser Kosten verbleibt die Anlage Eigenthum des Wasserwerks und kann, wenn auf desfallsige Eröffnung binnen 3 Tagen gänzliche Zahlung nicht erfolgt, ohne Weiteres wieder zurückgenommen werden.	Der Hauptabsperrhahn und Wassermesser müssen nahe beim Eintritt der Anschlussleitung in das Privatgrundstück angebracht werden und dürfen weder dem Frost noch anderen schädlichen Einflüssen ausgesetzt sein, auch muss der Zutritt zu demselben unbehindert erfolgen können. Der Hauptabsperrhahn wird durch Plombenverschluss gesichert und ist nur zum Gebrauch der Verwaltung bestimmt, darf also vom Grundstücks - Besitzer oder dessen Beauftragten zum Oeffnen und Schliessen der Leitung nicht benutzt werden. Für auf Antrag des Hausbesitzers erfolgtes Oeffnen und Schliessen des Hauptabsperrhahns sind je M 0,50 zu zahlen.
		In der Regel soll jedes Haus oder Grundstück einen selbstständigen Anschluss an die Wasserleitung haben, jedoch kann ausnahmsweise nach Ermessen der Direction gestattet werden, dass mehrere nebeneinander liegende oder doch mit ihren Umlagen ein zusammenhängendes Ganze bildende einem Eigenthümer gehörige Häuser durch eine Zuleitung versorgt werden, insofern für jedes Haus ein von der Direction festzusetzender Mindestsatz gezahlt wird. Diese Vergünstigung hört auf, sobald eins der Häuser in anderes Eigenthum übergeht.		
45	**Flensburg**	Der Anschluss an die Hauptrohre, d. h. die Zweigleitungen von letzteren bis an das Privatventil (Haupthahn, Entwässerungshahn) wird von dem Wasserwerk ausgeführt und das Privatventil geliefert. Die Zweigleitung, soweit sie auf öffentlichem Grunde liegt, wird städtisches Eigenthum und stadtseitig unterhalten.	Die Kosten mit Ausnahme der Lieferung und Aufstellung (nicht Einbohrung) des completen Anschlusshahns trägt der Anmeldende. Die Bezahlung muss nach Zustellung der Rechnung umgehend erfolgen und wird erst nach geschehener Bezahlung der Anbohrhahn geöffnet.	
46	**Frankfurt a. M.**	Die Zuleitungsröhren vom städtischen Hauptrohr nach dem Privatgrundstück werden Seitens des Tiefbau-Amts auf Kosten der Eigenthümer hergestellt. Die Abzweigung beginnt mit dem Abzweigstutzen und endigt mit dem Schieber, bezw. Anflantschstück etwa 1 m von der Grundstücksgrenze. Diese Zuleitungen bleiben Eigenthum der Stadtgemeinde, welche auch alle Ausbesserungen derselben zu eigenen Kosten übernimmt.	Dem Magistrat bleibt es vorbehalten, an Stelle der thatsächlich entstehenden Kosten die Bezahlung von Pauschsummen, welche den auf die halbe Strassenbreite berechneten Kosten entsprechen, zu bestimmen. Wenn in einem Grundstücke eine Privatleitung für Quellwasser besteht und das Tiefbauamt die Einführung der Flusswasserleitung verlangt, so sind die hieraus erwachsenden Kosten von der Stadtgemeinde zu tragen.	
47	**Frankfurt a. O.**	Sämmtliche Kosten der Einrichtungen in den Grundstücken mit Einschluss der Abzweigungen von der Leitung der Gesellschaft an geschehen zu Lasten des betreffenden Eigenthümers, und dürfen die Abzweigungen von der Leitung der Gesellschaft bis ca. 1 m innerhalb der betreffenden Grundstücke nur durch Angestellte der Gesellschaft auf Kosten des Eigenthümers nach einem hierfür aufzustellenden Tarife ausgeführt werden, wobei auch die Kosten für Aufbrechen und Wiederherstellen des Strassenpflasters dem Eigenthümer zur Last fallen.	Vergl. Sp. 10.	

No.	Stadt	Herstellung, Besitz und Unterhaltung	Material und Kosten	Weitere Bestimmungen
		10	11	12
48	**Freiberg i. S.**	Die Herstellung der Zweigleitungen vom Hauptwasserrohr bis mit Haupthahn beziehentlich Wassermesser incl. Absperrhahn erfolgt durch die Verwaltung. Die gewöhnliche Unterhaltung dieser Leitung vom Hauptrohr bis zum Haus- bezw. zur Grundstücksgrenze, d. h. soweit das Zweigleitungsrohr auf öffentlichem Areal liegt, übernimmt die Stadtgemeinde. Macht sich im Laufe der Zeit eine gänzliche oder theilweise Erneuerung bezw. Erweiterung der Zweigleitung nothwendig, so erfolgt dies unter denselben Bedingungen, wie bei der erstmaligen Herstellung auf Kosten des betreffenden Hausgrundstücksbesitzers. Dasselbe gilt auch für gemeinschaftliche Zuleitungen nach mehreren Privatleitungen. Auch ist dann jede einzelne Verästelung nach einem Grundstücke mit Wassermesser und einem besonderen Abschluss- oder Haupthahn zu versehen. Die Herstellung neuer gemeinschaftlicher Zuleitungen ist nur ausnahmsweise statthaft.	Die Kosten der Zweigleitung, welche bis zu 1 m hinter der Privatgrundstücksgrenze, mit M 40 bei 19 mm Leitung, mit M 52 bei 24 mm Leitung, mit M 70 bei 30 mm Leitung, bei noch stärkerer Leitung aber mit dem thatsächlich entstandenen Kostenbetrag angesetzt werden, hat der Grundstücksbesitzer zu bezahlen.	Den Ort, wo der Wassermesser oder der Absperrhahn anzubringen ist, bestimmt die Verwaltung. Auf den Widerspruch des Grundstücksbesitzers entscheidet nach Gehör des gemischten ständigen Ausschusses für das Wasserbauwesen der Stadtrath.
49	**Freiburg i. B.**	Die Zweigleitung darf bis zur Grenze der betreffenden Liegenschaft, und wo Wassermesser für den gesammten Wasserconsum angewendet werden, bis zu und mit dem Wassermesser nebst Zugehör nur von der Verwaltung gelegt werden. Die Zweigleitung geht vom Hauptrohr bis zur Grenze der betreffenden Liegenschaft in das Eigenthum der Stadt über, welche fortan auch die Unterhaltung der Verbindung auf ihre Kosten übernimmt.	Die Kosten der Zuleitung hat der Abonnent zu tragen und in jedem Falle für die Zahlung vorherige Sicherheit zu leisten.	Für jedes Grundstück wird in der Regel eine besondere Zuleitung vom nächstgelegenen Strassenrohr hergestellt.
50	**Gelsenkirchen**	Der Vorstand des Werkes bestimmt die Weite der Anschlussleitung. Die Herstellung der Anschlussleitungen bis 1 m hinter dem Anschlusshahn oder Schieber im Innern der Gebäude, bezw. hinter dem Wassermesser, einschliesslich aller Erd- und Pflasterarbeit, sowie die Verbindung der Anschlussleitung mit der Hausleitung oder Privatleitung darf nur durch die Gesellschaft ausgeführt werden; diese liefert auch sämmtliche hierzu nöthigen Gegenstände. Die Ausführung erfolgt auf Kosten des Antragstellers und kann von demselben im Voraus Zahlung erhoben werden. Die Anschlussleitung bis zur Grundstücksgrenze wird sofort und ohne Entschädigung Eigenthum der Gesellschaft. Ausbesserungen an der Anschlussleitung erfolgen auf Kosten des Abnehmers nur durch die Gesellschaft.	Vergl. Sp. 10.	Jedes Grundstück muss eine besondere Anschlussleitung haben und darf nicht von einem Neben- oder Nachbargrundstücke aus gespeist werden.
51	**Giessen . .**	Die Ausführung der Abzweigung vom Hauptrohr, der Zuleitung bis in das Grundstück, die Lieferung und Anbringung des Wassermessers und des Hauptabsperrhahnes geschieht von Seiten der Stadt, und zwar die Ausführung der Anschlüsse vom Hauptrohr bis zum Wassermesser auf Kosten der Stadt, ausschliesslich der Kosten der Leitung durch Vorgärten, Höfe etc., welche nach dem bestehenden Preisverzeichniss und zwar von der Strassengrenze an, den Grundbesitzern zur Last fallen. — Die Zuleitung nebst Wassermesser und Haupthahn bleiben Eigenthum der Stadt und werden von ihr unterhalten.	Vergl. Sp, 10.	

Tabelle III. Anschlussleitungen.

No.	Stadt	Herstellung, Besitz und Unterhaltung	Material und Kosten	Weitere Bestimmungen
		10	11	12
52	Gladbach-M.	Die Zuleitung von dem Hauptrohre in die Privatgrundstücke, die Lieferung und die Anbringung des Privathaupthahnes im Innern derselben, die Verbindung der Zuleitung mit der Privatleitung, die Lieferung und Aufstellung der Wassermesser werden ausschliesslich durch die Wasserwerksbeamten ausgeführt. Zuleitungen von Röhren mit grösserem Durchmesser werden nach Vereinbarung berechnet und dürfen nur aus Blei oder Gusseisen hergestellt werden. Veränderungen und Reparaturen an den oben erwähnten Zuleitungen, einschliesslich des Hauptabsperrhahnes, geschehen durch die Verwaltung, und zwar auf deren Kosten, wenn dieselben nicht durch äussere Einflüsse hervorgerufen worden sind; im letzteren Falle auf Kosten des betr. Consumenten.	Für die Herstellung der Zuleitung einschliesslich Anlage des höchstens 1 m hinter der Strassenfluchtlinie anzubringenden Hauptabsperrhahnes, welche Eigenthum des Wasserwerkes verbleiben, zahlt jeder Consument sofort bei der Anmeldung: M 45 bei 13 mm weitem Zuleitungsrohr „ 50 „ 19 „ „ „ 60 „ 25 „ „	
53	Glauchau.	Die Zweigleitungen sind am Hauptrohre und vor der Verzweigung im Grundstücke mit Abschlusshähnen zu versehen. Zwischen dem Abschlusshahn vor der Verzweigung und dieser ist der Wassermesser einzustellen. Die Herstellung der Zweigleitung zwischen Hauptrohr und Wassermesser und die Einsetzung des Letzteren erfolgt durch die Verwaltung auf Kosten des Abnehmers. Nach Herstellung der Zweigleitung geht diese vom Hauptrohre bis zur Grenze des betreffenden Grundstücks ohne Vergütung in das Eigenthum der Stadtgemeinde über, welche fortan auch die gewöhnliche Unterhaltung dieses Theils auf öffentliche Kosten übernimmt. Wird jedoch die Leitung auf Antrag des Grundstücksbesitzers geändert, so hat er auch die Kosten für den Umbau des in städtischer Unterhaltung befindlichen Theiles zu tragen. Beschädigungen der Zweigleitung hat der Grundstücksbesitzer unverweilt zu melden.	Vergl. Sp. 10.	Für das vom Besitzer beantragte Schliessen des Privathaupthahnes sind M 0,50, für das Schliessen des städtischen Hauptrohres M 0,75 zu entrichten. Das Oeffnen erfolgt unentgeltlich. Wird eine Privatwasserleitung ausser Betrieb gesetzt, so hat der Besitzer den Absperrschlüssel an die Verwaltung zurückzugeben.
54	Glogau . .	Die Anlage der Zweigleitungen vom öffentlichen Strassenrohre bis an die Strassenflucht incl. Verlegung und Lieferung der Sattelmuffe resp. Faconstücke, des Leitungsrohres und eines äusseren Absperrhahnes, wird von der Verwaltung auf Kosten der Grundstücksbesitzer ausgeführt. Die Unterhaltung aller in der Strasse liegenden Zweigleitungen, auch der bereits bestehenden übernimmt die Stadt auf ihre alleinige Kosten, insofern diese Zweigleitungen der Stadt als deren Eigenthum überlassen werden. Jeder Grundstücksbesitzer, der sich an die Leitung angeschlossen hat, ist verpflichtet, der Verwaltung die Anbringung eines Hahnes zu öffentlichen Zwecken an dieser Leitung ausserhalb des Wassermessers an seiner Hausfront zu gestatten.	Die Weite des aus Eisen oder Blei herzustellenden Abzweigungsrohres darf in der Regel nicht unter 19 und nicht über 52 mm betragen.	Der Regel nach darf kein Grundstück durch eine Abzweigung von der in einem anderen Grundstücke vorhandenen Privatleitung mit Wasser versorgt werden. Dagegen ist es gestattet, in Grundstücken von grosser Ausdehnung mehrere Abzweigungen vom Strassenrohre anzulegen. Erfolgt die Abgabe nach Wassermesser, so ist in jeder Leitung ein besonderer Wassermesser einzuschalten.
55	Glückstadt	Die Anschlussleitung umfasst die Anlagen vom Strassenrohr bis zur Grundstücksgrenze. Die Kosten der Herstellung und Unterhaltung derselben trägt die Stadt, sofern ein Antrag auf Ausführung der Zweigleitung binnen einer bestimmten Frist gestellt wird und das Grundstück im Bereich der Wasserleitung liegt, d. h. wenn es an einer Strasse (Platze) liegt, welche mit einem Wasserrohr versehen ist und wenn es nicht weiter als 15 m von diesem Wasserrohr entfernt ist. Aenderungen der Zuleitungen, welche in Folge einer Veränderung der öffentlichen Leitung erforderlich werden, sind auf städtische Kosten zu bewerkstelligen.	Vergl. Sp. 10.	Für jedes Grundstück kann der Regel nach auf Kosten der Stadtgemeinde nur eine Zweigleitung beansprucht werden. Hierbei ist es gleichgültig, ob die Theile des Grundstücks auf mehreren Grundbuchblättern eingetragen stehen; es entscheidet allein, ob sie wirthschaftlich ein Ganzes bilden. Für Grundstücke, welche in dem Winkel zweier Strassen liegen, kann die Zweigleitung nur auf der kürzesten Linie auf Kosten der Stadt verlangt werden.

Tabelle III. Anschlussleitungen.

No.	Stadt	Herstellung, Besitz und Unterhaltung	Material und Kosten	Weitere Bestimmungen
		10	11	12
56	Görlitz . .	Die Zuleitungsrohre bis an die Grenze des anzuschliessenden Grundstücks legt die Verwaltung auf Kosten der Stadtgemeinde und unterhält dieselben. Das Anschlussrohr bis zum Haupthahn wird auf Kosten des Grundstücksbesitzers, aber ebenfalls durch die Verwaltung gelegt.	Vergl. Sp. 10.	
57	Göttingen	Die Herstellung der Zuleitung vom Strassenrohre bis in das Innere der Häuser, die Anbringung des Absperrventils, sowie die Verbindung mit der Privatleitung, einschliesslich Lieferung der Materialien wird auf Kosten des Eigenthümers ausschliesslich von der Verwaltung ausgeführt. Die Zuleitungen vom Strassenrohre bis zur Grundstücksgrenze gehen jedoch vom Augenblick ihrer Benutzung an ohne Entschädigung in das Eigenthum des Wasserwerks über, welches fortan alle Reparaturen dieses Theils der Privatleitungen, sofern dieselben nicht durch nachweisbare Schuld des Consumenten oder dritter Personen veranlasst sind, auf eigene Kosten ausführen lässt. Den Anwohnern solcher Strassen oder Strassentheile, welche nach Erlass dieses Statuts mit einem neuen Strassenrohre versehen werden, wird die Zuleitung bis zur Grundstücksgrenze unentgeltlich hergestellt, wenn sie vor dem Einlegen der Hauptleitung den Antrag gestellt haben.	Von allen Wohnhäusern an denjenigen Strassen, durch welche Rohrleitungen des städtischen Wasserwerks gelegt sind, ist zu den Kosten der letzteren ein Beitrag in Höhe der halben Staats-Gebäudesteuer mit dem Mindestbetrage von jährlich M 6,— zu entrichten, mit der Maassgabe, dass nach wirklich erfolgtem Anschlusse an die Wasserleitung die allgemeinen, für die Wasserlieferung aus dem Wasserwerke bestehenden Vorschriften in Geltung treten. Bedürftigen Hauseigenthümern kann auf ihr Ansuchen zu den Anschlusskosten an die Wasserleitung (auch abgesehen von den Kosten der Rohrlegung bis zur Grundstücksgrenze) eine Beihülfe in Form von verzinslichen, terminsweise zurückzuzahlenden Vorschüssen gewährt werden. Auch können sonst ganz allgemein im Interesse der Ausdehnung des Rohrnetzes den Hauseigenthümern betreffs der Beiträge zu den Anschlusskosten Erleichterungen gewährt werden.	
58	Gotha . . .	Der Theil der Ableitung von der Hauptleitung bis zum Haupthahn und Wassermesser innerhalb des Hauses oder Grundstücks sowie dieser Haupthahn und alle Wassermesser werden auf Kosten des Abnehmers Seitens der Verwaltung geliefert und hergestellt, auch etwaigen Ausbesserungen und Erneuerungen unterworfen. Der ausserhalb der Haus- oder Grundstücksgrenze liegende Theil der Abzweigung von der Hauptleitung ist und bleibt Eigenthum der Stadtgemeinde, welche auch die Unterhaltung auf ihre Kosten trägt. Ausgenommen hiervon sind die vor der Haus- oder Grundstücksgrenze stehenden Privathaupthähne, indem Ausbesserungs- und Erneuerungskosten für solche lediglich dem Abnehmer zur Last fallen.	Die Kosten der Abzweigung zur Wasserbenutzung und ihrer Verbindung mit der Hauptleitung sowie der Instandhaltung der innerhalb des Privateigenthums liegenden Leitung trägt allein der Abnehmer.	
59	Greiz . . .	Von der Verwaltung wird die Zuleitung vom Hauptstrange bis etwa 1 m hinter die Umfassungsmauer des Gebäudes für Rechnung des Abnehmers ausgeführt. Die Zuleitung begreift in sich die Anschlussvorrichtung an den Hauptstrang, den Hauptabstellhahn ausserhalb des Grundstücks, welcher nur für die Verwaltung zugänglich ist, den Hauptabstellhahn innerhalb desselben, ferner den Wassermesser und die Leitungsröhren vom Hauptstrang bis etwa 1 m hinter den Wassermesser. Diese Zuleitung geht in den Besitz der Verwaltung über und ist auf deren Kosten zu unterhalten. Der Schutz gegen Frost und äussere Gewalt liegt innerhalb der Grundstücke den Hausbesitzern ob.	Sollte der Wassermesser auf Verlangen des Antragstellers beziehentlich des Grundstücksbesitzers nicht unmittelbar an der inneren Seite der der Strasse zunächst liegenden Umfassungsmauer des in Frage kommenden Gebäudes Aufstellung finden, oder sollte vor Erreichung jenes Gebäudes unbebautes Erdreich (Hof, Garten u. s. w.) mit der Wasserleitung zu durchsetzen sein, so übernimmt der Grundstücksbesitzer für sich und seine Besitznachfolger hiermit die ausdrückliche Verpflichtung zur Tragung derjenigen Wiederherstellungskosten, welche an der Zuleitung innerhalb seines Gebäudes beziehentlich Grundstückes entstehen. Auch hat derselbe für allen auf dieser Rohrstrecke etwa entstehenden Wasserverlust durch Rohrbrüche u. dgl. aufzukommen. Die in Rede stehende Rohrleitung, mit Ausnahme des Wassermessers nebst zunächstliegendem Absperr- und Entleerungshahn geht nicht in das Eigenthum des Wasserwerks über.	

Tabelle III. Anschlussleitungen.

No.	Stadt	Herstellung, Besitz und Unterhaltung	Material und Kosten	Weitere Bestimmungen
		10	11	12
60	Hagen i. W.	Die Zuleitungsröhren vom Hauptrohre bis 0,5 m hinter dem Abschlusshahne im Innern der Gebäude werden Seitens der Stadt auf Kosten der Eigenthümer hergestellt. Derjenige Theil dieser Zuleitungsröhren, welcher in eine öffentliche Strasse fällt, wird von dem Augenblick an, in welchem Wasser in die Leitung gelassen wird, Eigenthum des städtischen Wasserwerkes, welches auch alle Reparaturen dieses Theiles der Privatleitung auf seine Kosten übernimmt.	Vergl Sp. 10.	
61	Halberstadt	Das Anbohren der städtischen Leitungsrohre, Einsetzen des Strassenventils, die Herstellung der Anschlussleitung vom Hauptrohre bis zu dem Wassermesser, sowie Anlieferung und Stellung des Wassermessers, darf nur allein von der Verwaltung bewirkt werden. Dieselbe liefert auch sämmtliche hierzu nöthigen Materialien und bewirkt nur allein eventl. Veränderungen bis zum Privatventil. Abzweigleitungen innerhalb der Grundstücke dürfen erst 1 m Rohrlänge hinter dem Wassermesser angelegt werden. Zur Bestimmung der Weite der Abzweigleitung ist die Genehmigung der Verwaltung erforderlich. Sämmtliche Anschlussleitungen vom Strassenhauptrohre bis zur Grundstücksgrenze gehen bei Inbetriebsetzung, welche nur durch das Wasserwerk geschieht, ohne Entschädigung in das Eigenthum der Stadtgemeinde über.	Die sämmtlichen mit der Anlage der Abzweigleitungen verbundenen Kosten trägt der Antragsteller. Es kann von jedem Besteller eine Caution für die Kosten der Anlage verlangt werden. In Strassen, welche mit neuem Strassenpflaster versehen werden, werden Hausanschlüsse vor Fertigstellung des neuen Pflasters unter Ersparniss der Pflasterkosten, nach Herstellung des neuen Pflasters, innerhalb der nächsten 3 Jahre nur mit einem Aufschlage von 10% der gesammten Baukosten ausgeführt.	
62	Halle a. d. S.	Der Anschluss an die Hauptleitungen des Wasserwerks, die Lieferung und Ausführung der Zuleitung bis 1 m hinter den städtischen Haupthahn bezw. bis 1 m hinter den Wassermesser vom Strassenleitungsrohr aus gerechnet, ist lediglich Sache der Verwaltung. Die Zuleitungen bleiben Eigenthum des Wasserwerks, welches auch sämmtliche ohne Verschulden des Consumenten nöthig werdende Reparaturen auf eigene Kosten zu besorgen hat.	Die Kosten der Zuleitung trägt Antragsteller. Dieselben sind innerhalb 8 Tagen nach Einreichung der Rechnung zu bezahlen, andernfalls die Verwaltung, unbeschadet des Rechts zur Klage, zur sofortigen Schliessung der Leitung befugt ist.	Der städtische Haupthahn, welcher dicht vor dem Grundstücke seine Aufstellung findet, ist nur zum Gebrauch der Verwaltung bestimmt. Für auf Antrag erfolgtes Oeffnen und Schliessen des städtischen Haupthahnes sind je M 0,50 zu zahlen. Wird ausnahmsweise der das städtische Zuleitungsrohr von den Privatleitungen trennende Abschlusshahn in das Innere eines Grundstücks verlegt, so muss derselbe jederzeit durch den Eigenthümer oder Verwalter des Grundstücks zugänglich erhalten werden.
63	Hamburg.	Der Hauseigenthümer hat die Kosten für die Anlage der Leitung und deren Unterhaltung zu tragen und zwar für die Röhren von der öffentlichen Leitung an einschliesslich des Abschlusshahns auf der Strasse. Er hat die Leitung durch einen Seitens der Stadt-Wasserkunst concessionirten Mechaniker ausführen zu lassen. Der Anschluss einer Privatleitung von bis zu 38 mm Weite an die öffentliche Leitung geschieht mittelst eines messingnen Conus, welcher durch Schrauben mit messingnen Muttern an den Anguss (Coburg) des Zweig-	Gusseiserne Leitungen dürfen nicht unter 51 mm lichter Weite angelegt werden; die zu verwendenden Röhren müssen in- und auswendig mit einem geeigneten dauerhaften Ueberzug versehen sein. Leitungen aus anderem Material als Gusseisen und Blei sind nur unter besonderer Erlaubniss gestattet. Sämmtliche Leitungen müssen stark genug sein, um dem Drucke einer	Jedes Grundstück muss selbstständigen Anschluss an die öffentliche Leitung besitzen; die Benutzung der Leitung eines Grundstücks zur gleichzeitigen Versorgung eines benachbarten Grundstücks ist daher unstatthaft, auch dann, wenn beide demselben Eigenthümer gehören. Die gleiche Bestimmung findet Anwendung auf solche Grundstücke, bei welchen nach Art der

No.	Stadt	Herstellung, Besitz und Unterhaltung	Material und Kosten	Weitere Bestimmungen
		10	11	12
		rohrs zu befestigen ist. Falls an dem Zweigrohr ein Anguss nicht vorhanden ist, muss ein sog. Sattelconus durch einen umgelegten Bügel mit Messingmuttern und durch einen eisernen Steg befestigt werden. Zum Zwecke des Anschlusses einer Leitung von grösserer Weite als 38 mm ist ein Auslassrohr in die öffentliche Leitung einzuschalten. Diese Arbeit wird von der Verwaltung auf Kosten des Eigenthümers oder des Mechanikers nach Deponirung des muthmaasslichen Kostenbetrages beschafft. Die Leitung ist in 1,60 m Tiefe unter der Strassenoberfläche, in der Regel gradlinig und unter einem rechten Winkel zur Fronte des Grundstückes zu verlegen, derart, dass sich aus der Lage der Schliessklappe ohne Weiteres die Stelle erkennen lässt, an welcher die Leitung in das Grundstück eintritt. Der Schliesshahn, ein Conushahn, ist im Trottoir zu verlegen und derart einzurichten, dass er bei Rechtsdrehung schliesst, bei Linksdrehung öffnet. Die gusseiserne, mit dem Zeichen S. W. K. versehene Schliessklappe wird dem Mechaniker von der Verwaltung geliefert und bleibt Eigenthum derselben.	Wassersäule von 170 m Höhe widerstehen zu können. Die Bleirohre der unmittelbar unter dem Drucke im öffentlichen Rohrnetz stehenden Leitungen müssen die folgenden Mindestgewichte bezw. Mindestwandstärken haben: Weite — Mindestgew. pr. lfd. m — Mindestwandstärke bei 19 mm — 3,8 kg — 4,5 mm „ 25 „ — 5,4 „ — 5,0 „ „ 32 „ — 7,4 „ — 5,5 „ „ 38 „ — 10,4 „ — 6,5 „ Der Durchmesser der Bleileitungen vom Anschluss an die öffentliche Leitung bis zum Schliesshahn im Trottoir muss mindestens 25 mm betragen. Falls die Grösse der durch eine Leitung zu versorgenden Behälter zusammen mehr als 4 cbm beträgt oder durch die Leitung ein Geschäftsbetrieb versorgt werden soll, welcher einen Verbrauch von mehr als 4 cbm per Tag vermuthen lässt, oder für das durch die Leitung bezogene Wasser ein jährlicher Beitrag von mehr als M 144 bezahlt wird, oder endlich die Entfernung der letzten Steigeleitung von der öffentlichen Leitung grösser als 20 m ist, so hat der Mechaniker in Betreff der Weite der Leitungen unter Vorlage der Baupläne die Vorschrift der Betriebs-Inspection einzuholen.	Bebauung die gesetzlichen Vorbedingungen für eine Separation vorhanden sind. Im Falle ein Grundstück durch mehrere Leitungen aus dem öffentlichen Rohrnetz versorgt wird, sind Verbindungen solcher Leitungen unter einander an irgend welcher Stelle unstatthaft. Die Stadt-Wasserkunst hat das Recht, den durch die Schliessklappe zugänglichen Abschlusshahn in der Strasse für ihre Zwecke zu benutzen, soweit sie dies zur Controle oder zur Abwendung von Schaden oder zur Legung anderer Leitungen für zweckmässig erachtet. Von dem Abschluss der Leitung ist jedoch in der Regel vorher, ausnahmsweise baldthunlichst nachher, unter Angabe der Ursache, den Bewohnern des betreffenden Grundstücks Anzeige zu machen.
64	Hamm i. W.	Das Anbohren der städtischen Leitung, die Herstellung der Anschlussleitung vom Strassenrohr bis zu dem Absperrhahn, sowie der Verbindung der Anschlussleitung mit der Privatleitung darf nur vom Wasserwerk ausgeführt werden, welches auch sämmtliche nöthigen Materialien einschliesslich des Absperrhahns liefert. Derjenige Theil der Zuleitungsröhren, welcher in eine Strasse fällt, wird von dem Augenblick der Einlegung der Rohre an Eigenthum des Wasserwerks, welches auch alle Ausbesserungen dieses Theils der Leitung auf seine Kosten übernimmt.	Die Ausführung erfolgt auf Kosten des Antragstellers zu bestimmten Einheitspreisen.	Wird davon abgesehen, den Absperrhahn unmittelbar hinter die Strassengrenze zu legen, so ist es dem Privateigenthümer streng untersagt, auf der Strecke der Anschlussleitung, welche zwischen der Strassengrenze und dem Absperrhahn liegt, irgend welche die Leitung in Mitleidenschaft zu ziehen geeignete Arbeiten vorzunehmen. Jede Ausbesserung, welche an diesem Theil der Leitung nöthig wird, ist auf Anordnung der Direction ungesäumt vorzunehmen, auch kann die Direction solche Ausbesserungen selbst ohne Weiteres auf Kosten des Eigenthümers ausführen. Tritt auf dem Zwischentheil ein Rohrbruch ein, so wird der Wasserverlust von dem Abnehmer nach Schätzung vergütet.
65	Hanau . .	Die Zuleitungsröhren vom städtischen Hauptrohr nach dem Privatgrundstück und zwar vom Abzweigstutzen des Hauptrohres bis 0,5 m hinter dem Abschlusshahn im Innern der Gebäude werden Seitens der Direction auf Kosten der betreffenden Grundstücks-Eigenthümer hergestellt. Diese Zuleitungen bleiben Eigenthum der Stadtgemeinde, welche auch alle Ausbesserungen derselben zu eigenen Kosten übernimmt.	Bei Berechnung der Kosten wird immer angenommen, dass das Hauptrohr in der Mitte der Fahrstrasse liegt.	

Tabelle III. Anschlussleitungen.

No.	Stadt	Herstellung, Besitz und Unterhaltung	Material und Kosten	Weitere Bestimmungen
		10	11	12
66	Hannover	Nach Bezahlung der Anschlusskosten erfolgt die Ausführung der Zuleitung vom Strassenrohr nach dem Privatgrundstücke bis zu der Stelle, an welcher der Wassermesser am besten aufgestellt werden kann, durch die Wasserwerke. Die Grösse der Zuleitung wird durch Letztere nach Anhören der Wünsche des Antragstellers bestimmt. Werden besondere Wünsche nicht geäussert, so wird die lichte Anschlussweite mit 25 mm angenommen. Die gesammte Zuleitung bis zum Wassermesser verbleibt in Eigenthum und Unterhaltung der Stadt.	Vergl. Sp. 10.	
67	Harburg .	Bei allen anzuschliessenden Grundstücken werden die Theile der Zuleitung zwischen der Hauptleitung einerseits und der Grundstücksgrenze anderseits auf Kosten der Stadt durch die Verwaltung hergestellt und unterhalten und bleiben städtisches Eigenthum. Der Verwaltung bleibt es überlassen, für 2 oder mehrere neben einander liegende Grundstücke einen gemeinsamen Anschluss einzurichten, jedoch muss jede Zuleitung dabei ihren besonderen Abstellhahn erhalten. Die Herstellung und Unterhaltung der Leitung innerhalb der Grundstücke bis zum Wassermesser erfolgt gleichfalls durch die Verwaltung, aber auf Kosten des Eigenthümers. Das Eigenthum an diesem Theile der Leitung geht mit Ausschluss des Wassermessers auf den Eigenthümer des Grundstücks über. Meldet ein Grundstücksbesitzer erst nach Verlauf von 6 Monaten, nachdem vor seinem Grundstück die Hauptleitung hergeführt worden ist, die Wasserentnahme an, so hat derselbe die Kosten der Zuleitung zu erstatten. Das Gleiche gilt, wenn bei Neubauten an Strassen, welche mit der Hauptleitung bereits versehen sind, der Eigenthümer nach Verlauf von 6 Monaten nach Vollendung des Baues die Wasserentnahme anmeldet. Die Zuleitung bleibt ungeachtet dessen im Eigenthum der Stadt und wird auch von dieser unterhalten.	Vergl. Sp. 10.	
68	Heidelberg	Die Anlage und die Unterhaltung der Privat-Zuleitung vom Hauptrohr, bezw. vom Schacht an bis einschliesslich zum Wassermesser, geschieht durch das Wasserwerk auf Kosten des Bestellers, dessen Eigenthum die Zuleitung bleibt, unbeschadet des Rechts der Stadt, dieselbe, insoweit sie in städtischem Grund und Boden liegt, geeigneten Falls zu verlegen. Jede Liegenschaft, bezw. jedes mit Wasser zu versorgende Object, soll in der Regel eine besondere Zuleitung vom Hauptrohr aus erhalten.	Die Privatwasserleitungen, welche an die städtische Wasserleitung angeschlossen werden, müssen aus gusseisernen oder gutgalvanisirten schmiedeisernen Röhren und Verbindungsstücken hergestellt werden.	Bei jeder Abzweigung wird dicht am Hauptrohr (Schacht) ein besonderer Regulir- und Abschlusshahnen angebracht, der unter ausschliesslicher Controle des Wasserwerks steht und vom Abonnenten nicht eigenmächtig geöffnet, verstellt oder geschlossen werden darf. Letzteres ist ausnahmsweise nur dann gestattet, wenn Gefahr im Verzuge ist, doch muss in diesem Falle die Direction unmittelbar darnach benachrichtigt werden. Ausserdem erhält die Zuleitung noch unmittelbar vor dem Wassermesser einen weiteren Haupt-Absperrhahnen, welcher zur Verfügung des Abonnenten steht. Den Privat-Installateuren ist es untersagt, irgend welche Arbeiten an den Zuleitungen oder den Wassermessern vorzunehmen, sie mit der Leitung zu verbinden, abzuschrauben, aufzufüllen, zu entleeren, die Strassenschachte zu öffnen und die am Strassenrohr befindlichen Hauptabsperrhahnen der Wasserzuleitungen zu stellen, zu öffnen oder zu schliessen. Letzteres ist ausnahmsweise nur dann gestattet, wenn Gefahr im Verzuge ist, doch muss in diesem Falle der Direction unmittelbar darnach Mittheilung von dem Vorgange gemacht werden. Für Industriezwecke sowie für Springbrunnen dienende Leitungen sind in der Regel nebst besonderen Wassermessern getrennt von der Zuleitung für den Hausgebrauch anzulegen. Nur in Ausnahmefällen kann von der Hausleitung abgezweigt werden.

Tabelle III. Anschlussleitungen.

No.	Stadt	Herstellung, Besitz und Unterhaltung	Material und Kosten	Weitere Bestimmungen
		10	11	12
69	Heilbronn	Die Herstellung und Unterhaltung aller derjenigen Strecken von Privatabzweigungen, welche im städtischen Eigenthum liegen, geschieht nur von Seiten der Verwaltung und zwar, soweit ein Hauptrohrstrang vorhanden ist, bei Neubauten bis an die nächste Eigenthumsgrenze unentgeltlich, welche Vergünstigung jedoch nur innerhalb 3 Monaten vom Bezug der Wohnung an in Kraft bleibt. Bei bestehenden Häusern hat der Hausbesitzer die Hälfte der Herstellungskosten zu tragen. Gartenleitungen etc. werden nur auf Kosten der Grundbesitzer hergestellt. Die Abzweigungen geschehen in der Regel von eigens hiezu vorgesehenen Rohrstutzen oder Façonstücken in besonderen Strassenschächten und wird am Anschluss jeder Abzweigung innerhalb des Schachtes ein besonderer Regulirhahnen eingeschaltet.	Die Hausbesitzer, welche sich die städtische Zuleitung ans Haus machen liessen und noch keine Hauseinrichtung haben, somit auch keinen Wasserzins entrichten, haften insolange für 10% Verzinsung der Herstellungskosten der Zuleitung.	In den meisten Fällen werden die Hauswasserleitungen von dem städtischen Anschlusse aus direct in das Gebäude geführt. Sollte jedoch der Fall eintreten, dass solche vorher durch Höfe, Gärten etc. zu führen sind und der Besitzer die Abschlussvorrichtung aus Zweckmässigkeits- oder sonstigen triftigen Gründen etwa in einem besonderen Schachte im Freien anbringen wollte, so wird auch diese Anordnung keiner weiteren Beanstandung unterliegen. Die Tiefe der Rohrgräben und die Anlage des Schachtes ist jedoch entsprechend, und zwar nicht unter 1,35 m zu nehmen, letzterer auch so zu legen, dass er leicht zugänglich bleibt, und niemals durch schwer zu entfernende grössere Gegenstände verdeckt wird.
70	Hildesheim	Die Ausführung und Unterhaltung der Zuleitung vom Strassenrohre nach dem Privatgrundstücke bis zu dem Wassermesser einschliesslich des im Strassenkörper anzubringenden Hauptabsperrhahns geschieht auf Kosten des Antragstellers durch die Betriebsverwaltung. Jedoch erfolgt bei der ersten Legung der Hauptrohre in einer Strasse bezw. in den bei Erlass dieser Bestimmungen bereits belegten Strassen bei der ersten Herstellung der Hausleitungen die Herstellung der Zuleitungen im Bereiche des Strassengrundstücks auf städtische Kosten, wenn innerhalb einer bestimmten Frist der Antrag auf sofortigen Anschluss gestellt wird. Diese Bestimmung findet indess keine Anwendung, wenn der Anschluss nur als ein vorübergehender beabsichtigt wird; auch sind die Kosten nachträglich zu erstatten, wenn der Anschluss vor Ablauf von 5 Jahren gekündigt wird. Die Grösse der Zuleitung wird nach Anhörung der Wünsche des Antragstellers bestimmt. Die Verwaltung hat ferner zu bestimmen, welche Absperrvorrichtungen eingebaut werden sollen. Die gesammte Zuleitung bis zum Wassermesser verbleibt im Eigenthume der Stadt und es dürfen Arbeiten daran nur durch die Verwaltung vorgenommen werden. Sobald bei bestehenden Zuleitungen Wassermesser eingeführt werden, gehen die Leitungen bis zum Wassermesser in das Eigenthum der Stadt über.	Vergl. Sp. 10.	Die Ausdehnung der Wasserleitung auf ein fremdes Grundstück ist unzulässig. Wird ein angeschlossenes Grundstück getheilt und gehen die Theile in die Hände verschiedener Eigenthümer über, so ist die auf die mehreren Theile sich erstreckende Wasserleitung zu trennen und jeder Theil mit einer selbstständigen Leitung zu versehen.
71	Höchst a. M.	Die Zuleitungen vom Hauptrohr auf der Strasse bis 0,5 m hinter dem Abschlusshahn im Innern der Gebäude werden von der Verwaltung auf Kosten der Grundeigenthümer hergestellt. Derjenige Theil der Zuleitung, welcher in eine öffentliche Strasse fällt, wird, sobald Wasser in die Leitung gelassen wird, Eigenthum des Wasserwerks, welches letztere auch alle Ausbesserungen dieses Theiles der Privatleitung auf seine Kosten übernimmt.	Vergl. Sp. 10.	Bei Berechnung der Kosten wird in den Strassen mit beiderseitiger Bebauung, sei es zu Gunsten, sei es zu Ungunsten des betreffenden Grundeigenthümers immer angenommen, dass das Strassenrohr in der Mitte der Fahrbahn liegt. In einseitig bebauten Strassen wird jedoch die thatsächliche Länge der Zuleitung vom Hauptrohr in Rechnung gestellt.
72	Hof i. B.	Das Anbohren der Strassenrohre, die Herstellungen der Anschlussleitungen zu den Anwesen bis zur Innenseite der Umfassungswand des Gebäudes, beziehungsweise bis zur festgesetzten Baulinie incl. des zu plombirenden Hauptventils, geschieht durch die Stadt auf Kosten des Wassergastes. Die Zuleitungen bis zu dem hinter dem Wassermesser befindlichen Hahn mit Entleerungsvorrichtung bilden einen integrirenden Bestandtheil des städtisehen Strassenrohrnetzes. Reparaturen an dem Wasserrohrmesser, dem plombirten Hauptabsperrventil und dem sichtbaren Theil der Zuleitung, welche durch äussere Beschädigung oder Frost veranlasst sind, hat der Wasserpächter zu bezahlen.	Vergl. Sp. 10.	Für jedes anzuschliessende Anwesen ist eine eigene Leitung herzustellen. Abweichungen von dieser Bestimmung unterliegen der Genehmigung des Magistrats.

Tabelle III. Anschlussleitungen.

No.	Stadt	Herstellung, Besitz und Unterhaltung	Material und Kosten	Weitere Bestimmungen
		10	11	12
73	Iserlohn .			
74	Karlsruhe	Die Herstellungsarbeiten werden hinsichtlich des von dem Hauptrohre bis zu dem Abschlussschieber sich erstreckenden Theils durch die Verwaltung ausgeführt. Der Abschlussschieber ist regelmässig an der Grenze des Grundstücks anzubringen. Die Abschlussschieber und die zwischen ihm und und dem Hauptrohre liegenden Theile der Leitung gehen in das Eigenthum der Stadt über, welche fortan auch die Unterhaltung dieses Verbindungsstückes auf ihre Kosten übernimmt.	Der Abonnent trägt allein die Kosten der Privatleitung und ihrer Verbindung mit dem Hauptrohrstrange in der Strasse. Wenn in Folge Veränderungen der Hausleitung auch an der Anschlussleitung Aenderungsarbeiten nöthig fallen, so sind die Kosten derselben von dem Abonnenten zu tragen.	Das Oeffnen und Schliessen des Abschlussschiebers darf mit Ausnahme von Nothfällen, für welche eine Anzahl von Mitgliedern der freiwilligen Feuerwehr die nöthigen Schlüssel besitzen, nur durch die Verwaltung vorgenommen werden.
75	Kiel	Der Ansschluss an die Hauptröhren, d. h. die Zweigleitung von letzteren bis zum Privatventil und die Lieferung des Letzteren geschieht von der Verwaltung. Das Privatventil ist, wenn das Wasser nicht lediglich ausserhalb des Hauses benutzt werden soll, im Innern desselben anzubringen. Die Verbindung der Privatleitung mit dem zur Zweigleitung gehörigen Privatventil und die Lieferung, Aufstellung und Wiederabnahme der Wassermesser ist ebenfalls Sache der Verwaltung. Die Zweigleitung, soweit dieselbe auf öffentlichem Grunde liegt, wird Eigenthum der Stadt und auf deren Kosten unterhalten. Werden Veränderungen der Zweigleitung durch Veränderungen der Hauptleitung nöthig, so trägt die desfälligen Kosten die Stadt.	Die Kosten, mit Ausschluss der auf der Strasse anzubringenden Abschlussvorrichtung, trägt der Anmeldende. Bei Berechnung der Kosten wird Hauptrohr als in der Mitte der Strasse liegend angenommen. Bei öffentlichen Plätzen gilt als Mitte der Strasse eine Entfernung von 3,40 m abwärts von dem Rinnstein vor den Häusern.	Der Regel nach darf kein Grundstück von einem Neben- oder Nachbargrundstück mit Wasser versorgt werden, vielmehr muss ein jedes eine besondere Zweigleitung vom Hauptrohre haben. Grundstücken von grossem Umfange kann unter Umständen mehr als eine Zweigleitung gestattet werden.
76	Köln . . .	Das Anbohren der städtischen Röhren, die Abzweigung von der städtischen Leitung bis etwa 1 m innerhalb der betreffenden Liegenschaft und die Anbringung der Wassermesser einschl. aller Erd- und Pflasterarbeit wird durch die Direction auf Kosten des Abonnenten ausgeführt. Die zur Verwendung kommenden Anschlusskuppelungen (sog. Sauger) und die in die öffentliche Strasse fallenden Zuleitungsrohre werden von der Direction selbst gelegt und geliefert und von dem Consumenten nach festgesetzten Einheitspreisen bezahlt. Jede Anschlussleitung erhält in der Regel auf dem Bürgersteige einen Strassenabsperrhahn, der nur dem Wasserwerk zugängig ist. Ausserdem wird im Grundstück hinter dem Wassermesser ein Privatabsperrventil mit Entleerung angebracht. Alle Zweigleitungen vom Hauptrohr bis zur Grundstücksgrenze werden sofort und ohne Entschädigung Eigenthum der Wasserwerke, welche dafür alle zukünftigen Reparaturen und Erneuerungen an denselben besorgen.	Vergl. Sp. 10.	Jedes Grundstück muss mindestens eine Zuleitung haben. Mit einer Zuleitung mehrere Grundstücke zu versorgen, ist unstatthaft.
77	Königsberg	Der Magistrat lässt den in der öffentlichen Strasse liegenden Theil der Anlage und den Anschluss an die öffentliche Leitung ausführen. Die Kossten dafür trägt der Antragsteller, jedoch behält der Magistrat ausschliesslich die Disposition über diesen in der öffentlichen Strasse liegenden Theil der Leitung.	Vergl. Sp. 10.	Wird auf Wunsch des Abnehmers die Zuleitung auf kürzere Zeit abgesperrt, so ist zu entrichten: für das Oeffnen und Schliessen M 1, wenn eine von der Strassenoberfläche aus zugängliche Absperrvorrichtung vorhanden ist; wenn hingegen der Anbohrhahn aufgegraben werden muss, sind die Selbstkosten der Verwaltung zu erstatten.

No.	Stadt	Herstellung, Besitz und Unterhaltung	Material und Kosten	Weitere Bestimmungen
		10	11	12
78	**Königshütte O.-S.**	Die Anlage und Unterhaltung der Zweigleitungen vom öffentlichen Strassenrohre bis innerhalb der Frontmauer oder Strassenflucht, bestehend aus dem Anbohrhahne, dem Leitungsrohre, einem äusseren Absperrventile, welches nahe an der Hausfront, der Regel nach unter dem Bürgersteig zu liegen kommt, dem Wassermesser und dem hinter diesem anzubringenden Hausleitungs-Absperrhahne wird von der Bau-Deputation auf Kosten des Grundstückbesitzers ausgeführt.	Vom Anschluss am Hauptrohre bis zum Wassermesser, soweit die Rohrleitung in den Erdboden zu liegen kommt, sowie für Zweigleitungen von mehr als 35 mm Weite müssen gusseiserne Röhren, welche auf 12 Atm. Wasserdruck geprobt sind, verwendet werden, und zwar müssen dieselben nachstehende Mindestgewichte pro lfd. m haben: 35 mm Rohr 7, 2 kg 40 " " 9,75 " 50 " " 11, 9 " 60 " " 14, 8 " 80 " " 19, 7 " 100 " " 24,25 "	Der Regel nach darf kein Grundstück durch eine Abzweigung von der in einem anderen Grundstück vorhandenen Privatleitung mit Wasser versorgt werden. Dagegen ist es gestattet, in Grundstücken von grosser Ausdehnung mehrere Abzweigungen vom Strassenrohre anzulegen, sofern in jede Leitung ein Wassermesser eingeschaltet wird.
		Dieselben sind innen und aussen mit einem dauerhaften Asphalt- oder Theeranstrich zu versehen. Die Weite der Anschlussleitungen darf in der Regel nicht unter 20 mm und nicht über 50 mm sein. In Weiten bis zu 30 mm dürfen sie aus Bleiröhren hergestellt werden.		
79	**Königswinter**	Die Zuleitung von dem Strassenrohre bis zum Privathaupthahne bezw. dem Wassermesser und die Verbindung derselben mit der Privatleitung, sowie die Aufstellung und Verbindung des Wassermessers dürfen nur durch das Wasserwerk oder durch vertragsmässig dazu berechtigte Unternehmer hergestellt, verändert oder reparirt werden. Die Weite des Zuleitungsrohres bezw. des Wassermessers bestimmt die Wasserwerks-Commission. Die Kosten der Unterhaltung der Zuleitung trägt bei ordnungsmässigem Gebrauch der Leitung das Wnsserwerk, dessen Eigenthum diese Theile bleiben. Dagegen fallen die Kosten dem Consumenten in allen übrigen Fällen, abgesehen von denen, welche höhere Gewalt verursacht hat und von dem Wasserwerk zu tragen sind, allein zur Last, ebenso Reparaturen des Privathaupthahnes, event. Ersatz desselben.	Die Herstellung der Zuleitung bis zur Strassenfluchtlinie bezw. Grundstücksgrenze einschliesslich der Anlage des äusseren Hauptabsperrhahnes erfolgt auf Kosten des Wasserwerks für diejenigen Grundstücke, welche innerhalb der (bei Erlass des Regulativs) durch öffentliche Bekanntmachung gestellten Frist zum Anschluss angemeldet werden. Wer den Termin versäumt hat, trägt sämmtliche Kosten des Anschlusses Die Kosten der Zuleitung von der Grundstücksgrenze bis zum Privat-Haupthahn einschliesslich werden dem betreffenden Grundstücksbesitzer berechnet. Zuleitungen über 25 mm Weite werden stets für Rechnung der Besteller ausgeführt.	
80	**Kopenhagen**	Die Legung der Zuleitung bis zur Grundstücksgrenze sowie die Instandhaltung derselben wird durch die Verwaltung auf Kosten des Antragstellers beschafft. Nahe der Grundstücksgrenze wird nach Anordnung des Wasserwerks ein Hauptabsperrhahn eingeschaltet.	Als Material für die Zuleitungen wird Gusseisen verwendet. Die Röhren müssen einen Wasserdruck von 93 m Wassersäule aushalten können.	Es ist unter Umständen statthaft, mehrere Grundstücke mittelst einer gemeinschaftlichen Anschlussleitung zu versorgen.
81	**Leipzig . .**	Die Wasserzuführung vom Strassenrohre bis zu 2,25 m jenseits der Grundstücksgrenze wird von der Verwaltung auf Kosten des Antragstellers ausgeführt. Das Zuleitungsrohr nebst Zubehör bis zur Grundstücksgrenze geht in das Eigenthum und die Unterhaltung der Stadt für eigene Rechnung über, während von diesem Punkte ab die Anlage, mit Ausschluss der Wassermesser, im Eigenthum des Besitzers der Leitung verbleibt. Der Besitzer ist verpflichtet, dieselbe auf seine Kosten in gutem Zustande zu erhalten, alle von der Verwaltung für nöthig erachteten technischen Anordnungen auszuführen, ohne deren zuvor eingeholte Genehmigung Aenderungen an der Leitung nicht vorzunehmen, und hierbei allenthalben sich der vom Rathe concessionirten Gewerbetreibenden zu bedienen.	Die Kosten bis zur Grundstücksgrenze werden nach Bauschsätzen, diejenigen für die Herstellung des 2,25 m langen Leitungsrohres innerhalb des Grundstücks nach dem wirklichen Aufwande berechnet und sind vor der Ausführung einzuzahlen bezw. sicher zu stellen.	

No.	Stadt	Herstellung, Besitz und Unterhaltung	Material und Kosten	Weitere Bestimmungen
		10	11	12
82	Liegnitz .	Die Zuleitungsrohre von dem Hauptstrange in den Strassen bis an die Grundstücksgrenze auf Kosten der Stadtgemeinde werden stets durch die Verwaltung gelegt. Der Stadtgemeinde liegt auch die Unterhaltung dieses Theils des Zuleitungsrohres ob. Das Zuleitungsrohr darf niemals unter 20 mm Weite hergestellt werden. Bei mehr als 2 Geschossen ist stets eine Weite von mindestens 25 mm zu wählen.		Jedes Grundstück muss eine besondere Zuleitung haben. Gemeinschaftliche Abzweigungen für mehrere Grundstücke sind unzulässig. In besonderen Fällen können für ein Grundstück mehrere Zuleitungen gestattet werden. Wird ausnahmsweise der das städtische Zuleitungsrohr von den Privatleitungen trennende Abschlusshahn in das Innere eines Grundstücks verlegt, so muss derselbe jederzeit durch den Grundstücks-Eigenthümer oder dessen Vertreter zugänglich erhalten werden. Für das jedesmalige Schliessen des städtischen Abflusshahnes am Ende des Zuleitungsrohres auf Antrag des Hausbesitzers sind M 0,50 zu entrichten, ebensoviel für das Wiederöffnen desselben.
83	Lindau . .	Die Anschlussleitungen, eventuell die Tieferlegung bestehender, sowie die Verbindung derselben sowohl mit dem Hauptstrang, als der Hausleitung werden auf Kosten der Anwesensbesitzer nach Tarif durch Beauftragte des Magistrats ausgeführt. Wenn für mehrere Anwesen in einer Nebengasse oder für Hofräume Anschlüsse nöthig werden, zu welchen kein städtisches Leitungsrohr führt, so werden für das gemeinschaftliche Bedürfniss auch gemeinschaftliche Rohrstränge gelegt und unterhalten und deren Kosten auf die Betheiligten in der Regel zu gleichen Theilen ausgeschieden. Sämmtliche Anschlussleitungen werden bis zur Eigenthumsgrenze der Wassergäste mit der Inbetriebsetzung von selbst Eigenthum der Stadtgemeinde und Bestandtheile der Hauptwasserleitung mit der Wirkung, dass die Unterhaltung dieser sämmtlichen Anschlussleitungen künftig auf Kosten der Gemeinde bethätigt wird. An den Leitungen darf von den Wassergästen keinerlei Arbeit oder Grundaufgrabung vorgenommen werden.	Anschlussleitungen bis zu 40 mm Lichtweite sind nur aus galvanisirten Schmiederohren, über 40 mm Lichtweite auch aus getheerten Gussrohren auszuführen. Alle Leitungen müssen mindestens mit 1,20 m Deckung verlegt werden und einem Probedrucke von 6 Atm. genügen. Zwischen dem Haubenstücke im Hauptstrange und der Anschlussleitung wird in die Letztere ein Hauptabsperrhahnen, bei Abgängen von über 40 mm Lichtweite ein Schieber eingesetzt, auf Kosten der Stadtgemeinde.	Für jedes versorgte Anwesen ist in der Regel eine eigene Anschlussleitung erforderlich. Ausnahmen bedürfen in jedem einzelnen Falle der besonderen ausdrücklichen Genehmigung; sie sind nur beim Wassermessersystem und nur in solchen Fällen statthaft, wenn mehrere, einem und dem nämlichen Eigenthümer zugehörige Anwesen unter sich zugänglich und verbunden sind. Eine derartige widerruflich ertheilte Genehmigung wird von selbst rückgängig, sobald eines der Anwesen oder alle in andern Besitz übergehen. Unmittelbar vor und hinter dem Wassermesser ist je ein Absperrventil eingeschaltet. Das Absperrventil vor dem Wassermesser und Letzterer selbst werden plombirt. Das zweite Ventil ist zur Verfügung des Wassergastes. Der Anschluss von Blitzableitungsdrähten an die Rohrleitungen ohne Unterschied der Arten der Leitungen ist verboten.
84	Lübeck . .	Die Herstellung der Zuleitung bis einschliesslich zum Haupthahn beschafft die Verwaltung für Rechnung des Eigenthümers.	Für die Herstellung werden die Selbstkosten mit rund 25% Aufschlag berechnet.	
85	Magdeburg	Die Verbindung der Leitung mit dem öffentlichen Rohrstrange und die Herstellung derselben bis mindestens 1 m hinter dem Wassermesser erfolgt durch die Verwaltung.	Die sämmtlichen mit der Anlage der Leitung verbundenen Kosten trägt der Besitzer der Privatleitung.	Kein Grundstück darf durch eine Abzweigung von der in einem andern Grundstück vorhandenen Privatleitung mit Wasser versehen werden. Ausnahmen hiervon können nur vorübergehend und mit besonderer Erlaubniss der Verwaltung stattfinden.

No.	Stadt	Herstellung, Besitz und Unterhaltung	Material und Kosten	Weitere Bestimmungen
		10	11	12
86	Mainz . . .	Als Zweigleitung (Zuleitung) gilt die Rohrstrecke zwischen Strassenrohr und Wassermesser. Von derselben dürfen keinerlei Nebenleitungen abgezweigt werden. Die Lichtweite der aus Gusseisenrohr herzustellenden, 2,0 m tief zu verlegenden Zweigleitung wird nach Maassgabe der Zapfstellen im Grundstück bestimmt. Für Leitungen zu Springbrunnen und Gartenbegiessung, sofern diese im Winter entleert und abgestellt werden, kann eine Rohrtiefe von 1 m gestattet werden. Die Zweigleitung soll die Strasse in der Regel rechtwinklig zur Axe überschneiden und an einen der am Strassenrohr vorhandenen Rohrstutzen anschliessen. Soweit solche an passender Stelle nicht vorhanden sind, sollen diese bei Rohren von weniger als 100 mm Weite nachträglich mit geeigneten Formstücken auf Kosten der Stadt eingebaut werden. Bei Rohren von 100 mm und grösserer Weite können im letzteren Falle auch Rohrschellen verwendet werden. Unter dem vor dem Grundstücke gelegenen Trottoir wird in jede Zweigleitung ein Absperrschieber eingebaut, dessen Benutzung und Bedienung ausschliesslich der Verwaltung überlassen ist. Sobald Seitens des Hausbesitzers Schäden an der Zweigleitung oder an den Absperrschiebern wahrgenommen werden, hat derselbe dem Stadtbauamt sofort Mittheilung zu machen. Die Zweigleitungen werden mit allem Zubehör, soweit sie im Strassengebiet liegen, sofort nach erfolgter Herstellung Eigenthum der Stadt, unbeschadet der den Hausbesitzern verbleibenden Unterhaltungspflicht.	Alle verlangten Anschlüsse an das Stadtrohrnetz, sowie die Unterhaltung der hiernach von der Stadt zwischen Strassenrohr und Wassermesser hergestellten Zweigleitungen bethätigt die Stadt auf Kosten der betr. Hausbesitzer. Die Kosten der Herstellung und Unterhaltung der Zweigleitung werden mit einem Zuschlag von 10% für allgemeine Unkosten (Verwaltung, Ersatz von Pflastermaterial, Kies, Einschlämmen der Rohrgräben etc.) abgerechnet und sind der Stadt auf erstes Anfordern zurückzuerstatten. Bei Herstellung neuer Hausanschlüsse an ein bereits in Betrieb genommenes Strassenrohr wird eine besondere Gebühr von M 5 berechnet. Dagegen führt die Stadt das Anlegen von Rohrschellen, sowie das Einsetzen von Formstücken am Strassenrohr auf ihre Kosten aus. Das nachträgliche Einschalten von Absperrschiebern und die damit etwa verbundene Veränderung oder Erneuerung der Zweigleitung beschafft die Stadt ebenfalls auf Kosten der betr. Hausbesitzer.	Für jedes zu versorgende Grundstück ist eine besondere, gegen das Strassenrohr abschliessbare Zuleitung herzustellen. So lange jedoch zwei benachbarte, im Grundbuch getrennte Grundstücke einem Besitzer gehören, kann für die Dauer des Alleinbesitzes ausnahmsweise eine gemeinschaftliche Zuleitung genehmigt werden. Für die Regelung einer etwaigen Abtrennung ist allein der seitherige Besitzer des ungetheilten Grundstücks oder dessen Rechtsnachfolger verantwortlich.
87	Mannheim	Die Ausführung und Unterhaltung der Anbohrungen sowie der Leitungen nach den Hausgrundstücken bis zum Wassermesser wird durch das Wasserwerk auf Kosten der betreffenden Eigenthümer ausgeführt. Das Eigenthumsrecht verbleibt jedoch dem Wasserwerk. Die Weite der Zuleitung wird von demselben, entsprechend den Angaben des Abnehmers über die Höhe des muthmasslichen Wasserverbrauchs bestimmt.	Vergl. Sp. 10.	Es darf kein Grundstück eine Zuleitung von einem andern aus erhalten, jedoch kann ein grösseres Grundstück durch 2 oder mehrere Anschlussleitungen versorgt werden, sofern jede Leitung einen eigenen Wassermesser besitzt.
88	Meiderich	Die Anbohrung der Strassenröhren, sowie die Einführung der Leitung bis zu dem Hauptabschlusshahn, zu dessen Anbringung jeder Consument verpflichtet ist und der nicht weiter als höchstens 2 m von der Strassenfluchtlinie entfernt liegen darf, geschieht ausschliesslich durch einen von der Gemeinde hiermit Beauftragten. Die Privatzuleitungen gehen, soweit sie innerhalb des Strassenkörpers liegen, ohne Vergütung in das Eigenthum der Gemeinde über. Die Unterhaltung derselben erfolgt von der Verwaltung auf Kosten des Consumenten.	Die Kosten für die Anbohrung der Strassenröhren nebst Herstellung der Anschlussleitung bis zum Abschlusshahn trägt der Consument. Liegt das anzuschliessende Grundstück in einer Strasse oder in einem Strassentheile, wo ein Leitungsrohr noch nicht verlegt ist und in der ein genügender Consum noch nicht garantirt werden kann, so hat der Antragsteller der Gemeinde auch einen näher zu bestimmenden Theil der Kosten für dieses Rohr und dessen Verlegung zu ersetzen. Liegt das Grundstück oder das Gebäude nicht direct an der Strassenfluchtlinie, so hat Consument auch die Kosten für die Mehrlänge der von der Verwaltung herzustellenden Zuleitung zu erstatten; in solchen Fällen muss auf Verlangen der Verwaltung noch ein zweiter Haupthahn mit Zubehör an der von derselben angegebenen Stelle auf Kosten des Consumenten eingeschaltet werden.	

No.	Stadt	Herstellung, Besitz und Unterhaltung	Material und Kosten	Weitere Bestimmungen
		10	11	12
89	**Merseburg**	Die Zuleitungsröhren vom Hauptrohr bis 1 m hinter der Baufluchtlinie werden von der Verwaltung hergestellt. Derjenige Theil der Zuleitungsröhren, welcher in eine öffentliche Strasse fällt, wird sofort Eigenthum der Stadtgemeinde, welche auch die Unterhaltung dieser Leitung auf ihre Kosten übernimmt.	Für die Herstellung der Zuleitungsröhren werden die Selbstkosten dem Abnehmer berechnet.	Der vor dem Grundstück befindliche Absperrhahn darf nur von den Beamten geöffnet werden. Macht höhere Gewalt die Oeffnung des Absperrhahns durch den Abnehmer nothwendig, so hat der Letztere hiervon binnen 24 Stunden der Verwaltung Anzeige zu machen.
90	**Metz**	Die nöthigen Arbeiten, welche auf oder unter der Strasse vorgenommen werden, als Aufreissen und Wiederherstellen des Pflasters und Trottoirs, die Stellung der Abzweigungen, Röhren, Lichtlöcher, Hahnenschlüssel, Stell- und Messhahnen werden durch die Stadt ausgeführt, ausgebessert und erneuert. Für eine Nutzniessung können mehrere Ableitungen gestattet werden, wenn der Abonnent eine grosse Quantität Wasser nöthig hat. Die Arbeiten werden alsdann auch durch die Stadt für Rechnung des Nutzniessers besorgt. Die Röhren, Hahnen und sonstige Apparate, welche sich unter der Strasse befinden, haften an der Liegenschaft. Der Eigenthümer darf jedoch ohne specielle Erlaubniss keine Veränderung an der Gesammtheit der Röhren vornehmen, und kann ihm diese Erlaubniss verweigert werden, wenn das Strassenpflaster aufgerissen werden muss. Jedenfalls bleibt der zweite Hahnen der städtischen Röhre immer Eigenthum der Stadt.	Alle Arbeiten und Lieferungen, welche zur Herstellung, Veränderung und Unterhaltung der Wasserableitung nöthig sind und durch die Stadt ausgeführt werden, und zwar auf Kosten des Nutzniessers, sind vorausbezahlbar. Die Stadt lässt für den Preis von M 72 die Ableitung für eine Nutzniessung herstellen. In diesen Preis ist die Lieferung und Aufstellung zweier Hahnen inbegriffen, wovon der eine auf die städtische Röhre, der andere 20 cm von der inneren Mauer der Liegenschaft angebracht wird. Ferner wird noch eine 20 mm weite Speiseröhre geliefert. Die Arbeiten unter und über dem Pflaster und dem Trottoir und das Durchbrechen der Mauern sind ebenfalls mit inbegriffen.	Jeder Nutzniesser muss eine gesonderte Ableitung von der sich unter der Strasse befindlichen Wasserleitung haben. Am Anfange der Ableitung befindet sich ein verschliessbarer Schluss- und Messhahnen. Nur die mit der Wasserleitung betrauten Beamten haben das Recht, diese Hahnen auf- und zuzumachen. Den Nutzniessern ist verboten, irgend welche Schlüssel hierzu zu besitzen noch zu gebrauchen. Im Innern der Liegenschaft hat der Nutzniesser einen Schlusshahnen anbringen zu lassen, der von den städtischen Hahnen verschieden ist.
91	**Minden** . .	Die Zuleitungsröhren vom Hauptrohre bis etwa 1,5 m innerhalb der betreffenden Liegenschaft werden Seitens des Wasserwerks auf Kesten der Eigenthümer hergestellt. Den Ort der Zuleitung von dem Hauptrohre zu dem Privatgrundstück bestimmt die Verwaltung. Derjenige Theil der Zuleitungsröhren, welcher in eine öffentliche Strasse fällt, wird von dem Augenblicke an, in welchem Wasser in die Leitung gelassen wird, Eigenthum des Wasserwerks, welches auch alle Reperaturen dieses Theiles der Privatleitung auf seine Kosten übernimmt. Bei Anlagen, welche durch Vorgärten, Höfe etc. geführt werden und bei welchen die Aufstellung des Wassermessers in den Gebäuden gewünscht wird, ist die Bleirohrleitung von der Grenze der betreffenden Liegenschaft ab bis zum Gebäude mit eisernen Schutzrohren, oder anderen von der Verwaltung genehmigten Schutzvorrichtungen zu versehen, wenn diese es für erforderlich hält. Die Ausführungen auch dieser Arbeiten bis zu den Wassermessern werden durch das Wasserwerk auf Kosten der Eigenthümer hergestellt.	Die Kosten werden dem Abnehmer ohne Rücksicht auf die Länge der Leitung nach einem Pauschquantum berechnet, welches bis auf Weiteres festgesetzt wird: bei Bleileitungen bei einem Durchmesser von 20 mm auf M 40, 25 „ „ „ 50, 30 „ „ „ 60, 40 „ „ „ 80, bei Eisengussleitungen und bei grösseren Durchmessern auf die Selbstkosten.	Der vor dem Grundstücke befindliche Absperrhahn darf von dem Besitzer der Hausleitung bei Strafe nicht eigenmächtig geöffnet werden. Wird zur Herstellung von Reparaturen im Innern des Hauses eine Absperrung nöthig, so ist hiervon vorher der Direction Anzeige zu machen, es sei denn, dass höhere Gewalt die sofortige Abhülfe nöthig macht. In diesem Falle muss die Anzeige nachträglich spätestens innerhalb 24 Stunden erfolgen.
92	**Mülhausen i. E.**	Die Zuleitung von dem Strassenrohre bis zur Strassenfluchtlinie, sowie die Anlage des Absperrhahns und des Wassermessers werden auf Kosten der Stadt ausgeführt, ebenso etwa nöthige Veränderungen und Reparaturen. Personen, welche nicht im Dienste des Wasserwerks stehen, dürfen unter keinem Vorwande Arbeiten an den Zuleitungen und Wassermessern, welche Eigenthum der Stadt bleiben, vornehmen.		

No.	Stadt	Herstellung, Besitz und Unterhaltung	Material und Kosten	Weitere Bestimmungen
		10	11	12
93	Mülheim-Deutz-Kalk	Die Anbohrung der Strassenröhren behufs Anschluss eines an die Strasse grenzenden Grundstücks, sowie die Einführung der Leitung bis zu dem Hauptabschluss- und Entwässerungskrahnen, zu dessen Anbringung jeder Grundstücksbesitzer verpflichtet ist, und der nicht weiter als höchstens 2 m von der Strassenflucht entfernt liegen darf, geschieht ausschliesslich durch das Wasserwerk. Die Zuleitung bleibt Eigenthum des Wasserwerks.	Die Zuleitung wird unentgeltlich hergestellt für Diejenigen, welche sich innerhalb des ersten Betriebsjahres der Wasserleitung anschliessen. Diejenigen, welche diese Frist verstreichen lassen, zahlen für die Anbohrung und Einführung der Leitung bis inclusive des Hauptabsperrhahnes ohne Rücksicht auf deren Länge eine Gebühr von M 18, wodurch jedoch der in der Strasse liegende Theil der Rohrleitung nicht in das Eigenthum des Grundstückbesitzers übergeht. Die Wiederherstellungskosten der Trottoire und des aufgebrochenen Mauerwerks bleiben in jedem Fall zu Lasten des Grundstücksbesitzers. Bei Grundstücken, welche nicht an eine mit Wasserleitungsröhren versehene Strasse grenzen, bleiben die Herstellungskosten der Zuleitung einer besonderen Vereinbarung vorbehalten.	
94	Mülheim a. d. Ruhr	Die Zuleitung besteht aus dem Anschluss, der Erdleitung nebst Absperrhahn auf dem städtischen Terrain, der Leitung bis zum Privathaupthahn und aus dem Wassermesser in nach Messung versorgten Gebäuden. Die Zuleitungen werden in allen ihren Theilen ausschliesslich durch das Curatorium hergestellt und dauernd in richtigem Zustande erhalten. Die Abnehmer dürfen weder selbst noch durch Beauftragte irgend welche Arbeiten, Aenderungen etc. an irgend einem Theile dieser Zuleitung vornehmen; nur der Privathaupthahn darf für Reparaturen, zu nächtlichen Absperrungen, bei Frostwetter etc. von den Bewohnern zeitweise geschlossen und wieder geöffnet werden. Die Bestimmung der Lichtweite der Anschlussleitung geschieht nach Maassgabe des zu erwartenden Verbrauchs durch das Curatorium im Einverständniss mit dem Antragsteller. Die Benutzung des städtischen Strassenhahns ist nur dem Wasserwerk, und bei einer Feuersgefahr der Feuerwehr gestattet.	Die Kosten der Zuleitung bezahlt der Antragsteller, und zwar werden dieselben stets von der Mitte des Strassendammes an gerechnet.	Die Versorgung verschiedener Grundstücke durch eine Zuleitung oder die Verbindung verschiedener Zuleitungen verschiedener oder derselben Grundstücke unter einander ist ohne Erlaubniss des Curatoriums nicht gestattet.
95	München .	Die Anschlussleitung erstreckt sich von der Anbohrung des Haupt- bezw. Strassenrohres bis einschliesslich der Messvorrichtung mit Privathaupthahn beim Aichsysteme und ohne Privathauptventil beim Wassermessersysteme. Die neuen Anschlussleitungen, eventuell die Tieferlegung der bestehenden Anschlussleitungen und die Verbindung derselben sowohl mit dem Strassenrohre als der Hausleitung, sowie alle Reparaturen an Anschlussleitungen werden auf Kosten der Anwesensbesitzer (Abnehmer) nach Tarif durch die Verwaltung, jedoch ohne Leistung einer mehr als einjährigen Garantie für dauernde Tüchtigkeit, ausgeführt und gehen, mit Ausnahme des Wassermessers, in den Besitz der Wasserabnehmer über. Die Weite der Anschlussleitungen bestimmt das Stadtbauamt. Aenderungen der Anschlussleitungen, sowie der an denselben befindlichen Abstell- und Messvorrichtungen, welche amtlich plombirt werden, sind verboten. Bestehende Anschlussleitungen sind beim Uebergange vom Aich- zum Wassermessersystem auf die normale Tiefe mit 1,5 m oder mindestens 1,2 m Deckung zu verlegen und haben einem Probedruck von 18 Atm. zu genügen. Für in Anwesen anzulegende Feuerlöscheinrichtungen sind besondere Anschlussleitungen herzustellen.	Vergl. Sp. 10.	Für jedes Anwesen, welches Wasser aus der städtischen Wasserleitung beziehen will, ist in der Regel eine eigene Anschlussleitung erforderlich; Ausnahmen bedürfen der besonderen Genehmigung.

Tabelle III. Anschlussleitungen.

No.	Stadt	Herstellung, Besitz und Unterhaltung	Material und Kosten	Weitere Bestimmungen
		10	11	12
96	Münster i. W.	Das Anbohren der städtischen Leitungsrohre, die Herstellung der Anschlussleitung vom Strassenrohre bis höchstens 2 m innerhalb der Frontmauer oder Strassenflucht des Privatgrundstücks, sowie die Verbindung der Anschlussleitung mit der Privatleitung darf nur vom Wasserwerk ausgeführt werden, welches auch sämmtliche hierzu nöthigen Materialien einschliesslich der Absperrhähne liefert. Die Anschlussleitung vom Strassenrohre bis zum Absperrhahn incl. wird sofort und ohne Entschädigung Eigenthum der Stadt. Reparaturen an der Anschlussleitung werden innerhalb des ersten Jahres nach der Fertigstellung, sofern sie nicht durch nachweisbare Schuld des Consumenten oder eines Dritten nothwendig geworden sind, unentgeltlich, spätere werden auf Kosten des Abnehmers ausgeführt. Auch die Ausführung von Reparaturen an der Anschlussleitung darf nur durch die Verwaltung erfolgen.	Die Ausführung erfolgt auf Kosten des Antragstellers zu bestimmten Einheitspreisen.	
97	Neuwied .	Die Anbohrung der öffentlichen Wasserrohre, sowie die Einführung der Leitung bis zum Hauptabschluss- und Entwässerungskrahnen, zu dessen Anbringung an der von der Verwaltung festzusetzenden Stelle jeder Grundstücksbesitzer verpflichtet ist, geschieht ausschliesslich durch das Wasserwerk, dessen Eigenthum die Zuleitung bleibt.	Für die Herstellung der Zuleitung bis 1 m hinter die Strassenfluchtlinie, jedoch nur in einer Weite bis 25 mm, zahlt jeder Abonnent bei der Anmeldung den festen Satz von M 30. Sollten für den Anschluss auch noch Arbeiten über die bezeichnete Grenze hinaus erforderlich sein, so werden dieselben besonders berechnet. Bei Grundstücken, welche an eine nicht mit Wasserrohren versehene Strasse grenzen, und bei denjenigen Zuleitungen, welche einen grösseren Durchmesser als 25 mm erhalten müssen, bleiben die Herstellungskosten besonderer Vereinbarung vorbehalten.	
98	Nürnberg.	Die Anschlussleitung erstreckt sich von dem mittelst des Anbohrhahnes bewirkten Anstich am Hauptrohr bis einschliesslich zum Aichhahn beim Aichsystem und bis zur Wasseruhr beim Wassermessersystem. Die Anstichhahnen-Schächte dürfen nur durch Beauftragte der städtischen Bauabtheilung hergestellt werden. Den Anstich selbst, die Anschluss- und Hausleitung hat der Abnehmer durch einen zu solchen Arbeiten vom Magistrate ermächtigten Installateur seiner Wahl ausführen zu lassen. Die hierzu nöthigen Rohrschellen, Anstichhahnen, Aichhahnen und Gummiringe, die zugehörigen Befestigungs- und Dichtungs-Materialien und die Schachtbedeckungen sind aus dem städtischen Baumagazin käuflich zu beziehen. Ebenso hat Abnehmer auch die Anschluss- und Hausleitung auf seine Kosten herzustellen und zu unterhalten; auch ist derselbe verpflichtet, die bei der Herstellung oder einer Reparatur seines Anstichs oder seiner Privatleitung angegriffene Strassenstrecke, soweit es die Strassenfahrbahn betrifft, auf seine Kosten durch die Verwaltung wieder in ordentlichen Zustand versetzen zu lassen. Rei Verwendung von Wassermessern muss der Durchmesser der Anschlussleitung unmittelbar vor und nach dem Wassermesser dem Durchmesser dieses Letzteren auf eine Länge von je 2 m entsprechen.	Die Kosten für die Herstellung der Anstichhahnen-Schächte hat der Abnehmer nach dem festgesetzten Tarif voraus zu bezahlen. Die Anschlussleitungen müssen mindestens 1,50 m tief unter die Oberfläche gelegt und vom Anstichhahn bis zum Aichhahn, beim Bezug nach dem Wassermesser vom Anstichhahn bis zur Messvorrichtung entweder aus galvanisirten schmiedeisernen oder aus bleiernen Rohren hergestellt werden, wobei nur Bleirohre von 25 mm Durchm. und 6,5 mm Wandst. oder von 32 mm Durchm. und 7 mm Wandst. verwendet werden dürfen. Diese Vorschriften gelten auch für bereits bestehende ältere Anschlussleitungen. Dieselben müssen desshalb, soferne sich dies als nothwendig erweist, jedenfalls aber bei bevorstehenden Strassenumpflasterungen, wenn sie sich nicht in vorschriftsmässigem Zustande befinden, bei Vermeidung der Absperrung des Wasserbezugs innerhalb der vom Magistrate zu bestimmenden Frist vorschriftsgemäss hergestellt werden.	Jede Anschlussleitung wird vor der Eröffnung durch die Verwaltung einer Druckprobe von 15 Atm. unterworfen. Der Besitzer hat für diese Prüfung und für jede nothwendig werdende Wiederholung derselben eine Gebühr von M 2 zur Stadtkasse zu bezahlen. Alte bereits bestehende Anschlussleitungen, welche diesen Probedruck nicht aushalten, werden fortan zum Wasserbezug aus dem städtischen Hauptrohr nicht mehr zugelassen. Eine Gewähr für Güte, Zweckmässigkeit oder Dauerhaftigkeit der Anlage wird durch diese Prüfung vom Stadtmagistrate nicht übernommen. Für jedes Anwesen, welchem Wasser aus einer städtischen Leitung zugeführt werden soll, ist eine eigene vorschriftsmässige Anschlussleitung erforderlich. Jedes Anwesen erhält nur eine einzige Zuleitung, nur in besonderen Ausnahmefällen darf noch eine weitere Zuleitung hergestellt werden.

No.	Stadt	Herstellung, Besitz und Unterhaltung	Material und Kosten	Weitere Bestimmungen
		10	11	12
99	Oberhausen	Der Anschluss sowie die Zuleitung bis an den im Hause resp. auf dem Grundstück befindlichen Hauptabschlusshahn wird incl. Hauptabschlusshahn vom Wasserwerk ausgeführt. Dieses bestimmt auch die Lichtweite der Anschlussleitung. Der Anschluss von solchen Grundstücken, welche an einer Strasse liegen, in der ein Wasserleitungsrohr nicht vorhanden ist, geschieht, falls nicht ein öffentliches Bedürfniss vorliegt, nach besonderer Vereinbarung mit dem Wasserwerk.	Es werden dem Antragsteller für die Herstellung die Selbstkosten berechnet. Die Kosten der Trennung einer Anschlussleitung von der Hauptleitung trägt der Besitzer der Anschlussleitung.	
100	Offenbach a. M.	Die Anschlussleitung vom Hauptrohr bis zur Eigenthumsgrenze und von da bis zum Wassermesser, sowie dessen Aufstellung wird nur vom Wasserwerk ausgeführt.	Von der Anlage hat der Abnehmer die Kosten von der Eigenthumsgrenze, bezw. Strassenflucht bis zum Wassermesser, einschliesslich dessen Aufstellung, sowie die später vorkommenden Ausbesserungen und Erneuerungen zu tragen. Wird für dieselbe Hofraithe noch eine zweite oder dritte Anschlussleitung beantragt, so wird diese dem Abnehmer vollständig berechnet.	Zur Sicherung des Grundstückes gegen Wasserschaden ist unmittelbar hinter der Strassengrenze an leicht zugänglicher Stelle ein Haupthahn in die Leitung einzuschalten. Weiterhin bis zum Wassermesser darf keinesfalls eine Zweigleitung ohne Wassermesser angelegt werden.
101	Offenburg	Die Herstellung der Zuleitung vom Hauptrohr bis zum Regulirventil einschl. wird Seitens der Stadt besorgt; Leitung und Regulirventil gehen aber in das Eigenthum der Stadt über und werden künftig von ihr unterhalten. Die Privatanschlüsse sind vom Hauptrohr an steigend anzulegen; sie müssen, insoweit sie durch offenes Gelände führen, mindestens 1,2 m Deckung erhalten; bei Mauerdurchbrüchen und bei Führung der Leitungen durch unzugängliche Räume soll den Röhren ein gewisser Spielraum gelassen werden. Wo Leitungen nach Gärten, Höfen, ungeheizten Räumen, überhaupt nach solchen Orten abzweigen, wo dieselben durch Frost beschädigt werden können, müssen Abschluss- und Entleerungseinrichtungen so angebracht werden, dass diese Leitungsstrecken bei eintretendem Frost für sich abgeschlossen und völlig entleert werden können.	Die Herstellung der Zuleitung geschieht auf Kosten des Abnehmers. Die Zuleitungen sollen in der Regel aus gusseisernen 40 mm Muffen- oder Flanschenröhren bestehen und müssen als solche mindestens bis zum Regulirventil fortgesetzt werden. Die Verwendung gut galvanisirter, schmiedeiserner Röhren kann unter gewissen Umständen gestattet werden.	Im Allgemeinen soll jedes mit Wasser zu versorgende Grundstück aus eine besondere Zuleitung und ein besonderes Abschluss- bezw. Regulirventil erhalten. Den Installateuren ist es strenge untersagt, irgend welche Arbeiten an den im Eigenthum der Stadt befindlichen Zuleitungen, Regulirventilen, Wassermessern vorzunehmen, dieselben zu verstellen oder Messernachfüllungen zu machen etc.
102	Oldenburg i. G.	Die Herstellung der Anschlussleitung vom Strassenrohr bis höchstens 2 m innerhalb der Frontmauer oder Strassenflucht des Privatgrundstücks, sowie die Verbindung der Anschlussleitung mit der Privatleitung darf nur von dem Wasserwerk ausgeführt werden, welches auch sämmtliche hierzu nöthigen Materialien, einschliesslich der äusseren und inneren Schieber oder Absperrhähne, liefert. Die Anschlussleitung bis zur Haus- bezw. Grundstücksgrenze wird sofort und ohne Entschädigung Eigenthum des Wasserwerks. Auch die Ausführung von Reparaturen an der Anschlussleitung darf nur durch das Wasserwerk erfolgen.	Die Ausführung erfolgt auf Kosten des Antragstellers. Reparaturen an der Anschlussleitung werden innerhalb der ersten 5 Jahre auf Kosten des Wasserwerks, später auf Kosten des Abnehmers ausgeführt. Denjenigen Hausbesitzern, welche sich innerhalb der bei Beginn der Legung der öffentlichen Leitungen bekannt zu machenden Frist von 10 Wochen zum Anschluss an die Wasserleitung bereit erklären, werden folgende Vortheile zugesichert: Das Wasserwerk stellt auf seine Kosten die Anschlussleitung einschliesslich des Anbohrhahnes, der Anbohrschelle und des Anschlusses bis zur Grundstücksgrenze her, sofern die Länge dieser Leitung nicht mehr als 9 m beträgt. Das Wasserwerk verzichtet auf Zahlung des einmaligen Beitrags von M 15 (vergl. Tab. II, 6).	Jedes Haus einschl. Zubehör erhält für den Gesammtbedarf seiner Bewohner, auch wenn das Haus mehrere Stockwerke hat, nur eine Zuleitung zum Strassenrohr und nur einen Wassermesser. Kein Haus oder Grundstück darf von einem Neben- oder Nachbarhaus bezw. Grundstück aus gespeist werden; ein jedes muss seine besondere Verbindung mit den Strassenröhren haben.

Tabelle III. Anschlussleitungen.

No.	Stadt	Herstellung, Besitz und Unterhaltung	Material und Kosten	Weitere Bestimmungen
		10	11	12
103	Osnabrück	Die Zuleitungen werden von der Stadt ausgeführt und unterhalten und sind Eigenthum der Stadt, welche auch die Unterhaltung der gesammten Zuleitung beschafft.	Die Kosten der ersten Anlage trägt die Stadt für die Strecke der Fahrbahn und des Fusssteiges. Für die weitere Zuleitung trägt der Hauseigenthümer die Kosten. Die Unterhaltungskosten für die gesammte Zuleitung trägt die Stadt. Alle Wohnhäuser, welche an mit öffentlichen Wasserleitungen versehenen Strassen liegen, zahlen als Beitrag zu den Kosten, wenn sie nicht angeschlossen sind, einen Jahresbeitrag in Höhe der halben Gebäudesteuer, jedoch mindestens M 6 pro Jahr.	
104	Plauen i.V.	Die Herstellung der Zuleitung vom Hauptrohre ab in der Strasse und in's Grundstück hinein bis zum Anschlusse des Vertheilungsrohres hinter dem Wassermesser, der Anschluss an das Hauptrohr, die Lieferung und Aufstellung der Absperrhähne auf der Strasse und im Hause, der gusseisernen Strassenkappen, ferner die Instandhaltung derselben geschieht durch das Stadtbauamt.	Die Herstellung der Anschlüsse geschieht auf Kosten des Entnehmers durch das Stadtbauamt, dessen Ermessen auch die Bestimmung der Weite des gusseisernen Verbindungsrohres zwischen dem Strassenrohre und dem Hauptrohre jedes Grundstückes vorbehalten bleibt.	Die von dem Stadt-Bauamte aufgestellten Privat-Haupthähne dürfen zur Wasserentnahme nicht benutzt werden. Vor dem Wassermesser dürfen keinerlei Veränderungen oder Zusätze zur Leitung gemacht, namentlich weder Zapfhähne noch Abzweigungen angebracht werden. Kein Grundstück darf von einem Neben- oder Nachbargrundstücke aus gespeist werden. Ein jedes muss seine besondere Verbindung mit dem Strassen-Hauptrohre besitzen.
105	Posen . . .	Die Zuleitungen werden von der Verwaltung für Rechnung der Consumenten hergestellt und unterhalten.	Vergl. Sp. 10.	
106	Potsdam .	Die Verbindung, d. h. derjenige Theil der Leitung, welcher von dem Strassenrohr bis zur Hausleitung zu liegen kommt, wird dem Besteller stets von der Verwaltung geliefert und verlegt. Die Leitung erstreckt sich bis 1 m hinter dem Wassermesser-Gehäuse. Auch alle an derselben nöthig werdenden Veränderungen und Reparaturen werden Seitens der Verwaltung beschafft. Die Bestimmung der Weite des Verbindungsrohres, sowie der an dasselbe anzubringenden Hähne bleibt in allen Fällen dem Ermessen der Verwaltung vorbehalten. Derjenige Theil der Verbindung, welcher ausserhalb der Grenze des Grundstücks zu liegen kommt, bleibt Eigenthum der Stadtgemeinde und ist von der Verwaltung im Stande zu halten. Jede Zweigleitung muss mit einem Hauptabsperrhahn versehen sein, welcher einen Theil der Verbindung bildet und an der Stelle, wo das Zuleitungsrohr in das Grundstück eintritt, womöglich nicht weiter als 1 m von der Strassengrenze und vor dem Wassermesser angebracht wird.	Die Kosten der Verbindung werden in der Weise getheilt, dass der Besteller für den Theil innerhalb der Grenze seines Grundstücks die gesammten Kosten, sowie $^2/_3$ der durch die Legung der Leitung zwischen dem Strassenrohr und dem Grundstück entstehenden Kosten zu zahlen hat; das verbleibende Drittel trägt die Stadtgemeinde. Die als Zuleitung zu verwendenden Bleiröhren müssen wenigstens folgendes Gewicht haben: Bleirohr von — pro m 12 mm Durchm. — 2,2 kg 20 „ „ — 3,8 „ 25 „ „ — 6,3 „ 40 „ „ — 11,0 „ Die zu verwendenden gusseisernen Röhren müssen nach der anerkannt besten Methode asphaltirt sein. Schmiedeeiserne Röhren dürfen in keinem Falle zur Anwendung kommen.	Kein Grundstück darf von einem Nachbargrundstück gespeist werden, sondern es muss ein jedes selbstständige Grundstück eine gesonderte Verbindung mit dem Strassenrohr haben. Als selbstständiges Grundstück wird dasjenige angesehen, welches im Zusammenhange belegen und auf demselben Grundbuchblatt im Grundbuch eingetragen ist. Vor dem Wassermesser oder innerhalb des Wassermesser-Gehäuses und bis zu einer Entfernung von weniger als 1 m hinter dem Gehäuse darf keinerlei Veränderung oder Zusatz zu der Leitung gemacht, namentlich weder Hahn noch Abzweig angebracht werden.

<table>
<tr><th>No.</th><th>Stadt</th><th>Herstellung, Besitz und Unterhaltung</th><th>Material und Kosten</th><th>Weitere Bestimmungen</th></tr>
<tr><td></td><td></td><td>10</td><td>11</td><td>12</td></tr>
<tr><td>107</td><td>Quedlinburg</td><td>Die Ausführung der Heimleitung vom Strassenrohr in das zu versorgende Grundstück hinein erfolgt durch das Wasserwerk nach seinem Ermessen. Der im öffentlichen Grunde liegende Theil der Heimleitung wird Eigenthum des Wasserwerks, dem auch die Unterhaltung desselben obliegt.
Wird eine Strasse neu gepflastert, oder wird in einer Strasse das Strassenleitungsrohr neu gelegt, so kommt die Vergünstigung der unentgeltlichen Heimleitung nur dann in Anwendung, wenn die Hausbesitzer den Anschluss vor oder spätestens bei dem Beginne der Strassenarbeit unter Einzahlung von M 8 bei der Verwaltung des Wasserwerks schriftlich bestellen. Andernfalls müssen die Hausbesitzer für eine Heimleitung von 13 mm M 8, von 20 mm M 12, von 25 mm M 16 und für grössere nach besonderem Uebereinkommen bezahlen.</td><td>Bei der Anmeldung bezahlt der Abnehmer M 8, welche ihm auf die Kosten der Hausleitung in Anrechnung gebracht werden.
Die im öffentlichen Grunde liegenden Heimleitungsstrecken bis 15 m Länge liefert das Wasserwerk beim ersten Anschlusse unentgeltlich. Ueberschreitet die Heimleitung die Länge von 15 m, so fallen dem Abnehmer die Kosten der Mehrlänge zur Last.</td><td></td></tr>
<tr><td>108</td><td>Ratibor . .</td><td>Die Anbohrung des Hauptrohres, Verlegen des Zuleitungsrohres, Anbringen des Haupthahnes, sowie die Instandhaltung derselben werden auf Kosten des Eigenthümers nur von der Verwaltung besorgt.</td><td>Dem Grundeigenthümer bleibt es überlassen, die Anschlussarbeiten sofort, oder in fünfjährigen Jahresraten unter Verzinsung zu 5 %, zu bezahlen.
Werden Veränderungen in der Anschlussleitung durch Veränderungen in den öffentlichen Röhrenleitungen nothwendig, so trägt die desfallsigen Kosten die Stadt.</td><td></td></tr>
<tr><td>109</td><td>Regensburg</td><td>Die Zweigleitungen vom Stadtrohrnetze bis zur Grenze des Privatgrundstückes incl. Abschlusshahn werden durch Bedienstete des Magistrats ausgeführt und gehen in das Eigenthum der Stadt über, wogegen dieselbe auch die Unterhaltung auf eigene Kosten übernimmt.</td><td>Die Kosten der Anschlussleitung sind vom Grundbesitzer zu tragen.</td><td>Für den Anschluss von Zweigleitungen an andere, sowie für die gemeinschaftschaftliche Benützung einer Zweigleitung für mehrere Hausleitungen ist das Uebereinkommen zwischen den Betheiligten und dem Magistrate vorbehalten.</td></tr>
<tr><td>110</td><td>Remscheid</td><td>Die Verwaltung stellt die Zuleitungsröhren vom Strassenrohre bis etwa 1 m hinter das innere Hauptabsperrventil resp. den Wassermesser auf Kosten der Eigenthümer her. Derjenige Theil dieser Zuleitungsröhren, welcher zwischen das Strassenrohr und das innere Hauptabsperrventil resp. den Wassermesser fällt, geht von dem Augenblicke an, in welchem Wasser in die Leitung gelassen wird, in das Eigenthum des Wasserwerkes über, welches auch alle Reparaturen auf seine Kosten übernimmt.
Die Weite der Zuleitung beträgt bei höchstens 20 m Länge $12\frac{1}{2}$ bis 20 mm, je nach der Höhenlage der Gegend und der Anzahl der zu versorgenden Anlagen. Grössere Gartenleitungen mit mehreren Gartensprenghähnen, Einrichtungen zur Feuerlöschung in Gebäuden oder Fabriken und ähnliche Anlagen, welche ein grösseres Wasserquantum liefern sollen, erfordern Rohre von 20—25 mm in den unteren und 25—30 mm in den oberen Stadttheilen.
Das Hauptabsperrventil, welches nur von der Verwaltung bedient werden darf, liegt vor dem Hause oder Grundstücken in der Erde und wird mit einer Strassenkappe bedeckt. Das Privatventil im Innern dient zur Absperrung Seitens des Besitzers, ist stets gangbar und in gutem Zustande zu erhalten und muss auch jederzeit leicht zugänglich bleiben. Es ist mit einer Vorrichtung zur Entleerung der Hausleitung zu versehen.</td><td>Betreffs der Kosten vergl. Sp. 10.
Alle Zuleitungen bis zu 30 mm Weite werden aus geschwefelten Bleirohren hergestellt.
Bei grösseren Zuleitungen von 50 mm an sollten nur gusseiserne Muffenrohre benutzt werden. Die Wandstärken und Gewichte der Bleirohre sollen mindestens die folgenden sein:
<table><tr><th>Lichtweite</th><th>Wandstärke</th><th>Gewicht pro lfd m</th></tr><tr><td>10 mm</td><td>4 mm</td><td>2,00 kg</td></tr><tr><td>$12\frac{1}{2}$ „</td><td>$4\frac{1}{2}$ „</td><td>3,00 „</td></tr><tr><td>15 „</td><td>5 „</td><td>3,60 „</td></tr><tr><td>20 „</td><td>$5\frac{1}{2}$ „</td><td>4,75 „</td></tr><tr><td>25 „</td><td>6 „</td><td>6,65 „</td></tr><tr><td>30 „</td><td>$6\frac{1}{2}$ „</td><td>9,00 „</td></tr></table>Die Erweiterung des Wasserrohrnetzes geschieht nur unter der Bedingung, wenn Seitens der betreffenden Interessenten entweder auf je 40 m Hauptrohr eine Anschlussleitung thatsächlich gestellt wird, oder im Falle die nöthigen Anschlüsse nicht vorhanden sind, die Deckung der Mehrkosten vor Legung der Rohre erfolgt. Im letzteren Falle soll den Interessenten für jeden später zur Ausführung kommenden Anschluss auf 40 m Hauptrohr der ratirliche Betrag der Anlagekosten zurückvergütet werden</td><td>In der Regel soll die Zuleitung nur für ein Haus oder Grundstück benutzt werden, es soll jedoch gestattet sein, mehrere getrennte Häuser oder Grundstücke durch eine Zuleitung und durch einen Wassermesser zu bedienen, wenn sie ein zusammenhängendes Eigenthum eines und desselben Besitzers bilden, oder wenn für jedes Haus und jedes Grundstück der festgestellte Mindestbetrag gezahlt wird.</td></tr>
</table>

Tabelle III. Anschlussleitungen.

No.	Stadt	Herstellung, Besitz und Unterhaltung	Material und Kosten	Weitere Bestimmungen
		10	11	12
111	**Rheydt** . .	Die Zuleitungen von dem Hauptrohre auf der Strasse in die Grundstücke, die Lieferung und die Anbringung des Haupthahnes im Innern derselben, das Einbauen eines Absperrhahnes ausserhalb des Hauses, die Verbindung der Zuleitung mit der Hausleitung werden ausschliesslich durch das Wasserwerk ausgeführt. Die Zuleitung bleibt Eigenthum der Stadt. Veränderungen und Ausbesserungen an den Zuleitungen und Absperrhähnen geschehen durch das Wasserwerk auf dessen Kosten, wenn dieselben nicht durch äussere Einflüsse hervorgerufen sind; sonst auf Kosten des Abnehmers.	Für die Herstellung der Zuleitung einschliesslich Anlage des höchstens 1 m hinter der Strassen-Fluchtlinie anzubringenden Hauptabsperrhahnes zahlt jeder Abnehmer vor Herstellung der Zuleitung: M. 40 bei 13 mm } „ 45 „ 20 „ } weitem „ 50 „ 25 „ } Zugangsrohr. Sollte der Anschluss noch weitere Arbeiten im Innern des Grundstücks oder des Gebäudes nothwendig machen, so werden solche besonders in Rechnung gestellt. Für das Einbauen eines Absperrhahnes nebst Schutzrohr und Kappe vor dem Grundstücke zahlt der Abnehmer an Mehrzuleitungskosten: M 10 für eine 13 mm } „ 12 „ „ 20 „ } weite „ 14 „ „ 25 „ } Zuleitung. Zuleitungen grösseren Durchmessers werden nach Vereinbarung berechnet. Zuleitungsrohre unter 40 mm Durchm. werden nur aus Blei und solche über 40 mm nur aus Gusseisen hergestellt.	In der Regel soll die Zuleitung nur für ein Wohnhaus benutzt werden. Es kann jedoch gestattet werden, mehrere Häuser oder ganze Gruppen derselben durch eine Zuleitung und durch einen Wassermesser zu bedienen. In diesem Falle ist die Einschätzung der zu einer Gruppe vereinigten Häuser in die höchste Klasse zulässig, sofern sämmtliche Abnehmer einen zahlungspflichtigen Abnehmer, für den sich alle verbürgen, stellen. Diesem bleibt es alsdann überlassen, sich mit den übrigen Abnehmern wegen der Vertheilung des Wasserzinses zu berechnen. Bei der Entnahme von Wasser zu gewerblichen Zwecken ist für jeden Betrieb ein besonderer Wassermesser aufzustellen. Der vor dem Grundstück befindliche Absperrhahn darf von Privaten nur im Falle höherer Gewalt geöffnet oder geschlossen werden. Wird zur Herstellung von Ausbesserungen im Innern des Hauses eine Absperrung nöthig, so ist hiervon vorher dem Wasserwerk Anzeige zu machen.
112	**Riga**	Die Zweigleitung vom Hauptrohr bis zum Privatverschlusshahn wird Eigenthum des Wasserwerks, welches dieselbe unentgeltlich in Stand zu halten hat. Der Anschluss an das Hauptrohr und die Zweigleitung desselben darf nur durch das Wasserwerk hergestellt werden, ebenso wie auch diesem ausschliesslich die Lieferung und Anbringung des Privatverschlusshahns und des etwa zur Verwendung gelangenden Wassermessers vorbehalten bleibt.	Die Kosten der Anlage trägt der Anmeldende.	Der Regel nach darf kein Immobil aus der Leitung eines benachbarten versorgt werden, vielmehr muss ein jedes seine besondere Zweigleitung vom Hauptrohr haben. Ein Anschluss an die Leitung des Nachbarimmobils kann jedoch im Einverständniss mit dem Besitzer des letztern und mit Genehmigung der Verwaltung in dem Fall gestattet werden, dass der Anlage einer directen Zweigleitung vom Hauptrohr Hindernisse entgegenstehen. Dem betreffenden Abnehmer steht aber in diesem Fall ein Entschädigungsanspruch nicht zu, wenn aus irgend welchen Gründen die Zuleitung zu dem den Wasserzufluss vermittelnden Nachbarimmobil gesperrt werden sollte.
113	**Rostock** . .	Abzweigungen von den Hauptröhren bis an die Hausmauer lässt ausschliesslich das Wasserwerk beschaffen; dieses bestimmt auch die Weite der Zuleitungen. Die Leitungen, soweit sie in den Strassen und Promenaden der Stadt liegen, sind Eigenthum der Stadt, die deren Unterhaltung übernimmt.	Die Herstellung erfolgt durch die Verwaltung auf Kosten der Antragsteller.	
114	**Rothenburg a.d.T.**	Die Anschlussleitung wird von der Verwaltung hergestellt.	Die Herstellung erfolgt auf Kosten des Abnehmers.	

No.	Stadt	Herstellung, Besitz und Unterhaltung	Material und Kosten	Weitere Bestimmungen
		10	11	12
115	**Rudolstadt**	Die Anschlussleitungen erstrecken sich von der Anbohrung des Strassenrohres bis zum Absperrventil im Innern des Grundstücks und werden durch die Verwaltung hergestellt, gehen einschliesslich der Absperrventile in das Eigenthum und die Unterhaltung der Stadt über und bilden alsdann einen Theil des öffentlichen Rohrnetzes. Der Grundstücks-Eigenthümer darf an dem Absperrventil und dessen Zubehör keinerlei Veränderungen vornehmen; er ist verpflichtet, dieses Ventil frostfrei und in gutem Zustande zu erhalten, und haftet für allen Schaden, welcher demselben durch eigenes oder das Verschulden Dritter widerfährt, auch darf er dasselbe nur zum Absperren und Entleeren seiner Hausleitung benutzen.	Die Kosten für die Herstellung trägt der Grundstücks-Eigenthümer. Aenderungen der Anschlussleitungen, welche in Folge einer Verlegung der öffentlichen Leitung erforderlich werden, sind auf städtische Kosten zu bewerkstelligen.	Die Speisung eines Neben- oder Nachbargrundstückes aus dem Wasserwerke durch Herstellung einer Ueberleitung oder durch directe Wasserabgabe ist untersagt; jedes Grundstück muss vielmehr eine besondere Anschlussleitung vom Strassenrohr aus erhalten. Mehrere Anschlussleitungen für ein Grundstück sind zulässig, müssen aber besonders beantragt werden.
116	**Salzburg** .	Die Zuleitung, d. h. die Leitung vom Strassenrohr bis zum Privatgrundstück, beginnt mit einem besonderen Abzweigstutzen vom Strassenrohr und endigt mit einem Absperrventil vor dem Grundstück, bildet einen Theil der öffentlichen Leitung und darf nur von der Wasserwerks-Verwaltung ausgeführt werden. Die Zuleitungen werden je nach der Grösse des zu erwartenden Wasserverbrauches in 20, 25 und 30 mm Durchmesser hergestellt; Rohrleitungen für Gärten, Springbrunnen u. dgl. werden erst hinter den Haupthähnen von der Hausleitung abgezweigt und müssen mit besonderem Absperrventile, erforderlichen Falles mit Entleerungseinrichtung versehen sein und zur Frostzeit ausser Gebrauch gesetzt und entleert werden. Die Handhabung des Absperrhahnes steht lediglich der Verwaltung zu.	Die Zuleitungen sowohl, als auch die Leitungen im Innern der Häuser werden aus Gusseisen oder Bleiröhren, und zwar für Rechnung des Bestellers, hergestellt. Der am Ende der Zuleitung vor dem Privatgrundstück anzubringende Absperrhahn besteht aus gusseisernem Gehäuse, Gummiplatte und Rothgussspindel. Derselbe liegt im Boden und wird mit Umhüllungsrohr und gusseisernem Strassenkästchen montirt, so dass derselbe von oben mittelst einer Schlüsselstange geöffnet und geschlossen werden kann.	
117	**Schwerin** .	Die Abzweigung von dem Strassenleitungsrohr, die Legung der Anschlussleitung bis auf 10 cm Entfernung von der Grenze des zu versorgenden Grundstücks, einschliesslich des Schliesspfostens, sowie sämmtliche hierdurch veranlasste Arbeiten zur Wiederherstellung der Strassenoberfläche werden vom Magistrat auf Kosten des Eigenthümers des Grundstücks ausgeführt. Jede Anschlussleitung muss auf öffentlichem Strassengrunde ausserhalb des Grundstücks in mindestens 50 cm Abstand von dessen Grenze mit einem Abschlusshahn (Schliesspfosten) versehen werden. Für denselben erhält auch der betreffende Grundeigenthümer einen Schlüssel, um im Bedürfnissfall auch selbst seine Hausleitung absperren zu können.	Die Kosten werden nach Maassgabe des Tarifs berechnet und sind vom Eigenthümer zur einen Hälfte innerhalb 6, zur andern Hälfte innerhalb 12 Monaten nach erfolgter Legung der Anschlussleitung zu erstatten. Rückständige Kosten werden im Wege der administrativen Zwangsvollstreckung gleich den öffentlichen Abgaben beigetrieben. Wird der Anschluss binnen einer öffentlich bekannt zu machenden Frist sofort bei Legung der Hauptleitung in rechtsverbindlicher Weise beantragt, so werden die Kosten der Verbindung mit dem Strassenleitungsrohr, der Legung der Zweigleitung bis 10 cm Entfernung von der Grundstücksgrenze, sowie sämmtliche Strassen-Wiederherstellungsarbeiten von der Stadt getragen. Die Kosten etwaiger Ausbesserungen an den ausnahmslos im Eigenthum der Stadt verbleibenden Anschlussleitungen bis 10 cm Entfernung von der Grundstücksgrenze, einschliesslich der damit verbundenen Nebenarbeiten, werden allemal von der Stadt getragen.	Ein jedes an die Wasserleitung angeschlossene Grundstück muss sein besonderes, nicht über andere Grundstücke führendes Anschlussrohr haben. Ausnahmsweise kann der Magistrat hiervon Ausnahmen zulassen.
118	**Solingen** .	Die Herstellung der Anschlussleitung vom Hauptrohr bis zum Wassermesser besorgt ausschliesslich das Wasserwerk. Die Anschlussleitung vom Strassenrohr bis zur Grundstücksgrenze wird sofort ohne Entschädigung Eigenthum der Stadt, welche für diesen Theil alle Reparaturen für ihre Kosten übernimmt. Die Reparaturen der Anschlussleitung bis zum Wassermesser dürfen nur durch das Wasserwerk ausgeführt werden. Jede Anschlussleitung erhält ausser dem Anbohrhahn noch einen Haupthahn vor dem Wassermesser.	Die Kosten der Zuleitung werden dem Consumenten in Rechnung gestellt, vergl. auch Sp. 10.	

Tabelle III. Anschlussleitungen.

No.	Stadt	Herstellung, Besitz und Unterhaltung	Material und Kosten	Weitere Bestimmungen
		10	11	12
119	**Stettin** . .	Die Herstellung der Zuleitung d. h. der vom Hauptstrassenrohr bis an die Grundstücksgrenze führenden Abzweigung erfolgt durch einen von der Deputation beauftragten Unternehmer. Die Zuleitungsröhren müssen mindestens $1^1/_2$ m tief verlegt werden und eine ihrer eigenen Länge, der Grösse des Wasserverbrauchs bezw. dem Durchmesser und der Anzahl der Ausflusshähne entsprechende Weite haben. Liegt das Strassenrohr im Bürgersteig, so erhält die Zuleitung nahe am Strassenrohr einen Absperrhahn mit Untersatzschlüssel und Strassenkappe. Liegt das Strassenrohr unter dem Strassendamm, so wird unmittelbar an diesem Rohr ein Anbohrhahn angebracht. Die Anbringung eines Absperrhahnes mit Untersatzschlüssel u. Strassenkappe im Bürgersteig wird in diesem Falle nicht vorgeschrieben, aber zur Ersparung von Kosten empfohlen. Die Benutzung des Hahnes im Bürgersteig ist dem Grundstückseigenthümer in Nothfällen zur Absperrung und Wiedereröffnung gestattet. Von der erfolgten Benutzung ist der Deputation sofort Anzeige zu erstatten. Der Anbohrhahn im Strassendamm steht lediglich der Deputation zur Verfügung.	Die Kosten der Zuleitung mit Zubehör hat der Antragsteller zu tragen; desgl. die der Unterhaltung, der Veränderungen und der Reparaturen, die ebenfalls durch die Deputation besorgt werden. Die Deputation ist berechtigt, vor Ausführung der Arbeiten angemessene Sicherheit zu verlangen. Bis zur Zahlung der Kosten der Herstellung der Zuleitung bleibt letztere Eigenthum der Stadt. Als Regel für die Bestimmung der Weite der Zuleitung gilt, dass bei einer Länge des horizontalen Zuleitungsrohres von unter 30 m und Anlage von 1 bis 20 Stück 10 bis 20 mm Zapfhähnen ein Rohr von mind. 25 mm Durchm., 21 bis 40 St. 10 bis 20 mm Zapfh. ein Rohr von mind. 30 mm Durchm., 41 bis 60 St. 10 bis 20 mm Zapfh. ein Rohr von mind. 40 mm Durchm., über 60 St. 10 bis 20 mm Zapfh. ein Rohr von mind. 50 mm Durchm. angewendet werden muss. Dabei werden: 1 Closetthahn gleich 2 Zapfhähnen, 1 Pissoir für den Stand gleich 2 Zapfh., 1 Badewanne gleich 1 Zapfhahn gerechnet. Schwimmkugelhähne, Springbrunnen u. dgl. werden nach besonderer Abschätzung in Anschlag gebracht. Beträgt die Länge des in der Erde liegenden Zuleitungsrohres mehr als 30 m, so darf dieses Rohr überhaupt nicht unter 40 mm Weite haben. Für grössere Einrichtungen, besonders zu gewerblichen Zwecken, wird die erforderliche Mindestweite des Zuleitungsrohres in jedem einzelnen Falle bestimmt. Der Antragsteller hat auf Verlangen den Höchstverbrauch einer Stunde anzugeben. Auf Verlangen kann dem Antragsteller ein grösserer als der vorgeschriebene Mindest-Rohrdurchmesser bewilligt werden. Falls gusseiserne Röhren zu verwenden sind, so müssen sie nach der als die beste anerkannten Methode asphaltirt sein. Schmiedeeisernes Rohr darf in keinem Falle zur Anwendung kommen.	Jedes Grundstück soll seine eigene Zweigleitung haben. Kein Grundstück soll von einem Neben- oder Nachbar-Grundstück mit Wasser gespeist werden. Ausnahmen bedürfen der Genehmigung der Deputation. Jedes Grundstück soll in der Regel nur eine Zuleitung haben, jedoch kann die Deputation die Anlegung mehrerer Zuleitungen gestatten. Sie darf die Genehmigung nicht versagen, wenn die Zuleitungen lediglich Feuerlöschzwecken dienen.
120	**Stockholm**	Für jedes Grundstück wird von der Verwaltung auf eigene Kosten eine Anschlussleitung von dem öffentlichen Rohr bis zur Baufluchtlinie gelegt und unterhalten. Der Abschlusshahn unmittelbar vor der Frontmauer wird jedoch auf Kosten des Eigenthümers gestellt und unterhalten, derselbe darf aber auch von der Verwaltung benutzt und event. versiegelt werden. Sollten mehr als eine Anschlussleitung oder auch nur eine solche von ungewöhnlicher Grösse gewünscht werden, so hat der Eigenthümer die Mehrkosten zu tragen.	Die Zuleitungen bis 32 mm Durchmesser werden aus verzinnten Bleileitungen hergestellt, zu grösseren Leitungen (38 und 50 mm) werden galvanisirte Eisenrohre und zu noch grösseren gusseiserne, asphaltirte Rohre verwendet. Betreffs der Kosten vergl. Sp. 10.	Ein Grundstück kann mit Genehmigung der Verwaltung von einem Nachbargrundstück gespeist werden.
121	**Stralsund**	Die Zuleitung von dem Hauptrohre auf der Strasse, die Lieferung und die Anbringung des Anbohrhahns auf der Strasse, sowie des Privathaupthahns im Innern der Grundstücke erfolgt auf Kosten des Grundstücksbesitzers nur durch die Verwaltung, ebenso etwaige Instandsetzungsarbeiten. Die Anschlussleitung bleibt Eigenthum des Grundstücksbesitzers.	Vergl. Sp. 10 u. 11.	In der Regel darf kein Grundstück durch eine Abzweigung von der in einem benachbarten Grundstücke vorhandenen Leitung mit Wasser versorgt werden. Sollten durch Veränderungen an der öffentlichen Rohrleitung Veränderungen bei der Anschlussleitung nothwendig werden, so muss der Grundstücksbesitzer sich solche ohne Anspruch auf Entschädigung gefallen lassen. Die Kosten der Veränderung trägt in diesem Falle die Verwaltung.

No.	Stadt	Herstellung, Besitz und Unterhaltung	Material und Kosten	Weitere Bestimmungen
		10	11	12
122	Strassburg i. E.	Das Anbohren der städtischen Röhren, sowie die Herstellung der Zweigleitung von denselben bis zu dem hinter dem Wassermesser anzubringenden Absperrhahn einschliesslich desselben nebst aller Erd- und Pflasterarbeit wird durch die Verwaltung ausgeführt. Für die Ausführung dieser Arbeiten, sowie für die Unterhaltung der Zweigleitung haben die Abnehmer vierteljährlich mit dem Wasserpreis einen Zins zu zahlen.	Der für die Herstellung und Unterhaltung der Zweigleitung und des Absperrhahns jährlich zu entrichtende Zins wird nach folgenden Sätzen berechnet: Rohrschelle mit Schrauben und Verdichtung für ein Rohr v. 100 mm M 0.50 „ 125 „ „ 0.65 „ 150 „ „ 0.80 „ 180 „ „ 0.90 „ 200 „ „ 1.00 „ 250 „ „ 1.10 „ 300 „ „ 1.25 Anbohren des Hauptrohrs . . . . . . „ 0.04 Der lfd. m geschwefelten Bleirohrs, sammt Erdarbeit, Pflasterung oder Macadamisirung bei 20 mm Durchm. . „ 0.40 „ 25 „ „ . „ 0.50 „ 30 „ „ . „ 0.60 Der lfd. m Trottoir von Asphalt sammt Beton „ 0.35 Der lfd. m Trottoirpflaster . . . . . „ 0.15 Ein Anbohrhahn von 20 mm Durchm. „ 0.45 „ 25 „ „ „ 0.60 „ 30 „ „ „ 0.95 Ein Absperrhahn von 20 mm Durchm. „ 1.10 „ 25 „ „ „ 1.20 „ 30 „ „ „ 1.45	
123	Stuttgart .	Die Anschlussleitungen sind von ihrer Abzweigung bei der Hauptleitung ab einschliesslich der für die Abzweigung dienenden Vorkehrungen auf Rechnung der einzelnen Grundbesitzer herzustellen und zu unterhalten. Für denjenigen Theil der Privatleitung, welcher zwischen der Hauptleitung und dem Anwesen liegt, überhaupt für alle auf städtischen Grund und Boden fallende Theile der Privatleitung, besorgt die Verwaltung ausschliesslich die nöthigen Herstellungs- und Unterhaltungsarbeiten, gegen Wiederersatz der Kosten durch den Abnehmer nach festgesezten Preisen. Kostenvorschuss oder Sicherheitsleistung kann verlangt werden. Die Weite dieser Anschlussleitungen wird nicht unter 40 mm ausgeführt. Die vom Wasserwerk auszuführenden Anschlussleitungen erstrecken sich in der Regel von der Hauptleitung bis zu dem im Privatanwesen einzusetzenden Hauptabsperrhahnen bezw. Wassermesser, einschliesslich dieser Stücke. Die Verwaltung übernimmt für die Güte und Dauerhaftigkeit der Anschlussleitung eine Garantie von 4 Jahren. Auf den im Anwesen etwa miteingesetzten Haupthahnen und auf die nicht zu vermeidenden Folgen der Terrainsetzungen bei den Rohrgräben erstreckt sich diese Garantiepflicht nicht.	Die Anschlussleitungen werden für Rechnung des Abnehmers aus Gusseisen hergestellt; im Uebrigen vergl. Sp. 10.	
124	Trier . . .	Die Direction hat das alleinige Recht, Leitungen bis an die Hausgrenze auf Kosten der Abnehmer zu legen und zu repariren. An jedem Zuführungsrohr sollen zwei Schliesshähne sein; ein Hahn an dem Punkte, wo das Zuführungsrohr in das Hauptrohr in der Strasse einmündet, der andere, wo das Zuführungsrohr in das Innere des Hauses des Abnehmers eintritt, es sei denn, dass die Direktion abweichende Bestimmungen genehmigt. Diese Hähne stehen unter der alleinigen Controlle der Direction, welche gegebenen Falles dieselben abzuschliessen und zu versiegeln berechtigt ist. Der ganze Wasserbedarf muss durch diese Hähne geleitet werden.	Vergl. Sp. 10.	Jedes Wohnhaus incl. Zubehör soll seine eigene Wasserleitung haben und es dürfen die Leitungen der einzelnen Häuser nicht miteinander in Verbindung stehen.

Tabelle III. Anschlussleitungen.

No.	Stadt	Herstellung, Besitz und Unterhaltung	Material und Kosten	Weitere Bestimmungen
		10	11	12
125	Viersen . .	Den Anschluss an das Hauptrohrnetz bis zum Hauptabschlusshahn bezw. Wassermesser stellt die Stadt her. Die Zuleitung bleibt jedoch in allen Fällen Eigenthum der Stadt. Den Durchmesser der Zuleitung, sowie die Art der Herstellung derselben bestimmt die Verwaltung. Veränderungen und Ausbesserungen an den Zuleitungen einschliesslich des Hauptabsperrhahnes, geschehen durch die Verwaltung auf deren Kosten, wenn dieselben nicht durch äussere Einflüsse hervorgerufen worden sind; im anderen Falle auf Kosten des betr. Abnehmers.	Für die Herstellung der Zuleitung hat jeder Abnehmer sofort bei der Anmeldung zu entrichten: Bei bis 19 mm Rohrweite M 45 „ „ 25 „ „ „ 90 Bei Zuleitungen von mehr als 25 mm Durchgang werden die Kosten von der Verwaltung besonders festgestellt; ebenso wenn der Anschluss der Privatleitung noch weitere Arbeiten und Leistungen im Innern des Grundstücks bezw. Gebäudes nothwendig machen sollte. Auch bei Grundstücken, welche nicht an eine mit Wasserleitungsröhren versehene Strasse grenzen, behält sich die Commission über die Herstellungskosten der Zuleitung eine besondere Vereinbarung vor.	Im Allgemeinen muss jedes Grundstück für sich eine Anschlussleitung besitzen und dürfen mehrere Grundstücke an eine Zuleitung nicht angeschlossen werden.
126	Wandsbek	Die Zuleitungen vom Hauptrohr auf der Strasse bis 0,5 m hinter dem Abschlusshahn im Innern der Gebäude werden Seitens der Verwaltung hergestellt. Derjenige Theil der Zuleitung, welcher in eine öffentliche Strasse fällt, wird von dem Augenblicke an, in welchem Wasser in die Leitung gelassen wird, Eigenthum des Wasserwerks, welches letztere auch alle Ausbesserungen dieses Theils der Privatleitung auf seine Kosten übernimmt.	Die Herstellungskosten trägt der Grundeigenthümer. Bei Berechnung der Kosten wird in den Strassen mit beiderseitiger Bebauung, sei es zu Gunsten, sei es zu Ungunsten des betreffenden Grundeigenthümers, immer angenommen, dass das Strassenrohr in der Mitte der Fahrbahn liegt. In einseitig bebauten Strassen wird jedoch die thatsächliche Länge in Rechnung gestellt.	
127	Weimar .	Die Ausführung der Zuleitungen zu den Häusern und anderen Privatgrundstücken darf nur durch den Gemeindevorstand bewirkt werden und gehen dieselben ohne Entschädigung in das Eigenthum der Stadtgemeinde über, wogegen wiederum die letztere die Unterhaltung und eventuelle Erneuerung der Zuleitungen übernimmt.	Die Zuleitungen werden, sofern nicht besondere abweichende Abmachungeu in einem einzelnen Falle geschlossen worden, ausschliesslich auf Kosten der betr. Haus- oder Grunstücksbesitzer ausgeführt. Wer zu seiner Privatleitung Mantelröhren verwenden will, kann verlangen, dass auch zu seiner Anschlussleitung solches Material anstatt geschwefelter oder verzinnter Bleiröhren verwendet wird; er hat jedoch alsdann die Mehrkosten und etwaige Reparaturkosten zu tragen.	
128	Weissenfels	Bei allen anzuschliessenden Grundstücken werden die Theile der Zuleitung zwischen der Strassenhauptleitung und den Grundstücksgrenzen auf Kosten der Stadtgemeinde durch die Verwaltung geliefert und hergestellt und bleiben städtisches Eigenthum. Der Stadtgemeinde liegt auch die Unterhaltung dieser Theile der Zuleitung ob. Die Herstellung und Unterhaltung der Leitungen innerhalb der Grundstücke bis zum Wassermesser excl. des städtischen Haupthahnes geschieht auf Kosten des Eigenthümers derselben.	Vergl. Sp. 10.	Der in das Innere des Grundstückes verlegte, die Privatleitung trennende städtische Haupthahn sowie der Wassermesser müssen durch den Grundstückseigenthümer jederzeit zugänglich erhalten werden. Für das jedesmalige Schliessen eines Anbohr- oder Privathaupthahnes auf Antrag des Grundstücksbesitzers oder dessen Vertreter sind 50 Pf. zu entrichten, ebensoviel für das Wiedereröffnen derselben.

No.	Stadt	Herstellung, Besitz und Unterhaltung	Material und Kosten	Weitere Bestimmungen
		10	11	12
129	Wien . . .	Die Abzweigung vom Hauptrohre bis zum Wassermesser wird durch die Gemeinde ausgeführt. Sie erhält in der Strasse vor dem Hause eine Absperrvorrichtung, deren Benützung nur dem Dienstpersonale der Wasserleitung zusteht. Die Abzweigung vom Hauptrohre bis zum Wassermesser geht mit dem Beginne der Benützung derselben in das Eigenthum des Hauseigenthümers oder desjenigen Abnehmers über, welcher die Ausführung derselben bei der Anmeldung bestellt hat. Für die fachgemässe Ausführung jener Abzweigungen, haftet die Commune drei Jahre lang. Treten nach Ablauf dieser Haftzeit Schäden an einer solchen Abzweigung ein, so werden dieselben von der Commune auf Rechnung des Eigenthümers beseitigt.	Die Kosten der Herstellung sind vom Hauseigenthümer oder dem Abnehmer zu tragen, welcher die Anmeldung beschafft hat.	Bei Wohnhäusern von grosser Ausdehnung, welche mehrere Höfe und mehrere Hauseingänge haben, ist es gestattet, mehrere Abzweigungen von dem Rohre in der Strasse zu machen.
130	Wiesbaden	Der von dem städtischen Hauptrohr bis zum Wassermesser sich erstreckende Theil einer Zweigleitung muss ausnahmslos durch das Wasserwerk ausgeführt werden, und hat die Verwaltung die freie Bestimmung hinsichtlich des zu verwendenden Materials und Durchmessers, sowie der Lage der Leitung. Hierbei ist ein Verlegen derselben unter Kellersohle in der Regel unstatthaft; über Ausnahmen entscheidet die Deputation. Die Zweigleitung vom Hauptrohr bis zur Grenze des Privatgrundstücks wird auf Kosten des Wasserwerks unterhalten und verbleibt Eigenthum des letzteren. Der übrige Theil der Leitung von der Grenze bis zu dem Wassermesser, einschliesslich der Anbringung des Privatabstellhahns, wird auf Kosten des Eigenthümers des Grundstücks hergestellt und unterhalten, wobei über die Nothwendigkeit und den Umfang etwaiger Reparaturen lediglich die Verwaltung entscheidet. In den Fällen jedoch, in welchen in ein und dasselbe Gebäude oder Grundstück ausser der einen noch eine weitere Leitung eingeführt werden soll, oder wo die gewünschte Leitung nur vorübergehend benutzt wird, oder endlich, wenn der Gesuchsteller nicht Eigenthümer des betreffenden Grundstücks ist, hat der Besteller die Gesammtkosten der Leitung und deren Unterhaltung zu tragen. Alle nach Herstellung der Einrichtung gewünschten Aenderungen werden nur auf Bestellung und für Rechnung des Eigenthümers zur Ausführung gebracht.	Während diejenigen Hausbesitzer, welche sich vor oder während der Verlegung des betreffenden Strassenrohrs zum Wasserbezug anmelden, von jeder Abgabe für Herstellung des in die Strasse fallenden Theils der Privatabzweigung befreit sind, haben die sich später Anmeldenden eine besondere Vergütung von M. 15 zu leisten. Bis zur vollständigen Zahlung aller Kosten, vgl. Sp. 10, verbleibt die Leitung Eigenthum des Wasserwerks und ist die Einrichtung bis dahin nur als leihweise überlassen zu betrachten.	Wenn der gewünschte Anschluss an eine bestehende städtische Leitung nicht direkt erfolgen kann, hierzu vielmehr die Legung einer neuen Strassenleitung oder die Verlängerung einer bestehenden Leitung erforderlich ist, so wird in jedem einzelnen Falle die Entscheidung darüber vorbehalten, ob und unter welchen Bedingungen der Anschluss erfolgen und Wasser abgegeben werden kann. Das Oeffnen und Schliessen des in jeder Privat-Abzweigung befindlichen städtischen Hauphahns darf nur durch Bedienstete des Wasserwerks vorgenommen werden. Sollte dies dennoch auf Veranlassung des Besitzers oder eines Miethers der angeschlossenen Privatleitung durch andere Personen geschehen, ohne dass besondere Gefahr im Verzuge liegen sollte, so tritt Bestrafung nach Maassgabe der Polizei-Bestimmung ein. Wird eine Privatleitung länger als 2 Jahre hindurch nicht benutzt, so kann dieselbe, soweit sie im öffentlichen Eigenthum liegt, durch die Verwaltung ganz oder theilweise entfernt werden. Eine spätere Wiederanmeldung zum Wasserbezuge wird nur dann berücksichtigt, wenn gleichzeitig die mit der Wiederherstellung der Anlage verbundenen Kosten bezahlt werden.
131	Winterthur	Abzweigungen von den in der Strasse liegenden Hauptröhren bis 1 m über den im Grundstücke anzubringenden Haupthahnen oder Wassermesser hinaus, werden durch die Verwaltung auf Rechnung des Abonnenten ausgeführt. Die Leitungen, soweit sie im öffentlichen Grunde liegen, werden Eigenthum der Verwaltung, welche deren Unterhaltung übernimmt.	Die Verwaltung bestimmt die Weite der Zuleitungen in jedem einzelnen Falle nach dem muthmaasslichen Bedürfnisse des Abnehmers. Die Kosten der Abzweigung hat der Abnehmer sofort, nachdem die Leitung übergeben ist, zu berichtigen. Die Anschlussleitungen sind aus Gusseisen herzustellen. Die Röhren sind innen und aussen zu theeren und auf 20 Atm. Druck zu probiren. Die Muffen sind mindestens auf die halbe Mufftiefe mit Blei zu vergiessen und gut zu verstemmen.	

Tabelle III. Anschlussleitungen.

No.	Stadt	Herstellung, Besitz und Unterhaltung	Material und Kosten	Weitere Bestimmungen
		10	11	12
132	Witten . .	Die Anbohrung des Hauptrohres und die Herstellung der Abzweigleitung von demselben bis 1 m hinter den zweiten Privathaupthahn wird ausschliesslich von der Verwaltung ausgeführt. In die Abzweigleitung wird möglichst in der Nähe des Hauptrohres, in der Regel im Trottoir, ein Absperrhahn eingesetzt. Dieser Absperrhahn dient zur ausschliesslichen Benutzung des Wasserwerks und darf dazu kein Consument einen Schlüssel haben. Die Abzweigleitung vom Hauptrohr bis zur Grenze der Strasse incl. Trottoir wird Eigenthum des Wasserwerks; Letzteres übernimmt hierfür alle an demselben nothwendig werdenden Reparaturen. Von jeder an der Strassenleitung wahrgenommenen Undichtigkeit oder Beschädigung ist der Verwaltung sofort Anzeige zu machen.	Die Kosten der Abzweigleitung vom Hauptrohr und der inneren Einrichtungen trägt der Consument. Die Rechnungen für von der Verwaltung ausgeführte Abzweigs- oder Privatleitungs-Arbeiten müssen innerhalb 14 Tagen berichtigt werden.	
133	Worms . .	Die Ausführung und Unterhaltung der Anbohrungen, sowie der Leitungen nach den Hausgrundstücken bis zum Privatabsperrventil eingeschlossen wird durch die Stadt auf Kosten der betreffenden Eigenthümer ausgeführt. Das Eigenthumsrecht verbleibt jedoch der Stadt.	Die Weite der Zuleitung wird von der Betriebsleitung entsprechend den Angaben des Wassermiethers über die Grösse des muthmaasslichen Wasserverbrauchs, bestimmt. Betreffs der Kosten vergl. Sp. 10.	Es darf kein Grundstück eine Zuleitung von einem anderen aus erhalten, wohl aber kann ein grösseres Grundstück durch zwei oder mehrere Anschlussleitungen versorgt werden, sofern jede Leitung einen eigenen Wassermesser besitzt.
134	Würzburg			
135	Zeitz . . .	Die Herstellung der Abzweigung von dem Hauptrohre nach dem Grundstücke und zwar einschliesslich bis zum Wassermesser geschieht auf Kosten des Hausbesitzers, die Zweigleitung selbst bleibt jedoch Eigenthum der Stadtgemeinde, welche fernerhin auch sämmtliche, ohne Verschulden des Consumenten nöthig werdende Reparaturen auf eigene Kosten besorgt.	Für die Berechnung der Länge der beiderseitigen Zweigleitungen wird das Hauptrohr, als in der Mitte des Strassendammes liegend, angenommen.	
136	Zürich . .	Die im öffentlichen Grunde liegenden Strecken von Privatabzweigungen werden durch die Stadt hergestellt und sind sammt Hauptabstellhahnen Eigenthum der Stadt. Von der Eigenthumsgrenze bis zum Wassermesser, einschliesslich der Vorrichtung zu dessen Aufstellung (Kasten oder Schacht), wird die Zweigleitung durch die Stadt nach ihrem Ermessen auf Rechnung des Abonnenten erstellt und unterhalten.	Für den Anschluss an die Hauptleitung und die Ausdehnung der seitlichen Leitung bis an die Eigenthumsgrenze incl. Abstellhahn ist ein bestimmter Beitrag Seitens des Abnehmers nach Tarif zu bezahlen. Die Verwaltung behält sich vor, die Ausführung von Zuleitungsarbeiten an die Bedingung der Vorausbezahlung der muthmaasslich entstehenden Kostensumme bei der städtischen Finanzverwaltung zu knüpfen. Vor dem Wassermesser dürfen Leitungen im Boden nur aus galvanisirten (schmiedeeisernen) oder gusseisernen Röhren erstellt werden. Die Verwendung von Bleiröhren unter Druck ist untersagt.	Die Handhabung des Haupthahns der Zuleitung auf öffentlichem Grunde oder im Eigenthume des Wasserabnehmers steht ausschliesslich den Angestellten zu. Der Abonnent haftet überdies für sich und die von ihm Beauftragten für allen Schaden, der aus Zuwiderhandeln gegen diese Vorschrift entsteht.

No.	Stadt	Herstellung, Besitz und Unterhaltung	Material und Kosten	Weitere Bestimmungen
		10	11	12
137	Zwickau .	Für jedes gemeindeanlagenpflichtige, mit einem Wohnhause bebaute Grundstück, das unmittelbar an einem solchen Theile einer öffentlichen Strasse odes eines öffentlichen Platzes liegt, in welchen eine Hauptröhre des Wasserwerks gelegt worden, wird zum Zwecke der Versorgung mit Wasser für hauswirthschaftliche Zwecke ein Anschluss an die Hauptröhre und zwar, soweit in Nachstehendem nicht etwas Anderes bestimmt ist, auf Kosten der Stadtgemeinde ausgeführt. Im Uebrigen vergl. auch Sp. 11. Von dem Anschlusse kann jedoch bei Grundstücken, für welche eine völlige Befreiung von der Wasserzinspflicht bis auf Widerruf bewilligt worden, (Grundstücke, welche bereits 1889 aus einer Privatleitung gespeist wurden), so lange abgesehen werden, als von dem Widerrufsrechte nicht Gebrauch gemacht wird. Eine jede Anschlussleitung umfasst die Leitung von einer in der Nähe gelegenen Hauptröhre ab bis zu einem Punkte, welcher innerhalb des Grundstücks, jedoch, soweit die Leitung auf Kosten der Stadtgemeinde auszuführen ist, höchstens $1^1/_2$ m entfernt von der Strassen-Grenze sich befindet, erstreckt sich aber auch auf die Anbringung von zwei Absperrvorrichtungen, nämlich des äusseren und des inneren Haupthahns. Der innere Haupthahn ist in der Regel höchstens $1^1/_2$ m von der gedachten Grenze anzubringen. Die Arbeiten für Herstellung und Unterhaltung einer jeden Anschlussleitung, einschliesslich der Absperrvorrichtungen und der etwa auszuführenden Verlängerung oder des etwa aufzustellenden Wassermessers, werden ausschliesslich durch die städtische Wasserwerksverwaltung oder sonstige Beauftragte des Stadtraths besorgt. Jede Anschlussleitung nebst Absperrvorrichtungen und etwaiger Verlängerung wird und bleibt in jedem Falle Eigenthum der Stadtgemeinde.	Soll ein Grundstück noch zu anderen, als zu hauswirthschaftlichen Zwecken mit Wasser versorgt werden, so hat der Besitzer, wofern solchen Falls der Anschlussleitung nach dem Ermessen der Verwaltung eine grössere Weite zu geben ist, die dadurch entstehenden Mehrkosten zu erstatten und bei Ersatz der Anschlussleitung durch eine grössere den dadurch entstehenden Aufwand allein zu tragen. Wird der Anschluss eines Grundstücks, welches nicht unmittelbar an einem solchen Theile einer öffentlichen Strasse oder eines öffentlichen Platzes liegt, in den eine Hauptröhre des Wasserwerks gelegt worden, oder nicht mit einem Wohnhause bebaut ist, genehmigt, so hat der Anschluss in der Regel auf alleinige Kosten des Besitzers zu erfolgen. Soweit bei Fehlen einer öffentlichen Leitung die Anschlussleitung für ein Grundstück andere, nicht im Besitze der Stadtgemeinde befindliche Grundstücke berühren soll, hat der Besitzer des anzuschliessenden Grundstücks der Stadtgemeinde auf seine alleinigen Kosten auch das Recht zur Benutzung jener anderen Grundstücke für Herstellung und Unterhaltung der Leitung zu verschaffen.	

Tabelle IV. Hausleitungen.

No.	Stadt	Allgemeine Vorschriften, Ausführung, Unterhaltung, Benutzung etc.	Rohrmaterial	Prüfung
		13	14	15
1	Aachen . .	Die Herstellung und Unterhaltung der Hausleitung bleibt dem Abnehmer überlassen. Die Direction ist befugt, Revisionen von Kostenanschlägen und Rechnungen für Hausleitungen gegen eine Entschädigung von 6 resp. 4% der Kostenanschlags- resp. Baarsumme zu übernehmen. Alle nach Reservoiren geleiteten Speisungsröhren müssen oberhalb des Wasserspiegels einmünden. Mit Ausnahme des Hauptabsperrhahnes hinter dem Wassermesser darf an keiner Stelle der Privatleitung eine Absperrvorrichtung vorkommen und müssen alle Absperrungen durch Niederschraub-Hähne oder -Ventile hergestellt sein. Dampfkessel dürfen unter keinen Umständen, hydraulische Hebemaschinen und Motoren nur mit besonderer Genehmigung mit den Zuleitungsröhren in directe Verbindung gebracht werden. Die Direction des Wasserwerkes ist berechtigt und verpflichtet, in dringenden Fällen Reparaturen an Hausleitungen auszuführen nach folgenden Gebühren: 90 Pf. pro Stunde für den Ingenieur, 60 Pf. für den Werkmeister, 50 Pf. für den Rohrmeister, 30 Pf. für den Arbeiter.	Bleiröhren dürfen nur in folgenden Dimensionen und Gewichten zur Verwendung gelangen: 12 mm = 2,2 m 15 „ = 3,0 „ 20 „ = 3,8 „ 25 „ = 6,3 „ 30 „ = 7,5 „ 40 „ = 11,0 „ } pro lfd. m Gusseiserne Röhren müssen vor der Verwendung auf 18 Atmosphären geprüft sein.	Die Direction ist berechtigt, aber nicht verpflichtet, die Anlage der Hausleitungen zu prüfen; sie kann den Anschluss verweigern, wenn die Anlage nicht vorschriftsmässig ist. Die Hausleitungen werden auf 10 Atm. Wasserdruck geprüft. Die Prüfung ist zum erstenmale kostenfrei; für eine jedesmalige Wiederholung ist eine Gebühr von M 5 zu entrichten.
2	Altenburg	Es steht dem Konsumenten frei, sich sämmtliche Röhren und Zubehör der Hausleitung im Innern des Hauses oder Grundstücks, unter Aufsicht der Behörde, selbst zu beschaffen und legen zu lassen. Die Röhren sind, wo irgend möglich, an inneren Wänden und an in Winter warmen Räumen anzubringen; wo dies aber nicht geschehen kann und sie an die innere Seite einer Aussenwand gelegt werden müssen, ist es rathsam, sie wenigstens von der Wand zu isoliren. Die durch Dielen und Decken gehenden Stellen der Bleirohre sind zum Schutze gegen Ratten in eiserne Röhren einzuhüllen. Es dürfen durchweg nur Niederschraubhähne bester Construction mit Gummi- oder Kautschukdichtung angebracht werden. Am tiefsten Punkte jeder Steigleitung innerhalb des Hauses oder wenigstens der Einmündung der Zuleitung durch die Grundmauer möglichst nahe ist an einer geeigneten, leicht zugänglichen Stelle ein Abschlusshahn mit Entleerungsvorrichtung anzubringen. Eine direkte Verbindung des Röhrensystems mit Dampfkesselanlagen darf nicht stattfinden.	Die als Leitungsrohre zu verwendenden Bleiröhren müssen pro lfd. m wenigstens folgendes Gewicht haben: bei 12 mm Weite 2,12 kg „ 18 mm „ 4,13 „ „ 24 mm „ 5,69 „	Die Vollendung der Einrichtung einer Privatleitung ist behufs der Revision anzuzeigen und es darf letztere nicht eher in Gebrauch genommen werden, als bis solche geprüft und deren Benutzung gestattet worden ist.
3	Altenessen	Die Zapfhähne dürfen in keinem Falle an der Aussenseite des Hauses oder im freien Hofraume angebracht werden, sondern müssen sich stets innerhalb des Hauses oder des geschlossenen Hofes befinden, wo sie Unbefugten nicht zugänglich sind. Von jeder in der Leitung vorgefundenen Undichtigkeit, selbst wenn dieselbe den Hausbewohnern keinen Nachtheil bereitet, ist das Bürgermeisteramt sofort zu benachrichtigen.		
4	Altona . .	Die Einrichtungen innerhalb der Grundstücke können die Abnehmer von einem beliebigen Mechaniker unter Einverständniss und Controle der Verwaltung nach besonderen Vorschriften herstellen lassen, mit Ausnahme der Anbringung von Wassermessern, welche die Verwaltung, wenn es ihr passend erscheint, auf Kosten des Abnehmers selbst besorgen kann. Die Verwendung anderer als sogenannter Niederschraubhähne ist nicht gestattet. Ueber Ausnahmen siehe Abs. 7. Wenn das Wasser unmittelbar aus der Leitung in einen Wasserbehälter fliesst, welcher mit einem Ueberlaufe oder einem Abflussrohr versehen ist, so darf der Zufluss ausschliesslich nur durch einen selbstwirkenden und dichtverschliessenden Schwimmerhahn mit eingeschliffenem Metall- oder Lederventil und mit kupferner Schwimmkugel geschehen, und zwar muss das Zuflussrohr entweder über den Rand oder durch die Wandung des Behälters oberhalb des höchsten Wasserstandes eingeführt werden. Bei Versorgung durch einen Hochdruckmesser, vesgl. Tab. V, 16, ist die Aufstellung von Wasserbehältern, die mit einem Ueberlauf oder Abflussrohre versehen sind, nur gestattet, wenn der Zufluss durch einen besonders construirten, momentan öffnenden und schliessenden Schwimmerhahn (Vollstromhahn) geschlossen wird, welcher von der Verwaltung bezogen werden muss.	Zu den Leitungen dürfen nur starke Bleiröhren verwendet werden.	Durch Ausübung der ihr zustehenden Controlle übernimmt die Verwaltung keine Verantwortlichkeit hinsichtlich der Güte und Zweckmässigkeit der vorgenommenen Arbeiten, noch haftet sie für irgend welchen Schaden, der durch solche Anlagen oder in Folge derselben etwa entstehen sollte.

No.	Stadt	Allgemeine Vorschriften, Ausführung, Unterhaltung, Benutzung etc.	Rohrmaterial	Prüfung
		13	14	15
		Bezüglich der Construction der Wasserclosets empfiehlt es sich, solche Einrichtungen zu wählen, die ein fortwährendes Durchlaufen des Wassers verhindern. Ohne Anwendung eines Wassermessers sind Wasserclosette zur Versorgung nur dann zulässig, wenn die Spülung durch einen von der Verwaltung bezogenen Spülkasten geschieht, welcher für jede Benutzung ein ausreichendes Wasserquantum liefert, und sich durch ein Schwimmerventil genügend rasch wieder füllt, dagegen ein fortwährendes Durchlaufen des Wassers verhindert. Die Spülung kann durch Handzug an der Kette oder durch einen Handgriff im Sitzbrette in Thätigkeit gesetzt werden; eine Verbindung derselben mit dem beweglichen Sitzbrette ist nicht gestattet. Alle anders eingerichteten Closets, sowie alle Pissoiranlagen sind nur bei Zahlung des Verbrauchs nach Wassermesser zulässig. An jeder Leitung muss möglichst nahe an der Stelle, wo sie durch die Mauer in das Haus eintritt, ein Haupt-Absperrhahn zur Benutzung des Consumenten angebracht werden. Als solche dürfen weder eingeschliffene Conushähne, noch Niederschraubhähne mit einfachem Gummischeiben-Verschluss, sondern nur wirkliche Ventilhähne mit Leder-, Gummi- oder eingeschliffenen Metall-Ventilen verwendet werden. An einer passenden Stelle in der Nähe des Haupt-Absperrhahns ist zwecks Entleerung der Leitung eine Vorrichtung (Zapfhahn oder Auslassöffnung mit Schraubenverschluss) anzubringen. Wenn sich der baulichen Verhältnisse wegen der Absperrhahn zur Benutzung des Consumenten und ein Entleerungsablass für die Leitung im Innern des Gebäudes durchaus nicht anbringen lässt, so wird die Anwendung eines von der Verwaltung zu beziehenden eingeschliffenen Conushahnes mit Entwässerungsauslass gestattet, welcher in der Erde zwischen dem für die ausschliessliche Benutzung der Verwaltung vorbehaltenen Hauptabschlusse der Zuleitung und dem Gebäude zu setzen ist. Bei Besprengungseinrichtungen, Brunnen oder sonstigen dem Einfrieren ausgesetzten Anlagen, zu deren Abschluss und Entleerung solche selbstentwässernde Conushähne verwendet werden, dürfen dieselben stets nur diesem Zwecke dienen, während für die Benutzung des Wassers noch ein besonderer Hahn (Gartenhahn, Schlauchhahn, Zapfhahn u. s. w.) angebracht werden muss. Das Einfrieren der häuslichen Leitungsröhren im Winter und die Erwärmung des Wassers in denselben im Sommer muss durch zweckmässige Anlage und Bekleidung der Leitung verhindert werden, nicht aber durch fortwährenden Wasserdurchfluss. Die Anbringung von Zapfhähnen an der Strasse oder in offenen Höfen oder an sonstigen von der Strasse oder von Nachbargrundstücken zugänglichen Orten ist ohne Anwendung von Wassermessern in der Regel nicht gestattet. Wird eine solche Anlage wegen baulicher oder sonstiger besonderer Verhältnisse ausnahmsweise zugelassen, so ist dieselbe ganz nach Anweisung und unter Controle der Verwaltung und wenn sie an der Strasse liegt, nach den baupolizeilichen Vorschriften auszuführen.		
5	Annaberg	Die Kosten der Privatleitung hat der Antragsteller zu tragen; er kann die Leitung durch Unternehmer ausführen lassen, doch übernimmt auch die Verwaltung die Herstellung auf Kosten des Antragstellers.		
6	Apolda . .	Die Einrichtung und Unterhaltung der Wasserleitung innerhalb der Grundstücke und Gebäude vom Absperrventil an ist den Eigenthümern etc. überlassen, unterliegt aber nachstehenden Bestimmungen: Die Zuflussröhren müssen mit ununterbrochenem Gefälle nach dem Hauptabsperrventil hin möglichst frostfrei und mit solider Befestigung gelegt werden. Wo dieselben nicht im Boden liegen, sondern an Mauern entlang geführt werden, sind sie entweder in ausgestemmten, mit einem Brett verkleideten Nuthen unterzubringen, oder flach auf die Wand zu legen. In der Regel dürfen die in das Mauerwerk eingelassenen Röhren nicht verputzt werden. Alle Durchlauf- und Zapfhähne müssen Niederschraub-Ventilhähne mit Lederdichtung sein. Conus- oder Wirbelhähne sind nur für Entleerungsleitungen zulässig. Hausreservoire sind mit selbstthätig schliessenden Schwimmkugelhähnen zu versehen, und muss deren Zuleitung über dem höchsten Wasserspiegel des Behälters angebracht sein. Dampfkessel sind niemals unmittelbar an die Zuflussröhren anzuschliessen, sondern müssen durch Vermittelung eines Behälters aus der städtischen Wasserleitung gespeist werden.	Alle Zuflussleitungen bis zu 25 mm Durchmesser sind aus innen geschwefelten Bleiröhren herzustellen, welche einen inneren Druck von 12 Atm. Ueberdruck auszuhalten im Stande sind und die nachstehenden Gewichte pro lfd. m haben: bei 13 mm Weite 2,2 kg „ 20 „ „ 3,9 „ „ 25 „ „ 6,3 „ Alle Zuflussleitungen von mehr als 25 mm Weite sind aus gusseisernen, innen und aussen bestens asphaltirten Röhren herzustellen.	Der Gemeindevorstand behält sich das Recht vor, die Ausführung der Hauswasserleitungen zu überwachen, das zu verwendende Material zu prüfen und die fertigen Leitungen auf einen Druck von 12 Atm. zu pressen.

Tabelle IV. Hausleitungen.

No.	Stadt	Allgemeine Vorschriften, Ausführung, Unterhaltung, Benutzung etc.	Rohrmaterial	Prüfung
		13	14	15
7	Aschersleben	Die Beschaffung und Unterhaltung der Leitung im Innern des Grundstücks bleibt dem Eigenthümer überlassen. Die Privatleitungen werden von dem Strassenrohr durch einen Haupthahn abgeschlossen, welcher ausserhalb des Privatgrundstücks im Strassenterrain angebracht wird und welcher, abgesehen von Nothfällen z. B. Rohrbrüchen, Frostschäden u. s. w., nur von dem Beauftragten bes Magistrats geöffnet, gestellt oder geschlossen werden darf. Am tiefsten Punkte der Privatleitung innerhalb des Grundstücks und möglichst nahe der Grenze oder der Frontmauer ist ein Abschlusshahn mit Entleerungsvorrichtung anzubringen. Als Abzapfhähne dürfen nur Niederschraubhähne, nicht aber Wirbel- oder Conus-Hähne angewendet werden.		Der Magistrat ist berechtigt, die Leitung zu revidiren. Der Eigenthümer ist verpflichtet, den Beauftragten des Magistrats zu jeder Tageszeit den Zutritt zu gestatten.
8	Augsburg	Die Herstellung der Hausleitung bleibt der Privatindustrie überlassen. Die Hausleitung schliesst sich am Haupthahne an und besteht aus Druck- und Steigrohr mit den Nebenleitungen und dem Ablaufrohr. Das Druckrohr hat, solange Nebenleitnngen von denselben abzweigen, mind. 20 mm Durchm. zu erhalten; Nebenleitungen sind bis zu 10 mm zulässig; Ablaufrohre dürfen unter 40 mm Weite nicht verwendet werden. Die Hausleitung hat das Gefälle nach dem Haupthahnen zu erhalten. Wenn bei ständig laufendem Wasser dasselbe an mehreren Stellen zum Auslaufe kommen soll, so ist an jedem Auslaufe ein mit entsprechender Bohrung versehenes Mundstück anzubringen, durch welches die Vertheilung der an den einzelnen Stellen zum Auslaufe kommenden Wassermengen regulirt werden kann. Es ist aber auch gestattet, an den einzelnen Ausläufen Verschlusshahnen anzubringen, um eine grössere Wassermenge sofort zu haben; in diesem Falle ist jedoch am Ende der Druckleitung ein Reservoir nöthig, welches einen Rauminhalt von mind. 100 l haben muss, und gegen Frost zu sichern ist. Der Zufluss des Druckrohres darf keine Verschlussvorrichtung haben und muss am Reservoirboden einmünden; in demselben ist ferner ein Ueberlaufrohr anzubringen. Wo bei einer Druckleitung das Reservoir nicht nöthig ist, empfiehlt es sich, an deren Ende einen kleinen Windkessel anzubringen. Wenn Verschlusshahnen an der Druckleitung angebracht werden, so sind nur Niederschraub- oder Ventilhahnen zu verwenden.	Als Material für die Druckleitungen im Innern der Gebäude sind galvanisch verzinkte, schmiedeiserne oder für grössere Wassermengen gusseiserne Röhren zu verwenden. Zu Leitungen, welche in die Erde gelegt werden, dürfen ausnahmsweise auch entsprechend starke, mit einem innern Ueberzug von Schwefelblei versehene Bleiröhren verwendet werden. Zu den Ablaufröhren können Röhren aus Kupfer, Gusseisen, Schmiedeeisen, Blei oder Thon benutzt werden.	Die vollendete Anlage wird einer amtlichen Revision unterzogen und die ganze Druckleitung einem Probedrucke von 15 Atm. unterworfen. Hierbei hat der ausführende Techniker zugegen zu sein und den nöthigen Probeapparat, sowie das Personal zu liefern. Eine Gewähr für die dauernde Tüchtigkeit der geprüften und genehmigten Privatanlagen wird von der Stadtgemeinde nicht übernommen.
		Die Hausleitungen sind dadurch gegen Frost zu schützen, dass sie durch frostfreie Räume geführt oder mit einem schlechten Wärmeleiter umgeben werden. Bei strenger Kälte ist die Leitung während der Nacht durch den am Haupthahnen befindlichen Entleerungshahnen zu entleeren. Dampfkessel dürfen mit der Privatleitung nicht in unmittelbare Verbindung gesetzt werden. Wasserclosets dürfen nur dann angeschlossen werden, wenn dieselben in ihrer Construction Schutz gegen die schädlichen Einflüsse der Wasserstösse gewähren und bei jeder Benützung nur eine bestimmte Wassermenge brauchen. Feuerhähne erfordern ein vor dem Haupthahnen abzweigendes und mit einem Absperrhahne versehenes Druckrohr. Jeder Abnehmer ist verpflichtet, das gesammte Abwasser seiner Leitung in denjenigen Strassen, in denen sich ein öffentlicher Canal befindet, auf eigene Kosten unter Einhaltung der betreffenden Vorschriften einzuleiten. Befindet sich kein Canal in der Strasse, so ist ein Versitzschacht anzulegen, und in diesem Falle ist die Verbindung von Closets und Urinals mit der Abwasserleitung verboten. Wird aber in einer Strasse ein Canal erbaut, so sind alle Abnehmer zum Anschlusse ihrer Hausleitungen verpflichtet und sind die Versitzschächte zu entfernen. Ist weder ein Canal noch ein Versitzschacht vorhanden, so kann das Wasser in Strassenrinnen abgeleitet werden und wird bei eintretendem Froste in diesem Falle die Wasserleitung des betreffenden Hauses gesperrt.		

No.	Stadt	Allgemeine Vorschriften, Ausführung, Unterhaltung, Benutzung etc.	Rohrmaterial	Prüfung
		13	14	15
9	Bamberg .	Zur Herstellung von Wasserleitungs-Einrichtungen im Innern der Privatgrundstücke bis zu den sämmtlichen Abschlusshähnen und mit Einschluss dieser, ist nur das Wasserwerk berechtigt, welches solche nach möglichst billigen Einheitssätzen ausführen wird. Ebenso geschieht die Unterhaltung Seitens des Wasserwerks auf Kosten des Abnehmers. Alle Leitungen sind so anzulegen, dass sie leicht zugänglich und vor dem Einfrieren nach bester Möglichkeit geschützt sind, auch von aussen nicht beschädigt werden können. Die Röhren sind, soweit sie in die Erde gebettet werden, mindestens 1,5 m unter die Oberfläche zu legen. Steigrohre und Abzweigrohre der Hausleitungen müssen möglichst durch frostfreie Räume geführt, und wo dies nicht geschehen kann, nach Umgebung mit einem schlechten Wärmeleiter (Filz, Schlackenwolle u. dgl.) an den inneren Wänden der Häuser angebracht werden. Bei Eintritt von Frostwetter sind die Leitungen Abends für die Dauer der Nacht zu entleeren und bei sehr heftiger und anhaltender Kälte empfiehlt es sich, die Leitungen auch in den Früh- und Nachmittagsstunden entleert zu halten. Sämmtliche Röhren müssen, damit sie vollständig entleert werden können, ein ununterbrochenes Gefälle nach dem Haupthahnen hin erhalten, der entweder gleichzeitig als Ablasshahn für die Hauptleitung dienen kann, oder bei welchen ein besonderer Ablasshahn anzubringen ist. Die Zuleitungs- und Steigröhren müssen, so lange als Nebenleitungen von denselben abgezweigt werden, eine lichte Weite von mindestens 15 mm haben. Die Verwendung von Röhren mit grösserer Lichtweite bleibt der Wahl der Abnehmer überlassen. Alle Hähne der Leitung, vom Haupthahnen ab, dürfen nur Niederschraubhähne oder Doppelsitz-Ventilhähne sein. Die Zapfhähne müssen stets einen kleineren Querschnitt haben, als die Zuleitungsrohre, von denen sie gespeist werden. Wasserleitungs-Vorrichtungen für Gärten, Gewächshäuser, Mistbeete, welche Gewächshäusern überall gleichgeachtet werden, Springbrunnen und dergl. dürfen von der Privatleitung erst hinter dem Haupthahnen abgezweigt werden, müssen mit besonderer Absperr- event. Leerlaufs-Einrichtung versehen sein und zur Frostzeit ausser Gebrauch gesetzt werden. Die Anlage besonderer Wasserbehälter in den Häusern ist bei Abnehmern ohne Messung nicht statthaft und auch für die Abnehmer nach Wassermessern nur dann zulässig, wenn die Nothwendigkeit für eine solche Anlage von der Wasserwerks-Verwaltung anerkannt ist. Nothwendig wird der Wasserbehälter bei Verwendung des Wassers zur Speisung von Dampfkesseln; dieselben dürfen auf keinen Fall eine unmittelbare Verbindung mit den Zuleitungsröhren der Wasserleitung haben. An jedem Behälter muss solchenfalls ein vor Ueberfüllung schützendes (selbstschliessendes), dem betreffenden Druck der Leitung angemessenes Schwimmerventil angebracht sein. Wasserclosets und Pissoirs dürfen nur dann unmittelbar mit der Privatleitung in Verbindung gesetzt werden, wenn sie mit einer genügenden Vorrichtung	Zu den Leitungen in den Häusern dürfen bis zu einer lichten Weite von 30 mm nur Röhren von bestem Blei verwendet werden, welche im Interesse der Gesundheit mit einem inneren Ueberzug von Schwefelblei versehen sein müssen. Für Leitungen von mehr als 30 mm Durchmesser sind nur Röhren aus innen und aussen lackirten Gusseisen zulässig. Schmiedeiserne und bleierne Röhren ohne Ueberzug, sowie verzinnte Bleiröhren sind unzulässig. Sollten andere hier nicht bezeichnete Röhrenmaterialien sich zweckentsprechend erwiesen haben, so wird das Wasserwerk auch solche in Anwendung bringen. Sämmtliche Röhren müssen einem dauernden inneren Drucke von 20 Atm. widerstehen.	

No.	Stadt	Allgemeine Vorschriften, Ausführung, Unterhaltung, Benutzung etc.	Rohrmaterial	Prüfung
		13	14	15
		gegen die schädliche Einwirkung der Stösse versehen, und so construirt sind, dass bei jeder Benützung nur eine bestimmte, zu einer kräftigen Spülung hinreichende Wassermenge verwendet wird. Closet- und dergl. Einrichtungen, welche ein fortwährendes Spülen möglich machen, dürfen nur bei Leitungen mit Wassermessern angebracht werden. Wasserausläufe in Waschküchen und Höfen sind mit verschliessbaren Kappen zu versehen, zu denen jeder Abnehmer, welcher zu ihrer Benutzung berechtigt ist, einen Schlüssel erhält. Vor erfolgter Uebergabe einer Privatleitung an den Abnehmer, darf dieselbe nicht in Gebrauch genommen werden. An den einmal eingelegten Röhren und Apparaten und den getroffenen Einrichtungen dürfen nur von Seite des Wasserwerkes Veränderungen oder Ausbesserungen vorgenommen werden. Die Inhaber der Leitung haben für deren tadellosen Instandhaltung zu sorgen und sind verpflichtet, etwaige Beschädigungen und Undichtigkeiten sofort bei der Wasserwerks-Verwaltung behufs Ausbesserung anzuzeigen, auch wenn ihnen selbst durch die Verletzung der Leitung kein Nachtheil erwächst.		
10	Barmen .	Alle Vorschriften der Verwaltung für die Ausführung von Privatleitungen ist der Besitzer der Privatleitung zu befolgen verpflichtet. Die Herstellung der Privatleitungen im Innern der Grundstücke und Gebäude kann sowohl von der Verwaltung besorgt, als auch denjenigen sachverständigen Gewerbetreibenden übertragen werden, welche von der Wasserwerks-Verwaltung zu solchen Ausführungen zugelassen sind. Von allen neuen Anlagen, Erweiterungen und Veränderungen an den Hausanlagen hat der Installateur dem Wasserwerk Anzeige zu machen. Die Privatleitungen müssen sowohl in der Erde als in den Gebäuden so angelegt werden, dass das Wasser in ihnen nicht gefrieren kann und dass sie bei Reparaturen und Veränderungen entleert werden können. Zu diesem Zweck soll in jeder Leitung an der tiefsten Stelle ein Entleerungshahn angebracht, bezw. der Absperrhahn mit einer Entleerungsvorrichtung versehen werden. Auch dürfen die Leitungen keine Wassersäcke haben. Zur Entnahme des Wassers an den verschiedenen Verbrauchsstellen können nur solche Zapfhähne zugelassen werden, welche sich allmählich öffnen. (Niederschraubhähne, Ventilhähne und Wasserschieber). Die unmittelbare Speisung von Dampfkesseln aus der Privatleitung ist nur dann gestattet, wenn ausser dem vorschrifts mässigen Rückschlag-Ventil am Kessel noch in der Speiseleitung ein zweites Rückschlags-Ventil eingeschaltet ist.	Die zu den Privatleitungen zu verwendenden Bleiröhren sollen aus doppelt raffinirtem Blei mit durchaus gleichmässigen Wandungen hergestellt sein und müssen mindestens folgende Wandstärken haben: Lichtweite bei 13 mm 4 mm „ 20 „ 4,5 „ „ 25 „ 5 „ „ 30 „ 6 „	Alle Privatleitungen werden, ehe sie mit dem Strassenrohr in Verbindung gesetzt werden, mit einem Wasserdruck von 15 Atmosphären auf ihre Haltbarkeit geprüft. Der Besichtigung und Druckprobe der von einem Installateur ausgeführten Privatleitung, welche vom Wasserwerk vorgenommen wird, hat er beizuwohnen und erhält, falls die Probe zufriedenstellend ausgefallen ist, eine Bescheinigung darüber. Andernfalls darf die Leitung nicht eher dem Betriebe übergeben werden, bis nach ihrer Verbesserung eine erneute Probe die völlige Brauchbarkeit und Sicherheit der Leitung dargethan hat. Die zweite Probe und die ferneren Untersuchungen finden auf Kosten des Installateurs statt.
11	Basel . . .	Die Einrichtungen im Innern der Grundstücke 1 Meter vom Wassermesser an gerechnet werden dem freien Ermessen der Abonnenten überlassen. Sie sollen möglichst frostfrei angelegt und so beschaffen sein, dass sie einen Druck von 120 m Wassersäule aushalten. Für unbehinderten Ablauf des Wassers hat der Abonnent zu sorgen.		

Tabelle IV. Hausleitungen.

No.	Stadt	Allgemeine Vorschriften, Ausführung, Unterhaltung, Benutzung etc.	Rohrmaterial	Prüfung
		13	14	15
12	Bautzen	Die Herstellung der Wasserleitung innerhalb der Grundstücke und Gebäude — Privatleitung — ist den Eigenthümern des Grundstücks bezw. den Miethern oder Pächtern zu überlassen mit alleiniger Ausnahme derjenigen Leitungsstrecke, welche von der Grundstücksgrenze ab bis zum Wassermesser liegt und deren Herstellung einschliesslich der Aufstellung des Wassermessers auf Kosten des Antragstellers von der Verwaltung auszuführen ist. Um unbemittelten Hausbesitzern die Herstellung der Wasserleitung zu erleichtern, kann die Stadtgemeinde denselben auf Ansuchen die Anschlussleitung und die Privatleitung verlagsweise herstellen lassen und die Bezahlung des dadurch entstandenen Aufwandes gegen Verzinsung desselben und gegen Sicherstellung gestunden. Bis zur völligen Erstattung des Herstellungsaufwandes bleibt die Stadtgemeinde Eigenthümerin der von ihr hergestellten Privatleitung. Die Stadtgemeinde ist berechtigt, diese Leitung zu schliessen oder vorbehältlich des Ersatzanspruchs für die Herstellungskosten ganz wieder wegzunehmen, wenn der betreffende Hausbesitzer mit der Erstattung des Aufwandes säumig ist. In den Grundstücken darf das innere Absperrventil nie theilweise geöffnet sein; es muss entweder ganz offen oder ganz geschlossen gehalten werden. Die Auslaufhähne dürfen nie offen stehen bleiben, dieselben müssen vielmehr nach jedesmaligem Gebrauche sofort wieder geschlossen werden. Jeder Besitzer einer Privatleitung ist verpflichtet, dieselbe innerhalb der Grenze seines Grundstücks auf seine Kosten stets in gutem Stande zu erhalten und sie namentlich auch vor Frost genügend zu schützen. Jeder an der Privatleitung, wie den Leitungsrohren, den Absperrventilen, den Abzapfhähnen oder sonst an der Privatleitung entstandene Schaden, er möge zum Nachtheil der Wasserabnehmer oder des Wasserwerks sein, ist von dem Besitzer der Privatleitung unverzüglich wieder auszubessern, im Falle einer Behinderung aber sofort Anzeige an die Verwaltung zu erstatten.		Nach Fertigstellung der Anschlussleitung und der Privatleitung wird diese Anlage von der Verwaltung geprüft und die Genehmigung zur Ingebrauchnahme dem Abnehmer angezeigt. Erst wenn dies geschehen, darf die Privatleitung in Benutzung genommen werden.
13	Bayreuth .	Die Leitungen im Innern des Hauses, deren Herstellung dem Hauseigenthümer überlassen wird, müssen von dem Letzteren in gutem Stande erhalten werden. Alle von dem Rohrsystem der öffentlichen Wasserleitung nach Reservoirs geleiteten Speisungsröhren müssen oberhalb des Wasserspiegels des Reservoirs einmünden, so dass das einmal in die Reservoirs geflossene Wasser nicht wieder in die Zuleitungsröhren resp. in das Rohrsystem zurücktreten kann. Zum Abschliessen des Wasserzuflusses zu Reservoirs, sowie als Abzapf- und Durchlasshähne, gleichviel wo dieselben angebracht werden, dürfen nur Hähne in Verwendung kommen, welche ohne Rückschlag schliessen. Dampfkessel dürfen unter keinen Umständen, hydraulische Hebemaschinen und Motoren nur mit besonderer Genehmigung des Stadtmagistrats mit den durch die städtische Wasserleitung gespeisten Zuleitungsröhren in directe Verbindung gebracht werden.		
14	Bergedorf	S. Tab. III.		

No.	Stadt	Allgemeine Vorschriften, Ausführung, Unterhaltung, Benutzung etc.	Rohrmaterial	Prüfung
		13	14	15
15	Berlin. . .	Die Hauptleitungsröhren im Innern der Grundstücke müssen eine ihrer eigenen Länge, der Grösse des Consums, bezw. dem Durchmesser und der Anzahl der Ausflusshähne (Oeffnungen) entsprechende Weite haben. Als Regel gilt hierbei, dass bei einer Länge des horizontalen Hauptzuführungsrohres von unter 30 m und Anlage von weiten Zapfhähnen ein Hauptrohr von mind. 1 bis 20 Stück 10 bis 20 mm 25 mm Durchm. 20 „ 40 „ „ „ „ „ 30 „ „ 40 „ 60 „ „ „ „ „ 40 „ „ über 60 „ „ „ „ „ 50 „ „ angewendet werden muss, wobei 1 Closethahn . . . . gleich 2 Zapfhähnen, 1 Pissoir für den Stand „ 2 „ 1 Badewanne . . . . „ 1 Zapfhahn, 1 Waschtischhahn . . „ 1 „ gerechnet werden soll; Schwimmkugelhähne, Springbrunnen etc. werden nach besonderer Abschätzung in Anschlag gebracht. Beträgt die Länge des in der Erde liegenden Theils des Zuführungsrohres mehr als 30 m, so darf dieses Rohr überhaupt nicht unter 40 mm Weite haben. Für grössere Einrichtungen, insbesondere zu gewerblichen Zwecken, wird die erforderliche Mindestweite der Hauptröhren, in jedem einzelnen Falle durch die Direction bestimmt. Es steht dem Consumenten frei, grössere als die vorgeschriebenen Mindestweiten zur Anwendung zu bringen. Alle von dem Rohrsystem der Wasserwerke nach Reservoirs geleiteten Speisungsröhren müssen oberhalb des Wasserspiegels des Reservoirs in dieselben einmünden. Zum Abschliessen des Wasserzuflusses zu Reservoirs, sowie als Abzapf- und Durchlasshähne, gleichviel ob dieselben in Küchen oder Wohnungen, oder in Gärten, auf Höfen, in Fabriken, oder sonstwo angebracht werden, dürfen nur Hähne verwendet werden, welche ohne Rückschlag schliessen. Dampfkessel dürfen unter keinen Umständen, hydraulische Hebemaschinen und Motoren nur mit besonderer Genehmigung der Direction mit den durch die Wasserwerke gespeisten Zuleitungsröhren in unmittelbare Verbindung gebracht werden.	Die Wandstärke der im Innern der Häuser oder Grundstücke als Zuleitungsröhren zu verwendenden Bleiröhren ist dem Ermessen des Hausbesitzers überlassen. Es wird jedoch dringend empfohlen, nur Röhren zu verwenden, welche mindestens nachstehendes Gewicht haben: Durchluss pro m Bleirohr mit 12 mm 2,2 kg „ „ 20 „ 3,8 „ „ „ 25 „ 6,3 „ „ „ 30 „ 7,5 „ „ „ 40 „ 11,0 „ Die zu verwendenden gusseisernen Röhren müssen nach der als die beste anerkannten Methode asphaltirt sein. Schmiedeeisernes Rohr darf in keinem Falle zur Anwendung kommen.	
16	Bern . . .	Die Einrichtungen in seinem Privatgrundbesitz hat der Abonnent auf eigene Kosten herzustellen und zu unterhalten. Zu diesem Zwecke wird die Direction anerkannte, für ihre Arbeiten verantwortliche Techniker autorisiren und die nöthige Controle ausüben. Wo die Einrichtungen nicht durch solche autorisirte Techniker instructionsgemäss ausgeführt worden sind, wird kein Wasser abgegeben. Auf Verlangen werden auch durch die Verwaltung Privateinrichtungen ausgeführt. Die Privatleitung schliesst sich an der Grenze des Grundbesitzes an die Zuleitung aus dem Hauptrohr an. Ausser einem Abschlusshahn der Gesammtleitung soll an der tiefsten Stelle derselben eine Entleerungsvorrichtung angebracht werden. Kaliberhähne und Wassermesser, seien dieselben auf Privatgrundbesitz oder auf öffentlichem Boden angebracht, sind nur den Beamten und Angestellten der Verwaltung zugänglich, und werden von dieser unterhalten. Die Leitungen im Erdboden sollen hinreichend tief und in der Weise in die Häuser geführt werden, dass sie möglichst vor Einfrieren geschützt bleiben. Directe Speisungen von Dampfkesseln mit Hochdruckwasser sind nach besonderer Genehmigung und so einzurichten, dass der Verwaltung in keiner Weise ein Nachtheil erwachsen kann.		Die Abgabe des Wassers in Privatleitungen kann verweigert werden, bis die Direction die Einrichtung in allen Theilen geprüft und gut befunden haben wird.

<table>
<tr><th>No.</th><th>Stadt</th><th>Allgemeine Vorschriften, Ausführung, Unterhaltung, Benutzung etc.</th><th>Rohrmaterial</th><th>Prüfung</th></tr>
<tr><td></td><td></td><td>13</td><td>14</td><td>15</td></tr>
<tr>
<td>17</td>
<td>Bernburg</td>
<td>Nach geschehener vorschriftsmässiger Anmeldung und nach Feststellung der Tarifsätze sowie Revision der Hausleitung, vergl. Sp. 15, erfolgt die Verbindung derselben mit dem Privathaupthahn allein von Seiten der Wasserwerks-Verwaltung.
Von Undichtigkeiten an den Hausanlagen hat der Besitzer der Privatleitung der Verwaltung unverzüglich Anzeige zu machen und für die sofortige Reparatur dieses Fehlers zu sorgen; er ist für jede Beschädigung der von der Stadt in seinem Gebäude hergestellten Leitung, Hähnen etc. verantwortlich.
Die Leitungen und Auslassvorrichtungen sollen im Freien mindestens 1,5 m tief gelegt werden, bis auf Leitungen in Gärten etc., welche im Winter ganz abgestellt und entleert werden können.
In Gebäuden sollen die Leitungen weder an Frontmauern noch an solche Wände verlegt werden, welche der directen Einwirkung des Frostes ausgesetzt sind, sondern an Zwischenwänden und durch solche Räume, in welchen das Einfrieren nicht zu erwarten ist. Wo eine solche Leitung durchaus nicht zu vermeiden ist, soll an dem Rohr an einer Stelle, wo es noch frostfrei liegt und ehe es in die kalten Räume eintritt, eine leicht zugängliche Abstell- und Entleerungsvorrichtung angebracht werden.
Umhüllung der Röhren ist als ausreichender Schutz vor dem Einfrieren nicht anzusehen.
Alle Leitungen sollen der Art steigend gelegt werden, dass es möglich wird, mittelst einer oder mehrerer Entleerungs-Vorrichtungen alles Wasser aus den Leitungen zu entfernen.
Zum Abzapfen des Wassers dürfen nur Niederschraubhähne zur Anwendung kommen.
Directes Speisen von Dampfkesseln aus der Leitung des Wasserwerks ist nicht gestattet.
Sämmtliche Verschluss-Vorrichtungen sollen sich mit Drehung von Links nach Rechts schliessen, mit Drehung von Rechts nach Links öffnen und leicht zugänglich sein.
Unter jedem Auslasshahn resp. seiner Ausflussöffnung in den Gebäuden soll sich ein Ablass befinden, welcher im Stande ist, so viel Wasser abzuführen, als durch den vollständig geöffneten Hahn zufliessen kann.
Closetventile dürfen nur dann direct mit der Leitung in Verbindung gebracht werden, wenn sie keinen erheblichen Stoss beim Fallen des Hebels verursachen.
Beträgt der Stoss beim Schliessen irgend welcher eingeschalteter Apparate in einer Privatleitung mehr als 2 Atm., so ist die Verwaltung berechtigt, die sofortige Entfernung dieser Theile zu verlangen.
Soll das Wasser nicht bloss zu gewöhnlichen Hauswirthschaftszwecken, sondern für Closets, Pissoirs und Badestuben mit besonderen Ein- und Auslassvorrichtungen, oder in Gärten und Gewächshäusern und zu Springbrunnen oder zu gewerblichen Zwecken verwendet werden, so ist in mindestens 1 m Entfernung hinter dem Privathaupthahne eine Abzweigung für diese Zwecke mit besonderem Abstellhahn anzubringen und hinter Letzterem das Rohr zwecks event. Einschaltung eines Wassermessers mindestens 1 m lang ohne weiteren Abzweig zu lassen, damit in diesem Zwischenraum ein Wassermesser angebracht werden kann.</td>
<td>Insoweit das Wasser den Zwecken des Genusses für Menschen dienen soll, dürfen zu dessen Leitung nur solche Röhren verwendet werden, welche keinen schädlichen Einfluss auf die Qualität des Wassers ausüben. Dazu gehören gezogene Zinnröhren mit Bleimantel, kupferne und schmiedeeiserne Röhren mit guter Verzinnung oder Emaillirung, sowie gusseiserne asphaltirte Röhren. Gewöhnliche Bleiröhren sind nur da gestattet, wo das aus ihnen zu entnehmende Wasser anderen Zwecken als dem Genusse dient.
Sämmtliche Röhren und übrigen Theile der Leitungen müssen eine solche Stärke besitzen, dass dieselben einer Probe von mindestens 8 Atm. ohne bleibende Formveränderung widerstehen.
Als Mindestgewichte der zu verwendenden Röhren werden bestimmt:
Bei Zinnrohr mit Bleimantel für den lfd. m
<table>
<tr><th>lichte Weite mm</th><th>Gewicht kg</th></tr>
<tr><td>13</td><td>2,50</td></tr>
<tr><td>15</td><td>3,00</td></tr>
<tr><td>20</td><td>4,50</td></tr>
<tr><td>25</td><td>6,00</td></tr>
<tr><td>30</td><td>7,50</td></tr>
</table>
Bei diesen Röhren soll die Zinnstärke nicht unter 1/2 mm betragen, auch soll das Zinn mit dem Blei derartig verbunden sein, dass beide Metalle selbst bei mehrmaligem Verbiegen des Rohres sich nicht von einander abtrennen.
Bei gewöhnlichem Bleirohr für den lfd. m
<table>
<tr><th>lichte Weite mm</th><th>Gewicht kg</th></tr>
<tr><td>13</td><td>3,00</td></tr>
<tr><td>15</td><td>3,50</td></tr>
<tr><td>20</td><td>5,00</td></tr>
<tr><td>25</td><td>6,50</td></tr>
<tr><td>30</td><td>8,00</td></tr>
</table>
Bei schmiedeeisernen Röhren ist es der ungleichmässigen Qualität wegen dem Unternehmer überlassen, passende Stärken zu wählen und sollen dieselben dann zugelassen werden, wenn sie die vorgeschriebene Druckprobe aushalten.
Die Verwendung gusseiserner asphaltirter Röhren darf von 100 mm lichter Weite abwärts und in den Dimensionen von 80, 60, 50 mm erfolgen, unter 50 mm l. W. sind solche nicht zulässig.
Als Mindestgewichte der gusseisernen Röhren pro lfd. m werden bestimmt:
<table>
<tr><th>lichte Weite mm</th><th>Gewicht kg</th></tr>
<tr><td>50</td><td>12</td></tr>
<tr><td>60</td><td>15</td></tr>
<tr><td>80</td><td>20</td></tr>
<tr><td>100</td><td>25</td></tr>
</table></td>
<td>Die Einleitung des Wassers erfolgt nicht eher, bevor nicht durch die Beamten die Leitung geprüft, als vorschriftsmässig hergestellt befunden und der nöthigen Druckprobe unterworfen worden ist.
Für jede beantragte oder sich als nothwendig herausstellende Revision einer Privatleitung sind zu entrichten M 2, für jede Probe und Abnahme M 3.
Für das jedesmalige Schliessen des städtichen Abschlusshahnes sind M 0,50 und ebensoviel für das Wiederöffnen desselben zu entrichten.</td>
</tr>
</table>

Tabelle IV. Hausleitungen.

No.	Stadt	Allgemeine Vorschriften, Ausführung, Unterhaltung, Benutzung etc.	Rohrmaterial	Prüfung
		13	14	15
18	**Bielefeld** .	Vor Beginn der Einrichtung hat der Unternehmer derselben bei dem Wasserwerke Anzeige zu machen und eine Zeichnung oder Skizze der Einrichtung zur Prüfung vorzulegen. Aus denselben müssen die Abmessungen der Röhren nach Länge und Durchmesser, ihre Lage, die Art der Hähne, Ventile und Apparate, sowie die Stelle, an welcher sie verwendet werden, genau zu ersehen sein. Wer an der inneren Leitung, d. h. hinter dem Haupthahn, Röhren neu anlegen, oder vorhandene Röhrenleitungen verändern lassen will, muss solches der Verwaltung anmelden. Die Beschaffung der Hähne, Ventile, Apparate, Röhren etc. ist jedem Unternehmer freigestellt, doch müssen alle diese Theile nach Form, Gewicht, Ausführung und Güte des Stoffes denjenigen Mustern genau entsprechen, welche von der Verwaltung vorgeschrieben und von derselben zur Ansicht ausgelegt worden sind. Alle Hähne der Leitung vom Hauptabsperrhahne ab dürfen nur Niederschraubventile oder Doppelsitzventile sein, deren Ventilkegel durch Mitnehmer an der Spindel befestigt sind. Alle Leitungstheile müssen durch abgeschlossene, frostfreie Räume geführt und, wo dies nicht möglich ist, nach Umgebung mit einem schlechten Wärmeleiter und Holzcanal an den inneren Wänden der Häuser angebracht werden. Die Röhren sind, soweit sie ausserhalb des Hauses in die Erde gebettet werden, mindestens 1,5 m unter die Oberfläche zu legen. Leitungen nach Hofzapfstellen müssen besondere Abstell- und Entleerungsvorrichtungen haben. Zur Verminderung der die Anlagen schädigenden Rückstösse in den Leitungen ist an dem obersten Theile des Steigrohres ein Windkessel anzubringen oder das Steigrohr entsprechend zu verlängern. Nach Mansarden und Dachstockwerken kann unterhalb des Windkessels im vorhergehenden Stock abgezweigt werden. Bei Wasseranlagen in Häusern, welche mehrere Miethwohnungen enthalten, ist dicht am gemeinschaftlichen Steigrohre für jede betreffende Nebenleitung ein Haupthahn von gleichem Querschnitt der Abzweigung anzubringen, sodass die Ausscheidung jeder einzelnen Miethabtheilung von der Wasserversorgung möglich wird, und müssen diese Absperrhähne mit abnehmbarem Rädchen oder mit einer Vorrichtung zur Anlegung einer Plombe versehen sein. Wasserleitungsvorrichtungen für Gärten, Springbrunnen und dergleichen dürfen von der Privatleitung erst hinter dem Haupthahne abgezweigt werden, müssen je mit besonderer Absperr-, nöthigenfalls auch Leerlaufs-Einrichtung versehen sein und zur Frostzeit ausser Gebrauch gesetzt werden. Die Tieflage für diese Leitung beträgt mindestens 1 m. Bei besonderen Wasserbehältern in den Häusern muss der Einlauf über den Überlauf gesetzt werden. Auch sind solche Wasserbehälter mit einem selbstschliessenden Schwimmkugelventile zu versehen. Badeeinrichtungen, deren Zuleitung durch den Ofen in die Seitenwand der Wanne einmündet, oder Brausen mit kaltem oder warmem Wasser, müssen 30 cm über dem höchsten Punkt des Warmwasserrohrs hinter dem Abstellventil ein Luft- und ein Rückschlagventil erhalten. Badeeinrichtungen, deren Ausflussstellen oberhalb der Wanne liegen und keine Brausen mit Kalt- oder Warmwasserzuleitung haben, müssen über dem Ofen an dem höchsten Punkte der Kalt- und Warmwasserzuführung Luftrohre aufgesetzt erhalten. Der Auslauf muss in diesem Falle mindestens 10 mm über der Wanne und 100 mm unter dem Durchgangsventil des kalten Wassers liegen. Closets dürfen mit der Druckleitung nicht in unmittelbare Verbindung gebracht werden und müssen so eingerichtet sein, dass bei jeder Benutzung nur eine Wassermenge von höchstens 3 l zur Verwendung kommt. Für Pissoirs und Waschtische etc. muss der Einlauf stets oberhalb der Gefässwand liegen. Bei Latrinen gilt die Bestimmung wie bei Wasserbehältern mit Ueberlauf.	Alle Röhren bis zu einer Lichtweite von 30 mm müssen aus bestem Blei bestehen und innen mit einem Ueberzuge von Schwefelblei versehen sein. Für Leitungen von mehr als 30 mm Lichtweite dürfen nur Röhren aus innen und aussen lackirtem Gusseisen verwendet werden. Schmiedeeiserne und bleierne Röhren ohne Schwefelbleiüberzug, sowie verzinnte Bleiröhren sind für directe und Trinkwasser-Leitungen unzulässig. Sämmtliche Röhren müssen einem dauernden innern Drucke von 20 Atm. widerstehen und die geschwefelten Bleiröhren mindestens folgende Gewichte pro lfd. m haben: Lichter / Aeusserer Durchm. / Gewicht 10 mm / 18 mm / 2,0 kg 13 „ / 22 „ / 3,0 „ 20 „ / 30 „ / 4,5 „ 25 „ / 37 „ / 6,65 „ 30 „ / 45 „ / 10,0 „	Nach Vollendung der Einrichtung einer Privatleitung wird dieselbe in Gegenwart des ausführenden Unternehmers von einem Beauftragten der Verwaltung auf ihre vorschriftsmässige Ausführung untersucht und unter Anwendung von 20 Atm. Wasserdruck auf ihre Dichtigkeit geprüft. Den Probeapparat hat der Unternehmer bereit zu halten. Jede sich hierbei zeigende Undichtigkeit oder vorschriftswidrige Ausführung überhaupt ist sofort zu verbessern. Erst wenn die ganze Anlage genehmigt ist und der Besteller seine Verbindlichkeiten gegen die Verwaltung erfüllt hat, kann die Entnahme beginnen. Eine Gewähr für die dauernde Tüchtigkeit der genehmigten Privatanlagen übernimmt die Verwaltung durch die Prüfung nicht.

No.	Stadt	Allgemeine Vorschriften, Ausführung, Unterhaltung, Benutzung etc.	Rohrmaterial	Prüfung
		13	14	15
		Die unmittelbare Speisung von Dampfkesseln aus der Privatleitung ist nur dann gestattet, wenn ausser dem vorschriftsmässigen Rückschlagsventile am Kessel in der Speiseleitung noch ein zweites Rückschlagsventil eingeschaltet ist. Die Inhaber der Leitungen haben für deren tadellose Instandhaltung zu sorgen und sind verpflichtet, etwaige Beschädigungen und Undichtigkeiten sofort ausbessern zu lassen, auch wenn ihnen selbst durch die Verletzung der Leitung kein Nachtheil erwächst.		
19	**Bochum** .	Die Beschaffung und Instandhaltung der ganzen Privat- resp. Hausleitungseinrichtung ist lediglich Sache des Abnehmers, doch ist derselbe hierbei an nachstehende Vorschriften gebunden: Die Privatleitungen müssen in allen ihren Theilen den Druck einer Wassersäule von 200 m Höhe aushalten können. Die Privatleitung muss so eingerichtet sein, dass es möglich ist, den inneren Absperrhahn, sowie den Wassermesser am tiefsten und dabei leicht zugänglichsten Punkte derselben anzubringen. In der Privatleitung dürfen zum Gebrauch beim Abzapfen des Wassers nur Niederschraubhähne verwendet werden. Der innere Absperrhahn darf nie theilweise geöffnet sein; er muss entweder ganz offen oder ganz geschlossen gehalten werden. Die Auslaufhähne dürfen nie unnöthig offen stehen, dieselben müssen nach Gebrauch sofort wieder geschlossen werden. Jeder Eigenthümer einer Privatleitung hat die Pflicht, dieselbe innerhalb des Grundstücks oder Gebäudes vor Beschädigung und namentlich auch vor Frost zu schützen.		Die Direction hat das Recht, aber nicht die Verpflichtung, neue angelegte Privatleitungen vor Anschluss an die städtische Leitung auf die vorschriftsmässige und solide Ausführung untersuchen zu lassen.
20	**Bonn** . . .	Die Leitung innerhalb der Privatgrundstücke kann entweder von der Verwaltung für Rechnung des Eigenthümers oder durch sonstige qualificirte Meister hergestellt werden; in dem letzten Falle übernimmt jedoch die Verwaltung keine Verantwortlichkeit für etwaige Schäden und Störungen in der Versorgung. Alle Leitungen sind so anzulegen, dass sie dem Einfrieren nicht ausgesetzt sind. Ausser den Hauptabsperrungshähnen dürfen in keiner Weise Conushähne zur Anwendung kommen, sondern nur solche Hähne (Niederschraubhähne), welche einen plötzlichen Abschluss nicht gestatten.	Die Druckleitungen in den Privatgebäuden dürfen nur aus Blei-, gusseisernen und schmiedeeisernen Röhren von bester Beschaffenheit bestehen. Gasröhren sind unzulässig. Die anzuwendenden Bleiröhren müssen pro lfd. m wenigstens wiegen: Weite 13 mm 2,1 kg 20 „ 3,8 „ 26 „ 6,3 „ und müssen von gleichmässiger Wandstärke sein. Abflussröhren unterliegen diesen Bestimmungen nicht.	Die Wasserwerks-Verwaltung ist berechtigt aber nicht verpflichtet, die Privatleitung, bevor sie an das Wasserwerk angeschlossen wird, prüfen und untersuchen zu lassen und muss diese Leitung den Druck einer Wassersäule von 95 m aushalten und in allen Theilen tüchtig ausgeführt befunden werden. Vergl. auch Sp. 13.
21	**Borbeck** .	Die Herstellung der Privatleitungen im Innern der Häuser und Grundstücke muss von der Verwaltung der Wasserleitung auf Kosten der Eigenthümer bewirkt werden, falls mit derselben nicht eine anderweite Vereinbarung getroffen wird.		
22	**Braunschweig**	Die Herstellung und Unterhaltung der Leitungsanlagen im Innern der Grundstücke ist lediglich Sache des Consumenten; er kann dieselben beschaffen lassen, von wem er will. Auch das Wasserwerk selbst führt Privatleitungen nach festen Einheitspreisen der Materialien und Arbeiten aus. Rechnungen über derartige Anlagen müssen spätestens 4 Wochen nach erfolgter Zustellung bezahlt werden.		

No.	Stadt	Allgemeine Vorschriften, Ausführung, Unterhaltung, Benutzung etc.	Rohrmaterial	Prüfung
		13	14	15
23	**Bremen** . .	In jeder Leitung ist auf dem Privatgrundstücke möglichst nahe der Strassengrenze ein Haupt-Absperrhahn anzubringen. Jede dem Einfrieren ausgesetzte Privatleitung ist mit einer Entleerungsvorrichtung zu versehen. Wenn nach Maassgabe der örtlichen Verhältnisse der Entleerungsauslass nicht anders als in der Erde angebracht werden kann, so darf als Hauptabsperrhahn ausnahmsweise ein beim Schliessen selbstthätig entwässernder Kükenhahn verwendet werden, im Uebrigen sind Kükenhähne unzulässig, und nur solche Hähne (Ventile, Schieber u. s. w.) dürfen verwendet werden, welche durchaus ohne Rückschlag in der Leitung schliessen. Abzweigungen von Privatleitungen nach Canälen oder Gruben, sowie überhaupt Einrichtungen, welche einen der Beobachtung sich entziehenden Ausfluss von Leitungswasser gestatten, sind bei ungemessener Wasserlieferung verboten. Zwischen dem in einer Privatleitung angebrachten Wassermesser und der Strassenleitung darf an ersterer weder eine Entleerungsvorrichtung noch überhaupt eine den Ausfluss ungemessenen Wassers ermöglichende Einrichtung vorhanden sein. An Wasserbehältern, welche mit Einrichtungen zur Entnahme von Leitungswasser verbunden oder mit einem Ueberlaufe zur Sicherung gegen Ueberfüllung verbunden sind, muss der Zufluss aus der Wasserleitung sich selbstthätig durch ein vollkommen dicht schliessendes und auch seiner sonstigen Beschaffenheit nach von der Verwaltung nicht beanstandetes Schwimmerventil regeln. Eine Spülung von Bedürfnissanstalten unmittelbar aus der Wasserleitung ist nur bei Messung der Wasserlieferung zulässig, andrenfalls muss die Spülung aus einem den Zufluss durch ein Schwimmerventil regelnden Wasserbehälter in solcher Weise bewirkt werden, dafs bei Aufhören des das Spülventil öffnenden Zugs oder Drucks die Spülung selbstthätig abgesperrt wird. Hähne und sonstige Vorrichtungen zur Entnahme ungemessenen Wassers dürfen an der Strasse, in offenen Höfen wie überhaupt an Orten, welche Anderen als den zur Benutzung der Privatleitung berechtigten Personen offen stehen, nur unter Genehmigung der Verwaltung angebracht werden.	In der Regel dürfen nur Blei- oder für weitere Leitungen gusseiserne Röhren von genügender Wandstärke verwendet werden.	Die Verwaltung behält sich vor, die Ausführung und Unterhaltung der Privatleitungen und zugehörigen Einrichtungen nach ihrem Ermessen zu überwachen, ohne jedoch durch Ausübung oder Nichtausübung dieses Aufsichtsrechts Gewähr oder Verantwortung für Güte oder Zweckmässigkeit der Anlagen zu übernehmen.
24	**Breslau** . .	Die Beschaffung und Unterhaltung der Hausleitungs-Einrichtung vom äusseren Absperrhahn ab innerhalb des Grundstückes mit Einschluss des Wassermessers ist Sache des Grundstückbesitzers. Der Verwaltung ist vor der Ausführung ein vollständiges Project der Anlage (Lageplan, Grundriss, Durchschnittszeichnungen mit Anordnung der Leitungsanlagen, alles im Maassstabe von 1 : 100) zur Genehmigung vorzulegen. Auch für alle Erweiterungen gilt diese Vorschrift. Eine directe Verbindung der Leitungsröhren mit Dampfkesseln darf nicht stattfinden; auch dürfen die Zweigleitungen vom neuen Wasserwerk mit solchen vom alten städtischen Wasserwerk nicht in Verbindung gebracht werden. An geeigneter Stelle, innerhalb des Grundstücks ist ein Privat-Abschlusshahn hinter dem Wassermesser anzubringen, der zugleich zur Entleerung der Hausleitung dienen muss. Die Anlage von nur 20 mm weiten Leitungen im Innern der Häuser ist möglichst zu vermeiden. Bei Bemessung der Rohrweiten empfiehlt sich bei Anlage von: 5—20 Stück 10—13 mm Zapfhähnen ein Zuleitungsrohr von mind. 25 mm Durchm., 20—40 Stück 10—13 mm Zapfhähnen ein Zuleitungsrohr von mind. 30 mm Durchm., 40—60 Stück 10—13 mm Zapfhähnen ein Zuleitungsrohr von mind. 40 mm Durchm. Die Ausflusshähne müssen einen kleineren Querschnitt haben als das Zuleitungsrohr, von dem sie gespeist werden und sollen 10—13 mm nicht übersteigen.	Zu den Hausleitungen sollen Blei-, bei grösseren Weiten gusseiserne Röhren verwendet werden und zwar empfiehlt sich bei 12 bis 40 mm Weite die Anwendung von Bleiröhren aus doppelt raffinirtem Blei von nachstehendem Mindestgewicht pro lfd. m Bleirohr 13 mm 2,5 kg 20 „ 5,0 „ 26 „ 6,4 „ 30 „ 7,5 „ 40 „ 11,0 „ Für Zweigleitungen von mehr als 40 mm Weite müssen gusseiserne Röhren, welche auf 12 Atm. inneren Wasserdruck geprobt sind, verwendet werden und zwar müssen dieselben nachstehendes Mindestgewicht pro lfd. m haben: Gusseisenrohr 40 mm 9,75 kg 50 „ 11,9 „ 60 „ 14,8 „ 80 „ 19,7 „ 100 „ 24,25 „ Dieselben sind innen und aussen mit einem dauerhaften Asphaltanstrich zu versehen.	Die angemeldete Hausleitung wird vom Wasserwerk revidirt; wenn sich dabei nicht Mängel finden, so wird die Verbindung mit dem Strassenrohre hergestellt und die ganze Leitung auf 10 Atm. Druck probirt. — Dadurch wird Seitens der Verwaltung keineswegs eine Gewähr dafür übernommen, dass die Hausleitung fehlerfrei und zweckmässig hergestellt worden ist.

No.	Stadt	Allgemeine Vorschriften, Ausführung, Unterhaltung, Benutzung etc.	Rohrmaterial	Prüfung
		13	14	15
		Es ist zweckmässig, für dieselben folgende Maasse anzuwenden: im Erdgeschoss und 1. Stockwerk 10 mm Weite, in den darüber liegenden Stockwerken . . . . 13 „ „ Die Ausflussweite der Hähne für Closets muss mindestens 15 mm betragen. Werden für den Küchenbedarf und zur Spülung der Closets besondere Zuleitungsrohre angelegt, so darf die lichte Weite einer solchen Steigerohrleitung, sobald mehrere Ausflussstellen an derselben sich befinden, bis zur höchsten Entnahmestelle nicht unter 20 mm betragen. Die Zapfhähne und alle Abschlussvorrichtungen müssen so construirt sein, dass durch dieselben keine Rückschläge auf die Rohrleitungen hervorgerufen werden. Es dürfen also — abgesehen von den untenbezeichneten Ausnahmen — nur Ventilhähne oder Niederschraubhähne angewendet werden, die sich durch Drehung von links nach rechts schliefsen und durch Drehung von rechts nach links öffnen und von Messing oder Rothguss hergestellt und wasserdicht geschliffen sind. Selbstthätig wirkende Hähne sind nur zulässig bei Anwendung von Behältern und im Falle die Construction solcher Hähne eine langsame Unterbrechung des Ausflusses sichert. Hähne mit Gummiplatten-Verschluss dürfen als Hauptabsperrhähne nicht angebracht werden. Zur Entnahme von Wasser zu Bauzwecken dürfen nur Hähne mit losem Schlüssel angewendet werden.		

Alle Leitungsrohre und Abflussstellen sind so anzulegen, dass sie dem Einfrieren und Beschädigungen von Aussen nicht ausgesetzt sind, und ohne Schwierigkeit aufgedeckt und untersucht werden können. Soweit die Röhren im Freien liegen, sind sie mindestens 1,5 m tief unter die Oberfläche zu legen. Die Steigeröhren und Abzweigungen sind möglichst durch frostfreie Räume zu führen und, nachdem sie mit Filz umhüllt sind, nicht in die äusseren, sondern an die inneren Wände zu legen. Soweit dies unthunlich und das Einfrieren zu befürchten ist, sind dieselben mit doppelten, ausgefüllten Holzkasten zu umschliessen. Das Versenken von Röhren in Mauern und Ueberputzen derselben ist, um bei etwaigen Undichtigkeiten und Schäden an denselben die schadhafte Stelle schnell und leicht auffinden zu können, nach Möglichkeit zu vermeiden, event. aber sind dieselben zum Schutze gegen die Einwirkungen des Kalkmörtels mit Filz zu bekleiden. Werden Bleiröhren unterhalb der Fussbodendielung verlegt, so empfiehlt es sich, dieselben, um sie vor äusseren Beschädigungen zu bewahren, mit Mantelröhren zu versehen. Zur Vermeidung der die Anlagen schädigenden Rückstösse in den Leitungsröhren empfiehlt es sich, in den obersten Theilen der Steigerohre kleine Windkessel anzubringen.

Innerhalb des Grundstücks ist in möglichst tiefer Lage ein Haupt-Absperrhahn, welcher stets leicht zugänglich und vor Frost geschützt sein muss, anzubringen. Ist Letzteres nicht möglich, so muss dieser Absperrhahn in einem gemauerten, gut und sicher abgedeckten Schacht angebracht werden, in welchem gleichzeitig der Wassermesser und zwar vor demselben seine Aufstellung findet. Mit diesem Hahne ist gewöhnlich die Vorrichtung zur Entleerung der Steigerohrleitung, sobald letztere nicht besondere Absperrhähne mit Entleerungsvorrichtung hat, zu verbinden. Da eine einfache selbstwirkende Entleerung sich am besten bei gewöhnlichen Drehhähnen anbringen lässt, so ist es gestattet, diese Construction hier ausnahmsweise anzuwenden.

Die Haupt-Absperrhähne müssen entweder ganz offen oder ganz geschlossen sein. Solche Absperrhähne mit Entleerungsvorrichtung sind überhaupt für jede Abzweigung anzubringen, um die letztere nöthigenfalls von den übrigen Rohrsträngen absperren und sie entleeren zu können.

Hofleitungen, sowie Leitungen, die in ungeschützten Räumen oder im Freien liegen, müssen durch sogenannte Frosthähne geschützt werden, welche möglichst in der Nähe der betreffenden Auslaufhähne in der 1,5 m tief liegenden Erdleitung einzuschalten sind. Bei Eintritt der kälteren Jahreszeit ist der eigentliche Auslaufhahn offen zu halten und die Wasserentnahme durch den Frosthahn zu bewirken, so dass bei der Schliessung desselben dieser Theil der Leitung entleert und dadurch das Einfrieren derselben verhindert wird.

Die Anlegung von Behältern ist namentlich für Closetanlagen und Badeeinrichtungen, sowie dringend für Gewächshäuser zu empfehlen, bei Fabriken und für Gasmotorenbetrieb aber nothwendig. Die Zuleitungsröhren für Reservoirs müssen oberhalb des Wasserspiegels derselben einmünden. Der Zufluss ist in der Regel durch einen Schwimmkugelhahn selbstthätig zu reguliren. Für Closets angelegte Behälter dürfen niemals Wasser zum Trinken oder Kochen abgeben.

No.	Stadt	Allgemeine Vorschriften, Ausführung, Unterhaltung, Benutzung etc.	Rohrmaterial	Prüfung
		13	14	15
25	**Brieg** . . .	Neueinrichtungen, Abänderungen und Erweiterungen der Wasserleitung innerhalb der Grundstücke werden von der Verwaltung ausgeführt, und die Kosten für die Materialien nach dem alljährlich von der Wasserwerks-Deputation festzusetzenden Tarif berechnet. Will ein Wasserentnehmer Neueinrichtungen, Abänderungen oder Erweiterungen innerhalb des Grundstücks nicht durch die Verwaltung, sondern selbst oder durch Dritte ausführen lassen, so hat derselbe vor der Ausführung die Genehmigung der Deputation nachzusuchen. Ist Seitens der Verwaltung ein Kostenanschlag auch über die Ausführung der genehmigten Zweigrohrleitung innerhalb des Grundstücks angefertigt worden, der Antragsteller überträgt jedoch die Ausführung einem Dritten oder er führt die Einrichtung selbst aus, so hat er 5 % der Anschlagssumme an die Stadthauptcasse zu zahlen. Die Verwaltung kann beantragte Reparaturen solcher Einrichtungen, die nicht von ihr ausgeführt worden sind, ablehnen.		Die Verwaltung ist berechtigt, eine Untersuchung aller Wasserzuleitungs-Einrichtungen in den Grundstücken vorzunehmen.
26	**Cassel** . . .	Die Herstellung und Unterhaltung der Leitung im Inneren des Hauses bezw. Grundstücks bleibt dem Eigenthümer überlassen. Zum Abzapfen des Wassers dürfen nur Niederschraubhähne oder solche Hähne verwendet werden, welche ohne Rückschlag schliessen. Dampfkessel dürfen unter keinen Umständen, hydraulische Hebemaschinen und Motoren nur mit besonderer Genehmigung mit den Zuleitungen in unmittelbare Verbindung gebracht werden. Alle Leitungen nach Reservoiren müssen derart oberhalb des Wasserspiegels der Letzteren einmünden. Am tiefsten Punkte der Hausleitung ist an leicht zugänglicher Stelle, ein Abschlusshahn mit Entleerungs-Vorrichtung in die Leitung einzuschalten. Die Leitung ist so anzulegen, dass sie dem Einfrieren nicht ausgesetzt ist. Die Spülung der Wasserclosets ist bei Neuanlage mit Selbstverschluss einzurichten. In Fällen, wo die bestehenden Closeteinrichtungen wiederholt Veranlassung zu Wasservergeudungen gegeben haben, kann die Verwaltung der Wasserwerke die Umänderung derselben in solche mit Selbstverschluss verlangen. Ist diesem Verlangen nach 14 Tagen nicht entsprochen, so wird die Zuleitung abgesperrt. Aenderungen der Hausleitungen, welche in Folge einer Veränderung der öffentlichen Leitung erforderlich werden, sind auf städtische Kosten zu bewerkstelligen. Jeder Grundstückeigenthümer ist verpflichtet, die in einem Grundstück befindliche Leitung auf eigene Kosten zu unterhalten, jeden daran entstehenden Schaden, auch wenn derselbe nicht zu seinem eigenen, sondern zum Nachtheil der städtischen Wasserleitung überhaupt gereicht, unverzüglich wieder auszubessern. Eine etwaige Verhinderung hieran ist sofort der Verwaltung anzuzeigen. Kosten, welche aus solchen Veranlassungen der Verwaltung entstehen, sind derselben von dem Eigenthümer des Grundstücks, bezw. dessen Vertreter auf Grund der Feststellungen der Verwaltung zu ersetzen.	Die im Inneren der Grundstücke zu verwendenden Bleiröhren müssen von gleichmässiger Wandstärke sein und für das lfd. m mindestens nachstehendes Gewicht haben: bei 13 mm Weite 2,375 kg „ 19 „ „ 3,625 „ „ 25 „ „ 5,625 „ Röhren von Gusseisen müssen auf 12 Atm. Ueberdruck geprüft sein.	Die Verwaltung hat das Recht, zu jeder gebotenen Zeit die auf die Wasserleitung bezüglichen Räumlichkeiten und Einrichtungen eines jeden Grundstücks und Hauses durch ihre Beamten einer Besichtigung zu unterziehen und falls es für erforderlich erachtet wird, die zur Untersuchung der Hausleitung geeigneten Arbeiten nach vorgängiger Benachrichtigung des Grundstückeigenthümers oder dessen Stellvertreters vornehmen zu lassen. Für jede durch diese Untersuchung etwa entstandene Beschädigung bleibt sie dem Grundstückeigenthümer verantwortlich.

Tabelle IV. Hausleitungen.

No.	Stadt	Allgemeine Vorschriften, Ausführung, Unterhaltung, Benutzung etc.	Rohrmaterial	Prüfung
		13	14	15
27	Charlottenburg	Jede Leitung muss zum Schutz des Grundstücks vor Ueberschwemmung etc. mit einem innerhalb des Hauses resp. Grundstückes anzubringenden Haupt-Absperrhahn versehen sein. Letzterer muss an der Stelle, wo das Zuleitungsrohr in das Grundstück eintritt, womöglich nicht weiter als 1 m von der Strassenfront des Grundstückes entfernt, dicht vor dem Wassermesser angebraeht werden; er muss stets und leicht zugänglich sein, also auch über dem Niveau des Grundwassers liegen. Alle nach Behältern geleiteten Speisungsröhren müssen oberhalb des Wasserspiegels der gefüllten Behälter einmünden. Alle Abzapf- und Durchlasshähne müssen Niederschraubhähne oder Ventilhähne sein. Bei freien Ventilen muss der Druck unter denselben liegen. Hähne, welche einen Rückschlag zulassen, dürfen in keinem Fall verwendet werden. Dampfkessel dürfen unter keinen Umständen, hydraulische Hebemaschinen und Motoren nur nach besonderer Genehmigung mit den Zuleitungsröhren in directe Verbindung gebracht werden.	Die im Innern der Häuser oder Grundstücke als Zuleitungsröhren zu verwendenden Bleiröhren müssen pr. lfd. m wenigstens folgendes Gewicht haben: bei Bleirohr mit etwa 12 mm Weite 2,5 kg 20 „ „ 4,0 „ 25 „ „ 5,0 „ Schmiedeisernes Rohr darf in keinem Falle, gusseisernes Rohr nur nach der besten Methode asphaltirt zur Verwendung kommen.	
28	Chemnitz.	Die Herstellung der Hausleitung nach bestimmten Vorschriften bleibt dem Ermessen eines Jeden überlassen. Machen sich durch Abänderungen an der öffentlichen Leitung Veränderungen an privaten Leitungen nothwendig, so hat dies auf Kosten der Stadt zu geschehen. Zum Abzapfen des Wassers dürfen nur Niederschraubhähne angebracht werden. Ablassvorrichtungen anderer Art bedürfen der besonderen Genehmigung der Verwaltung. Am tiefsten Punkte jeder Hausleitung ist ein Abschlusshahn mit Entleerungsvorrichtung anzubringen. Wasserverschlüsse, insbesonders Wasserclosette dürfen mit der Hausleitung nicht ohne besondere Genehmigung in unmittelbare Verbindung gebracht werden und es muss dann mindestens ein Wasserbehälter mit mechanischem Schwimmverschluss dazwischen eingeschalten werden.	Die im Innern der Grundstücke verwendeten Röhren müssen dem Drucke, unter welchem die Leitung steht, entsprechend stark genug sein.	Die Verwaltung hat das Recht, aber nicht die Pflicht, die angelegten Privatleitungen zu revidiren und es ist ihren Beamten deshalb jederzeit der Zutritt zu allen Theilen der Leitung zu gewähren. Auch kann erforderlichen Falls, wenn die Arbeit schlecht oder vorschriftswidrig ausgeführt ist, die Gewährung von Wasser so lange versagt werden, bis die Mängel abgestellt sind.
29	Coblenz. .	Die Herstellung von Privatleitungen im Anschlusse an die städtischer Seits hergestellten Zuleitungen ist dem Ermessen der Grundstücksbesitzer überlassen. Sie haben die Kosten für die Ausführung und Unterhaltung der Privatleitungen zu tragen. Die Ausführung ist nur von der Verwaltung befugten Unternehmern gestattet. Die Direction ist verpflichtet, auf Wunseh der Auftraggeber Revisionen von Kostenanschlägen und Rechnungen für Privatleitungsanlagen zu übernehmen. Die Entschädigung beträgt für Kostenanschläge unter M 100 5%, über M 100 3%, für Rechnungen 3 bezw. 2%. Alle Zuflussleitungen sind frostsicher und so zu legen, dass sie auch gegen zufällige Beschädigungen möglichst geschützt sind. Sie müssen daher, in der Erde verlegt, mindestens 1,2 m tief liegen, wenn nicht eine Absperrung und Entleerung während des Winters stattfindet. In den Gebäuden sollen die Leitungen an Zwischenwänden und durch solche Räume gelegt werden, in welchen ein Einfrieren nicht leicht zu befürchten ist. Ist eine frostfreie Lage nicht möglich, so sind die Leitungen einzuhüllen und am besten mit doppelten, mit schlechten Wärmeleitern ausgefüllten Holzkästen zu umschliessen. Vor dem Eintritte in einen kalten Raum ist es zu empfehlen, an einer frostfreien	Zu den Hausleitungen können Rohre von Blei oder Gusseisen verwendet werden, erstere bis zu 40 mm Durchmesser, letztere bei grösseren Dimensionen. Die Bleirohre müssen aus doppelt raffinirtem Blei bestehen und von gleichmässiger Wandstärke hergestellt sein; sie sind mit Zinn gut und stark zusammen zu löthen. Die Rohre müssen einem Probedruck von 10 Atm. widerstehen und pr. lfd. m nachfolgende Mindestgewichte haben: bei 12 mm Weite 2,2 kg „ 15 „ „ 3,0 „ „ 20 „ „ 4,0 „ „ 25 „ „ 6,3 „ „ 30 „ „ 7,5 „ „ 40 „ „ 11,0 „ wobei höchstens Differenzen von 0,1 kg pro m zulässig sind. Die Rohre von Gusseisen (Normalrohre)	In jedem Falle darf der directe Anschluss einer Privatleitung an den Wassermesser erst nach vorheriger Erlaubniss der Direction erfolgen; sie kann dieselbe versagen, wenn die Druckprobe von 10 Atm. und die sonstige Ausführung der Privatleitung nicht den Vorschriften genügen. Sie kann die zeitweise Absperrung defecter Privatleitungen, ohne dass daraus ein Anspruch auf Entschädigung erwächst, anordnen oder nöthige Reparaturen auf Kosten des Grundstücksbesitzers ausführen lassen, wenn solches nicht innerhalb einer von ihr gestellten Frist geschehen ist.

No.	Stadt	Allgemeine Vorschriften, Ausführung, Unterhaltung, Benutzung etc.	Rohrmaterial	Prüfung
		13	14	15
		Stelle eine Abstell- und Entleerungsvorrichtung anzubringen. Alle Leitungen sind so zu legen, dass bei geschlossenem Haupthahn die ganze Leitung und deren Abzweige sich durch die an dem Haupthahn befindliche Entleerungsvorrichtung vollständig entleeren, daher müssen die Leitungen ein ununterbrochenes Gefälle nach dem Haupthahn hin haben. Ist solches ausnahmsweise nicht möglich, so sind besondere Entwässerungsvorrichtungen in den betreffenden Leitungsstrecken anzubringen. Das Einlassen der Rohre in Mauern und Wände und Ueberputzen derselben ist möglichst zu vermeiden. Durch Fussböden und Decken gehende Bleileitungen müssen mit Mantelrohren umgeben werden. Als Weite kann in der Regel für ein horizontales Hauptzuführungsrohr angenommen werden bei weniger als 20 m Länge ein Durchm. von: 15 mm für 1 bis 2 Zapfhähne von 10 bis 12 mm Weite, bei nicht mehr als 30 m Länge ein Durchm. von: 20 mm für 3 bis 5 Zapfhähne 25 „ „ 6 „ 10 „ 30 „ „ 11 „ 20 „ und bei über 30 m Länge ein Durchm. von: 40 mm oder für 30 und mehr Zapfhähne. Hierbei ist 1 Closethahn, sowie ein Pissoirhahn gleich 2 Zapfhähnen zu rechnen, während für eine Badewanne oder einen Waschtisch die Annahme von 1 Zapfhahn genügt. Erdleitungen von mehr als 30 m Länge sind nicht unter 40 mm Durchm. zu wählen. Steigleitungen mit mehreren Ausflussstellen erhalten zweckmässig bis zur höchsten Entnahmestelle nicht unter 20 mm Durchm. Die Durchmesser der von den Steigleitungen abzweigenden Nebenleitungen betragen zweckmässig im Erdgeschoss und in der 1. Etage 11 bis 15 mm, in der 2. und 3. Etage 15 bis 20 mm.	sind mit Muffen und mit Bleidichtungen zu verbinden; dieselben müssen gleichfalls einem Probedruck von 10 Atm. widerstehen. Die Verwendung schmiedeeiserner Gasrohre zu Leitungen ist unbedingt verboten.	

Eingeschliffene conische Hähne, sog. Küken- oder Wirbel-Hähne, dürfen in und an den Druckleitungen, ausser für Entleerungen resp. für Hauptabsperrungen nicht angebracht werden, alle Zapfhähne und alle sonstigen Abschlussvorrichtungen müssen also Niederschraubhähne, Schraubenventile oder Schieber sein und stets eine kleinere Durchflussöffnung als das Rohr, an dem sie befestigt sind, bei völliger Oeffnung bieten. Ausgenommen davon sind Feuerhähne, deren Durchm. gleich dem des Rohres sein darf; das dazugehörige Strahlrohr darf jedoch nicht mehr als ein Viertel dieses Durchm. an der Mündung haben.

Der Durchm. der Zapfhähne soll mindestens 8 mm betragen und 15 mm nicht übersteigen. Es ist zweckmässig, dieselben nach einem ansteigenden Durchmesser

im Erdgeschoss und im 1. Stockwerke . . . . . von 8—10 mm Weite
2. „ „ 10—12 „ „
3. „ und darüber „ 12—15 „ „

zu wählen. Für Closets und Badeeinrichtungen muss die Hahnweite mindestens 15 mm betragen; für Waschküchen und für Hof- und Gärtenhähne ist mindestens 20 mm Hahnweite zu empfehlen. Es empfiehlt sich bei grösseren Etagenwohnungen etc. die den einzelnen Miethern zufallenden Zapfstellen je an einer einzigen, durch einen Haupthahn absperrbaren Leitung anzubringen.

Zuflussleitungen in Behälter müssen von oben in dieselben eintreten und es kann mit einem selbstschliessenden Schwimmer-Ventile oder Hahne der Zufluss selbstthätig regulirt werden. An dem Wasserbehälter ist ein Ueberfallrohr von solcher Weite anzubringen, dass bei völlig geöffnetem Zuflusse des Wassers ein Ueberfliessen des Reservoirs unmöglich ist. Das Ueberfallrohr darf nicht in das Abflussrohr einmünden, sondern muss frei hinuntergeführt werden und vor dem Austritte durch einen Wasserverschluss vor dem Eindringen schlechter Luft geschützt sein. Wasserbehälter, welche für Closets oder Pissoirs angelegt sind, dürfen nicht zur Abgabe von Trink- oder Kochwasser benutzt werden.

Eine unmittelbare Verbindung der Zuflussleitungen mit Dampfkesseln ist nicht gestattet. Auch Leitungen zur Closetspülung dürfen nicht unmittelbar an die Zweigleitungen angeschlossen werden. Hydraulische Hebemaschinen und Wassermotoren in unmittelbarem Anschlusse an die Zweigleitungen bedürfen einer besonderen Genehmigung der Direction.

No.	Stadt	Allgemeine Vorschriften, Ausführung, Unterhaltung, Benutzung etc.	Rohrmaterial	Prüfung
		13	14	15
30	Colmar . .	Das Anbringen und die Unterhaltung der inneren Einrichtung ist Sache des Eigenthümers. Die Stadt wird demjenigen Unternehmer, welcher die Einrichtungen in den Gemeindegebäuden auszuführen übernimmt, die Verpflichtung auflegen, unter den gleichen Bedingungen und Preisen wie für die Stadt, auf Verlangen, auch die Einrichtung in den Privathäusern vorzunehmen. Die Wasserleitung in einem Privathause besteht aus einer mit dem äusseren Absperrhahn und einem im Innern des Hauses vor dem Frost sichergestellten Wassermesser versehenen Zweigleitung, sowie dem inneren, mit dem Absperrhahn, dem Entleerungshahn und den Auslaufhähnen versehenen Rohrstrang. Als Durchmesser für Leitungen ist folgende Tabelle maassgebend: 1—3 Zapfstellen, 15 mm 3—10 „ 20 „ 10—20 „ 25 „ 20—40 „ 30 „ 40—60 „ 40 „ mehr als 60 „ 50 „ Es dürfen nur Niederschraubhähne verwendet werden. Die gesammte Hausleitung vom Wassermesser an muss vollständig entleert werden können. Jede von der Hauptleitung im Kellergeschoss abzweigende Steige oder Nebenleitung ist mit einem Absperr- und Entleerungshahn zu versehen. Die Rohrleitungen sollen stets an Zwischenmauern bewohnbarer Räume, wenn möglich in die Nähe der Schornsteinröhren gelegt werden. Ist jedoch eine Leitung in kalten Räumen nicht zu umgehen, so muss dieselbe an der Stelle, wo sie noch frostfrei liegt, während der Zeit, wo sie nichtin Gebrauch und daher der Gefahr des Einfrierens am meisten ausgesetzt ist, event. aber auch während der ganzen Frostperiode ausser Betrieb gesetzt werden können. Um das Einfrieren der Leitungen sicher zu verhindern, kann man denselben eine Anordnung geben, welche eine Circulation des Wassers in den Leitungen ermöglicht. Rohrleitungen, welche in den Erdboden zu liegen kommen, d. i. Garten- und Hofleitungen, werden in eine frostfreie Tiefe von 1,50 m zu legen sein. Wird eine Leitung durch mehrere Stockwerke hindurchgeführt, so ist in jedem Stockwerk dafür Sorge zu tragen, dass durch einen schalldämpfenden Körper z. B. durch eine Filzplatte eine Trennung im Rohrcanal herbeigeführt wird.	Die zu verwendenden schmiedeeisernen Röhren müssen von vorzüglicher Qualität, innen und aussen gut verzinkt, ohne Riss und Naht sein, sich gut ab- und die Gewinde scharf anschneiden lassen, ohne aufzureissen oder schadhaft zu werden. Ihre Wandstärken und Gewichte müssen den nachstehend aufgeführten Zahlen mindestens entsprechen, um einem Druck von 5 Atm. zu widerstehen. Lichter Durchm. in mm: 13, 19, 25, 32, 38 Wandstärke in mm . .: 2,7, 3,0, 3,3, 3,7, 3,9 Gewicht für 1 m Rohrlänge in kg . . . .: 1,15, 1,70, 2,45, 3,40, 4,50	Die Aufsicht der Ausführung dieser Arbeiten durch ihre Beamten steht in jedem Falle der Stadt frei. Die Stadt behält sich das Recht vor, die Wasserzuleitung in denjenigen Häusern, wo die Installation mangelhaft erscheint, zu verweigern oder aufzuheben.
31	Crefeld . .	Die Anlage der Hausleitungen von der Innenseite der Grundstücksmauer an ist Sache des Grundstücksbesitzers. Sämmtliche Leitungen und Auslassvorrichtungen sind entweder frostfrei oder zur Winterzeit abstellbar anzulegen. Dieselben sind nur steigend herzustellen und mit leicht zugänglichen Entleerungsvorrichtungen zu versehen. Es sind ausschliesslich Niederschraubventile, deren Spindel zwischen geöffnetem und geschlossenem Ventil mindestens 4 Umgänge macht, zu verwenden. Die Verschlussvorrichtungen müssen durch Drehung von links nach rechts zu schliessen, durch Drehung von rechts nach links zu öffnen und leicht zugänglich sein. Zur Speisung der Closets ist ein besonderer Wasserbehälter mit Schwimmkugelventil und Ueberlauf anzubringen. Einrichtungen, welche in einzelnen Theilen den vorstehenden Bestimmungen nicht entsprechen, werden nur zugelassen, wenn deren Speisung aus einem besonderen, mittels Schwimmkugelhahn zu füllenden Wasserbehälter erfolgt. Eine directe Verbindung der städtischen Wasserleitung mit den Dampfkesseln ist verboten.	Für das Material gelten dieselben Vorschriften wie für die Anschlussleitungen, vergl. Tab. III, 11.	Die Benutzung der Anlagen darf erst nach erfolgter Abnahme beginnen. Eingeschaltete Apparate irgend welcher Art sind auf Anordnung der zuständigen Beamten sofort zu entfernen, wenn beim Schliessen derselben der Stoss mehr als 2 Atm. beträgt.

Tabelle IV. Hausleitungen.

No.	Stadt	Allgemeine Vorschriften, Ausführung, Unterhaltung, Benutzung etc.	Rohrmaterial	Prüfung
		13	14	15
32	Danzig . .	Die Anlage im Hause muss womöglich so eingerichtet werden, dass das Rohr vom Strassenrohre in den Kellerraum geführt und von hier durch — im Winter warme — Räume durchgeleitet wird. Wo die Leitung durch warme Räume nicht möglich ist, ist das Rohr in angemessener Weise gegen die Einwirkung des Frostes zu schützen. Zur Wasserentnahme dürfen nur Schraubhähne verwendet werden. Am tiefsten Punkte jeder Steigleitung innerhalb des Hauses oder wenigstens der Einmündung der Zuleitung durch die Grundmauer möglichst nahe ist an einer leicht zugänglichen Stelle eine Entleerungsvorrichtung anzubringen. Bei Ausführung der Anlage muss genau die im Projecte vorgesehene oder vorgeschriebene Weite der Röhren, vergl. Tab. II, 6, eingehalten werden. Die Spülleitungen der Closets, Küchenausgüsse und sonstigen Apparate, welche zur Abführung von Gebrauchswasser bestimmt sind, dürfen nicht unmittelbar mit der Wasserleitung verbunden werden; vielmehr ist in jedem Falle ein Spülbehälter oder eine analoge Einrichtung einzuschalten, welche einen Rückfluss von Abwasser in die Wasserleitung unmöglich macht. Die Leitungen der Badeöfen sind mit Luftventilen zu versehen, so dass auch hier ein Rücksaugen des Wassers aus dem Badeofen bezw. der Wanne ausgeschlossen ist.	Die als Leitungsröhren zu verwendenden Bleiröhren müssen wenigstens nachstehendes Gewicht pr. lfd. m haben: Weite — Gewicht 13 mm — 2,0 kg 20 „ — 3,8 „ 25 „ — 5,4 „	Die gesammte Anlage wird bei der Revision einer Wasserdruckprobe bis zu 5 Atm. unterworfen und muss diesen Druck dauernd und ohne bleibende Formänderung aushalten. Die Druckprobe wird für jede neue Anlage einmal unentgeltlich ausgeführt. Werden nach der ersten Probe Wiederholungen derselben beansprucht, so ist für jede fernere Probe eine Vergütung von M 3 zu entrichten. Nach dem befriedigenden Ausfall der Revision und der Druckprobe wird dem Wasserabnehmer die Genehmigung des Magistrats zur Benutzung der Leitung zugestellt. Der Magistrat hat das Recht, von dem Wasserabnehmer auch nachträglich die Beseitigung vorgefundener Mängel an den Privatanlagen, sowie die Ausführung solcher Abänderungen zu fordern, welche er aus sanitären oder technischen Rücksichten für nöthig erachtet.
33	Darmstadt	Die Ausführung der Einrichtungen innerhalb der Häuser und Grundstücke ist Sache der Haus- und Grundbesitzer. Bezüglich der Art der Ausführung sind sie jedoch an die von der Stadt erlassenen allgemeinen oder besonderen Anordnungen gebunden. Die Wahl des Installateurs für die Einrichtung der Hausleitungen ist freigestellt; zur Sicherung der Privaten und Erleichterung der Controlle werden die Namen der zugelassenen Installateure öffentlich bekannt gemacht. Wird jedoch der Wasserverbrauch aus einer Leitung nicht durch Wassermesser überwacht, wie z. B. bei Feuerlöschleitungen mit Hydranten, so muss diese Anlage durch die Stadt auf Kosten des Hausbesitzers ausgeführt werden. Jedem Geschäftsmann ist es gestattet, sich mit der Einrichtung von Hausleitungen zu befassen. Derselbe hat sich über den Besitz der erforderlichen Einrichtungen, insbesondere einer Pumpe mit Manometer zum Probiren der Leitungsröhren auszuweisen, seinen Preistarif zu übergeben und dieses Regulativ zum Zeichen der Anerkennung zu unterzeichnen, wodurch er sich verbindlich macht, jede Anlage nach den Bestimmungen desselben auszuführen und den Schaden, welchen er durch Nichtbefolgung desselben dem Wasserwerke oder dem Privaten zu fügt, zu ersetzen. Auf Wunsch des Haus- oder Grundbesitzers wird die Rechnung des Installateurs auf Grund seines Preistarifs geprüft. Bei Anrechnung übertrieben hoher Preise, oder nicht pünktlicher Erfüllung der Verpflichtungen gegen den Auftraggeber kann die Concession entzogen werden.	Als Material für die Leitungsröhren wird bis zu 25 mm W. aufwärts geschwefeltes Bleirohr oder galvanisirt. Eisenrohr vorgeschrieben. Ueber diese Dimension hinaus ist Gusseisenrohr zu empfehlen. Gasröhren sind unter allen Umständen ausgeschlossen. Die Bleiröhren müssen durchaus gleichmässige Wandstärke und mindestens folgende Gewichte pro lfd. m haben: Weite — Gewicht 10 mm — 2,0 kg 13 „ — 2,4 „ 20 „ — 4,0 „ 25 „ — 6,6 „ Gusseisenröhren müssen ebenfalls ganz gleichmässige Wandstärke und folgende Mindestgewichte haben: Weite — Gewicht 30 mm — 9 kg 40 „ — 11 „ 50 „ — 14 „ 60 „ — 17 „ 80 „ — 22 „ 100 „ — 29 „	Jede Hauseinrichtung kann, bevor dieselbe dem Gebrauch überwiesen wird, Seitens des Tiefbauamtes einer Besichtigung und einer Probepressung auf 10 Atm. unterworfen werden, wozu der Unternehmer alle Geräthe bereit zu halten hat. Durch die Beaufsichtigung und Prüfung der Anlage übernimmt die Stadt jedoch keine Verpflichtung oder Garantie für deren Güte und dauernde Haltbarkeit. In dieser Beziehung ist vielmehr der Unternehmer allein dem Auftraggeber verantwortlich.

No.	Stadt	Allgemeine Vorschriften, Ausführung, Unterhaltung, Benutzung etc.	Rohrmaterial	Prüfung
		13	14	15
		An allgemeinen Bestimmungen kommen die folgenden in Anwendung: Die ganze Anlage muss gegen Einwirkung des Frostes gesichert sein. Dazu ist erforderlich, dass alle Theile, die ausserhalb des Hauses in der Erde liegen, eine Bedeckung von 1,5 m erhalten, und dass im Innern der Gebäude die Verlegungvon Röhren und sonstigen Theilen, abgesehen vom Keller, möglichst in geheizten Räumen, also namentlich in den Küchen stattfindet. Abzweigleitungen in Waschküchen, Hofräumen, zu Springbrunnen etc. sind für die Winterszeit mit besonderer Absperr- und Entleerungsvorrichtung zu versehen. Die Anlage muss gegen äussere Verletzungen gesichert sein. Die Verlegung der Röhren durch Schornsteine, Dung- oder Abtrittsgruben ist untersagt. Zur Wasserentnahme sollen ausschliesslich Niederschraubhähne oder selbstthätig schliessende, stossfrei wirkende Hähne verwendet werden. Für Küchenhähne ist eine Dimension von 13 mm Öffnung fast immer ausreichend, für Waschküchenhähne eine solche von 20 mm. Unter jedem Auslaufhahn soll eine Wasserableitungs-Vorkehrung angebracht sein, welche entweder in einem gusseisernen Becken mit Ableitungsrohr, oder in einem vorhandenen Spülstein bestehen kann. Die Abflussröhren sollen mindestens 40 mm l. W. haben. Im Keller des Hauses soll unmittelbar nach dem Eintritt des Rohres durch das Fundament ein Haupthahn mit Entleerung angebracht sein, mittelst dessen der Zutritt von Wasser in das Haus verhindert und gleichzeitig die Entleerung der Röhren im Hause von Wasser bewirkt wird. Eine directe Verbindung mit Dampfkesseln darf nicht stattfinden.	Abflussröhren sind aus Blei oder Gusseisen herzustellen.	
34	Dessau . .	Die Einrichtung der Hausleitung ist Sache der Besitzer, Pächter oder Miether, und bleibt es denselben überlassen, sich solche durch geeignete Privat-Unternehmer herstellen zu lassen. Alle Leitungen sind frostsicher anzulegen. Sie müssen daher im Freien mindestens 1,5 m tief gelegt werden; nur bei abstell- und entleerbaren Leitungen in Gärten etc. können Ausnahmen stattfinden. In Gebäuden dürfen die Röhren weder an Frontmauern noch an solche Wände verlegt werden, die dem Froste unmittelbar ausgesetzt sind, sondern an Zwischenwände und durch solche Räume, in welchen ein Einfrieren nicht gut möglich ist. Andernfalls ist an geeigneter frostsicherer Stelle des Rohres, ehe es in kalte Räume tritt, ein Abschlusshahn mit Entleerungsvorrichtung einzuschalten; letztere muss immer leicht zugänglich sein. Zur Speisung und resp. zum Abschluss der gesammten Hausleitung ist ausserdem an einer geeigneten, leicht zugänglichen Stelle der Frontmauer möglichst nahe oder am tiefsten Punkt der Leitung ein Abschlusshahn (Privathaupthahn) mit Entleerungsvorrichtung einzuschalten. Zum Abzapfen des Wassers dürfen nur Niederschraubhähne verwendet werden. Wirbel- oder Conushähne sind nur da zulässig, wo dieselben als Absperr-Vorrichtungen für einzelne Abzweigleitungen dienen. Die Anbringung von Closetventilen in unmittelbarer Verbindung mit der Leitung ist nur dann gestattet, wenn sie keinen erheblichen Stoss beim Fallen des Hebels verursachen. Die Verwaltung ist berechtigt, die sofortige Entfernung aller in eine Privatleitung eingeschalteten Apparate etc. zu verlangen, sobald beim Schliessen derselben der Stoss mehr als 2 Atm. beträgt. Die Beibehaltung bestehender Einrichtungen, welche in einzelnen Theilen den obigen Vorschriften nicht entsprechen, darf nur dann gestattet werden, wenn ihre Speisung aus einem Wasserbehälter erfolgt. In die neu und vorschriftsmässig herzustellende Zuführungsleitung zum Behälter ist ein Wassermesser einzuschalten, und muss der Einfluss über dem höchsten Wasserstande durch einen Schwimmkugelhahn geschehen, auch ist in der höchsten Wasserstandslinie ein Ueberlaufsrohr von mindestens gleichem Durchmesser wie das Zuführungsrohr anzubringen. Speisen von Dampfkesseln unmittelbar aus der Leitung des Wasserwerks ist nicht gestattet. Die Grundstücksbesitzer sind verpflichtet, die in ihren Grundstücken befindlichen Leitungen auf eigene Kosten zu unterhalten und jeden daran entstandenen Schaden, derselbe möge nun zu ihrem eigenen oder zum Schaden des Wasserwerks gereichen, unverzüglich wieder auszubessern. Im Falle irgend welcher Behinderung daran ist hiervon sofort Anzeige bei der Verwaltung zu machen.	Es sind zu den Leitungen gut gezogene Bleiröhren zu verwenden, welche mindestens folgendes Gewicht pro lfd. m haben müssen: 13 mm Bleirohr 2,4 kg 20 „ „ 3,6 „ 26 „ „ 4,8 „ Die Verwendung weiterer Dimensionen resp. gusseiserner asphaltirter Röhren kann nur in Folge besonderer Anträge gestattet werden. Sämmtliche Röhren und alle übrigen Theile der Leitungen müssen eine solche Stärke besitzen, dass dieselben einer Probe von mindestens 8 Atm. ohne bleibende Formveränderungen widerstehen.	Die Verbindung der Privatleitungen mit dem städtischen Haupthahn (Abschlusshahn) und die Einleitung des Wassers in die Grundstücke erfolg durch das Wasserwerk und zwar dann, wenn dieselben die Leitung geprüft, als vorschriftsmässig befunden und eventuell der erforderlichen Druckprobe unterworfen haben.

No.	Stadt	Allgemeine Vorschriften, Ausführung, Unterhaltung, Benutzung etc.	Rohrmaterial	Prüfung
		13	14	15
35	Dortmund	Auf Wunsch übernimmt die Verwaltung auch die Herstellung der Privatleitungen im Innern der Häuser, doch bleibt es den Eigenthümern überlassen, diese Leitungen auch von andern qualificirten Unternehmern ausführen zu lassen. Für alle durch die Nichtbefolgung dieser Vorschriften entstehenden Verluste bleibt der Eigenthümer der Wasserwerks-Verwaltung gegenüber haftbar. Die Rohre müssen überall vor Frost geschützt, event. mit Entleerungs-Vorrichtungen versehen sein. Wenn die Wasserentnahme in einer Leitung mittelst eines Behälters geschieht, so ist dieses mit einem selbstschliessenden Schwimmkugelventil und einem Ueberlaufrohr zu versehen, und es beziehen sich alsdann die Vorschriften betr. der Hähne und des Schutzes gegen Frost nur auf das Druckrohr nach dem Reservoir. Für die Druckleitungen dürfen als Zapfhähne nur Niederschraubhähne verwendet werden. Conushähne sind nur als Absperr- und Entleerungshähne zulässig.	Die Wandstärken der Bleiröhren sollen wenigstens betragen: bei 13 mm Röhren nicht unter 4 mm „ 20 „ $4^1/_2$ „ „ 26 „ $5^1/_2$ „ Es wird die Verwendung genügend starker, überhaupt guter Rohre empfohlen.	Die von den Privatunternehmern ausgeführten Einrichtungen unterliegen der Controle der Verwaltung in soweit, als es sich um Anordnungen und Einrichtungen handelt, durch welche Wasserverluste und Beschädigungen an den Hauptleitungsröhren herbeigeführt werden können. Eine Verantwortlichkeit für die Zweckmässigkeit und kunstgerechte Ausführung der von Privatunternehmern hergestellten Anlagen übernimmt jedoch die Verwaltung dadurch nicht.
36	Dresden	Die Einrichtung der Wasserleitung innerhalb der Grundstücke und Gebäude (Privatleitung) ist den Eigenthümern oder Miethern und Pächtern etc. überlassen, unterliegt aber den vom Rath diesfalls getroffenen Bestimmungen. Die Grundstücksbesitzer sind verpflichtet, die in ihren Grundstücken befindlichen Privatleitungen auf eigene Kosten zu unterhalten und jeden daran entstandenen Schaden, derselbe möge nun zu ihrem eigenen oder zum Schaden des Wasserwerks gereichen, unverzüglich wieder auszubessern. Im Falle irgend welcher Behinderung daran ist hiervon sofort Anzeige bei der Verwaltung zu machen. Die Wasserleitungsanlagen wie auch Aenderungen an denselben dürfen nur von einem Gewerbtreibenden ausgeführt werden, welcher vom Rathe zur Herstellung von dergleichen Arbeiten zugelassen ist. Jede Neuanlage, ebenso jede Veränderung einer bestehenden Anlage ist vor der Inangriffnahme bei der Verwaltung anzumelden. Alle Wasserleitungen und Auslassvorrichtungen müssen so angebracht werden, dass sie den Einwirkungen des Frostes entzogen sind; der Rath kann jedoch von dieser Bestimmung eine Ausnahme gestatten, wenn die Verhältnisse die Erfüllung derselben als unmöglich erscheinen lassen. An Communmauern dürfen Leitungen nicht angebracht werden. Die Leitungen müssen mit leicht zugänglichen Entleerungsvorrichtungen versehen werden, welche das Entleeren aller Theile der Leitung möglich machen. Abzapfhähne müssen stets als Niederschraubhähne hergestellt sein. Conushähne sind nur da zulässig, wo dieselben als Absperrvorrichtungen für einzelne Zweigleitungen dienen, und wo das Schliessen bewirkt werden kann, während das Wasser im Rohr sich in Ruhe befindet. Abzapfhähne, welche beim Schliessen mehr als 2 Atm. Stoss verursachen, sind unzulässig. Alle Abzweige müssen mindestens 1 m vom Privathaupthahn oder Privathauptventil entfernt sein, um den Wassermesser aufstellen zu können.	Insoweit das Wasser zum menschlichen Genusse dienen soll, dürfen zur Leitung nur solche Rohre verwendet werden, welche keinen schädlichen Einfluss auf die Beschaffenheit des Wassers ausüben. Bleiröhren sind nur da gestattet, wo das zu beziehende Wasser lediglich zu anderen Zwecken als zum menschlichen Genusse dient. Stellt sich heraus, dass bei den üblichen Zinnröhren mit Bleimantel (Mantelrohr) nicht reines, sondern mit Blei legirtes Zinn verwendet worden ist, so kann deren Weiterverwendung untersagt werden. Schmiedeeiserne Röhren zu verwenden, ist nur ausnahmsweise und nur bei Anlagen auf Zeit gestattet. Die Wasserröhren, sowie die übrigen Theile der Leitungen müssen so stark sein, dass sie einem Drucke von mindestens 8 Atm. widerstehen. Zinnrohr mit Bleimantel (Mantelrohr), sowie Bleirohr wo es zulässig ist, muss, soll es zu Privatleitungen Verwendung finden, mindestens folgende Gewichte pro lfd. m haben: 10 mm 2,0 kg 13 „ 3,0 „ 15 „ 3,5 „ 20 „ 4,8 „ 25 „ 6,25 „ 30 „ 8,0 „	Die Verbindung der Privatleitung mit der zur städtischen Zweigleitung gehörigen Abschlussvorrichtung (Privathaupthahn oder Ventil) und die Einleitung des Wassers in die Grundstücke darf nur durch Beamte des Wasserwerks und nicht eher erfolgen, bevor nicht durch diese Beamten die Leitung geprüft, als vorschriftsmässig hergestellt befunden und der nöthigen Druckprobe unterworfen worden ist.

No.	Stadt	Allgemeine Vorschriften, Ausführung, Unterhaltung, Benutzung etc.	Rohrmaterial	Prüfung
		13	14	15
		Sämmtliche Verschlussvorrichtungen der Leitungen müssen stets und leicht zugänglich sein und sich mit Drehung von links nach rechts schliessen, mit Drehung von rechts nach links öffnen. Unter der Ausflussöffnung jedes Abzapfhahnes in den Gebäuden muss sich eine Abflussvorrichtung befinden, welche im Stande ist, so viel Wasser abzuführen, als durch den vollständig geöffneten Hahn zufliessen kann. Die Ausgussbecken müssen mit nicht abnehmbarem Siebe versehen werden. Closets, deren Anlegung im Uebrigen noch besonderer baupolizeilicher Genehmigung unterliegt, dürfen nicht mit Ventilen versehen werden, welche unmittelbar mit der Leitung in Verbindung stehen. Zur Speisung derselben ist ein besonderer Wasserbehälter an geeigneter Stelle anzulegen. Die gemauerten Schrote (Schächte) zur Aufnahme der Privathaupthähne oder Ventile und zur Aufstellung der Wassermesser müssen in der Regel für Rohrleitungen bis einschliesslich 30 mm Durchmesser mindestens 1,25 m lang, 0,75 m breit und 1,6 m tief, für stärkere Zuleitungen 2 m lang, 0,75 m breit, 1,7 m im Lichten tief angelegt, gegen Frost geschützt, wasserdicht hergestellt und mit Steigeisen zum bequemen Einsteigen versehen sein, auch eine Einsteigeöffnung von mindestens 0,6 m im Geviert haben.	Bei Mantelrohr darf die Zinnstärke nicht unter $1/2$ mm betragen, auch muss das Zinn mit dem Blei derartig verbunden sein, dass beide Metalle selbst bei mehrmaligem Verbiegen des Rohres sich nicht von einander abtrennen. Gusseiserne Röhren müssen asphaltirt sein, mindestens 40 mm lichte Weite und mindestens folgende Gewichte pro lfd. m haben: 40 mm 10 kg 50 „ 12 „ 60 „ 15 „ 80 „ 20 „ 100 „ 24,5 „ Die Entscheidung darüber, ob bestimmte Röhren als Wasserröhren verwendbar seien, und ob und inwieweit im einzelnen Falle von den vorstehenden Bestimmungen Abstand genommen werden könne, steht dem Rathe zu.	
		Ausnahmsweise können bestehende Einrichtungen, die noch nicht an das städtische Wasserwerk angeschlossen sind und den vorersichtlichen Anforderungen nicht entsprechen, mit städtischem Leitungswasser versorgt werden, wenn das Letztere zunächst einem besonderen Behälter zugeführt wird, aus welchem die bestehenden Einrichtungen gespeist werden. Dampfkessel dürfen indess ihre Speisung niemals unmittelbar aus der Leitung des Wasserwerks erhalten.		
37	**Düren** . . .	Die Beschaffung und Unterhaltung der ganzen Einrichtungen im Innern der Grundstücke ist lediglich Sache des Abnehmers. Derselbe kann die Anlage durch jeden dazu befähigten Unternehmer herstellen lassen. Auch führt das Wasserwerk selbst Privatleitungen nach bestimmten Preissätzen aus. Rechnungen über vom Wasserwerk hergestellte Anlagen müssen binnen spätestens 4 Wochen nach erfolgter Zustellung bezahlt werden. In jeder Privatleitung muss neben dem äusseren Hauptabsperrhahn ein sog. Abnehmer-Haupthahn mit Entwässerungs-Vorrichtung an einer leicht zugänglichen Stelle, in der Regel im Keller und nicht über 2 m vom Wassermesser entfernt, angebracht werden. Dieser Haupthahn dient zur Abstellung der Privatleitung. Der äussere Hauptabsperrhahn darf von dem Besitzer der Privatleitung nicht eigenmächtig geöffnet oder geschlossen werden. Wird aber zur Herstellung von Reparaturen im Innern des Hauses eine Absperrung desselben nöthig, so ist vorher der Direction Anzeige zu machen, es sei denn, dass höhere Gewalt die sofortige Abhülfe bedingt; in diesem Falle muss die Anzeige nachträglich sofort erfolgen. Diejenigen Theile der Privatleitungen, welche dem Einfrieren ausgesetzt sind, müssen durch Umwickeln oder in sonstiger geeigneter Weise gegen Frost geschützt werden. Auch müssen die Privatleitungen der Art gelegt werden, dass sie vollständig entleert werden können. Alle Hähne der Privatleitung ausser dem Abnehmer-Haupthahn dürfen nur Niederschraub- oder Lüftungshähne sein. Wenn die Wasserentnahme in einer Leitung nicht unmittelbar, sondern mittelst eines Sammelbehälters geschieht, so ist dieser mit einem selbstschliessenden Schwimmkugel-Lüftungshahn und einem Uberlaufrohre zu versehen. Eine unmittelbare Verbindung der Wasserleitung mit Dampfkesseln und Speisepumpen darf nicht stattfinden; auch ist die Einschaltung von Wassermotoren nur mit Genehmigung und nach besonderer Angabe der Direction gestattet.	Die zu verwendenden Bleiröhren müssen von bester Qualität sein und in den Druckleitungen per lfd. m mindestens wiegen bei 13 mm Durchm. 3,0 kg 20 „ „ 4,5 „ 25 „ „ 6,5 „ 30 „ „ 7,5 „ 40 „ „ 11,0 „	In allen Fällen hat die Direction das Recht, aber nicht die Pflicht, die angelegten Privatleitungen nachzusehen und zu prüfen, wobei diese einen Druck von 100 m auszuhalten haben; sie kann, wenn die Arbeiten schlecht oder vorschriftswidrig erscheinen, den Anschluss so lange verweigern, bis die Mängel beseitigt sind. Eine Verantwortlichkeit für die Zweckmässigkeit und Güte übernimmt jedoch das Wasserwerk dadurch nicht.

No.	Stadt	Allgemeine Vorschriften, Ausführung, Unterhaltung, Benutzung etc.	Rohrmaterial	Prüfung
		13	14	15
38	**Düsseldorf**	Die Beschaffung und Unterhaltung der Privatleitung im Innern der Grundstücke ist lediglich Sache des Consumenten. Derselbe kann die Anlage durch jeden dazu qualificirten Unternehmer herstellen lassen, jedoch führt auch das Wasserwerk selbst Privatleitungen nach bestimmten Einheitspreisen und Gesammt-Kostenanschlägen aus. Jeder Unternehmer hat über die von ihm ausgeführten Anlagen der Direction sofort den vorschriftsmässigen Rapport einzureichen. Im Falle der Unternehmer solches versäumt oder sonst zur Umgehung vorstehender Bestimmungen die Hand bietet, kann ihn die Direction, unbeschadet der Beschwerde bei der Wasserwerks-Commission, von dem Verkehr mit dem Wasserwerke dergestalt ausschliessen, dass den von ihm verfertigten oder veränderten Leitungen der Bezug von Wasser versagt wird. In jeder Leitung muss ausser dem äusseren Hauptabsperrhahn ein Privathaupthahn mit Entwässerungs-Vorrichtung an einer leicht zugänglichen Stelle angebracht werden. Der äussere Hauptabsperrhahn darf von dem Besitzer der Hausleitung bei Strafe nicht eigenmächtig geöffnet werden. Wird zur Herstellung von Reparaturen im Innern eine Absperrung desselben nöthig, so ist hiervon vorher der Direction Anzeige zu machen, wenn nicht höhere Gewalt die sofortige Abhülfe bedingt. Alle Leitungen sind möglichst so anzulegen, dass sie dem Einfrieren nicht ausgesetzt sind, auch in sonstiger Weise nicht beschädigt werden können. Auch müssen sämmtliche Rohre entleert werden können. Alle Hähne der Leitung, ausser dem Privathaupthahn, dürfen nur Niederschraub- oder Ventilhähne sein. Wenn die Wasserentnahme mittelst Behälter geschieht, so ist dieser mit einem selbstschliessenden Schwimmkugelventil und einem Ueberlaufrohr zu versehen. Eine directe Verbindung der Wasserleitung mit Dampfkesseln und Speisepumpen darf nicht stattfinden; auch ist die Einschaltung von hydraulischen Motoren nur mit Genehmigung und nach besonderer Angabe der Direction gestattet.	Die zu verwendenden Bleiröhren müssen von bester Qualität sein und in den Druckleitungen pr. lfd. m mindestens wiegen: bei 13 mm Durchm. 3,0 kg „ 20 „ „ 4,5 „ „ 25 „ „ 6,5 „ „ 30 „ „ 7,5 „ „ 40 „ „ 11,0 „	In allen Fällen hat die Direction das Recht, aber nicht die Pflicht, die angelegten Privatleitungen zu revidiren, und kann, wenn die Arbeiten schlecht oder vorschriftswidrig erscheinen, die Gewährung von Wasser so lange versagen, bis die Mängel beseitigt sind. Eine Verantwortlichkeit für die Zweckmässigkeit und Güte der von Privatunternehmern hergestellten Anlagen übernimmt jedoch das Wasserwerk dadurch nicht.
39	**Duisburg** .	Die Privatleitung kann sowohl durch die Verwaltung, als auch durch concessionirte Gewerbtreibende auf Kosten des Anmeldenden nach bestimmten Vorschriften hergestellt werden. Es werden nur solche Privatleitungen mit dem städtischen Rohrnetz verbunden, welche von der Verwaltung oder von concessionirten Gewerbtreibenden ausgeführt sind. Die Namen der Letzteren werden öffentlich bekannt gemacht. Die Leitungen müssen frostfrei liegen; zur Wasserentnahme dürfen nur Niederschraubhähne verwendet werden.	Zu den Privatleitungen müssen die verwendeten Bleiröhren per lfd. m Länge mindestens wiegen: bei 13 mm Durchm. 2,1 kg „ 19 „ „ 3,8 „ „ 25 „ „ 6,3 „ und von gleichmässiger Wandstärke sein.	Schon vorhandene Privatleitungen werden vor ihrer Verbindung mit dem städtischen Rohrnetz auf ihre Dichtigkeit probirt und nur bei gutbestandener Probe zum Anschluss zugelassen.
40	**Eisenach** .	Die Herstellung der Leitungen in den Grundstücken kann durch das Wasserwerksamt vermittelt werden, jedoch steht es dem Eigenthümer frei, dieselben beschaffen zu lassen, von wem er will. Derselbe ist dabei an die Befolgung der nachfolgenden Vorschriften gebunden, hat für die Unterhaltung der Leitung zu sorgen und ist insbesondere verpflichtet, bei einem an derselben entstandenen Schaden sofort für die Wiederherstellung zu sorgen, auch wenn ihm selbst aus der Unterlassung kein Nachtheil erwachsen würde. Alle Leitungen sind so anzulegen, dass sie dem Einfrieren nicht ausgesetzt sind (im Freien 1,3 m tief) und durch Stoss nicht beschädigt werden können. Steigröhren und Abzweige davon sind möglichst durch frostfreie Räume zu führen und nicht an die äussern, sondern an die innern Wände der Häuser zu legen; wo dies unthunlich und Einfrieren	Zu den Leitungen in den Häusern dürfen, wenn jene nicht mehr als 25 mm Durchm. haben, Röhren nur vom besten Blei verwandt werden, welche einem Drucke von 12 Atm. widerstehen. Diese Bleiröhren müssen pro m bei 15 mm Weite mind. 2,5 kg „ 20 „ „ „ 3,5 „ „ 25 „ „ „ 5,5 „ wiegen. Haben die Leitungen mehr als 25 mm Durchmesser, so müssen Röhren von Gusseisen verwandt werden, die auf einen Druck	Jede Hauswasserleitung, die von einem Privatunternehmer eingerichtet ist, muss bevor dieselbe dem Gebrauche überwiesen wird, seitens des Wasserwerksamts einer Prüfung und Probepressung auf 12 Atm. unterworfen werden, wozu der Unternehmer, welcher die Hauseinrichtung fertigt, alle Geräthe bereit zu halten hat. Eine Gewähr für die Tüchtigkeit der Leitung übernimmt das Wasserwerksamt damit nicht.

No.	Stadt	Allgemeine Vorschriften, Ausführung, Unterhaltung, Benutzung etc.	Rohrmaterial	Prüfung
		13	14	15
		zu befürchten ist, sollen dieselben durch geeignete Vorrichtungen geschützt werden. Sämmtliche Röhren müssen vollständig entleert werden können. Eingeschliffene conische, sog. Kegel-Hähne sind mit Ausnahme der Entleerungshähne in den Druckleitungen gänzlich verboten; es dürfen zur Wasserentnahme nur Niederschraubhähne bester Construction mit Gummi-, Kautschuck- oder Leder-Dichtung verwandt werden. Eine unmittelbare Verbindung der Dampfkessel mit Zuleitungsröhren ist nicht gestattet. Das zur Speisung von Dampfkesseln erforderliche Wasser ist in besondere Behälter (Vorwärmer) und aus diesen in die Kessel zu leiten. Ebenso dürfen Closets mit der Wasserleitung nicht in unmittelbare Verbindung gebracht werden; sie müssen derart angelegt sein, dass das Wasser in kleine, mit Schwimmerhahn versehene Behälter tritt und von da aus erst den Closets zugeführt wird.	von 20 Atm. geprüft sind. Die Verwendung solcher gusseiserner Röhren ist auch bei Leitungen von geringerem Durchmesser zulässig. Wünscht der Abnehmer die Verwendung von Röhren von anderem Material, so ist dazu die besondere Genehmigung des Wasserwerksamtes einzuholen. Gasröhren dürfen zu Wasserleitungen nicht verwandt werden. Sämmtliche Bleiröhrenverbindungen müssen mit Zinn gut und stark zusammengelöthet, Röhren von Gusseisen aber innen und aussen asphaltirt sein. Beim Verlegen sind die Muffen mindestens 5 cm tief mit Blei zu vergiessen und gut zu verstemmen.	
41	Eisleben .	Die Weiterführung der Zweigleitung geschieht unter der Aufsicht und Zustimmung des Magistrats. Die letztere erstreckt sich auf den Unternehmer, das Material, die Wandstärken, die Zweckmässigkeit der Formen, die Zahl und Art der Hähne und die Lage der Wassermesser. Jede Aenderung an der Zweigleitung, auch im Innern der Grundstücke, bedarf der Genehmigung des Magistrats. Die Kosten der Anlage, ihrer Unterhaltung und Veränderung trägt der Antragsteller. Eine directe Verbindung der Zweigleitung mit einem Dampfkessel ist unter keinen Umständen gestattet.		
42	Elberfeld .	Die Einrichtungen im Innern der Gebäude und Grundstücke hat der Eigenthümer auf seine Kosten unter Innehaltung der bezüglich der Wandstärke der Röhren, Beschaffenheit der Hähne etc. bekannt gemachten Bestimmungen herstellen zu lassen, und unterliegen diese Einrichtungen der Aufsicht der Stadt. Als Hähne dürfen nur Niederschraubhähne verwendet werden.	Gewichte der für die Privatwassereinrichtungen in Elberfeld zu verwendenden Bleiröhren pr. lfd. m: Für die im Thal gelegenen Stadttheile: 13 mm 2,50 kg 20 „ 4,50 „ 26 „ 7,00 „ 33 „ 8,25 „ Für die höher gelegenen Stadttheile genügt: 13 mm 2,10 kg 20 „ 3,80 „ 26 „ 6,30 „ 33 „ 7,50 „ Diese Gewichte genügen unter der Voraussetzung, dass das beste Material verwendet wird und die Wandstärke der Röhren eine ganz gleichmässige ist.	Vergl. Spalte 13.
43	Erfurt. . .	Die Herstellung der Leitungen in den Privatgrundstücken ist Sache der Hausbesitzer; letztere sind aber dabei an die Befolgung der nachstehenden Vorschriften gebunden, haben für die Unterhaltung der Leitung auf eigene Kosten zu sorgen und sind insbesondere verpflichtet, bei einem an derselben entstandenen Schaden sofort die Reparatur bewirken zu lassen, auch wenn ihnen selbst aus der Unterlassung kein Nachtheil erwachsen würde. Sämmtliche Bleiröhren-Verbindungen müssen mit Zinn gut und stark zusammengelöthet, Röhren von Gusseisen aber nach dem Probiren erwärmt und innen und aussen mit Angus-Smith'schem Asphaltlack überzogen werden. Beim Verlegen sind die Muffen der Gussröhren mindestens bis zur halben Tiefe mit Blei zu vergiessen und gut zu verstemmen. Alle Leitungen sind so anzulegen, dass sie dem Einfrieren nicht ausgesetzt sind und durch Stoss nicht beschädigt werden können.	Zu den Leitungen in den Häusern werden, wenn die Leitungsröhren nicht mehr als 26 mm Durchm. haben, Bleiröhren verwandt, welche einem Druck von mindestens 12 Atm. widerstehen. Die Bleiröhren müssen pro lfd. m bei 13 mm Weite mind. 2,2 kg 20 „ „ „ 3,9 „ 26 „ „ „ 6,4 „ wiegen, wobei Differenzen von 0,1 kg pro lfd. m zulässig sind. Haben die Leitungen mehr als 26 mm Durchmesser, so sind Röhren von Gusseisen zu verwenden, die	Die Verwaltung hat das Recht, aber nicht die Pflicht, die Hausleitungen zu revidiren und kann, sofern die innere Anlage schlecht oder vorschriftswidrig ist, die Zuleitung von Wasser so lange versagen, bis die Mängel beseitigt sind. Zu diesem Behufe ist dem Magistrat von der Vollendung der Einrichtung der Privatleitung Anzeige zu machen.

No.	Stadt	Allgemeine Vorschriften, Ausführung, Unterhaltung, Benutzung etc.	Rohrmaterial	Prüfung
		13	14	15
		Die Röhren sind, soweit sie im Freien liegen, 1,6 m tief zu legen. In Gebäuden sollen die Leitungen, insofern nicht in einzelnen Fällen eine Abweichung von dieser Regel Seitens des Magistrats ausdrücklich gestattet wird, weder an Frontmauern noch an solchen Mauern verlegt werden, welche der directen Einwirkung der äusseren Luft ausgesetzt sind. Die Verlegung hat vielmehr an solchen Wänden und in solchen Räumen zu erfolgen, in welchen das Einfrieren unter gewöhnlichen Verhältnissen nicht zu erwarten ist. Sämmtliche Leitungen müssen derart gelegt sein, dass sie mittelst einer oder mehrerer Entleerungs-Vorrichtungen vollständig entleert werden können. Zum Abzapfen des Wassers dürfen nur Niederschraubhähne zur Anwendung kommen. Als Abzapfhähne werden solche betrachtet, aus welchen nach deren Oeffnung das Wasser entweder frei ausläuft oder in Schläuchen weiter geführt wird. Directes Speisen von Dampfkesseln aus der Leitung des Wasserwerks (ohne Zwischenbehälter) ist nicht gestattet. Closets dürfen mit der Hausleitung bis auf Weiteres nicht ohne besondere Genehmigung des Magistrats in Verbindung gebracht werden. Wird eine solche Anlage ausnahmsweise gestattet, so dürfen nur solche Closetventile angewendet werden, welche beim Fallen des Hebels keinen erheblichen Stoss verursachen. Beträgt der Stoss beim Schliessen der Closetventile oder irgend welcher eingeschalteten Apparate in einer Privatleitung mehr als 2 Atm., so ist der Magistrat berechtigt, die sofortige Entfernung dieser Theile zu verlangen. Zu jeder beabsichtigten Abänderung an den einmal gelegten Röhren oder getroffenen Einrichtungen ist die vorherige Genehmigung des Magistrats erforderlich, gleichviel, ob dadurch die Zahlungsverpflichtung des Grundstücksbesitzers modificirt wird oder nicht.	auf einen Druck von 12 Atm. geprüft sein und folgende Gewichte per lfd. m haben müssen: Durchm. — Gewicht 50 mm — 10 kg 60 „ — 13 „ 80 „ — 18 „ 100 „ — 25 „ Wünscht der Abnehmer die Verwendung von Röhren aus anderem Material, so ist dazu die besondere Genehmigung des Magistrats einzuholen. Schmiedeeiserne Röhren dürfen überall zu Wasserleitungen nicht verwandt werden.	
44	**Essen (Stadt)**	Die Herstellung der Leitungen hinter dem Privathaupthahn übernimmt das Wasserwerk ebenfalls, doch ist deren Herstellung auch durch Privatunternehmer gestattet, unter den auch vom Wasserwerk selbst zu befolgenden Vorschriften, dass 1. zum Abschliessen des Wasserzuflusses nur solche Abzapf- und Durchlasshähne verwendet werden, welche ohne Rückschlag schliessen, und dass 2. die als Leitungsrohre zu verwendenden Bleirohre die vorschriftsmässigen Wandstärken und Gewichte besitzen. Die Privat-Uebernehmer müssen vom Wasserwerk concessionirt sein, eine Caution von M 75,— stellen und von jeder Arbeit Anzeige erstatten.	Die als Wasserleitungsröhren verwendeten Bleiröhren müssen mindestens folgendes Gewicht per lfd. m haben: Lichter — Acuss. Durchm. — Gewicht mm — kg 13 — 21 — 2,25 20 — 30 — 4,40 25 — 37 — 6,50 30 — 42 — 7,80	Das Wasserwerk behält sich das Recht vor, die von Privatunternehmern ausgeführten Arbeiten durch seine Beamten prüfen zu lassen, jedoch übernimmt dasselbe keinerlei Verantwortung für die Arbeiten der Privatunternehmer.
45	**Flensburg**	Jede Herstellung einer mit dem städtischen Wasserwerk zu verbindenden Leitung, sowie jede Veränderung einer vorhandenen Leitung oder eine Vermehrung der Zapfhähne darf nur mit Genehmigung der Verwaltung erfolgen. Derartige Arbeiten dürfen nur von solchen Handwerkern ausgeführt werden, denen von der Verwaltung die Befugniss hierfür zugestanden ist. Diese Befugniss ist jederzeit widerruflich, und hat insbesondere die Nichtbefolgung der Instruction die Entziehung dieser Befugniss zur Folge. Jeder Handwerker hat bei Anmeldung der von ihm herzustellenden Privatleitungen sich im Bauburcau genau darüber zu informiren, in welcher Zone die angemeldete Privatleitung liegt. Auch ist daselbst nach Fertigstellung schriftlich sofort anzumelden, in welchem Umfange, mit wie vielen Zapfhähnen und zu welchem Zwecke die Leitung angelegt ist. Zum Abzapfen des Wassers dürfen nur Niederschraubhähne, keinenfalls Wirbel- oder Conushähne angebracht werden. Wenn Closets Wasserspülung erhalten, so dürfen Closetventile nie unmittelbar mit der Leitung in Verbindung gebracht werden, vielmehr ist zur Speisung der Closets ein besonderer Wasserbehälter mit Schwimmkugelventil anzubringen. Jeder Grundbesitzer ist verpflichtet, die auf seinem Grundstücke befindlichen Zweigleitungen mit allem Zubehör zu unterhalten, dieselben in allen Theilen durch geeignete Vorkehrungen gegen Frost zu schützen, alle Beschädigungen, welche auf den Wasserverbrauch von Einfluss sind, unverzüglich zu beseitigen, sowie die für die Anlage und Unterhaltung der Leitung sonst geltenden Vorschriften genau zu beobachten.	Die zu verwendenden Zinnrohre mit Bleimänteln (nur solche sind statthaft) müssen die in folgender Tabelle aufgestellten Gewichte haben. Lichte Weite in mm — 10 — 12,5 — 15 — 20 Gewicht pr. lfd. m: kg — kg — kg — kg Zone A — 2,00 — 2,75 — 3,75 — 5,00 Zone B — 1,75 — 2,25 — 3,00 — 4,00 Zone C — 1,50 — 2,00 — 2,50 — 3,25 Zone D — 1,25 — 1,75 — 2,25 — 3,00	Den Beamten des Wasserwerks steht bei allen Privatleitungen die Controle über die gute Ausführung der Arbeiten und die genügende Stärke der Rohre zu, und muss der betreffende Handwerker auf Verlangen des Beamten und in seiner Gegenwart jederzeit die Wiegung der Rohre vornehmen.

No.	Stadt	Allgemeine Vorschriften, Ausführung, Unterhaltung, Benutzung etc.	Rohrmaterial	Prüfung
		13	14	15
46	**Frankfurt a. M.**	Die Herstellung und Instandhaltung der Privatleitungen bleibt den Eigenthümern der Grundstücke überlassen, jedoch dürfen die Einrichtungen erst nach Genehmigung Seitens des Tiefbau-Amts ausgeführt werden. Zur Sicherung des Grundstückes gegen Wasserschäden ist nächst der Frontmauer an einer leicht zugänglichen Stelle ein Privat-Abschlusshahn mit Entleerungsvorrichtung in die Leitung einzuschalten. Die Leitungen müssen überall vor Frost geschützt und, wo dieses nicht erreicht werden kann, mit Entleerungsvorrichtungen versehen sein. In den Druckleitungen dürfen keine Hähne verwandt werden, welche ein plötzliches Schliessen des Ausflusses gestatten. Die in die Leitung einzuschaltenden Apparate (Ventile, Spülvorrichtungen, Bade-Einrichtungen) müssen ihrer Construction nach vom Tiefbauamte genehmigt sein. An allen Wasserbehältern sind Ueberläufe zulässig. Bei Badewannen können dieselben direct in die Ablaufröhren geführt werden. Bei allen übrigen Ueberläufen ist die Führung in's Freie dann anzuordnen, wenn auf andere Weise der Abfluss nicht sichtbar herzustellen ist. Wenn die Wasserentnahme in einer Leitung nicht direct, sondern mittels eines Wasserbehälters geschieht (bei Badeeinrichtungen, Dampfkesseln u. dgl.), so ist die Einmündung oberhalb des höchsten Wasserspiegels anzubringen. In den Leitungen ist an dem obersten Theile des Steigrohres ein genügend grosser Windkessel anzubringen. In Häusern mit mehreren Miethwohnungen ist dicht am gemeinschaftlichen Steigrohre für jede betreffende Nebenleitung ein Haupthahn anzubringen, so dass die Ausscheidung jeder einzelnen Miethabtheilung möglich wird. Wasserleitungsvorrichtungen für Gärten, Springbrunnen u. dgl. dürfen von der Privatleitung erst hinter dem Haupthahnen abgezweigt werden, müssen mit besonderer Absperr-, eventuell auch Leerlaufs-Einrichtung versehen sein und zur Frostzeit ausser Gebrauch gesetzt werden. Wasserclosets und Pissoirs dürfen mit der Privatleitung nicht in directe Verbindung gesetzt werden und müssen so construirt sein, dass bei jeder Benutzung nur eine bestimmte, zu einer kräftigen Spülung hinreichende Wassermenge verwendet wird.	Die zu verwendenden Bleiröhren, welche nur bis zu einer Weite von 25 mm zulässig sind, müssen mit einem Schwefelbleiüberzuge versehen und von gutem, gleichmässigem Material sein. Die Gewichte sollen wenigstens betragen pro lfd. m: bei 10 mm Weite 1,50 kg „ 15 „ „ 2,75 „ „ 20 „ „ 4,50 „ „ 25 „ „ 6,50 „ Für Leitungen von mehr als 25 mm Durchm. sind nur Röhren aus innen und aussen lackirtem Gusseisen zulässig. Sämmtliche Röhren und Leitungstheile müssen einen dauernden inneren Druck von 20 Atm. aushalten können.	Nach Vollendung der Einrichtung einer Privatleitung wird dieselbe in Gegenwart des auszuführenden Technikers auf ihre vorschriftsmässige Ausführung untersucht und unter Wasserdruck auf ihre Dichtigkeit probirt. Den Probeapparat hat der Unternehmer bereit zu halten. Jede sich hierbei zeigende Undichtigkeit oder vorschriftswidrige Ausführung überhaupt ist sofort zu verbessern. Erst wenn die ganze Anlage genehmigt ist und der Besteller seine Verbindlichkeiten erfüllt hat, kann die Wasserentnahme beginnen.
47	**Frankfurt a. O.**	Die Einrichtungen im Innern der Grundstücke (siehe auch Tab. III, 10) werden dem freien Ermessen des Eigenthümers überlassen, es wird aber vorgeschrieben, dass bei solchen Einrichtungen nur Hähne nach den von der Gesellschaft genehmigten Mustern, welche in deren Bureau einzusehen sind, verwendet werden dürfen.		Die Gesellschaft behält sich vor, die Einrichtungen im Innern der Grundstücke, bevor sie mit Wasser gefüllt werden, durch ihre Angestellten prüfen zu lassen, wobei sie den Druck einer Wassersäule von 78,4 m aushalten und in allen Theilen tüchtig ausgeführt sein müssen.
48	**Freiberg i. S.**	Die Herstellung der Privatleitung vom Wassermesser ab bleibt einem Jeden überlassen, doch sind dabei die speciell aufgestellten Vorschriften zu beachten. Diese Arbeiten dürfen nur denjenigen Gewerken übertragen werden, welche vom Stadtrath hierzu ermächtigt sind. Machen sich durch Abänderungen an der öffentlichen Leitung Veränderungen an privaten Leitungen nothwendig, so haben dieselben auf Kosten der Stadt zu geschehen.		Die Vollendung einer jeden Privatleitung ist der Verwaltung anzuzeigen, und darf die Verbindung der Privatleitung mit dem zur Zweigleitung gehörigen Haupthahne und die Einleitung des Wassers in das Grundstück nur durch einen Beauftragten der Verwaltung u. nicht eher erfolgen, bevor nicht durch diesen Beauftragten die Leitung geprüft, als vorschriftsmässig hergestellt befunden und der nöthigen Druckprobe unterworfen worden ist.

No.	Stadt	Allgemeine Vorschriften, Ausführung, Unterhaltung, Benutzung etc.	Rohrmaterial	Prüfung
		13	14	15
49	**Freiburg i. B.**	Die Einrichtungen im Innern der Grundstücke, eventuell vom Wassermesser an, kann der Abonnent von jedem hierfür concessionirten Gewerbtreibenden besorgen lassen. An allen Ausflüssen müssen Verschlusshahnen nach vorgeschriebenen Mustern angebracht werden. Möglichst beim Eintritt der Leitung in das Grundstück ist ein solider zweckmässiger Abschlusshahnen an leicht zugänglicher Stelle anzubringen. Jede Wasserleitung ist so im Gefälle zu verlegen und derart anzuordnen, dass auch jede Abzweigung derselben durch die an tiefster Stelle anzubringenden Entleerungshähne vollständig entleert werden kann. Die Entleerungshähne sind leicht zugänglich anzubringen und womöglich mit sichtbarem Ablauf nach der Canalisation zu versehen. Besondere Luftschrauben an den höchsten Stellen der Leitungen sind sehr geeignet, das Entleeren zu erleichtern. Die Leitungen dürfen ohne zwingende Gründe und ohne besondere Genehmigung nicht an den Aussenmauern der Häuser angebracht werden, sondern sind möglichst frostfrei in's Innere der Gebäude zu verlegen. Zweigleitungen, die einen freien Platz, Hof oder Garten überschreiten, sollen möglichst unter die Frostgrenze verlegt werden und müssen mit besonderem Abschluss und mit Entleerung versehen sein. Ebenso jede Zweigleitung zu einem Nebengebäude oder Anbau, wo die Leitung irgendwie dem Frost ausgesetzt sein kann. Zur Verhütung von Frostschaden müssen in den Closetkasten die sog. Frostschrauben am tiefsten Punkt des Kastens und an möglichst zugänglicher Stelle angebracht werden, sofern die Closets nicht in anderer ausreichender Weise vor Frostschaden geschützt sind; doch sind diese Schrauben in den Sommermonaten stets vollständig geschlossen zu halten. Jeder Spülapparat ist mit einem besonderen Abstellhahnen zu versehen. Jede directe Closetspülung ist verboten. Die Verwaltung ist befugt, das Anbringen von besonderen, nach ihrem Modell angefertigten Frostschrauben an allen dem Froste ausgesetzten Zapfstellen zu verlangen. Ebenso ist sie berechtigt, in dringenden Fällen die Abänderung nicht sachgemäss ausgeführter bestehender Einrichtungen zu veranlassen.	Zu den Wasserleitungen im Innern der Gebäude sowohl, als auch für Zuleitungen zu denselben, sind in der Regel nur verzinkte Eisenröhren zu verwenden. Zwischen Spülkasten und Closets ist die Verwendung von Bleiröhren jedoch gestattet. Andere Röhren sind nur mit besonderer Genehmigung der Verwaltung zulässig.	Der Gemeinde steht das Recht zu, die Arbeiten zu controliren, ohne dass sie dadurch eine Gewährleistung für deren Solidität übernimmt. Als Gebühr für die Prüfung wird für eine oder zwei Zapfstellen M 1.—, für jede weitere M 0.25 erhoben.
50	**Gelsenkirchen-Schalke**	Die Beschaffung und Instandhaltung der inneren Einrichtungen hinter dem inneren Abschlusshahn oder Schieber ist lediglich Sache des Abnehmers. Die hierzu erforderlichen Arbeiten und Lieferungen zu besorgen, ist die Gesellschaft jederzeit bereit; es bleibt aber dem Abnehmer unbenommen, dieselben auch durch Unternehmer ausführen zu lassen. In jeder Leitung muss ausser dem äusseren Abschlusshahn ein Haupthahn mit Entwässerungsvorrichtung an einer leicht zugänglichen Stelle (in der Regel im Keller) angebracht werden, welcher gewöhnlich zur Abstellung der Hausleitung benutzt wird. Der äussere Absperrhahn darf von dem Inhaber der Hausleitung nicht benutzt werden. Wird zur Ausbesserung im Innern des Hauses eine Absperrung desselben nöthig, so ist hiervon dem Vorstande vorher Anzeige zu machen, es sei denn, dass höhere Gewalt die sofortige Abhilfe bedingt. In diesem Falle muss die Anzeige nachträglich ohne Verzug erfolgen. Alle Leitungen sind möglichst frostsicher und so anzulegen, dass sie auch in sonstiger Weise, z. B. durch Stossen, nicht beschädigt werden können; auch müssen sämmtliche Röhren entleert werden können. Alle Hähne der Leitung ausser dem Haupthahn dürfen nur Niederschraub- oder Ventilhähne, nie Kükenhähne sein. Der innere Abschlusshahn bei Hausleitungen mit Wassermesser darf nie theilweise geöffnet sein, er muss entweder ganz offen oder ganz geschlossen gehalten werden. Eine unmittelbare Verbindung mit Dampfkesseln und Speisepumpen darf nicht stattfinden; auch ist die Einschaltung von Wasserkraftmaschinen und Aufzügen nur mit Genehmigung und nach besonderer Angabe des Vorstandes gestattet. Zapfhähne dürfen nie an der Aussenseite des Hauses oder im freien Hofraume angebracht werden, sondern müssen sich stets innerhalb des Hauses oder des geschlossenen Hofes befinden. Auf Arbeitercolonien findet diese Bestimmung jedoch keine Anwendung.	Die zu verwendenden Bleiröhren müssen aus bestem Blei mit gleichmässigen Wandungen hergestellt sein und in den Druckleitungen per lfd. m wiegen: Weite mm — Wandst. mm — Gewicht kg 13 — 4 — 2,3 20 — 5 — 4,5 25 — 6 — 6,7	Die Gesellschaft behält sich das Recht vor, die Hauseinrichtungen jederzeit zu untersuchen, und ist der Abnehmer gehalten, die als erforderlich erachteten Aenderungen, insoweit es sich um Anordnungen und Einrichtungen handelt, durch welche Wasserverluste und Beschädigungen an den Hauptröhren herbeigeführt werden können, sofort zu treffen. Auch ist die Gesellschaft berechtigt, solche Aenderungen sofort auf Kosten des Abnehmers ausführen zu lassen. Eine Verantwortlichkeit für die von Unternehmern ausgeführten Arbeiten übernimmt die Gesellschaft in keinem Falle.

No.	Stadt	Allgemeine Vorschriften, Ausführung, Unterhaltung, Benutzung etc.	Rohrmaterial	Prüfung
		13	14	15
51	Giessen . .	Die Ausführung der Wasserleitungs-Einrichtungen hinter dem Wassermesser ist Sache des Haus-Besitzers. Die Wahl des Installateurs ist freigestellt, jedoch werden die Namen derjenigen Geschäftsleute öffentlich bekannt gemacht, welche sich im Besitz der nöthigen Einrichtungen, insbesondere Probirpumpe mit Manometer befinden und ferner das Regulativ zum Zeichen der Anerkennung unterschreiben. Die Leitungen in den Gebäuden müssen frostfrei und möglichst in geheizten Räumen angelegt, auch mit Umhüllung versehen werden. Alle Theile, die ausserhalb des Hauses in der Erde liegen, müssen eine Bedeckung von 1,5 m erhalten. Abzweigleitungen in Waschküchen und Hofräumen sind für den Winter mit besonderer Absperr- und Entleerungsvorrichtung zu versehen. Die Anlage muss gegen äussere Verletzung gesichert sein, wesshalb die Verlegung der Röhren zweckmässig in einem Mauerschlitz geschieht, der mittels Holzverschalung geschlossen wird. Die Verlegung der Röhren durch Schornsteine, Dung- etc. Gruben ist untersagt. Zum Abzapfen des Wassers dürfen nur Niederschraubhähne oder Ventile, in keinem Fall aber Conushähne verwendet werden.	Als Material für die Wasserleitungsröhren ist Bleirohr zu nehmen, welches vom besten, zinnfreien Weichblei gefertigt ist und mit einer Schicht von Schwefelblei versehen sein muss. Die Anwendung von Schmiedeeisenrohr mit galvanischer Verzinkung ist ebenfalls gestattet. Gasröhren sind unter allen Umständen ausgeschlossen. Die Bleiröhren müssen durchaus gleichmässige Wandstärke und mindestens folgende Gewichte pro lfd. m haben: Durchm. — Gewicht 13 mm — 2,5 kg 20 „ — 4,10 „ 25 „ — 6,6 „	Jede Hauseinrichtung muss, bevor sie von dem Installateur an die seitens der Stadt hergestellte Leitung angeschlossen wird, einer Prüfung und Probepressung von 10 Atm. seitens des Installateurs in Gegenwart des beauftragten Beamten unterworfen werden. Durch diese Prüfung der Anlage übernimmt die Stadt keine Verpflichtung oder Garantie für deren Güte und dauernde Haltbarkeit. In dieser Beziehung ist vielmehr der Unternehmer allein dem Auftraggeber verantwortlich.
52	Gladbach-M.	Die Beschaffung und Unterhaltung der Privatleitung ist lediglich Sache des Consumenten. Alle Leitungen sind möglichst so anzulegen, dass sie dem Einfrieren nicht ausgesetzt sind, auch in sonstiger Weise, z. B. durch Stoss nicht beschädigt, auch vollständig entleert werden können. Alle Hähne der Leitung, ausser dem Privat-Haupthahn, dürfen nur Niederschraub- oder Ventilhähne sein. Wenn die Wasserentnahme in einer Leitung mittels eines Behälters geschieht, so ist dieses letztere mit einem selbstschliessenden Schwimmkugelventil und einem Ueberlaufrohr zu versehen. Eine unmittelbare Verbindung der Wasserleitung mit Dampfkesseln und Speisepumpen darf nicht stattfinden, auch ist die Einschaltung von hydraulischen Motoren nur mit Genehmigung und nach besonderer Angabe der Verwaltung gestattet.	Die zu verwendenden Bleiröhren müssen von bester Qualität sein und in den Druckleitungen mindestens wiegen pro m: bei 13 mm Weite 2,5 kg „ 19 „ „ 4,5 „ „ 25 „ „ 6,5 „ Es wird die Verwendung innen geschwefelter Bleirohre empfohlen.	In allen Fällen hat die Verwaltung das Recht, aber nicht die Pflicht, die angelegten Privatleitungen zu revidiren. Auf Verlangen der Consumenten sowohl als der Unternehmer ist die Verwaltung bereit, vor Anschluss der Privatleitungen diese einer Druckprobe zu unterwerfen; auch ist sie berechtigt, aus eigenem Antrieb vor Anschluss der Privatleitung letztere einer Druckprobe zu unterwerfen. Wird die Druckprobe auf Antrag der Consumenten oder Unternehmer ausgeführt, so hat der betr. Antragsteller hierfür eine Gebühr von M 6 zu bezahlen; eine gleiche Gebühr ist von dem Consumenten zu tragen, wenn sich bei einer von der Verwaltung aus eigenem Antriebe vorgenommenen Druckprobe die Privatleitung als undicht erwiesen hat. Eine Verantwortlichkeit für die Zweckmässigkeit und Güte der von Privat-Unternehmern hergestellten Anlagen übernimmt jedoch die Verwaltung auch durch die Vornahme der Druckprobe nicht.
53	Glauchau .	Die Herstellung und Unterhaltung der Leitungen in den Grundstücken bleibt den Grundstückseigenthümern überlassen. Um unbemittelten Grundstücksbesitzern die Benutzung der Wasserleitung zu erleichtern, können die Kosten der von der Verwaltung ausgeführten Arbeiten gegen Verzinsung in Theilzahlungen entrichtet werden. Bis nach völliger Erstattung des Aufwandes bleibt die Gemeinde Besitzerin der hergestellten Leitung. Zur Wasserentnahme dürfen nur Niederschraubhähne, nie die Abschlusshähne verwendet werden. Die Leitungsrohre sind nöthigen Falles durch Umhüllungen vor Frost zu schützen und im tiefsten Punkte mit einem Abschlusshahne mit Entleerungsvorrichtung zu versehen. Closets und Dampfkessel dürfen nicht unmittelbar mit der Leitung in Verbindung gebracht werden. Zu ihrer Speisung sind genügend grosse Behälter mit mechanischem Schwimmverschluss anzulegen.	Die im Innern der Grundstücke verwendeten Rohre müssen dem Leitungsdruck entsprechend stark genug sein.	Ohne vorherige Prüfung und Genehmigung darf die Privatleitung nicht in Gebrauch genommen werden. Von deren Fertigstellung im Grundstücke ist deshalb Anzeige zu machen. Zu späteren Besichtigungen der Privatleitungen ist die Verwaltung berechtigt, aber nicht verpflichtet.

Tabelle IV. Hausleitungen.

No.	Stadt	Allgemeine Vorschriften, Ausführung, Unterhaltung, Benutzung etc.	Rohrmaterial	Prüfung
		13	14	15
54	Glogau . .	Die Beschaffung und Unterhaltung der Einrichtungen innerhalb des Grundstückes incl. des Wassermessers ist Sache des Grundstücksbesitzers. Die Steigeröhren müssen gegen Frost geschützt werden. Zur Vermeidung von Stössen in der Leitung dürfen zu Abzughähnen nur Niederschraubhähne mit Gummi- oder Kautschukdichtung gebraucht werden. An geeigneter Stelle innerhalb des Grundstückes ist in der Regel ein Privatabschlusshahn und zwar, wenn ein Wassermesser da ist, hinter diesen anzubringen, der zugleich zur Entleerung der Hausleitung benutzt werden kann.	Zu den Hausleitungen können Bleiröhren oder eiserne verwendet werden, die auf 8 Atm. Druck geprüft sind. Besonders zu empfehlen sind innen verzinnte Bleiröhren, jedenfalls müssen dieselben aus doppelt raffinirtem Blei von genügender Zähigkeit bestehen und gleichmässige Wandstärke haben.	Nach Genehmigung des Anmeldungs-Gesuches ist Anzeige zu machen, sobald die Einrichtung innerhalb des Grundstückes zum Anschluss fertig ist. Diese wird revidirt, und wenn sich dabei nicht Mängel finden, so wird die Verbindung mit dem Strassenrohre hergestellt und die ganze Leitung den Hauptröhren angeschlossen. Eine Gewähr für die Tüchtigkeit und Fehlerlosigkeit der Hausleitung übernimmt dadurch die Verwaltung nicht.
		Wenn sich späterhin ergiebt, dass die Ausführung nicht der genehmigten Vorlage entspricht, oder dass die Anlage nachher ohne Genehmigung verändert ist, so hat der Magistrat das Recht, dem betreffenden Consumenten das Wasser bis zur Wiederbeseitigung der nicht genehmigten Einrichtung, oder bis zur Ertheilung der Genehmigung für dieselbe zu entziehen.		
55	Glückstadt	Die Kosten der Hausleitung trägt der Eigenthümer des Grundstücks. Um jedoch unbemittelten Hauseigenthümern die Benutzung der Wasserleitung zu erleichtern, kann die Stadt denselben ihre Hausleitungen herstellen und den Aufwand dafür unter Verzinsung und gegen Sicherheit in Raten abzahlen lassen. Bis zur völligen Erstattung dieses Aufwands bleibt die Stadtgemeinde Eigenthümerin der Hausleitung und ist berechtigt, diese Leitung zu schliessen oder ganz wieder wegzunehmen, wenn der betreffende Hauseigenthümer mit Erstattung des Aufwandes säumig ist. Die Arbeiten zur Herstellung und Unterhaltung der Anschlussleitungen müssen nach den darüber zu erlassenden Bestimmungen ausgeführt werden.		
56	Görlitz . .	Die Herstellung und Unterhaltung der Leitungen innerhalb der Grundstücke hat der Hausbesitzer auf eigene Kosten und nach den Bestimmungen für die Anlage von Privatleitungen auszuführen. Die zur Verwendung kommenden Hähne müssen ohne Ausnahme Niederschraubhähne mit Lederscheiben sein. Kein Ausfluss darf unter 10 mm Ausströmungs-Oeffnung haben, kleinere Oeffnungen bedürfen einer besonderen Vereinbarung. Unter jedem Auslauf- oder Zapfhahn muss eine Abflussvorrichtung durch Ausgussbecken oder eine andere entsprechende Einrichtung vorhanden sein. An jeder Privatleitung muss eine Vorrichtung angebracht sein, durch welche es möglich ist, eine Druckpumpe anzusetzen. Sämmtliche Rohrleitungen in einem Gebäude sind frostfrei zu legen. Die Zuleitung von der Strasse erhält gleich nach dem Eintritt in das Gebäude einen mit Entwässerung versehenen Haupthahn, welcher die ganze Hausleitung abschliessen und entleeren kann. In denjenigen Grundstücken, welche Wassermesser besitzen, werden letztere zwischen dem Strassenanschluss und dem Haupthahn der Leitung eingeschaltet. Für jeden Wassermesser muss ein besonderer Zugang direct aus dem Hauptrohr angelegt werden.	Die Röhren bis zur Weite von 40 mm sind von Blei, Zinn oder verzinntem Schmiedeeisen herzustellen. Ueber diese Weite hinaus sind innen und aussen mit Asphaltlack gestrichene oder emaillirte gusseiserne Röhren zu wählen. Die Bleiröhren müssen mindestens folgende Wandstärken und Gewichte pr. lfd. m besitzen: lichter Durchm. mm — Wandstärke mm — Gewicht kg 13 — 4 — 2,1 19 — 5 — 3,8 26 — 5,5 — 6,3 33 — 6,2 — 8,2 40 — 6,5 — 9,5	Die Verwaltung prüft jede ausgeführte Privat-Wasserleitung, ehe sie in Gebrauch genommen werden darf, mit entsprechendem Wasserdruck. Eine Garantie für die Leitung übernimmt aber die Verwaltung durch diese Abnahme-Prüfung nicht.
		Wenn die Wasserentnahme in einer Leitung mittels eines Behälters geschieht, so ist dieser letztere mit einem selbstthätigen Schwimmkugelventil und einem Ueberlaufrohr zu versehen.		

No.	Stadt	Allgemeine Vorschriften, Ausführung, Unterhaltung, Benutzung etc.	Rohrmaterial	Prüfung
		13	14	15
57	Göttingen	Dem Consumenten bleibt es überlassen, die Herstellung und Instandhaltung der Privatleitung auf dem eigenen Grundstücke durch geeignete Unternehmer nach seiner Wahl und auf seine Kosten herstellen zu lassen, jedoch sind dabei folgende Vorschriften zu beobachten: Die Privatleitung muss so eingerichtet sein, dass es möglich ist, dieselbe durch besonders anzubringende Entleerungsvorrichtungen zu entleeren. Absperrventil und Entleerungsvorrichtungen, sowie der Wassermesser müssen jederzeit leicht zugänglich sein. Befinden sich dieselben, insbesondere der Wassermesser, in verschlossenen Räumen, so muss Seitens des Consumenten dafür gesorgt werden, dass der controlirende Beamte ohne Zeitverlust zu denselben gelangen kann. Bei allen Neuanlagen sind zum Abzapfen des Wassers nur langsam schliessende Niederschraub-Ventilhähne zu verwenden, auch sind die vorhandenen Gummi-Niederschraubhähne, sobald sie unbrauchbar geworden sind und einer Auswechselung bedürfen, nur durch solche zu ersetzen. Eine unmittelbare Verbindung der Rohrleitung mit Dampfkesseln darf nicht stattfinden. Jeder Eigenthümer einer Privatleitung hat die Pflicht, dieselbe, sowie auch den Wassermesser, innerhalb seines Grundstücks und Gebäudes vor Beschädigungen jeder Art und namentlich vor Frost zu schützen. Jede an der Hausleitung vorgefundene Undichtigkeit, selbst wenn dieselbe nicht zum Nachtheil des Eigenthümers gereicht, muss derselbe unverzüglich auf seine Kosten wieder ausbessern lassen und der Verwaltung sofort Anzeige davon machen.	Die Privatleitungen müssen in allen ihren Theilen einen Druck von 15 Atm. aushalten können. Die zu Privatleitungen zu verwendenden Bleiröhren sollen wenigstens folgende Gewichte pro lfd. m haben: bei 10 mm Weite 2,0 kg „ 13 „ „ 2,5 „ „ 15 „ „ 3,6 „ „ 20 „ „ 4,5 „ „ 25 „ „ 6,0 „ „ 30 „ „ 8,0 „	Die Verwaltung hat das Recht, aber nicht die Verpflichtung, neu angelegte Privatleitungen vor Anschluss an die städtische Wasserleitung auf die vorschriftsmässige und solide Ausführung untersuchen zu lassen.
58	Gotha . . .	Wenn der Abnehmer die im Inneren des Gebäudes oder Grundstückes anzubringenden Anlagen nicht von der Verwaltung entnehmen oder legen lassen will, so darf dies gleichwohl nur unter Aufsicht der Letzteren durch hierzu ausdrücklich ermächtigte Personen und unter Einhaltung der von ihr getroffenen Bestimmungen geschehen. Die Abnehmer sind verpflichtet, von allen an den Leitungen eintretenden Schäden, namentlich solchen, welche einen Verlust an Wasser zur Folge haben, der Verwaltung sofort Anzeige zu erstatten. Insbesondere gilt dies bezüglich derjenigen Theile der Leitungen, deren Herstellung der Verwaltung vorbehalten ist. Letztere ist berechtigt, alle ihr nach den Bestimmungen ausschliesslich vorbehaltenen Ausbesserungen oder Erneuerungen ausführen zu lassen und in Rechnung zu stellen. Alle Leitungen sind so anzulegen, dass sie dem Einfrieren nicht ausgesetzt sind und durch Stoss nicht beschädigt und entleert werden können. Die Röhren sind, so weit sie im Freien liegen, mindestens 1,20 m tief zu verlegen. In Gebäuden dürfen die Leitungen, wenn nicht in einzelnen Fällen eine Abweichung von dieser Regel gestattet ist, nicht an Aussenmauern verlegt werden. Die Verlegung hat vielmehr an solchen Wänden und in solchen Räumen zu erfolgen, in welchen das Einfrieren unter gewöhnlichen Verhältnissen nicht zu erwarten ist. Andernfalls ist die Rohrleitung gegen die Einwirkung des Frostes durch Umhüllung zu schützen. Zum Abzapfen des Wassers dürfen nur stossfrei schliessende Niederschraubhähne bester Construction mit Gummi- oder Kautschukdichtung oder Ventil-Niederschraubhähne mit Lederdichtung angebracht werden, keinesfalls aber Wirbel- oder Kugelhähne zur Anwendung kommen. Beträgt der Stoss mehr als 2 Atm., so ist die Verwaltung berechtigt, die sofortige Entfernung dieser Theile zu verlangen, bezw. vorzunehmen. Die Spülung von Wasserclosets oder Pissoirs darf nicht in unmittelbarer Verbindung mit der Hausleitung gebracht werden. Die Genehmigung zur Herstellung einer Spülungsanlage ist stets vor der Ausführung nachzusuchen. Eine unmittelbare Verbindung des Röhrensystems mit Dampfkesselanlagen darf nicht stattfinden.	Privatleitungen von 12 bis 25 mm Lichtweite sind aus Bleiröhren, stärkere Privatleitungen aus gusseisernen Röhren auszuführen. Eiserne Rohre müssen mindestens 20 Atm. Druck unter der Druckpumpe aushalten und sich hierbei wasserdicht zeigen, auch nach dem Verfahren von Dr. Angus Smith's Patent in- und auswendig sorgfältig mit Theerlack versehen und mit ungetheertem und getheertem Hanfstrick und Blei, letzteres mindestens so stark, dass die halbe Muffe angefüllt ist, wasserdicht verbunden werden. Bleirohre müssen aus Weichblei hergestellt sein, einen Druck von mindestens 15 Atm. aushalten und bei rund um gleicher Wandstärke wenigstens folgendes Gewicht pro lfd. m haben: bei 12 mm Weite 3,0 kg „ 18 „ „ 5,1 „ „ 25 „ „ 7,8 „ Bleileitungen im Erdboden ausserhalb der Gebäude von 12 bezw. 18 mm Weite müssen stets 6 mm Wandstärke haben. Auf Verlangen der Verwaltung muss 1 lfd. m Rohr zur Prüfung unentgeltlich verabfolgt werden. Die Verbindungen müssen mit Zinn gut und stark zusammengelöthet sein. Sollen Rohre von anderem als dem Material zu Leitungen verwendet werden, so ist dazu die besondere Genehmigung der Verwaltung einzuholen.	Vor Prüfung der nicht durch die Verwaltung ausgeführten Einrichtung von Seiten der Letzteren darf keine Privatleitung in Gebrauch genommen werden.

No.	Stadt	Allgemeine Vorschriften, Ausführung, Unterhaltung, Benutzung etc.	Rohrmaterial	Prüfung
		13	14	15
59	Greiz . . .	Die Herstellung der Einrichtungen in den Privatgrundstücken hinter dem Wassermesser ist den Privaten freigegeben, dieselbe hat jedoch nach den erlassenen Vorschriften zu erfolgen. Wo es möglich ist, sind alle Leitungen so anzulegen, dass sie dem Einfrieren nicht ausgesetzt sind und durch Stoss nicht beschädigt werden können. Dieselben sind also womöglich durch frostfreie Räume zu legen. Andernfalls sind sie in geeigneter Weise durch Umhüllungen gegen Frost zu schützen und während ein Einfrieren zu befürchten ist, Nachts durch Abstellung des Privathaupthahns zu entleeren. Sämmtliche Röhren müssen nach dem Privathaupthahn hin ein ununterbrochenes Gefälle haben, oder es sind diejenigen Stellen, aus welchen das Wasser nicht ablaufen kann, mit einem besonderen Entleerungshahn zu versehen. Eingeschliffene conische Hähne sind mit Ausnahme der Entleerungshähne in der Hausleitung verboten. Nur Niederschraubhähne bester Construction mit Leder- oder Gummidichtung dürfen verwendet werden. Eine unmittelbare Verbindung der Dampfkessel mit den Zuleitungsröhren ist nicht gestattet; das Speisewasser ist in besondere Behälter und aus diesen in den Kessel zu leiten. Ob Wasserclosets eingerichtet werden dürfen, bleibt noch besonderer Beschlussfassung der Gemeindebehörde vorbehalten. Schäden, welche durch Zuwiderhandlung der Bestimmungen dem Gas- und Wasserwerke oder öffentlichen Anlagen zugefügt werden, sind von dem betreffenden Besitzer zu ersetzen.	Diejenigen Leitungen, welche das zum Genusse für Menschen bestimmte Wasser zu durchfliessen hat, sind aus Mantelröhren (Zinn mit äusserem Bleimantel) oder verzinkten Eisenröhren herzustellen. Gewöhnliche Bleiröhren können nur da verwendet werden, wo das durchfliessende Wasser anderen Zwecken zu dienen hat. Die Zinnstärke der Mantelröhren darf nicht unter $^1/_2$ mm betragen, und soll die Verbindung zwischen Zinn und Blei derart hergestellt sein, dass sich beide Metalle bei mehrmaligem Hin- und Herbiegen nicht von einander trennen. Die Ableitungsröhren müssen so weit sein, dass sie alles Wasser aus der Leitung ohne Stau abführen können; dieselben werden in der Regel in einer Weite von 50 mm genügen. Sie können aus Eisen oder Blei genommen werden oder von 8 cm Weite ab aus Thonröhren bestehen.	Sämmtliche Röhren und übrigen Theile der Leitungen müssen eine solche Stärke besitzen, dass sie eine Probe von mindestens 10 Atm. auszuhalten im Stande sind.
60	Hagen i. W.	Die Verwaltung übernimmt auf Wunsch die Herstellung der Privatleitungen, doch bleibt es auch den Eigenthümern überlassen, diese Leitungen von anderen befähigten, seitens der Verwaltung concessionirten Unternehmern ausführen zu lassen. Vor Beginn der Einrichtung hat der Installateur eine Zeichnung oder Skizze der Anlage zur Prüfung vorzulegen. Aus denselben müssen die Dimensionen der Röhren nach Länge und Durchmesser, ihre Lage, die Art und Lage der Hähne, Ventile und Apparate genau zu ersehen sein. Alle Leitungstheile müssen durch abgeschlossene, frostfreie Räume geführt und, wo dies nicht möglich ist, nach Umgebung mit einem schlechten Wärmeleiter und Holzcanal an den inneren Wänden der Häuser angebracht werden. Die Röhren sind, soweit sie ausserhalb des Hauses in die Erde gebettet werden, mindestens $1^1/_2$ m tief zu legen. Leitungen nach Hofzapfstellen müssen besondere Abstell- und Entleerungsvorrichtung haben, ebenso solche für Gärten, Springbrunnen etc., welche jedoch mind. 1 m Deckung erhalten. Der Hauptabsperrhahn in der Privatliegenschaft muss möglichst nahe der Innenseite der Umfassungsmauer liegen. Hinter diesem Absperrhahn ist der Entleerungshahn einzusetzen. Sämmtliche Röhren müssen, wenn möglich, mit ununterbrochenem Gefälle nach dem Hauptabsperrhahn angelegt werden, im Uebrigen aber an den Tief- und Höhepunkten Entleerungs- resp. Luftventile haben. Hähne, Ventile, Apparate, Röhren etc. müssen nach Form, Gewicht, Construction und Güte des Materials denjenigen Mustern genau entsprechen, welche von der Verwaltung vorgeschrieben und von derselben zur Ansicht ausgelegt sind. Alle Hähne der Leitung, vom Hauptabsperrhahne ab, dürfen nur Niederschraubventile oder Doppelsitzventile sein.	Alle Röhren bis zu 30 mm Weite müssen aus bestem Blei bestehen und innen mit einem Ueberzuge von Schwefelblei versehen sein. Für weitere Leitungen dürfen nur Röhren aus innen und aussen lackirtem Gusseisen angewendet werden. Schmiedeeiserne und bleierne Röhren ohne Schwefelüberzug, sowie verzinnte Bleiröhren sind für directe und Trinkwasserleitungen unzulässig. Sämmtliche Röhren müssen einem dauernden innern Druck von 20 Atm. widerstehen und die geschwefelten Bleiröhren mindestens folgende Gewichte pr. lfd. m haben: Lichte / Aeussere Weite / Gewicht 10 mm / 18 mm / 2,00 kg 13 „ / 22 „ / 3,00 „ 15 „ / 25 „ / 3,60 „ 20 „ / 30 „ / 4,50 „ 25 „ / 37 „ / 6,65 „ 30 „ / 45 „ / 10,00 „	Jede fertiggestellte Privatleitung wird von der Verwaltung untersucht und unter 20 Atm. Druck probirt. Den Probeapparat hat der Installateur bereit zu halten. Eine Gewähr für die dauernde Tüchtigkeit der genehmigten Privatanlagen übernimmt die Verwaltung nicht. Die Inhaber der Leitungen haben für deren tadellose Instandhaltung zu sorgen und sind verpflichtet, etwaige Beschädigungen und Undichtigkeiten sofort ausbessern zu lassen, auch wenn ihnen selbst durch die Verletzung der Leitung kein Nachtheil erwächst.

No.	Stadt	Allgemeine Vorschriften, Ausführung, Unterhaltung, Benutzung etc.	Rohrmaterial	Prüfung
		13	14	15
		Die Zuleitungs- und Steigröhren müssen, so lange als Nebenleitungen von denselben abgezweigt werden, mindestens 20 mm Weite haben. Die Nebenleitungen sollen folgende Dimensionen erhalten: 10 mm Weite im Parterre, Entresol u. I. Stock, 15 » » » II. und III. Stock. An die Abzweigungen nach der Küche kann auch diejenige für das Closet gehängt werden, falls letzteres nur zu der betreffenden Wohnung gehört. An dem obersten Theile des Steigrohres ist ein Windkessel anzubringen oder das Steigrohr entsprechend zu verlängern. Nach Mansarden und Dachstockwerken kann unterhalb des Windkessels im vorhergehe Stock abgezweigt werden. Bei Wasseranlagen in Häusern, welche mehrere Miethwohnungen enthalten, ist dicht am Steigrohre für jede betreffende Nebenleitung ein Haupthahn von gleichem Querschnitt der Abzweigung anzubringen, und müssen diese Abfallhähne mit abnehmbaren Rädchen oder mit einer Vorrichtung zur Anlegung einer Plombe versehen sein. Bei Wasserbehältern in den Häusern für Abnehmer ohne Messung muss der Einlauf mindestens 10 mm über Oberkante des Ueberlaufes endigen. Für Abnehmer nach Wassermesser kann derselbe 50 mm über den Ueberlauf gesetzt werden. Solche Wasserbehälter sind mit selbstschliessenden Schwimmkugelventilen zu versehen. Badeeinrichtungen, deren Zuleitung durch den Ofen in die Seitenwand der Wanne einmündet, oder Brausen mit kaltem und warmem Wasser müssen 30 cm über dem höchsten Punkt des Warmwasserrohres hinter dem Abstellventil ein Luft- und ein Rückschlagventil erhalten. Badeeinrichtungen, deren Ausflussstellen oberhalb der Wanne liegen und keine Brausen mit Kalt- und Warmwasserzuleitung haben, müssen über dem Ofen an dem höchsten Punkt der Kalt- und Warmwasserzuführung Luftrohre aufgesetzt erhalten. Der Auslauf muss in diesem Falle mindestens 10 mm über der Wanne und 100 mm unter dem Durchgangsventil des kalten Wassers liegen. Closets dürfen mit der Druckleitung nicht in unmittelbare Verbindung gebracht werden und müssen so construirt sein, dass bei jeder Benutzung nur höchstens 3 l Wasser zur Verwendung kommt. Für Pissoirs und Waschtische etc. muss der Einlauf stets oberhalb der Gefässwand liegen. Bei Latrinen gilt die Bestimmung wie bei Reservoiren mit Ueberlauf. Pissoirs mit continuirlicher Spülung sind nur unter Aufstellung eines Wassermessers gestattet. Die directe Speisung von Dampfkesseln ist nur dann gestattet, wenn ausser dem vorschriftsmässigen Rückschlagsventile am Kessel in der Speiseleitung noch ein zweites Rückschlagsventil eingeschaltet ist.		
61	Halberstadt	Die Privatleitungen im Innern der Grundstücke werden hergestellt entweder von der Verwaltung nach bestimmten Preisen oder auch von Unternehmern nach Maassgabe der bestehenden Vorschriften. Jede Hausleitung muss mit einer Haupt-Absperrvorrichtung versehen sein (Privatventil), welche unmittelbar hinter dem Wassermesser nach vorschriftsmässiger Construction mit Entwässerung eingeschaltet wird. Alle Leitungen müssen so gelegt werden, dass es möglich wird, mittelst einer oder mehrerer Entleerungsvorrichtungen alles Wasser aus der Leitung entfernen zu können. In Gebäuden sind die Leitungen möglichst frostfrei anzulegen. Alle Abzapf- und Durchlasshähne müssen Niederschraubhähne mit Gummi- oder Lederdichtung sein. Die gemauerten Schrote zur Aufnahme der Privatventile und zur Aufstellung des Wassermessers sind für Rohrleitungen bis incl. 30 mm Durchmesser mindestens 1,25 m lang, 0,75 m breit und 1,6 m tief im Lichten, und für stärkere Zuleitungen 2 m lang, 0,75 m breit und 1,7 m tief anzulegen. Die Einsteigeöffnungen müssen mindestens 0,5 m im Quadrat gross und der Schrot wasserdicht hergestellt sein; ausserdem muss der Schrot gegen Frost geschützt und mit Steigeeisen zum bequemen Einsteigen versehen sein. Eine unmittelbare Verbindung der Leitungsröhren mit einem Dampfkessel zum Zwecke der Speisung desselben ist unter keinen Umständen gestattet.	Die zur Leitung zu verwendenden Bleiröhren müssen mindestens folgendes Gewicht pr. lfd. m haben: bei 13 mm Weite 2,3 kg „ 20 „ „ 3,9 „ „ 25 „ „ 6,4 „ „ 30 „ „ 7,5 „ „ 40 „ „ 11,0 „ Von 50 mm lichter Weite aufwärts kommen gusseiserne Röhren zur Verwendung, welche auf 12 Atm. Druck geprüft und nach bester Methode asphaltirt sind. Schmiedeeisernes Rohr darf zur Druckleitung in keinem Falle verwendet werden.	Dem Magistrat steht das Recht zu, eine Controle der von Unternehmern ausgeführten Arbeiten eintreten zu lassen und erst dann Wasser in die Leitung zu verabfolgen, wenn dieselbe in allen Stücken als den Vorschriften entsprechend gefunden worden ist. Mit dieser Prüfung übernimmt jedoch der Magistrat keine Gewähr für die dauernde Güte der Arbeit.

Tabelle IV. Hausleitungen.

No.	Stadt	Allgemeine Vorschriften, Ausführung, Unterhaltung, Benutzung etc.	Rohrmaterial	Prüfung
		13	14	15
62	Halle a. d. S.	Die Weiterführung der Privatleitungen, sowie die Beschaffung und Instandhaltung der ganzen Einrichtung ist Sache des Hausbesitzers. Die Leitungen sollen derartig angelegt sein, dass sie gegen Frost geschützt sind. Sie müssen im Freien demnach 1,5 m tief und dürfen in den Gebäuden, wenn thunlich, nur an Wänden heizbarer Räume liegen. Rohre und Hähne sind so anzulegen, dass es möglich wird, mittels der vorhandenen Entleerungsvorrichtungen alles Wasser aus der Leitung zu entfernen. Zum Abzapfen dürfen nur Niederschraubhähne angebracht werden. Andere Hähne dürfen nur da angewendet werden, wo sie als Absperrvorrichtung für einzelne Zweigleitungen dienen sollen, und das Schliessen bewirkt wird, während sich das Wasser im Rohre in Ruhe befindet. Unmittelbares Speisen von Dampfkesseln aus der städtischen Leitung ist nicht gestattet. Wird Wasser in Reservoirs geleitet, so ist die Einmündung oberhalb des höchsten Wasserspiegels anzubringen. Zur Sicherung des Grundstücks gegen Wasserschäden ist der Frontmauer zunächst an einer geeigneten, leicht zugänglichen Stelle ein Privatabschlusshahn mit Entleerungsvorrichtung in die Leitung einzuschalten.	Die im Innern der Grundstücke verwendeten Bleiröhren müssen folgende Gewichte pr. lfd. m haben: 13 mm Rohr 2,5 kg 20 „ „ 3,6 „ 25 „ „ 4,8 „ 30 „ „ 6,5 „ 40 „ „ 9,5 „	In allen Fällen hat die Verwaltung das Recht, aber nicht die Pflicht, die angelegten Hausleitungen zu revidiren.
63	Hamburg.	Die Legung und Instandhaltung der Privatleitungen hat ausschliesslich durch sachverständige, von der Stadt-Wasserkunst als zu solchen Arbeiten befähigt zugelassene Personen (Mechaniker) zu geschehen. Diese haben von jeder Anlage, Veränderung oder Beseitigung der Stadt-Wasserkunst vorschriftsmässige Meldung zu erstatten. Unmittelbar hinter der Frontmauer des Grundstücks bezw. des Gebäudes ist in die Grundleitung ein Hauptabschlusshahn, und dicht hinter diesem ein Zwischenstück von passender Grösse, welches nur von der Stadt-Wasserkunst in einzelnen oder mehreren Stücken zu festgesetzten Preisen bezogen werden darf, in die Grundleitung einzuschalten. Zur Aufnahme dieser beiden Vorrichtungen muss, im Falle die Leitung nicht freiliegt, ein Schacht von entsprechender Grösse hergestellt werden. Die von der Grundleitung abzweigenden Leitungen (Steigleitungen u. s. w.) sind, soweit sie nicht etwa in dem unteren Geschoss des Gebäudes bereits endigen, mit jederzeit zugänglichen Abschlusshähnen zu versehen, in der Art, dass nach Absperrung der letzteren die Grundleitung nebst allen übrigen verdeckt liegenden Ableitungen einer gesonderten Prüfung unter Druck unterzogen werden kann. An diese Leitungen können Abzweigungen für kleine Hähne bis zu 10 mm Durchflussöffnung (für Waschbecken etc.) in weniger als 24 Meter Höhe über Null am Elbfluthmesser angeschlossen werden. Jede sonstige Wasserentnahme, als für Badeeinrichtungen, Closets, Küchenhähne etc., hat aus Behältern stattzufinden, abgesehen von den unten angegebenen Ausnahmen. Es ist durchaus verboten, die aus dem öffentlichen Rohrnetz unmittelbar versorgten Leitungen mit Dampfkesseln, Dampfleitungen, Pumpen, Pumpenleitungen u. dgl. in unmittelbare Verbindung zu bringen. Ausnahmen können nur dort und zwar unter Anbringung geeigneter, in jedem einzelnen Falle zu bestimmender Sicherheitsvorrichtungen gestattet werden, wo eine Ausnutzung des Druckes aus dem öffentlichen Rohrnetz unerlässlich ist. Die Durchführung von Leitungen durch Dunggruben, Schornsteine u. s. w. ist verboten. Für sämmtliche Wasserentnahmestellen dürfen nur Niederschraub- oder Ventilhähne verwendet werden; Conushähne sind nur als Zwischenhähne in Leitungen zulässig. Closetspülungen müssen mit einer sicher functionirenden, selbstthätigen Abschlussvorrichtung versehen sein. Spülvorrichtungen, welche ein fortwährendes Aufstellen der Spülung ermöglichen (mit gewöhnlichen Hähnen oder Ventilen), sind nur dann erlaubt, wenn eine Controle des Verbrauches durch Wassermesser stattfindet. Zapfhähne an offener Strasse sind nicht gestattet. Zapfhähne auf Hof- oder Gartenplätzen sind derart einzurichten, dass sie nur mit Aufsteckschlüsseln bedient werden können. Bei Etagenhäusern sind die Leitungen so einzurichten, dass die in jede Wohnung führende Leitung für sich abgeschlossen und der betreffende Abschlusshahn versiegelt werden kann. Liegt solche Abschlussvorrichtung unterirdisch, so ist dieselbe nach Art der Schliesshähne auf öffentlicher Strasse herzustellen. Die Leitungen sind möglichst so anzuordnen, dass sie nicht einfrieren können. Im Falle sie aber dennoch dem Froste ausgesetzt sind, müssen Umhüllungen und Entwässerungen angelegt werden. Im Gebrauche der Letzteren hat der Mechaniker den Eigenthümer zu unterweisen. Bei allen Wasserversorgungen sind Behälter anzulegen. In geeigneten Fällen kann jedoch die Betriebs-Inspection von der Anlage derselben dispensiren. Solche Dispensation wird stets ertheilt bei Anlagen zur Gartenbesprengung, in der Regel bei Wasserentnahme zu gewerblichen oder anderen Zwecken, bei denen Wassermesser zur Verwendung kommen. Wenn es sich um die Spülung von Aborten (Closets, Pissoirs u. s. w.) handelt, entscheidet in jedem Falle die Betriebs-Inspection darüber, ob die Spülung durch Vermittlung eines Behälters oder unmittelbar zu geschehen hat.	Für das Rohrmaterial gelten dieselben Vorschriften wie für die Zuleitungen, vergl. Tab. III, 11.	Sämmtliche Anlagen dürfen erst dann in Betrieb genommen werden, wenn sie seitens der Stadt-Wasserkunst besichtigt und genehmigt worden sind.

No.	Stadt	Allgemeine Vorschriften, Ausführung, Unterhaltung, Benutzung etc.	Rohrmaterial	Prüfung
		13	14	15
		Für die Berechnung des den Behältern in Wohngebäuden zu gebenden nutzbaren Wasserinhaltes gelten die nachfolgenden Bestimmungen: a) In Wohnungen von unter M 250 Jahresmiethe sollen die Behälter pr. bewohnbare Localität, Küche und Closet je 30 l Wasser halten. b) Für Wohnungen von M 250 und darüber sind in gleichem Sinne je 50 l Wasser zu rechnen. c) Für jede Badeeinrichtung ist ausserdem 300 l Wasserinhalt zu rechnen. Die Schwimmmerhähne sind mit starkem Hebel aus Metall und genügend grossem Schwimmer aus Zink- oder Kupferblech auszustatten und auf der Seitenwand des Behälters oder an derselben zu befestigen. Die Zuleitungen zu den Behältern müssen stets oberhalb des höchsten Wasserstandes in diese eingeführt werden. Eine gleichzeitige Benutzung der Steigeleitung als Fallleitung ist verboten. Behälter, deren Zuflüsse durch Wassermesser controlirt werden, sind in der Regel mit sog. Vollstromhähnen zu versehen. Sicherheitsröhren müssen in mindestens doppelter Weite des Zuflusses und so hoch angelegt werden, dass bei vollständigem Abschluss des Schwimmerhahns das Wasser noch wenigstens um 4 cm steigen muss, um durch das Sicherheitsrohr abfliessen zu können.		
64	Hamm i. W.	Vor Beginn der Einrichtung hat der Rohrleger bei dem Wasserwerk Anzeige zu machen und eine Zeichnung der Arbeit zur Prüfung vorzulegen. Aus derselben müssen die Maasse der Röhren nach Länge und Durchmesser, ihre Lage, sowie die Art der Hähne, Ventile und Zubehörstücke und endlich die Stellen, an welchen sie verwendet werden, genau zu ersehen sein. Ebenso ist zu jeder Abänderung und Vergrösserung der dem Betriebe übergebenen Privatleitungen die Genehmigung der Verwaltung einzuholen. Alle Hähne der Leitung, vom Hauptabsperrhahn ab, dürfen nur Niederschraubventile oder Doppelsitzventile sein, deren Ventilkegel durch Mitnehmer an der Spindel befestigt sind. Alle Leitungstheile müssen durch abgeschlossene, frostfreie Räume geführt und, wo dies nicht möglich ist, nach Umgebung mit einem schlechten Wärmeleiter und Holzcanal an den inneren Wänden der Häuser angebracht werden. Die Röhren sind, soweit sie ausserhalb des Hauses in die Erde gebettet werden, mindestens 1 ½ m unter die Oberfläche zu legen; Leitungen nach Hofzapfstellen müssen besondere Abstell- und Entleerungs-Vorrichtungen haben. Der Hauptabsperrhahn in der Privatliegenschaft muss möglichst nahe der Innenseite der Umfassungsmauer liegen. Hinter diesem Absperrhahn ist der Entleerungshahn einzusetzen. Die Baulänge für die Wassermesser, welche zwischen diesen beiden Hähnen anzunehmen ist, beträgt bis zu 40 mm Röhrenweite 80 cm. Sämmtliche Röhren müssen, wenn möglich, mit ununterbrochenem Gefälle nach dem Hauptabsperrhahn angelegt werden, im Uebrigen aber an den Tief- und Höhepunkten Entleerungs- resp. Luftventile haben. Die Zuleitungs- und Steigeröhren müssen so lange, als Nebenleitungen von denselben abgezweigt werden, eine lichte Weite von mindestens 20 mm haben. Die Nebenleitungen sollen folgende Ausmessungen erhalten: 10 mm Weite im Erd- und Zwischengeschoss, 13 „ „ „ 1. Stock, 15 „ „ „ 2. und 3. Stock. An die Abzweigungen nach der Küche kann auch diejenige für den Spülabort der betr. Wohnung gehängt werden. Zur Verminderung von Rückstössen ist an dem obersten Theile des Steigrohres ein Windkessel anzubringen oder das Steigrohr entsprechend zu verlängern. Nach Dachstuben und Dachstockwerken kann unterhalb des Windkessels im vorhergehenden Stock abgezweigt werden. Bei Wasseranlagen in Häusern, welche mehrere Miethwohnungen enthalten, ist dicht am gemeinschaftlichen Steigrohre für jede betreffende Nebenleitung ein Haupthahn von gleichem Querschnitt der Abzweigung anzubringen. Diese Abfallhähne müssen mit einer Vorrichtung zur Anlegung eines Bleistempels versehen sein.	Alle Röhren bis zu 30 mm Weite müssen aus bestem Blei bestehen und innen mit einem Ueberzug von Schwefelblei versehen sein. Für grössere Leitungen dürfen nur Röhren aus innen und aussen lackirtem Gusseisen angewendet werden. Schmiedeeiserne und bleierne Röhren ohne Schwefelbleiüberzug, sowie verzinnte Bleiröhren sind für directe und Trinkwasserleitungen unzulässig. Sämmtliche Röhren müssen einem inneren Drucke von 20 Atm. widerstehen, und die geschwefelten Bleiröhren mindestens folgende Gewichte pro lfd. m haben: Lichte Weite / Aeusserer Durchm. / Gewicht 10 mm / 17 mm / 1,70 kg 13 „ / 21 „ / 2,42 „ 15 „ / 23 „ / 2,71 „ 20 „ / 28 „ / 3,43 „ 25 „ / 35 „ / 5,35 „ 30 „ / 43 „ / 8,47 „	Nach Vollendung der Einrichtung einer Privatleitung wird dieselbe von der Verwaltung auf ihre vorschriftsmässige Ausführung untersucht und unter Anwendung von 20 Atm. Wasserdruck auf ihre Dichtigkeit probirt. Den Probeapparat hat der Rohrleger bereit zu halten. Erst wenn die ganze Anlage genehmigt ist und der Besteller seine Verbindlichkeiten gegen die Verwaltung erfüllt hat, kann die Wasserentnahme beginnen. Die erste Prüfung und die erste Nachprüfung erfolgt unentgeltlich; für jede in Folge ungenügender Ausführung nöthige fernere Prüfung der Anlage sind M 6 zu zahlen. Eine Gewähr für die Tüchtigkeit der genehmigten Privatanlagen übernimmt die Verwaltung nicht.

No.	Stadt	Allgemeine Vorschriften, Ausführung, Unterhaltung, Benutzung etc.	Rohrmaterial	Prüfung
		13	14	15
		Im Freien liegende, einem Frostschaden mehr ausgesetzte Leitungen, Hydranten u. dgl., dürfen von der Zuleitung erst hinter dem Haupthahne abgezweigt werden, müssen je mit besonderer Absperr- event. auch Leerlaufseinrichtung versehen sein und zur Frostzeit ausser Gebrauch gesetzt werden. Die Tieflage für diese Leitungen beträgt mindestens 1 m. Bei besonderen Wasserbehältern muss der Einlauf mindestens 50 mm über den Ueberlauf gesetzt werden. Auch sind solche Wasserbehälter mit einem selbstschliessenden Schwimmkugelventile zu versehen. Badeeinrichtungen, deren Zuleitung durch den Ofen in die Seitenwand der Wanne einmündet oder Brausen mit kaltem und warmem Wasser müssen 30 cm über dem höchsten Punkt des Warmwasserrohres hinter dem Abstellventil ein Luft- und ein Rückschlagsventil erhalten. Badeeinrichtungen, deren Ausflussstellen oberhalb der Wanne liegen und keine Brausen mit Kalt- und Warmwasserzuleitung haben, müssen über dem Ofen an dem höchsten Punkt der Kalt- und Warmwasserzuführung Luftrohre aufgesetzt erhalten. Der Ausfluss muss in diesem Falle mindestens 10 mm über der Wanne und 100 mm unter dem Durchgangsventil des kalten Wassers liegen. Spülaborte müssen so eingerichtet sein, dass nach jeder Benutzung die Spüleinlasse sich selbstthätig schliessen. Für Urinaborte und Waschtische u. s. w. muss der Einlauf stets oberhalb der Gefässwand liegen. Die unmittelbare Füllung von Dampfkesseln aus der Privatleitung ist nur dann gestattet, wenn ausser dem vorschriftsmässigen Rückschlagsventile am Kessel in der Speiseleitung ein Absperrventil eingeschaltet ist. Die unmittelbare Speisung in Betrieb befindlicher Kessel ist unstatthaft. Die Inhaber der Leitungen haben für deren tadellose Instandhaltung zu sorgen und sind verpflichtet, etwaige Beschädigungen und Undichtigkeiten sofort ausbessern zu lassen, auch wenn ihnen selbst durch die Verletzung der Leitung kein Nachtheil erwächst.		
65	**Hanau** . .	Die Herstellung und Instandhaltung der Privatleitungen bleibt den Eigenthümern der Grundstücke überlassen, jedoch dürfen die betreffenden Einrichtungen erst nach auf Grund der einzureichenden Pläne erfolgten Genehmigung Seitens der Direction ausgeführt werden. Für jede Abänderung der Privatleitungs-Einrichtungen gelten dieselben Bestimmungen, wie für eine Neueinrichtung. Zur Sicherung des Grundstücks gegen Wasserschäden ist nächst der Strassengrenze an leicht zugänglicher Stelle ein Privatabschlusshahn mit Entleerungsvorrichtung in die Leitung einzuschalten, und ist letztere unmittelbar hinter dem ersteren anzubringen. Alle Leitungstheile müssen durch frostfreie Räume geführt, wo dies nicht angänglich, durch schlechte Wärmeleiter hinreichend geschützt und mit einer Entlerungsvorrichtung versehen sein. In den Privatleitungen dürfen Abschlusshähne, welche ein plötzliches Schliessen des Ausflusses gestatten, nicht angelegt werden, dagegen muss zur Verminderung der Rückstösse am obersten Theil der Leitungen ein Windkessel angebracht sein, oder es ist das Steigrohr am oberen Ende geschlossen entsprechend zu erhöhen. Die Hähne, Ventile, Apparate und Röhren müssen den bei der Direction ausgelegten Mustern genau entsprechen. An allen Wasserbehältern sind Ueberläufe zulässig. Bei Badewannen können dieselben direct in die Ablaufröhren geführt werden. Bei allen übrigen Ueberläufen ist die Führung in's Freiedann anzuordnen, wenn auf andere Weise der Abfluss nicht sichtbar herzustellen ist. Bei Wasseranlagen in Häusern, welche mehrere Miethwohnungen enthalten, ist dicht am Steigrohre für jede betreffende Nebenleitung ein Haupthahn von gleichem Querschnitt der Abzweigung anzubringen, so dass die Ausscheidung jeder einzelnen Miethabtheilung möglich wird. Wasserleitungsvorrichtungen für Gärten, Springbrunnen und dergleichen dürfen von der Privatleitung erst hinter dem Haupthahne abgezweigt werden, müssen je mit besonderer Absperr- event. auch Leerlaufsvorrichtung versehen sein und zur Frostzeit ausser Gebrauch gesetzt werden. Die Tieflage für diese Leitungen beträgt mindestens 1 m. Bei besonderen Wasserbehältern in den Häusern für Abnehmer ohne Messung muss der Einlauf mindestens 10 mm über Oberkante des Ueberlaufs endigen. Für Abnehmer nach Wassermesser muss	Alle Röhren bis zu 30 mm Weite dürfen aus Blei und müssen aus gutem, gleichmässigem Material und innen mit einem Schwefelbleiüberzug versehen sein. Leitungen von grösserer Weite dürfen nur aus innen und aussen lackirtem Gusseisen bestehen. Die Gewichte der Bleiröhren sollen pro lfd. m betragen: Lichtweite Auss.Weite 10 mm 18 mm 2,00 kg 13 „ 22 „ 3,00 „ 20 „ 30 „ 4,50 „ 25 „ 37 „ 6,65 „ 30 „ 45 „ 10,00 „ Sämmtliche Röhren der inneren Leitungen müssen einen dauernden Druck von 20 Atm. aushalten können. Die Direction ist jedoch ermächtigt, für bereits bestehende Leitungen eine andere Einrichtung zuzulassen.	Nach Vollendung der Einrichtung einer Privatleitung wird dieselbe in Gegenwart des ausführenden Technikers von der Direction auf ihre vorschriftsmässige Ausführung untersucht und unter Anwendung von 20 Atm. Wasserdruck auf ihre Dichtigkeit probirt. Den Probeapparat hat der Installateur bereit zu halten. Erst wenn die ganze Anlage genehmigt ist und der Besteller seine Verbindlichkeiten erfüllt hat, kann die Wasserentnahme beginnen.

No.	Stadt	Allgemeine Vorschriften, Ausführung, Unterhaltung, Benutzung etc.	Rohrmaterial	Prüfung
		13	14	15
		derselbe 50 mm über den Ueberlauf gesetzt werden. Auch sind solche Wasserbehälter mit einem selbstschliessenden Schwimmkugelventile zu versehen. Badeeinrichtungen, deren Zuleitungen durch den Ofen in die Seitenwand der Wanne einmünden, oder Brausen mit kaltem oder warmem Wasser müssen 30 cm über dem höchsten Punkt des Warmwasserrohres hinter dem Abfallventil ein Luft- und ein Rückschlagsventil erhalten. Badeeinrichtungen, deren Ausflussstellen oberhalb der Wanne liegen und keineBrausen mit Kalt- und Warmwasserzuleitung haben, müssen über dem Ofen an dem höchsten Punkt der Kalt- und Warmwasserzuführung Luftrohre aufgesetzt erhalten. Der Auslauf muss in diesem Falle mindestens 10 mm über der Wanne und 100 mm unter dem Durchgangsventil des kalten Wassers liegen. Soll in einem Grundstück ein Closet oder ein Pissoir an die städtische Wasserleitung angeschlossen werden, so ist hierzu eine ausdrückliche Genehmigung Seitens der Polizei erforderlich. Die mit Abtrittsgruben verbundenen Wasserclosets und Pissoirs dürfen mit der Privatleitung nicht in directe Verbindung gesetzt werden und müssen so construirt sein, dass bei jeder Benutzung nur eine bestimmte, zu einer kräftigen Spülung hinreichende Wassermenge verwendet wird.		
66	**Hannover**	Die Einrichtung im Innern der Häuser darf nur von besonders concessionirten Gewerbetreibenden nach besonderen Vorschriften ausgeführt werden. Die Hauptrohre sollen im Allgemeinen die Weite der Zuleitungsrohre, jedoch mindestens eine solche von 20 mm haben. Sämmtliche Absperrvorrichtungen unter 50 mm Weite sind aus Rothguss oder gutem Messing herzustellen, dieselben müssen langsam und ohne Stoss abschliessen. Kükenhähne sind nicht gestattet. Als Absperrvorrichtungen von 50 mm aufwärts sind Niederschraubventile oder Schieber zu verwenden. Als Dichtungsmittel bei ersteren ist Leder oder Gummi zu nehmen, die Dichtungsflächen der letzteren sind in Rothguss auszuführen. Sämmtliche Leitungstheile im Innern der Gebäude sind gegen Einfrieren zu schützen und an den tiefsten Punkten mit einer Entwässerungsvorrichtung zu versehen. In Bier- und Essigkellern, sowie in Räumen, in welchen Säuren aufbewahrt werden, sind Entleerungen unzulässig. An der höchsten Stelle der Steigeleitungen, welche bis dahin nicht in der lichten Weite eingeschränkt sein dürfen, sowie an jeder Abzweigung für einen Spülabort muss bei allen Neuanlagen ein Windkessel mit rund 1 cbdm Luftraum angelegt werden. Die Windkessel sollen möglichst nahe unter der Decke des Aufstellungsraumes angelegt werden. Liegen mehrere Spülaborte an derselben Zweigleitung unmittelbar nebeneinander, so genügt ein Windkessel derselben Grösse. Dicht hinter dem Wassermesser ist ein Entleerungsventil einzubauen. Wasserbehälter dürfen nur angebracht werden, wenn das durch die Behälter fliessende Wasser für den menschlichen Genuss nicht benutzt werden soll. Die Schwimmerventile der Behälter sollen einen selbstthätigen, langsamen Abschluss des Zuleitungsrohres bewirken. Jeder Behälter ist mit einem Ueberlaufrohr zu versehen, welches so hoch anzulegen ist, dass das Wasser wenigstens 40 mm nach vollständigem Abschluss des Schwimmerventils steigen muss, ehe es durch das Ueberlaufrohr zum Abfluss gelangen kann. Die unmittelbare Verbindung von Dampfkesseln, Condensatoren von Dampfmaschinen und ähnlichen Anlagen mit Leitungsrohren ist nicht gestattet. In solchen Fällen müssen Wasserbehälter zwischengeschaltet werden. Ebenso sind bei Aufzügen u. s. w. die für die Sicherheit des Wasserleitungsrohres erforderlichen Einrichtungen in jedem einzelnen Falle vom Wasserwerke zu bestimmen.	Alle Leitungen unter 50 mm Weite sind aus Bleiröhren, aus doppelt raffinirtem, reinem, weichem Blei mit gleichmässiger Wandstärke herzustellen; dieselben müssen pro lfd. m mindestens nachstehende Gewichte haben: Durchmesser bei 12/20 mm 2,3 kg „ 15/23 „ 2,7 „ „ 20/28 „ 3,4 „ „ 25/35 „ 5,4 „ „ 30/42 „ 7,7 „ „ 38/52 „ 11,3 „ Alle Leitungen von 50 mm lichter Weite und darüber sind in Gusseisen aus Muffen- oder Flanschrohren auszuführen und innen wie aussen zu asphaltiren.	Von allen Neuanlagen, Erweiterungen u. s. w., welche in Häusern etc. an der inneren Wasserleitungs-Einrichtung ausgeführt werden sollen, ist den Wasserwerken Anzeige zu machen, damit die Befolgung der vorgeschriebenen technischen Bestimmungen geprüft werden kann. Vor Inbetriebnahme einer Hausleitung bezw. eines neu angelegten Theiles derselben, wird diese auf Antrag des Hausbesitzers durch einen Beamten mit 5 Atm. Wasserdruck geprüft. Die hierzu erforderlichen Einrichtungen nebst Bedienung sind zur Verfügung zu stellen. Wird eine wiederholte Untersuchung bezw. Druckprobe nothwendig, so wird für jeden Fall der Betrag von M 3 von dem Hauseigenthümer eingezogen.

No.	Stadt	Allgemeine Vorschriften, Ausführung, Unterhaltung, Benutzung etc.	Rohrmaterial	Prüfung
		13	14	15
67	Harburg (Elbe)	Die Weiterführung der Leitungen innerhalb der Grundstücke vom Wassermesser ab ist Sache der Eigenthümer. Diese Anlagen dürfen aber nur von besonders concessionirten Gewerbetreibenden hergestellt werden. Durch Vermittelung eines solchen Gewerbetreibenden ist eine im Einzelnen bearbeitete Vorlage in der Regel nebst Plan über die Anordnung der Leitungen u. s. w. der Verwaltung zur Genehmigung vorzulegen. Erst nach Genehmigung des Antrags darf der Gewerbetreibende mit der Ausführung der Anlage beginnen. Bedürftigen Grundstücksbesitzern kann auf Ansuchen nach Beschluss des Magistrats eine Beihilfe zu den Einrichtungskosten in Form von verzinslichen, terminweise zurückzuzahlenden Vorschüssen aus der Wasserwerkscasse auf Grund besonderer Vereinbarungen gewährt werden, sofern die Einrichtung durch die Verwaltung bewirkt ist. Die Gewerbetreibenden, welche die Anlage von Wasserleitungseinrichtungen im Innern der Grundstücke und der Gebäude übernehmen wollen, haben beim Magistrate um die Ermächtigung dazu nachzusuchen, und dabei über die fachmännische Sachkenntniss sowie über den Besitz der erforderlichen Vorrichtungen, insbesondere einer Pumpe mit Manometer zum Probiren der fertig gestellten Anlagen auf Festigkeit und Dichtigkeit sich auszuweisen. Die Gewerbetreibenden werden widerruflich zugelassen und sind für die Herstellung einer in jeder Beziehung tadellosen Anlage verantwortlich. Der Gewerbetreibende hat von jeder Vornahme an Einrichtungen zur Benutzung des Wasserwerks der Wasserwerksverwaltung Anzeige zu machen, gleichviel ob es sich um völlig neue Anlagen oder um Veränderung bereits vorhandener Anlagen, und um grössere oder geringere Anlagen handelt. Sämmtliche Leitungstheile sind gegen Einfrieren zu schützen und an den tiefsten Punkten mit einer Entwässerungsvorrichtung zu versehen. An der höchsten Stelle der Steigeleitungen, welche bis dahin nicht in der lichten Weite eingeschränkt sein dürfen, muss ein Windkessel mit rund 1 cbdcm Luftraum angelegt werden. Die Verbindung der Privatleitung mit dem Wassermesser wird durch die Verwaltung bewirkt. Dicht hinter dem Wassermesser ist ein Entleerungsventil einzubauen. In Bier- und Essigkellern, sowie in Räumen, in welchen Säuren aufbewahrt werden, sind Entleerungen unzulässig.	Die Rohre sollen im Allgemeinen die Weite der Zuleitungsrohre, jedoch mindestens eine solche von 20 mm haben. Alle Leitungen unter 50 mm Weite sind aus Bleirohren von doppelt raffinirtem, weichem Blei mit gleichmässiger Wandstärke herzustellen; dieselben müssen bei nachstehender Lichtweite mindestens folgende Gewichte pro lfd. m haben: Durchmesser 12 mm 2,30 kg 15 „ 3,10 „ 20 „ 3,90 „ 25 „ 5,35 „ 30 „ 7,70 „ 35 „ 8,75 „ 40 „ 9,80 „ 45 „ 11,10 „ 50 „ 14,20 „ Alle Leitungen von 50 mm lichter Weite und darüber sind in Gusseisen aus Muffen- oder Flanschrohren auszuführen und innen und aussen zu asphaltiren.	Die Vollendung der Ausführung ist der Verwaltung anzuzeigen, welche dieselbe prüft und über das Ergebniss der Feststellung einen Nachweis verabfolgt.

Sämmtliche Absperrvorrichtungen unter 50 mm Weite sind aus Rothguss oder gutem Messing herzustellen, dieselben müssen langsam und ohne Stoss abschliessen. Kükenhähne sind nicht gestattet. Als Absperrvorrichtungen von 50 mm aufwärts sind Niederschraubventile oder Schieber zu verwenden. Als Dichtungsmittel bei ersteren ist Leder oder Gummi zu nehmen, die Dichtungsflächen der letzteren sind in Rothguss auszuführen.

Wasserbehälter dürfen in den Privatleitungen nur angebracht werden, wenn das durch die Behälter fliessende Wasser für den menschlichen Genuss nicht benutzt werden soll. In solche Behälter sind Schwimmventile, welche einen selbstthätigen, langsamen Abschluss bewirken, einzubauen. Jeder Wasserbehälter ist mit einem Ueberlaufrohr zu versehen, welches so hoch anzulegen ist, dass das Wasser wenigstens 40 mm nach vollständigem Abschluss des Ventils steigen muss, ehe es durch das Ueberlaufrohr zum Abfluss gelangen kann.

Die unmittelbare Verbindung mit Dampfkesseln, Condensatoren von Dampfmaschinen und ähnlichen Anlagen mit Wasserleitungsrohren ist nicht gestattet. In solchen Fällen müssen Wasserbehälter zwischengeschaltet werden.

Bei Aufzügen u. s. w. sind die für die Sicherheit des Wasserleitungsrohres erforderlichen Einrichtungen in jedem einzelnen Falle von der Verwaltung zu bestimmen.

No.	Stadt	Allgemeine Vorschriften, Ausführung, Unterhaltung, Benutzung etc.	Rohrmaterial	Prüfung
		13	14	15
68	Heidelberg	Die Fortsetzung der Leitung vom Wassermesser ab kann entweder vom Wasserwerk oder von einem Privat-Installateur ausgeführt werden. Closet- und Pissoir-Spülungen, hydraulische Hebevorrichtungen, Wassermotoren, Ventilatoren, Aquarien, Heizschlangen, Bade- und alle nicht gewöhnlichen Haushaltungszwecken dienenden Einrichtungen dürfen ebenso wie Reservoire mit Schwimmerhahnen nur nach Genehmigung der Direction ausgeführt und in Gebrauch genommen werden. Dampfkessel, Closets, Pissoirs etc. dürfen unter keinen Umständen direct mit der Wasserleitung verbunden werden. Hydraulische Hebevorrichtungen, Badeeinrichtungen, Motoren, Ventilatoren, Aquarien, Heizschlangen und alle sonstigen Einrichtungen, bei denen ein Zurücktreten des Wassers in die Leitung oder ein unbemerktes Fortlaufen desselben unter Umständen möglich wäre, dürfen nur unter Befolgung von zu ertheilenden Vorbeugungsmaassregeln unmittelbar an die Leitung angeschlossen werden. Behälter, Pissoirs etc., welche mit Schwimmerhahnen versehen werden sollen, müssen ein derartig anzulegendes Ueberaichrohr erhalten, dass das Ueberlaufen der Behälter etc., also jede Undichtigkeit des Schwimmerhahnens sofort bemerkt werden muss. Die Leitungen sind so zu legen, dass dieselben mittels Hähne entleert werden können. Im Innern der Gebäude sind sie in der Regel in einem Abstand von mindestens 3—4 cm von der Wand offen zu befestigen und möglichst durch frostfreie Räume zu legen, auch müssen sie, wenn sie durch den Erdboden führen, in diesen mindestens 1,25 m tief eingelegt werden. Die Verbindung der Röhren hat durch Vermittlung von Flanschen, Muffen oder sogenannten Holländer-Verschraubungen zu geschehen. Wo Leitungen nach Gärten, Höfen, ungeheizten Räumen, überhaupt solchen Orten abzweigen, wo dieselben vom Frost beschädigt werden könnten, müssen Abschluss- und Entleerungsvorrichtungen angebracht werden. Mit Ausnahme des Hauptabsperrhahnens im Innern der Liegenschaft dürfen nur Niederschraubhahnen, Niederschraubventile oder sonstige Abschluss- oder Auslaufeinrichtungen von gleicher Wirkung angewendet werden. Der Durchmesser der Auslauföffnung, der Niederschraubhähne und Ventile soll jederzeit kleiner als der lichte Durchmesser des Rohres sein. Ihre Ventilplatten müssen mit der Schraubenspindel so verbunden sein, dass erstere beim Oeffnen des Hahnens sich mitheben muss.	Die Hauptleitung im Hause soll eine Lichtweite von mindestens 18—25 mm erhalten und ist aus gusseisernen oder gut galvanisirten schmiedeeisernen Röhren herzustellen.	Jede Privatwasserleitung wird, falls sie an die Wolfsbrunnenleitung angeschlossen wird, auf 10 Atm., und bei Anschluss an die Rombachleitung je nach Lage auf bis zu 25 Atm. geprüft werden.
69	Heilbronn	Die Fortsetzung der Leitungen innerhalb der Gebäude und Privatgrundstücke wird dem Einzelnen überlassen. Der Verwaltung steht das Recht zu, die Arbeiten zu überwachen und von Fall zu Fall nähere Vorschriften darüber zu ertheilen. Für die im Gebäude etc. zu verlegenden Zuleitungen, insoweit von denselben noch mehrere Abzweigungen stattfinden sollen, genügt in der Regel eine Weite von 25 mm. Bei öffentlichen Anstalten und grösseren Anlagen können auch bis zu 38 mm weite Röhren zur Anwendung kommen. Die Abzweigungen selbst nach den einzelnen Gelassen sollen mit 18 oder 12 mm Weite gewählt werden. Ausser dem unter ausschliesslicher Controle der Verwaltung stehenden Hauptregulirhahnen in den Strassenschächten muss Zwecks Entleerung bei jeder Privatleitung unmittelbar nach deren Eintritt in das Innere der Gebäude und zwar am tiefsten Punkte ein besonderer Abschlusshahnen mit sichernder Ablaufvorrichtung eingeschaltet werden. Diese Leitungen sollen daher überall das nöthige Gefäll gegen den Regulirhahn haben. Anlagen für Gärten oder Springbrunnen müssen stets noch besondere Vorrichtungen zu gehöriger Wiederabführung des Wassers erhalten, auch sind solche Einrichtungen im Freien nach Eintritt der Frostzeit ausser Gebrauch zu setzen und abgeschlossen zu halten, was auch für die an den Häusern ausserhalb angebrachten Hof- etc. Hahnen zu beachten ist. Der besonderen Genehmigung bedürfen die Wasserclosets, welche übrigens so eingerichtet sein müssen, dass bei der Benützung nur eine bestimmte, zur kräftigen Ausspülung hinreichende Wassermenge verbraucht werden kann. Bei unmittelbarer Speisung von Dampfkesseln aus der Wasserleitung ist ein entsprechendes Rückschlagventil einzusetzen. Als Auslaufhahnen dürfen in der Regel nur Niederschraubhahnen guter Construction von Messing verwendet werden, auch sollten die Auslauföffnungen stets kleiner sein, als die zugehörige Lichtweite der Röhren. Einfache sogen. Dreh- oder Reiberhahnen werden nur ausnahmsweise von Fall zu Fall gestattet.	Als Material wird Schmiedeeisen empfohlen; die Rohre müssen bester und erster Qualität galvanisirt sein und bei einer Lichtweite von 25 oder 18 mm eine Wandstärke von nicht unter 4 mm besitzen. Die Verwendung von bleiernen Röhren ist gänzlich untersagt.	Die Leitungen haben einen Wasserdruck von mind. 12 Atm. auszuhalten und sind dieselben von den Unternehmern vor Inbetriebsetzung mit einer geeigneten Druckpresse zu probiren, ehe ein Wasserbezug von Seiten des Wasserwerks stattfindet. Soweit die Rohrleitungen in den Boden gelegt sind, hat die Druckprobe stets in Gegenwart des städtischen Brunnenmeisters zu geschehen.

No.	Stadt	Allgemeine Vorschriften, Ausführung, Unterhaltung, Benutzung etc.	Rohrmaterial	Prüfung
		13	14	15
70	**Hildesheim**	Die Hauptrohre sollen im Allgemeinen die Weite der Zuleitungsrohre, jedoch mindestens eine solche von 20 mm haben. Ausser dem ausserhalb der Grundstücksgrenze anzubringenden Hauptabsperrhahn muss auf dem Grundstücke selbst dicht hinter dem Wassermesser ein Absperrhahn auf Kosten des Grundstücksbesitzers durch die Verwaltung angebracht werden. Sämmtliche Absperrvorrichtungen unter 30 mm Weite sind als Niederschraubhähne aus Rothguss oder gutem Messing herzustellen. Kükenhähne sind nicht gestattet. Als Absperrvorrichtungen von 30 mm aufwärts sind Niederschraubhähne oder Schieber zu verwenden. Als Dichtungsmittel bei ersteren ist Leder oder Gummi zu nehmen; die Dichtungsflächen der letzteren sind in Rothguss auszuführen. Sämmtliche Leitungstheile sind gegen Einfrieren zu schützen, thunlichst mit Gefälle anzulegen und an den tiefsten Punkten mit einer Entwässerungsvorrichtung zu versehen. In Bier- und Essigkellern, sowie in Räumen, in welchen Säuren aufbewahrt werden, sind Entleerungen unzulässig. Wasserbehälter dürfen nur angebracht werden, wenn das durch die Behälter fliessende Wasser für den menschlichen Genuss nicht benutzt wird. Die Schwimmerventile derselben müssen einen selbstthätigen, plötzlich wirkenden Zufluss bewirken, sie sind von der Betriebsverwaltung zu liefern und einzubauen. Jeder Behälter ist mit einem Ueberlaufrohr zu versehen, welches so hoch anzulegen ist, dass das Wasser wenigstens 40 mm nach vollständigem Abschluss des Schwimmerventils steigen muss, ehe es durch das Ueberlaufrohr zum Abfluss gelangen kann. Die unmittelbare Verbindung von Dampfkesseln, Condensatoren von Dampfmaschinen und ähnlichen Anlagen mit Wasserleitungsrohren ist nicht gestattet. In solchen Fällen müssen Wasserbehälter zwischengeschaltet werden. Der Betrieb von Aufzügen mittels der Wasserleitung ist nicht gestattet.	Leitungen unter 30 mm lichter Weite sind aus Bleirohren von doppelt raffinirtem, reinem, weichem Blei mit gleichmässiger Wandstärke oder aus Zinnrohren mit Bleimantel herzustellen; jedoch sind auch Rohre von bestem galvan. verzinktem oder gut verzinntem Schmiedeeisen gestattet. Bleirohre müssen mindestens nachstehende Gewichte pr. lfd. m haben: bei 12 mm Weite 3,0 kg „ 15 „ „ 4,0 „ „ 20 „ „ 4,5 „ „ 25 „ „ 6,5 „ „ 30 „ „ 9,5 „ Für Leitungen von 30 bis 50 mm lichter Weite sind Rohre von bestem galvanisch verzinktem oder gut verzinntem Schmiedeeisen oder bei einer lichten Röhrenweite von mehr als 40 mm auch gusseiserne, innen und aussen asphaltirte Rohre, für Leitungen von mehr als 50 mm lichter Weite nur Rohre der letzteren Art zu verwenden. Kupferne Rohre sind nur gestattet für Leitungen, bei denen es ausgeschlossen ist, dass das durch dieselben fliessende Wasser für den menschlichen Genuss benutzt wird.	Vor Inbetriebnahme einer Hausleitung, bezw. eines neu angelegten Theiles derselben, wird diese auf Antrag des Hausbesitzers durch einen Beamten mit 10 Atm. Wasserdruck geprüft. Die hierzu erforderlichen Einrichtungen nebst Bedienung sind zur Verfügung zu stellen. Wird eine wiederholte Untersuchung bezw. Druckprobe nothwendig, so wird für jeden Fall der Betrag von M 3 von dem Hauseigenthümer eingezogen.
71	**Höchst a. M.**	Die Ausführung der Hausleitungen und Aenderungen an denselben sind vorher anzumelden und vom Eigenthümer auszuführen. Die Installateure werden vom Magistrat concessionirt. Vor Beginn der beabsichtigten Einrichtung ist ein Plan derselben, sowie ein Lageplan des betreffenden Grundstücks in zwei Ausfertigungen einzureichen, woraus die Dimensionen der Röhren nach Länge und lichter Weite, ihre Lage, sowie die Art der Hähne, Ventile und sonstige Apparate und die Stelle, an welcher sie verwendet werden, genau zu ersehen ist. Möglichst nahe der Innenseite der Umfassungsmauer ist ein Hauptabsperrhahn und hinter dem Absperrhahn ein Entleerungshahn anzubringen. Alle Leitungstheile müssen durch frostfreie Räume geführt, wo dies nicht möglich ist, durch schlechte Wärmeleiter hinreichend geschützt und mit einer Entleerungsvorrichtung versehen sein. In den Privatleitungen dürfen Abschlusshähne, welche ein plötzliches Schliessen des Ausflusses gestatten, nicht angelegt werden; am obersten Theile der Leitungen muss ein Windkessel angebracht sein. Die Hähne, Ventile, Apparate und Röhren müssen in Form, Gewicht, Construction und Güte des Materials den Mustern genau entsprechen, welche von der Verwaltung vorgeschrieben und bei derselben zur Ansicht ausgelegt sind.	Alle Röhren bis 30 mm Weite dürfen aus Blei und müssen aus gutem gleichmässigem Material bestehen und innen mit einem Ueberzug von Schwefelblei versehen sein. Für Leitungen von grösserer Weite dürfen nur Röhren aus innen und aussen lackirtem Gusseisen verwendet werden. Schmiedeeiserne und bleierne Röhren ohne Schwefelbleiüberzug, sowie verzinnte Bleiröhren sind für directe und Trinkwasserleitungen unzulässig. Die Bleiröhren sollen pr. lfd. m mindestens folgende Gewichte haben: lichte Weite — äusserer Durchm. — Gewicht 10 mm — 18 mm — 2,00 kg 13 „ — 22 „ — 3,00 „ 20 „ — 30 „ — 4,50 „ 25 „ — 37 „ — 6,65 „ 30 „ — 45 „ — 10,00 „ Sämmtliche Röhren der	Nach Vollendung der Einrichtung einer Privatleitung wird dieselbe in Gegenwart des ausführenden Technikers von einem Beamten auf ihre vorschriftsmässige Ausführung untersucht und unter Anwendung von 20 Atm. Wasserdruck geprüft. Den Probeapparat hat der Installateur bereit zu halten. Erst nach Genehmigung der ganzen Anlage und Erfüllung der dem Besteller obliegenden Verbindlichkeiten darf die Wasserentnahme beginnen.

No.	Stadt	Allgemeine Vorschriften, Ausführung, Unterhaltung, Benutzung etc.	Rohrmaterial	Prüfung
		13	14	15
		An allen Wasserbehältern sind Ueberläufe zulässig. Bei Badewannen können dieselben unmittelbar in die Ablaufsröhren geführt werden. Bei allen übrigen Ueberläufen ist die Führung in's Freie dann anzuordnen, wenn der Abfluss auf andere Weise nicht sichtbar herzustellen ist. Bei Wasseranlagen in Häusern, welche mehrere Miethswohnungen enthalten, ist dicht am gemeinschaftlichen Steigrohr für jede betreffende Nebenleitung ein Haupthahn von gleichem Querschnitt der Abzweigung anzubringen, so dass die Ausscheidung jeder einzelnen Miethsabtheilung von der Versorgung möglich wird. Vorrichtungen für Gärten, Springbrunnen und dergleichen dürfen von der Privatleitung erst hinter dem Haupthahn abgezweigt werden, müssen je mit besonderer Absperr- ev. auch Leerlaufseinrichtung versehen sein und zur Frostzeit ausser Gebrauch gesetzt werden. Die Deckungstiefe für diese Leitungen beträgt mindestens 1 m. Bei besonderen Wasserbehältern für Abnehmer ohne Messung muss der Einlauf mindestens 10 mm, für Abnehmer nach Wassermessern 50 mm über den Ueberlauf gesetzt werden. Auch sind solche Wasserbehälter mit einem selbstschliessenden Schwimmkugelventile zu versehen. Badeeinrichtungen und in den Vorschriften nicht vorgesehene Fälle bedürfen der besonderen Genehmigung der Verwaltung. Die mit Abtrittsgruben verbundenen Wasser-Closets und Pissoirs dürfen mit der Privatleitung nicht in directe Verbindung gesetzt werden und müssen so construirt sein, dass bei jeder Benutzung nur eine bestimmte, zu einer kräftigen Spülung hinreichende Wassermenge verwendet wird. Die unmittelbare Speisung von Dampfkesseln aus der Privatleitung ist nicht gestattet.	inneren Leitung müssen einen dauernden Druck von 20 Atm. aushalten können.	
72	Hof	Die Ausführung und Einrichtung der Leitungen im Innern des Gebäudes ist Sache des Wasserpächters. Die Hausleitungen müssen, soweit sie im Boden liegen, mit mindestens 1,5 m Deckung verlegt werden. Ausserdem sind sie durch möglichst frostfreie Räume zu führen und gegen Witterungseinflüsse geeignet zu schützen. Wenn irgend möglich, müssen die Leitungen das Gefälle gegen den Wassermesser haben; andernfalls sind Entleerungsvorrichtungen anzubringen. Alle Absperrventile müssen Niederschraubventile und aus Rothguss gefertigt sein. Die Closets dürfen an die Hausleitungen nicht unmittelbar angeschlossen werden, sondern es sind hier kleine Zwischenreservoire einzuschalten. In gleicher Weise ist die unmittelbare Verbindung mit Dampfkesseln verboten. Mit Hausleitungen zu verbindende Heizungsanlagen bedürfen besonderer Genehmigung. Wegen Privatfeuerleitungen vergl. Tab. VIII, 21.	Für Hausleitungen dürfen lediglich galvanisirte Schmiedeeisenröhren oder innen und aussen asphaltirte oder getheerte Gusseisenröhren in Verwendung kommen.	Es wird in die Leitungen erst dann Wasser abgegeben, wenn sie sich bei einem Probedruck von 10 Atm. völlig dicht erwiesen haben. Diese Prüfung nimmt die Verwaltung vor, und ist für dieselbe eine Gebühr von M 1 zu entrichten. Jede weitere zur Uebernahme der Leitung nöthige Prüfung ist mit M 3 zu bezahlen. Eine Gewähr für die Güte und Dauer, sowie Zweckmässigkeit der Anlage wird durch diese Prüfung nicht übernommen.
73	Iserlohn .			Die Direction hat das Recht, aber nicht die Pflicht, neu angelegte Privatleitungen vor dem Anschluss auf vorschriftsmässige und solide Ausführung zu prüfen.
74	Karlsruhe	Die Leitungen im Grundstück, deren Ausführung durch den Abonnenten erfolgt, müssen dicht und gegen das Einfrieren gesichert sein. An den Ausflüssen müssen gut schliessende Hahnen, und an den tiefsten Stellen der Leitung zur möglichen Entleerung derselben Ablaufhahnen angebracht sein.		Die Ausführung unterliegt der Controle der Verwaltung, ohne dass dieser jedoch hieraus eine Gewährleistungspflicht erwächst.

No.	Stadt	Allgemeine Vorschriften, Ausführung, Unterhaltung, Benutzung etc.	Rohrmaterial	Prüfung
		13	14	15
75	Kiel	Die Anlage der Privatleitung, deren Unterhaltung dem Grundbesitzer obliegt, hat von besonders concessionirten Handwerkern zu geschehen. Die Leitungen und Auslassvorrichtungen sind derartig anzulegen, dass sie der Einwirkung des Frostes möglichst entzogen werden. Dieselben müssen mindestens $1^1/_2$ m tief liegen, mit Ausnahme von Leitungen für Gärten etc., welche im Winter nicht gebraucht werden und für diese Zeit ganz abgestellt und entleert werden können. In Gebäuden sind die Leitungen nur an Zwischenwände und durch solche Räume, in welchen das Einfrieren nicht zu erwarten ist, niemals aber über kalte Corridore zu legen. Dort, wo sich die Leitung durchaus nicht frostfrei legen lässt, muss an einer frostfreien Stelle derselben vor dem Eintritt in die kalten Räume eine Abstell- und Entleerungsvorrichtung angebracht werden. Alle Leitungen müssen so ansteigen, dass mittels der Entleerungsvorrichtungen alles Wasser aus denselben entfernt werden kann. Zum Abzapfen des Wassers dürfen nur Niederschraubhähne, keinesfalls aber Wirbel- oder Conushähne angebracht werden. Für die Speisung des Closets ist stets ein besonderer Wasserbehälter mit Schwimmkugelventil und Ueberlauf anzubringen. Eine unmittelbare Zuleitung des Wassers aus der Wasserleitung zur Speisung von Dampferzeugern ist verboten.	Die zu verwendenden Zinnröhren mit Bleimantel bezw. Bleiröhren müssen pr. lfd. m mindestens folgendes Gewicht haben: Zinnrohre / Bleirohre 15 mm Weite 3,0 kg 3,25 kg 20 „ „ 4,5 „ 5,0 „ 25 „ „ 6,0 „ 7,0 „ 30 „ „ 7,0 „ 8,0 „	
76	Köln	Die Einrichtungen, sowie alle Reparaturen von Leitungen im Innern der Häuser zu besorgen, ist die Direction des Wasserwerks jederzeit bereit; es bleibt aber dem Abnehmer unbenommen, dieselben auch durch andere Installateure ausführen zu lassen. Hydraulische Aufzüge. Die Erlaubniss zum unmittelbaren Anschluss hydraulischer Aufzüge erfolgt unter Vorbehalt des jederzeitigen entschädigungslosen Widerrufs nur mit besonderer Genehmigung der Direction. Zum Anschluss zugelassen werden alle Bauarten von Aufzügen mit solchen Steuerungsvorrichtungen, welche schädliche Rückstösse in die städt. Leitung von 6 Atm. im Maximum mit Sicherheit vermeiden. Andernfalls wird der fernere Betrieb untersagt. Jeder Aufzug ist mit einem Windkessel zu versehen, dessen Inhalt bei 20 bis 100 mm Weite des Zuleitungsrohres 50 bis 1200 l betragen muss. Der Windkessel ist mit Wasserstandsglas und einer Vorrichtung zum Auffüllen von Luft zu versehen. Das Wasserstandsglas ist durch Hähne mit dem Windkessel zu verbinden und durch Schutzvorrichtung vor Beschädigung zu sichern. Der Windkessel ist durch eine Skala in 10 Theile zu theilen. Zur Vermeidung von schädlichen Rückstössen in die städtische Leitung ist in den Steuerungsapparat ein Verdränger oder eine andere, denselben Zweck erfüllende Vorrichtung einzuschalten. Rückschlagventile und Sicherheitsventile können nach Belieben eingeschaltet werden. Aufzüge werden Seitens der Direction einer dauernden Aufsicht unterzogen, ohne dass die Stadt damit irgend eine Verantwortlichkeit übernimmt. Für die dauernde Beaufsichtigung wird für jeden Aufzug ein im Voraus zahlbarer jährlicher Betrag von M 6 erhoben; für die im Laufe des Geschäftsjahres angeschlossenen Aufzüge sind ebenfalls M 6 im Voraus zu entrichten. Auch hat der Abonnent die Reparaturkosten der Manometer, welche durch äussere Einwirkung beschädigt worden sind, zu tragen.		Es bleibt der Direction des Wasserwerks vorbehalten, alle inneren Einrichtungen, bevor sie an die städtische Leitung angeschlossen werden und auch jederzeit nachher prüfen und untersuchen zu lassen, wobei diese den Druck einer Wassersäule von 100 m aushalten, sowie in allen Theilen gut ausgeführt befunden werden müssen. Entspricht die Ausführung nicht den Vorschriften, so steht der Direction des Wasserwerks das Recht zu, den Anschluss an die städt. Wasserleitung zu verweigern bezw. aufzuheben.

No.	Stadt	Allgemeine Vorschriften, Ausführung, Unterhaltung, Benutzung etc.	Rohrmaterial	Prüfung
		13	14	15
77	Königsberg	Die Anlagen im Hause müssen womöglich so eingerichtet werden, dass das Rohr vom Strassenrohr in den Kellerraum geführt und von hier durch frostsichere Räume durchgeleitet wird. Wo dieses nicht möglich ist, ist das Rohr gegen Frost durch Umhüllung zu schützen. Die durch Dielen und Decken gehenden Stellen der Bleiröhren sind in eiserne Röhren einzuhüllen. Am tiefsten Punkte jeder Steigleitung innerhalb des Hauses, oder wenigstens der Einmündung der Zuleitung durch die Grundmauer möglichst nahe, ist an leicht zugänglicher Stelle ein Abschlusshahn mit Entleerungsvorrichtung anzubringen; unmittelbar hinter diesem Abschluss ist dann gleichfalls an leicht zugänglicher Stelle der Wassermesser anzubringen, wenn ein solcher aufgestellt wird. Als Abzapfhähne dürfen nur Niederschraubhähne, angebracht werden. Dampfkessel dürfen nicht in unmittelbare Verbindung mit dem städtischen Röhrensystem gebracht werden. Die Anlage von Wasserclosets kann ausnahmsweise nur dann gestattet werden, wenn nachgewiesen wird, dass entweder sämmtliche Abgänge regelmässig abgefahren werden, oder durch Diviseurs eine strenge Sonderung der festen und flüssigen Bestandtheile vorgenommen wird und letztere ohne Belästigung abgeführt werden können.	Die als Leitungsröhren zu verwendenden Bleiröhren müssen pr. lfd. m mindestens wiegen bei: 13 mm Weite 2,375 kg 20 „ „ 3,95 „ 26 „ „ 6,375 „ 33 „ „ 9,55 „ 39 „ „ 11,95 „ wobei Differenzen von 0,15 kg zulässig sind.	Die Verwaltung hat das Recht, aber nicht die Pflicht, die Hausleitungen zu revidiren; auch kann sie, wenn die Arbeit schlecht oder vorschriftswidrig ausgeführt ist, die Gewährung von Wasser so lange versagen, bis die Mängel beseitigt sind.
78	Königshütte	Die Beschaffung und Unterhaltung der Hausleitungs-Einrichtungen ist Sache des Grundstücksbesitzers. Die Steigeröhren müssen gegen Frost geschützt werden. An geeigneter Stelle innerhalb des Grundstücks ist ein Privatabsperrhahn (oder Ventil) hinter dem Wassermesser anzubringen, der zugleich zur Entleerung der Hausleitung benutzt werden kann. Die Zapfhähne und alle Abschlussvorrichtungen müssen so construirt sein, dass durch dieselben keine Rückschläge hervorgerufen werden. Es dürfen also nur Niederschraubventile oder Niederschraubhähne angewendet werden, die sich durch Drehung von links nach rechts schliessen und durch Drehung von rechts nach links öffnen. Nur bei Anwendung von Behältern sind selbstthätige Hähne zulässig. Hähne mit Gummiplattenverschluss dürfen als Hauptabsperrhähne nicht angebracht werden. Eine unmittelbare Verbindung der Leitungsröhren mit Dampfkesseln darf nicht stattfinden. Jeder Besitzer einer Zweigleitung ist verpflichtet, der Verwaltung die Anbringung eines Hahnes zu öffentlichen Zwecken an dieser Leitung ausserhalb des Wasserzählers an seiner Hausfront zu gestatten.	Zu den Hausleitungen können Bleiröhren oder eiserne Röhren verwendet werden, und zwar empfiehlt sich bei 12 bis 40 mm weiten Leitungen die Anwendung innen plattierter Bleiröhren; jedenfalls müssen dieselben aus doppelt raffiniertem Blei von genügender Zähigkeit bestehen, gleichmässige Wandstärke und pr. lfd. m nachstehendes Mindestgewicht haben: 13 mm Bleirohr 2,5 kg 20 „ „ 3,8 „ 25 „ „ 6,4 „ 30 „ „ 7,5 „	Nach erfolgter Fertigstellung wird die Anlage durch die Bau-Deputation revidiert, und wenn sich dabei Mängel nicht finden, die Verbindung mit dem Strassenrohr durch die Verwaltung hergestellt, und die ganze Leitung unter Wasserdruck geprüft. Eine Gewähr für die Tüchtigkeit und Fehlerlosigkeit der Hausleitung übernimmt dadurch die Verwaltung nicht.
79	Königswinter	Die Beschaffung und Unterhaltung der Privatleitung ist Sache des Consumenten, und kann derselbe die Anlage durch jeden dazu qualificirten Unternehmer herstellen lassen. Die Stadt behält sich vor, eine besondere Instruction, betreffend die Privatleitungen, zu erlassen. Jeder Hausbesitzer oder der von ihm Ermächtigte hat über die bei ihm ausgeführte Arbeit prompt Anzeige zu erstatten. In jeder Leitung muss ausser dem äusseren Hauptabsperrhahn in der Strasse ein Privathaupthahn mit Entwässerungsvorrichtung an einer leicht zugänglichen Stelle, in der Regel im Keller, angebracht werden, welcher gewöhnlich zur Abstellung der Hausleitung dient. Dieser Hahn wird von der Stadt beschafft und den Grundstücksbesitzern berechnet. Wird zur Herstellung von Reparaturen im Innern des Hauses eine Absperrung des Hauptabsperrhahnes auf der Strasse nöthig, so ist hiervon vorher dem Wasserwerke Anzeige zu machen, es sei denn,	Die zu verwendenden Bleiröhren müssen von bester Qualität und in den Druckleitungen mindestens pro lfd. m wiegen: bei 10 mm Weite 2,00 kg „ 13 „ „ 3,00 „ „ 16 „ „ 3,80 „ „ 20 „ „ 4,80 „ „ 25 „ „ 6,70 „ „ 30 „ „ 9,20 „ Die Privatleitungen müssen stets in allen Theilen den Druck einer Wassersäule von 120 m Höhe aushalten können. Vergl. auch Spalte 13, Abs. 7.	In allen Fällen hat die Wasserwerks-Commission das Recht, die angelegten Privatleitungen zu revidiren und event. zu beanstanden. Eine Verantwortlichkeit für die Zweckmässigkeit und Güte der von Privatunternehmern hergestellten Anlagen übernimmt jedoch das Wasserwerk dadurch nicht.

No.	Stadt	Allgemeine Vorschriften, Ausführung, Unterhaltung, Benutzung etc.	Rohrmaterial	Prüfung
		13	14	15
		dass höhere Gewalt (Rohrbruch etc.) die sofortige Absperrung nothwendig macht. In diesem Falle muss die Anzeige nachträglich ohne Verzug erfolgen. Alle Leitungen sind möglichst so anzulegen, dass sie dem Erfrieren nicht ausgesetzt sind, auch sonstwie, z. B. durch Stoss oder dergl., nicht beschädigt werden können; auch müssen sämmtliche Röhren vollständig entleert werden können. Alle Hähne der inneren Leitung, ausser dem Privathaupthahn, dürfen nur Niederschraub- oder Ventilzapfhähne sein. Wenn die Wasserentnahme mittelst eines Behälters geschieht, so ist dieses mit einem selbstschliessenden Schwimmkugelventil und einem Ueberlaufrohr zu versehen. Der Consum kann in solchem Falle nur durch Wassermesser erfolgen. Unterirdische Reservoire sind untersagt. Eine unmittelbare Verbindung der Wasserleitung mit Dampfkesseln und Speisepumpen darf nicht stattfinden; auch ist der Anschluss von hydraulischen Motoren und Aufzügen nur mit Genehmigung gestattet. Beim Betriebe von hydraulischen Motoren darf im Zuleitungsrohr kein wesentlicher Wasserstoss stattfinden. Die Zuleitungsröhren dürfen hierbei bei einer lichten Weite von über 20 mm nur aus Eisen bestehen.		
80	**Kopenhagen**	Die Hausleitungen dürfen nur von durch den Magistrat autorisirten Gewerbtreibenden hergestellt werden. Dieselben müssen frostsicher angelegt und im Uebrigen nach den Vorschriften der Verwaltung ausgeführt werden. Als Hähne für hauswirthschaftliche Zwecke dürfen nur solche von selbstschliessender Construction verwendet werden; bei Wassermesserversorgung dürfen niemals solche, welche eine rückschlagende Wirkung ausüben, in Anwendung kommen. Die Anlage von Closets ist nur in speciellen Fällen gestattet. Die Spülung muss mittels eines mit Schwimmerhahn versehenen Behälters erfolgen. Innerhalb des Grundstücks wird für die Benutzung ein besonderer Abschlusshahn eingebaut.	Die Hausleitungen können in Guss- oder Schmiedeeisen, auch in Zinn ausgeführt werden.	Die Benutzung der Leitung darf erst nach verwaltungsseitiger Prüfung und Genehmigung erfolgen.
81	**Leipzig** . .	Die Anlagen zur Benutzung des Wasserwerkes innerhalb der Grundstücke dürfen nur von solchen Gewerbetreibenden hergestellt werden, welche vom Rathe nach den von ihm erlassenen Vorschriften Ermächtigung dazu erhalten haben. Durch Vermittlung eines solchen ist nach Maassgabe der erwähnten Vorschriften eine im Einzelnen bearbeitete Vorlage dem Wasserwerke zur Genehmigung vorzulegen und die Herstellung der erforderlichen Zuleitungen zu beantragen.	Die zu verwendenden Bleirohre, welche innen mit Schwefelblei überzogen sein müssen, sind nur nach folgendem Mindestgewicht pro lfd. m zu verlegen: 12 mm Weite 2,05 kg 18 „ „ 3,35 „ 24 „ „ 4,85 „ 30 „ „ 6,50 „ 35 „ „ 8,00 „	Die Vollendung der Ausführung ist der Verwaltung anzuzeigen, welche die Leitung prüft, die jährlich zu zahlende Mindestvergütung feststellt und über das Ergebniss der Feststellung dem Anmeldenden einen Nachweis aushändigt.
82	**Liegnitz** .	Die Herstellung und Unterhaltung der Leitungen innerhalb der Grundstücke ist Sache des Hausbesitzers. Bedürftigen Hausbesitzern wird auf ihr Ansuchen nach Beschluss des Magistrats zu den Einrichtungskosten eine Beihilfe in Form von verzinslichen terminsweise zurückzuzahlenden Vorschüssen gewährt. Die Ausflusshähne müssen einen kleineren Querschnitt haben, als das Zuleitungsrohr; ihre Weite soll in der Regel 10—13 mm nicht übersteigen. Es ist zweckmässig, für dieselben folgende Maasse anzuwenden: im Erdgeschoss und 1. Stock 10 mm Weite, „ 2. Stock . . . . 13 „ „ „ 3. „ und darüber 15 „ „ Die Ausflussweite der Hähne für Closets und Badestuben muss mindestens 15 mm betragen. Sämmtliche Bleirohrverbindungen müssen mit Zinn gut und stark zusammengelöthet werden. Beim Verlegen von gusseisernen Röhren sind die Muffen derselben mindestens $^2/_3$ der Tiefe mit Blei zu vergiessen und gut zu verstemmen. Alle Leitungsrohre und Ausflussstellen sind so anzulegen, dass sie dem Einfrieren und Beschädigungen von Aussen nicht ausgesetzt sind und ohne	Zu den Leitungen sind, wenn die Röhren nicht mehr als 30 mm Durchm. haben, Bleiröhren zu verwenden, welche einem Drucke von mindestens 8 Atm. ohne Formveränderung widerstehen. Diese Bleiröhren müssen pro lfd. m mindestens bei 13 mm Weite 2,5 kg „ 20 „ „ 3,8 „ „ 25 „ „ 6,4 „ „ 30 „ „ 7,5 „ wiegen, wobei Differenzen von 0,1 kg pro m zulässig sind. Haben die Leitungen mehr als 30 mm Durchmesser, so sind Röhren von Gusseisen zu verwenden, die auf einen Druck von 12 Atm. geprüft sein und folgende Gewichte pro lfd. m haben müssen:	Die Abnahme der fertig gestellten Anlage erfolgt durch die städtische Wasserwerks-Verwaltung.

No.	Stadt	Allgemeine Vorschriften, Ausführung, Unterhaltung, Benutzung etc.	Rohrmaterial	Prüfung
		13	14	15
		Schwierigkeiten aufgedeckt und untersucht werden können. Sie dürfen nicht vermauert und verputzt werden, sondern sind in Mauerschlitze zu legen und durch leicht abnehmbare Holzverkleidungen zu schützen. Soweit die Röhren im Freien liegen, sind sie mindestens 1,5 m tief zu verlegen. Die Steigeröhren und Abzweigungen sind möglichst durch frostfreie Räume zu führen und an die inneren, nicht an die äusseren Wände zu befestigen. Sofern dies nicht möglich ist, oder falls das Einfrieren zu befürchten steht, sind die Röhren in einen Holzkasten zu legen und mit einem schlechten Wärmeleiter zu umhüllen. Der Privatabsperrhahn im Innern des Grundstückes ist mit Entleerungsvorrichtung zu versehen und ca. 1,5—2,0 m von der Grundstücksgrenze entfernt anzulegen. Sind von dem Hauptzuflussrohr mehrere Nebenleitungen in's Innere des Hauses abgezweigt, so empfiehlt es sich, jeden Zweig mit einer besonderen Entleerungsvorrichtung zu versehen. Bei der Anlage einer Privatleitung dürfen nur Niederschraubhähne verwendet werden, und dürfen diese keine Gummidichtungen enthalten. Wird eine Wasser-Closetanlage ausnahmsweise gestattet, so dürfen nur solche Closet-Ventile Verwendung finden, welche nach geschehener Benutzung von selbst schliessen und einen Rückschlag nicht ausüben. Unmittelbares Speisen von Dampfkesseln aus der Leitung des Wasserwerks ist nicht gestattet.	bei einem Durchm. von 40 mm 9,75 kg 50 „ 11,9 „ 60 „ 14,8 „ 80 „ 19,7 „ 100 „ 24,25 „ Schmiedeeiserne Röhren, auch wenn sie verzinnt sind, dürfen zu Wasserleitungen nicht benutzt werden.	
83	Lindau . .	Die Herstellung der Hausleitungen und von Aenderungen oder Erweiterungen an bestehenden Hausleitungen bleibt unter ständiger Aufsicht des Magistrats der freien Concurrenz sachkundiger Geschäfte überlassen. Sofern es sich nicht bloss um die Ausführung einfacher Zuleitungen handelt, wie z. B. mit nur einem ebenerdigen Auslaufe u. s. w., in welchen Fällen nur die Inangriffnahme und Beendigung der Arbeiten anzuzeigen ist, sind vor Inangriffnahme von Hausleitungen genaue Beschreibungen mit Dispositionsplänen zur Genehmigung vorzulegen. Die Hausleitungen sind Eigenthum der Anwesensbesitzer und von diesen selbst zu unterhalten. Die im Boden liegenden Hausleitungen erhalten 1,20 bis 1,40 m Ueberdeckung. Kommen dieselben in besonders unreine, inficirte Bodenschichten zu liegen, z. B. in der Nähe von Abortgruben etc., so liegt es im Interesse des Einzelnen, die Leitung noch besonders durch Anstrich oder durch Einlage von reinem Material, Lehm, Sand in Hohlziegellagen u. s. w. abzusondern. Im Uebrigen sind die Leitungen möglichst durch frostfreie Räume an Zwischenmauern zu führen und gegen Beschädigungen, sowie Witterungseinflüsse durch Holzkästen oder durch Umhüllung zu schützen. Sie sind mit Gefälle gegen den Entleerungshahn anzulegen. Wo dieses Gefälle unterbrochen wird, ist eine besondere Entleerungsvorrichtung vorzukehren. Es dürfen insgemein nur Rothgussniederschraubhähne, nicht Messinghähne zur Verwendung kommen. Durchspülung von Wasserclosets und Pissoirs sind nur mittels Anlage eines entsprechenden Vorbehälters gestattet. Die Abläufe von Closets in Canäle oder Versitzgruben einzuleiten, ist unstatthaft. Die Einleitung solcher Abläufe in Ehegräben kann widerruflich gestattet werden, solange Ehegräben noch bestehen. Die unmittelbare Verbindung von Wasserzuleitungsrohren mit Dampfkesseln ist ebenfalls nicht gestattet. Hierzu sind nur Reservoirs oder sogenannte Vorwärmer zulässig. Es wird empfohlen, unter jedem Auslaufe innerhalb der Gebäude, wenn sich die Küchenausgussleitungen hierzu nicht benutzen lassen, ein besonderes Ablaufrohr herzustellen von mindestens 40 mm Lichtweite, ferner die Einschaltung von Syphonabschlüssen in die Abwasserleitungen. Die Fortsetzung dieser Abwasserleitungen hat entweder in Steinzeug- oder Gussrohren nach den öffentlichen Canälen oder Ehegräben oder in den See zu erfolgen, andernfalls ist an der Ausmündung ein grösseres Gefäss zur Abfangung des Ueberlaufwassers anzubringen.	Als Material zu den Hausleitungen, welche mit der Hochdruckleitung in Verbindung stehen, dürfen nur schmiedeeiserne verzinkte Rohre und als Verbindungstheile nur solche von hämmerbarem Guss, ebenfalls verzinkt, in Verwendung kommen.	Die Hausleitungen werden einem Probedruck von 6 Atm. unterstellt. Der Uebernehmer hat zur Vornahme dieser Druckprobe sämmtliches Zugehör zu beschaffen. Für Vornahme dieser Probe ist zwischen Probirpumpe und Leitung ein Abschlussrohr anzubringen und für die Anbringung des Manometers ein Auslaufhahn abzunehmen oder ein besonders passendes Zwischenstück einzuschalten. Für die Abnahme der erstmaligen Prüfung einer Hausleitung im Innern des Anwesens wird eine Gebühr nicht erhoben. Dagegen wird für eine fernere Prüfung vom Wassergaste eine Gebühr von M 3, für jede wiederholte Prüfung von M 2 erhoben.

No.	Stadt	Allgemeine Vorschriften, Ausführung, Unterhaltung, Benutzung etc.	Rohrmaterial	Prüfung
		13	14	15
84	**Lübeck** . .	Alle Hauseigner, welche neue Leitungen aus der Stadt-Wasserkunst erhalten, haben ihre desfallsigen Einrichtungen auf ihre Kosten, unter Aufsicht der Stadt-Wasserkunst-Verwaltung, beschaffen zu lassen und zu unterhalten.		Keine Privatleitung darf mit dem Hauptstrassenrohr verbunden werden, bevor nicht die Verwaltung die Einrichtung als genügend anerkannt hat. Würde der Hauseigner die Unterhaltung seiner Leitung versäumen und der desfalls an ihn von Seiten der Verwaltung ergehenden Aufforderung nicht ungesäumt nachkommen, so ist dieselbe befugt, dieser Leitung sofort das Wasser für so lange abzuschneiden, bis ihrer Aufforderung genügt ist.
85	**Magdeburg**	Alle besonderen Modalitäten der Anlage, welche die Verwaltung für nöthig erachten sollte, ist der Besitzer zu befolgen verbunden. Namentlich steht der Verwaltung auch das Recht zu, die Weite des Einleitungsrohres zu jedem Grundstück und die dementsprechende Grösse des Wassermessers zu bestimmen. Vor dem Messer, innerhalb des Messergehäuses und bis zu einer Entfernung von weniger als 1 m hinter dem Gehäuse darf kein Abzweig von der Leitung angebracht werden. Die Kosten der Unterhaltung der Leitung trägt der Besitzer.		
86	**Mainz** . . .	Die Anordnung der Wasserleitung innerhalb der Grundstücke vom Wassermesser ab, die Herstellung sowie die Unterhaltung derselben bleiben den Hauseigenthümern überlassen. Die Herstellung, Abänderung und Ausbesserung der Innenleitung kann durch jeden verpflichteten Gewerbtreibenden geschehen. Die Verbindung der Innenleitung mit dem Stadtrohrnetz durch Einschaltung eines Wassermessers und damit die Betriebsetzung der Ersteren veranlasst das Stadtbauamt. Die Rohrleitungen und Auslassvorrichtungen sind derart anzulegen, dass sie der Einwirkung der äusseren Temperatur entzogen sind. Die Steigleitungen in den Häusern sollen thunlichst an Innenwänden liegen. Dieselben sollen in der Regel nicht in den Verputz gelegt, sondern frei an der Wand befestigt und mit Schutzkasten mit abnehmbarer Vorderwand umgeben sein. Alle Leitungen sind möglichst in ununterbrochener Steigung und derart zu verlegen, dass das Wasser in denselben mit einer oder mehreren Entleerungsvorrichtungen abgelassen werden kann. In der Nähe des hinter dem Wassermesser gelegenen inneren Abschlusshahns, ebenso an den sonst vorhandenen tiefsten Punkten der Innenleitung sind Entleerungshähne anzuordnen. Alle Hähne müssen leicht zugänglich angebracht und so beschaffen sein, dass beim Oeffnen oder Schliessen nicht Stösse verursacht werden. Es dürfen nur Niederschraubhähne zur Anwendung kommen, deren Spindel zwischen geöffnetem und geschlossenem Zustand mindestens zwei Umdrehungen macht. Das Schliessen muss im Sinne der Uhrzeigerbewegung geschehen. Apparate mit Selbstschluss bedürfen besonderer Genehmigung. Zum Abschluss von Leitungen von 40 mm und mehr Weite sind doppeltschliessende Schieber anzuwenden. Jede unmittelbare Verbindung der Wasserleitung mit Dampfkesseln, Wasserheizungsanlagen und Aborten ist unstatthaft. Anschlüsse von hydraulischen Motoren können auf besonderes Gesuch in dem Fall genehmigt werden, dass für das Stadtrohrnetz oder den Wasserwerksbetrieb hierbei ein Nachtheil nicht entstehen kann. Wasserbehälter, welche Aborten, Kesselanlagen etc. Wasser zuführen, müssen mit selbstschliessenden Schwimmkugelhähnen und freiem Ueberlauf von mindestens doppeltem Querschnitt der Zuleitung versehen sein. Das Zuleitungsrohr muss über dem Wasserspiegel ausmünden und mit einem besonderen Absperrhahn versehen sein.	Erdleitungen sind in der Regel 40 mm weit und in goudronirten Gusseisenrohren herzustellen. Als Rohmaterial für Innenleitung sind vorzugsweise zu verwenden: goudronirte Gusseisenrohre von 40 mm Weite und mehr; galvanisirte Schmiedeeisenrohre; Zinnrohr in Bleimantel (Mantelrohre). Bleirohre sollen nur in kürzeren und ausserdem regelmässig benutzten Leitungen angewendet werden. Als Mindestgewicht der Rohre pr. lfd. m werden bestimmt: bei Bleiröhren: Weite — Gewicht 13 mm — 2,5 kg 15 „ — 3,5 „ 20 „ — 4,5 „ 25 „ — 6,5 „ bei Gussröhren: Weite — Gewicht 40 mm — 9,0 kg 50 „ — 11,0 „ 60 „ — 14,0 „ 80 „ — 18,0 „ Bei den Mantelrohren darf die Zinnstärke nicht unter $^{1}/_{2}$ mm betragen. Das Zinn muss rein und derartig mit dem Bleimantel verbunden sein, dass beide Metalle selbst bei mehrmaligem Verbiegen des Rohres sich nicht von einander abtrennen.	Die Stadt behält sich das Recht vor, die Hausleitungen durch das Stadtbauamt besichtigen zu lassen. Bei neuen und veränderten Hausleitungen kann hierbei eine Druckprobe bis zu 8 Atm. auf Kosten des Grundstücksbesitzers verlangt werden. Die Stadt übernimmt mit der Prüfung keinerlei Verantwortung für die Zweckmässigkeit und Güte der Ausführung.

No.	Stadt	Allgemeine Vorschriften, Ausführung, Unterhaltung, Benutzung etc.	Rohrmaterial	Prüfung
		13	14	15
87	**Mannheim**	Die Ausführung der Hausleitungen nach besonderer Anweisung der Verwaltung ist Sache des Haus- und Grundbesitzers. Jeder Geschäftsmann (Fachmann), welcher Hauseinrichtungen ausführen will, hat sich dem Wasserwerk gegenüber zu verpflichten, jede Anlage nach den Bestimmungen des Regulativs auszuführen und jeden Schaden zu ersetzen, der dem Wasserwerk oder Privaten durch Nichtbefolgung genannter Bestimmungen zugefügt wird. Die Röhren in den Gebäuden sind, wenn irgend möglich, frei auf den Verputz zu legen. Die Rohrleitungen sind zum Schutz vor Frost möglichst in geheizten Räumen, Küchen etc. anzubringen; es muss auch Vorsorge getroffen sein, dass andere Beschädigungen der Röhren, z. B. durch Stoss etc. vermieden werden. Die Steigeleitungen müssen, um die Reparatur zu erleichtern, in jeder Etage mit einer Flansche versehen sein. Die Privatleitungen müssen, soweit sie in der Erde liegen, mindestens ca. 1,50 m Deckung haben. Im frisch ausgefüllten Boden dürfen keine Gussröhren, sondern nur galvanisirte schmiedeeiserne Röhren verlegt werden. Unmittelbar hinter dem Wassermesser ist ein Absperrhahn anzubringen; dieser Absperrhahn ist entweder mit einer Entleerungs- oder Entwässerungs-Vorrichtung zu versehen, oder es ist ein besonderer Entleerungshahn anzubringen. Die Leitungen müssen ein ununterbrochenes Gefälle nach dem Entleerungshahn hin haben. Für Zapfungen sind nur Niederschraubhähne anzuwenden. Die Zweigleitungen für Küchen, Closets etc. sollen möglichst mittels Durchgangshähnen abstellbar sein. Closets dürfen nicht unmittelbar mit der Wasserleitung verbunden, sondern es muss jeweils ein Spülapparat vor denselben eingeschaltet werden. Eine unmittelbare Verbindung des Röhrensystems mit Dampfkesseln, resp. Dampferzeugern oder Heizkörpern darf nicht stattfinden, dagegen können hydraulische Hebmaschinen, Aufzüge und Motoren, jedoch nur mit besonderer Genehmigung des Wasserwerkes, mit den Zuleitungsröhren derart verbunden werden. Abzweigleitungen nach Waschküchen, Hofräumen, Springbrunnen etc. sind für die Winterzeit mit besonderen Absperr- und Entleerungsvorrichtungen zu versehen. Haben in der Leitung eingebaute Hähne keine festen Schlüssel, so sind letztere stets in der Nähe aufzuhängen. Sollen in Gebäuden Wasserbehälter aufgestellt werden, so müssen die Zuleitungen mit selbstschliessendem Schwimmkugelventil versehen sein. Ausgussbecken, Behälter, Badewannen etc. etc. müssen mit frostfrei angeordneten Ueberlaufleitungen versehen sein, letztere müssen eine solche Weite haben, dass durch sie alles Wasser abfliessen kann, welches bei vollständig geöffnetem Hahn in das Ausgussbecken resp. in den Behälter oder in die Badewanne gelangt.	Zu den Hausleitungen dürfen bis zu 50 mm Durchmesser nur galvanisirte Schmiederöhren, bei grösserem Durchmesser können auch Gussröhren verwendet werden. Closetanschlüsse können ausnahmsweise aus starken Bleiröhren hergestellt werden; jedoch sind zu den Verbindungen messingene Löthstücke zu verwenden. Alle Röhren müssen aus bestem Material hergestellt sein und 10 Atm. Druck aushalten.	Jede in Betrieb zu nehmende Hauseinrichtung wird ohne Uebernahme irgend welcher Verbindlichkeit vorher Seitens des Wasserwerks einer Besichtigung und Probepressung auf 10 Atm. unterworfen werden, die der Installateur, welcher die Hausleitung herstellt, unter Aufsicht eines Beamten auszuführen hat.
88	**Meiderich**	Die Herstellung der Leitung innerhalb des Privateigenthums vom Haupthahn resp. Wassermesser an ist Sache des Eigenthümers. Letzterer kann die Leitung durch jeden von der Verwaltung anerkannten Installateur herstellen lassen, er muss jedoch einen sog. Durchgangshahn mit Entleerungsvorrichtung in unmittelbarer Nähe des Haupthahns bezw. Wassermessers anbringen lassen, und darf nur dieser Durchgangshahn zur Absperrung und Entleerung der Hausleitung von dem Consumenten benutzt werden. Auch dürfen in keiner Leitung Conushähne zur Anwendung kommen, sondern nur Niederschraubhähne.	Die zur Verwendung kommenden Bleiröhren müssen pro lfd. m wenigstens wiegen: bei 13 mm Weite 2,1 kg „ 19 „ „ 3,8 „ „ 25 „ „ 6,3 „ „ 30 „ „ 7,5 „ „ 40 „ „ 11,0 „ Zu Leitungen von grösserem Durchmesser sind asphaltirte gusseiserne Röhren, keine schmiedeeiserne zu verwenden.	Die Verwaltung ist berechtigt, aber nicht verpflichtet, jederzeit über die Ausführung der Privatleitungen Controle auszuüben und den Anschluss zu verweigern, falls Einrichtungen getroffen sind, oder nachträglich getroffen werden, welche entweder der Gemeinde oder dem Consumenten Nachtheile bereiten.

No.	Stadt	Allgemeine Vorschriften, Ausführung, Unterhaltung, Benutzung etc.	Rohrmaterial	Prüfung
		13	14	15
89	**Merseburg**	Die Verwaltung übernimmt auf Wunsch die Herstellung der Privatleitungen; jedoch bleibt es den Abnehmern überlassen, ihre Leitungen auch von anderen Unternehmern nach den besonderen Bestimmungen für die Herstellung von Privatleitungen ausführen zu lassen. Die Besitzer von Privatleitungen haben für deren tadellose Instandhaltung zu sorgen und sind verpflichtet, etwaige Beschädigungen und Undichtigkeiten sofort ausbessern zu lassen, auch wenn ihnen selbst durch die Verletzung der Leitung kein Nachtheil erwächst. Vor Beginn der Anschluss-Arbeiten hat der Wasserabnehmer, wenn er seine Leitung nicht durch die Verwaltung ausführen lässt, der Letztern den Namen des Unternehmers mitzutheilen und eine Zeichnung vorzulegen, aus welcher die Maasse der Röhren nach Länge und Durchmesser, ihre Lage, die Art der Hähne, Ventile und Apparate genau ersichtlich sein müssen. Dasselbe gilt bei allen Veränderungen und Vergrösserungen von Privatleitungen. Die Hähne, Ventile, Apparate, Röhren u. s. w. müssen nach Form, Gewicht, Construction und Güte des Materials den von der Verwaltung vorgeschriebenen entsprechen. Alle Hähne der Leitung, sowie der Hauptabsperrhahn, welcher mit Entleerung versehen sein muss, dürfen nur Niederschraubventile oder Doppelsitzventile sein. Die Röhren sind, soweit sie ausserhalb des Hauses in die Erde gebettet werden, mindestens 1 m unter die Oberfläche zu legen. Leitungen nach Hofzapfstellen müssen besondere Abstell- und Entleerungsvorrichtung haben. Sämmtliche Röhren müssen mit ununterbrochenem Gefälle nach dem Hauptabsperrhahn angelegt werden, im Uebrigen aber an den Tief- und Höhepunkten Entleerungs-, bezw. Luftventile haben. Die Zuleitungs- und Steigröhren müssen, so lange Nebenleitungen von denselben abgezweigt werden, eine lichte Weite von mindestens 20 mm haben. Nebenleitungen sollen 13 mm im Erdgeschoss und im 1. Stock, 15 mm Weite im 2. und 3. Stock haben. Die Hähne zur Benutzung bei Feuersgefahr dürfen den gleichen Querschnitt haben, wie die Zuleitungsröhren. Abzweigungen vor dem Wassermesser sind verboten. Vorrichtungen für Gärten, Springbrunnen und dergleichen müssen mit besonderer Absperr-, erforderlichen Falls auch Leerlaufseinrichtung versehen werden. Bei besondern Wasserbehältern in den Häusern kann der Einlauf 50 mm über den Ueberlauf gesetzt werden. Sie sind mit selbstschliessendem Schwimmkugelventil zu versehen. Badeeinrichtungen, deren Zuleitung durch den Ofen in die Seitenwand der Wanne einmündet, oder Brausen mit kaltem und warmem Wasser müssen 30 cm über dem höchsten Punkte des Warmwasserrohrs hinter dem Abstellventil ein Luft- und ein Rückschlagventil erhalten. Badeeinrichtungen, deren Ausflussstellen oberhalb der Wanne liegen und keine Brausen mit Kalt- und Warmwasserzuleitung haben, müssen über dem Ofen an dem höchsten Punkt der Kalt- und Warmwasserzuführung Luftrohre aufgesetzt erhalten. Der Auslauf muss in diesem Falle mindestens 10 mm über der Wanne und 100 mm unter dem Durchgangsventil des kalten Wassers liegen. Die unmittelbare Speisung von Dampfkesseln aus der Privatleitung ist unzulässig.	Alle Röhren bis zu 40 mm Weite müssen aus bestem, doppelt raffinirtem Weichblei bestehen. Für Leitungen von mehr als 40 mm Weite dürfen nur von Innen und Aussen asphaltirte gusseiserne Normalröhren verwendet werden. Sämmtliche Röhren müssen einem dauernden innern Druck von 15 Atm. widerstehen u. die Bleirohre mindestens folgende Gewichte pro lfd. m haben: bei einer Rohrweite von 13 mm 2,3 kg 15 „ 3,0 „ 20 „ 4,0 „ 25 „ 6,0 „ 30 „ 7,3 „ 40 „ 10,5 „	Nach Vollendung einer Privatleitung wird dieselbe in Gegenwart des Unternehmers von einem Beamten untersucht und unter Anwendung von 15 Atm. Wasserdruck geprüft. Den Probirapparat hat der Unternehmer bereit zu halten. Die Verwaltung kann einzelne Wasserabnehmer nach Genehmigung des Magistrats von der Befolgung der Bestimmungen für die Anlage von Privatleitungen entbinden, welche nach den örtlichen Verhältnissen nicht befolgt werden können.
90	**Metz**	Alle Arbeiten im Innern der Liegenschaft können durch Arbeiter, welche von dem Nutzniesser bestellt sind, ausgeführt werden. Letztere sind für die Arbeiten verantwortlich. Die Gemeindeverwaltung kann jeder Zeit, so lange die Nutzniessung dauert, die Veränderung oder Verlegung der Röhren, Hahnen und anderer Apparate auf Kosten des Nutzniessers verlangen, sobald sie annehmen kann, dass dieselben nicht die gehörigen Garantien bezüglich ihrer Solidität bieten, oder für den Fall, dass dieselben wegen ihres schlechten Zustandes Wasser durchdringen lassen.		

No.	Stadt	Allgemeine Vorschriften, Ausführung, Unterhaltung, Benutzung etc.	Rohrmaterial	Prüfung
		13	14	15
91	Minden . .	Die Verwaltung übernimmt auf Wunsch die Herstellung der Privatleitungen im Innern der Häuser, doch bleibt es auch den Eigenthümern überlassen, diese Leitungen von anderen befähigten Unternehmern ausführen zu lassen. Wer indessen hinter dem Absperrhahn Röhren neu anlegen oder vorhandene Röhrenleitungen verändern lassen will, muss solches dem Wasserwerk anmelden. Vor Beginn der Einrichtung hat der Installateur dem Wasserwerk eine Zeichnung oder Skizze der Installation zur Prüfung vorzulegen. Aus denselben müssen die Dimensionen der Röhren nach Länge und Durchmesser, ihre Lage, sowie die Art der Hähne, Ventile und Apparate genau zu ersehen sein. Die Hähne, Ventile, Apparate, Röhren etc. müssen nach Form, Gewicht und Construction und Güte des Materials den vorgeschriebenen Mustern genau entsprechen. Alle Hähne der Leitung, sowie der Hauptabsperrhahn, welcher mit Entleerung versehen sein muss, dürfen nur Niederschraubventile oder Doppelsitzventile sein. Alle Leitungstheile müssen durch abgeschlossene, frostfreie Räume geführt, und wo dieses nicht möglich ist, nach Umgebung mit einem schlechten Wärmeleiter und Holzcanal an den inneren Wänden der Häuser angebracht werden. Die Röhren sind, soweit sie ausserhalb des Hauses in die Erde gebettet werden, mindestens 1 m unter die Oberfläche zu legen. Leitungen nach Hofzapfstellen müssen besondere Abstell- und Entleerungs-Vorrichtung haben. Wassermesser und Hauptabsperrhahn in der Privatliegenschaft müssen möglichst nahe der Innenseite der Umfassungsmauer liegen. Sämmtliche Röhren müssen, wenn möglich, mit ununterbrochenem Gefälle nach dem Hauptabsperrhahn angelegt werden, im Uebrigen aber an den Tief- und Höhepunkten Entleerungs- resp. Luftventile haben. Die Zuleitungs- und Steigröhren müssen, so lange als Nebenleitungen von denselben abgezweigt werden, eine lichte Weite von mindestens 20 mm haben. Die Nebenleitungen sollen folgende Dimensionen erhalten: 13 mm Weite im Parterre, Entresol und I. Stock, 15 mm Weite im II. und III. Stock. An diese vorschriftsmässigen Abzweigungen nach der Küche kann auch diejenige für das Closet angeschlossen werden, jedoch unter der Voraussetzung, dass letzteres nur zu der betreffenden Wohnung gehört. Abweichungen werden Seitens des Antragstellers im Einvernehmen mit der Verwaltung erledigt.	Alle Röhren bis zu einer Weite von 40 mm müssen aus bestem, doppelt raffinirtem Weichblei bestehen. Für Leitungen von mehr als 40 mm Weite dürfen nur von Innen u. Aussen asphaltirte, gusseiserne Normal-Röhren angewendet werden. Schmiedeeiserne Röhren sind, Ausnahmen vorbehalten, für directe Trinkwasserleitung unzulässig; soweit jedoch solche bereits vorhanden sind, können dieselben bestehen bleiben. Für Leitungen, welche nicht direct zu Trinkwasserzwecken verwendet werden, ist auch anderes Material zulässig. Sämmtliche Röhren müssen einem dauernden inneren Druck von 20 Atm. widerstehen u. mindestens folgende Gewichte pro lfd. m haben: bei einer Rohrweite von 13 mm 2,3 kg 15 „ 3,0 „ 20 „ 4,0 „ 25 „ 6,0 „ 30 „ 7,3 „ 40 „ 10,5 „	Nach Vollendung der Einrichtung einer Privatleitung wird dieselbe in Gegenwart des ausführenden Installateurs von einem Beamten unter Anwendung von 20 Atm. Wasserdruck auf ihre Dichtigkeit probirt. Den Probeapparat hat der Installateur bereit zu halten. Eine Gewähr für die dauernde Tüchtigkeit der genehmigten Privatanlagen übernimmt die Verwaltung nicht.

Wasserleitungsvorrichtungen für Gärten, Springbrunnen und dergleichen dürfen von der Privatleitung erst hinter dem Haupthahne abgezweigt werden, mit je besonderer Absperr- event. auch Leerlaufseinrichtung versehen sein und zur Frostzeit ausser Gebrauch gesetzt werden.

Bei besonderen Wasserbehältern in den Häusern für Abnehmer ohne Messung muss der Einlauf mindestens 10 mm über Oberkante des Ueberlaufs endigen. Für Abnehmer nach Wassermesser kann derselbe 50 mm über den Ueberlauf gesetzt werden. Auch sind solche Wasserbehälter mit einem selbstschliessenden Schwimmkugelventile zu versehen. Badeeinrichtungen, deren Zuleitung durch den Ofen in die Seitenwand der Wanne einmündet, oder Brausen mit kaltem und warmem Wasser müssen 30 cm über dem höchsten Punkt des Warmwasserrohres hinter dem Abstellventil ein Luft- und ein Rückschlagsventil erhalten. Badeeinrichtungen, deren Ausflussstellen oberhalb der Wanne liegen und keine Brausen mit Kalt- und Warmwasserzuleitung haben, müssen über dem Ofen an dem höchsten Punkt der Kalt- und Warmwasserzuführung Luftrohre aufgesetzt erhalten.

Der Auslauf muss in diesem Falle mindestens 10 mm über der Wanne und 100 mm unter dem Durchgangsventil des kalten Wassers liegen.

Die unmittelbare Speisung von Dampfkesseln aus der Privatleitung ist unzulässig.

No.	Stadt	Allgemeine Vorschriften, Ausführung, Unterhaltung, Benutzung etc.	Rohrmaterial	Prüfung
		13	14	15
92	Mülhausen i. E.	Die Beschaffung und Unterhaltung der inneren Einrichtungen vom Wassermesser ab ist Sache des Consumenten, welcher dieselben auf eigene Rechnung durch einen beliebigen Unternehmer herstellen lassen kann. Diese Einrichtungen müssen jedoch nach den von der Stadtverwaltung aufgestellten Vorschriften und Maassen ausgeführt werden; die nöthige Auskunft hierüber ertheilt das Wasserwerk. Für diese Anlagen lehnt die Stadt jede Verantwortlichkeit ab.		
93	Mülheim-Deutz-Kalk	Die Leitung innerhalb des Privateigenthums kann entweder von der Verwaltung für Rechnung des Eigenthümers, oder durch sonstige qualificirte Meister hergestellt werden, in welchem letzteren Falle jedoch die Verwaltung keine Verantwortlichkeit für etwaige Schäden und Störungen in der Wasserversorgung übernimmt. Ausser den Hauptabsperrungshähnen dürfen in keiner Leitung Conushähne zur Anwendung kommen, sondern nur Niederschraubhähne.	Gewöhnliche schmiedeeiserne Gasröhren sind in den meisten Fällen, Gasröhren von Blei in allen Fällen verwerflich. Bleiröhren müssen pro lfd. m wenigstens wiegen: bei 13 mm Durchm. 2,5 kg „ 19 „ „ 4,0 „ „ 25 „ „ 6,7 „ und von gleichmässiger Wandstärke sein.	Die Verwaltung ist berechtigt, aber nicht verpflichtet, jederzeit über die Ausführung der Privatleitungen Controle auszuüben und den Anschluss zu verweigern, falls Einrichtungen getroffen sind, welche entweder dem Wasserwerk oder dem Hauseigenthümer Nachtheile bereiten.
94	Mülheim a. d. R.	Die Herstellung von Privatleitungen an die Zuleitungen ist den Abnehmern überlassen; sie haben die Kosten für deren Ausführung und Unterhaltung zu tragen. Die Stadt liefert nur in solche Grundstücke Wasser nach Einschätzung, bei welchen die inneren Einrichtungen durch einen Handwerker ausgeführt sind, der hierzu vom Curatorium als geeignet bezeichnet ist und seine Einheitspreise bei demselben hinterlegt hat. Auf Wunsch ist auch das Curatorium bereit, die Herstellung von Privatleitungen ausführen zu lassen. Jeder Abnehmer hat über die von ihm beabsichtigte Installation dem Curatorium vor Beginn der Arbeiten unter Erläuterung der letzteren Anzeige zu erstatten. Eine unmittelbare Verbindung der Zuflussleitungen mit Dampfkesseln ist nicht gestattet. Leitungen zu Closetleitungen und Zuflussleitungen zu Behältern müssen ausser dem Absperrhahn mit einem Rückschlagventil versehen sein. Hydraulische Hebevorrichtungen und Wassermotoren in unmittelbarem Anschlusse an die Zweigleitungen bedürfen besonderer Genehmigung. Die Rohrleitungen müssen so angelegt sein, dass bei geschlossenem Privathaupthahn das Wasser sämmtlicher Rohrstränge durch die Entleerungsöffnung des Privathaupthahnes, oder durch einen an der tiefsten Stelle der Leitung angebrachten besonderen Entleerungshahn abläuft. Ausser den Absperrhähnen dürfen in der Privatleitung keine Kegel- oder Wirbelhähne angebracht sein. Auslaufhähne im Freien anzulegen, ist nur unter besonders dringenden Verhältnissen und unter Anwendung eines besonderen losen Schlüssels für dieselben gestattet. Alle Theile und Einrichtungen der Privatleitungen müssen vor Frost und Stoss vollständig geschützt sein. Röhren, welche ausserhalb von Gebäuden liegen, müssen mindestens 1 m unter der Erdoberfläche verlegt werden.	Zu allen Leitungen von 13—25 mm Lichtweite sind nur reine Bleiröhren oder solche mit Zinnfutter zu verwenden. Bei Lichtweiten von mehr als 25 mm sollen in der Regel nur gusseiserne Röhren Verwendung finden. Die zu verwendenden Bleiröhren müssen von gutem, zähem Blei mit gleichen Wandstärken hergestellt sein. Dieselben müssen mindestens folgendes Gewicht pro lfd. m haben: bei 13 mm Rohrweite 2,2 kg „ 20 „ „ 3,8 „ „ 25 „ „ 6,3 „	Alle Theile der Leitung müssen einem Drucke von 15 Atm. widerstehen. Das Curatorium ist berechtigt, die Leitung auf diesen Druck zu prüfen. Besteht die Leitung diese Druckprobe nicht, so hat der Besitzer die Kosten der Druckprobe mit M 6 zu zahlen. Den gleichen Betrag zahlt der Besitzer, wenn die Druckprobe auf seinen Wunsch stattfindet.

No.	Stadt	Allgemeine Vorschriften, Ausführung, Unterhaltung, Benutzung etc.	Rohrmaterial	Prüfung
		13	14	15
95	München .	Die Hausleitungen müssen, soweit sie im Boden liegen, 1,2—1,5 m tief gelegt werden, im Uebrigen derart, dass sie Witterungseinflüssen nicht ausgesetzt sind. An den tiefsten Stellen sind Entleerungsvorrichtungen anzubringen. Closets und Dampfkessel unmittelbar mit Hausleitungen zu verbinden, ist unzulässig. Mit Hausleitungen zu verbindende Heizungsanlagen bedürfen besonderer Genehmigung des Magistrates. Alle Absperrvorrichtungen müssen Niederschraubventile sein.	Für neue Hausleitungen und Erweiterung alter dürfen nur Bleiröhren mit innerem Ueberzug von Schwefelblei mit nachstehenden Dimensionen und Gewichten pro lfd. m 13 mm Weite 3,0 kg 19 „ „ 4,5 „ 25 „ „ 6,5 „ 32 „ „ 9,0 „ 38 „ „ 12,0 „ oder galvanisirte Schmiedeeisenröhren oder innen und aussen asphaltirte oder getheerte Gusseisenröhren mit Dimensionen von 50 mm aufwärts, in Verwendung kommen. Zur Verbindung und Dichtung der Flanschenrohre sind Gummiringe mit Hanfeinlage, bei Bleiröhren Zinnloth, bei gusseisernen Muffenröhren Hanfdämmstricke und Blei zu verwenden. Die Verwendung anderer Rohre und Dichtungsmaterialien ist von besonderer Genehmigung abhängig.	Nach Fertigstellung oder Aenderung einer Hausleitung ist vom Installateur Anzeige zu erstatten, und sind bei vorzunehmender Prüfung von Hausleitungen ausserdem die nöthigen Vorbereitungen, eine Presspumpe, an die in einfacher Weise das amtliche Controlmanometer angebracht werden kann, die Werkzeuge und Beihilfe vom Installateur zu treffen, bezw. zu stellen. Die amtliche Prüfung erfolgt nur auf besonderes Verlangen des Anwesensbesitzers. Diese Prüfung erstreckt sich bei Neuanlagen und grösseren Erweiterungen auf die ganze Anlage und besteht in genauer Untersuchung nach Maassgabe dieser Vorschriften und einer Druckprobe auf 15 Atm. auf die Dauer der Untersuchung der ganzen Leitung und mindestens 10 Minuten, wobei das Monometer nicht über 1 Atm. zurückgehen darf. Bei der Prüfung hat der Installateur zugegen zu sein und dem prüfenden Beamten jede gewünschte Auskunft zu ertheilen. Für die Prüfung einer Hausleitung ist vom Wasserabnehmer eine Gebühr von M 4, für jede wiederholte Prüfung eine weitere Gebühr von M 2 zu entrichten. Eine Gewähr für Güte, Zweckmässigkeit und Dauer der Anlage wird durch diese Prüfung vom Stadtmagistrate nicht übernommen.
96	Münster i. W.	Die Beschaffung und Instandhaltung der ganzen Privat- resp. Hausleitungseinrichtung ist lediglich Sache des Abnehmers. Die Privatleitung muss so eingerichtet sein, dass es möglich ist, den Absperrhahn der Zuleitung, sowie den Wassermesser am tiefsten und leicht zugänglichsten Punkte derselben anzubringen. In der Privatleitung dürfen zum Gebrauch beim Abzapfen des Wassers nur Niederschraubhähne verwendet werden. Der Absperrhahn bei Privatleitungen mit Wassermesser darf nie theilweise geöffnet sein, er muss entweder ganz offen oder ganz geschlossen gehalten werden. Die Auslaufhähne dürfen nie unnöthig offen stehen, dieselben müssen nach Gebrauch sofort wieder geschlossen werden. Jeder Eigenthümer einer Privatleitung hat die Pflicht, dieselbe innerhalb des Grundstücks oder Gebäudes vor Beschädigungen und namentlich auch vor Frost zu schützen.	Die Privatleitungen müssen in allen ihren Theilen den Druck einer Wassersäule von 200 m Höhe aushalten können. Zu Privatleitungen, welche unmittelbar aus dem städtischen Rohrnetz Wasser beziehen, dürfen keine Bleirohre unter nachstehendem Gewichte pro lfd. m verwendet werden: bei 13 mm Weite 2,5 kg » 15 „ „ 3,0 „ » 20 „ „ 3,75 „ » 25 „ „ 5,5 „ » 30 „ „ 7,0 „	Die Verwaltung hat das Recht, aber nicht die Verpflichtung, neu angelegte Privatleitungen vor Anschluss an die städtische Leitung auf die vorschriftsmässige und solide Ausführung untersuchen, sowie auch Privateinrichtungen für Wasserleitung revidiren zu lassen.
97	Neuwied .	Die Herstellung der Leitung innerhalb des Privateigenthums vom Haupthahn resp. Wassermesser an ist Sache des Eigenthümers; jedoch ist er verpflichtet, den Namen des Installateurs der Verwaltung mitzutheilen, welche berechtigt ist, bei mangelhafter Ausführung den Anschluss zu versagen. Von jeder in der Leitung stattfindenden Undichtigkeit, auch wenn dem Besitzer daraus keine Nachtheile erwachsen, ist der Verwaltung sofort Anzeige zu machen. Es dürfen in keiner Leitung Conushähne zur Anwendung kommen, sondern nur Niederschraub-Ventilhähne.	Die zur Verwendung kommenden Bleiröhren müssen pro lfd. m wenigstens wiegen: bei 13 mm Durchm. 2,5 kg „ 19 „ „ 4,0 „ „ 25 „ „ 6,5 „ und von gleichmässiger Wandstärke sein.	Die Verwaltung ist berechtigt, den Anschluss auch zu versagen, wenn sie befürchten muss, dass die getroffenen Einrichtungen die Interessen der Verwaltung oder des Hauseigenthümers gefährden.

No.	Stadt	Allgemeine Vorschriften, Ausführung, Unterhaltung, Benutzung etc.	Rohrmaterial	Prüfung
		13	14	15
98	**Nürnberg.**	Hausleitungen dürfen nur diejenigen Installateure ausführen, welche vom Magistrat zur Vornahme solcher Arbeiten ausdrücklich zugelassen sind. Jeder Anwesensbesitzer ist verpflichtet, den städtischen Organen die zur Anbringung der Messvorrichtungen nöthigen geeigneten Räumlichkeiten zur Verfügung zu stellen. Hausleitungen sind möglichst durch frostfreie Räume an Zwischenmauern zu führen und gegen Beschädigungen und Witterungseinflüsse durch Holzkästen mit vorgeschraubten Deckeln oder durch Umhüllungen mit schlechten Wärmeleitern zu schützen. Wenn ungünstige örtliche Verhältnisse nicht gestatten, die Leitung gegen Frost vollkommen sicher zu stellen, so muss dieselbe bei strenger Kälte jeden Abend vollständig entleert werden. Beim Bezug nach dem Wassermesser ist es verboten, die Leitungen im Winter zum Schutze gegen Frost nach Entnahme des benöthigten Wasserbedarfs offen zu halten und das Wasser nutzlos weglaufen zu lassen. Zur Ermöglichung der vollständigen Entleerung ist jede Hausleitung mit Gefälle gegen die Messvorrichtung anzulegen. An Stellen, wo dieses Gefälle unterbrochen werden muss, sind besondere Entleerungsvorrichtungen anzubringen. Alle Absperrvorrichtungen an Hausleitungen müssen Niederschraubventile sein. Reiberhahnen sind verboten. Das vor dem Wassermesser angebrachte Hauptventil wird plombirt und darf nur bei etwaiger Zerstörung des Wassermessers unter Entfernung der Plombe geschlossen werden. Das hinter dem Wassermesser eingeschaltete Privatventil darf von den Abnehmern benutzt werden. Dampfkessel mit Hausleitungen unmittelbar zu verbinden, ist verboten. Vergl. im Uebrigen Tab. III.	Für neue Hausleitungen und Erweiterung alter dürfen nur Bleiröhren mit innerem Ueberzug von Schwefelblei von 25 mm Durchm. mit 6,5 mm Wandstärke oder von 32 mm Durchm. mit 7 mm Wandst. oder galvanisirte Schmiedeeisenröhren oder innen und aussen asphaltirte oder getheerte Gusseisenröhren mit Dimensionen von 50mm aufwärts zur Verwendung kommen. Zur Verbindung und Dichtung der Flanschenrohre sind Gummiringe mit Hanfeinlage, bei Bleiröhren Zinnloth, bei gusseisernen Muffenröhren Hanfdämmstricke und Blei zu verwenden. Die Verwendung anderer Rohre und Dichtungsmaterialien ist von besonderer Genehmigung abhängig.	
99	**Oberhausen**	Die Leitungen innerhalb der Privatgrundstücke können sowohl vom Wasserwerk, wie auch durch einen concessionirten Gewerbetreibenden ausgeführt werden. Jede derartige Neuanlage oder auch die Veränderung einer bestehenden Privatleitung muss vor ihrer Inangriffnahme angemeldet werden. Alle Leitungen sind so anzulegen, dass sie dem Einfrieren nicht ausgesetzt sind und gegen sonstige Verletzungen durch Stoss etc. geschützt bleiben. Alle Röhren, welche ausserhalb der Gebäude in der Erde liegen, müssen mindestens 1 m Deckung haben. Alle Abzweigungen müssen nach dem Hauptabsperrhahn hin Gefälle haben, damit die gesammte Leitung durch Schliessen des Hauptabsperrhahns und Oeffnen eines Zapfhahnes mittels der Entwässerung am Hauptabschlusshahn entleert wird. Zum Abzapfen des Wassers dürfen nur allein Niederschraubhähne in Anwendung kommen, sofern dasselbe nicht aus Behältern geschieht. Neu anzulegende Zapfhähne dürfen in keinem Falle an der Aussenseite des Hauses oder im freien Hofraume angebracht werden. Da, wo solche im Freien noch existiren, müssen sie innerhalb des Hauses verlegt werden, wenn nicht besondere dringende Verhältnisse dagegen sprechen. In solchem Falle wird ein rings umschlossener Hof und die Anwendung eines besonderen losen Schlüssels zum Oeffnen des Zapfhahnes als Vorbedingung gestellt. Die Belassung eines derartigen Zapfhahnes im Freien bedarf der besonderen Erlaubniss der Verwaltung.	Zu allen Leitungen von 13—25 mm Weite sind nur reine Bleiröhren oder solche mit Zinnfutter zu verwenden. Bei Rohrweiten von mehr als 25 mm sollen unter der Erde gusseiserne, über der Erde in der Regel schmiedeeiserne Röhren Verwendung finden. Die zu Druckleitungen zu verwendenden Bleirohre müssen von zähem Blei mit gleichen Wandstärken hergestellt sein und pro lfd. m mind. das folgende Gewicht haben: bei 13 mm Weite 2,0 kg „ 20 „ „ 3,8 „ „ 25 „ „ 6,3 „ Alle zu Druckleitungen verwendeten Rohre müssen vor dem Verlegen auf 15 Atm. Druck probirt sein.	Der Wasserwerks-Verwaltung steht das Recht zu, alle neu hergestellten oder veränderten Privatleitungen zu prüfen und event. Abänderungen anzuordnen; auch ist dieselbe berechtigt, das Wasser der Leitung nicht eher zuzuführen, bezw. die Zuführung wieder zu schliessen, bis diesen Anordnungen Folge geleistet ist. Die Verwaltung übernimmt jedoch keine Garantie für kunstgerechte und solide Arbeit. Die Untersuchung einer neu hergestellten oder veränderten Privatleitung geschieht auf Kosten des Antragstellers. Für die erste, sowie für jede durch deren ungenügenden Befund veranlasste Nachrevision mit oder ohne Druckprobe werden M 5 berechnet. Die Revisionskosten fallen fort, wenn die Privatleitung durch das Wasserwerk ausgeführt wird.

No.	Stadt	Allgemeine Vorschriften, Ausführung, Unterhaltung, Benutzung etc.	Rohrmaterial	Prüfung
		13	14	15
100	Offenbach a. M.	Das Wasserwerk übernimmt auch die Herstellung und Instandhaltung der Privatleitungen hinter dem Wassermesser, es bleibt jedoch dem Abnehmer überlassen, dieselben auch von geeigneten Gewerbetreibenden ausführen zu lassen. Alle Röhren, Leitungstheile und Wassermesser sind derart anzulegen, dass sie unbedingt vor Frost geschützt sind; andernfalls müssen Entleerungshähne angebracht und die nöthigen Schutzmittel, als Holzkasten, Strohseile, Wollenzeug, Holzwolle und dergl., angewendet werden. Die Rohrleitungen im Erdboden müssen ebenfalls frostfrei und mindestens 1,20 m tief liegen. Sämmtliche Rohrleitungen und Hähne müssen einen Druck von mindestens 10 Atm. aushalten können. Es dürfen nur Niederschraubhähne bei der Anlage verwendet werden. Eine unmittelbare Rohrverbindung der städt. Leitung mit Dampfkesseln darf nicht stattfinden.	Alle Röhren bis zu einem Durchm. von 50 mm dürfen aus Blei sein, müssen dann aber aus gutem Material von gleichmässiger Wandstärke hergestellt uud innen mit einem Schwefelüberzug versehen sein. Zu Leitungen von mehr als 50 mm Weite sind gusseiserne Röhren, innen und aussen asphaltirt, zu verwenden. Die Gewichte der Bleileitungen sollen die folgenden sein pr. lfd. m. Innere — Aeussere Weite mm — Gewicht kg 13 — 22 — 2,8 20 — 29 — 3,9 25 — 36 — 6,0 30 — 41 — 7,0 40 — 53 — 10,8 50 — 65 — 15,4	Die Verwaltug behält sich das Recht vor, alle Privatleitungen, bevor sie an die städtische Leitung angeschlossen werden, auf die vorschriftsmässige Ausführung zu untersuchen und auf einen Wasserdruck von mindestens 10 Atm. zu prüfen.
101	Offenburg	Im Innern der Gebäude sind die Leitungen so anzuordnen, dass sie vollständig entleert werden können; an den Wänden sind sie offen zu befestigen und, wenn thunlich, durch frostfreie Räume zu führen, bezw. andernfalls so anzubringen, dass sie leicht gegen Frost geschützt werden können. Am höchstgelegenen Punkte jeder Hausleitung ist ein entsprechend grosser Windkessel anzubringen. Es sollen überall nur Niederschraubhahnen oder Niederschraubventile oder ähnliche Abschluss- und Auslaufvorrichtungen zur Verwendung gelangen. Die Auslauföffnungen sollen kleiner sein, als der Durchmesser des betr. Rohres. Dampfkessel, Closets etc. dürfen unter keinen Umständen unmittelbar mit der Wasserleitung verbunden werden. Hydraulische Hebevorrichtungen, Motoren, Badeeinrichtungen, Heizschlangen und überhaupt Einrichtungen, die unter gewissen Verhältnissen ein Zurücktreten des Wassers in die Leitung oder ein unbemerkbares Abfliessen desselben zulassen, dürfen nur nach bestimmten Vorschriften angeschlossen werden. Closetkasten, Behälter etc., deren Abflüsse mit Schwimmerhahn versehen sind, müssen Einrichtungen aufweisen, die sofort erkennen lassen, wenn der betreffende Hahn nicht mehr richtig functionirt. Jede Anbringung eines solchen Schwimmerhahns bedarf daher der ausdrücklichen Genehmigung. Es ist untersagt, Closets ohne Closetkästchen und ohne selbstschliessenden Hahn mit der Wasserleitung zu verbinden.		Privatwasserleitungen, die auf längerer Strecke überdeckt werden sollen, müssen zuvor Seitens des städtischen Brunnenmeisters geprüft werden. Nach Fertigstellung einer an die städtische Leitung angeschlossenen Privatleitung hat der betreffende Hausbesitzer sofort Anzeige zu erstatten. Die Verwaltung ordnet sodann — für den Fall sie dies für erforderlich erachtet — die genaue Prüfung der Leitung an, wozu der Installateur die erforderlichen Arbeiter, Geräthschaften, Presse etc. unentgeltlich zur Verfügung zu stellen hat. Die Prüfung der Leitung hat in der Richtung zu erfolgen, dass dieselbe den bezüglichen Bestimmungen und Auflagen entspricht und bei einem Maximaldruck von 10 Atm. während mindestens 5 Minuten keinen Rückgang am Zeiger des Manometers aufweist.
102	Oldenburg i. G.	Die Leitung innerhalb des Privateigenthums, vom Hauptabschluss- und Entwässerungshahn oder dem Wassermesser ab, kann von dem Wasserwerk oder auch durch sonstige qualificirte Meister hergestellt werden, in welchen letzteren Fällen die Verwaltung keine Verantwortlichkeit für etwaige Schäden und Störungen in der Wasserversorgung übernimmt. Ausser den Hauptabsperrhähnen der Leitungen dürfen in denselben keine Conushähne, sondern nur solche Hähne verwendet werden, welche keinen plötzlichen Abschluss gestatten.	Die zur Herstellung der Druckleitungen verwendeten Bleiröhren müssen mindestens folgendes Gewicht pro lfd. m haben: bei 13 mm Weite 2,4 kg „ 20 „ „ 4,5 „ „ 26 „ „ 6,6 „	Die Verwaltung ist berechtigt, aber nicht verpflichtet, jederzeit über die Ausführung der Privatleitungen Controle auszuüben und den Anschluss zu verweigern, falls Einrichtungen getroffen sind, welche entweder dem Wasserwerk oder den Consumenten Nachtheil bereiten.

No.	Stadt	Allgemeine Vorschriften, Ausführung, Unterhaltung, Benutzung etc.	Rohrmaterial	Prüfung
		13	14	15
103	Osnabrück	Die Anlage und Unterhaltung der Privatleitung ist Sache des Hauseigenthümers. Die Hausleitung darf nur unter Aufsicht der Beamten mit dem Wassermesser oder der städtischen Wasserleitung verbunden werden. Für die Herstellung der Privatleitungen gelten die folgenden Vorschriften: Conushähne dürfen in und an den Druckleitungen, ausser für Entleerungen und für Hauptabsperrungen, nicht angebracht werden; alle Zapfhähne und alle sonstigen Abschlussvorrichtungen müssen vielmehr Niederschraubhähne, Schraubenventile oder Schieber sein und stets eine kleinere lichte Durchflussöffnung als das Rohr bieten. Ausgenommen davon sind Feuerhähne; das dazu gehörige Strahlrohr darf jedoch nicht mehr als ein Viertel des Rohrdurchmessers an der Mündung haben. Der Durchmesser der Zapfhähne soll mindestens 8 mm betragen und 15 mm nicht übersteigen. Für Closets und Badeeinrichtungen muss die Hahnweite mindestens 15 mm betragen; für Waschküchen und für Hof- und Gartenhähne ist mindestens 20 mm Weite zu empfehlen. Es empfiehlt sich, bei grösseren Etagenwohnungen etc. die den einzelnen Miethern zufallenden Zapfstellen je an einer einzigen, durch einen Haupthahn absperrbaren Leitung anzubringen. Alle unter der Erde liegenden Zuflussleitungen müssen mindestens 1,2 m Deckung erhalten; für entleerbare Gartenleitungen u. s. w. genügt eine geringere Tiefe. In den Gebäuden sind die Leitungen an die Zwischenwände zu legen, oder, wo dies nicht möglich ist, mit Schutzvorrichtungen gegen Einfrieren, auch beim Eintritt in kalte Räume an frostfreier Stelle mit Abstell- und Entleerungsvorrichtungen zu versehen. Alle Leitungen müssen in ununterbrochenem Gefälle nach der am Haupthahn befindlichen Entleerung verlegt werden, event. sind mehrere Entwässerungen anzuordnen. Das Einlassen der Röhren in Wände und Mauern und Ueberputzen derselben ist möglichst zu vermeiden. Bleileitungen in Fussböden und Decken sind durch Mantelrohre zu schützen. Abflussvorrichtungen sind in genügender Weite und frostfrei anzulegen und mit Wasserverschluss aus Eisen und Blei, Reinigungsöffnung und Ueberlaufrohren zu versehen. Bei 80 mm Weite und darüber können Thonrohre verwendet werden. Für Küchen und Badezimmer genügt eine Weite von 40—50 mm; Closetröhren müssen mind. 100 mm weit sein, ebenso das Hauptableitungsrohr. Eine unmittelbare Verbindung der Zuflussleitungen mit Dampfkesseln und Closets ist verboten, vielmehr müssen in solchen Fällen Wasserbehälter angelegt werden, deren Zufluss nur von oben durch Schwimmkugelventile oder Hähne erfolgt. Die Behälter sind mit genügend weiten Ueberfallrohren zu versehen, welche nicht in das Abflussrohr einmünden dürfen, sondern frei hinunter führen und einen Wasserverschluss erhalten müssen. Wasserbehältern für Closets und Pissoirs darf Trink- oder Kochwasser nicht entnommen werden. Hydraulische Hebemaschinen und Wassermotoren im unmittelbaren Anschluss an die Zweigleitungen bedürfen besonderer Genehmigung.	Es können Röhren von Blei oder von Gusseisen verwendet werden, erstere bis zu 40 mm Durchmesser, letztere bei grösseren Abmessungen. Die Bleiröhren müssen aus doppelt raffinirtem Blei bestehen und von gleichmässiger Wandstärke hergestellt sein; sie sind mit Zinn gut und stark zusammen zu löthen. Die Bleiröhren müssen einem Probedrucke von 10 Atm. widerstehen und nachfolgende Mindestgewichte pro lfd. m haben: bei 12 mm Durchm. 2,2 kg „ 15 „ „ 3,0 „ „ 20 „ „ 4,0 „ „ 25 „ „ 6,3 „ „ 30 „ „ 7,5 „ „ 40 „ „ 11,0 „ wobei höchstens Unterschiede von 0,1 kg pr. lfd. m zulässig sind. Die Röhren von Gusseisen sind mit Muffen und mit Bleidichtungen zu verbinden und nach den einheitlichen Vorschriften des Deutschen Vereins von Gas- und Wasserfachmännern zu verwenden; dieselben müssen gleichfalls einem Probedrucke von 10 Atm. widerstehen. Im Falle andere Materialien für die Leitungen zu verwenden gewünscht wird, ist die Einwilligung der Verwaltung dazu in jedem Falle vorher einzuholen. Die Verwendung schmiedeeiserner Röhren zu Leitungen ist unbedingt verboten.	
104	Plauen i. V.	Die Herstellung geschieht unter Aufsicht der Behörde nach bestimmten Vorschriften für Rechnung des Abnehmers, welchem auch die Unterhaltung der Leitung hinter dem Wassermesser zufällt. Die Leitungen und Abzapfvorrichtungen müssen möglichst frostsicher angelegt werden. Im Freien sind die Leitungen mindestens 1,5 m tief zu verlegen; nur für Leitungen, welche während des Winters ganz abgesperrt und entleert werden können, ist eine geringere Tieflage zulässig. Die Verlegung der Röhren durch Schornsteine, Dünger- und Abtrittsgruben ist untersagt. Da, wo die Leitungen sich nicht durch warme Räume führen lassen, sind dieselben mit schlechten Wärmeleitern zu umgeben und in Holzkästen frei	Die Mindestgewichte der zu verwendenden Bleiröhren sollen pro lfd. m betragen: bei 12 mm Weite 2,25 kg „ 15 „ „ 2,70 „ „ 18 „ „ 3,55 „ „ 20 „ „ 4,50 „ „ 25 „ „ 6,00 „ „ 30 „ „ 7,70 „ „ 35 „ „ 10,40 „ „ 40 „ „ 13,60 „ Schmiedeeiserne Röhren dürfen bis auf Weiteres nur in verzinktem und verzinntem Zustande zur Anwen-	Bei Beginn der Ausführung und nach Fertigstellung jeder Neuherstellung oder Abänderung von Privatwasserleitungen, sowie nach jeder Neueinrichtung oder Abänderung von Wasserclosetanlagen ist sofort Anzeige zu erstatten, damit eine Prüfung darüber vorgenommen werden kann, ob die Ausführung der betreffenden Anlagen vorschriftsmässig erfolgt ist.

No.	Stadt	Allgemeine Vorschriften, Ausführung, Unterhaltung, Benutzung etc.	Rohrmaterial	Prüfung
		13	14	15
		zu verlegen. Alle Leitungsröhren müssen Zwecks Entleerung steigend verlegt werden. Bei Wasserleitungen in Häusern mit Miethwohnungen ist für jedes einzelne Geschoss und für jede einzelne Miethwohnung in demselben Geschosse je ein besonderer Absperrhahn von der Lichtweite des Leitungsrohres anzubringen. Wo ein Zernagen der Bleiröhren durch Ratten zu befürchten steht, ist das Anbringen von metallenen oder thönernen Schutzröhren zu empfehlen. Ausserdem sind die Bleiröhren vor der zerstörenden Einwirkung des Kalk- und Cementmörtels zu schützen. Für die Mindestweite des Hauptrohres gelten bei Verwendung von 10 bis 20 mm weiten Zapfhähnen folgende Vorschriften: Anzahl der Hähne — Mindestweite des Hauptrohres 1—10 — 18 mm 11—20 — 25 „ 21—40 — 30 „ 41—60 — 40 „ über 60 — 50 „ wobei 1 Schwimmkugelhahn für Closets gleich 2 Zapfhähnen, 1 Pissoir für 1 Stand gleich 1 Zapfhahn, 1 Badewanne gleich 2 Zapfhähnen, 1 Waschtischhahn gleich 1 Zapfhahn gerechnet werden soll. Beträgt die Länge des in der Erde liegenden Theils des Zuführungsrohres mehr als 30 m, so darf dieses Rohr überhaupt nicht unter 40 mm Weite haben. Leitungsröhren unter 12 mm lichter Weite dürfen nicht zur Anwendung gelangen. Für grössere Einrichtungen, insbesondere für gewerbliche Zwecke, wird die erforderliche Weite der Hauptröhren in jedem einzelnen Falle bestimmt.	dung gelangen. Alle in den Erdboden einzulegenden Rohrleitungen sind aus normalen, gusseisernen asphaltirten Muffenröhren herzustellen. Die vorhandenen, in dem Erdboden liegenden und aus Bleiröhren bestehenden Wasserleitungen sind, sobald Schadhaftigkeiten an den Bleiröhren vorkommen, welche Wasserverluste im Gefolge haben, oder sobald dies sonst vom Stadtrath für nothwendig erachtet wird, durch vorschriftsmässige gusseiserne Röhren zu ersetzen.	
		Dampfkessel dürfen unter keinen Umständen, hydraulische Hebemaschinen und Motore nur mit besonderer Genehmigung unter Anwendung von besonderen vorzuschreibenden Vorrichtungen mit den Zuleitungsröhren unmittelbar in Verbindung gebracht werden. Zur Speisung der Closets ist ein Vorrathsbehälter an geeigneter Stelle anzulegen. Alle nach einem Vorrathsbehälter geleiteten Speisungsröhren müssen oberhalb des höchsten Wasserspiegels unter Anwendung eines Schwimmkugelhahnes zur Einmündung gelangen. In der höchsten Wasserstandslinie des Behälters ist ein Ueberlaufsrohr von doppeltem Durchmesser des Zuführungsrohres anzubringen. Es dürfen nur Hähne verwendet werden, welche ohne Rückschlag schliessen (Niederschraubhähne). Conus- oder Wirbelhähne werden nur da zugelassen, wo dieselben als Absperrvorrichtungen für einzelne Zweigleitungen dienen, und wo das Schliessen bewirkt werden kann, während das Wasser im Rohre sich in Ruhe befindet. Sämmtliche Verschlussvorrichtungen und Zapfhähne sollen sich mit Drehung von links nach rechts schliessen und leicht zugänglich sein. Unter jedem Zapfhahne in den Gebäuden soll sich eine Abflussvorrichtung befinden, welche so viel Wasser abführen kann, als durch den vollständig geöffneten Hahn zufliessen kann. Als Ausgussbecken werden nur solche mit festem Siebe und Wasser- (Geruch-) Verschluss zugelassen.		
105	Posen . . .	Alle Leitungen sind frostsicher anzulegen, die Steigeröhren sind erforderlichen Falls durch Umhüllungen von Filz und Holz zu sichern. Am tiefsten Punkte jeder Hausleitung oder mindestens der Frontmauer möglichst nahe ist an einer geeigneten, leicht zugänglichen Stelle ein Abflusshahn mit Entleerungsvorrichtung in die Leitung mit einzuschalten. Es darf eine unmittelbare Verbindung des Röhrensystems mit Dampfkessel nicht stattfinden. Es dürfen nur Niederschraubhähne angewendet werden.	Die im Innern der Häuser als Zuleitungsröhren verwandten Bleiröhren müssen gleichmässige Wandstärken und wenigstens folgendes Gewicht pro lfd. m haben: 13 mm Bleirohr 2,25 kg 19 „ „ 3,05 „ 26 „ „ 5,00 „	Die Verwaltung hat das Recht, aber nicht die Pflicht, die Hausleitungen zu revidiren, u. wird die Inbetriebnahme nicht eher gestatten, als bis die Anlagen vorschriftsmässig sind.

No.	Stadt	Allgemeine Vorschriften, Ausführung, Unterhaltung, Benutzung etc.	Rohrmaterial	Prüfung
		13	14	15
106	**Potsdam** .	Die Hausleitung bleibt lediglich Sache des Bestellers, nur muss die ganze Anlage nach bestimmten Vorschriften ausgeführt und im Stande gehalten werden. Das Hausleitungsrohr muss eine seiner eigenen Länge und der Grösse des Verbrauchs entsprechende Weite haben. Bei einer horizontalen Länge von 20 m darf das Rohr nicht unter 20 mm, bei einer solchen von 30 m nicht unter 25 mm und bei einer solchen über 30 m nicht unter 40 mm Durchmesser besitzen. Alle Zapf- und Durchlaufhähne in Küchen, Wohnungen, Gärten, auf Höhen oder sonstwo müssen Niederschraubhähne sein. Alle nach Behältern geleiteten Speiseröhren müssen oberhalb des Wasserspiegels einmünden. Zum Abschliessen des Wasserzuflusses in Behältern dürfen selbstschliessende Hähne jeder Art, ausgenommen Conus- oder Wirbelhähne verwendet werden, insofern sie dicht und ohne Rückstoss schliessen. Dampfkessel, hydraulische Hebemaschinen oder Motore dürfen unter keinen Umständen mit den Zuleitungsröhren in unmittelbare Verbindung gebracht werden. Ungeachtet der Beobachtung vorstehender Vorschriften eintretende Nachtheile durch Bruch und sonstige Beschädigungen der Hausleitung und des hinter dem Wassermesser liegenden Theiles der Verbindung hat der Eigenthümer zu tragen.		
107	**Quedlinburg**	Die Privatleitungen werden vom Wasserwerke auf Kosten des Abnehmers nach Tarif ausgeführt und bleiben dann Eigenthum des Wasserwerks so lange, bis sie vollständig bezahlt sind. Auch andere geeignete Unternehmer sind berechtigt, Privatleitungen unter Berücksichtigung folgender Vorschriften herzustellen: Vor Ausführung der Leitung ist dem Wasserwerke unter Bezeichnung des Unternehmers Anzeige zu machen. Die Leitungen sind frost frei zu legen und so einzurichten, dass sie durch das innere Hauptabsperrventil, bezw. durch besondere Entleerungsvorrichtungen entleert werden können. Absperrventile, Entleerungsvorrichtungen und Wassermesser müssen für das Wasserwerkspersonal jederzeit leicht zugänglich sein. Verschluss- und Absperrvorrichtungen, welche eine plötzliche Unterbrechung des Wasseraus- oder -durchlaufs ermöglichen, sind verboten. Eine unmittelbare Verbindung der Leitung mit Dampfkesseln darf nicht stattfinden. Nach Sammelbehältern gehende Speiserohre dürfen nur oberhalb des Wasserspiegels münden. Die Leitungen müssen in allen Theilen einem Drucke von 12 Atm. widerstehen.		Das Wasserwerk hat das Recht, die Ausführung der Privatleitungen zu überwachen und sie nach Vollendung auf Kosten des Abnehmers zu prüfen, ohne damit irgend welche Gewähr für ihre Güte zu übernehmen.
108	**Ratibor** . .	Alle besonderen Modalitäten der Privatleitungsanlage, welche der Magistrat im öffentlichen Interesse oder zur Fernhaltung von Contraventionen für nöthig erachten sollte, ist der betreffende Haus-, resp. Grundbesitzer zu befolgen verbunden. Es dürfen zum Abzapfen des Wassers nur Niederschraubhähne mit Leder-, Gummi- oder Kautschuk-Dichtung, keinesfalls Wirbel- oder Conushähne angebracht werden. Die durch die Dielen und Decken gehenden Stellen der Bleiröhre sind zum Schutze gegen Ratten in eiserne Röhren einzuhüllen. Alle Leitungen sind so anzulegen, dass sie dem Einfrieren nicht ausgesetzt sind und die Steigröhren nöthigenfalls durch Umhüllungen von Filz und Holz gesichert werden können. Das für die Speisung von Dampfkesseln erforderliche Wasser ist in besondere Behälter und aus diesen in die Kessel zu leiten; die unmittelbare Verbindung der Dampfkessel mit den Zuleitungsröhren ist nicht gestattet. Behälter dürfen nur durch Ueberlaufsröhre gespeist werden, jede Verbindung, welche ein Zurücklaufen des Wassers in das Hauptrohr ermöglicht, ist verboten.	Die Bleiröhren müssen mindestens folgendes Gewicht pro lfd. m haben: bei 10 mm Durchm. 1,2 kg „ 13 „ „ 2,0 „ „ 20 „ „ 3,6 „ „ 26 „ „ 4,8 „	Die Privatleitung darf erst dann in Gebrauch genommen werden, wenn deren vorschriftsmässige Anlegung durch die Verwaltung constatirt ist.

No.	Stadt	Allgemeine Vorschriften, Ausführung, Unterhaltung, Benutzung etc.	Rohrmaterial	Prüfung
		13	14	15
109	Regensburg	Die Herstellung der Hausleitungen ist der Privatindustrie überlassen, dagegen haftet sowohl der Auftraggeber als auch der ausführende Techniker für die Einhaltung der folgenden Bestimmungen: Bei Herstellung von Privatleitungen für gewerbliche Anlagen aller Art, sowie für Gärten und Hofräume ist der ausführende Gewerbetreibende gehalten, vor Beginn über alle Einzelheiten, über das Kaliber der Zuleitungsröhren, über Lage und Art der Hähne u. s. w. Pläne vorzulegen im kleinsten Maassstabe von 1 : 1000, über deren Genehmigung der Magistrat entscheidet. Die Zuleitungsröhren müssen, so lange als Nebenleitungen von denselben abgehen, eine Weite von mindestens 19 mm haben. Ein Abschlusshahn mit Entleerungsvorrichtung für die Gesammtleitung muss an der tiefsten Stelle derselben angebracht werden. Geaichte Hähne, seien dieselben auf Privatgrundbesitz oder auf öffentlichem Grunde angebracht, sind nur dem Magistrat zugänglich zu machen und werden von diesem unterhalten. Die Leitungen im Erdboden müssen hinreichend tief und in der Weise in die Häuser geführt werden, dass sie möglichst vor Einfrieren geschützt bleiben. Wo dies nicht möglich ist oder wo durch die erwärmte Luft der Umgebung eine Condensation von Wasser an den kälteren Röhren stattfinden kann, sind letztere mit einer Hülle von Filz und wenn nöthig mit Holzverkleidung zu umgeben. Eine unmittelbare Verbindung der Dampfkessel mit Zuleitungsröhren ist nicht gestattet, vielmehr ist das zur Speisung von Dampfkesseln bestimmte Wasser zunächst in Behälter oder Vorwärmer und erst aus diesen in die Kessel zu leiten. Unter jedem Auslaufhahne ist eine Ableitung von mindestens 4—5 cm Weite, für Water-Closets von mindestens 18 cm Weite anzubringen. Das Abwasser aus der Privatleitung ist in denjenigen Strassen und Plätzen, in welchen sich öffentliche Canäle befinden oder solche hergestellt werden, mittels eines Seitencanals in den Hauptcanal abzuleiten. Wird ausnahmsweise nach Maassgabe der bezüglichen Bestimmungen von der Anlegung eines Seitencanals Umgang genommen, so ist ein Versitzschacht anzulegen und das Abwasser der Privatleitung in denselben zu leiten.	Für häusliche Trinkwasserleitungen dürfen nur galvanisirte Eisenröhren verwendet werden, während für industrielle Zwecke eine Vereinbarung mit dem Magistrat über das zu verwendende Material vorbehalten bleibt.	Der Magistrat behält sich vor, die Privatleitungen in allen Theilen untersuchen zu lassen und die Wasserabgabe so lange zu verweigern, bis dieselbe entsprechend hergestellt ist. Die Gesammtleitung muss bei 10 Atm. Ueberdruck sich als vollständig dicht erweisen und der Probedruck am Manometer mindestens 5 Min. unverändert stehen bleiben. Die Druckprobe ist vom Installateur derart vorzubereiten, dass zwischen Probirpumpe und Leitung ein Abschlusshahn eingeschaltet wird, was möglichst am tiefsten Punkt derselben zu geschehen hat. Dem Beamten muss zur Anbringung des Controlmanometers ein Auslaufhahn abgenommen oder ein besonderes Fitting eingeschaltet werden.
110	Remscheid	Die Verwaltung des Wasserwerkes übernimmt auf Wunsch auch die Herstellung der Leitungen im Innern der Grundstücke, doch bleibt es den Eigenthümern überlassen, diese Leitungen auch von qualificirten Unternehmern ausführen zu lassen. Die Privatleitung muss stets den Druck einer Wassersäule von 200 m Höhe aushalten können und so eingerichtet sein, dass dieselbe durch das innere Hauptabsperrventil, beziehungsweise durch besonders anzubringende Entleerungsvorrichtungen zu entleeren ist. Jeder Eigenthümer oder Consument hat die Pflicht, seine Privatleitung innerhalb des Gebäudes oder Grundstückes vor Beschädigungen jeder Art und namentlich vor Frost zu schützen. Absperrventil und Entleerungsvorrichtungen, sowie der Wassermesser müssen jederzeit leicht zugänglich sein. Eine unmittelbare Verbindung der Rohrleitung mit Dampfkesseln darf nicht stattfinden. In der Privatleitung dürfen zum Abzapfen des Wassers nur langsam schliessende Niederschraubventilhähne verwendet werden. Für gewöhnliche Zapfhähne genügt ein Rohr von 10—12,5 mm Weite; Badeeinrichtungen erfordern je nach der Höhenlage des Gebäudes Rohre von 15—20 mm, ebenso Closetspülungen. Für Feuerhähne ist ein Rohr von 25 mm angezeigt; für Gartensprenghähne 20—25 mm. Im Allgemeinen sollte als Regel gelten, dass die betreffenden Hähne stets eine um einige Millimeter engere Ausflussöffnung haben, als die Weite des zugehörigen Rohres beträgt. Jeder Zapfhahn sollte mit einem Ausgussbecken versehen sein, welches im Stande ist, alles Wasser aufzunehmen und abzuführen, welches selbst beim ganz geöffneten Hahn ausströmt. Steht die Abflussleitung mit einem Canal oder sonstigen Raume in Verbindung, aus denen übelriechende Gase aufsteigen und sich im Hause verbreiten können, so ist im Abflussrohr an passender Stelle ein leicht zugänglicher Wasserverschluss mit Reinigungsschraube anzubringen. Abflussrohre werden bis zu 60 mm Weite aus dünnwandigen Bleirohren, grössere aus Eisen hergestellt. Engere Abflussrohre als 40 mm sollen nicht verwendet werden.	Für die Wandstärken und Gewichte der geschwefelten Bleirohre gelten die folgenden Bestimmungen: Rohrweite — Wandstärke — Gewicht pr. lfd. m 10 mm — 4 mm — 2,0 kg 12,5 „ — 4,5 „ — 3,0 „ 15 „ — 5 „ — 3,6 „ 20 „ — 5,5 „ — 4,75 „ 25 „ — 6 „ — 6,65 „ 30 „ — 6,5 „ — 9,0 „	Die von den Privatunternehmern ausgeführten Leitungseinrichtungen unterliegen der Controle der Verwaltung in so weit, als es sich um Anordnungen oder Einrichtungen handelt, durch welche Wasserverluste und Beschädigungen an den Wasserwerksanlagen herbeigeführt werden können. Eine Verantwortlichkeit für die Zweckmässigkeit und kunstgerechte Ausführung solcher Anlagen übernimmt jedoch die Verwaltung dadurch nicht.

No.	Stadt	Allgemeine Vorschriften, Ausführung, Unterhaltung, Benutzung etc.	Rohrmaterial	Prüfung
		13	14	15
111	Rheydt . .	Die Beschaffung und Unterhaltung der Einrichtung im Innern der Grundstücke ist Sache des Abnehmers. Derselbe kann die Anlage durch jeden dazu geeigneten Unternehmer herstellen lassen. Das Gleiche gilt für die Verbindungsleitungen mehrerer, durch **eine** Zuleitung an die Hauptwasserleitung angeschlossener Häuser.		
112	Riga. . . .	Die Einrichtung der Wasserleitung innerhalb der Grundstücke und Gebäude wird auf Wunsch vom Wasserwerk ausgeführt, doch ist es auch gestattet, diese innern Einrichtungen durch private Installateure nach besonderen Vorschriften ausführen zu lassen. Die Röhren sind wo irgend möglich an innern Wänden anzubringen; müssen sie aber an der innern Seite einer Aussenwand befestigt werden, so sind sie zu isoliren. Jede Wasserleitung in einem Gebäude erhält, um deren Abschluss von dem Strassenrohr zu ermöglichen, einen Privatverschlusshahn, welcher ein Conushahn sein und auch als Entwässerungshahn der Hausleitung benutzt werden kann. Als Abzapfhähne in den Häusern oder auf den Höfen dürfen nur Niederschraubhähne angebracht werden. Es ist durchaus unstatthaft, für die Entnahme von Wasser aus der Leitung nur die Privatverschlusshähne zu benutzen. Reparaturen an den Privatverschlusshähnen und der innern Leitung werden stets für Rechnung des Abnehmers bewerkstelligt. Eine unmittelbare Verbindung des Rohrsystems mit Dampfkesseln ist nicht gestattet. Elevatoren dürfen nur vom Wasserwerk aufgestellt werden.	Die im Innern zur Verwendung kommenden Bleiröhren müssen folgendes Mindestgewicht pro lfd. m haben: 10 mm Rohr 1,57 kg 12 „ „ 2,73 „ 20 „ „ 4,10 „ 25 „ „ 5,46 „	
113	Rostock. .	Die Herstellung der Leitung in den Privatgrundstücken kann auf Wunsch durch die Wasserwerke vermittelt werden, jedoch steht es dem Eigenthümer frei, dieselbe nach bestimmten Vorschriften beschaffen zu lassen von wem er will. Derselbe hat für die Unterhaltung der Leitung zu sorgen und ist insbesondere verpflichtet, bei einem an derselben entstandenen Schaden sofort für die Reparatur zu sorgen, auch wenn ihm selbst aus der Unterlassung kein Nachtheil erwachsen würde. Zu jeder Abänderung an den einmal gelegten Röhren oder getroffenen Einrichtungen ist die Genehmigung der Verwaltungs-Deputation der Wasserwerke erforderlich. Unternehmer von Privatanlagen haben alle diejenigen Schäden zu ersetzen, welche durch Zuwiderhandlungen gegen die vorstehenden Bestimmungen den Wasserwerken oder öffentlichen Anlagen zugefügt werden. Alle Leitungen sind frostfrei und so anzulegen, dass sie durch Rost nicht beschädigt werden können. Die Röhren sind, soweit sie im Freien liegen, 1,5 m tief unter die Oberfläche zu legen. Steigröhren und Abzweige davon sind möglichst durch frostfreie Räume zu führen und, nachdem sie mit Filz umhüllt sind, in die inneren Wände der Häuser zu legen; wo dies unthunlich und das Einfrieren zu befürchten ist, sollen dieselben mit doppelten Holzkasten umschlossen werden, von denen der erste das Rohr eng umschliesst, während der zweite so viel weiter genommen wird, dass ein mit Häcksel oder trockenen Sägespähnen auszufüllender Zwischenraum von 15—16 cm zwischen beiden Kasten bleibt. Sämmtliche Röhren müssen ununterbrochenes Gefälle nach dem Haupthahne hin haben. Kükenhähne sind mit Ausnahme der Entleerungshähne in den Druckleitungen gänzlich verboten; es dürfen nur Niederschraubhähne mit Gummi-, Kautschuk- oder Lederdichtung verwandt werden. Eine unmittelbare Verbindung der Dampfkessel mit Zuleitungsröhren ist nicht gestattet. Das zur Speisung von Dampfkesseln erforderliche Wasser ist in Vorwärmer und aus diesen in die Kessel zu leiten. Alle Wasserclosets sind mit einer Vorrichtung zu versehen, durch welche bei jeder Benutzung des Closets nur ein bestimmtes, zu einer kräftigen Spülung ausreichendes Wasserquantum ausfliessen kann. Closeteinrichtungen, welche ein fortwährendes Spülen möglich machen, dürfen nur bei Leitungen mit Wassermessern verwandt werden. Die Neuanlegung von Wasserclosets bleibt bis auf Weiteres verboten.	Zu den Leitungen in den Grundstücken dürfen, wenn dieselben nicht mehr als 24 mm Durchmesser haben, Röhren vom besten Blei verwandt werden, welche dem Drucke einer Wassersäule von 85 m widerstehen können. Diese Bleiröhren müssen pro lfd. m mindestens wiegen: bei 12 mm Weite 2,0 kg „ 18 „ „ 3,0 „ „ 24 „ „ 4,5 „ Für grössere Leitungen müssen Röhren von Gusseisen verwendet werden, die gleichfalls auf einen Druck von 85 m Wassersäule geprüft sind. Die Verwendung solcher gusseiserner Röhren ist selbstverständlich auch bei Leitungen von geringeren Dimensionen zulässig. Wünscht der Abnehmer die Verwendung von Röhren von anderem Material, so ist dazu die besondere Genehmigung einzuholen. Gasröhren dürfen überall zu Wasserröhren nicht verwandt werden.	Jede fertig gestellte Leitung wird in Gegenwart eines Beamten mit dem Hochdrucke des Werkes probirt. Jede hierbei sich zeigende Undichtigkeit ist sofort zu verbessern. Eine Gewähr für die dauernde Tüchtigkeit der Leitung übernimmt das Wasserwerk nicht.

No.	Stadt	Allgemeine Vorschriften, Ausführung, Unterhaltung, Benutzung etc.	Rohrmaterial	Prüfung
		13	14	15
114	Rothenburg a. d. T.		Für die Hausleitungen werden auf 10 Atm. geprüfte galvanisirte schmiedeeiserne Röhren verwendet.	
115	Rudolstadt	Die Einrichtung und Unterhaltung der Hausleitungen nach besonderen Vorschriften ist den Eigenthümern etc. überlassen. Die Zuflussröhren müssen mit ununterbrochenem Gefälle nach dem Haupt-Absperrventil hin möglichst frostfrei gelegt werden. Wo dieselben nicht im Boden liegen, sondern an Mauern entlang geführt werden, sind sie entweder in ausgestemmten, mit einem Brett verkleideten Nuthen unterzubringen, oder flach auf die Wand zu legen. In der Regel dürfen die in das Mauerwerk eingelassenen Röhren nicht verputzt werden. Alle Durchlauf- und Zapfhähne müssen Niederschraub-Ventilhähne mit Lederdichtung sein; Conus- oder Wirbelhähne sind unzulässig. Wasserbehälter sind mit selbstthätig schliessenden Schwimmkugelhähnen und einem Ueberlaufrohr nebst Abflussleitung zu versehen. Die Zuleitung muss über dem höchsten Wasserspiegel des Behälters angebracht sein. Dampfkessel sind niemals unmittelbar an die Zuflussröhren anzuschliessen, sondern müssen durch Vermittelung eines Reservoirs aus der städtischen Leitung gespeist werden. Wasserclosets dürfen unmittelbar an die Zuflussröhren angeschlossen werden, doch ist hierbei die Weite des Einströmrohres auf höchstens 13 mm zu bemessen. Die Hebellänge des Closethahnes hat etwa 50 cm zu betragen; der Closethahn ist beiderseits mit Verschraubungen zu versehen, um ohne Weiteres ausgewechselt werden zu können. Jede Closetleitung muss ein Absperrventil mit Entleerung erhalten; die Closettrichter sind für Rundspülung einzurichten. Alle Abflussleitungen müssen ein ununterbrochenes Gefälle nach dem Strassencanale haben, sie sind im Innern der Gebäude aus gusseisernen, asphaltirten Muffenröhren herzustellen, ausserhalb der Gebäude, im Boden liegend, aus glasirten Thonröhren. Die steigenden Stränge sollen einen Durchmesser von 100 mm haben und in dem gleichen Durchmesser bis über das Dach hinaus durchgeführt werden. Derjenige obere Theil dieser Stränge, in welchem keine Abwässer mehr einfliessen, kann aus Zinkrohr hergestellt werden. Die Dichtungen der eisernen Abflussleitungen müssen mit Theerstrick und Blei, diejenigen der Thonrohrleitungen mit Theerstrick und fettem Thon bewirkt werden. Alle Abflussleitungen, welche in die steigenden Stränge ausgiessen, müssen einen Wasserverschluss mit 7 cm Wasserstand haben. Alle Mündungen von Abflussleitungen, in welche ausgegossen wird, sind mit einem engen, nicht abnehmbaren Sieb zu versehen.	Alle Zuflussleitungen bis zu 25 mm Durchmesser sind aus innen geschwefelten Bleiröhren herzustellen, welche 12 Atm. Ueberdruck auszuhalten im Stande sind und die nachstehenden Gewichte pro lfd. m haben: bei 13 mm Weite 2,2 kg „ 20 „ „ 3,9 „ „ 25 „ „ 6,3 „ Die Verwendung anderer Fabrikate bedarf besonderer Genehmigung. Alle Zuflussleitungen von mehr als 25 mm Weite sind aus gusseisernen, innen und aussen asphaltirten Röhren herzustellen. Wegen des Materials der Abflussleitungen vergl. Spalte 13.	Die Verwaltung ist berechtigt, die Ausführung der Hausleitungen und die Verwendung vorschriftsmässiger Materialien zu überwachen. Bei der vorzunehmenden Prüfung sind die nöthigen Vorbereitungen, eine Presspumpe, die Werkzeuge und Beihilfe vom Installateur zu treffen, bezw. zu stellen. Die Prüfung erstreckt sich bei Neuanlagen und grösseren Erweiterungen auf die ganze Anlage, sowie in einer Druckprobe von 12 Atm. auf die Dauer der Untersuchung der ganzen Leitung und mindestens 10 Minuten, wobei das Manometer nicht über 1/2 Atm. zurückgehen darf. Die Prüfung erfolgt ohne Gewähr für Güte, Zweckmässigkeit und Dauer der Anlage.
116	Salzburg .	Die innere Einrichtung kann durch den Abnehmer selbst durch einen Installateur gegen nachträgliche Prüfung und Genehmigung besorgt werden. Die Leitungen erhalten je nach Umständen 25, 20, 12,5 und 10 mm Weite; indessen wird für	Die Leitungen müssen aus bestem Materiale hergestellt, und die Bleiröhren mit einem innern Ueberzug von Schwefelblei versehen sein. Sämmtliche Röhren müssen	Nach Vollendung der Einrichtung einer Privatleitung wird dieselbe in Gegenwart des ausführenden Installateurs von der Verwaltung untersucht und

No.	Stadt	Allgemeine Vorschriften, Ausführung, Unterhaltung, Benutzung etc.	Rohrmaterial	Prüfung
		13	14	15
		alle Leitungen, von welchen noch Abzweigungen ausgehen, eine Lichtweite von 15 mm als Minimum festgesetzt. Die in die Leitungen eingesetzten Absperrventile, Lufthähne u. dgl. müssen den Durchmessern der Rohre entsprechen, dagegen werden die Auslaufhähne je nach dem Drucke, der an der betreffenden Stelle herrscht, das heisst je nach der absoluten Höhenlage des Auslaufes, mit Mundstücken von grösserem oder kleinerem Durchmesser versehen. Hochliegende Gebäude ausgenommen, sollen die Nebenleitungen für die einzelnen Stockwerke folgende Lichtweite haben: 10—15 mm im Erdgeschoss, 15—20 „ im 1. und 2. Stock, 20—25 „ „ 3. „ 4. „ Unmittelbar nach dem Eintritt in das Privatgrundstück wird der Leitung das Hauptabsperrventil angefügt, durch dessen Schliessung jederzeit das das Privatgrundstück von der öffentlichen Leitung abgesperrt werden kann. Alle Rohrleitungen müssen ein ununterbrochenes Gefälle nach diesem Hauptabsperrventile haben. Dasselbe ist entweder so construirt, dass es beim Schliessen zugleich die Leitung entleert (sog. Absperr- und Entleerungshahn), oder es wird ein besonderer Ablasshahn seitlich an der Leitung angebracht. Die Absperrventile der Privatleitungen dürfen nur Schieber-, Niederschraub- und Doppelsitzventile sein. Conische Hähne und andere Constructionen sind unzulässig. Die Zapfhähne müssen stets einen kleineren Querschnitt haben als die Rohrleitungen, an welchen sie angebracht sind. In der Regel sind folgende Maasse für die Ausflussöffnungen einzuhalten: 5—6 mm im Erdgeschoss, 6—7 „ „ 1. und 2. Stock, 7—8 „ „ 3. Stock, 8—10 „ „ 4. Stock. Zur Verminderung der die Rohrleitungen schädigenden Rückstösse ist an dem Ende jedes Steigrohres ein gemeinsamer Windkessel angebracht. Alle Leitungen sind so anzulegen, dass sie leicht zugänglich und dem Einfrieren nicht ausgesetzt sind, auch von aussen nicht beschädigt werden können; es müssen desshalb die Steigrohre und Abzweigungen durch frostfreie Räume und möglichst an den innern Wänden geführt, und wo dies nicht geschehen kann, mit einem schlechten Wärmeleiter umwickelt werden. Rohrleitungen, die in die Erde gelegt werden, erhalten eine Ueberdeckung von 1 m. Die Anlage besonderer Wasserbehälter in den Häusern ist bei dem Bezug ohne Messung nicht gestattet, und für die Abnehmer nach Wassermessern auch nur dann zulässig, wenn die Zweckmässigkeit solcher Einrichtungen von der Verwaltung anerkannt ist. Unumgänglich nothwendig ist die Anlage eines Behälters bei Verwendung des Wassers zur Speisung von Dampfkesseln; solche dürfen auf keinen Fall eine unmittelbare Verbindung mit den Leitungsröhren haben. Jedes in einen Behälter mündende Leitungsrohr muss mit einem selbstthätigen Schwimmerventile versehen sein. Beim Bezug des Wassers ohne Messung müssen Wasserclosets u. dergl. Einrichtungen mit besonderen Apparaten, welche bei der jedesmaligen Benützung nur eine bestimmte, zu einer kräftigen Spülung hinreichende Wassermenge zur Verwendung gelangen lassen, versehen sein; diese Apparate sind entweder offene Behälter von bestimmtem Inhalt und mit Schwimmerventil versehen, welches den Zufluss des Wassers während der Spülung des Closets regelt, oder es sind geschlossene Behälter, die unter dem Drucke der Leitung stehen. (Müller'sche Selbstschlusshähne.) Eine unmittelbare Verbindung der Wasserclosets mit der Leitung ist nur bei Bezug nach Wassermesser statthaft, jedoch müssen in diesem Falle genügende Vorrichtungen gegen die schädliche Einwirkung der Stösse beim Oeffnen und Schliessen der Ventile getroffen werden. Die Inhaber der Privatleitungen haben für deren tadellose Instandhaltung zu sorgen und sind verpflichtet, etwaige Beschädigungen und Undichtigkeit sofort ausbessern zu lassen, auch wenn ihnen selbst durch die Verletzung der Leitung kein Nachtheil erwächst.	einem dauernden Drucke von 20 Atm. widerstehen. Die Dimensionen und Gewichte der geschwefelten Bleiröhren müssen pro lfd. m mindestens folgende sein: Durchm. — Wandstärke — Gewicht 10 — 4 mm — 1,98 kg 12,5 — 4,5 „ — 2,50 „ 15 — 5 „ — 3,72 „ 20 — 6 „ — 5,42 „ 25 — 7 „ — 8,15 „ 30 — 8 „ — 11,14 „	unter Anwendung des erforderlichen Wasserdruckes auf ihre Dichtigkeit probirt. Den Probeapparat hat der Installateur bereit zu halten. Jede sich hierbei zeigende Undichtigkeit oder vorschriftswidrige Ausführung überhaupt ist sofort zu verbessern.

No.	Stadt	Allgemeine Vorschriften, Ausführung, Unterhaltung, Benutzung etc.	Rohrmaterial	Prüfung
		13	14	15
117	Schwerin .	Zur Herbeiführung des Anschlusses eines Grundstücks an die Wasserleitung hat der Eigenthümer unter Beifügung einer Beschreibung und eines Lageplans, aus welchem sich die Verzweigung der Zuleitung im Keller oder Erdgeschoss sowie im Hof und Garten ergibt, einzureichen. Erst nach Behändigung der Bauerlaubniss darf mit der Ausführung der Anlage begonnen werden. Sämmtliche Röhren müssen, wenn möglich, mit ununterbrochenem Gefäll nach einem oder mehreren Entleerungshähnen angelegt werden. Die Entleerungshähne sind mit schmiedeeisernem Rohr bis zur Fussbodenhöhe zu führen, wenn nicht eine frostfreie vollständige Entleerung in das Canalnetz durch Anbringung eines Ableitungsrohres möglich ist und bewerkstelligt wird, oder das Abflusswasser aus den unter Fussbodenhöhe befindlichen Röhren zur Versickerung gebracht werden kann. Alle oberirdischen Leitungstheile müssen durch abgeschlossene, frostfreie Räume geführt und, wo dies nicht möglich ist, mit einem schlechten Wärmeleiter umgeben und, wenn sie sich in Gebäuden befinden, ausserdem thunlichst an den inneren Wänden angebracht werden. Der Einhüllung der Rohre bedarf es nicht, wenn die Hausleitung an frostfreier Stelle mit einem Entleerungshahn versehen ist. Alle unterirdischen Leitungstheile müssen auf frostfreie Tiefe und ausserhalb von Gebäuden mindestens 1,50 m tief in die Erde gelegt werden. Leitungen nach Gärten, Springbrunnen etc. sind stets mit Entleerungshahn zu versehen. Alle Hähne (Zapfstellen) vom Hauptventil ab dürfen nur Niederschraub- oder ähnliche Ventile sein. Die Construction der Schwimmhähne von Behältern bedarf in jedem Einzelfalle der besonderen Genehmigung. Die Ueberlaufrohre der Behälter müssen mindestens 4 cm höher liegen, als der Wasserstand bei vollständigem Abschluss des Schwimmers. Springbrunnen dürfen nur auf Grundstücken, welche mit Wassermessern versehen sind, angelegt werden. Dampfkessel dürfen nicht in unmittelbare Verbindung mit der Druckleitung gebracht werden. Das zur Speisung derselben erforderliche Wasser ist vielmehr zunächst in besondere Behälter zu leiten. Auch die Spülhähne der Wasserclosets dürfen nicht in unmittelbare Verbindung mit der Druckleitung gebracht, sondern nur durch besondere Behälter gespeist werden; letztere müssen so construirt sein, dass bei jeder Benutzung in nicht mit Wassermesser versehenen Grundstücken nur eine bestimmte, zu einer kräftigen Spülung ausreichende Menge Wassers zur Verwendung kommt, und dass die Wiederanfüllung des Behälters nicht langsam erfolgt, falls das Wasser durch einen Wassermesser geht. Bei Waschtischen, Badewannen, Pissoirs u. s. w. muss der Einlauf stets oberhalb der Füllhöhe des Gefässes liegen. Jeder Grundeigenthümer hat die Leitung nebst zubehörigen Einrichtungen auf seinem Grundstücke und bis 10 cm Abstand von seiner Strassengrenze in gutem, brauchbarem Zustand zu erhalten.	Zu den Hausleitungen dürfen nur innen u. aussen asphaltirte gusseiserne Röhren, beiderseits verzinkte schmiedeeiserne Röhren, sowie Röhren aus Zinn mit Bleimantel und aus verzinntem oder innen geschwefeltem Blei verwandt werden.	Nach Fertigstellung der Anlage wird dieselbe mit einem Druck bis zum Höchstbetrage von 9 Atm. geprüft. Für solche Controlprüfung hat der Eigenthümer keinerlei Kosten beizutragen; ist aber wegen ungenügender Herstellung der Hausleitung eine Wiederholung derselben erforderlich, so hat für solchen Fall der Eigenthümer die Kosten zu tragen. In der Erde liegende oder sonst verdeckte Leitungen dürfen vor stattgehabter Revision und Druckprobe nicht zugedeckt oder unsichtbar gemacht werden.
118	Solingen .	Die Herstellung der Leitung innerhalb des Privateigenthums vom Haupthahn resp. Wassermesser ab ist Sache des Eigenthümers. Die Hausleitungen müssen in allen Theilen einen Druck von 15 Atm. aushalten. Die Leitung muss so angelegt sein, dass es möglich ist, den Haupthahn und Wassermesser am tiefsten Punkte, der leicht zugänglich sein muss, anzubringen. Als Zapfhähne dürfen nur Niederschraubhähne verwandt werden.		Die Direction hat das Recht, aber nicht die Pflicht, jede neu angelegte Privatleitung vor dem Anschluss auf vorschriftsmässige und solide Ausführung zu prüfen.

Tabelle IV. Hausleitungen.

No.	Stadt	Allgemeine Vorschriften, Ausführung, Unterhaltung, Benutzung etc.	Rohrmaterial	Prüfung
		13	14	15
119	**Stettin** . .	Die Beschaffung und Instandhaltung der Hausleitung, d. h. des Theiles der Zweigleitung, der innerhalb des Grundstücks liegt, erfolgt nur bis zum Wassermesser einschliesslich Seitens der Verwaltung der Wasserwerke, im Uebrigen ist sie Sache des Antragstellers. Bei Versorgung von Gebäuden muss die Leitung womöglich zuerst in den Kellerraum und von hier durch im Winter warme Räume geführt werden. Sie ist erforderlichenfalls gegen Frost durch Umhüllung zu schützen. Die durch Dielen und Decken gehenden Stellen der Bleiröhren sind möglichst in eiserne Röhren einzuhüllen. Soweit das horizontale Anschlussleitungsrohr der Hausleitung angehört, gelten die Vorschriften für die Anschlussleitungen, vergl. Tab. III, 11. Die Steigleitungen in den Gebäuden erhalten die folgenden Mindestweiten: für 1 bis 3 Zapfhähne 13 mm „ 4 „ 7 „ 16 „ „ 8 „ 12 „ 20 „ „ 13 „ 20 „ 25 „ „ 21 „ 40 „ 30 „ „ 41 „ 60 „ 40 „ „ mehr als 60 „ 50 „ Die weiteren Vorschriften für die Anschlussleitungen gelten im Uebrigen auch für Steigleitungen. Am tiefsten Punkte der Hausleitung oder mindestens möglichst nahe der Einmündung der Zuleitung durch die Grundmauer ist an einer leicht zugänglichen Stelle ein Abschlusshahn mit Entleerungsvorrichtung anzubringen. Es wird ferner dringend empfohlen, unmittelbar hinter dem Wassermesser einen Absperrhahn mit kleinem Nebenhahn vor dem letzteren anzubringen, zum Zwecke der Entleerung und Prüfung des Wassermessers. Wird diese Vorrichtung angebracht, so bedarf der vorerwähnte Abschlusshahn keiner Entleerungsvorrichtung. Zum Abzapfen des Wassers dürfen ausser Schwimmkugelhähnen und Closethähnen nur Niederschraubhähne angewendet werden. Dampfkessel dürfen unter keinen Umständen, hydraulische Nebenmaschinen und Motore nur mit besonderer Genehmigung in unmittelbare Verbindung mit dem Röhrensystem gebracht werden. Auch nach ertheilter Genehmigung ist die Deputation berechtigt, die Beseitigung derartiger Einrichtungen zu verlangen, wenn beim Schliessen der Vorrichtung der Stoss mehr als 2 Atmosphären beträgt.	Die Bleiröhren der Hausleitungen müssen möglichst gleichmässige Wandstärke und wenigstens folgendes Gewicht pro lfd. m haben: 13 mm Weite 2,375 kg 16 „ „ 3,50 „ 20 „ „ 3,80 „ 25 „ „ 6,375 „ 30 „ „ 7,50 „ 33 „ „ 9,55 „ 40 „ „ 11,00 „	Die Deputation hat das Recht, aber nicht die Pflicht, die Hausleitungen zu revidiren. Sie kann, wenn die letzteren schlecht oder vorschriftswidrig ausgeführt sind, die Abgabe von Wasser so lange versagen oder einstellen, bis die Mängel beseitigt sind. Irgend eine Verantwortung übernimmt die Stadt in Folge der Revision nicht.
120	**Stockholm**	Die Herstellung und Unterhaltung der Hausleitung liegt dem Eigenthümer ob, die Ausführung darf jedoch nur von einem autorisirten Unternehmer bewerkstelligt werden. Die Rechnungen der Unternehmer werden auf Wunsch durch die Beamten kostenfrei geprüft. Es dürfen als Hähne nur Niederschraubhähne oder stossfreie selbstschliessende Hähne zur Anwendung kommen. Hydraulische Motoren dürfen nur mit besonderer Genehmigung der Verwaltung mit der Zuleitung in unmittelbare Verbindung gebracht werden. Die Leitungen müssen frostfrei liegen und mit einer Entleerungsvorrichtung versehen sein.	Galvanisirte schmiedeeiserne Rohre, verzinnte Bleirohre oder für grosse Leitungen gusseiserne asphaltirte Rohre.	Die Verwaltung ist berechtigt, die Hausleitungen zu prüfen. Neue Anlagen werden stets besichtigt.
121	**Stralsund** .	Die Ausführung der Hausleitungen bleibt dem Grundstücksbesitzer überlassen, jedoch ist er verpflichtet, die Arbeit nach Maassgabe der erlassenen Bestimmungen auszuführen. Zum Abzapfen des Wassers dürfen nur Niederschraubhähne angewendet werden. Die Hauptabschlusshähne müssen mit Selbstentleerung versehen sein; sie sind in der Regel an dem tiefsten Punkte der Leitung einzuschalten und mit Sicherheitskappe zu versehen. Die Hausleitungen, hauptsächlich aber Wassermesser und Hauptabschlusshähne, sind gegen Einfrieren zu schützen.	Für Leitungen unter 50 mm Weite im Innern von Gebäuden sind Bleiröhren zu verwenden, welche pr. lfd. m mindestens wiegen müssen: bei 12,5 mm Weite 2,4 kg „ 20,0 „ „ 3,6 „ „ 25,0 „ „ 4,8 „ „ 32,0 „ „ 7,5 „ „ 40,0 „ „ 11,0 „	Die Verwaltung hat das Recht, aber nicht die Pflicht, die Ausführung der Hausleitungen zu überwachen u. die letzteren auf ihre Haltbarkeit bis zu einem Drucke von 50 m zu prüfen. Die Kosten dieser Prüfung hat der Grundstücksbesitzer zu tragen. Von allen Neuanlagen, Erweiterungen etc. an der Hausleitung ist vor der Ausführung Anzeige zu machen.

No.	Stadt	Allgemeine Vorschriften, Ausführung, Unterhaltung, Benutzung etc.	Rohrmaterial	Prüfung
		13	14	15
122	Strassburg i. E.	Die Beschaffung und Unterhaltung der ganzen Einrichtungen im Innern der Grundstücke von dem Absperrhahn hinter dem Wassermesser ab ist lediglich Sache des Abnehmers, und kann derselbe die Anlage durch jeden dazu befähigten Unternehmer machen lassen. Eine unmittelbare Verbindung des Röhrensystems mit Dampfkesseln darf nur mit besonderer Genehmigung hergestellt werden.		Die Verwaltung hat das Recht, aber nicht die Pflicht, alle inneren Einrichtungen jederzeit prüfen und untersuchen zu lassen, wobei diese den Druck einer Wassersäule von 100 m aushalten, sowie in allen Theilen tüchtig ausgeführt befunden werden müssen.
123	Stuttgart .	Die Ausführung und Instandhaltung der Hausleitung bleibt Sache des Besitzers des Anwesens. Die Einlegung der Anschlussleitungen in die Strassen ist nur stets widerruflich gestattet, und sind vorkommende Aenderungen auf Kosten des Abnehmers auszuführen. Die ausserhalb der Gebäude zu liegen kommenden Leitungen sind zur Sicherung gegen Frostschaden mindestens 1,3 m tief einzulegen. Ein seichteres Verlegen kann die Verwaltung auf Antrag gestatten wie für provisorische Leitungen und für einzelne dauernd unter Anwendung eines Wassermessers gespeiste Leitungen. Die Hausleitungen erhalten beim Eintritt der Anschlussleitung in das Anwesen an einer für den Hausbesitzer leicht zugänglichen, frostsicheren Stelle einen Hauptabsperrhahnen und daneben einen Entleerungshahnen. Die Hausleitungen sind möglichst frostsicher und mit Gefälle gegen die Absperrvorrichtungen anzulegen. An Stellen, wo dieses Gefälle unterbrochen werden muss, sind besondere Entleerungshahnen einzuschalten. Als Hahnen sind nur Schieber oder Niederschraubventile zu verwenden. Vor dem Wassermesser darf keinerlei Abzweigung angebracht werden. Dampfkessel, Vorwärmer oder anderweitige Kessel und geschlossene Behälter mit innerem Ueberdrucke dürfen nur unter Zustimmung der Verwaltung und unter Anwendung eines Rückschlagventils in unmittelbare Verbindung mit der Hausleitung gebracht werden. Abzweigungen nach Wasserbehältern müssen in diesen Behältern stets oberhalb des Wasserspiegels ausmünden. Bei Einrichtung neuer Wasserabtritte muss je in die Zuleitung ein Behälter eingeschaltet werden, welcher nicht unter Druck und bei welchem der Raum über dem Wasserspiegel mit der Aussenluft in Verbindung steht. Zur Verwendung von Wassermotoren ist besondere Zustimmung der Verwaltung einzuholen. Im Falle es sich um Einrichtung von Feuerhahnen und Hydranten handelt, ist hierüber mit der Verwaltung sich zu verständigen. Bei Springbrunnen sind die Mundstücke aufzulöthen oder Caliberhahnen in die Zuleitungen einzuschalten. Falls Wasser zum Kühlen von Gaskraftmaschinen entnommen wird, sollte, wo irgend möglich, in die zum Motor führende Wasserzuleitung ein Behälter eingeschaltet werden. Wird eine Privatleitung in irgend einem Theile schadhaft, so hat der Hausbesitzer für alsbaldige Wiederherstellung Sorge zu tragen, und im Falle der Schaden an der Anschlussleitung oder dem Wassermesser liegt, der Verwaltung zur Veranlassung des Nöthigen ohne Verzug Anzeige zu machen.	Die Leitungen im Innern sind aus beiderseits verzinkten schmiedeeisernen Röhren oder bei grösseren Calibern aus beiderseits getheerten oder asphaltirten Gusseisenröhren herzustellen. Im Falle ein anderes Material gewählt werden will, ist besondere Zustimmung der Verwaltung einzuholen. Für die Wandstärken der schmiedeeisernen Röhren sind die in nachstehender Tabelle enthaltenen Mindestdimensionen und Gewichte mindestens einzuhalten. Die nöthigen Verbindungsstücke sind ebenfalls verzinkt zu beschaffen. Lichtweite — Mindest-Wandstärke — Gewicht pro lfd. m 13 mm — 3,1 mm — 1,2 kg 19 „ — 3,3 „ — 1,8 „ 25 „ — 3,7 „ — 2,6 „ 32 „ — 4,0 „ — 3,5 „ 38 „ — 4,2 „ — 4,3 „ 51 „ — 4,5 „ — 6,0 „ Die gusseisernen Röhren haben den vom Vereine deutscher Ingenieure aufgestellten Normalien zu entsprechen und sind in der üblichen Weise mit Bleidichtungen für die Muffen und Kautschukdichtungen für die Flanschen zu verlegen. Diejenigen Leitungen, welche im Erdreich zu liegen kommen, sind durchaus mit Gusseisenröhren mit mindestens 40 mm Weite auszuführen. Ausnahmen von dieser Vorschrift kann die Verwaltung auf besonderen Antrag gestatten für provisorische Einrichtungen und für Leitungen in Grundstücken, woselbst das den betreffenden Leitungen zufliessende Wasser dauernd durch Wassermesser registrirt wird.	Die sämmtlichen Leitungen sind Seitens des ausführenden Wasserleitungstechnikers einer Wasserdruckprobe mit 12 Atm. Ueberdruck zu unterwerfen. Bei dieser Probe darf der Manometer in 5 Minuten nicht mehr als 1/2 Atm. zurückgehen. Die Wasserdruckproben müssen für alle in's Erdreich zu verlegenden Leitungsstrecken vor dem Wiedereinfüllen der Rohrgräben und unter Zuziehung eines Angestellten der Verwaltung vorgenommen werden.

No.	Stadt	Allgemeine Vorschriften, Ausführung, Unterhaltung, Benutzung etc.	Rohrmaterial	Prüfung
		13	14	15
124	Trier . . .	Alle Hähne der Leitung sollen Niederschraubhähne sein. Es dürfen keine Wasserclosets, Pissoire, Bäder, Kessel, oder andere Behälter ohne Genehmigung unmittelbar vom Zuführungsrohr gespeist werden. Erfolgt die Speisung genannter Gegenstände aus einem zwischengeschalteten Behälter, so muss derselbe vollständig wasserdicht und mit einem Schwimmkugelhahn von genehmigter Construction versehen sein. Das Ueberlaufrohr des Reservoirs muss sichtbar offen liegen, und das Niveau des Wassers muss bei der natürlichen Schliessung des Schwimmkugelhahns mindestens 50 mm unter dem Ueberlaufrohr stehen. Die Anlage eines unterirdischen Behälters ist unbedingt ausgeschlossen. Es darf unter keinen Umständen eine Röhre oder irgend ein zur Wasserleitung gehöriger Bestandtheil durch einen Abzugscanal, Düngerplatz, Schmutzhaufen, Staubabfall oder durch sonstige unreine Substanzen gelegt werden oder daran liegen. Jeder Abnehmer ist für die gehörige Instandhaltung der Wasserleitung verantwortlich und hat, sobald er Kenntniss von einem Fehler der Leitung erhält, sofort der Direction Mittheilung zu machen. Zuwiderhandlung kann Wasserentzug zur Folge haben.		Von allen Anlagen innerhalb der Häuser und Privatgrundstücke, sowie deren Veränderungen, Vermehrung und Verminderung ist der Direction vor der Ausführung Anzeige zu machen, und hat dieselbe das Recht, diese Anlage zu controliren. Die anderweitig ausgeführten Leitungen werden vor Abnahme durch das Wasserwerk einem Probedruck unterworfen, und zwar auf Kosten des Grundstück-Eigenthümers. Unter keinen Umständen darf der Privat-Installateur seine Leitung mit der vom Wasserwerk hergestellten Zweigleitung verbinden.
125	Viersen . .	Die innere Einrichtung der Leitung ist Sache des Abnehmers. Alle Leitungen sind möglichst so anzulegen, dass sie dem Erfrieren nicht ausgesetzt sind, auch in sonstiger Weise nicht beschädigt werden können Auch müssen sämmtliche Rohre vollständig entleert werden können. Eine unmittelbare Verbindung der Wasserleitung mit Dampfkesseln und Speisepumpen darf nicht stattfinden; auch ist die Einschaltung von hydraulischen Motoren nur mit Genehmigung und nach besonderer Angabe der Verwaltung gestattet. Alle Hähne der Leitung dürfen nur Niederschraub- oder Ventilhähne sein; Gummi-Niederschraubhähne sind ausgeschlosssen. Bei Closets dürfen nur stossfrei wirkende Closethähne verwendet werden.	Es dürfen nur zur Verwendung gelangen Röhren aus Blei, Gusseisen (asphaltirt) und mit besonderer Genehmigung der Verwaltung auch solche aus Schmiedeeisen. Die zu verwendenden Bleiröhren müssen von bester Beschaffenheit sein und in den Druckleitungen mindestens pro lfd. m wiegen: bei 10 mm Durchm. 1,2 kg „ 13 „ „ 2,5 „ „ 19 „ „ 4,5 „ „ 25 „ „ 6,5 „ „ 30 „ „ 7,5 „ Bei Lichtweiten über 30 mm dürfen keine Bleiröhren verwendet werden. Sämmtliche Röhren müssen mindestens 15 Atmosphären Druck ohne Formveränderung ertragen.	Die Verwaltung hat das Recht, aber nicht die Pflicht, die angelegten Privatleitungen zu prüfen und die Gewährung von Wasser so lange zu versagen, bis etwaige Mängel beseitigt sind. Auf Verlangen ist die Verwaltung bereit, vor Anschluss der Privatleitungen diese einer Druckprobe zu unterwerfen; auch ist sie berechtigt, aus eigenem Antrieb letztere einer Druckprobe zu unterwerfen. Im ersteren Falle hat der Antragsteller hierfür M 6 zu bezahlen; eine gleiche Gebühr ist von dem Abnehmer zu tragen, wenn sich bei einer von der Verwaltung aus eigenem Antriebe vorgenommenen Druckprobe die Privatleitung als undicht erwiesen hat. Eine Verantwortlichkeit für Güte und Zweckmässigkeit der Anlagen übernimmt jedoch die Verwaltung auch durch die Vornahme der Druckprobe nicht.
126	Wandsbek	Die Herstellung und Instandhaltung der Hausleitungen kann nur unter Genehmigung der Verwaltung erfolgen; diese ertheilt auch den Installateuren bestimmte Vorschriften. Vor Beginn der Ausführung sind Lage- und Dispositionspläne zur Genehmigung in doppelter Ausfertigung einzureichen. In der Privatliegenschaft ist möglichst nahe der	Sämmtliche Röhren der inneren Leitungen müssen einen dauernden Druck von 20 Atm. aushalten können. Alle Röhren bis zu einem lichten Durchm. von 30 mm dürfen aus Blei und müssen	Nach Vollendung der Einrichtung einer Privatleitung wird dieselbe in Gegenwart des ausführenden Technikers von einem Beamten auf ihre vorschriftsmässige Ausführung

No.	Stadt	Allgemeine Vorschriften, Ausführung, Unterhaltung, Benutzung etc.	Rohrmaterial	Prüfung
		13	14	15
		Innenseite der Umfassungsmauer ein Hauptabsperrhahn anzubringen. Hinter dem Absperrhahn ist ein Entleerungshahn einzusetzen. Alle Leitungstheile müssen durch frostfreie Räume geführt, wo dies nicht angänglich, durch schlechte Wärmeleiter hinreichend geschützt und mit einer Entleerungsvorrichtung versehen sein. In den Privatleitungen dürfen Anschlusshähne, welche ein plötzliches Schliessen des Ausflusses gestatten, nicht angelegt werden, dagegen muss zur Verminderung der Rückstösse am obersten Theil der Leitungen ein Windkessel angebracht sein, oder es ist das Steigrohr am oberen Ende geschlossen entsprechend zu erhöhen. Die Hähne, Ventile, Apparate und Röhren müssen nach Form, Gewicht, Construction und Güte des Materials den Mustern der Verwaltung entsprechen. An allen Wasserbehältern sind Ueberläufe zulässig. Bei Badewannen können dieselben unmittelbar in die Ablaufröhren geführt werden. Bei allen übrigen Ueberläufen ist die Führung in's Freie dann anzuordnen, wenn auf andere Weise der Abfluss nicht sichtbar herzustellen ist. Bei Anlagen in Häusern, welche mehrere Miethswohnungen enthalten, ist dicht am gemeinschaftlichen Steigrohr für jede betreffende Nebenleitung ein Haupthahn von gleichem Querschnitt der Abzweigung anzubringen, so dass die Ausscheidung jeder einzelnen Miethabtheilung von der Versorgung möglich wird. Wasserleitungsvorrichtungen für Gärten, Springbrunnen und dergleichen dürfen von der Privatleitung erst hinter dem Haupthahne abgezweigt werden, müssen je mit besonderer Absperr- event. auch Leerlaufseinrichtung versehen sein und zur Frostzeit ausser Gebrauch gesetzt werden. Die Tieflage für diese Leitungen beträgt mindestens 1 m. Bei besonderen Wasserbehältern in den Häusern für Abnehmer ohne Messung muss der Einlauf mindestens 10 mm über der Oberkante des Ueberlaufs endigen. Für Abnehmer nach Wassermessern muss derselbe 50 mm über den Ueberlauf gesetzt werden. Auch sind solche Wasserbehälter mit einem selbstschliessenden Schwimmkugelventile zu versehen. Badeeinrichtungen und hier nicht vorgesehene Fälle bedürfen besonderer Genehmigung. Die mit Abtrittsgruben verbundenen Wasserclosets und Pissoirs, deren Anschluss an die städtische Leitung übrigens der ausdrücklichen Genehmigung der Polizeibehörde bedarf, dürfen mit der Privatleitung nicht in unmittelbare Verbindung gesetzt werden und müssen so construirt sein, dass bei jeder Benutzung nur eine bestimmte, zu einer kräftigen Spülung hinreichende Wassermenge verwendet wird. Die unmittelbare Speisung von Dampfkesseln aus der Privatleitung ist nicht gestattet.	aus gutem, gleichmässigem Material und innen mit einem Schwefelbleiüberzug versehen sein. Leitungen von mehr als 30 mm Lichtweite dürfen nur aus innen und aussen lackirtem Gusseisen bestehen. Die Gewichte der Bleiröhren sollen pro lfd. m betragen: Innerer / Aeusserer Durchmesser / Gewicht 10 mm / 18 mm / 2,0 kg 13 „ / 22 „ / 3,0 „ 20 „ / 30 „ / 4,5 „ 25 „ / 37 „ / 6,65 „ 30 „ / 45 „ / 10,0 „	untersucht und unter Anwendung von 20 Atm. Wasserdruck auf ihre Dichtigkeit geprüft. — Den Probeapparat hat der Installateur bereit zu halten. Die Gebühren für Prüfen der Pläne und amtliche Abnahme der Leitungen betragen: bei kleinen Gebäuden M 2, bei 3 stöck. „ M 5.
127	**Weimar.** .	Die Herstellung und Instandhaltung der Leitungen innerhalb der Privatgrundstücke vom Ende der Zuleitung an ist ausschliesslich Sache der Haus-, bezüglich Grundstücksbesitzer; es steht denselben die Wahl des Installateurs frei. Bei einem an den Hausleitungen entstandenen Schaden hat der Besitzer die Reparatur auf seine Kosten bewirken zu lassen, und zwar auch dann, wenn nicht ihm, wohl aber der Stadt oder einem Anderen aus der Unterlassung ein Nachtheil erwachsen würde. Jede Hausleitung muss mit einer Hauptabsperrvorrichtung (Privat-Hauptabsperrhahn) versehen sein, welche unmittelbar hinter dem Wassermesser mit Entwässerung einzuschalten ist. Alle Leitungen in den Häusern und Grundstücken müssen so gelegt werden, dass es möglich ist, mittels einer oder mehrerer Entleerungsvorrichtungen alles Wasser aus der Leitung entfernen zu können; auch sind sie so anzulegen, dass sie dem Einfrieren nicht ausgesetzt sind und durch Stoss nicht beschädigt werden können. Die Röhren sind, soweit sie im Freien liegen müssen, mindestens 1,2 m tief unter die Oberfläche zu legen. In Gebäuden sind die Röhren in der Regel in solchen Räumen und an solchen Wänden zu legen,	Zu den Leitungen dürfen, wenn die Zuleitungsröhren keinen grösseren Durchm. als 30 mm haben und die betreffenden Besitzer nicht schon bei geringerem Durchmesser die Verwendung gusseiserner Röhren vorziehen, nur verzinnte oder geschwefelte Bleiröhren oder Zinnröhren mit Bleimantel, sog. Mantelröhren, verwendet werden; alle diese Röhren müssen einen Druck von mindestens 15 Atm. aushalten. Die verzinnten und geschwefelten Bleiröhren müssen pro lfd. m ein Mindestgewicht bei 13 mm Weite von 2,5 kg „ 15 „ „ „ 3,25 „ „ 20 „ „ „ 4,25 „ „ 25 „ „ „ 5,5 „ „ 30 „ „ „ 6,5 „ haben.	Sämmtliche Privatleitungen nebst Zubehör unterliegen einer behördlichen Prüfung. Durch diese Prüfung und resp. Abnahme übernimmt jedoch der Gemeindevorstand weder eine Gewähr, noch eine Verantwortung für die dauernde Güte der Arbeit und des Materials. Sämmtliche Privatleitungen müssen bei der Abnahme auf Kosten des Installateurs auf 15 Atm. Druck mittels einer von ihm vorzuhaltenden Pumpe geprüft werden.

No.	Stadt	Allgemeine Vorschriften, Ausführung, Unterhaltung, Benutzung etc.	Rohrmaterial	Prüfung
		13	14	15
		in welchen unter gewöhnlichen Verhältnissen ein Einfrieren nicht zu erwarten ist. Alle Wasserzu- und Wasserableitungsröhren sind, soweit solches irgend thunlich, auf und nicht in die Wände, über und nicht unter Flur zu verlegen; starke und scharfe Rohrbiegungen sind zu vermeiden. Wird jene Verlegung nicht beliebt, so kann auch eine in die Wand eingearbeitete und mit einer profilirten abnehmbaren Leiste oder mit einem Brette versehene Nute zu diesem Zwecke hergestellt werden. In allen Fällen, in denen die Röhren durch Holzdecken, Dielen, Klappen u. s. w. hindurch zu führen sind, ist in die Löcher für die durchzuführenden Röhren ein grösseres Umhüllungsrohr einzubauen, während das in der Decke bleibende Loch zweckmässig durch eine zweitheilige, je nach Bedürfniss auszuschneidende Metallplatte abzudecken ist. Alle Abzapf- und Durchlasshähne, einschliesslich der Absperrhähne, dürfen nur Niederschraubhähne mit Gummi- oder Lederdichtung sein. Die Spindeln müssen zwischen geöffnetem und geschlossenem Ventil mindestens 4 Umgänge machen. Die Privatabsperrhähne müssen mit Lederdichtung versehen sein. Der städtische Absperrhahn darf in keinem Falle von Privaten benutzt werden; wird dieser Hahn innerhalb der Grundstücksgrenzen in Kellern oder Schachten eingeschaltet, so erhält derselbe nach Befinden eine Plombe oder eine anderweite sichere Verschlussvorrichtung, welche nur von den Beauftragten des Gemeindevorstands geändert oder abgenommen werden darf.	Die Mantelröhren müssen pro lfd. m ein Mindestgewicht bei 13 mm Weite von 2,0 kg „ 15 „ „ „ 2,5 „ „ 20 „ „ „ 3,5 „ „ 25 „ „ „ 4,0 „ „ 30 „ „ „ 5,0 „ besitzen, und darf bei diesen Röhren die Zinnstärke nicht unter $^1/_2$ mm betragen. Für Leitungen von mehr als 30 mm Durchm. dürfen nur gusseiserne, innen und aussen asphaltirte, auf 15 Atm. Druck geprüfte Normalröhren verwendet werden. Die Verdichtung hat mit Hanf- u. Theerstricken und Blei zu erfolgen. Für Leitungen, die gleichzeitig zur Entnahme von Trinkwasser dienen, sind die Zinnröhren mit Bleimantel den geschwefelten oder verzinnten Bleiröhren vorzuziehen. Schmiedeeiserne Röhren dürfen überhaupt zu den Leitungen nicht verwendet werden.	
		Ein unmittelbares Speisen von Dampfkesseln aus der Leitung des Wasserwerks ist in keinem Falle gestattet. Brunnen in Höfen, Gärten u. s. w. müssen mit frostfreien Selbstentleerungs-Vorrichtungen versehen werden. Alle Haus und Grundstücksbesitzer haben auf ihre Kosten auch die Anlagen für die Wiederabführung des Wassers nach Vorschrift des Gemeindevorstandes herzustellen; da, wo öffentliche Strassencanäle vorhanden sind, hat die Entwässerung in diese Canäle nach Vorschrift des Gemeindevorstandes zu erfolgen.		
128	**Weissenfels**	Die Herstellung der Leitungen vom Wassermesser ab ist Sache der Eigenthümer. Bedürftigen Grundstückseigenthümern kann auf ihr Ansuchen nach Beschluss des Magistrats zu den Einrichtungskosten eine Beihülfe in Form von verzinslichen, terminsweise zurückzuzahlenden Vorschüssen gewährt werden, sofern die Einrichtung durch die Verwaltung bewirkt ist. Die Herstellung der Leitungen und Zapfstellen innerhalb der Grundstücke darf nur unter Einhaltung der Bestimmungen über Beschaffenheit und über Stärke der Rohre, sowie der Construction der Hähne geschehen.	Siehe Sp. 13.	Siehe Sp. 13.
		Die Herstellung der Anlagen innerhalb der einzelnen Grundstücke, vom Wassermesser ab sowie jede Erweiterung und Veränderung dieser Anlagen bedarf der Genehmigung des Magistrats, auch dürfen die ausgeführten, erweiterterten oder veränderten Einrichtungen nicht früher in Gebrauch genommen werden, bis dieselben geprüft, und die Erlaubniss zur Benutzung ertheilt ist. Für die Beachtung dieser Vorschrift ist der Grundstückseigenthümer und dafür, dass die Arbeit erst nach Einholung der Genehmigung resp. nach Maassgabe der etwa auferlegten Bedingungen ausgeführt wird, auch der ausführende Handwerker verantwortlich. Das directe Speisen von in Betrieb oder unter Dampf stehenden Dampfkesseln jeder Art aus der Leitung des Wasserwerks ist verboten. Die Herstellung von Einrichtungen, durch welche feste Excremente (Fäcalstoffe) mittels Wasserspülung den städtischen Canälen zugeführt werden, ist verboten. Vorrichtungen zum Spülen der Aborte und Pissoirs dürfen nur mit Genehmigung des Magistrats und unter Beobachtung der von diesem für jeden einzelnen Fall zu erlassenden Vorschriften angelegt oder verändert bezw. in Thätigkeit erhalten werden. Unberührt bleiben die diesbezüglichen baupolizeilichen Bestimmungen.		

No.	Stadt	Allgemeine Vorschriften, Ausführung, Unterhaltung, Benutzung etc.	Rohrmaterial	Prüfung
		13	14	15
129	Wien . . .	Die Leitungen im Innern des Hauses kann der Hauseigenthümer entweder durch den städtischen Contrahenten, oder durch sonstige, für Wasserleitungsanlagen berechtigte Gewerbetreibende nach besonderer Instruction ausführen lassen. Als Absperrvorrichtungen dürfen nur Niederschraubventile bewährter Construction, sowie Schwimmkugelhähne und die von der Gemeinde als zulässig erkannten Selbstabschlusshähne verwendet werden. Als Feuerhydranten dürfen nur die mit dem Normalgewinde der Wiener Feuerwehr versehenen und gegen Bezahlung beim Stadtbauamte zu beziehenden Hydranten verwendet werden. Die Rohrleitungen sind nach Möglichkeit so anzulegen, dass sie den schädlichen Einflüssen der Aussentemperatur nicht ausgesetzt sind, durch Stoss oder Setzungen nicht beschädigt werden können und vom Wassermesser aus in steigender Richtung zu liegen kommen. Die in das Erdreich einzulegenden Röhren sind, wenn sie durch Frost leiden könnten, mindestens 1,5 m und sonst mindestens 50 cm unter das Terrain zu legen. Die in das Erdreich einzulegenden Bleiröhren sind überdies noch vollständig mit Ziegeln einzuschliessen. Hierbei sind Kreuzungen von Canälen nach Thunlichkeit zu vermeiden; wenn dies nicht möglich ist, sind eigene Schutzrohre aus Gusseisen auf die Canalbreite zu verwenden. Die Steiglinien und die Abzweigungen zu den einzelnen Ausläufen dürfen nur an der inneren Seite der Hauptmauer und nur in vor Frost geschützten Räumen, d. i. in Mauerschlitzen von mindestens 15 cm Tiefe oder in Holzverschalungen angebracht werden, und es sind diese Rohre überdies noch mit schlechten Wärmeleitern einzuhüllen; übrigens sind auch isolirende Luftschichten zulässig. Die Anlage von Wasserleitungen in der Nähe von Heizobjecten und Schornsteinen ist nicht gestattet. Am tiefsten Punkte der Hausleitung ist eine Entleerungsvorrichtung anzubringen; jede Steigleitung ist mit einem eigenen Absperrhahn zu versehen; bei jedem einzelnen Auslaufe ist ein besonderer Regulirungshahn anzubringen, der auch im Auslaufhahn selbst eingefügt werden kann. Bei Ausführung von neuen Hauswasserleitungen ist entweder ausschliesslich nur ein Auslauf zu ebener Erde oder im Falle der Vorsorge für Stockwerksleitungen zu ebener Erde ein allgemein zugänglicher Auslauf herzustellen, welcher von den Stockwerksleitungen getrennt im Betriebe erhalten werden kann. Leitungen für Feuerwechsel und Aufzüge sind als selbstständige, von der Hausleitung getrennte Leitungen herzustellen, und dürfen die ersteren nur aus Gusseisen von mindestens 55 mm Weite und nur ohne Entleerungsvorrichtung ausgeführt werden. Pissoirs, Wasserclosets, hydraulische Hebemaschinen, Dampfmaschinen oder Motoren überhaupt dürfen nur mittelbar durch eine Behälteranlage, in welche das Hochquellenwasser in freiem Ausfluss zufliesst, versorgt werden. Der Zufluss muss entweder durch einen Schwimmkugel- oder einen Niederschraubhahn unterbrochen werden können. Die Behälter sind unter sorgfältigem Verschlusse zu halten, mit einem entsprechenden Ueberfallrohr zu versehen, gegen die Temperatureinflüsse entsprechend zu schützen und dürfen keinen gesundheitsschädlichen Anstrich erhalten. Bei der Anlage von neuen Pissoirs und Closetspülungen ist vorzusorgen, dass auch im Falle der Absperrung der Stockwerksleitungen die Pissoirs und Closets entsprechend bespült werden können. An der höchsten Stelle der Leitung ist ein Niederschraubhahn anzubringen, aus dem continuirlich Wasser in dünnem Strahl ausfliessen kann, damit die gute Qualität des Wassers in der Hausleitung erhalten wird.	Zu den Steigleitungen dürfen bis zu 25 mm Weite nur Bleiröhren mit Zinneinlage oder geschwefelte Bleiröhren verwendet werden, welche pro lfd. m mindestens folgendes Gewicht haben müssen: bei 13 mm Weite 2,80 kg „ 20 „ „ 4,55 „ „ 25 „ „ 7,25 „ Röhren von grösserer Weite müssen aus Gusseisen nach den Normalien der Hochquellenleitung angefertigt sein. Für Abfallleitungen können Rohre aus Schmiede- und Gusseisen, Blei oder Steinzeug verwendet werden; dieselben haben mindestens einen Durchmesser von 50 mm, bei Wasserclosets und Küchenausgüssen aber mindestens einen Durchm. von 100 mm zu erhalten.	Der Installateur hat nach Vollendung oder Aenderung einer Leitungsanlage um die Prüfung und Dotirung der Leitung anzusuchen. Die Prüfung wird nur in seiner Gegenwart bei offenem Rohrgraben u. offener Mauerritze vorgenommen, wozu er die Druckpumpe und das Personal zu stellen hat. Sämmtliches Rohrmaterial ist vor seiner Verwendung auf mindestens 10 Atm. Druck zu prüfen.

Tabelle IV. Hausleitungen.

No.	Stadt	Allgemeine Vorschriften, Ausführung, Unterhaltung, Benutzung etc.	Rohrmaterial	Prüfung
		13	14	15
130	**Wiesbaden**	Alle im Privateigenthum gelegenen Einrichtungen können nach den hierüber bestehenden Vorschriften von sachkundigen und als zuverlässig bekannten Installateuren ausgeführt werden. An Privatleitungen dürfen bei Vermeidung sofortiger Abstellung und Antragstellung auf Bestrafung keine Einrichtungen angebracht oder Handlungen vorgenommen werden, welche einen missbräuchlichen Wasserbezug ermöglichen, oder durch welche ein nachtheiliger Einfluss auf die benachbarten Leitungen ausgeübt werden kann. Der unmittelbare Anschluss von Dampfkesseln an die Leitung kann nur mit besonderer, jederzeit widerruflicher Genehmigung der Verwaltung erfolgen. Die Hausleitung ist im Allgemeinen mindestens 2 m von den Canälen und etwaigen anderen Leitungen entfernt zu projectiren.		Es steht der Verwaltung das Recht zu, die Arbeiten einer Prüfung zu unterwerfen, und erst dann Wasser in die Leitung zu verabfolgen, nachdem dieselbe nach allen Richtungen hin als gut befunden worden ist. Mit dieser Controle übernimmt sie jedoch keine Verantwortlichkeit für die Güte und Brauchbarkeit der ausgeführten Arbeit. Die durch eine solche Prüfung entstehenden Kosten hat der Abnehmer zu tragen.
131	**Winterthur**	Auf den Wunsch der Abnehmer besorgt die Verwaltung auch die Herstellung der Leitungen sammt Zubehörde in den Privatgrundstücken. Unter allen Umständen sind die Vorschriften der Verwaltung genau zu beobachten. Das zu verwendende Material unterliegt, wie die sämmtlichen zur Wasserversorgung dienenden Vorrichtungen, als Hahnen, Ventile etc., der Genehmigung der Verwaltung. Zur Verwendung dürfen bis auf Weiteres nur Hahnen mit separatem Hartgummisitz kommen, für welche die Verwaltung die Reparaturen unentgeltlich besorgt. Ausgenommen sind Hahnen für Warmwasserausfluss. Alle Leitungen sind frostsicher und so anzulegen, dass sie durch Stoss nicht beschädigt werden können. Die Röhren sind, soweit sie im Freien liegen, 1,5 m tief zu legen. Steigröhren und Abzweigungen davon sind möglichst durch frostfreie Räume zu führen und nur an den inneren Wänden der Häuser anzubringen. Wo das Einfrieren zu befürchten ist, muss auf gehörigen Schutz durch Umhüllung Bedacht genommen werden. Sämmtliche Röhren müssen frei vom Mauerwerk montirt und mit Rohrschellen befestigt sein. Durch die Fussböden sollen Futterröhren eingelegt werden. Behufs der Entleerung müssen alle Röhren ununterbrochenes Gefälle nach dem Haupthahnen hin haben. Eine unmittelbare Verbindung der Dampfkessel mit Zuleitungsröhren ist nicht gestattet. Das zur Speisung von Dampfkesseln erforderliche Wasser ist in besondere Behälter (Vorwärmer) und aus diesen in die Kessel zu leiten. Alle solchen Behälter sind durch geeigneten Verschluss und Umhüllung vor dem Einfrieren sicher zu stellen. Zu jeder Abänderung an den einmal gelegten Röhren oder getroffenen Einrichtungen ist die Genehmigung der Verwaltung erforderlich. Private Unternehmer haben alle diejenigen Schäden zu ersetzen, welche der Wasserversorgung oder dem öffentlichen Grunde durch Nichtbeachtung der Bestimmungen zugefügt werden.	Als Material für die Röhren ausserhalb des Hauses wird Gusseisen und im Innern des Hauses galvanisirtes Schmiedeeisen vorgeschrieben. Sämmtliche Röhren von Gusseisen müssen innen und aussen getheert und auf 20 Atm. Druck probirt sein. Die Muffen sind mindestens auf die halbe Muffentiefe mit Blei zu vergiessen und gut zu verstemmen.	Von der Vollendung jeder nicht durch die Verwaltung selbst erstellten Wassereinrichtung ist auf der Wasserversorgung Anzeige zu machen, und wird sodann in Gegenwart eines Angestellten die Leitung mit dem Hochdruck des Wassers probirt. Jede hierbei sich zeigende Undichtigkeit ist sofort zu verbessern. Eine Gewähr für die Dauerhaftigkeit der Leitung übernimmt die Verwaltung nicht. Die Nachwährschaft für die Güte der von der Verwaltung hergestellten und ebenfalls der Probe unterworfenen Wassereinrichtungen dauert von der Probe an noch ein Vierteljahr, in dem Sinne, dass die inzwischen ohne fremdes Verschulden eingetretenen Schäden und Undichtigkeiten reparirt werden.
132	**Witten** . .	Die Einrichtungen im Innern der Häuser oder Grundstücke können auf Wunsch auch von der Verwaltung ausgeführt werden. Es wird den Consumenten jedoch freigestellt, dieselben auch durch zugelassene Unternehmer herstellen zu lassen. Zum Zapfen des Wassers dürfen nur Niederschraubhähne oder Ventile verwendet werden.	Die Privatwasserleitungen müssen in allen ihren Theilen den Druck einer Wassersäule von 200 m Höhe aushalten können. Zu Wasserleitungen von 13 mm bis 25 mm Durch-	Die Verwaltung behält sich bei Herstellung der inneren Anlagen durch einen Uebernehmer das Recht vor, die Anlagen zu revidiren und ist der Consument gehalten, die als

No.	Stadt	Allgemeine Vorschriften, Ausführung, Unterhaltung, Benutzung etc.	Rohrmaterial	Prüfung
		13	14	15
		Zapfhähne im Freien dürfen nur mit besonderer Erlaubniss hergestellt werden; in solchem Falle müssen sie möglichst gegen Frost geschützt und so eingerichtet sein, dass Unbefugte dieselben nicht benutzen können. Die Privatwasserleitungen sind innerhalb der Grundstücke und Gebäude vor Beschädigung, namentlich durch Frost, zu schützen. Auch müssen sie Zwecks Entleerung mit stetigem Gefälle nach der Entwässerungsvorrichtung am Privathaupthahn verlegt werden. — Die Rohre im Freien müssen mindestens 1 m Deckung erhalten. Schäden an der Hausleitung und den Zapfhähnen etc. sind unverzüglich entweder durch die Verwaltung oder durch hierzu berechtigte Unternehmer beseitigen zu lassen.	messer dürfen nur reine Bleirohre, zu Rohrleitungen von über 25 mm Durchm. nur gusseiserne Rohre von genügender Stärke verwendet werden. Die Bleirohre müssen vom besten Blei hergestellt und dürfen nicht von ungleicher Wandstärke sein. Dieselben müssen folgendes Mindestgewicht pro lfd. m haben: bei 13 mm Durchm. 2,8 kg „ 20 „ „ 5,0 „ „ 25 „ „ 6,5 „	erforderlich erachteten Abänderungen sofort herstellen zu lassen.
133	Worms . .	Die Ausführung der Wasserleitungs-Einrichtungen vom Privat-Absperrventil ab innerhalb der Häuser und Grundstücke hat Seitens des betreffenden Haus und Grundbesitzers nach behördlichen Vorschriften zu erfolgen. Jeder Geschäftsmann (Fachmann), welcher Hauseinrichtungen ausführen will, hat sich auf die Befolgung der Vorschriften zu verpflichten, auch den Nachweis zu erbringen, dass er sich im Besitze der erforderlichen Einrichtungen, insbesondere einer Druckpumpe mit Manometer, befindet. Die Röhren in den Gebäuden sind, wenn irgend möglich, frei auf den Verputz zu legen, zum Schutz vor Frost möglichst in geheizten Räumen, Küchen etc., sowie auch gegen sonstige Beschädigungen geschützt anzubringen. Die Steigleitungen müssen vom Wassermesser bezw. vom Absperrventilhahn an eine der Zuleitung entsprechende Weite haben, und der höchste Punkt der Steigleitung muss mit einem Windkessel endigen. Sind mehrere Steigleitungen nothwendig, so muss für jede derselben ein Windkessel vorhanden sein. Der Windkessel darf nie unter einer Zapfstelle sitzen. Die Privatleitungen müssen, soweit sie in der Erde liegen, 1,2 bis 1,5 m Deckung haben. Die Leitungen müssen Gefälle nach dem Wassermesser bezw. dem Entleerungshahn haben. Es sind für Zapfungen nur Niederschraubhähne anzuwenden; die Zweigleitungen für Küche, Abort etc. müssen möglichst mittels Durchgangshahnen abzweigen. Die Auslaufhähne sind stets über Ausgussbecken oder Wassersteinen anzubringen, die mit Abflussleitungen, mit Geruchverschlüssen und mit Reinigungsschrauben versehen sein müssen. Abzweigleitungen nach Waschküchen, Hofräumen oder Springbrunnen etc. sind mit besonderen Absperr- und Entleerungsvorrichtungen zu versehen.	Zu den neu herzustellenden Hausleitungen dürfen bis zu einem Durchm. von 50 mm einschl. nur galvanisirte Röhren, Verbindungsstücke aus Schmiedeeisen, bei grösserem Durchmesser nur Gussröhren verwendet werden. Alle zu Privatleitungen zu verwendenden Röhren müssen einen Druck von 15 Atm. aushalten. Röhren unter 13 mm dürfen nicht verwendet, auch darf an ein 13 mm Rohr nur eine Zapfstelle angeschlossen werden.	Jede Hauseinrichtung muss Seitens des betreffenden Installateurs, bevor dieselbe an die Zuleitung angeschlossen oder in Betrieb genommen wird, einer Besichtigung und Probepressung auf 10 Atm. unterworfen werden. Die Beaufsichtigung u. Abnahme geschieht von Seiten der Betriebsleitung unentgeltlich; muss aber eine zweite Pressung erfolgen, so ist für jede weitere Beaufsichtigung M 3 zu entrichten. Durch die Besichtigung und Prüfung der Anlage übernimmt die Stadt keine Haftung für die Güte und dauernde Haltbarkeit.

Haben in der Leitung eingebaute Hähne keine festen Schlüssel, so sind solche stets in der Nähe aufzuhängen.

Behälter für Haushaltungszwecke in den Gebäuden werden nicht gestattet, sondern das Gebrauchswasser muss unmittelbar aus der Leitung entnommen werden. Dampfkessel dagegen dürfen mit dem Röhrensystem nicht in unmittelbare Verbindung gebracht, sondern müssen durch Behälter gespeist werden. Für industrielle Anlagen kann die Aufstellung von Behältern gestattet werden.

Für Abortspülungen sind die bestehenden kleinen Behälter gestattet. Bei Ersatz derselben müssen aber Spülkasten mit Kippvorrichtung in Anwendung kommen.

Die Abflussleitungen dürfen nicht unter 40 mm Weite haben, und es können zu denselben sowohl Gusseisen-, Schmiedeeisen-, Blei-, als auch Steingutröhren verwendet werden. Ebenso müssen Ueberlaufröhren in genügender Weite und frostfrei angeordnet werden.

No.	Stadt	Allgemeine Vorschriften, Ausführung, Unterhaltung, Benutzung etc.	Rohrmaterial	Prüfung
		13	14	15
134	Würzburg	Die Einrichtungen in den Gebäuden dürfen nur durch das Wasserwerk oder doch nur mit Zustimmung der Verwaltung und unter ihrer Aufsicht von anderen Wassertechnikern ausgeführt werden. Die Preise für die von dem Wasserwerk ausgeführten Arbeiten und gelieferten Materialien werden nach Tarif berechnet. Die vom Wasserwerk hergestellte Einrichtung der Wasserleitung verbleibt so lange Eigenthum der Stadt, bis die vollständige Bezahlung der hierauf schuldigen Kosten erfolgt ist. Bei Nichtbezahlung der Schuld hierfür innerhalb eines vorgesteckten Termines ist die Verwaltung berechtigt, die ganze Wasserleitung sofort und ohne richterliche Dazwischenkunft wieder herausnehmen zu lassen. Die Wasserwerkskasse ist auch berechtigt, ganz oder theilweise Vorauszahlung der Einrichtungs- und Reparaturkosten zu fordern.		
135	Zeitz . . .	Die Beschaffung und Instandhaltung der ganzen Hausleitungs-Einrichtung ist Sache des Hauseigenthümers. Hinter dem Wassermesser ist, wenn die Leitung nicht schon im Keller endigt, ein 10 mm weiter Niederschraubhahn als Auslaufhahn behufs Entleerung der Privatleitung anzubringen. Alle Leitungstheile müssen durch abgeschlossene, frostfreie Räume geführt und, wo dies nicht möglich ist, nach Umgeben mit einem schlechten Wärmeleiter und Holzcanal an den inneren Wänden des Hauses angebracht werden. Im Freien sind die Röhren 1,5 m tief unter die Oberfläche zu legen. Leitungen nach Hofzapfstellen müssen besondere Abstell- und Entleerungsvorrichtungen haben. Rohre und Hähne sind so anzulegen, dass es möglich wird, mittels der vorhandenen Entleerungs-Vorrichtungen alles Wasser aus der Leitung zu entfernen. Zum Abzapfen des Wassers dürfen nur Niederschraubhähne angebracht werden. Andere Hähne dürfen nur da angewendet werden, wo sie als Absperrvorrichtungen für einzelne Zweigleitungen dienen sollen, und wo das Schliessen bewirkt wird, während sich das Wasser im Rohre in Ruhe befindet. Ein unmittelbares Speisen von Dampfkesseln aus der städtischen Wasserleitung ist nicht gestattet. Wird Wasser in Behälter geleitet, so ist die Einmündung oberhalb des höchsten Wasserspiegels anzubringen.	Die zu verwendenden Bleiröhren, welche nur bis zu einer lichten Weite von 40 mm zulässig sind, müssen aus bestem, gleichmässigem Material bestehen und innen mit einem Ueberzuge von Schwefelblei versehen sein. Die Gewichte müssen pro lfd. m mindestens betragen: bei 10 mm Weite 2,65 kg „ 13 „ „ 3,50 „ „ 19 „ „ 4,50 „ „ 25 „ „ 6,60 „ „ 30 „ „ 7,70 „ „ 40 „ „ 11,70 „ Für Leitungen von mehr als 40 mm Durchmesser sind nur asphaltirte gusseiserne Röhren zulässig. Schmiedeeiserne und bleierne Röhren ohne Schwefelüberzug, sowie verzinnte Bleiröhren sind für directe und für Trinkwasserleitungen unzulässig. Sämmtliche Röhren und Leitungstheile müssen einen dauernden inneren Druck von 15 Atm. aushalten können.	In allen Fällen hat der Magistrat das Recht, aber nicht die Pflicht, die angelegten Hausleitungen zu besichtigen und kann nöthigenfalls die Abgabe von Wasser so lange versagen, bis die Mängel beseitigt sind.
136	Zürich . .	Die Einrichtung vom Wassermesser oder Kaliberhahn an in's Innere der Liegenschaft kann durch den Abnehmer einem Seitens der Verwaltung concessionirten Handwerker zur Ausführung übertragen werden. Immerhin behält sich die Stadt das Aufsichtsrecht über diese Anlagen vor. Auch dürfen namentlich nur solche Typen von Apparaten, Röhren, Hahnen, Closets benutzt werden, welche von der Behörde genehmigt worden sind. Zum eigenen Gebrauche der Abonnenten ist ein besonderer Absperrhahn hinter dem Wassermesser anzubringen.		Nach Vollendung und vor Inbetriebsetzung jeder Anlage ist dieselbe hinsichtlich ihrer Anordnung, der verwendeten Apparate und auf ihre Dichtigkeit bei einem Druck von 15 Atm. zu probiren. Durch diese Prüfung übernimmt jedoch die Stadt weder eine Garantie für die hergestellte Arbeit, noch eine Entschädigungspflicht

No.	Stadt	Allgemeine Vorschriften, Ausführung, Unterhaltung, Benutzung etc.	Rohrmaterial	Prüfung
		13	14	15
		Die Gewinde sämmtlicher Feuerhahnen und Hausschläuche haben den beiden städtischen Normalgewinden zu entsprechen; bei den Hydranten in Höfen und Gärten soll das schweizerische Normalgewinde von 48 mm Lichtweite mit Reduction auf das Gewinde der Hausschläuche angebracht sein, so dass an solche sowohl die grossen wie die kleinen Schläuche angeschraubt werden können. Alle mit Schlüsseln versehenen Hähne sollen zu den städtischen Normalschlüsseln passen. Als Durchlauf-, Abstell- und Auslaufhähne dürfen nur Stücke aus Rothguss mit Niederschraubventilen benutzt werden. Bei Kalibern von 50 mm an sind		für etwa wegen Mangelhaftigkeit derselben eintretenden Schaden.

Schieberhähne zulässig, die aus Rothmetall oder Gusseisen mit Metallschieber bestehen. Conus- oder Reiberhähne sind bloss als Regulirhähne für Abtrittspülungen oder als Kaliberhähne für laufende Brunnen zulässig.

Hinter dem Wassermesser erfolgt die Vertheilung der Leitungen; es sind gesonderte Stränge nach Küchen, Aborten, Badezimmern und Gärten in übersichtlicher Anordnung anzulegen. Kreuzungen von Leitungen sind nicht zulässig. Jeder Rohrstrang erhält einen besonderen Abstell- und Entleerungshahn; die ganze Leitung soll gegen den Letzteren hin zwecks vollständiger Entleerung im Gefälle liegen. Die Leitungen sind so zu legen, dass sie dem Frost nicht ausgesetzt sind, also womöglich längs Zwischenmauern und bewohnten Räumen. Das Einmauern von Wasserleitungen ist nicht gestattet; ebensowenig darf über denselben verputzt, tapeziert oder getäfelt werden. Die Röhren sind an den Wänden solid mittels Rohrschellen oder Rohrhaken zu befestigen. Das Abbiegen galvanisirter Röhren ist unstatthaft; die Montage ist mit den üblichen Formstücken nach allen Regeln der Kunst so einfach als irgend möglich auszuführen.

Das Kaliber der Steigleitungen für Küchen, Aborte und Badezimmer wird, wie folgt, vorgeschrieben:

		1-	2-	3-	4-
			stöckiges Wohnhaus		
Anschluss	mm	40	40	40	40
vor dem Wassermesser	„	25	25	25	32
Steigleitung Erdgeschoss	„	25	25	25	32
I. Stock	„	19	19	25	32
II. „	„		13	19	25
III. „	„			13	19
IV. „	„				13

Die Seitenleitungen zu den Auslaufhähnen von 13 und 10 mm Durchm. dürfen die dem Hahn entsprechende Weite haben.

No.	Stadt	Allgemeine Vorschriften, Ausführung, Unterhaltung, Benutzung etc.	Rohrmaterial	Prüfung
137	Zwickau .	Die Neuherstellung oder Veränderung einer Hausleitung darf nur Seitens der Behörde concessionirten Gewerbetreibenden übertragen werden. Alle Hausleitungen und Auslassvorrichtungen müssen in der Regel so angebracht werden, dass sie den Einwirkungen des Frostes entzogen sind; an Brandmauern, die zweien Nachbarn gemeinschaftlich gehören, dürfen Hausleitungen nicht angebracht werden. Jede Hausleitung muss mit einer leicht zugänglichen Entleerungsvorrichtung versehen werden, die das Entleeren aller Theile möglich macht. Abzapfhähne müssen stets als Niederschraubhähne hergestellt sein. Conushähne sind nur da zulässig, wo dieselben als Absperrvorrichtungen für einzelne Zweigleitungen einer Hausleitung dienen. Abzapfhähne, welche beim Schliessen mehr als 2 Atm. Stoss verursachen, sind unzulässig. Sämmtliche Verschlussvorrichtungen einer Hausleitung müssen sich mit Drehung von links nach rechts schliessen, von rechts nach links öffnen. Alle Abzweigungen innerhalb einer Hausleitung müssen mindestens 1 m von jedem durch die Verwaltung aufgestellten Haupthahne oder Hauptventile entfernt angebracht sein. Unter der Ausflussöffnung jedes Abzapfhahnes in den Gebäuden muss sich eine Abflussvorrichtung	Für Hausleitungen dürfen ohne besondere Genehmigung des Rathes andere als mit Bleimantel versehene Zinnröhren (Mantelröhren) nicht zur Verwendung kommen. Bleiröhren sollen nur da gestattet werden, wo das zu beziehende Wasser ausschliesslich zum Gebrauche für gewerbliche Zwecke dienen soll. Schmiedeeiserne Röhren können nur ausnahmsweise und nur bei Anlagen auf Zeit vom Rathe gestattet werden. Stellt sich heraus, dass verwendete Mantelröhren nicht reines, sondern mit Blei legirtes Zinn enthalten, oder dass Röhren anderer Art auf die Beschaffenheit des Wassers einen schädlichen Einfluss ausüben, so kann der Rath die Weiterverwendung der	Eine neu hergestellte oder veränderte Hausleitung darf nicht eher in Gebrauch genommen werden, als bis dieselbe geprüft, und die Genehmigung zur Ingebrauchnahme ertheilt ist.

No.	Stadt	Allgemeine Vorschriften, Ausführung, Unterhaltung, Benutzung etc.	Rohrmaterial	Prüfung
		13	14	15
		befinden, welche im Stande ist, so viel Wasser abzuführen, als durch den vollständig geöffneten Hahn zufliessen kann. Die Ausgussbecken müssen mit nicht abnehmbarem Siebe versehen werden. Wasserclosets dürfen nur mit besonderer baupolizeilicher Genehmigung angelegt und keines Falls mit Ventilen versehen werden, welche unmittelbar mit der Hausleitung in Verbindung stehen. Zur Speisung ist ein besonderer Wasserbehälter an geeigneter Stelle anzulegen. Gemauerte Schrote zur Aufnahme der Haupthähne oder Hauptventile und zur Aufstellung eines Wassermessers müssen in der Regel für Hausleitungen bis einschliesslich 30 mm Durchm. mind. 1,25 m lang, 0,75 m breit und 1,6 m tief, für stärkere Leitungen mindestens 2 m lang, 0,75 m breit, 1,7 m im Lichten tief angelegt, gegen Frost geschützt, wasserdicht hergestellt und mit Steigeisen zum bequemen Einsteigen versehen sein, auch eine Einsteigeöffnung von mindestens 0,6 m im Geviert haben. Ausnahmsweise dürfen bestehende Haushaltungsanlagen, die den vorersichtlichen Anforderungen nicht entsprechen, an eine städtische Wasserleitung angeschlossen werden, wenn das Wasser zunächst einem besonderen Wasserbehälter zugeführt wird. Dampfkessel dürfen ihre Speisung niemals unmittelbar aus einer städtischen Hauptleitung erhalten. Die Verbindung einer Hausleitung mit der zu einer städtischen Hauptleitung gehörigen, jedoch im Grundstücke gelegenen Abschlussvorrichtung und die Einleitung des Wassers in die Hausleitung wird, sobald alle Vorbedingungen dazu, einschliesslich der Bezahlung der Gebühren und Verläge, erfüllt worden sind, durch Beauftragte des Stadtrathes bewirkt.	Röhren jederzeit untersagen. Die Röhren, sowie die übrigen Theile einer jeden Hausleitung müssen einem Drucke von mindestens 10 Atm. widerstehen. Mantelröhren sowie Bleiröhren müssen mindestens folgende Gewichte für das lfd. m haben: bei 10 mm Weite 2,0 kg „ 13 „ „ 2,8 „ „ 15 „ „ 3,5 „ „ 20 „ „ 4,7 „ „ 25 „ „ 6,25 „ „ 30 „ „ 7,70 „ Bei Mantelröhren darf die Zinnstärke nicht unter ½ mm betragen, auch muss das Zinn mit dem Blei derartig verbunden sein, dass beide Metalle selbst bei mehrmaligem Verbiegen der Röhre sich nicht von einander abtrennen. Gusseiserne Röhren müssen asphaltirt sein, mindestens 40 mm lichte Weite und mindestens folgende Gewichte für das lfd. m haben: bei 40 mm Weite 10,0 kg „ 50 „ „ 12,0 „ „ 60 „ „ 15,0 „ „ 80 „ „ 20,0 „ „ 100 „ „ 24,5 „	

No.	Stadt	Lieferung, Besitz, Aufstellung, Beaufsichtigung, Prüfung u. s. w.
		16
1	**Aachen**	Die Wassermesser werden leihweise gegen vierteljährliche Miethe abgegeben und mit den erforderlichen Schutzvorrichtungen Seitens der Direction für Rechnung des Abnehmers aufgestellt. Den Ort der Aufstellung bestimmt mit thunlicher Rücksichtnahme auf die Wünsche des Abnehmers die Direction. Jeder Wassermesser ist auf Wunsch des Abnehmers vor dem Gebrauche zu prüfen und gilt als hinreichend genau, wenn die Differenz zwischen den Angaben des Messers und dem wirklichen Durchfluss nicht mehr als 5% beträgt. Erheben sich Zweifel über die Richtigkeit der Angaben des Messers, so wird derselbe abgenommen und auf der Probirstation im Beisein des Besitzers geprüft; die Prüfung ist für die Direction und Letzteren maassgebend. Ergibt sich bei der Prüfung eine Ungenauigkeit von mehr als 5%, so wird das zu viel angezeigte Wasser rückvergütet, das zu wenig angegebene nachträglich berechnet. In diesem Falle trägt das Wasserwerk, im andern Fall, wenn der Abnehmer die Prüfung beantragt, der Letztere die Kosten. Für Abnahme, Prüfung und Wiederaufnahme sind zu bezahlen: Bei 20 mm Messern M 6, über 20 mm Messern M 12. Wenn ein Wassermesser stillstehend befunden ist, obgleich nachweislich Wasser durchgegangen, so soll ein Drittel des Verbrauchs des vorhergehenden Quartals für den laufenden Monat in Rechnung gestellt werden. Wenn von Abonnenten ausser dem Hauptwassermesser noch Nebenmesser für Miether beantragt werden, so ist für jeden Nebenmesser eine Extragebühr zu zahlen, wofür die Ermittelung des Consums und die Erhebung des Betrages für jeden Messer separirt bewirkt wird; der Hausbesitzer bleibt aber unter allen Umständen für den Verbrauch der Miether haftbar, auch ist das Wasserwerk berechtigt, die Zuleitung abzuschliessen, wenn von einem der Miether Zahlung nicht zu erhalten ist.
2	**Altenburg**	Die Wassermesser werden durch das städtische Wasserwerk für die Consumenten beschafft, die den vollen Anschaffungspreis zu zahlen haben, wodurch die Wassermesser in den Besitz der Consumenten übergehen. Die Controle der Wassermesser besorgt das städtische Wasserwerk kostenlos, ebenso etwa nothwendige geringe Reparaturen, Reinigung u. s. w.
3	**Altenessen**	Die Wassermesser werden ausschliesslich von der Gemeinde leihweise gegen jährliche Miethe geliefert, aufgestellt, ausgewechselt und bleiben auch deren Eigenthum. Die Gemeinde bestimmt die Weite des Wassermessers. Sie trägt alle Kosten für Ausbesserungen der Wassermesser, wenn diese in Folge eines ordnungsmässigen Gebrauchs bezw. naturgemässen Verschleisses und nicht durch Verschulden oder Vernachlässigung (z. B. Frostbeschädigung) des Abnehmers oder eines Dritten erforderlich geworden sind. Die von dem Abnehmer zu zahlende Miethe ist nach Ablauf eines jeden Vierteljahres zu entrichten. Wer die Neuanschaffungskosten eines Messers in einer Summe zu entrichten sich verpflichtet, bleibt von der Zahlung einer Miethe auf 10jährige Dauer befreit. Die zum Schutze des Wassermessers gegen Frost und äussere Beschädigung erforderlichen Vorkehrungen hat der Abnehmer selbst zu treffen, auch den von der Gemeinde etwa gegebenen Anordnungen Folge zu leisten. Der Platz, wo der Wassermesser steht, muss stets sauber gehalten werden und jederzeit zugängig sein. Die Wassermesserkammern müssen wasserdicht hergestellt und erhalten bleiben und dauernd mit einem verschliessbaren, sicheren Deckel, sowie einer Einsteigeleiter versehen sein. Es ist durchaus nicht gestattet, durch irgend welche Personen, die nicht im Dienste der Gemeinde stehen, Handlungen oder Arbeiten an den Wassermessern oder den Rohrleitungen vor denselben vornehmen zu lassen. Wird die Richtigkeit eines Wassermessers von dem Consumenten oder der Gemeinde angezweifelt, so soll der Messer ausgebaut und auf seine Richtigkeit geprüft werden. Die entstehenden Kosten hat der unterliegende Theil zu tragen. Eine Differenz bis zu 4% mehr oder weniger gilt für beide Theile als zulässige Abweichung. Sollte ein Wassermesser gar keinen oder einen zu geringen Wasserverbrauch angezeigt haben, so wird der Verbrauch nach Wahl der Gemeinde entweder nach dem gleichen Vierteljahre oder Monate des Vorjahres oder nach dem Durchschnitt des vorhergegangenen und nachfolgenden Vierteljahres oder Monats festgestellt.
4	**Altona**	Die Kosten der Anschaffung, Anbringung und Instandhaltung der Wassermesser haben die Abnehmer zu tragen. Die Verwaltung überlässt den Abnehmern, welche nach Hochdruckmessern versorgt werden, diese Apparate auch leihweise gegen halbjährliche Miethe, derart, dass sie gegen eine im Voraus zu zahlende Miethe für ihre Rechnung die Wassermesser anschafft, liefert und in gutem, gangbaren Zustande erhält. Die Aufstellung gemietheter Wassermesser erfolgt auf Kosten des Miethers in der Regel durch die Verwaltung, kann jedoch auch mit deren Genehmigung durch einen Mechaniker geschehen.

No.	Stadt	Lieferung, Besitz, Aufstellung, Beaufsichtigung, Prüfung u. s. w.
		16
		Die Aufstellung geschieht nach Anweisung der Verwaltung an einer passenden und gegen Frost geschützten Stelle innerhalb des zu versorgenden Grundstücks. Bei allen Wasserlieferungen für rein häusliche Zwecke, wie überhaupt bei einem täglichen Verbrauch von weniger als ca. 1200 l werden nur Niederdruck-Wassermesser nach dem System von Wm. Parkinson & Co. in London, die den Leitungsdruck nicht übertragen und die daher oberhalb der zu versorgenden Zapfhähne u. s. w. angebracht werden müssen, zugelassen. Siemens'sche Hochdruck-Wassermesser oder etwa zu gestattende Hochdruckmesser anderer Construction sind nur für grösseren, besonders gewerblichen Consum in solchen Fällen zulässig, wenn die Anbringung eines Behälters durchaus nicht thunlich, oder wenn es für den Abnehmer nothwendig ist, das Wasser mit dem unmittelbaren Drucke zu verwenden. Alle Wassermesser müssen für den Wasserconsum, sowie für das Zuleitungsrohr passen und, sofern sie nicht durch Vermittelung der Verwaltung bezogen sind, jedenfalls von derselben approbirt sein. Der Miether ist für den ihm vermietheten Wassermesser verantwortlich und haftet dafür, dass keinerlei Veränderung an demselben oder an der Zuleitung ohne Genehmigung der Verwaltung vorgenommen, sowie dass er gegen Beschädigung durch Feuer, äussere Gewalt, wie auch gegen Zerfrieren im Winter vollständig geschützt wird. Die Kosten der Reparatur etwa beschädigter Wassermesser sind der Verwaltung zu ersetzen. Die Verwaltung hat das Recht, jeden von ihr gemietheten Wassermesser jederzeit auf städtische Kosten durch einen andern zu ersetzen, wie auch bei Einstellung der Wasserversorgung zu entfernen. Wird es nöthig befunden, einen Wassermesser abzunehmen, und lässt sich nicht sofort ein anderer richtiger an die Stelle setzen, so muss entweder die Wasserversorgung unterbrochen werden, oder der Abnehmer muss sich mit der Verwaltung über eine billige Abschätzung verständigen, wobei der bisherige Verbrauch oder besondere Einschätzung zu Grunde gelegt werden. Ein Abnehmen des Wassermessers oder irgend welche Veränderung an demselben darf jedoch nur unter Controle der Verwaltung geschehen, es sei denn, dass auf Grund vorhergegangener Anzeige der Zufluss Seitens der Verwaltung abgesperrt worden wäre. So lange ein Wassermesser mit dem Zuleitungsrohre verbunden ist, und der bisherige Abnehmer nicht eine Absperrung der Zuleitung durch die Verwaltung veranlasst, hat derselbe die Bezahlung des Wasserverbrauches nach Ausweis des Wassermessers oder, wenn dieser beschädigt sein sollte, nach billiger Abschätzung zu leisten. Als billige Abschätzung soll in der Regel der Verbrauch des betreffenden Monates im Vorjahre gelten, jedoch soll, falls durch besondere Umstände ein Mehr- oder Minderverbrauch angenommen werden muss, ein solcher bei der Schätzung berücksichtigt werden; der Beweis des Minderverbrauches ist von den Consumenten, des Mehrverbrauches von der Verwaltung zu führen.
5	**Annaberg**	Die Wassermesser werden den Consumenten zum Einkaufspreise überlassen und auf deren Kosten unterhalten.
6	**Apolda**	Die Wassermesser können den Grundstücks-Eigenthümern von der Verwaltung gegen Jahresmiethe leihweise überlassen oder von diesen käuflich als Eigenthum erworben werden. Ueber die Zulassung der Wassermesser bestimmt jedoch unter allen Umständen der Gemeindevorstand, dem auch die Ueberwachung derselben obliegt. Die Wassermessermiethe wird im Voraus erhoben.
7	**Aschersleben** . . .	Die Wassermesser werden vom Magistrat auf Kosten der Eigenthümer geliefert. Reparaturen am Wassermesser werden, sobald sich ihre Nothwendigkeit herausstellt, durch die Verwaltung auf Kosten des Entnehmers bewirkt. Mindestens einmal im Jahre werden die Wassermesser einer vollständigen Reinigung durch einen vom Magistrat Beauftragten auf Kosten des Eigenthümers der Leitung unterzogen. Möglichst dicht hinter dem Abschlusshahn mit Entleerungsvorrichtung im Innern des Grundstücks ist in einem frostfreien, leicht zugänglichen Raum ein Wassermesser aufzustellen. Die Wassermesser sind stets verschlossen zu halten. Der Schlüssel zum Zeigergehäuse muss zur Benutzung für die Beauftragten des Magistrats stets bereit gehalten werden. Der Magistrat kann jederzeit, sobald sich Zweifel an der Richtigkeit des Wassermessers ergeben, denselben einer Nachprüfung unterziehen, deren Kosten der Leitungseigenthümer zu tragen hat, sobald sich herausstellt, dass die Ungenauigkeit des Wassermessers die hiermit auf ein Mehr von 5% festgestellte Maximal-Differenz übersteigt. Der Eigenthümer der Leitung ist jederzeit berechtigt, die Nachprüfung des Wassermessers auf seine Kosten zu beantragen.
8	**Augsburg**	Wassermesser sind nur durch die Verwaltung zu beziehen; sie besorgt ausschliesslich die Reparaturen und verleiht die Messer gegen Jahresmiethe oder verlangt sofortige Bezahlung. Bei Hydromotoren genügt für den Wassermesser ein entsprechendes Zählerwerk.

No.	Stadt	Lieferung, Besitz, Aufstellung, Beaufsichtigung, Prüfung u. s. w.
		16
9	**Bamberg**	Die Wassermesser sind und bleiben Eigenthum der Stadt, welche dieselben liefert, aufstellt und unterhält. Die Kosten für deren Aufstellung und Wiederabnahme hat der Abnehmer zu tragen, ebenso hat derselbe für Benützung und Unterhaltung derselben an das Wasserwerk ein jährliches Miethgeld zu entrichten. An dem Wassermesser dürfen Seitens des Consumenten keinerlei Manipulationen vorgenommen werden. Bei Stillstand des Wassermessers wird für den Zeitraum zwischen der letzten Controle und der Wahrnehmung des Stillstandes diejenige Wassermenge als bezogen erachtet, welche während des gleichen Zeitraumes des vorhergehenden Quartals bezw. Monates bezogen wurde.
10	**Barmen**	Den Wassermesser verleiht das Wasserwerk gegen Zahlung einer jährlichen Miethe und unterhält bezw. erneuert ihn. Als Miethe sind die Selbstkosten zu zahlen, welche jedoch 25 % der Anschaffungskosten nicht übersteigen sollen. — Die Grösse der Wassermesser, der Ort, sowie die Art der Aufstellung werden von der Verwaltung bestimmt. An den Wassermessern darf ausser den Beauftragten des Wasserwerks Niemand etwas losmachen oder verändern. In dem Falle, dass ein Wassermesser vom Controlbeamten stillstehend befunden wird, obgleich Wasser durch denselben fliesst, soll der Durchschnittsconsum der drei letzten Monate für den laufenden Monat in Rechnung gestellt werden. War die Leitung noch nicht 3 Monate im Gebrauch, so wird der Durchschnitt der drei nächsten Monate in Rechnung gestellt.
11	**Basel**	Die Verwaltung liefert den Grundstücks- und Bau-Abonnenten die Wassermesser gewöhnlichen (kleinen) Calibers und besorgt deren Unterhalt unentgeltlich. Für Beschädigungen der Wassermesser durch äussere Veranlassung, Frost etc., haben jedoch die Abonnenten aufzukommen. Die Gewerbe-Abonnenten haben dagegen die von der Verwaltung gelieferten Wassermesser zu bezahlen bezw. zu verzinsen und ebenso alle Reparatur- und Unterhaltungskosten an die Verwaltung zu vergüten. Die Wassermesser sollen möglichst nahe an der Allmend (Gemeindegrenze) innerhalb der Grundstücksgrenze an einer im Einverständniss mit der Verwaltung zu bezeichnenden Stelle angebracht werden. Für die Aufnahme des Wassermessers hat der Abonnent auf seine Kosten einen Raum anzuweisen resp. herzustellen, wo der Messer nicht dem Frost oder andern schädlichen Einflüssen ausgesetzt ist, und wo der Zutritt zu dem Messer, das Ablesen und die Aufstellung und Wegnahme des Messers ohne Behinderung erfolgen kann. Der Abonnent darf an dem Wassermesser und dessen Zubehörde keinerlei Veränderungen vornehmen oder durch Dritte vornehmen lassen. Ebenso dürfen vor dem Messer und bis zu einer Entfernung von 1 m hinter dem Messer keinerlei Veränderung oder Zusatz zu der Leitung gemacht, namentlich weder Hahn noch Abzweig angebracht werden. Wo diesen Bestimmungen von Seiten der Abonnenten nicht nachgekommen wird, ist die Verwaltung berechtigt, die Abgabe des Wassers zu verweigern resp. einzustellen. Die Aufnahmen der Wassermesserstände finden bei den Grundstücks-Abonnenten in der Regel alle Vierteljahre, für die Gewerbe- und Bau-Abonnenten monatlich statt. Die Abonnenten sind berechtigt, den Aufnahmen beizuwohnen. Der Verwaltung bleibt vorbehalten, die Wassermesser auch in der Zwischenzeit zu controliren und solche auszuwechseln, über deren richtigen Gang Zweifel obwalten. Den Abonnenten ist von der Auswechslung Kenntniss zu geben. In Fällen, wo anlässlich der Rechnungstellung über Mehrverbrauch die Angaben des Wassermessers vom Abonnenten angezweifelt werden, hat die Verwaltung eine Untersuchung des Messers anzuordnen. Die Kosten desselben trägt derjenige Theil, zu dessen Ungunsten die Untersuchung ausfällt. Erweist sich bei dieser Untersuchung, welcher beizuwohnen der Abonnent berechtigt ist, die Angabe des Wassermessers als unrichtig, so ist dem betreffenden Abonnenten der für Mehrverbrauch abgenommene Betrag zurückzuerstatten. Die Rückerstattung kann jedoch nur für das letzte Quartal resp. den letzten Monat beansprucht werden.
12	**Bautzen**	Die Wassermesser werden käuflich oder miethweise überlassen. Die Lieferung und Aufstellung erfolgt durch das städtische Wasserwerk. Der Kaufpreis berechnet sich unter Uebernahme 10jähriger Garantie und mit der vom Wasserwerke übernommenen Verpflichtung zur Ausführung aller in den ersten 10 Jahren vorkommenden Reparaturen, soweit dieselben nicht durch höhere Gewalt oder durch eigene Verschuldung oder durch Verschuldung dritter Personen veranlasst worden sind: bei 10 mm Weite zu M 42 „ 13 „ „ „ „ 44 „ 15 „ „ „ „ 46 „ 20 „ „ „ „ 50 Sollte ein Consument es vorziehen, einen der vorgedachten Wassermesser zu miethen, so ist bis auf Weiteres eine jährliche Miethe in vierteljährlichen Theilzahlungen praen.

No.	Stadt	Lieferung, Besitz, Aufstellung, Beaufsichtigung, Prüfung u. s. w.
		16
		zu entrichten. Gegen diese Miethe übernimmt das Wasserwerk die Unterhaltung der Wassermesser, wobei nur diejenigen Reparaturen ausgeschlossen und vom Consumenten zu bezahlen sind, welche in Folge eigener Verschuldung, sowie der Verschuldung dritter Personen nöthig werden. Hierbei sei ausdrücklich bemerkt, dass das Verpacken der Wassermesser gegen Frost dem Consumenten obliegt. Die durch das Aufstellen und bei Auflösung des Vertrages durch eintretende Herausnahme der ermietheten Wassermesser entstehenden Kosten hat der Miether zu tragen. Letzterem steht es jederzeit frei, den Wassermesser käuflich zu erwerben. In diesem Falle wird ihm der betreffende Wassermesser gegen Erlegung des Anschaffungspreises überlassen, und hierbei die Hälfte der bereits entrichteten Miethe als Abschlagzahlung mit angerechnet. Erheben sich Zweifel über die Richtigkeit der Angaben eines Wassermessers, so wird derselbe von der Verwaltung geprüft. Mindestens 24 Stunden vor Vornahme der Prüfung ist der betreffende Consument zu benachrichtigen und einzuladen, an der Prüfung sich zu betheiligen. Dem Ergebnisse dieser Prüfung hat sowohl das Wasserwerk als der Consument, letzterer auch, wenn er der Prüfung nicht beigewohnt hat, sich zu unterwerfen. Weicht der Wassermesser von der Richtigkeit ab, so wird dem Consumenten für das vorige Quartal und bis zur Prüfung das zu viel Gezeigte in Abzug gebracht, resp. das zu wenig Gezeigte nachträglich berechnet, und trägt das Wasserwerk die Kosten der Prüfung, wenn der Wassermesser nicht richtig befunden wird; bei Abweichungen bis zu 5 % gilt der Wassermesser noch als richtig. In diesem Falle, wie überhaupt dann, wenn bei der Prüfung eine Unrichtigkeit in dem Gange des Wassermessers nicht festzustellen ist, hat der Consument, insofern die Prüfung von ihm beantragt gewesen ist, die Kosten derselben zu bezahlen.
13	**Bayreuth**	Die Wassermesser sind ausschliesslich durch die städtische Bauverwaltung zu beziehen. Die Stadtgemeinde übernimmt die Garantie für alle von ihr gelieferten Wassermesser auf die Dauer von 2 Jahren nach Einsetzung des Messers. Die Kosten für Erneuerung der Wassermesser trägt der Eigenthümer. Die Kosten der Aufstellung des Wassermessers einschliesslich der Kosten für etwaige Herstellung des Schachtes trägt der Abonnent, haftet auch für Verletzung des Wassermessers und dessen Plombirung, sowie für Frostschaden. Diejenigen Wassermesser, welche auf Grund der früheren Satzungen miethweise gegen eine 10 procentige Verzinsung abgegeben wurden, können von den Abnehmern angekauft werden, wobei denselben 4/10 der bezahlten Miethe als Amortisationsquote gut gerechnet werden. Erfolgt solcher Ankauf nicht, so müssen auch für die Folge 10 % Zinsen der Anschaffungskosten bezahlt werden. Den Ort, an welchem der Wassermesser aufzustellen ist, hat das städtische Bauamt zu bestimmen. Unter allen Umständen muss derselbe frostfrei sitzen. Wo der Wassermesser nicht in einen schon vorhandenen frostfreien Raum gesetzt werden kann, muss ein unter allen Umständen wasserdichter Schacht gemauert werden. Dieser Schacht muss im Winter von den Abonnenten gegen Frost geschützt werden. Bei Zweifeln über die Richtigkeit des Wassermessers erfolgt durch die Bauverwaltung eine nähere Untersuchung desselben und nöthigenfalls die Einschaltung eines andern Wassermessers.
14	**Bergedorf**	Die Wassermesser werden vom Uebernehmer verkauft und auf Kosten der Consumenten aufgestellt und unterhalten.
15	**Berlin**	Die Stadt liefert und verleiht die Wassermesser gegen Zahlung einer vierteljährlichen Miethe. Bei der Anlage von Leitungen für Wassermesser muss ein solcher Raum für den Wassermesser angewiesen werden, dass derselbe zwar nahe beim Eintritt des Zuleitungsrohrs in das Grundstück dicht hinter dem Hauptabsperrhahn, aber doch an einer solchen Stelle aufgestellt werden kann, wo Grundwasser, Abflusswasser, Schmutz u. s. w. nicht in die Gehäuse dringen, wo der Messer nicht dem Froste, oder andern schädlichen Einflüssen ausgesetzt ist, wie z. B. in Bier- oder Essigkellern, wo der Zutritt zu dem Messer, das Ablesen, die Aufstellung und Abnahme ohne Behinderung erfolgen kann. Vor dem Messer, oder innerhalb des Wassermessergehäuses, und bis zu einer Entfernung von weniger als 1 m hinter dem Gehäuse, darf keinerlei Veränderung oder Zusatz zu der Leitung gemacht, namentlich weder Hahn noch Abzweig angebracht werden. Der Consument darf an dem Wassermesser und dessen Zubehör keinerlei Veränderungen vornehmen und hat für jede durch seine Schuld oder Vernachlässigung entstandene Beschädigung des Wassermessers aufzukommen. Er ist verpflichtet, das Messergehäuse nebst Zubehör frostfrei und in gutem Zustande zu erhalten und darf dasselbe zu keinem andern Zwecke benutzen, als zu dem, wozu es bestimmt ist. Erheben sich Zweifel über die Richtigkeit der Angaben des Wassermessers, so wird derselbe abgenommen, in der Fabrik der Herren Siemens & Halske in Berlin, und zwar auf Wunsch des Grundstücksbesitzers in dessen Beisein mittels des dazu aufgestellten Apparats

No.	Stadt	Lieferung, Besitz, Aufstellung, Beaufsichtigung, Prüfung u. s. w.
		16
		geprüft, und danach event. die Angabe des Messers berichtigt. Dem Resultat dieser Prüfung hat sich sowohl der Consument wie die Direction zu unterwerfen. Ergibt sich hierbei eine Unrichtigkeit der Notirung des Wassermessers, so wird das durch denselben für das vorige Vierteljahr und bis zur Prüfung zuviel angezeigte Wasserquantum in Abzug gebracht, bezw. das zu wenig Gezeigte nachträglich berechnet; die Direction trägt alsdann die Kosten der Prüfung. Im entgegengesetzten Fall hat der Consument, insofern die Prüfung von ihm beantragt worden ist, die Kosten derselben zu zahlen. Diese betragen einschliesslich Transport: bei 12—25 mm Weite M 6 „ 40 „ „ „ 9 „ 50 „ „ „ 12 „ 75 „ „ „ 15 „ 100 „ „ „ 18
16	**Bern**	Die Wassermesser sind von der Verwaltung zu liefern und bleiben stets im Besitz der Letzteren, welche dieselben gegen angemessene Zinsvergütung unterhält und nöthigenfalls erneuert. Die Verbindung der Wassermesser mit der Leitung hat der Abonnent zu bezahlen.
17	**Bernburg**	Die Wassermesser werden nur von der Verwaltung gegen Entrichtung der Kosten geliefert und aufgestellt. Die Anwendung anderer als von der Verwaltung gelieferter Wassermesser ist unstatthaft. Die eigenthümlich erworbenen Wassermesser werden von der Verwaltung gegen Ersatz der baaren Auslagen unterhalten. Die Einbringung des Wassermessers sowie die Verbindung der Hausleitungsröhren mit dem Privathaupthahn wird auf Kosten der Hausbesitzer gleichzeitig mit der Probe und Ab nahme der Hausleitung allein durch die Stadt bewirkt.
18	**Bielefeld**	Die Wassermesser werden von der Verwaltung geliefert, aufgestellt und unterhalten. Die Weite des Messers wird von der Verwaltung bestimmt. Für die Herleihung und Unterhaltung wird eine Miethe vierteljährlich mit dem Wassergelde erhoben. Die für das Einbauen der Wassermesser erforderlichen Einrichtungen hat der Grundstücksbesitzer auf seine Kosten zu treffen. Die durch natürliche Abnutzung oder die Beschaffenheit des Wassers entstandenen Schäden an den Wassermessern werden auf Kosten der Verwaltung beseitigt. In allen anderen Fällen sind dem Wasserwerk, welches die Reparaturen besorgt, die Kosten zu ersetzen. Hierzu gehören insbesondere auch die Beschädigungen der Messer durch Frost, weshalb die Grundstücksbesitzer für ausreichenden Schutz der Messer auch nach dieser Richtung hin zu sorgen haben. Die Aufstellung der Wassermesser erfolgt dicht hinter dem Hauptabsperrhahn. Die Baulänge für die Wassermesser, welche zwischen dem Absperrhahn und dem Entleerungshahn (vergl. Tab. III, 12) anzubringen sind, beträgt bis 40 mm Rohrweite 80 cm. Ist für denselben ein gemauerter Schacht anzulegen, so muss derselbe nach den bestehenden Vorschriften hergestellt werden. Die Grundstücksbesitzer sind verpflichtet, den Raum oder Schacht, in welchem die Aufstellung erfolgt, vor Grundwasser, Abflusswasser, Schmutz und dergl. zu schützen und dafür zu sorgen, dass der Zutritt zu dem Messer, das Ablesen, Aufstellen und Abnehmen desselben jederzeit ohne Behinderung leicht erfolgen kann. An den Wassermessern selbst darf weder von dem Grundstücksbesitzer noch von Fachhandwerkern oder anderen Personen etwas losgenommen oder verändert werden; solche Arbeiten sind nur von den Beamten des Wasserwerks auszuführen. Wird vermuthet, dass der Wassermesser falsch zeigt, so ist er zu prüfen, und trägt der Abnehmer die Untersuchungskosten, wenn die Prüfung von ihm beantragt wurde und dieselbe ergiebt, dass der Messer richtig zeigt. Schwankungen bis zu 5 % Mehr- oder Minderangabe werden hierbei nicht berücksichtigt. Die Berechnung der Kosten findet nach folgenden Sätzen statt, wobei die Kosten der Herausnahme und der Wiedereinsetzung des Messers einbegriffen sind: für einen 13 mm Messer M 5,00 „ „ 15 „ „ „ 6,00 „ „ 20 „ „ „ 7,00 „ „ 25 „ „ „ 8,00 „ „ 30 „ „ „ 9,00 „ „ 40 „ „ „ 12,00 „ „ 50 „ „ „ 18,00 „ „ 80 „ „ „ 25,00 Ergibt sich bei der Prüfung eine Unrichtigkeit, welche die zulässige Fehlergrenze von ± 5 % überschreitet, so wird dem Abnehmer die im vorigen Vierteljahr und bis zur Prüfung zu viel gezahlte Wassermenge in Abzug gebracht, bezw. die zu wenig gezeigte Menge nachträglich berechnet. Die Prüfung der Messer findet in der Prüfungsanstalt des Wasserwerks statt und kann der Grundbesitzer der Probe beiwohnen. Bei Stillstand eines Wassermessers wird als Grundlage für die Berechnung des Wassers das gleiche Vierteljahr des Vorjahres, wenigstens aber die nach dem Mindestsatz des Wassergeldes zu berechnende Wassermenge angenommen.

Tabelle V. Wassermesser.

No.	Stadt	Lieferung, Besitz, Aufstellung, Beaufsichtigung, Prüfung u. s. w.
		16
19	**Bochum**	Die Beschaffung und Aufstellung der Wassermesser erfolgt durch die Direction. Die Wassermesser werden nur leihweise gegen Jahresmiethe abgegeben. Reparaturen an Wassermessern dürfen nur durch Vermittelung des städtischen Wasserwerks ausgeführt werden. Die Kosten trägt das Wasserwerk in allen durch den gewöhnlichen Verschleiss der Wassermesser hervorgerufenen Fällen, wohingegen diese Kosten dem Consumenten zur Last fallen, wenn die Reparatur in Folge äusserer Einwirkung nothwendig geworden ist, wohin auch Beschädigungen durch Frost gehören. Der Wassermesser gelangt in möglichster Nähe des Hauptrohrs und höchstens 2 m innerhalb der Grundstücksfront am tiefsten und dabei leicht zugänglichsten Punkte der Privatleitung zur Aufstellung. Etwaige durch Stillstehen schadhaft gewordener Wassermesser entstehende Differenzen über die Höhe des Consums werden dadurch erledigt, dass nach Wahl der Direction entweder der Consum des gleichen Quartals im vorigen Jahre oder der Durchschnitt des vorhergegangenen und nachfolgenden Quartals als Norm angenommen wird, oder aber dass der Consum des ganzen Vierteljahrs nach Maassgabe des Consums einzelner Wochen und Tage desselben ermittelt wird.
20	**Bonn**	Die Wassermesser dürfen nur von der Verwaltung bezogen und durch dieselbe aufgestellt werden, wie auch die Reparatur derselben nur durch deren Vermittelung erfolgen kann. Die Consumenten können dieselben gegen Erstattung der Selbstkosten käuflich erwerben oder miethen, in welch' letzterem Falle an Miethe und Unterhaltungskosten 15 % des Neuwerths, vergl. auch Tab. VI, in vierteljährlichen Raten praen. erhoben werden.
21	**Borbeck**	Die Verwaltung liefert die Wassermesser und sorgt für deren Instandhaltung, wogegen der Consument eine Miethe zu zahlen hat. Die Miethe ist zugleich mit dem Wasserzins monatlich zu entrichten; ebenso trägt der Consument die Kosten der Anbringung und Wiederabnahme des Wassermessers. Die Selbstbeschaffung des Wassermessers ist nur auf Grund besonderer Vereinbarung gestattet. Sollte ein Wassermesser zeitweise überhaupt nicht functionirt haben oder offenbar unrichtige Abmessungen ergeben, so ist die Verwaltung berechtigt, ein Pauschquantum für das verbrauchte Wasser, welches, wenn nicht besondere Umstände obwalten, nach dem durchschnittlichen Verbrauch der früheren 3 Monate berechnet wird, zu erheben. Falls die Richtigkeit der Angaben des Wassermessers in Zweifel zu ziehen ist, so wird derselbe, event. auf Antrag des Consumenten, durch den Fabrikanten geprüft, und hiernach der zu bezahlende Wasserzins berechnet. Das Resultat dieser Prüfung ist für den Unternehmer wie für den Consumenten maassgebend. Es ist hinreichend genau, wenn die Differenz zwischen dem bei der Revision ermittelten wirklichen Durchfluss und den gezweifelten Angaben des Wassermessers bei allen Durchlaufmengen vom Maximaldurchlauf bis zu $^1/_{10}$ desselben herab und nicht mehr als $\pm$ 4 % beträgt. Stellt sich bei der Prüfung eine grössere Ungenauigkeit als die eben angegebene heraus, so wird das durch den Wassermesser für das vorhergegangene Vierteljahr und bis zur Prüfung zu viel angezeigte Wasser dem Consumenten gutgerechnet; ebenso hat er aber auch das zu wenig angegebene nachträglich zu bezahlen. Bei Ueberschreitung der obigen Fehlergrenze von $\pm$ 4 % trägt der Unternehmer die Kosten. Im anderen Falle, wenn also der Wassermesser keine grösseren Differenzen als $\pm$ 4 % bei der Prüfung aufweist und der Consument die letztere beantragt hat, sind von ihm nachstehende Beträge zu zahlen: bei Wassermessern bis incl. 20 mm Durchgangsweite M 4 „ „ „ über 20 „ „ „ 6.
22	**Braunschweig** . .	Der Wassermesser wird ab Seiten des Wasserwerks, und zwar zu unentgeltlicher Benutzung für die Dauer des Vertragsverhältnisses, geliefert, aufgestellt und event. wieder abgenommen. Die Verwaltung bestimmt die Grösse und den Aufstellungsort des Wassermessers. Sie hat die Unterhaltung des Messers zu beschaffen, soweit es sich um Reparaturen handelt, welche ohne Verschulden des Consumenten veranlasst werden. Die zum Schutz des Wassermessers gegen Frost und äussere Beschädigungen erforderlichen Vorkehrungen hat jedoch der Besitzer auf seine Rechnung und Gefahr zu treffen. Erheben sich Zweifel über die Richtigkeit der Angaben des Wassermessers, so wird derselbe mittels eines dazu aufgestellten Messapparates des Wasserwerks geprüft, und darnach eventuell die Angabe des Wassermessers zur Ermittelung eines über den festgestellten Mindestbetrag etwa hinausgehenden Jahresverbrauchs berichtigt. Dem Ergebnisse dieser Prüfung hat sich sowohl der Consument wie das Wasserwerk zu unterwerfen. Ergibt sich indess nur eine Abweichung bis zu 5 % mehr oder weniger, so wird auf dieselbe keine Rücksicht genommen; beträgt die Abweichung mehr als 5 %, so wird der Wasserverbrauch, jedoch nur für die voraufgegangenen beiden Monate und bis zum Tage der Prüfung, nach dem Ergebnisse der letzteren berechnet. Das Wasserwerk bewirkt die Prüfungen des Wassermessers unentgeltlich, mit Ausnahme derjenigen, welche auf Verlangen des Besitzers erfolgen und den richtigen Gang des Messers ergeben.

No.	Stadt	Lieferung, Besitz, Aufstellung, Beaufsichtigung, Prüfung u. s. w.
		16
		Wenn die Leitung aus irgend welchem Grunde vorübergehend ohne Wassermesser in Benutzung gewesen ist, so wird für diesen Zeitraum behufs Ermittelung eines über den Mindestbedarf etwa hinausgehenden Jahresverbrauchs ein Pauschquantum berechnet, welches nach dem Verbrauche während der Zeit von der Wiedereinsetzung bis zur nächsten Aufnahme des Wassermesserstandes bestimmt wird.
23	Bremen	Die Verwaltung liefert die Wassermesser für eigene Rechnung oder auf Kosten der Consumenten; vergl. jedoch Tab. II, 5, Abs. 3 u. 4. Die Verwaltung lässt den Wassermesser in der Regel monatlich nachsehen, und bei jeder Aufnahme wird von dem Angestellten eine Karte zurückgelassen, aus welcher der Stand des Zählwerks zu ersehen ist. Es ist jedoch Sache des Consumenten, seinerseits dafür Sorge zu tragen, dass ihm das Messungsergebniss mitgetheilt werde. Er verzichtet daher bei etwaigen später entstehenden Streitigkeiten auf den Einwand, dass ihm ein festgestelltes Messungsergebniss nicht rechtzeitig bekannt geworden sei. Ein Widerspruch gegen die Richtigkeit der Messung kann jederzeit vom Consumenten wie von der Verwaltung erhoben werden. Wird derselbe von der Gegenpartei ohne Weiteres als begründet anerkannt, und eine Einigkeit über die in Rechnung zu stellende Wassermenge erzielt, so wird der betreffende Wassermesser durch Vermittelung der Verwaltung auf Kosten des Consumenten reparirt oder, wenn er Eigenthum der Verwaltung ist, von dieser durch einen anderen ersetzt. Wird die Unrichtigkeit der Messung nicht beiderseits anerkannt, oder findet trotz beiderseitiger Anerkennung derselben eine Einigung über die Rechnungsstellung nicht statt, so veranlasst die Verwaltung des Wasserwerks eine amtliche Prüfung des Wassermessers auf Kosten derjenigen Partei, deren Behauptung bezw. Bestreitung der Unrichtigkeit der Messung durch das Prüfungsergebniss als unbegründet erwiesen wird. Ergiebt diese Prüfung eine richtige oder eine um nicht mehr als 10% von der richtigen abweichenden Messung, so sind die Angaben des Wassermessers für die Feststellung der zu bezahlenden Wassermenge maassgebend. Uebersteigt dagegen die Abweichung das besagte zulässige Maass, so bleiben für diese Feststellung ausser der letzten der Erhebung des Widerspruchs vorangegangenen Aufnahme auch die innerhalb 8 Wochen vor derselben aufgenommenen Messungsergebnisse unberücksichtigt, und wird für die Zeit von der letzten maassgebenden Aufnahme des zeitweilig unzulässig gewordenen Wassermessers bis zum Wiederbeginne einer richtigen Messung die Wasserlieferung nach Maassgabe des entsprechenden Zeitabschnitts des Vorjahrs berechnet, oder, falls die Wasserlieferung nicht so weit zurückreicht, nach Maassgabe der nächstfolgenden 3 Monate, in welchen eine nicht zu beanstandende Messung der Lieferung stattfindet. Ein nach Maassgabe des Prüfungsergebnisses zeitweilig unzulässig gewordener Wassermesser wird auf Kosten des Consumenten wieder in brauchbaren Stand gesetzt und auf's Neue geprüft, oder, wenn er Eigenthum der Verwaltung ist, von dieser durch einen zulässig befundenen ersetzt.
24	Breslau	Die Beschaffung des Wassermessers ist Sache des Grundstücksbesitzers. Die Wassermesser werden nach gewissen, in das Ermessen der Verwaltung gestellten Zeiträumen auf deren Kosten einer vollständigen Reinigung unterzogen; ebenso erfolgen die hierbei etwa nothwendigen Reparaturen kostenfrei. Dagegen werden die von den Consumenten besonders beantragten Reparaturen, oder falls eine Beschädigung durch Böswilligkeit oder grobe Fahrlässigkeit oder durch Frost eingetreten ist, auf Kosten des Consumenten ebenfalls von der Verwaltung besorgt. Der Wassermesser ist leicht zugänglich in einem frostfreien und von Grundwasser freien Raume etwa 0,5 m hinter der Grundmauer aufzustellen, und darf vor ihm keine Abzweigung und keine Ausflussstelle angebracht werden. Die Aufstellung darf ferner nicht in einem Raume erfolgen, in welchem Bier, Essig oder solche Waaren lagern, durch welche die Oxydation von Metalltheilen begünstigt wird. Ist zu seiner Anbringung die Herstellung eines besonderen Schachtes erforderlich, so muss dieser bei Wassermessern bis zu 40 mm wenigstens 1 m lang und 0,80 m breit, bei solchen von 50 bis 65 mm mindestens 1,20 m lang und 0,90 m breit, bei noch grösseren 1,30 m lang und 1,0 m breit sein und ein bequemes Einsteigen ermöglichen. Die Abdeckung des Schachtes muss durch doppelte und starke Deckel geschehen, zwischen welchen ein Raum von mindestens 0,25 m sein muss, der in den Wintermonaten mit einem schlechten Wärmeleiter auszufüllen ist. Dieser Einsteigeschacht darf zu keinem andern Zweck, ausser zur Aufstellung des Hauptabsperrhahns, namentlich aber nicht etwa zur Anbringung eines Hauswasserverschlusses mit verwendet werden. Wassermesser, die im Innern des Gebäudes ohne Anwendung eines Schachtes aufgestellt werden, sind nicht in der Nähe von Thüren oder Fenstern anzubringen; wo dies aber nicht zu umgehen ist oder wo dieselben äusserlich beschädigt werden können, sind sie durch hölzerne Kasten gegen die Einwirkungen des Frostes und vor Beschädigungen zu schützen. Jeder Wassermesser muss einen Schutzdeckel erhalten.

No.	Stadt	Lieferung, Besitz, Aufstellung, Beaufsichtigung, Prüfung u. s. w.
		16
		Jeder Wassermesser, der zur Controlle des zahlungspflichtigen Verbrauchs dienen soll, muss vor seiner Verwendung von der Verwaltung der Wasserwerke geprüft und brauchbar befunden sein. Die Einschaltung und Ausschaltung desselben darf nur nach Anzeige unter Aufsicht eines Beamten derselben geschehen; auch darf er nicht eigenmächtig versetzt werden. Ein Wassermesser, dessen Richtigkeit angezweifelt wird, muss sowohl auf Antrag des Consumenten wie auf Verlangen der Verwaltung einer Revision und Nachprüfung unterzogen werden. Der Consument hat das Recht, zu verlangen, dass er oder ein von ihm zu bezeichnender Vertreter bei dieser Prüfung zugezogen wird. Die Kosten für die Nachprüfung hat der Consument zu tragen, ausgenommen, wenn durch eine von der Verwaltung ohne seinen Antrag vorgenommene Nachprüfung die Brauchbarkeit des bemängelten Wassermessers sich ergiebt. Wenn eine Leitung während der Reparatur des Wassermessers oder aus anderen Ursachen vorübergehend ohne Wassermesser in Benutzung war, so wird für diese Zeit derjenige Verbrauch angenommen, welchen der Wassermesser in der gleichen Anzahl Tage nach der Wiederaufstellung anzeigt; soweit es thunlich ist, wird jedoch die Verwaltung für Aufstellung eines Reservemessers Sorge tragen. Findet sich, dass ein Wassermesser fehlerhaft ist und deshalb garnicht, zu wenig oder zu viel gezählt hat, so wird der Verbrauch von der vorangegangenen Aufnahme resp. letzten Liquidirung des Standes ab bis zur Aufstellung des Reservemessers erst nach Wiedereinschaltung des inzwischen reparirten Messers und nach Maassgabe der Registrirung desselben verhältnissmässig nach Zeit berechnet. Tritt dieser Fall bei einem Messer ein, durch den das Wasser zu einem Bau entnommen wird, so kann nach dem Ermessen der Verwaltung von der Berechnung nach dem Wassermesser für den Bau ganz abgesehen und der Preis für das dazu benutzte Wasser nach dem Umfange des Bauwerks berechnet und in einer angemessenen Pauschalsumme festgesetzt werden.
25	**Brieg**	Sämmtliche Wassermesser werden von der Verwaltung beschafft und von ihr unterhalten, bleiben aber Eigenthum der Stadt. Beträgt in einem Grundstück der jährliche Verbrauch weniger als 50 cbm, so sind für den Wassermesser 10 % Verzinsungs-, Amortisations- und Unterhaltungskosten und bei einer Entnahme von 50 bis 100 cbm 5 % pro Jahr zu bezahlen. Zur Ermittelung des Wasserverbrauchs liefert die Verwaltung für jedes Grundstück nur einen Wassermesser, dessen Aufstellungskosten der Wasserentnehmer zu zahlen hat. Werden auf Wunsch ausser diesem noch ein oder mehrere Wassermesser aufgestellt, so wird für diese eine entsprechende Miethe erhoben. Die Aufstellung des Wassermessers geschieht in der Regel in dem der Grundstücksgrenze zunächst gelegenen Gebäude, in welches Wasser zugeleitet werden soll; bei grösserer Entfernung des Gebäudes von der Grenze bestimmt den Platz für den Wassermesserschacht die Deputation. Der Wasserentnehmer hat den Wassermesser auf seine Kosten mit einem Schutzkasten zu versehen, den ersteren jederzeit frei zugänglich zu halten, vor Frost und äusseren Beschädigungen zu schützen und vor Schmutz zu bewahren. Für jede Beschädigung des Wassermessers hat der Wasserentnehmer aufzukommen. Muss der Wassermesser zeitweise wegen Schadhaftigkeit oder aus anderen Gründen entfernt werden, oder wird bei der Ermittelung des Wasserverbrauchs festgestellt, dass der Wassermesser nicht richtig anzeigt, so wird als Verbrauch die in gleicher Zeit des Vorjahres verbrauchte Menge berechnet. Glaubt der Wasserentnehmer, dass der Wassermesser nicht richtig zeigt, so kann er die Prüfung desselben beantragen und trägt, falls der Wassermesser für richtig zeigend befunden wird, die Kosten der Prüfung, Aus- und Einschaltung.
26	**Cassel**	Die Stellung und der Einbau eines Wassermessers für jede Zuleitung erfolgt ohne Miethvergütung auf Kosten der Verwaltung. Das System der zur Anwendung kommenden Wassermesser bestimmt die Verwaltung. Die Kosten der auf Wunsch der betreffenden Hausbesitzer oder in Folge von Bauveränderungen erforderlich werdenden Verlegungen der Wassermesser fallen den Grundstückseigenthümern zur Last. Den Ort der Aufstellung der Wassermesser bestimmt die Verwaltung unter thunlichster Berücksichtigung der Wünsche des Grundstücksbesitzers. Die Wassermesser sind von dem Grundstückseigenthümer gegen Beschädigung und die Räume, in welchen sich dieselben befinden, gegen jede Einwirkung von Frost gehörig zu schützen. Wiederherstellungskosten, welche durch Nichtbeachtung dieser Bestimmung entstehen, fallen dem Grundstücksbesitzer zur Last. Ebenso ist derselbe für ein etwaiges Abhandenkommen eines Wassermessers verantwortlich. Wird zur frostfreien Aufstellung von Wassermessern in einzelnen Grundstücken die Anlage gemauerter Schächte oder Aenderungen an der Leitung im Innern des Grundstücks erforderlich, so fallen deren Kosten dem Grundstücksbesitzer zur Last, sobald diese Einrichtungen durch Benutzung der Wasserleitung zu anderen als Haus- und Wirthschaftsbedürfnissen bedingt sind. Niemand ausser den Beamten der Verwaltung darf Abänderungen an den Wassermessern oder deren Zubehör vornehmen, und es ist der Grundstücksbesitzer für jede hierdurch veranlasste

No.	Stadt	Lieferung, Besitz, Aufstellung, Beaufsichtigung, Prüfung u. s. w.
		16
		Beschädigung oder jeden entstandenen Nachtheil ersatzpflichtig. Ebensowenig dürfen vor dem Wassermesser und in einer Entfernung von wenigstens 1 m hinter demselben Abänderungen, Ableitungen oder Abflusshähne angebracht werden. Wird die Richtigkeit der Angaben eines Wassermessers bezweifelt, so wird derselbe mittels des von der Verwaltung aufgestellten Apparates auf Wunsch in Gegenwart des Hauseigenthümers oder dessen Stellvertreters geprüft, und sobald sich bei dieser Prüfung der Wassermesser als nicht zuverlässig ergiebt, hiernach der Verbrauch des letzten Vierteljahres berichtigt. In diesem Falle trägt die Verwaltung die hiermit verbundenen Kosten, während, wenn die Prüfung auf Veranlassung des Hauseigenthümers oder dessen Stellvertreters geschieht und sich hierbei der Wassermesser als zuverlässig ergiebt, der Hauseigenthümer oder dessen Stellvertreter die für jeden einzelnen Fall insgesammt auf M 5 festgestellten Kosten zu tragen hat. Der Wassermesser gilt als zuverlässig, wenn sich bei der Prüfung nur ein Unterschied bis zu 5% zwischen den Angaben des Wassermessers und dem wirklichen Durchfluss ergeben. Dem Ergebniss dieser Prüfung unterwerfen sich sowohl die Verwaltung wie der Hauseigenthümer oder dessen Stellvertreter und verzichten beide auf jede weitere Berufung.
27	Charlottenburg . .	Die Wassermesser werden den Entnehmern nach ihrer Wahl entweder käuflich oder gegen vierteljährliche Miethe leihweise überlassen. Die Verwaltung beschafft ebenfalls die Aufstellung des Wassermessers, die Lieferung und Einrichtung des Wassermessergehäuses und die Wiederabnahme des Messers für Rechnung des Entnehmers. Im Uebrigen vergl. Abs. 4 und den Schlusssatz. Wassermesser mit 50 mm oder mehr Durchlass werden nur mit einem entsprechend kleineren Messer combinirt abgegeben. Bei der Anlage der Leitungen muss möglichst darauf Bedacht genommen werden, dass der Wassermesser zwar nahe beim Eintritt des Zuleitungsrohres in das Grundstück dicht hinter dem Hauptabsperrhahn, jedoch an einer solchen Stelle aufgestellt werden kann, wo Grundwasser, Abflusswasser, Schmutz etc. nicht in das Gehäuse dringen, und wo das Wasser nicht dem Froste und anderen schädlichen Einflüssen ausgesetzt ist, und wo der Zutritt, das Ablesen vom Zifferblatt und die Aufstellung und Abnahme ohne Behinderung erfolgen kann. Der Entnehmer darf vor dem Wassermesser, an demselben oder innerhalb des Messergehäuses und bis zu einer Entfernung von weniger als 1 m hinter dem Gehäuse keinerlei Veränderung oder Zusatz zu der Leitung, namentlich weder Hahn noch Abzweig anbringen und hat für jede durch seine Schuld oder Vernachlässigung entstandene Beschädigung desselben aufzukommen. Er ist verpflichtet, das Messergehäuse nebst Zubehör frostfrei und in gutem Zustande zu erhalten, und darf dasselbe zu keinem anderen Zwecke benutzen. Erheben sich Zweifel über die Richtigkeit eines Wassermessers, oder ist derselbe reinigungs- oder reparaturbedürftig, so wird derselbe abgenommen, auf Wunsch in Gegenwart von beiderseitigen Zeugen geprüft, und darnach gegebenen Falls die Angabe berichtigt. Die Prüfung beträgt für einen Wassermesser mit 10 bis 25 mm Durchlass M 6 40 " " " 9 50 " " " 12 75 " " " 15 100 " " " 18. Für die Zeit, in der der Messer überhaupt nicht gezeigt hat und ausgebessert wird, wird ein entsprechender Betrag des Mindestsatzes oder bei grösserem Verbrauch ein Betrag im Verhältniss zum späteren Verbrauch berechnet. Die Kosten der Prüfung, Reinigung, Ausbesserung, der Abnahme und des Wiederaufstellens trägt der Entnehmer, falls er Eigenthümer des Messers ist. Bei miethweiser Ueberlassung des Messers tragen indessen die Wasserwerke die Kosten, wenn die Prüfung einen ohne Verschulden des Entnehmers entstandenen unrichtigen Gang ergiebt.
28	Chemnitz	Die Wassermesser werden auf Kosten der Antragsteller von der Verwaltung geliefert, aufgestellt und unterhalten. Für vorübergehende Zwecke können dieselben leihweise abgegeben werden.
29	Coblenz	Der Wassermesser wird von der Verwaltung für Rechnung der Abnehmer möglichst nahe der Einmündung des Zuleitungsrohres in das Grundstück an einer frostfreien, leicht zugänglichen, reinlichen und vor schädlichen Einflüssen, sowie vor Beschädigungen geschützten Stelle aufgestellt und unterhalten. Die Bestimmung dieses Platzes ist Sache der Direction. Eine entsprechende Herstellung des Raumes, in welchem der Wassermesser aufgestellt werden soll, sowie der Schutzvorrichtungen desselben gegen Beschädigung und Einfrieren ist Sache des Besitzers. Betr. der Privatmesser vergl. Schlusssatz. Ausser der Direction darf Niemand an dem Wassermesser und dessen Zubehör Veränderungen oder irgend welche Arbeiten vornehmen. Bei jeder Beschädigung oder Vernachlässigung des Messers hat der Besitzer für den entstandenen Schaden aufzukommen. Wird ein Wassermesser während des Gebrauchs schadhaft, oder ist eine Leitung vorübergehend aus irgend welchen

No.	Stadt	Lieferung, Besitz, Aufstellung, Beaufsichtigung, Prüfung u. s. w.
		16
		Gründen ohne Messer in Benutzung, so dass die Verbrauchsmenge nicht mit Sicherheit festgestellt werden kann, so wird für diese Zeit von der Direction ein Pauschalquantum festgestellt und berechnet auf Basis des bei gleichen Verhältnissen in einem gleichen Zeitraume vorher consumirten oder später bis zur nächsten Aufnahme des Messers consumirt werdenden Quantums. Erheben sich Seitens des Grundstücksbesitzers Zweifel über die Richtigkeit eines Wassermessers, so muss derselbe einer Prüfung unterzogen werden, und es hat der Besitzer das Recht, selbst oder durch einen Vertreter der Prüfung anzuwohnen; auch kann die Direction jederzeit eine Prüfung veranstalten. Stellt sich bei der Prüfung heraus, dass der Messer nicht richtig zeigt, so wird auf eine Differenz bis zu 5 % keine Rücksicht genommen. Zeigen sich aber grössere Abweichungen, so wird das durch den Messer während der vorhergehenden Zahlperioden und bis zur Prüfung zu viel angezeigte Quantum dem Abnehmer in Abzug gebracht, ebenso aber auch das zu wenig bezahlte Quantum nachträglich berechnet. Der die Prüfung beantragende Grundstücksbesitzer hat nur bei einer Differenz von weniger als 5 % die Kosten für Abnahme, Prüfung und Wiederaufstellung des Messers zu tragen und zwar: für einen Messer bis zu 20 mm Weite M 6 über 20 mm bis zu . 40 „ „ „ 9 für einen Messer von 50 „ „ „ 12 „ „ „ „ 75 „ „ „ 15 „ „ „ „ 100 „ „ „ 18 Wünscht der Grundstücksbesitzer ausser dem von der Stadt gestellten Hauptmesser ferner für private Zwecke die Aufstellung eines zweiten oder mehrerer anderer Messer, so übernimmt die Direction gegen eine entsprechende Zahlung die käufliche Lieferung, Einschaltung und Unterhaltung desselben oder derselben.
30	Colmar	Die Lieferung und Aufstellung des Wassermessers erfolgt ausschliesslich durch die Direction gegen Zahlung einer jährlichen Miethe. Es steht dem Eigenthümer jedoch frei, den Wassermesser zum Selbstkostenpreise anzukaufen. Wassermesser über 30 mm Durchm. müssen mit einem kleinen Wassermesser combinirt sein und werden nur gegen Baarzahlung abgegeben. Diejenigen Wassermesser, welche Eigenthum der Stadt bleiben, werden durch die Verwaltung reparirt und unterhalten. Im Privatbesitz befindliche Wassermesser stehen unter der Controlle der Beamten und dürfen nur durch die Verwaltung und zwar auf Kosten des betreffenden Eigenthümers unterhalten und reparirt werden. Die Wassermesser sollen gegen jede Beschädigung geschützt sein und, falls sie dem Frost ausgesetzt oder an feuchten Plätzen angebracht sind, auch der bezügliche Raum der gehörigen Sauberkeit entbehrt, mit einer hölzernen beweglichen Ueberdeckung auf Kosten des Abonnenten versehen sein. Für eine etwaige Entfernung des Messers für besondere Gartenleitungen im Spätjahr und die Wiederaufstellung im Frühjahr sind jährlich M 2 zu entrichten. Am Wassermesser, sowie an der Zweigleitung bis zu demselben darf durchaus nichts eigenmächtig vorgenommen werden. Jede daran beobachtete Unregelmässigkeit ist sogleich anzuzeigen. Durch Frost beschädigte Wassermesser oder innere Zuleitungen werden auf Kosten der Eigenthümer reparirt. Falls der Wassermesser unrichtig zeigt oder stehen geblieben ist, wird der muthmaassliche Consum auf Grund des Verbrauches früherer Jahre durch die Verwaltung bestimmt. Wenn der Abonnent die Angabe des Messers anzweifelt, hat das Wasserwerk eine Untersuchung des Messers mittels des dazu aufgestellten Aichapparates zu veranlassen und den Abonnenten dazu einzuladen. Die Fehlergrenze wird zu 5 % festgestellt. Für jeden sich als richtig erwiesenen Messer hat der Abonnent, welcher die Nachaichung verlangt hat, M 3 zu entrichten.
31	Crefeld	Der Wassermesser wird von der Stadtgemeinde auf Kosten des Grundstücksbesitzers gegen Jahrermiethe leihweise geliefert, aufgestellt und unterhalten. Wenn in einer Leitung der Wassermesser stillstehend vorgefunden wird, trotzdem Wasser durchfliesst, so ist für den betreffenden Monat der Durchschnittsverbrauch der 3 vorhergehenden Monate zu berechnen.
32	Danzig	Die Wassermesser sind Eigenthum der Stadtgemeinde, werden aber von der Verwaltung miethsfrei geliefert und kostenlos eingeschaltet; dieselben müssen in unmittelbarer Verbindung mit dem Hauptabsperrhahn stehen. Die Unterhaltung der Wassermesser erfolgt durch die Verwaltung kostenfrei; doch fallen die Kosten für solche Reparaturen, welche durch Beschädigung des Messers (z. B. durch Zerschlagen der äusseren Hülle, des Glases, des Zeigerwerkes, Einfrierenlassen etc.) veranlasst werden, dem Abnehmer zur Last. Betr. der Privatmesser vergl. Schlusssatz. Wird die Richtigkeit des Wassermessers vom Abnehmer angezweifelt, so kann auf seinen Antrag die Ausschaltung und Untersuchung desselben erfolgen. Die dadurch entstehenden Kosten fallen dem Abnehmer definitiv dann zur Last, wenn durch die Untersuchung die Richtig-

No.	Stadt	Lieferung, Besitz, Aufstellung, Beaufsichtigung, Prüfung u. s. w.
		16
		keit des Wassermessers bestätigt wird. Wenn der Wassermesser nachweislich eine Störung in seinem Betriebe erlitten hat, so wird der Verbrauch für die Zeit dieser Störung nach Verhältniss desjenigen Verbrauches berechnet, den der Wassermesser bei der letzten Ablesung vor Eintritt der Störung und der ersten Ablesung nach Beseitigung der Störung angezeigt hat, wobei mindestens ein Zeitraum von je 4 Wochen der Berechnung zu Grunde gelegt werden muss. Aus besonderen Gründen kann der Magistrat statt dessen ein Pauschquantum für den nach dem Wassermesser nicht angezeigten Wasserverbrauch mit dem Abnehmer vereinbaren. Wird zur Bestimmung des Verbrauchsquantums einzelner Miether oder Pächter die Aufstellung besonderer Control-Wassermesser gewünscht, so können dieselben, soweit der Vorrath dies gestattet, von der Verwaltung käuflich erworben werden. Die Controle und Unterhaltung solcher Wassermesser übernimmt die städtische Verwaltung nicht, doch wird dieselbe, sofern die disponiblen Arbeitskräfte dazu ausreichen, Reparaturen an eingelieferten Wassermessern gegen entsprechende Vergütung ausführen.
33	**Darmstadt**	In jeder Hofraithe wird nur ein Wassermesser auf Kosten der Stadt geliefert, aufgestellt und unterhalten, soweit derselbe nicht durch Frost oder Muthwillen beschädigt ist. Weitere Wassermesser können (in allen Fällen) den Abnehmern von der Stadt vermiethet werden. Die Unterhaltung der gemietheten Wassermesser geschieht auf Kosten der Stadt. Auch für diese Messer haftet der Miether. Werden Zweifel über die Richtigkeit der Angaben eines Wassermessers erhoben, so findet dessen Prüfung in der Prüfungsanstalt statt, nachdem der Abnehmer vorher dazu eingeladen worden ist. Dem Ergebnisse entsprechend wird die Angabe des Wassermessers berichtigt und dem Abnehmer für das letzte Quartal das etwa zu viel Gezeigte in Abzug gebracht resp. das zu wenig Gezeigte nachträglich berechnet. Hat der Wassermesser überhaupt nicht gearbeitet, so wird für das letzte Quartal diejenige Wassermenge in Rechnung gestellt, welche der vorhergegangenen nicht beanstandeten Angabe des Messers entspricht. Wenn hierüber eine Streitigkeit entsteht, so steht der städtischen Wasser-Commission die Entscheidung zu. Wird die Prüfung eines Wassermessers durch den Abnehmer beantragt, und zeigt derselbe nicht zu seinem Nachtheil, so hat derselbe die Kosten der Prüfung zu tragen. Diese betragen für einen Messer bis zu 20 mm Weite M 3 " " " über 20—50 " " " 5
34	**Dessau**	Die Wassermesser werden ausschliesslich von der Verwaltung gegen Entrichtung der Selbstkosten geliefert und aufgestellt. Die Anwendung anderer Wassermesser ist unstatthaft.
35	**Dortmund**	Der Wassermesser darf nur von der Verwaltung ein- und ausgeschaltet werden und wird den Consumenten, welche auch die Kosten der Ein- und Ausschaltung zu tragen haben, gegen monatliche Miethe überlassen. Reparaturen dürfen ebenfalls nur durch die Verwaltung ausgeführt werden. Der Consument haftet für die sorgsame Aufbewahrung des Wassermessers und ist der Verwaltung für allen Schaden ersatzpflichtig, welcher durch das Abhandenkommen, die muthwillige oder fahrlässige Beschädigung des Wassermessers verursacht wird, mag derselbe von ihm oder dritten Personen herbeigeführt worden sein. Namentlich haftet er auch für alle Schäden, welche durch die Einwirkung des Frostes herbeigeführt werden sollten. Alle durch den gewöhnlichen Verschleiss hervorgerufenen Reparaturen lässt die Verwaltung auf ihre Kosten ausführen. Wird ein Wassermesser schadhaft und zeigt einen unverhältnissmässig geringen oder gar keinen Verbrauch, so ist die zu zahlende Summe nach dem durchschnittlichen Consum der vorhergehenden und nachfolgenden Zeit festzusetzen, vorausgesetzt, dass nicht Umstände vorliegen, welche eine anderweite Berechnung als geboten erscheinen lassen. Erfolgt hierbei zwischen dem Consumenten und der Verwaltung keine Einigung, so geschieht die Festsetzung durch den Magistrat endgültig. Differenzen über die Höhe des Verbrauchs oder Zweifel an der Richtigkeit der Messung desselben werden durch Controlmessungen in der Prüfungsstation erledigt. Ergeben sich hierbei Unterschiede von nicht mehr als $\pm$ 5%, so wird die Angabe des Messers als für beide Theile bindend angenommen. Ist in einem solchen Falle die Prüfung auf Wunsch eines Consumenten vorgenommen worden, so hat derselbe die Kosten der Untersuchung und Auswechselung des Wassermessers zu tragen.
36	**Dresden**	Die Wassermesser werden ausschliesslich von der Verwaltung für Rechnung der Consumenten aufgestellt, in deren Eigenthum sie übergehen. Die Aufstellung anderer als der von der Verwaltung gelieferten Messer ist unzulässig. Die aufgestellten Messer werden von der Verwaltung unterhalten; die Consumenten haben nur die hierbei erwachsenen baaren Auslagen zu bezahlen. Betr. der Wassermesserschächte vergl. Tab. IV, 13.

No.	Stadt	Lieferung, Besitz, Aufstellung, Beaufsichtigung, Prüfung u. s. w.
		16
		Ergeben sich Zweifel an der Richtigkeit der Angaben des Wassermessers, so wird derselbe abgenommen, auf Verlangen des Consumenten in seiner Gegenwart geprüft, hiernach aber die Angabe berichtigt, auch den Consumenten für das vorige Quartal und bis zur Prüfung der zuviel gezahlte Betrag gutgeschrieben, oder die zu leistende Nachzahlung in Rechnung gestellt. Falls sich eine Abweichung ergeben sollte oder der Consument die Prüfung selbst beantragt hat, ist Letzterer die Kosten der Prüfung, jedenfalls aber die der Reparatur zu tragen verpflichtet.
37	**Düren**	Die Wassermesser werden von der Verwaltung in vierteljährlicher Miethe abgegeben und gegen Berechnung der Selbstkosten aufgestellt. Die Kosten der Instandhaltung und der Reparaturen an den Wassermessern, welche durch den naturgemässen Verschleiss entstehen, werden vom Wasserwerk getragen; in allen anderen Fällen, auch bei Frostschaden, trägt der Abnehmer die Kosten. Erheben sich Zweifel über die Richtigkeit der Angabe des Wassermessers, so wird derselbe geprüft und danach gegebenen Falles die Angabe des Messers berichtigt. Wird ein Wassermesser schadhaft und zeigt in Folge dessen einen unverhältnissmässig geringen oder gar keinen Wasserverbrauch an, so wird der Verbrauch des entsprechenden Jahresviertels im Vorjahre der Berechnung zu Grunde gelegt, wenn nicht eine andere Vereinbarung darüber zu Stande kommt.
38	**Düsseldorf**	Die Direction bestimmt die Weite des Wassermessers, welcher gegen vierteljährliche Miethe leihweise abgegeben wird; ebenso ist hinsichtlich des Platzes für den Wassermesser die Entscheidung der Direction maassgebend. Die Aufstellung und Verbindung des Wassermessers geschieht gleichfalls auf Kosten des Consumenten, und zwar werden dafür, ausser den verwendeten Materialien, nachstehende feste Preise berechnet: für einen Wassermesser von 13—20 mm Durchlass . . M 4 „ „ solchen von 25 mm Durchlass . . . . „ 5 „ „ „ „ 30 „ „ . . . . „ 6 „ „ „ „ 40—50 mm Durchlass . . . . „ 8 Bei Aufstellung von Wassermessern von mehr als 50 mm Durchlass findet besondere Vereinbarung statt. Die zum Schutze des Wassermessers gegen den Frost und äussere Beschädigungen erforderlichen Vorkehrungen hat der Consument nach Anordnung der Direction für seine Rechnung zu treffen. Wird ein Wassermesser schadhaft und zeigt er einen unverhältnissmässig geringen oder gar keinen Verbrauch, so ist die zu zahlende Summe durch die Direction nach billigem Ermessen festzusetzen, wenn nicht Umstände vorliegen, welche eine andere Berechnung geboten erscheinen lassen. Erheben sich Zweifel über die Richtigkeit der Angaben des Wassermessers, so wird derselbe abgenommen und mittels eines dazu aufgestellten Messapparates geprüft, und danach event. die Angabe des Wassermessers berichtigt. Dem Resultat dieser Prüfung haben sich beide Theile zu unterwerfen. Ergibt sich indess nur eine Abweichung bis zu 5% mehr oder weniger, so wird auf dieselbe keine Rücksicht genommen. Beträgt die Differenz mehr als 5%, so wird der Wasserzins nach dem Ergebnisse der Prüfung festgesetzt, doch darf die Erhöhung bezw. Ermässigung nur für den letzten Monat und bis zur Prüfung beansprucht werden. In letzterem Falle trägt das Wasserwerk die Kosten der Prüfung, während im entgegengesetzten Falle der Consument, insofern die Prüfung von ihm beantragt worden ist, die Kosten zu tragen hat. Diese betragen einschliesslich Transport: Für die Prüfung eines 13—25 mm Messers . . . M 6 „ „ „ „ 30 „ „ . . . „ 8 „ „ „ „ 40—50 „ „ . . . . „ 10 „ „ „ „ 80 „ „ . . . . „ 15 „ „ „ „ 100 „ „ . . . . „ 18
39	**Duisburg**	Den Wassermesser stellt und unterhält resp. erneuert das Wasserwerk gegen eine monatliche Miethe. Der Wassermesser darf nur von Beamten des Wasserwerks untersucht werden. Böswillige oder durch Nachlässigkeit der Consumenten oder anderer Personen erwachsene Beschädigungen werden auf Kosten des Consumenten reparirt. Den Anforderungen der Verwaltung in Bezug auf Herstellung genügenden Schutzes für die Wassermesser Seitens der Consumenten ist unbedingt Folge zu leisten. Bei Entnahme des Wassers durch Wassermesser wird in dem Falle, dass ein Wassermesser vom Controlbeamten stillstehend befunden wird, obgleich Wasser durch denselben fliesst, der Durchschnittsconsum der drei letzten Monate für den laufenden Monat in Rechnung gestellt.

No.	Stadt	Lieferung, Besitz, Aufstellung, Beaufsichtigung, Prüfung u. s. w.
		16
40	Eisenach	Der Wassermesser wird von der Stadt geliefert. Das Auswechseln der Messer erfolgt auf Bestimmung des Wasserwerks. Die Unterhaltungskosten der Messer trägt die Stadt, soweit nicht Beschädigungen durch äusseren Einfluss oder durch Frost stattfinden. In solchen Fällen trägt der Wasserabnehmer die Wiederherstellungskosten. Bei allen Neuanlagen von Wasserleitungen, wo Schächte oder sonstige Vorkehrungen erforderlich sind, hat der Hausbesitzer dieselben auf seine Kosten nach Angabe des Wasserwerks herstellen zu lassen; ebenso wird die Grösse des Wassermessers vom Wasserwerk bestimmt. Die vom Wassermesser angezeigte Wassermenge ist vom Consumenten zu zahlen, auch wenn das Wasser durch einen Defect in der Privatleitung verloren gegangen ist. Wird die Richtigkeit der Angaben eines Wassermessers bezweifelt, so wird derselbe auf Wunsch in Gegenwart des Entnehmers geprüft. Ergiebt sich bei dieser Prüfung, dass der Wassermesser mehr als ± 5 % zeigt, so wird der Wasserzins nach dem durchschnittlichen Verbrauche des Vorjahres in Anrechnung gebracht. In diesem Falle trägt das Wasserwerk die Prüfungskosten, während, wenn die Prüfung nicht auf Veranlassung des Wasserwerks geschieht und hierbei der Wassermesser innerhalb der vorgenannten Fehlergrenze von ± 5 % zeigt, der Abnehmer die für jede Prüfung insgesammt auf M 5 festgesetzten Kosten zu tragen hat. Dem Ergebniss dieser Prüfung unterwerfen sich sowohl die Verwaltung wie der Abnehmer.
41	Eisleben	Die Wassermesser werden vom Magistrat zu den Selbstkosten geliefert. Für die nach dem alten Reglement aufgestellten Messer wird jedoch noch eine vierteljährliche Miethe erhoben. Für jede einem gemietheten Messer zugefügte äussere Beschädigung hat der Consument aufzukommen. Der Kaufpreis beträgt für einen 13 mm Wassermesser M 42 | 25 mm Wassermesser M 70 20 „ „ „ 48 | 50 „ „ „ 135 Die dem Antragsteller (Consumenten) eigenthümlich überlassenen Wassermesser werden vom Magistrat gegen Erstattung der Selbstkosten unterhalten. Die von dem Wassermesser auf dem Zifferblatte angezeigte Wassermenge darf 3 % mehr oder weniger von der in Wirklichkeit durchgeflossenen abweichen, ohne dass der Wassermesser als falschgehend gilt. Die Prüfung findet durch das Aichverfahren statt. Dem Ergebniss haben sich beide Theile zu unterwerfen. Der Consument ist berechtigt, der Prüfung in Person oder durch einen Stellvertreter beizuwohnen. Der Consument hat die Kosten der von ihm beantragten Prüfung zu tragen, wenn der Wassermesser richtig geht, also die Abweichung nicht mehr als 3 % beträgt. Giebt der Wassermesser die durchgegangene Wassermenge falsch an, so ist für das abgelaufene Vierteljahr der Verbrauch in dem entsprechenden Vierteljahre des Vorjahres, oder der durchschnittliche Verbrauch innerhalb der vorangegangenen 3 Jahre in Rechnung zu stellen, oder nach den thatsächlichen Verhältnissen durch den Magistrat abzuschätzen.
42	Elberfeld	Die Wassermesser werden ausschliesslich von der Stadt beschafft und gegen monatliche Miethe leihweise abgegeben. Die Unterhaltungskosten der Wassermesser und deren Zubehör sind in dem Miethpreise inbegriffen, so weit sie nicht durch die Schuld des Entnehmers hervorgerufen sind. Der Entnehmer darf an dem Wassermesser keinerlei Arbeiten oder Veränderungen, weder selbst noch durch Andere, vornehmen; er ist ausserdem verpflichtet, den Wassermesser vor Beschädigung und Frost zu schützen. Für den Fall, dass der Wassermesser gar keinen oder einen zu geringen Wasserverbrauch anzeigt, ist das Wasserwerk berechtigt, den Verbrauch nach dem gleichen Monate im vorigen Jahre, oder nach Durchschnitt der vorhergegangenen Monate in Rechnung zu stellen, wenn nicht Umstände vorliegen, welche eine anderweite Berechnung als geboten erscheinen lassen.
43	Erfurt	Die Wassermesser werden von der Stadt gegen Erstattung der Kosten durch die Consumenten geliefert, aufgestellt und unterhalten. Für die regelmässige Prüfung und Reinigung der Wassermesser, für die Ausführung der etwa erforderlich werdenden, ohne Schuld des Consumenten entstandenen kleinen Reparaturen und für den Ersatz der in Folge allmähliger Abnutzung unbrauchbar gewordenen Wassermesser durch neue ist alljährlich und bis auf Weiteres eine Gebühr von M 1 in einer Summe an die Stadtkasse zu entrichten. In allen anderen Fällen trägt der Consument die Kosten der Reparatur resp. Erneuerung des Wassermessers. Bei Beschädigungen durch Frost oder Gewalt haftet der Consument unter allen Umständen für die Instandsetzung oder Erneuerung. Wird festgestellt, dass ein Wassermesser schadhaft ist und in Folge dessen garkeinen oder einen unrichtigen Wasserverbrauch anzeigt, so wird der Consum für das Quartal, in welchem der Fehler entdeckt wurde, nach dem Durchschnittsconsum des letztvergangenen und des nächstfolgenden Quartals ermittelt, falls nicht eine anderweite Vereinbarung stattfindet. In den Fällen, wo der Wassermesser nachweislich durch Schuld des Consumenten oder nicht zum Wasserwerke gehöriger Personen der Art beschädigt ist, dass der Consum nicht festgestellt werden kann, hat der Magistrat das Recht, das Doppelte des höchsten innerhalb der letzten vier Quartale entrichteten Betrages zu verlangen.

No.	Stadt	Lieferung, Besitz, Aufstellung, Beaufsichtigung, Prüfung u. s. w.
		16
44	**Essen (Stadt)** . . .	Die Wassermesser liefert lediglich das Wasserwerk gegen eine monatlich oder vierteljährlich mit dem Wasserzins zu erstattende Miethe, welche pro Monat $1^1/_4$% der Anschaffungskosten nicht übersteigen soll. Die Unterhaltungskosten der Wassermesser sind in dem Miethpreise einbegriffen. Für solche Beschädigungen jedoch, welche mangels Schutz gegen Frost oder durch sonstiges Verschulden des Consumenten entstehen, haftet der Letztere. Nach Ermessen der Direction kann gestattet werden, für einzelne Stockwerke eines Hauses Nebenwassermesser aufzustellen. Der Grundstücksbesitzer hat für diese die Miethe ebenfalls zu entrichten, jedoch das Wasser nur nach Ausweis des Hauptwassermessers zu vergüten. Privatunternehmer oder Consumenten dürfen an den Wassermessern weder Veränderungen vornehmen noch vor den Wassermessern und bis auf 1 m hinter denselben Abzweigleitungen anbringen. Zeigt ein Wassermesser in Folge Schadhaftigkeit zu geringen oder garkeinen Verbrauch an, so wird nach Wahl des Wasserwerks der Verbrauch des gleichen Zeitabschnittes des Vorjahres oder der Durchschnitt der vorhergegangenen oder nachfolgenden Monate zur Berechnung angenommen.
45	**Flensburg**	Die Wassermesser werden vom Wasserwerk in Jahresmiethe abgegeben oder von demselben käuflich erworben. In beiden Fällen trägt der Consument allein die Kosten der Aufstellung resp. Einschaltung des Messers, auch die Kosten der zum Schutze gegen Einfrieren resp. Beschädigung desselben zu treffenden Anstalten.
46	**Frankfurt a. M.** . .	Die Wassermesser werden vom Tiefbau-Amt unentgeltlich dargeliehen, doch fallen dem Consumenten alle Unterhaltungs- und Erneuerungskosten zur Last, welche nicht durch die ordnungsmässige Abnutzung des Messers veranlasst werden.
47	**Frankfurt a. O.** . .	Zur Messung des Wassers dürfen nur der Gesellschaft gehörige Wassermesser angewendet werden, für deren Verleihung der Consument eine vierteljährliche Miethe zu entrichten hat. Die Ablesung findet gegen Ende eines jeden Quartals statt.
48	**Freiberg i. S.** . .	Das beständige Laufenlassen aus irgend einem Theile der Wasserleitung in so geringer Menge, dass der Wassermesser nicht zur Geltung kommen kann, ist unstatthaft und strafbar.
49	**Freiburg i. B.** . .	Die Wassermesser werden von der Verwaltung gestellt und gesetzt und entweder zum selbstkostenden Preise abgegeben oder vermiethet. In letzterem Falle hat der Abonnent nur die ersten Einrichtungskosten des Wassermessers zu tragen, wogegen die Gemeinde die Sorge für dessen Instandhaltung und richtigen Gang übernimmt und nöthigenfalls eine Auswechselung auf ihre Kosten eintreten lässt, wenn ohne Verschulden des Abonnenten eine Störung in der Richtigkeit der Angaben des Messers eintritt. Wird jedoch aus irgend einem Verschulden des Abonnenten ein Wassermesser schadhaft, so geschieht dessen Wiederherstellung auf seine Kosten. Wassermesser, welche den ganzen Consum eines Grundstückes anzuzeigen bestimmt sind, sollen möglichst nahe beim Eintritt des Zuleitungsrohres in das Grundstück, an einer von der Verwaltung zu bezeichnenden Stelle innerhalb der Grundstücksgrenzen, angebracht werden. Für die Aufstellung eines Wassermessers hat der Abonnent auf seine Kosten einen Raum anzuweisen, resp. herzustellen, wo der Messer nicht dem Frost oder andern schädlichen Einflüssen ausgesetzt ist und der Zutritt zu dem Messer, das Ablesen und die Aufstellung und Abnahme ohne Behinderung erfolgen kann. Wo diesen Bestimmungen von Seiten eines Abonnenten nicht nachgekommen wird, ist die Brunnenverwaltung berechtigt, die Abgabe des Wassers zu verweigern, resp. zu sistiren. Der Abonnent darf an dem Wassermesser und dessen Zugehör keine Veränderung vornehmen oder durch Dritte vornehmen lassen. Er ist verpflichtet, das Wassermessergehäuse nebst Zubehör frostfrei und in gutem Zustande zu erhalten. Die Verwaltung ist berechtigt, solche Wassermesser, über deren richtigen Gang Zweifel obwalten, auszuwechseln, oder, wenn die Messer Eigenthum der Abonnenten sind, deren Auswechselung zu verlangen. Wenn der Abonnent die Angabe des Wassermessers anzweifelt, hat die Verwaltung eine Untersuchung des Messers mittels des dazu aufgestellten Apparates zu veranlassen und den Abonnenten dazu einzuladen. Die Kosten trägt derjenige Theil, zu dessen Ungunsten die Untersuchung ausfällt. Die Fehlergrenze zwischen den Angaben des Wassermessers und denen des Probirapparates wird zu 4 % festgesetzt. Erweist sich bei einer Untersuchung die Angabe des Wassermessers über die Fehlergrenze als unrichtig, so ist dem Abonnenten der für das zuviel angezeigte Quantum abgenommene Betrag zurückzuerstatten. Die Rückerstattung kann jedoch nur für den letzten Monat beansprucht werden.
50	**Gelsenkirchen-Schalke**	Die Wassermesser werden ausschliesslich von der Gesellschaft geliefert, aufgestellt und ausgewechselt, bleiben auch Eigenthum derselben. Der Vorstand bestimmt Grösse und Aufstellungsort des Wassermessers. Zwei oder mehrere Häuser dürfen nicht durch ein und denselben Wassermesser das Wasser entnehmen, selbst dann nicht, wenn diese Häuser nur einen Besitzer haben.

No.	Stadt	Lieferung, Besitz, Aufstellung, Beaufsichtigung, Prüfung u. s. w.
		16
		Für die Gestellung der Wassermesser ist die festgesetzte Miethe monatlich bezw. vierteljährlich zu entrichten. Die Kosten der Anbringung und Wiederabnahme trägt der Consument. Alle Ausbesserungen der Wassermesser, welche in Folge eines natürlichen Verschleisses nothwendig werden, trägt die Gesellschaft, wogegen der Consument für alle übrigen Reparaturen aufzukommen hat, gleichviel ob dieselben durch sein oder eines Dritten Verschulden erforderlich geworden sind. Die zum Schutze des Wassermessers gegen Frost und äussere Beschädigungen erforderlichen Vorkehrungen hat der Abnehmer selbst zu treffen. Der Platz, wo der Wassermesser steht, muss stets sauber gehalten werden und jederzeit zugängig sein. Die Wassermesserkammern müssen wasserdicht hergestellt und erhalten bleiben und dauernd mit einem verschliessbaren, sicheren Deckel, sowie einer Einsteigeleiter versehen sein. Es ist durchaus nicht gestattet, durch irgendwelche Personen, die nicht im Dienste der Gesellschaft stehen, Handlungen oder Arbeiten an den Wassermessern oder den Rohrleitungen vor denselben vornehmen zu lassen. Sollte ein Wassermesser in Folge Schadhaftigkeit garkeinen oder einen zu geringen Wasserverbrauch angezeigt haben, so wird der Verbrauch nach Wahl des Vorstandes entweder nach dem gleichen Vierteljahre oder Monate des Vorjahres oder nach dem Durchschnitt des vorhergegangenen und nachfolgenden Vierteljahres oder Monats oder endlich nach dem Verbrauche einzelner Wochen und Tage festgestellt.
51	Giessen	Der für die Berechnung des gelieferten Wassers maasgebende Wassermesser wird dem Abnehmer unentgeltlich geliehen, für sog. Controlmesser ist jedoch eine Miethe zu zahlen. Hauptwassermesser von 50 mm und mehr Durchflussweite sind von den Abnehmern auf eigene Kosten anzuschaffen und zu unterhalten. Für Aufstellung eines Wassermessers, einschliesslich Lieferung und Anbringung eines hölzernen Gehäuses, werden M 15 berechnet. Gemauerte Gehäuse werden nach dem Selbstkostenpreise berechnet. Die Vertheilung des Geldbetrages unter die an dem Verbrauch betheiligten Miether oder Pächter bleibt den Abnehmern überlassen, da in jedem Grundstück, abgesehen von etwaigen Controlmessern für Miether, nur ein Wassermesser zur Aufstellung gelangt. Das ganze Wasserquantum für ein Grundstück muss durch den der Stadt gehörigen Wassermesser laufen. Werden von einem Hausbesitzer Zweifel über die Richtigkeit der Angaben eines Wassermessers erhoben, so findet dessen Abnahme und Prüfung statt. Weicht der Wassermesser von der Richtigkeit zum Nachtheil des Abnehmers ab, so wird ihm für den letzten Monat das zuviel Gezeigte nachträglich abgerechnet. Zeigt der Wassermesser richtig, so hat der Abnehmer die Kosten der Prüfung mit M 3 zu tragen.
52	Gladbach-M. . . .	Der Wassermesser darf nur von der Verwaltung bezogen und aufgestellt werden und wird von derselben gegen eine vierteljährlich zu zahlende Miethe leihweise überlassen. Ebenso dürfen etwa nothwendig gewordene Reparaturen der Wassermesser nur durch die Vermittelung der Verwaltung ausgeführt werden. Die Kosten der Reparaturen trägt die Verwaltung in allen durch den gewöhnlichen Verschleiss der Wassermesser hervorgerufenen Fällen, wohingegen diese Kosten dem Consumenten zur Last fallen, wenn die Reparatur in Folge äusserer Einwirkungen nothwendig geworden ist. Wird ein Wassermesser schadhaft oder zeigt er einen unverhältnissmässig geringen oder garkeinen Wasserverbrauch, so ist die zu zahlende Summe nach dem Consum des gleichen Vierteljahres im vorigen Jahre festzusetzen, vorausgesetzt, dass nicht Umstände vorliegen, welche eine anderweite Berechnung als geboten erscheinen lassen. Falls dieser Consum nicht vorhanden ist, wird derselbe nach dem durchschnittlichen Tagesverbrauch berechnet. Erfolgt hierbei zwischen dem Consumenten und der Verwaltung keine Einigung, so geschieht die Festsetzung durch die städtische Commission des Wasserwerks endgültig.
53	Glauchau	Der Wassermesser, welcher stets im Grundstück aufzustellen ist, bleibt Eigenthum der Stadt. Die Einsetzung des Wassermessers erfolgt durch die Verwaltung auf Kosten des Abnehmers. Die Angaben eines Wassermessers gelten als richtig, wenn sie nicht mehr als 5% von der Wahrheit abweichen. Die Entscheidung hierüber steht der Verwaltung zu. Ergeben sich Zweifel an der Richtigkeit der Angaben des Wassermessers, so wird derselbe geprüft und die zu leistende Zahlung für das laufende und das diesem vorangehende Vierteljahr berichtigt. Die Kosten der Prüfung und Instandsetzung des Messers hat der Besitzer zu tragen, ausgenommen, wenn die Prüfung nicht auf seinen Antrag geschah und der Messer richtig ging.
54	Glogau	Die Beschaffung und Unterhaltung des Wassermessers ist Sache des Grundstücksbesitzers. Der Wassermesser ist leicht zugänglich in einem frost- und grundwasserfreien Raume so aufzustellen, dass er bequem abgelesen werden kann. Der Consument hat dafür zu sorgen, dass der Wassermesser stets zugänglich, das Zifferplatt frei ist und dass am Zeigerwerk keine Manipulationen vorgenommen werden.

No.	Stadt	Lieferung, Besitz, Aufstellung, Beaufsichtigung, Prüfung u. s. w.
		16
		Jeder Wassermesser muss einem der von der Stadt zu bestimmenden Systeme angehören und vor seiner Verwendung von der Verwaltung geprüft und als brauchbar befunden sein. Die Aufstellung desselben darf nur unter Aufsicht der Beamten geschehen, auch darf er nicht eigenmächtig versetzt oder ausgeschaltet werden. Jeder Wassermesser ist in der Regel wenigstens ein Mal im Jahre auf Kosten des Consumenten einer vollständigen Reinigung zu unterziehen. Diese Reinigung ebenso wie auch alle erforderlichen Instandsetzungen und Correcturen der Wassermesser sind durch den Consumenten und auf dessen Kosten binnen kürzester Frist zur Erledigung zu bringen. Wenn eine Leitung während der Reparatur des Wassermessers oder aus anderen Ursachen vorübergehend ohne Wassermesser in Benutzung war oder dieser nachweislich zu wenig oder gar nicht gezählt hat, so wird der Verbrauch von der letzten Aufnahme des Standes ab nach Maassgabe des früheren Verbrauches berechnet.
55	**Glückstadt**	Die Wassermesser werden von der Verwaltung geliefert und angebracht, überwacht und ausgebessert und den Besitzern der angeschlossenen Grundstücke auf ihren Antrag miethsweise überlassen. Der Besitzer einer Zweigleitung darf an dem in derselben befindlichen Wassermesser keinerlei Veränderungen vornehmen. Er haftet für jede durch seine Schuld oder Nachlässigkeit entstandene Beschädigung des Wassermessers, ist verpflichtet, das Wassermessergehäuse nebst Zubehör frostfrei und in gutem Zustande zu erhalten und darf es nicht missbrauchen. Wird ein Wassermesser während des Gebrauchs schadhaft, so dass die verbrauchte, durch denselben gelaufene Wassermenge nicht richtig festgestellt werden kann, so wird der Verbrauch unter Berücksichtigung der für denselben maassgebenden Umstände entweder nach dem Verbrauch in den vorangehenden und nachfolgenden Monaten oder in dem entsprechenden Monat des Vorjahres festgesetzt. Ein Wassermesser, dessen Richtigkeit bezweifelt wird, wird sowohl auf Verlangen der Verwaltung als auch der Consumenten einer Revision unterzogen. Der Consument hat die Kosten der Untersuchung zu tragen, wenn dieselbe auf seinen Antrag geschehen ist und seine Bedenken sich als grundlos erwiesen haben. Die Entscheidung hierüber steht der Verwaltung zu.
56	**Görlitz**	Die Wassermesser werden durch die Verwaltung angekauft, an die Wasserentnehmer leihweise oder käuflich geliefert und durch das Wasserwerk aufgestellt. Die Wassermesser für Gewerbebetriebe und für diejenigen Grundstücke, für welche freiwillig die Aufstellung eines Wassermessers beantragt wird, oder für welche wegen Ueberverbrauches die Aufstellung eines Wassermessers erfolgt, werden von der Stadtgemeinde unentgeltlich hergegeben, eingestellt und unterhalten. Für alle fahrlässigen Beschädigungen muss der Grundstücksbesitzer in jedem Falle voll aufkommen. Für die wegen Vergeudung oder Unterschlagung zwangsweise eingestellten Wassermesser und für diejenigen, welche nur in Reserve für etwaigen Gebrauch oder für Feuerlöschzwecke aufgestellt sind, hat der Grundstücksbesitzer dagegen einen Miethszins in vierteljährlichen Raten im Voraus und die Aufstellungskosten an die Verwaltung zu zahlen. Die Wassermesser können auch vom Abnehmer durch Ankauf eigenthümlich erworben werden. In diesem Falle ist der Kaufpreis binnen 14 Tagen nach Empfang der Rechnung zu entrichten. Bis zur Bezahlung bleibt der Wassermesser Eigenthum des Wasserwerks. Die Aufstellung und Unterhaltung des Wassermessers erfolgt auf Kosten des Besitzers resp. Bestellers durch die Verwaltung; in gleicher Weise auch die Auswechselung von unbrauchbaren Wassermessern. Sämmtliche Wassermesser sind mit einer Plombe zu versehen, welche nur durch Beamte des Wasserwerks gelöst werden darf. Für jede äussere Beschädigung von gemietheten Wassermessern hat der Wasserentnehmer resp. Miether aufzukommen. Die Verwaltung prüft die Zuverlässigkeit der Wassermesser von 2 zu 2 Jahren und trägt die dadurch entstehenden Kosten. Die Zeitdauer für eine zwangsweise, oder auf Grund der freiwilligen Meldung erfolgte Einstellung eines Wassermessers wird auf mindestens 1 Jahr festgestellt.
57	**Göttingen**	Die Wassermesser werden von der Stadt gegen eine jährliche Miethe geliefert. Die Aufstellung derselben geschieht Seitens der Verwaltung auf Kosten der Consumenten. Reparaturen der Wassermesser, sofern dieselben nicht durch nachweisbare Schuld der Consumenten oder dritter Personen veranlasst sind, werden auf Kosten der Verwaltung von dieser ausgeführt. Die zeitweise Entfernung eines Wassermessers behufs etwa vorzunehmender Reparaturen, schliesst die Berechnung der Miethe für denselben nicht aus. Bei voraussichtlich länger dauernden Reparaturen wird indess Seitens der Verwaltung der zu entfernende Wassermesser durch einen anderen ersetzt. Im Uebrigen siehe auch Tab. IV, 13.

No.	Stadt	Lieferung, Besitz, Aufstellung, Beaufsichtigung, Prüfung u. s. w.
		16
		Es ist streng untersagt, das Hauptabsperrventil nur so wenig zu öffnen, dass bei dem Durchfluss des Wassers durch den Wassermesser das Zählwerk desselben nicht fortbewegt wird, desgleichen dürfen die Zapfhähne nicht unnöthig offen stehen und müssen nach Gebrauch stets sofort wieder geschlossen werden. Ist ein Wassermesser schadhaft geworden und zeigt derselbe einen unverhältnissmässig geringen oder hohen Consum an, so wird der Wassermesser einer Prüfung unterworfen. Zeigt sich dabei, dass derselbe fehlerhaft registrirte, so wird der Consum aus demjenigen der vorhergehenden oder nachfolgenden Zeit derart festgestellt, dass der in einzelnen kürzeren Zeiträumen, während welcher der Wassermesser richtig functionirte, beobachtete Consum für die Durchschnittsberechnung als Maassstab dient, vorausgesetzt, dass nicht Umstände vorliegen, welche der Verwaltung eine andere Art der Berechnung als geboten erscheinen lassen. In derselben Weise wird der Consum festgestellt, wenn der Wassermesser garkeinen Consum angezeigt hat, während ein solcher doch stattfand.
58	Gotha	Der Wassermesser wird auf Kosten des Abnehmers Seitens der Verwaltung geliefert, aufgestellt und unterhalten. Der Verwaltung sowohl als auch den Abnehmern steht jederzeit das Recht zu, bei obwaltendem Zweifel an dem richtigen Gang des Wassermessers eine Prüfung desselben zu veranlassen. Wird die Prüfung vom Abnehmer verlangt, so hat derselbe die Kosten der Prüfung, welche mit M 1 bis 3 berechnet werden, zu tragen. Von den Kosten wird abgesehen, wenn die Prüfung einen Schaden des Wassermessers ergiebt. Wird der Wassermesser schadhaft befunden, so wird der Durchschnittsverbrauch der entsprechenden Quartale der 3 vorhergehenden Jahre in Rechnung gestellt. Besteht die Leitung noch nicht 3 Jahre, so wird der 4. Theil des durchschnittlichen oder einmaligen Jahresverbrauchs und, falls auch dieses nicht möglich, der Verbrauch des unmittelbar voraufgegangenen Vierteljahres berechnet.
59	Greiz	Die Wassermesser werden auf Kosten der Consumenten geliefert und aufgestellt, gehen aber nach Fertigstellung der Zuleitung in den Besitz der Verwaltung über, welche alsdann dieselben zu unterhalten hat. Vergl. auch Tab. III, 10 u. 11. Es steht der Verwaltung sowohl, wie auch den Abnehmern das Recht zu, bei Zweifeln über den richtigen Gang des Wassermessers eine Prüfung desselben zu veranlassen. Wird die Prüfung vom Abnehmer verlangt, so hat derselbe die Kosten mit M 2 zu tragen, wenn nicht die Prüfung einen Fehler oder überhaupt eine Unregelmässigkeit ergibt. Wird der Wassermesser für unrichtig befunden, so hat die Verwaltung denselben unentgeltlich durch einen richtig zeigenden zu ersetzen. Die Verbrauchsrechnung für den betreffenden Monat wird nach dem Durchschnitt der 3 vorhergehenden Monate aufgestellt, wenn nicht besondere Umstände einen stärkeren oder schwächeren Verbrauch annehmen lassen. Durch Rohrbrüche entstandene Wasserverluste werden zu $^3/_4$ der Wassermenge, um welche dieselbe den Durchschnitt der letzten 12 Monate übersteigt, von der Verwaltung getragen, jedoch nur unter der Voraussetzung, dass auf die derselben zu erstattende Meldung der Rohrbruch amtlich festgestellt worden ist und dieser selbst sofort beseitigt wird.
60	Hagen i. W. . . .	Die Wassermesser werden von der Verwaltung gegen Jahresmiethe leihweise geliefert. Die Grösse, Ort und Art der Aufstellung werden ebenfalls von ihr bestimmt. Für die Instandhaltung bezw. etwaige Entschädigungen derselben ist der Abnehmer der Verwaltung haftbar, doch darf er selbst daran keinerlei Arbeiten oder Veränderungen vornehmen. Ausbesserungen an Wassermessern, welche in Folge von Abnutzung durch den gewöhnlichen Gebrauch nothwendig werden, besorgt die Verwaltung auf ihre Kosten, alle übrigen Reparaturen gehen auf Kosten des Abnehmers. In allen Fällen, für welche nach den Bestimmungen Wassermesser gefordert werden, ist die entsprechende Miethe, sowie für erstmaliges Setzen des Wassermessers eine Gebühr von M 3 zu zahlen, auch für den Fall, dass die Auswechselung eines Messers durch Verschulden des Miethers herbeigeführt wird, wohingegen die zur Controle aufgestellten Messer (vergl. Tab. II, 5) kostenlos vom Wasserwerk gesetzt und unterhalten werden. Wird ein Wassermesser schadhaft und zeigt einen verhältnissmässig geringen oder gar keinen Wasserverbrauch, so ist die zu zahlende Summe nach dem durchschnittlichen Consum der vorhergehenden und nachfolgenden Zeit festzusetzen, vorausgesetzt, dass nicht Umstände vorliegen, welche eine anderweite Berechnung als geboten erscheinen lassen.
61	Halberstadt . . .	Die Wassermesser werden käuflich oder gegen Jahresmiethe leihweise geliefert und auf Kosten des Consumenten aufgestellt. Bez. des Schachtes vergl. Tab. IV, 13. Jeder Wassermesser wird in der Regel jedes Jahr einmal einer vollständigen Reinigung unterworfen. Ein Wassermesser, dessen Richtigkeit angezweifelt wird, mufs sowohl auf Antrag des Consumenten, wie auch auf Verlangen der Verwaltung einer Revision und Nachprüfung unterzogen

No.	Stadt	Lieferung, Besitz, Aufstellung, Beaufsichtigung, Prüfung u. s. w.
		16
		werden. Der Consument trägt die Kosten der Untersuchung, wenn dieselbe auf seinen Antrag geschehen ist und das Bedenken sich als grundlos erwiesen hat. Wenn eine Leitung aus irgend welchen Gründen vorübergehend ohne Wassermesser in Benutzung gewesen ist, so wird für diese Zeit ein Pauschquantum berechnet, das nach dem Verbrauch von der Wiedereinsetzung bis zur nächsten Abnahme des Wassermesserstandes bestimmt wird. Wird ein Wassermesser während des Gebrauches schadhaft, so dass das consusumirte Quantum nicht mit Sicherheit festgestellt werden kann, so wird der Verbrauch von der letzten Abnahme ab durch die Verwaltung unter Berücksichtigung der für den Consum maassgebenden Umstände entweder nach dem Verbrauch der vorangegangenen beiden Monate oder nach dem Verbrauch der entsprechenden Monate des Vorjahres festgesetzt.
62	Halle a. d. S.	Die Aufstellung der Wassermesser, welche gekauft oder gegen Jahresmiethe leihweise übernommen werden können, geschieht Seitens der Verwaltung auf Kosten der Grundstücksbesitzer. Auch bestimmt sie den Standort jedes Wassermessers. Die durch natürliche Abnutzung oder die Beschaffenheit des Wassers entstandenen Schäden an den gemietheten Wassermessern werden auf Kosten der Verwaltung beseitigt. In allen anderen Fällen und bei Eigenthums-Wassermessern sind dem Wasserwerke, welches allein diese Reparaturen zu besorgen hat, die Kosten zu ersetzen. Während der Dauer der Reparatur werden von der Verwaltung leihweise Wassermesser eingeschaltet, und haben die betr. Wassermesser-Eigenthümer für diese Zeit die tarifmässige Miethe zu entrichten. Der Wassermesser ist möglichst bequem zum Ablesen dicht an den Eintritt der Zuleitung in das Grundstück zu legen und zwar so, dass alles dem Grundstück zugeführte Wasser den Messer zu passiren hat. Ist eine gemauerte Grube erforderlich, so hat die Verwaltung deren Lage und Grössenverhältnisse festzustellen. Die Grube ist in Cementmauerwerk wasserdicht von der Verwaltung auf Kosten des Grundstücksbesitzers so herzustellen, dass der Wassermesser gegen Frost und sonstige äussere Einflüsse geschützt ist. Dieselbe wird Eigenthum des Grundstücksbesitzers. Der Hausbesitzer hat dafür zu sorgen, dass der Wassermesser stets zugänglich und die Wassermessergrube frei von Wasser oder Schmutz ist, widrigenfalls der Wasserzufluss so lange unterbrochen wird, bis die Uebelstände beseitigt sind. Wird vermuthet, dass der Wassermesser den Verbrauch falsch angibt, so ist der Messer zu prüfen, und trägt der Consument die Untersuchungskosten, wenn die Prüfung von ihm beantragt wurde und zu seinen Ungunsten ausfällt. Schwankungen bis 5% Mehr- oder Wenigerangabe werden nicht berücksichtigt. Ergiebt sich, dass der Messer über die zulässige Grenze hinaus falsch gezeigt hat, so ist die zu zahlende Summe nach dem durchschnittlichen Verbrauch im nachfolgenden Monat festzusetzen, vorausgesetzt, dass nicht Umstände vorliegen, die eine anderweite Berechnung geboten erscheinen lassen. Es kann bei diesem Verfahren ein Anspruch nur für das laufende Vierteljahr erhoben werden.
63	Hamburg	Der Wassermesser ist für Rechnung des Consumenten aufzustellen und unterliegt sowohl vor der Benutzung der Prüfung und Genehmigung der Stadt-Wasserkunst als auch deren fernerer Controle. Die Wassermesser werden dem Mechaniker von der Verwaltung in von dieser zu bestimmender Grösse zum Selbstkostenpreise geliefert. Die Vornahme irgend welcher Arbeiten an dem Wassermesser ausser Reinigung des Siebes ist nur den Organen der Stadt-Wasserkunst gestattet. Die Wassermesser sind an frost- und wassersicherer Stelle nach näherer Anweisung aufzustellen. Bei den sog. Totalversorgungen ist der Wassermesser an Stelle des Zwischenstücks, vergl. Tab. IV, 13, Abs. 2, dicht hinter dem Hauptabsperrhahn einzubauen. Unmittelbar vor dem Wassermesser ist ein besonderer Abschlusshahn zwecks Absperrung bei Auswechselungen anzubringen. Der Consument hat das Recht, zu verlangen, dass der Wassermesser in seiner Gegenwart geprüft werde. Ergiebt sich dabei, dass derselbe richtig oder zu wenig zeigt, so zahlt der Consument die Kosten der Prüfung, zeigt derselbe zu viel, so zahlt die Stadt-Wasserkunst die Kosten unter Richtigstellung der Wasserrechnung.
64	Hamm i. W.	Die Wassermesser werden von der Verwaltung gegen Jahresmiethe geliefert. Die Grösse der Wassermesser, der Ort sowie die Art der Aufstellung werden ebenfalls von ihr bestimmt. Ausbesserungen an Wassermessern, welche in Folge von Abnutzung durch den gewöhnlichen Gebrauch nothwendig werden, besorgt die Verwaltung auf Kosten des Wasserwerks gegen die von dem Abnehmer zu entrichtende Miethe. Alle übrigen Ausbesserungen erfolgen auf Kosten des Abnehmers. Der Schacht, in welchem der Wassermesser aufgestellt wird, ist wasserdicht herzustellen, thunlichst bis über den Grundwasserstand zu heben und gegen Frost zu sichern. Für die Instandhaltung bezw. etwaige Beschädigungen des Wassermessers und Schachtes ist der Abnehmer der Verwaltung haftbar, doch darf er selbst daran keinerlei Arbeiten oder Abänderungen vornehmen.

<table>
<tr><th>No.</th><th>Stadt</th><th>Lieferung, Besitz, Aufstellung, Beaufsichtigung, Prüfung u. s. w.</th></tr>
<tr><td></td><td></td><td>16</td></tr>
<tr><td></td><td></td><td>Wird ein Wassermesser schadhaft und zeigt einen verhältnissmässig geringen oder gar keinen Verbrauch, so ist die zu zahlende Summe nach dem durchschnittlichen Verbrauch der vorhergehenden und nachfolgenden Zeit festzusetzen, vorausgesetzt, dass nicht Umstände vorliegen, welche eine anderweite Berechnung als geboten erscheinen lassen. Erfolgt hierbei zwischen dem Abnehmer und der Verwaltung keine Einigung, so geschieht die Festsetzung durch die Direction endgültig.
Wird von einem Abnehmer die Richtigkeit der Angaben des Wassermessers bezweifelt, so wird auf seinen Antrag der Wassermesser ausgewechselt und von der Verwaltung auf seine Richtigkeit geprüft. Zeigt der Wassermesser innerhalb der zulässigen Grenzen (2 % mehr oder weniger) richtig, so hat Antragsteller die Kosten für die Auswechselung und Probe zu bezahlen. Zeigt der Messer unrichtig, so trägt die Verwaltung die entstandenen Kosten, und die Bezahlung des Wassers erfolgt nach den oben genannten Bedingungen.
Die Kosten für Auswechselung und Probe betragen:
Für einen 20, 25 und 30 mm Wassermesser M 3
„ „ 50 mm Wassermesser . . . . „ 7
„ „ 80 „ „ . . . . „ 12
„ „ 100 „ „ . . . . „ 20
„ „ 150 „ „ . . . . „ 30</td></tr>
<tr><td>65</td><td>Hanau . . . . .</td><td>Die Wassermesser werden von der Direction unentgeltlich dargeliehen, doch fallen dem Consumenten alle Unterhaltungs- und Erneuerungskosten zur Last, welche nicht durch die ordnungsmässige Abnutzung des Messers veranlasst werden.</td></tr>
<tr><td>66</td><td>Hannover . . . .</td><td>Die Wassermesser werden Seitens der Wasserwerke in von ihnen zu bestimmender Grösse gegen vierteljährliche Miethe leihweise geliefert, aufgestellt und unterhalten, vergl. jedoch Abs. 3. Die Kosten der ersten Aufstellung trägt der Haus- bezw. Grundstückseigenthümer.
Bei fahrlässiger Beschädigung oder Zerstörung der Wassermesser, Hausabsperrventile und Rohre durch chemische Einflüsse, Feuer oder Frost u. s. w. geschieht die Ausbesserung auf alleinige Kosten des Wasserabnehmers, soweit nicht die Wasserwerke selbst ein Verschulden trifft.
Die durch Kauf in das Eigenthum der Hauseigenthümer bei Erlass der Regulative übergegangenen Messer bleiben in Benutzung, bis dieselben unbrauchbar werden. Die Unterhaltung erfolgt durch die Wasserwerke auf Kosten des Besitzers.
An den Wassermessern darf nur von den Beamten etwas losgenommen oder verändert werden.
Die Wassermesser werden, wenn irgend möglich, in den Hauskellern in der Nähe des Eintrittes des Zuleitungsrohres dicht hinter dem Hauptabsperrventil aufgestellt; wo dieses unmöglich ist, müssen gemauerte Schächte nach Vorschrift hergestellt werden. Auf Wunsch werden die Schächte auch von der Verwaltung gebaut. Die Hausbesitzer müssen den Raum oder Schacht, in welchem die Wassermesser stehen, vor Grundwasser, Abflusswasser, Schmutz u. s. w. schützen und dafür sorgen, dass der Zutritt zu den Messern, das Ablesen derselben und deren Aufstellung bezw. Abnahme jederzeit ohne Behinderung erfolgen kann.
Ist ein Wassermesser ungangbar geworden, so wird für die Zeit von der letzten richtigen Ablesung bis zur Auswechselung des Messers der Durchschnittsverbrauch des letzten Jahres, oder, falls noch nicht so lange Wasser nach Wassermesser bezogen ist, der Durchschnittsverbrauch der verflossenen Zeit der Berechnung zu Grunde gelegt.
Erheben sich Zweifel über die Richtigkeit der Angaben des Wassermessers, so wird derselbe abgenommen und in der Prüfungsanstalt der Wasserwerke, und zwar auf Wunsch in Gegenwart des Haus- bezw. Grundstücksbesitzers geprüft. Dem Ergebniss hat sich sowohl der Abnehmer wie die Verwaltung zu unterwerfen.
Ergiebt sich eine Unrichtigkeit, welche die zulässige Fehlergrenze von ± 5 % überschreitet, so wird die im vorigen Vierteljahr und bis zur Prüfung zuviel gezahlte Wassermenge in Abzug gebracht bezw. die zu wenig gezeigte Menge nachträglich berechnet. Die Verwaltung trägt alsdann die Kosten der Prüfung. Wird letztere jedoch vom Abnehmer beantragt und ergiebt sich keine die zulässige Fehlergrenze überschreitende Unrichtigkeit, so hat Antragsteller die Kosten selbst zu tragen.
Das Auswechseln eines angeblich falsch zeigenden Wassermessers und Prüfen desselben in der Probiranstalt kostet: für einen 12 bis 15 mm Messer . M 5
„ „ 20 „ „ „ 6
„ „ 25 „ „ „ 7
„ „ 30 „ „ „ 8
„ „ 40 „ „ „ 9
„ „ 50 „ „ „ 12
„ „ 70 „ „ „ 15
„ „ 80 „ „ „ 20
„ „ 100 „ „ „ 27
„ „ 125 „ „ „ 38
„ „ 150 „ „ „ 50</td></tr>
</table>

No.	Stadt	Lieferung, Besitz, Aufstellung, Beaufsichtigung, Prüfung u. s. w.
		16
67	**Harburg (Elbe)** . .	Die Wassermesser werden von der Verwaltung gegen einen jährlichen Miethzins auf Kosten der Stadt geliefert, eingebaut und unterhalten. Ueber Anzahl, Lichtweite und Standorte der einzubauenden Wassermesser entscheidet sowohl bei der ersten Einrichtung als bei späteren Veränderungen der Leitung allein die Verwaltung. Wassermesser unter 15 mm Lichtweite dürfen nicht zur Anwendung kommen. Der Bezugsberechtigte hat nach Anweisung der Verwaltung auf seine Kosten den Standort des Messers derart herzurichten, dass der Einbau und spätere Auswechselungen unbehindert erfolgen können, auch Schutzvorrichtungen und erforderlichenfalls sonstige Vorkehrungen, wie z. B. besteigbare Schachte, anzubringen. Werden Veränderungen am Messer und dessen Schutzvorrichtungen gewünscht oder sind Schäden bemerkt worden, so hat er die Verwaltung zu benachrichtigen, welche allein die nöthigen Maassnahmen anzuordnen hat. Beschädigungen, welche durch eigenmächtige Vornahmen des Besitzers der Leitung oder seiner Leute, oder in Folge Verschuldung derselben, namentlich bei ungenügender Ueberwachung des Standortes, sei es durch Frost, Stösse oder andere unsachgemässe Behandlung an dem Messer entstehen, treffen ausschliesslich den Besitzer der Leitung, und hat die Verwaltung auf Kosten desselben die erforderlichen Herstellungen ausführen zu lassen. Die Besitzer einer Leitung werden in den Stand gesetzt werden, die Feststellungen des Wasserverbrauchs zu verfolgen. Wer sich durch falschen Gang des Wassermessers beschädigt glaubt, kann eine Beanstandungsprobe beantragen. Zu diesem Zwecke wird der beanstandete Messer ausgebaut und in der Prüfungsstelle, und zwar auf Verlangen im Beisein des Besitzers, einer Untersuchung auf seine Messrichtigkeit unterzogen. Ergiebt diese, dass der Messer eine Mehrangabe über 10% über die wirkliche durchschnittliche Durchflussmenge macht, so wird die gesammte Verbrauchsangabe des Messers seit der letzten unbeanstandeten Ablösung bis zum Tage der Probe um den ermittelten Fehler in der Rechnung richtig gestellt. Im andern Falle hat der Antragsteller die Kosten der Probe zu erstatten. Dieselben betragen bei einer Lichtweite des Wassermessers von 15, 20 oder 25 mm M 2,50 bei 30 „ 35 „ „ 3,50 „ 40 „ 45 „ „ 4,50 „ 50 „ „ 5,50 Die Verwaltung kann jeder Zeit beliebig Proben eines im Betrieb befindlichen Wassermessers auf ihre Kosten veranlassen.
68	**Heidelberg**	Der Wassermesser bleibt Eigenthum des Wasserwerks; eine Miethe wird nicht erhoben. Die Kosten für die regelmässige Unterhaltung der Wassermesser werden vom Wasserwerk getragen, während der Abonnent für alle Reparaturen und Arbeiten, welche durch äussere oder innere Beschädigungen des Messers, z. B. durch Frost, veranlasst werden, aufzukommen hat. Der Wassermesser wird in jede neu hergestellte Privat-Wasserzuleitung möglichst nahe der Stelle, an welcher sie in die mit Wasser zu versorgende Liegenschaft eintritt, unmittelbar hinter dem Hauptabsperrhahn unter thunlichster Berücksichtigung der Wünsche des Abonnenten vom Wasserwerk eingeschaltet. Unter allen Umständen aber hat der Abonnent Sorge zu tragen, dass der Wassermesser jederzeit ohne Weiteres zugänglich bleibt. Wo die örtlichen Verhältnisse eine Unterbringung des Wassermessers im Keller oder einem sonst geeigneten, möglichst frostfreien und zugänglichen Raum nicht zulassen, muss hierzu ein gemauerter, den Angestellten des Wasserwerks stets zugänglicher Schacht auf Kosten des Abonnenten hergestellt werden. Treten während des Gebrauchs bei einem Wassermesser Störungen ein, so wird letzterer durch einen brauchbaren Messer ersetzt und diejenige Quantität als wirklich verbraucht angenommen, welche bei gleichen Verhältnissen in den entsprechenden Zeiträumen vorher verbraucht worden ist. Auf Antrag des Abonnenten wird die Richtigkeit der Angaben des von ihm benützten Wassermessers Seitens der Direction geprüft, doch hat derselbe die Kosten dieser Prüfung zu tragen, sofern der Messer sich in den Grenzen von $\pm$ 5% als richtig erweist.
69	**Heilbronn**	Die Wassermesser werden von der Stadtgemeinde beschafft und gegen Jahresmiethe leihweise abgegeben. Der Abnehmer ist jedoch für alle Beschädigungen, welche durch Frost, äussere Gewalt etc. entstehen, verantwortlich und ersatzpflichtig. Wenn ein Wassermesser unrichtig oder garnicht zeigt, so tritt Vereinbarung des Verbrauchs unter Zugrundelegung des Verbrauchs der vorhergegangenen Monate ein.
70	**Hildesheim**	Der Wassermesser wird von der Verwaltung geliefert, aufgestellt und unterhalten. Für die Herleihung und Unterhaltung wird eine Miethe erhoben. Die Kosten der ersten Aufstellung trägt der Haus- bezw. Grundstücksbesitzer. Bei Beschädigung oder Zerstörung der Wassermesser geschieht die Ausbesserung auf alleinige Kosten des Miethers, soweit nicht die Betriebsverwaltung selbst ein Verschulden trifft.

No.	Stadt	Lieferung, Besitz, Aufstellung, Beaufsichtigung, Prüfung u. s. w.
		16
		An den Wassermessern darf nur von der Verwaltung etwas losgenommen oder verändert werden. Die Wassermesser werden, wenn irgend möglich in den Hauskellern in der Nähe der Eintrittsstelle des Zuleitungsrohres zwischen dieser und dem Hausabsperrhahn und zwar dicht vor dem Letzteren aufgestellt; wo dieses unmöglich ist, müssen gemauerte Schächte nach Vorschrift hergestellt werden. Auf Wunsch werden die Schächte auch von der Verwaltung gebaut. Die Hausbesitzer müssen den Raum oder Schacht, in welchem die Wassermesser stehen, vor Grundwasser, Abflusswasser, Schmutz u. s. w. schützen und dafür sorgen, dass der Zutritt zu den Messern, das Ablesen derselben und deren Aufstellung bezw. Abnahme ohne Behinderung erfolgen kann. Ist ein Wassermesser ungangbar geworden, so wird für die Zeit von der letzten Ablesung bis zur Auswechselung der Verbrauch in dem gleichen Zeitraume des vorigen Jahres oder, falls noch nicht so lange Wasser nach Wassermessern bezogen ist, der Durchschnittsverbrauch der verflossenen Zeit der Berechnung zu Grunde gelegt. Erheben sich Zweifel über die Richtigkeit der Angaben des Wassermessers, so wird derselbe abgenommen und in der Werkstatt der Verwaltung, und zwar auf Wunsch in Gegenwart des Haus- bezw. Grundstücksbesitzers geprüft. Dem Ergebniss dieser Prüfung haben sich beide Theile zu unterwerfen. Ergibt sich eine Unrichtigkeit, welche die zulässige Fehlergrenze von $\pm$ 5% überschreitet, so wird auf Grund der vom Bauausschusse nach Billigkeit endgültig zu treffenden Feststellung die zuviel gezahlte Wassermenge in Abzug gebracht, bezw. die zu wenig gezeigte Menge nachträglich berechnet. Die Verwaltung trägt alsdann die Kosten der Prüfung. Ist Letztere jedoch vom Abnehmer beantragt und ergiebt sich keine die zulässige Fehlergrenze überschreitende Unrichtigkeit, so hat der Antragsteller die Kosten selbst zu tragen. Für das Auswechseln eines angeblich falsch zeigenden Wassermessers und Prüfen desselben in der Probiranstalt sind die Selbstkosten der Verwaltung zu vergüten.
71	**Höchst a. M.** . . .	Die Wassermesser werden von Seiten der Stadt angeschafft, aufgestellt und gegen eine Jahresmiethe unterhalten. Den Consumenten fallen alle Unterhaltungskosten zur Last, welche nicht durch die ordnungsmässige Abnutzung veranlasst werden; insbesondere ist dies der Fall, wenn die Wassermesser durch äussere Gewalt oder Frost unbrauchbar werden.
72	**Hof**	Die Wassermesser werden durch die Stadt gegen Jahresmiethe leihweise geliefert und von der Verwaltung aufgestellt und unterhalten; durch äussere Beschädigung oder durch Frost entstandene Reparaturen zahlt jedoch der Wasserpächter. Für jedes Anwesen wird gewöhnlich ein einziger Messer aufgestellt, doch bleibt es dem Wasserpächter freigestellt, in jeder Wohnung einen Messer aufstellen zu lassen. Die Grösse des zu verwendenden Messers bestimmt die Verwaltung. Bei Verwendung des Wassers zu industriellen Zwecken werden je nach Angabe der Verwaltung combinirte Messer aufgestellt. Die Messer sowie das Hauptabsperrventil sind amtlich plombirt. Der plombirte Hahn vor dem Wassermesser darf von den Privaten nicht geöffnet werden. Da wo die Oertlichkeit die Erbauung eines Schachtes zur Aufstellung des Wassermessers erheischt, wird dieser auf Kosten des Wasserpächters durch die Stadt nach vorgeschriebenen Normen ausgeführt. Zweifelt ein Wasserpächter an der Richtigkeit seines Messers, so kann auf seine Veranlassung eine Prüfung desselben auf der Prüfungsstation stattfinden, welcher er beiwohnen darf. Zeigt hiebei der Messer bis zu $\pm$ 5% richtig, so hat der Pächter die Prüfungskosten einschliesslich der Kosten für Ein- und Ausschaltung zu tragen und zwar für einen Messer von 10—25 mm M 10, über 25—50 „ „ 15, „ 50 „ „ 20. Ergibt sich indess bei der Prüfung ein Fehler von über $\pm$ 5% so geht diese auf Kosten der Stadt und es wird dem Wasserpächter die im verflossenen Quartal zu viel oder zu wenig bezahlte Wassermenge in Rechnung gebracht.
73	**Iserlohn**	Der Wassermesser wird vom Wasserwerk leihweise gegen monatliche Miethe abgegeben. Die Reparaturen werden durch Vermittelung des Wasserwerks ausgeführt und zwar bei naturgemässer Abnutzung für Rechnung des Wasserwerks, bei durch Schuld des Consumenten oder seiner Hausgenossen entstandenen Reparaturen, auf Kosten des Consumenten. Wird ein Wassermesser schadhaft und registrirt mangelhaft, so wird der Consum nach dem durchschnittlichen vorhergehenden berechnet, sofern nicht besondere Umstände eine anderweite Festsetzung erheischen.

No.	Stadt	Lieferung, Besitz, Aufstellung, Beaufsichtigung, Prüfung u. s. w.
		16
74	Karlsruhe	Die Kosten der Aufstellung des Wassermessers einschliesslich der Kosten für etwaige Herstellung des Schachtes trägt der Abonnent, ebenso die Kosten einer etwa von ihm veranlassten Versetzung oder Entfernung des Wassermessers. Der Wassermesser selbst wird vom Wasserwerk beschafft und unterhalten und bleibt dessen Eigenthum. Für die Benutzung des Wassermessers ist eine Jahresmiethe zu entrichten. Für verschuldete Verletzung des Wassermessers, sowie für Frostschaden haftet der Abonnent. Der Wassermesser muss an der Stelle angebracht werden, wo die Verwaltung es verlangt. Die Bestimmung des Calibers erfolgt gleichfalls durch die Verwaltung. Der Wassermesser muss unter allen Umständen frostfrei sitzen. Wo der Wassermesser nicht in einem schon vorhandenen frostfreien Raum gesetzt werden kann, muss ein Schacht von hinreichender Grösse gemauert werden. Dieser Schacht muss unter allen Umständen vollständig wasserdicht sein und im Winter von den Abonnenten gegen Frost geschützt werden. Wird während des Gebrauchs ein Wassermesser schadhaft, so dass der Verbrauch mit Sicherheit nicht festgestellt werden kann, so wird von der Verwaltung diejenige Wassermenge zu Grunde gelegt, welche anders bei gleichen Verhältnissen in den entsprechenden Zeiträumen vorher consumirt worden.
75	Kiel	Die Wassermesser dürfen nur von der Verwaltung bezogen, aufgestellt und event. wieder abgenommen werden, entweder käuflich gegen Erstattung der Selbstkosten, oder leihweise gegen Jahresmiethe. Reparaturen an den Wassermessern werden durch die Verwaltung ausgeführt und zwar bei den im Eigenthum Privater befindlichen auf deren Kosten, bei ermietheten Wassermessern, sofern die Reparaturen nicht durch Fahrlässigkeit oder Muthwillen erforderlich geworden sind, auf Kosten der Stadt.
76	Köln	Jedes Grundstück erhält einen besonderen Wassermesser, dessen Grösse sowie Ort und Art der Aufstellung von der Direction bestimmt wird. Die bei der Gebäudesteuereinschätzung als besonderes Grundstück ermittelten Liegenschaften gelten auch hier als solche. Auf einem Grundstücke, das ausser zu Wohnzwecken gewerblichen Betrieben dient, können hierfür besondere directe Wassermesser aufgestellt werden. Die Beschaffung und Aufstellung der Wassermesser erfolgt durch die Direction und werden solche nur leihweise abgegeben, wofür pro Vierteljahr eine Miethe gleichzeitig mit dem Wasserzins entrichtet wird, deren Höhe die Deputation festsetzt. Der Consument hat ausserdem die Kosten der Aufstellung und der Abnahme des Wassermessers zu tragen. Alle Arbeiten und Reparaturen an den Wassermessern dürfen nur durch das Wasserwerk ausgeführt werden. Die Kosten der Reparaturen trägt das Wasserwerk in allen durch den gewöhnlichen Verschleiss der Wassermesser hervorgerufenen Fällen, wohingegen die Kosten dem Consumenten zur Last fallen, wenn die Reparatur in Folge äusserer Einwirkungen nothwendig geworden ist, wohin auch Beschädigungen durch Gewalt oder Frost gehören. Auch haftet der Consument für Verlust des Wassermessers z. B. durch Diebstahl oder Feuer. Differenzen über die Höhe des Wasserverbrauchs und Zweifel an der Richtigkeit der Messung werden durch eine Prüfung des Messers auf der Prüfungsstation, auf Wunsch im Beisein des Abnehmers, erledigt. Ergeben sich hierbei Unterschiede von nicht mehr als ± 5 %, so wird die Angabe des Messers als richtig betrachtet. Bei grössern Unterschieden, oder wenn der Messer stillgestanden, wird nach Wahl der Direction entweder der Consum im gleichen Vierteljahre des Vorjahres oder der Durchschnitt des Verbrauchs des vorhergegangenen und nachfolgenden Vierteljahres als Maass angenommen, oder der Verbrauch nach anderen, etwa vorhandenen Merkmalen festgestellt. Wird auf Wunsch des Abonnenten eine Prüfung des Messers vorgenommen, und zeigt letzterer bei dieser Prüfung innerhalb der Grenzen von ± 5 % richtig, so hat der Abonnent die Kosten der Prüfung zu zahlen.
77	Königsberg	In allen Fällen bestimmt die Verwaltung nach Maassgabe des Bedarfs und des Orts die Grösse, Stelle, Art und Zahl der Wassermesser und der zugehörigen Einrichtungen. Nur sie ist berechtigt, aber auch zugleich verpflichtet, die Wassermesser und zugehörigen Einrichtungen zu liefern, einzubauen und in Stand zu halten. Die Kosten dafür trägt der Grundstücksbesitzer. Die Wassermesser werden ihm zum Selbstkostenpreise in Rechnung gestellt.
78	Königshütte	Der Wassermesser wird von der Bau-Deputation auf Kosten des Eigenthümers aufgestellt und unterhalten. Die Art und das System der Wassermesser wird von der Bau-Deputation vorgeschrieben. Der Wassermesser ist leicht zugänglich in einem frostfreien und vom Grundwasser freien Raume so aufzustellen, dass vor ihm keine Abzweigung und keine Ausflussstelle angebracht ist. Die Bau-Deputation ist befugt, jeden Wassermesser, der zur Controle des zahlungspflichtigen Wasserverbrauchs dienen soll, vor seiner Verwendung zu prüfen und eintretenden Falls, wenn derselbe als nicht brauchbar befunden worden ist, zurückzuweisen. Die Wassermesser dürfen nicht eigenmächtig versetzt oder ausgeschaltet werden.

No.	Stadt	Lieferung, Besitz, Aufstellung, Beaufsichtigung, Prüfung u. s. w.
		16
		Jeder Wassermesser wird so oft, als es sich als nothwendig erweist, auf Kosten des Consumenten einer vollständigen Reinigung oder Reparatur unterzogen. Ein Wassermesser, dessen Richtigkeit angezweifelt wird, muss sowohl auf Antrag des Consumenten wie auf Verlangen der Bau-Deputation einer Prüfung unterzogen werden. Der Consument hat das Recht, zu verlangen, dass er oder ein von ihm zu bezeichnender Vertreter bei dieser Prüfung zugezogen wird. Die Kosten für die Prüfung hat der Consument zu tragen, ausgenommen, wenn durch eine von Seiten der Bau-Deputation ohne seinen Antrag vorgenommene Prüfung die Brauchbarkeit des bemängelten Wassermessers sich ergiebt. Wenn eine Leitung während der Reparatur des Wassermessers oder aus anderen Ursachen vorübergehend ohne Wassermesser in Benutzung war, so wird für diese Zeit derjenige Wasserverbrauch angenommen, welchen der Wassermesser in der gleichen Anzahl Tage nach der Wiederaufstellung anzeigt. Soweit es thunlich ist, wird jedoch die Verwaltung für Aufstellung eines Reservewassermessers Sorge tragen. Findet sich, dass ein Wassermesser still steht und deswegen garnicht oder zu wenig gezählt hat, so wird der Verbrauch von der letzten Aufnahme des Wassermesserstandes ab nach Maassgabe eines entsprechenden Vormonats berechnet. Tritt dieser Fall bei einem Wassermesser ein, durch den das Wasser zu einem Bau entnommen wird, so kann nach dem Ermessen des Magistrats von der Berechnung nach dem Wassermesser für den Bau ganz abgesehen, und der Preis für das dazu benutzte Wasser nach dem Umfange des Bauwerks berechnet und in einer angemessenen Pauschalsumme festgesetzt werden.
79	**Königswinter**	Die Wassermesser werden den Consumenten von der Verwaltung gegen vierteljährliche Miethe leihweise überlassen und für Rechnung der Consumenten aufgestellt. Die Grösse des Wassermessers bestimmt die Verwaltung. Für die Aufstellung und Verbindung des Wassermessers werden ausser den verwendeten Materialien nachstehende Arbeitslöhne berechnet: bei 10 bis 20 mm Durchflussw. M 4 „ 25 „ „ „ 5 „ 30 „ „ „ 6 „ 40 „ „ „ 8 „ über 40 „ „ „ 12 Die zum Schutze des Wassermessers gegen Frost und äussere Beschädigungen erforderlichen Vorkehrungen hat der Consument nach Anweisung für seine Rechnung zu treffen. Wird ein Wassermesser schadhaft, oder zeigt er einen unverhältnissmässig geringen oder gar keinen Wasserverbrauch, so ist die zu zahlende Summe nach billigem Ermessen festzusetzen, wenn nicht Umstände vorliegen, welche eine anderweitige Berechnung geboten erscheinen lassen. Erhebt der Consument Zweifel über die Richtigkeit der Angaben des Wassermessers, so wird letzterer abgenommen, mittels eines geeigneten Messapparates geprüft und danach event. die Angabe berichtigt. Dem Resultat hat sich der Consument wie das Wasserwerk zu unterwerfen. Ergiebt sich indess nur eine Abweichung von den Angaben des Messapparates bis zu 5%, so wird auf dieselbe keine Rücksicht genommen. Beträgt die Differenz mehr als 5%, so wird der Wasserzins nach dem Ergebnisse der Prüfung festgesetzt, doch darf die Erhöhung, bezw. Ermässigung nur für den letzten Monat bis zur Prüfung beansprucht werden. Im Falle der Ermässigung trägt das Wasserwerk die Kosten der Prüfung, während im entgegengesetzten Falle der Consument, insofern die Prüfung von ihm beantragt worden und dieselbe die bis zu $\pm$ 5% richtige Angabe des Messers ergeben hat, die Kosten zu tragen hat. Diese Kosten betragen einschliesslich Transport und Einschaltung: bei 10—25 mm Durchflussw. M 6 „ 30 „ „ „ 8 „ 40—50 „ „ „ 10 „ 80 „ „ „ 15 „ 100 „ „ „ 18
80	**Kopenhagen**	Die Wassermesser kleinerer Dimensionen werden verkauft oder vermiethet. Die Aufstellung geschieht durch die Verwaltung auf Kosten des Abnehmers an einer frostsicheren Stelle des Grundstücks. Der Wassermesser wird plombirt. Die Unterhaltung wird durch die Verwaltung, und zwar die der verkauften Wassermesser auf Kosten des Abnehmers, die der vermietheten für eigene Rechnung bewirkt.
81	**Leipzig**	Die Wassermesser werden von dem Wasserwerke gegen einen bestimmten jährlichen Miethszins auf Kosten des Werkes geliefert, eingebaut und unterhalten. Ueber Anzahl, Lichtweite und Standorte entscheidet die Verwaltung. Der Bezugsberechtigte hat nach deren Anweisung auf seine Kosten den ausgewählten Standort und die Leitung so herzurichten, dass der Einbau und spätere Auswechselungen

No.	Stadt	Lieferung, Besitz, Aufstellung, Beaufsichtigung, Prüfung u. s. w.
		16
		unbehindert erfolgen können, auch etwa erforderliche Schutzvorrichtungen und sonstige bauliche Vornahmen, wie z. B. befahrbare Gruben, anzubringen. Der Besitzer der Leitung hat sich jeder Vornahme am Wassermesser oder am Standorte desselben und den Schutzvorrichtungen strengstens zu enthalten; sollten Veränderungen erwünscht oder Schäden bemerkt worden sein, so hat er die Verwaltung zu benachrichtigen. Die Standesunterschiede an den Messern eines Grundstücks gelten als Gesammtverbrauch desselben während des abgelaufenen Kalenderjahres unter der Voraussetzung, dass der Zeitunterschied der Ablesungen nicht mehr als einen halben Monat von der vollen Jahresdauer abweicht; tritt dieser Fall ein, so erfolgt die Richtigstellung im Bedarfsfalle mittels Proportionalrechnung. Es ist Sache des Besitzers der Leitung, die Feststellungen der Verwaltung zu verfolgen und, wenn er sich durch falschen Gang des Wassermessers beschädigt glaubt, eine Beanstandungsprobe zu verlangen. In solchem Falle wird der beanstandete Messer ausgebaut und in der Prüfungsstelle, auf Verlangen im Beisein des Besitzers einer Untersuchung auf seine Messrichtigkeit unterzogen. Die Probe fällt zu Gunsten des Antragstellers aus, wenn der Messer eine Mehrangabe von über 5% über die wirkliche durchschnittliche Durchflussmenge macht, und es wird die gesammte Verbrauchsangabe des Messers seit der letzten unbeanstandeten Ablesung bis zum Tage der Probe um den ermittelten Fehler in der Rechnung richtig gestellt. Im anderen Falle trägt die Kosten der Probe nach dem nachstehend dafür bestimmten Satze der Antragsteller. Ergiebt die Beanstandungsprobe oder eine sonstige Probe, welche die Verwaltung jeder Zeit beliebig auf ihre Kosten veranlassen kann, eine Minderangabe von mindestens 10% der wirklichen Durchflussmenge oder eine völlige Störung im Gange des Messers, so hat die Verwaltung den seit der letzten Ablesung stattgehabten Verbrauch unter Berücksichtigung der denselben beeinflussenden Umstände nach bestem Ermessen abzuschätzen. Für die Vornahme einer Beanstandungsprobe, welche vom Besitzer zu bezahlen ist, werden berechnet bei einer Lichtweite des geprüften Messers von 13 mm M 2,00 25 „ „ 3,00 35 „ „ 4,00 50 „ „ 7,50 75 „ „ 15,00 100 „ „ 20,00
82	Liegnitz	Die Wassermesser werden von der Verwaltung aufgestellt und gegen Jahresmiethe abgegeben. Die Anwendung anderer als der von der Verwaltung gelieferten Wassermesser ist unstatthaft. Für das Aufstellen der Wassermesser ist zu zahlen bei 10 mm bis 40 mm Durchm. M 5 „ 50 „ Durchm. . . . . . „ 9 „ 65 „ „ . . . . . „ 11 „ 75 „ „ . . . . . „ 13 „ 100 „ „ . . . . . „ 15 Die Herstellung der etwa nöthigen Grube, des Schachtes und Gehäuses ist Sache des Hausbesitzers. Der Wasserabnehmer hat für jede äussere Beschädigung, welche einem gemietheten Wassermesser zugefügt wird, aufzukommen. Er ist verpflichtet, jederzeit die Revision und Umwechselung des Wassermessers zu gestatten und dafür zu sorgen, dass derselbe stets zugänglich und das Zifferblatt frei ist und, dass am Zeigerwerk keine Manipulationen vorgenommen werden. Wenn der Wassermesser eine Störung in seinem Betriebe erlitten hat, so wird der Verbrauch für die Zeit der Störung nach Verhältniss desjenigen Verbrauchs berechnet, den der Wassermesser durch die letzten 4 Wochen vor dem Eintritt der Störung und die ersten 4 Wochen nach Beseitigung der Störung angezeigt hat, vorausgesetzt, dass nicht Umstände vorliegen, welche eine anderweite Berechnung als geboten erscheinen lassen.
83	Lindau	Die Wassermesser (nur System Faller) werden für Rechnung der Gemeinde gegen Jahresmiethe geliefert, eingebaut und unterhalten. Die Kosten für Reparaturen, welche durch gewaltsame oder fahrlässige Beschädigung des Messers (z. B. durch Zerschlagen der äusseren Hülle, des Glases, des Zeigerwerkes, durch Einfrierenlassen u. dgl.) veranlasst werden, fallen dem Wassergaste zur Last. Die Messvorrichtung wird in Keller- oder Erdkellergeschoss-Räumlichkeiten, ausserdem in herzustellenden wasserdichten, gemauerten Schächten von genügender Grösse (in der Regel mind. 1,0 bei 0,70 m) eingeschaltet und muss gegen Beschädigungen wie gegen Frost vollständig gesichert werden. Schächte, welche ganz ausnahmsweise im Freien oder in kalten Räumen zu liegen kommen, sind durch doppelte Decklage mit Isolirung durch Polstereinlage von Kälberhaaren, Sägspänen, Stroh und dergl. gegen Kältezutritt abzuschliessen.

No.	Stadt	Lieferung, Besitz, Aufstellung, Beaufsichtigung, Prüfung u. s. w.
		16
		Nur in Ausnahmefällen kann auf Ruf und Widerruf genehmigt werden, dass Messvorrichtungsschächte auf Gemeindegrund gegen Recognitionsgebühr von M 0,20 errichtet werden. Der Wassergast kann jederzeit eine Prüfung des Wassermessers verlangen. Zeigt der Wassermesser hierbei innerhalb der Grenzen bis zu 5 % mehr oder weniger richtig, so hat der Wassergast, falls die Prüfung von ihm veranlasst wurde, bei Messern von 13 mm bis einschliesslich 25 mm M 10, von 25 mm an aufwärts, M 15 zu bezahlen. Ergeben sich dagegen Fehler über 5 % mehr oder weniger, so ist die Prüfung gebührenfrei, und es wird das im abgelaufenen Vierteljahre zu viel oder zu wenig angezeigte Quantum in Berechnung gebracht. Zeigt ein Wassermesser einen unverhältnissmässig geringen oder garkeinen Wasserverbrauch, so ist dieser nach dem Durchschnitte der vorhergehenden oder nachfolgenden Zeit festzusetzen, jedoch wird in jedem Falle wenigstens die Mindestbezugsmenge angenommen.
84	**Lübeck**	Die Wassermesser werden auf Kosten der Consumenten aufgestellt und entweder käuflich oder in Jahresmiethe abgegeben; die Unterhaltungskosten trägt bei kaufweiser Ueberlassung der Eigenthümer, bei miethweiser die Stadtwasserkunst.
85	**Magdeburg**	Der Wassermesser wird von der Verwaltung für Rechnung des Leitungsbesitzers geliefert und aufgestellt und zwar möglichst nahe der Einmündung der Leitung in das Grundstück an einer frostfreien leicht zugänglichen Stelle. Auf Verlangen ist der Besitzer zur Anlegung eines combinirten Messers verbunden. Die erforderlichen Reinigungen und Reparaturen werden durch die Verwaltung besorgt. Der Leitungsbesitzer hat für diese Arbeiten jährlich 4 % des Facturenwerthes des Messers zu zahlen. Reparaturen, die durch äussere Gewalt oder Frost nothwendig werden, müssen besonders bezahlt werden. Wenn sich die Nothwendigkeit der Auswechselung herausstellt, so ist die Verwaltung verpflichtet, den auszuschaltenden Messer zu angemessenem Preise zu übernehmen. Insoweit der Verwaltung durch die Instandhaltung und Erneuerung des Messers Auslagen nicht entstehen, weil der Lieferant ihr für denselben Garantie geleistet hat, wird auch dem Leitungsbesitzer für diese Leistungen Nichts in Rechnung gestellt werden. Eine Veränderung an dem vor dem Wassermesser befindlichen Theil der Leitung und bis zu einer Entfernung von weniger als 1 m hinter dem Gehäuse darf nur durch die Verwaltung bewirkt werden. Der Messer darf nur durch die Verwaltung aus der Leitung entnommen werden. Die Kosten aller etwaigen Veränderungen fallen dem Besitzer zur Last, es sei denn, dass durch Veränderungen der öffentlichen Rohrleitungen Veränderungen nothwendig werden, in welchem Falle die Verwaltung die desfallsigen Kosten übernimmt. Ein Wassermesser, dessen Richtigkeit angezweifelt wird, muss auf Antrag des Leitungsbesitzers auf Wunsch in seiner oder seines Vertreters Gegenwart einer Prüfung unterzogen werden. Das gleiche Recht steht der Verwaltung zu. Auf eine Differenz bis zu 10 % wird bei der Prüfung Rücksicht nicht genommen. In diesen Fällen wird der Betrag nach der Angabe des Messers berechnet, und weder die Verwaltung ist berechtigt, diesen nach Angabe des Messers berechneten Betrag auf Grund des Resultats zu erhöhen, noch hat der Leitungsbesitzer auf Ermässigung Anspruch. Sollte sich eine Differenz von mehr als 10 % ergeben, so wird der Betrag des Wassergeldes nach dem Ergebniss der Prüfung bestimmt, doch darf die Erhöhung beziehungsweise Ermässigung nur für die vorangegangenen beiden Monate und bis zur Prüfung beansprucht werden. Jeder Wassermesser wird wenigstens einmal im Jahre von der Verwaltung einer Prüfung unterzogen werden. Alle Prüfungen werden unentgeltlich bewirkt, ausgenommen diejenigen, welche auf besonderes Verlangen des Besitzers erfolgen, sofern sie den richtigen Gang des Messers ergeben. Wenn eine Leitung aus irgend welchen Gründen vorübergehend ohne Wassermesser in Benutzung war, so wird für diese Zeit ein Pauschquantum berechnet, das nach dem Verbrauch von der Wiedereinsetzung bis zur nächsten Abnahme des Wassermessers bestimmt wird. Findet sich, dass der Messer still steht, so wird der Verbrauch von der letzten Abnahme ab durch die Verwaltung, unter Berücksichtigung der für den Consum maassgebenden Umstände, entweder nach dem Verbrauch der vorangegangenen beiden Monate oder dem Verbrauch der entsprechenden Monate des Vorjahres festgesetzt.
86	**Mainz**	Die Aufstellung der gegen monatliche Miethe abzugebenden Wassermesser erfolgt durch das Wasserwerk auf Kosten des Antragstellers. Der Aufstellungsplatz ist nach Vereinbarung an einer frostfreien, leicht zugänglichen, geschützten Stelle zu wählen, welche ausserdem möglichst dicht hinter der Kellermauer an der Einführungsstelle liegen soll. Die Wahl des Systems und der Durchflussweite der Wassermesser bleibt dem Wasserwerk überlassen.

No.	Stadt	Lieferung, Besitz, Aufstellung, Beaufsichtigung, Prüfung u. s. w.
		16
		Der Miether eines Wassermessers haftet für sich und seine Rechtsnachfolger und für Dritte, die in seinem Auftrage handeln, in vollem Umfang für alle Schäden, welche durch fahrlässige oder gewaltsame Beschädigung und Beiseiteschaffung der Messer entstehen, sowie für regelmässige Zahlung der schuldigen Miethgebühr. Die Stadt Mainz übernimmt keine andere Garantie für die Richtigkeit der Maassangaben als diejenige, dass der Messer bei der Einschaltung innerhalb der Fehlergrenze ± 5% richtig anzeigt, und behält sich das Recht vor, nach freiem Ermessen vermiethete Messer zu prüfen, und gegen andere auszuwechseln, hierbei auch nach Befinden die Durchflussweite abzuändern. Im Falle missbräuchlicher und eigenmächtiger Hantirungen, sowie gewaltsamer Beschädigungen durch den Miether und im Falle der Zahlungsverweigerung für Miethe oder Reparaturkosten kann das Wasserwerk dem Miether den Wassermesser unter gleichzeitiger Absperrung des Zuflusses sofort entziehen. Die Miethe gilt bei bewohnten Grundstücken als für die Dauer mindestens eines Jahres abgeschlossen, unbeschadet anderweiter Feststellung des Miethpreises bei nöthiger Aenderung an der Durchflussweite. Nach Ablauf eines Jahres kann die Miethe monatlich gekündigt werden. Die laufende Unterhaltung der Wassermesser und ebenso deren Reinigung und Prüfung einschliesslich Aus- und Einschaltung, sowie die Auswechselung zwecks Veränderung der Durchflussweite besorgt die Stadt auf ihre Kosten. Reparaturen, welche durch den Miether verschuldet sind (insbesondere bei Frostschäden), sowie Prüfungen, die der Miether beantragt — im Falle sich der Messer dabei als richtig erweist — und die dabei nöthige Aus- und Einschaltung beschafft die Stadt auf Kosten des Miethers. Wird einem Miether auf sein Begehren eine Auswechselung, ohne dass diese durch nachweisbare Fehler des gemietheten Messers bedingt ist, von der Stadt zugestanden, so hat er die Kosten der Auswechselung zu tragen. Die Vergütung der Miethe erfolgt von dem ersten Tage des auf den Tag der Einschaltung folgenden Kalendermonats ab, bis zum letzten Tag desjenigen Monats, in welchem die Ausschaltung erfolgt, wenn diese mindestens 14 Tage vorher beantragt wurde. Stillstand oder fehlerhaftes Zeigen des Messers giebt keinen Anspruch auf Nachlass der Miethgebühr.
87	**Mannheim**	Die Lieferung und Aufstellung der Wassermesser erfolgt durch das Wasserwerk auf dessen Kosten; dagegen haben die Abnehmer eine jährliche Wassermessermiethe zu bezahlen. Die Kosten für die regelmässige Unterhaltung des Wassermessers werden vom Wasserwerk getragen, während der Hausbesitzer für alle Reparaturen und Arbeiten, welche durch gewaltsame Beschädigungen veranlasst werden, aufzukommen hat. Der Wassermesser muss an einer von der Verwaltung für geeignet gehaltenen Stelle angebracht werden, jedoch sollen hierbei billige Wünsche der Abnehmer möglichst berücksichtigt werden. Unter allen Umständen haben Letztere Sorge zu tragen, dass der Wassermesser jederzeit ohne Weiteres zugänglich und das Ablesen möglich ist. Event. muss ein gemauerter Schacht hergestellt werden, dessen Herstellungskosten der Liegenschaftsbesitzer zu tragen hat; auch ist derselbe verpflichtet, den Schacht jederzeit zugänglich, sowie auch von Schmutz und Wasser frei zu erhalten. Abzweige vor dem Wassermesser anzulegen, ist strengstens verboten. Zuwiderhandelnden wird, abgesehen von einer etwaigen gerichtlichen Verfolgung, der Wasserbezug sofort entzogen. Werden von einem Abnehmer Zweifel über die Richtigkeit der Angabe eines Wassermessers erhoben, so wird dieser ausgewechselt und geprüft. Zeigt sich dabei, dass der Wassermesser thatsächlich über die zulässigen Fehlergrenzen hinaus unrichtig zeigt, so fallen die Kosten der Auswechselung und Prüfung dem Wasserwerk zur Last. Zeigt sich dagegen der Wassermesser als innerhalb der zulässigen Fehlergrenze ± 5% richtig, so hat der Abnehmer die Kosten zu tragen. Ergiebt sich, dass ein Wassermesser über die Fehlergrenze von ± 5% zeigt, so hat im ersteren Fall der Abnehmer auf Rückersatz Anspruch, im zweiten Fall dagegen hat derselbe das zu wenig bemessene Quantum nachzuzahlen.
88	**Meiderich**	Die Wassermesser werden von der Verwaltung gegen monatl. Miethe aufgestellt und unterhalten. Der Wassermesser darf nur von dem damit beauftragten Beamten untersucht werden. Böswillig oder durch Nachlässigkeit oder Mangel an Vorsicht des Consumenten oder anderer Personen an dem Wassermesser entstandene Beschädigungen werden auf Kosten des Consumenten reparirt. Bei Entnahme des Wassers durch den Wassermesser wird in dem Falle, dass ein Wassermesser stillstehend befunden wird, der Durchschnittsconsum der letzten 3 Monate für den laufenden Monat in Rechnung gestellt.
89	**Merseburg**	Die Verwaltung liefert die Wassermesser und bestimmt deren Durchgangsweite, Ort und die Art der Aufstellung. Wassermesser und Hauptabsperrhahn für die innere Leitung müssen möglichst nahe der Innenseite der Umfassungsmauer liegen.

No.	Stadt	Lieferung, Besitz, Aufstellung, Beaufsichtigung, Prüfung u. s. w.
		16
		Die Instandhaltung liegt in allen Fällen dem Abnehmer ob. Arbeiten, Veränderungen oder Ausbesserungen, die an dem Wassermesser nöthig werden, sind indessen ausschliesslich durch die Verwaltung auf Kosten des Abnehmers auszuführen. Ergeben sich Zweifel über die Richtigkeit der Angaben des Wassermessers, so wird derselbe abgenommen und, auf Verlangen im Beisein des Abnehmers, auf der Probirstation geprüft. Das Ergebniss dieser Prüfung ist sowohl für die Verwaltung als für den Abnehmer maassgebend. Ergiebt sich dabei eine Unrichtigkeit von mehr als 5 %, so wird die für das vorhergegangene Vierteljahr zu viel angezeigte Menge vergütet, ebenso aber auch die zu wenig angezeigte für denselben Zeitraum nachträglich berechnet. In diesem Falle trägt das Wasserwerk, andernfalls, sofern die Prüfung von dem Abnehmer beantragt war, dieser die Kosten. Dieselben betragen für Abnahme, Prüfung und Wiederaufnahme bei Wassermessern bis 20 mm Weite einschl. M 5, " " über 20 " " " " 10. In jedem Falle bleibt der Verwaltung das Recht vorbehalten, einen besonderen Controlmesser einzustellen und bei nachgewiesener Unrichtigkeit des vorhandenen Wassermessers die Einstellung eines anderen Wassermessers zu bewirken. Dieselbe erfolgt auf Kosten der Verwaltung, wenn sich die Unrichtigkeit binnen 3 Jahren nach Einschaltung des unrichtigen Wassermessers herausstellt und ein Verschulden des Abnehmers an der Unrichtigkeit nicht nachweisbar ist.
90	Metz	Die Wassermesser werden durch die städtische Verwaltung den Nutzniessern zum Selbstkostenpreise geliefert.
91	Minden	Die Wassermesser sind von der Verwaltung zu liefern und zwar in der Regel leihweise gegen vierteljährliche Miethe, während dieselben auch auf Wunsch des Consumenten käuflich übernommen werden können. In letzterem Falle bleibt der Verwaltung das Recht vorbehalten, jederzeit einen Controlmesser besonders einzustellen und bei unrichtigem Functioniren des dem Consumenten gehörigen Wassermessers die Einstellung eines anderen, richtig gehenden Messers zu verlangen. Die Grösse der Wassermesser, der Ort und die Art der Aufstellung werden von der Verwaltung bestimmt. Der Wassermesser muss möglichst nahe an der Innenseite der Umfassungsmauer der Privatliegenschaft angebracht sein. Der Miether eines Wassermessers ist für Instandhaltung resp. Beschädigung desselben haftbar. Alle Ausbesserungen sind nur durch die Verwaltung zu besorgen. Soweit solche durch die Abnutzung im gewöhnlichen Gebrauch nothwendig werden, sind dieselben bei gemietheten Wassermessern auf Kosten der Verwaltung auszuführen. Alle übrigen Reparaturen gehen auf Kosten des Abnehmers. Erheben sich Zweifel über die Richtigkeit der Angaben des Wassermessers, so wird derselbe durch das Wasserwerk abgenommen und, auf Verlangen im Beisein des betreffenden Abnehmers, auf der Probirstation geprüft und danach die Angabe event. berichtigt. Das Resultat der Prüfung ist für die Verwaltung wie für die Abnehmer maassgebend. Ergiebt sich bei der Prüfung eine Unrichtigkeit der Angabe von mehr als 5 %, so wird das durch den Wassermesser für das vorhergegangene Vierteljahr und bis zur Prüfung zu viel angezeigte Quantum dem Abnehmer in Abzug gebracht, ebenso aber auch das zu wenig angegebene nachträglich berechnet. In diesem Falle trägt das Wasserwerk die Kosten, im anderen Falle, sofern die Prüfung von dem Abnehmer beantragt worden, der Letztere. Die Kosten dieser Abnahme, Prüfung und Wiederaufnahme betragen: bei Wassermessern bis zu 20 mm Weite einschl. M 6, " " über 20 " " " 12.
92	Mülhausen i. E. . .	Die Wassermesser werden nur gegen vierteljährliche Miethe abgegeben. Die Kosten der Aufstellung, Unterhaltung und Ausbesserung des Wassermessers trägt das Wasserwerk, dagegen hat der Consument die zum Schutze des Wassermessers gegen den Frost und irgendwelche Beschädigungen erforderlichen Vorkehrungen nach Anweisung der Direction für seine Rechnung zu treffen, da im Falle fahrlässiger Beschädigung die Kosten dem Consumenten zur Last fallen. Wird ein Wassermesser schadhaft und zeigt er einen unverhältnissmässig geringen oder garkeinen Verbrauch an, so ist die zu zahlende Summe durch die Direction nach billigem Ermessen festzusetzen, falls eine genaue Verbrauchsberechnung sich nicht aufstellen lässt. Erheben sich Zweifel über die Richtigkeit der Angaben des Wassermessers, so wird derselbe abgenommen und mittels eines dazu aufgestellten Messapparates des Wasserwerks geprüft. Dem Resultate dieser Prüfung haben sich beide Theile zu unterwerfen.
93	Mülheim-Deutz-Kalk	Die Wassermesser dürfen nur von der Verwaltung bezogen und durch dieselbe aufgestellt werden. Der Consument kann den Wassermesser käuflich erwerben oder denselben miethen, in welchem letzteren Falle an Miethe und Unterhaltungskosten 15 % des Neuwerthes in vierteljährlichen Raten praen. erhoben werden.

No.	Stadt	Lieferung, Besitz, Aufstellung, Beaufsichtigung, Prüfung u. s. w.
		16
94	Mülheim a. d. Ruhr	Der Wassermesser wird von dem Curatorium gegen monatliche Miethe geliefert, auch kann derselbe käuflich erworben werden. Die Aufstellung des Wassermessers muss möglichst nahe der Einmündung des Zuleitungsrohres in das Grundstück an einer frostfreien, leicht zugänglichen, reinlichen und vor schädlichen Einflüssen, sowie vor Beschädigungen geschützten Stelle aufgestellt werden. Nur das Wasserwerk darf die Wassermesser aufstellen und an denselben und deren Zubehör Arbeiten vornehmen. Bei jeder Beschädigung oder Vernachlässigung des Messers hat der Antragsteller für den entstandenen Schaden aufzukommen. Vergl. Tab. III, 10 und 11. Wird ein Wassermesser schadhaft und zeigt entweder keinen oder einen verhältnissmässig geringen Wasserverbrauch an, so wird derselbe gegen einen anderen ausgewechselt. In diesem Falle wird zunächst der Verbrauch des Vormonats in Rechnung gestellt und nach Ablauf von 3 Monaten der Durchschnittsverbrauch zwischen dieser Zeit und den 3 Vormonaten zur Zahlung festgestellt. Bei Zweifel der Abnehmer über die Richtigkeit eines Wassermessers muss derselbe einer Prüfung unterzogen werden, und es hat der Antragsteller das Recht, selbst oder durch einen Vertreter der Prüfung beizuwohnen; auch kann das Curatorium jederzeit eine Prüfung veranstalten. Auf Differenzen von ± 4 % wird hierbei keine Rücksicht genommen. Bei grösseren Abweichungen wird das durch den Messer während der vorhergehenden Zahlperioden im Etatsjahre und bis zur Prüfung zu viel angezeigte Quantum dem Abnehmer in Abzug gebracht, ebenso aber auch das zu wenig bezahlte Quantum nachträglich berechnet. Der die Prüfung Beantragende hat nur bei einer Differenz von weniger als ± 4 % die Kosten für Abnahme, Prüfung und Wiederaufstellung des Messers zu tragen und zwar: für einen Messer bis zu 20 mm Weite M 6 „ „ „ über 20—40 „ „ „ 9 „ „ „ von 50 „ „ „ 12 „ „ „ „ 75 „ „ „ 15.
95	München	Die Messvorrichtung (Aichhahn) wird vom Stadtmagistrat gegen Bezahlung geliefert und eingebunden und Eigenthum des Anwesensbesitzers. Dieselbe besteht aus einem Haupt-Absperrhahn, einem Aichhahn und einem Privathaupthahn. Erstere beide sind ausschliesslich zu amtlichem Gebrauche vorhanden und werden zur Sicherung gegen Verstellung etc. etc. mit amtlicher Plombe versehen; der letztere ist nicht plombirt und zur Benutzung des Abnehmers bei nothwendigen Abstellungen des Wasserzulaufes vorhanden. Hinter der Messvorrichtung kann das zugemessene Wasserquantum beliebig vertheilt und höher geleitet werden, jedoch hat der Abnehmer die Verminderung des Quantums durch Druckverlust und Reibungswiderstände selbst zu tragen. Die Wahl des Wassermesserkalibers bleibt dem Wasserabnehmer überlassen; es kann jedoch bei ständig grösserem Verbrauche vom Stadtmagistrate die Einschaltung eines diesem Verbrauche entsprechenden grösseren Kalibers auf Kosten des Abnehmers verfügt werden. Hauptabsperrventil und Wassermesser werden vom Stadtmagistrate geliefert und eingebunden und, soweit in Folge des Betriebes nothwendig, der Wassermesser unterhalten und erneuert. Die Wassermesser bleiben Eigenthum des Stadtmagistrats, und hat der Wasserabnehmer hierfür eine jährliche Gebühr für Benutzung und zur Amortisation zu entrichten. Jede Messvorrichtung wird in der Anschlussleitung und in der Höhe derselben eingeschaltet und zwar unmittelbar an der Grenze des betreffenden Anwesens, in der Regel innerhalb, wenn dies unmöglich, ausserhalb der Grenze. Dieselbe muss in jederzeit gut zukömmlichen, von den Anwesensbesitzern zur Verfügung zu stellenden Keller- oder Souterrain-Räumlichkeiten angebracht und gegen Entwendung, Beschädigungen aller Art und Frost vollkommen gesichert werden. Bei Zuwiderhandlungen haftet der Anwesensbesitzer für Ersatz der Kosten der Reparatur beschädigter oder der Neuanschaffung entwendeter Wassermesser. Stehen an der Grenze der Anwesen Keller- oder Souterrain-Räumlichkeiten nicht zu Gebote, so müssen zur Unterbringung der Messvorrichtung besondere Schächte nach jeweils festgesetzten Normen hergestellt werden und zwar auf Kosten des Anwesensbesitzers. Ausnahmsweise wird bei Anwesen mit Vorgärten, deren Gebäude an der Baulinie liegen, von Herstellung eines Schachtes an der Anwesensgrenze Umgang genommen, wenn an der gegen die Strasse gelegenen Front des Gebäudes zur Aufnahme der Messvorrichtung geeignete Keller- oder Souterrain-Räumlichkeiten vorhanden sind. In Fällen zweifelhafter Functionsfähigkeit eines Wassermessers, bei Verdacht stattfindender Wasserdefraudation oder aus sonstigen Gründen erfolgt nach Ermessen des Stadtmagistrats öfters Controle. Glaubt sich ein Wasserabnehmer in dem ihm zuständigen Wasserbezugsquantum beim Aichsystem verkürzt, so ist behufs Abhülfe Anzeige zu erstatten. Bei Zweifeln über Tauglichkeit und richtige Functionirung eines Wassermessers kann dessen Ausschaltung und Prüfung sowohl vom Wasserabnehmer als auch vom Magistrate verlangt werden.

No.	Stadt	Lieferung, Besitz, Aufstellung, Beaufsichtigung, Prüfung u. s. w.
		16
		Die Prüfung eines Wassermessers wird auf der städtischen Wassermesserstation vorgenommen, und kann derselben der Wasserabnehmer oder dessen Stellvertreter beiwohnen. Zeigt der Wassermesser hierbei innerhalb der Grenzen bis zu ± 5 % richtig, so hat der Abnehmer, falls die Prüfung von ihm veranlasst wurde, bei Messern von 13 mm bis einschl. 25 mm M 10 „ „ 50 „ „ 15 „ „ 100 „ „ 20 wobei die Kosten der Herausnahme und der Wiedereinsetzung des Wassermessers mit inbegriffen sind, zu entrichten. Ergeben sich dagegen bei dieser Prüfung Fehler des Wassermessers über ± 5 %, so ist dieselbe gebührenfrei, und wird dem Abnehmer das im abgelaufenen Quartale zu viel oder zu wenig angezeigte Wasserquantum in Berechnung gebracht. Bei Stillstand eines Wassermessers wird als Grundlage für die Berechnung des Wasserbezuges das gleiche Quartal des Vorjahres, wenigstens aber das Mindestquantum angenommen.
96	Münster i. W. . . .	Die Beschaffung und Aufstellung der Wassermesser erfolgt durch die Verwaltung. Dem Consumenten steht es frei, den Wassermesser zu bestimmten vierteljährlichen, alljährlich festzusetzenden Preisen zu kaufen oder zu miethen. Reparaturen werden von der Verwaltung ausgeführt auf Kosten des Abnehmers, wenn derselbe Eigenthümer, und auf Kosten des Wasserwerks, wenn er nur Miether des Wassermessers ist und die Reparatur nicht etwa durch seine oder durch eines Dritten nachweisbare Schuld nothwendig geworden ist. Der Wassermesser muss am tiefsten und leicht zugänglichsten Punkte der Zuleitung angebracht werden. Der Absperrhahn bei Privatleitungen mit Wassermessern muss stets entweder ganz offen oder ganz geschlossen gehalten werden. Etwaige durch fehlerhaftes Anzeigen oder durch Stillstehen des Wassermessers entstehende Differenzen über die Höhe des Consums werden dadurch erledigt, dass nach Wahl der Verwaltung entweder der Consum des gleichen Quartals im vorigen Jahre, oder der Durchschnitt des vorhergegangenen und nachfolgenden Vierteljahres als Norm angenommen wird, oder aber, dass der Consum des ganzen Vierteljahres nach Maassgabe des Consums einzelner Wochen und Tage desselben ermittelt wird.
97	Neuwied	Die Wassermesser bis einschl. 25 mm lichtem Durchmesser werden von der Verwaltung gegen eine zu zahlende Jahres-Miethe gestellt und unterhalten. Die Verwaltung bestimmt die Weite des Wassermessers. Auch hinsichtlich des Platzes ist die Entscheidung der Verwaltung maassgebend. Die zum Schutze des Wassermessers gegen Frost und äussere Beschädigungen erforderlichen Vorkehrungen hat der Consument nach Angabe der Verwaltung für seine Rechnung zu treffen. Erheben sich Zweifel über die Richtigkeit der Angaben des Wassermessers, so wird derselbe auf Wunsch des Grundstücksbesitzers in dessem Beisein geprüft. Ergiebt sich hierbei eine Unrichtigkeit der Angaben des Wassermessers, so wird das durch denselben für dasjenige Quartal und bis zur Prüfung des Wassermessers zu viel angezeigte Wasserquantum dem Consumenten in Abzug gebracht, resp. das zu wenig angezeigte nachträglich berechnet. Die Verwaltung trägt alsdann die Kosten der Prüfung. Im entgegengesetzten Falle hat der Consument die Kosten zu tragen.
98	Nürnberg	Die Wassermesser, deren Weite die Verwaltung bestimmt, werden nur gegen Jahresmiethe abgegeben. Sie werden auf städtische Kosten unterhalten, doch haftet der Hausbesitzer für jede Beschädigung durch Frost, gleichviel wie dieselbe herbeigeführt wurde, und ausserdem auch für jede absichtliche oder fahrlässige Beschädigung. Die Wassermesser sind womöglich im Innern des wasserbeziehenden Gebäudes an einem gegen Frost und Beschädigung vollkommen geschützten, leicht zugänglichen Platz im Keller aufzustellen oder, wo dieses nicht möglich ist, in einem nach Anweisung der Verwaltung herzustellenden, besteigbaren Schacht unterzubringen. Der Wassermesser darf in der Regel nicht mehr als 7 m von der gemeindlichen Eigenthumsgrenze entfernt sein. Die Wassermesser stehen unter steter Controlle der städtischen Bauabtheilung, werden von Bediensteten derselben nach Bedarf abgelesen und müssen zu diesem Zwecke stets ohne Hinderniss und Zeitverlust zugänglich sein. Jeder Wassermesser wird mit amtlicher Plombe versehen, welche unversehrt erhalten werden muss. Wird von einem Abnehmer die Ausschaltung und Prüfung eines Wassermessers beantragt, so ist der Abnehmer verpflichtet, wenn der Wassermesser bei der Prüfung nicht über 5 % zu viel oder zu wenig zeigt, bei Messern bis einschliesslich 25 mm Durchm. . . . . M 10 von 30—50 mm Durchm. . „ 15 und bei noch grösseren Messern „ 10 Entschädigung zu bezahlen. In diesem Betrage sind die Kosten für Herausnahme und Wiedereinsetzung mit inbegriffen.

No.	Stadt	Lieferung, Besitz, Aufstellung, Beaufsichtigung, Prüfung u. s. w.
		16
		Zeigt der Wassermesser Fehler von mehr als $\pm$ 5%, so trägt die Gemeinde die Kosten der Herausnahme, Prüfung und Wiedereinsetzung. Bei Stillstand des Wassermessers wird als Grundlage für die Berechnung des Wasserzinses der Verbrauch des gleichen Vierteljahres des vorhergehenden Jahres und wenn der Wassermesser noch nicht so lange eingesetzt ist, der des nachfolgenden Vierteljahres des laufenden Jahres angenommen. Das Grundmaass beim Aichsystem bildet der Minutenliter. Die Wasserabgabe erfolgt nur nach ganzen Minutenlitern. Die Zumessung (Aichung) erfolgt im Niveau der Zuleitung mittels eines Aichhahnes in der Weise, dass das zu liefernde Wasserquantum durch ein Standrohr in einer Höhe von ca. 1 m über Terrain zum Auslaufe kommt. Die Aichhahnen sind in einem gegen Frost und Beschädigung vollkommen gesicherten, nach den vom Magistrat jeweils festgesetzten Normen herzustellenden Schacht im Trottoir von dem wasserbeziehenden Hause oder Anwesen, sonach auf communalem Grund und Boden anzubringen und mit gerippten eisernen Deckeln zu versehen. Jede durch Aichhahn versorgte Privatzuleitung muss mit einem unmittelbar am Hauptrohr angebrachten Hauptabsperrhahne versehen sein, welche von der Verwaltung gegen Bezahlung zu beziehen und unter Controle der Verwaltung durch einen Installateur einzusetzen sind. Der Aichhahn wird mit einer amtlichen Plombe versehen, welche unversehrt erhalten werden muss.
99	**Oberhausen** . . .	Der Wassermesser wird von der Verwaltung gegen monatliche Miethe geliefert, auch kann derselbe von der Verwaltung käuflich erworben werden. Die Letztere ist auch nur allein befugt, den Wassermesser untersuchen und öffnen zu lassen, wie auch Reparaturen an demselben nur durch sie auf Kosten des Eigenthümers ausgeführt werden dürfen. Schäden, welche durch Nachlässigkeit oder Böswilligkeit des Miethers oder seiner Leute entstanden sind, werden auf Kosten des Ersteren verbessert. Die Aufstellung eines Wassermessers muss stets an einem leicht zugänglichen, frostfreien, sauberen Orte erfolgen. Muss für denselben ein besonderer Schacht hergestellt werden, so ist derselbe wasserdicht zu machen und mit einem festen Deckel wohl zu verschliessen. Wird ein Wassermesser vom Controlbeamten stillstehend befunden, obgleich Wasser durch denselben fliesst, so wird der Durchschnittsconsum der 3 letzten Monate für den laufenden Monat in Rechnung gestellt, vorausgesetzt, dass nicht Umstände vorliegen, welche eine anderweite Berechnung als geboten erscheinen lassen.
100	**Offenbach a. M.** . .	Der Wassermesser wird ausschliesslich vom Wasserwerk geliefert, für die erste Zuleitung einer Hofraithe unentgeltlich dargeliehen und verbleibt Eigenthum der Stadt; für jeden zweiten oder dritten Wassermesser wird eine entsprechende monatliche Miethe erhoben. In jeder Hofraithe wird in der Regel ein Wassermesser auf Kosten des Wasserwerks aufgestellt. Soll noch ein anderer Wassermesser in dieselbe Leitung eingebaut werden, so dient dieser Nebenmesser, dessen Grösse vom Wasserwerk bestimmt wird, nur zur Controle für die anderen Abnehmer in derselben Hofraithe. Für jeden Nebenmesser, dessen Aufstellung auf Kosten des Abnehmers erfolgt, wird die monatliche Miethe nach der Grösse des Messers berechnet; das Wasserwerk hat dagegen die Anschaffung, die Instandhaltung und die monatliche Ablesung dieses Wassermessers zu übernehmen. Der Wassermesser soll möglichst nahe der Strassenflucht innerhalb der Hofraithe aufgestellt werden. Der Standort des Messers muss stets sauber, trocken und leicht zugänglich gehalten werden. Der Abnehmer hat den Wassermesser vor Frost und vor jeder äusseren Beschädigung oder Verunreinigung zu bewahren, da alle hierdurch verursachten Ausbesserungs- und Erneuerungskosten ihm zur Last fallen. Der Abnehmer ist unter keinen Umständen berechtigt, an dem Wassermesser oder an der vor demselben befindlichen Rohrleitung irgend welche Arbeiten ausser den Schutzmaassregeln vorzunehmen, widrigenfalls er für den laufenden Monat den dreifachen Betrag der Wasserentnahme des vorhergehenden Monats zu entrichten hat. Ausserdem hat er noch die Kosten für die Instandsetzung des Wassermessers oder der Leitungstheile zu tragen. Das Wasserwerk behält sich das Recht vor, den Wassermesser jederzeit zur Reinigung oder Ausbesserung abzunehmen oder nöthigenfalls durch einen anderen zu ersetzen. Bei der monatlichen Aufnahme des Wasserverbrauchs wird jedesmal ein Aufnahmeschein, auf welchem der Stand des Wassermessers vermerkt ist, in dem betreffenden Hause, abgegeben. Etwaige Einsprüche gegen die Richtigkeit der Angaben sind dann sogleich bei der Direction geltend zu machen. Sind über die Höhe des Verbrauchs Zweifel entstanden, so kann der Abnehmer den Wassermesser auf seine richtige Messung prüfen lassen. Zeigt der Wassermesser zu wenig, so ist der Fehlbetrag von einem Monat nachzuzahlen; zeigt er richtig, so sind als Prüfungskosten M 3 zu entrichten; ergiebt sich dagegen, dass der Wassermesser mehr als 5% zu viel zeigt, so wird vom Wasserwerk der Mehrbetrag, jedoch höchstens für die letzten zwei Monate, zurückbezahlt. Als Maassgabe wird nach Wahl der Verwaltung der Verbrauch des bezüglichen Monats im Vorjahre oder des vorhergehenden Monats angenommen.

No.	Stadt	Lieferung, Besitz, Aufstellung, Beaufsichtigung, Prüfung u. s. w.
		16
101	**Offenburg**	Die Lieferung und Aufstellung der Wassermesser erfolgt durch das Wasserwerk auf dessen Kosten. Die gewöhnliche Instandhaltung des Messers ist Sache der Stadt, dagegen hat der Abonnent ausser der vierteljährlich zu erhebenden Miethe alle jene Reparaturen bezw. Neuanschaffungen auf seine Rechnung zu übernehmen, welche in Folge gewaltsamer Beschädigungen der Messer oder durch Frost veranlasst worden sind. Der Abonnent hat dafür zu sorgen, dass der Wassermesser stets zugänglich ist, event. denselben im Keller oder in einem sonst geeigneten frostfreien Raum unterzubringen, oder einen besonderen, gemauerten Schacht für die Unterbringung des Messers herstellen zu lassen, welcher so ausgeführt werden muss, dass er allen an ihn gestellten Anforderungen entspricht. Treten während des Gebrauchs Störungen ein, und werden in Folge dessen die Angaben über die verbrauchten Wassermengen ungenau, so werden die gemessenen Mengen im entsprechenden Zeitraum des verflossenen Jahres als Verbrauch zu Grunde gelegt bezw. schätzungsweise bestimmt, wenn im Vorjahre noch kein Wassermesser eingesetzt war, oder dieser unter anderen Verhältnissen functionirte. Auf Antrag des Abonnenten findet eine Prüfung des Wassermessers statt, deren Kosten jedoch von ihm zu tragen sind, wenn der hierbei vorgefundene Fehler sich in den Grenzen von + 5 % bewegt.
102	**Oldenburg i. G.** . .	Die Wassermesser werden ausschliesslich von dem Wasserwerk geliefert, aufgestellt und ausgewechselt, bleiben auch Eigenthum desselben. Für deren Gestellung ist eine Miethe von dem Abnehmer monatlich zu entrichten. Die Verwaltung bestimmt die Grösse des Wassermessers und den Aufstellungsplatz für denselben. Die Kosten der Anbringung und Wiederabnahme des Wassermessers trägt der Consument. Alle Ausbesserungen der Wassermesser, welche in Folge eines natürlichen Verschleisses nothwendig werden, trägt das Wasserwerk, wogegen der Consument für solche Reparaturen aufzukommen hat, welche durch sein oder eines Dritten Verschulden erforderlich geworden sind. Der Aufstellungsplatz muss stets sauber gehalten werden und jederzeit zugängig sein. Die zum Schutze des Wassermessers gegen Frost und äussere Beschädigungen erforderlichen Vorkehrungen hat der Abnehmer selbst zu treffen, auch den von der Verwaltung etwa diesbezüglich gegebenen Anordnungen Folge zu leisten. Die Herstellung der Wassermesserkammer, welche stets wasserdicht und dauernd mit einem verschliessbaren sicheren Deckel sowie einer Einsteigeleiter versehen sein muss, liegt dem Abnehmer ob. Es ist durchaus nicht gestattet, durch irgend welche Personen, die nicht im Dienste des Wasserwerks stehen, Handlungen oder Arbeiten an den Wassermessern oder den Rohrleitungen vor denselben vornehmen zu lassen. Etwaige durch Stillstehen oder unrichtiges Zählen der Wassermesser entstehende Differenzen über die Höhe des Consums werden dadurch erledigt, dass nach Ermessen der Verwaltung entweder der Consum im gleichen Monat des Vorjahres, oder der Durchschnitt des vorhergehenden und des nachfolgenden Monats als Norm angenommen wird. Auch steht es der Verwaltung frei, den Consum des ganzen Monats nach Maassgabe des Consums einzelner Wochen und Tage desselben zu ermitteln. Der Consument ist jeder Zeit berechtigt, die Prüfung der Richtigkeit des Wassermessers zu verlangen, trägt jedoch die dadurch entstehenden Kosten, falls die Prüfung ergiebt, dass der Wassermesser ordnungsmässig functionirt; letzteres ist auch dann anzunehmen, wenn die Differenz nicht mehr als 4 % beträgt.
103	**Osnabrück**	Die Wassermesser bleiben Eigenthum der Stadt. Dieselbe beschafft und unterhält sie auf ihre Kosten, der Hauseigenthümer haftet jedoch für Beschädigungen des Wassermessers und der Zuleitung zu demselben, soweit sie auf seinem Grundstück liegt, durch Frost sowie für alle sonstigen Beschädigungen, welche durch ihn oder dritte Personen schuldhafter Weise denselben zugefügt werden. Auf Wunsch können Privat-Wassermesser, insbesondere für die Miether, auf Kosten des Hauseigenthümers angelegt werden.
104	**Plauen i. V.** . . .	Der Entnehmer ist zur eigenthümlichen Erwerbung des Wassermessers und zu dessen Instandhaltung auf eigene Kosten verpflichtet und hat sich der Anlieferung und Instandhaltung desselben durch den Stadtrath zn unterwerfen. Der Entnehmer darf an dem Wassermesser und dessen Zubehör keinerlei Veränderungen vornehmen und hat für jede durch seine Schuld oder Vernachlässigung entstandene Beschädigung aufzukommen. Jedwede eigenmächtige Reparatur etc. an Wassermessern oder Aus- und Umschaltung derselben, ist streng untersagt und wird bestraft. Die zur Aufnahme der Privat-Haupthähne oder der Wassermesser etwa erforderlichen gemauerten Schächte sind mindestens 1 m lang, 0,75 m breit und 1,6 m tief im Lichten anzulegen; die Einsteigöffnungen müssen wenigstens 0,6 m im Gevierte gross sein. Das Mauerwerk ist wasserdicht herzustellen. Zum bequemen Einsteigen müssen Steigeisen angebracht sein. Durch eine entsprechende Abdeckung u. s. w. ist der Schacht gegen Frost zu schützen. Der Entnehmer ist berechtigt, sich vom Controleur die Ablesung vorzeigen zu lassen. Glaubt der Entnehmer annehmen zu können, dass der Wassermesser falsch zählt, so hat er

Tabelle V. Wassermesser.

No.	Stadt	Lieferung, Besitz, Aufstellung, Beaufsichtigung, Prüfung u. s. w.
		16
		hiervon Anzeige zu erstatten, worauf die Herausnahme, Untersuchung, Instandsetzung, Prüfung und Wiedereinsetzung des Wassermessers auf Kosten des Entnehmers erfolgt. Zeigt sich hierbei, dass die Angaben des Wassermessers unrichtige waren, so wird nicht der vom Wassermesser für das in Frage kommende Vierteljahr angegebene Verbrauch, sondern der Verbrauch im gleichen Vierteljahre des Vorjahres der Berechnung des Wasserzinses zu Grunde gelegt.
105	**Posen**	Die Wassermesser werden dem Consumenten von der Verwaltung zum Selbstkostenpreise geliefert und auf seine Kosten in Stand gehalten. Dieselben sind an leicht zugänglicher, frostsicherer Stelle in die Leitung einzuschalten und event. durch Schutzkasten gegen Einfrieren und Platzen zu schützen.
106	**Potsdam**	Die Kosten für Anbringung des der Stadt gehörenden Wassermessers, sowie für dessen Abnahme nach Ablauf der für die Wasserlieferung geltenden Zeitdauer trägt der Entnehmer. Für die Vorhaltung der Wassermesser hat der Entnehmer eine vierteljährlich nachzahlbare Miethe zu entrichten. Er hat für jede durch seine Schuld oder Vernachlässigung entstandene Beschädigung des Wassermessers nebst Zubehör aufzukommen. Das Wassermesser-Gehäuse ist von dem Eigenthümer nach Vorschrift herzustellen, dabei ist darauf Bedacht zu nehmen, dass dasselbe zwar nahe beim Eintritt des Zuleitungsrohres in das Grundstück, aber doch an einer solchen Stelle angelegt wird, wo Grundwasser, Abflusswasser, Schmutz u. s. w. nicht eindringen, der Wassermesser nicht dem Frost oder andern schädlichen Einflüssen ausgesetzt ist, und der Zutritt zu dem Wassermesser, die Ablesung, Aufstellung und Abnahme ohne Behinderung erfolgen kann. Erheben sich Zweifel über die Richtigkeit des Wassermessers, so wird derselbe abgenommen, im Beisein von beiderseitigen Zeugen vermittelst des dazu aufgestellten Apparats geprüft und darnach eintretenden Falls die Angabe berichtigt. Dem Ergebniss dieser Prüfung haben sich beide Theile zu unterwerfen. Weicht der Wassermesser von der Richtigkeit ab, so werden die Kosten der Prüfung nicht berechnet und dem Entnehmer für das der Prüfung vorhergehende Quartal und bis zum Tage der Prüfung das zu viel Gezeigte in Abzug gebracht, andernfalls hat der Entnehmer, wenn er die Prüfung beantragt hat, die Kosten derselben zu zahlen. Diese betragen incl. Transport, Herausnehmen und Wiedereinsetzen: für einen 12 mm Wassermesser M 6 | für einen 50 mm Wassermesser M 12 " " 20 " " " 6 | " " 75 " " " 15 " " 25 " " " 6 | " " 100 " " " 18 " " 40 " " " 9
107	**Quedlinburg**	Die Wassermesser bleiben Eigenthum des Wasserwerks und werden von diesem nach seinem Ermessen geliefert, aufgestellt und nöthigenfalls ausgewechselt. Die Selbstkosten der Aufstellung und etwaiger Veränderungen trägt der Abnehmer; die Ausbesserungskosten, soweit sie durch regelrechte Abnutzung entstehen, übernimmt das Wasserwerk; die übrigen fallen dem Abnehmer zur Last. Findet sich ein Wassermesser stillstehend, so wird der Verbrauch nach dem Durchschnitte der vorhergehenden und nachfolgenden Zeit festgesetzt. Wassermesser, deren Richtigkeit angezweifelt wird, werden auf der Probirstation in Gegenwart des Abnehmers geprüft, wobei Unterschiede von weniger als 10% ausser Betracht bleiben. Zeigt sich eine grössere Ungenauigkeit, so wird der Verbrauch des letzten Vierteljahres und der bis zur Ausschaltung entstandene Verbrauch entsprechend berichtigt. Die Prüfungskosten betragen für einen Wassermesser bis 20 mm einschliesslich M 4, für einen grössern M 6; sie fallen dem Abnehmer zur Last, wenn die Prüfung von ihm beantragt ist und den richtigen Gang des Messers ergiebt.
108	**Ratibor**	Der Grundeigenthümer kann den Wassermesser entweder gegen in vierteljährlichen Raten zahlbare Jahresmiethe leihweise erhalten, oder für den Einkaufspreis von der Stadt zum Eigenthum erwerben. Die Einbauung sowie die Instandhaltung geschieht auf Kosten des Eigenthümers durch die Verwaltung. Muss der Wassermesser zeitweise wegen Schadhaftigkeit oder aus anderen Gründen entfernt werden, so gilt als monatliches Wassergeld der im entsprechenden Monat des Vorjahres durch den Wassermesser ermittelte Betrag, unter Berücksichtigung etwaiger besonderer, nicht nach dem Wassermesser zu berechnender Entnahme.
109	**Regensburg**	Der Wassermesser ist und bleibt Eigenthum des Stadtmagistrates und wird nur gegen jährliche Miethe leihweise abgegeben; derselbe wird Seitens der Stadt unterhalten, ausgenommen in Fällen absichtlicher, fahrlässiger oder durch Frost entstandener Beschädigung, in welchen die Instandsetzung auf Kosten des Abnehmers geschieht. Von Zeit zu Zeit wird der Wassermesser

No.	Stadt	Lieferung, Besitz, Aufstellung, Beaufsichtigung, Prüfung u. s. w.
		16
		auf der Wassermesserstation neu geaicht, doch können auch auf Antrag und im Beisein des Abnehmers ausserordentliche Aichungen vorgenommen werden. Ergiebt sich in letzterem Falle, dafs der Apparat innerhalb einer Fehlergrenze von $\pm$ 5 % anzeigt, so trägt der Antragsteller die Kosten, zeigt der Wassermesser aber ausserhalb dieser Fehlergrenze an, so trägt das Wasserwerk die Kosten. Bei etwaigem Stillstand des Wassermessers wird für den Zeitraum zwischen der letzten Ablesung und der Wahrnehmung des Stillstandes diejenige Wassermenge als bezogen erachtet, welche während des gleichen Zeitraums im vorhergehenden Quartal bezogen wurde.
110	Remscheid	Der Wassermesser darf nur von der Verwaltung miethweise geliefert, aufgestellt, und ebenso dürfen etwaige Reparaturen und Veränderungen an demselben nur durch deren Vermittelung ausgeführt werden. Die Miethe ist in dem Mindestbeitrag mit enthalten, vergl. Tab. VI. Die Reparaturkosten trägt die Verwaltung in allen durch den gewöhnlichen Verschleiss hervorgerufenen Fällen, wohingegen diese Kosten dem Consumenten zur Last fallen, wenn die Reparatur durch seine oder seiner Hausgenossen Schuld nothwendig geworden ist. Die Bestimmung der Durchgangsweiten der Wassermesser liegt allein der Verwaltung ob. Der Wassermesser wird dicht hinter dem Privatventil eingeschaltet. In der Regel soll die Durchgangsweite dem lichten Durchmesser der Zuleitung gleich sein; nur in den unteren Stadttheilen, in welchen der Druck des Wassers grösser ist, können bei einfachen Hausleitungen in Zuleitungsrohre von 15 mm Weite Wassermesser von 12,5 mm u. s. w. eingeschaltet werden. Der Wassermesser muss, wie das Privatventil, in einem leicht zugänglichen Raume liegen und ist, wenn letzterer nicht absolut frostfrei sein sollte, mit passenden Materialien vorsichtig zu bedecken. Zum Schutze gegen Beschädigungen wird der Wassermesser mit einem Holzkasten versehen. Etwa erforderliche Schächte müssen mindenstens 1,25 m lang, 0,75 m breit und 1,5 m tief sein. Dieselben sind in Mauerwerk herzustellen und mit einem Holzdeckel zu versehen. Im Innern ist ungefähr in halber Höhe auf einen Mauerabsatz ein zweiter Holzdeckel zu legen, auf welchem eine Strohverpackung Platz finden kann. In dem Schacht liegt auch das mit Entleerung versehene Privat-Absperrventil. Wird ein Wassermesser schadhaft und zeigt einen unverhältnissmässig geringen oder garkeinen Wasserverbrauch, so ist der Consum nach dem Durchschnitt der vorhergehenden oder nachfolgenden Zeit festzusetzen, vorausgesetzt, dass nicht Umstände vorliegen, welche der Verwaltung eine anderweite Berechnung als geboten erscheinen lassen. Jeder Wassermesser muss vor dem Gebrauche geprüft werden, wenn der Consument es wünscht. Er gilt als hinreichend genau, wenn die Differenz zwischen dem wirklichen Durchfluss und den Angaben des Wassermessers bei allen Durchlaufquantitäten vom Maximaldurchlauf bis zu $^1/_{10}$ desselben herab nicht mehr als + 4 % beträgt. Erheben sich Zweifel über die Richtigkeit der Angaben des Wassermessers, so wird derselbe auf Antrag des Consumenten auf der Probirstation geprüft. Das Resultat ist für die Verwaltung wie für den Consumenten maassgebend. Ergiebt sich bei der Prüfung eine grössere Ungenauigkeit als die oben angegebene, so wird das durch den Wassermesser für das vorhergegangene Vierteljahr und bis zur Prüfung zu viel angezeigte Wasser dem Consumenten in Abzug gebracht und ebenso auch das zu wenig angegebene nachträglich berechnet. In diesem Falle trägt das Wasserwerk die Kosten; im anderen Falle, sofern die Prüfung von dem Consumenten beantragt worden ist, der Letztere. Die Kosten der Abnahme, Prüfung und Wiedereinschaltung des Wassermessers betragen bei 20 mm Weite . . . . M 3 „ solchen über 20 mm Weite . . . . „ 6
111	Rheydt	Der Wassermesser wird von dem Wasserwerk geliefert, aufgestellt und unterhalten; derselbe bleibt Eigenthum des Wasserwerks. Die Miethe ist in dem Mindestbeitrag mit enthalten, vergl. Tab. VI. Die Kosten der Ausbesserung trägt das Wasserwerk in den durch den gewöhnlichen Verschleiss der Wassermesser hervorgerufenen Fällen, wohingegen diese Kosten in allen anderen Fällen dem Abnehmer zur Last fallen. Wird ein Wassermesser schadhaft oder zeigt derselbe einen unverhältnissmässig geringen oder garkeinen Verbrauch, so ist der Wasserzins nach dem Verbrauch des gleichen Vierteljahres im vorigen Jahre festzusetzen, vorausgesetzt, dass nicht Umstände vorliegen, welche eine anderweite Berechnung als geboten erscheinen lassen. Erfolgt hierbei keine Einigung, so geschieht die Festsetzung des Wasserzinses durch die Wasserwerks-Commission. Glaubt ein Abnehmer, dass der für ihn eingebaute Wassermesser nicht richtig anzeigt so kann der Wassermesser auf seinen Antrag auf der Probirstelle geprüft werden. Stellt sich bei dieser Prüfung heraus, dass der Wassermesser Abweichungen von $\pm$ 4 % der wirklichen Durchlaufsmenge zeigt, so hat das Wasserwerk die Kosten der Prüfung zu tragen und einen anderen Wassermesser einzubauen; zeigt aber der Wassermesser richtig, so hat der Abnehmer für die Kosten des Verfahrens aufzukommen.

No.	Stadt	Lieferung, Besitz, Aufstellung, Beaufsichtigung, Prüfung u. s. w.
		16
		Die Kosten der Abnahme, Prüfung und Wiedereinschaltung der Wassermesser betragen für jedes Stück M 3. Wird in Folge Kündigung die Ausschaltung eines Wassermessers nothwendig, so ist hierfür von dem Abmeldenden eine Gebühr von M 1 zu zahlen. Bei erfolgender Wiederanmeldung ist für das Wiederaufstellen des Wassermessers ebenfalls M 1 zu entrichten.
112	**Riga**	Die Wassermesser bleiben Eigenthum des Wasserwerks, welches auch unentgeltlich alle Reparaturen, die durch ordnungsmässigen Gebrauch nothwendig werden, besorgt. Für die Herleihung des Wassermessers ist eine jährliche Miethe zu entrichten. Ist ein Wassermesser aber durch die Schuld des Abnehmers oder seiner Dienstleute beschädigt worden, so hat der Abnehmer die Reparaturkosten zu bezahlen. Die Kosten der Aufstellung und Verbindung eines Wassermessers mit den Leitungsröhren hat in allen Fällen der Besitzer des Immobils zu tragen. Es steht dem Abnehmer frei, bei der monatlichen Aufnahme des Wassermesserstandes zugegen zu sein, doch darf aus seiner Abwesenheit kein Einwand gegen das Ergebniss der Aufnahme und die Höhe des zu zahlenden Betrags hergeleitet werden. Sollte ein Wassermesser schadhaft geworden sein und einen unverhältnissmässig geringen oder garkeinen Verbrauch anzeigen, so wird der Verbrauch nach dem Durchschnittsverbrauch des vorhergegangenen und des nachfolgenden Monats oder nach dem Verbrauch in dem entsprechenden Monat des Vorjahrs festgestellt.
113	**Rostock**	Der Abnehmer hat das Recht, entweder den Wassermesser zu kaufen oder gegen Jahresmiethe zu leihen, immer aber steht der Wassermesser unter alleiniger Controle des Wasserwerks und wird auf dessen Kosten reparirt, ausgewechselt resp. ersetzt. Die Controle und Ablesung des Wassermessers erfolgt monatlich; den Abnehmern wird das Resultat mitgetheilt. Wird ein Wassermesser schadhaft und zeigt einen unverhältnissmässig geringen oder garkeinen Verbrauch, so wird die zu zahlende Summe nach dem durchschnittlichen Consum der vorhergehenden und nachfolgenden Zeit festgesetzt.
114	**Rothenburg a. d. T.**	Die Wassermesser werden kostenfrei von der Stadt geliefert und unterhalten.
115	**Rudolstadt**	Die Wassermesser nebst der zugehörigen Absperrvorrichtung werden den Grundstücks-Eigenthümern bezw. Abnehmern gegen einen jährlichen Miethzins von der Verwaltung geliefert, aufgestellt und unterhalten, auch bei eintretender Abnutzung erneuert. Der Abnehmer darf an dem Wassermesser und dessen Zubehör keinerlei Veränderungen vornehmen und hat für jede durch eigene oder dritter Personen Schuld und Vernachlässigung entstandene Beschädigung desselben aufzukommen. Insbesondere ist das Wassermessergehäuse nebst Zubehör frostfrei und in gutem, sowie jederzeit zugänglichen Zustande zu erhalten und darf dasselbe zu keinem anderen Zwecke benutzt werden, als zu dem, zu welchem es bestimmt ist. Hegt die Verwaltung des Wasserwerkes Zweifel in Betreff der richtigen Anzeige eines Wassermessers, so steht es ihr frei, denselben durch einen anderen zu ersetzen. Aus dem nämlichen Grunde ist der Eigenthümer eines Grundstückes berechtigt, die Ausschaltung und Untersuchung des Wassermessers zu verlangen. Ergiebt die Revision, dass der Wassermesser falsch anzeigt, so ist der letztere durch einen neuen Messer zu ersetzen, auch dürfen alsdann keinerlei Kosten in Anrechnung gebracht werden. Wird hingegen durch die Revision die Zuverlässigkeit des Wassermessers ermittelt, so ist der Grundstückseigenthümer für die entstandenen Kosten ersatzpflichtig. Der Wassermesser gilt als zuverlässig, so lange sich bei der Prüfung nur ein Unterschied bis zu 5% zwischen dessen Anzeige und der thatsächlichen Durchflussmenge herausstellt. Bei unrichtiger Anzeige oder bei Stillstand eines Wassermessers wird für die Berechnung des Wasserbezugs derjenige Verbrauch angenommen, der im Vorjahre für die entsprechenden Monate durchschnittlich ermittelt worden ist, auf welche die vermuthliche unrichtige Anzeige oder der Stillstand sich erstreckt. Ist diese Berechnungsart nicht angängig, weil ein Grundstück nur erst kürzere Zeit an das Wasserwerk angeschlossen ist, so dient der Durchschnitt des feststellbaren Verbrauches als Anhalt, oder es wird unter Umständen die verbrauchte Menge nach der Höhe späterer Entnahme endgültig ermittelt. Die Verpflichtung zur Zahlung der Wassermessermiethe wird durch die falsche Anzeige eines Messers in keiner Weise unterbrochen.
116	**Salzburg**	Die Wassermesser werden gegen eine jährliche Miethe durch die Verwaltung geliefert, aufgestellt und unterhalten, oder vom Abnehmer eigenthümlich erworben, der alsdann auch die Kosten der Unterhaltung trägt. Der Gebrauch anderer Apparate als der durch die Verwaltung gelieferten ist nicht gestattet. Niemand ausser der Verwaltung darf an den Wassermessern irgend welche Arbeiten vornehmen.

No.	Stadt	Lieferung, Besitz, Aufstellung, Beaufsichtigung, Prüfung u. s. w.
		16
117	Schwerin	Der Wassermesser wird von der Stadt gegen Jahresmiethe geliefert, aufgestellt und als ihr verbleibendes Eigenthum auf ihre Kosten in Stand gehalten. Der Grundeigenthümer hat seine Leitung so einzurichten, dass möglichst nahe hinter dem Eintritt derselben in sein Grundstück an jederzeit zugänglich bleibender Stelle ein Wassermesser von entsprechender Grösse in die Leitung eingeschaltet werden kann. Die Leitung muss zu solchem Zweck hier zwei Endstutzen erhalten, deren Abstand und Modell mit Schwanzstücken oder Docken übereinstimmt. Zur Aufstellung des Wassermessers etwa nothwendig erachtete Unterlagen, Schachte, Kasten etc. hat der Grundeigenthümer beschaffen zu lassen. Dem Grundeigenthümer ist es untersagt, irgend welche Arbeiten und Veränderungen an dem Wassermesser vorzunehmen. Zwischen dem Wassermesser und dem Strassenrohr darf derselbe keine Abzweigungen herstellen lassen.
118	Solingen	Die Wassermesser werden ausschliesslich vom Wasserwerk geliefert und bleiben auch Eigenthum desselben. Für deren Gestellung wird eine Miethe vierteljährlich postnumerando erhoben; dafür besorgt das Wasserwerk sämmtliche an den Wassermessern vorkommenden Reparaturen, soweit dieselben nicht durch Verschulden des Consumenten verursacht sind. Z. B. hat die Reparaturkosten durch Beschädigung in Folge Frosteinwirkung der Consument zu tragen. Die Aufstellung muss möglichst nahe der Einmündung des Zuleitungsrohres in das Grundstück an einer frostfreien, leicht zugänglichen, reinlichen und vor Beschädigung geschützten Stelle erfolgen. Etwaige durch Stillstehen schadhaft gewordener Wassermesser entstehende Differenzen über die Höhe des Consums werden dadurch erledigt, dass nach Wahl der Direction entweder der Consum des gleichen Quartals im vorigen Jahr, oder der Durchschnitt des vorhergegangenen und nachfolgenden Quartals als Norm angenommen wird, oder aber, dass der Consum des ganzen Vierteljahres nach Maassgabe des Consums einzelner Wochen und Tage desselben ermittelt wird. Erheben sich Seitens des Abnehmers Zweifel über die Richtigkeit eines Wassermessers, so muss dieser einer Prüfung unterzogen werden und es hat der Antragsteller das Recht, dieser Prüfung beizuwohnen. Ergiebt die Prüfung, dass der Messer unrichtig zeigt, so wird auf eine Differenz von ± 4 % keine Rücksicht genommen. Werden grössere Abweichungen constatirt, so wird das durch den Messer während der vorhergehenden Zahlperioden im Etatsjahr und bis zur Prüfung zu viel angezeigte Quantum dem Abnehmer in Abzug gebracht, ebenso aber auch das zu wenig bezahlte Quantum nachträglich berechnet. Der die Prüfung des Wassermessers Beantragende hat, wenn sich nur eine Abweichung von ± 4 % findet, die Kosten für Abnahme, Prüfung und Wiederaufstellung des Messers zu tragen und zwar für Wassermesser bis 26 mm Durchgangsweite . . . M 6 über 26 mm bis 50 mm „ . . . „ 10 „ 50 „ „ 100 „ „ . . . „ 15
119	Stettin	Die Stadt liefert gegen Erstattung der Selbstkosten die Wassermesser, lässt sie aufstellen und besorgt die etwa erforderlichen Reparaturen und Veränderungen. Der Antragsteller haftet indessen nicht für Kosten, die vom Fabrikanten oder Unternehmer in Folge der von diesen übernommenen Gewähr bezahlt werden. Wünscht der Antragsteller die Aufstellung eines Wassermessers anderen Systems, als ihn die Stadt gewöhnlich liefert, so haftet er im Falle der Genehmigung für alle Kosten der Lieferung, der erforderlichen Reparaturen und Veränderungen. Die Deputation ist berechtigt, vor Ausführung der Lieferung und der erforderlichen Arbeiten angemessene Sicherheit zu verlangen. Der Wassermesser bleibt bis zur vollständigen Bezahlung der Beschaffungs- und Aufstellungskosten Eigenthum der Stadt. Die Deputation bestimmt, ob und wann ein Umgangsmesser aufzustellen ist. Der Wassermesser ist in der Regel unmittelbar hinter dem Abschlusshahn und stets an leicht zugänglicher Stelle anzubringen. Ueber die Anlage von Controlschächten, deren Kosten der Antragsteller zu tragen hat, entscheidet die Verwaltung. Eine Anbohrung der Zweigleitung vor dem Wassermesser ist unzulässig. Die Anbringung einer Rückschlagklappe bei dem Wassermesser ist bei der Deputation zu beantragen, die auch die Arbeit auf Kosten des Antragstellers ausführen lässt. Der Antragsteller hat den Wassermesser nebst Zubehör dauernd frostfrei zu erhalten. Er darf an demselben keine Veränderungen vornehmen. Wird die Verlegung des Wassermessers erforderlich, so bewirkt die Deputation die Verlegung auf Kosten des Antragstellers. Für vorübergehende Zwecke werden Wassermesser gegen wöchentliche Miethe, deren Höhe von der Grösse des Messers unabhängig ist, leihweise hergegeben; doch bleibt dem Antragsteller das Recht, einen von der Deputation geprüften und gutgeheissenen eigenen Wassermesser zu verwenden. Letzterer ist mit dem allgemein üblichen Plombenverschluss zu versehen. Der Antragsteller hat die Kosten der Reparaturen zu tragen, die in Folge gewaltsamer Beschädigungen oder Frostschaden an dem gemietheten Wassermesser erforderlich geworden sind.

No.	Stadt	Lieferung, Besitz, Aufstellung, Beaufsichtigung, Prüfung u. s. w.
		16

Für vorübergehende Zwecke beträgt der Miethzins, der neben dem Wasserzins berechnet wird ohne Rücksicht auf die Grösse des Wassermessers, wöchentlich M 1. Ein Betrag von M 2 ist mindestens zu entrichten.

Bei Abgabe von Wasser aus einem Hydranten mittelst Standrohres werden neben dem Wasserzinse für Vorhalten der Geräthe M 2 für jede angefangenen 50 cbm Wasser berechnet. Ausserdem sind die baaren Auslagen an Arbeitslohn zu ersetzen. Die Verwaltung ist berechtigt, vor der Abgabe von Wasser angemessene Sicherheit zu fordern.

Zur Messung des bei Neubauten verbrauchten Wassers werden Wassermesser nach Wahl des Antragstellers verkauft oder gegen monatliche Miethe verliehen. Auch in diesem Falle hat der Antragsteller für Zugänglichkeit, sowie für Schutz des Wassermessers gegen Frost und Beschädigung, erforderlichenfalls durch Herstellung einer festen Grube, zu sorgen. Im Uebrigen gelten auch hier die Bestimmungen wie für vorübergehende Zwecke. Es ist zulässig, bei Bauten eigene oder den Bauunternehmern gehörige Wassermesser zu benutzen. Dieselben sind mit dem üblichen Plombenverschluss zu versehen. Die Deputation kann jederzeit Ueberlassung des Wassermessers behufs Prüfung verlangen.

Für Bauzwecke beträgt die Miethe ohne Rücksicht auf die Grösse des Messers M 1 für jeden angefangenen Monat, mindestens M 3.

Die Wassermesser werden alle 2 bis 3 Jahre von der Verwaltung der Wasserwerke herausgenommen, gereinigt, revidirt und geprüft, und zwar auf Kosten der Stadt. Nur die Selbstkosten etwa nöthiger Reparaturen hat der Eigenthümer des Wassermessers zu ersetzen.

Sowohl die Deputation wie der Antragsteller hat das Recht, die Prüfung eines Wassermessers, dessen Zulässigkeit bezweifelt wird, an Ort und Stelle mittelst Controlapparates oder auf der Prüfungsstation zu fordern. Im ersten Falle muss der Antragsteller auf Verlangen die zeitweise Anbringung der erforderlichen Einrichtung gestatten. Der Antragsteller kann verlangen, dass er oder ein zu bezeichnender Vertreter zu den Prüfungen zugezogen werde. Haben die Prüfungen verschiedene Ergebnisse, so ist die auf der Station vorgenommene maassgebend.

Ergiebt sich bei der Prüfung eine Abweichung von nicht mehr als ± 5%, so gelten die Angaben des Wassermessers als richtig. Letzterer wird nach Bedarf regulirt. Der Antragsteller hat in diesem Falle, wenn er die Prüfung verlangt hat, die entstandenen Kosten, besonders die der nothwendigen Aus- und Einschaltungen zu tragen, sowie für Vorhalten der Controlapparate oder für Benutzung der Prüfungsstation eine Gebühr zu zahlen, welche beträgt:

bei Messern bis 20 mm lichter Weite M 2
„ „ von 25 und 26 mm „ „ „ 3
„ „ mit mehr als 26 „ „ „ „ 4
„ „ „ „ „ 50 „ „ „ „ 6

Bei Proben an Ort und Stelle hat der Antragsteller das erforderliche Wasser aus seiner Leitung unentgeltlich herzugeben. Beträgt die Abweichung mehr als ± 5%, so hat die Stadt die Kosten der Prüfung und Regulirung in jedem Falle zu tragen.

Während einer Prüfung oder Reparatur wird nach Möglichkeit ein anderer Wassermesser eingeschaltet. Eine Leihgebühr wird nicht erhoben. Die Kosten von Reparaturen an solchen Wassermessern, mit Ausnahme der durch Frost und gewaltsame Beschädigung verursachten, trägt die Stadt. Vor Ablauf von sechs Monaten wird eine Prüfung ohne Einwilligung der Deputation nicht wiederholt.

Auf der Prüfungsstation werden auch private Theilmesser geprüft. Die entstandenen Kosten einschliesslich einer Gebühr für jede Prüfung nach dem erwähnten Tarif hat stets der Antragsteller zu tragen.

Wassermesser, die wegen ihrer Grösse hier nicht geprüft werden können, werden zur Prüfung an den Fabrikanten gesandt. Die Bestimmungen betreffs Tragung der Kosten finden auch hier Anwendung.

Ergiebt sich bei der Standaufnahme, dass ein Wassermesser den Wasserverbrauch nicht angezeigt hat, so wird für die betreffende Periode der Verbrauch der gleichen Periode des Vorjahres zu Grunde gelegt. Steht der Wassermesser noch kein Jahr lang, so ist der Verbrauch der entsprechenden Periode des letztverflossenen Quartals maassgebend. Ist auch hier eine Berechnung nicht möglich, so ist der Verbrauch nach dem sich später ergebenden Durchschnitt zu berechnen.

Sind in den beiden letzten Fällen gegenüber dem Vorjahre oder dem Vorquartal nach dem Ermessen der Deputation erhebliche Veränderungen in der Wasserentnahme auf dem Grundstücke eingetreten, so wird der Verbrauch von der Deputation nach billigem Ermessen unter Berücksichtigung der Veränderungen und des jeweiligen Durchschnittsverbrauches abgeschätzt.

Wenn bei Entnahme von Wasser zu einem vorübergehenden Zwecke der Wassermesser nicht angezeigt hat, so wird der Wasserzins nach der Ausflussweite und der Dauer der Entnahme berechnet, erforderlichenfalls nach billigem Ermessen festgesetzt.

Ergiebt sich bei der Prüfung eines Wassermessers eine Abweichung von mehr als ± 5%, so wird der Wasserzins entsprechend der Abweichung erniedrigt oder erhöht, jedoch nur für die der Herausnahme des Wassermessers unmittelbar vorhergehende Aufnahmeperiode.

No.	Stadt	Lieferung, Besitz, Aufstellung, Beaufsichtigung, Prüfung u. s. w.
		16
120	Stockholm	Die Wassermesser werden von der Verwaltung auf Kosten der Abnehmer (auch miethweise) geliefert und aufgestellt. Die Unterhaltung geschieht bei naturgemässer Abnutzung durch die Verwaltung kostenfrei, bei Beschädigung durch Frost, Muthwillen oder Nachlässigkeit jedoch auf Kosten der Abnehmer. Sollte der Wassermesser nicht richtig functioniren, so wird der Verbrauch für die entsprechende Zeit von der Verwaltung festgestellt nach Maassgabe des voraufgegangenen oder nachfolgenden Quartals. Anderen Personen, als Organen der Verwaltung sind Arbeiten an den Wassermessern durchaus verboten.
121	Stralsund	Die Wassermesser werden auf Kosten der Stadt geliefert, aufgestellt, gereinigt und unterhalten. Sie sind Eigenthum der Stadt. Sämmtliche Kosten der Unterhaltung trägt die Verwaltung, insofern nicht durch die Schuld des Grundstücksbesitzers, seiner Miether oder Haushaltungsangehörigen absichtlich oder nachlässiger Weise der Wassermesser beschädigt worden ist. In letzterem Falle wird die Reparatur auf Kosten des Grundstücksbesitzers ausgeführt. Der Grundstücksbesitzer ist verpflichtet, den Raum, in welchem der Wassermesser aufgestellt ist, vor Frost, Grundwasser, Abflusswasser, Schmutz u. s. w. nach Möglichkeit zu schützen und dafür zu sorgen, dass der Zutritt zu den Messern, das Ablesen derselben und deren Aufstellung oder Abnahme jederzeit ohne Behinderung erfolgen kann. An den Wassermessern darf weder von dem Grundstücksbesitzer noch von anderen Personen etwas losgenommen oder verändert werden. Ein Wassermesser, dessen richtiger Gang angezweifelt wird, muss auf Antrag des Grundstücksbesitzers einer Prüfung unterzogen werden. Auch die Verwaltung ist berechtigt, jederzeit eine Prüfung vorzunehmen. Ergiebt sich bei der Prüfung, an welcher der Grundstücksbesitzer Theil zu nehmen berechtigt ist, eine Unrichtigkeit, welche die zulässige Fehlergrenze von $\pm$ 5 % überschreitet, so wird dem Grundstücksbesitzer die im vorigen Vierteljahre und bis zur Prüfung zu viel berechnete Wassermenge in Abzug gebracht, bezw. die zu wenig gezeigte Menge nachträglich berechnet. In solchem Falle trägt die Verwaltung die Kosten der Prüfung. Ergiebt letztere jedoch keine die zulässige Fehlergrenze überschreitende Unrichtigkeit, so hat der Grundstücksbesitzer die Kosten zu tragen, sofern die Prüfung auf seinen Antrag geschehen ist. Wenn eine Leitung vorübergehend aus irgend welchen Gründen ohne Wassermesser in Benutzung war, so wird für diese Zeit ein Verbrauch angenommen, wie er nach der Wiedereinschaltung des Wassermessers für eine gleiche Anzahl von Tagen stattgefunden hat. Findet sich, dass ein Messer stillsteht, so wird der Verbrauch von der letzten Ablesung ab unter Berücksichtigung der für den Consum maassgebenden Umstände entweder nach dem Verbrauche des vorangegangenen Vierteljahres oder dem Verbrauche des entsprechenden Vierteljahres des Vorjahres festgesetzt.
122	Strassburg i. E. . .	Die Lieferung und Aufstellung des Wassermessers erfolgt ausschliesslich durch die Verwaltung gegen Zahlung einer Miethe. Ebenso werden etwa nothwendig gewordene Reparaturen nur durch die Vermittelung der Verwaltung ausgeführt. Die Miethe ist vierteljährlich zu entrichten.
123	Stuttgart	Die Wassermesser werden von der Verwaltung geliefert. Von Anrechnung eines Miethzinses hierfür wird in widerruflicher Weise abgesehen. Für Zwischenmesser, d. h. Apparate, welche zur Messung des Verbrauchs einzelner Theile eines Anwesens dienen, ist jedoch ein Miethzins zu entrichten. Der Wassermesser ist so zu setzen, dass der ganze Verbrauch des Anwesens denselben zu passiren hat. Das erstmalige Einschalten des Wassermessers geschieht auf Rechnung des Abnehmers, ebenso hat derselbe den Aufwand zu tragen, wenn ein Wassermesser zu versetzen, als entbehrlich wegzunehmen oder gegen einen solchen mit anderer Weite auszuwechseln ist. Die durch die gewöhnliche Benützung entstehenden Ausbesserungskosten werden von der Verwaltung getragen, während der Abnehmer für jede Beschädigung des Apparats (insbesondere auch infolge Einfrierens desselben) haftet. Für die Wassermesser sind frostsichere und leicht zugängliche Plätze in der Nähe des Hauptabsperrhahnes zur Verfügung zu stellen, und die Zugänglichkeit ist stets offen zu halten.
124	Trier	Der event. aufzustellende Wassermesser ist entweder vom Abnehmer auf seine Kosten von der Verwaltung zu beziehen oder es wird demselben ein Wassermesser gegen Jahresmiethe leihweise überlassen. In ersterem Falle hat der Abnehmer den Wassermesser in gehörigem Zustande zu erhalten. Der Ein- und Ausbau, sowie etwaige Reparaturen des Wassermessers erfolgen stets nur von Seiten des Wasserwerkes. Sollte ein Wassermesser aus irgend einer Ursache nicht richtig functioniren, so ist die Direction berechtigt, den Preis desjenigen halben Jahres als Richtschnur der Berechnung für die Wasserabgabe zu nehmen, in welchem der Wassermesser noch richtig functionirt hat. Den Abnehmern steht es jedoch frei, den Beweis zu liefern, dass sie die entsprechenden Quantitäten nicht erhalten haben, in welchem Falle sie nur für das erhaltene Wasser zu bezahlen haben.

No.	Stadt	Lieferung, Besitz, Aufstellung, Beaufsichtigung, Prüfung u. s. w.
		16
125	Viersen	Der Wassermesser darf nur von der Verwaltung gegen vierteljährliche Miethe bezogen und aufgestellt, ebenso dürfen Ausbesserungen der Wassermesser nur durch Vermittelung der Verwaltung ausgeführt werden. Die Kosten der Ausbesserung trägt die Verwaltung in allen durch den gewöhnlichen Verschleiss hervorgerufenen Fällen, dagegen fallen dieselben dem Abnehmer zur Last, wenn die Ausbesserung in Folge äusserer Einwirkung nothwendig geworden ist. Erheben sich Zweifel über die Richtigkeit des Wassermessers, so wird derselbe geprüft und darnach erforderlichen Falls die Angabe des Messers berichtigt. Wird ein Wassermesser schadhaft und zeigt derselbe in Folge dessen einen unverhältnissmässig geringen oder garkeinen Wasserverbrauch, so wird der Verbrauch des gleichen Vierteljahres im Vorjahre der Berechnung zu Grunde gelegt, wenn nicht eine andere Vereinbarung darüber zu Stande kommt. Erfolgt hierbei zwischen dem Abnehmer und der Verwaltung keine Einigung, so geschieht die Festsetzung durch die Wasserwerks-Commission endgültig.
126	Wandsbek	Die Wassermesser werden von Seiten der Stadt angeschafft, aufgestellt und gegen eine jährliche Miethe unterhalten; daneben fallen den Consumenten alle Unterhaltungskosten zur Last, welche nicht durch die ordnungsmässige Abnutzung veranlasst werden.
127	Weimar	Die Lieferung, Unterhaltung und Ergänzung der Wassermesser wird durch den Gemeindevorstand besorgt; andere als von diesem gelieferte Wassermesser dürfen nicht verwendet werden. Die Wassermesser bleiben Eigenthum der Stadtgemeinde und haben die Consumenten für die Anschaffung, Vorhaltung, Beaufsichtigung, Unterhaltung und für etwaige Erneuerung der Wassermesser vierteljährlich eine Miethe zu bezahlen. Durch die Zahlung dieses Miethzinses gelten jedoch nur die Kosten für die regelmässig nothwendig werdende Unterhaltung und Erneuerung der Wassermesser als vergütet, wogegen der Besitzer die Kosten für aussergewöhnliche Erneuerungen und Reparaturen, die durch seine oder seiner Miether, seiner Angehörigen oder Dienstleute Schuld oder durch Dritte, deren Handlungen er zu vertreten hat, herbeigeführt werden, (auch Frostschäden) besonders zu bezahlen hat. Die Grösse und den Ort der Aufstellung der Wassermesser bestimmt der Gemeindevorstand. In der Regel müssen dieselben unmittelbar oder höchstens 1 m hinter den äusseren Umfassungsmauern der Häuser, bei Gärten oder anderen Grundstücken ohne Wohnhäuser 1 m hinter der Grundstücksgrenze aufgestellt werden. In jedem Falle muss aber die Aufstellung der Wassermesser an einem frostfreien und leicht zugänglichen Orte erfolgen. In Fällen, in welchen die Aufstellung der Wassermesser im Keller oder an einem anderen passenden Orte nicht angängig ist, muss ein gemauerter wasserdichter Schacht zur Aufnahme von Wassermessern und Hauptventilen bewirkt werden. Die Dimensionen eines solchen Schachtes sind für Rohrleitungen bis einschliesslich 25 mm Durchm. 1,25 m lang, 0,75 m breit und 1,6 m tief. Die Einsteigeöffnung muss wenigstens 0,5 m im Quadrat gross hergestellt werden. Arbeiten an den Wassermessern sind nur durch Beauftragte des Gemeindevorstandes zu besorgen. Die Wassermesser werden daher unter Plombe gelegt. Im Falle eigenmächtiger Oeffnungen und Aenderungen der Wassermesser kann dem Consumenten sofort die Wasserleitung entzogen werden. Die Wassermesser werden in der Regel jedes Jahr einmal gereinigt. Wird ein Defect an dem Wassermesser wahrgenommen, so muss sofort Anzeige gemacht werden. Die Nachtheile der Unterlassung dieser Anzeige treffen den säumigen Besitzer und hat er in jedem Falle den regulativmässigen Zins für das Wasser, was in solchem Falle durch den Wassermesser hindurch wegläuft, zu bezahlen. Die Kosten für die von einem Haus- oder Grundstücksbesitzer veranlasste Untersuchung eines Wassermessers hat, wenn der Wassermesser für richtig befunden worden, der Besitzer allein zu tragen. In den Fällen, in welchen ein Wassermesser durch Schuld der Consumenten oder nicht zur Wasserleitung gehöriger Personen so beschädigt worden ist, dass der Consum sich nicht feststellen lässt, kann das Doppelte des höchsten innerhalb der letzten vier Quartale entrichteten Betrages verlangt werden, und bezahlt der Consument in jedem Falle die Reparaturkosten. Wenn eine Leitung ausnahmsweise vorübergehend ohne Wassermesser in Benutzung gewesen ist, so wird für diese Zeit ein Pauschquantum festgesetzt, und zwar auf Grund des letztjährigen durch den Wassermesser nachgewiesenen Consums. Wird ein Wassermesser während des Gebrauchs schadhaft, so wird der Verbrauch von der letzten Abnahme ab unter Berücksichtigung der für den Consum maassgebenden Umstände entweder nach dem Verbrauche des vorangegangenen Jahres, oder wenn ein solcher nicht vorliegt, nach dem Verbrauche des zuletzt verflossenen Quartals festgesetzt.
128	Weissenfels	In jedem angeschlossenen Grundstücke wird durch die Verwaltung ein Wassermesser auf Kosten der Stadtgemeinde geliefert, aufgestellt und unterhalten. Die Grundstückseigenthümer haben für jede Beschädigung, welche den Wassermessern zugefügt wird, aufzukommen, falls sie

No.	Stadt	Lieferung, Besitz, Aufstellung, Beaufsichtigung, Prüfung u. s. w.
		16
		nicht durch den Betrieb selbst, durch regelmässige Abnutzung oder durch höhere Gewalt entstanden ist. Mindestens einmal im Jahre veranlasst die Verwaltung die gründliche Reinigung eines jeden Wassermessers auf städtische Kosten. Der Wassermesser ist für die Verwaltung stets zugänglich zu halten. Wenn der Wassermesser eine Störung in seinem Gange erlitten hat, so wird der Wasserverbrauch während der Störung nach dem Verhältniss desjenigen Wasserverbrauchs berechnet, den der Wassermesser durch die letzten 4 Wochen vor dem Eintritt der Störung und die ersten 4 Wochen nach Beseitigung der Störung angezeigt hat, vorausgesetzt, dass nicht Umstände vorliegen, welche eine anderweite Berechnung als geboten erscheinen lassen. Für die auf Antrag erfolgende Prüfung des richtigen Ganges eines Wassermessers wird M 1 bis 3 berechnet, sofern durch die Prüfung eine Unregelmässigkeit sich nicht ergiebt.
129	**Wien**	Den Wassermesser liefert die Gemeinde auf ihre Kosten, wogegen der Hauseigenthümer für dessen Benützung eine jährliche Miethe zu leisten hat. Der Wassermesser wird nächst der Absperrvorrichtung im Innern des Hauses durch die Gemeinde und unmittelbar vor demselben ebenfalls eine Absperrvorrichtung angebracht. Der Abnehmer darf an dem Wassermesser und dessen Zugehör keinerlei Manipulationen vornehmen und hat für jede durch seine oder seiner Hausleute Schuld oder Vernachlässigung entstandene Beschädigung desselben zu haften. Er ist verpflichtet, das Wassermessergehäuse sammt Zugehör gegen Frost zu schützen und in gutem Zustande zu erhalten, und darf dasselbe zu keinem anderen Zwecke benützen. Sollte sich an dem Wassermesser ein Mangel zeigen, wodurch der Zweck desselben beeinträchtigt wird, so wird derselbe nach erfolgter Anzeige sogleich ausgewechselt. Erheben sich Zweifel über die Richtigkeit der Angaben des Wassermessers, so wird derselbe abgenommen, in Gegenwart von beiderseitigen Zeugen in dem Probirlocale geprüft und darnach event. die Angabe des Wassermessers berichtigt. Dem Resultate dieser Prüfung haben sich beide Theile zu unterziehen. Weicht der Wassermesser um mehr als 5% von der Richtigkeit ab, so wird dem Abnehmer für das abgelaufene Quartal und bis zur Prüfung das zu viel Gezeigte in Abrechnung gebracht, oder das zu wenig Gezeigte angerechnet, und es trägt in diesem Falle die Gemeinde die Kosfen der Prüfung. Wenn der Wassermesser innerhalb obiger Fehlergrenze richtig zeigt, hat der Abnehmer, insofern die Prüfung von ihm beantragt worden ist, die Kosten derselben, welche vorläufig einschliesslich der Aus- und Einschaltung ohne Unterschied der Grösse des Wassermessers auf M 10 per Stück festgesetzt werden, zu zahlen.
130	**Wiesbaden**	Das Wasserwerk trägt die Kosten für die Anschaffung und Unterhaltung eines in jeder Zuleitung aufzustellenden Messers. Für jeden weiteren in Theile der Privatleitung eingeschalteten Messer (Nebenmesser) wird ausser den Aufstellungskosten monatlich eine nach der Grösse des Messers sich richtende Miethe bei dem Besitzer des Grundstücks resp. dessen Stellvertreter erhoben. Für die passende Herstellung des Aufstellungsraumes, sowie Anbringung der etwa erforderlichen Schutzvorrichtungen gegen Beschädigung und Frost hat der Grundstücksbesitzer zu sorgen. Letzterer hat auch die Kosten zu tragen für alle Beschädigungen, welche an den Messern in Folge der Ausserachtlassung der nothwendigen Vorsichtsmaassregeln entstehen. Die Ausschaltung und Einschaltung eines Messers darf nur vom Wasserwerk vorgenommen werden. Wenn auf Veranlassung des Grundstücksbesitzers ein Wassermesser aus- und später wieder eingeschaltet werden soll, so hat derselbe die hierdurch entstehenden Kosten zu tragen. Wird ein Wassermesser schadhaft, sodass die verbrauchte Wassermenge nicht mit Sicherheit festgestellt werden kann, so wird der Zahlungsanforderung diejenige Wassermenge zu Grunde gelegt, welche bei gleichen Verhältnissen in entsprechenden Zeiträumen bereits verbraucht wurde. Die Höhe dieser Zahlungsanforderung wird von der Verwaltung festgesetzt. Anträgen auf Auswechselung eines Wassermessers mit der Behauptung, dass derselbe zuviel anzeigt, wird nur dann stattgegeben, wenn der Antragsteller sich verpflichtet, die entstandenen Kosten für den Fall zu zahlen, dass der Messer nicht mehr als 5% von der Richtigkeit abweicht.
131	**Winterthur** . . .	Die Wassermesser werden von der Verwaltung unentgeltlich geliefert, aufgestellt und unterhalten. Wird ein Wassermesser schadhaft und zeigt er in Folge dessen einen unverhältnissmässig geringen oder garkeinen Verbrauch, so ist die zu bezahlende Summe nach dem durchschnittlichen Verbrauche der vorangehenden und nachfolgenden Zeit festzusetzen.
132	**Witten**	Die Wassermesser sind Eigenthum des Wasserwerks, für deren Gestellung der Consument eine jährliche Miethe zu bezahlen hat, welche in einem bestimmten Verhältniss zu den Anschaffungskosten steht. Die Instandhaltung der Wassermesser liegt dem Wasserwerke ob. Wird

No.	Stadt	Lieferung, Besitz, Aufstellung, Beaufsichtigung, Prüfung u. s. w.
		16
		jedoch ein Wassermesser durch äussere Einwirkungen, Frost etc. beschädigt, so trägt der Consument die Reparaturkosten. Die Kosten der Anbringung der Messer, sowie der Wegnahme beim Aufhören der Wasserentnahme trägt der Consument. Muss der Wassermesser in einer Grube angebracht werden, so ist eine solche mindestens auf 1 m Quadrat wasserdicht auszumauern und mit einem verschliessbaren Deckel zu versehen. Auf alle Fälle sind solche Einrichtungen zu treffen, dass die Messer auch vor Frost und sonstigen Beschädigungen hinlänglich geschützt sind. Findet sich bei der Revision, dass ein Messer schadhaft geworden ist und den Consum nicht richtig angezeigt hat, so wird für die Zeit vom Tage der letzten Revision bis zum Tage der Inbetriebsetzung eines neuen Messers, nach dem Durchschnittsconsum der vorhergehenden 3 Monate berechnet.
133	Worms	Die Lieferung und Aufstellung der Wassermesser erfolgt gegen Zahlung einer jährlichen Miethe, wenn nicht in einzelnen Fällen anders bestimmt wird, durch die Stadt auf deren Kosten. Die Stadt übernimmt die Wiederherstellung der Wassermesser unentgeltlich bei Verschlammungen und sonstigen inneren Störungen, jedoch nicht, wenn die Wassermesser durch äussere Gewalt oder Frost unbrauchbar werden. In solchen Fällen haben die Wassermiether die Kosten zu tragen. Der Wassermesser muss regelmässig im Keller event. an einem anderen passenden Ort in einem für Rechnung des Eigenthümers herzustellenden Schacht angebracht werden. Der Wassermiether darf den Wassermesser durch keine Handlungen beeinflussen. Abzweigungen vor dem Wassermesser anzulegen, ist untersagt; Zuwiderhandelnden wird, abgesehen von einer etwaigen strafrechtlichen Verfolgung, der Wasserbezug sofort entzogen. Bleibt ein Wassermesser stehen, oder zeigt derselbe erwiesenermaassen unrichtig, worüber die Betriebsleitung zu entscheiden hat, so ist für die Berechnung der Verbrauch des entsprechenden Monats des vorhergegangenen Jahres in Ansatz zu bringen. Werden von einem Wassermiether Zweifel an der Richtigkeit der Angabe eines Wassermessers erhoben, so wird dieser ausgewechselt und geprüft; zeigt sich dabei, dass der Wassermesser thatsächlich über die zulässigen Fehlergrenzen hinaus unrichtig zeigt, so fallen die Kosten der Auswechselung und Prüfung der Stadt zur Last, eine Rückzahlung des einmal bezahlten Wasserzinses findet jedoch nicht statt. Zeigt sich dagegen der Wassermesser als innerhalb der zulässigen Fehlergrenzen richtig, so hat der Miether jene Kosten zu tragen.
134	Würzburg	Die Wassermesser und Aichhahnen werden auf Kosten der Antragsteller vom Wasserwerk aufgestellt und unterhalten. Der Abnehmer darf an dem den Wasserzulauf regulirenden städtischen Aichhahnen keinerlei Aenderung vornehmen oder durch andere Personen als die Wasserwerksbediensteten vornehmen lassen. Soll an dem Aichhahn irgend etwas geändert werden, so ist dies beim Wasserwerk zu beantragen. Sollte durch irgend eine vom Abnehmer nicht selbst verschuldete Ursache durch den Wassermesser kein Verbrauch angezeigt werden oder erscheint der angezeigte Verbrauch zu gering, so ist die Verwaltung berechtigt, falls eine Berechnung des Wasserquantums aus dem etwaigen Verbrauch des Vorjahres oder nach sonst maassgebenden Verhältnissen mit Zustimmung des Abnehmers nicht zu Stande käme, den Bezug durch Wassermesser zu sistiren.
135	Zeitz	Der Magistrat hat auf Kosten des Besitzers den von ihm beschafften Wassermesser aufzustellen und zu unterhalten. Er bestimmt nach eigenem Ermessen den Standort desselben und zwar dergestalt, dass der Messer möglichst bequem zum Ablesen zu stehen kommt und dass alles dem Grundstücke zufliessende Wasser den Messer passiren muss. Ist eine gemauerte Grube nöthig, so wird dieselbe ebenfalls auf Kosten des Besitzers hergestellt. Der Hausbesitzer hat dafür zu sorgen, dass der Wassermesser stets zugänglich und die Wassermessergrube frei von Wasser oder Schmutz ist, widrigenfalls das Wasser so lange abgestellt wird, bis die Uebelstände beseitigt sind. Ergiebt sich, dass ein Wassermesser schadhaft ist und in Folge dessen garkeinen oder einen unrichtigen Wasserverbrauch anzeigt, so wird der Verbrauch für das Vierteljahr, hinsichtlich dessen der Fehler entdeckt wurde, nach dem Durchschnittsverbrauche des letztvergangenen und des nächstfolgenden Vierteljahres ermittelt, falls eine anderweite Vereinbarung nicht stattfindet. Wenn nachweislich der Wassermesser durch Schuld des Consumenten oder nicht dem Magistrate unterstellter Personen derartig beschädigt ist, dass der Verbrauch nicht festgestellt werden kann, so hat der Magistrat das Recht, das Doppelte des höchsten, innerhalb der letzten zwei Vierteljahre ermittelten Betrages zu verlangen.
136	Zürich	Die Anschaffung und der Unterhalt der Apparate zur Messung des verbrauchten Wassers ist Sache der Stadt und im Abonnementspreise inbegriffen. Eine Ausnahme bilden die Aufstellungs- und Reparaturkosten von Messeinrichtungen bei Bezug von Triebkraft, welche den betreffenden Abonnenten in Rechnung gesetzt werden.

No.	Stadt	Lieferung, Besitz, Aufstellung, Beaufsichtigung, Prüfung u. s. w.
		16
		Die Abonnenten haben auch die Reparaturkosten von Wassermessern zu tragen, welche in Folge Offenlassens von Kellerfenstern durch Frost Schaden nehmen. Die Bezeichnung der Stelle für den Wassermesser erfolgt ausschliesslich durch die Verwaltung. Wird der Wassermesser innerhalb eines Hauses angebracht, so ist für denselben ein leicht zugänglicher, gut beleuchteter und frostsicherer Raum zu wählen. Wassermesserschächte im Freien müssen mindestens 80 bis 120 cm Lichtweite bei 1,7 m Höhe erhalten, für grössere Leitungen als 50 mm 120 bis 180 cm. Diese Schächte erhalten eine runde Einsteigöffnung von mindestens 50 cm Durchm. mit eisernem Deckel; ferner werden Steigeisen an einer Wand und eine Entwässerung, sei es durch eine Dole oder, wo dies nicht möglich ist, durch eine Sickerung verlangt. Die Gegenflanschen für die Wassermesservorrichtung sind von der Verwaltung zu beziehen, zum Preise von M 0,48 das Stück; sie werden dem Hauseigenthümer verrechnet. Abweichungen des Wassermessers bis auf 10% des consumirten Wassers werden bei der Rechnungstellung nicht berücksichtigt. Bei grössern Abweichungen wird entweder eine Correctur der Messung angebracht oder der Wassermesser ausgewechselt. Jeder Abnehmer ist berechtigt, auf Kosten des Unrecht habenden Theiles eine Prüfung des in seiner Liegenschaft aufgestellten Wassermessers zu verlangen; die Taxe hierfür beträgt M 16,—.
137	Zwickau	Der Wassermesser wird auf Kosten des Grundstücksbesitzers von der Stadtgemeinde beschafft, aufgestellt und unterhalten. Für unbedeutenden oder vorübergehenden Gewerbebetrieb sowie für Bauzwecke kann ein Wassermesser miethweise abgegeben werden. Die Kosten einer etwa nöthig werdenden Beschaffung und Aufstellung eines neuen Wassermessers an Stelle eines unbrauchbar gewordenen alten hat in jedem Falle ebenfalls der Grundstücksbesitzer zu tragen. Betreffs der herzustellenden Schächte vergl. Tab. IV, 13. Der Grundstücksbesitzer darf sich an seinen Wassermesser in keiner Weise vergreifen und hat ihn jeder Zeit der Verwaltung zugänglich zu machen. Hat die Verwaltung gegen die Richtigkeit der Angaben eines Wassermessers Zweifel zu erheben, so wird der Wassermesser abgenommen und geprüft. Es kann auch der Grundstücksbesitzer, wenn ihm Zweifel gegen die Richtigkeit beigehen, seinerseits beantragen, dass auf seine Kosten der Wassermesser abgenommen und geprüft werde. Der Grundstücksbesitzer oder dessen Vertreter kann einer jeden Prüfung des Wassermessers beiwohnen. Ergiebt die Prüfung die Unrichtigkeit der Angaben desselben, so werden diese Angaben von der Verwaltung richtig gestellt und danach der Verbrauch, sowie der Wasserzins berechnet, und ist von Erhebung der Kosten der vom Grundstücksbesitzer beantragten Prüfung abzusehen. Im Zweifelsfalle kann der Stadtrath den Verbrauch in einem Grundstücke für ein Kalenderjahr oder Theile eines solchen nach dem für das Vorjahr oder die entsprechenden Theile des letzteren festgestellten Verbrauche oder auch nach dem Gutachten eines sachverständigen städtischen Beamten berechnen lassen und sodann danach den Wasserzins feststellen.

Tabelle VI. Wassermesser (Fortsetzung).

No.	Stadt	Jährliche Miethpreise 17 — Durchflussweite in Millimeter 10	13	15	20	25	30	40	50	65	75	100	Ergänzungen und Bemerkungen
		M	M	M	M	M	M	M	M	M	M	M	
1	Aachen	—	6,—	—	8,—	12,—	14,—	16,—	18,—	25,—	30,—	—	Bei combinirten Messern wird die Miethe von jedem einzelnen Miether berechnet. Für vermiethete Nebenmesser wird eine Extragebühr von M 0,50 pro Vierteljahr erhoben.
2	Altenburg	—	—	—	—	—	—	—	—	—	—	—	
3	Altenessen	—	6,—	—	7,50	9,—	—	—	18,—	—	30,—	38,40	Bei Bezahlung der Anschaffungskosten des Messers tritt eine Befreiung von der Miethabgabe auf 10 Jahre ein.
4	Altona	6,—	6,50	—	7,50	10,50	15,—	18,—	21,—	—	—	—	
5	Annaberg	—	—	—	—	—	—	—	—	—	—	—	
6	Apolda	—	4,—	—	6,—	7,—*	—	—	—	—	—	—	* Bei Vermiethung von Wassermessern grösserer Dimensionen wird der Selbstkostenpreis zu Grunde gelegt.
7	Aschersleben	—	—	—	—	—	—	—	—	—	—	—	
8	Augsburg	—	—	—	—	—	—	—	—	—	—	—	15% der Anschaffungskosten.
9	Bamberg	—	5,20	5,60	5,90	8,40	10,60	—	—	—	—	—	10% der jeweiligen Anschaffungskosten.
10	Barmen	—	—	—	—	—	—	—	—	—	—	—	Bis zu 25% des Anschaffungswerthes.
11	Basel	—	—	—	—	—	—	—	—	—	—	—	
12	Bautzen	3,—	3,—	3,—	3,—	—	—	—	—	—	—	—	
13	Bayreuth	—	—	—	—	—	—	—	—	—	—	—	10% der Anschaffungskosten.
14	Bergedorf	—	—	—	—	—	—	—	—	—	—	—	
15	Berlin	—	4,—	—	4,—	6,—	—	9,—	12,—	—	18,—	20,—	
16	Bern	—	8,—	—	9,—	10,—	12,—	16,—	20,—	—	—	—	10% des Werthes des Messers.
17	Bernburg	—	—	—	—	—	—	—	—	—	—	—	
18	Bielefeld	—	2,—	4,—	6,—	8,—	12,—	16,—	24,—	—	36,—	—	
19	Bochum	—	6,—	—	7,20	10,80	—	15,60	26,40	—	42,—	54,—	125 mm M 66, 150 mm M 90.
20	Bonn	—	7,—	—	8,—	12,—	—	18,—	24,—	—	36,—	48,—	15% des Neuwerthes.
21	Borbeck	—	—	9,—	9,60	14,40	16,—	—	—	—	—	—	Bis zu 20% der Anschaffungskosten.
22	Braunschweig	—	—	—	—	—	—	—	—	—	—	—	
23	Bremen	—	—	—	—	—	—	—	—	—	—	—	
24	Breslau	—	—	—	—	—	—	—	—	—	—	—	
25	Brieg	—	3,—	—	4,—	5,—	6,—	8,—	10,—	12,—	14,—	16,—	Vergl. Tab. V, 16, Abs. 1.
26	Cassel	—	—	—	—	—	—	—	—	—	—	—	
27	Charlottenburg	—	12,—	—	14,40	18,—	—	24,—	32,—	—	40,—	56,—	
28	Chemnitz	6,—	6,—	6,—	6,—	8,40	—	12,—	16,20	—	24,—	32,40	Preise gelten für Wassermesser, welche für vorübergehende Zwecke leihweise abgegeben werden.
29	Coblenz	—	—	—	—	—	—	—	—	—	—	—	
30	Colmar	—	3,—	—	4,—	5,—	6,—	—	—	—	—	—	Vergl. Tab. V, 16, Abs. 2.
31	Crefeld	—	—	—	—	—	—	—	—	—	—	—	15% des Anschaffungspreises.
32	Danzig	—	—	—	—	—	—	—	—	—	—	—	
33	Darmstadt	12,—	12,—	12,—	12,—	18,—	18,—	18,—	18,—	18,—	—	—	Preise gelten für die Nebenmesser, vergl. Tab. V, 16, Abs. 1.
34	Dessau	—	—	—	—	—	—	—	—	—	—	—	
35	Dortmund	3,60	6,—	7,20	—	9,60	15,—	18,—	21,—	24,—	30,—	36,—	125 mm M 42, 150 mm M 48, 200 mm M 60.
36	Dresden	—	—	—	—	—	—	—	—	—	—	—	
37	Düren	—	6,—	—	7,—	8,40	—	12,60*	—	—	—	—	* Miethe für grössere Kaliber nach besonderer Vereinbarung.
38	Düsseldorf	—	8,—	—	10,—	12,—	16,—	20,—	24,—	—	36,—	48,—	
39	Duisburg	—	12,—	—	15,—	21,—	26,40	30,—	42,—	—	60,—	84,—	125 mm M 108.
40	Eisenach	—	—	—	—	—	—	—	—	—	—	—	
41	Eisleben	—	6,—	—	8,—	10,—	—	—	30,—	—	—	—	Die Miethpreise gelten nur für die nach dem alten Regulativ gemietheten Wassermesser.
42	Elberfeld	—	9,60	—	11,40	15,60	19,80	22,80	28,80	—	42,—	56,40	125 mm M 69,60.
43	Erfurt	—	—	—	—	—	—	—	—	—	—	—	M 1,—, vergl. Tab. V, 16, Abs. 2.
44	Essen (Stadt)	—	—	—	—	—	—	—	—	—	—	—	Nicht über 15% der Anschaffungskosten.
45	Flensburg	—	5,—	5,50	6,—	8,50	—	—	—	—	—	—	
46	Frankfurt a. M.	—	—	—	—	—	—	—	—	—	—	—	
47	Frankfurt a. O.	—	12,—	—	16,—	19,—	—	26,—	40,—	—	54,—	68,—	

Tabelle VI. Wassermesser (Fortsetzung).

No.	Stadt	Jährliche Miethpreise (17) — Durchflussweite in Millimeter											Ergänzungen und Bemerkungen
		10	13	15	20	25	30	40	50	65	75	100	
		M	M	M	M	M	M	M	M	M	M	M	
48	Freiberg i. S.	—	—	—	—	—	—	—	—	—	—	—	
49	Freiburg i. B.	—	—	—	—	—	—	—	—	—	—	—	10% der Anschaffungskosten.
50	Gelsenkirchen-Schalke	6,—	7,20	8,40	—	—	—	—	—	—	—	—	
51	Giessen	6,—	—	—	7,20	9,60	12,—	14,40	—	—	—	—	Die Preise gelten nur für Controlmesser.
52	Gladbach-M.	—	6,—	—	8,—	12,—	14,—*	—	—	—	—	—	* Für Wassermesser von grösserer Durchgangsweite pro mm Weite jährlich M 0,40.
53	Glauchau	—	—	—	—	—	—	—	—	—	—	—	
54	Glogau	—	—	—	—	—	—	—	—	—	—	—	
55	Glückstadt	—	—	—	—	—	—	—	—	—	—	—	10% des Wassermesserwerthes.
56	Görlitz	—	—	—	—	—	—	—	—	—	—	—	10% des Kaufpreises jedoch nur für zwangsweise eingeschaltete Wassermesser, vergl. Tab. V, 16, Abs. 3.
57	Göttingen	—	4,80	4,80	5,60	7,20	10,—	12,—	16,—	—	—	—	
58	Gotha	—	—	—	—	—	—	—	—	—	—	—	
59	Greiz	—	—	—	—	—	—	—	—	—	—	—	
60	Hagen i. W.	—	6,—	—	7,—	9,—	12,—	—	20,—*	—	—	—	* mit Combination M 30.
61	Halberstadt	—	6,—	—	6,—	—	—	—	—	—	—	—	Kaliber von über 20 mm werden nicht in Miethe abgegeben.
62	Halle a. d. S.	—	9,—	—	10,—	13,—	15,—	18,—	22,—	27,—	31,—*	—	* Für grössere Messer nach besonderer Uebereinkunft.
63	Hamburg	—	—	—	—	—	—	—	—	—	—	—	
64	Hamm i. W.	—	—			—	—	—	—	—	—	—	20% der jeweiligen Anschaffungskosten.
65	Hanau	—	—	—	—	—	—	—	—	—	—	—	
66	Hannover	—	2,—	2,—	6,—	8,—	12,—	16,—	28,—	36,—	44,—	60,—	125 mm M 76, 150 mm M 100.
67	Harburg (Elbe)	—	—	—	—	—	—	—	—	—	—	—	15% des Ankaufswerthes.
68	Heidelberg	—	—	—	—	—	—	—	—	—	—	—	
69	Heilbronn	—	—	—	—	—	—	—	—	—	—	—	10% der Anschaffungskosten.
70	Hildesheim	4,—	4,—	—	5,—	8,—	10,—	14,—	16,—	20,—	24,—	30,—	125 mm M 40, 150 mm M 45.
71	Höchst a. M.	—	—	—	—	—	—	—	—	—	—	—	20% der Anschaffungskosten.
72	Hof	5,—	6,—	—	8,—	12,—	16,—	20,—	30,—	—	40,—	50,—	Für zeitweilige Benutzung sind M 5 zu bezahlen.
73	Iserlohn	—	8,40	9,60	12,—	15,—	19,80	—	39,60	—	48,—	60,—	
74	Karlsruhe	—	8,40	—	9,80	13,80	18,—	21,—	27,—	—	—	—	
75	Kiel	—	—	6,—	7,—	10,—	—	—	—	—	—	—	
76	Köln	6,—	6,—	—	7,20	10,40	13,60	16,—	22,—	—	32,—	42,—	125 mm M 52, 150 mm M 60, 200 mm M 82, 250 mm M 110.
77	Königsberg	—	—	—	—	—	—	—	—	—	—	—	
78	Königshütte	—	—	—	—	—	—	—	—	—	—	—	
79	Königswinter	—	8,—	—	10,—	12,—	16,—	20,—	24,—	—	36,—	48,—	
80	Kopenhagen	11,20	11,20	11,20	11,20	11,20	—	—	—	—	—	—	
81	Leipzig	—	8,—	—	—	8,—	—	10,—	30,—	—	50,—	60,—	
82	Liegnitz	6,—	6,—	—	8,—	8,—	12,—	14,—	16,—	20,—	24,—	32,—	
83	Lindau	—	5,—	—	7,—	9,—	12,—	15,—	—	—	—	—	
84	Lübeck	3,80	4,30	—	4,80	6,50	—	—	—	—	—	—	10% des Einkaufspreises.
85	Magdeburg	—	—	—	—	—	—	—	—	—	—	—	Vergl. Tab. V, 16, Abs. 3.
86	Mainz	—	6,—	—	7,20	9,60	12,—	14,40	19,20	—	26,40	—	
87	Mannheim	1,80	1,80	1,80	1,80	3,—	3,—	4,20	9,60	12,—	15,—	19,10	125 mm M 24.
88	Meiderich	—	12,—	—	15,—	21,—	26,40	30,—	42,—*	—	—	—	* Miethe für grössere Kaliber nach Vereinbarung.
89	Merseburg	—	—	—	—	—	—	—	—	—	—	—	
90	Metz	—	—	—	—	—	—	—	—	—	—	—	
91	Minden	—	3,60	—	4,40	5,60	7,20	8,80	18,80*	—	28,—*	—	10% der Anschaffungskosten. * Einschl. 13 mm Umlaufwasser und Rückschlagventil.
92	Mülhausen i. E.	4,—	4,—	4,—	4,—	7,60	9,—	12,—	15,—	18,—	24,—	30,—	Für die verwaltungsseitig errichteten Schächte wird M 3,60 Jahresmiethe erhoben.
93	Mülheim-Deutz-Kalk	—	7,—	—	8,—	12,—	16,—	18,—	24,—	—	36,—	48,—	15% des Neuwerthes.
94	Mülheim a. d. Ruhr	2,—	2,—	—	3,—	7,—	8,80	11,—	14,—	—	20,—	28,—	

No.	Stadt	Jährliche Miethpreise 17											Ergänzungen und Bemerkungen
		Durchflussweite in Millimeter											
		10	13	15	20	25	30	40	50	65	75	100	
		M	M	M	M	M	M	M	M	M	M	M	
95	München	—	10,—	—	12,—	16,—	20,—	25,—	32,—	—	40,—	50,—*	* Miethe für grössere Wassermesser nach Vereinbarung.
96	Münster i. W.	—	—	4,—	5,—	7,—	10,—	11,—	18,—	—	36,—	—	
97	Neuwied	6,—	6,—	6,—	6,—	6,—*	—	—	—	—	—	—	* Miethe für grössere Wassermesser nach Vereinbarung.
98	Nürnberg	—	9,—	10,—	12,—	15,—	20,—	25,—	50,—	70,—	90,—	110,—	
99	Oberhausen	9,—	12,—	—	15,—	21,—	26,40	33,—	42,—	—	60,—	84,—	
100	Offenbach a. M.	6,—	9,—	—	12,—	15,—	18,—	21,—	30,—	—	39,—	48,—	Preise gelten für Nebenmesser. Vergl. Tab. V, 16, Abs. 1.
101	Offenburg	8,—	8,—	8,—	8,—	12,—	12.—	20,—	20,—	20,—	20,—	20,—	Preise gelten für Nebenmesser.
102	Oldenburg i. G.	6,—	7,20	—	8,40	—	—	—	—	—	—	—	
103	Osnabrück	—	—	—	—	—	—	—	—	—	—	—	
104	Plauen i. V.	—	—	—	—	—	—	—	—	—	—	—	
105	Posen	—	—	—	—	—	—	—	—	—	—	—	
106	Potsdam	—	11,—	—	12,—	16,—	—	21,—	30,—	—	42,—	55,—	
107	Quedlinburg	—	—	—	—	—	—	—	—	—	—	—	
108	Ratibor	—	6,—	—	7,—	10,—	12,40	14,40	18,40	—	—	—	
109	Regensburg	—	12,—	—	15,—	18,—	—	20,—	30,—*	—	40,—*	—	Die mit * versehenen Preise beziehen sich auf Combinationsmesser
110	Remscheid	—	—	—	—	—	—	—	—	—	—	—	Die Miethe für Wassermesser bis zu einschl. 20 mm Weite liegt im Mindestbetrag.
111	Rheydt	—	—	—	2,—	4,—	6,—	8,—	12,—	—	—	—	Desgleichen bis zu 13 mm Weite des Messers.
112	Riga	11,70	13,65	—	15,60	19,50	—	29,50	39,—	—	58,50	78,—	
113	Rostock	10,—	10,—	12,—	12,—	16,—	18,—	20,—	24,—	28,—	32,—	36,—	
114	Rothenburg a. d. T.	—	—	—	—	—	—	—	—	—	—	—	
115	Rudolstadt	—	4,—	—	4,—	6,—*	—	—	—	—	—	—	* Miethe für grössere Kaliber nach Vereinbarung unter Zugrundelegung von 10% der Anschaffungs- und Einbaukosten.
116	Salzburg	—	12,—	—	16,—	18,—	20,—	—	32,—	—	—	—	
117	Schwerin	—	3,—	—	5,—	9,—	—	—	—	—	—	—	
118	Solingen	—	4,—	—	6,—	8,—	—	—	20,—	—	30,—	—	
119	Stettin	—	—	—	—	—	—	—	—	—	—	—	Vergl. Tab. V, 16, Abs. 6–10.
120	Stockholm	6,67	6,67	—	6,67	8,89	—	13,33	17,78	—	26,67	36,56	
121	Stralsund	—	—	—	—	—	—	—	—	—	—	—	
122	Strassburg i. E.	—	4,—	4,30	4,50	6,10	7,30	8,50	10,10	—	—	—	
123	Stuttgart	—	6,30	—	7,20	9,—	12,60	14,40	18,90	—	—	—	Preise gelten für sog. Zwischenwassermesser.
124	Trier	—	10,—	—	12,—	15,—	17,—	23,—	—	—	—	—	
125	Viersen	4,—	6,—	—	8,—	10,—	12,—	—	—	—	—	—	
126	Wandsbek	—	6,60	—	7,68	11,28	—	—	21,—* 30,60*	—	32,—* 42,60*	—	20% der Anschaffungskosten. — Die mit * versehenen Preise beziehen sich auf Combinationsmesser
127	Weimar	—	1,60	2,—	2,20	3,20	4,—	5,—	7,—	8,52	12,—	—	
128	Weissenfels	—	—	—	—	—	—	—	—	—	—	—	
129	Wien	10,—	10,—	—	—	20,—	—	30,—	40,—	—	—	—	
130	Wiesbaden	—	7,20	—	8,40	—	—	—	—	—	—	—	Preise gelten für Nebenmesser.
131	Winterthur	—	—	—	—	—	—	—	—	—	—	—	
132	Witten	—	—	—	6,—	10,—	—	15,—	20,—	—	30,—	60,—	150 mm M 80.
133	Worms	—	—	—	6,—	7,50	—	—	—	—	—	—	
134	Würzburg	—	—	—	—	—	—	—	—	—	—	—	
135	Zeitz	—	—	—	—	—	—	—	—	—	—	—	
136	Zürich	—	—	—	—	—	—	—	—	—	—	—	Miethe liegt im Abonnementspreise.
137	Zwickau	—	—	—	—	—	—	—	—	—	—	—	Vergl. Tab. V, 16, Abs. 2.

No.	Stadt		A. Nach Messung. 18. Einheits- oder Grundpreise. 19. Mindestbeträge. B. Nach Einschätzung. 20. Einheitssätze.	Preise M
1	Aachen	A 18	Pro cbm	0,15
			Für den Grossconsum, d. h. mindestens 100 cbm vierteljährlich gelten folgende Sätze:	
			Wer einen vierteljährlichen Verbrauch garantirt	
			von 100 cbm, zahlt pro cbm	0,14
			„ 300 „ „ „ „	0,13
			„ 1000 „ „ „ „	0,12
			„ 2500 „ „ „ „	0,11
			„ 4000 „ „ „ „	0,10
			Er zahlt jedoch dann auf alle Fälle den Preis der angemeldeten Stufe für den garantirten Betrag, auch wenn er denselben nicht verbraucht, erhält auch keine Herabsetzung des Preises für den Fall, dass er den Mindestbetrag der folgenden Stufen erreicht oder überschreitet. Eine Herabsetzung für die Folge ist erst nach Quartalschluss auf neuen Antrag zulässig, in dem die betreffende Stufe garantirt sein muss.	
			Wenn die Direction veranlasst sein sollte, den Verbrauch zu beschränken und zwar so, dass der Consument die im Antrage garantirte Wassermenge nicht erhält, wird trotzdem die verbrauchte Menge vierteljährlich nach dem dem Antragsteller gewährten ermässigten Satze berechnet.	
		A 19	Pro Vierteljahr	6,
		B 20	— — — — — — — — — — — — — — — — — — —	
2	Altenburg . . .	A 18	Pro cbm	0,15
		A 19	— — — — — — — — — — — — — — — — — — —	
		B 20	— — — — — — — — — — — — — — — — — — —	
3	Altenessen . .	A 18	Preis pro cbm bei einem Jahresverbrauche:	
			bis zu 9000 cbm	0,10
			von 9001 bis 20000 cbm	0,095
			„ 20001 „ 30000 „	0,09
			„ 30001 „ 40000 „	0,085
			„ 40001 „ 100000 „	0,08
			„ 100001 „ 200000 „	0,075
			über 200000 „	0,072
		A 19	Bei Abgabe von Wasser zu industriellen, gewerblichen und landwirthschaftlichen Zwecken jährlich	30,—
		B 20	Jahresbeiträge:	
			für alles Wasser zum Hausbedarf pro qm Fläche der einzelnen Stockwerke . . .	0,10
			„ eine Badeeinrichtung	10,—
			„ ein Pissoir pro Stand	3,—
			oder pro lfd. m Rinne	4,50
			„ einen Spülabtritt	10,—
			„ jedes Pferd oder Rindvieh	5,—
			„ einen Personenwagen	3,—
			Gärten, Grasplätze und Höfe, welche an die Gebäude stossen, gelangen stets mit diesen zur Berechnung, und zwar:	
			1. wenn in dem Garten oder dem Hofe nur ein Zapfhahn angebracht ist, pro qm höchstens	0,025
			2. wenn in dem Garten oder in Theilen desselben besondere Vorrichtungen zum Berieseln angebracht sind pro qm:	
			bei Gärten bis zu 200 qm zu berieselnder Fläche	0,065
			bei Gärten über 200 qm	0,05
			Wenn nur ein Besprengen mittelst eines in der Hand gehaltenen Schlauches stattfindet, treten noch folgende Ermässigungen ein:	
			bei Gärten von 201 bis 2500 qm Fläche	0,05
			„ „ „ 2501 „ 5000 „ „	0,045
			„ „ „ 5001 „ 7500 „ „	0,04
			„ „ „ 7501 „ 10000 „ „	0,035
			„ „ „ 10001 „ 15000 „ „	0,03
			„ „ „ 15001 „ 30000 „ „	0,025
			„ „ „ über 30000 „ „	0,02
			Wo der niedrigere Tarifsatz einen geringeren Betrag ergiebt, als der vorhergehende, kommt dieser letztere Betrag zur Berechnung.	

No.	Stadt	A. Nach Messung. 18. Einheits- oder Grundpreise. 19. Mindestbeträge. B. Nach Einschätzung. 20. Einheitssätze.	Preise M
		3. für Gärten und Grasplätze allein oder wenn sich kein Wohnhaus bei denselben befindet, werden die vorstehenden Tarifsätze ad 1 und 2 verdoppelt und kommt alsdann der ganze Flächeninhalt des Grundstückes zur Berechnung.	
		für einen Feuerhahn	6,—
		„ jeden folgenden	1,50
		Hydranten, welche behufs Benutzung durch die Löschanstalten nach Vorschrift eingerichtet sind, sind auf versorgten Grundstücken frei.	
		Einmalige Beiträge zu baulichen Zwecken, pro qm zu bebauender Fläche:	
		bei einem Gebäude mit Keller und Erdgeschoss	0,30
		„ „ „ „ „ Erdgeschoss und einem Stockwerke	0,35
		„ „ „ „ „ „ „ zwei Stockwerken	0,50
		„ „ „ „ „ „ „ drei Stockwerken	0,60
		Das betreffende Gebäude muss nach Fertigstellung an die Wasserleitung angeschlossen werden.	
		Zum Ziegeln, wenn es nicht zum grösseren Gewerbebetriebe zu zählen ist, pro 1000 Stück Ziegelsteine	0,15
4	**Altona** . . . . . A 18	Pro 100 cbm M 21,30, also pro cbm	0,213
	A 19 B 20	— —	
		Es wird jährlich berechnet:	
		der hauswirthschaftliche Wasserbedarf nach der Anzahl der vorhandenen bewohnten oder bewohnbaren Localitäten (Wohn- und Schlafräume), sowie der Küchen und Waschlocale, und zwar pro Raum:	
		In Wohnungen, welche aus mehr als 4 solchen Räumen bestehen	3,—
		Kleinere Wohn- und Schlafräume mit	2,40
		In zusammengehörigen Wohnungs-Complexen, wenn die Durchschnittszahl der taxirbaren Localitäten höchstens 5 und die Gesammtzahl derselben mind. 15 beträgt, durchgängig	2,40
		In solchen Wohnungs-Complexen, wenn die Durchschnittszahl dieser Localitäten höchstens 4 ist, desgleichen wenn die Durchschnittszahl der Localitäten 3 ist, und die Zapfstellen sich in den Wohnungen befinden	2,—
		Wenn die Durchschnittszahl der Localitäten nicht mehr als 3 und im Hause selbst Wasserleitung nicht vorhanden ist, für jede Wohnung	4,50
		für die Benutzung eines Wasserclosets, mag dasselbe für eine oder mehrere Wohnungen dienen, pro Wohnung	12,—
		„ jedes fernere Closet, wenn mehr als 1 pro Wohnung vorhanden	6,—
		„ eine Badeeinrichtung, nur zum eigenen Gebrauch einer Wohnung	9,—
		„ eine Douche oder einen Badeschrank	6,—
		„ Pferde oder sonstiges Grossvieh pro Stück	3,—
		„ einen 4 rädrigen Luxuswagen	6,—
		„ jeden ferneren zum eigenen Gebrauche des Besitzers, sowie für eine Droschke	3,—
		„ einen cultivirten Garten bis ca. 150 qm Flächeninhalt	3,—
		„ jede ferneren 100 qm und weniger	1,20
		„ Gewächs- und Treibhäuser pro qm Grundfläche	0,30
		„ auf oder neben der Strasse aufzustellende Wassertonnen oder Wassereimer zum Tränken der Pferde bei Schänkwirthschaften	12,—
		Für jedes Geschäft, zu dessen Betriebe Wasser erforderlich ist, einschliesslich Gastwirthschaften, Restaurationen und dergl. ein nach den Verhältnissen zu vereinbarender Extra-Ansatz.	
5	**Annaberg** . . . A 18	Pro cbm	0,17
	A 19	Jährlich	20,—
	B 20	Jahresbeiträge für Privatleitungen:	
		Für die eigene Haushaltung des Eigenthümers	
		für den ersten Ausgusshahn	10,—
		„ jeden ferneren	5,—
		„ jede Miethwohnung in demselben Grundtheil mit besonderer Zuleitung die gleichen Sätze.	
		Hat solche Miethwohnung keine besondere Zuleitung, so wird gezahlt:	
		bei M 300 Miethzins und darüber pro Haushaltung	10,—
		„ „ 180 „ „ „ „ „	5,—
		„ „ 90 „ „ „ „ „	2,50

No.	Stadt		A. Nach Messung. 18. Einheits- oder Grundpreise. 19. Mindestbeträge. B. Nach Einschätzung. 20. Einheitssätze.	Preise M
			Jahresbeitrag für Gewerbe- und sonstige Betriebe.	
			Gewerbetreibende, vergl. Tab. II, 5, Abs. 2, zahlen nach Abschätzung unter billiger Berücksichtigung des Umfanges ihres Gewerbes oder nach Vereinbarung noch besonders	10 bis 50
			Viehbesitzer pro Pferd oder pro Stück Rindvieh	3,50
			Wasserclosets oder Pissoirs pro Stück	25,—
			Von Hausgrundstücken entfernte Gärten mit besonderer Leitung pro qm	0,035
			Fontainen bei nicht über 3 mm Durchmesser des Mundstücks, 12stünd. Betrieb mit Ausschluss der Wintermonate	60,—
			Wasser für Baulichkeiten kostet bis zu	3,—
			wenn nicht Wassermesser angebracht ist.	
			Treib- und Gewächshäuser zahlen nach Wassermesser.	
6	**Apolda**	A 18	Bei bis zu 2000 cbm Jahresverbrauch pro cbm	0,20
			Bei einem jährlichen Verbrauch von	
			2001— 3000 cbm pro cbm	0,19
			3001— 4000 „ „ „	0,18
			4001— 5000 „ „ „	0,17
			5001— 6000 „ „ „	0,16
			6001— 7000 „ „ „	0,15
			7001— 8000 „ „ „	0,14
			8001— 9000 „ „ „	0,13
			9001—10000 „ „ „	0,12
			10001—15000 „ „ „	0,11
			15001—17500 „ „ „	0,10
			17501—20000 „ „ „	0,09
			über 20000 „ „ „	0,08
		A 19	Für jedes Grundstück vierteljährlich	1,50
			wofür $7^1/_2$ cbm geliefert werden.	
		B 20	— — — — — — — — — — — — — — — — — — — —	
7	**Aschersleben**	A 18	Pro cbm	0,20
		A 19	Hat ein Wasserverbrauch nicht stattgefunden, so hat der Eigenthümer der Privatleitung für die Beaufsichtigung derselben vierteljährlich zu entrichten	0,50
			sofern er bei dem Magistrat nicht um Einstellung der Wasserzuführung nachgesucht hat.	
		B 20	Für die Entnahme des Wassers zu Bauzwecken ist $^1/_2$ % der zum Zwecke der Feuerversicherung ermittelten oder durch Sachverständige festzustellenden Taxe der neu erbauten Gebäude oder Gebäudetheile 4 Wochen nach Beendigung des Baues zu entrichten.	
8	**Augsburg**	A 18	Nach Aichung (vergl. Tab. II, 5):	
			bei ständigem Bezug pro Minuten-Liter und Jahr	16,—
			„ zeitweisem Bezuge pro Minuten-Liter und Monat	2,50
			Die Mindestabgabe beträgt 3, die höchste Abgabe 15 Minuten-Liter. Bei grösseren Mengen ist besondere Genehmigung erforderlich.	
			Für Springbrunnen, Besprengen etc. beträgt der Mindestbezug 2 Minuten-Liter.	
			Nach Wassermesser:	
			pro cbm	0,14
		A 19	Vergl. A 18.	
		B 20	Für jeden Feuerhahn jährlich	5,—
9	**Bamberg**	A 18	Zum Gewerbebetrieb:	
			pro cbm	0,20
			Bei zeitweiser oder vorübergehender Entnahme grösserer Wassermengen aus Hydranten für gewerbliche Zwecke:	
			für jedes Quantum unter 6 cbm	2,—
			bei grösseren Quantitäten, die in Gefässen aufgefangen werden pro cbm	0,30
		A 19	Zum Gewerbebetrieb:	
			pro Jahr ohne Wassermessermiethe	30,—

Tabelle VII. Wasserabgabe-Preise.

No.	Stadt	A. Nach Messung. 18. Einheits- oder Grundpreise. 19. Mindestbeträge. B. Nach Einschätzung. 20. Einheitssätze.	Preise M
	B 20	Jahresbeiträge:	
		zum Hausbedarf für einen Auslauf	30,88
		bei kleineren, höchstens aus 3 Räumen von nicht über 60 qm Bodenfläche bestehenden Wohnungen kann Ermässigung eintreten auf	21,—
		für jeden weiteren Auslauf	4,30
		„ jedes Badezimmer und jedes Closet	4,—
		„ jedes Pissoir	3,—
		„ Comptoirs und Verkaufsläden, welche nicht in unmittelbarem Zusammenhang mit auf Wasser abonnirten Wohnungen stehen, für einen Auslauf	21,—
		„ jeden weiteren Auslauf	4,30
		„ jedes Pferd	3,—
		„ „ Stück Rindvieh	2,—
		„ jeden Personentransportwagen	4,—
		„ einen Feuerhahn	6,—
		„ jeden ferneren bis zum 6. Hahn	1,50
		„ den 7. und jeden weiteren	1,—
		„ Gärten bis zu 200 qm für je 10 qm (Für grössere Gärten nur nach Zumessung.)	0,60
		Zum Strassenbesprengen für jede 10 qm gepflasterter Strasse	0,30
		„ „ „ „ 10 „ ungepflasterter Strasse	0,35
		„ Besprengen von Hofräumen über 20 qm für jede 10 qm	0,20
		Für Bauzwecke 2‰ des Taxwerthes.	
10	Barmen . . . . A 18	Bis zu 2000 cbm jährlicher Entnahme pro cbm	0,12
		für die folgenden 3000 cbm von 2001 bis 5000 pro cbm	0,11
		„ „ „ 5000 „ „ 5001 „ 10000 „ „	0,10
		„ „ „ 10000 „ „ 10001 „ 20000 „ „	0,09
		„ „ „ 30000 „ „ 20001 „ 50000 „ „	0,08
		„ „ „ über 50000 „ hinaus pro cbm	0,07
		„ Wasser zu vorübergehenden Zwecken aus Wasserständern nach Kubicirung pro cbm	0,15
	A 19	Für Springbrunnen mit Kaliberscheiben über 2 mm Durchmesser wird ausser der Wassermiethe erhoben ein Mindestsatz von	60,—
	B 20	Jährliche Beiträge:	
		für bewohnte und bewohnbare Räume, auch Küchen und Waschküchen	3,—
		„ bewohnte und bewohnbare Räume unter 9 qm Grundfläche und Bodenzimmer	1,50
		„ Badewannen mit Zu- und Ableitung, einschliessl. der darüber befindlichen Brausen, für Brausen ohne Badewannen, für Wasserclosets, für Harnstände mit beständiger Spülung pro Stück sowie für Spülrohr von Harnständen pro lfd. m	6,—
		„ Pferde, für Stück Rindvieh, für lackirte Wagen	3,—
		„ Pferde- oder Viehstände bei Händlern	2,—
		Garten mittelst Schlauch zu sprengen, pro qm Fläche	0,05
		Bürgersteig und Strasse bis zur Mitte zu sprengen, einschl. Abspritzen der Façade mittelst Schlauches, pro m Front	0,10
		Gewächs- und Treibhaus, pro qm Fläche	0,10
		Springbrunnen mit Kaliberscheiben von 1 mm Durchm.	24,—
		desgl. von 2 mm Durchm.	48,—
		Zimmerspringbrunnen	6 bis 12
		für einen Feuerhahn bei angeschlossenen Gebäuden	1,—
		bei solchen Gebäuden, die sonst kein Wasser entnehmen	5,—
		Gasmotoren pro Pferdekraft	3,—
		Strahlpumpen bis zu 100 cbm jährlichem Wasserverbrauch	10,—
		Einmalige Beiträge für Bauzwecke:	
		für den qm bebauter Fläche des Kellers, Erdgeschosses und jeden Stockwerks	0,08
		„ 1 cbm sonstigen Mauerwerks	0,05

No.	Stadt	A. Nach Messung. 18. Einheits- oder Grundpreise. 19. Mindestbeträge. B. Nach Einschätzung. 20. Einheitssätze.	Preise M
11	Basel . . . . . . A 18	Pro cbm . . . . 20 Cent. =	0,16
		Bezüglich des Rabatts für Gewerbe-Abonnenten vergl. Tab. II, 7, ad c.	
	A 19	Dem Mindestbetrage, »Abonnements-Minimum«, entspricht ein bestimmtes Freiquantum an Wasser.	
		Die Zusammensetzung des für häusliche Zwecke geltenden Mindestbetrages geschieht nach den in Tab. II, 5, ad 1 bis 3 angegebenen Grundsätzen wie folgt:	
		ad 1. Die auf den Brandversicherungswerth bezüglichen festen Tarifsätze betragen pro Jahr:	
		Classe — Brandversicherungswerth M	
		I bis 4000	11,20
		II über 4000 „ 6000	14,40
		III „ 6000 „ 8000	17,60
		IV „ 8000 „ 10000	20,80
		V „ 10000 „ 12000	24,—
		VI „ 12000 „ 14000	27,20
		VII „ 14000 „ 16000	32,—
		VIII „ 16000 „ 20000	36,80
		IX „ 20000 „ 24000	41,60
		X „ 24000 „ 28000	46,40
		XI „ 28000 „ 32000	51,20
		XII „ 32000 „ 36000	57,60
		XIII „ 36000 „ 40000	64,—
		XIV „ 40000 „ 48000	70,40
		XV „ 48000 „ 64000	76,80
		XVI „ 64000 „ 80000	83,20
		XVII „ 80000 „ 120000	89,60
		XVIII „ 120000	96,—
		ad 2. Von der Bodenfläche der Grundstücke, wie sie sich aus dem Grundbuche ergiebt, fallen ausser Berechnung die ersten 500 qm. Für die Bodenfläche über 500 qm hinaus beträgt der Zuschlag für jede angefangenen 100 qm pro Jahr . . .	1,60
		ad 3. Der Zuschlag für auf den Grundstücken betriebene Gewerbe, die ihrer Natur nach Wasser erfordern, beträgt je nach dem Umfang des Gewerbes pro Jahr	3,20 bis 64
		Die Summe dieser 3 Ansätze bildet das Abonnements-Minimum. Das jährliche Freiquantum wird durch Theilung des Minimums durch den Normalpreis des Wassers pro cbm (M 0,16) erhalten.	
		Wo es sich vorwiegend um Wasser in grösserer Quantität für gewerbliche Zwecke handelt, wird das Minimum pro Jahr festgesetzt auf . . . . . . und das entsprechende Freiquantum wie vorstehend ermittelt.	240,—
		Auch für Grundstücke, welche vorwiegend Wasser für häusliche Zwecke beziehen, ist das Minimum auf höchstens M 240 pro Jahr festzustellen. Wird dieser Betrag von solchen Grundstücken erreicht oder wird von Seiten der betreffenden Abonnenten die Tarifirung auf Grund dieses Betrages gewünscht, so hat die Berechnung des Mehrverbrauches an Wasser nach dem für die im vorhergehenden Absatz genannten grossen Gewerbe geltenden Schema zu erfolgen.	
		Bauabonnements müssen für mindestens 6 Monate und auf Grund eines monatlichen, dem Umfang der Bauten angemessenen Minimums von wenigstens . . abgeschlossen werden.	8,—
		Abonnements für Grundstücke, die bezüglich der Tarifirung nicht unter die oben genannten Bestimmungen eingereiht werden können, dürfen nur auf Grundlage eines Mindestbetrages von . . . . pro Jahr abgeschlossen werden.	48,—
	B 20	— — — — — — — — — — — — — — — — — — — —	
12	Bautzen . . . . A 18	Der Einheitspreis wird jährlich vom Stadtrath festgestellt. Derselbe beträgt für 1895 pro cbm	0,16
		wobei folgender Rabatt gewährt wird:	

bei jährlicher Entnahme von:

über	1000 cbm	1 %		über	9000 cbm	9 %
„	2000 „	2 „		„	10000 „	10 „
„	3000 „	3 „		„	15000 „	12 „
„	4000 „	4 „		„	20000 „	14 „
„	5000 „	5 „		„	25000 „	16 „
„	6000 „	6 „		„	30000 „	18 „
„	7000 „	7 „		„	40000 „	20 „
„	8000 „	8 „				

Tabelle VII. Wasserabgabe-Preise.

No.	Stadt		A. Nach Messung. 18. Einheits- oder Grundpreise. 19. Mindestbeträge. B. Nach Einschätzung. 20. Einheitssätze.	Preise M
			Für Springbrunnen ist eine besondere Wassermessercontrole vorgeschrieben und der Wasserverbrauch mit dem fünffachen Betrage des für anderweitigen Verbrauch festgesetzten Einheitspreises zu entrichten.	
		A 19	Für jeden bewohnbaren Raum, jede Werkstätte, jedes Geschäfts- und Verkaufslocal, für Tanz- und andere Säle, sowie von jeder gewerblichen Niederlage, sofern diese Räume mindestens 7 qm Grundfläche haben pro Jahr	0,40
			Beträgt die Grundfläche mehr als 40 qm, so wird je eine Fläche dieser Grösse als besonderer Raum, und der überschiessende Theil als voll veranlagt.	
			Nicht veranlagt werden Keller und Bodenräume, letztere, sobald sie nicht berappt sind und die Holzverschalungen und Balkenlager offen liegen, ausgenommen nur die, welche zu Wohn-, Wirthschafts-, Arbeits- oder Werkstätten benutzt werden, ferner werden nicht veranlagt Vorplätze, Gänge und Corridore.	
			für jede Küche	0,50
			„ Waschküchen bei 1 und 2 Haushaltungen	0,50
			„ „ „ 3 „ 4 „	1,—
			und so fort für 1 oder 2 Haushaltungen mehr ein Zuschlag von	0,50
			„ 1 Badezimmer oder Closet	1,—
			„ Pissoirs bis zu 1 m	1,—
			über 1 m für jeden 0,5 m	1,—
			„ 1 qm Garten	0,25
			„ 1 qm Gewächshaus	0,75
			Betreffs der nicht angeschlossenen Grundstücke vergl. Tab. II, 5, Abs. 3.	
		B 20	— — — — — — — — — — — — — — — — — — — —	
13	**Bayreuth**	A 18	Pro cbm	0,15
		A 19	Jährlich (für 100 cbm)	15,—
			Dieser Betrag ist selbst bei zeitweiliger Absperrung der Leitung zu zahlen, namentlich auch in solchen Fällen, wo für Gartenanlagen eigene Wasserzuleitungen mit besonderem Wassermesser bestehen, aus welchem nur während der Sommermonate Wasser entnommen wird.	
		B 20	— — — — — — — — — — — — — — — — — — — —	
14	**Bergedorf** . . .	A 18	Für gewerblichen Betrieb und Fabrikbetrieb pro cbm	0,20
			„ jede den gewöhnlichen Hausbedarf übersteigende Versorgung pro cbm	0,30
		A 19	— — — — — — — — — — — — — — — — — — — —	
		B 20	Für häuslichen Bedarf jährlich:	
			Pro heizbaren Raum, Küche, Badezimmer und Closet	3,—
			jedoch mindestens für jede Wohnung	16,—
15	**Berlin**	A 18	Es ist zu zahlen für jedes Vierteljahr:	
			pro cbm Wasser bis einschl. 80 cbm	0,30
			„ „ „ über 80 bis einschl. 200 cbm	0,20
			„ „ „ „ 200 cbm	0,15
		A 19	Findet eine Entnahme von Wasser in einem Kalender-Vierteljahr überhaupt nicht statt oder bleibt das entnommene Quantum unter 20 cbm, so ist doch in jedem Falle der Betrag von	6,—
			als Mindestbetrag für diesen Zeitraum zu erlegen, und zwar auch dann, wenn der Anschluss erst im Laufe eines Vierteljahres erfolgt ist oder die Benutzung der Wasserleitung im Laufe eines Vierteljahres eingestellt wird.	
		B 20	— — — — — — — — — — — — — — — — — — — —	
16	**Bern**	A 18	Pro cbm . . . . 10 Rup. =	0,08
			An Rabatt wird gewährt bei einem jährlichen Consum von	
			über 2000 cbm 5 %	
			„ 5000 „ 10 „	
			„ 10000 „ 15 „	
			Für laufendes Wasser für Springbrunnen und Brunnen in Höfen, Gärten u. s. w. sowie zur Aufnahme in Behälter, pro Minuten-Liter jährlich	40,—
			Weniger als 1 Liter pro Minute wird nicht abgegeben.	
		A 19	Bei Hausversorgung der nach Einschätzung zu erhebende Betrag, indess hat sich der Abonnent für einen Tagesverbrauch von mindestens 3 cbm à M 0,08 zu verpflichten.	
			Für Springbrunnen jährlich	16,—

No.	Stadt	A. Nach Messung. 18. Einheits- oder Grundpreise. 19. Mindestbeträge. B. Nach Einschätzung. 20. Einheitssätze.	Preise M
	B 20	Für das zum gewöhnlichen Hausbedarf erforderliche Wasser wird jährlich entrichtet:	
		pro bewohnbaren, selbst nicht heizbaren Raum, Magazin, Werkstätte, Küche, Badezimmer, Wassercloset, Pferd, Rindvieh, Personenwagen, Feuerhahn	3,20
		Räume von unter 6 qm Grundfläche werden als nicht bewohnbar angesehen. Wasserclosets und Pissoirs dürfen nur bei nachgewiesener Entfernung des Abwassers mit Spülung versehen werden.	
		Versiegelte Feuerhahnen bezahlen nichts, so lange das Siegel unversehrt vorgefunden wird oder wenn dasselbe wegen Feuersgefahr erbrochen worden ist.	
		Kann die Feuersgefahr nicht constatirt werden, so ist für jeden entsiegelt gefundenen Feuerhahn die ganze jährliche Gebühr nachzubezahlen mit	3,20
		Für jeden Hydranten für Feuerlöschzwecke	8,—
		Wird in einem Hause ein Gewerbe betrieben, welches grössere Mengen Wasser consumirt als der gewöhnliche Hausbedarf beträgt, so muss, insofern kein Wassermesser gesetzt wird, ausser den obigen, für die Hausversorgung geltenden Ansätzen noch ein Zuschlag von M 8 bis 80,—, je nach Umfang des Betriebes, bezahlt werden. Hierbei wird auf dasjenige Rücksicht genommen, was für die Werkstätten selbst entrichtet wird.	
		Für jeden qm bebauten Gartenlandes, künstlichen Rasens und Gewächshäuser ist jährlich zu bezahlen	0,08
		Kann jedoch im Garten der Leitung kein Wasser entnommen werden und ist auch sonst keine Einrichtung zur unmittelbaren Bespritzung des Gartens vorhanden, so ist nur zu bezahlen pro qm	0,04
		Grössere Gärten werden nach Wassermesser berechnet.	
		Wasser für Motoren wird bis auf Weiteres nicht abgegeben. Kleinere Dampfkessel können pro Pferdekraft eingeschätzt werden.	
17	**Bernburg** . . . . A 18	Pro cbm	0,15
		Bei 10—60 cbm Tagesverbrauch tritt Rabatt von $3^1/_3$—20 %, bei grösseren Mengen von 20% ein.	
	A 19	Für grössere Gärten bei $1^1/_3$ cbm täglichem Verbrauch	26,—
		bei Wasserabgabe für gewerbliche Zwecke	5,—
	B 20	Für Haus- und Wirthschaftsbedarf pro Jahr:	
		Bewohnbare Räume, Hausflure, Küchen, Speisekammern, Wasch- und Badestuben pro qm	0,06
		Für Luxuswasser pro Jahr:	
		bei täglich einmaliger Schlauchbesprengung von Höfen und Strassen zwecks Reinigung für 10 qm gepflasterter Fläche	0,40
		„ 10 „ ungepflasterter „	0,50
		für Gärten von 50 bis 100 qm Fläche	2,—
		„ jede 100 qm mehr bis zu 1500 qm	2,—
		„ „ 100 qm über 1500 qm	1,—
		„ Gewächshäuser pro qm	0,30
		Closets zahlen nach besonderem Abkommen oder nach Wassermesser.	
		„ jedes Pissoir in Häusern und Höfen mit einem Stand pro Jahr	3,—
		„ grössere Pissoirs pro lfd. m Rinne	4,—
		„ 1 Personenwagen	3,—
		Wasser zu gewerblichen Zwecken event. nach Wassermesser, sonst pro Jahr.	
		„ 1 Pferd oder 1 Stück Rindvieh	3,—
		Bei grösserer Anzahl nach besonderer Festsetzung.	
		„ Pferdeställe in Gasthöfen u. s. w. pro m Krippenlänge	0,60
		„ Schweine- und Schafställe für je 5 qm Grundfläche	1,—
		„ Dampfkessel entweder nach Wassermesser, oder	
		bei ausschl. Braunkohlenfeuerung pro qm feuerberührter Fläche	7,—
		„ Steinkohlenfeuerung „ „ „ „	18,—
		Für Bauzwecke nach Pauschal oder Wassermesser.	
18	**Bielefeld** . . . . A 18	Pro cbm	0,20
		Der Grundpreis ermässigt sich bei einem vierteljährigen Verbrauch	
		über 500 cbm pro cbm auf	0,18
		„ 1200 „ „ „ „	0,16
		In keiner dieser Stufen wird weniger bezahlt als der Höchstbetrag der vorhergehenden Stufe.	

No.	Stadt	A. Nach Messung. 18. Einheits- oder Grundpreise. 19. Mindestbeträge. B. Nach Einschätzung. 20. Einheitssätze.	Preise M
		Eine Berechnung des Mehrverbrauchs über die dem Mindestsatze bei einem Grundpreis von M 0,20 pro cbm entsprechende Menge hinaus findet erst statt, wenn der Verbrauch für je einen ständigen Bewohner des Grundstücks ohne Unterschied des Alters innerhalb 24 Stunden 20 l übersteigt.	
	A 19	Für jedes angeschlossene Hausgrundstück nach dem Gebäudesteuer-Nutzungswerth vierteljährlich:	
		bis 200 M	3,—
		von 201 „ 250 „	3,50
		„ 251 „ 300 „	4,—
		„ 301 „ 400 „	5,—
		„ 401 „ 500 „	6,—
		„ 501 „ 600 „	7,—
		„ 601 „ 700 „	8,—
		„ 701 „ 800 „	9,—
		„ 801 „ 900 „	10,—
		„ 901 „ 1000 „	11,—
		„ 1001 „ 1200 „	12,—
		„ 1201 „ 1500 „	14,—
		„ 1501 „ 1800 „	16,—
		„ 1801 „ 2000 „	18,—
		über 2000 „	20,—
		Für Bauzwecke für die Bauzeit	18,—
	B 20	Für die Speisung von Feuerhähnen in Wohnhäusern oder bei gewerblichen Anlagen, welche zu anderen Zwecken Wasser nicht beziehen, wird erhoben:	
		für 1 Feuerhahn	10,—
		„ jeden ferneren Feuerhahn	5,—
		Für die Wasserbenutzung zu Neubauten erfolgt die Berechnung auf Antrag auch nach dem von der Verwaltung festzusetzenden Bauwerthe des Hauses mit $1^1/_2$ ‰ dieses Werthes.	
19	**Bochum** . . . . . A 18	Bei vierteljährlicher Entnahme für einheimische Abnehmer pro cbm:	
		über 40 bis 400 cbm	0,10
		„ 400 „ 1000 „	0,095
		„ 1000 „ 1500 „	0,09
		„ 1500 „ 6000 „	0,085
		„ 6000 „ 25000 „	0,08
		„ 25000 „ 50000 „	0,075
		„ 50000 „ 100000 „	0,07
		100000 „	0,065
		desgl. für auswärtige Abnehmer:	
		über 40 bis 2000 cbm	0,13
		„ 2000 „ 3000 „	0,125
		„ 3000 „ 4500 „	0,12
		„ 4500 „ 6000 „	0,115
		„ 6000 „ 8000 „	0,11
		„ 8000 „ 10000 „	0,105
		„ 10000 „ 15000 „	0,10
		„ 15000 „ 20000 „	0,095
		„ 20000 „ 25000 „	0,09
		„ 25000 „ 30000 „	0,085
		„ 30000 „ 40000 „	0,08
		„ 40000 „ 50000 „	0,075
		„ 50000 „ 100000 „	0,07
		„ 100000 „	0,065
		Ergiebt sich bei der Berechnung des Betrages für den Vierteljahrsverbrauch nach den einzelnen Stufen eine höhere Summe als der geringste Consum der nächstfolgenden Stufe ergeben würde, so tritt dieser geringere Betrag ein.	
	A 19	Vierteljährlich für jedes Grundstück bezw. Haus ausschl. Wassermessermiethe:	
		für einheimische Abnehmer	4,—
		„ auswärtige „	5,20
	B 20	— — — — — — — — — — — — — — — — — — — —	

No.	Stadt	A. Nach Messung. B. Nach Einschätzung. — 18. Einheits- oder Grundpreise. 19. Mindestbeträge. 20. Einheitssätze.	Preise M
20	Bonn . . . . . . A 18	Bei einem Mindestverbrauch von 900 bis 1080 cbm, pro cbm	0,10
		„ einem Jahresverbrauche von 9000 cbm, pro cbm	0,08
		Grösserer Consum nach Vereinbarung. Vergl. auch Schlusssatz von A 19.	
	A 19	Nach Wassermesser wird Wasser abgegeben und nach dem Verbrauche berechnet:	
		1. Für den Gewerbebetrieb, wobei ein durchschnittlicher jährlicher Mindest-Verbrauch von 900 cbm à M 0,10 bezahlt werden muss. Lässt sich der Gebrauch für den Gewerbebetrieb nicht scharf von dem für Haushaltungszwecke trennen, so ist es zulässig, den gesammten Verbrauch durch den Wassermesser zu entnehmen.	
		2. Für Springbrunnen, die eine grössere Durchfluss-Oeffnung als 6 mm haben, wobei ebenfalls ein Mindestverbrauch von 3 cbm pro Tag à M 0,10 berechnet wird. Befindet sich ein solcher durch Wassermesser versorgter Springbrunnen innerhalb eines Gartens, so darf das Wasser des Springbrunnens gleichzeitig zum Berieseln des Gartens benutzt werden, ohne dass der letztere besonders eingeschätzt wird.	
		3. Für Wohn- und sonstige Gebäude, sowie für Gärten, für welche der Besitzer es vorzieht, statt nach Einschätzung den Mindestsatz für 3 cbm pro Tag (abgerundet 1080 cbm pro Jahr) zu entrichten. Ausserdem wird in besonderer Vereinbarung mit dem Consumenten in Fällen, wo die Einschätzung einen höheren Betrag ergiebt, Wasser nach folgender Scala abgegeben:	
		200 cbm, 300 cbm, 500 cbm, 700 cbm jährlicher Mindestverbrauch für M 40, 50, 70, 80.	
		Etwaiger Mehrverbrauch M 0,10 pro cbm.	
	B 20	Jahresbeiträge:	
		für alles Wasser zum Hausbedarf pro qm Etagenfläche	0,10
		„ eine Badeeinrichtung und ein Wassercloset extra, je	6,—
		„ ein Pissoir pro Stand extra	3,—
		oder pro lfd. m Rinne	4,50
		In den Stunden, in welchen das Pissoir nicht gebraucht wird, muss der Wasserzufluss zu demselben abgesperrt werden.	
		Für jedes Pferd oder Rindvieh, jeden Personenwagen	3,—
		Gärten, Grasplätze und Höfe, welche an die Gebäude stossen, gelangen stets mit diesen zur Berechnung und zwar:	
		a) gleichviel ob in dem Garten oder dem Hofe ein Zapfhahn angebracht ist oder nicht, pro qm	0,25
		b) wenn in dem Garten oder in Theilen desselben besondere Vorrichtungen angebracht sind, um denselben zu berieseln:	
		bei Gärten bis zu 200 qm zu berieselnder Fläche pro qm	0,065
		„ „ über 200 „ „ „ „ „	0,05
		Wenn kein Berieseln, sondern nur ein Besprengen mittelst eines in der Hand gehaltenen Schlauches stattfindet, treten noch folgende Ermässigungen ein:	
		bei Gärten von 201 bis 2500 qm pro qm	0,05
		„ „ „ 2501 „ 5000 „ „ „	0,045
		„ „ „ 5001 „ 7500 „ „ „	0,04
		„ „ „ 7501 „ 10000 „ „ „	0,035
		„ „ „ 10001 „ 15000 „ „ „	0,03
		„ „ „ 15001 „ 30000 „ „ „	0,025
		„ „ „ über 30000 „ „ „	0,02
		Da, wo der niedrigere Tarifsatz einen geringeren Betrag ergiebt, als der vorhergehende, kommt dieser letztere Betrag zur Berechnung.	
		c) für Gärten und Grasplätze allein, oder wenn sich kein Wohnhaus bei denselben befindet, werden die vorstehenden Tarifsätze a oder b verdoppelt, und kommt alsdann der ganze Flächeninhalt des Grundstückes zur Berechnung.	
		Für jeden qm Gewächshaus, das sich in einem nach Tarif eingeschätzten Garten befindet	0,30
		Handelsgärtnereien fallen unter Gewerbebetriebe.	
		„ das Besprengen des Trottoirs und der Strassen, insofern eine besondere Vorrichtung hierzu angebracht ist, pro lfd. m der an die Strasse grenzenden Fronte	0,50
		Der betreffende Krahnen darf alsdann auch zum Abwaschen der Hausfaçade benutzt werden.	
		Für einen Feuerhahn	6,—
		„ jeden folgenden	1,50
		Feuerhähne, welche keine Abflussvorrichtung haben, sind auf Grundstücken, die Wasser aus dem Wasserwerke entnehmen, frei.	
		Springbrunnen von höchstens 6 mm Kaliber pro mm Kaliber	9,—
		Wegen grösserer Springbrunnen vergl. A 19.	

No.	Stadt		A. Nach Messung. 18. Einheits- oder Grundpreise. 19. Mindestbeträge. B. Nach Einschätzung. 20. Einheitssätze.	Preise M
			Beiträge für bauliche Zwecke.	
			Pro qm zu bebauender Fläche:	
			bei einem Gebäude mit Souterrain und Erdgeschoss	0,30
			„ „ „ „ „ , Erdgeschoss und 1. Etage	0,35
			„ „ „ „ „ , „ , 1. und 2. Etage	0,50
			„ „ „ „ „ , „ , 1., 2. und 3. Etage	0,60
			Das betreffende Gebäude muss nach Fertigstellung angeschlossen werden.	
			Zum Ziegeln, wenn es sich nicht um Gewerbebetrieb handelt, pro 1000 Ziegel . .	0,15
21	Borbeck	A 18	Für den 8 cbm pro Monat übersteigenden Mehrverbrauch vergl. A 19, pro cbm . .	0,12
			bei einem Jahresverbrauche von über 600 cbm, pro cbm	0,10
		A 19	Monatlich pro Anschluss ausschl. Wassermessermiethe	
			bei 15 mm Durchgangsweite des Wassermessers	2,25
			„ 20 „ „ „ „	3,50
			„ 25 „ „ „ „	5,—
			wofür monatlich 8 cbm geliefert werden.	
			Wenn ein Haus jedoch nicht mehr als 4 bewohnbare Räume hat, monatlich wenigstens	1,50
			Dem Besitzer mehrerer nebeneinander liegender Häuser bleibt es überlassen, diese mittelst eines Wassermessers mit Wasser zu versehen. Es hat auch in diesem Falle die Zahlung des Wasserverbrauchs für jedes einzelne Wohnhaus nach obiger Mindesttaxe stattzufinden.	
		B 20	— — — — — — — — — — — — — — — — — — — —	
22	Braunschweig	A 18	Pro cbm	0,10
			Es werden jedoch den Besitzern von vormaligen Piepenbrüder-Häusern die ersten 232 cbm ihres Jahresverbrauchs zu einem Pauschalpreise von M 13,50, also pro cbm berechnet mit ca.	0,058
			Für Wasser, welches zu bestimmten vorübergehenden Zwecken abgegeben wird, insbesondere für Wasser, dessen Lieferung ohne Anbringung eines Messers erfolgt, sind besondere Preise zu entrichten, nämlich:	
			für jedes Wasserquantum unter 6 cbm, welches aus einem Hydrant verabfolgt	1,50
			wird bei grösseren Quantitäten, welche in grossen Messgefässen aufgefangen werden, pro cbm	0,20
			Das Wasser wird für diese Preise bis auf eine Entfernung von 30 m vom nächst belegenen Hydrant durch Schläuche geliefert; bei grösserer Entfernung tritt eine entsprechende Erhöhung ein.	
		A 19	Der geringste jährliche Wasserbedarf des Consumenten wird bei einer Weite des Wassermessers	
			von 13 mm zu 90 cbm	9,—
			„ 20 „ „ 200 „	20,—
			„ 25 „ „ 300 „	30,—
			„ 30 „ „ 600 „	60,—
			„ 40 „ „ 1000 „	100,—
			„ 50 „ „ 1500 „	150,—
			„ 80 „ „ 4000 „	400,—
			„ 100 „ „ 7500 „	750,—
			„ 125 „ „ 12000 „	1200,—
			„ 150 „ „ 20000 „	2000,—
			angenommen, und hat der Consument die hieraus für ihn sich ergebende geringste Wassermenge mit M 0,10 pro cbm jedenfalls zu bezahlen auch wenn er dieselbe innerhalb des Kalenderjahres nicht verbraucht.	
		B 20	Für Wasser zu Bauzwecken, wenn für die Dauer der Bauzeit eine besondere Zuleitung hergestellt wird, 1‰ des aufzuwendenden Baucapitals.	
			Für Wasser zur Besprengung öffentlicher Anlagen pro qm Grundfläche	0,01
23	Bremen	A 18	Für die Stadt pro cbm	0,12
			„ das Landgebiet pro cbm	0,15
		A 19	Der Mindestbetrag wird vertragsmässig festgesetzt, entsprechend dem ungefähren Wasserbedarf des Consumenten nach Maassgabe der Taxe des Einschätzungssystems.	
			Für Springbrunnen im Freien nicht unter	15,—
			„ Zimmerspringbrunnen nicht unter	5,—

No.	Stadt	A. Nach Messung. 18. Einheits- oder Grundpreise. 19. Mindestbeträge. B. Nach Einschätzung. 20. Einheitssätze.	Preise M
	B 20	Es sind jährlich zu entrichten: von dem Bauwerth der Gebäude und baulichen Anlagen in der Stadt $^{3}/_{5}$ ‰, „ „ „ „ „ „ „ „ im Landgebiete $^{3}/_{4}$ ‰. Für Garten- oder Culturlandfläche nebst Gewächshäuser pro qm „ jedes Pferd, jedes Stück Rindvieh und jeden Personenwagen „ Stallung für kleineres Vieh pro qm „ jedes auf dem Grundstück betriebene Gewerbe oder Geschäft, durch welches der gewöhnliche Wohnungs- oder Haushaltungsbedarf an Wasser gesteigert wird, nach Abschätzung mindestens „ jeden Zimmerspringbrunnen „ vorübergehende Zwecke nach Abschätzung pro cbm mindestens aber	 0,03 3,— 0,20 1,— 15,— 0,15 3,—
24	**Breslau** . . . . . A 18	Pro cbm	0,15
	A 19, B 20	— — — — — — — — — — — — — — — — — — — —	
25	**Brieg** . . . . . . A 18	Pro cbm Ueber Ausnahmen entscheiden die städtischen Behörden.	0,15
	A 19, B 20	— — — — — — — — — — — — — — — — — — — —	
26	**Cassel** . . . . . A 18	Insoweit der Wasserverbrauch für Haushaltungs- und Wirthschaftszwecke innerhalb 24 Stunden 30 l für je einen ständigen Bewohner des Hauses ohne Unterschied des Alters nicht übersteigt, wird eine besondere Vergütung für den Wasserverbrauch nicht erhoben. Bei einem Verbrauch pro Kopf und Tag bis 40 l, pro cbm über 40 l, pro cbm Im Uebrigen wird Wasser, welches nicht für den Haus- und Wirthschaftsbedarf, vgl. Tab. II, 5, Abs. 3, a, benutzt wird, berechnet pro cbm mit	 0,10 0,20 0,20
	A 19	Vergl. Tab. II, 5.	
	B 20	— — — — — — — — — — — — — — — — — — — —	
27	**Charlottenburg** A 18	Vierteljährlich: für die ersten 50 cbm oder darunter „ über 50 bis einschl. 100 cbm pro cbm „ über 100 bis einschl. 300 cbm pro cbm „ über 300 cbm pro cbm	 15,— 0,30 0,15 0,10
	A 19	Vierteljährlich (vergl. A 18)	15,—
	B 20	— — — — — — — — — — — — — — — — — — — —	
28	**Chemnitz** . . . . A 18	Für den Hausbedarf und für kleingewerbliche Betriebe pro cbm „ öffentliche Schwimmbäder pro cbm „ öffentliche Wannenbäder pro cbm „ Wasser zu Bauzwecken pro cbm	0,20 0,10 0,15 0,30
	A 19	Von jedem bebauten Grundstück, gleichviel, ob dasselbe angeschlossen ist oder nicht, wird eine Wassersteuer nach $1^{1}/_{2}$ % des eingeschätzten Ertrages des Grundstücks erhoben. Hierfür wird eine sog. freie Wassermenge gewährt, welche entweder mit 15 l täglich pro Bewohner oder mit 9 l täglich auf je M 1 jährliche Wassersteuer bemessen wird, je nachdem die eine oder die andere Berechnungsweise für den Abnehmer das günstigere Resultat ergiebt. Für das über diese freie Wassermenge in einem Zeitabschnitte von 2 Monaten mehrverbrauchte Wasser ist von den Abnehmern (Hausbesitzern) besonders zu zahlen pro cbm (vergl. A 18)	0,20
	B 20	— — — — — — — — — — — — — — — — — — — —	

No.	Stadt	A. Nach Messung. 18. Einheits- oder Grundpreise. 19. Mindestbeträge. B. Nach Einschätzung. 20. Einheitssätze.	Preise M
29	**Coblenz** . . . . **A 18**	Pro cbm	0,20
	A 19	Für jedes angeschlossene Grundstück 1/3 der Staatsgebäudesteuer. Für Grundstücke, von welchen eine Staatsgebäudesteuer nicht entrichtet wird, sowie für solche Grundstücke, welche nicht anschlusspflichtig sind, vergl. Tab. II, 6, wird der Mindestbetrag nach der Weite des aufgestellten Wassermessers normirt, und es ist als jährlicher Mindestbetrag zu zahlen für jeden mm Durchmesser . . .	3,—
		Für neu errichtete Häuser, welche noch nicht zur Staatsgebäudesteuer eingeschätzt sind, wird während der Steuerfreiheit nur das wirklich verbrauchte Wasser berechnet.	
	B 20	Für das ohne Wassermesser abgegebene Wasser wird die Vergütung in jedem Falle besonders vereinbart.	
30	**Colmar** . . . . . **A 18**	Es kosten:	
		1 bis 400 cbm pro cbm	0,15
		401 „ 1000 „ „ „	0,12
		1001 „ 1500 „ „ „	0,10
		über 1500 „ „ „	0,08
		Wasser für Wassermotoren (auch nach Tourenzählern) pro cbm	0,08
		Bei Rohrbrüchen hinter dem Wassermesser hat der Eigenthümer den über den Durchschnittsconsum des vorjährigen gleichen Quartals gehenden Verbrauch zu vergüten zum Selbstkostenpreis von	0,08
	A 19	Der Mindestsatz repräsentirt 4% des Miethwerthes des Hauses resp. der Wohnung, und entspricht demselben ein bestimmtes Freiquantum Wasser pro Jahr. Dieses Freiquantum wird erhalten, wenn man den Mindestsatz durch den Preis pro cbm Wasser dividirt.	
		Als Anhalt zur Feststellung des Miethwerths dient die Veranlagung zur Mobiliarsteuer nach folgendem Maassstabe. Es zahlen jährlich:	
		1. Häuser, in welchen nur eine Familie wohnt, mit einem Miethwerth unter M 60	6,—
		2. Häuser, in welchen 2 Familien mit einem Miethwerth von je unter M 60 wohnen .	10,—
		3. Häuser, in welchen mehr als zwei Familien mit einem Miethwerth von je unter M 60 wohnen	12,—
		4. Wohnungen mit einem Miethwerth von M 60—100	6,—
		5. solche mit einem Miethwerth von M 101—200	10,—
		6. solche mit einem Miethwerth von M 201—300	12,—
		Alle übrigen Wohnungen zahlen genau 4% des für die Mobiliarsteuer angenommenen Miethwerthes.	
		Für Wohnungen unter einem Miethwerthe von M 60, welche sich neben Wohnungen von höherem Miethwerth in Häusern der 4. Classe ab befinden, wird eine Abgabe für die Wasserbenutzung nicht verlangt. Es steht dem Eigenthümer jedoch frei, auch für sie Wasserhähne anzubringen und eintretenden Falls eine Gebühr mit Rücksicht auf den Umstand zu erheben, dass der Eigenthümer für den Gesammtwasserconsum des Hauses verantwortlich ist. In allen diesen Fällen richtet sich indessen die Berechnung der Consumsberechtigung nach dem gezahlten Wasserzins, so dass jedes darübergehende Quantum von den Abonnenten bezw. dem Haus-Eigenthümer tarifmässig besonders zu zahlen bleibt.	
		Gartenbesitzer, welche eine von der Hausleitung getrennte Leitung einrichten, zahlen einen Mindest-Abonnementsbetrag pro Jahr von	12,—
	B 20	Bei Neubauten pro qm Gebäudefläche	0,02
		„ Herstellung von Strassenpflasterungen und Trottoirbelag pro qm . . . . . event. nach Wassermesser.	0,01
		Für die Wasserbenutzung mittelst eines Hydranten pro Tag mindestens	5,—
		Bei Erweiterungen des Rohrnetzes muss während 6 Jahre eine Verzinsung von 6% garantirt werden.	
31	**Crefeld** . . . . . **A 18**	Pro cbm	0,12
		Bei einem jährlichen Verbrauch:	
		von 500—1000 cbm pro cbm	0,11
		„ 1001—1500 „ „ „	0,10
		„ 1501—2000 „ „ „	0,09
		„ 2001—3000 „ „ „	0,08
		„ 3001—4000 „ „ „	0,07
		über 4000 „ „ „	0,06
		Wasser zu vorübergehenden Zwecken aus Wasserständern oder Hydranten kostet pro cbm	0,15
		Bei widerrechtlicher Verwendung des Wassers (vergl. Tab. VIII, 24, Abs. 2) pro cbm	0,30

No.	Stadt	A. Nach Messung. 18. Einheits- oder Grundpreise. 19. Mindestbeträge. B. Nach Einschätzung. 20. Einheitssätze.	Preise M
	A 19	Für gewerbliche Zwecke für jeden mm Durchflussweite des Wassermessers jährlich .	1,—
		Wenn aus der Leitung gleichzeitig für die Zwecke, welche nach Einschätzung berechnet werden, Wasser entnommen wird, gilt die Summe der Einschätzung.	
	B 20	Jahresbeiträge:	
		Für Wasser zum Hauswirthschaftsbedarf von jedem bewohnbaren Raum von mehr als 8 qm Grundfläche, sowie von jeder Küche und Waschküche, soweit letztere nicht zum Gewerbebetriebe dient	2,—
		Geschäftslocale und Werkstätten stehen, soweit das Gewerbe keinen besonderen Wasserverbrauch bedingt, den bewohnbaren Räumen gleich.	
		Für den Gewerbebetrieb der Bäcker, Conditoren, Photographen und Apotheker wird zu vorstehenden Sätzen ein Zuschlag von 1/3 der Gewerbesteuer, mindestens jedoch erhoben	5,—
		„ jede mit Zu- und Abfluss versehene Badeeinrichtung	6,—
		„ eine Brause allein und für jeden Stand eines Pissoirs mit Einrichtung eines ständigen Wasserlaufes	3,—
		Ist eine Rinne mit fortlaufender Spülung vorhanden, so werden pro lfd. m berechnet	6,—
		Für einen Abort mit Wasserspülung	6,—
		„ jedes Stück Rindvieh oder Pferd	4,—
		Bei Pferdeständen in den Gasthöfen und bei Vieh- und Pferdehändlern pro lfd. m Standbreite	0,50
		Für jeden mit Spannvorrichtung versehenen, lackirten Federwagen	4,—
		„ unbebaute Flächen ohne Besprengungsvorrichtung einschliesslich der Wege pro qm:	
		bis 25 qm	—
		von 26 qm 500 qm	0,03
		„ 501 „ 1000 „	0,025
		„ 1001 „ 1500 „	0,02
		Bei grösseren derartigen Flächen werden nur 1500 qm berechnet.	
		Sind Besprengungsvorrichtungen vorhanden, so erhöhen sich obige Preise auf den doppelten Betrag, jedoch wird für jeden weiteren qm bezahlt	0,02
		(Handelsgärtnereien zahlen nach Wassermesser.)	
		Für jeden qm eines Privatgewächshauses	0,30
		„ „ Feuerhahn	6,—
		„ „ Springbrunnen	10,—
		Beiträge für Bauten:	
		Wenn nur Keller und Erdgeschoss errichtet werden, pro qm Baufläche	0,15
		„ ausserdem ein Geschoss errichtet wird, „ „ „	0,20
		„ „ zwei Geschosse errichtet werden, „ „ „	0,25
		„ „ drei Geschosse errichtet werden, „ „ „	0,30
		auf die Dauer der Bauzeit, jedoch auf höchstens 2 Jahre.	
		Für Mauerwerk bei Oefen, Kesseleinmauerungen, Dampfschornsteinen pro cbm Mauerwerk	0,12
32	**Danzig** . . . . . A 18	Pro cbm	0,20
		Vergl. auch Tab. II, 5, Abs. 2.	
	A 19	Pro bewohnbaren Raum und pro Küche	3,—
		Als bewohnbar gilt jeder Raum, der nicht unter 10 qm Grundfläche hat, gleichviel, ob er heizbar ist oder nicht, mit Ausschluss der Treppen, Flure, Gänge, Böden und Keller, aber nicht der Boden- und Kellerzimmer.	
		Eine sogenannte Kamin- oder Flurküche wird, wenn sie zusammen mit einem bewohnbaren Raum die beiden einzigen Bestandtheile einer Wohnung bildet, bei der Berechnung des Mindestsatzes ausser Ansatz gelassen.	
	B 20	— — — — — — — — — — — — — — — — — — — —	
33	**Darmstadt** . . . A 18	Für den Hausbedarf pro cbm	0,22
		„ „ Grossverbrauch (über 1000 cbm jährlich) pro cbm . . . . jedoch muss dieser vor Beginn eines Geschäftsjahres auf 1 Jahr besonders angemeldet werden. Das Wasser für Grossverbrauch kann auch an mehreren Verbrauchstellen verwendet werden.	0,17

Tabelle VII. Wasserabgabe-Preise.

No.	Stadt	A. Nach Messung. 18. Einheits- oder Grundpreise. 19. Mindestbeträge. B. Nach Einschätzung. 20. Einheitssätze.	Preise M
	A 19	Bei einem Brandversicherungswerth der Hofraithe	
		bis M 10000 jährlich	10,—
		„ „ 15000 „	15,—
		„ „ 20000 „	20,—
		„ „ 25000 „	25,—
		über „ 25000 „	30,—
		Bei Grundstücken ohne Gebäude nach Vereinbarung.	
	B 20	— — — — — — — — — — — — — — — — — — — —	
34	Dessau . . . . . A 18	Pro cbm	0,10
	A 19	Für gewerbliche Zwecke jährlich	3,—
		Ein jährlicher Verbrauch von 15 cbm und weniger bleibt ausser Betracht.	
		Wird das Wasser aus den Hausleitungen mit Genehmigung der Verwaltung nicht blos zum hauswirthschaftlichen Bedarfe, sondern auch zu gewerblichen und sonstigen Zwecken aus einem und demselben Zuleitungsrohre hinter dem Wassermesser entnommen, so ist mindestens der Betrag, der sich aus der Gebäudesteuer-Ordnung für das betreffende Hausgrundstück ergiebt, zu zahlen.	
	B 20	Jahresbeiträge:	
		Für den Haus- und Wirthschaftsbedarf als Gebäude- (Wasser-) Steuer 1 ‰ des Brandcassenwerthes oder nach besonderer Vereinbarung.	
		Ausserdem:	
		für jedes Pissoir	2,—
		„ grössere Pissoirs pro lfd. m, sowie für jedes Closet je nach der Localität	3 bis 10
		„ jedes Pferd, Stück Rindvieh oder jeden Personenwagen	2,—
		„ Viehställe in Gasthöfen, Ausspannungen oder bei Viehhändlern pro m Krippenlänge	0,45
		bei Schweine- und Schafställen pro m Krippenlänge	0,15
		„ Gärten pro qm	0,02
		„ Gewächshäuser pro qm	0,20
		„ Gärten über 3000 qm ist nur nach Wassermesser zu bezahlen.	
		„ gewerbliche Zwecke nach Wassermesser oder nach Pauschalsätzen bei Zugrundelegung eines Preises pro cbm von	0,10
		„ Dampfkessel pro qm Heizfläche	8,—
		„ Besprengen von Strassen und Höfen, wozu jedoch besondere Genehmigung der Verwaltung nöthig	
		pro 10 qm gepflasterter Fläche	0,30
		„ 10 „ ungepflasterter Fläche	0,40
		Für Springbrunnen	
		bis 3 mm Durchm. und 2 ½ m Steighöhe pro Sommerhalbjahr	18,—
		„ 4 „ „ „ „ „ „ „ „	36,—
		„ 6 „ „ „ „ „ „ „ „	75,—
		Grössere Springbrunnen nach Vereinbarung.	
		„ Zimmer-Fontainen jährlich	9,—
		„ Bauzwecke vom Taxwerth:	
		für massive Gebäude 2 ‰	
		„ Fachwerks- „ 1 ‰.	
35	Dortmund . . . A 18	Pro cbm	0,10
		Wasser für gewerbliche Zwecke bei einem jährlichen Verbrauch:	
		bis zu 2500 cbm	0,10
		desgl. von mehr als 2500 bis 10000 „	0,09
		„ „ „ „ 10000 „ 50000 „	0,085
		„ „ „ „ 50000 „ 100000 „	0,08
		„ „ „ „ 100000 „ 250000 „	0,075
		„ „ „ „ 250000 „ 500000 „	0,065
		„ „ „ „ 500000 „ 800000 „	0,06
		„ „ „ „ 800000 cbm	0,05
		Die obigen Preise, sowie die unter A 19 aufgeführten Ansätze (auch die Miethpreise für Wassermesser) haben nur dort Gültigkeit, wo der Gesammtbedarf der städtischen Leitung entnommen wird.	

No.	Stadt	A. Nach Messung. 18. Einheits- oder Grundpreise. 19. Mindestbeträge. B. Nach Einschätzung. 20. Einheitssätze.	Preise M
	A 19	Sofern das Wasser wesentlich zu Haushaltungs- oder zu gewerblichen Zwecken von geringem Umfange benutzt wird, gelten die folgenden Jahres-Mindestbeträge:	
		Von jedem bewohnbaren Raum von mind. 10 qm Grundfläche, jeder Küche oder Waschküche und jedem Privatbadezimmer eines Gebäudes, gleichviel, ob sich in diesen Räumen ein Zapfhahn befindet oder nicht	2,—
		wobei jedoch mindestens pro Familie gezahlt werden müssen	6,—
		oder für eine einzelne Familie im Hause	30,—
		Souterrains werden nur insofern berechnet, als sie zu Küchen, Waschküchen oder Badezimmern benutzt werden.	
		Für eine Wirthschaft resp. Restauration mind.	15,—
		„ eine Schmiede oder Bäckerei	9,—
		„ jedes Pferd, Rindvieh, jeden Esel oder Wagen	4,50
		„ jedes Schwein, ohne Rücksicht auf die Dauer des Haltens pro Etatsjahr . . .	1,50
		„ jedes Pissoir oder Wassercloset	3,—
		Sind die Pissoirs nicht in verschiedene Stände getheilt, so wird pro lfd. m Rinne vergütet	4,50
		Für jeden qm Gartenland pro Saison	0,025
		Für Wasser zum Bauen wird berechnet:	
		„ Häuser bis zu $2^{1}/_{2}$ Stockwerk pro qm Grundfläche	0,25
		„ Häuser von mehr als $2^{1}/_{2}$ Stockwerk pro qm	0,50
		„ Verputz des Hauses pro qm	0,03
		„ den lfd. m Mauer herzustellen	0,50
	B 20	— — — — — — — — — — — — — — — — — — — —	
36	Dresden . . . . A 18	Pro cbm	0,12
		Rabatt bei regelmässigem Consum von 5000 bis 10000 cbm jährlich 2 % 10000 „ 20000 „ „ 4 „ 20000 „ 50000 „ „ 6 „ 50000 „ 100000 „ „ 8 „ über 100000 „ „ 10 „	
	A 19	Die nach Einschätzung zu zahlenden Beträge für wasserabgabepflichtige Räume, oder, falls solche nicht vorhanden sind, für jeden mm Durchmesser des betr. Wassermessers jährlich	1,—
	B 20	Für Wasser zum Haus- und Wirthschaftsbedarf ist von jedem Wohn- und Wirthschaftsraume, jeder Werkstätte, jedem Geschäfts- und Verkaufslocal, sofern diese Räume mindestens 8 qm Grundfläche haben, sowie von jeder Küche (auch Waschküche) und jedem Badezimmer eines Hauses eine alljährlich durch Rath und Stadtverordnete festzustellende Mindestzahlung (Wasserabgabe) zu entrichten. Dieselbe beträgt für 1895	2,—
		Wohnräume von weniger als 8 qm Grundfläche werden nur dann veranlagt, wenn zu einer Haushaltung ausser der Küche kein Raum von 8 und mehr qm Fläche gehört; diesfalls ist ausser der Küche mindestens noch ein Raum, von mehreren je zwei als einer zu veranlagen.	
		Beträgt die Grundfläche eines Raumes mehr als 50 qm, so wird je eine Fläche dieser Grösse als besonderer Raum und der überschiessende Theil als voll veranlagt.	
		Nicht veranlagt werden Keller- und Bodenräume, ausgenommen wenn sie, soweit dies überhaupt zulässig, zu Wohn- und Wirthschafts- oder gewerblichen Zwecken benutzt werden, ferner Vorplätze, Gänge, Corridore und Alkoven.	
		Spülung von Closets und Pissoirs bedingt die Controle der Verbrauchsmenge durch Wassermesser, es ist aber von jedem mit Wasserspülung versehenen Closet und Pissoir mindestens ebensoviel jährlich wie für einen Wohn- und Geschäftsraum zu entrichten.	
		Ist während eines Jahres der durch Wassermesser controlirte Wasserverbrauch in einem Grundstück grösser, als für die Mindestzahlung (Wasserabgabe) beansprucht werden konnte, wenn derselben der tarifmässige Preis für den cbm Wasser zu Grunde gelegt wird, so ist der Mehrverbrauch nach dem letztgedachten Maassstabe zu bezahlen.	
		Das Wasser wird in ein Grundstück nur unter der Bedingung abgegeben, dass alle anlagepflichtigen Räume desselben veranlagt werden und die danach sich berechnende Wasserabgabe, sowie die übrigen tarifmässigen Zahlungen vom Grundstücksbesitzer übernommen werden.	

Tabelle VII. Wasserabgabe-Preise.

No.	Stadt	A. Nach Messung. 18. Einheits- oder Grundpreise. 19. Mindestbeträge. B. Nach Einschätzung. 20. Einheitssätze.	Preise M
		Jahresbeiträge:	
		für jedes Pferd, jedes Stück Rindvieh und jeden Personenwagen	4,—
		Bei gewerblichen Betrieben jedoch nach Wassermesser.	
		„ Dampfkesselspeisung pro qm Heizfläche	15,—
		„ Gärten pro qm	—,03
		„ Gewächshäuser (event. nach Wassermesser) pro qm	—,30
		Im Uebrigen wird Wasser für Springbrunnen, Teiche, gewerbliche Zwecke und Neubauten nur nach Wassermesser abgegeben.	
37	**Düren** . . . . . **A 18**	Pro cbm	0,17
		Bei grösserem Wasserverbrauch findet Preisermässigung statt, und wird der cbm bei einem Vierteljahresverbrauch von	
		über 250 bis 1250 cbm mit	0,14
		„ 1250 „ 2500 „ „	0,11
		„ 2500 „ 5000 „ „	0,095
		„ 5000 „ 7500 „ „	0,08
		„ 7500 „ 10000 „ „	0,07
		berechnet.	
		Bei noch grösserem Verbrauch findet eine besondere Vereinbarung statt.	
		Uebersteigt der auf Grund vorstehender Preisstufung durch Rechnung sich ergebende Betrag den Mindestsatz der folgenden Stufe, so wird er auf diesen abgerundet.	
	A 19	Für jedes Haus vierteljährlich	4,—
	B 20	— — — — — — — — — — — — — — — — — — — —	
38	**Düsseldorf** . . . **A 18**	Pro cbm	0,12
		Rabatt bei einem Jahresconsum	
		von 5000 bis 10000 cbm 5 %	
		„ 10000 „ 20000 „ 10 „	
		„ 20000 „ 30000 „ 15 „	
		„ 30000 „ 40000 „ 20 „	
		über 40000 „ 25 „	
	A 19	Für die ersten 90 cbm und darunter pro Vierteljahr	11,—
	B 20	Jahresbeiträge:	
		für jeden bewohnbaren Raum, gleichviel ob sich in demselben ein Wasserhahn befindet oder nicht, sowie für Küchen, bis zu 10 Räumen	2,50
		„ jeden ferneren Raum	1,50
		„ jede Badeeinrichtung	10,—
		„ jedes Wassercloset	5,—
		„ ein Pissoir pro Stand	2,50
		oder pro lfd. m Rinne	6,—
		„ Treibhäuser pro qm Fläche	0,25
		„ Gartenbesprengung pro qm	0,03
		„ Strassenbesprengung pro Sprenghahn	10,—
		„ jeden Wagen (ausgenommen Lastwagen), jedes Stück Pferd, Rindvieh etc.	3,—
		„ einen Feuerhahn (nur wo sonst kein Verbrauch ist)	6,—
		„ jeden folgenden	2,—
		In denjenigen Gebäuden, welche das Wasser für den Hausbedarf aus dem städtischen Wasserwerke entnehmen, sind die Feuerhähne frei.	
		Fontainen von 1 mm Kaliber	6,—
		„ 2 „ „	12,—
		„ 3 „ „	24,—
		„ 4 „ „	36,—
		„ 5 „ „	48,—
		Bei höherem Kaliber erfolgt die Abgabe nur nach Wassermesser.	
		Elevatoren für Waschküchen	12,—
		Beiträge für Neubauten:	
		für Gebäude mit Keller und Erdgeschoss pro qm	0,25
		„ jedes weitere Stockwerk pro qm	0,10
		„ sonstige bauliche Zwecke pro cbm Mauerwerk	0,15

No.	Stadt	A. Nach Messung. B. Nach Einschätzung. — 18. Einheits- oder Grundpreise. 19. Mindestbeträge. 20. Einheitssätze.	Preise M
39	Duisburg. . . . A 18	Pro cbm	0,10
		Für gewerbliche Zwecke wird Rabatt gewährt und zwar bei einem Durchschnittsverbrauch pro Tag:	
		von über 10— 25 cbm 7 %, jedoch pro Tag nicht unter M 1,—	
		„ „ 25— 50 „ 15 „ „ „ „ „ „ „ 2,32	
		„ „ 50—100 „ 25 „ „ „ „ „ „ „ 4,25	
		„ „ 100—200 „ 33 „ „ „ „ „ „ „ 7,50	
		„ „ 200—350 „ 38 „ „ „ „ „ „ „ 13,40	
		„ „ 350 „ 45 „ „ „ „ „ „ „ 21,70	
		Der Durchschnittsverbrauch wird monatlich ermittelt.	
		Wasser für vorübergehende Zwecke aus Wasserständern oder Hydranten pro cbm	0,20
	A 19	Für nicht gewerbliche Zwecke bei einer Durchgangsweite des Wassermessers:	
		von 13 mm, monatlich	2,—
		„ 20 „ , „	} 4,—
		„ 25 „ , „	
		„ 30 „ , „	} 8,—
		„ 40 „ , „	
		„ 50 „ , „	
		„ 75 „ , „	} 15,—
		„ 100 „ , „	
		„ 125 „ , „	
		für gewerbliche Zwecke monatlich	4,—
	B 20	Jahresbeiträge:	
		für jeden bewohnbaren Raum, jede Küche und Waschküche	2,25
		Ausgeschlossen sind Räume unter 8 qm Grundfläche, pro Haus werden jedoch wenigstens 3 Räume berechnet.	
		für jede Badewanne mit Zu- und Ableitung	6,—
		„ jedes Wassercloset	4,50
		„ einen einzelnen Pissoirstand	9,—
		bei mehreren vereinzelten Ständen pro lfd. m Spülrohr	15,—
		für jedes Pferd, Rind, Wagen zur Personenbeförderung	3,—
		Pferdestände in Gasthöfen etc. pro lfd. m Krippenlänge	0,50
		Zum Sprengen von Gärten, Grasplätzen, Höfen, sobald ein Hahn zur Schlauchverbindung angelegt ist:	
		die ersten 500 qm pro 10 qm	0,20
		„ nächsten 500 „ „ 10 „	0,19
		„ „ 500 „ „ 10 „	0,18
		„ „ 500 „ „ 10 „	0,17
		„ „ 500 „ „ 10 „	0,16
		„ „ 2500 „ „ 10 „	0,15
		„ „ 5000 „ „ 10 „	0,14
		„ „ 10000 „ „ 10 „	0,13
		„ letzten über 20000 qm hinaus pro 10 qm	0,12
		Zum Sprengen von Bürgersteigen und Strassen bis zur Mitte des Strassendammes einschliesslich Abspritzen der Facaden, sobald ein Hahn oder eine Schlauchverbindung hierzu angelegt ist:	
		pro lfd. m Frontlänge für 1 Geschoss	0,30
		„ „ „ „ 2 Geschosse	0,40
		„ „ „ „ 3 und mehr Geschosse	0,50
		für jeden qm Gewächs- oder Treibhaus, sobald ein Hahn oder eine Schlauchverbindung hierzu angelegt ist	0,25
		Für Springbrunnen, wie auch für Kühlapparate und Spülfässer, Fisch- und sonstige Behälter mit Zu- und Abflussleitungen:	
		bei 1 mm Kaliber	6,—
		„ 2 „ „	12,—
		„ 3 „ „	24,—
		„ 4 „ „	42,—
		„ 5 „ „	66,—
		„ 6 „ „	100,—
		Für Riesel- und selbstthätige Sprengvorrichtungen je die Hälfte vorstehender Ansätze.	
		Bei grösserem Kaliber als 6 mm ist in den letzteren Fällen Aufstellung eines besonderen Wassermessers nöthig.	

No.	Stadt	A. Nach Messung. 18. Einheits- oder Grundpreise. 19. Mindestbeträge. B. Nach Einschätzung. 20. Einheitssätze.	Preise M
		Für Zimmerspringbrunnen, welche mit einem Ablaufrohr in Verbindung gebracht sind, bei 1 mm Kaliber	5,—
		Für den Wasserverbrauch bei nachbenannten Gewerben werden erhoben:	
		Colonialwaarenhandlungen, welche eine Gewerbesteuer von M 48 und darüber entrichten	6,—
		Bäcker und Conditoren:	
		bei einer Gewerbesteuer bis M 12	3,—
		„ „ „ über „ 12 bis 36	4,—
		„ „ „ „ „ 36	5,—
		Destillateure mit sogenannter kalter Destillation	10,—
		Apotheker	10,—
		Färber und Gerber	20,—
		Weinhändler	25,—
		Bierhändler:	
		bei einer Gewerbesteuer bis M 18	20,—
		„ „ „ über „ 18 bis 30	30,—
		„ „ „ „ „ 30	40,—
		Photographen	15,—
		Wirthe und Restaurateure, ohne Benutzung von Kühlapparaten und Spülfässern, welche mit Zu- und Abflussleitung versehen sind:	
		bei einer Gewerbesteuer bis M 24	5,—
		„ „ „ über „ 24 bis 48	7,50
		„ „ „ „ „ 48	10,—
		Diejenigen Wirthe und Restaurateure, welche Bierpressionen in Verbindung mit der Wasserleitung haben, zahlen die doppelten Sätze.	
		Metzger:	
		bei einer Gewerbesteuer bis M 18	3,—
		„ „ „ über „ 18 bis 24	6,00
		„ „ „ „ „ 24 „ 36	9,—
		„ „ „ „ „ 36 „ 48	12,—
		„ „ „ „ „ 48	15,—
		Fischhandlungen, ohne Fischbehälter mit Zu- und Abfluss	6,—
		Kalklöschereien	20,—
		Einmaliger Beitrag zum Bauen einschliesslich Kalklöschen:	
		pro qm bebaute Fläche der Fläche des Fundaments	0,05
		„ „ „ „ „ „ „ Kellers	0,08
		„ „ „ „ „ „ „ Erdgeschosses	0,15
		„ „ „ „ „ „ „ ersten Stockes	0,10
		„ „ „ „ „ „ „ zweiten Stockes	0,05
		„ „ „ „ „ „ „ Dachgeschosses und der Giebel	0,03
		„ cbm Mauerwerk, Beton, Oefen und Kesseleinmauerungen, Dampfschornsteine	0,15
40	**Eisenach . . . . A 18**	Bei einem vierteljährl. Verbrauch bis zu 60 cbm pro cbm	0,20
		„ „ „ „ von 61 bis 250 cbm pro cbm	0,18
		„ „ „ „ „ 251 „ 1250 „ „ „	0,16
		„ „ „ „ über 1250 „ „ „	0,15
	A 19	Jährlich:	
		bei einer Bodenrente bis zu M 100	2,—
		„ „ „ von M 101 bis 150	3,—
		„ „ „ „ „ 151 „ 200	5,—
		„ „ „ „ „ 201 „ 300	6,—
		„ „ „ „ „ 301 „ 400	8,—
		„ „ „ „ „ 401 „ 500	10,—
		„ „ „ „ mehr als „ 500	12,—
		Jeder Grundstücks-Besitzer, welcher Wasserconsument ist und dessen Grundstück auf eine Bodenrente von nicht über M 300 zur Steuerrolle eingeschätzt ist, hat eine Wassermenge von 150 l pro Tag frei.	
		Bei der Berechnung müssen indess die vorstehenden Mindestsätze erreicht werden, sonst werden diese in Anwendung gebracht.	
	B 20	— — — — — — — — — — — — — — — — — — — —	
41	**Eisleben . . . . A 18**	Pro cbm	0,20
	A 19, B 20	— — — — — — — — — — — — — — — — — — — —	

No.	Stadt		A. Nach Messung. 18. Einheits- oder Grundpreise. 19. Mindestbeträge. B. Nach Einschätzung. 20. Einheitssätze.	Preise M
42	**Elberfeld** . . .	**A 18**	Pro cbm	0,15
			Für vorübergehenden Verbrauch, wie zu Bauzwecken etc. pro cbm	0,17
			Bei Entnahme von jährlich:	
			bis 3000 cbm pro cbm	0,15
			über 3000 „ 20000 „ „ „	0,13
			„ 20000 „ 50000 „ „ „	0,11
			„ 50000 „ 100000 „ „ „	0,09
			„ 100000 „ „ „	0,07
		A 19	Für ein Gebäude oder auch für ein unbebautes Grundstück monatlich	2,50
			oder jährlich	30,—
			„ Gebäude, welche nur ein Erdgeschoss und event. einen Kniestock haben, monatlich	1,25
			oder jährlich	15,—
			Für diese Sätze werden jährlich bezw. 200 und 100 cbm à M. 0,15 geliefert.	
		B 20	— — — — — — — — — — — — — — — — — — — —	
43	**Erfurt**	**A 18**	Bei einem durchschnittlichen Tagesverbrauch pro cbm:	
			bis zu 5 cbm einschl.	0,20
			von mehr als 5 „ „ 50 „ „	0,15
			„ „ „ 50 „ „ 250 „ „	0,13
			„ „ „ 250 cbm	0,12
			Der durchschnittliche tägliche Verbrauch wird quartalweise ermittelt.	
			Eine Ermässigung vorstehender Preise findet nur durch besondere Vereinbarung statt.	
		A 19	Vierteljährlich bei Häusern, welche zahlen:	
			bis einschl. M 10 Gebäudesteuer	1,—
			mehr als M 10 „ „ „ 20 „	2,—
			„ „ „ 20 „ „ „ 30 „	3,—
			„ „ „ 30 „ „ „ 40 „	4,—
			„ „ „ 40 „ „ „ 50 „	6,—
			„ „ „ 50 „ „ „ 60 „	8,—
			„ „ „ 60 „ „ „ 70 „	10,—
			„ „ „ 70 „ „ „ 80 „	12,—
			„ „ „ 80 „ „ „ 90 „	14,—
			„ „ „ 90 „ „ „ 100 „	16,—
			„ „ „ 100 „ „ „ 150 „	18,—
			„ „ „ 150	20,—
		B 20	— — — — — — — — — — — — — — — — — — — —	
44	**Essen (Stadt)**	**A 18**	Bei monatlichem Verbrauch pro cbm:	
			von 1 bis 1000 cbm	0,10
			„ 1000 „ 5000 „	0,095
			„ 5000 „ 10000 „	0,09
			„ 10000 „ 20000 „	0,085
			über 20000 „	0,08
			Ergiebt sich bei der Berechnung des Betrages für den Monatsverbrauch nach den einzelnen Classen eine höhere Summe, als der geringste Consum der nächstfolgenden Classe ergeben würde, so tritt der geringere Betrag ein.	
		A 19	Für jede Anschlussleitung einschliesslich der Wassermessermiethe monatlich . . .	1,—
		B 20	— — — — — — — — — — — — — — — — — — — —	
45	**Flensburg** . . .	**A 18**	Für Wasser zum Gewerbebetrieb, nicht zu Haushaltungszwecken, ist in Gebäuden, welche bereits einer tarifmässigen Abgabe nach dem Brandcassenwerth unterliegen, siehe B 20, zu zahlen pro cbm.	0,12
			„ Wasser für Gärten, Plätze und solche Gebäude, welche einer tarifmässigen Abgabe nicht unterliegen, pro cbm	0,15
		A 19	— — — — — — — — — — — — — — — — — — — —	

No.	Stadt	A. Nach Messung. 18. Einheits- oder Grundpreise. 19. Mindestbeträge. B. Nach Einschätzung. 20. Einheitssätze.	Preise M

B 20

Die jährliche Abgabe für geliefertes Haushaltungswasser wird nach dem Brandcassenwerth der bewohnten Häuser berechnet. Die nachfolgende Zusammenstellung bildet einen Auszug aus dem bezüglichen Tarif:

Brandcassenwerth M	Jährliches Wassergeld M	Brandcassenwerth M	Jährliches Wassergeld M	Brandcassenwerth M	Jährliches Wassergeld M
500	4,—	8000	22,—	45000	72,—
1000	5,50	9000	24,—	50000	79,—
2000	8,—	10000	25,50	55000	82,—
3000	11,—	15000	32,—	60000	84,50
4000	13,50	20000	39,—	70000	87,—
5000	16,—	25000	45,50	80000	89,—
6000	18,—	30000	52,—	90000	91,—
7000	20,—	35000	59,—	100000	93,—
		40000	65,50		

Für jede weiteren M 10000 werden M 2 erhoben. 1 Zapfhahn oder Pfosten ist abgabenfrei, für jeden weiteren Zapfhahn wird eine jährliche Abgabe erhoben von — 4,—

Für unbewohnte Gebäude eines mit Zweigleitung versehenen Geweses wird $^1/_3$ des Tarifsatzes berechnet, ebenso für alle Gebäude eines im Bereich des Rohrnetzes liegenden, aber nicht mit Zweigleitung versehenen Geweses.

---

46 Frankfurt a. M.

A 18

	Preise M
Während der Monate April bis September pro cbm	0,25
„ „ „ October bis März „ „	0,15
Bei Lieferung von Flusswasser für hydraulische und grössere gewerbliche Betriebe während des ganzen Jahres pro cbm	0,10

A 19

— — — — — — — — — — — — — — — — — — — —

B 20

Jahresbeiträge:

	Preise M
für Wohnungen: für jede M 25 jährlichen Miethwerth	1,—

jedoch sind Wohnungen bis zu einem jährlichen Miethwerth von M 250, sofern das Wasser nur zu häuslichen Zwecken verwendet wird, vom Wassergeld befreit. Das Tiefbau-Amt ist indess berechtigt, diese Befreiung in Wegfall zu bringen, falls trotz ergangener Verwarnung eine Wasservergeudung stattfindet.

„ Geschäftsräume, in welchen:

1. Wasser zum Geschäftsbetrieb nicht erforderlich erscheint, vielmehr das Wasser lediglich zum Trinken, Waschen der Personen, Reinigen der Räume oder zur Spülung von Closets benutzt wird, und welche mit Wohnräumen nicht unmittelbar verbunden sind:

	Preise M
a) bei einem jährlichen Miethwerth bis zu M 1000	10,—
b) bei einem höheren Miethwerth für jede weiteren M 1 bis 200 jährlichen Miethwerthes je	1,—

2. Wasser zum Geschäftsbetrieb erforderlich erscheint, oder welche mit Wohnräumen in Verbindung stehen, ist das Wassergeld, unbeschadet der Vorschriften, nach welchen für solche Zwecke event. Wassermesser verlangt werden (siehe unten), nach den Bestimmungen für Wohnungen zu entrichten.

„ Gärten, falls Einrichtungen zum Zweck der unmittelbaren Begiessung vorhanden sind:

	Preise M
a) bis zu 1000 qm Fläche für jede 100 qm	6,—
b) für solche von mehr als 1000 qm bis zu 5000 qm Fläche, ausserdem für die folgenden je 200 qm	6,—
c) für grössere, mehr als 5000 qm haltende Flächen bleibt besondere Bestimmung vorbehalten.	

In den Fällen a und b werden jede angefangenen 100 bezw. 200 qm für voll gerechnet.

In allen obengenannten Fällen ist ausserdem besonders zu bezahlen:

	Preise M
a) für jede Badeeinrichtung	6,—
b) „ Pissoirs mit fortwährender Spülung pro m Standlänge	10,—
c) „ Springbrunnen oder Berieselungsanlagen ein Pauschbetrag, welcher entweder durch Messung oder durch Schätzung des Durchschnittsverbrauchs auf Grund einer Aichung ermittelt wird.	

In den Fällen b und c kann nach dem Ermessen des Tiefbau-Amts Abgabe des Wassers nach Wassermesser verlangt werden.

In Miethhäusern, in welchen sich offene, gemeinschaftliche Zapfstellen (Closets, Waschküchen etc.) befinden, sind sämmtliche Hausbewohner verpflichtet, nach Maassgabe des Statuts Wassergeld zu zahlen, vergl. jedoch die oben unter Jahresbeiträge für Wohnungen angeführte Ausnahme.

No.	Stadt		A. Nach Messung. 18. Einheits- oder Grundpreise. 19. Mindestbeträge. B. Nach Einschätzung. 20. Einheitssätze.	Preise M
47	**Frankfurt a. O.**	**A 18**	Grosse industrielle Etablissements oder solche Abonnenten, welche ein grösseres Wasserquantum als 10 cbm pro Tag bedürfen, erhalten ihr Wasser nur nach Wassermesser zum Preise pro cbm von	0,08
		A 19	— — — — — — — — — — — — — — — — — — — —	
		B 20	Für den gewöhnlichen Hausbedarf einschl. Badezimmer, Waschhäuser und Closets 5 % pro Jahr vom jährlichen Miethwerthe, event. nach Abschätzung.	
			Für Messlocale, die nur vorübergehend benutzt werden, nach besonderer Verständigung resp. nach Wassermesser.	
			Für Hofräume oder Gärten wird berechnet:	
			bis zu einem Flächeninhalt von 10 a pro Jahr	15,—
			für jede weitere 10 a oder weniger	12,—
			zur Besprengung von Bürgersteigen pro a und Jahr	6,—
			und für jede 10 qm darüber pro Jahr	0,30
			„ Benutzung in Gewächs- und Treibhäusern pro qm und Jahr	0,25
			„ Pferde einschl. Stallreinigung pro Pferd und Jahr	5,—
			zur Reinigung von Wagen pro Jahr	5,—
			Für Feuerhähne in Niederlagen, Speichern etc. zur alleinigen Benutzung in Feuersgefahr, für das beständige Gefüllthalten derselben und für Lieferung von Wasser durch dieselben in Feuersgefahr pro Jahr:	
			für 1 Hahn	7,50
			„ 2 Hähne	9,
			„ 3 „	10,50
			„ 4 „	12,—
			„ 5 „	13,50
			„ 6 „	15,—
			und für jeden ferneren Hahn pro Jahr mehr	0,75
			Die vorstehenden Preise sind als Maximalpreise zu betrachten.	
			Für die vorstehend bezeichneten Zwecke wird das Wasser nur dann geliefert, wenn gleichzeitig auch auf die Wohnungen des betreffenden Grundstücks abonnirt ist. — Ist auf dem Grundstücke kein Wohngebäude vorhanden, so unterliegt der Wasserpreis in diesen Fällen einem besonderen Abkommen. Für Geschäfte, zu deren Betrieb Wasser erforderlich ist, als: Restaurationen, Schanklocale, Bier- und Caffeehäuser, Wäschereien, Bäckereien, Schlächtereien u. s. w., wird ausser dem Abonnementspreise noch ein Extrapreis durch ein Abkommen bestimmt.	
48	**Freiberg i. S.**	**A 18**	Pro cbm	0,12
			Bei Entnahme einer grösseren Wassermenge im Jahr wird bei Zahlung der letzten Wasserabgabe für das betreffende Jahr eine angemessene Ermässigung bezw. Rückvergütung gewährt und zwar bei Entnahme von:	
			mehr als 500 cbm 2 %, mehr als 4000 cbm 8 %, mehr als 15000 cbm 15 %, „ „ 750 „ 3 „ „ „ 5000 „ 9 „ „ „ 20000 „ 16 „ „ „ 1000 „ 4 „ „ „ 6000 „ 10 „ „ „ 25000 „ 17 „ „ „ 1500 „ 5 „ „ „ 7000 „ 11 „ „ „ 30000 „ 18 „ „ „ 2000 „ 6 „ „ „ 8000 „ 12 „ „ „ 50000 „ 19 „ „ „ 3000 „ 7 „ „ „ 9000 „ 13 „ „ „ 100000 „ 20 „ „ „ 10000 „ 14 „	
			der Gesammtjahressteuer.	
			Ausserdem wird für dasjenige Wasser, welches in einem Grundstück mit Gewerbebetrieb oder Viehwirthschaft über 500 cbm im Jahr entnommen wird, noch ein weiterer Nachlass von 25 % der Gesammtjahressteuer gewährt.	
		A 19	Bei Grundstücken von M 500 Nutzertrag und darunter jährlich	6,—
			„ einem Nutzertrag über M 500 jährlich	12,—
		B 20	Pro Niederschraubhahn jährlich	30,—
			für jedes innerhalb der städtischen Flur gelegene Wohngebäude, dessen Bewohner die Trink- oder Brauchwasserleitung benutzen, sowie für jeden Garten hat der Besitzer, falls die Entnahme nicht durch Wassermesser erfolgt, eine Wassersteuer von 2 % des zur städtischen Grundsteuer eingeschätzten Nutzertrags, in keinem Falle aber weniger pro Jahr zu bezahlen als	6,—

No.	Stadt	A. Nach Messung. 18. Einheits- oder Grundpreise. 19. Mindestbeträge. B. Nach Einschätzung. 20. Einheitssätze.	Preise M
		Für Neubauten ist, sofern ein Wassermesser nicht aufgestellt ist, eine besondere Wassersteuer für jeden qm Grundfläche:	
		bei Keller- und Parterrebauten von . . .	0,08
		„ dergl. mit 1 Stockwerk . . .	0,12
		„ „ „ 2 Stockwerken . . .	0,15
		„ „ „ 3 „ . . .	0,18
		zu bezahlen.	
		Bei Bauten, welche nicht unter diese Eintheilung zu bringen sind, wird die Wassersteuer bei Gelegenheit der Baugenehmigung festgesetzt	
49	**Freiburg i. B.** A 18	Pro cbm . . .	0,07
		Wo besondere Gründe öffentlicher Reinlichkeit oder Annehmlichkeit dafür sprechen, kann der Stadtrath zu Gunsten einzelner Abonnenten anordnen, dass deren Wasserbezug nur bis zur Erreichung des Minimalbetrages mit M 0,07 und der Mehrbezug zu ermässigtem Preise berechnet wird.	
		Im Uebrigen vergl. Tab. II, 5.	
	A 19	Der nach B 20 für das betr. Grundstück ermittelte Betrag.	
	B 20	Jahresbeiträge:	
		Für Wasserlieferung zum gewöhnlichen Hausbedarf $2^1/_2$ % des eingeschätzten Miethwerthes des Hauses, oder wenn mehrere Wohnungen in einem Hause sich befinden und Anschluss an die Brunnenleitung haben, $2^1/_2$ % des Miethwerthes dieser Wohnungen.	
		Für eine Waschküche . . .	5 bis 15
		„ ein Badecabinet . . .	4,—
		„ „ Wassercloset . . .	5,—
		„ einen laufenden Brunnen . . .	50 bis 100
		„ „ Hahnenbrunnen im Hof . . .	20 bis 50
		„ „ Hausbrunnen mit Verschluss richtet sich der Beitrag nach dem Miethwerth; Mindestbetrag . . .	20,—
		„ einen Bierkühler . . .	20,—
		„ ein Pferd oder ein Stück Rindvieh . . .	2,—
		„ einen Personenwagen . . .	1,50
		„ ein Pissoir je nach dem Wasserverbrauch pro 1 cbm . . .	0,07
		„ Gartenanlagen, Höfe und Plätze pro qm Fläche . . .	0,025
		„ Gewächshäuser pro qm Fläche . . .	0,02
		Wo in einem Hause ein wasserconsumirendes Gewerbe betrieben wird, ohne dass ein Wassermesser gesetzt wäre, findet nach Art und Umfang des Gewerbes ein Zuschlag statt. Andererseits kann bei Liegenschaften, welche mit Rücksicht auf Geschäftslage und Ladenmiethe einen zum Verhältnisse der Wohnungsräume zu hohen Miethzins repräsentiren, entsprechende Minderung derselbeneintreten.	
		Die Mindesttaxe für ein Grundstück beträgt . . .	20,—
		Für Neubauten wird bezahlt pro qm Grundfläche und für jeden Stock . . .	0,04
50	**Gelsenkirchen-Schalke** . . . A 18	Bei einer vierteljährlichen Entnahme:	
		bis 90 cbm pro cbm . . .	0,10
		von 91 „ 2000 „ „ „ . . .	0,095
		„ 2000 „ 5000 „ „ „ . . .	0,09
		„ 5000 „ 10000 „ „ „ . . .	0,085
		„ 10000 „ 20000 „ „ „ . . .	0,08
		„ 20000 „ 30000 „ „ „ . . .	0,075
		„ 30000 „ 40000 „ „ „ . . .	0,07
		„ 40000 „ 50000 „ „ „ . . .	0,065
		über 50000 „ „ „ . . .	0,06
		Weniger als täglich 1 cbm = vierteljährlich 90 cbm wird nicht in Rechnung gestellt.	
		Ergiebt sich bei der Berechnung für den Vierteljahrsverbrauch nach den einzelnen Stufen ein höherer Geldbetrag, als der geringste Verbrauch der nächstfolgenden Stufe ergeben würde, so tritt dieser geringe Betrag ein.	
	A 19	Für jedes Haus und Grundstück vierteljährlich . . .	9,—
	B 20	Jahresbeitrag:	
		für alles Wasser zum gewöhnlichen Hausbedarf, für jeden bewohnbaren Raum von mindestens 7 qm Grundfläche, sowie für jede Küche oder Waschküche . . .	3,—
		„ jede Badeeinrichtung . . .	4,50

No.	Stadt		A. Nach Messung. 18. Einheits- oder Grundpreise. 19. Mindestbeträge. B. Nach Einschätzung. 20. Einheitssätze.	Preise M
51	Giessen.	A 18	Pro cbm	0,25
		A 19	Für ein Gebäude:	
			von einer Familie bewohnt, jährlich	15,—
			„ zwei Familien „ „	25,—
			„ drei und mehr Familien bewohnt, jährlich	35,—
			Familien, welche kein Wasser beziehen, werden nicht gerechnet.	
		B 20	— — — — — — — — — — — — — — — — — — — —	
52	Gladbach-M.	A 18	Bei einem Jahresconsum bis zu 2000 cbm pro cbm	0,15
			für die folgenden 18000 cbm pro cbm	0,10
			„ mehr als 18000 cbm pro cbm	0,09
		A 19	Für jedes Grundstück pro Vierteljahr . . . . unter Berücksichtigung der in Tab. II, 5 genannten Ausnahmen.	6,—
		B 20	Jahresbeiträge für Feuerlöschzwecke:	
			für den ersten Feuerhahn, wenn das betreffende Grundstück sonst kein Wasser bezieht	20,—
			„ jeden weiteren Hahn auf einem solchen Grundstück	6,—
			„ den ersten Feuerhahn auf Grundstücken, welche auch sonstigen Wasserconsum haben	—
			„ jeden weiteren Hahn auf solchen Grundstücken	6,—
			Beiträge für bauliche Zwecke:	
			bei einem Gebäude aus Keller und Erdgeschoss bestehend pro qm bebaute Fläche .	0,30
			für jedes Geschoss mehr pro qm	0,10
			„ ein Halbgeschoss (Kniegeschoss) mehr pro qm	0,05
			Bei Bauten von über 200 qm Baufläche ist der Preis mit der Verwaltung zu vereinbaren.	
53	Glauchau. . . .	A 18	Pro cbm (unbeschadet der entnommenen Menge)	0,12
		A 19	— — — — — — — — — — — — — — — — — — — —	
		B 20	Der Wasserzins beträgt jährlich:	
			1. für jede Haushaltung	8,—
			2. „ „ „ mit nur einer Person	4 bis 8
			3. „ Waschküchen zum gemeinsamen Gebrauche aller Bewohner eines Grundstückes	6 „ 12
			4. „ Badeeinrichtungen für Privatgebrauch	9 „ 18
			5. „ eine Bäckerei oder Conditorei	6 „ 12
			6. „ eine Fleischerei	12 „ 36
			7. „ eine Weinhandlung oder Schankwirthschaft	12 „ 36
			8. „ Gasthöfe	30 „ 60
			9. „ Apotheken und Droguisten	15 „ 30
			10. „ Seifensieder	15 „ 40
			11. „ Hutmacher	6 „ 24
			12. „ Essigfabrikanten, Destillateure etc.	30 „ 60
			13. „ Handschuhmacher	15 „ 45
			14. „ jedes Pferd oder Rind	2,—
			15. „ jeden Personenwagen	2,—
			16. „ „ qm Garten	0,02
			17. „ einen Hausneubau oder Umbau	1 bis 30
			Zu 1. Bei Aenderung in der Zahl der Haushaltungen eines Grundstückes im Laufe eines Monats ist für den Wasserzins stets die grösste Zahl in Rechnung zu stellen.	
			Zu 1 und 2. Für Gewerbsgehilfen, unverheirathete Dienstboten und Inhaber von Schlafstellen ist kein Wasserzins zu entrichten.	
			Zu 2. Einzelwohnende Personen sind nach der Grösse ihrer Wohnung und ihres Haushaltes einzuschätzen.	
			Zu 5 bis 13. Andere Gewerbebetriebe mit kleinem Wasserbedarf sind nach dem Ermessen des Stadtrathes zur Zahlung heranzuziehen. Gerber, Färber, Wäscher und Bleicher erhalten Wasser nur unter Controle eines Wassermessers.	
			Zu 14. Ist der Viehstand ein wesentlicher Theil des Gewerbes oder öfterem Wechsel unterworfen wie bei Fuhrherren, Oekonomen, Viehhändlern, Fleischern oder dergleichen, so wird Wasser ebenfalls nur nach Messer abgegeben, desgl. zu 16, zur Unterhaltung von Gärten mit Gewächshäusern.	

No.	Stadt	A. Nach Messung. 18. Einheits- oder Grundpreise. 19. Mindestbeträge. B. Nach Einschätzung. 20. Einheitssätze.	Preise M
54	Glogau . . . . A 18	Pro cbm	0,14
	A 19	— — — — — — — — — — — — — — — — — — — —	
	B 20	Für den Hausbedarf nach Abschätzung einer Commission für jedes Haus jährlich . unter besonderen Umständen ein noch höherer Betrag.	12 bis 60
		„ Gärten pro a jährlich	1,—
		mindestens jedoch	5,—
		„ Bauzwecke bei Benutzung nur eines Hahnes von höchstens 13 mm Durchgang pro 10 qm der Grundfläche und Woche . . . . event. auch nach Wassermesser. Mehr als 26 Wochen kommen nicht zur Berechnung. Hähne von mehr als 13 mm Durchgang dürfen ohne ausdrückliche Genehmigung des Magistrats nicht angelegt werden.	0,06
55	Glückstadt. . . A 18	Die städtischen Collegien setzen alljährlich den Wasserpreis fest. Für das Jahr 1895 gelten folgende Preise:	
		bis 80 cbm jährl. Verbrauch pro cbm	0,30
		„ 200 „ „ „ „ „	0,25
		„ 500 „ „ „ „ „	0,20
		„ 1000 „ „ „ „ „	0,18
		„ 4000 „ „ „ „ „	0,15
		über 4000 „ „ „ „ „	0,12
	A 19	— — — — — — — — — — — — — — — — — — — —	
	B 20	Für die Wasserabgabe wird das zum gewöhnlichen Hausbedarf nöthige Wasser für eine Haushaltung gewährt. Befinden sich auf einem Grundstück regelmässig mehr wie eine Haushaltung, so erhöht sich die Wasserabgabe um je M 3, 5, 7 und 10 für jede fernere Haushaltung, je nachdem die auf dem Grundstücke ruhende Gebäudesteuer, getheilt durch die Zahl der auf dem Grundstück befindlichen Haushaltungen, bis zu M 3, von M 3 bis 6, von M 6 bis 12 und über M 12 beträgt. Für die Entnahme von Wasserleitungswasser für Luxus- und gewerbliche Zwecke ist eine zu vereinbarende besondere Vergütung zu entrichten. Kommt eine Vereinbarung nicht zu Stande, so wird die Vergütung nach Wassermesser festgesetzt, wobei das Quantum des für den Hausbedarf verbrauchten Wassers von der Verwaltung nach den zu treffenden Bestimmungen eingeschätzt wird.	
56	Görlitz . . . . . A 18	Pro cbm	
		bis zu 1000 cbm pro Jahr	0,12
		von 1001 bis 3000 „ „ „	0,10
		„ 3001 „ 5000 „ „ „	0,09
		über 5000 „ „ „	0,07
		Bei dauerndem Verbrauch über 10000 cbm ist eine besondere Preisvereinbarung statthaft.	
	A 19	Der festgesetzte Procentsatz des Nutzungswerthes, vergl. B 20, gilt als Mindestbeitrag.	
	B 20	Für Hausversorgung wird jährlich ein Procentsatz vom Nutzungswerth des Grundstücks festgesetzt.	
		Für Bauzwecke pro qm bebauter Grundfläche für Keller und Erdgeschoss	0,30
		„ ein Stockwerk, Keller und Erdgeschoss	0,35
		„ ein Stockwerk mehr	0,50
		„ drei Stockwerke, Keller und Erdgeschoss	0,60
		„ jedes Pferd oder jedes Stück Rindvieh, sowie für jeden Personen-Transportwagen jährlich . . . . Ist der Viehstand ein wesentlicher Theil des Gewerbebetriebes, so wird der Wasserzins nur nach Wassermesser berechnet.	4,—
		„ Garten- resp. Rasenbesprengung pro qm jährlich . . . . Gewächshäuser, Springbrunnen, Teiche und Wasserbehälter werden nur nach Wassermesser berechnet.	0,02
		„ Spülung von Bedürfniss-Anstalten pro lfd. m Rinne jährlich	3,—
		„ Besprengen oder Waschen von Hausfronten ist ein besonderer Hahn anzubringen und zu berechnen pro lfd. m Hausfront jährlich mit	0,30

No.	Stadt	A. Nach Messung. 18. Einheits- oder Grundpreise. 19. Mindestbeträge. B. Nach Einschätzung. 20. Einheitssätze.	Preise M
57	**Göttingen** . . . A 18	Pro cbm	0,35
	A 19	Für jedes Grundstück nach der Staatsgebäudesteuer und zwar:	
		in der 1. bis 24. Steuerstufe (Jahressteuer bis M 30) jährlich	10,—
		in den höheren Steuerstufen jährlich	20,—
	B 20	Für Grundstücke, deren Bewohnern die Entnahme von Wasser aus den öffentlichen Brunnen gestattet ist, vergl. Tab. II, 5, Abs. 3, ist 20 % der veranlagten Communalgebäudesteuer zu zahlen. Von dieser Wasserabgabe sind jedoch diejenigen Hauseigenthümer befreit, welche nicht mehr als M 5 Communalgebäudesteuer zahlen.	
58	**Gotha** . . . . . . A 18	Pro cbm	0,25
		Nur bei grösserem Wasserbedarf für Fabriken, Dampfkessel, Brauereien, Triebwerke und dergl. tritt dergestalt eine Ermässigung ein, dass in Ansatz kommen:	
		wenn im Jahre durchschnittlich auf jeden Tag 2 cbm oder mehr, aber weniger als 5 cbm Wasser abgenommen werden, pro cbm	0,20
		wenn im Jahre durchschnittlich auf jeden Tag 5 cbm oder mehr, aber weniger als 30 cbm Wasser abgenommen werden, pro cbm	0,15
		jedoch für das Jahr mindestens M 400,	
		wenn im Jahre durchschnittlich auf jeden Tag mehr als 30 cbm Wasser abgenommen werden, pro cbm	0,10
		jedoch für das Jahr mindestens M 1500.	
	A 19	Für Hauswirthschaftszwecke $1^1/_2$ ‰ der Feuertaxe, jedoch pro Familie in einem Hause pro Jahr mindestens	3,—
		und zusammen nicht unter	12,—
		Wenn nur eine Familie das Haus bewohnt, mindestens	24,—
		in allen andern Fällen nicht über	36,—
		Für Closets, Bäder, Hausgärten, Springbrunnen erhöhen sich die Sätze bis zum doppelten Betrage, ebenso werden bei gewerblichen und technischen Betrieben jene Sätze je nach Umständen erhöht auf	40 bis 300
		Gärten ohne Wohnungen zahlen mindestens pro Jahr	6,—
	B 20	Der feste Wasserzins wird auf 3 ‰ der Feuertaxe der Wohngebäude, jedoch so bestimmt, dass für den Wirthschaftsverbrauch jeder Familie in einem Hause mindestens	4,—
		zusammen mindestens	12,—
		berechnet werden. Findet durch Gewerbebetrieb oder sonst ein grösserer Verbrauch statt, so ist demselben angemessen der Zins zu erhöhen.	
59	**Greiz** . . . . . . A 18	Pro cbm	0,25
		Bei Versorgung aus der für einige hochgelegene Strassen besonders geschaffenen Pumpanlage (Wasserwerk II) kostet jedoch der cbm	0,35
	A 19	Monatlich	0,50
	B 20	— — — — — — — — — — — — — — — — — — — —	
60	**Hagen i. W.** A 18	Bei einem Jahresverbrauch:	
		bis 1000 cbm pro cbm	0,14
		von 1001 „ 2000 „ „ „	0,12
		„ 2001 „ 5000 „ „ „	0,11
		„ 5001 „ 10000 „ „ „	0,10
		über 100000 „ „ „	0,09
		In keiner Stufe wird weniger gezahlt als in der vorhergehenden. In der Stadt Hagen nicht wohnende Abnehmer zahlen in allen Stufen 0,05 Pf. pro cbm mehr.	
	A 19	Jahresbeiträge:	
		für Gaskraftmaschinen mit angeschlossener Kühlleitung pro Pferdekraft	5,00
		„ angeschlossene Bierpumpen	5 bis 20
		„ Spül- oder Kühlvorrichtungen	5 „ 20
		„ Ventilatoren mit Wasserbetrieb	10 „ 20
		„ Gärten, vergl. B 20	50,—
		Gewerbebetriebe zahlen einen Gewerbezuschlag von	5 bis 10
		Im Uebrigen vergl. B 20, Schlusssatz.	

No.	Stadt	A. Nach Messung. 18. Einheits- oder Grundpreise. 19. Mindestbeträge. B. Nach Einschätzung. 20. Einheitssätze.	Preise M
	B 20	Für Hausversorgungen (wobei die Grundflächen aller Stockwerke und bewohnten Halbstockwerke, von Kellergeschossen die zu Zimmern, Küchen oder Waschküchen eingerichteten Räume berechnet werden) pro qm Grundfläche und Monat $^2/_3$ Pfennige, also pro Jahr	0,08
		Eine Haushaltung bezahlt jedoch pro Jahr mindestens	5,—
		Halbstockwerke, welche nicht als besondere, für sich bestehende Wohnungen vermiethet sind, zahlen $^1/_3$ Pfennig pro Monat und qm, also pro Jahr	0,04
		Dieser Grundpreis wird ermässigt für Geschäftszimmer öffentlicher Behörden um 25, für Schulzimmer, Säle und zusammenhängende Lagerräume bei über 75 qm Fläche um 50 %.	
		Ausserdem werden jährlich besonders bezahlt:	
		für 1 Badeeinrichtung (pro Wanne)	6,—
		„ 1 Closet	3,—
		„ 1 Pissoirständer oder 1 lfd. m Pissoir mit vorübergehender Spülung	2,—
		„ desgleichen mit laufender Spülung	4,—
		„ Strahlpumpen zur Beseitigung von Gebrauchswasser	5,—
		„ desgleichen von Grundwasser	15,—
		„ Zimmerspringbrunnen, Aquarien und Fischkasten oder für Springbrunnen bis zu 2 mm Durchlassöffnung bis zu	10,—
		„ 1 Pferd oder 1 Stück Rindvieh	3,—
		„ 1 Esel oder Schwein	1,—
		„ 1 Personenwagen	4,—
		„ 1 Feuerhahn	9,—
		„ jeden ferneren Feuerhahn	3,—
		„ Gärten bis zu 10 a jährlich pro qm	0,02
		„ „ „ „ 30 a „ „ „	0,015
		„ „ über 30 a „ „ „	0,01
		jedoch in keiner Stufe weniger als in der vorhergehenden.	
		„ 1 qm Gewächshaus jährlich	0,12
		Für grössere Gärten kann auf Wunsch Wassermesser gestellt werden. Der Preis für Springbrunnen und Berieselung unterliegt besonderer Vereinbarung. Für Rasenturbinen wird Controlwassermesser gestellt.	
		Für Schlauchbesprengung von Strassen pro qm	0,015
		Hofräume bis zu 20 qm zählen zur Haushaltung. Für jeden qm darüber ist zu zahlen	0,02
		Für bauliche Zwecke ist einmal zu vergüten pro qm bebauter Fläche:	
		bei Gebäuden mit Keller und Erdgeschoss	0,25
		„ „ wie vor und I. Stock	0,30
		„ „ „ „ „ II. „	0,40
		„ „ „ „ „ III. „	0,50
		In allen obigen Fällen wird auf Wunsch des Abnehmers auch nach Wassermesser geliefert, falls das Wassergeld den Betrag von M 100 übersteigt. Dieser Betrag gilt alsdann als Minimum bei einem Wasserpreise von M 0,14 pro cbm.	
		Abnehmer ausserhalb der Stadt Hagen zahlen auf alle Preissätze 5 % Zuschlag.	
61	Halberstadt . . A 18	Bei jährl. Verbrauch unter 500 cbm pro cbm	0,25
		„ „ „ von 500— 1000 cbm	0,20
		„ „ „ „ 1000—10000 „	0,18
		„ „ „ „ 10000—15000 „	0,17
		„ „ „ „ über 15000 „	0,16
		Für die Eisenbahnverwaltung	0,125
	A 19, B 20	— — — — — — — — — — — — — — — — — — — —	
62	Halle a. d. S. A 18	Pro cbm, vergl. auch B 20, Schlusssatz	0,12
	A 19	Für jedes Grundstück vierteljährlich	1,50
		„ Bauwasser	24,—
		und eine volle Jahresmiethe für den Messer (vergl. Tab. VI).	
	B 20	Jahresbeiträge:	
		für Hausversorgung s. Tab. II, 5.	
		„ Closetspülungen	5—15
		„ Pferde pro Stück	4,—
		„ jedes Stück Rindvieh und für jeden Personenwagen	3,—
		„ Schweine- und Schafställe pro qm	0,18
		„ Gewächshäuser pro qm	0,28

No.	Stadt	A. Nach Messung. 18. Einheits- oder Grundpreise. 19. Mindestbeträge. B. Nach Einschätzung. 20. Einheitssätze.	Preise M
		Für Hofbesprengung:	
		gepflasterte Flächen pro qm	0,40
		ungepflasterte Flächen pro qm	0,50
		„ Gärten pro Sommerhalbjahr:	
		bis 100 qm jährlich	3,—
		von 101—200 qm jährlich	6,—
		„ 201—300 „ „	9,—
		„ 301—400 „ „	12,—
		„ 401—500 „ „	15,—
		Für Bauwasser 1 ‰ vom Bauwerth.	
		Bei etwa nothwendig werdenden Pauschalsätzen wird pro cbm ein Preis zu Grunde gelegt von	0,15
63	**Hamburg** . . . . A 18	Pro cbm	0,10
	A 19	Mindestens jährlich	10,—
	B 20	Der für die Wasserversorgung von Wohnungen zu entrichtende jährliche Beitrag wird nach der Anzahl der bewohnbaren Localitäten jeder Art, sowie der Küchen, Badezimmer und Closets berechnet. Für jeden dieser Räume ist der Jahresbeitrag festgestellt wie folgt:	
		für Wohnungen, deren Jahresmiethe M 200 einschliesslich beträgt, sowie für milde Stiftungen auf	1,20
		„ Wohnungen zur Jahresmiethe über M 200 bis M 250 einschl. auf . .	1,80
		„ „ „ „ „ „ 250 „ „ 600 „ „ . .	2,40
		„ „ „ „ „ „ 600 „ „ 1000 „ „ . .	3,20
		„ Wohnungen, deren Jahresmiethe „ 1000 übersteigt, auf	4,—
		Bei Versorgung von Stallungen und Wagenremisen wird, falls der Verbrauch nicht durch einen Wassermesser bestimmt wird, für jedes Pferd und für jeden Wagen ein Jahresbeitrag entrichtet. von	2,40
		Sonstiger Wasserverbrauch wird, falls nicht nach Wassermesser, nach besonderer Vereinbarung berechnet.	
64	**Hamm i. W.** . . . A 18	Pro cbm	0,15
		Bei einem jährlichen Verbrauch von 5000— 10000 cbm	0,14
		„ „ „ „ „ 10000— 20000 „	0,13
		„ „ „ „ „ 20000— 50000 „	0,12
		„ „ „ „ „ 50000— 10000 „	0,11
		„ „ „ „ „ 100000—200000 „	0,10
		„ „ „ „ über 200000 „	0,09
		jedoch in keiner Stufe weniger als den höchsten Betrag der vorhergehenden.	
		Für solche Grossabnehmer, welche einen sehr erheblichen Verbrauch für lange Jahre in verpflichtender Form übernehmen oder thatsächlich in durchaus sichere Aussicht stellen, oder welche auf eigene Kosten sofort in das Eigenthum der Stadt übergehende Anschlussleitungen von erheblicher Ausdehnung anzulegen haben, kann der Tarif zeitweise oder dauernd durch freie Vereinbarung ermässigt werden.	
	A 19	Für Hausversorgung pro Grundstück jährlich	30,—
		Der Wasserverbrauch für grössere Gärten kann nach Wahl des Abnehmers auch nach Wassermesser erfolgen, der Mindestsatz beträgt in solchen Fällen für jedes Gartengrundstück einschl. der Gewächshäuser	30,—
		Der Mindestbetrag für ein Grundstück, welches Wasser ausschliesslich zu gewerblichen Zwecken bezieht, ist pro Jahr	20,—
	B 20	Für den Anschluss eines Wohngebäudes wird alljährlich der Betrag der Gebäudesteuer = 4 % des Gebäudesteuer-Nutzungswerthes gezahlt. Für eine angeschlossene einzelne Wohnung wird ein Theilbetrag entrichtet.	
		Neben diesem Grundtarif werden alljährlich bezahlt:	
		Für jede Badewanne oder Badeschrank	8,—
		„ eine Brause oder einen Spülabort	4,—
		Spülaborte mit fortwährender Spülung sind nur für solche Häuser gestattet, auf welche eine Abgabe nach Wassermesser Anwendung findet.	
		„ ein Pferd oder Stück Rindvieh	3,—
		„ einen Personenwagen	4,—

No.	Stadt	A. Nach Messung. 18. Einheits- oder Grundpreise. 19. Mindestbeträge. B. Nach Einschätzung. 20. Einheitssätze.	Preise M
		Für die Speisung von Feuerhähnen in Gebäuden, Haushaltungen oder Fabriken, welche Wasser beziehen, wird einebesondere Gebühr nicht entrichtet.	
		In allen anderen Fällen werden erhoben:	
		„ einen Feuerhahn	10,—
		„ jeden ferneren Feuerhahn	5,—
		Sofern das Wasser für Gärten nicht nach dem Wassermesser, sondern nach Pauschsätzen bezahlt wird, darf grundsätzlich nur mittelst des in der Hand gehaltenen Schlauches gesprengt werden. Es werden alljährlich berechnet:	
		für Gärten bis zu 10 a Gesammtgrösse pro qm	0,02
		„ „ „ „ 30 „ „ „ „	0,015
		„ „ über 30 „ „ „ „	0,01
		jedoch in keiner Stufe weniger als der in der vorhergehenden Stufe zu zahlende Höchstbetrag.	
		Pro qm Fläche eines Gewächshauses	0,15
		Die Benutzung des Wassers zur Speisung von Springbrunnen und zur Berieselung unterliegt besonderer Vereinbarung, sofern das Wasser nicht nach Wassermesser bezogen wird.	
		Für Besprengen und Reinigen der Strassen und Hofräume etc. werden neben dem Grundtarif für jeden qm des Hofraumes, der gepflasterten oder ungepflasterten Strassen jährlich bezahlt	0,015
		Die Sprengung der Hofräume bis zu 45 qm Grundfläche zählt zur Haushaltung und ist im Grundtarif für Hausgebrauch mit inbegriffen; für ein besonderes Standrohr auf dem Hofe ist jedoch in diesem Falle jährlich zu bezahlen	4,—
		Wenn der Gebäudesteuer-Nutzungswerth eines Hauses nach Ermessen der Direction ungebührlich hoch oder ungebührlich niedrig ist, so kann derselbe zum Zwecke der Veranlagung herauf- oder herabgesetzt werden; ebenso stellt die Direction die Gebäudesteuer für die Zeit fest, während welcher die Gebäude von Steuern befreit bleiben.	
		In allen Fällen, in denen nach obigen Bestimmungen für ein bebautes Grundstück insgesammt weniger als M 12 Jahresabgabe erhoben werden würden, ist mindestens letzterer Betrag in Rechnung zu stellen.	
		Wenn nach dem Grundtarif für jede Familienwohnung eines Hauses durchschnittlich noch nicht M 6 zur Veranlagung gelangen, ist letzterer Betrag als Jahresabgabe für jede Wohnung zu berechnen.	
		Für einzelne Räume, welche nur von einer Person bewohnt werden, kann dieser Mindestbetrag ausnahmsweise auf M 3 jährlich herabgesetzt werden.	
		In allen Fällen, in welchen von einem Grundstück nach obigen Bestimmungen insgesammt mehr als M 30 jährlich erhoben werden würden, kann das Wasser auf Antrag des betreffenden Interessenten nach Wassermesser abgegeben werden.	
65	**Hanau** . . . . . A 18	Pro cbm	0,20
	A 19	— — — — — — — — — —	
	B 20	Für Wohnungen, Bureaux, Läden, Geschäftsräume etc., für jede angefangenen M 25 Miethwerth jährlich	1,—
		Zapfstellen in Hof und Waschküche zahlen die Hälfte dieses Satzes, berechnet von dem Gesammtmiethwerth der nicht angeschlossenen Wohnungen, Bureaux, Läden und Geschäftsräume des Hauses unter Garantie des Hauseigenthümers, falls ein Theil der Wohnungen angemeldet, resp. angeschlossen ist, ebenso Miethhäuser, in welchen der Miethwerth der einzelnen Wohnung den Betrag von M 240 nicht übersteigt und in denen nur eine gemeinschaftliche Zapfstelle eingerichtet wird. Für Verkaufsläden, Schreibstuben und sonstige Geschäftsräume kann das Wassergeld ebenfalls bis auf den halben Satz herabgesetzt werden, wenn die Inhaber ihre Wohnungen nicht in demselben Hause haben und die genannten Räume verhältnissmässig wenig Wasser beanspruchen.	
		Falls Einrichtungen zum Zwecke der unmittelbaren Begiessung vorhanden sind, also namentlich falls die Wasserentnahme direct durch Schläuche von Hydranten erfolgt, oder durch Schläuche, welche an die Ausflussröhren in oder vor den Gebäuden befestigt werden, jährlich:	
		bis zu 1000 qm Fläche für jede 100 qm je	3,—
		jedoch mit dem Mindestsatze von	6,—
		für Flächen von 1000 bis 5000 qm; für die ersten 1000 qm zusammen	30,—
		„ jede weiteren 200 qm je	4,—
		„ Flächen von mehr als 5000 qm: für die ersten 5000 qm zusammen	110,—
		„ jede weiteren 500 qm je	10,—

No.	Stadt	A. Nach Messung. 18. Einheits- oder Grundpreise. 19. Mindestbeträge. B. Nach Einschätzung. 20. Einheitssätze.	Preise M
		Für Springbrunnen gelten die folgenden jährlichen Beiträge:	
		Springbrunnen mit 2 mm Kaliberscheibe	15,—
		„ „ 2½ „ „	25,—
		„ „ 3 „ „	35,—
		„ „ 3½ „ „	45,—
		„ „ 4 „ „	55,—
		„ „ 4½ „ „	70,—
		„ „ 5 „ „	85,—
		„ „ 5½ „ „	100,—
		„ „ 6 „ „	115,—
		Die Springbrunnen dürfen nur in Gang gesetzt werden in der Zeit vom 1. Mai bis 1 October von Morgens 7 Uhr bis Abends 8 Uhr. Es kann auch die Stellung eines Wassermessers verlangt werden.	
		Für jedes Stück Grossvieh jährlich	3,—
		Für Bauzwecke pro qm Stockwerksfläche (Keller oder Fundament, Erdgeschoss, 1. und 2. etc. Obergeschoss, Mansarde; auch bei Bauten unter Boden)	0,05
66	**Hannover** . . . **A 18**	Bei einem vierteljährlichen Verbrauch:	
		bis 250 cbm pro cbm	0,15
		über 250 „ „ „	0,14
		In letzterem Falle sind jedoch mindestens zu zahlen	37,50
	A 19, B 20	— — — — — — — — — — — — — — — — — — — —	
67	**Harburg (Elbe) A 18**	Pro cbm	0,20
		bei der Entnahme von grösseren Wassermengen werden berechnet bei einem jährlichen Wasserverbrauche bis zu 1500 cbm für 1000 cbm M 200, für jeden ferneren cbm	0,19
		bis zu 2000 cbm für 1500 cbm M 295, für jeden ferneren cbm	0,18
		„ „ 4000 „ „ 2000 „ „ 385, „ „ „ „	0,17
		„ „ 6000 „ „ 4000 „ „ 725, „ „ „ „	0,16
		„ „ 10000 „ „ 6000 „ „ 1045, „ „ „ „	0,15
		von mehr als 10000 cbm für 10000 cbm M 1645, für jeden ferneren cbm	0,14
		Consumenten, deren durchschnittlicher Tagesverbrauch im Jahre 3 cbm überschreitet, kann im Wege der Vereinbarung ein Nachlass am Wassergelde vom Magistrate mit Zustimmung der Bürgervorsteher bewilligt werden.	
	A 19	Für jeden mm lichter Weite des Wassermessers jährlich	1,50
		Der Mindestbeitrag ermässigt sich bei Wohngebäuden mit einem Gebäudesteuer-Nutzungswerth:	
		bis zu M 200 auf	10,—
		von M 200 bis 300 auf	15,—
		„ „ 300 „ 400 „	20,—
	B 20	— — — — — — — — — — — — — — — — — — — —	
68	**Heidelberg** . . . **A 18**	Für Haushaltungszwecke pro cbm	0,20
		zu industriellen Zwecken pro cbm	0,15
		für vorübergehende Wasserabgabe pro cbm	0,35
	A 19	Es wird pro Jahr in Ansatz gebracht mindestens	20,—
		Im Uebrigen:	
		für 1 gewöhnl. Privat-, Wohn-, Schlaf- oder Geschäftsraum, 1 Wassercloset ohne Tonneneinrichtung	5,—
		„ 1 Wassercloset mit Tonneneinrichtung	1,—
		„ 1 Pissoir ohne Tonneneinrichtung	5,—
		„ 1 „ mit „	1,—
		„ 1 Privatbadezimmer pro gewöhnl. Wanne oder Douche	10,—
		„ 1 Gastzimmer in Gasthöfen (Pensionen ausgeschlossen)	2,50
		„ 1 Wirthszimmer, Restaurationssäle u. dgl. für je 40 qm Grundfläche	5,—
		„ 1 Badezimmer in Gasthöfen u. s. w. pro gewöhnliche Wanne oder Douche	20,—
		„ 1 öffentliches Bureau	1,80
		„ 1 Pferd	3,60
		„ 1 Stück Rindvieh	2,60

No.	Stadt	A. Nach Messung. 18. Einheits- oder Grundpreise. 19. Mindestbeträge. B. Nach Einschätzung. 20. Einheitssätze.	Preise M
		für das Begiessen von Bleichen, Gemüse- und Luxusgärten pro qm wasserbedürftiger Culturfläche	0,06
		„ desgl. mit Anwendung eines Schlauches, dessen Mundstück bei der Benutzung jedoch in der Hand gehalten werden muss, pro qm	0,15
		„ das Begiessen von Höfen mit Anwendung eines Schlauches, dessen Mundstück jedoch in der Hand gehalten werden muss, pro qm	0,10
		„ jede Industrie-Wasserleitung wird jährlich gezahlt ein Mindestbestrag von	100,—
		Für einen Springbrunnen mit einer plombirten Kaliberscheibe:	
		von 1 mm Durchmesser	15,—
		„ 1½ „ „	30,—
		„ 2 „ „	50,—
		„ 2½ „ „	80,—
		„ 3 „ „	115,—
		„ 3½ „ „	150,—
		„ 4 „ „	200,—
		„ 4½ „ „	250,—
		„ 5 „ „	315,—
		„ 5½ „ „	380,—
		„ 6 „ „	450,—
		Springbrunnen dürfen nur bei Tage und nicht während der Wintermonate benutzt werden.	
	B 20	— — — — — — — — — — — — — — — — — — — —	
69	Heilbronn . . . A 18	Für gewerbliche Zwecke bei einem Jahresverbrauch:	
		bis 5000 cbm pro cbm	0,15
		über 5000 bis 10000 cbm	0,10
		über 10000 cbm nach besonderer Vereinbarung.	
		für Privatgärten pro cbm	0,25
	A 19	Für Haushaltungen 6% des Wohnungsmiethswerthes pro Jahr.	
		„ Gärten sowohl nach Einschätzung wie auch nach Wassermesser jährlich	5,—
	B 20	Für Haushaltungen 4% des Miethwerthes des Hauses pro Jahr.	
		Für kleinere Gewerbe jährlich:	
		Classe 1. Apotheker, Conditoren	4, 8, 12
		„ 2. Bäcker, Wirthe, Wäschereien	8, 12, 16
		„ 3. Metzger, Werkmeister, Gipser, Photographen, Seifensieder	12, 16, 20
		„ 4. Färber, Küfer, Liqueurfabrikanten, Gerber, Weinhändler, Ziegler	16, 20, 24
		Die Wassercommission entscheidet, ob Haushaltungen und kleinere Gewerbe nach Wassermesser versorgt werden müssen oder nicht.	
		Ferner werden beim Wasserbezug ohne Wassermesser pro Jahr erhoben:	
		für 1 Pferd	3,—
		„ 1 Stück Rindvieh	2,—
		„ 1 Stück Kleinvieh	1,—
		„ einen Personenwagen ohne Anwendung eines Schlauches	8,—
		„ mehrere Personenwagen	12,—
		„ einen kleinen desgleichen bei Metzgern etc.	4,—
		„ ein Badecabinet oder ein Wassercloset	8,—
		„ ein Pissoir	6,—
		„ eine Kelterpresse	2,—
		„ Hofraum pro a	0,50
		„ Gärten, bei Handelsgärtnern und bei Benützung eines Spritzhahnens pro a	3,—
		„ Gemüse- und Lustgärten pro a	1,—
		„ Gras- und Baumgärten pro a	0,50
		Zahlungspflichtig ist in allen Fällen der Bauherr.	
		Springbrunnen nach dem aus der Zeit der Benützung und der Lichtweite des Rohres und der Strahlhöhe zu bemessenden Verbrauch. Feuer- und Schlauchhahnen sind, wenn sie ausschliesslich nur zu Feuerlöschzwecken benützt werden, frei; bei Strassenbesprengung wird berechnet pro Stück	20,—
		Für das zum Gasmotorenbetrieb verwendete Wasser wird für je 1 cbm des verbrauchten Gases berechnet	0,0125
		„ Wasserverwendung bei Neubauten pro qm Grundfläche (aussen gemessen) eines jeden Stockwerks (Keller- und Dachgeschoss je als Stockwerk gerechnet)	0,05

No.	Stadt		A. Nach Messung. 18. Einheits- oder Grundpreise. 19. Mindestbeträge. B. Nach Einschätzung. 20. Einheitssätze.	Preise M
70	**Hildesheim** . .	A 18	Der Wasserpreis wird von den städtischen Collegien festgestellt. Derselbe beträgt gegenwärtig pro cbm	0,20
			Bei einem Verbrauche von 500 bis 1000 cbm werden 2 Pf. pro cbm zurückvergütet, also bezahlt pro cbm	0,18
			Desgl. bei einem Verbrauche über 1000 cbm 4 Pf. pro cbm, also bezahlt pro cbm .	0,16
		A 19	Für jedes Haus bezw. Grundstück ist mindestens 1/4 der Gebäudesteuer, keinenfalls aber monatlich unter	0,50
			zu zahlen.	
		B 20	— — — — — — — — — — — — — — — — — — — —	
71	**Höchst a. M.** . .	A 18	Bei einem Jahresverbrauch:	
			bis 1000 cbm pro cbm	0,20
			„ 1001 bis 2000 cbm pro cbm	0,18
			„ 2001 „ 5000 „ „ „	0,16
			„ 5001 „ 10000 „ „ „	0,14
			über 10000 „ „ „	0,12
			In keiner Stufe wird weniger bezahlt, als der Höchstbetrag der vorhergehenden Stufe.	
			Grossabnehmern kann unter bestimmten Garantieen dauernd oder zeitweilig Rabatt gewährt werden.	
		A 19	Für grössere Gärten jährlich	50,—
			„ Grundstücke, welche ausschl. gewerbl. Zwecken dienen, jährlich . . .	25,—
			Falls auf einem Grundstücke, auf welchem die Wasserentnahme nach Messern stattfindet, auch zu Haushaltungszwecken Wasser verbraucht wird, wird der Mindestsatz nach den beim Einschätzungssystem geltenden Sätzen festgesetzt.	
		B 20	Jahresbeiträge für gewöhnliche häusliche Zwecke:	
			bei einer Wohnungsmiethe bis M 250, für jede M 25	1,—
			„ „ „ über „ 250, „ „ „ 25	1,25
			Angefangene M 25 Miethe werden für voll gerechnet.	
			Ausser diesen Sätzen sind zu entrichten:	
			für ein Badezimmer	6,—
			„ ein Pferd resp. 1 Stück Rindvieh	3,—
			„ einen Personenwagen	4,—
			„ Gärten mit Besprengungsvorrichtungen:	
			bis 10 a pro qm	0,02
			„ 30 „ „ „	0,015
			über 30 a pro qm	0,01
			„ Gewächshäuser pro qm	0,20
			mindestens	5,—
			Für Springbrunnen zur Berieselung auf Grund besonderer Vereinbarung.	
			„ Besprengen von grösseren Hofräumen (über 20 qm) pro qm	0,02
			„ einen besonderen Hydranten im Hofe	4,—
			„ Feuerhähne:	
			für 1 Stück	10,—
			„ jeden ferneren	5,—
			„ Pissoirstände mit vorübergehender Spülung	2,—
			„ „ „ laufender Spülung pro lfd. m	2,—
			Für Verkaufsläden, Schreibstuben und sonstige Geschäftsräume kann das Wassergeld herabgesetzt werden. Wirthschaftslocale mit oder ohne Wohnungen besonders eingeschätzt.	
72	**Hof**	A 18	Pro cbm	0,15
			Für vorübergehende Zwecke pro cbm	0,25
			Das zu Feuerlöschzwecken benöthigte Wasser ist frei.	
			An Rabatt wird gewährt:	
			Bei einer jährlichen Entnahme von:	
			2000—4000 cbm . . . . . 20 %	
			4001—5000 „ . . . . . 25 „	
			5001—6000 „ . . . . . 30 „	
			Darüber hinaus nach besonderer Vereinbarung.	
		A 19	Jährlich	36,—
			wofür 200 cbm geliefert werden.	
		B 20	— — — — — — — — — — — — — — — — — — — —	

Tabelle VII. Wasserabgabe-Preise.

No.	Stadt		A. Nach Messung. B. Nach Einschätzung. — 18. Einheits- oder Grundpreise. 19. Mindestbeträge. 20. Einheitssätze.	Preise M
73	**Iserlohn**	A 18	Bei einem monatlichen Verbrauch:	
			bis 100 cbm pro cbm	0,25
			von 101 „ 500 „ „ „	0,20
			„ 501 „ 1000 „ „ „	0,15
			„ 1001 „ 2000 „ „ „	0,125
			über 2000 „ „ „	0,10
			jedoch in keiner Stufe weniger als den höchsten Betrag der vorhergehenden.	
		A 19	Monatlich M 2, oder vierteljährlich	6,—
		B 20	Bis zur Einschaltung des Wassermessers pro Tag und Haus	0,10
74	**Karlsruhe** . . .	A 18	Auch nach Caliberhähnen pro cbm	0,10
		A 19	Für Wassermesser im Ganzen aber mindestens pro Jahr	100,—
		B 20	Jahresbeiträge:	
			„ Wasser zum gewöhnlichen Haushaltungsbedarf von je M 100 des geschätzten Miethwerths	2,50
			„ eine Badeeinrichtung, ein Pissoir mit Schüssel oder ein Closet	6,—
			„ eine Pissoirrinne mit 1 mm Caliberscheibe	36,—
			„ einen Hahnen ohne Schlauchgewind, im Hof, Einfahrt oder Garten	5,—
			„ „ „ mit „ vom qm der zu begiessenden Fläche . .	0,035
			im Ganzen aber mindestens.	5,—
			„ Benützung von Wasser für einen Stall, vom qm der Stallfläche	0,30
			„ „ „ „ „ ein Gewächshaus, vom qm der Bodenfläche . . .	0,20
			„ einen zum Betrieb eines Kleingewerbes zu benützenden Hahnen	5—50
			„ Springbrunnen, wenn ein Wassermesser fehlt:	
			bei einem Durchmesser der Kaliberscheibe von 2 mm.	20,—
			„ „ „ „ „ „ 2,5 „	30,—
			„ „ „ „ „ „ 3 „	40,—
			„ „ „ „ „ „ 3,5 „	50,—
			„ „ „ „ „ „ 4 „	60,—
			„ „ „ „ „ „ 4,5 „	75,—
			„ „ „ „ „ „ 5 „	90,—
			„ „ „ „ „ „ 5,5 „	105,—
			„ „ „ „ „ „ 6 „	120,—
			Für die Kesselspeisung vom qm Heizfläche	4,—
			„ eine Bierpression von 1 l Bierverbrauch = 4 l Wasser, mindestens	20,—
			„ Benützung von Wasser für einen Gasmotor wird der cbm Wasser (auf 8 cbm Gasverbrauch 1 cbm Wasser) berechnet mit	0,10
			Für zu Bauzwecken bestimmtes Wasser:	
			„ unterirdische Bauten, Gruben, Keller, Fundamente, vom qm Baufläche	0,06
			„ den untern und jeden weiteren Stock (Mansarden werden als ein Stock gerechnet), vom qm Baufläche	0,06
75	**Kiel**	A 18	Pro cbm	0,18
			Bei jährlichem Verbrauch:	
			von 5000—10000 cbm pro cbm	0,16
			über 10000 „ „ „	0,14
		A 19	Jährlich für gewerbliche oder besondere Zwecke für jeden mm Durchmesser des Wassermessers	1,50
		B 20	Für den Hausbedarf werden pro Kopf und Tag gegen die nach Tab. II zu zahlende Wassersteuer (4% des Nutzungswerthes zur Staatsgebäudesteuer) 50 l geliefert.	

No.	Stadt	A. Nach Messung. 18. Einheits- oder Grundpreise. 19. Mindestbeträge. B. Nach Einschätzung. 20. Einheitssätze.	Preise M

Daneben ist zu bezahlen pro Jahr:

	Preise M
für jedes Badezimmer	9,—
„ „ Pferd, Rindvieh und jeden Personenwagen	4,50
„ Gärten bis 5 a pro a	3,—
von 5—10 „ „ „	2,25
und mindestens	15,—
„ 10—20 „ „ „	1,50
über 20 „ „ „	0,75
und mindestens	30,—
„ Gewächshäuser pro qm	0,45

Den Consumenten steht in den verschiedenen Fällen die Entnahme von Wasser nach Wassermessern frei. Für Handelsgärtnereien wird Wasser nur nach Wassermesser geliefert.

Pissoirs, Closets oder Springbrunnen werden durch Wassermesser, bezw. Caliberhähne versorgt.

Vergl. übrigens Tab. II, 9.

76 Köln . . . . . . **A 18**

								Preise M
Bis zu	100 cbm pro Vierteljahr für jeden cbm							0,15
über	100	bis	300 cbm die ersten	100 cbm	M	15,	; jeder folgende cbm	0,14
„	300	„	600 „ „ „	300	„ „	43,—;	„ „ „	0,13
„	600	„	1000 „ „ „	600	„ „	82,—;	„ „ „	0,12
„	1000	„	1500 „ „ „	1000	„ „	130,—;	„ „ „	0,11
„	1500	„	2000 „ „ „	1500	„ „	185,—;	„ „ „	0,10
„	2000	„	3000 „ „ „	2000	„ „	235,—;	„ „ „	0,09
„	3000	„	5000 „ „ „	3000	„ „	325,—;	„ „ „	0,08
„	6000	„	10000 „ „ „	5000	„ „	485,—;	„ „ „	0,07
„	10000	„	20000 „ „ „	10000	„ „	835,—;	„ „ „	0,06
„	20000 cbm		„ „	20000	„ „	1435,—;	„ „ „	0,05

A 19

Für gewöhnlichen Hausbedarf:

Der Mindestbetrag ist von der Gebäudesteuer abhängig und berechnet sich für jedes Grundstück wie folgt:

	Gebäudesteuer	Mindesttaxe pro Vierteljahr M		Gebäudesteuer	Mindesttaxe pro Vierteljahr M
1.	bis zu M 12	0,—	22.	von M 300 bis 350	30,—
2.	von „ 12 bis 16	0,50	23.	„ „ 350 „ 400	35,—
3.	„ „ 16 „ 20	1.—	24.	„ „ 400 „ 450	40,—
4.	„ „ 20 „ 25	1,50	25.	„ „ 450 „ 500	45,—
5.	„ „ 25 „ 30	2,—	26.	„ „ 500 „ 600	50,—
6.	„ „ 30 „ 35	2,50	27.	„ „ 600 „ 700	60,—
7.	„ „ 35 „ 40	3,—	28.	„ „ 700 „ 800	70,—
8.	„ „ 40 „ 45	3,50	29.	„ „ 800 „ 900	80,—
9.	„ „ 45 „ 50	4,—	30.	„ „ 900 „ 1000	90,—
10.	„ „ 50 „ 60	5,—	31.	„ „ 1000 „ 1200	100,—
11.	„ „ 60 „ 70	6,—	32.	„ „ 1200 „ 1400	120,—
12.	„ „ 70 „ 80	7,—	33.	„ „ 1400 „ 1600	140,—
13.	„ „ 80 „ 90	8,—	34.	„ „ 1600 „ 1800	160,—
14.	„ „ 90 „ 100	9,—	35.	„ „ 1800 „ 2000	180,—
15.	„ „ 100 „ 120	10,—	36.	„ „ 2000 „ 2200	200,—
16.	„ „ 120 „ 140	12,—	37.	„ „ 2200 „ 2400	220,—
17.	„ „ 140 „ 160	14,—	38.	„ „ 2400 „ 2600	240,—
18.	„ „ 160 „ 180	16,—	39.	„ „ 2600 „ 2800	260,—
19.	„ „ 180 „ 200	18,—	40.	„ „ 2800 „ 3000	280,—
20.	„ „ 200 „ 250	20,—	41.	über „ 3000	300,—
21.	„ „ 250 „ 300	25,—			

Die Abnehmer der Stufen 1 bis 6 können pro Vierteljahr 20 cbm für die Mindesttaxe entnehmen; Mehrentnahme wird nach Tarif A 18 besonders bezahlt.

Steuerfreie Grundstücke werden mit 4 bezw. 2 % vom Nutzungswerthe eingesetzt.

Für fiscalische, städtische oder sonstige steuerfreie Grundstücke wird ein fingirter Gebäudesteuerbetrag angesetzt. Bei Gebäuden zu Kirchen- und Schulzwecken, Bildungs- und Wohlthätigkeits-Anstalten kommen anstatt 4 nur 2 % des Nutzungswerthes als fingirte Gebäudesteuer in Anrechnung.

No.	Stadt	A. Nach Messung. 18. Einheits- oder Grundpreise. 19. Mindestbeträge. B. Nach Einschätzung. 20. Einheitssätze.	Preise M
		Für landwirthschaftliche, gewerbliche und Bauzwecke u. s. w.	
		Der Mindestbetrag wird nach der lichten Weite des Wassermessers wie folgt ermittelt:	
		Lichte Weite des Wassermessers 13 mm; vierteljährlicher Mindestbetrag	5,—
		„ „ „ „ 20 „ „ „	6,—
		„ „ „ „ 26 „ „ „	8,—
		„ „ „ „ 33 „ „ „	10,—
		„ „ „ „ 40 „ „ „	15,—
		„ „ „ „ 50 „ „ „	20,—
		„ „ „ „ 80 „ „ „	30,—
		„ „ „ „ 100 „ „ „	40,—
		„ „ „ „ 125 „ „ „	50,—
		„ „ „ „ 150 „ „ „	60,—
		Sind mehrere Messer aufgestellt, so gilt die Weite der Anschlussleitung.	
		Für Grundstücke ohne bewohnbare Gebäude kann ein niedrigerer Mindestbetrag festgesetzt werden.	
		Für Feuerhähne wird ein Mindestbetrag nicht entrichtet.	
77	**Königsberg . . A 18**	Pro cbm	0,18
		Bei einem Jahresverbrauch über 2000 cbm werden 10 %	
		„ „ „ „ 4000 „ „ 20 „	
		Rabatt gewährt.	
	A 19	Sofern für ein angeschlossenes Grundstück bei Abgabe nach Wassermesser zum Preise von M 0,18 pro cbm ein Zins von	40,—
		nicht erreicht wird, sind für den gewöhnlichen Hausbedarf die Pauschalsätze (B 20) zu entrichten, für andern Bedarf für jeden mm des aufgestellten Wassermessers jährlich	1,—
		Findet in einem Grundstück die Benutzung der Leitung für gewöhnlichen Hausbedarf und für andere Zwecke statt, so wird der Mindestbetrag nach derjenigen der beiden Berechnungsarten festgestellt, welche den höheren Preis ergiebt.	
	B 20	Jahresbeitrag:	
		für jeden bewohnbaren, mindestens 10 qm Grundfläche messenden Raum, gleichviel ob heizbar oder nicht, und ausserdem für jede Küche, es sei denn, dass eine solche und nur ein bewohnbarer Raum die einzigen Bestandtheile einer besonderen Wohnung bilden	2,50
		„ eine Badeeinrichtung	10,—
		„ Pissoirs bei Röhren mit 1,62 mm weitem Auslasse	36,—
		Bei solchen mit 3,25 mm weitem Auslasse	72,—
		Für ein Closet	10,—
		„ den ersten Feuerhahn in einem der Veranlagung nach Räumen oder Küchen nicht unterliegenden Raume	3,—
		„ jeden zweiten, dritten u. s. w.	2,—
		„ einen Strassensprenghahn, pro lfd. m. Strassenfront	0,50
		In der Regel wird der Wasserzins nach den Räumen des ganzen Grundstücks berechnet, jedoch können mit Leitung nicht versehene, abgesonderte Gebäude und auch einzelne Wohnungen mit besonderem Strassenausgang und wenn sie in keinerlei Verbindung mit den übrigen Räumen des Hauses stehen, ausgeschlossen werden.	
		Wasser für vorübergehende Zwecke kann nach besonderer Vergütung ausnahmsweise ohne Wassermesser abgegeben werden.	
78	**Königshütte . . A 18**	Pro cbm	0,10
	A 19	Es sind wenigstens zu bezahlen pro Jahr 100 cbm à M 0,10	10,—
	B 20	— — — — — — — — — — — — — — — — — — — —	
79	**Königswinter A 18**	Bis 1000 cbm pro Jahr per cbm	0,15
		Ueber 1000 bis 3000 cbm, die ersten 1000 cbm M 150, die folgenden pro cbm . .	0,14
		„ 3000 „ 6000 „ „ „ 3000 „ „ 420, „ „ „ „ .	0,13
		„ 6000 „ 9000 „ „ „ 6000 „ „ 780, „ „ „ „ .	0,12
		„ 9000 „ 12000 „ „ „ 9000 „ „ 1080, „ „ „ „ .	0,11
		„ 12000 cbm pro cbm	0,10
		wenn nicht eine besondere Vereinbarung stattgefunden hat.	

No.	Stadt		A. Nach Messung. 18. Einheits- oder Grundpreise. 19. Mindestbeträge. B. Nach Einschätzung. 20. Einheitssätze.	Preise M
		A 19	Für einen Anschluss wird vierteljährlich bezahlt ausser Wassermessermiethe:	
			bei Wassermessern bis 13 mm Weite	7,50
			„ „ „ 20 „ „	12,—
			„ „ „ 25 „ „	20,—
			„ „ „ 30 „ „ und darüber	30,—
		B 20	Je nach Verhältniss, Zahl und Ausdehnung der Haushaltungen nach 8 verschiedenen Classen die Beträge von M 9, 12, 18, 24, 30, 42, 60, 84 und höher.	
			Ferner wird pro Jahr berechnet:	
			für jede Badeeinrichtung	6,—
			„ jedes Wassercloset	5,—
			„ ein Pissoir pro Stand	2,50
			„ desgl. pro lfd. m Rinne	6,—
			„ Treibhäuser pro qm Fläche	0,25
			„ Strassenbesprengung mittelst eines Sprenghahnes pro lfd. m Strassenfronte	0,50
			„ jeden Wagen (ausgenommen Lastwagen)	3,—
			„ jedes Pferd	3,—
			„ 1 Stück Rindvieh oder Esel über 1 Jahr alt	2,—
			„ den ersten Feuerhahn, wo sonst kein Wasserverbrauch ist	10,—
			„ jeden folgenden	3,—
			In denjenigen Gebäuden, welche das Wasser für den Hausbedarf aus dem städtischen Wasserwerke entnehmen, sind die Feuerhähne frei, dieselben werden jedoch plombirt.	
			Für Springbrunnen bis 1 mm Kaliber	10,—
			„ desgl. über 1 bis 2 „ „	30,—
			Der Springbrunnen darf nur in 10 Tagesstunden vom 15. April bis 15. October geöffnet sein. Grössere Kaliber zahlen nach Wassermesser.	
			Für Elevatoren bei Waschküchen, Kellern etc.	20,—
			Für Neubauten:	
			für Gebäude mit Keller und Erdgeschoss pro qm	0,25
			„ jedes weitere Stockwerk pro qm	0,10
			„ sonstige bauliche Zwecke pro cbm Mauerwerk	0,15
80	**Kopenhagen**	A 18	Für laufendes Wasser, Springbrunnen, Bauzwecke und gewerbliche Zwecke, je nach Art des Verbrauches pro cbm	0,073 bis 0,12
		A 19	Der Wasserzins, vergl. B 20.	
		B 20	Der Wasserzins beträgt pro Jahr:	
			für angeschlossene Grundstücke pro qm Etagenfläche	0,08-0,12
			wofür frei ist je ein Zapfhahn in jeder Küche und im Hof, je ein Zapfhahn in jeder Etage eines Packhauses, ferner je ein Badehahn in jeder Etage.	
			Nicht angeschlossene Grundstücke zahlen 1/3 des obigen Satzes.	
			Daneben wird gezahlt jährlich:	
			„ ein Wassercloset	112,—
			„ jeden ferneren Hahn oder Badehahn	4,48
			„ Pissoirhähne pro Stück	8,96
			„ Viehställe, Wagen, Gärten, Treib- und Gewächshäuser, für jeden Hahn	4,48
			„ Höfe und Plätze für jeden Hahn	8,96
			Feuerhähne sind frei.	
81	**Leipzig**	A 18	Pro cbm	0,15
			An Nachlass bei hohem Wasserverbrauche werden gewährt auf eine jährliche Verbrauchsmenge:	
			über 5000 bis 10000 cbm 2 %,	
			„ 10000 „ 20000 „ 4 „	
			„ 20000 „ 50000 „ 6 „	
			„ 50000 „ 100000 „ 8 „	
			„ 100000 „ 200000 „ 10 „	
			„ 200000 cbm 20 „	
			Das Wassergeld darf dadurch jedoch nicht unter den veranlagten Mindestbetrag und unter die nächstniedrige Stufe vorstehender Scala sinken.	
			Im Uebrigen vergl. A 19, letzter Absatz.	

No.	Stadt	A. Nach Messung. 18. Einheits- oder Grundpreise. 19. Mindestbeträge. B. Nach Einschätzung. 20. Einheitssätze.	Preise M
	A 19	Für gewöhnlichen Hausbedarf pro Jahr von jedem bewohnbaren Raum von 8 qm Grundfläche und darüber, von jeder Küche und Badeeinrichtung	2,10
		Von jedem Wassercloset	6,—
		Räume von über 50 qm Grundfläche werden als mehrere Räume berechnet und zwar jede vollen 50 qm und ein verbleibender Rest als je ein besonderer Raum. Räume unter 8 qm bleiben ausser Ansatz, ebenso auf Fluren angebrachte Kochkamine.	
		Bei einem Wasserständer im Hofe, welcher mit verschliessbaren Hähnen versehen ist und zum gemeinsamen Gebrauche dient, tritt eine Ermässigung von $33^1/_3$ % obiger Sätze ein.	
		Wird die Leitung nicht zum gewöhnlichen Hausbedarfe benutzt, so wird der jährliche Mindestbetrag für jeden mm Lichtweite der eingestellten Wassermesser mit berechnet.	1,—
		Wird die Leitung zugleich zum Hausbedarfe und zu anderen Zwecken benutzt, so ist der zu zahlende Mindestbetrag nach derjenigen Berechnungsart auszuwerfen, welche den höheren Preis ergiebt.	
		Sobald bei Entnahme zu Zwecken, für welche der Mindestbetrag nach der Lichtweite der eingestellten Wassermesser berechnet wird, der thatsächlich zu erwartende Verbrauch voraussichtlich erheblich den im Voraus zu entrichtenden Mindestbetrag übersteigt, sowie bei jeglicher Entnahme zu vorübergehenden Zwecken ist die Verwaltung berechtigt, die Hinterlegung einer von ihr nach Art und Höhe festzustellenden Caution zu fordern.	
		Aus den öffentlichen Ständern darf das Wasser nur zum Hausbedarf und zur Tränkung des Viehes entnommen werden; es kann jedoch zu gewissen Zwecken die Entnahme von grösseren Mengen aus öffentlichen Posten bewilligt werden, solchenfalls muss die Messung in grossen Gefässen oder mittelst Standrohr-Wassermessers erfolgen, und sind zu bezahlen für jeden Wasserverbrauch bis zu 20 cbm	5,—
		für jeden ferneren cbm	0,25
	B 20	— — — — — — — — — — — — — — — — — — — —	
82	Liegnitz . . . . A 18	Pro cbm	0,15
		Rabatt bei jährlichem Verbrauch: von 2001 bis 5000 cbm . . . . . . 5 % „ 5001 „ 10000 „ . . . . 10 „ über 10000 cbm . . . . 20 „ jedoch nur für jedes Grundstück besonders.	
	A 19	Nach Einschätzung (Raumtaxe etc.) mindestens jährlich	20,—
	B 20	Für Haus- und Wirthschaftsbedarf jährlich:	
		für jeden bewohnbaren Raum über 8 qm und jede Küche	2,—
		„ jedes mit Badeeinrichtungen versehenes Zimmer	5,—
		„ jedes Geschäfts- und Verkaufslokal, für jede Werkstatt und jede gewerbliche Betriebsstätte, je nach der Grösse des Raumes und nach dem Umfange des Geschäfts	1—10
		„ jeden lediglich zur Beherbergung von Fremden dienenden Raum in Gastwirthschaften, Herbergen etc.	1—2
		„ jede Spülvorrichtung der Aborte	6,—
		„ Pissoirs, welche mit Vorrichtungen zur Wasserspülung versehen sind:	
		in Privathäusern	3,—
		„ Schank-, Gast- und Speisewirthschaften	6,—
		wenn das Pissoir mehr als einen Stand oder mehr als einen lfd. m Rinne hat, für jeden Stand oder m mehr	3,—
		„ Stallungen:	
		für jedes Pferd und jedes Stück Grossvieh, welches auf dem Grundstücke steht	3,—
		„ Stallungen in Schank-, Gast- und Ausspannwirthschaften, insofern sie zur Unterbringung fremden Viehes dienen, nach der Grösse und der Frequenz pro qm	0,10-0,20
		Bez. öffentl. Gebäude vergl. Tab. II, 5, Abs. 2.	
		„ einen Feuerhahn in öffentl. Grundstücken	6,—
		„ jeden weiteren	1,50
		Feuerhähne in Privatgrundstücken sind frei, sie dürfen aber, sofern der Ausfluss nicht unter Wassermesser-Controle steht, nur bei Feuersgefahr geöffnet werden.	
		Für Gärten von 25 bis 1000 qm pro qm	0,02
		„ „ „ über 1000 „ „ „	0,015
		„ Gewächshäuser pro qm	0,30

No.	Stadt	A. Nach Messung. 18. Einheits- oder Grundpreise. 19. Mindestbeträge. B. Nach Einschätzung. 20. Einheitssätze.	Preise M
		Für Besprengen von Höfen und Strassen mittelst Schlauches:	
		pro 10 qm gepflasterter Fläche	0,40
		„ 10 „ ungepflasterter Fläche	0,50
		Für das Wasser zu Bauzwecken:	
		Hier kann die Abgabe nach dem Flächeninhalt der zu bebauenden Fläche bestimmt werden, und zwar wird berechnet:	
		a) bei einem Gebäude mit Keller und Erdgeschoss	0,30
		b) mit Keller, Erdgeschoss, 1 Stockwerk	0,35
		c) mit Keller, Erdgeschoss, 2 Stockwerken	0,50
		d) mit Keller, Erdgeschoss, 3 Stockwerken und mehr	0,60
		pro qm zu bebauender Grundfläche.	
		Für das Wasser zu Springbrunnen, mit oder ohne Abfluss, ist zu entrichten:	
		bis 3 mm Durchmesser der Ausfluss-Oeffnung und 2½ m Steighöhe in maximo .	25,—
		„ 4 „ „ „ . „ „ 2½ „ „ „ „ .	45,—
		„ 6 „ „ „ „ „ 2½ „ „ „ „ .	100,—
		und mindestens Benutzungszeit vom 15. März bis 31. October	12,—
		Bei grösseren Springbrunnen bleibt besondere Vereinbarung vorbehalten.	
		Alle Springbrunnen dürfen nur von Morgens 6 bis Abends 12 Uhr geöffnet sein.	
		Für Zimmerfontainen nach Vereinbarung mindestens	12.—
83	Lindau . . . . . A 18	Der Mehrverbrauch über die in A 19 aufgeführten Mindest-Bezugsmengen ist pro cbm zu bezahlen mit	0,08
	A 19	Der Mindest Wasserzins beträgt jährlich bei:	
		Wassermesserkaliber l per Tag cbm im Vierteljahr	
		13 mm 500 l 45 cbm	15,—
		20 „ 660 l 60 „	20,—
		20 „ 900 l 80 „	25,—
		25 „ 2000 l 180 „	60,—
		30 „ 3000 l 270 „	90,—
		40 „ 4000 l 360 „	120,—
		Bei noch grösserem Kaliber und Verbrauch ist besondere Vereinbarung vorbehalten.	
		Für sog. alte Wassergäste gelten besondere Bestimmungen.	
	B 20	— — — — — — — — — — — — — — — — — — — —	
84	Lübeck . . . . . A 18	Für grösseren, namentlich gewerblichen Bedarf, sowie für Springbrunnen und mit eigenen Besprengungsvorrichtungen versehene Gärten in der Stadt pro cbm	0,10
		„ nicht bewohnbare oder nicht zu festen Beiträgen heranzuziehende Gebäude pro cbm	0,15
	A 19	— — — — — — — — — — — — — — — — — — — —	
	B 20	Jahresbeiträge für Wohnungen:	
		Für jede Localität in mit Leitung versehenen Häusern, d. h. für jedes mit Heizvorrichtung versehene Local, jede Küche, jeden Heerd (bei Luftheizungen kommen nur die heizbaren Räume zur Berechnung), jede Werkstätte, jedes Badezimmer	2,25
		die ursprünglich durch die alten Wasserkünste (Brauer- und Bürger-Wasserkünste) versorgten Grundstücke zahlen indess nur	1,20
		Jedoch hört diese Vergünstigung nach Ablauf von 50 Jahren auf.	
		Für Häuser und an Strassen oder öffentlichen Plätzen belegene Wohnungen ohne Leitungen für jede zahlungspflichtige Localität:	
		bei über M 12000 Taxwerth	1,50
		„ „ „ 6000—12000 „	1,20
		„ M 6000 Taxwerth und darunter	0,75
		für sog. Buden mit eigenen Leitungen in Gängen, Höfen, Thorwegen, sowie für Wohnkeller mit eigenen Leitungen	1,20
		„ Buden ohne Leitungen in Gängen u. s. w., die mit Wasserleitung versehen sind	0,75
		„ „ in mit Leitung nicht versehenen Gängen u. s. w., für Wohnkeller ohne Leitung	0,30
		Gegen Entrichtung obiger Beiträge erhält jedes mit Leitung versehene Haus 700 l pro Tag, und zwar hiervon ¼ in die höchste Etage geliefert, sofern dort ein Behälter von 175 l Inhalt aufgestellt ist. Jeder Mehrbedarf ist mit M 0,10 pro cbm zu vergüten.	
		Von Lübeck abgehende Seeschiffe von über 150 cbm zahlen vor jedesmaligem Abgange	1,20
		und Dampfschiffe von über 150 bis 300 cbm	0,60
		Wasserbeitrag in vierteljährlichen Raten.	

No.	Stadt	A. Nach Messung. B. Nach Einschätzung. 18. Einheits- oder Grundpreise. 19. Mindestbeträge. 20. Einheitssätze.	Preise M
85	**Magdeburg** . . . A 18	Pro cbm	0,11
		Wasser für vorübergehende Zwecke nach Schätzung pro cbm	0,165
	A 19	Für jedes Grundstück jährlich	4,—
		Für Bauzwecke als Vorschuss pro 20 qm der zu bebauenden Fläche pro Stockwerk	0,33
	B 20	— — — — — — — — — — — — — — — — — — — —	
86	**Mainz** . . . . . . A 18	Pro cbm	0,30
	A 19	— — — — — — — — — — — — — — — — — — — —	
	B 20	— — — — — — — — — — — — — — — — — — — —	
87	**Mannheim** . . . A 18	Grundpreis pro cbm	0,20
		Dieser Preis gilt auch für Neubauten.	
		Für gewerbliche, industrielle und technische Zwecke für 1000 cbm pro Jahr und darüber pro cbm	0,15
		Eine Rückvergütung wird gewährt bei einem Jahresverbrauch von:	
		1201 bis 2000 cbm mit . . . . . . 5 %	
		2001 „ 5000 „ „ . . . . 10 „	
		5001 „ 10000 „ „ . . . . 15 „	
		10001 „ 20000 „ „ . . . . 20 „	
		20001 „ 30000 „ „ . . . . 25 „	
		30001 „ 40000 „ „ . . . . 30 „	
		40001 „ 50000 „ „ . . . . 35 „	
		50001 „ 75000 „ „ . . . . 40 „	
		über 75000 „ „ . . . . 45 „	
	A 19	Von jedem angeschlossenen Grundstück wird für das Jahr eine Minimaltaxe von 3 % des Miethwerthes erhoben. Schankwirthschaften werden nur mit 2/3, Comptoirs, Läden, Magazine, Fabriken und Werkstätten nur mit 1/3 ihres wirklichen Miethwerthes zur Berechnung der Minimaltaxe beigezogen.	
		Gewerbliche, industrielle und technische Betriebe zahlen jedoch keine Minimaltaxe, wenn der Jahresverbrauch mind. 1000 cbm beträgt.	
	B 20	— — — — — — — — — — — — — — — — — — — —	
88	**Meiderich** . . . . A 18	Pro cbm	0,13
		Bei einem Monatsverbrauch von:	
		über 100 bis 500 cbm pro cbm	0,12
		„ 500 „ 1000 „ „ „	0,11
		„ 1000 „ 2000 „ „ „	0,10
		„ 2000 „ 3000 „ „ „	0,09
		„ 5000 cbm	0,08
		Wasser aus Hydranten zu vorübergehenden Zwecken nach Einschätzung oder Messung in Gefässen pro cbm	0,30
	A 19	Monatlich	4,—
	B 20	Jahresbeiträge:	
		für den Hausbedarf von jedem bewohnbaren Raume, Küche oder Waschküche über 6 qm Grundfläche	2,50
		„ jede mit Zu- und Abflussleitung versehene Badewanne (Badezimmer ist frei) . .	8,—
		„ jedes Wassercloset	6,—
		„ einen einzelnen Pissoirstand	9,—
		bei mehreren Pissoirständen pro lfd. m Spülrohr	12,—
		In den Stunden der Nichtbenutzung der Pissoirs muss der Zufluss abgesperrt sein.	
		Für jedes Pferd	3,—
		„ jedes Stück Rindvieh	2,—
		„ jeden Wagen zur Personenbeförderung	6,—
		„ Pferdestände in Gasthöfen pro lfd. m Krippenlänge	0,50
		„ Strassenbesprengung bis Mitte Strassendamm pro lfd. m Strassenfrontlänge des Grundstückes	0,50

No.	Stadt	A. Nach Messung. 18. Einheits- oder Grundpreise. 19. Mindestbeträge. B. Nach Einschätzung. 20. Einheitssätze.	Preise M
		Für Schlauch-Besprengung von Höfen, Gärten u. s. w. vermittelst Schlauches:	
		bei einer Fläche unter 10 a pro a	3,—
		„ „ „ von 10—20 „ „ „	2,50
		„ „ „ „ 20—30 „ „ „	2,15
		„ „ „ „ 30—50 „ „ „	1,75
		Bei Berieselung werden die Sätze verdoppelt. Wer auch zum häuslichen Gebrauch Wasser entnimmt, erhält auf diese 4 Sätze 25% Rabatt. Gehören die Flächen zu einem anstossenden Hause, welches innerhalb keinen Krahnen hat, so wird auch das Haus eingeschätzt mit 15% Rabatt; es muss jedoch die Fläche ringsum eingefriedigt sein und kann dann ein Zapfhahn auf dem Hofe aufgestellt werden.	
		Für Springbrunnen bei 1 und 2 mm Kaliber	9 bzw. 18
		Grössere Kaliber bedingen Wassermesser.	
		Für jeden Zimmerspringbrunnen mit Ablaufrohr	6,—
		„ einen Feuerhahn (mit Verschluss unter Plombe):	
		bei Gebäuden mit Wasserentnahme	0,50
		„ „ ohne sonstige Wasserentnahme	5,—
		Zum Bauen einschliesslich Kalklöschen unter der Bedingung des späteren Anschlusses:	
		pro qm bebauter Fläche (von aussen gemessen) für Keller mit Fundament und für jede Etage excl. Kniestock	0,15
		oder pro cbm Mauerwerk, Beton u. s. w.	0,20
		Als Mindestsatz sind, abgesehen von der Grundstücksgrösse, nach Einschätzung zu zahlen	10,—
89	**Merseburg** . . . **A 18**	Pro cbm	0,20
	A 19	Pro Quartal für jede angeschlossene Privatleitung	3,—
	B 20	— — — — — — — — — — — — — — — — — — — —	
90	**Metz** . . . . . . **A 18**	Für Fabriken, industrielle Etablissements, Spitäler, Casernen, öffentliche Anstalten etc. jährlich M 40 pro täglich zu liefernden cbm, also pro cbm rund	0,11
		Wohlthätigkeitsanstalten können Preisermässigung erhalten. Im Uebrigen vergl. die Bestimmungen in B 20.	
	A 19	— — — — — — — — — — — — — — — — — — — —	
	B 20	Für Haus- und Wirthschaftsbedarf:	
		Der tägliche Verbrauch eines Hectoliters wird halbjährlich mit	4,—
		berechnet, wobei die folgenden Consummengen für 24 Stunden angenommen werden:	
		pro Person . . . 25 l	
		„ Pferd, Kuh oder sonstiges Lastthier . . . 50 l	
		„ 2 oder 4rädrigen Wagen . . . 50 l	
		„ qm Garten . . . 50 Centiliter.	
		Die Abgabe geschieht durch einen Hahnen (System Cadet), welcher ca. 15 bis 20 l pro Minute giebt.	
		Für jeden weiteren Hahn werden halbjährlich erhoben	0,80
		Das Abonnement für Gärten, Pferde, Kühe und Wagen ist für jeden Nutzniesser obligatorisch, sobald er die Nutzniessung auf Abschätzung erhalten hat.	
		Die Abschätzung geschieht im Verhältniss des Personals, welches sich zur Zeit der Vertragsabschliessung im Hause befindet. Der Nutzniesser hat jede Vermehrung oder Verminderung in der Anzahl der an der bestehenden Concession theilnehmenden Personen zur Anzeige zu bringen.	
		Während dieser Zeit darf keine Verminderung und keine Vermehrung des angegebenen Verbrauchs eintreten. Der Nutzniesser kann jedoch die Aufstellung einer Wasseruhr verlangen, vorbehaltlich der Zahlung der Kosten des neuen Vertrages. Nutzniessungen auf Abschätzung für Industrien werden nur dann bewilligt, wenn die Stadtverwaltung findet, dass der Wasserverbrauch auch wirklich einer Abschätzung unterzogen werden kann. Immerhin wird aber der Nutzniesser, wenn die Stadtverwaltung es verlangt, einen Wassermesser zu beschaffen haben, damit, sobald es nothwendig erscheint, eine Controle stattfinden kann.	

No.	Stadt	A. Nach Messung. 18. Einheits- oder Grundpreise. 19. Mindestbeträge. B. Nach Einschätzung. 20. Einheitssätze.	Preise M
91	Minden ..... A 18	Bei einem Monatsconsum bis 50 cbm pro cbm	0,20
		„ „ „ von über 50 bis 75 cbm pro cbm	0,18
		„ „ „ „ „ 75 „ 100 „ „ „	0,16
		„ „ „ „ „ 100 „ 200 „ „ „	0,14
		„ „ „ „ „ 200 „ 300 „ „ „	0,13
		„ „ „ „ „ 300 „ 400 „ „ „	0,12
		„ „ „ „ „ 400 „ 500 „ „ „	0,11
		„ „ „ „ „ 500 „ „ „	0,10
		In keiner der vorstehend aufgeführten Stufen des Tarifs wird weniger bezahlt, wie der höchste Betrag der vorhergehenden Stufe.	
	A 19	Vierteljährlich	3,—
	B 20	Jahresbeiträge:	
		für jeden qm Grundfläche des zu versorgenden Gebäudes (von aussen gemessen) pro Etage	0,12
		Es werden hierbei zur Berechnung gezogen die Grundflächen aller Etagen, auch diejenigen der Souterrains und Bodenräume, soweit dieselben zu Küchen, Waschküchen, Wohn- und Arbeitsräumen eingerichtet sind. Zimmer, welche ganz oder theilweise schräge Wände haben, kommen nur mit dem halben Tarifsatze zur Anwendung.	
		Ausserdem wird bezahlt:	
		für eine Badeeinrichtung pro Wanne	6,—
		„ ein Closet	3,—
		„ einen Pissoirstand	3,—
		„ jedes Pferd oder Stück Rindvieh	3,—
		„ jeden Personenwagen	3,—
		Für Feuerhähne in abonnirten Gebäuden, Haushaltungen oder Fabriken wird Wassergeld nicht entrichtet. In allen anderen Fällen:	
		für einen Feuerhahn	9,—
		„ jeden ferneren Feuerhahn	3,—
		Wasser zur Benutzung in Gärten mittelst Schlauch zu sprengen ist pro qm zu bezahlen mit	0,02
		Für ein Gewächshaus werden pro qm Fläche desselben erhoben	0,12
		Der Preis des Wassers für Springbrunnen und Berieselung ist besonders zu vereinbaren.	
		Wasser zur Besprengung der Strassen mittelst Schläuchen wird mit ...... pro qm des Hausgrundstücks bezahlt.	0,30
		Bei der Entnahme nach Einschätzung ist auf alle Fälle der Mindestsatz von ... pro Monat zu zahlen.	1,—
92	Mülhausen i. E. A 18	Für einen Consum unter 500 cbm pro cbm	0,20
		Grössere Consumenten erhalten auf diesen Preis Rabatte, wodurch sich die Preise, wie folgt, ermässigen:	
		bei einem jährlichen Verbrauch von 500—1000 cbm pro cbm	0,18
		„ „ „ „ „ 1000—1500 „ „ „	0,17
		„ „ „ „ „ 1500—3000 „ „ „	0,14
		„ „ „ „ „ 3000—8000 „ „ „	0,10
		„ „ „ „ „ über 8000 „ „ „	0,08
	A 19	Für jede Wasserentnahme pro Jahr .... wofür 30 cbm à M 0,20 geliefert werden.	6,—
	B 20	— — — — — — — — — — — — — — — — — — — —	
93	Mülheim-Deutz-Kalk A 18	Pro cbm	0,15
		Bei einem Jahresconsum von:	
		1000—5000 cbm pro cbm	0,125
		5000—10000 „ „ „	0,10
		10000—30000 „ „ „	0,09
		30000—40000 „ „ „	0,085
		40000—50000 „ „ „	0,08
		über 50000 „ „ „	0,075

No.	Stadt	A. Nach Messung. 18. Einheits- oder Grundpreise. 19. Mindestbeträge. B. Nach Einschätzung. 20. Einheitssätze.	Preise M
	A 19	Für den Gewerbebetrieb jährlich	90,—
		„ Hausversorgung:	
		für vierteljährlich zu verbrauchende 40 cbm	10,—
		„ „ „ „ 50 „	12,—
		„ „ „ „ 75 „	16,50
		„ „ „ „ 100 „	18,—
		„ „ „ „ 125 „	20,—
	B 20	Jahresbeiträge:	
		„ alles Wasser zum Hausbedarf pro qm Etagenfläche	0,15
		desgl. wenn die Fläche 500 bis incl. 1000 qm beträgt	0,125
		„ „ mehr als 1000 qm	0,10
		Speicher und Keller werden hierbei nur in so weit in Rechnung gezogen, als wirklicher Wasserverbrauch daselbst stattfindet, in welchem Falle auch nur die Fläche des betreffenden Raumes in Betracht kommt. Für die Flächenberechnung werden die äusseren Abmessungen der Gebäude zu Grunde gelegt.	
		Für eine Badevorrichtung, ein Wassercloset und einen Pissoirstand wird ein Zuschlag erhoben von	3,—
		Pro lfd. m Rinne Pissoir	6,—
		In den Stunden, in welchen das Pissoir nicht gebraucht wird, muss der Wasserzufluss abgesperrt werden.	
		Für ein Pferd, ein Stück Rindvieh, einen Personenwagen	3,—
		Gärten, Grasplätze und Höfe, welche an die Gebäude stossen, gelangen mit den Gebäuden zur Berechnung und zwar:	
		a) wenn in dem Garten oder dem Hofe nur ein Zapfhahn angebracht ist, oder wenn sich in dem Garten ein nach Tarif eingeschätzter Springbrunnen befindet, pro qm	0,025
		b) wenn in dem Garten besondere Vorrichtungen angebracht sind, um denselben zu berieseln oder zu besprengen, bei Gärten bis zu 200 qm Inhalt, pro qm	0,05
		bei Gärten über 200 qm	0,033
		c) wenn ausnahmsweise ein Garten oder Grasplatz allein ohne die dazu gehörigen Gebäude an die Wasserleitung angeschlossen werden soll, oder wenn sich bei dem Garten kein Wohngebäude befindet, so werden, wenn nicht der Bezug durch Wassermesser vorgezogen wird, die Tarifsätze von a und b verdreifacht.	
		Ausserdem kommt alsdann der ganze Flächeninhalt des Grundstücks zur Berechnung.	
		Gewächshäuser, welche sich in Gärten befinden, zahlen pro qm	0,25
		Das Besprengen der Trottoirs und der Strasse, insofern eine besondere Vorrichtung hierzu angebracht ist, wird pro lfd. m der an die Strasse grenzenden Front berechnet mit	0,75
		Der betreffende Krahnen darf alsdann auch zum Abwaschen der Hausfaçade benutzt werden.	
		Feuerhähne, die keine Abflussvorrichtung haben, auf Grundstücken, die auch sonstigen Wasserconsum haben, sind frei.	
		Wenn ausschliesslich Feuerhähne angebracht werden sollen, so wird bezahlt:	
		für den ersten Feuerhahn	9,—
		„ jeden folgenden Feuerhahn	3,—
		Springbrunnen von höchstens 6 mm Caliber zahlen pro Jahr und pro mm Caliber-Durchmesser	9,—
		Grössere Springbrunnen werden nur nach Wassermessern versorgt.	
		Einmalige Beiträge für bauliche Zwecke:	
		bei Gebäuden mit Souterrain und Erdgeschoss pro qm bebaute Fläche	0,25
		„ „ wie vor mit 1. Etage	0,40
		„ „ „ „ „ 1. und 2. Etage	0,50
		„ „ „ „ „ 1., 2. und 3. Etage	0,60
		Hierbei ist Bedingung, dass das betreffende Gebäude später angeschlossen wird.	
		Zum Ziegeln, wenn es nicht unter die Rubrik »Gewerbebetrieb« fällt, wird pro 1000 Stück Ziegel entrichtet	0,15
94	**Mülheim a. d. Ruhr**	Bei einem monatlichen Verbrauch:	
	A 18	bis 250 cbm pro cbm	0,10
		von 250 bis 500 „ „	0,095
		„ 500 „ 1000 „ „	0,09
		„ 1000 „ 2000 „ „	0,08
		„ 2000 „ 6000 „ „	0,075
		„ über 6000 „ „	0,07
		Der Preis bei noch grösserem Consum kann besonders vereinbart werden.	
		Wasser aus Hydranten zu vorübergehenden Zwecken pro cbm	0,50

No.	Stadt	A. Nach Messung. 18. Einheits- oder Grundpreise. 19. Mindestbeträge. B. Nach Einschätzung. 20. Einheitssätze.	Preise M
	A 19	Monatlich bei einer Durchgangsweite des Wassermessers:	
		von 10 mm „ 13 „	2,—
		„ 20 „	3,—
		„ 25 „	4,—
		„ 30 „ „ 40 „ „ 50 „	8,—
		„ 80 „ „ 100 „	15,—
	B 20	Bei der Einschätzung sind alle Gebäude des Grundstücks mit ihren einzelnen Räumlichkeiten mit oder ohne Wasseranlagen heranzuziehen. Zu veranlagen ist jeder benutzte oder unbenutzte bewohnbare Raum von mind. 7 qm Fläche. Von kleineren Räumen werden je 2 derselben zu einem gerechnet. Ausgeschlossen sind Speicher-, Lager- oder Vorrathsräume, ebenso können abgesonderte Hinter- und Nebengebäude ausgeschlossen werden, wenn für sie kein Wasser gebraucht wird. Befindet sich ein Zapfhahn auf dem Hofe, so sind alle von diesem aus zugänglichen Gebäude einzuschätzen.	
		Hausgärten dürfen nur dann mit Wasseranlagen versehen werden, wenn auch die zugehörenden Gebäude angeschlossen sind. Für Begiessen mit Kannen Eimern etc. wird nichts berechnet.	
		Jahresbeiträge:	
		für jeden bewohnbaren Raum, Laden, Küche, Werkstatt	2,20
		„ jede mit Zu- und Ablauf versehene Badewanne, für 1 Abtritt oder Pissoir mit Spülung und selbstthätigem Verschluss	4,—
		„ jedes Pferd, Rindvieh oder Esel	3,—
		„ jeden Personenwagen	5,—
		„ Pferdestände in Gasthöfen und dergl., per lfd. m Krippe	1,50
		„ jeden a Gartenland	2,50
		bei Gärten über 20 a Grösse wird jeder folgende a berechnet mit	1,50
		für 1 qm Strassenfläche zu besprengen	0,04
		„ einmalige Abspülung einer Hausfront pro 10 qm Fläche aus dem Hydrant oder Nachbarleitung	0,02
		„ 1 qm eines Treibhauses etc., falls das Grundstück ebenfalls eingeschätzt ist	0,25
		„ einen Zimmerspringbrunnen von 1 mm Kaliber	10,—
		„ einen Feuerhahn mindestens	6,—
		Neben dem für den Hausgebrauch zu zahlenden Wasserzins werden von den Abnehmern, auf deren Grundstücken nachstehend aufgeführte Gewerbe betrieben werden, noch besondere Zuschläge erhoben, falls dieselben den Bezug durch Wassermesser nicht vorziehen sollten: Von Wirthschaften oder Restaurationen, Bäckereien oder Conditoreien, Bier- oder Weinhandlungen, Färbereien, Gerbereien, Apotheken u. s. w. Findet Wasserverbrauch in Gefässen statt, welche einen Zu- und Abfluss haben, so kann der Bezug des Wassers nur nach Wassermesser geschehen.	
		Bei Neubauten, insofern das Wasser nicht nach Wassermesser bezahlt wird, für 1 qm bebaute Fläche über den Sockel gemessen:	
		bei einem einstöckigen Gebäude ohne Keller und Kniestock	0,20
		desgl. mit Kniestock	0,25
		für Keller und jedes folgende Stockwerk mehr	0,10
		bei Baulichkeiten, wo die vorstehende Berechnung nicht angewendet werden kann, pro cbm Mauerwerk	0,10
		„ äusserem Verputz eines Hauses pro qm Hausfläche	0,03
95	**München** . . . . A 18	Für 10 cbm	0,50
		Wasser für vorübergehende Zwecke, z. B. Bauführungen, Schaubuden etc., wird mit dem anderthalbfachen Normalpreis und für die Zeit des Bezugs, wobei jeder Theil eines Monats für voll gerechnet wird, berechnet.	
	A 19	Bei Wasserbezug nach dem Aichsystem ist für das Minimalbezugsquantum von 2 cbm pro Tag = 730 cbm pro Jahr ein jährlicher Wasserzins zu bezahlen von	36,—
		für jeden weiteren cbm oder bei ausnahmsweiser Abgabe eines einzelnen cbm pro Tag beträgt der jährliche Wasserzins	18,—

No.	Stadt		A. Nach Messung. 18. Einheits- oder Grundpreise. 19. Mindestbeträge. B. Nach Einschätzung. 20. Einheitssätze.	Preise M
			Bei Wasserbezug nach dem Wassermessersystem beträgt der Minimalwasserzins pro Jahr je nach dem Messerkaliber:	
			bei 13 mm, wofür vierteljährlich je 182 cbm geliefert werden	36,—
			„ 19 „ „ „ „ 456 „ „ „	90,—
			„ 25 „ „ „ „ 912 „ „ „	180,—
			„ 32 „ „ „ „ 2280 „ „ „	450,—
			„ 28 „ „ „ „ 4562 „ „ „	900,—
			„ 50 „ „ „ „ 7300 „ „ „	1440,—
			„ 80 „ „ „ „ 9125 „ „ „	1800,—
			„ 100 „ „ „ „ 13687 „ „ „	2700,—
			u. s. f.	
			Der über die Minimalquantitäten durch die Wassermesser angezeigte Wasserverbrauch wird eigens verrechnet, wobei das mehr angezeigte Verbrauchsquantum immer auf 10 cbm abgerundet wird in der Weise, dass bis zu und incl. 5 cbm ab-, über 5 cbm aufgerundet wird.	
		B 20	— — — — — — — — — — — — — — — — — — — —	
96	Münster i. W. .	A 18	Bei einem vierteljährlichen Verbrauche:	
			bis 500 cbm pro cbm	0,10
			über 500 „ „ „	0,09
			Bei der Berechnung wird, wenn nach der ersten Stufe der Betrag höher ist als der Mindestbetrag der zweiten Stufe, der geringere Betrag in Rechnung gestellt.	
		A 19	Für jedes Grundstück vierteljährlich	5,—
		B 20	Vierteljährliche Beiträge:	
			für alles Wasser zum Hausbedarf (vergl. Tab. II, 5) für jeden qm Etagenfläche der Wohnungen, Küchen, Stallungen, Remisen und Gewächshäuser	0,025
			„ Fabrikgebäude und Werkstätten, wenn das Wasser nicht zu gewerblichen Zwecken gebraucht wird, für den qm	0,01
			„ Lagerhäuser für den qm Etagenfläche	0,0025
			Als Mindestsatz für die Entnahme nach Taxe werden 100 qm veranlagt.	
			Souterrains werden nur in soweit berechnet, als sie zu Küchen, Waschküchen, Wohn- und Arbeitsräumen, Bodenräume nur, soweit sie zu Mansarden eingerichtet sind. Für die Flächenberechnung werden die äusseren Abmessungen der Gebäude über dem Sockel zu Grunde gelegt.	
97	Neuwied	A 18	Bei einem jährlichen Verbrauch:	
			bis 500 cbm pro cbm	0,16
			von 501 „ 1000 „ „ „	0,14
			„ 1001 „ 2000 „ „ „	0,12
			„ 2001 „ 5000 „ „ „	0,10
			„ 5001 „ 10000 „ „ „	0,08
			Die Preise für grössere Mengen werden besonders vereinbart.	
		A 19	Bis zu einem jährlichen Verbrauch von 100 cbm vierteljährlich	4,—
			Wenn bei Fertigstellung der Zuleitung der Wassermesser noch nicht eingeschaltet sein sollte, ist von diesem Tage an der Mindestsatz von $^2/_3$ cbm pr. Tag zu entrichten.	
		B 20	— — — — — — — — — — — — — — — — — — — —	
98	Nürnberg	A 18	Nach Wassermesser:	
			pro cbm	0,10
			für vorübergehende Zwecke (Bauaufführungen, Schaubuden etc.)	0,20
		A 19	Nach Wassermesser:	
			für den Abnehmer jährlich	10,—
			wofür er 100 cbm verlangen kann.	
			Nach Aichsystem:	
			pro geaichten Minutenliter jährlich	42,—
		B 20	— — — — — — — — — — — — — — — — — — — —	

No.	Stadt	A. Nach Messung. 18. Einheits- oder Grundpreise. 19. Mindestbeträge. B. Nach Einschätzung. 20. Einheitssätze.	Preise M
99	**Oberhausen . . A 18**	Für Abnehmer im Stadtgebiet pro cbm	0,114
		Bei Abgabe von grösseren Wassermengen geniessen die Aktionäre des Wasserwerks folgenden Rabatt:	
		Bei einem Jahresconsum:	
		von über 10000 bis 50000 cbm . . . . 10 %	
		„ „ 10000 „ 100000 „ . . . . 15 „	
		„ „ 100000 cbm . . . . 20 „	
		Für vorübergehende Zwecke aus Hydranten pro cbm	0,50
	A 19	Bei einer Durchgangsweite des Wassermessers von:	
		10 mm monatlich	3,—
		13 „ „	3,75
		20 „ „	5,—
		25 „ „	6,50
		30 „ „	8,—
		40 „ „	9,—
		50 „ „	10,—
		80 „ „	15,—
		100 „ „	20,—
		also mindestens pro Jahr	36,—
		Wassermessermiethe wird besonders berechnet.	
	B 20	Jahresbeiträge:	
		für bewohnbare Räume, Läden, Küchen, Waschküchen, Werkstätten von 7 qm Fläche und darüber, auch wenn dieselben keine Wasserleitungs-Einrichtungen enthalten oder unbewohnt und unbenutzt sind	2,20
		„ Badewannen, mit Zu- und Ableitung versehen	6,—
		„ Wasserclosets mit selbstthätigem Verschluss	4,50
		„ Pissoirs „ „	4,—
		„ Pferde, Rindvieh oder Esel pro Stück	3,—
		„ lfd. m Krippe in Pferde- oder Rindviehställen	1,50
		„ Personenwagen	5,—
		„ Gartenfläche oder Hofraum bis zu 20 a Grösse pro a	2,50
		„ „ „ „ über 20 „ „ „ „	1,50
		„ 1 qm Trottoir- oder Strassenfläche	0,04
		„ 1 „ Façade	0,02
		„ 1 „ Treibhaus, falls das ganze Grundstück ebenfalls eingeschätzt ist	0,25
		„ Zimmerspringbrunnen von 1 mm Oeffnung	10,—
		„ Feuerhähne	6,—
		Für den Wasserconsum bei nachstehenden Gewerken haben zu zahlen ausser dem tarifmässigen Wasserzins für den Hausconsum:	
		Colonialwaarenhandlungen, welche eine Gewerbesteuer von M 48 und darüber entrichten	6,—
		Bäcker und Conditoren je nach Höhe der Gewerbesteuer	3—5
		Destillateure mit sogenannter kalter Destillation	10,—
		Apotheker	50,—
		Färber und Gerber	20,—
		Weinhändler	25,—
		Bierhändler je nach Höhe der Gewerbesteuer	20—40
		Photographen	15,—
		Wirthe und Restaurateure, ohne Benutzung von Kühlpparaten und Spülfässern, welche mit Zu- und Abflussleitung versehen sind, je nach Höhe der Gewerbesteuer	5—10
		Wirthe und Restaurateure, welche Bierpressionen in Verbindung mit der Wasserleitung haben, zahlen die doppelten Sätze.	
		Metzger je nach Höhe der Gewerbesteuer	10—50
		Fischhandlungen, ohne Fischbehälter, mit Zu- und Abfluss	6,—
		Kalklöschereien	20,—
		Für Kühlapparate und Spülfässer, sowie für Fisch- und sonstige Behälter, wenn solche mit Zu- und Abflussleitung versehen sind, wird Wasser nur nach Messung durch Wassermesser abgegeben.	
		Bei Neubauten für 1 qm bebauter Fläche über den Sockel gemessen:	
		Bei einem einstöckigen Gebäude ohne Keller und Kniestock	0,20
		Desgleichen mit Kniestock	0,25
		Für Keller und jedes folgende Stockwerk mehr	0,10
		Bei Baulichkeiten, wo die vorstehende Berechnung nicht angewendet werden kann, pro 1 cbm Mauerwerk	0,15

No.	Stadt		A. Nach Messung. 18. Einheits- oder Grundpreise. 19. Mindestbeträge. B. Nach Einschätzung. 20. Einheitssätze.	Preise M
100	Offenbach a. M.	A 18	Bei den ersten im Monat verbrauchten 50 cbm pro cbm	0,40
			alsdann von 51—200 cbm pro cbm	0,30
			„ 201 cbm ab „ „	0,20
			Beim Rohrbruch einer Privatleitung wird der Verbrauch des Wassers nach demjenigen des gleichen Monats im Vorjahre nach vorstehenden Sätzen angenommen und der Rest (Wasserverlust) mit 5 Pfg. für jeden cbm in Anrechnung gebracht.	
		A 19	Für jede Hofraithe:	
			bei einer lichten Weite des Hauptwassermessers von 13 mm . . . . . jährlich	24,—
			„ „ „ „ „ „ „ 20 „ . . . . . . „	30,—
			„ „ „ „ „ „ „ 26 „ . . . . . . „	40,—
			„ „ „ „ „ „ „ 33 „ . . . . . . „	60,—
			„ „ „ „ „ „ „ 40 „ . . . . . . „	80,—
			„ „ „ „ „ „ „ 50 „ . . . . . . „	110,—
			„ „ „ „ „ „ „ 80 „ . . . . . . „	150,—
			„ „ „ „ „ „ „ 100 „ . . . . . . „	200,—
		B 20	— — — — — — — — — — — — — — — — — — — —	
101	Offenburg . . .	A 18	Pro cbm	0,10
		A 19	Jährlich	30,—
		B 20	Jahresbeiträge:	
			für Wasser zum gewöhnlichen Haushaltungsbedarf, für je M 100 des geschätzten Miethwerths	3,—
			im Mindesten aber	15,—
			„ eine Badeinrichtung in einem Privathaus	8,—
			desgl. in einem Hotel	25,—
			„ ein Closet mit Closetkasten und ein Pissoir mit Schlüssel	6,—
			„ einen Pissoirraum mit einer 1 mm Kaliberscheibe — sofern ein Wassermesser nicht anbringbar —.	60,—
			„ einen Hahn ohne Schlauchgewinde im Hof, in der Einfahrt oder im Garten .	8,—
			„ einen Hahn mit Schlauchgewinde bezw. für den qm der zu begiessenden Fläche (wenn Wassermesser nicht anbringbar)	0,05
			„ eine Stallung vom qm Stallfläche	0,30
			„ ein Gewächshaus pro qm Bodenfläche	0,20
			„ Kesselspeisungen pro qm Heizfläche	0,10
			„ Geschäftsräume, Läden, Bureaux, Comptoirs, Gastzimmer in Gasthöfen, Wirthszimmer, Restaurationslocale etc. für je 40 qm Bodenfläche, die überschüssigen qm als voll gerechnet	5,—
			„ Waschküchen für gewöhnliche Haushaltungen	5,—
			Für Waschanstalten bleibt besondere Vermiethung vorbehalten, event. wird ein Wassermesser eingesetzt.	
			Ferner ist zu entrichten:	
			für Bauzwecke pro qm Stockfläche, berechnet nach den äusseren Umrissen und unter Annahme, dass jede Bauetage als Stockwerk zu gelten hat	0,05
102	Oldenburg i. G.	A 18	Pro cbm	0,20
			Für grössere Consumenten nach Vereinbarung.	
		A 19	Für jeden Anschluss bezw. jeden Wassermesser monatlich M 2, also pro Jahr . . wofür 7 oder jährlich 84 cbm geliefert werden.	24,—
		B 20	— — — — — — — — — — — — — — — — — — — —	
103	Osnabrück . . .	A 18	Bei einem Jahresverbrauch	
			bis 1000 cbm pro cbm	0,20
			von 1001— 2000 „ „ „	0,18
			„ 2001— 5000 „ „ „	0,16
			„ 5001—10000 „ „ „	0,14
			„ über 10000 „ „ „	0,12
			Für Gewerbetreibende namentlich für Dampfkesselbesitzer gelten die folgenden Preise:	
			von 1001 bis 2000 cbm pro cbm	0,16
			„ 2001 „ 5000 „ „ „	0,12
			über 5000 „ „ „	0,10
		A 19	Der Betrag der halben Gebäudesteuer, mindestens aber monatlich	0,50
		B 20	— — — — — — — — — — — — — — — — — — — —	

No.	Stadt	A. Nach Messung. 18. Einheits- oder Grundpreise. 19. Mindestbeträge. B. Nach Einschätzung. 20. Einheitssätze.	Preise M
104	**Plauen i. V.** . . . A 18	Der Preis pro cbm wird jeweilig vom Stadtrathe festgestellt und beträgt zur Zeit jedoch werden 10 l pro Kopf und Tag gratis geliefert.	0,20
	A 19, B 20	— — — — — — — — — — — — — — — — — — — —	
105	**Posen** . . . . . . A 18	In jedem Grundstücke bei einem Tagesverbrauch:	
		a) von 3—9 cbm pro cbm	0,14
		b) über 9 „ „ „	0,12
		doch mindestens jährlich das nach der Stufe a zu berechnende Quantum.	
		Im Einzelverkauf werden bezahlt pro cbm	0,15
		Im Uebrigen vergl. Tab. II, 5, Abs. 2.	
	A 19	S. A 18.	
	B 20	Jahresbeiträge:	
		für jeden bewohnbaren Raum, für jede Koch- oder Waschküche, für jedes Badezimmer sofern das ganze Grundstück bewässert wird	2,50
		Andernfalls nur:	1,50
		„ jedes Wassercloset	6,—
		„ Pissoirs mit einer Durchlöcherung von höchstens 1 mm in einem vorschriftsmässigen Einsatzstück	12,—
		„ jede weitere Durchlöcherung von 1 mm ebenfalls	12,—
		„ Stubenspringbrunnen von höchstens 4 mm Durchlassöffnung	18,—
		„ jedes auf dem Grundstücke stehende Pferd, für jedes Stück Rindvieh, für jeden Personenwagen	3,—
		„ Gartenland oder Hofsprengen pro Quadratruthe ca.	0,20
		„ jeden Quadratfuss Gewächshaus	0,03
		„ Strassenbesprengung bis Mitte Fahrdamm bis 10 m Front	3,—
		„ jeden m darüber	0,30
		„ „ Feuerhahn	6,—
		„ „ ferneren bis zum 6. Hahn	1,50
		„ den 7. und jeden ferneren Hahn	0,50
		Indess sind Feuerhähne in angeschlossenen Grundstücken, und sofern diese Wasserzins zahlen, zinsfrei.	
		Bei Hôtelfremdenzimmern, Läden, Comptoirs und Bureaux werden 25 % und bei Schulzimmern 50 % Rabatt gewährt.	
		Werden in Grundstücken mit Hofständern einzelne Wohnungen mit innerer Bewässerung versehen, für jeden Raum dieser Wohnung	2,50
		Werden einzelne Wohnungen eines Grundstücks bewässert, so zahlt jeder Raum .	3,—
		Für Gewerbebetriebe, Dampfkessel etc. wird der Wasserzins nach besonderem Abkommen und nach dem Umfange des Geschäfts normirt. Für Destillationen, Brauereien, Essig- und Mineralwasser-Fabriken ist der Minimalsatz	45,—
		Bauwasser wird nach besonderem Abkommen bezahlt.	
106	**Potsdam** . . . . A 18	Für Neubauten, für deren Wasserversorgung aus dem Werk auch nach Fertigstellung sich der Eigenthümer verpflichtet, ohne Minimaltaxe, pro cbm	0,15
		Zu sonstigen vorübergehenden Zwecken pro cbm	0,30
		Wird das Wasser aus Hydranten abgegeben, so wird für die Gestellung eines Arbeiters und Vorhalten eines Standrohr-Wassermessers nebst Schlauch . . pro Stunde besonders berechnet.	0,50
		Im Uebrigen s. A 19.	
	A 19	Für die ersten 50 cbm vierteljährlich	15,—
		„ jede 10 cbm darüber	1,50
		Bis zu 5 cbm wird nach unten, über 5 cbm nach oben abgerundet.	
		Falls die verbrauchte Menge Wasser 33 bezw. 17 cbm nicht übersteigt, wird bei der Berechnung des Wasserzinses ²/₃ bezw. ¹/₃ des Mindestsatzes erhoben, der etwaige Mehrverbrauch aber für jede 10 cbm berechnet mit	1,50
	B 20	— — — — — — — — — — — — — — — — — — — —	
107	**Quedlinburg** . . A 18	Pro cbm	0,20
		Gross-Abnehmer erhalten Rabatt nach besonderer Vereinbarung.	
	A 19	Bei einer Durchgangsweite des Wassermessers von 13 mm vierteljährlich	3,—
		„ „ „ „ „ „ 20 „ „	3,75
		„ „ „ „ „ „ 25 „ „	4,50
		für jeden Anschluss, wofür 10 cbm geliefert werden.	
		Für grössere Durchgangsweiten wird der Mindestbeitrag besonders vereinbart.	

No.	Stadt		A. Nach Messung. 18. Einheits- oder Grundpreise. 19. Mindestbeträge. B. Nach Einschätzung. 20. Einheitssätze.	Preise M
			Für diejenigen Grundstücke, deren Gebäude in eine der Gebäudesteuerstufen von 1 bis 17 (d. i. bis M 360,— jährl. Nutzungswerth) eingeschätzt sind, und so lange dieses der Fall ist, tritt vom 1. October 1892 ab bis auf Weiteres für den vierteljährlichen Wasserverbrauch bis zu 10 cbm eine Ermässigung des Mindestbetrages auf M 2 ein. Der Mehrverbrauch wird wie oben berechnet. Die Ermässigung tritt in jedem Grundstück nur für einen Fall des Wasserbezuges ein.	
		B 20	— — — — — — — — — — — — — — — — — — — —	
108	**Ratibor**	A 18	Pro cbm	0,17
			Bei einem jährlichen Consum	
			von 2000—4000 cbm pro cbm	0,17
			„ 4000—8000 „ „ „	0,13
			„ über 8000 „ „ „	0,12
			Die Preisermässigung wird erst am Jahresschluss berechnet.	
		A 19	— — — — — — — — — — — — — — — — — — — —	
		B 20	Hausbezitzungen, welche an die öffentliche Wasserleitung nicht angeschlossen sind, aber von derselben nicht weiter als 30 m entfernt liegen, zahlen, gleichgiltig, ob sie die öffentliche Wasserleitung benutzen oder nicht, 20% der Gebäudesteuer. Unter denselben Voraussetzungen werden von einer Garten- und Gemüsebau-Anlage 20% der Grundsteuer entrichtet.	
109	**Regensburg**	A 18	Pro cbm sowohl nach Wassermesser als nach Aichhahn.	0,20
		A 19	Jährlich für 150 cbm	30,—
			Bezieht der Abonnent ausserdem nach Einschätzung, so fällt der Mindestbetrag fort.	
		B 20	Jahresbeiträge:	
			für kleine Haushaltungen mit 1 Auslauf	20,—
			„ mittlere „ „ „ „	30,—
			für jeden weiteren Auslauf mehr	5,—
			„ grosse Haushaltungen mit 1 Auslauf	50,—
			für jeden weiteren Auslauf mehr	5,—
			„ Vieh pro Stück bis zu	5,—
			„ Gärten, nach ihrer Verwendung als Gemüse-, Obst- oder Grasgarten, pro a für Gärten über 10 a nur nach Wassermesser.	1 bis 6
			„ eine Badeeinrichtung	10,—
			„ Springbrunnen, je nach Grösse und Wasserverbrauch, jedoch nicht unter	10,—
			Der Wasserbedarf ausschliesslich für Bureaux, Läden etc. wird nach einem der für Haushaltungen aufgestellten Gebührensätze angelegt.	
110	**Remscheid**	A 18	Für den Hausverbrauch pro cbm	0,30
			„ gewerbliche Zwecke „ „	0,20
			Wer sich zu einem bestimmten monatlichen Consum verpflichtet, hat Anspruch auf Rabatt, der Mehrverbrauch wird jedoch pro cbm mit berechnet.	0,20
			Demnach werden bei einem vierteljährlichen Verbrauch	
			bis 500 cbm pro cbm	0,20
			von 500—1000 „ „ „	0,19
			„ 1000—2000 „ „ „	0,18
			„ 2000—3000 „ „ „	0,17
			„ 3000—6000 „ „ „	0,16
			darüber berechnet.	0,15
		A 19	Bei einer Durchgangsweite des Wassermessers	
			bis 20 mm, einschl. Miethe für den Wassermesser, monatlich	3,50
			bei 25 „ „ „ „ „ „ „ „	4,50
			„ 30 „ „ „ „ „ „ „ „	5,—
			„ 50 „ „ „ „ „ „ „ „	5,50
			„ 80 „ „ „ „ „ „ „ „	7,50
			„ 125 „ „ „ „ „ „ „ „	10,50

No.	Stadt	A. Nach Messung. 18. Einheits- oder Grundpreise. 19. Mindestbeträge. B. Nach Einschätzung. 20. Einheitssätze.	Preise M
		Bei Häusern, in welchen die Bodenfläche aller bewohnten Räume (Flure, Treppenhäuser etc. werden als bewohnte Räume berechnet, dagegen Kniestöcke zur Hälfte und Keller- und Söllerräume gar nicht) zusammengenommen kleiner als 100 qm ist, sowie bei Häusern mit mehr als 100 qm bewohnter Räume, welche von mehr als 2 Arbeiterfamilien bewohnt werden, ist die Verwaltung befugt, auf Antrag den monatlichen Mindestbetrag für 6 cbm auf	2,50
		zu ermässigen.	
	B 20	— — — — — — — — — — — — — — — — — — — —	
111	Rheydt . . . . . A 18	Bei einem Verbrauch von jährlich wenigstens 15 000 cbm kann die Verwaltung auf Antrag den Preis für den gesammten Wasserverbrauch auf 6,5 Pf. pro cbm ermässigen, wenn die Abnehmer die Verpflichtung zur Zahlung für diese Wassermenge von jährlich M 975 auf die Dauer von 5 Jahren eingehen. Dieser Betrag ist auch dann zu zahlen, wenn der Jahresverbrauch nicht die Höhe von 15 000 cbm erreichen sollte.	
		Bei grösserem Wasserverbrauch ist ausschliesslich der Miethe für die Wassermesser pro cbm Wasser zu zahlen:	
		bei einem jährlichen Verbrauch von 30 000 bis 50 000 cbm	0,06
		desgl. für den weiteren Verbrauch über 50 000 cbm	0,05
		Der Preis für die Wassermessermiethe bei solchen Wassermengen wird nach besonderer Vereinbarung geregelt.	
		Im Uebrigen s. A 19.	
	A 19	Das für den Hausbedarf entnommene Wasser einschliesslich Miethe eines 13 mm Wassermessers kostet pro cbm	
		in Classe I bei einem viertelj. Verbrauch von 40 cbm 18 Pf., mithin . . .	7,20
		„ „ II „ „ „ „ „ 60 „ 17 „ „ . . .	10,20
		und für den viertelj. Verbrauch von über 150 cbm 16 Pf.	
		Das zu gewerblichen Zwecken entnommene Wasser, einschl. Miethe für einen 13 mm Wassermesser, kostet pro cbm	
		in Classe I bei einem viertelj. Verbrauch von 100 cbm 10 Pf., mithin . .	10,—
		„ „ II „ „ „ „ „ 250 „ 9 „ „ . .	22,50
		„ „ III „ „ „ „ „ 500 „ 8 „ „ . .	40,—
		„ „ IV „ „ „ „ „ 1000 „ 7 „ „ . .	70,—
		In jeder Classe sind die angegebenen Sätze auch dann voll zu zahlen, wenn der Wasserverbrauch nicht die Höhe der betreffenden Classe erreicht.	
		Bei Zuleitungen von grösserer Weite als 13 mm Durchm. ist ein Wassermesser der Leitung entsprechend aufzustellen, und erhöht sich der Preis vierteljährl.	
		bei einem 20 mm Wassermesser um M. 0,50	
		„ „ 25 „ „ „ „ 1,—	
		„ „ 30 „ „ „ „ 1,50	
		„ „ 40 „ „ „ „ 2,—	
		„ „ 50 „ „ „ „ 3,—	
		Bei einem Wassermesser für im Lichten weitere Zuleitungen wird der Preis nach Vereinbarung festgestellt.	
	B 20	Es wird entrichtet pro Jahr:	
		Für Feuerlöschzwecke:	
		für den ersten Feuerhahn, wenn das betreffende Grundstück weiter kein Wasser bezieht	26,—
		„ jeden weiteren Hahn auf einem solchen Grundstücke	10,—
		„ den ersten Feuerhahn auf Grundstücken, welche auch sonstigen Wasserverbrauch haben	—
		„ jeden weiteren Hahn auf solchen Grundstücken	4,—
		Für bauliche Zwecke:	
		bei einem Gebäude aus Keller und Erdgeschoss bestehend, für jeden qm bebauter Fläche	0,30
		bei einem Gebäude aus Keller, Erdgeschoss und Kniestock bestehend, für jeden qm bebauter Fläche	0,35
		für jedes Stockwerk mehr für jeden qm	0,10
		Bei grösseren Bauten ein Preis je nach Vereinbarung.	
		Die in Tab. VII enthaltenen Angaben sind der während der Drucklegung erschienenen neuen Wasserwerksordnung vom 15. Mai 1895 entnommen.	

No.	Stadt		A. Nach Messung. 18. Einheits- oder Grundpreise. 19. Mindestbeträge. B. Nach Einschätzung. 20. Einheitssätze.	Preise M
112	**Riga**	A 18	Für die ersten 283,2 cbm (10000 cbf) jährlich, für 2,832 cbm M 0,73, also pro cbm ca.	0,26
			„ „ folgenden 1416 cbm (50000 cbf) „ , „ 2,832 „ „ 0,49, „ „ „ „	0,17
			„ mehr als 1699,2 „ (60000 „) „ , „ 2,832 „ „ 0,33, „ „ „ „	0,12
			Rabatt bei einem Jahresverbrauch:	
			von 14160 bis 28320 cbm (500000 bis 1000000 cbf) 5 %	
			„ 28320 „ 56640 „ (1000000 „ 2000000 „) 10 „	
			„ über 56640 cbm (2000000) . . . . 15 „	
		A 19	— — — — — — — — — — — — — — — — — — — —	
		B 20	Für den gewöhnlichen Hausbedarf jährlich:	
			Für Grundstücke in der inneren Stadt 1/6 % vom 10fachen Betrage der reinen Revenue.	
			Für Grundstücke in den Vorstädten 1/4 % von jenem Betrage.	
			Für Dampfkessel werden pro Pferdekraft und Stunde 34 l gerechnet.	
			Für Springbrunnen:	
			bei einem Aufsatzrohr von 3 mm (1/8 Zoll) Durchmesser jährlich	40,63
			„ „ „ „ 6 „ (1/4 „) „ „	162,50
			Bei grösserem Durchmesser nur nach Wassermesser.	
			Die Springbrunnen ohne Wassermesser dürfen nur vom 15./5 bis 15./9 täglich 8 Stunden laufen.	
			Für Gärten:	
			bis zu 100 Quadratfaden (ca. 454 qm) jährlich	3,25
			von 100—200 Quadratfaden jährlich	6,50
			„ 200—300 „ „	9,75
			„ 300—400 „ „	13,—
			„ 400—500 „ „	16,25
			Für grössere Gärten nur nach Wassermesser.	
			Bei Anwendung von Rasensprengern erfolgt 50 % Zuschlag.	
			Für Gewächshäuser pro Quadratfaden (ca. 4,54 qm) Grundfläche jährlich	0,81
			Für Gasmotore ohne Kühlgefässe:	
			von 1/3 Pferdekräften jährlich	26,—
			„ 1/2 „ „	34,13
			„ 1 „ „	55,25
			„ 2 „ „	81,25
			„ 3 „ „	97,50
			„ 4 „ „	113,75
			„ 5 „ „	136,50
			„ 6 „ „	156,—
			„ 8 „ „	188,50
			„ 10 „ „	227,50
			„ 12 „ „	266,50
			Bei einer jährlichen Betriebsdauer von 300 Tagen à 11 Stunden, andernfalls nach Verhältniss oder nach Wassermesser.	
			Für Pissoirs nach Vereinbarung.	
			Für Feuerhähne nach Vereinbarung.	
			Für vorübergehende Zwecke nach Vereinbarung.	
			Für Bauten:	
			pro cbm vermauerter Bruchsteine ca.	0,027
			„ Tausend „ Ziegelsteine	0,29
			Anm.: 1 Rubel = M 3,25.	
113	**Rostock**	A 18	Für die ersten 300 cbm pro Quartal pro cbm	0,10
			von 301—2000 cbm pro cbm	0,08
			„ 2001 cbm und darüber pro cbm	0,06
		A 19	Bei Hausversorgung die nach Schätzung ermittelte Taxe.	
		B 20	Jahresbeiträge für Hausbedarf:	
			für ein Haus	10—50
			Bei Feststellung des Betrages werden 1 1/2 % des Miethwerthes des ganzen Hauses grundleglich gemacht, wenn das Haus nur von einer Familie bewohnt ist; enthält das Haus mehrere Familienwohnungen, so werden bis 3 % des Miethwerthes grundleglich gemacht.	

No.	Stadt	A. Nach Messung. 18. Einheits- oder Grundpreise. 19. Mindestbeträge. B. Nach Einschätzung. 20. Einheitssätze.	Preise M
		Ausserdem ist zu zahlen:	
		für jedes Badezimmer, Wassercloset und gewöhnliche Pissoir	4,—
		wenn ein Pissoir eine für mehrere Personen gleichzeitig benutzbare Rinne bildet, so sind für jeden laufenden Fuss dieser Rinne zu berechnen	2,—
		Für ein Pferd, ein Stück Vieh, einen Personenwagen	2,—
		„ Gärten bis zu 250 qm pro qm	0,01
		„ Gärten von 250 bis 500 qm	2,50
		und dazu pro qm über 250 hinaus	0,075
		„ Gärten über 500 qm	4,37
		und für jeden qm über 500 hinaus	0,05
		„ jeden qm eines Gewächshauses	0,20
		„ einen Springbrunnen ist besonders zu entrichten bei	
		1. von 3 mm Durchlassöffnung	30,—
		2. „ 5 „ „	70,—
		3. „ 7 „ „	120,—
		Bei grösseren Durchlassöffnungen bleibt besondere Vereinbarung vorbehalten, beziehungsweise muss ein Wassermesser angewendet werden.	
		Die Springbrunnen dürfen nur während der Sommermonate Mai bis September einschliesslich 6 Stunden täglich spielen, es sei denn, dass ein Wassermesser angebracht ist.	
		Wer Wasser zu gewerblichen Zwecken bezieht, hat ausser dem nach obigen Ansätzen ermittelten Betrage einen Zuschlag zu entrichten, welcher mit 10 Pf. für den cbm des durch die Verwaltungs-Deputation ermittelten Wasserverbrauchs für gewerbliche Zwecke berechnet wird.	
114	**Rothenburg a. d. T. A 18**	Bei einem jährlichen Verbrauch von:	
		61— 500 cbm pro cbm	0,35
		501—1000 „ „ „	0,30
		1001—2000 „ „ „	0,25
		über 2000 „ „ „	0,20
	A 19	Für die ersten jährlich verbrauchten 60 cbm	12,—
	B 20	Für Gärten jährlich	10,—
115	**Rudolstadt . . . A 18**	Pro cbm	0,20
		Bei einem Monatsverbrauch von über 100 cbm ermässigt sich der Wasserzins pro cbm:	
		für die ersten 100 cbm auf	0,18
		Für den Mehrverbrauch:	
		von 101 bis einschl. 200 cbm auf	0,17
		„ 201 „ „ 400 „ „	0,16
		„ 401 „ „ 800 „ „	0,15
		Bei höherem Verbrauch nach Vereinbarung.	
	A 19	Für die unter Messercontrole stehenden Grundstücke ist an jährlichem Wasserzins mindestens derjenige Betrag zu entrichten, welcher sich bei Erhebung nach Veranlagung ergeben würde.	
		Bei Zweigleitungen (vergl. Tab. II, 5, Abs. 4) für jeden mm des Wassermessers jährlich nicht unter	1,—
	B 20	Von jedem Wohn- und Wirthschaftsraume, jeder Werkstätte, jedem Geschäfts- und Verkaufslokale, sofern solche Räume mindestens 6 m Grundfläche haben, ausserdem von jeder Küche (auch Waschküche) jährlich	1,20
		Nicht verlangt werden Keller- und Bodenräume, ausgenommen wenn sie — soweit dies überhaupt zulässig — zu Wohn- oder gewerblichen Zwecken benutzt werden, ferner Vorplätze, Gänge und Corridore.	
		Ausserdem wird jährlich berechnet:	
		für eine Badeeinrichtung	3,—
		„ jedes Wassercloset	3,—
		„ Pissoirspülung pro Stand oder umlaufendes m	1,—
		„ jedes Pferd oder Stück Rindvieh	2,—
		„ Kleinvieh auf das Stück	0,40
		„ jeden Personenwagen	2,—

No.	Stadt	A. Nach Messung. 18. Einheits- oder Grundpreise. 19. Mindestbeträge. B. Nach Einschätzung. 20. Einheitssätze.	Preise M
		Für Gärten bei einem Flächengehalt:	
		1. bis 7,50 a auf das qm	0,02
		2. über 7,50 bis zu 15,00 a für das qm	0,05
		jedoch im Ganzen nicht unter	15,—
		3. über 15,00 bis zu 30,00 a für das qm	0,01
		jedoch im Ganzen nicht unter	22,50
		Für Gärten über 30,00 a nach Vereinbarung, jedoch im Ganzen nicht unter	30,—
		„ jedes qm des von einem Gewächshause eingeschlossenen Raumes	0,10
116	**Salzburg** . . . . **A 18**	Bei einem jährlichen Verbrauch	
		bis 5000 cbm pro cbm	0,16
		von 5000—10000 cbm pro cbm	0,12
		„ 10000—15000 „ „ „	0,10
		über 15000 „ „ „	0,08
		Stellt innerhalb einer Scala der Gesammtwasserzins sich höher, als der Mindestsatz der nächsthöheren Scala ergeben würde, so wird nur dieser Mindestsatz für die Berechnung angenommen.	
	A 19	Jährlich	80,—
		Jahresbeiträge:	
	B 20	für den gewöhnlichen Hausbedarf von jeder Haushaltung, deren Miethe M 600 (1 Fl. = M 2) nicht übersteigt, für 1 Auslauf	24,—
		Bei über M 600 Miethe für 1 Auslauf 4% der Miethe.	
		Bei ganz kleinen Haushaltungen kann Preisermässigung stattfinden.	
		Für jeden weiteren Auslauf in derselben Haushaltung	5,—
		wobei Wasserclosets mit einer Vorrichtung versehen sein müssen, dass bei jeder Benutzung nicht mehr als 5 l verbraucht werden.	
		„ 1 Auslauf, der gleichzeitig allen Miethparteien desselben Hauses dient, werden 3% der Gesammtmiethe berechnet, jedoch mindestens	48,—
		Stockwerksläufe, welche von mindestens 2 Parteien benutzt werden, gelten als gemeinschaftliche.	
		„ Verkaufslocale und Comptoirs, die nicht mit Wohnungen in directer Verbindung stehen, 1% der Miethe.	
		„ Wasserclosets mit Selbstschlusshahnspülung pro Stück	5,—
		„ Pissoirschalen pro Stück	12,—
		„ Pissoirstände pro 1 Stand	12,—
		„ jeden weiteren Stand	6,—
		„ 1 Pferd	3,—
		„ 1 Stück Rindvieh	2,—
		„ jeden Personenwagen	4,—
		„ Besprengen von Hofplätzen über 20 qm, für jede weitere 10 qm	0,20
		Für Gärten, für jede 10 qm:	
		bis 1000 qm	0,40
		von 1001—2000 qm	0,30
		für Gewächshäuser und Mistbeete pro qm	0,40
		„ 1 Feuerhahn jährlich	10,—
		„ jeden ferneren „	2,—
		„ gewerbliche Betriebe, auch für Behörden, Unterrichtsanstalten etc. nach bekannter Erfahrung oder besonderer Erhebung pro cbm	0,16
		Für vorübergehende Zwecke bleibt der Preis der Vereinbarung vorbehalten.	
117	**Schwerin** . . . . **A 18**	Pro Vierteljahr:	
		für die ersten 300 cbm pro cbm	0,20
		von 301 bis 2000 cbm pro cbm	0,16
		„ 2001 cbm und darüber pro cbm	0,12
		Bei einem vierteljährlichen Verbrauch von über 5000 cbm kann der Magistrat eine weitere Herabsetzung des Wassergeldes bewilligen, jedoch nie weniger für ein Vierteljahr als 1/4% des Miethwerthes des Grundstücks.	
	A 19	— — — — — — — — — — — — — — — — — — — —	

No.	Stadt	A. Nach Messung. 18. Einheits- oder Grundpreise. 19. Mindestbeträge. B. Nach Einschätzung. 20. Einheitssätze.	Preise M
	B 20	Jahresbeiträge:	
		für die Benutzung der Wasserleitung auf den angeschlossenen Grundstücken ist zu zahlen:	
		1. für jedes von nur einer Familie bewohnte Grundstück $2^1/_2$% des Miethwerthes	
		2. „ „ „ mehreren Familien „ „ 3% „ „	
		3. ausser den sub 1 und 2 bestimmten Preisen:	
		für jedes Badezimmer, Closet oder Pissoir	4,—
		„ ein von mehreren Personen gleichzeitig zu benutzendes Pissoir pro 3 cm der Rinne	2,—
		„ jedes Pferd oder Rind und jeden Personenwagen	2,—
		Für Gärten in Flächengrösse:	
		von 21 bis 250 qm	3,—
		„ 251 „ 500 „	5,—
		„ 501 „ 1000 „	8,—
		„ 1001 qm und darüber stets nach Wassermesser oder specieller Vereinbarung.	
		Kleine Gärten bis 20 qm sind frei.	
		Für Springbrunnen ist stets ein Wassermesser aufzustellen.	
		Von jedem nicht angeschlossenen Grundstück an einer mit Wasserleitung vor demselben versehenen Strasse ist jährlich 1% des Miethwerthes zu zahlen.	
		Für bauliche Zwecke ist zu zahlen für den qm der zu bebauenden Grundfläche:	
		bei einem nur aus Erdgeschoss oder Erdgeschoss mit Keller bestehenden Gebäude	0,25
		„ „ aus Keller, Erdgeschoss und einem weiteren Stockwerk „ „	0,30
		für jedes weitere Stockwerk pro qm der bebauten Grundfläche mehr	0,10
118	Solingen . . . . A 18	In der Gemeinde Solingen:	
		Pro cbm	0,22
		Bei einem vierteljährlichen Consum:	
		über $22^1/_2$ cbm bis 250 cbm pro cbm	0,15
		für die folgenden 750 „ „ „	0,14
		„ „ „ 1500 „ „ „	0,135
		„ „ „ 2500 „ „ „	0,13
		„ „ „ 2500 „ „ „	0,125
		„ „ „ 2500 „ „ „	0,12
		„ „ „ 2500 „ „ „	0,115
		darüber hinaus	0,11
		Ausserhalb der Stadtgemeinde bezahlen die Consumenten 10, bzw. 20% mehr, wie oben angegeben, wenn der Consum 45 cbm im Vierteljahr übersteigt. (S. auch A 19.)	
	A 19	Für jedes Grundstück oder Gebäude in der Gemeinde Solingen vierteljährlich ausschliessl. Wassermessermiethe:	
		1. bei einer Bodenfläche bis 100 qm, wofür $13^1/_2$ cbm Wasser geliefert werden .	3,—
		2. „ „ „ „ $133^1/_3$ „ „ 18 „ „ „ „ .	4,—
		3. „ „ „ über $133^1/_3$ „ „ $22^1/_2$ „ „ „ „ .	5,—
		Die Gebäudefläche wird berechnet unter Berücksichtigung der verschiedenen Etagen, der Fluren und Treppenhäuser, jedoch unter Nichtberücksichtigung der Keller und Speicherräume. Kniestöcke werden zur Hälfte berechnet. Für die Flächenberechnung werden die äusseren Abmessungen der Gebäude zu Grunde gelegt.	
		Abnehmer, welche ausserhalb der Stadtgemeinde wohnen, bezahlen:	
		1. Wenn durch das Wasserleitungsrohr auch Einheimische versorgt werden, für das Mindestquantum von 45 cbm pro Vierteljahr	9,90
		2. Wenn das Rohr Einheimische nicht versorgt, für jene 45 cbm	10,80
	B 20	— — — — — — — — — — — — — — — — — — — —	
119		Pro Vierteljahr und Grundstück	
	Stettin . . . . . . A 18	für die ersten 750 cbm pro cbm	0,18
		„ die folgenden 500 cbm	0,15
		über 1250 cbm	0,12
		Haben mehrere Miether, Pächter oder Niessbraucher auf einem Grundstücke mehrere Zuleitungen, so wird die Rabattberechnung nur für jeden einzelnen, nicht für alle zusammen aufgestellt.	
		Von auswärtigen Grundstücken wird ohne Unterschied der Satz von . . . . für das cbm erhoben.	0,20
	A 19, B 20	— — — — — — — — — — — — — — — — — — — —	

No.	Stadt	A. Nach Messung. 18. Einheits- oder Grundpreise. 19. Mindestbeträge. B. Nach Einschätzung. 20. Einheitssätze.	Preise M
120	Stockholm . . A 18	Pro cbm	0,222
		Bei einem jährlichen Verbrauche:	
		von 2500 cbm wird 4 | von 7500 cbm wird 9	
		„ 3000 „ „ 4,5 | „ 8000 „ „ 9	
		„ 3500 „ „ 5 | „ 8500 „ „ 9,5	
		„ 4000 „ „ 5,5 | „ 9000 „ „ 10	
		„ 4500 „ „ 6 | „ 9500 „ „ 11	
		„ 5000 „ „ 6,5 | „ 11500 „ „ 13	
		„ 5500 „ „ 7 | „ 13500 „ „ 15	
		„ 6000 „ „ 7,5 | „ 15500 „ „ 17	
		„ 6500 „ „ 8 | „ 17500 „ „ 19	
		„ 7000 „ „ 8,5 | „ 19500 „ „ 20	
		Procent Rabatt gewährt.	
		Für öffentl. Gebäude der Stadt, Gefängnisse, Armen- und Krankenhäuser u. s. w., sowie für öffentliche Badeanstalten mit mehr als 25000 cbm jährl. Verbrauch pro cbm	0,133
		für letztere jedoch nur unter der Bedingung, dass sie billige Bäder zu bestimmtem Maximalpreis liefern.	
	A 19	— — — — — — — — — — — — — — — — — — — —	
	B 20	Jahresbeiträge:	
		für jeden Raum mit Heiz- oder Kochvorrichtung, auch Comptoirs oder Läden ohne solche	2,22
		„ Pferde, bis zu 2 Stck. pro Stück	3,33
		für mehr nach Uebereinkommen.	
		„ sonstiges Vieh pro Stück	2,22
		„ 4 rädrige Wagen (bis 2 Stck.) pro Stück	3,33
		„ 2 „ „ „ „ „ „	1,11
		für mehr nach Uebereinkommen.	
		„ Besprengung von Gärten, Höfen und Grasplätzen mittelst Schlauches pro qm .	0,056
		„ desgl. ohne Schlauch pro qm	0,022
		„ einen Feuerhahn	6,66
		„ mehrere	11,11
		Für Bauzwecke:	
		pro 1000 Ziegel	0,056
121	Stralsund . . . A 18	Pro cbm	0,13
		Für Grundstücke, welche die Wasserleitung vom 1. Juli 1876 erhalten haben, tritt für die Zeit bis zum 31. Dec. 1896 eine Preisermässigung von 20%, auch für den Mindestsatz, ein.	
	A 19	Jährlich pro Tag und Kopf der ständigen Bewohnerschaft des Grundstücks ein Quantum von 50 l zum Preise pro cbm von	0,05
		Im Uebrigen vergl. A 18.	
		Für die Bestimmung der Personenzahl ist die amtliche Personenstandsaufnahme des Vorjahres unter allen Umständen und für die ganze Dauer des Betriebsjahres maassgebend.	
		Ein Grundstücksbesitzer erhält dadurch, dass sich die Personenzahl im Laufe des Betriebsjahres vermindert, keinen Anspruch auf Ermässigung des Mindestquantums. Desgleichen hat die Kämmerei-Inspection keinen Anspruch auf Erhöhung der Bezahlung für das Mindestquantum, falls im Laufe des Betriebsjahres sich die Zahl der Personen vermehren sollte.	
	B 20	Das Wassergeld von den im städtischen Hafen verkehrenden Schiffen ist in dem tarifmässigen Hafengelde enthalten. Es beträgt 2½ Pfennige für je 4 cbm des Nettoraumgehaltes der ausgehenden Schiffe.	
122	Strassburg i. E. A 18	Pro cbm	0,15
		Es wird Rabatt gewährt:	
		bei einem vierteljährlichen Verbrauch von mehr als 500 cbm . . . . . 10 %	
		„ „ „ „ „ „ „ 1250 „ . . . . . 15 „	
		„ „ „ „ „ „ „ 2500 „ . . . . . 20 „	
		„ „ „ „ „ „ „ 5000 „ . . . . . 25 „	
		„ „ „ „ „ „ „ 7500 „ . . . . . 33⅓ „	
	A 19, B 20	— — — — — — — — — — — — — — — — — — — —	

No.	Stadt		A. Nach Messung. 18. Einheits- oder Grundpreise. 19. Mindestbeträge. B. Nach Einschätzung. 20. Einheitssätze.	Preise M
123	Stuttgart . . .	A 18	Pro cbm See- oder Neckarwasser . . .	0,15
			„ „ Quellwasser . . .	0,20
		A 19	Bei Anwendung eines Wassermessers ist, wenn das Wasser neben dem Gewerbe etc. auch für Haushaltungszwecke benützt wird, mindestens der für Haushaltungszwecke festgesetzte Betrag als Wasserzins zu entrichten. Für Gärten mit Wassermessern berechnet sich der Mindestbetrag des Wasserzinses nach dem Flächeninhalt, vergl. B 20.	
			Bei Springbrunnen mit zusammen 2 l oder mehr Wasserverbrauch pro Minute ist ein Wassermesser für das ganze Anwesen anzusetzen, und kommt zu dem nach dem Stand des Wassermessers zu entrichtenden Wasserzins ein Zuschlag für den Springbrunnen in Anrechnung, welcher für je 1 l Wasserverbrauch desselben in der Minute und bei Einhaltung der bestimmten Zeit der Benützung . . . jährlich beträgt.	10,—
			Bei längerer Benützungszeit tritt eine dieser entsprechende Zinserhöhung ein.	
			Diese Bestimmung findet auch Anwendung, wenn das Wasser auch für Gewerbe- etc. oder für Haushaltungszwecke benützt wird. In Fällen, wo der Springbrunnen als Zugehör eines Geschäftsbetriebs anzusehen ist, liegt es im Ermessen der Verwaltung, den Zuschlag in Wegfall kommen zu lassen.	
		B 20	Jahresbeiträge:	
			für jedes Zimmer u. s. w. . . .	2,—
			„ jede Küche . . .	4,—
			„ einen Wasserabtritt . . .	10,—
			„ ein Pissoir mit Wasserberieselung, wobei stets ein Wassermesser in Anwendung kommt	10,—
			„ eine Badewanne ohne Ablauf, sowie für Badewannen in Waschküchen, bis zu 3 hl Inhalt	3,—
			„ jedes weitere hl mehr . . .	1,—
			„ eine Bade-Einrichtung oder Wanne mit Ablauf bis zu 3 hl Inhalt (einschl. Zimmer)	12,—
			„ jedes weitere hl mehr . . .	1,—
			„ Personenwagen jeder Art . . .	6,—
			„ andere Wagen . . .	3,—
			„ Pferde- und Rindviehstände, für jeden Stand . . .	3,—
			„ Schafe, Schweine u. dergl., für 1 Stück . . .	1,—
			„ Gärten, für 1 qm Bodenfläche . . .	0,01
			„ Springbrunnen, welche während des Jahres nicht länger als 6 Monate — in der Regel vom 15. April bis 15. October — und während des Tags nicht mehr als 12 Stunden laufen, wird für den Minutenliter erhoben . . .	30,—
			Bei einer längeren Benützungszeit im Jahre findet ein entsprechend höherer, von der Verwaltung zu bestimmender Ansatz statt.	
			„ kleinere, zum Gewerbebetrieb dienende Gärten pro qm . . .	0,05
			Wenn sich in einem Garten ein Springbrunnen befindet, aus welchem das für den Garten insgesammt nöthige Wasser geschöpft wird, so wird für diesen kein besonderer Zins berechnet, sofern der Springbrunnen mit besonderem Wasserzins belegt ist.	
124	Trier	A 18	Pro cbm . . .	0,15
		A 19	Pro Vierteljahr . . . wofür 100 cbm verbraucht werden können.	15,—
		B 20	Jahresbeiträge:	
			für jedes Stockwerk pro qm bebauter Grundfläche . . .	0,15
			Ausserdem:	
			für jedes Wassercloset und für jede Badeeinrichtung pro Wanne . . .	8,—
			„ jedes Pferd, jeden Ochsen, jede Kuh, jeden Wagen (Equipage) . . .	4,—
			Für Gärten:	
			unter 4 a pro qm . . . (jedoch nicht mehr als M 16)	0,08
			über 4 a pro qm . . .	0,04
			für Trottoir- und Strassensprengen (mit Schlauch) pro qm . . .	0,08
			Wasserbrauchende Gewerbe erhalten entsprechende Zuschläge zum Wasserzins oder bedingen Wassermesser.	
			Plombirte Hydranten mit Berechtigung zum Oeffnen bei Feuersgefahr zahlen Standgeld pro Jahr:	
			der erste . . .	10,—
			jeder weitere . . .	5,—

No.	Stadt	A. Nach Messung. 18. Einheits- oder Grundpreise. 19. Mindestbeträge. B. Nach Einschätzung. 20. Einheitssätze.	Preise M
125	**Viersen** . . . . . A 18	Für Hausversorgung:	
		Pro cbm	0,15
		Bei einem jährlichen Verbrauch	
		über 1000—2000 cbm	0,14
		„ 2000—3000 „	0,13
		„ 3000—4000 „	0,12
		„ 4000—5000 „	0,11
		„ 5000 „	0,10
		Für gewerbliche Zwecke, wenn die Wohnung des Gewerbetreibenden an die Wasserleitung angeschlossen ist und unter den in Tab. II, 5, Schlusssatz genannten Bedingungen: Pro cbm	0,10
		Wenn einer gewerblichen Zwecken dienenden Leitung auch Wasser zu Haushaltungs- oder nicht gewerblichen Zwecken entnommen wird, so ist für den gesammten Jahresverbrauch zu bezahlen pro cbm	0,15
		Bei ausserordentlichem Verbrauch kann Ermässigung bis zu pro cbm eintreten.	0,08
	A 19	Für Hausversorgung:	
		Bei einem jährlichen Gesammt-Nutzungswerth:	
		bis M 300 jährlich	12,—
		über „ 300—500 jährlich	20,—
		„ „ 500 700 „	24,—
		„ „ 700—900 „	32,—
		über M 900 „	40,—
		Für gewerbliche Zwecke jährlich	52,—
	B 20	Für Bauzwecke:	
		bis zu 9 m über Strassenkrone pro qm	0,30
		über 9 m „ „ „ „	0,50
		Für jede Benutzung eines Feuerhahnes	10,—
126	**Wandsbek** . . . A 18	Das Wassergeld für die Entnahme nach Wassermesser ist wie folgt festgesetzt:	
		bei einer Entnahme bis 5000 cbm pro cbm	0,18
		„ „ „ von mehr als 5000 bis 10000 „ „ „	0,16
		„ „ „ „ „ „ 10000 „ 50000 „ „ „	0,14
		„ „ „ „ „ „ 50000 „ 100000 „ „ „	0,12
		„ „ „ „ „ „ 100000 „ 150000 „ „ „	0,11
		„ „ „ „ „ „ 150000 „ „ „	0,10
		jedoch in keiner Stufe weniger, als den in der vorhergehenden Stufe zu zahlenden Höchstbetrag.	
	A 19	Für gewerbliche Zwecke jährlich	25,—
		„ grössere Gärten, einschl. der Gewächshäuser jährlich	50,—
	B 20	Jahresbeiträge:	
		für Wohnungen, deren Jahresmiethwerth bis M 300 geschätzt wird, pro Raum	2,—
		„ „ „ „ über M 300 bis 500 „ „ „ „	3,—
		„ „ „ „ „ „ 500 „ 750 „ „ „ „	3,50
		„ „ „ „ „ „ 750 „ 1200 „ „ „ „	4,—
		„ „ „ „ über „ 1200 „ „ „ „	5,—
		wobei alle bewohnbaren Räume, Closets und Badezimmer in Anrechnung kommen.	
		Für Verkaufsläden, Schreibstuben etc. kann das Wassergeld auf die Hälfte obiger Sätze geschätzt werden.	
		Für 1 Pferd oder 1 Stück Rindvieh	3,—
		„ jeden Personenwagen	4,—
		„ Gärten bis 10 a pro qm	0,02
		„ „ „ 30 „ „ „	0,015
		„ „ über 30 „ „ „	0,01
		jedoch in keiner Stufe weniger als den Höchstbetrag der vorhergehenden.	
		Für Gewächshäuser oder Wintergärten pro qm	0,20
		mindestens	5,—
		„ jeden Springbrunnen bis 5 mm Conus	30,—
		„ Besprengung von Hofräumen über 20 qm pro qm	0,02
		„ einen besonderen Hydranten im Hofe	4,—

No.	Stadt		A. Nach Messung. 18. Einheits- oder Grundpreise. 19. Mindestbeträge. B. Nach Einschätzung. 20. Einheitssätze.	Preise M
			Für 1 Feuerhahn	10,—
			„ jeden weiteren	5,—
			„ Pissoirstände mit vorübergehender Spülung sind zu entrichten	2,—
			„ einen lfd. m Pissoir desgl.	2,—
			„ Pissoirstände mit laufender Spülung	4,—
			„ für einen lfd. m Pissoir mit laufender Spülung	4,—
			Für bauliche Zwecke wird eine einmalige Vergütung entrichtet für jeden qm der zu bebauenden Fläche:	
			bei einem Gebäude mit Keller und Erdgeschoss	0,25
			„ „ „ „ „ Erdgeschoss und 1. Stock	0,30
			„ „ „ „ „ „ 1. und 2. Stock	0,40
			„ „ „ „ „ „ 1., 2. und 3. Stock	0,50
			für sonstige bauliche Zwecke pro cbm Mauerwerk	0,15
			Für besondere Bauten in Eisen oder Holz wird das Wassergeld durch besondere Vereinbarung festgesetzt.	
127	**Weimar**	A 18	Bei einem im Verhältniss zum Jahr durchschnittlichen Tagesbezug bis 3 cbm einschl. pro cbm	0,25
			„ einem solchen Bezug von über 3 cbm bis 10 cbm einschl. pro cbm	0,20
			„ einem Bezug von über 10 cbm pro cbm	0,15
			Grösseren Consumenten können niedrigere Preise ausnahmsweise gewährt werden.	
		A 19	— — — —	
		B 20	Für jeden Feuerhahn jährlich	6,—
128	**Weissenfels**	A 18	Pro cbm	0,25
		A 19	Jährlich je nach Grösse des Grundstücks und der Zahl der Bewohner, nach Festsetzung der Verwaltung.	5—50
		B 20	— — — —	
129	**Wien**	A 18	Pro cbm	0,40
		A 19	Für den gewöhnlichen häuslichen Bedarf nach 25 l pro Kopf und Tag, jährlich M 5. Unter 5 hl pro Tag wird jedoch nicht abgegeben, demnach Mindestbetrag pro Jahr (Im Uebrigen vergl. Tab. II, 5, Abs. 1.)	100,—
			„ den besonders angemeldeten aussergewöhnlichen Bedarf und für industrielle Zwecke für jeden hl pro Tag, jährlich	8,—
		B 20	Für einen Feuerhahn jährlich	10,—
			„ jeden weiteren „	2,—
			„ „ Trottoirsprenghahn, wenn derselbe auf öffentlichem Grund hergestellt ist, jährl. (Der fl. ist zu M 2,— berechnet.)	2,—
130	**Wiesbaden**	A 18	Pro cbm	0,25
		A 19	Für jede Leitung monatlich	1,—
			Von der Erhebung dieses Mindestbetrages wird nur in dem Falle abgesehen, wenn die Leitung auf Antrag abgestellt und der Messer entfernt war, wobei jedoch der Monat der Ausschaltung, sowie der der Einschaltung in Anrechnung kommt.	
		B 20	— — — —	
131	**Winterthur**	A 18	Pro cbm	0,08
			Rabatte bei einem Consum von 3001 bis 8000 cbm . . 5 % „ 8001 „ 15000 „ . . 10 „ „ 15001 „ 30000 „ . . 15 „ „ 30001 „ 50000 „ . . 20 „ über 50000 „ . . 25 „	
			Für den Verkauf des Wassers werden im Maximum 1000 l pro Minute reservirt. Der Preis pro Minuten-Liter beträgt	0,80
			S. auch A 19.	
			Bei vorübergehender Verwendung des Wassers ist zu bezahlen:	
			Für jede Wassermenge unter 5 cbm, die aus einem Hydranten verabreicht wird	0,80
			Bei grösseren Mengen, welche in grossen Gefässen aufgefangen u. gemessen werden pro cbm	0,16
			Die Arbeitszeit wird extra berechnet.	

No.	Stadt	A. Nach Messung. 18. Einheits- oder Grundpreise. 19. Mindestbeträge. B. Nach Einschätzung. 20. Einheitssätze.	Preise M
	A 19	Bei einer Durchgangsweite des Wassermessers von:	
		10 mm 300 cbm Wasser à M 0,08	24,—
		13 „ 500 „ „ à „ 0,08	40,—
		Bei grösserem Durchgang 1000 cbm à M 0,08	80,—
		Beim Verkauf des Wassers werden weniger als 3 l pro Minute an den einzelnen Käufer nicht abgegeben.	
	B 20	In der Regel wird der Abonnementspreis pro Jahr für ein Wohnhaus als Ganzes berechnet, und zwar in folgender Weise:	
		Es wird entrichtet jährlich bei gewöhnlichem Hausgebrauch:	
		für jeden Wohnraum (Räume unter 4 qm Flächeninhalt und ohne directes Licht fallen ausser Betracht)	3,20
		„ jede Koch-, Back- oder Waschküche	4,—
		„ Keller mit Ausflusshahnen pro Hahn	3,20
		„ Gewerbelocale oder Magazine	1,60–8,–
		„ jede Badeeinrichtung zum Privatgebrauche	3,20
		„ jeden Abort mit Wasserspülung	4—24
		Wo die eine oder andere dieser Wassereinrichtungen besteht, wird für die Anbringung von Feuerhahnen im Innern der Gebäude keine Taxe berechnet.	
		Ausnahmsweise kann die Verwaltung gestatten, Wasser nur für einzelne Stockwerke zu beziehen. In solchen Fällen bezahlt das einzelne Stockwerk mindestens pro Jahr	16,—
		Für jedes Pferd	1,60
		„ jedes Stück Rindvieh	1,60
		„ jeden Personenwagen	4,—
		Pferdeställe in Gasthöfen pro m Krippenlänge	0,80
		Wird auf einem Grundstücke oder in einem Gebäude ein Gewerbe betrieben, welches grössere Mengen Wassers erfordert, als der gewöhnliche Hausbedarf beträgt, so wird von der Verwaltung ausser dem sich nach obiger Berechnung ergebenden Betrage noch ein Zuschlag je nach dem Bedarf berechnet von	8—40
		Wasser für Gasmotoren wird nach dem Gasverbrauch taxirt und pro cbm Gasconsum in Rechnung gebracht mit	0,08
		Für Garten- oder Pflanzland beim Hause muss ohne Ausnahme abonnirt werden und zwar ist zu entrichten:	
		für jeden qm Rasen-, Blumen- oder Gemüsegarten	0,016
		„ jeden qm Gewächshaus	0,40
		Berieseln darf nur da stattfinden, wo nach Wassermesser bezahlt wird.	
		Zu baulichen Zwecken:	
		bei Gebäuden bis auf 300 cbm Baufläche, für Keller und Erdgeschoss zusammen	0,24
		für jedes andere Stockwerk	0,12
		„ den Kniestock	0,08
		pro qm Baufläche.	
		Bei Gebäuden von über 300 qm Baufläche nach Uebereinkunft.	
132	Witten . . . . . A 18	Bei einem monatlichen Verbrauch:	
		bis 1000 cbm pro 100 cbm	8,50
		(nach dem Jahresdurchschnitt berechnet).	
		von 1001 bis 5000 cbm pro 100 cbm	6,75
		„ 5001 „ 10000 „ „ 100 „	5,75
		über 10000 „ „ 100 „	5,—
		so jedoch, dass stets der geringste Betrag zur Verrechnung kommt.	
	A 19	Monatlich	4,50
		Wird jedoch für mehrere Wohnhäuser ein gemeinschaftlicher Wassermesser angelegt, so ist für jedes selbstständig bewohnte Haus der Mindestbetrag von M 4,50 monatlich zu entrichten.	
	B 20	Jahresbeiträge für den gewöhnlichen Hausbedarf:	
		von jedem bewohnbaren Raume	2,25
		Dachzimmer mit schrägen Wänden	1,20
		von jeder Koch- und Waschküche, Ladenlocal und Werkstätte	2,25
		„ jeder Wanne einer Badeeinrichtung extra von jedem Wassercloset	3,—
		„ Pissoirs für jeden Stand	1,50
		Bei der Veranlagung der Gebäulichkeiten wird weder auf die Grösse der Räume, noch darauf Rücksicht genommen, dass dieselben nicht heizbar sind.	
		für jedes Stück Rindvieh oder Pferd	3,—
		„ jeden Personenwagen	6,—

No.	Stadt	A. Nach Messung. / B. Nach Einschätzung. — 18. Einheits- oder Grundpreise. 19. Mindestbeträge. 20. Einheitssätze.	Preise M
		Für Wasser zum Besprengen von Gärten:	
		unter 10 a pro a	1.—
		von 10 a und mehr pro a	0,75
		für Treib- und Gewächshäuser ist für jeden qm innere Bodenfläche zu zahlen	0,25
		Für Sprengen der Strassen, Trottoirs, Höfe und Plätze mittelst Schlauches:	
		bei gepflasterten Strassen etc. für jede 10 qm Flächenraum	0,40
		„ ungepflasterten Strassen etc. für jede 10 qm Flächenraum	0,50
		Für Feuerhähne wird jährlich berechnet:	
		für einen Hahn	1,50
		„ jeden ferneren Feuerhahn	0,50
		Bei Gärten, welche von der Hausleitung aus mit Wasser versorgt werden, ist die Veranlagung derselben obligatorisch. Bei Gärten mit selbstständiger Wasser-Zuleitung sind die obigen Preise maassgebend.	
		Für die Lieferung des Wassers zum Bauen ist für jeden qm der zu bebauenden Fläche zu zahlen:	
		Für das Fundament unter dem Keller oder Erdgeschoss, wenn dasselbe höher ist als 0,30 m, sowie für jedes Kellergeschoss je	0,03
		„ jedes Geschoss	0,10
		„ „ Halbgeschoss	0,05
		„ „ Dachgeschoss	0,03
		„ „ cbm Mauerwerk zu Hoch- und Einfriedigungsmauern und Fundamentirungen	0,10
		Für innere Ausbauten eines bestehenden alten Gebäudes wird die Hälfte der obigen Preissätze berechnet.	
133	**Worms** . . . . . A 18	Bei einem Tagesverbrauch:	
		bis 10 cbm oder jährlich 3600 cbm pro cbm	0,15
		von 10—100 cbm täglich pro qm	0,12
		„ 100—500 „ „ „ „	0,10
		ebenfalls auf den Jahresconsum bezogen.	
	A 19	Jährlich:	
		für den Reinertrag der angeschlossenen Hofraithen bis weniger als M 75	15,—
		„ „ „ „ „ „ von M 75 bis weniger als M 125	20,—
		„ „ „ „ „ „ „ „ 125 „ „ „ „ 175	25,—
		„ „ „ „ „ „ „ „ 175 „ „ „ „ 225	30,—
		„ „ „ „ „ „ „ „ 225 „ „ „ „ 275	35,—
		„ „ „ „ „ „ „ „ 275 und mehr	40,—
	B 20	— — — — — — — — — — — — — — — — — — —	
134	**Würzburg** . . . A 18	Nach Aichhahn vergl. A 19.	
		Nach Wassermesser:	
		Pro cbm	0,07
	A 19	Nach Aichhahn:	
		Bei ständiger Wasserabnahme beträgt der Wasserzins:	
		für einen ganzen Steft (2160 l in 24 Stunden = $1\frac{1}{2}$ l pro Minute) jährlich	42,—
		„ einen halben Steft (1080 l Wasser in 24 Stunden = $\frac{3}{4}$ l pro Minute) jährlich	25,—
		bei Vertheilung eines Steftes oder mehr in halbe Stefte wird der Preis des halben Steftes berechnet zu	25,—
		Bei vorübergehendem Wasserbezug beträgt der Wasserzins:	
		für einen ganzen Steft pro Monat	4,—
		„ einen halben „ „ „	2,50
		Gebühr für das Zumessen und Abstellen je	1,50
		Diese Gebühr bleibt ausser Berechnung, wenn das Anlassen bezw. Abstellen pro 1. April oder 1. October erfolgt. Ebenso bleibt die Gebühr ausser Ansatz, wenn das Anlassen des Wassers unmittelbar nach Beendigung einer neuen Zuleitung (Privat-Einrichtung) geschieht.	
		Bei Abgabe von Wasser zum Kanalspülen, Fässerfüllen u. dergl. einschl. Arbeitslohn pro Stunde	2,40
		„ Abgabe der Schläuche hierzu pro m Schlauchlänge	0,12
		„ Wasserabgabe zum Bauen pro Steft und Tag	0,15
		„ Wasserabgabe zum Bespritzen von Baustellen kostet der ganze Tag einschl. Arbeitslohn, Wasser und Schläuche	10,50
		Wird nicht ein voller Tag, sondern nach Stunden gespritzt, so kostet die erste Stunde	2,10
		jede folgende Stunde	1,05

No.	Stadt		A. Nach Messung. 18. Einheits- oder Grundpreise. 19. Mindestbeträge. B. Nach Einschätzung. 20. Einheitssätze.	Preise M
			Nach Wassermesser: Unter Zugrundelegung eines Einheitspreises von 7 Pf. pro cbm nach der Durchflussweite des Messers jährlich wie folgt:	
			bei 7 mm Weite für 1 cbm pro Tag	25,55
			„ 10 „ „ „ 2 „ „ „	51,10
			„ 13 „ „ „ $2^1/_2$ „ „ „	63,87
			„ 15 „ „ „ 3 „ „ „	76,65
			„ 20 „ „ „ 4 „ „ „	102,20
			„ 25 „ „ „ 7 „ „ „	178,85
		B 20	Vergl. A 19.	
135	Zeitz	A 18	Pro cbm	0,15
			Bei Verwendung des Wassers für Strassenbesprengen erfolgt die Feststellung des Verbrauches nach der Zahl der Füllungen der dem cubischen Inhalt nach genau bekannten Tonnen der Sprengwagen.	
		A 19	Bei einem Gebäudesteuersatze	
			bis M 10,— jährlich	4,—
			„ „ 15,— „	6,—
			„ „ 20,— „	8,—
			„ „ 30,— „	10,—
			„ „ 40,— „	12,—
			über 40,— „	15,—
		B 20	Das zu Feuerlöschzwecken verwendete Wasser wird unter Zugrundelegung der Betriebszeit der Hydranten von Fall zu Fall nach Schätzung des Magistrates mit einer Pauschalsumme berechnet.	
136	Zürich	A 18	Für unbeschränkten Wasserbezug:	
			bei einem jährlichen Verbrauche bis 1000 cbm pro cbm	0,12
			„ „ „ „ von 1001 „ 2000 „ „ „	0,096
			„ „ „ „ über 2000 „ „ „	0,072
			Gegenüber Abonnenten mit über M 4000 jährlichem Minimalzinse ist der Stadtrath zum Abschlusse besonderer Verträge berechtigt.	
			für beschränkten Wasserbezug durch Kaliberhahn pro Minuten-Liter jährlich	48,—
			Weniger als 3 Minuten-Liter werden nicht abgegeben.	
		A 19	„ beschränkten Wasserbezug jährlich	144,—
			Für unbeschränkten Wasserbezug: Zum Hausgebrauch:	
			„ jeden bewohnbaren Raum, jede Küche, Closet, Badeeinrichtung oder Pissoir jährlich	2,40
			Vorhandene Kellerräume werden so berechnet, dass auf je 10 zahlende Räume des Hauses ein Kellerraum angenommen wird. Offene Winden werden je als ein Raum in Betracht gezogen.	
			Räume von unter 5 qm Fläche werden nur mit der halben Taxe belegt, ebenso Abtritte ohne Wassereinrichtungen.	
			für jeden Grossviehstand	2,40
			„ „ Kleinviehstand	0,80
			Als zahlende Factoren fallen auch Remisen, Trotten, Gewächshäuser und Wagen für Personentransport in Betracht.	
			Bei Wohn- und Arbeitsräumen von mehr als 40 qm zählt je eine Fläche von 40 qm als besonderer Raum. Bruchtheile von über 10 qm werden ebenfalls als voller Raum berechnet.	
			Die zufällige Anzahl der Bewohner der betreffenden Localitäten, ein zeitweiliges Unbewohntsein einzelner Wohnungen oder der Zimmer eines Gasthofes, auch das Vorhandensein eines eigenen laufenden Brunnens begründen keine Abweichung von obigen Grundsätzen.	
			für Garten- oder Hofbesprengung pro 100 qm und darunter jährlich	2,40
			„ Gewerbebetriebe findet ein Zuschlag nach dem durchschnittlichen Verbrauch statt, mindestens aber jährlich	4,—
			Für Motoren:	
			$^1/_4$ pferdige jährlich	20,—
			$^1/_2$ „ „	40,—
			1 „ „ u. s. w.	80,—

No.	Stadt	A. Nach Messung. 18. Einheits- oder Grundpreise. 19. Mindestbeträge. B. Nach Einschätzung. 20. Einheitssätze.	Preise M
		Für Aufzüge:	
		Pro Pferdekraft jährlich	20,—
		„ m Förderhöhe	1,60
		Ausserdem:	
		für kleinere Waarenaufzüge in Privathäusern jährlich	16,—
		„ Neubauten richtet sich der Mindestbetrag nach dem cubischen Inhalte, vom Kellerboden bis zum Dachgesimse gerechnet. Die ersten 1000 cbm kosten .	0,016
		über 1000 cbm pro cbm	0,008
		Wasserverbrauch für Materialaufzüge und Kieswaschen für Betonmauerwerk wird besonders berechnet, im letzteren Falle nach dem dreifachen Betongehalt. Abspritzen von Gebäuden aus Hydranten wird mit	2,40
		pro Stunde excl. der Kosten für Vorhaltung der Schläuche etc. berechnet.	
	B 20	für Bewegung von Maschinen pro Brutto-Pferdekraft und Stunde	0,40
		„ Abonnenten mit mindestens M 560 jährlichem Mindestzins pro Brutto-Pferdekraft und Stunde	0,28
137	**Zwickau** . . . . A 18	Pro cbm	0,15
		Es wird folgender Rabatt gewährt: Bei einem jährlichen Verbrauch	
		von 2500— 5000 cbm 4%	
		„ über 5000—10000 „ 8 „	
		„ „ 10000—15000 „ 12 „	
		„ „ 15000—20000 „ 16 „	
		über 20000 „ 20 „	
	A 19	Der nach Einschätzung (B 20) ermittelte Beitrag.	
	B 20	Die Einschätzung wird unter Zugrundelegung einer sog. Wasserzinseinheit bewirkt. Letztere beträgt für das Jahr 1895	0,64
		Jährlich pro je 10 qm bebauter Fläche (für alle Geschosse ausser Keller- und Untergeschossen), sowie für je 50 qm unbebauter Fläche und für je 30 qm Speicherfläche eine Zinseinheit	0,64
		Für Dachgeschosse kommt die Hälfte in Ansatz, also	0,32
		Bei unbebauten Flächen über 300 qm kommt für das Mehr nur pro 100 qm eine Einheit in Ansatz mit	0,64
		Ausserdem je eine Wasserzinseinheit für jede Heizungsanlage in Dach-, Keller- und Untergeschossen, für jede Badeeinrichtung, für jeden Zimmerspringbrunnen, für jede Closetspülung, für jeden Stand resp. pro lfd. m Pissoirspülung, für Teichzufluss und jedes Strahlrohr eines Gartenspringbrunnens, für je 10 qm Gewächshaus mit	0,64
		Für unbedeutenden oder vorübergehenden Gewerbebetrieb wird nach besonderer Vereinbarung bezahlt.	
		Für Bauwasser wird nach Wassermesser oder nach Vereinbarung berechnet.	

No.	Stadt	Feuerhähne und Verhalten bei Feuersgefahr	Betriebsstörungen u. w. d. a. Ersatzansprüche	Ueberwachung der Hausleitungen und der Wasserentnahme
		21	22	23
1	**Aachen . .**	Leitungen für Feuerhahnen können direct an das Strassenrohrnetz angeschlossen werden. Plombirte Feuerhahnen mit Gewinde gleich dem der Löschapparate werden für Rechnung des Bestellers geliefert und montirt. Für Plombirung wird jährlich M 1,— erhoben. Wird die Plombe nicht durch die Feuerwehr gelöst, ist 24 Stunden nach Feuerausbruch Anzeige zu machen. Bei Brandfall muss jeder Hausbesitzer die Leitung geschlossen halten oder gegebenen Falls zur Verfügung stellen; in letzterem Falle tritt eine Vergütung nach Schätzung oder nach Anzeige des Wassermessers ein.	Die Stadt ist befugt, eine Einschränkung uud Entziehung der Wasserabnahme zeitweilig oder dauernd für einzelne oder alle Abnehmer eintreten zu lassen. Sie darf von dieser Befugniss aber nur Gebrauch machen: im Fall höherer Gewalt oder wenn die von der Stadt wahrzunehmenden allgemeinen Interessen die Einschränkung oder Entziehung erheischen, worüber die Stadtverordneten-Versammlung allein zu entscheiden hat. In allen diesen Fällen steht den Abnehmern ein Anspruch auf Entschädigung nicht zu; ebensowenig, wenn durch Frost, Trockenheit, überhaupt höhere Gewalt oder aus anderer Ursache eine theilweise oder gänzliche Unterbrechung in der Wasserleitung eintritt. Auch dem Gross-Consumenten steht wegen der Unterbrechung der Wasserabgabe kein Recht auf Schadenersatz zu. Dauert jedoch die Unterbrechung länger als 3 Tage, so ist er berechtigt, eine Ermässigung nach dem pro Tag zu berechnenden garantirten Mindestquantum zu beanspruchen. Das Wasserwerk liefert das Wasser, wie es ihm seine Bezugsquellen bringen, ohne Garantie für die Qualität. Sollten Spülungen des Rohrnetzes nöthig sein, so wird dies 3 Tage vorher durch die öffentlichen Blätter angezeigt werden.	Jeder Abnehmer muss den mit Legitimation versehenen Beamten freien Zutritt zu den — auch verschlossenen — Räumlichkeiten, in welchen Wasserleitungsapparate, Wassermesser u. dergl. angebracht sind, gestatten, ebenso die Umwechselung oder Reinigung des Wassermessers, wobei indessen erhebliche Störungen des Gewerbebetriebs nach Möglichkeit vermieden werden müssen.
2	**Altenburg**	Beim Ausbruch eines Feuers in der Stadt muss jeder Besitzer einer Privatleitung letztere, ausgenommen wenn dieselbe zur Bekämpfung der Feuersgefahr benutzt wird, geschlossen halten und darf, bis das Feuer gelöscht ist, kein Wasser daraus entnehmen. Er ist aber verpflichtet, während des Feuers seine Leitung den öffentlichen Löschanstalten zur Verfügung zu stellen.	Sollte wegen Mangels an Wasser, oder im Interesse allgemeiner öffentlicher Zwecke (bei Feuersgefahr etc.), oder aber in Reparaturfällen bei der Wasserwerksanlage durch längere oder kürzere Zeit gar kein Wasser oder dasselbe nur in ungenügenden Mengen abgegeben werden können, so steht den Consumenten keinerlei Recht zu, irgend welche Entschädigung für die zeitweilige Entziehung des Wassers zu beanspruchen. Wenn jedoch diese länger als 8 Tage ununterbrochen andauert, so findet für die überschüssige Zeit eine verhältnissmässige Kürzung des Wasserzinses statt. Bei eintretendem Wassermangel wird zunächst das für Luxuszwecke bestimmte Wasser abgeschnitten, dann die Abgabe des zum Gewerbebetriebe und zuletzt erst die des zum Hausbedarfe erforderlichen Wassers beschränkt.	Den Beamten ist zur Ausübung der im allgemeinen Interesse erforderlichen Aufsicht und Controle über die Privatleitungen jederzeit der freie Zutritt zu den Gebäuden und Räumlichkeiten zu gestatten, in welchen die Privatleitungen nebst Zubehör angebracht sind.
3	**Altenessen**	Feuerhähne dürfen nur bei Feuersgefahr, nicht aber zu anderen Zwecken benutzt werden, und ist zur Sicherstellung hierfür die Gemeinde berechtigt, dieselben mit einer Plombe zu versehen, die nur im Falle der Gefahr gelöst werden darf. Jeder Gebrauch der Feuerhähne ist innerhalb 24 Stunden anzuzeigen. Beim Ausbruch eines Brandes in der Gemeinde sind in den Privatleitungen, mit Ausnahme derjenigen zu den Dampfkesseln, alle Krahnen zu schliessen, sofern dieselben nicht zur Bewältigung des Brandes selbst benutzt werden. Jeder Consument ist ausserdem verpflichtet, während des Brandes seine Leitung zur Verfügung der Löschmannschaft zu stellen.	Der Umstand, dass die Wasserleitung längere oder kürzere Zeit nicht benutzt gewesen oder die erwartete Menge nicht geliefert hat, oder dass das Wasser nicht zu der gewünschten Höhe gestiegen ist, endlich der Umstand, dass die Wasserleitung eine zeitweise Unterbrechung erlitten hat, berechtigen den Abnehmer nicht, Ansprüche auf ganzen oder theilweisen Erlass der ausbedungenen Bezahlung oder auf irgend einen anderen Schadenersatz zu erheben. Wenn jedoch die zeitweise Unterbrechung länger als 14 Tage gedauert hat, so tritt für die Zeit, um welche die Unterbrechung länger als 14 Tage dauerte, ein Erlass bezw. eine Ermässigung des Wasserzinses ein.	Den Beamten muss behufs Ermittelung und Controle des Wasserverbrauchs, sowie der Leitungen stets der Zutritt zu den an die Wasserleitung angeschlossenen Gebäuden und Grundstücken gestattet sein.

Veränderungen in den Grundlagen des Vertrags. Vertragswidrige Verwendung des Wassers	Besitzwechsel	Uebertretungen, Strafen und Berufungen
24	25	26
Es ist dem Abnehmer ausdrücklich untersagt, an den Röhren oder Behältern seiner Hausleitung, sei es im Innern oder Aeussern, eine Verbindung zur Wasserentnahme zu Gunsten Dritter herzustellen.	Eine Veränderung, sei es im Besitz oder in der Nutzniessung eines Hauses oder Grundstückes, berechtigt nicht zur Aufhebung des Abonnements. Der Abonnent bleibt vielmehr für die Dauer des Uebereinkommens und bis er allen Vorschriften genügt hat, haftbar.	Der Abnehmer unterwirft sich für jeden Fall einer Zuwiderhandlung gegen das Regulativ und gegen die Vorschriften, unbeschadet der ihm obliegenden Entschädigungspflicht, einer Conventionalstrafe von M 5 bis 50. Die Verwaltung ist befugt, ohne Nachricht zu geben die Anschlussleitung bei Nichtzahlung einer Conventionalstrafe, der verfallenen Beträge von Wasserzins und Wassermessermiethe, der Einrichtungs- und Unterhaltungskosten der Anschlussleitung oder bei Herstellung einer Anschlussleitung nach andern Grundstücken abzuschneiden. Defraudation, namentlich das Entnehmen des Wassers vor dem Messer, hebt das Abonnement sofort auf; der Wasserzins ist bis zur Sperrung zu bezahlen. Bei widerrechtlicher Oeffnung des vor dem Grundstücke befindlichen Absperrhahns (vergl. Tab. III, 12, Abs. 2) hat der Abnehmer eine Conventionalstrafe von M 20 zu entrichten. Die nicht angemeldete Beseitigung der Plombe an einem Feuerhahn zieht eine Conventionalstrafe von M 200, ausserdem Sperrung der Leitung nach sich.
Das Wasser darf weder für Geld oder Entschädigung noch umsonst an Andere abgelassen oder verkauft, oder durch Nachlässigkeit oder Muthwillen vergeudet, noch überhaupt zu andern, als den im Contracte ausbedungenen Zwecken verwendet werden.		Die nicht pünktlich erfolgende Bezahlung des Wasserzinses giebt dem Stadtrathe das Recht, dem betreffenden Abnehmer den ferneren Wasserzufluss abzuschneiden, unbeschadet der Verpflichtung des Letzteren, den Wasserzins bis zum Ablauf der Vertragszeit zu entrichten. Zuwiderhandlungen gegen das Regulativ werden mit einer Strafe bis zu M 150 geahndet; im Wiederholungsfalle bleibt die zeitweilige oder gänzliche Aufhebung des Contractes vorbehalten. Die Beurtheilung der Straffälligkeit gehört zur Competenz des Stadtrathes. Zuwiderhandlungen der Familienangehörigen, Arbeiter und Dienstboten werden an diesen selbst nach obigem Strafsatze und im Falle der Unvermögenheit mit entsprechender Gefängnissstrafe geahndet.
Der Abnehmer ist jederzeit verantwortlich für die unveränderte Richtigkeit der Angaben, welche für die Einschätzung seines Grundstückes maassgebend waren, und er hat jede Veränderung der Verhältnisse, unter anderem Vermehrung der Wohnräume, Küchen, Waschküchen, Badeeinrichtungen, des Viehstandes u. s. w., dem Bürgermeisteramte unverzüglich anzuzeigen. Der Abnehmer ist dafür haftbar, dass das Wasser nur in den Grenzen seiner Liegenschaft und zu den in dem Antrage benannten Zwecken verwendet wird. Wasserabgabe an Unberechtigte, sei es gegen oder ohne Vergütung, ist streng untersagt. Jede Vergeudung des Wassers durch Fahrlässigkeit oder Muthwillen ist untersagt.	Wenn der Eigenthümer sein Haus oder Grundstück während der Dauer des Uebereinkommens ohne Innehaltung der vertragsmässigen Kündigung veräussert, so hat er den Käufer zur Erfüllung aller ihm der Gemeinde gegenüber obliegenden Verbindlichkeiten in rechtskräftiger Form zu verpflichten und bleibt der Gemeinde für allen aus Nichtbefolgung dieser Bestimmung etwa erwachsenden Schaden verantwortlich.	Wenn ein Besteller die zu zahlenden Kosten für Einrichtung oder Ausbesserung nicht rechtzeitig berichtigt, oder wenn ein Abnehmer mit den ihm obliegenden Zahlungen für das Wasser oder der Gemeinde zu erstattenden Kosten säumig ist, oder wenn sonst den Bestimmungen, nach denen die Abgabe erfolgt, in irgend einer Weise nicht entsprochen wird, so hat die Gemeinde das Recht, unbeschadet ihrer Entschädigungsansprüche den Wassermesser abzunehmen, bezw. das Zuleitungsrohr von dem in der Strasse befindlichen Hauptrohre zu trennen, auch die nicht vollständig bezahlten Einrichtungsgegenstände ohne jedes gerichtliche Verfahren zurückzunehmen. Im Uebrigen werden Abnehmer, welche den Bestimmungen zuwiderhandeln, von der Gemeinde zur Abstellung der Uebelstände mit dreitägiger Frist aufgefordert werden. Bleibt diese Aufforderung erfolglos, so ist die Gemeinde berechtigt, eine Strafe von M 5, im Wiederholungsfalle von M 10 festzusetzen, zu deren unweigerlichen Zahlung sich der Abnehmer durch Anerkennung der Abgabebedingungen verpflichtet. Sind diese Strafen erfolglos, so wird der Wasserzufluss abgeschnitten.

No.	Stadt	Feuerhähne und Verhalten bei Feuersgefahr	Betriebsstörungen u. w. d. a. Ersatzansprüche	Ueberwachung der Hausleitungen und der Wasserentnahme
		21	22	23
4	Altona . .		Die Abnehmer haben sich gegen etwaige Unterbrechungen ihrer Wasserversorgung durch Anlegung von Vorrathsbehältern thunlichst zu schützen. Die Verwaltung übernimmt jedoch nicht, in hohen Häusern, namentlich in den höher belegenen Stadttheilen, das für das ganze Haus erforderliche Wasser zu allen Zeiten ausschliesslich in einen auf dem Dachboden oder im obersten Stockwerke befindlichen Wasserbehälter zu liefern, vielmehr ist womöglich in jedem Stockwerke ein Vorrathsbehälter anzubringen. Ausserordentliche Umstände, welche die Wasserversorgung stören oder unterbrechen sollten, wird die Verwaltung so schnell wie möglich zu beseitigen suchen; sie übernimmt jedoch in keinem Falle eine Verpflichtung zur Leistung von Schadenersatz für Nachtheile, welche für die Abnehmer durch solche Störung oder Unterbrechung etwa entstehen sollten.	Der Abnehmer hat dafür zu sorgen, dass den Beamten in dem mit Wasser versorgten Grundstücke jederzeit der Zutritt zu allen Orten oder Räumlichkeiten mit Wasserleitungs- oder Benutzungseinrichtungen frei steht.
5	Annaberg		Sollten ausserordentliche Umstände, z. B. Mangel an Wasser oder allgemeine öffentliche Erfordernisse oder Reparaturen die Verwaltung hindern, das überlassene Wasser allen oder einzelnen Consumenten längere oder kürzere Zeit zu liefern, so wird sie sich bemühen, das Hinderniss so bald als möglich zu beseitigen; den Consumenten steht jedoch in solchen Fällen keinerlei Recht zu, Schadenersatz für Nachtheile zu verlangen, welche ihnen durch Geschäftsstörungen oder sonst entstanden sein sollten, oder einen Abzug vom Wasserzins zu machen.	Den Beamten ist zur Ausübung der erforderlichen Aufsicht und Controle jederzeit der freie Zutritt zu den Gebäuden und Räumlichkeiten zu gestatten, in welchen die Privatleitungen nebst Zubehör sich befinden.

Veränderungen in den Grundlagen des Vertrags. Vertragswidrige Verwendung des Wassers	Besitzwechsel	Uebertretungen, Strafen und Berufungen
24	25	26

24

Der Abnehmer ist verantwortlich für die unveränderte Richtigkeit der Angaben, welcher der Abschätzung des Wassergeldes zu Grunde liegen. Wenn daher in einem nach Schätzung versorgten Grundstücke die bezüglichen Einrichtungen oder Verhältnisse unrichtig angegeben sein sollten oder später eine Veränderung erleiden, durch welche ein erhöhtes Wassergeld bedingt würde, so ist der Abnehmer verpflichtet, der Verwaltung davon Anzeige zu machen und vor Eintritt des nächsten halbjährlichen Zahlungstermins eine neue Abschätzung zu veranlassen. Im Unterlassungsfalle hat der Abnehmer für die ganze Zeit, während welcher die Berichtigungsanzeige versäumt worden, den vollen Betrag, welcher der Verwaltung auf diese Weise entgangen ist, nachzuzahlen.

Bei allen Wasserlieferungen nach Schätzung haftet der Abnehmer dafür, dass unter keinen Umständen anderen als nach Maassgabe der Bestellung berechtigten Personen Wasser aus der zu dem betreffenden Grundstücke gehörigen Leitung abgegeben oder von solchen entnommen und dass jede Vergeudung vermieden wird.

Wenn der Wasserverbrauch nicht maassweise berechnet wird, so ist eine Verwendung des Wassers nur für den wirklichen Bedarf nach Maassgabe der zur Abschätzung des Wassergeldes angemeldeten Verbrauchszwecke gestattet. Es darf daher weder durch Nachlässigkeit oder Muthwillen vergeudet, noch zu irgend einem nicht eingeschätzten, namentlich also auch nicht zu einem von der Einschätzung überall ausgeschlossenen Zwecke (wie z. B. Strassenbewässerung, Trottoirabgiessen, Siel- oder Rinnsteinspülung, Berieselung, Springbrunnen, Pissoir- und Abtrittspülung u. s. w.) verwendet werden. Gartenbesprengung ist nur mittelst eines von der besprengenden Person in der Hand gehaltenen Schlauchs oder Spritzrohrs gestattet, während bei Anwendung eines den Schlauch tragenden Gestelles ebenso wie bei Niederlegung des Schlauchs die Verwendung des Wassers als unzulässige Berieselung gilt. Ein Spülen von Wäsche durch darüberfliessendes Wasser aus der Leitung ist nur berechtigt, so lange die Wäsche sich unter den Händen der waschenden Person befindet.

25

Der Besteller der Wasserversorgung bleibt der Verwaltung für alle vertragsgemässen Ansprüche verantwortlich, bis seine Verpflichtung durch rechtzeitige Kündigung erlischt. Dies gilt auch bei einem Besitzwechsel des versorgten Grundstücks, unbeschadet der Ansprüche, welche die Verwaltung etwa gegen den neuen Besitzer oder Inhaber als factischen Consumenten geltend machen möchte. Eine Verpflichtung der Verwaltung gegen diesen Letzteren tritt erst ein, wenn derselbe auf seinen Antrag als Abnehmer angenommen worden ist.

26

Jede unberechtigte Entnahme von Wasser, welches nicht maassweise bezahlt wird, ist durch polizeiliche Bekanntmachung mit Geldbusse oder Gefängnissstrafe bedroht; der Verwaltung aber ist zunächst der Abnehmer, durch dessen Leitung die Beraubung stattfindet, für den Schaden verantwortlich.

24

An den einmal gelegten Röhren und den einmal getroffenen Einrichtungen, den Hähnen und Wasseruhren darf ohne Vorwissen und Genehmigung des Stadtraths keine Veränderung vorgenommen werden. Schadhaftigkeiten sind sofort zu beseitigen.

Es ist Niemandem gestattet, das Wasser unnöthiger Weise weglaufen zu lassen und die Verschlusshähne länger als nöthig geöffnet zu halten.

Veränderungen in der Benutzung einer Privatleitung, welche eine Erhöhung des Wasserzinses zur Folge haben, sind alsbald und jedenfalls beim nächsten Zahlungstermin anzuzeigen.

Es ist die Pflicht eines jeden Einwohners, Wahrnehmungen, welche sich auf Schadhaftigkeiten der öffentlichen oder Privatleitungen, auf Wasserverschwendung, auf Missbrauch oder böswillige Verletzung des Wasserwerks und auf Uebertretungen des Regulativs beziehen, sofort zur Kenntniss des Stadtraths zu bringen, und wird dem Erstatter einer solchen Anzeige die Verschweigung seines Namens zugesichert.

25

Bei dem Wechsel des Besitzers oder Verwalters eines mit Privatleitung versehenen Grundstücks gehen Rechte und Verpflichtungen stillschweigend auf den Nachfolger über.

26

Die Nichtbezahlung der fälligen Wasserzinse giebt dem Stadtrath das Recht, ohne Weiteres den Wasserzufluss abzuschneiden.

Wer gegen die Bestimmungen des Regulativs handelt, verfällt in eine Geldstrafe von M 15 bis 150.

Für Zuwiderhandlungen der Arbeiter und Dienstboten sind die Arbeitgeber und Dienstherrschaften verantwortlich.

Wird die zuerkannte Strafe nicht sofort bezahlt, so ist der Stadtrath, abgesehen von der ihm zustehenden executivischen Einhebung der Strafe, auch berechtigt, den Wasserzufluss abzuschneiden und denselben erst dann auf Kosten des Abnehmers wieder herstellen zu lassen, nachdem die Strafe bezahlt ist.

Sowohl die ausführenden Gewerke als ihre Auftraggeber werden mit M 15 bis 150 Geldstrafe belegt, wenn sie ohne Genehmigung des Stadtraths neue Privatleitungen herstellen, bestehende Leitungen verändern oder erweitern. Auch ist es selbstverständlich, dass in solchen Fällen die für unzulässig befundenen Vorrichtungen auf Kosten der Betheiligten sofort wieder abgetragen werden müssen.

No.	Stadt	Feuerhähne und Verhalten bei Feuersgefahr	Betriebsstörungen u. w. d. a. Ersatzansprüche	Ueberwachung der Hausleitungen und der Wasserentnahme
		21	22	23
6	Apolda . .		Wenn durch Zufälligkeit oder durch unvorhergesehene Ereignisse irgend welcher Art der Zufluss des Wassers aus dem Wasserwerk unterbrochen wird, so begründet diese Unterbrechung keinen Anspruch auf irgend welchen Schadenersatz seitens der Eigenthümer der Hauswasserleitungen an die Stadtgemeinde.	Den Beamten und Beauftragten ist der Zutritt zu allen von der Leitung berührten Räumen, insbesondere auch zum Hauptabsperrventil und zum Wassermesser von den Besitzern oder Verwaltern der Grundstücke, beziehentlich von den Miethern jederzeit zu gestatten und zu ermöglichen.
7	Aschersleben	Zur Benutzung bei Feuersgefahr können Abzweigungen der Privatleitungen vor dem Wassermesser angebracht werden. Die Verschlusshähne dieser Abzweigungen sind jedoch zu plombiren und in diesem Zustande bis zur Benutzung bei einem entstandenen Feuer zu erhalten. Während einer Feuersbrunst haben die Eigenthümer von Privatleitungen, soweit nicht eine Sperrung des Strassenrohrnetzes seitens der Verwaltung stattfindet, sich der Entnahme von Wasser zu enthalten.	Eine durch unvorhergesehene Störung im Strassenrohrnetze herbeigeführte Unterbrechung der Wasserentnahme aus den Privatleitungen begründet für die Eigenthümer keinen Anspruch auf eine Vergütung des hieraus für ihre Wirthschaft oder ihr Gewerbe erwachsenden Schadens. Im Uebrigen vergl. Tab. II, 8.	Der Eigenthümer ist verpflichtet, den Beauftragten zu jeder Tageszeit den Zutritt zu den Wasserleitungs-Anlagen zu gestatten.
8	Augsburg	Feuerhahnen werden plombirt. Für das Anlegen der Plomben ist in jedem einzelnen Falle eine Gebühr von M 2 zu entrichten. Wird ein Feuerhahn benutzt, so ist innerhalb 24 Stunden Anzeige zu machen. Es können bei Brandgefahr ganze Strassenstränge und der Zufluss zu einzelnen Anwesen zu Feuerlöschzwecken abgesperrt werden, ohne dass die betreffenden Abnehmer Anspruch auf Entschädigung haben.	Nur bei einer mehr als 4 Wochen lang dauernden Unterbrechung des Wasserbezugs kann eine verhältnissmässige Wasserzinsreduction eintreten; ob eine solche Minderung eintreten soll, hat lediglich der Stadtmagistrat zu bestimmen.	Bei der zeitweisen Controle ist den Beamten Zutritt zu allen von der Wasserleitung berührten Räumen zu gestatten.
9	Bamberg	Die Hähne zur Benutzung bei Feuersgefahr, von denen jeder Abonnent eine beliebige Anzahl an seiner Leitung anbringen lassen kann, dürfen den gleichen Querschnitt haben wie die Zuleitungsröhren. Das Wasserwerk versieht solche Hähne mit Plomben, welche nur bei eingetretener Feuersgefahr abgenommen werden dürfen. Die Verwaltung muss solchenfalls innerhalb 24 Stunden davon benachrichtigt werden, damit die Plombe wieder angelegt werden kann. Bei eintretender Feuersgefahr hat das Wasserwerk seinen ganzen Wasservorrath zur Verfügung zu stellen. Jeder Abnehmer muss alsdann den Anordnungen, welche das Wasserwerk in Bezug auf bezirksweise oder allgemeine Schliessung der Privatleitungen zu treffen für nöthig erachtet, sogleich Folge leisten und auf jeden Fall sofort den Wasserverbrauch für Luxuszwecke und Gärten einstellen, bis das Feuer gelöscht ist.	Der Umstand, dass die Wasserleitung längere oder kürzere Zeit nicht benutzt gewesen ist, oder die Wasserlieferung (durch Röhrenbrüche, Anlage neuer Zweigleitungen, Reparaturen u. dergl.) vorübergehende Störung erlitten hat, berechtigt den Abnehmer nicht zu Abzügen an der bedungenen Zahlung, zur Verweigerung derselben, oder zu irgendwelchen anderen Schadenersatz-Ansprüchen.	Die Verwaltung hat das Recht, aber nicht die Pflicht der Aufsicht über die Privatleitungen und deren Benutzung. Sie wird dieselben zeitweise durch ihre Beamten nachsehen lassen, und ist diesen der ungehinderte Zutritt zu allen Räumlichkeiten, in welche Leitungsabzweigungen führen, zu gestatten.

Veränderungen in den Grundlagen des Vertrags. Vertragswidrige Verwendung des Wassers	Besitzwechsel	Uebertretungen, Strafen und Berufungen
24	25	26
Veränderungen oder Ergänzungen der Hauswasserleitungen dürfen ohne vorherige Genehmigung nicht ausgeführt, auch vor erfolgter Revision und Genehmigung nicht in Gebrauch genommen werden.	Geht ein Grundstück in andere Hände über, so ist davon innerhalb 14 Tage Anzeige zu machen. Der angemeldete Besitzer oder dessen Rechtsnachfolger haftet so lange für die Bezahlung des Wasserzinses, bis der Besitznachfolger in die Verpflichtung des bisherigen Besitzers eingetreten ist.	Zur Abstellung des Wasserzuflusses ist der Gemeindevorstand im Falle der Widersetzlichkeit gegen die Bestimmungen des Regulativs und nicht erfolgter Zahlung des Wasserzinses berechtigt. Gewerken und Unternehmer, welche Veränderungen oder Ergänzungen von Privatleitungen ohne vorherige Genehmigung derselben ausführen, verfallen ebenso wie die Grundstücksbesitzer, Miether oder Nutzniesser, welche die Veränderung oder Ergänzung bestellten und geschehen liessen, in eine Strafe bis zu M 50. Wird die Plombirung des Verschlusses einer Leitung, vergl. Tab. II, 8, gelöst oder beschädigt vorgefunden, so verfällt der Hauseigenthümer in eine Conventionalstrafe bis zu M 50 unter Vorbehalt der Geltendmachung weiterer Schadenersatzansprüche seitens des Gemeindevorstandes.
Ueber jede beabsichtigte Veränderung an Privatleitungen ist vorher die Genehmigung des Magistrats einzuholen.		Seitens des Magistrats kann die Wasserzuführung ohne Aufkündigung eingestellt werden, wenn der Eigenthümer der Leitung den auf die Einrichtung, Benutzung und Instandhaltung der Privatleitung, sowie auf das Verhalten bei Feuersgefahr bezüglichen Bestimmungen nicht nachkommt; 2 Monate hintereinander mehr, als das festgestellte Durchschnittsquantum von höchstens 3 cbm täglich verbraucht; mit der Bezahlung der Rechnung im Rückstande bleibt.
Von allen Veränderungen an einer Privatleitung ist Anzeige zu machen. Wasser mittelst einer Leitung an Dritte abzugeben ist verboten.		Ein Abnehmer, der a) eigenmächtige Aenderungen an der Leitung oder ihren Theilen vornimmt, b) eine ohne sein Verschulden eingetretene Aenderung nicht binnen 24 Stunden anzeigt, nachdem sie ihm bekannt geworden ist, c) die Plomben an den Feuerhähnen beseitigt oder beseitigen lässt, ohne dass Feuersgefahr vorhanden war, oder das Wasser aus Feuerhähnen zu anderen als Feuerlöschzwecken verwendet, oder d) eine aus Versehen beschädigte Plombe nicht binnen 24 Stunden durch eine neue ersetzen lässt, wird, abgesehen von den nach dem Straf-Gesetzbuch und Polizei-Str.-G.-B. zu beahndenden Fällen mit einer Geldstrafe bis zu M 200 belegt. Der Abnehmer unterwirft sich jedem Strafausspruche des Stadtmagistrats unter Verzicht auf Anrufung der Civilgerichte oder auf Beschwerdeführung bei Verwaltungsstellen.
Es ist dem Abnehmer nicht gestattet, das Wasser nach Willkür und über den Bedarf hinaus laufen zu lassen, oder zu anderen als den in der Bestellung aufgeführten Zwecken zu verwenden oder verwenden zu lassen. Bei Besprengung von Gärten, Höfen etc. darf, sofern kein Wassermesser vorhanden, ein freies Laufenlassen des Wassers nicht stattfinden, vielmehr muss der die Besprengung Besorgende stets das Mundstück des Schlauches in der Hand behalten. Die Abgabe von Wasser seitens des Abnehmers an Dritte, sei sie entgeltlich oder unentgeltlich, ist unstatthaft.	Gehen die mit Wasser versorgten Räume in die Benutzung eines Anderen über, ohne dass eine vorschriftsmässige Anmeldung erfolgt, so haftet neben dem neuen Abnehmer der bisherige Inhaber so lange für Zahlung des Wassergeldes und Einhaltung der sonstigen Verpflichtungen des Abnehmers, bis die Verwaltung den Nachfolger an seiner Stelle angenommen hat. Bei jedem Wechsel dieser Art ist die Verwaltung jedoch auch berechtigt, die Leitung sofort abzusperren.	Wenn die Verwaltung in Erfahrung bringt, dass ein Abnehmer seinen vorschriftsmässigen Verpflichtungen gegen das Wasserwerk nicht nachkommt, so erfolgt zunächst eine Verwarnung. Im Wiederholungsfall hat die Verwaltung das Recht, dem Abnehmer den Wasserzufluss sofort abzusperren, ohne dass demselben ein Anspruch auf Rückerstattung des zum Voraus entrichteten Wassergeldes zusteht. Die Nichtbezahlung fälliger Wassergeld-Beträge nach Ablauf einer vierwöchentlichen Frist befugt die Verwaltung ebenfalls zu sofortiger Schliessung der Privatleitung. Falls die Feuerhähne in anderen Fällen als bei eingetretener Feuersgefahr geöffnet werden, oder wenn von deren Oeffnen der Verwaltung nicht rechtzeitig Anzeige gemacht wird, so ist diese berechtigt, die fernere Wasserabnahme dem betreffenden Abnehmer zu entziehen. Der Abnehmer ist für jede vorschriftswidrige Benutzung seiner Leitung verantwortlich, gleichviel ob dieselbe durch ihn selbst oder durch dritte Personen geschieht.

No.	Stadt	Feuerhähne und Verhalten bei Feuersgefahr	Betriebsstörungen u. w. d. a. Ersatzansprüche	Ueberwachung der Hausleitungen und der Wasserentnahme
		21	22	23
10	**Barmen** . .	Bei einer ausbrechenden Feuersbrunst hat auf desfallsige Anordnung der Behörde jeder Privatbesitzer seine Leitung zu schliessen; er ist aber auch ebenso verpflichtet, dieselbe während einer Feuersbrunst der Behörde zu Löschzwecken zur Verfügung zu stellen.	Der Umstand, dass der Wasserzufluss zeitweise unterbrochen war, dass der Consument das Wasser nicht in genügender Menge oder nicht in verlangter Beschaffenheit erhalten konnte, dass er die Leitung aus freien Stücken oder aus anderen Gründen nicht benutzt hat, oder dass er für einzelne Theile oder Räume des Gebäudes oder für einzelne Einrichtungen, wie Bäder, Closets u. s. w. das Wasser nicht aus der städtischen Leitung entnommen hat, entbindet ihn nicht von der Zahlung der tarifmässig vereinbarten Beträge, noch giebt er einen Anspruch auf Schadenersatz.	Dem mit der Controle beauftragten und sich darüber ausweisenden Beamten muss jederzeit der Zutritt zu allen Theilen des mit der Privatleitung versehenen Grundstücks oder Gebäudes gestattet werden.
11	**Basel** . . .	Feuerhahnen, welche mittelst besonderer Leitung in Grundstücken zu alleiniger Benutzung bei Feuersgefahr angebracht werden, können von der Verwaltung unter den nöthigen sichernden Bestimmungen und gegen angemessene Vergütung bewilligt werden.	Zeitweilige Unterbrechungen in der Wasserabgabe, seien dieselben durch Wassermangel, Reparaturen am Rohrnetze oder durch Einfrieren der Zu- oder Hausleitungen hervorgerufen, geben dem Abonnenten keine Berechtigung zur Zahlungsverweigerung. Die Verwaltung übernimmt keine Haftbarkeit, weder dem Eigenthümer noch dem Miether gegenüber, für Beschädigungen, welche in Folge der Einleitung des Wassers auf ein Grundstück entstehen.	Den mit der Controle der Wassermesser betrauten, hierzu legitimirten Beamten ist jeweilen der Zutritt zu den Räumen zu gestatten, in denen diese Apparate sich befinden.
12	**Bautzen** . .	Bei Anbringung von Feuerlöschhähnen in Privatgrundstücken liegt es im Interesse des betreffenden Grundstücksbesitzers, darauf Bedacht zu nehmen, dass die Gewinde derselben genau mit dem Gewinde der Löschapparate übereinstimmen. Für die Benutzung des Wassers zu Feuerlöschzwecken aus Feuerhähnen, deren Gebrauch nur nach Zerstörung eines von der Verwaltung angelegten Bleiverschlusses möglich ist, wird keine Zahlung geleistet, sofern hierüber ohne Verzug Anzeige an das Wasserwerk erstattet wird. Ist aber jener Verschluss aus einem anderen Grunde als zum Löschen eines Brandes oder zu einer in Gegenwart eines dazu beauftragten Beamten vorzunehmenden Probe zerstört worden, so ist das verbrauchte Wasser nach Schätzung der Verwaltung unweigerlich zu bezahlen. Bei einem in der Stadt ausbrechenden Feuer hat jeder Be-	Bei eintretendem Wassermangel oder bei vorzunehmenden baulichen Herstellungen, dieselben mögen vorkommen in den Wasserwerken, im Wasserrohrnetze oder in der Brunnen- oder in der Sammelrohr-Anlage, kann der Stadtrath eine theilweise Beschränkung in der Wasserabgabe und, wenn nöthig, auch die Schliessung des Betriebes anordnen. Ein Anspruch auf eine Entschädigung für etwaige durch diese Beschränkungen und beziehungsweise Wasserentziehungen herbeigeführte Nachtheile steht den Bezugsberechtigten nicht zu. Sollte sich eine zeitweise Beschränkung in der Wasserabgabe nothwendig machen, so hat diese in der Regel zunächst bei den Grundstücken einzutreten, in welchen aus der Wasserleitung Wasser zu Luxus- oder zu gewerblichen und industriellen Zwecken abgegeben wird. In solchen Fällen werden zunächst zu schliessen sein die Zuleitungen für Springbrunnen, Luxus-	Die Richtigkeit der in den Anmeldebogen verzeichneten Angaben wird durch Beamte an Ort und Stelle festgestellt, und ist daher denselben der Zutritt zu allen von der Leitung im Innern der Grundstücke und Gebäude berührten und nicht berührten Räumen von dem Eigenthümer bezw. Miether oder Pächter zu gestatten. Zur Vornahme der Revisionen der einzelnen Privatleitungen und der Wassermesser, sowie der Grundzahlungen ist die Verwaltung jederzeit berechtigt.

<table>
<tr><th>Veränderungen in den Grundlagen des Vertrags. Vertragswidrige Verwendung des Wassers</th><th>Besitzwechsel</th><th>Uebertretungen, Strafen und Berufungen</th></tr>
<tr><td>24</td><td>25</td><td>26</td></tr>
<tr><td>Von eintretenden Veränderungen am Grundstück oder Gebäude, welche auf Aenderung der Einschätzung Einfluss haben, ist der Verwaltung unverzüglich Mittheilung zu machen.
Kein Privatconsument darf Wasser aus städtischen Leitungen verkaufen, verschenken oder vergeuden bei Vermeidung einer sofortigen Trennung vom städtischen Rohrnetz.</td><td></td><td>Uebertretungen irgend einer in den Abgabe-Bedingungen enthaltenen Bestimmung werden mit einer Conventionalstrafe von M 3 bis 5 im ersten Falle, von M 6 bis 10 im Wiederholungsfalle belegt; im dritten Falle kann Trennung vom städtischen Rohrnetz erfolgen.
Findet der controlirende Beamte eine Veränderung, welche auf die Einschätzung Einfluss hat, nicht angezeigt war und eine höhere Tarifirung zur Folge gehabt hätte, so kann der dafür normirte tarifmässige Jahresbetrag, vierfach berechnet, als Conventionalstrafe eingezogen werden.
Benutzen die Privatleitung mehrere Consumenten gemeinschaftlich, so müssen sich die Mitbewohner, auch wenn sie schuldlos sind, die Trennung der Leitung vom Stadtrohrnetz in Folge Verschuldens des einen Mitconsumenten gefallen lassen.
Für alle Uebertretungen ist der Besitzer der Privatleitung verantwortlich zu machen, auch wenn sie nicht von ihm, sondern von andern ausgegangen sind.
Wiederholte Uebertretungen der Vorschriften für die Ausführungen der Privatleitungen seitens der Installateure können Entziehung der Concession im Gefolge haben.</td></tr>
<tr><td>Aendern sich auf einem abonnirten Grundstücke die der Einschätzung zu Grund liegenden Factoren durch Vermehrung des Brandversicherungswerthes, Vergrösserung des Grundstückes oder durch Zuwachs von Gewerben, so ist der betreffende Abonnent verpflichtet, die Verwaltung davon in Kenntniss zu setzen.
Es ist dem Abonnenten untersagt, das gemiethete Wasser oder einen Theil desselben auf ein nicht im Abonnement inbegriffenes Grundstück zu leiten oder in anderer Weise abzugeben.</td><td>Bei Handänderung einer Liegenschaft gilt der bisherige Abonnementsvertrag für den neuen Erwerber, sofern derselbe nicht ausdrücklich und rechtzeitig die Aufhebung oder Aenderung desselben verlangt. Das bezügliche Begehren muss an die Verwaltung spätestens 1 Monat vor Ablauf des Quartals eingegeben werden. Für Rückstände haftet der frühere Eigenthümer.</td><td>Sofern eine wiederholte Zahlungsaufforderung unwirksam bleibt, ist die Verwaltung berechtigt, die Wasserabgabe zu sistiren, abgesehen von den sonstigen ihr zustehenden Rechtsmitteln.
Zuwiderhandlungen gegen die Bestimmungen dieser Verordnung können den Wasserentzug zur Folge haben und überdies vom Polizeigericht mit einer Geldbusse bis auf M 160 belegt werden.
Einsprachen gegen die Einschätzung sind an das Sanitäts-Departement zu richten.
Beschwerden über die Verwaltung sind dem Vorsteher des Sanitäts-Departements zuzustellen.</td></tr>
<tr><td>Veränderungen oder Verlängerungen der Privatleitungen in den Grundstücken dürfen ohne vorherige Genehmigung der Verwaltung nicht ausgeführt, auch dürfen solche veränderten oder erweiterten Anlagen vor erfolgter Besichtigung und Genehmigung nicht in Gebrauch genommen werden.
Von allen baulichen Veränderungen, die in einem Grundstücke vorgenommen werden und durch welche die Anzahl oder der räumliche Umfang der bei Berechnung des Wasserzinses veranschlagten Räume verändert wird, sowie von jeder Veränderung in der Verwendung des Leitungswassers und von jeder Aenderung in der Leitungsanlage ist, auch wenn diese Veränderungen für Festsetzung der Wasserabgabe nicht von Einfluss sind, der Verwaltung Anzeige zu erstatten.
Als Vergeudung wird angesehen, wenn das Wasser aus irgend einem Theile der Leitung längere Zeit ab-</td><td>Geht das Hausgrundstück auf einen anderen Eigenthümer bezw. Miether oder Pächter über, so ist dessen ohngeachtet der bisherige Besitzer des Grundstücks bezw. der Miether oder Pächter auf Verlangen der Verwaltung verpflichtet, für das nach diesem Besitzwechsel in das betreffende Grundstück gelieferte Wasser Zahlung zu leisten und zwar so lange, bis er das mit der Verwaltung eingegangene Vertragsverhältniss durch Kündigung aufgehoben oder die Verwaltung ihn von seiner Verpflichtung ausdrücklich entbunden hat.</td><td>Der Abnehmer darf das Wasser nur in dem Umfange benutzen, wie dies in seinem Antrage auf Wasserabgabe von ihm angegeben worden ist.
Wer widerrechtlich die nur für den Hausverbrauch angemeldete Privatleitung zur Entnahme für gewerbliche oder andere, besonderer Bezahlung unterliegende, bei der Anmeldung nicht angegebene Zwecke oder zu anderen als den angemeldeten Gewerben benutzt oder daraus an Bewohner eines anderen Grundstücks Wasser abgiebt, oder ohne vorher eingeholte Genehmigung an der Leitung Vorrichtungen zur Wasserentnahme anbringt, hat eine Strafe von M 30 bis 100 verwirkt und bleibt überdies zur Bezahlung des widerrechtlich benutzten Wassers verpflichtet.
Gewerken und Unternehmer, welche Veränderungen oder Verlängerungen von Privatleitungen ohne vorherige Genehmigung ausführen, verfallen ebenso wie die Grundstücksbesitzer bezw. Miether oder Nutzniesser, welche die Veränderungen oder Verlängerungen geschehen liessen, in M 30 bis 100 Strafe.
Die Besitzer der Privatleitung oder deren Vertreter sind für die von den Hausbewohnern begangenen Uebertretungen verantwortlich, haften daher für Bezahlung des Wassers und sind strafbar, wenn jene Uebertretungen mit ihrem Wissen geschehen oder unter Umständen erfolgt sind, welche zu der Annahme berechtigen, dass sie von den Uebertretungen Kenntniss erhalten haben.
Benutzen mehrere Consumenten ein gemeinschaftliches Zuleitungsrohr, so haben sie für einander in der Weise solidarisch zu haften, dass die Verwaltung berechtigt</td></tr>
</table>

No.	Stadt	Feuerhähne und Verhalten bei Feuersgefahr	Betriebsstörungen u. w. d. a. Ersatzansprüche	Ueberwachung der Hausleitungen und der Wasserentnahme
		21	22	23
		sitzer das Privathauptventil einer Privatleitung auf Verlangen des Feuerlöschdirectors oder dessen Stellvertreters zu schliessen oder auch die Privatleitung den Löschmannschaften zur Verfügung zu stellen. Hiervon sind im Betriebe befindliche Dampfkessel-Anlagen insoweit ausgeschlossen, als die Absperrung der Anschlussleitung erst nach Ablauf einer Stunde, von der Aufforderung zur Schliessung an gerechnet, zu erfolgen hat.	gärten und, sofern dies unzureichend ist, die Zuleitungen zu den Gärtnereien, Dampfkesselspeisungen und hiernach zu den anderen industriellen Etablissements, bei welchen grössere Mengen von Leitungswasser gebraucht werden. Die angeordnete Absperrung der Zuleitungen für Dampfkesselspeisungen und für grössere industrielle Etablissements soll indessen, wenn irgend möglich, nicht früher als 2 Stunden, von erfolgter Ansage an gerechnet, erfolgen. Aus dem Umstande, dass die Wasserleitung längere oder kürzere Zeit nicht benutzt gewesen ist, oder dass das verbrauchte Quantum Wasser hinter dem Quantum zurückbleibt, welches nach der geleisteten Grundzahlung beansprucht werden kann, ferner daraus, dass die Wasserlieferung eine zeitweise Unterbrechung erlitten hat oder das gelieferte Wasser aus irgend welcher Veranlassung nicht benutzbar gewesen ist, kann der Besitzer einer Privatleitung ein Recht auf völligen oder theilweisen Erlass der regulativmässigen Zahlung oder ein Recht auf irgend einen Schadenersatz nicht herleiten.	
13	**Bayreuth** .	Bei Feuersgefahr hat der Stadtmagistrat das Recht, sowohl ganze Strassenstränge des Röhrennetzes als auch den Zufluss zu einzelnen Anwesen abzusperren, ohne dass die Wasserabnehmer, die hierdurch betroffen werden, Anspruch auf irgend eine Entschädigung haben.	Für einen durch Unterbrechung der Wasserleitung entstehenden Schaden leistet die Stadt den Abonnenten keinen Ersatz und eben so wenig kann der Abonnent aus diesem Grunde, oder weil er die Wasserleitung längere oder kürzere Zeit nicht benutzte, einen Anspruch auf völligen oder theilweisen Nachlass des Wasserzinses erheben.	Der Abonnent ist verpflichtet, den Beamten jederzeit freien Zutritt zu den Räumlichkeiten, in welchen die Wasserleitung, die Wassermesser und Zubehör angebracht sind, zu verschaffen und die Umwechselung oder Reinigung des Wassermessers jederzeit zu gestatten.
14	**Bergedorf**		Sollte durch höhere Gewalt oder durch unvorhergesehene Ereignisse eine Woche hindurch oder länger Wasser nicht geliefert werden, so wird das Wassergeld nach Verhältniss der Zeit des Mangels ermässigt. Für Unterbrechung auf eine kürzere Zeit findet keine Ermässigung statt.	Der Consument muss den Beamten den Zutritt zu seiner Privatrohrleitung und seinen Behältern unweigerlich gestatten, bezw. verschaffen. Wegen missbräuchlicher Ausübung dieser Controlbefugnisse seitens des Unternehmers ist die Beschwerde an den Magistrat zulässig, welcher in der Sache entscheidet.

Veränderungen in den Grundlagen des Vertrags. Vertragswidrige Verwendung des Wassers	Besitzwechsel	Uebertretungen, Strafen und Berufungen
24	25	26
läuft, z. B. zum Spülen der Aborte, zur Verhütung des Einfrierens der Leitung oder zur Kühlung der Räume im Sommer u. s. w. Weiter gilt als Vergeudung das Auslaufen des Wassers aus Undichtigkeiten oder andern Schadhaftigkeiten in der Privatleitung, sowie in Theilen derselben aus Hähnen, Ventilen u. s. w., oder wenn während des Sprengens der Gärten, Höfe oder Strassen derjenige, welcher die Besprengung ausführt, die Auslaufmündung des Schlauches längere Zeit unverschlossen aus der Hand legt. Nur mit besonderer Genehmigung der Verwaltung ist die Benutzung versetzbarer, rotirender Garten-Sprengvorrichtungen gestattet. Werden Undichtheiten und andere Schadhaftigkeiten in der Privatleitung nicht sofort beseitigt oder dem Wasserwerk nicht ohne Verzug vom Grundstücksbesitzer gemeldet, so ist auch hierin Vergeudung zu erblicken.		ist, das gemeinschaftliche Abzweigrohr zu schliessen, wenn sie durch die Handlungen oder Unterlassungen des einen Betheiligten zur Entziehung des Wasserzuflusses Anlass hat. Den auf die Wasserleitung bezüglichen Anordnungen der Verwaltung haben die Eigenthümer und Bewohner der mit Privatleitungen versehenen Grundstücke unverzüglich Folge zu leisten. Zuwiderhandlungen oder Nichtbeachtung der bezüglichen Weisungen des Stadtraths oder der Verwaltung bezw. der von Letzterer beauftragten Beamten werden, soweit nicht in der Wasserbezugsordnung für besonders bezeichnete Uebertretungen andere Strafen festgesetzt sind, oder soweit nicht strafrechtliche Ahndung eintritt, mit Ordnungsstrafen von M 2 bis 100 belegt. Der Besitzer einer Privatleitung kann wegen unbefugter Benutzung eines Feuerhahnes mit einer Geldstrafe von M 30 bis 100 bestraft werden. Zur Beanstandung oder Abstellung des Wasserzuflusses ist die Verwaltung befugt im Falle unstatthafter Einrichtung der Privatleitungen bis zu deren vorschriftsmässiger Herstellung; sofern die Bezahlung der Wasserabgabe oder der Rechnungen des Wasserwerks über dessen Leistungen und Arbeiten zur Anlage und Unterhaltung der Privatleitung nicht innerhalb 8 Tage nach deren Vorlegung erfolgt; im Falle einer Nichtbeachtung der zu ertheilenden Weisungen des Stadtraths oder des Verwaltungsausschusses, wie auch im Falle einer Zuwiderhandlung gegen die den Wasserbezug betreffenden Anordnungen; wenn der Wasserabnehmer das Wasser aus Nachlässigkeit oder Muthwillen vergeudet oder wiederholter Uebertretungen dieser Wasserbezugsordnung sich schuldig gemacht hat, und sofern trotz eingetretener theilweiser Beschränkung der Wasserabgabe ein Consument seiner Privatleitung Wasser noch entnimmt. Wenn zwischen der Direction und dem Consumenten über die Auslegung und Anwendung dieses Regulativs Meinungsverschiedenheiten entstehen, so entscheidet über dieselben endgiltig mit Ausschluss des Rechtsweges der zur Verwaltung niedergesetzte Ausschuss.
		Die Verwaltung ist ermächtigt, denjenigen Privatbesitzern, welche die Satzungen nicht beobachten oder den Wasserzins oder die sie treffenden Kosten nicht bezahlen, den ferneren Wasserzufluss ohne Weiteres abzuschneiden. Die Zeit, auf welche die Absperrung zu erfolgen hat, wird vom Stadtmagistrate bestimmt und beträgt mindestens 14 Tage, event. erstreckt sie sich auf solange, bis der Abstichbesitzer seinen Verpflichtungen nachgekommen ist und die Bezahlung des Wasserzinses auf weiteren Wasserbezug gesichert erscheint.
Während der Zeit, in welcher die Leitung nicht benutzt wird, müssen die Hähne geschlossen werden. Wenn der Consument eine Schadhaftigkeit seiner Anlagen, namentlich ein ungehöriges oder ungewöhnlich starkes Ausströmen von Wasser bemerkt, so muss er dies dem Wasserwerk sofort anzeigen und zwecks Wiederherstellung der schadhaft gewordenen Leitung das Nöthige anordnen.	Die ganze oder theilweise Abtretung des Rechts der Wasserbenutzung an Dritte ist ohne vorherige Anzeige nicht gestattet, und müssen daher insbesondere Besitzwechsel von mit Wasserleitung versehenen Häusern resp. die anderweitige Vermiethung von mit Wasserleitung versehenen Wohnungen baldthunlichst angemeldet werden. Der Besteller, welcher sein Recht ohne diese Anzeige abtritt, haftet dem Wasserwerk nach wie vor für die Erfüllung seiner Verbindlichkeiten, sowie für jeden entstandenen oder noch entstehenden Schaden.	Wer eigenmächtig und ohne Genehmigung resp. ohne die Controle eine Abänderung, Erweiterung oder Reparatur der Privatrohrleitung selbst vornimmt oder ausführen lässt, zahlt an die Stadtcasse eine Strafe von M 1 bis 15. Wer in Bezahlung des Wassergeldes säumig ist, oder wer den Bestimmungen des Regulativs nicht pünktlich nachkommt, muss sich gefallen lassen, dass nach vorher eingeholter magistratlicher Genehmigung, welche jedoch nur bei gleichzeitiger Zusicherung der Schadloshaltung für den entgangenen Gewinn versagt werden kann, das Wasserwerk, unbeschadet seiner Entschädigungsansprüche, das Zuleitungsrohr der Privatrohrleitung von dem Hauptrohre jederzeit trennt und so das Wasser entzieht.

No.	Stadt	Feuerhähne und Verhalten bei Feuersgefahr	Betriebsstörungen u. w. d. a. Ersatzansprüche	Ueberwachung der Hausleitungen und der Wasserentnahme
		21	22	23
15	**Berlin** . . .		Sollte durch ungewöhnliche, von der Direction nicht verschuldete Zufälligkeiten die Zuführung oder Benutzung des Wassers unterbrochen werden, so begründet diese Unterbrechung keinen Entschädigungsanspruch für die Consumenten.	Der Consument ist verpflichtet, den Beamten jederzeit freien Zutritt zu den Räumlichkeiten, in welchen die Wasserleitung, Messer und Zubehör angebracht sind, zu verschaffen, und die Umwechselung oder Reinigung des Wassermessers zu gestatten.
16	**Bern**	Der Hydrant darf nur bei Feuersgefahr und für den öffentlichen Dienst geöffnet und benutzt werden. Bei einem ausbrechenden Brande hat jeder Besitzer einer Privatleitung sofort auf Verlangen eines Brandcorpsoffiziers oder der Stadtpolizei zu gestatten, dass seine Leitung zu Löschzwecken benutzt werde.	Der Abonnent verzichtet ausdrücklich, irgend welchen Anspruch auf die Entschädigung für Verminderung oder gänzliches Ausbleiben oder für Mängel des Wassers oder der Leitung irgend einer Art zu erheben.	Den Beamten ist der Zutritt zu allen Theilen des Grundstückes jederzeit zu gestatten.
17	**Bernburg**	Feuerhähne können in beliebiger Anzahl und an jedem dazu geeignet erscheinenden Platze angebracht werden, dieselben dürfen niemals zu anderem Gebrauch als bei Feuersgefahr geöffnet werden. Bei Abnahme der Hausleitungen werden die Feuerhähne mittelst einer Schnur und Plombe verschlossen, und ist nach jedesmaligem Gebrauch, wobei die Schnur durchschnitten wird, der Verwaltung zur Anlegung der neuen Plombe unverzüglich Anzeige zu machen.	Der Umstand, dass die Wasserleitung längere oder kürzere Zeit nicht benutzt gewesen ist, oder dass dieselbe das erwartete Quantum Wasser nicht geliefert hat, oder dass das Wasser nicht bis zu der gewünschten Höhe gestiegen ist, endlich der Umstand, dass die Wasserleitung eine temporäre Unterbrechung erlitten hat, berechtigt den Besitzer einer Privatleitung nicht, einen Anspruch auf völligen oder theilweisen Erlass der bedungenen Bezahlung oder irgend einen anderen Schadenersatz zu erheben, vielmehr unterliegt der ausnahmsweise zu bewilligende Erlass für solche Fälle ausschliesslich der Beschlussnahme des Gemeinderaths.	Den sich legitimirenden Beamten ist bei der ersten Anmeldung, bei späteren baulichen Veränderungen, sowie in jedem Falle, wenn eine örtliche Revision der Privatleitung für nöthig erachtet wird, der Zutritt zu allen von der Leitung im Innern des Hauses berührten Localitäten zu gestatten.

Veränderungen in den Grundlagen des Vertrags. Vertragswidrige Verwendung des Wassers	Besitzwechsel	Uebertretungen, Strafen und Berufungen
24	25	26
	Wechselt ein Grundstück, welches der allgemeinen Canalisation noch nicht angeschlossen ist, den Besitzer, so bleibt der Besteller der Wasserlieferung dessenungeachtet verpflichtet, für das an seinen Nachfolger weiter gelieferte Wasser zu zahlen, und zwar so lange, bis er die Lieferung abbestellt oder die Direction ihn von seinen Verpflichtungen entbunden hat. Es steht jedoch der Direction schon beim Eintritt eines solchen Besitzwechsels frei, die sofortige Zahlung für das schon gelieferte Wasser von dem Besteller zu verlangen und bei Nichtzahlung die Lieferung einzustellen.	Die Direction ist ermächtigt, demjenigen Consumenten, dessen Grundstück nicht der allgemeinen Canalisation angeschlossen ist, vorbehaltlich ihrer sonstigen Entschädigungsansprüche bei Nichtbeachtung des Regulativs, bei Nichtzahlung der den Consumenten etwa treffenden Kosten für Wassermesserprüfungen und bei Nichtzahlung der Kosten für Einrichtungen und Reparaturen an Röhren und Wasserleitungsapparaten sofort den ferneren Wasserzufluss abzuschneiden.
Hat ein nach dem Einschätzungssystem versorgter Abonnent von baulichen oder gewerblichen Veränderungen, welche eine Erhöhung des Wasserzinses zur Folge haben, keine Anzeige gemacht, so hat er den Mehrbetrag wenigstens für das ganze laufende Jahr zu vergüten. Die Hahnen sind nach jedesmaligem Gebrauch zu schliessen, und es darf kein Wasser an Nichtberechtigte abgegeben werden. Nichtbeachtung dieser Vorschriften hat die Bezahlung einer Entschädigungssumme und im Wiederholungsfalle die Entziehung des Wassers mit Verlust des eingezahlten Wasserzinses zur Folge.	Bei Verkauf von Grundstücken haftet der abtretende Besitzer für die Erfüllung des Wasserbetrages so lange fort, bis die Uebertragung des letztern auf den neuen Besitzer stattgefunden hat.	Säumigen Zahlern kann auf vorherige schriftliche Mahnung hin die Zuleitung geschlossen werden. Ferner hat der Abonnent, welcher die Quittung bei der ersten Vorweisung nicht einlöst, eine Verzugsgebühr von M 0,32 zu entrichten. Jeder Missbrauch kann mit einer Conventionalstrafe bis auf M 32 geahndet werden. Der Grundbesitzer haftet der Wasserversorgung für allen Schaden, welcher der Letztern von den Bewohnern des Hauses oder von Dritten zugefügt wird. Siehe auch Sp. 24.

[24/25] Von allen späteren Veränderungen oder Erweiterungen der Wasserleitungsanlage in den Grundstücken, sei es, dass dadurch die nach dem Tarife zu bezahlende Benutzung des Wassers irgendwie beeinflusst wird, oder nicht, ist der Verwaltung sofort Anzeige zu machen, und darf die Benutzung der neuen Theile nicht eher erfolgen, als bis hierfür die Genehmigung ertheilt worden ist.

Das nach Pauschale bezogene Wasser darf nicht an Dritte abgelassen werden. Auch darf dasselbe nicht durch Nachlässigkeit oder Muthwillen vergeudet noch an nicht im Hause wohnende Personen, sei es gegen Entgelt oder unentgeltlich, abgelassen werden.

Sofern das Wasser nicht nach Wassermesser bezahlt wird, darf auch bei Benutzung des Wassers zum Besprengen der Gärten, Pflanzen und Höfe ein freies Laufenlassen nicht stattfinden, vielmehr muss derjenige, welcher die Besprengung ausführt, die Ausflussmündung des Schlauches oder der Spritze in seiner Hand behalten.

[26] Uebertretungen werden mit einer Geldstrafe von M 10 bis 20, im Rückfalle mit einer solchen von M 20 bis 40 geahndet.

Wer die Privatleitung zur Entnahme von Wasser für gewerbliche oder andere der Bezahlung unterliegende Zwecke ohne Anmeldung benutzt, oder an derselben Vorrichtungen zur heimlichen Entnahme von Wasser anbringt, hat neben der strafrechtlichen Verfolgung eine Strafe von M 100 bis M 200 verwirkt. Ausserdem bleibt der Contravenient verpflichtet, das widerrechtlich entnommene Wasserquantum zu bezahlen.

Die Dienstherrschaft, sowie der Besitzer der Privatleitung, resp. dessen im Hause wohnender Bevollmächtigter, welche wissentlich Uebertretungen der vorgedachten Art seitens der Hausbewohner dulden, sind obigen Strafen gleichfalls unterworfen und haften solidarisch für das vergeudete Wasser.

Erfolgt die Bezahlung nicht innerhalb der festgesetzten Zeit, so wird der Wasserzufluss nach Ablauf derselben geschlossen; der Besitzer bleibt auch zur Zahlung der nach Aufstellung der Rechnung entnommenen Wassermenge verpflichtet.

Wenn Uebertretungen der Vorschriften zum Vorschein kommen, wird die Privatleitung bis zur vorschriftsmässigen Einrichtung derselben geschlossen.

Wenn sich mehrere Consumenten ein gemeinschaftliches Abzweigrohr von dem Hauptrohrstrange anlegen, so verpflichten sie sich dadurch, für die von ihnen übernommenen Verbindlichkeiten in der Weise solidarisch zu haften, dass die Verwaltung berechtigt ist, das gemeinschaftliche Abzweigrohr schon dann zu schliessen, wenn ihr dies Recht einem der Betheiligten gegenüber zusteht.

No.	Stadt	Feuerhähne und Verhalten bei Feuersgefahr	Betriebsstörungen u. w. d. a. Ersatzansprüche	Ueberwachung der Hausleitungen und der Wasserentnahme
		21	22	23
18	**Bielefeld** .	Bei Ausbruch eines Brandes in irgend einem Stadttheile ist jeder Abnehmer verpflichtet, auf Erfordern seine Leitung den öffentlichen Löschanstalten zur Verfügung zu stellen. Der Abnehmer hat in solchen Fällen für den betreffenden Monat denjenigen Betrag an Wassergeld zu zahlen, der von ihm im gleichen Monat des Vorjahres bezahlt ist, vorausgesetzt, dass nicht Thatsachen vorliegen, aus denen hervorgeht, dass der Verbrauch in dem betreffenden Monat ein geringerer oder grösserer war, in welchem Falle er soviel mehr oder weniger zu zahlen hat.	Wenn in Zeiten des Mangels an Wasser nur die Bedürfnisse der Hauswirthschaft und des Gewerbebetriebes befriedigt werden können, so ist die Verwaltung befugt, die Verwendung des Wassers zu anderen Zwecken, insbesondere für Springbrunnen, Garten-, Hof- und Strassenbesprengung, zeitweise zu beschränken oder zu untersagen. Dem Abnehmer steht kein Anspruch auf Schadenersatz zu wegen Unterbrechung der Wasserlieferung, oder weil er das Wasser nicht in genügender Menge oder Beschaffenheit oder auf die gewünschte Höhe zu erhalten glaubt.	Den Beauftragten der Verwaltung ist der Zutritt zu sämmtlichen Räumen des mit Wasser zu versorgenden oder versorgten Grundstückes zu gestatten.
19	**Bochum** . .	Die Anbringung von Feuerlöschhähnen in den Privat- resp. Hausleitungen ist nur unter der Bedingung gestattet, dass die Gewinde derselben genau mit den Gewinden der Löschapparate übereinstimmen. Für die Benutzung des Wassers zu Feuerlöschzwecken aus Feuerhähnen, deren Gebrauch nur nach Zerstörung eines von der Direction angelegten Bleiverschlusses möglich ist, wird nicht bezahlt. Ist dieser Verschluss aber aus einem anderen Grunde als zum Löschen eines Brandes oder zu einer in Gegenwart eines dazu beauftragten Beamten vorzunehmenden Probe zerstört worden, so werden für den erneuten Verschluss M 10 berechnet. Von dem stattgehabten Gebrauche der Feuerhähne muss die Direction binnen 24 Stunden in Kenntniss gesetzt werden. Bei einem in der Stadt ausbrechenden Feuer muss jeder Besitzer einer Privatleitung dieselbe je nach Verlangen der Polizeibehörde entweder schliessen oder den Löschmannschaften zur Verfügung stellen.	Der Umstand, dass die Wasserleitung längere oder kürzere Zeit nicht benutzt gewesen ist, oder dass dieselbe das erwartete Quantum Wasser nicht geliefert hat, oder dass das Wasser nicht zu der gewünschten Höhe gestiegen ist, endlich der Umstand, dass die Wasserleitung eine zeitweilige Unterbrechung erlitten hat, berechtigt den Besitzer einer Privatleitung im Allgemeinen nicht, einen Anspruch auf völligen oder theilweisen Erlass der bedungenen Bezahlung, noch auf irgend einen anderen Schadenersatz zu erheben. Wenn jedoch die zeitweilige Unterbrechung länger als 14 Tage gedauert hat, so kann für die Zeit, um welche diese Unterbrechung länger als 14 Tage gedauert hat, ein Erlass resp. eine Ermässigung des Wasserzinses stattfinden, und entscheidet hierüber die Deputation.	Den Beamten ist der Zutritt zu allen Räumen von Grundstücken, für welche eine Privatleitung verlangt wird, zu gestatten.

Veränderungen in den Grundlagen des Vertrags. Vertragswidrige Verwendung des Wassers

24

Von allen baulichen Veränderungen, welche auf einem der Wasserleitung angeschlossenen Grundstück vorgenommen werden, sowie von jeder Veränderung, welche in den sonstigen, für die Feststellung des Wassergeldes maassgebenden Thatsachen eintritt, ist der Verwaltung sofort Anzeige zu machen.

Es ist dem Abnehmer untersagt, Wasser an dritte Personen zu anderen Zwecken, als zum Genusse auf der Stelle, namentlich aber für eine Gegenleistung oder vermittelst einer Rohrleitung ohne Genehmigung der Verwaltung abzugeben.

Besitzwechsel

25

Geht ein mit Wasser versorgtes Grundstück auf einen andern Eigenthümer über, ohne dass eine vorschriftsmässige Abmeldung erfolgt, so haftet neben dem neuen Eigenthümer der bisherige so lange für Zahlung des Wassergeldes und Einhaltung der sonstigen Verpflichtungen, bis die Verwaltung den Nachfolger an seiner Stelle angenommen hat. Auch der neue Eigenthümer hat der Verwaltung sofort Anzeige zu machen. Er haftet in allen Fällen für das etwa rückständige Wassergeld und die sonstigen Verpflichtungen des früheren Eigenthümers.

Bei jedem Wechsel dieser Art ist die Verwaltung jedoch auch berechtigt, die Leitung sofort abzusperren.

Uebertretungen, Strafen und Berufungen

26

Uebertretungen der Bestimmungen ziehen, ausser dem zu leistenden Schadenersatze, für jeden einzelnen Fall zum ersten Male eine Strafe von M 1 bis 15 und im Wiederholungsfalle innerhalb eines Jahres eine solche von M 15 bis 30 nach sich.

Erfolgen die Zahlungen nicht innerhalb der gesetzten Fristen, so ist die Stadt berechtigt, die Wasserzuführung zu sperren, vorbehaltlich aller sonstigen Schritte.

In Fällen, in welchen die Uebertretung nach dem pflichtmässigen Ermessen der Verwaltung als eine schwere Schädigung der städtischen Interessen erscheint, kann sofort neben der Festsetzung der Strafe oder statt derselben die Absperrung der Wasserzuführung bewirkt werden.

Bei leichteren Uebertretungen bleibt die Absperrung vorbehalten und wird in der Regel dann in Aussicht zu nehmen sein, wenn zum dritten Male eine Strafe festgesetzt wird. Eine Verpflichtung zum Schadenersatze wegen Abschlusses der Wasserzuführung in den vorstehenden Fällen trifft die Stadt unter keinen Umständen, selbst wenn im Rechtswege festgestellt werden sollte, dass die Zuwiderhandlung nicht nachgewiesen ist und die Strafe bezw. der Schadenersatz nicht geleistet zu werden braucht. Der Verwaltung bleibt es jedoch vorbehalten, in solchen Fällen ausnahmsweise völlige oder theilweise Entschädigung zu gewähren.

Für alle Zuwiderhandlungen gegen die Bestimmungen bleibt der Eigenthümer in Bezug auf den Schadenersatz und die Zahlung der Strafe der Stadt gegenüber verantwortlich, mögen dieselben von ihm selbst oder von einem Dritten ausgegangen sein, vorbehaltlich des Rechts der Stadt, auch gegen den Letzteren im Wege der Klage vorzugehen. Es steht dem Eigenthümer daher der Einwand, dass er die Zuwiderhandlung nicht verschuldet habe, nicht zu. Er kann indessen diese Verantwortlichkeit durch ein besonderes, unter Zustimmung der Verwaltung abzuschliessendes Uebereinkommen auf den Miether, Nutzniesser oder sonstigen Nutzungsberechtigten übertragen.

Wenn zwischen der Verwaltung und dem Abnehmer über die Auslegung der Entnahme-Bedingungen Meinungsverschiedenheiten entstehen sollten, so entscheidet darüber die Erstere endgültig.

Von allen baulichen Veränderungen, welche auf einem Grundstück vorgenommen werden und durch welche die Anzahl der der Veranlagung unterliegenden Räume verändert wird, sowie von jeder Veränderung der Verhältnisse, welche maassgebend für die Berechnung gewesen sind, ist der Direction Anzeige zu machen, damit geprüft werden kann, ob eine Aenderung in der Zahlung für das zu liefernde Wasser stattfinden muss.

Die Abgabe von Wasser an solche Häuser oder Grundstücke, welche nicht an die Wasserleitung angeschlossen sind, ist untersagt.

Geht das Haus oder Grundstück auf einen anderen Eigenthümer resp. Miether oder Pächter über, so ist derselbe verpflichtet, der Direction hiervon sofort Anzeige zu machen. Der neue Eigenthümer resp. Miether oder Pächter haftet in allen Fällen für das etwa rückständige Wassergeld und die sonstigen Verpflichtungen des früheren Consumenten.

Abnehmer, welche den Bestimmungen zuwider handeln, werden von der Direction zur Abstellung der Uebelstände mit dreitägiger Frist aufgefordert. Bleibt diese Aufforderung erfolglos, so ist die Direction berechtigt, den Wasserzufluss abzuschneiden.

Abnehmer, welche sich wiederholter Uebertretungen des Regulativs schuldig machen, verfallen ausserdem in eine von der Deputation festzusetzende Conventionalstrafe bis zu M 100.

Den Abnehmern steht binnen 3 Tagen nach Empfang der Verfügung der Direction der Einspruch an die Deputation frei, und entscheidet Letztere nach sachlicher Prüfung unter Ausschluss des Rechtsweges endgültig. Nach eingelegter Berufung wird die Ausführung der Verfügung der Direction bis zur Entscheidung der Deputation sistirt, jedoch haften die Recurrenten auch für denjenigen Schaden, welcher in der Zwischenzeit bis zur endgültigen Entscheidung der Deputation in Folge ihres Zuwiderhandelns oder ihrer Unterlassung entsteht.

No.	Stadt	Feuerhähne und Verhalten bei Feuersgefahr	Betriebsstörungen u. w. d. a. Ersatzansprüche	Ueberwachung der Hausleitungen und der Wasserentnahme
		21	22	23
20	**Bonn** . . .	Die Feuerhähne müssen womöglich so eingerichtet sein, dass sie sich mit den Schläuchen der öffentlichen Löschanstalten verbinden lassen. Bei Bezahlung nach Tarif dürfen Feuerhähne nur bei Feuersgefahr, nicht aber zu anderen Zwecken benutzt werden, und ist zur Sicherstellung hierfür die Verwaltung berechtigt, die Feuerhähne mit einer Plombe zu versehen, die nur im Falle der Gefahr gelöst werden darf. Die Benutzung eines Feuerhahnes muss binnen 24 Stunden der Verwaltung angezeigt werden. Beim Ausbruche eines Brandes in irgend einem Stadttheile sind in den Privatleitungen, mit Ausnahme derjenigen zu den Dampfkesseln, alle Krahnen zu schliessen, sofern dieselben nicht zur Bewältigung des Brandes selbst benutzt werden. Jeder Consument ist ausserdem verpflichtet, während des Brandes seine Leitung zur Verfügung der Löschmannschaft zu stellen.	Dem Consumenten steht kein Anspruch auf Schadenersatz zu wegen Unterbrechung der Wasserlieferung, oder weil er das Wasser nicht in genügender Menge oder Beschaffenheit oder auf die gewünschte Höhe zu erhalten glaubt. Nur wenn die Wasserlieferung durch Schuld der Verwaltung länger als 3 Tage unterbrochen bleibt, kann eine verhältnissmässige Ermässigung des Wasserzinses verlangt werden.	Den Beamten muss behufs Ermittelung und Controle des Wasserverbrauchs, sowie der Leitungen stets der Zutritt zu den an die Wasserleitung angeschlossenen Gebäuden und Grundstücken gestattet sein.
21	**Borbeck** .	Bei ausbrechendem Feuer sind alle Privatwasserleitungen sofort zu schliessen, und darf, so lange bis das Feuer gelöscht ist, aus denselben nur das nothwendigste Wasser entnommen werden.	Der Umstand, dass die Wasserleitung längere oder kürzere Zeit nicht benutzt gewesen ist, oder dass dieselbe nicht das erwartete Quantum Wasser geliefert hat, oder dass das Wasser nicht bis zu der gewünschten Höhe gestiegen ist, endlich der Umstand, dass die Wasserlieferung eine temporäre Unterbrechung erlitten hat, berechtigen den Besitzer einer Privatleitung nicht, einen Anspruch auf völligen oder theilweisen Erlass der bedungenen Zahlungen noch auf irgend einen anderen Schadenersatz zu erheben.	Den Beauftragten der Verwaltung ist der Zutritt zu allen Räumen, durch welche Wasserleitungsrohre gehen, oder welche Einrichtungen zur Wasserentnahme enthalten, jederzeit gestattet.
22	**Braunschweig**	Beim Ausbruch eines Schadenfeuers ist jeder Besitzer einer Leitung verpflichtet, dieselbe den öffentlichen Löschanstalten auf Erfordern zur Verfügung zu stellen, auf Verlangen auch, bis das Feuer gelöscht ist, geschlossen zu halten. Für den muthmaasslichen Verbrauch zum Zwecke der Löschung wird nachträglich eine entsprechende Vergütung alsdann gewährt, wenn und insoweit der wirkliche Jahresverbrauch des Besitzers den festgestellten Mindestbedarf übersteigt.	Der Umstand, dass das Wasser nicht zur gewünschten Höhe gestiegen, oder nicht in der erwarteten Menge und Reinheit geliefert oder eine zeitweise Unterbrechung der Wasserförderung eingetreten ist, berechtigt nicht, Anspruch auf Ermässigung des bedungenen Wassergeldes oder auf sonstigen Schadenersatz zu erheben.	Der Consument ist verpflichtet, den Beamten und Beauftragten jederzeit freien Zutritt zu denjenigen Räumlichkeiten zu verschaffen, in denen sich der Wassermesser oder Entnahmestellen von Wasser befinden, die Oeffnung eines Ausflusshahns der Leitung und die Entnahme von so viel Wasser zu gestatten, als erforderlich ist, um zu beobachten, ob der Messer in Ordnung ist, und die Reinigung oder Umwechselung des Wassermessers zu gestatten.

<table>
<tr><th>Veränderungen in den Grundlagen des Vertrags. Vertragswidrige Verwendung des Wassers</th><th>Besitzwechsel</th><th>Uebertretungen, Strafen und Berufungen</th></tr>
<tr><td>24</td><td>25</td><td>26</td></tr>
<tr><td>Bei Bezahlung nach Tarif muss von jeder Veränderung in der Grösse, Bebauung und Benutzung eines Grundstückes, welche eine andere Einschätzung zur Folge haben würde, der Verwaltung rechtzeitige Anzeige gemacht werden.
Es darf kein Wasser aus den Leitungen an benachbarte Grundstücke resp. deren Bewohner und Nutzniesser, gleichviel ob unentgeltlich oder gegen Bezahlung, abgegeben werden.</td><td>Wenn der Eigenthümer sein Haus oder Grundstück verkauft, so hat er den Käufer zur Erfüllung aller ihm dem Wasserwerke gegenüber obliegenden Verbindlichkeiten in rechtsverbindlicher Form zu verpflichten und bleibt dem Wasserwerk für allen aus Nichtbefolgung dieser Bestimmung etwa erwachsenden Schaden verantwortlich.</td><td rowspan="2">Uebertretungen der auf die Bezahlung nach Tarif bezüglichen Bestimmungen berechtigen die Verwaltung, unbeschadet der civilrechtlichen Ansprüche, den Consumenten den Wasserzufluss sofort zu entziehen. Der bereits gezahlte Wasserzins verfällt dann zu Gunsten des Wasserwerkes.</td></tr>
<tr><td colspan="2">Bei Bezahlung nach Tarif darf das Wasser nur für die im Anmeldebogen bezeichneten Räumlichkeiten resp. Zwecke benutzt werden, ausser zur Unterdrückung einer Feuersgefahr; dasselbe darf nicht beständig aus irgend einem Theile der Leitung fliessen, sondern es muss jeder Krahnen nach dem Gebrauche wieder geschlossen werden. Jede Vergeudung des Wassers durch Fahrlässigkeit oder Muthwillen ist untersagt. Von jeder in der Leitung stattfindenden Undichtigkeit, selbst wenn dieselbe den Hausbewohnern keinen Nachtheil bereitet, ist der Verwaltung sofort Anzeige zu machen.</td></tr>
<tr><td>Das Wasser darf unter keinen Umständen an Andere, sei es gegen Entgelt oder unentgeltlich, abgegeben werden.</td><td></td><td>Uebertretungen der Vorschriften werden mit einer Conventionalstrafe von M 5 bis 10 im ersten Falle und von M 11 bis 30 im Wiederholungsfalle geahndet. Beim dritten Male ist die Schliessung der Anlage gestattet. Wer die ihm auferlegte Conventionalstrafe binnen 3 Tagen nicht bezahlt, dem kann am folgenden Tage die Leitung geschlossen werden. Im Falle des Einspruchs entscheidet endgültig der Gemeinderath.</td></tr>
<tr><td colspan="3">Wenn sich mehrere Consumenten ein gemeinschaftliches Abzweigrohr von dem Hauptrohrstrange anlegen, verpflichten sie sich dadurch, für die von ihnen übernommenen Verbindlichkeiten in der Weise solidarisch zu haften, dass die Verwaltung berechtigt ist, das gemeinschaftliche Abzweigrohr zu schliessen, wenn ihr dieses Recht einem der daran Betheiligten gegenüber zusteht.
Jeder Besitzer einer Privatleitung erkennt ausdrücklich an, dass er für alle Uebertretungen hinsichtlich seiner Leitung verantwortlich ist, gleichviel, ob dieselben von ihm selbst oder von einem Dritten ausgegangen sind. Es steht ihm daher der Einwand, dass nicht er derartige Uebertretungen selbst verschuldet habe, in keinem Falle zu.</td></tr>
<tr><td></td><td>Geht das angemeldete Grundstück in den Besitz eines Andern über, so hat der bisherige Consument dieses anzumelden und haftet nach geschehener Anzeige nur noch für den Beitrag für das laufende Vierteljahr nach Ueberweisung des Grundstücks an den Besitznachfolger.</td><td>Der Consument ist dem Wasserwerke gegenüber für alle Uebertretungen verantwortlich, mögen dieselben von ihm selbst oder von einem Dritten ausgegangen sein; das Recht des Wasserwerks, auch gegen den Letzteren im Wege der Klage vorzugehen, bleibt vorbehalten. Zuwiderhandlungen gegen die Bestimmungen des Regulativs berechtigen die Direction zur Schliessung der Zweigleitung.
Erfolgt die Bezahlung des Wassergeldes oder der Rechnungen über Leistungen und Arbeiten nicht innerhalb 8 Tagen, so kann die Leitung geschlossen werden.
Eine Verpflichtung zum Schadenersatze wegen Abschlusses der Wasserzuführung in den vorstehenden Fällen trifft das Wasserwerk unter keinen Umständen.
Ueber Streitigkeiten zwischen der Direction und dem Consumenten hinsichtlich der Auslegung und Anwendung der Bestimmungen entscheidet endgültig unter Ausschluss des Rechtsweges die Verwaltungs-Deputation.</td></tr>
</table>

No.	Stadt	Feuerhähne und Verhalten bei Feuersgefahr	Betriebsstörungen u. w. d. a. Ersatzansprüche	Ueberwachung der Hausleitungen und der Wasserentnahme
		21	22	23
23	**Bremen** . .	Bei Ausbruch eines Brandes muss jede in der Nähe desselben belegene Privatleitung auf die erste Aufforderung der Polizeibehörde oder eines Beamten oder des Commandos der Feuerwehr so lange geschlossen werden, wie der Zweck der Brandlöschung es erfordert. In Brandfällen ist die Feuerwehr befugt, jede Privatleitung unentgeltlich zu benutzen. Wenn Wassermesser vorhanden sind, wird das durch die Feuerwehr verbrauchte Wasser dem Consumenten nicht berechnet. Den in Abzug zu bringenden Betrag bestimmt die Verwaltung.	Die Verwaltung kann sich nicht verpflichten, etwaige Unterbrechungen oder Störungen der Wasserversorgung im Voraus zur Kenntniss des Consumenten zu bringen, und muss es daher Letzterem überlassen bleiben, sich gegen Wassermangel durch Anlegung von Vorrathsbehältern oder in andererWeise zu schützen. Die Verwaltung wird stets bemüht sein, vorkommende Unregelmässigkeiten der Versorgung möglichst schnell zu beseitigen; sie leistet jedoch für Nachtheile, welche aus denselben dem Consumenten entstehen sollten, weder Schadenersatz, noch gewährt sie auf Grund solcher Vorkommnisse einen Nachlass oder eine Ermässigung des vertragsmässigen Wassergeldes.	Den Beamten steht zum Behuf der Controle der unbehinderte Zutritt zu allen Theilen der Privatleitung frei.
24	**Breslau** . .	Wird bei Aufstellung von grösseren, lediglich zu Feuerlöschzwecken bestimmten Hydranten oder sonstigen Feuerhähnen von der Anwendung eines Wassermessers abgesehen, so werden diese Apparate seitens der Verwaltung plombirt und dürfen nur bei Feuersgefahr von der Plombe befreit werden. Der Verbrauch hierbei wird von der Feuerwehr festgesetzt. Die Plomben werden seitens der Verwaltung controlirt.	Der Magistrat hat das Recht, wenn er es im öffentlichen Interesse für nöthig erachtet, die Entziehung oder Einschränkung in der Benutzung des Wassers für einzelne oder alle Consumenten zeitweilig oder dauernd anzuordnen. Ein Anspruch auf Entschädigung steht den Consumenten desshalb, oder wenn vorübergehend eine gänzliche Unterbrechung in der Wasserlieferung eintreten sollte, nicht zu.	Jeder Consument ist verpflichtet, den Beamten während der Tagesstunden jederzeit die Revision der Hausleitung und insbesondere des Wassermessers zu gestatten und dafür zu sorgen, dass der letztere stets zugänglich und das Zifferblatt nach Wegnahme des Schutzdeckels frei ist, und dass am Zeigerwerk keine Manipulationen vorgenommen werden.
		Bei ausbrechender Feuersbrunst muss jeder Hausbesitzer seine Privatleitung je nach Anordnung des Branddirectors oder dessen Stellvertreters geschlossen halten oder zur Bekämpfung des Feuers gegen etwaige durch die Baudeputation zu bestimmende Entschädigung zur Verfügung stellen.		
25	**Brieg** . . .	Die Sicherheits-Deputation ist berechtigt, bei Feuersgefahr Wasser aus den Privatwasserhaltungen gegen Entschädigung seitens der Stadtgemeinde nach Angabe des durch den Wassermesser ermittelten Quantums zu entnehmen.	Die Behörden haben das Recht, im öffentlichen Interesse oder bei Betriebs-Störungen jederzeit die Wasserabgabe ohne Entschädigungsgewähr vorübergehend einzustellen. Längere Betriebsstörungen werden vorher angezeigt.	Die Verwaltung ist berechtigt, eine Untersuchung aller Wasserzuleitungseinrichtungen in den Grundstücken vorzunehmen.

Veränderungen in den Grundlagen des Vertrags. Vertragswidrige Verwendung des Wassers	Besitzwechsel	Uebertretungen, Strafen und Berufungen
24	25	26
Der Consument ist verantwortlich für die dauernde Richtigkeit der in seinem Wasserversorgungsantrage enthaltenen Angaben. Eintretende Veränderungen der betreffenden Verhältnisse, welche eine Erhöhung des Wassergeldes bedingen, sind der Verwaltung rechtzeitig anzuzeigen. Im Versäumnissfalle hat der Consument, wenn solche Veränderungen verspätet zur Kenntniss der Verwaltung kommen, den entsprechenden Mehrbetrag des Wassergelds für die ganze seit Eröffnung der betreffenden Wasserleitung verflossene Zeit nachzuzahlen, wofern er nicht einen späteren Zeitpunkt für den Eintritt der Veränderung in einer nach dem Ermessen der Verwaltung genügenden Weise nachweisen kann. Jede Ueberlassung des Wassers an Andere zur Benutzung einer Privatleitung, sowie jede Ueberlassung des Wassers an andere zur Benutzung der Leitung nicht Berechtigte ist, sofern nicht das Wasser derselben mit einem Wassermesser gemessen oder dazu von der Verwaltung die Genehmigung ertheilt ist, verboten.		Die Benutzung des in öffentlichem Grunde befindlichen Absperrhahns der Privatleitung ist der Verwaltung vorbehalten. Eine von anderer Seite — etwa in einem Nothfalle — erfolgte Schliessung dieses Hahnes hat der Consument bei der Verwaltung zur Anzeige zu bringen, und nur Letztere ist zu einer Wiedereröffnung befugt, gleichviel aus welcher Ursache und durch wen die Schliessung erfolgt ist. Bei Zuwiderhandlungen, welche das Gesetz mit Geldstrafe bis zu M 150 oder mit Haft bedroht, wird Strafantrag gestellt. Für jeden durch eine schadhafte Privatleitungsanlage entstehenden Verlust ungemessenen Wassers und für allen aus solcher Ursache den Anlagen des Wasserwerks oder sonstigem Eigenthume der Verwaltung erwachsenden Schaden ist der betreffende Consument verantwortlich; auch zieht eine durch vorschriftswidrige Einrichtung oder mangelhafte Unterhaltung oder unvorsichtige Behandlung der Anlage herbeigeführte fahrlässige Wasservergeudung, welche gesetzlich mit Geldstrafe oder Haft bedroht ist, eine Absperrung der Leitung durch die Verwaltung nach sich. Jeder Consument ist für die Handlungen und Unterlassungen seiner Hausgenossen sowie seines Personals verantwortlich. Entstehen zwischen dem Consumenten und der Verwaltung Streitigkeiten über die Benutzung der Wasserleitung, so ist der Consument verpflichtet, den zu erlassenden Anordnungen der Verwaltung Folge zu leisten, bis das zuständige Gericht, an welches die Berufung innerhalb 6 Wochen freisteht, einen anderweitigen Bescheid abgegeben hat. Es steht der Verwaltung frei, im Falle nicht rechtzeitiger Zahlung des Wassergeldes den Zufluss aus dem Hauptrohre dem Consumenten abzusperren.
		Die Entnahme von Wasser vor dem Durchfluss durch den Wassermesser hat ohne Weiteres die Schliessung der Leitung zur Folge und zieht unter Umständen strafrechtliche Verfolgung nach sich. Wird die Bezahlung einer Rechnung über Wasserconsum oder der Rechnungen über die Kosten für die Herstellung einer Zweigleitung, für die Prüfung, Reinigung oder Reparatur des Wassermessers verweigert oder nicht innerhalb 8 Tagen geleistet, so steht der Verwaltung das Recht zu, nach vergeblicher Androhung die in das Grundstück führende Wasserleitung zu schliessen und die fernere Entnahme des Wassers von der Hinterlegung einer Caution abhängig zu machen. Die gleiche Folge tritt in allen Fällen von Zuwiderhandlungen eines Consumenten gegen die Vorschriften nach dem Ermessen der Verwaltung ein.
	Geht ein an die Wasserleitung angeschlossenes Grundstück durch freiwilligen Verkauf in anderen Besitz über, so hat dies der bisherige Eigenthümer der Verwaltung alsbald anzuzeigen, andernfalls bleibt derselbe für den Betrag für das verbrauchte Wasser haftbar. Im Falle des Zwangsverkaufes, des Concurses oder der Zwangsverwaltung ist der Magistrat berechtigt, die Wasserabgabe in das betreffende Grundstück so lange aufzuheben, bis eine Einigung über die Zahlung des verbrauchten und des noch zu verbrauchenden Wassers mit der Gläubigerschaft, dem Massenverwalter, dem Administrator oder den Bewohnern des Grundstücks zu Stande gekommen ist.	Bei vorgefundenen Unregelmässigkeiten, oder wenn der Grundstücksbesitzer den Zutritt zu den Wasserleitungseinrichtungen in seinem Grundstücke verweigert, kann die Wasserabgabe entzogen werden. Wer ohne Genehmigung der Deputation Neueinrichtungen, Abänderungen und Erweiterungen an seiner Privatleitung selbst vornimmt oder vornehmen lässt, zahlt eine Conventionalstrafe von M 50, und hat überdies ebenfalls die Entziehung des Wassers zu gewärtigen.

No.	Stadt	Feuerhähne und Verhalten bei Feuersgefahr	Betriebsstörungen u. w. d. a. Ersatzansprüche	Ueberwachung der Hausleitungen und der Wasserentnahme
		21	22	23
26	Cassel . . .	Bei Ausbruch eines Feuers ist die Verwaltung befugt, das sämmtliche Wasser nach der Brandstätte zu leiten und alle Zuleitungen für die Dauer des Brandes zu schliessen.	Die Benutzung der Wasserleitung ist nur insoweit für andere Zwecke gestattet, als die Haus- und Wirthschaftsbedürfnisse der Stadtbewohner zunächst befriedigt sein müssen. In Fällen, in denen dies nicht ermöglicht werden kann, ist die Verwaltung befugt, die Verwendung des Wassers für alle Privatanlagen, welche ohne Aufsicht ständig fliessen, ferner für grösseren gewerblichen Betrieb, sowie Springbrunnen, Strassen-, Hof- und Gartenbesprengung mittelst Schlauchs auf bestimmte Zeiten zu beschränken, äussersten Falles zeitweise zu untersagen. Reparaturen oder Veränderungen der städtischen Wasserleitung berechtigen zu einer zeitweisen Verschliessung der Hausleitungen. Unterbrechungen der Wasserleitung, sowie Minderungen in der vorausgesetzten Wassermenge oder Druckhöhe gewähren keinen Anspruch auf Entschädigung oder Ermässigung der Abgabe.	Den auf die Wasserleitung bezüglichen Anordnungen der Verwaltung hat jeder Haus- oder Grundeigenthümer, sowie jeder andere Bewohner des Hauses unverzüglich Folge zu leisten, vergl. auch Tab. IV, 15.
27	Charlottenburg		Sollte durch aussergewöhnliche, von den Wasserwerken nicht verschuldete Zufälligkeiten oder in Folge besonderer Rohrarbeiten die Zuführung oder Benutzung des Wassers unterbrochen werden, so begründet diese Unterbrechung keine Entschädigungsansprüche für den Entnehmer.	Der Entnehmer ist verpflichtet, den Beamten jederzeit freien Zutritt zu den Räumlichkeiten, in welchen die Wasserleitung und der Messer nebst Zubehör angebracht sind, zu verschaffen und die Umwechselung oder Reinigung des Wassermessers jederzeit zu gestatten.
28	Chemnitz	Feuerhähne, die mit einem oder mehreren Hähnen zum Anschrauben von Schläuchen versehen sind, und stets gefüllt erhalten werden, kann der Besitzer einer Privatleitung in beliebiger Zahl anbringen, es dürfen dieselben aber nur bei einer Feuersgefahr und angemeldeten Feuerlöschproben benutzt werden und haben dieselben ihren besonderen Wassermesser zu erhalten, welcher gleich den übrigen Wasserzählern alle 2 Monate zu revidiren ist.	Der Umstand, dass die Wasserleitung längere oder kürzere Zeit nicht benutzt gewesen ist, oder dass dieselbe das erwartete Quantum nicht geliefert hat, oder dass das Wasser nicht zu der gewünschten Höhe gestiegen ist, endlich der Umstand, dass die Wasserleitung eine temporäre Unterbrechung erlitten hat, berechtigt nicht, einen Anspruch auf völligen oder theilweisen Ersatz der regulativmässigen oder besonders bedungenen Leistungen oder auf irgend einen anderen Schadenersatz zu erheben, vielmehr unterliegt die ausnahmsweise Bewilligung von Erlässen für solche Fälle ausschliesslich der Beschlussnahme des Rathes.	Den Beamten ist der Zutritt zu allen Theilen der Leitungen jederzeit zu gestatten.

Veränderungen in den Grundlagen des Vertrags. Vertragswidrige Verwendung des Wassers	Besitzwechsel	Uebertretungen, Strafen und Berufungen
24	25	26
Das Wasser darf nur den Anmeldungen entsprechend benutzt werden und ohne Genehmigung der Verwaltung zu anderen Zwecken, sei es auf demselben oder benachbartem Grundstück, nicht verwendet werden.		Der Grundstückseigenthümer ist für jede Zuwiderhandlung aller Personen, welchen die Wasserleitung zugängig ist, verantwortlich, und bleibt es ihm überlassen, beim Abschluss der Miethverträge Ersatzanspruch sich zu sichern. Doch kann in denjenigen Fällen, in welchen die Person des Zuwiderhandelnden bestimmt ermittelt ist, auch gegen Letzteren, bezw. dessen Haushaltungsvorstand eingeschritten werden. Bei Zuwiderhandlungen und Widersetzlichkeiten gegen die Bestimmungen für die Benützung der Wasserleitung kommen die bestehenden gesetzlichen Vorschriften zur Anwendung. Abgesehen von dieser Bestimmung und unbeschadet derselben ist die Verwaltung befugt, bei Zuwiderhandlungen gegen die Bestimmungen, bei Widersetzlichkeiten gegen die von ihr erlassenen Anordnungen oder bei unstatthaften Einrichtungen der Leitungen für die Dauer der Widersetzlichkeit oder bis zur Beseitigung der ordnungswidrigen Einrichtung alsbald die betreffende Zuleitung zu schliessen, ohne dass hierdurch ein Anspruch auf Erlass oder Ermässigung der Abgabe begründet wird. Die hierdurch entstehenden Kosten für Absperrung und Wiederöffnen der Zuleitung hat der Eigenthümer des betreffenden Grundstücks zu tragen. Ebenso ist der betreffende Grundstücksbesitzer verpflichtet, für die widerrechtlich verbrauchte Wassermenge nach Abschätzung der Verwaltung nachzuzahlen. Auch die unterbliebene Zahlung der fälligen Abgaben für die Benutzung der Wasserleitung, desgleichen die verzögerte Zurückerstattung der dem Grundstückeigenthümer etwa zur Last fallenden, von der Verwaltung vorgestreckten Kosten berechtigt zum einstweiligen Verschluss der Zuleitung. Beschwerden gegen die Anordnungen der Verwaltung sind, ohne aufschiebende Wirkung, beim Stadtrath geltend zu machen, welcher über dieselben entscheidet, wogegen indessen Berufung an die Aufsichtsbehörde zulässig ist.
Das Wasser kann zu den in der Bestellung angegebenen Zwecken ohne Beschränkung benutzt werden, darf aber nicht durch Nachlässigkeit oder Muthwillen vergeudet, noch an Unberechtigte, sei es gegen Entgelt oder unentgeltlich, abgelassen oder zu anderen als in der Bestellung angegebenen Zwecken verwendet werden.	Wechselt ein Grundstück, welches an die Wasserleitung angeschlossen, den Besitzer, so bleibt der Besteller der Wasserlieferung dessenungeachtet verpflichtet, für das an seinen Nachfolger gelieferte Wasser zu zahlen und zwar so lange, bis er die Lieferung abbestellt, oder bis ihn die Wasserwerke seiner Verpflichtung entbunden haben. Es steht jedoch den Wasserwerken frei, schon beim Eintritt eines solchen Besitzwechsels die sofortige Bezahlung des gelieferten Wassers zu verlangen und bei Nichtzahlung die Lieferung einzustellen. Für rückständige Wassergelder und sonstige Rechnungen haftet der Besitznachfolger.	Der Entnehmer erklärt sich damit einverstanden, dass die Wasserwerke bei jeder Verletzung oder Ueberschreitung der Bedingungen, sowie bei unpünktlicher Zahlung vorbehaltlich ihrer sonstigen Entschädigungsansprüche, sofort die fernere Wasserlieferung an ihn einstellen.
Jede Entnahme von Wasser zu anderen als in der Anmeldung angegebenen Zwecken und jede Vorrichtung zu heimlicher Ableitung ist untersagt und strafbar. Auch darf dasselbe nicht durch Nachlässigkeit oder Muthwillen vergeudet, noch an andere nicht im Hause wohnende Personen abgelassen werden. Ohne besondere Genehmigung ist es nicht gestattet, das Wasser aus irgend einem Theile der Leitung beständig laufen zu lassen.		Uebertretungen werden vorbehältlich der strafrechtlichen Verfolgung mit einer Geldstrafe von M 3 bis 150 belegt. Ausserdem bleibt der Contravenient verpflichtet, einen an der Wasserleitung verursachten Schaden zu ersetzen. Der Hausbesitzer ist für die von den Hausbewohnern begangenen Uebertretungen verantwortlich und, wenn sie mit seinem Wissen und Willen geschehen sind, strafbar. Benutzen mehrere Consumenten ein gemeinschaftliches Zuleitungsrohr, so haben sie für einander in der Weise solidarisch zu haften, dass die Verwaltung berechtigt ist, das gemeinschaftliche Abzweigrohr zu schliessen, wenn sie durch die Handlungen oder Unterlassungen des einen Betheiligten berechtigt wird, diesem den Wasserzufluss zu entziehen, und eine anderweitige Ausschliessung des Contravenienten nicht möglich ist.

No.	Stadt	Feuerhähne und Verhalten bei Feuersgefahr	Betriebsstörungen u. w. d. a. Ersatzansprüche	Ueberwachung der Hausleitungen und der Wasserentnahme
		21	22	23
29	Coblenz . .	Privatfeuerhähne an Zuleitungen ohne Wassermesser werden von der Direction mit einer Plombe versehen, die nur zum Zwecke der Benutzung des Feuerhahnes bei einem wirklichen Brande gelöst werden darf. Wenn diese Plombe von Jemand anders als der Feuerwehr oder dem Wasserwerk gelöst wird, so ist innerhalb 24 Stunden nach geschehener Benutzung davon Anzeige zu machen. Wird dieses versäumt oder findet sich ein Feuerhahn ohne Plombe, so hat die Direction das Recht, falls der Grundstücksbesitzer nicht seine Schuldlosigkeit nachweist, einen Wassermesser für die Zuleitung auf seine Kosten zu beschaffen und aufzustellen, oder die Zuleitung ohne jeden Entschädigungsanspruch des Grundstücksbesitzers auf dessen Kosten zu schliessen oder abzuschneiden. Bei einem ausbrechenden Brande ist auf Verlangen der Feuerwehr jede Zuleitung bis zur Beendigung des Brandes geschlossen zu halten oder zur Bekämpfung des Feuers zur Verfügung zu stellen. Das Wasser, welches für Feuerlöschzwecke den ohne Wassermesser hergestellten Zuleitungen entnommen wird, unterliegt keiner Zahlung. Dagegen ist für jeden daran angebrachten Feuerhahn eine jährliche Gebühr von M 1 zu entrichten. Das Wasser, welches bei Bränden von der Feuerwehr aus Privatleitungen mit Wassermessern entnommen wird, wird nachträglich von der Direction abgeschätzt und der Preis dafür dem Grundstücksbesitzer abgeschrieben.	Die Stadt ist befugt, vorübergehend eine Einschränkung oder Entziehung der Wasserlieferung im Falle höherer Gewalt oder wahrzunehmender allgemeiner Interessen zeitweilig oder dauernd für alle oder einzelne Abnehmer eintreten zu lassen. In solchen Fällen werden die getroffenen Maassregeln möglichst frühzeitig bekannt gemacht werden, und es soll als Regel gelten, in erster Linie die Wasserabgabe für industrielle, landwirthschaftliche, gewerbliche und Luxuszwecke einzuschränken oder zeitweise ganz einzustellen. Dem Abnehmer steht in einem solchen Falle kein Anspruch auf Entschädigung zu. Ein Gleiches gilt, wenn das Wasser zeitweise in ungenügender Menge, unter vermindertem Drucke oder nicht in erwarteter Reinheit zum Ausflusse gelangen sollte.	Die Direction und die von ihr Beauftragten haben das Recht, die Theile eines Grundstückes, in welchen Zuleitungen und Privatleitungen sich befinden, zum Zwecke der Revision der den Vorschriften entsprechenden Ausführung und der ordnungsmässigen Unterhaltung zu betreten.
30	Colmar . .	Die Hydranten in den Trottoirs sind nur im Falle eines Brandes zu öffnen. Beim Ausbruch eines Brandes ist jeder Abnehmer verpflichtet, auf Erfordern seine Leitung der Feuerwehr zur Verfügung zu stellen. Es wird ihm auf sein Ansuchen für das bei dieser Gelegenheit verbrauchte Wasser entsprechende Entschädigung gewährt.	Zeitweilige Unterbrechungen oder Verminderungen der Wasserabgabe begründen für den Consumenten keineswegs einen Schadenersatzanspruch oder einen Abzug an Wasserzins. Die Stadt gewährt weder dem Hausbesitzer noch dem Miether eine Vergütung oder Verminderung des Wasserzinses für Beschädigungen, welche in Folge der Zuleitung des Wassers in seinem Anwesen entstehen.	Die Abonnenten sind gehalten, den Beamten die Revision der inneren Installationen und der Wassermesser möglichst zu erleichtern.
31	Crefeld . .		Bei vorübergehend eintretender Unmöglichkeit der Benutzung der Wasserleitungsanlagen ist die Stadt nicht verpflichtet, den erwachsenen Schaden zu ersetzen. Eine entsprechende Ermässigung des Wasserzinses tritt dann ein, wenn die Unterbrechung der Wasserlieferung länger als 2 Wochen dauert.	Den Beamten muss jederzeit der Zutritt zu den Wasserleitungsanlagen gewährt werden. Den auf Grund der Besichtigungen erlassenen polizeilichen Anordnungen ist unverzüglich Folge zu leisten.

Veränderungen in den Grundlagen des Vertrags. Vertragswidrige Verwendung des Wassers	Besitzwechsel	Uebertretungen, Strafen und Berufungen
24	25	26
Wenngleich dem Grundstücksbesitzer das freie Verfügungsrecht über das von ihm entnommene Wasser zusteht, so ist es doch seine Pflicht, eine nachlässige oder muthwillige Vergeudung zu verhindern.	Wechselt ein mit einer Zuleitung versehenes Grundstück seinen Besitzer, so bleibt der frühere Besitzer desselben so lange zur Zahlung verpflichtet, bis der neue Besitzer der Direction die Inbesitznahme angezeigt hat.	Wer es unterlässt, das eigenthümlich besessene oder verwaltete Grundstück an die städtische Wasserleitung binnen einer zu bestimmenden Frist anzuschliessen, bezw. derjenige Eigenthümer oder Verwalter, welcher den Anschluss des Grundstückes an die Wasserleitung nicht duldet, verfällt — abgesehen von der im Wege der Execution zu bewirkenden Herbeiführung des Anschlusses — in eine Geldstrafe von M 3 bis 30, an deren Stelle im Unvermögensfalle verhältnissmässige Haft tritt. Werden Zapfhähne nach jedesmaligem Gebrauche nicht sofort wieder geschlossen, oder sind die Privatleitungen etc. nicht in völlig dichtem Zustande, so ist die Stadt berechtigt, von dem Grundstücksbesitzer eine Conventionalstrafe von M 5 zu verlangen und im Wiederholungsfalle die Zuleitung zeitweise zu schliessen.
Es ist jedem Abonnenten ausdrücklich verboten, von seiner Leitung, sei es im Innern, sei es ausserhalb des Hauses, durch einen Dritten Wasserbezüge ableiten zu lassen. Es ist ihm gleichfalls verboten, zu Gunsten von Dritten, sei es unentgeltlich, gegen Entschädigung oder auf jede andere Art, über einen Theil oder die Gesammtmenge des ihm gelieferten Wassers zu verfügen, oder sich irgend eine Uebertretung der bezüglich der Leitungen im Innern der Gebäude ursprünglich gemachten Vorschriften zu erlauben, ohne sich vorerst der Zustimmung der Verwaltung vergewissert zu haben.	Geht ein auf Wasser abonnirtes Immobil in den Besitz eines anderen Eigenthümers über, so hat der frühere Besitzer dies alsbald der Direction mitzutheilen. Der neue Besitzer hat zu erklären, ob er das bestehende Abonnement beibehalten will. Wenn weder von der einen noch von der anderen Seite eine Erklärung erfolgt, so ist der Abonnent, dessen Erben oder Rechtsnachfolger für den Wasserzins so lange verantwortlich, als nicht in Folge einer vertragsmässigen Kündigung der Vertrag aufgehoben worden ist. Der frühere Eigenthümer haftet in jedem Falle für die Zahlung des Wasserzinses des laufenden Quartals.	Mit einem Abschlusshahnen nicht versehene Standrohre dürfen nicht zur Verwendung kommen; Zuwiderhandelnde verfallen in eine Geldstrafe von M 5. Im Uebrigen vergl. Sp. 24 und Tab. II, 7, Abs. 3.
An den gesammten Anlagen der Wasserleitung dürfen ohne vorgängige Genehmigung keine Aenderungen vorgenommen werden. Veränderungen in den bei der Veranlagung zum Wasserzins maassgebenden Verhältnissen seitens der zum Anschlusse Verpflichteten sind der Verwaltung anzuzeigen. Es ist untersagt, die Wasserleitung zu andern als den angemeldeten Zwecken zu benutzen, das Wasser unbenutzt auslaufen zu lassen, an Bewohner eines anderen Grundstücks Wasser abzugeben, aus einer andern Wasserleitung Wasser zu entnehmen, oder an der Leitung Vorrichtungen zur heimlichen Entnahme von Wasser anzubringen. Vergl. auch Tab. VII, A 18.	Die Stadt kann jeden, welcher seit Erlass des Ortsstatutes von der Entstehung der betreffenden Verpflichtung an Eigenthümer des fraglichen Grundstücks gewesen, auf Zahlung der vollen rückständigen Beträge in Anspruch nehmen.	Uebertretungen der Vorschriften werden mit Geldstrafen bis zu M 30, im Unvermögensfalle mit entsprechender Haftstrafe geahndet. Ausserdem können die den Verpflichteten durch die Polizeiverordnung auferlegten Arbeiten im Weigerungsbezw. Unterlassungsfalle auf deren Kosten von Amtswegen ausgeführt werden.

No.	Stadt	Feuerhähne und Verhalten bei Feuersgefahr	Betriebsstörungen u. w. d. a. Ersatzansprüche	Ueberwachung der Hausleitungen und der Wasserentnahme
		21	22	23
32	**Danzig** . .	Bei Ausbruch eines Feuers in der Stadt muss jeder Abnehmer seine Privatleitung, insoweit sie nicht zur Bekämpfung des Feuers benutzt wird, auf Verlangen der Feuerwehr oder der Polizei geschlossen halten. Auch ist er unbedingt verpflichtet, seine Leitung während des Feuers den öffentlichen Löschanstalten gegen eine angemessene, vom Magistrat später festzusetzende Entschädigung zur Verfügung zu stellen.	Sollte wegen Mangels an Wasser, oder im öffentlichen Interesse (z. B. bei Feuersgefahr), oder im Falle der Reparatur des Wasserwerks durch längere oder kürzere Zeit kein Wasser, oder das Wasser nur in ungenügender Menge abgegeben werden können, so haben die betroffenen Abnehmer keinen Anspruch auf Entschädigung für die zeitweilige Entziehung des Wassers. Wenn jedoch die Entziehung des Wassers länger als 8 Tage dauert, so findet für die Zeit, um welche die Unterbrechung länger als 8 Tage dauert, ein verhältnissmässiger Erlass des Mindestsatzes statt. Bei etwa eintretendem Wassermangel muss zunächst die Benutzung des Wassers für Luxuszwecke eingestellt, sodann die Benutzung des Wassers für den Gewerbebetrieb und zuletzt die Benutzung für den Haushaltungsbedarf eingeschränkt werden. Auch kann der Magistrat in solchem Falle zuerst den Abnehmern ausserhalb der Stadt die Benutzung des Wassers entziehen. Der Magistrat wird die für solchen Fall eintretenden Beschränkungen der Benutzung des Wassers öffentlich bekannt machen.	Jeder Abnehmer ist verpflichtet, den Beamten den freien Zutritt zu den Gebäuden und Räumlichkeiten, in welchen sich die Privatleitung oder ein Zubehör derselben befindet, zu gestatten, damit dieselben sich sowohl von dem Zustande der Leitung, als auch davon, dass eine missbräuchliche Verwendung oder Vergeudung des Wassers nicht stattfindet, überzeugen können. Zu einer nächtlichen Untersuchung muss der Beamte jedoch durch einen besonderen schriftlichen Auftrag des Magistrats bevollmächtigt sein.
33	**Darmstadt**	Hydranten ohne Ueberwachung durch Wassermesser dürfen nur bei Feuersgefahr benutzt werden. Die Plomben dürfen nur bei Feuersgefahr gelöst werden. Jeder Gebrauch der Hydranten ist binnen 24 Stunden anzuzeigen. Beim Ausbruch eines Brandes sind in den Privatleitungen mit Ausnahme derjenigen zu den Dampfkesseln alle Hähne zu schliessen, sofern dieselben nicht zur Bewältigung des Brandes selbst benutzt werden. Jeder Abnehmer ist verpflichtet, während des Brandes seine Leitung zur Verfügung der Löschmannschaft zu stellen. Alle Hydranten werden jährlich einmal durch das Tiefbauamt geprüft, wofür pro Hydrant und Jahr M 2,50 zu zahlen sind.	Eintretende Unterbrechungen der Wasserlieferung berechtigen den Abnehmer ebenso wenig zu Ansprüchen an die Stadt, als die Behauptung, dass das Wasser nicht in genügender Menge oder Beschaffenheit, oder nicht bis zur gewünschten Höhe geliefert werde.	Den Beamten muss zur Prüfung des Wasserbezugs und der Leitungen der Zutritt zu den an die Wasserleitung angeschlossenen Gebäuden und Grundstücken gestattet werden. Versäumte Reparaturen der inneren Einrichtungen können seitens der Verwaltung für Rechnung des Besitzers ausgeführt werden.

<table>
<tr><th>Veränderungen in den Grundlagen des Vertrags. Vertragswidrige Verwendung des Wassers</th><th>Besitzwechsel</th><th>Uebertretungen, Strafen und Berufungen</th></tr>
<tr><td>24</td><td>25</td><td>26</td></tr>
<tr><td>Tritt eine Veränderung ein, welche die Verpflichtung des Abnehmers zur Zahlung eines höheren als des bisherigen Mindestsatzes begründet, so muss der Abnehmer dem Magistrat hiervon binnen 14 Tagen Anzeige machen. Aber auch bei unterlassener Anzeige bleibt er zur Zahlung des höheren Mindestsatzes verpflichtet.
Der erhöhte Mindestsatz tritt immer erst mit dem Ablauf des Vierteljahres in Kraft, in welchem die Veränderung eingetreten war.
Jeder Abnehmer darf das Wasser nur zu dem von ihm angemeldeten Zweck benutzen, nicht vergeuden und ist dafür verantwortlich, dass auch von seinen Angehörigen, seinem Gesinde und seinen Hausbewohnern ein Missbrauch oder eine Vergeudung des Wassers nicht vorgenommen oder geduldet wird. Eine Wasservergeudung liegt auch dann vor, wenn Closetspülungen ohne Beaufsichtigung vorgenommen werden, oder wenn ein wahrnehmbarer Schaden an der Hausleitung, der einen zwecklosen Ausfluss des Wassers gestattet, nicht unverzüglich beseitigt wird.</td><td>Geht ein mit Wasserleitung versehenes Grundstück oder eine Wohnung, in der sich eine selbstständige Privatleitung befindet, in andere Hände über, so ist dem Magistrat hiervon binnen 14 Tagen Anzeige zu machen. Der neue Erwerber muss sich über die fernere Benutzung der Leitung erklären und den Bedingungen des Regulativs, sowie aller später von den Communalbehörden zu beschliessenden Abänderungen desselben unterwerfen. Bei unterlassener Anzeige des Besitzwechsels kann sowohl der frühere Besitzer, als der neue Erwerber, Letzterer, wenn er die Wasserleitung benutzt, auf Zahlung des Wasserzinses in Anspruch genommen werden.</td><td>Der Abnehmer unterwirft sich einer Conventionalstrafe von M 15 im ersten, und von M 60 im Wiederholungsfalle
wenn er eine noch nicht zur Benutzung genehmigte Anlage oder eine abgemeldete Anlage benutzt
wenn er eine Reparatur oder sonstige Veränderung an der Anschlussleitung, am Hauptabsperrhahne oder am Wassermesser ohne die Vermittelung des Magistrats bewirkt, oder wenn er einer Aufforderung, seine Privatanlage zu repariren oder zu verändern, nicht Folge leistet
wenn er die in Spalte 24 und 25 benannten Anzeigen unterlässt
wenn er oder einer seiner Angehörigen, seines Gesindes oder seiner Hausbewohner das Wasser zu anderen, als zu den angemeldeten Zwecken benutzt oder das Wasser vergeudet
wenn er den in Spalte 21, 22 und 23 erwähnten Bestimmungen zuwiderhandelt.
Darüber, ob die Conventionalstrafe für verwirkt zu erachten ist und ob sie zu ihrem vollen Betrage, oder in welchem geringeren Betrage sie beigetrieben werden soll, beschliesst die für die Verwaltung eingesetzte gemischte Deputation, welche aus Magistratsmitgliedern, Stadtverordneten und Gemeindewählern zusammengesetzt wird. Die Gemeindewähler in dieser Deputation müssen Grundstücke mit Wasserleitung besitzen.
Diese Deputation hat jedoch dem betreffenden Abnehmer Gelegenheit zur Aeusserung über die erfolgte Anzeige zu geben.
Hat der Abnehmer im Wiederholungsfalle eine Conventionalstrafe verwirkt, so kann ihm die Deputation ausserdem auf eine von ihr zu bestimmende Zeit das Wasser entziehen und die Leitung abschneiden. Sie ist hierzu auch befugt, wenn der Wasserzins gar nicht oder nicht pünktlich bezahlt worden ist, oder wenn der Abnehmer der an ihn erlassenen Aufforderung, einen Wassermesser aufzustellen, nicht Folge leistet.</td></tr>
<tr><td colspan="3">Auf Berufung des Abnehmers innerhalb 8 Tagen nach Empfang des Deputationsbeschlusses beschliesst der Magistrat endgültig über die Verwirkung der Conventionalstrafe, über den beizutreibenden Betrag derselben, bezw. über die Entziehung des Wassers. Falls letztere durch die Deputation verfügt ist, wird sie durch die Berufung nicht aufgehalten.</td></tr>
<tr><td>Der Abnehmer ist dafür haftbar, dass das Wasser nur in den Grenzen seiner Liegenschaft verwendet wird. Wasserabgabe an nicht in der Hofraithe wohnende Personen ist untersagt.</td><td>Wenn der Besitzer sein Haus oder Grundstück während der Dauer des Uebereinkommens ohne Einhaltung einer Kündigung veräussert, so bleibt er so lange selbst haftbar, als der neue Erwerber nicht in rechtsverbindlicher Weise in die Verpflichtungen eingetreten ist.</td><td>Bei ohne triftigen Grund verzögerter Zahlung für den Wasserverbrauch, für Reparaturarbeiten, Neuanlagen oder Hydrantenprüfung ist die Bürgermeisterei berechtigt, die Leitung schliessen zu lassen.
Bei Zuwiderhandlungen gegen die Bestimmungen wird der betreffende Abnehmer im ersten Falle schriftlich verwarnt. Im Wiederholungsfalle verwirkt derselbe eine Conventionalstrafe von M 10 für jeden Fall. Wird dieselbe nicht binnen 3 Tagen nach der Anforderung bezahlt, so erfolgt die Beitreibung. Auch kann in diesem wie in dem weiteren Falle, dass die Uebertretung der Bedingungen des Wasserbezugs nochmals festgestellt wird, die Wasserlieferung bis zu 2 Jahren entzogen werden.
Gegen die Beschlüsse bleibt den Betheiligten in allen Fällen das Recht der Berufung vorbehalten.</td></tr>
</table>

No.	Stadt	Feuerhähne und Verhalten bei Feuersgefahr	Betriebsstörungen u. w. d. a. Ersatzansprüche	Ueberwachung der Hausleitungen und der Wasserentnahme
		21	22	23
34	Dessau . .	Feuerhähne kann der Besitzer einer Privatleitung in beliebiger Zahl anbringen; dieselben dürfen aber, sofern der Ausfluss nicht unter Wassermessercontrole steht, nur bei Feuersgefahr geöffnet werden. Die Feuerhähne werden daher von der Verwaltung mit einem Plombenverschluss versehen. Nach jedesmaligem Gebrauch ist der Verwaltung Anzeige zu machen, und erfolgt die Erneuerung des Verschlusses seitens der Verwaltung gegen Erstattung der Selbstkosten. Bei einer in der Stadt ausbrechenden Feuersbrunst kann die Schliessung sämmtlicher Privatleitungen angeordnet werden, und darf, so lange diese Schliessung für erforderlich erachtet wird, kein Wasser aus denselben entnommen werden, wenn nicht die Privatleitungen etwa zum Zwecke des Feuerlöschens selbst mit verwendet werden.	Der Umstand, dass die Wasserleitung kürzere oder längere Zeit nicht benutzt gewesen ist, oder dass dieselbe die erwartete Wassermenge nicht geliefert hat, oder dass das Wasser nicht bis zu der gewünschten Höhe gestiegen ist, sowie der Umstand, dass die Wasserzuführung wegen Reparaturen oder Veränderungen der städtischen Leitungen etc. eine zeitweilige Unterbrechung erlitten hat, giebt den Besitzern von Privatleitungen keinen Anspruch auf völligen oder theilweisen Erlass der bedungenen Bezahlung oder auf irgend einen andern Schadenersatz, vielmehr unterliegt die ausnahmsweise Bewilligung von Erlassen für solche Fälle ausschliesslich der Beschlussnahme von Bürgermeister und Rath.	Den Beamten ist zwecks örtlicher Revision der Privatleitung freier Zutritt zu allen von der Leitung im Innern der Grundstücke und Gebäude berührten Räumen zu gestatten. Dieselben sind jedoch verpflichtet, sich wegen ihres Auftrages bei den Besitzern der Grundstücke oder deren Stellvertretern resp. bei den Miethern durch Vorlegung einer bezüglichen Vollmacht auszuweisen.
35	Dortmund	Plombirte Feuerhähne dürfen nur bei Feuersgefahr geöffnet und benutzt werden. Bei Ausbruch eines Brandes in irgend einem Stadttheile ist jeder Consument verpflichtet, auf Erfordern seine Leitung den Löschanstalten zur Verfügung zu stellen. Wird aus der Leitung des Consumenten bei Gelegenheit von Bränden ausserhalb der Besitzung des Consumenten selbst Wasser zu Löschzwecken entnommen, so kann der Consument für den muthmaasslichen Verbrauch zum Zwecke der Löschung, sofern er nach dem Wassermesser bezahlt, oder sofern durch diese Entnahme der Mindestsatz überschritten wird, entsprechenden Abzug am Wassergelde verlangen.	Dem Consumenten steht kein Anspruch auf Schadenersatz zu wegen Unterbrechung der Wasserlieferung, oder weil er das Wasser nicht in genügender Menge oder Beschaffenheit oder auf die gewünschte Höhe zu erhalten glaubt.	Den Beamten ist der Zutritt zu den sämmtlichen Localitäten des mit Wasser versorgten Grundstücks jederzeit zu gestatten.

<table>
<tr><th>Veränderungen in den Grundlagen des Vertrags. Vertragswidrige Verwendung des Wassers</th><th>Besitzwechsel</th><th>Uebertretungen, Strafen und Berufungen</th></tr>
<tr><th>24</th><th>25</th><th>26</th></tr>
<tr><td>Von allen baulichen Veränderungen oder Erweiterungen der Leitungsanlage, welche auf einem angeschlossenen Grundstücke vorgenommen werden, gleichviel ob dadurch die nach dem Tarife zu bezahlende Benutzung der städtischen Leitung beeinflusst wird oder nicht, ist Anzeige zu machen. Ohne vorherige Genehmigung dürfen dergleichen Veränderungen nicht ausgeführt, auch vor erfolgter Revision und Genehmigung nicht in Gebrauch genommen werden. Wer die Anzeige unterlässt, hat für allen dadurch entstehenden Schaden aufzukommen. (Vergl. auch Sp. 26.)
Es ist — sofern nicht etwas Anderes ausdrücklich bewilligt worden und ausser bei Pissoirs — nicht gestattet, das Wasser aus irgend einem Theile der Leitung beständig laufen zu lassen. Auch bei Benutzung der Leitung zum Besprengen der Gärten, Pflanzen, Strassen und Höfe darf ein freies Laufenlassen nicht stattfinden, vielmehr muss derjenige, welcher die Besprengung ausführt, die Ausflussmündung des Schlauches oder der Spritze in seiner Hand behalten, oder die Besprengung durch eine versetzbare rotirende Sprengvorrichtung bewirken.</td><td></td><td>Wer die nur für den Hauswirthschaftsgebrauch angemeldete und nicht unter Wassermessercontrole stehende Privatleitung zur Entnahme von Wasser für gewerbliche oder andere, besonderer Bezahlung unterliegende Zwecke oder zu anderen als den angemeldeten Gewerben benutzt oder daraus an Bewohner eines anderen der Gebäudesteuer unterliegenden Grundstückes gegen Entgelt oder unentgeltlich zu anderem als Wirthschaftsgebrauch oder an Bewohner eines der Communal-Besteuerung nicht unterliegenden Grundstücks Wasser abgiebt, oder an der Leitung Vorrichtungen zur heimlichen Entnahme von Wasser anbringt, oder Wasser durch Nachlässigkeit oder Muthwillen vergeudet, hat unbeschadet der einschlagenden gesetzlichen Strafen M 50 Conventionalstrafe verwirkt und bleibt überdies zur Bezahlung des widerrechtlich benutzten Wassers verpflichtet. Der Besitzer der Privatleitung oder dessen in dem betreffenden Hause wohnender Bevollmächtigter, welche wissentlich Uebertretungen der vorgedachten Art seitens der Hausbewohner dulden, haften für Bezahlung des Wassers und der Strafe. Die Dienstherrschaft haftet in dieser Beziehung ebenso für ihre Dienstboten.
Die Verwaltung ist zur Beanstandung oder Abstellung des Wasserzuflusses befugt: im Falle unstatthafter Einrichtung der Privatleitungen bis zu deren vorschriftsmässigen Herstellung; im Falle von Ungehorsam oder Widersetzlichkeit gegen die den Wasserbezug betreffenden Anordnungen; im Falle nicht rechtzeitiger Berichtigung der für den Wasserconsum zu leistenden Zahlung auf die Dauer des Verzugs.
Ansprüche auf Erlass oder Ermässigung der für den regelmässigen Wasserbezug zu leistenden Zahlung werden durch die in vorstehenden Fällen bewirkte Abstellung des Wasserzuflusses nicht begründet.</td></tr>
<tr><td colspan="3">Wenn sich mehrere Consumenten ein gemeinschaftliches Abzweigerohr von dem Hauptrohrstrange anlegen, so sind dieselben verpflichtet, für die von ihnen übernommenen Verbindlichkeiten in der Weise solidarisch zu haften, dass die Verwaltung berechtigt ist, das gemeinschaftliche Abzweigrohr zu schliessen, wenn ihr dies Recht einem der Betheiligten gegenüber zusteht.</td></tr>
<tr><td>Von allen baulichen Veränderungen, welche auf einem angeschlossenen Grundstücke vorgenommen werden, ist Anzeige zu machen.
Die Abgabe von Wasser an dritte Personen ohne besondere Genehmigung der Verwaltung, die stets nur auf Widerruf ertheilt wird, ist verboten. Eine Zuwiderhandlung gegen diese Bestimmung berechtigt die Verwaltung zur sofortigen Sperrung der Wasserleitung.</td><td></td><td>Geschieht die Bezahlung der Rechnungen nicht innerhalb der festgesetzten Fristen, so steht der Verwaltung ausser der gerichtlichen Klage das Recht zu, die Lieferung einzustellen. Erfolgt die Zahlung noch nachträglich, so darf für die Zeit des Verschlusses kein Abzug an der Rechnung gemacht werden. Für die Absperrung und das Wiederanlassen der Leitung ist in einem solchen Falle ein Betrag von M 3 zu bezahlen. Im Uebrigen siehe Sp. 24.
Zuwiderhandlungen gegen die Polizeiverordnungen werden, abgesehen von den aus den Bestimmungen des Magistrats sich ergebenden civilrechtlichen Folgen, mit Geldbusse bis zu M 30, an deren Stelle im Unvermögensfalle entsprechende Haftstrafe tritt, bestraft.
Wenn zwischen der Verwaltung und den Consumenten über die Auslegung der Bestimmungen Meinungsverschiedenheiten entstehen sollten, so entscheidet der Magistrat über dieselben.</td></tr>
</table>

No.	Stadt	Feuerhähne und Verhalten bei Feuersgefahr	Betriebsstörungen u. w. d. a. Ersatzansprüche	Ueberwachung der Hausleitungen und der Wasserentnahme
		21	22	23
36	**Dresden** . .	Feuerhähne an Leitungen von 40 mm Weite und darüber sind mit den Normalgewinden der Feuerwehr zu versehen. Feuerhähne können in den Privatgrundstücken in beliebiger Zahl angebracht, dürfen aber, sofern der Ausfluss nicht unter Wassermessercontrole steht, nur bei Feuersgefahr geöffnet werden. Bei Prüfung der Privatleitung werden daher die Feuerhähne mittelst Schnur und Plombe von den Beamten verschlossen. Nach jedesmaligem Gebrauch, wobei die Schnur durchschnitten wird, ist wegen Anlegung einer neuen Plombe auf Kosten des Besitzers der Verwaltung Anzeige zu machen.	Der Umstand, dass die Wasserleitung längere oder kürzere Zeit nicht benutzt gewesen ist, oder dass dieselbe die erwartete Wassermenge nicht geliefert hat, oder dass das Wasser nicht bis zur normalen Höhe gestiegen ist, endlich der Umstand, dass die Wasserzuführung wegen Reparaturen oder Veränderungen der Leitungen eine zeitweilige Unterbrechung erlitten hat, giebt den Besitzern von Privatleitungen keinen Anspruch auf völligen oder theilweisen Erlass der bedungenen Bezahlung oder auf irgend einen anderen Schadenersatz. Die ausnahmsweise Bewilligung von Erlassen unterliegt ausschliesslich der Beschlussnahme des Stadtraths.	Die Beamten haben zwecks Prüfung der in der Anmeldung auf Wasserbezug gemachten Angaben, und so oft später eine örtliche Revision für nöthig erachtet wird, das Recht des Zutritts zu allen von der Leitung im Innern der Grundstücke und Gebäude berührten Räumen.
37	**Düren** . . .	Es kann zum Zwecke der wirksamen Bekämpfung von ausbrechenden Bränden die Anlage von Zuleitungen vom Strassenrohr zu jedwedem Abnehmer-Eigenthum behufs Speisung von Feuerhähnen unmittelbar — ohne Wassermesser — ausgeführt werden. Diese Leitungen und Feuerhähne werden vom Wasserwerk auf Kosten des Bestellers geliefert und aufgestellt. Die Feuerhähne werden mit einem Bleisiegel versehen und dürfen nur beim Ausbruch eines Schadenfeuers benutzt werden. Das Gewinde derselben soll mit dem Gewinde der städtischen Löschgeräthe genau übereinstimmen. Der Besitzer verpflichtet sich hierfür zu einer jährlichen Abgabe von M 3 für jeden Feuerhahn, dagegen wird für das zu Feuerlöschzwecken verwendete Wasser nichts berechnet. Geschieht die Lösung des Bleisiegels nicht durch die Feuerwehr oder durch die Werkleute, so ist binnen 24 Stunden nach Ausbruch des Feuers bei der Direction Anzeige zu machen. Bei ausbrechender Feuersbrunst muss jeder Hausbesitzer seine Privatleitung nach Anordnung der städtischen Feuerwehr geschlossen halten oder zur Bekämpfung des Feuers zur Verfügung stellen. Im letzteren Falle wird die entnommene Wassermenge dem Abnehmer nicht berechnet. Die Ermittelung der Wassermenge erfolgt, insofern sie nicht durch den Wassermesser unmittelbar angegeben werden kann, durch die Direction.	Dem Abnehmer steht kein Anspruch auf Schadenersatz zu, wenn eine Unterbrechung der Wasserlieferung stattgefunden, oder wenn er das Wasser nicht in genügender Menge oder Beschaffenheit, oder nicht auf die gewünschte Höhe erhalten hat. Bei eintretendem Wassermangel hat die Direction im Einverständniss mit der Wasserwerks-Commission das Recht, die Abgabe für bestimmte Zwecke vorübergehend zu beschränken.	Der Abnehmer ist verpflichtet, den Beamten freien Zutritt zu den Räumlichkeiten, in welchen die Wasserleitung, Wassermesser und Zubehör angebracht sind, zu verschaffen und die Umwechselung oder Reinigung des Wassermessers zu gestatten, wobei seitens des Wasserwerks erhebliche Störungen nach Möglichkeit vermieden werden sollen.

Veränderungen in den Grundlagen des Vertrags. Vertragswidrige Verwendung des Wassers	Besitzwechsel	Uebertretungen, Strafen und Berufungen
24	25	26
Veränderungen oder Verlängerungen der Privatleitungen in den Grundstücken dürfen ohne vorherige Genehmigung der Verwaltung nicht ausgeführt, auch vor erfolgter Revision und Genehmigung nicht in Gebrauch genommen werden. Im Uebrigen siehe Spalte 26.		Wer unbefugter Weise an den im Strassenkörper befindlichen, zu den Haupt- und Zweigleitungen gehörigen Röhren, Abschlussvorrichtungen, Schiebern und Feuerhähnen sich vergreift, hat nicht nur des Anspruchs auf etwaigen Schadenersatz, sondern auch der Belegung mit einer Ordnungsstrafe von M 10 bis 100 zu gewärtigen. Wer widerrechtlich die nur für den Hauswirthschaftsgebrauch angemeldete und nicht durch Wassermesser controlirte Privatleitung zur Entnahme von Wasser für gewerbliche oder andere, besonderer Bezahlung unterliegende Zwecke oder zu anderen als den angemeldeten Gewerben benutzt, oder daraus an Bewohner eines anderen Grundstücks Wasser abgiebt, oder an der Leitung Vorrichtungen zur heimlichen Entnahme von Wasser anbringt, hat unbeschadet der einschlagenden gesetzlichen Strafen M 30 bis 200 Strafe verwirkt und bleibt überdies zur Bezahlung des widerrechtlich benutzten Wassers verpflichtet. Die Dienstherrschaft, sowie der Besitzer der Privatleitung oder dessen in dem betreffenden Hause wohnender Bevollmächtigter, welche wissentlich Uebertretungen der vorgedachten Art Seitens der Hausbewohner dulden, haften für Bezahlung des Wassers sowie der Strafe solidarisch. Den auf die Wasserleitung bezüglichen Anordnungen der Verwaltung haben die Eigenthümer und Bewohner der Grundstücke unverzüglich Folge zu leisten. Zuwiderhandlungen oder Ungehorsam werden mit M 3 bis 100 Ordnungsstrafe belegt. Zur Beanstandung oder Abstellung des Wasserzuflusses ist die Verwaltung befugt im Falle unstatthafter Einrichtung der Privatleitung bis zu deren vorschriftsmässiger Herstellung, im Falle nicht erfolgter Berichtigung der Prüfungskosten oder der für gelieferte Wassermesser oder für den Wasserconsum zu leistenden Zahlung, im Falle von Ungehorsam oder Widersetzlichkeit gegen die den Wasserbezug betreffenden Anordnungen. Ansprüche auf Erlass oder Ermässigung der für den regelmässigen Wasserbezug zu leistenden Zahlung werden durch die in vorstehenden Fällen bewirkte Abstellung des Wasserzuflusses nicht begründet. Gewerke und Unternehmer, welche Veränderungen oder Verlängerungen von Privatleitungen ohne vorherige Genehmigung derselben ausführen, verfallen ebenso wie die Grundstücksbesitzer, Miether oder Nutznieser, welche die Veränderungen oder Verlängerungen bestellten und geschehen liessen, in M 30 bis 100 Strafe. Beschwerden gegen die Anordnungen und Maassnahmen der Verwaltung sind unbeschadet des gesetzlich geordneten Beschwerdeweges zunächst beim Stadtrath geltend zu machen, welcher diesfalls über dieselben in einem mit kurzer Frist anzuberaumenden Termine unter Zuziehung des Beschwerdeführers sowie des betreffenden Beamten entscheidet. Dieses Verfahren ist unentgeltlich, nur etwaige dadurch veranlasste baare Auslagen hat der Beschwerdeführer zu ersetzen, falls seine Beschwerde nicht für begründet erachtet wird.
Es ist dem Abnehmer ausdrücklich untersagt, an den Röhren oder Behältern der Privatleitung, sei es im Innern oder Aeussern, eine Verbindung zur Wasserentnahme zu Gunsten Dritter herzustellen.	Geht das mit Wasser versorgte Grundstück in den Besitz eines Andern über, ohne dass eine besondere Anzeige erfolgt ist, so haftet neben dem neuen Abnehmer der bisherige Abnehmer so lange für Zahlung des Wasserzinses und Einhaltung der sonstigen Verpflichtungen, bis der Nachfolger an seine Stelle angenommen ist.	Geschieht die Zahlung der eingeforderten Beträge nicht innerhalb 14 Tage, so kann die Abgabe des Wassers, unbekümmert darum, dass dem Abnehmer Nachtheile daraus erwachsen können, eingestellt werden. Eine gleiche Berechtigung bleibt der Direction gegen diejenigen Abnehmer vorbehalten, welche die Rechnungen über Zuleitungen und Privatleitungen nicht pünktlich bezahlen. Bei unbefugter Oeffnung des Hauptabsperrhahnes verfällt der Abnehmer in eine Conventionalstrafe von M 1 bis 3. Bei unbefugter oder nicht angemeldeter Lösung eines Bleisiegels zu einem Feuerhahn hat der Besitzer eine Conventionalstrafe von M 200 verwirkt, und die Direction hat das Recht, die zwischen ihr und dem Besitzer des Feuerhahnes bestehenden Vertragsverhältnisse sämmtlich aufzuheben und seine Zuleitungen überhaupt abzuschneiden. Wenn zwischen der Direction und dem Abnehmer über die Auslegung und Anwendung der Bestimmungen Meinungsverschiedenheiten entstehen sollten, so entscheidet die Wasserwerkscommission darüber.

No.	Stadt	Feuerhähne und Verhalten bei Feuersgefahr	Betriebsstörungen u. w. d. a. Ersatzansprüche	Ueberwachung der Hausleitungen und der Wasserentnahme
		21	22	23
38	**Düsseldorf**	Feuerhähne dürfen nur bei Feuersgefahr geöffnet werden. Bei Ausbruch eines Brandes ist jeder Consument verpflichtet, auf Erfordern seine Leitung den öffentlichen Löschanstalten zur Verfügung zu stellen, auf Verlangen auch zu schliessen. Derselbe kann für den muthmaaslichen Verbrauch zum Zwecke der Löschung, sofern er nach dem Wassermesser bezahlt, einen entsprechenden Abzug am Wasserzinse verlangen.	Dem Consumenten steht kein Anspruch auf Schadenersatz zu wegen Unterbrechung der Wasserlieferung, oder weil er das Wasser nicht in genügender Menge oder Beschaffenheit, oder auf die gewünschte Höhe zu erhalten glaubt. Nur wenn die Wasserlieferung ohne Veranlassung durch den Consumenten länger als 10 Tage unterbrochen bleibt, wird eine entsprechende Ermässigung des Wasserzinses eintreten. Bei eintretendem Wassermangel hat die Direction das Recht, die Abgabe für bestimmte Zwecke vorübergehend zu beschränken.	Der Consument ist verpflichtet, den Beamten und Beauftragten jederzeit freien Zutritt zu den Räumlichkeiten, in welchen die Wasserleitung, Messer und Zubehör angebracht sind, zu verschaffen und die Umwechselung oder Reinigung des Wassermessers jederzeit zu gestatten.
39	**Duisburg** .	Bei einer ausbrechenden Feuersbrunst hat auf desfallsige Anordnung der Behörde jeder Privatbesitzer seine Leitung zu schliessen; er ist aber auch verpflichtet, dieselbe während eines Feuers der Behörde zu Löschzwecken zur Verfügung zu stellen.	Der Umstand, dass der Wasserzufluss zeitweise unterbrochen war, dass Consument das Wasser nicht in genügender Menge, oder nicht bis zu gewünschter Höhe, oder nicht in verlangter Beschaffenheit erhalten konnte, oder dass er die Leitung aus freien Stücken oder aus anderen Hinderungsgründen nicht benutzt hat, entbindet ihn nicht von der Zahlung der Beträge, noch giebt er einen Anspruch auf Schadenersatz.	Die Verwaltung ist berechtigt, sich jederzeit von der Richtigkeit der Angaben des Antrages zu überzeugen und die Privatleitung zu revidiren, weshalb dem mit der Controle beauftragten Beamten jederzeit der Zutritt zu allen Theilen des mit der Privatleitung versehenen Grundstücks oder Gebäudes gestattet werden muss.

Veränderungen in den Grundlagen des Vertrags. Vertragswidrige Verwendung des Wassers	Besitzwechsel	Uebertretungen, Strafen und Berufungen
24	25	26
Der nach Einschätzung versorgte Consument hat von jeder Veränderung der Verhältnisse in seinem Grundstück, u. A. Vermehrung der Wohnräume, Küchen, Badestuben, Closets, Pferde, Wagen etc., der Direction unverzüglich Anzeige zu machen. Dieselbe Anzeige ist, im Falle Wasser zu Bauzwecken abgegeben wurde, zu erstatten, sobald das Gebäude vollendet oder bezogen wird. Für die Wasserentnahme nach Einschätzung gelten ausserdem noch folgende Vorschriften: Das Wasser darf nur für die in der Anmeldung bezeichneten Räumlichkeiten und Zwecke benutzt werden, ausser zur Unterdrückung einer Feuersgefahr, insbesondere aber darf kein Wasser an Dritte, gleichviel ob unentgeltlich oder gegen Bezahlung, abgegeben werden. Das Wasser darf nicht ununterbrochen aus einer Oeffnung in der Leitung fliessen, sondern jeder Krahnen muss sofort nach dem Gebrauche wieder geschlossen werden. Bei dem Besprengen von Strassen, Gärten u. s. w. darf ein Berieseln nicht stattfinden, es muss vielmehr derjenige, welcher die Besprengung ausführt, den Schlauch resp. das Strahlrohr in der Hand halten. Jede Vergeudung des Wassers durch Fahrlässigkeit oder Muthwillen ist untersagt. Von dem nach Wassermesser bezogenen Wasser kann der Consument auf seinem Grundstücke jeden beliebigen Gebrauch machen; es ist ihm aber untersagt, Wasser anderweitig ohne besondere Genehmigung der Direction abzugeben.	Geht das versorgte Grundstück in den Besitz eines Andern über, ohne dass eine besondere Anzeige erfolgt ist, so haftet neben dem neuen Abnehmer der bisherige Inhaber so lange für Zahlung des Wasserzinses und Einhaltung der sonstigen Verpflichtungen, bis die Direction den Nachfolger an seine Stelle angenommen hat.	Uebertretungen der Regulativbestimmungen ziehen, ausser dem zu leistenden Schadenersatze, für jeden einzelnen Fall eine Conventionalstrafe von M 20 bis 100 nach sich. Erfolgt die Zahlung derselben nicht innerhalb 8 Tage, so ist die Direction berechtigt, die Wasserzuführung zu sperren, vorbehaltlich aller sonstigen Schritte zur Einziehung der Strafe. Eine gleiche Berechtigung bleibt der Direction gegen diejenigen Consumenten vorbehalten, welche die Rechnungen über Privateinrichtungen nicht pünktlich bezahlen. Eine Verpflichtung zum Schadenersatze wegen Abschlusses der Wasserzuführung in den vorstehenden Fällen trifft das Wasserwerk unter keinen Umständen. Für alle Zuwiderhandlungen gegen die Bestimmungen bleibt der Eigenthümer des angeschlossenen Grundstücks dem Wasserwerk gegenüber verantwortlich, mögen dieselben von ihm selbst oder von einem Dritten ausgegangen sein, vorbehaltlich des Rechtes des Wasserwerks, auch gegen den Letzteren im Wege der Klage vorzugehen. Wenn zwischen der Direction und den Consumenten über die Auslegung und Anwendung der Bestimmungen Meinungsverschiedenheiten entstehen sollten, so entscheidet die Commission über dieselben mit Ausschluss des Rechtsweges endgültig.
Von eintretenden Veränderungen am Grundstück oder Gebäude, welche auf Aenderung der Einschätzung Einfluss haben, ist der Verwaltung Mittheilung zu machen. Kein Privatconsument darf Wasser aus Leitungen verkaufen, verschenken oder vergeuden, bei Vermeidung einer sofortigen Trennung seiner Leitung vom städtischen Rohrnetz.		Contraventionen werden mit einer Strafe von M 3 bis 5 im ersten Falle, von M 6 bis 10 im Wiederholungsfalle belegt; im dritten Falle kann Trennung der Privatleitung vom städtischen Rohrnetz erfolgen. Wer es unterlässt, das eigenthümlich oder nutzniesslich besessene oder das verwaltete Grundstück an die städtische Wasserleitung binnen der in der polizeilichen Aufforderung gestellten Frist anzuschliessen, bezw. derjenige Eigenthümer, Nutzniesser oder Verwalter, welcher den Anschluss des Grundstücks an die Wasserleitung nicht duldet, verfällt — abgesehen von der im Wege der polizeilichen Execution zu bewirkenden Herbeiführung des Anschlusses — in eine Geldstrafe von M 3 bis 30, an deren Stelle im Unvermögensfalle verhältnissmässige Haft tritt. Erfolgt die Zahlung von Wassergeld nicht innerhalb 14 Tagen nach dem Tage der übergebenen Rechnung, so tritt Mahnung ein, und sind dafür 25 Pfg Botengebühr zu entrichten; erfolgt die Zahlung innerhalb weiterer 14 Tage nicht, so wird die Leitung abgeschnitten und gegen den Säumigen Klage eingelegt. Findet sich bei den Revisionen des controlirenden Beamten eine Veränderung, welche auf die Einschätzung Einfluss hat, oder welche nicht angezeigt war, so kann der dafür normirte tarifmässige Jahresbetrag vierfach berechnet als Strafe eingezogen werden. Benutzen die Privatleitung mehrere Consumenten gemeinschaftlich, so müssen sich die Mitbenutzer, auch wenn sie schuldlos sind, die Trennung der Leitung vom Stadtrohrnetz in Folge Verschuldens des einen Mitconsumenten gefallen lassen. Für alle Uebertretungen ist der Besitzer der Privatleitung verantwortlich zu machen, auch wenn sie nicht von ihm, sondern von Anderen ausgegangen sind.

No.	Stadt	Feuerhähne und Verhalten bei Feuersgefahr	Betriebsstörungen u. w. d. a. Ersatzansprüche	Ueberwachung der Hausleitungen und der Wasserentnahme
		21	22	23
40	Eisenach .	Wo ausnahmsweise Einrichtungen gestattet werden, welche die Entnahme von Wassermengen ermöglichen, die nicht durch den Wassermesser gehen, werden diese Einrichtungen mit einer Plombe versehen, welche von dem Eigenthümer nur zur Abwendung einer Feuersgefahr beseitigt werden darf. In solchen Fällen ist dem Wasserwerk stets binnen 24 Stunden Anzeige von der Abnahme der Plombe zu machen. Beim Ausbruche eines Feuers muss jeder Abnehmer seine Wasserleitung sofort schliessen und darf, bis das Feuer gelöscht ist, kein Wasser daraus entnehmen. Dagegen ist derselbe verpflichtet, während des Feuers seine Leitung den öffentlichen Löschanstalten zur Verfügung zu stellen.	Der Umstand, dass die Wasserleitung längere oder kürzere Zeit nicht benutzt ist, dass die Wasserlieferung eine zeitweilige Unterbrechung erlitten hat, berechtigt den Besitzer einer Privatleitung nicht, einen Anspruch auf theilweisen oder völligen Erlass der bedungenen Zahlung oder auf irgend einen anderen Schadenersatz zu erheben.	Den sich legitimirenden Beamten ist der Zutritt zu allen Räumlichkeiten gestattet, in welche Wasserleitungsröhren geführt sind.
41	Eisleben .	Der Consument muss bei Feuer in der Stadt seine Leitung sofort schliessen und darf während desselben aus ihr kein Wasser entnehmen. Dagegen muss er gestatten, dass von den öffentlichen Löschanstalten während des Feuers seine Wasserleitung benutzt wird.	Bei verminderter Reichhaltigkeit des Wassers der Leitung hat der Magistrat das Recht, solche Anordnungen zu treffen, welche in erster Linie den dauernden Wasserbezug für öffentliche Haushaltungswecke sichern. Ein Anspruch auf Entschädigung steht dem Consumenten dieserhalb, oder wenn das Wasser nicht die erwartete Reinheit besitzt, oder wenn vorübergehend eine gänzliche Unterbrechung in der Wasserleitung stattfinden sollte, nicht zu.	Der Consument ist verpflichtet, den Beamten oder Beauftragten des Magistrats jederzeit die Revision und Umwechselung des Wassermessers zu gestatten und dafür zu sorgen, dass derselbe stets zugänglich und sauber gehalten ist.
42	Elberfeld .		Dem Entnehmer steht kein Anspruch auf Schadenersatz zu wegen Unterbrechung der Wasserlieferung, oder weil ihm das Wasser nicht in genügender Menge oder Beschaffenheit oder nicht auf eine gewünschte Höhe geliefert ist.	Zum Oeffnen der Wasserzuleitung sind nur Angestellte des Wasserwerks berechtigt.

Veränderungen in den Grundlagen des Vertrags. Vertragswidrige Verwendung des Wassers	Besitzwechsel	Uebertretungen, Strafen und Berufungen
24	25	26
Zu jeder Abänderung an den einmal gelegten Röhren oder getroffenen Einrichtungen ist die Genehmigung des Wasserwerks erforderlich. Das Wasser kann ohne jede Beschränkung benutzt werden, dagegen ist jeder Verkauf des Wassers an Andere verboten, ebenso das eigenmächtige Oeffnen und Schliessen der städtischen Abstellhähne.	Geht ein versorgtes Grundstück in andere Hände über, so hat der bisherige Besitzer oder bei einem Todesfall der Erbe desselben davon Anzeige zu erstatten, widrigenfalls der bisherige Besitzer oder dessen Erbe ferner haftpflichtig bleibt.	Unternehmer von Privat-Wasseranlagen haben alle diejenigen Schäden zu ersetzen, welche durch Zuwiderhandlungen gegen die Bestimmungen dem Wasserwerke oder öffentlichen Anlagen zugefügt werden. Unterbleibt die Anzeige über die Verletzung einer Plombe, vergl. Sp. 21, oder fehlt die letztere, so verfällt der Eigenthümer in eine Strafe von bis zu M 50, auch kann ihm der Zufluss abgeschnitten werden. Verkauf des Wassers an Andere zieht eine Strafe von M 6, im Wiederholungsfalle von M 12 nach sich, vergl. Sp. 24. Die Strafe ist auf ergangene Anmahnung von dem Bestraften sofort zu entrichten, widrigenfalls das Wasserwerk das Recht hat, demselben den Zufluss abzuschneiden, welche Befugniss demselben auch zusteht, wenn nach dreimaliger Bestrafung eine neue Zuwiderhandlung eintritt. Wenn sich mehrere Grundstücksbesitzer ein gemeinschaftliches Abzweigungsrohr von dem Hauptrohrstrang anlegen lassen, so ist das Wasserwerksamt berechtigt, das gemeinschaftliche Abzweigungsrohr zu schliessen, wenn ihr dieses Recht einem der Betheiligten gegenüber zusteht. Der Besitzer eines mit Wasserleitung versehenen Grundstücks ist für alle Zuwiderhandlungen gegen die Bestimmungen verantwortlich, mögen dieselben von ihm selbst, oder von einem Dritten ausgegangen sein. Es steht ihm daher der Einwand, dass er die Vertragsübertretung nicht verschuldet habe, in keinem Falle zu. Vergl. auch Sp. 21 und 24. Wie die Direction, so unterwirft sich auch jeder Abnehmer bei jeder in Bezug auf die Verhältnisse des Wasserwerks entstehenden Streitfrage, unter ausdrücklicher Verzichtleistung auf den Rechtsweg, der Entscheidung durch den Gemeinderath.
		Werden die Bedingungen nicht innegehalten, so ist der Magistrat berechtigt, die Anlage der Zweigleitung zu verweigern, oder die letztere jederzeit zu schliessen. Wenn sich mehrere Consumenten ein gemeinschaftliches Abzweigrohr von dem Hauptrohr anlegen, so verpflichten sie sich hierdurch, für die von ihnen übernommenen Verbindlichkeiten in der Weise solidarisch zu haften, dass der Magistrat berechtigt ist, das gemeinschaftliche Abzweigrohr zu schliessen, wenn ihm dies Recht einem der Betheiligten gegenüber zusteht.
Das Wasser darf weder unentgeltlich noch gegen Zahlung an Eigenthümer, Bewohner, Nutzniesser etc. fremder Grundstücke abgegeben werden, es sei denn, dass hierzu die Erlaubniss der Verwaltung ertheilt ist und eine entsprechende Berechnung des Wassers erfolgt.	Der Eigenthümer ist verpflichtet, von jedem Eigenthumswechsel sofort, längstens aber binnen 4 Wochen nach Thätigung des Uebertragungsactes, dem Wasserwerke Anzeige zu erstatten. Die den Eigenthümer mehrerer Häuser gestattete Vergünstigung hinsichtlich eines Anschlusses hört auf, sobald eines der Häuser in fremdes Eigenthum übergeht.	Erfolgt die Zahlung für geliefertes Wasser und an Wassermessermiethe nach wiederholter Vorzeigung der Rechnung nicht, so wird die Zuleitung abgesperrt. Wer bei Eigenthumswechsel die Anzeige hierüber versäumt, vergl. Sp. 25, verfällt in eine Conventionalstrafe von M 100, desgl. derjenige, welcher gegen die in Tab. III, 12 genannten Bestimmungen, betreffs Benützung einer Zuleitung für mehrere Grundstücke, verstösst.

No.	Stadt	Feuerhähne und Verhalten bei Feuersgefahr	Betriebsstörungen u. w. d. a. Ersatzansprüche	Ueberwachung der Hausleitungen und der Wasserentnahme
		21	22	23
43	**Erfurt** . . .	Feuerhähne können in den Privatgrundstücken in beliebiger Anzahl angebracht werden, werden aber, sofern der Ausfluss nicht unter Wassermessercontrole steht, mit einer Plombe versehen, welche von dem Eigenthümer nur zur Abwendung von Feuersgefahr beseitigt werden darf. In solchem Falle ist stets binnen 24 Stunden Anzeige zu machen. Beim Ausbruche eines Feuers muss jeder Privatconsument, soweit er nicht selbst durch dasselbe gefährdet ist, bei Vermeidung einer Conventionalstrafe bis zu M 10, seine Wasserleitung sofort schliessen und darf, bis das Feuer gelöscht ist, kein Wasser daraus entnehmen. Ferner ist derselbe verpflichtet, während des Feuers seine Leitung den öffentlichen Löschanstalten zur Verfügung zu stellen.	Der Umstand, dass die Wasserleitung längere oder kürzere Zeit nicht benutzt ist, dass die Wasserlieferung eine zeitweilige Unterbrechung erlitten hat, oder dass das Wasser nicht in der erwarteten Menge oder bis zur erwünschten Höhe geliefert worden ist, berechtigt den Besitzer einer Privatleitung nicht, einen Anspruch auf Schadenersatz zu erheben. Wenn jedoch die Unterbrechung der Wasserlieferung länger als 15 Tage dauert, so findet, von Ablauf dieser Zeit an gerechnet, ein verhältnissmässiger Erlass statt, jedoch nur insoweit, als ein Wasserzins nach Pauschalsätzen gezahlt wird.	Den Beamten ist auf Vorlegung einer Legitimation jeder Zeit der Zutritt zu allen Räumlichkeiten gestattet, in welche Wasserleitungsröhren geführt worden sind. Den auf die Wasserleitung bezüglichen Anordnungen des bezeichneten Beamten haben sämmtliche Bewohner der betreffenden Grundstücke unbedingt Folge zu leisten.
44	**Essen (Stadt)**	Privathydranten werden vom Wasserwerk unter Plombenverschluss gehalten. Das zum Feuerlöschen verwandte Wasser wird unentgeltlich abgegeben. Verletzung des Verschlusses in betrügerischer Absicht wird bestraft, vergl. Sp. 26. Während eines Brandes sind die Consumenten verpflichtet, die Zapfstellen verschlossen zu halten.	Sollte in Folge einer Betriebsstörung eine Unterbrechung der Wasserabgabe eintreten, so erwächst dem Consumenten hieraus kein Entschädigungsanspruch gegen das Wasserwerk.	Behufs Controle der Wassermesser und Feststellung des Verbrauchs ist den damit beauftragten Beamten der Zutritt zu denselben unweigerlich zu gestatten.
45	**Flensburg**	Feuerhähne kann Jeder auf seine Kosten an seiner Leitung anbringen. Dieselben werden amtlich versiegelt, sind nur bei Feuersgefahr zu benutzen und abgabenfrei. Für das amtliche Versiegeln eines Feuerhahnes ist eine Gebühr von M 0,50 zu entrichten.	Für möglich eintreffende zeitweilige Störungen in der Wasserversorgung eines Districts oder Verwendung des gesammten Wassers bei Feuersbrünsten wird den Consumenten keine Entschädigung gewährt.	Der Verwaltung oder ihren Beamten und Angestellten ist jederzeit nach vorheriger Meldung der Zugang zu allen Theilen der im Gewese angebrachten Leitungen zu gestatten.

Veränderungen in den Grundlagen des Vertrags. Vertragswidrige Verwendung des Wassers	Besitzwechsel	Uebertretungen, Strafen und Berufungen
24	25	26
Tritt bei den Consumenten in den Verhältnissen, welche angemeldet sind, eine Veränderung ein, so ist davon sofort Anzeige zu machen. Jede Vergeudung des Wassers durch Nachlässigkeit oder Muthwillen oder durch Mängel an der Anlage, jeder Verkauf und jedes Ueberlassen des Wassers an Andere, jede heimliche Entnahme von Wasser durch nicht angemeldete Vorrichtungen an der Leitung, überhaupt jede Verwendung des Wassers zu anderen Zwecken, als durch die Anmeldung angezeigt ist, ist verboten.	Geht ein Grundstück, in dem sich eine Privatleitung befindet, in andere Hände über, so hat der alte Besitzer, oder bei seinem Tode die Erben desselben, Anzeige davon zu erstatten, widrigenfalls der bisherige Besitzer oder dessen Erben so lange haftpflichtig bleiben, bis der Besitznachfolger in die desfallsigen Verpflichtungen eingetreten, oder bis das Vertragsverhältniss durch Kündigung erloschen ist.	Wer die Anzeige über Veränderung der angemeldeten Verhältnisse unterlässt, verfällt in eine Conventionalstrafe bis M 50 und hat den etwaigen Mehrbetrag für die Wasserentnahme sofort nachzuzahlen. Erfolgt solche Zahlung nicht binnen 8 Tagen nach der Zahlungsaufforderung, so steht dem Magistrat das Recht zu, dem betreffenden Contravenienten den Wasserzufluss abzuschneiden. Unterbleibt die Anzeige über Benutzung eines Feuerhahns und wird ein Feuerhahn ohne Plombe gefunden, so verfällt der Eigenthümer in eine Conventionalstrafe bis zu M 45, und kann ihm ausserdem der Wasserzufluss abgeschnitten werden. Siehe auch Sp. 21 Abs. 2. — Dieselben Strafbestimmungen finden Anwendung, wenn der vom Magistrat plombirte Haupthahn widerrechtlich geöffnet wird. Jede Wasservergeudung (vergl. Sp. 24) ist bei einer Conventionalstrafe für das erste Mal bis M 20, im Wiederholungsfalle bis zu M 50, verboten. Die Strafe ist auf ergangene Anmahnung von den Contravenienten binnen 8 Tagen zu entrichten, widrigenfalls der Magistrat das Recht hat, den Wasserzufluss abzuschneiden. Bei wiederholter Uebertretung kann gleichzeitig mit Festsetzung der Strafe die Wasserentziehung erfolgen. Der Besitzer eines Grundstückes haftet subsidiarisch auch für die von Dritten begangenen Uebertretungen. Die Nichtbeachtung der Installationsvorschriften wird mit einer Conventionalstrafe bis zu M 15 geahndet, auch muss die fehlerhafte Anlage zur Vermeidung der Wasserentziehung alsbald vorschriftsmässig abgeändert werden. Beschwerden gegen die Maassnahmen der Verwaltung und deren Beamten sind von den Consumenten beim Magistrat anzubringen. Gegen die Entscheidung des Magistrats ist der Rechtsweg ausgeschlossen, dahingegen der Weg weiterer Beschwerdeführung zulässig. Ueber solche Beschwerden entscheidet endgültig eine zu diesem Behufe aus mehreren Mitgliedern des Magistrats und der Stadtverordnetenversammlung zu bildende Wasserwerks-Commission.
Siehe Sp. 26.	Von einem Besitzwechsel ist binnen 4 Wochen nach dem Uebertragungsact Anzeige zu machen.	Verletzungen von Plomben in betrügerischer Absicht werden im ersten Falle mit M 100, im zweiten mit M 200 und im dritten mit Entziehung der Wasserabgabe bestraft. Wasserabgabe der Consumenten an andere Grundstücke ohne besondere Erlaubniss des Wasserwerks ist unstatthaft und wird im ersten Falle mit M 3, im zweiten Falle mit M 6 und im dritten Falle mit Entziehung der Wasserlieferung bestraft. Uebertretungen der Privatunternehmer werden im ersten Falle mit M 9 bis 15, im zweiten mit M 15 bis 30 und im dritten Falle mit Concessionsentziehung bestraft. Der Anschluss mehrerer Häuser an eine Zuleitung kann nur auf Grund schriftlicher Erlaubniss des Wasserwerks erfolgen. Wer ohne diese Erlaubniss dazu übergeht, hat eine Conventionalstrafe von M 100 für jedes angeschlossene Haus verwirkt, ausser der Nachzahlung des Mindestsatzes, unbeschadet der ihn nach den Umständen treffenden Strafe nach Maassgabe des Strafgesetzes. Wenn sich mehrere Consumenten eine gemeinschaftliche Anschlussleitung anlegen lassen, so haben sie für die übernommenen Verbindlichkeiten solidarisch zu haften, und ist das Wasserwerk berechtigt, das gemeinschaftliche Rohr zu schliessen, wenn einer der daran Betheiligten seiner Verbindlichkeit nicht nachgekommen ist. Jeder Besitzer einer Anschlussleitung erkennt an, dass er für alle Contractwidrigkeiten verantwortlich ist, gleichviel ob dieselben von ihm oder einem Dritten ausgegangen sind.
Jegliche Wasserverschwendung ist untersagt. Als solche gilt es unter Anderem, wenn die Consumenten bei Frostwetter, um die Hähne gegen Gefrieren zu schützen, die Leitungen offen lassen, Nachbarn oder sonstigen Nichtbefugten Wasser überlassen, das für den Hausgebrauch angemeldete Wasser zu gewerblichen Zwecken oder zur Besprengung von Gärten verwenden, oder die Vornahme der erforderlichen Reparaturen an den Rohren und Hähnen unterlassen. Im Uebrigen siehe Sp. 26.		Sind die Wasserbeiträge nicht innerhalb eines Monats nach dem Verfalltage berichtigt, so ist die Verwaltung berechtigt, den Zufluss zu dem betreffenden Gewese abzusperren, sowie die rückständigen und laufenden Abgaben executivisch beizutreiben. Jegliche Wasserverschwendung ist untersagt. Abgesehen von der die Contravenienten treffenden Strafe bleibt der Stadtcommune selbstfolglich wegen etwaiger Verluste der im Wege Rechtens geltend zu machende Ersatzanspruch gegen dieselben vorbehalten, und hängt es ferner von dem Ermessen der Verwaltung ab, in Fällen solcher Art auf Kosten der betreffenden Consumenten Wassermesser in deren Gewesen anbringen zu lassen resp. die Leitung zu schliessen. Bei Vornahme von Veränderungen an der Zweigleitung ohne Genehmigung des Wasserwerks trifft den Besitzer des Grundstücks und den mit der Ausführung beauftragten Handwerker die festgesetzte Strafe. Dieselbe Strafe trifft den Besitzer, wenn er von unbefugten Handwerkern Arbeiten an seiner Leitung hat vornehmen lassen. Zuwiderhandlungen gegen die Polizeiverordnung werden mit einer Geldstrafe bis zu M 30 event. entsprechender Haft geahndet.

No.	Stadt	Feuerhähne und Verhalten bei Feuersgefahr	Betriebsstörungen u. w. d. a. Ersatzansprüche	Ueberwachung der Hausleitungen und der Wasserentnahme
		21	22	23
46	Frankfurt a. M.	Feuerhähne dürfen nur bei Feuersgefahr geöffnet, nicht aber zu anderen Zwecken benutzt werden.	Dem Abnehmer steht kein Anspruch auf Schadenersatz zu wegen Unterbrechung der Wasserlieferung, oder weil er das Wasser nicht in genügender Menge oder Beschaffenheit oder unter dem gewünschten Druck erhält. Sollte der Wasservorrath der städtischen Wasserleitung sich derart verringern, dass für den öffentlichen oder für den unmittelbaren häuslichen und wirthschaftlichen Bedarf ein Wassermangel zu befürchten steht, so kann die Benutzung des Wassers zunächst für Luxus- und sodann für gewerbliche Zwecke beschränkt oder ganz untersagt werden, ohne dass dieserhalb Entschädigungsansprüche irgend welcher Art, insbesondere wegen Entwerthung bestehender Anlagen, geltend gemacht werden können. Jedoch haben die Betheiligten einen Anspruch auf entsprechende Ermässigung des Wassergeldes nach Maassgabe des Statuts.	
47	Frankfurt a. O.			Sämmtliche Wassereinrichtungen stehen unter der Aufsicht der Angestellten der Gesellschaft, wesshalb diesen auch jederzeit der Zutritt zu denselben zu gestatten ist.
48	Freiberg i. S.	Beim Ausbruch eines Schadenfeuers muss jeder Besitzer einer Privatwasserleitung für Brauchwasser letztere, ausgenommen, wenn dieselbe zur Beseitigung der Feuersgefahr mit benutzt wird, geschlossen halten und darf nicht eher wieder daraus entnehmen, bis das Feuer gelöscht ist. Er ist aber verpflichtet, nach Befinden während des Feuers seine Leitung den öffentlichen Löschanstalten zur Verfügung zu stellen; das hierbei etwa entnommene Wasser wird ihm nicht berechnet.	Sollte wegen Mangels an Wasser oder im Interesse allgemeiner öffentlicher Zwecke (bei Feuersgefahr, Schleusenreinigung etc.) oder in Reparaturfällen bei der Wasserwerksanlage auf längere oder kürzere Zeit gar kein Wasser oder nur in ungenügenden Mengen an die Consumenten abgegeben werden können, so steht den Letzteren für diese Fälle kein Recht zu, irgend welche Entschädigung für die zeitweilige Entziehung des Wassers zu beanspruchen. Bei eintretendem Wassermangel wird zunächst das für Luxuszwecke bestimmte Wasser abgeschnitten, dann die Abgabe des zum Gewerbe- und Fabrikbetrieb und zuletzt erst die Abgabe des zum Hausbedarf erforderlichen Wassers beschränkt. Einer desfallsigen Beschränkung, nöthigenfalls Entziehung, unterliegt auch das Trinkwasser.	Besondere Anordnungen, welche der Stadtrath zu Fernhaltung von Beschädigungen oder sonst im öffentlichen Interesse für die Privatleitungen als nöthig erachtet, sind von den betr. Hausbesitzern unweigerlich zu befolgen. Auch ist zur Ausübung der erforderlichen Aufsicht über die Privatleitungen den beauftragten Beamten jederzeit der ungehinderte Zutritt zu den Gebäuden und Räumlichkeiten, in denen die Privatleitungen nebst Zubehör angebracht sind, zu gestatten.
49	Freiburg i. B.	Bei einer Feuersbrunst müssen die Zweigleitungen auf Verlangen der Feuerwehr sofort geschlossen werden, und jeder Abonnent muss gestatten, dass seine Privatleitung zum Löschen benutzt wird. In letzterem Falle wird dem Hausbesitzer, dem die Rechnung nach dem Wassermesser gestellt wird, an seiner Rechnung so viel gekürzt, als deren Betrag den eingeschätzten Betrag übersteigt.	Die Stadtgemeinde übernimmt keine Haftbarkeit weder dem Eigenthümer noch dem Miether gegenüber für Beschädigungen, welche in Folge der Einleitung des Wassers auf ein Grundstück entstehen. Ebensowenig begründen zeitweilige Unterbrechungen in der Wasserabgabe einen Entschädigungsanspruch.	Der Abonnent ist verpflichtet, den Beamten jederzeit freien Zutritt zu den Räumlichkeiten, in welchen die Wasserleitung, Messer und Zugehör angebracht sind, zu gewähren und die Umwechselung oder Reinigung des Wassermessers jederzeit zu gestatten.

Veränderungen in den Grundlagen des Vertrags. Vertragswidrige Verwendung des Wassers	Besitzwechsel	Uebertretungen, Strafen und Berufungen
24	25	26
Bei der Wasserentnahme auf Grund der Einschätzung ist es untersagt das Wasser zum Besprengen oder Berieseln von Gärten oder Höfen zu verwenden, für welche nicht ein Wassergeld entrichtet wird, jedoch ist ein Begiessen mit Handgiesskannen gestattet; Wasser an dritte Personen, sei es unentgeltlich oder gegen Vergütung, abzugeben; das Wasser, abgesehen von Pissoirs mit fortwährender Spülung oder Springbrunnen, fortdauernd aus der Leitung fliessen zu lassen; bei dem befugten Besprengen von Strassen, Gärten und Hofräumen u. s. w. ein Berieseln stattfinden zu lassen, vielmehr muss derjenige, welcher die Besprengung ausführt, den Schlauch in der Hand behalten.		Zuwiderhandlungen gegen die Vorschriften, betreffend vertragswidrige Verwendung des Wassers, werden — unbeschadet der sonstigen civil- und strafrechtlichen Folgen — auf Grund der Polizeiverordnung mit Geldbusse bis zu M 30, event. mit entsprechender Haft bestraft. Ueberdies kann bei fortdauernder Wasservergeudung und vergeblicher Bestrafung die Schliessung der Privatleitung verfügt werden. Gegen die Veranlagung oder Berechnung des Wassergeldes seitens des Rechneramts steht binnen einer Ausschlussfrist von 2 Wochen die Beschwerde an den Magistrat zu. Gegen den Beschluss des Letzteren findet die Klage im Verwaltungsstreitverfahren statt.
An Nichtabonnenten darf kein Wasser abgegeben werden.		Wenn die Discretionshähne unnöthig offen gehalten werden oder Wasser an Nichtabonnenten abgegeben wird, so ist die Gesellschaft berechtigt, den Abonnenten sofort den Wasserzufluss zu entziehen, und es verfällt das bereits gezahlte Abonnement zu Gunsten der Gesellschaft. Dasselbe kann stattfinden, wenn der Abonnent durch unrichtige Angaben die Gesellschaft zu schädigen sucht.
Die Verwaltung ist vor jeder Veränderung der Privatleitung in Kenntniss zu setzen, und unterliegt jede veränderte Leitung ebenfalls einer Prüfung durch einen Beauftragten dieser Verwaltung, wenn nicht eine Dispensation hierfür ertheilt wird. Für jede nach stattgehabter Veränderung nothwendig werdende Prüfung sind von dem betr. Besitzer M 2 zu entrichten. Siehe auch Tab. IV, 15.		Wer wider die Bestimmungen des Regulativs handelt, verfällt in eine Ordnungsstrafe bis zu M 150. Für Zuwiderhandlungen der Arbeiter und Dienstboten sind die Arbeitgeber und Dienstherrschaften verantwortlich. Bei Nichtbezahlung rechtskräftig anerkannter Strafen ist der Stadtrath berechtigt, den Wasserzufluss bis zur Bezahlung abzuschneiden, ebenso im Falle der Nichtbefolgung einer auf Grund des Regulativs erlassenen Verfügung, ferner bei rückständiger Zahlung der Wassersteuer.
Aendern sich auf abonnirten Grundstücken die der Einschätzung zu Grunde liegenden Factoren durch Erweiterung der Leitung oder Gebrauch der Leitung für andere Zwecke, so ist der betreffende Abonnent verpflichtet, die Verwaltung davon in Kenntniss zu setzen, und hat im Unterlassungsfalle die festgesetzte Vergütung nachträglich zu leisten. Abonnenten, welche keine Wassermesser besitzen, ist es untersagt, an Personen, welche nicht im Hause wohnen, Wasser aus ihrer Leitung abzugeben, desgleichen Wasser für andere Zwecke als die vereinbarten zu gebrauchen.	Wechselt ein auf Wasser abonnirtes Grundstück den Besitzer, so hat der frühere Eigenthümer sofort Nachricht hierüber an die Verwaltung gelangen zu lassen. Der neue Erwerber des Grundstücks hat sich binnen 8 Tagen zu erklären, ob er den bisherigen Abonnements-Vertrag abändern oder aufheben lassen will. Wenn weder von der einen noch von der andern Seite eine Erklärung erfolgt, so gilt der bisherige Lieferungsvertrag für den neuen Erwerber, und im Falle der Weigerung oder der Zahlungsunfähigkeit haftet der frühere Eigenthümer ein Jahr lang.	Wenn in nach Einschätzung versorgten Grundstücken der städtische Controlbeamte den mit Verschluss versehenen Hahnenbrunnen zweimal laufend antrifft, ohne dass für einen bestimmten, im Vertrag vorgesehenen Zweck Wasser entnommen wird, so hat der Abonnent den doppelten Betrag seiner Vierteljahrsrechnung zu bezahlen. Unter der gleichen Voraussetzung tritt bei Abonnenten, die einen Auslaufhahnen besitzen, dessen Mündung mehr als 12 mm lichte Weite hat, und solchen nicht entfernen, ein Aufschlag von M 40 per Jahr ein. Hahnen mit Gewinden für Gartenschläuche oder zu Feuerwehrzwecken sind hierin nicht inbegriffen. Die Eröffnung an den Consumenten, dass er erstmals den obigen Bestimmungen zuwiderhandelnd betroffen wurde, geschieht von der Verwaltung unter Androhung des Nachtheiles. Die Verwaltung ist, vorbehaltlich sonstiger Entschädigungsansprüche, ermächtigt, bei Zuwiderhandlungen gegen die Satzungen und insbesondere, wenn wiederholte Zahlungsaufforderung unwirksam war, die Wasserabgabe einzustellen, ohne vorherige richterliche Entscheidung anzurufen. Uebertretungen der ortspolizeilichen Vorschriften können auf Antrag der Verwaltung mit Geld bis zu M 150 oder mit Haft bestraft werden. Beschwerden über die Verwaltung oder Berufungen gegen die Beschlüsse der Commission für Wasserangelegenheiten sind an den Stadtrath zu richten.

No.	Stadt	Feuerhähne und Verhalten bei Feuersgefahr	Betriebsstörungen u. w. d. a. Ersatzansprüche	Ueberwachung der Hausleitungen und der Wasserentnahme
		21	22	23
50	Gelsen-kirchen-Schalke	Bei Entnahme ohne Wassermesser dürfen Feuerhähne nur bei Feuersgefahr geöffnet, nicht aber zu anderen Zwecken benutzt werden.	Der Umstand, dass die Wasserleitung längere oder kürzere Zeit nicht benutzt gewesen oder die erwartete Menge nicht geliefert hat, oder dass das Wasser nicht zu der gewünschten Höhe gestiegen ist, endlich der Umstand, dass die Wasserleitung eine zeitweise Unterbrechung erlitten hat, berechtigen den Abnehmer nicht, Ansprüche auf völligen oder theilweisen Erlass der ausbedungenen Bezahlung oder auf irgend einen anderen Schadenersatz zu erheben. Wenn jedoch die zeitweise Unterbrechung länger als 14 Tage gedauert hat, so kann für die Zeit, um welche die Unterbrechung länger als 14 Tage dauerte, ein Erlass bezw. eine Ermässigung des Wasserzinses stattfinden.	Der Abnehmer muss dem Beauftragten der Gesellschaft zwecks Controle der Anlagen, des Verbrauches und der Angaben der Anmeldung jederzeit freien Zutritt zu allen Räumen des mit der Wasserleitung versehenen Grundstücks verschaffen und die Umwechselung oder Reinigung des Wassermessers jederzeit gestatten.
51	Giessen . .	Bei Brandausbruch in der Stadt sind alle Zapfstellen der Privatleitungen bis nach Bewältigung des Feuers möglichst geschlossen zu halten.	Eintretende Unterbrechungen der Wasserlieferung berechtigen die Abnehmer zu keinen Ansprüchen. Während der Dauer aussergewöhnlichen Wassermangels kann durch Bekanntmachung die Abgabe von Wasser aus der Wasserleitung im Allgemeinen auf gewisse Tagesstunden eingeschränkt und im Einzelnen die Verwendung solchen Wassers seitens der Privaten zum Speisen von Springbrunnen, zum Besprengen von Gärten und Trottoirs, sowie zu gewerblichen Zwecken vorübergehend untersagt werden.	Die Abnehmer haben den Beamten jederzeit die Untersuchung der Privatleitung, des Hauptabsperrhahnes und des Wassermessers zu gestatten, insbesondere auch dafür zu sorgen, dass die Wassermesser behufs Aufnahme der Stände jederzeit leicht und ohne Zeitverlust zugänglich sind.
52	Gladbach-M.	Feuerhähne dürfen nur bei Feuersgefahr geöffnet werden und müssen so eingerichtet sein, dass sich dieselben unmittelbar mit den Schläuchen der öffentlichen Löschanstalten verbinden lassen. Die Feuerhähne werden nach der Prüfung der Privatleitung mittelst Schnur und Plombe verschlossen. Bei dem Gebrauche wird die Schnur durchgeschnitten. Nach demselben ist jedesmal binnen 24 Stunden Anzeige zu machen. Mindestens ein Mal in jedem Jahre findet eine Prüfung der Gangbarkeit der Feuerhähne ausschliesslich durch Wasserwerksbeamte statt. Bei Ausbruch eines Brandes in irgend einem Stadttheile ist jeder	Eine fortdauernde Unterbrechung der Wasserlieferung von mehr als 3 Tagen berechtigt die Consumenten, mit Ausnahme der Consumenten der in Tab. II, 5 genannten kleineren Gebäude u. s. w., eine entsprechende Ermässigung des Wasserzinses zu verlangen. Ansprüche auf Schadenersatz stehen ihnen unter keinen Umständen zu.	Den sich legitimirenden Beamten ist, wenn eine örtliche Revision für nöthig erachtet wird, Zutritt zu allen Räumen des Grundstücks zu gewähren.

Veränderungen in den Grundlagen des Vertrags. Vertragswidrige Verwendung des Wassers	Besitzwechsel	Uebertretungen, Strafen und Berufungen
24	25	26
Bei der Wasserentnahme nach Einschätzung darf das Wasser nur für die vertragsmässigen Zwecke benutzt werden, ausser zur Unterdrückung einer Feuersgefahr; insbesondere darf kein Wasser an andere Grundstücke oder deren Bewohner und Nutzniesser, gleichviel ob unentgeltlich oder gegen Vergütung, abgegeben werden. Jede Vergeudung des Wassers durch Fahrlässigkeit oder Muthwillen ist untersagt, und darf das Wasser nicht fortwährend aus einer Oeffnung in der Leitung fliessen, sondern jeder Zapfhahn muss sofort nach dem Gebrauch wieder geschlossen werden. Von jeder in der Leitung stattfindenden Undichtigkeit, selbst wenn dieselbe den Hausbewohnern keine Nachtheile oder Unbequemlichkeiten bereitet, ist dem Vorstande sofort Anzeige zu machen. Der Abnehmer ist jederzeit verantwortlich für die unveränderte Richtigkeit der Angaben, welche für die Einschätzung seines Grundstückes maassgebend waren, und hat von jeder Veränderung der Verhältnisse dem Vorstande unverzüglich Anzeige zu machen.	Die Abtretung des Wassers an einen Anderen darf nur mit Genehmigung des Vorstandes geschehen; bis diese erfolgt, ist der Vorbenutzer des Wassers für die vollständige Befriedigung wegen der etwa rückständigen Forderungen für den Wasserverbrauch und die Messermiethen verantwortlich. Die Gesellschaft ist aber auch berechtigt, sich an den Nachfolger zu halten, wenn derselbe die Genehmigung zur Uebernahme der Wasserleitung nicht eingeholt hat.	Wenn ein Besteller die zu zahlenden Kosten für Einrichtung oder Ausbesserung nicht rechtzeitig berichtigt, oder wenn ein Abnehmer mit den ihm obliegenden Zahlungen für das Wasser säumig ist, oder wenn sonst den Bestimmungen in irgend einer Weise nicht entsprochen wird, so hat die Gesellschaft das Recht, unbeschadet ihrer Entschädigungsansprüche den Wassermesser abzunehmen und das Zuleitungsrohr von dem in der Strasse befindlichen Hauptrohre zu trennen, auch die nicht vollständig bezahlten Einrichtungsgegenstände ohne jedes gerichtliche Verfahren zurückzunehmen. Abnehmer, welche den vorstehenden Bestimmungen zuwiderhandeln, werden vom Vorstande zur Abstellung der Uebelstände mit dreitägiger Frist aufgefordert. Bleibt diese Aufforderung erfolglos, so ist der Vorstand berechtigt, eine Strafe von M 5, im Wiederholungsfalle von M 10 festzusetzen. Sind diese Strafen erfolglos, so wird der Wasserzufluss abgeschnitten. Für alle Uebertretungen ist der Abnehmer verantwortlich, gleichviel, ob dieselben von ihm oder einem Dritten ausgegangen sind.
Der Abnehmer ist dafür haftbar, dass das Wasser nur in den Grenzen seiner Besitzung verwendet werde. Wasserabgabe an nicht auf dem Grundstück wohnende Personen ist untersagt.		Zuwiderhandlungen gegen die Polizeiverordnung und die auf Grund derselben erlassenen Verbote werden, sofern nicht höhere gesetzliche Strafen einzutreten haben, mit Geldstrafen bis zu M 30, an deren Stelle im Falle des Unvermögens Haft tritt, bestraft.
Alle Veränderungen in den bei der Veranlagung maassgebend gewesenen Verhältnissen sind der Verwaltung anzuzeigen. Abzweigungen von Zuleitungen nach anderen Grundstücken bezw. Grundstückstheilen, auch wenn dieselben demselben Besitzer gehören und zur Wasserentnahme angemeldet werden, sind unstatthaft. Von dem nach Wassermesser bezogenen Wasser kann der Consument zum Zwecke der unmittelbaren Verwendung desselben jeden beliebigen Gebrauch machen; es ist ihm aber untersagt, Wasser an andere als in der Anmeldung bezeichnete Grundstücke, auch wenn dieselben sein Eigenthum sind, oder	Geht das versorgte Grundstück in die Benutzung eines Andern über, ohne dass eine besondere Anzeige erfolgt ist, so haftet neben dem neuen Abnehmer der bisherige Inhaber so lange für Zahlung des Wasserzinses und Einhaltung der sonstigen Verpflichtungen des Consumenten, bis die Verwaltung den Nachfolger an seiner Stelle angenommen hat. Verweigert der bisherige Inhaber, gleichgültig ob derselbe Besitzer, Miether oder Nutzniesser des betr. Grundstücks etc. war, die Zahlung des rückständigen Wasserzinses und der Wassermessermiethe, oder ist derselbe zahlungsunfähig, so ist die Verwaltung berechtigt, dem Nachfolger im Besitze etc. die	Erfolgt die Zahlung von Wasserbeiträgen nach zweimaliger Vorzeigung der Quittung nicht innerhalb 10 Tage, so steht der Verwaltung ausser der gerichtlichen Klage das Recht zu, die Wasserlieferung einzustellen. Erfolgt die Zahlung noch nachträglich, so darf für die Zeit des Verschlusses kein Abzug an der Vergütung gemacht werden. Uebertretungen der Bestimmungen ziehen, ausser dem zu leistenden Schadenersatze, für jeden einzelnen Fall eine Conventionalstrafe von M 6 bis M 100 nach sich. Erfolgt die Zahlung derselben nicht innerhalb 8 Tagen, so ist die städtische Verwaltung berechtigt, die Wasserzuführung zu sperren, vorbehaltlich aller sonstigen Schritte zur Einziehung der Strafe. Im Uebrigen siehe Sp. 25. Eine gleiche Berechtigung bleibt der Verwaltung gegen diejenigen Consumenten vorbehalten,

No.	Stadt	Feuerhähne und Verhalten bei Feuersgefahr	Betriebsstörungen u. w. d. a. Ersatzansprüche	Ueberwachung der Hausleitungen und der Wasserentnahme
		21	22	23
		Consument verpflichtet, auf Erfordern seine Leitung den Löschanstalten zur Verfügung zu stellen. Derselbe kann für den muthmaasslichen Verbrauch zum Zwecke der Löschung, sofern er nach dem Wassermesser bezahlt, einen entsprechenden Abzug am Wassergelde verlangen, welcher, wenn eine gütliche Einigung mit der Verwaltung nicht erzielt wird, durch die Commission endgültig festgesetzt wird.		
53	Glauchau	Feuerhähne können in einem Grundstücke in beliebiger Zahl angebracht werden. Steht jede Wasser-Entnahme unter Controle eines Wassermessers, so können die Hähne nach Belieben, ist dies nicht der Fall, so dürfen sie nur bei Feuersgefahr oder angemeldeten Löschproben benutzt werden. Nach jedem Gebrauche sind die vor dem Wassermesser angebrachten Hähne mittels Schnur und Bleiplombe durch die Verwaltung auf Kosten des Grundstücksbesitzers zu verschliessen. Bei Ausbruch eines Feuers hat jeder Grundstücksbesitzer seine Privatwasserleitung möglichst geschlossen zu halten, auf Verlangen jedoch dem Branddirector zur Verfügung zu stellen. Bei Wassermessercontrole wird das zu Löschzwecken verwendete Wasser dem Besitzer nicht angerechnet.	Bei eintretendem Wassermangel bestimmt der Stadtrath die Betriebe, welche vorübergehend von der Wasserversorgung auszuschliessen sind. Der Umstand, dass die Wasserleitung längere oder kürzere Zeit nicht benutzt gewesen ist, oder dass dieselbe nicht die erwartete Wassermenge geliefert hat, oder dass das Wasser nicht bis zur gewünschten Höhe gestiegen ist, endlich der Umstand, dass die Wasserzuführung eine zeitweise Unterbrechung oder eine andere ähnliche Störung erlitten hat, berechtigt den Besitzer einer Privatleitung nicht, einen Anspruch auf völligen oder theilweisen Erlass der Bedingungen oder auf Bezahlung von irgend welchem Schadenersatz zu erheben.	Den sich legitimirenden Beamten ist jederzeit Zutritt zu allen Theilen der Leitung zu gestatten.
54	Glogau . .	Bei ausbrechender Feuersbrunst muss jeder Hausbesitzer seine Privatleitung nach Anordnung geschlossen halten oder zur Bekämpfung des Feuers zur Verfügung stellen. Im letzteren Falle geschieht der Verbrauch des Wassers für Rechnung der Verwaltung.	Der Magistrat hat das Recht, wenn er es im öffentlichen Interesse für nöthig erachtet, die Entziehung oder Einschränkung in der Benutzung des Wassers für einzelne oder alle Consumenten anzuordnen. Ein Anspruch auf Entschädigung oder Ermässigung des Wasserzinses steht dem Consumenten desshalb, oder wenn vorübergehend eine gänzliche Unterbrechung der Wasserlieferung eintreten sollte, nicht zu. Bei längeren Unterbrechungen von mehr als 14 Tagen werden den nach Einschätzung zahlenden Consumenten verhältnissmässige Nachlässe am Wasserzins bewilligt.	Jeder Consument ist verpflichtet, den Beamten jederzeit die Revision der Hausleitung und insbesondere des Wassermessers zu gestatten.

<table>
<tr><th>Veränderungen in den Grundlagen des Vertrags. Vertragswidrige Verwendung des Wassers</th><th>Besitzwechsel</th><th>Uebertretungen, Strafen und Berufungen</th></tr>
<tr><td>24</td><td>25</td><td>26</td></tr>
<tr><td>an dritte, auf anderen Grundstücken wohnende Personen, gleichviel ob gegen Baarzahlung oder gewohnheitsmässig unentgeltlich, abzugeben. Eine Zuwiderhandlung berechtigt die Verwaltung zur sofortigen Sperrung des Wasserzuflusses.
Bei Versorgung nach Einschätzung ist jede Vergeudung des Wassers durch Fahrlässigkeit oder Muthwillen untersagt.</td><td>Benutzung der der Stadt gehörigen Zuleitung solange zu verweigern, bis der Betrag bezahlt ist, wenn der neue Inhaber der betr. Besitzung es nicht vorziehen sollte, durch Zahlung des für Herstellung der betr. Zuleitung zu entrichtenden Betrages sich das Recht der Wasserentnahme aus derselben zu erwerben.
In letzterem Falle bleibt es der Stadt unbenommen, gegen den bisherigen Inhaber wegen Zahlung des rückständigen Wasserzinses etc. gerichtlich vorzugehen.</td><td>welche bereits dreimal wegen Contravention gegen das Regulativ in Strafe genommen wurden. Eine Verpflichtung zum Schadenersatze wegen Abschlusses der Wasserzuführung in den vorstehenden Fällen trifft die Verwaltung unter keinen Umständen, selbst wenn im Rechtswege festgestellt werden sollte, dass die Uebertretung nicht nachgewiesen und Strafe, beziehungsweise der Schadenersatz, nicht geleistet zu werden braucht.
Für alle Zuwiderhandlungen gegen die Bestimmungen des Regulativs bleibt der Consument in Bezug auf den Schadenersatz und die Zahlung der Strafe der Verwaltung gegenüber verantwortlich, mögen dieselben von ihm selbst oder von einem Dritten ausgegangen sein, vorbehaltlich des Rechtes der Verwaltung, auch gegen den Letzteren im Wege der Klage vorzugehen. Es steht dem Consumenten daher der Einwand, dass er die Zuwiderhandlun nicht verschuldet habe, nicht zu.</td></tr>
<tr><td colspan="3">Wenn zwischen der Verwaltung und den Consumenten über die Auslegung vorstehender Bestimmungen Meinungsverschiedenheiten entstehen sollten, so entscheidet die Commission, mit Ausschluss des Rechtsweges, endgültig</td></tr>
<tr><td>Aendert sich die Anzahl der Wohnungen, Gewerbe etc. eines nicht mit Wassermesser versehenen Grundstücks, und macht der Besitzer der Verwaltung hiervon keine Mittheilung, so ist im Falle einer Vermehrung der Beitragspflichtigen der Wasserzins hierfür nachzuzahlen; im Falle einer Verminderung findet eine Rückzahlung nicht statt.
Die Entnahme von Wasser zu anderen als den angemeldeten Zwecken, jede Vorrichtung zu heimlicher Ableitung, besonders vor dem Wassermesser, jede Abgabe von Wasser an Bewohner anderer Grundstücke ist untersagt und strafbar, ausgenommen in Fällen von Betriebsstörungen in der Wasserleitung.
Die Verlängerung einer vorhandenen Privatwasserleitung nach einem benachbarten Grundstücke ist einer Neuanlage gleich zu achten.
Fortwährendes Laufenlassen des Wassers als Schutz gegen Einfrieren oder zum Bewässern von Gärten ist verboten und wird bestraft.</td><td>Rechte und Pflichten gehen bei Besitz- oder Wohnungswechsel stillschweigend auf den Nachbesitzer über.</td><td>Die Zweigleitung ist von der Verwaltung sofort zu schliessen, wenn die Anlage schlecht oder vorschriftswidrig ausgeführt ist, und wenn Wasser durch Nachlässigkeit oder Muthwillen vergeudet wird.
Bei Hinterziehung des Wasserzinses kann ausserdem noch Bestrafung bis zur Höhe des dreifachen Betrages der hinterzogenen Summe eintreten.
Zuwiderhandlungen gegen die Bestimmungen werden, vorbehältlich strafrechtlicher Verfolgung, mit Ordnungsstrafen von M 3 bis M 150 und sofortiger Schliessung der Leitung geahndet.
Für Zuwiderhandlungen und Schäden ist der Grundstücksbesitzer verantwortlich und ersatzpflichtig.
Differenzen zwischen Ver- und Abmiether gehören vor die Gerichtsbehörde.
Beschwerden gegen die Verwaltung sind auf dem gesetzlich geordneten Beschwerdewege geltend zu machen und werden, soweit dem Stadtrathe das Urtheil zusteht, unter Zuziehung des Beschwerdeführers entschieden.</td></tr>
<tr><td>Spätere Aenderung oder Vergrösserung der Leitung bedarf der Genehmigung des Magistrats.</td><td></td><td>Wird die Bezahlung einer Rechnung über Wasserconsum oder der Rechnungen über die Kosten für die Anbohrung etc. einer Zweigleitung verweigert oder nicht innerhalb 8 Tagen nach Vorzeigung der Rechnung geleistet, so steht der Verwaltung das Recht zu, nach vergeblicher Androhung die Wasserzuleitung in das Grundstück zu schliessen, unbeschadet der gerichtlichen Beitreibung ihrer Forderung.</td></tr>
<tr><td colspan="3">Die gleiche Folge tritt in allen Fällen von Zuwiderhandlungen eines Consumenten gegen die Vorschriften des Regulativs ein.
Die Entnahme von Wasser vor dem Durchfluss durch den Wassermesser zieht strafrechtliche Verfolgung und unter Umständen die Schliessung der betreffenden Leitung nach sich.
Bei missbräuchlicher Wasservergeudung verfällt der Consument, unbeschadet seiner Verpflichtung zu einer Entschädigung für das vergeudete Wasser, in eine nach Anhörung der Wassereinschätzungs-Commission festzusetzende Conventionalstrafe bis zu M 30. Ausserdem ist der Magistrat berechtigt, dem betreffenden Consumenten das Wasser der Leitung ganz zu entziehen.
Wenn die Aenderung oder Vergrösserung einer Leitung ohne Genehmigung erfolgt, so verfällt der Hausbesitzer in eine Strafe von M 30.</td></tr>
</table>

No.	Stadt	Feuerhähne und Verhalten bei Feuersgefahr	Betriebsstörungen u. w. d. a. Ersatzansprüche	Ueberwachung der Hausleitungen und der Wasserentnahme
		21	22	23
55	Glückstadt	Feuerhähne in Privatgrundstücken müssen mit einer nur von der Verwaltung anzulegenden Plombe versehen sein, welche nur bei eintretender Feuersgefahr beseitigt werden darf. Bei Ausbruch eines Feuers ist die Verwaltung befugt, alle Zuleitungen für die Dauer des Brandes zu schliessen.	Eine zeitweilige Unterbrechung des Betriebes der Wasserleitung oder eine zeitweilige Nichtbenutzung der Zweigleitung zu Luxus- und gewerblichen Zwecken berechtigt weder zur Forderung von Schadenersatz, noch zur Forderung eines theilweisen Erlasses der Wasserabgabe resp. einer Vergütung.	Die Controle der Anschlussleitung und der Wassermesser muss sich jeder Besitzer einer Anschlussleitung in den Tagesstunden gefallen lassen.
56	Görlitz . .	Feuerhähne in Privatgrundstücken müssen mit einer Plombe versehen werden, welche nur bei eintretender Feuersgefahr beseitigt werden darf. Eine neue Plombe wird von der Verwaltung auf Kosten des Besitzers nach sofort zu erstattender Anzeige wieder angelegt.	Eine zeitweise Unterbrechung des Betriebes der Wasserleitung oder eine Nichtbenutzung der Zweigleitung berechtigt nicht zu einem Anspruch auf Schadenersatz oder Erlass am Wasserzinse.	Den sich legitimirenden Beamten ist der Zutritt zu allen von der Leitung berührten Räumen jederzeit zu gestatten, und sind sämmtliche Bewohner des betreffenden Grundstücks verpflichtet, den ertheilten Anordnungen alsbald Folge zu leisten. Die Wassermesser und Rohrleitungen müssen jederzeit der Verwaltung zugänglich sein.
57	Göttingen	Bei einem in der Stadt ausbrechenden Feuer muss jeder Besitzer einer Privatleitung auf Verlangen der Polizeibehörde oder des die Löschung leitenden Beamten dieselbe entweder schliessen oder den Löschmannschaften zur Verfügung stellen. Das auf Grund einer solchen Anordnung der Leitung entnommene Wasser wird nach Maassgabe des Wassermessers den Consumenten in Abrechnung gebracht.	Etwaige Unterbrechungen in der Wasserzuführung in Folge von Reparaturen an den städtischen Hauptrohrleitungen, Bassins oder Quellen, oder in Folge von Mangel an Wasser berechtigen die Anschlussbesitzer nicht zu irgend welchen Ansprüchen auf Entschädigung. Sollte eine Unterbrechung der Wasserzuführung von mehr als 8 Tagen eintreten, so wird der Mindestbetrag für das Betriebsjahr um einen der Zeit der Unterbrechung entsprechenden Theil ermässigt.	Es steht der Verwaltung das Recht zu, die Privatwasserleitungen durch mit Legitimation versehene Beamte oder Beauftragte jederzeit untersuchen zu lassen, und es hat der Eigentümer der Privatleitung die Pflicht, den Zutritt zu allen Theilen der Leitung zu gestatten, und über die einschlägigen Punkte bestimmte Auskunft zu ertheilen.
58	Gotha . . .	Während eines Brandes in der Stadt ist die Entnahme von Wasser aus den Privatwasserleitungen zu gewerblichen Zwecken verboten. Jeder Abnehmer ist verpflichtet, während des Feuers seine Leitung den öffentlichen Löschanstalten zur Verfügung zu stellen.	Die Stadtgemeinde übernimmt weder dem Eigenthümer noch dem Miether gegenüber eine Haftbarkeit für Beschädigungen, welche in Folge der Einleitung des Wassers auf ein Grundstück entstehen. Sollte für längere oder kürzere Zeit entweder gar kein Wasser oder nur eine ungenügende Menge von Wasser abgegeben werden, so kann desshalb ein Entschädigungsanspruch gegen die Gemeinde nicht erhoben werden.	Den Beauftragten der Verwaltung ist der Zutritt zu allen Räumen des Grundstücks, durch welche Leitungsröhren gehen oder welche Einrichtungen zur Wasserentnahme enthalten, zu jeder Zeit zu gestatten.

24. Veränderungen in den Grundlagen des Vertrags. Vertragswidrige Verwendung des Wassers

25. Besitzwechsel

26. Uebertretungen, Strafen und Berufungen

24. Wer bauliche Anlagen oder Veränderungen innerhalb eines mit Wasserleitung versehenen Grundstücks vornimmt, muss zuvor der Verwaltung Anzeige machen, insofern diese Arbeiten innerhalb 1 m Entfernung von den Wasserleitungsrohren vorgenommen werden.

25. Im Falle der Besitzer eines Grundstücks wechselt, ist jeder für die Wasserabgabe und den Miethpreis für Wassermesser für die Dauer seiner Besitzzeit verhaftet. Der auf den ausscheidenden Besitzer entfallende Betrag ist bei dem Wechsel des Besitzers fällig.

26. Einsprüche gegen Einschätzung sind innerhalb einer Präclusivfrist von 3 Monaten nach Mittheilung der Einschätzung bei dem Magistrat anzubringen, welcher sodann über dieselben beschliesst. Gegen den Beschluss findet die Klage im Verwaltungsstreitverfahren statt.

---

24. Veränderungen an den städtischen Leitungsröhren, Wassermessern, Haupthähnen oder dergleichen von der Verwaltung angebrachten Vorrichtungen darf Niemand ohne Erlaubniss der Verwaltung vornehmen.

Das Leitungswasser darf nur für den Haus- und wirthschaftlichen Bedarf oder zu den besonders angemeldeten Zwecken entnommen werden.

Beim Besprengen von Gärten, Strassen, Höfen etc. darf das Wasser nur durch mit der Hand zu leitende Schläuche oder Spritzen vertheilt werden. Springbrunnen dürfen in der Regel nur von 6 Uhr Morgens bis 12 Uhr Abends geöffnet sein.

25. Geht ein angeschlossenes Grundstück durch freiwilligen Verkauf in anderen Besitz über, so hat dies der bisherige Besitzer der Verwaltung alsbald anzuzeigen, anderenfalls bleibt derselbe für die Entrichtung des Wasserzinses haftbar. Im Falle des Zwangsverkaufs, des Concurses oder der Zwangsverwaltung ist der Magistrat berechtigt, die Zweigleitung zu dem in Frage stehenden Grundstück so lange abzusperren, bis eine Einigung über Zahlung des rückständigen und laufenden Wasserzinses mit der Gläubigerschaft, dem Administrator oder dem Massenverwalter zu Stande gekommen ist.

26. Uebertretungen werden mit einer Geldstrafe bis zu M 30, im Unvermögensfalle mit verhältnissmässiger Haft geahndet. Mit derselben Strafe werden Hauseigenthümer, Haushaltungsvorstände, sowie Dienstherrschaften belegt, welche wissentlich Ueberschreitungen der in der Verordnung mit Strafe bedrohten Handlungen oder Unterlassungen ihrer Hausbewohner, Angehörigen oder Dienstboten dulden.

---

24. Von allen baulichen Aenderungen, welche Einfluſs auf eine Privatleitung haben können, ist der Verwaltung Anzeige zu machen.

Die Versorgung eines Grundstückes mit Wasser seitens des Nachbargrundstückes kann ausnahmsweise gestattet werden.

Es ist verboten, das Wasser aus irgend einem Theile der Leitungen beständig laufen zu lassen und irgend welche Manipulationen vorzunehmen, welche geeignet sind, die richtige Messung des Wassers durch den Wassermesser zu beeinträchtigen.

25. Geht ein an die Wasserleitung angeschlossenes Grundstück durch freiwilligen Verkauf in anderes Eigenthum über, so hat dies der bisherige Eigenthümer dem Magistrate alsbald anzuzeigen, widrigenfalls er für die Entrichtung des Wasserzinses haftbar bleibt. Im Falle des Zwangsverkaufes, des Concurses oder der Zwangsverwaltung ist der Magistrat berechtigt, die Zweigleitung zu dem fraglichen Grundstück so lange abzusperren, bis eine Einigung über Zahlung des rückständigen und laufenden Wasserzinses zu Stande gekommen ist.

26. Consumenten, welche den Bestimmungen zuwiderhandeln, werden von der Verwaltung zur Erfüllung derselben, beziehungsweise zur Abstellung der Uebelstände mit dreitägiger Frist aufgefordert. Bleibt die Aufforderung erfolglos, so ist die Verwaltung berechtigt, den Wasserzufluss abzusperren. Eine Absperrung kann auch sofort erfolgen, wenn Gefahr im Verzuge ist.

Von solchen Consumenten, welche die Bestimmungen wiederholt übertreten, kann die Verwaltung Caution bis zu M 50 verlangen. Dieselbe verfällt bei nochmaliger Uebertretung.

Uebertretungen der in Sp. 24, Abs. 3 genannten Verbote werden, soweit dieselben nicht auf Grund der allgemeinen Strafgesetze mit härteren Strafen bedroht sind, mit Geldstrafe bis zu M 30 und im Unvermögensfalle mit verhältnissmässiger Haft bestraft und berechtigen den Magistrat, den Contravenienten den Wasserzufluss abzuschneiden.

In Fällen, in welchen Meinungsverschiedenheiten zwischen der Verwaltung und den Consumenten über die Auslegung dieser Bestimmungen entstehen sollten, werden dieselben vom Magistrat, event. von den städtischen Collegien entschieden.

---

24. An den einmal eingelegten Röhren und den einmal getroffenen sonstigen Einrichtungen darf ohne Genehmigung der Verwaltung keine Veränderung vorgenommen werden.

Nur von den Abnehmern, welche im Besitz von Wassermessern sind, darf Wasser an Dritte, gleichviel ob gegen Bezahlung oder unentgeltlich, jedoch nur ausnahmsweise, nie regelmässig abgegeben werden.

Das Wasser darf weder durch Nachlässigkeit oder Muthwillen, namentlich durch Offenlassen der Hähne, vergeudet noch überhaupt zu anderen als den mit der Verwaltung festgestellten Zwecken verwendet werden.

25. Beim Besitzwechsel hat der alte Besitzer der Verwaltung Anzeige davon zu erstatten, widrigenfalls er so lange haftpflichtig bleibt, bis der Nachfolger in die Verpflichtungen eingetreten, oder das Vertragsverhältniss durch Kündigung erloschen ist.

26. Zuwiderhandlungen gegen die Bestimmungen, insoweit dieselben sich auf die Unterhaltung und Benutzung der Privatleitungen beziehen, unterliegen Conventionalstrafen von M 3 bis zu M 20. Diese Strafen können im Nichtzahlungsfalle alsbald im Wege der Zwangsvollstreckung ohne Mitwirkung der Gerichte beigezogen werden.

Absichtliche Beschädigungen der Wassermesser und der Zuleitungen unterliegen einer Conventionalstrafe bis zu M 150, insoweit nicht etwa Handlungen vorliegen, welche nach allgemeinen Strafgesetzen zu ahnden sind.

Im Uebrigen steht der Verwaltung neben der Beiziehung der Conventionalstrafe die Entziehung der Wasserzuleitung ohne Weiteres zu.

Auch die unterbliebene Zahlung des Wasserzinses, desgleichen die verzögerte Rückerstattung der dem Abnehmer zur Last fallenden, von der Verwaltung vorgestreckten Kosten berechtigt nach achttägiger Ankündigungsfrist zum Verschluss der Zuleitung.

Haftpflichtig für die den Wasserleitungsanlagen der Stadtgemeinde durch Zuwiderhandlung gegen die Bestimmungen zugefügten Schäden, sowie für die Conventionalstrafen ist in jedem Falle der Besitzer der Zuleitung, und hat derselbe insbesondere für Familienglieder, sein Beamten- und Arbeitspersonal, sein Gesinde und seine Miether oder deren Gesinde einzustehen.

No.	Stadt	Feuerhähne und Verhalten bei Feuersgefahr	Betriebsstörungen u. w. d. a. Ersatzansprüche	Ueberwachung der Hausleitungen und der Wasserentnahme
		21	22	23
59	Greiz . . .			Es ist den Beamten gestattet, jederzeit nicht nur die Controle über den Wassermesser, sondern auch über die ganze Hausleitung zu üben, und ist denselben zu diesem Zwecke der Zutritt zu allen Räumen zu gestatten, welche von der Leitung berührt werden.
60	Hagen i. W.	Feuerhähne dürfen den gleichen Querschnitt haben, wie die Zuleitungsröhren. Die Verwaltung versieht solche Hähne mit Plomben, welche nur bei eingetretener Feuersgefahr abgenommen werden dürfen. Die Verwaltung muss von dem erfolgten Gebrauch eines Feuerhahns innerhalb 24 Stunden benachrichtigt werden. Bei Ausbruch eines Brandes ist jeder Consument verpflichtet, auf Erfordern seine Leitung den Löschanstalten zur Verfügung zu stellen. Wird das Wasser nach Wassermesser bezahlt, so hat der Abnehmer in solchen Fällen für den betreffenden Monat denjenigen Betrag an Wassergeld zu zahlen, der von ihm im vorhergehenden Monate gezahlt ist.	Dem Consumenten steht kein Anspruch auf Schadenersatz zu wegen Unterbrechung der Wasserlieferung, oder weil er das Wasser nicht in genügender Menge oder Beschaffenheit oder auf die gewünschte Höhe zu erhalten glaubt.	Die Verwaltung ist berechtigt, die gemachten Angaben durch ihre Beamten, denen der Zutritt zu den sämmtlichen Localitäten des Grundstücks jederzeit gestattet werden muss, an Ort und Stelle prüfen und nöthigen Falls berichtigen zu lassen.
61	Halberstadt	Bei einem in der Stadt ausbrechenden Feuer muss jeder Besitzer einer Privatleitung dieselbe je nach Verlangen der Polizei-Verwaltung entweder schliessen oder den Löschmannschaften gegen Entschädigung zur Verfügung stellen. Ueber die Höhe der Entschädigung entscheidet der Magistrat.	Bei verminderter Reichhaltigkeit des Wassers der Leitung hat der Magistrat das Recht, solche Anordnungen zu treffen, welche in erster Linie den dauernden Wasserbezug für öffentliche und Haushaltungszwecke sichern. Ein Anspruch auf Entschädigung steht dem Consumenten dieserhalb, oder wenn das Wasser nicht die erwartete Reinheit besitzt, oder wenn vorübergehend eine gänzliche Unterbrechung in der Wasserleitung stattfinden sollte, nicht zu.	Den mit Legitimation versehenen Beamten ist der freie Zutritt zum Wassermesser zu gestatten.

Veränderungen in den Grundlagen des Vertrags. Vertragswidrige Verwendung des Wassers	Besitzwechsel	Uebertretungen, Strafen und Berufungen
24	25	26
Siehe Sp. 26, Abs. 2.	Geht ein Grundstück in den Besitz eines Andern über, so ist sogleich der Verwaltung Anzeige darüber zu erstatten, widrigenfalls ausser dem seitherigen Abnehmer auch der neue Besitzer für alle Verbindlichkeiten mithaftet.	Bei wiederholter fehlerhafter oder schlechter Ausführung von Wasseranlagen kann dem betreffenden Unternehmer die Erlaubniss zu weiteren Ausführungen entzogen werden. Es ist bei Entziehung des Wassers und einer Strafe von M 50 verboten, irgend welche Veränderung an der Zuleitung, soweit dieselbe von der Verwaltung hergestellt ist, vorzunehmen oder vornehmen zu lassen. Beharrliches Zuwiderhandeln gegen die Anordnungen der Verwaltung, Behindern der Beamten und Arbeiter derselben an Erfüllung ihrer Obliegenheiten kann sofortige Absperrung des Wassers nach sich ziehen. Wer seinen Zahlungsverbindlichkeiten nicht pünktlich nachkommt, verliert die Berechtigung auf den ferneren Bezug des Wassers. Die Verwaltung kann ihm sofort den Zufluss abschneiden auf solange, bis er die Rechnung beglichen hat.
Von allen baulichen, sowie von sonstigen Veränderungen, welche eine Aenderung in der Höhe des Wassergeldes bedingen, ist Anzeige zu machen. Zu jeder Abänderung und Vergrösserung der dem Betriebe übergebenen Privatleitungen ist die Genehmigung der Verwaltung einzuholen. Von dem nach Wassermesser bezogenen Wasser kann der Consument zum Zwecke der unmittelbaren Verwendung jeden beliebigen Gebrauch machen, es ist ihm aber untersagt, Wasser an dritte Personen gegen Gegenleistung oder durch Rohrleitung ohne besondere widerrufliche Genehmigung der Verwaltung abzugeben. Eine Zuwiderhandlung berechtigt die Verwaltung zur sofortigen Sperrung des Wasserzuflusses.	Gehen die mit Wasser versorgten Räume in die Benutzung eines Andern über, ohne dass eine Abmeldung erfolgt, so haftet neben dem neuen Abnehmer der bisherige Inhaber so lange für die Zahlung des Wassergeldes und Einhaltung der sonstigen Verpflichtungen des Abnehmers, bis die Verwaltung den Nachfolger an seiner Stelle angenommen hat. Bei jedem Wechsel dieser Art ist die Verwaltung jedoch auch berechtigt, die Leitung sofort abzusperren. Die Kosten der Abtrennung hat in allen Fällen deren bisheriger Inhaber zu tragen.	Uebertretungen der Bestimmungen ziehen, ausser dem zu leistenden Schadenersatze, für jeden einzelnen Contraventionsfall zum ersten Male eine Conventionalstrafe von M 5 bis M 15 und im Wiederholungsfalle innerhalb eines Jahres eine solche von M 16 bis M 30 nach sich. Erfolgt die Zahlung derselben nicht innerhalb 8 Tagen, so ist die Stadt berechtigt, die Wasserzuführung zu sperren, vorbehaltlich aller sonstigen Schritte zur Einziehung der Strafe. Eine gleiche Berechtigung bleibt gegen diejenigen Consumenten vorbehalten, welche bereits drei Mal wegen Uebertretung in Strafe genommen wurden. Eine Verpflichtung zum Schadenersatze wegen Abschlusses der Wasserzuführung in den vorstehenden Fällen trifft die Stadt unter keinen Umständen. Für alle Zuwiderhandlungen gegen die Bestimmungen bleibt der Eigenthümer in Bezug auf den Schadenersatz und die Zahlung der Strafe verantwortlich. Er kann indessen diese Verantwortlichkeit durch ein besonderes Uebereinkommen auf den Miether, Nutzniesser oder sonstigen Nutzungsberechtigten übertragen. Die strafrechtliche Verantwortlichkeit trifft, wo sie eintritt, lediglich den Contravenienten. In Fällen zwangsweiser Schliessung der Leitung wird im Voraus bezahltes Wassergeld nicht zurückerstattet.
Jeder Consument ist verpflichtet, jede Erweiterung oder Veränderung an seiner Hausleitung der Verwaltung sofort anzuzeigen.	Geht eine Privatleitung in den Besitz eines Anderen über, so hat Letzterer die Besitzveränderung vor Benutzung der Leitung bei der Verwaltung anzuzeigen.	Bei Nichtinnehaltung der Abgabebestimmungen seitens der Consumenten steht dem Magistrat das Recht zu, die Abzweigleitung zu schliessen.

No.	Stadt	Feuerhähne und Verhalten bei Feuersgefahr	Betriebsstörungen u. w. d. a. Ersatzansprüche	Ueberwachung der Hausleitungen und der Wasserentnahme
		21	22	23
62	**Halle a. d. S.**	Feuerhähne dürfen ausschliesslich nur bei Feuersgefahr geöffnet werden. Für die Beachtung dieser Vorschriften haftet Derjenige, in dessen Gewahrsam resp. Aufsicht sich die betreffenden Feuerhähne befinden.	Der Besitzer einer Privatleitung erlangt dadurch, dass die Wasserleitung längere oder kürzere Zeit nicht benutzt gewesen ist, oder dass die erwartete Wassermenge nicht bis zu der gewünschten Höhe gestiegen ist, ferner durch den Umstand, dass die Wasserleitung eine zeitweise Unterbrechung erlitten oder trübes Wasser geliefert hat, keinen Anspruch auf irgend welchen Erlass oder Schadenersatz. Schliessung der Springbrunnen kann durch öffentliche Bekanntmachung angeordnet werden.	Den Beamten und Arbeitern ist in jedem Falle, wenn eine örtliche Untersuchung der Privatleitung für nöthig erachtet wird, der Zutritt zu allen von der Leitung im Innern der Häuser berührten Räumen auf Vorlegung einer Legitimation zu gestatten.
63	**Hamburg**	Feuerhähne werden amtlich plombirt und dürfen nicht anders als bei Feuersgefahr benutzt werden. Jede Verletzung des Siegels ist sofort der Verwaltung anzuzeigen.	Sollten ausserordentliche Umstände eintreten, wodurch die Stadt-Wasserkunst verhindert würde, ihren Verbindlichkeiten gegen die Abnehmer nachzukommen, so wird sie baldthunlichst die Störung zu beseitigen trachten; aber sie ist nicht verpflichtet, Schadenersatz zu leisten für etwa den Abnehmern durch die Unterbrechung der Wasserversorgung entstandene Nachtheile.	Die Controle abseiten der Beamten hat lediglich nach einem durch Senat und Bürger-Ausschuss festzusetzenden, insbesondere auch den Beschwerdeweg regelnden Regulativ stattzufinden. Den Beamten steht es jederzeit frei, die Leitungen, Behälter und sonstigen Einrichtungen des Abnehmers behufs Controlirung des Verbrauchs und der contractgemässen Benutzung zu untersuchen.

Veränderungen in den Grundlagen des Vertrags. Vertragswidrige Verwendung des Wassers	Besitzwechsel	Uebertretungen, Strafen und Berufungen
24	25	26
Kein Grundstück darf von einem Neben- oder Nachbargrundstücke aus mit Wasser versorgt werden. In Ausnahmefällen ist die Genehmigung der Verwaltung erforderlich. Jede Entnahme von Wasser zu anderen Zwecken als zum Haus- und Wirthschaftsgebrauche ohne vorherige Anmeldung und jede Vorrichtung zur heimlichen Ableitung des Wassers zu anderen Zwecken ist untersagt und strafbar. Auch darf dasselbe nicht vergeudet, noch an Personen, welche zur Entnahme von Wasser für Wirthschafts- oder gewerbliche Zwecke nicht berechtigt sind, sei es gegen Entgelt oder unentgeltlich, abgelassen werden.	Geht ein versorgtes Grundstück in andere Hände über, so sind der alte Besitzer bezw. dessen Erben verpflichtet, der Verwaltung hiervon Anzeige zu machen, widrigenfalls der bisherige Besitzer oder dessen Erben für die auf dem Grundstück ruhenden Verpflichtungen der Verwaltung gegenüber haftbar bleiben.	Wird festgestellt, dass Wasser ohne Anmeldung zu den der Bezahlung unterliegenden Zwecken Verwendung findet, so hat Consument die tarifmässigen Sätze nachzuzahlen. Abschluss der Leitung und Antrag auf Polizeistrafen bleiben in diesen Fällen vorbehalten. Bei nicht pünktlicher Bezahlung des Wassers nach Messer oder Pauschalsätzen ist die Verwaltung berechtigt, den der besonderen Bezahlung unterworfenen Verbrauch ohne vorherige Kündigung zu untersagen. Bei Nichtbeachtung dieses Verbots kann die Zuleitung zu dem betreffenden Grundstück geschlossen werden, ohne Rücksicht darauf, dass auch der Zufluss für Haus- und Wirthschaftswasser unterbrochen wird. Der Grundstücksbesitzer ist für Zuwiderhandlungen und Vergeudungen, über welche er vorher von der Verwaltung verständigt worden ist, haftbar, und die Verwaltung ist berechtigt, abgesehen von dem Antrage auf Ahndung gemäss der erlassenen Polizeiverordnung, die Einschaltung eines Wassermessers vorzunehmen und Bezahlung für das vergeudete Wasser zu fordern. Zuwiderhandlungen gegen die Polizeiverordnungen werden mit einer Geldstrafe von M 3 bis M 30, im Rückfalle mit einer solchen von mindestens M 6, im Unvermögensfalle mit verhältnissmässiger Haft geahndet. Einwendungen gegen Einschätzungen bezw. Rechnungen sind innerhalb 14 Tagen nach der Behändigung vorzubringen. Nicht rechtzeitig bewirkte Beschwerden werden zurückgewiesen, und hat Consument dann den betreffenden Betrag voll zu entrichten, gleichviel, ob das Wasser zu den angegebenen Zwecken verwendet wird, oder nicht. Durch das Beschreiten des Beschwerdeweges dürfen die Zahlungen nicht aufgehalten werden.
Sollte eine Veränderung in den Räumen oder in den Miethe- oder sonstigen Verhältnissen des Grundstückes eintreten, welche auf die Berechnung des Wasserbeitrages von Einfluss sein würde, so ist dieses sofort anzuzeigen und ein etwaiger Mehrbetrag nachzuzahlen, während ein etwaiger Minderbetrag vergütet wird. Im Uebrigen siehe Sp. 26.	Bei dem Eigenthumswechsel eines Grundstücks gehen Rechte und Pflichten aus dem Vertrage des seitherigen Eigenthümers auf den neuen Erwerber stillschweigend über; Letzterer ist jedoch verpflichtet, die geschehene Uebertragung anzuzeigen.	Ist ein Wassermesser nicht aufgestellt, so unterwirft jede contractwidrige Verwendung des gelieferten Wassers, namentlich jeder Verkauf und jedes Ueberlassen an Andere, sowie jede sonstige Vergeudung von Wasser, sei es durch Undichtigkeit der Hausanlagen, speciell derjenigen in den Closets und deren versäumte Reparatur, sei es in anderer Weise, den Abnehmer nicht nur einer Strafe bis zu M 36, sondern verpflichtet ihn auch zum Ersatze des dadurch der Stadtwasserkunst entstandenen Schadens und der ihr entgangenen Einnahme. Bei wiederholten Uebertretungen bleibt ausserdem die sofortige Aufhebung des Contracts vorbehalten. Sobald die Deputation durch den Bericht ihres Beamten oder sonstwie sich davon überzeugt hat, dass eine Uebertretung des Contracts stattgefunden,

so wird sie wider den Schuldigen eine durch die Polizeibehörde zu vollstreckende Strafe verfügen und Zahlung des ermittelten Wasserbeitrages bezw. den Verlust der Rückgabe desselben bestimmen. Wenn die Zahlung der Strafe und des Schadens nicht innerhalb der festgesetzten oder einer sonst mässigen Frist geleistet wird, so ist die Deputation berechtigt, den Wasserzufluss abzuschneiden und denselben erst dann wieder herzustellen, nachdem der Abnehmer die ihm auferlegte Zahlung nebst den Kosten des Abschneidens und des Wiederanschlusses entrichtet hat.

Jeder Mechaniker, welcher sich Contraventionen gegen die Instruction zu Schulden kommen lässt, verfällt in eine Ordnungsstrafe bis zu M 18, sofern nicht eine Ahndung nach Maassgabe des Strafgesetzbuches eintritt. Auch kann bei versäumter Zahlung der Strafe, sowie bei wiederholter Uebertretung und Nichtachtung der Vorschriften auf Entziehung der ertheilten Concession erkannt werden.

No.	Stadt	Feuerhähne und Verhalten bei Feuersgefahr	Betriebsstörungen u. w. d. a. Ersatzansprüche	Ueberwachung der Hausleitungen und der Wasserentnahme
		21	22	23
64	Hamm i. W.	Die Feuerhähne dürfen den gleichen Querschnitt haben, wie die Zuleitungsröhren. Die Verwaltung versieht solche Hähne mit Bleistempeln, welche nur bei eingetretener Feuersgefahr abgenommen werden dürfen. Die Verwaltung muss von dem erfolgten Gebrauch eines Feuerhahnes innerhalb 24 Stunden benachrichtigt werden. Wird ein Stempel verletzt gefunden, ohne dass Anzeige gemacht ist, so wird, vorbehaltlich der Nachberechnung des etwaigen längeren oder stärkeren Verbrauchs für das laufende Vierteljahr, der dem vermuthlichen Gebrauche des gesammten Hauses entsprechende Wasserzins nach freiem Ermessen der Verwaltung ermittelt und eingezogen. Bei Ausbruch eines Brandes in irgend einem Stadttheile ist jeder Abnehmer verpflichtet, auf Erfordern seine Leitung den öffentlichen Löschanstalten zur Verfügung zu stellen. Wird das Wasser nach Wassermesser bezahlt, so hat der Abnehmer in solchen Fällen für den betreffenden Monat denjenigen Betrag an Wassergeld zu zahlen, der von ihm im vorhergehenden Monate bezahlt ist, vorausgesetzt, dass nicht Thatsachen vorliegen, aus denen hervorgeht, dass der Verbrauch in den betreffenden Monaten ein geringerer oder ein grösserer war, in welchem Falle er so viel mehr oder weniger zu zahlen hat.	Dem Abnehmer steht kein Anspruch auf Schadenersatz zu wegen Unterbrechung der Wasserlieferung, oder weil er das Wasser nicht in genügender Menge oder Beschaffenheit oder auf die gewünschte Höhe zu erhalten glaubt.	Den Beamten ist der Zutritt zu allen mit Wasser versorgten Räumlichkeiten eines Grundstücks zu gestatten.
65	Hanau . . .	Die Hähne zur Benutzung bei Feuersgefahr dürfen den gleichen Querschnitt haben, wie die Zuleitungsröhren. Die Direction versieht solche Hähne mit Plomben, welche nur bei eintretender Feuersgefahr abgenommen werden dürfen. Die Direction muss von dem erfolgten Gebrauch eines Feuerhahns innerhalb 24 Stunden benachrichtigt werden. Wird bei eintretender Feuersgefahr seitens der Polizei-Behörde die zeitweilige Schliessung der Privatleitungen verlangt, so ist dieser Aufforderung unverweigerlich Folge zu leisten.	Dem Abnehmer steht kein Anspruch auf Schadenersatz oder Wassergeldermässigung zu wegen Unterbrechung der Wasserlieferung, oder weil er das Wasser nicht in genügender Menge oder Beschaffenheit oder unter dem gewünschten Druck erhält. Sollte der Wasservorrath der städtischen Wasserleitung sich derart verringern, dass für den öffentlichen oder für den unmittelbaren häuslichen und wirthschaftlichen Bedarf ein Wassermangel zu befürchten steht, so kann die Benutzung des Wassers zunächst für Luxus- und sodann für gewerbliche Zwecke beschränkt oder ganz untersagt werden, ohne dass dieserhalb Entschädigungs-Ansprüche irgend welcher Art, insbesondere wegen Entwerthung bestehender Anlagen, geltend gemacht werden können. Jedoch haben die Betheiligten einen Anspruch auf entsprechende Ermässigung des Wassergeldes.	Den Beamten ist auf Verlangen jederzeit der Zutritt zu allen von der Leitung im Innern des Grundstücks berührten Räumen zu gestatten.

Veränderungen in den Grundlagen des Vertrags. Vertragswidrige Verwendung des Wassers	Besitzwechsel	Uebertretungen, Strafen und Berufungen
24	25	26

24. Veränderungen in den Grundlagen des Vertrags. Vertragswidrige Verwendung des Wassers

Von allen baulichen Veränderungen, welche auf einem angeschlossenen Grundstück vorgenommen werden, und ebenso von jeder Veränderung, welche in den sonstigen für die Feststellung des Wassergeldes maassgebenden Thatsachen eintritt, ist der Verwaltung sofort Anzeige zu machen.

Von dem nach Wassermesser bezogenen Wasser kann der Abnehmer zum Zwecke der unmittelbaren Verwendung desselben jeden beliebigen Gebrauch machen, es ist ihm aber untersagt, Wasser an dritte Personen zu anderen Zwecken als zum Genusse auf der Stelle, namentlich aber für eine Gegenleistung oder vermittelst einer Rohrleitung ohne Genehmigung der Verwaltung abzugeben.

25. Besitzwechsel

Gehen die mit Wasser versorgten Räume in die Benutzung eines Anderen über, ohne dass eine vorschriftsmässige Abmeldung erfolgt, so haftet neben dem neuen Abnehmer der bisherige Inhaber so lange für die Zahlung des Wassergeldes und Einhaltung der sonstigen Verpflichtungen des Abnehmers, bis die Verwaltung den Nachfolger an seine Stelle angenommen hat. Bei jedem Wechsel dieser Art ist die Verwaltung jedoch auch berechtigt, die Leitung sofort abzusperren.

26. Uebertretungen, Strafen und Berufungen

Uebertretungen der Bestimmungen ziehen, ausser dem zu leistenden Schadenersatze für jeden einzelnen Fall, zum ersten Male eine Strafe von M 5 bis M 15 und im Wiederholungsfalle innerhalb eines Jahres eine solche von M 15 bis M 30 nach sich. Erfolgt die Zahlung nicht innerhalb 8 Tagen nach Zustellung der Strafverfügung, so ist die Direction berechtigt, die Wasserzuführung zu sperren, vorbehaltlich aller sonstigen Schritte zur Einziehung der Strafe.

In allen Fällen, in welchen die Uebertretung als eine schwere Schädigung der städtischen Interessen erscheint, kann sofort neben der Festsetzung der Strafe oder statt derselben die Absperrung der Wasserzuführung bewirkt werden. Bei leichteren Uebertretungen bleibt die Absperrung vorbehalten und wird in der Regel dann in Aussicht zu nehmen sein, wenn zum dritten Male eine Strafe festgesetzt wird. Eine Verpflichtung zum Schadenersatze wegen Abschlusses der Wasserzuführung in den vorstehenden Fällen trifft die Stadt unter keinen Umständen, selbst wenn im Rechtswege festgestellt werden sollte, dass die Uebertretung nicht nachgewiesen und die Strafe bezw. der Schadenersatz nicht geleistet zu werden braucht. Der Direction bleibt es jedoch vorbehalten, in solchen Fällen ausnahmsweise, wenn besondere Billigkeitsgründe nach ihrem Ermessen vor liegen, völlige oder theilweise Entschädigung zu gewähren.

Für alle Zuwiderhandlungen gegen die Bestimmungen bleibt der Eigenthümer in Bezug auf den Schadenersatz und die Zahlung der Strafe der Stadt gegenüber verantwortlich, mögen dieselben von ihm selbst oder von einem Dritten ausgegangen sein, vorbehaltlich des Rechts der Stadt, auch gegen den Letzteren im Wege der Klage vorzugehen. Es steht dem Eigenthümer daher der Einwand, dass er die Zuwiderhandlung nicht verschuldet habe, nicht zu. Er kann indessen diese Verantwortlichkeit durch ein besonderes, unter Zustimmung der Direction abzuschliessendes Uebereinkommen auf den Miether, Nutzniesser oder sonstigen Nutzungsberechtigten übertragen.

In Fällen zwangsweiser Schliessung der Leitungen wird zum Voraus bezahltes Wassergeld nicht zurückerstattet.

Der Abnehmer hat die Bezahlung aller ihm vorgelegten Rechnungen auch dann innerhalb der von der Verwaltung festgesetzten Fristen zu leisten, wenn er glaubt, durch die Rechnungsaufstellung benachtheiligt zu sein. Es steht ihm indessen frei, innerhalb 14 Tagen nach Einreichung der Rechnung Einspruch gegen die Richtigkeit derselben zu erheben. Für den Fall, dass sein Einspruch begründet ist, erhält er das etwa zu viel Bezahlte zurückvergütet. Erfolgt hierbei zwischen ihm und der Verwaltung keine gütliche Einigung, so geschieht die Festsetzung endgültig durch die Direction.

Wenn zwischen der Verwaltung und dem Abnehmer über die Auslegung der Bestimmungen Meinungsverschiedenheiten entstehen sollten, so entscheidet darüber die Direction endgültig.

24.

Innerhalb des Halbjahres eingetretene Veränderungen im Wasserbezuge, namentlich in Folge eines Wechsels der Wohnung oder einer Aenderung des Miethwerths der letzteren, werden erst vom Beginn des nächsten Halbjahres und nur dann zu Gunsten des Verpflichteten berücksichtigt, wenn sie vorher angemeldet sind.

Bei Entnahme nach Veranlagung ist es untersagt, das Wasser zum Besprengen oder zum Berieseln von Gärten oder Höfen zu verwenden, für welche ein Wassergeld nicht entrichtet wird; jedoch ist ein Begiessen mit Handgiesskannen gestattet.

Es darf kein Wasser an dritte Personen, sei es unentgeltlich oder gegen Vergütung abgegeben werden.

26.

Zuwiderhandlungen gegen die Vorschriften werden — unbeschadet der sonstigen civil- und strafrechtlichen Folgen — auf Grund der Polizeiverordnung mit Geldbusse bis zu M 30, im Rückfalle mit mindestens M 10, event. mit entsprechender Haft bestraft. Ueberdies kann bei fortdauernder Wasservergeudung und vergeblicher Bestrafung die Schliessung der Privatleitung verfügt werden. Bei nicht pünktlicher Zahlung des Wassergeldes ist die Direction ermächtigt, die fernere Zuleitung des Wassers, insbesondere durch Abschluss der Zuleitungsrohre, einzustellen.

Das Wasser darf, abgesehen von Springbrunnen, nicht fortdauernd aus der Leitung fliessen, vielmehr ist jeder Krahnen sofort nach dem Gebrauch wieder zu schliessen und jede Wasservergeudung zu vermeiden.

Auch bei dem befugten Besprengen von Strassen, Gärten und Hofräumen u. s. w. darf ein Berieseln nicht stattfinden, vielmehr muss derjenige, welcher die Besprengung ausführt, den Schlauch mit der Hand führen.

No.	Stadt	Feuerhähne und Verhalten bei Feuersgefahr	Betriebsstörungen u. w. d. a. Ersatzansprüche	Ueberwachung der Hausleitungen und der Wasserentnahme
		21	22	23
66	**Hannover**	In Waarenhäusern, Fabriken oder ähnlichen Gebäuden, welche auf angeschlossenen Grundstücken sich befinden, können besondere Feuerlöschleitungen von 50 bis 100 mm Weite ohne Wassermesser zur unentgeltlichen Wasserabgabe angelegt werden. Sämmtliche Feuerlöschventile werden mit Bleiverschluss versehen, welcher nur zu Feuerlöschzwecken gelöst werden darf. Jede Benutzung ist spätestens 48 Stunden nach Beginn der Benutzung der Verwaltung anzuzeigen.	Der Umstand, dass eine Haus leitung kürzere oder längere Zeit nicht benutzt gewesen ist, oder dass dieselbe die erwartete Wassermenge nicht geliefert hat, oder dass das Wasser dem Abnehmer nicht zusagte, bezw. das Wasser nicht zu der gewünschten Höhe gestiegen ist, endlich auch der Umstand, dass die Wasserlieferung eine zeitweise Unterbrechung erlitten hat, berechtigt den Abnehmer nicht, einen Anspruch auf Erlass der Bezahlung des verbrauchten Wassers oder der fälligen Wassermessermiethe zu erheben; ebenso steht dem Abnehmer kein Recht zu, Schadenersatz für irgend einen ihm entstandenen Verlust zu beanspruchen.	Zwecks Ueberwachung der Hausanlagen muss den sich legitimirenden Beamten eine örtliche Besichtigung der Hausleitungen, sowie aller mit Wasserrohren belegten Räume gestattet werden.
67	**Harburg (Elbe)**	Feuerhähne und Feuerpfosten, welche von der Nachmessung des Verbrauchs ausgeschlossen sind, dürfen nur zu wirklichem Feuerlöschbedarf benutzt werden. Die Verwaltung behält sich vor, jede solche Vorrichtung zu plombiren; jede Verletzung einer Plombe ist binnen 24 Stunden nach erlangter Kenntniss der Verwaltung anzuzeigen. Bei Ausbruch einer Feuersbrunst ist der Besitzer einer Leitung verbunden, auf Anordnung des Commandirenden der Feuerwehr die Leitung zu schliessen, oder deren Benutzung seitens der Löschmannschaft zu gestatten.	Zeitweilige Unterbrechungen und Störungen im Wasserbezuge, mögen sie durch Vorkommnisse im Betriebe oder in den Rohren und Zuleitungen oder durch die von der Verwaltung vorgenommenen Prüfungen oder sonstige technische Anordnungen derselben oder durch die von der Feuerwehr getroffenen Maassnahmen veranlasst sein, berechtigen ebensowenig wie der aus solchen Anlässen eingetretene und am Wassermesser zur Erscheinung gekommene Wasserverbrauch zu Ansprüchen auf Erlass von Wassergeld oder auf Schadenersatz.	Den Beauftragten der Verwaltung ist zur Prüfung der ersten Anmeldung und etwaiger Aenderungen, sowie zur Ueberwachung der Benutzung der Leitungen und zur Abwartung des Wassermessers zu jeder Zeit der Zutritt zu allen Theilen des mit der Leitung versehenen Grundstücks zu gestatten.
68	**Heidelberg**	Die Kosten für die Anlage von Feuerhahnen auf Privateigenthum trägt der Abonnent. Das Schlauchgewinde dieser Hahnen soll in der Regel mit dem von der Feuerwehr angewendeten übereinstimmen. Die Feuerhahnen werden plombirt, und darf die Plombe nur im Nothfall gelöst werden. Geschah die Lösung derselben nicht durch Mannschaften der Feuerwehr oder des Wasserwerks, so soll der Abonnent hiervon längstens binnen 24 Stunden der Direction unter Angabe des Grundes Anzeige erstatten. Im Falle eines Brandunglückes in der Stadt sind die Abonnenten verpflichtet, ihren Wasserbedarf auf das zulässig geringste Maass zu beschränken und gegebenen Falles ihre Privatleitung zur Bekämpfung des Feuers zur Verfügung der Feuerwehr zu stellen.	Sollten ausserordentliche Umstände, wie Wassermangel, Reparaturen an den Wasserwerken und den Leitungen die regelmässige Lieferung des Wassers hindern, so wird die Direction dem Uebel mit allen Kräften in der möglich kürzesten Frist zu steuern suchen, doch ist kein Abonnent berechtigt, aus diesem Grunde, oder weil er die Leitung kürzere oder längere Zeit nicht benutzte, Abzüge an seinem Wasserzins oder seiner Schuldigkeit zu machen, bezw. Ansprüche auf Schadenersatz zu erheben. Bei eintretendem Wassermangel können Springbrunnen geschlossen werden.	Die Direction hat jederzeit das Recht, die Privatwasserleitungen, sowohl während der Ausführung als nach ihrer Vollendung, sowie in jedem Falle, in dem sie eine örtliche Revision derselben für angemessen hält, zu controliren und die sofortige Abstellung etwa gefundener Mängel oder Ungehörigkeiten zu verlangen. Zu solchem Zwecke ist den Beamten der ungehinderte Zutritt zu sämmtlichen Theilen der Leitung zu gestatten bezw. zu ermöglichen. Kann der Controlbeamte während eines Monats oder länger keinen Zutritt zu einer mit Wasser versorgten Liegenschaft gewinnen, und ist anzunehmen, dass der betreffende Abonnent verreist oder sonst nicht zu erreichen ist, so hat die Direction zur Vermeidung von Wasserschäden das Recht, die betreffende Leitung auf der Strasse so lange abstellen zu lassen, bis der Abonnent die Wiederöffnung derselben begehrt. Für diese Absperrung und Wiederöffnung der Leitung hat der Abonnent zwar keine Gebühren zu zahlen, aber er hat auch keinen Anspruch auf Erlass eines entsprechenden Theiles seines Wasserzinses zu erheben.

Veränderungen in den Grundlagen des Vertrags. Vertragswidrige Verwendung des Wassers	Besitzwechsel	Uebertretungen, Strafen und Berufungen
24	25	26

Das Wasser darf nicht muthwillig oder leichtsinnig vergeudet werden. Insbesondere ist das beständige Laufenlassen von Spülaborten verboten. Beim Besprengen von Höfen, Gärten, Bürgersteigen u. s. w. muss das Strahlrohr oder die Ausflussmündung in der Hand gehalten, oder das Besprengen durch eine versetzbare Sprengvorrichtung bewirkt werden. Undichtigkeiten oder sonstige Fehler sind sofort zu beseitigen.

Die Abgabe von Wasser an fremde Grundstücke bezw. unberechtigte Personen ist verboten.

Bei dem Wechsel des Eigenthümers oder Nutzniessers eines Grundstücks ist der bisherige Eigenthümer oder Nutzniesser gehalten, der Verwaltung über die Person seines Nachfolgers sofort Anzeige zu machen, andernfalls bleibt er der Verwaltung fernerweit so lange verpflichtet, bis die Anzeige erfolgt ist.

Uebertretungen der Vorschriften werden mit einer vertragsmässigen Geldbusse bis M 25, im Rückfalle mit einer solchen bis M 50 geahndet.

Wer die Hausanschlussleitungen zur Entnahme von Wasser ohne vorherige Anmeldung benutzt, bezw. eine von der Verwaltung angeschlossene Hausanschlussleitung eigenmächtig öffnet, oder an derselben Vorrichtungen zur heimlichen Entnahme von Wasser anbringt, hat neben strafrechtlicher Verfolgung eine Geldbusse bis M 100 zu entrichten und ist ausserdem verpflichtet, das unberechtigter Weise entnommene Wasser zu bezahlen. Ausserdem ist die Verwaltung berechtigt, die sofortige Schliessung des Hausanschlusses vorzunehmen.

Ist die Benutzung einer Feuerlöschleitung in einem Grundstück ohne beträchtliche Feuersgefahr erfolgt, so wird ausser jener Busse für jeden fehlenden Bleiverschluss ein Betrag von M 10 bis M 30 als Ersatz für Wasserverschwendung erhoben.

Der Eigenthümer bezw. Nutzniesser des Hauses bezw. des Grundstückes ist für die Handlungen der in seinem Hause lebenden Familienmitglieder und seiner Dienstboten haftbar, ebenso für alle Uebertretungen seiner Miether und deren Angehörigen, Dienstboten u. s. w.; derselbe hat dem Magistrate das Recht einzuräumen, die etwa zu erkennenden Geldbussen oder den Geldwerth der etwaigen Schadenersatzansprüche im Verwaltungswege einzuziehen.

An nicht im Grundstücke oder nicht in der Abtheilung des Grundstücks, für welche die Anmeldung erfolgt ist, wohnende oder sich aufhaltende Personen darf der Besitzer einer Leitungsanlage Wasser zum Verbrauche ausserhalb des Grundstücks bezw. der Abtheilung nicht abgeben. Ebensowenig darf ohne vorherige Genehmigung der Verwaltung das Wasser zu anderen, als den angemeldeten Zwecken verwendet werden.

Die ertheilte Genehmigung kann bei einem Besitzwechsel des Grundstücks auf den Nachfolger übertragen werden; es ist dieser jedoch verpflichtet, etwa rückständige Verpflichtungen des Vorbesitzers zu regeln.

Zuwiderhandlungen gegen die Vorschriften des Statuts unterliegen Conventionalstrafen bis zu M 50, absichtliche Beschädigungen der Wassermesser und der Zuleitungen einer Conventionalstrafe bis zu M 150, soweit nicht etwa nach dem Strafgesetzbuche zu bestrafende Handlungen vorliegen.

Haftpflichtig für Tragung der den Wasserleitungsanlagen der Stadt durch Zuwiderhandlungen gegen das Statut zugefügten Schäden, sowie für die Zahlung der Conventionalstrafen ist in jedem Falle der Besitzer des Grundstücks, in welchem sich die betreffende Zuleitung befindet, und hat derselbe in dieser Beziehung für Familienmitglieder, Dienstboten und Mitbewohner oder Miether seiner Besitzung einzustehen.

Die zugelassenen Gewerbetreibenden, welche bei Anfertigung einer Wasserleitung absichtlich oder fahrlässig durch Verabsäumung der ihnen obliegenden sorgfältigen Aufmerksamkeit die Vorschriften verletzen, haben eine Geldbusse bis zu M 100 zu zahlen, vorbehältlich der Verbindlichkeit zum Schadenersatz und der Verfolgung nach dem Strafgesetzbuch.

Die Abonnenten sind verpflichtet, jede die Einschätzung zum Wasserzins beeinflussende bauliche Veränderung, auch wenn die Privatleitung dadurch nicht geändert wird, sowie jede Veränderung in der Bebauungsart und Grösse ihrer Gärten und der Zahl der in ihren Stallungen untergebrachten, zum Wasserzins einzuschätzenden Thiere sofort zur Anzeige zu bringen.

Jeder Verkauf, wie jedes Ueberlassen von Wasser an Inhaber anderer Localitäten oder Grundstücke, als für welche der Vertrag abgeschlossen wurde, ebenso jede Verwendung des Wassers zu anderen als in der Einschätzung bezeichneten Zwecken ist untersagt, ebenso jede Wasservergeudung. Wurde Wasser vertragswidrig verwendet oder vergeudet, so kann der Werth desselben nacherhoben werden.

Eine Veränderung, sei es im Eigenthum, Besitz oder in der Nutzniessung, berechtigt den Abonnenten nicht zur einseitigen Aufhebung des Vertrages, vielmehr bleibt der Abonnent für die Dauer desselben — bezw. bis zur abgelaufenen Kündigungsfrist und bis er allen, durch den Vertrag ihm auferlegten Verpflichtungen nachgekommen ist — haftbar.

Zuwiderhandlungen gegen die Vertragsbestimmungen kann der Stadtrath im einzelnen Falle mit Conventionalstrafe bis zu M 30 ahnden. Auch steht ihm das Recht zu, die Wasserzuleitung so lange absperren zu lassen, bis der Abonnent seine Verpflichtungen erfüllt hat.

Der Abonnent ist für alle Uebertretungen der Vertragsbestimmungen auch dann verantwortlich, wenn dieselben von seinen Miethern, Dienstboten oder anderen Personen, angeblich ohne sein Vorwissen, begangen wurden. Es ist seine Sache, sich hierwegen durch zweckmässige Einrichtungen und gute Controle selbst zu schützen.

Streitigkeiten über die Handhabung der Vorschriften seitens der Direction entscheidet unter Ausschluss des Rechtsweges endgültig ein Schiedsgericht von 3 Personen, von welchen je eine der Abonnent, der Stadtrath und das Bezirksamt ernennt.

No.	Stadt	Feuerhähne und Verhalten bei Feuersgefahr	Betriebsstörungen u. w. d. a. Ersatzansprüche	Ueberwachung der Hausleitungen und der Wasserentnahme
		21	22	23
69	Heilbronn	Bei einer grösseren Feuersbrunst müssen in den nicht gefährdeten Häusern die Privatleitungen bis nach der Bewältigung des Feuers ganz geschlossen bleiben. Zuwiderhandelnde können mit Strafe belegt werden.	Sollten ausserordentliche Umstände, wie Reparaturen des Pumpwerks, der Leitung etc. oder neue Anschlüsse weiterer Leitungen, den regelmässigen Wasserbezug vorübergehend behindern, so wird die Verwaltung für schleunigste Wiederherstellung Sorge tragen. Der Abnehmer hat jedoch kein Recht, deshalb an dem Wasserzins einen Abzug zu machen, auch werden weitere Ersatzansprüche nicht berücksichtigt.	Insofern der Verwaltung das Recht zusteht, sämmtliche Privatwasserleitungen sowohl während der Ausführung, als auch nach ihrer Vollendung zu beaufsichtigen und bei etwa vorgefundenen Mängeln sofortige Abhilfe zu veranlassen, ist auch derselben der Zutritt zu sämmtlichen Theilen der Privatleitungen in den Häusern etc. stets zu gestatten.
70	Hildesheim	Bei Eintritt einer Feuersbrunst in der Stadt und während der Dauer derselben sind auf Verlangen des Branddirectors die Anschlussleitungen zu schliessen und darf dann das Wasser nur für die öffentlichen Löschanstalten gebraucht werden. Ob und unter welchen Bedingungen Anschlussleitungen für private Feuerlöscheinrichtungen gestattet sind, bleibt der Beschlussfassung im einzelnen Falle vorbehalten.	Der Umstand, dass eine Hausleitung kürzere oder längere Zeit nicht benutzt gewesen ist, oder dass dieselbe die erwartete Wassermenge nicht geliefert hat, oder dass das Wasser den Wünschen des Abnehmers nicht entsprach, bezw. dass das Wasser nicht zu der gewünschten Höhe gestiegen ist, endlich auch der Umstand, dass die Wasserleitung eine zeitweise Unterbrechung erlitten hat, berechtigt den Abnehmer nicht, Anspruch auf Erlass der Bezahlung des verbrauchten Wassers oder des vorgeschriebenen Mindestbetrages zu erheben; ebensowenig steht dem Abnehmer ein Recht auf Schadenersatz für irgend einen ihm daraus entstandenen Verlust zu. In wie weit bei gänzlicher oder theilweiser Zerstörung einer Hausleitung, oder beim Umbau der mit solchen Leitungen versehenen Gebäude, oder beim Leerstehen von ganzen Häusern ein Erlass an der Zahlung des Wassergeldes zulässig ist, entscheidet die Verwaltung und in letzter Instanz der Magistrat.	Der Verwaltung liegt die fortlaufende Ueberwachung der Hausleitung ob; zu diesem Zwecke muss den Beamten die örtliche Besichtigung derselben, sowie aller mit Wasserröhren belegten Räume gestattet werden.

Veränderungen in den Grundlagen des Vertrags. Vertragswidrige Verwendung des Wassers	Besitzwechsel	Uebertretungen, Strafen und Berufungen
24	25	26

24

Jegliche Veränderung an Bauwesen, Gewerbebetrieben, Einrichtungen an der Leitung etc., welche auf die Wasserzinsberechnung Einfluss haben, ist vom Abnehmer zur Anzeige an die Verwaltung zu bringen.

25

Beim Verkauf eines Anwesens ist der neue Käufer vom Tage der Uebernahme an für den Wasserzins und für Einhaltung der Vertragsbestimmungen haftbar.

24/25

Die vorschriftsmässige Wiederherstellung etwaiger schadhafter Einrichtungen ist genau nach der Weisung der Verwaltung alsbald zur Ausführung bringen zu lassen, widrigenfalls derselben das unbeschränkte Recht zusteht, den betreffenden Abnehmern den Wasserzufluss sofort und so lange zu entziehen, als die vorgefundenen Schäden, Undichtheiten etc. an den Leitungen nicht beseitigt sind, ohne dass etwa, auch bei längerem Entziehen des Wassers, am Wasserzins ein Abzug zu beanspruchen wäre. Bei vorkommenden Rohrbrüchen oder sonstigen Beschädigungen in einer Hausleitung ist zunächst der Hauptabschlusshahn zu schliessen.

Im Uebrigen siehe Sp. 26.

26

Den nach Schätzung versorgten Abnehmern ist bei Strafe bis zu M 25 verboten, Wasser zu verkaufen oder überhaupt Jemandem zu überlassen, welcher nicht in den Wasserzins eingerechnet ist.

Im Wiederholungsfalle erfolgt Entziehung des Wassers auf bestimmte oder unbestimmte Zeit.

Das Gleiche gilt für das Offenlassen der Hahnen, sofern das Wasser zwecklos abläuft, oder bei einer sonstigen Wasservergeudung. Den Werth des Wassers, im Falle solches vertragswidrig verwendet wird oder sonst abgelaufen ist, sei es in Folge von Nachlässigkeit oder Absicht des Abnehmers, seiner Angehörigen, Arbeiter oder Dienstboten, hat der Erstere zu vergüten.

Die Benutzung des directen Druckes der Leitung zum Reinigen von Gegenständen wie Personenwagen etc., ist für die Abnehmer ohne Wassermesser untersagt und strafbar.

Die Unterlassung der Anzeige über Veränderungen in den Grundlagen des Vertrags bewirkt eine Ordnungsstrafe bis zu M 10, welche vom Gemeinderathe bestimmt wird.

Das Oeffnen von Hydrantenschächten ist ausser dem Personal des Wasserwerks, der Bauverwaltungen und der Feuerwehr für Jedermann verboten und wird mit Strafe bis zu M 25 belegt, auch hat der Zuwiderhandelnde alle nachtheiligen Folgen, welche daraus entstehen, zu tragen.

Im Uebrigen vergl. auch Sp. 24.

24

Von allen Neuanlagen, Erweiterungen und sonstigen wesentlichen Aenderungen oder Wiederherstellungsarbeiten, welche in Häusern u. s. w. an der inneren Wasserleitungseinrichtung ausgeführt werden sollen, ist zeitig vor der Inangriffnahme unter Angabe des ausführenden Fabrikanten oder Handwerkers Anzeige zu machen, damit die Befolgung der vorgeschriebenen technischen Bestimmungen geprüft werden kann.

Der Besitz einer geprüften und dem Betriebe übergebenen Hausleitung giebt das Recht, Wasser zu allen häuslichen, gewerblichen oder sonstigen genehmigten Zwecken des angeschlossenen Hauses bezw. Grundstückes zu verwenden; jedoch sind Spüleinrichtungen für Aborte mit Canalanschluss unzulässig.

Das Wasser darf nicht vergeudet werden. Beim Besprengen von Höfen, Gärten, Bürgersteigen u. s. w. muss das Strahlrohr oder die Ausflussmündung in der Hand gehalten oder das Besprengen durch eine versetzbare Sprengvorrichtung bewirkt werden.

Undichtigkeiten, Leckstellen, oder sonstige Fehler an den Leitungen oder Ventilen u. s. w. sind sofort zu beseitigen. Von Fehlern an den im Eigenthume der Stadt stehenden Theilen der Leitung ist alsbald Anzeige zu machen, ebenso von baulichen Aenderungen, durch welche jene Theile mit berührt werden.

25

Auf jeden späteren Erwerber des mit einer Anschlussleitung versehenen Grundstücks gehen die Verpflichtungen ohne Weiteres über, selbst wenn er für sich keine besondere desfallsige Erklärung sollte ausgestellt haben.

Bei dem Wechsel des Besitzers eines Hauses oder Grundstücks ist der bisherige Besitzer gehalten, über die Person seines Nachfolgers sofort Anzeige zu machen, welcher alsdann zur Ausstellung der oben gedachten Erklärung anzuhalten ist. Unterlässt er dieses, so bleibt er der Stadt fernerhin so lange verpflichtet, bis die Anzeige erfolgt ist, unbeschadet der daneben eintretenden Verpflichtung des neuen Erwerbers.

26

Uebertretungen der Vorschriften werden neben etwaiger polizeilicher Ahndung mit einer vom Magistrate festzusetzenden vertragsmässigen Geldbusse bis M 25, im Rückfalle mit einer solchen bis M 50 geahndet.

Wer die Hausanschlussleitungen zur Entnahme von Wasser ohne vorherige vorschriftsmässige Prüfung und hierüber ertheilte Bescheinigung benutzt, oder wer an denselben Vorrichtungen zur heimlichen Entnahme von Wasser anbringt, hat neben strafrechtlicher Verfolgung eine vertragsmässige Geldbusse bis M 100 zu entrichten und ist daneben verpflichtet, das unberechtigter Weise entnommene Wasser zu bezahlen.

Ausserdem ist die Verwaltung berechtigt, den Anschluss sofort auf Kosten des Haus-, bezw. Grundstücksbesitzers aufzuheben.

Der Haus- bezw. Grundstücksbesitzer ist für die Handlungen der in seinem Hause lebenden Familienmitglieder, seiner Dienstboten und anderer dritter Personen haftbar, ebenso für alle Uebertretungen seiner Miether und deren Angehörigen, Dienstboten u. s. w. ausser in dem Falle, dass die Miether auf Grund des von ihnen selbst gestellten schriftlichen Antrages einen selbstständigen Wasseranschluss mit eigenem Wassermesser haben und damit selbst unmittelbar die der Verwaltung gegenüber Verpflichteten sind.

No.	Stadt	Feuerhähne und Verhalten bei Feuersgefahr	Betriebsstörungen u. w. d. a. Ersatzansprüche	Ueberwachung der Hausleitungen und der Wasserentnahme
		21	22	23
71	Höchst a. M.	Die Hähne zur Benutzung bei Feuersgefahr dürfen den gleichen Querschnitt haben wie die Zuleitungsröhren. Die Verwaltung versieht solche Hähne mit Plomben, welche nur bei eintretender Feuersgefahr abgenommen werden dürfen. Sie muss von dem erfolgten Gebrauche innerhalb 24 Stunden benachrichtigt werden. Bei Ausbruch eines Brandes sind in den Privatleitungen alle Hähne zu schliessen, wenn dieselben nicht zur Bewältigung des Feuers selbst benutzt werden.	Dem Wasserabnehmer steht kein Anspruch auf Schadenersatz oder Wassergeld-Ermässigung zu wegen Unterbrechung der Wasserlieferung, oder weil er das Wasser nicht in genügender Menge oder Beschaffenheit oder unter dem gewünschten Druck erhält. Sollte der Wasservorrath der städtischen Wasserleitung sich derart verringern, dass für den unmittelbaren häuslichen und wirthschaftlichen Bedarf ein Wassermangel zu befürchten steht, so kann die Benutzung des Wassers zunächst für Luxus- und sodann für gewerbliche Zwecke beschränkt oder ganz untersagt werden, ohne dass dieserhalb Entschädigungsansprüche irgend welcher Art, insbesondere wegen Entwerthung bestehender Anlagen, geltend gemacht werden können. Jedoch haben die Betheiligten einen Anspruch auf entsprechende Ermässigung des Wassergeldes.	Jeder Wasserabnehmer ist verpflichtet, den Beamten und Beauftragten der Verwaltung jederzeit freien Zutritt zu den Räumlichkeiten, in welchen die Wasserleitung, Messer und Zubehör angebracht sind, zu verschaffen und die Umwechselung oder Reinigung des Wassermessers jederzeit zu gestatten.
72	Hof	Leitungen für Privatfeuerlöschzwecke können an das Strassenrohrnetz angeschlossen werden. Die Einrichtung derselben unterliegt der Genehmigung des Magistrats, und wird insbesondere bestimmt, dass sie der Feuerwehr zugänglich sein müssen. Die zu verwendenden Schieber und Hydranten müssen bezüglich der Construction mit denen des Strassenrohrnetzes übereinstimmen. Wirbelhähne an den Strahlrohren sind verboten. Die fertige Leitung unterliegt der gleichen Druckprobe wie das Strassenrohrnetz. Bis hinter den Hauptabsperrschieber erfolgt die Verlegung durch die Stadt. Sämmtliche Hydranten sind plombirt, und darf die Plombe nur zu Feuerlöschzwecken abgelöst werden. Die Wegnahme der Plombe ist innerhalb 24 Stunden anzuzeigen. Die Kosten der Privatfeuerleitungen fallen stets dem Anwesensbesitzer zur Last. In Brandfällen ist jeder Wasserpächter gehalten, seine Leitung der Feuerwehr zur Verfügung zu stellen. Kann die alsdann verbrauchte Wassermenge behufs Abzug am Wasserzinse nicht durch den Wassermesser festgestellt werden, so erfolgt deren Schätzung.	Der Wasserpächter hat keinerlei Ansprüche auf Schadenersatz oder Herabsetzung des Mindestwasserzinses, wenn die Wasserlieferung aus irgend welchem Grunde zeitweise unterbrochen wird, oder ihm das Wasser nicht auf die gewünschte Höhe oder nicht in genügender Menge oder Beschaffenheit geliefert werden kann.	Die Beamten und Bediensteten sind berechtigt, die Anlagen der Hausleitungen jederzeit zu controliren; der Hausbesitzer oder dessen Stellvertreter ist vor Vornahme der Controle hievon zu verständigen und hat auf besonderes Verlangen zugegen zu sein.
73	Iserlohn		Wegen Unterbrechung der Wasserlieferung, oder weil er das Wasser nicht in genügender Menge und Beschaffenheit oder auf die gewünschte Höhe zu erhalten glaubt, steht dem Consumenten kein Recht auf Schadenersatz zu.	Der Direction steht das Recht zu, durch mit Legitimation versehene Beauftragte, die Privatleitungen revidiren zu lassen.
74	Karlsruhe	Feuerhahnen können auf Verlangen durch die Verwaltung mit einem leichten Bleiverschluss versehen werden. Solche Hahnen, für welche ein Wasserzins nicht berechnet wird, dürfen nur im Falle von Feuersgefahr geöffnet werden. Jede Zerstörung des Bleiverschlusses ist der Verwaltung innerhalb 3 Tagen anzuzeigen. Die Erneuerung erfolgt, wenn er aus einem andern Grunde als zur Abwehr von Feuersgefahr entfernt wurde, auf Kosten des Abonnenten. In Brandfällen ist die Wasserleitung je nach Verlangen der Polizeibehörde, des Feuerwehrcommandos oder der Verwaltung entweder zu schliessen oder der Löschmannschaft zur Verfügung zu stellen. Neu anzulegende Feuerhahnen müssen zu den Schlauchgewinden der Feuerwehr passen.	Für einen durch Unterbrechung der Wasserleitung entstandenen Schaden leistet die Stadt dem betreffenden Abonnenten keinen Ersatz, und ebensowenig kann der Abonnent aus diesem Grunde, oder weil er die Wasserleitung längere oder kürzere Zeit nicht benutzt, einen Anspruch auf völligen oder theilweisen Nachlass des bedungenen Wasserzinses erheben.	Den sich legitimirenden Beamten ist der Zutritt zu allen mit der Privatleitung versehenen Theilen des Grundstücks jederzeit zu gestatten.

Veränderungen in den Grundlagen des Vertrags. Vertragswidrige Verwendung des Wassers	Besitzwechsel	Uebertretungen, Strafen und Berufungen
24	25	26
Alle Aenderungen, welche in den für die Feststellung des Wassergeldes maassgebenden Thatsachen eintreten, sind sofort bekannt zu geben. Es ist den Wasserabnehmern ausdrücklich untersagt, Wasser zum Verbrauch an Andere abzugeben, sei es entgeltlich oder unentgeltlich. Die Benutzung der auf öffentlichen Strassen und Plätzen etwa zu errichtenden Brunnen der Wasserleitung steht Jedermann, jedoch lediglich für den gewöhnlichen Hausbedarf, unentgeltlich frei, wogegen jede weitergehende Benutzung des Wassers aus diesen Brunnen, insbesondere zu gewerblichen und landwirthschaftlichen Zwecken, sowie das Holen des Wassers mittelst Handwagen oder anderen Fuhrwerken untersagt ist.	Wenn ein Abnehmer sein an die Wasserleitung angeschlossenes Grundstück verkauft, so bleibt er für die Erfüllung der der Stadt gegenüber aus dem Anschluss übernommenen Verpflichtungen so lange selbst haftbar, bis der neue Eigenthümer in rechtsverbindlicher Weise in diese Verpflichtungen eingetreten ist.	Wer Wasser an Dritte abgiebt, kann (unbeschadet der strafrechtlichen Verfolgung) in eine Conventionalstrafe bis zu M 25 für jeden einzelnen Fall genommen, ausserdem kann die Wasserzuführung eingestellt werden. Bei fortdauernder Vergeudung und vergeblicher Bestrafung kann die Schliessung der Privatleitung verfügt werden. Bei nicht pünktlicher Zahlung des Wassergeldes ist die Verwaltung ermächtigt, die fernere Zuleitung des Wassers, insbesondere durch Abschluss der Zuleitungsrohre, einzustellen. Gegen die Einschätzung oder Berechnung des Wassergeldes steht binnen einer Ausschlussfrist von 3 Monaten die Beschwerde an den Magistrat zu. Gegen die Beschlüsse des Magistrats ist die Klage im Verwaltungsstreitverfahren zulässig.
Die Ueberleitung des Wassers in ein, einem anderen Besitzer gehörendes Anwesen ist verboten; die Ueberleitung in ein anderes, dem gleichen Besitzer gehörendes Anwesen ist nur mit besonderer Genehmigung zulässig, und muss dieselbe wieder beseitigt werden, sobald die beiden Häuser nicht mehr einem und demselben Besitzer gehören.	Bei Besitzwechsel eines Anwesens gehen Rechte und Pflichten bezüglich des Wasserbezugs auf den neuen Besitzer über unter fortdauernder Mithaftung des Vorbesitzers für die während seiner Besitzzeit fällig gewordenen Wasserzinse und sonstigen Gebühren.	Im Falle der Zuwiderhandlung gegen die Abgabebestimmungen ist der Magistrat berechtigt, dem Wasserpächter das Wasser sofort zu entziehen, vorbehaltlich der civilrechtlichen Ansprüche und strafrechtlichen Verfolgung. Die Beitreibung der Beträge der Zahlungssäumigen geschieht in der gleichen Weise, wie bei den Gemeindeumlagen, und es kann der Magistrat ausserdem die Sperre des Wassers verfügen. Zuwiderhandlungen gegen die Polizeiverordnung, insbesondere Verletzungen der amtlichen Plomben etc. etc. werden, insofern sie nicht durch das Polizei- oder Reichsstrafgesetzbuch mit Strafe bedroht sind, auf Grund der Gemeindeordnung mit Geldstrafe bis zu M 18 und, insofern durch dieselben eine rechtswidrige Verkürzung oder Entziehung der städtischen Gefälle beabsichtigt oder herbeigeführt wird, bei einem Betrage dieser Verkürzung oder Entziehung bis einschl. M 4,50 mit Geldstrafen bis zu M 45, bei höheren Beträgen mit Geldstrafen bis zum 10fachen, im Rückfalle bis zum 20fachen Betrage des entzogenen Gefälles bestraft.
Es ist untersagt, Wasser an Dritte gegen Entgelt abzugeben. Die Abgabe durch besondere Ableitung bedarf stets der Genehmigung.		Erfolgt die Zahlung der Wasserbeiträge nicht innerhalb des Monats, in welchem die Rechnung vorgezeigt wird, so wird das Wasser abgesperrt, unbeschadet der gerichtlichen Inanspruchnahme des Consumenten. Erfolgt die Zahlung nachträglich, so muss für die Zeit der Absperrung doch der Mindestbetrag gezahlt werden. Bei Uebertretungen des Regulativs seitens der Consumenten wird die Leitung abgesperrt; bei wiederholten Uebertretungen kann vom Magistrat eine zu zahlende Conventionalstrafe bis zu M 100 festgesetzt werden. Ueber Meinungsverschiedenheiten bezügl. Auslegung des Regulativs entscheidet endgültig der Magistrat.
Jede Veränderung an einer Privatleitung ist sofort anzumelden. Bei dem Besprengen der Strassen, Einfahrten, Höfe, Gärten etc. mittelst eines Schlauches, welches überhaupt nur erlaubt ist, wenn in der Berechnung die betreffenden Flächen berücksichtigt sind, dürfen Abonnenten, welche keine Wassermesser oder kalibrirte Hahnen besitzen, kein Berieseln vornehmen; es muss vielmehr der die Besprengung Ausführende den Schlauch bezw. das Handrohr in der Hand halten. Es ist untersagt, Wasser zum Verbrauche ausserhalb der abonnirten Liegenschaft abzugeben, beim Nichtvorhandensein eines Wassermessers oder kalibrirten Hahnes Wasser zu anderen als zu den vertragsgemässen Zwecken zu benutzen oder Wasser unbenutzt laufen zu lassen, nach Kaliberscheiben berechnete Springbrunnen in den Monaten November bis März oder mehr als 12 Stunden täglich laufen zu lassen, endlich Closets ohne selbstschliessende Hahnen mit der Wasserleitung zu verbinden.	Geht eine versorgte Liegenschaft an einen anderen Besitzer über, ohne dass der Eigenthumsübergang von Seiten des Abonnenten angezeigt wird, so haftet Letzterer neben dem neuen Besitzer für die Zahlung so lange, bis mit diesem ein Vertrag abgeschlossen ist.	Uebertretungen durch den Abonnenten oder dessen Hausangehörige ziehen jeweils eine Conventionalstrafe bis zu M 50 nach sich und geben der Gemeindebehörde das Recht, die Zuleitung sofort absperren zu lassen, ohne dass hierwegen dem Abonnenten ein Recht auf Erlassung oder Rückzahlung des vierteljährlichen Wasserzinses zusteht. Die Conventionalstrafe ist nicht von einer Verzugsetzung abhängig und befreit nicht von der Verpflichtung zum Ersatz etwa verursachten Schadens.

No.	Stadt	Feuerhähne und Verhalten bei Feuersgefahr	Betriebsstörungen u. w. d. a. Ersatzansprüche	Ueberwachung der Hausleitungen und der Wasserentnahme
		21	22	23
75	Kiel	Feuerhähne können in den Privatgrundstücken in beliebiger Zahl angebracht, dürfen aber, sofern der Ausfluss nicht unter Wassermessercontrole steht, nur bei Feuersgefahr geöffnet werden. Es werden daher die Feuerhähne mittelst Schnur und Plombe verschlossen. Nach jedesmaligem Gebrauch ist wegen Erneuerung der Plombe auf Kosten des Besitzers Anzeige zu machen.	Der Umstand, dass die Wasserleitung längere oder kürzere Zeit nicht benutzt gewesen oder dass das Wasser nicht bis zu der normalen Höhe gestiegen ist, endlich der Umstand, dass die Wasserzuführung wegen Reparaturen oder Veränderungen der Leitungen eine zeitweilige Unterbrechung erlitten hat, giebt den Besitzern von Privatleitungen keinen Anspruch auf völligen oder theilweisen Erlass der Bezahlung oder auf irgend einen andern Schadenersatz. Sollte jedoch die Wasserleitung eine mehr als einmonatliche Unterbrechung erleiden, so tritt ein verhältnissmässiger Erlass der Vergütung, jedoch ebenfalls ohne Anspruch auf Schadenersatz, für den Wasserbezug ein. Die Umlage ist in jedem Falle fortzuentrichten.	Die sich legitimirenden Beamten haben zur Prüfung der Anmeldung und so oft später eine örtliche Revision für nöthig erachtet wird, das Recht des Zutritts zu allen von der Leitung im Innern der Grundstücke und Gebäude berührten Räumen.
76	Köln	Feuerhähne dürfen nur bei Feuersgefahr, nicht aber zu anderen Zwecken benutzt werden, und ist zur Sicherstellung hierfür die Direction berechtigt, dieselben mit einer Plombe zu versehen, die nur im Falle der Gefahr gelöst werden darf. Jeder Gebrauch der Feuerhähne ist innerhalb 24 Stunden zur Anzeige zu bringen. Bei Versäumniss dieser Anzeige ist die Verwaltung berechtigt, die Zahlung der Gebühr für das verbrauchte Wasser, dessen Menge in jedem Falle auf mindestens 100 cbm anzusetzen ist, zu verlangen. Beim Ausbruche eines Brandes sind in den Privatleitungen, mit Ausnahme derjenigen zu den Dampfkesseln, alle Krahnen zu schliessen, sofern dieselben nicht zur Bewältigung des Brandes selbst benutzt werden. Jeder Consument ist ausserdem verpflichtet, während des Brandes seine Leitung zur Verfügung der Löschmannschaft zu stellen.	Dem Consumenten steht kein Anspruch auf Schadenersatz zu wegen Unterbrechung der Wasserlieferung, oder weil er das Wasser nicht in genügender Menge oder Beschaffenheit oder auf die gewünschte Höhe zu erhalten glaubt. Nur wenn die Wasserlieferung durch Schuld der Wasserwerke länger als 10 Tage unterbrochen bleibt, kann eine verhältnissmässige Ermässigung des Wasserzinses verlangt werden.	Den mit Legitimationskarten versehenen Beamten muss behufs Ermittelung und Controle des Wasserverbrauchs, sowie der Leitungen stets der Zutritt zu den an die Wasserleitung angeschlossenen Gebäuden und Grundstücken gestattet sein.
77	Königsberg	Die Feuerhähne werden von der Verwaltung plombirt und dürfen durch Dritte nur zu Feuerlöschzwecken von der Plombe befreit und benutzt werden. Anzeige hierüber ist dem Wasseramte zu erstatten. Für die Revision der Feuerhähne durch das Wasseramt ist pro Grundstück M 1 zu bezahlen. Bei einer in der Stadt ausbrechenden Feuersbrunst muss jeder Besitzer seine Privatleitung auf Verlangen des Branddirectors oder dessen Stellvertreters sofort ververschliessen und darf so lange, als diese Schliessung zur Bewältigung des Feuers für erforderlich erachtet wird, aus derselben kein Wasser entnommen werden.	Sollte wegen Mangels an Wasser, oder im öffentlichen Interesse, oder im Falle der Reparatur des Wasserwerks durch längere oder kürzere Zeit kein Wasser oder nur eine ungenügende Menge desselben an die Abnehmer abgegeben werden, so können letztere keinerlei Entschädigung beanspruchen. Wenn jedoch die Entziehung des Wassers länger als 8 Tage ununterbrochen andauert, so findet für die überschiessende Frist eine verhältnissmässige Kürzung des Wasserzinses statt. Ein Erlass des Wasserzinses wegen bemängelter Qualität des Wassers findet niemals statt.	Den Beamten ist der Zutritt zu allen Localitäten des Grundstücks zu gestatten. Zu einer nächtlichen Besichtigung muss der Beamte jedoch besonders bevollmächtigt sein.

Veränderungen in den Grundlagen des Vertrags. Vertragswidrige Verwendung des Wassers	Besitzwechsel	Uebertretungen, Strafen und Berufungen
24	25	26
Bei Benutzung des Wassers zum Besprengen der Gärten und Höfe darf ein längeres freies Laufenlassen nicht stattfinden. Das Besprengen der Strassen darf nicht seitens Privater unmittelbar aus der Leitung geschehen. Es ist untersagt, die nur für den Hausgebrauch angemeldete und nicht unter Wassermessercontrole stehende Privatleitung zur Entnahme von Wasser für gewerbliche oder andere Zwecke oder zu anderen, als zu den angemeldeten Gewerben zu benutzen, oder daraus an Bewohner eines anderen Grundstückes Wasser abzugeben, oder an der Leitung Vorrichtungen zur heimlichen Entnahme von Wasser anzubringen.	Bei dem Eigenthumswechsel eines Grundstücks ist, wenn die Rechte und Verpflichtungen in Beziehung auf den Wasserbezug von dem bisherigen Eigenthümer auf den neuen Besitzer übergehen sollen, der geschehene Eigenthumswechsel und die vom früheren Besitzer ausgestellte Anmeldung von dem neuen Besitzer zu unterschreiben. Im entgegengesetzten Fall bleiben neben dem neuen Besitzer der frühere Besitzer, resp. dessen Erben, für die von ihnen übernommenen Verpflichtungen verhaftet. Auch kann in solchem Falle die Privatleitung geschlossen werden.	Bei Uebertretung der Bestimmungen, sowie bei Nichtbefolgung der für die Anlage von Privatleitungen geltenden allgemeinen oder besonders ertheilten Vorschriften ist die Verwaltung berechtigt, den Betrag des widerrechtlich entzogenen Wassers und die darnach zu leistende Vergütung zu bestimmen und letztere beizutreiben. Ausserdem ist dieselbe zur Schliessung der Privatleitung berechtigt, ohne Rücksicht darauf, ob dadurch unbetheiligte Grundstücksbewohner mitbetroffen werden oder nicht. Haushaltungsvorstände sind für Uebertretungen ihrer Untergebenen verantwortlich. Eigenthümer der Privatleitung, welche solche Uebertretungen wissentlich seitens dritter Personen dulden, haften für Strafe und Bezahlung des Wassers solidarisch mit den Contravenienten.
Wasserabgabe an Dritte gegen Entgelt ist untersagt.	Wenn der Eigenthümer sein Haus oder Grundstück während der Dauer des Uebereinkommens ohne Innehaltung der vertragsmässigen Kündigung veräussert, so hat er den Käufer zur Erfüllung aller ihm dem Wasserwerke gegenüber obliegenden Verbindlichkeiten in rechtskräftiger Form zu verpflichten und bleibt der Stadt für allen den Wasserwerken aus Nichtbefolgung dieser Bestimmung etwa erwachsenden Schaden, insbesondere für die Nichtbezahlung des Wassergeldes verantwortlich.	Bei Zuwiderhandlungen gegen die Bestimmungen kann die Leitung zwangsweise geschlossen werden. Wer es unterlässt, das eigenthümlich besessene oder verwaltete Grundstück an die Wasserleitung binnen einer bestimmten Frist anzuschliessen, bezw. derjenige Eigenthümer oder Verwalter, welcher den Anschluss des Grundstücks an die Wasserleitung nicht duldet, verfällt — abgesehen von der im Wege der Execution zu bewirkenden Herbeiführung des Anschlusses — in eine Geldstrafe von M 3 bis 30, an deren Stelle im Unvermögensfalle verhältnissmässige Haft tritt.
Von allen baulichen Veränderungen in angeschlossenen Grundstücken, durch welche die Anzahl der zu veranlagenden Localitäten oder der Zweck derselben verändert wird, von jeder Veränderung in der Hausleitung, sowie von jeder Veränderung derVerhältnisse, welche maassgebend für die ursprüngliche Berechnung des Wasserzinses gewesen, muss der Eigenthümer oder der Generalmiether des Grundstücks binnen 14 Tagen nach Eintritt der Veränderung Anzeige machen. Erfolgt die Wasserlieferung ohne Anwendung eines Wassermessers, so kann das Wasser zu den vertragsmässigen Zwecken zwar ohne Beschränkung benutzt werden, doch darf dasselbe weder durch Nachlässigkeit oder Muthwillen vergeudet, noch an Andere, soweit sie nicht dauernd oder vorübergehend zum Haushalte der Bewohner des Grundstücks gehören, sei es gegen Entgelt, sei es unentgeltlich abgelassen, noch zu irgend einem anderen als den in der Bestellung angegebenen Zwecken verwendet werden. Ein beständiges Laufenlassen des Wassers aus irgend einem Theil der Wasserleitung ist unter keinen Umständen gestattet.	Geht ein Grundstück in andere Hände über oder wechselt der Generalmiether, so ist der Verkäufer resp. bisherige Generalmiether verpflichtet, von diesem Wechsel binnen 8 Tagen Anzeige zu machen, und bleibt derselbe jedenfalls für das laufende Quartal und, wenn die Anzeige nicht mindestens 14 Tage vor Ablauf des Quartals stattfindet, noch 14 Tage nach dem Eingang der Meldung für den Wasserzins verhaftet. Unterbleibt die Anmeldung des Besitzwechsels aber ganz, so wird der frühere Inhaber für die Zahlung des Wasserzinses unweigerlich so lange in Anspruch genommen, bis er den bezüglichen Bestimmungen nachgekommen ist, und verfällt ausserdem in Strafe.	Die Schliessung der Privatleitung darf seitens des Magistrats sofort vorgenommen werden bei Verletzung des Vertrages und bei säumiger Zahlung des Wasserzinses oder der etwa erkannten Strafe. Hat in solchem Falle eine Schliessung stattgefunden, und ist die Leitung wegen nachträglicher Zahlung des Restes oder der Strafe im Laufe desselben Quartals wieder geöffnet, so wird für die Zwischenzeit kein Abzug am Wasserzins gewährt. Auch trägt der Abnehmer die Kosten der Schliessung und Wiederöffnung. Der Grundstücksbesitzer beziehentlich der Generalmiether verfällt in eine Conventionalstrafe bis zu M 15 im ersten und bis M 60 im Wiederholungsfalle, wenn er die von der Betriebsverwaltung geschlossene Leitung unbefugter Weise öffnet, oder wenn er die Anzeige über bauliche oder Veränderungen im Besitzstande unterlässt, sowie bei Vergeudung oder vertragswidriger Verwendung des Wassers, vergl. Sp. 24 und 25. Nur der Eigenthümer bezw. der Generalmiether des Grundstücks ist für alle Verletzungen der Vorschriften verantwortlich, gleichviel ob dieselben von ihm oder einem Dritten ausgegangen sind.

No.	Stadt	Feuerhähne und Verhalten bei Feuersgefahr	Betriebsstörungen u. w. d. a. Ersatzansprüche	Ueberwachung der Hausleitungen und der Wasserentnahme
		21	22	23
78	**Königs-hütte**	Bei ausbrechender Feuersbrunst muss auf Anordnung der Polizeibehörde event. der Feuerwehr jeder Hausbesitzer seine Privatleitung geschlossen halten, auch dieselbe zur Bekämpfung des Feuers zur Verfügung stellen. Welche Entschädigung hierfür im einzelnen Falle zu gewähren ist, bestimmt der Magistrat.	Der Magistrat hat das Recht, wenn er es im öffentlichen Interesse für nöthig erachtet, die Entziehung oder Einschränkung in der Abgabe des Wassers zeitweilig oder dauernd anzuordnen. Ein Anspruch auf Entschädigung steht dem Consumenten deshalb nicht zu. Ebensowenig hat Consument einen Anspruch auf Entschädigung, wenn vorübergehend eine gänzliche Unterbrechung in der Wasserlieferung eintreten sollte.	Jeder Consument ist verpflichtet, den Beamten die Revision der Hausleitung und insbesondere des Wassermessers zu gestatten und dafür zu sorgen, dass der letztere stets zugänglich und das Zifferblatt frei ist, und dass am Zeigerwerk keine Manipulationen vorgenommen werden. Die Schlüssel der Wassermesser verbleiben in den Händen der Verwaltung.
79	**Königs-winter**	Feuerhähne werden plombirt und dürfen nur bei Feuersgefahr geöffnet werden. Bei Ausbruch eines Brandes ist jeder Consument verpflichtet, auf Erfordern seine Leitung den Löschanstalten zur Verfügung zu stellen oder zu schliessen. Der Consument kann für den muthmaasslichen Verbrauch zum Zwecke der Löschung, sofern er nach dem Wassermesser bezahlt, einen entsprechenden Abzug am Wasserzinse verlangen.	Dem Consumenten steht kein Anspruch auf Schadenersatz zu wegen Unterbrechung der Wasserlieferung, oder weil er das Wasser nicht in genügender Menge oder Beschaffenheit oder auf die gewünschte Höhe zu erhalten glaubt. Nur wenn die Wasserzuleitung ohne Veranlassung des Consumenten länger als 8 Tage unterbrochen bleibt, kann eine entsprechende Ermässigung des Wasserzinses eintreten. Bei eintretendem Wassermangel hat die Stadt das Recht, die Abgabe für bestimmte Zwecke vorübergehend zu beschränken oder zu untersagen.	Den sich legitimirenden Beamten und Beauftragten ist jederzeit Zutritt zu den Räumlichkeiten, in welchen die Wasserleitung, Wassermesser und Zubehör angebracht sind, zu verschaffen, und die Umwechselung oder Reinigung des Wassermessers jederzeit zu gestatten.
80	**Kopen-hagen**	Feuerhähne in Höfen oder Gebäuden sind gestattet, werden aber von der Verwaltung unter Siegel gehalten und dürfen nur bei Feuersgefahr geöffnet werden. Ist ein Siegel aus diesem oder anderem Grunde erbrochen, so ist die Verwaltung sofort zu benachrichtigen.	Sollte durch ausserordentliche Umstände die Wasserzuführung unterbrochen werden, so wird die Verwaltung die Störung möglichst rasch beseitigen; es steht jedoch den Abnehmern kein Ersatzanspruch zu.	Den Beamten ist jederzeit der Zutritt zu den mit Wasser versorgten Räumlichkeiten zu gestatten.

Veränderungen in den Grundlagen des Vertrags. Vertragswidrige Verwendung des Wassers	Besitzwechsel	Uebertretungen, Strafen und Berufungen
24	25	26
Siehe Sp. 26.		Die vor dem Wassermesser resp. dem Grundstück angebrachten Absperrventile oder Absperrschieber dürfen von dem Besitzer der Hausleitung nicht eigenmächtig geöffnet werden, sofern das Ventil oder der Schieber von der Verwaltung von Amtswegen geschlossen worden ist, widrigenfalls der Grundstücksbesitzer in eine Conventionalstrafe von M 20 verfällt. Die Entnahme von Wasser vor dem Durchfluss durch den Wassermesser hat ohne Weiteres die Schliessung der Leitung zur Folge und zieht unter Umständen strafrechtliche Verfolgung nach sich.

Wird die Bezahlung einer Rechnung über Wasserconsum oder über die Herstellung einer Zweigleitung oder für die Prüfung, Reinigung oder Reparatur des Wassermessers verweigert oder nicht innerhalb 8 Tagen geleistet, so steht dem Magistrat das Recht zu, nach vergeblicher Androhung die in das Grundstück führende Wasserleitung zu schliessen, unbeschadet der gerichtlichen Beitreibung seiner Forderung.

Die gleiche Folge tritt in allen Fällen von Zuwiderhandlungen eines Consumenten gegen die Vorschriften des Regulativs nach dem Ermessen des Magistrats ein.

Das unbefugte Oeffnen oder Schliessen von Zuleitungs- oder Absperrhähnen, insbesondere der vor dem Wassermesser bezw. vor den mit Wasserabzweigung versehenen Grundstücken angebrachten Absperrventile oder die sonstige Veränderung der Stellung solcher ist bei einer Strafe bis zu M 30 untersagt.

24	25	26
Der Consument ist jederzeit verantwortlich für die unveränderte Richtigkeit der Angaben, welche für die Einschätzung seines Grundstücks maassgebend waren, und er hat von jeder Veränderung der Verhältnisse unverzüglich Anzeige zu machen. Von dem nach Wassermesser bezogenen Wasser kann der Consument auf seinen Grundstücken jeden beliebigen Gebrauch machen, es ist ihm aber untersagt, Wasser anderweit ohne besondere Genehmigung der Verwaltung abzugeben. Bei Wasserentnahme nach Einschätzung darf das Wasser nur für die in der Anmeldung bezeichneten Räumlichkeiten und Zwecke benutzt werden, ausser zur Unterdrückung einer Feuersgefahr, insbesondere aber darf kein Wasser an Dritte, gleichviel ob unentgeltlich oder gegen Bezahlung, abgegeben werden. Bei dem Besprengen von Strassen, Gärten u. s. w. darf ein Berieseln aus stationären Apparaten nicht stattfinden, es muss vielmehr derjenige, welcher die Besprengung ausführt, den Schlauch resp. das Strahlrohr in der Hand halten. Ueberhaupt ist jede Vergeudung des Wassers durch Fahrlässigkeit oder Muthwillen untersagt.	Erfolgt bei Aenderungen im Besitzwechsel keine Anzeige, so haftet neben dem neuen Abnehmer der bisherige Inhaber so lange für die Zahlung des Wasserzinses und Einhaltung der sonstigen Verpflichtungen, bis der Nachfolger an seiner Stelle angenommen worden ist.	Die eigenmächtige Benutzung des äusseren Hauptabsperrhahnes kostet M 10 Strafe. Für alle Zuwiderhandlungen gegen die Bestimmungen des Regulativs bleibt der Eigenthümer des Grundstücks verantwortlich, auch wenn dieselben von einem Dritten ausgegangen sind. Von solchen Abnehmern, welche diese Bestimmungen wiederholt übertreten, kann von der Verwaltung die Gestellung einer Caution von M 30 verlangt werden. Dieselbe verfällt bei nochmaliger Uebertretung. Wenn zwischen der Verwaltung und dem Grundstückseigenthümer resp. Consumenten über die Auslegung und Anwendung vorstehender Bestimmungen Meinungsverschiedenheiten entstehen sollten, so entscheidet endgültig die Stadtverordnetenversammlung, desgleichen über alle Fälle, welche in dem Regulativ nicht vorgesehen sein sollten.
Jede Erweiterung oder Veränderung der Wasserleitungsanlagen erfordert besondere Genehmigung der Verwaltung und ist daher dieser stets vorher zu melden. Das Wasser darf nur für die vereinbarten Zwecke verwendet, aber in keiner Weise vergeudet werden. Von der Verwaltung entdeckte schadhafte Anlagen werden sofort auf Kosten des Abnehmers reparirt.		Wasservergeudung durch Nachlässigkeit wird mit einer Strafe von M 11,50 bis M 45, unberechtigte Wasserentnahme dagegen mit einer solchen von M 45 bis 450 geahndet.

No.	Stadt	Feuerhähne und Verhalten bei Feuersgefahr	Betriebsstörungen u. w. d. a. Ersatzansprüche	Ueberwachung der Hausleitungen und der Wasserentnahme
		21	22	23
81	**Leipzig** . .	Feuerhähne und Pfosten, welche von der Nachmessung des Verbrauchs ausgeschlossen sind, dürfen nur zu wirklichem Feuerlöschbedarfe benutzt werden. Die Verwaltung behält sich vor, jede solche Vorrichtung zu plombiren; jede Verletzung einer Plombe ist binnen 24 Stunden nach erlangter Kenntniss anzuzeigen. Bei Ausbruch einer Feuersbrunst ist der Besitzer verbunden, auf Anordnung des Branddirectors oder seines Stellvertreters die Leitung zu schliessen, oder deren Benutzung von den öffentlichen Löschanstalten zu gestatten.	Zeitweilige Unterbrechungen und Störungen im Wasserbezuge, mögen sie durch Vorkommnisse im Betriebe des Werkes oder in der Leitung oder durch die von der Verwaltung des Werkes vorgenommenen Prüfungen oder sonstige technische Anordnungen derselben oder durch von der Feuerwehr getroffene Verfügungen veranlasst sein, berechtigen ebensowenig wie der aus solchen Anlässen eingetretene und beim Wassermesser zur Erscheinung gekommene Wasserverbrauch zu Ansprüchen auf ganzen oder theilweisen Erlass der Zahlung oder Schadenersatz.	Den Beamten und Beauftragten der Verwaltung ist zur Prüfung der ersten Anmeldung und etwaiger Aenderungen, sowie zur Ueberwachung der Benutzung der Leitung und zur Abwartung der Wassermesser zu jeder Zeit der Zutritt zu allen Theilen des mit der Leitung versehenen Grundstücks zu gestatten.
82	**Liegnitz** .	Feuerhähne in Privatgrundstücken müssen mit Plombe versehen werden, welche nur zur Abwendung von Feuersgefahr beseitigt werden darf. In solchem Falle ist der Verwaltung stets binnen 24 Stunden Anzeige zu machen.	Dass die Wasserleitung längere oder kürzere Zeit nicht benutzt gewesen ist, dass sie das erwartete Quantum Wasser nicht geliefert hat, sowie der Umstand, dass die Wasserleitung eine temporäre Unterbrechung erlitten hat, gewährt keinen Anspruch auf Schadenersatz oder auf Erlass der Wasserabgabe. Dauert jedoch die temporäre Unterbrechung der Wasserleitung länger als 7 Tage, so wird den Abnehmern für gewerbliche und sonstige Zwecke die Wasserabgabe für die Zeit, um welche die Unterbrechung länger dauert, verhältnissmässig erlassen. Im Uebrigen aber unterliegt die ausnahmsweise Bewilligung von Erlassen im gedachten Falle lediglich der Beschlussnahme der städtischen Behörden.	Den sich legitimirenden Beamten ist der Zutritt zu allen von der Leitung im Innern der Häuser berührten Localitäten zu gestatten. Den auf die Wasserleitung bezüglichen Anordnungen der bezeichneten Beamten haben sämmtliche Bewohner der betreffenden Grundstücke ungesäumt Folge zu leisten.

Veränderungen in den Grundlagen des Vertrags. Vertragswidrige Verwendung des Wassers	Besitzwechsel	Uebertretungen, Strafen und Berufungen
24	25	26
Von allen baulichen Veränderungen eines mit Leitung versehenen Grundstückes, durch welche die Anzahl der zu veranlagenden Räume oder der Gebrauch derselben verändert wird, ist bei der Verwaltung unverzüglich vom Besitzer oder dessen Vertreter Anzeige zu erstatten. An nicht im Grundstücke oder nicht in der Abtheilung des Grundstücks, für welche die Anmeldung erfolgt ist, wohnende Personen darf überhaupt Wasser zum Verbrauche ausserhalb der angemeldeten Räume aus der Leitung nicht abgegeben werden. Ebensowenig darf ohne vorherige Genehmigung der Verwaltung das Wasser zu anderen als den angemeldeten Zwecken verwendet werden. Der Besitzer der Leitung verpflichtet sich, für eine pflegliche, nur dem wirklichen Bedarfe entsprechende Benutzung der Leitung durch alle Entnehmer des Grundstücks besorgt zu sein, insbesondere jeder Vergeudung, beispielsweise durch Offenlassen der Ausläufe, sei sie mit Absicht oder durch Nachlässigkeit veranlasst, sowie allen Verlusten, welche in Folge von Schäden an den Entnahmestellen oder Undichtigkeiten an den Leitungen entstehen, vorzubeugen und abzuhelfen. Ein Nachlass an Wassergeld auf aus solchen Ursachen entstandenen Mehrverbrauch findet nicht statt.	Die ertheilte Genehmigung kann bei einem Besitzwechsel im Grundstücke oder im Gewerbebetriebe auf den Nachbesitzer übertragen werden, es ist dieser jedoch verpflichtet, etwa rückständige Verpflichtungen des Vorbesitzers zu regeln. Die gegenseitige Abfindung zwischen Vor- und Nachbesitzer bleibt diesen überlassen. Ebenso wird im Falle der Sequestration eines Grundstücks zu Gunsten eines Gläubigers das Wasser weiter nur abgegeben, wenn die fälligen Verbindlichkeiten des Besitzers erfüllt werden.	Es steht dem Rathe das Recht zu, wenn der Besitzer der Leitung die ihm gestellten Zahlungsfristen nicht einhält, oder die in dieser Ordnung vorgeschriebenen Anmeldungen nicht rechtzeitig bewirkt, oder wiederholt gegen die Bestimmungen der Ordnung verstösst, die Leitung zu schliessen; hiervon hat die Verwaltung dem Besitzer 3 Tage vorher Anzeige zu machen, wenn nicht technische Rücksichten die Einhaltung dieser Frist ausschliessen. Alle Diejenigen, welche das Wasserwerk durch eine private oder öffentliche Leitung benutzen, unterliegen zugleich für ihre Person der dem Besitzer auferlegten Verpflichtung zu pfleglicher Gebahrung mit der Leitung und allem Zubehör, sowie mit dem zu entnehmenden Wasser. Die absichtliche oder fahrlässige Vergeudung von Wasser, Beschädigung der öffentlichen Leitung nebst Zubehör, der öffentlichen Ständer und Brunnen, die Verunreinigung derselben, sowie überhaupt jede Zuwiderhandlung gegen die Bestimmungen und die sonst bezüglich der öffentlichen Wasserversorgung erlassenen Anordnungen wird, soweit nicht eine höhere Strafe Platz zu greifen hat, und unbeschadet der Ersatzpflicht für verursachten Schaden, mit Geldstrafe bis zu M 150 oder entsprechender Haft geahndet. Jeder Besitzer einer Leitungsanlage erkennt durch die Anmeldung ausdrücklich an, dass er für alle diese seine Leitung und deren Benutzung betreffenden Zuwiderhandlungen der in seinem Dienste stehenden oder von ihm zur Benutzung der Leitung zugelassenen Personen verantwortlich ist. Er hat daher für die solchen Personen auferlegten Geldstrafen zu haften. Der Beweis, dass die zur Bestrafung zu ziehende Zuwiderhandlung durch eine dritte, von ihm nicht zu vertretende Person begangen worden sei, bleibt ihm jedoch nachgelassen.
Tritt eine Veränderung ein, welche die Verpflichtung zur Zahlung eines höheren als des bisherigen Wasserzinses bezüglich der Wasserabgabe begründet, so ist hiervon von dem Grundstücksbesitzer bezw. dessen Stellvertreter, sowie von dem betreffenden Wasserabnehmer Anzeige zu machen. Die erhöhte Veranlagung tritt, und zwar auch bei unterlassener Anzeige, in der Regel mit dem Ersten desjenigen Monats in Kraft, in welchem die Veränderung eingetreten war, bezw. eine Bewohnung und Benutzung neu entstandener Räume stattgefunden hat. Jede vertragswidrige Verwendung oder Vergeudung des Wassers, jede Entnahme des Wassers durch nicht angemeldete Vorrichtungen an der Leitung ist verboten. Insbesondere ist es, insofern nicht etwas Anderes von der Verwaltung bewilligt worden, nicht gestattet, das Wasser aus irgend einem Theile der Leitung, namentlich auch nicht zur Verhütung des Einfrierens derselben, sowie zur Kühlung im Sommer, beständig laufen zu lassen.	Veränderungen in der Person der zur Zahlung verpflichteten Grundstücksbesitzer bezw. Abnehmer sind binnen 14 Tagen anzuzeigen. Bei unterlassener Anzeige kann sowohl der frühere Besitzer bezw. Abnehmer, als auch der Nachfolger auf Zahlung in Anspruch genommen werden.	Zuwiderhandlungen werden mit einer Geldstrafe von M 1 bis 9, im Unvermögensfalle mit verhältnissmässiger Haft geahndet. Mit derselben Strafe werden belegt die Hauseigenthümer, Haushaltungsvorstände, sowie die Dienstherrschaften, welche wissentlich Uebertretungen der in der Verordnung mit Strafe bedrohten Handlungen oder Unterlassungen ihrer Hausbewohner, Familienangehörigen oder Dienstboten dulden. Für die Beachtung der Vorschriften haften ausserdem Diejenigen, in deren Gewahrsam bezw. Aufsicht sich die betreffenden Regulirungs- und Feuerhähne, Spülvorrichtungen, Hähne, Rohre etc. befinden. Zuwiderhandlungen gegen die Installations-Vorschriften werden mit Geldstrafe bis M 30 oder entsprechender Haft bestraft.

No.	Stadt	Feuerhähne und Verhalten bei Feuersgefahr	Betriebsstörungen u. w. d. a. Ersatzansprüche	Ueberwachung der Hausleitungen und der Wasserentnahme
		21	22	23
83	Lindau . .	Die Abgabe von Wasser für Privatfeuerlöscheinrichtungen unterliegt besonderer Genehmigung. Solche Einrichtungen ohne Wassermesser werden durch amtliche Plomben verschlossen, deren Wegnahme in Brandfällen binnen 24 Stunden zur Anzeige zu bringen ist. Bei Feuersgefahr, sowie bei einzelnen Feuerwehrübungen kann die Feuerwehr oder der Magistrat sowohl ganze Strassenstränge des Rohrnetzes, als auch den Zufluss zu den einzelnen Anwesen absperren, ohne dass ein Anspruch auf Entschädigung entsteht oder ein Nachlass am Wasserzinse eintritt.	Bei zeitweiser Störung, Minderung oder Unterbrechung des Wasserbezuges aus irgend welchen Ursachen leistet die Stadtgemeinde keinerlei Entschädigung oder Rückvergütung des Wasserzinses. Desgleichen haben Wassergäste keinen Anspruch auf Ersatz oder Rückvergütung, wenn Anschluss- oder Hausleitungen auf ihre eigene Veranlassung oder bei zwangsweiser Absperrung auf längere oder kürzere Zeit nicht benutzt oder in Folge von Kündigung gegenstandslos werden. Wenn jedoch die Unterbrechung der Wasserleitung länger als 14 Tage dauert, so findet auf Ansuchen, und zwar für die ganze Zeit der Unterbrechung, eine verhältnissmässige Minderung des Wasserzinses statt. Vergl. auch Sp. 21, Abs. 2.	
84	Lübeck . .			Zur Controle der Privatleitungen und des Wasserverbrauches, für welchen nach Maass gezahlt wird, sowie zur Aufrechterhaltung des Verbotes nutzloser Wasservergeudung ist den Angestelltender Zutritt zu den Privatleitungen zu gestatten.
85	Magdeburg	Bei einer in der Stadt ausbrechenden Feuersbrunst ist jeder Besitzer einer Leitung verpflichtet, dieselbe auf Verlangen der Feuerwehr bis zur Beendigung des Brandes geschlossen zu halten. Dagegen muss er es gestatten, dass von der Feuerwehr während des Brandes seine Leitung gegen nachträgliche Entschädigung benutzt wird.	Der Umstand, dass das Wasser nicht zur erwünschten Höhe gestiegen oder nicht in der erwarteten Menge und Reinheit geliefert oder eine zeitweise Unterbrechung der Wasserförderung eingetreten ist, berechtigt nicht zu Anspruch auf Schadenersatz.	Den Beamten und Arbeitern der Wasserwerke steht der Zutritt zu denjenigen Räumen der Grundstücke, in welchen sich die Wassermesser oder Entnahmestellen von Wasser befinden, nach vorheriger Meldung bei den Grundstücksverwaltern frei. Der Besitzer hat auf Verlangen einen Ausflusshahn der Leitung zu öffnen und so viel Wasser ablaufen zu lassen, als erforderlich ist, um zu beobachten, ob der Messer in Thätigkeit ist.
86	Mainz . . .	Es ist gestattet, innerhalb der Hofraithen Feuerhähne mit besonderer Zuleitung anzulegen. Die Ausführung der Leitung bis an den Feuerhahn, sowie die Lieferung und Aufstellung des letzteren bethätigt die Stadt auf Kosten der Hausbesitzer. In jede Hydrantenleitung muss ebenfalls ein Wassermesser aufgenommen werden. Ausnahmsweise kann genehmigt werden, dass unter Weglassung des Wassermessers und Zahlung von Recognitionsgebühr der Hydrant unter Bleiverschluss genommen wird, sofern derselbe nur für Feuerlöschzwecke benutzt werden soll. Die Hydranten müssen mit dem bei der Feuerwehr eingeführten Metz'schen Gewinde von 50 mm Weite und zum Oeffnen mit Handrad oder dem mit den Schlüsseln der Feuerwehr übereinstimmenden Vierkant versehen sein. In Brandfällen muss jede Privatleitung auf Anfordern der Feuerwehr dieser zur Verfügung gestellt werden. Wegen des Verbrauchs an Löschwasser bleibt in jedem einzelnen Falle nähere Vereinbarung wegen Messeraufnahme und Abrechnung vorbehalten. Auch sind bei Bekanntwerden eines Schadenfeuers in der Stadt alle Zapfstellen, welche nicht zur Bewältigung desselben dienen, möglichst geschlossen zu halten.	Die Stadt übernimmt keine Gewähr für regelmässige und ungestörte Wasserzuführung. Der Abnehmer kann der Stadt gegenüber Ansprüche auf Ermässigung von Wasserzins, Miethnachlass oder Schadenersatz nicht geltend machen, wenn etwa zeitweilig das Wasser nicht bis zur verlangten Höhe steigt, und so oder auf andere Weise eine Beschränkung oder Unterbrechung des Zuflusses eintritt.	Die Besichtigung des Wassermessers muss den vom Wasserwerk Beauftragten jederzeit gestattet sein.

Veränderungen in den Grundlagen des Vertrags. Vertragswidrige Verwendung des Wassers	Besitzwechsel	Uebertretungen, Strafen und Berufungen
24	25	26
	Bei Besitzwechsel gehen Befugnisse und Pflichten des Wassergastes bezüglich des Wasserbezuges von seinem Besitzantritte an und für die diesem vorhergehenden 6 Monate auf den neuen Besitzer über, unter fortdauernder Mithaftung des Vorbesitzers für die während seiner Besitzzeit fällig gewordenen Wasserzinse und etwaigen sonstigen Gebühren.	Jede Beschädigung oder Verletzung der Wasserleitung und der Einrichtung derselben, insbesondere der Rohrleitungen, Messvorrichtungen, Schieber und Hydranten, sodann der Bezeichnungstafeln, sowie der zur Sicherung der Wassermess- und Abstellvorrichtungen oder an Privathydranten angebrachten Plomben, sowie jeder Wasserbezug mit Umgehung der Messvorrichtung (Wassermesser oder Aichhahn) ist verboten. Der Magistrat ist jederzeit berechtigt, die für ein einzelnes Anwesen bewilligte Wasserabgabe wegen Verletzung der auferlegten Verpflichtungen oder der Ortspolizeivorschrift durch Wassersperre wieder zu entziehen. Zuwiderhandlungen gegen die Vorschriften, insbesondere Verletzungen der amtlichen Plomben u. s. w., werden, insoferne sie nicht durch das Polizei- oder Reichsstrafgesetzbuch mit Strafe bedroht sind, mit Geldstrafen bis zu M 18 und insoferne durch dieselben eine rechtswidrige Verkürzung oder Entziehung der städtischen Gefälle beabsichtigt oder herbeigeführt wird, bei einem Betrag dieser Verkürzung oder Entziehung bis einschl. M 4,50 mit Geldstrafe bis zu M 45, bei höheren Beträgen mit Geldstrafe bis zum zehnfachen, im Rückfalle bis zum zwanzigfachen Betrage des entzogenen Gefälls bestraft.
Das Polizeiamt hat am Schlusse jedes Jahres die dann von den Bauschauern zurückzuliefernden Baurisse der im Laufe des verflossenen Jahres vollendeten Bauten und Hauptreparaturen der Verwaltung mitzutheilen, damit dieselben als Controle bei den hinsichtlich der Beiträge eines jeden Gebäudes vorzunehmenden Veränderungen benutzt werden. Vergl. auch Sp. 26, Abs. 2.	Siehe Tab. II, 6.	Die nutzlose Vergeudung von Wasser durch Offenlassen der Hähne an den Privatleitungen ist bei Vermeidung einer Ordnungsstrafe von M 3 bis M 30 untersagt. Jeder Hauseigenthümer ist verpflichtet, von allen in seinem Hause vorgenommenen Veränderungen, welche auf den Belauf der Beiträge Einfluss haben, der Verwaltung spätestens 14 Tage nach Beschaffung der Veränderung Anzeige zu machen, bei Vermeidung der Nachzahlung des wegen Unterlassung der Anzeige zu wenig gezahlten Betrages der Abgabe und einer Ordnungsstrafe von M 5 bis M 15. Bei Vermeidung gleicher Strafe darf kein Hauseigner mit seiner Leitung eine Veränderung vornehmen, ohne dass dieselbe von der Verwaltung vorher gebilligt worden ist. Gegen die Strafverfügungen der Behörde steht den Betheiligten die Beschwerdeführung an den Senat innerhalb 14 Tagen bei Verlust derselben zu.
		Wenn der Leitungsbesitzer der Vorschrift der Bedingungen zuwider handeln sollte, ist die Verwaltung zur Schliessung der Leitung berechtigt. Jeder Leitungsbesitzer erkennt an, dass er für alle Contractwidrigkeiten verantwortlich ist, gleichviel ob dieselben von ihm oder einem Dritten ausgegangen sind. Erfolgt die Bezahlung der Rechnungen über den Wasserverbrauch oder über die Leistungen zur Anlage und Unterhaltung der Leitung nicht innerhalb 8 Tagen nach der Behändigung, so kann die Leitung nach Ablauf dieser Frist geschlossen werden.
Jede gewerbsmässige Wasserabgabe an Abnehmer ausserhalb des Grundstücks ist verboten.		Die Schliessung der Zweigleitung kann verfügt werden: wenn die Innenleitung nicht den Vorschriften entspricht; bei Zuwiderhandlungen gegen die Abgabebestimmungen; im Falle nicht pünktlicher Zahlung der für Wasserlieferung, Miethen oder Herstellungen geschuldeten Beträge.

No.	Stadt	Feuerhähne und Verhalten bei Feuersgefahr	Betriebsstörungen u. w. d. a. Ersatzansprüche	Ueberwachung der Hausleitungen und der Wasserentnahme
		21	22	23
87	Mannheim	Es empfiehlt sich, für grössere Gebäude und gewerbliche Etablissements, in jedem Stockwerk einen Feuerhahn anzubringen. Diese Feuerhähne müssen mit dem Normalgewinde der Feuerwehr versehen sein. Bei Ausbruch eines Brandes sind in den Privatleitungen der angeschlossenen Grundstücke alle Hähne zu schliessen, wenn dieselben nicht zur Bewältigung des Feuers selbst benutzt werden. Jeder Abnehmer ist verpflichtet, während eines Brandes seine Leitung der Feuerwehr zur Verfügung zu stellen; der dadurch verursachte nachweisbare Mehrverbrauch wird durch das Wasserwerk ersetzt.	Dem Abnehmer steht kein Anspruch auf Schadenersatz zu wegen Unterbrechung der Wasserlieferung oder weil er das Wasser nicht in genügender Menge oder Beschaffenheit oder unter dem gewünschten Druck erhält. Sollte der Wasservorrath der Wasserleitung sich derart verringern, dass für den öffentlichen oder für den unmittelbaren häuslichen und wirthschaftlichen Bedarf ein Wassermangel zu befürchten steht, so kann die Benützung des Wassers zunächst für Luxus und sodann für gewerbliche Zwecke beschränkt oder ganz untersagt werden, ohne dass dieserhalb Entschädigungsansprüche irgend welcher Art, insbesondere wegen Entwerthung bestehender Anlagen, geltend gemacht werden können. Jedoch haben für den Fall dauernder Beschränkung der Wasserbenützung die Betheiligten einen Anspruch auf entsprechende Ermässigung des Wasserzinses.	Jeder Consument hat den Beamten jederzeit freien Zutritt zu den Räumlichkeiten, in denen die Wasserleitung, der Wassermesser und Zubehör angebracht sind, zu verschaffen und die Umwechselung oder Reinigung des Wassermessers jederzeit zu gestatten.
88	Meiderich	Bei einer Feuersbrunst hat auf Anordnung der Behörde jeder Privatbesitzer seine Leitung zu schliessen, er ist aber auch verpflichtet, dieselbe während eines Feuers der Behörde zu Löschzwecken zur Verfügung zu stellen; ob in solchen Fällen bei Anschlüssen nach Messung das nachweislich zu Löschzwecken bei einem Gebäude verwendete Wasser dem Consumenten in Rechnung gestellt werden soll oder nicht, entscheidet auf Antrag die Verwaltung.		Den mit Legitimation versehenen Beamten muss behufs Ermittelung und Controle des Wasserverbrauchs, sowie der Leitung stets der Zutritt zu den angeschlossenen Localitäten und Grundstücken gestattet werden.
89	Merseburg	Beim Ausbruch eines Brandes innerhalb des Stadtbezirks muss jeder Abnehmer auf Erfordern des Löschdirectors seine Leitung demselben zur Verfügung stellen. Wird in einem solchen Falle eine Privatleitung in Anspruch genommen, so hat der Abnehmer für den betreffenden Monat denjenigen Betrag an Wassergeld zu zahlen, der von ihm im vorhergehenden Monat gezahlt, bezw. zu zahlen ist. Dasselbe gilt für den Fall, dass ein Abnehmer Wasser aus seiner Leitung nachweislich zum Löschen eines Brandes innerhalb des angeschlossenen Grundstücks benutzt hat.	Ein Recht auf Schadensersatz wegen Einstellung der Wasserlieferung steht dem Abnehmer in keinem Falle, also auch dann nicht zu, wenn im Rechtswege oder anderweitig festgestellt werden sollte, dass die bestimmungsmässigen Voraussetzungen für die Einstellung der Lieferung nicht vorgelegen haben. Ebensowenig steht dem Abnehmer ein Recht auf Schadenersatz zu, wenn ihm das Wasserwerk Wasser überhaupt nicht, oder nicht in genügender Menge und Beschaffenheit oder nicht bis zu der gewünschten Höhe zu liefern vermag.	Den Beamten muss der Zutritt zum Wassermesser und die Prüfung desselben während der Tagesstunden unweigerlich gestattet werden.

Veränderungen in den Grundlagen des Vertrags. Vertragswidrige Verwendung des Wassers	Besitzwechsel	Uebertretungen, Strafen und Berufungen
24	25	26
Es ist den Abnehmern ausdrücklich untersagt, Wasser zum Verbrauche ausserhalb der angeschlossenen Liegenschaft abzugeben. Kann einem Consumenten nachgewiesen werden, dass er auch Wasser an nicht im Hause wohnende Personen abgiebt, so steht, abgesehen von strafgerichtlicher Verfolgung, dem Wasserwerk das Recht zu, die Wasserlieferung einzustellen. Der Abnehmer ist gehalten, jede Wasservergeudung zu vermeiden.	Wenn ein Abnehmer sein an die Wasserleitung angeschlossenes Grundstück verkauft, so bleibt er für die Erfüllung der dem Wasserwerk gegenüber aus dem Wasseranschluss sich ergebenden Verpflichtungen so lange selbst haftbar, bis der neue Eigenthümer in rechtsverbindlicher Weise in die Erfüllung der Verpflichtungen eingetreten ist.	Zuwiderhandlungen gegen das Statut haben, vorbehaltlich gerichtlicher Verfolgung, die Entziehung des Wasseranschlusses zur Folge. Gegen die Veranlagung oder Berechnung des Wasserzinses seitens des Wasserwerkes steht binnen einer Ausschlussfrist von 2 Wochen die Beschwerde an den Verwaltungsrath oder, falls eine Einigung nicht erzielt werden konnte, innerhalb weiterer 14 Tagen unerstrecklicher Frist an den Stadtrath zu.
Bei eintretenden Veränderungen am Grundstück oder Gebäude, welche auf Aenderung der Einschätzung Einfluss haben, ist der Verwaltung unverzüglich Mittheilung zu machen. Findet sich bei der Revision des controlirenden Beamten eine derartige Veränderung, welche nicht angezeigt war, so kann der dafür normirte Jahresbetrag vierfach verrechnet als Strafe eingezogen werden. Kein Consument darf Wasser aus der Gemeindeleitung verkaufen, verschenken oder vergeuden bei Vermeidung einer sofortigen Trennung seiner Leitung vom Gemeinderohrnetz.		Zuwiderhandlungen gegen die Bedingungen werden mit einer Strafe bis zu M 10 belegt, im Wiederholungsfalle kann Trennung der Privatleitung vom Gemeinderohrnetz erfolgen. Letztere erfolgt auch dann, wenn Abnehmer innerhalb 8 Tagen nach Zustellung der Rechnung und nach erfolgter Mahnung keine Zahlung leisten sollte. Benutzen mehrere Consumenten die Privatleitung gemeinschaftlich, so müssen sich die Mitbenutzer, auch wenn sie schuldlos sind, die Trennung der Leitung vom Gemeinderohrnetz in Folge Verschuldens des einen Mitconsumenten gefallen lassen. Für alle Zuwiderhandlungen gegen die Bedingungen ist der Besitzer der gemeinsamen Privatleitung verantwortlich zu machen, auch wenn sie nicht von ihm, sondern von Anderen ausgegangen sind.
	Wechselt eine Privatleitung den Besitzer, so haben der frühere Besitzer oder im Falle des Todes desselben seine Erben der Verwaltung Anzeige zu erstatten. Andernfalls bleiben der bisherige Besitzer oder dessen Erben neben dem neuen Besitzer so lange für Zahlung des Wassergeldes und für Befolgung der Ordnung verhaftet, bis die Anzeige erstattet und der neue Besitzer in die Verpflichtungen des bisherigen Besitzers oder seiner Erben eingetreten ist. Bei jedem nicht angezeigten Wechsel dieser Art ist ausserdem sowohl der Magistrat als die Verwaltung berechtigt, die Wasserlieferung sofort einzustellen.	Erfolgt die Zahlung des Wassergeldes binnen 14 Tagen nach Zustellung der Rechnung nicht, so hat der Magistat das Recht, die Wasserlieferung einzustellen. In der Verpflichtung des Abnehmers zur Zahlung wird durch Ausübung dieses Rechts nichts geändert. Jedes Zuwiderhandeln gegen die Bestimmungen bezügl. der Benutzung des Absperrhahnes auf der der Strasse, der Functionen der Beamten und des Verhaltens bei Feuersgefahr zieht neben der Verpflichtung zu etwaigem Schadensersatz eine Conventionalstrafe von M 1 bis M 20 nach sich. Erfolgt die Zahlung der Strafe nicht binnen 14 Tagen so kann der Magistrat, unbeschadet des Rechts zur Einziehung der Strafe, die Wasserlieferung einstellen.

No.	Stadt	Feuerhähne und Verhalten bei Feuersgefahr	Betriebsstörungen u. w. d. a. Ersatzansprüche	Ueberwachung der Hausleitungen und der Wasserentnahme
		21	22	23
90	**Metz**	Hahnen für Verhütung einer Feuersbrunst können nur nach eingeholter Erlaubniss auf Grund näherer Bedingungen angebracht werden.	Wenn wegen Reparaturen oder sonst vorher- oder unvorhergesehener Hindernisse eine Unterbrechung oder gänzlicher Stillstand der Quellwasserleitung eintreten sollte, oder wenn eine solche nur in der Strasse stattfindet, wo sich die Liegenschaft des Nutzniessers befindet, so kann derselbe keinerlei Schadenersatz verlangen. Ein jeder Unfall wird als rechtmässig betrachtet und kann kein Gegenbeweis zugelassen werden. Nur bei eintretenden ausergewöhnlichen Fällen wird ein verhältnissmässiger Nachlass für die Dauer der Unterbrechung der Wasserleitung stattfinden, jedoch erst nach einer vierzigtägigen oder gänzlichen Unterbrechung.	Die Nutzniesser müssen sich eine jede Einsicht und einen jeden Besuch der sich legitimirenden Munizipalagenten gefallen lassen, die dieselbe vornehmen zu müssen glauben, sei es um den Wasserverbrauch festzustellen, zu reguliren oder die genaue Beobachtung des Vertrags zu überwachen.
91	**Minden** . .	Die Feuerhähne dürfen den gleichen Querschnitt haben, wie die Zuleitungsröhren. Die Verwaltung versieht solche Hähne mit Plomben, welche nur bei eingetretener Feuersgefahr abgenommen werden dürfen. Die Verwaltung muss von dem erfolgtem Gebrauch eines Feuerhahns innerhalb 24 Stunden benachrichtigt werden. Bei Ausbruch eines Brandes ist jeder Consument verpflichtet, auf Erfordern seine Leitung den öffentlichen Löschanstalten zur Verfügung zu stellen. Wird das Wasser nach Wassermesser bezahlt, so hat der Abnehmer in solchen Fällen für den betreffenden Monat denjenigen Betrag an Wassergeld zu zahlen, der von ihm im vorhergehenden Monate gezahlt ist.	Dem Consumenten steht kein Anspruch auf Schadenersatz zu wegen Unterbrechung der Wasserlieferung, oder weil er das Wasser nicht in genügender Menge und Beschaffenheit oder auf die gewünschte Höhe zu erhalten glaubt.	Den Beamten ist der Zutritt zu sämmtlichen Localitäten des mit Wasser versorgten Grundstücks jederzeit zu gestatten.
92	**Mülhausen i. E.**		Dem Consumenten steht kein Anspruch auf Schadenersatz zu wegen Beschädigungen, welche durch Röhrenbruch an der inneren Einrichtung entstehen, noch wegen Unterbrechung oder Beschränkung der Wasserlieferung.	Der Consument ist verpflichtet, den Beamten und Beauftragten des Wasserwerks jederzeit freien Zutritt zu den Räumlichkeiten, in welchen der Messer und der Absperrhahn angebracht sind, zu verschaffen und die Umwechslung oder Reinigung des Wassermessers zu gestatten.
93	**Mülheim-Deutz-Kalk**	Feuerhähne dürfen nur bei Feuersgefahr benutzt werden, und ist die Verwaltung berechtigt, die Feuerhähne mit einer Plombe zu versehen, die nur im Falle der Gefahr gelöst werden darf. Die Feuerhähne müssen sich mit den Schläuchen der Löschanstalten verbinden lassen. Bei Ausbruch eines Brandes in irgend einem Stadttheile sind alle in den Privatleitungen befindlichen, mit Ausnahme der zur Dampfkesselspeisung dienenden Krahnen, oder welche nicht zur Bewältigung des Brandes selbst gebraucht werden, zu schliessen. Jeder Consument ist ausserdem verpflichtet, während des Brandes seine Leitung zur Verfügung der Löschmannschaft zu stellen.	Dem Consumenten steht kein Anspruch auf Schadenersatz zu wegen Unterbrechung der Wasserlieferung, oder weil er das Wasser nicht in genügender Menge oder Beschaffenheit, oder auf die gewünschte Höhe zu erhalten glaubt. Nur wenn die Wasserlieferung durch Schuld der Verwaltung länger als 3 Tage unterbrochen bleibt, kann eine Ermässigung des Wasserzinses verlangt werden.	Den mit Legitimation versehenen Beamten muss behufs Ermittelung und Controle des Wasserverbrauchs sowie der Leitungen stets Zutritt zu den an die Wasserleitung angeschlossenen Localitäten gestattet sein.

Veränderungen in den Grundlagen des Vertrags. Vertragswidrige Verwendung des Wassers	Besitzwechsel	Uebertretungen, Strafen und Berufungen
24	25	26

24. Diejenigen Nutzniesser, welche eine Wasseruhr aufstellen lassen, haben das Recht, das Wasser zu jedem Zwecke zu gebrauchen. Bei den Nutzniessungen, die auf Abschätzung gewährt werden, wird der Zweck der Verwendung des Wassers angegeben, und ist es ausdrücklich verboten, das Wasser zu einer andern als der angegebenen Bestimmung zu gebrauchen, mit Ausnahme bei Feuersbrunst. Ferner darf weder im Innern noch im Aeussern zu Gunsten eines Dritten irgend eine Ableitung an den Röhren vorgenommen werden. Das Wasser darf nur von dem Nutzniesser und den im Vertrage angegebenen Personen benutzt werden.

25. Die Nutzniessung haftet an dem Gebäude, und kann dieselbe nicht auf ein anderes Gebäude übertragen werden. Der Vertrag wird nicht durch Uebertragung der Liegenschaft oder der Nutzniessung annullirt. Der Nutzniesser resp. dessen Erben sind mit dem neuen Eigenthümer oder Miether für die Dauer des Vertrags solidarisch haftbar.

26. Eine jede gesetzlich festgestellte Uebertretung der Statuten oder der Abonnementsurkunde zieht eine Strafe von M 40 nach sich, welche von der Gemeindeverwaltung festgestellt wird, ohne dass dagegen Berufung ergriffen werden kann. Der Bürgermeister kann ausserdem noch die Vertragsauflösung beschliessen und die Ableitung schon vorher schliessen lassen.

---

24. Von allen baulichen Veränderungen auf einem angeschlossenen Grundstücke, für welches das Wasser nach Einschätzung entnommen wird, ist Anzeige zu machen.

Der Abnehmer kann von dem Wasser zum Zwecke der unmittelbaren Verwendung jeden beliebigen Gebrauch machen, es ist ihm aber untersagt, Wasser an dritte Personen gegen Gegenleistung oder durch Rohrleitung ohne besondere Genehmigung der Verwaltung, die jedoch nur auf Widerruf ertheilt wird, abzugeben.

Für die Wasserentnahme nach Einschätzung gilt die Bestimmung, dass das Wasser nicht continuirlich aus einer Oeffnung in der Leitung fliessen darf, vielmehr muss jeder Hahn sofort nach dem Gebrauche geschlossen werden.

25. Gehen die mit Wasser versorgten Räume in die Benutzung eines andern über, ohne dass Abmeldung erfolgt, so haftet neben dem neuen Abnehmer der bisherige Inhaber so lange für Zahlung des Wassergeldes und Einhaltung der sonstigen Verpflichtungen, bis die Verwaltung den Nachfolger an seiner Stelle angenommen hat. Bei jedem Wechsel dieser Art ist die Verwaltung jedoch auch berechtigt, die Leitung sofort abzustellen.

26. Geschieht die Zahlung der Beträge nicht innerhalb 14 Tagen, so tritt Mahnung ein. Erfolgt die Zahlung innerhalb weiterer 8 Tage nicht, so kann die Abgabe des Wassers eingestellt werden, unbeschadet der dadurch und in Folge der Eintreibung der Rückstände etwa entstehenden Kosten. Ein Anspruch auf Entschädigung kann in diesem Falle nicht erhoben werden.

Uebertretungen ziehen, ausser dem zu leistenden Schadenersatze, für jede einzelne Uebertretung zum ersten Male eine Conventionalstrafe von M 5 bis M 15 und im Wiederholungsfalle innerhalb eines Jahres eine solche von M 15 bis M 30 nach sich. Erfolgt die Zahlung derselben nicht innerhalb 8 Tagen nach Zustellung des Mandats, so ist die Stadt berechtigt, die Wasserzuführung zu sperren, vorbehaltlich aller sonstigen Schritte zur Einziehung der Strafe.

Eine gleiche Berechtigung bleibt der Stadt gegen diejenigen Consumenten vorbehalten, welche bereits dreimal wegen Uebertretung des Regulativs in Strafe genommen wurden. Eine Verpflichtung zum Schadenersatze wegen Abschlusses der Wasserzuführung in den vorstehenden Fällen trifft die Stadt unter keinen Umständen.

Für alle Zuwiderhandlungen gegen die Bestimmungen bleibt der Eigenthümer in Bezug auf den Schadenersatz und die Zahlung der Strafe verantwortlich, mögen dieselben von ihm selbst oder von einem Dritten ausgegangen sein, vorbehaltlich des Rechts der Stadt, auch gegen den letzteren im Wege der Klage vorzugehen. Es steht dem Eigenthümer daher der Einwand, dass er die Zuwiderhandlung nicht verschuldet habe, nicht zu. Er kann indessen diese Verantwortlichkeit durch ein besonderes Uebereinkommen auf den Miether, Nutzniesser oder sonstigen Nutzungsberechtigten übertragen. Die strafrechtliche Verantwortlichkeit trifft, wo sie eintritt, lediglich den Contravenienten.

---

25. Geht das mit Wasser versorgte Grundstück in den Besitz eines Andern über, ohne dass eine besondere Anzeige bei der Direction erfolgt ist, so haften die neuen Eigenthümer und Miether neben den bisherigen so lange für Zahlung der Wasserlieferung und Miethe des Wassermessers, event. Schächte, bis die Direction von dem Consumentenwechsel in Kenntniss gesetzt ist.

26. Erfolgt die Zahlung nach wiederholter Vorzeigung der Quittung nicht, so kann die Zuleitung ohne Weiteres und unbeschadet der gegen den Schuldner anzustrengenden Klage geschlossen werden.

Wenn zwischen der Direction und den Consumenten über die Auslegung und Anwendung der Bestimmungen Meinungsverschiedenheiten entstehen sollten, so entscheidet die Wasserwerk-Commission in höchster Instanz und endgültig über dieselben.

---

24. Bei Versorgung nach Einschätzung ist von jeder in der Leitung stattfindenden Undichtigkeit, auch wenn dem Hausbesitzer daraus keine Nachtheile erwachsen, sofort Anzeige zu machen. Ebenso muss von jeder Veränderung in der Grösse, Bebauung oder Benutzung eines Grundstücks, welche eine andere Einschätzung zur Folge haben würde, rechtzeitig Anzeige gemacht werden; auch darf das Wasser aus den Krahnen, einschliesslich der Wasserclosets nicht ununterbrochen fliessen, sondern dieselben müssen nach jedesmaligem Gebrauche wieder geschlossen werden.

Es darf kein Wasser aus der Leitung an benachbarte Grundstücke, resp. deren Bewohner oder Nutzniesser, gleichviel ob unentgeltlich oder gegen Bezahlung abgegeben werden.

25. Beim Verkauf eines Grundstücks muss jede auf demselben lastende Verpflichtung dem Wasserwerk gegenüber auf den folgenden Besitzer rechtsverbindlich übertragen werden, und bleibt der ursprüngliche Besitzer der Verwaltung gegenüber hierfür verantwortlich.

26. Uebertretungen ziehen eine an die Wasserwerkskasse zu zahlende Conventionalstrafe, und zwar das erste Mal von M 15, im Wiederholungsfalle von M 30 nach sich. Ausserdem ist die Verwaltung bei Nichtinnehaltung der Bedingungen, unbeschadet der civilrechtlichen Ansprüche, berechtigt, die Wasserlieferung einzustellen.

No.	Stadt	Feuerhähne und Verhalten bei Feuersgefahr	Betriebsstörungen u. w. d. a. Ersatzansprüche	Ueberwachung der Hausleitungen und der Wasserentnahme
		21	22	23
94	Mülheim a. d. Ruhr	Feuerhähne dürfen nur bei Feuersgefahr geöffnet werden. Die Sicherung derselben gegen unberechtigten Gebrauch erfolgt nach dem Ermessen des Curatoriums. Bei Ausbruch eines Brandes in irgend einem Stadttheile sind auf Verlangen der Polizeibehörde sämmtliche Ausläufer geschlossen zu halten, sofern dieselben nicht zur Löschung des Brandes oder zur Speisung von Dampfkesseln benutzt werden. Jeder Besitzer einer Privatleitung ist verpflichtet, seine Leitung während eines Brandes den öffentlichen Löschmannschaften zur Verfügung zu stellen.	Der Umstand, dass die Wasserleitung längere oder kürzere Zeit nicht benutzbar gewesen ist, oder dass dieselbe nicht genügende Mengen geliefert, und nicht den gehofften Druck gehabt hat, endlich der Umstand, dass die Wasserlieferung auf kürzere Zeit gänzlich unterbrochen gewesen ist, verpflichtet das Curatorium zu keinerlei Entschädigung. Sollte in solchem Falle ein Erlass gerechtfertigt sein, so entscheidet auf Ansuchen das Curatorium.	Das Curatorium der Gas- und Wasserwerke ist berechtigt, die Richtigkeit der Angaben des Antrags durch einen ihrer Beamten prüfen zu lassen, und ist diesem Beamten hierzu sowohl, als auch bei jeder später etwa für nöthig erachteten Revision der Zutritt zu allen Räumlichkeiten des betreffenden Grundstücks zu gestatten.
		Das Wasser, welches für Feuerlöschzwecke aus Privatleitungen mit Wassermesser entnommen ist, wird nachträglich vom Curatorium der städtischen Gas- und Wasserwerke abgeschätzt und der Preis dafür den betreffenden Eigenthümern, Nutzniessern oder Verwaltern vergütet.		
95	München	Leitungen für Feuerlöschzwecke müssen Einrichtungen erhalten, welche die Benutzung auch für die städtische Feuerwehr ermöglichen, und unterliegen solche daher, wie auch die Construction der Hydranten besonderer Genehmigung. Solche Einrichtungen ohne Wassermesser werden durch amtliche Plomben verschlossen. Die Wegnahme der Plombirung in Brandfällen ist innerhalb 24 Stunden behufs Wiederanlage der Plombe zur Anzeige zu bringen.	Bei zeitweiser Störung, Minderung oder Unterbrechung des Wasserbezuges aus irgend welchen Ursachen leistet der Stadtmagistrat keine Rückvergütung des im Voraus entrichteten Wasserzinses, auch sonst keinerlei Entschädigung.	Die Beamten sind berechtigt, die Anlagen der Hausleitungen jederzeit zu controliren, auf besonderes Verlangen hat der Hausbesitzer oder dessen Stellvertreter hierbei zugegen zu sein.
96	Münster i. W.	Die Gewinde der Feuerlöschhähne müssen genau mit den Gewinden der städtischen Löschapparate übereinstimmen. Für die Benutzung des Wassers zu Feuerlöschzwecken aus Feuerhähnen, deren Gebrauch nur nach Zerstörung eines von der Verwaltung angelegten Bleiverschlusses möglich ist, wird nichts bezahlt. Ist dieser Verschluss aber aus einem anderen Grunde, als zum Löschen eines Brandes oder zu einer in Gegenwart eines dazu beauftragten Beamten vorzunehmende Probe zerstört worden, so werden für den erneuten Verschluss M 10 berechnet. Von dem stattgehabten Gebrauche der Feuerhähne muss die Verwaltung binnen 24 Stunden in Kenntniss gesetzt werden. Bei einem in der Stadt ausbrechenden Feuer muss jeder Besitzer einer Privatleitung dieselbe je nach Verlangen der Polizeibehörde entweder schliessen oder den Löschmannschaften zur Verfügung stellen.	Der Umstand, dass die Wasserleitung längere oder kürzere Zeit nicht benutzt gewesen ist, oder dass dieselbe das erwartete Quantum Wasser nicht geliefert hat, oder dass das Wasser nicht zu der gewünschten Höhe gestiegen ist, endlich der Umstand, dass die Wasserleitung eine zeitweilige Unterbrechung erlitten hat, berechtigt den Besitzer einer Privatleitung im Allgemeinen nicht, einen Anspruch auf völligen oder theilweisen Erlass der bedungenen Bezahlung, noch auf irgend einen anderen Schadenersatz zu erheben. Wenn jedoch die Unterbrechung länger als 14 Tage gedauert hat, so kann für die Zeit, um welche diese Unterbrechung überschritten wurde, ein Erlass resp. eine Ermässigung des Wasserzinses stattfinden.	Dem mit schriftlicher Legitimation versehenen Beamten ist der Zutritt zu allen Räumen des Grundstücks, für welches die Privatleitung verlangt wird, zu gestatten.

Veränderungen in den Grundlagen des Vertrags. Vertragswidrige Verwendung des Wassers	Besitzwechsel	Uebertretungen, Strafen und Berufungen
24	25	26
Von jeder Veränderung eines versorgten Hauses oder Grundstücks in Beziehung auf seine Grösse, Einrichtung und Benutzung, ist dem Curatorium sofort Anzeige zu machen. Findet sich bei den Revisionen eine Veränderung, welche nicht angezeigt war, so bleibt der Abnehmer verantwortlich. Für Wasserentnahme nach Einschätzung treten folgende Beschränkungen ein: Das Wasser darf nur für die im Anmeldebogen bezeichneten Räume und Zwecke benutzt werden, ausser zur Unterdrückung einer Feuersgefahr. Insbesondere darf kein Wasser an benachbarte Grundstücke oder deren Bewohner etc., gleichviel ob unentgeltlich oder gegen Bezahlung, abgegeben werden. Jede Vergeudung des Wassers durch Fahrlässigkeit oder Muthwillen ist untersagt. Von jeder in der Leitung stattfindenden Undichtigkeit ist dem Curatorium durch den Abnehmer sofort Mittheilung zu machen.	Bei Besitzwechsel bleibt der frühere Eigenthümer, Nutzniesser oder Verwalter desselben so lange zur Wassergeldzahlung verpflichtet, bis er oder der neue Abnehmer dem Curatorium den Besitzwechsel angezeigt hat.	Für alle Zuwiderhandlungen gegen die Abgabebedingungen bleibt der Antragsteller dem Curatorium in Beziehung auf Schadenersatz verantwortlich. Wenn mehrere Abnehmer an eine gemeinschaftliche Anschlussleitung angeschlossen sind, so haften dieselben für die ihrerseits übernommenen Verpflichtungen solidarisch. Wenn zwischen der Stadtverwaltung und den zum Anschluss verpflichteten Abnehmern über die Auslegung der Bedingungen Meinungsverschiedenheiten entstehen sollten, ist die Berufung an die der ersteren vorgesetzte höhere Verwaltungsbehörde gestattet, jedoch sind bis zu dieser Entscheidung die Anordnungen des Curatoriums zu befolgen.
Die Ueberleitung des Wassers in ein einem andern Besitzer gehörendes Anwesen ist verboten, die Ueberleitung in ein anderes, dem gleichen Besitzer gehörendes Anwesen nur mit besonderer Genehmigung des Stadtmagistrates zulässig.	Bei Besitzwechsel eines Anwesens gehen Rechte und Pflichten bezüglich des Wasserbezuges aus der städtischen Wasserleitung auf den neuen Besitzer über unter fortdauernder Mithaftung des Vorbesitzers für die während seiner Besitzzeit fällig gewordene Wasserzinse und sonstigen Gebühren.	Der jeweilige Besitzer eines Anwesens haftet für Einhaltung der den Wasserabnehmern auferlegten Verpflichtungen. Im Falle der Uebertretung ist der Stadtmagistrat berechtigt, unabhängig von der strafrechtlichen Verfolgung des Thäters gegen den Besitzer des betr. Anwesens Ordnungsstrafen zu verhängen. Ausserdem ist der Stadtmagistrat jederzeit berechtigt, die bewilligte Wasserabgabe wegen Verletzung der den Anwesensbesitzern auferlegten Verpflichtungen oder wegen Uebertretung der ortspolizeilichen Vorschriften wieder zu entziehen. Nach fruchtloser Mahnung auf Zahlung schuldiger Beträge wird die zwangsweise Beitreibung der Rückstände verfügt und kann die Wassersperre angeordnet werden. Zuwiderhandlungen, insbesondere Verletzungen der amtlichen Plomben etc. werden, insofern sie nicht durch das Polizeistrafgesetzbuch oder nach den Bestimmungen des Reichsstrafgesetzbuches mit Strafe bedroht sind, mit Geldstrafen bis zu M 18 und, insofern durch dieselben eine rechtswidrige Verkürzung oder Entziehung der städt. Gefälle beabsichtigt oder herbeigeführt wird, bei einem Betrage dieser Verkürzung oder Entziehung bis einschliesslich M 4,50 mit Geldstrafe bis zu M 45, bei höheren Beträgen mit Geldstrafe bis zum 10fachen, im Rückfalle bis zum 20fachen Betrage des entzogenen Gefälles bestraft.
Von allen baulichen Veränderungen, welche massgebend für die Veranlagung gewesen sind, ist der Verwaltung Anzeige zu machen, damit geprüft werden kann, ob eine Aenderung in der Zahlung für das zu liefernde Wasser stattfinden muss.	Geht das Haus oder Grundstück auf einen andern Eigenthümer resp. Miether oder Pächter über, so ist derselbe verpflichtet, der Verwaltung hiervon sofort Anzeige zu machen.	Abnehmer, welche den Bestimmungen zuwiderhandeln, werden von der Verwaltung zur Abstellung der Uebelstände mit dreitägiger Frist aufgefordert werden. Bleibt diese Aufforderung erfolglos, so ist die Verwaltung berechtigt, den Wasserzufluss abzuschneiden. Ebenso darf die Verwaltung solchen Abnehmern, welche in 8 Tagen trotz Mahnung nicht bezahlen, der Zufluss abschneiden, resp. den Haupthahn unter Verschluss legen. Abnehmer, welche sich wiederholter Uebertretungen dieses Regulativs schuldig machen, verfallen ausserdem in eine Conventionalstrafe bis zu M 100. Den Abnehmern steht binnen 3 Tagen nach Empfang der Verfügung der Verwaltung die Berufung an die Wasserwerkscommission frei, und entscheidet letztere nach sachlicher Prüfung unter Ausschluss des Rechtsweges endgültig. Nach eingelegtem Recurse wird die Ausführung der Verfügung der Verwaltung bis zur Entscheidung der Commission sistirt, jedoch haften die Recursergreifer auch für denjenigen Schaden, welcher in der Zwischenzeit bis zur endgültigen Entscheidung der Commission in Folge ihres Zuwiderhandelns oder ihrer Unterlassung entsteht.

No.	Stadt	Feuerhähne und Verhalten bei Feuersgefahr	Betriebsstörungen u. w. d. a. Ersatzansprüche	Ueberwachung der Hausleitungen und der Wasserentnahme
		21	22	23
97	Neuwied .	Feuerhähne dürfen nur bei Feuersgefahr benutzt werden. Die Verwaltung ist berechtigt, die Feuerhähne mit einer Plombe zu versehen, die nur im Falle der Gefahr gelöst werden darf. Bei Ausbruch eines Brandes in irgend einem Stadttheile sind alle in den Privatleitungen befindlichen Krahnen, mit Ausnahme derjenigen, welche zur Dampfkesselspeisung dienen und zur Bewältigung des Brandes selbst gebraucht werden, zu schliessen. Jeder Consument ist ausserdem verpflichtet, während des Brandes seine Leitung zur Verfügung der Löschmannschaft zu stellen.	Dem Consumenten steht kein Anspruch auf Schadenersatz zu, wegen Unterbrechung der Wasserlieferung oder weil er das Wasser nicht in genügender Menge oder Beschaffenheit oder auf die gewünschte Höhe zu erhalten glaubt. Nur wenn die Wasserlieferung durch Schuld der Verwaltung länger als 3 Tage unterbrochen bleibt, kann eine Ermässigung des Wasserzinses verlangt werden.	Den mit Legitimation versehenen Beamten muss behufs Ermittelung und Controle des Verbrauchs sowie der Leitung stets Zutritt zu den angeschlossenen Localitäten gestattet werden.
98	Nürnberg .	Leitungen für Feuerlöschzwecke müssen Einrichtungen enthalten, welche die Benützung auch für die Feuerwehr ermöglichen und unterliegen daher ebenso wie die Construction der Hydranten besonderer Genehmigung. Solche Einrichtungen werden, wenn sie nicht durch Wassermesser laufen, durch amtliche Plomben verschlossen. Die Wegnahme der Plombirung in Brandfällen ist innerhalb 24 Stunden zur Wiederanbringung der Plomben zur Anzeige zu bringen.	Bei zeitweiser Störung, Minderung oder Unterbrechung des Wasserbezugs aus irgend welcher Ursache leistet die Stadtgemeinde keinerlei Entschädigung oder Rückvergütung des vorausbezahlten Wasserzinses, desgleichen haben die Abnehmer keinen Anspruch auf Nachlass, Ersatz oder Rückvergütung, wenn Privatleitungen aus irgend welchen Gründen, also auch in Folge zwangsweiser Absperrung, längere oder kürzere Zeit nicht benützt werden. Vergl. auch Tab. II, 8, Abs. 3.	Jeder Anwesensbesitzer hat den Organen des Stadtmagistrats die Controle seiner Hausleitung jeder Zeit zu gestatten und zu ermöglichen und auf Verlangen bei derselben persönlich oder durch einen Stellvertreter anwesend zu sein. Vergl. im Uebrigen Sp. 26, Abs. 2.

Veränderungen in den Grundlagen des Vertrags. Vertragswidrige Verwendung des Wassers	Besitzwechsel	Uebertretungen, Strafen und Berufungen
24	25	26
Es darf kein Wasser aus der Leitung an benachbarte Grundstücke, resp. deren Bewohner oder Nutzniesser, gleichviel ob unentgeltlich oder gegen Bezahlung, abgegeben werden, auch selbst wenn das benachbarte, nicht unmittelbar an die Wasserleitung angeschlossene Grundstück demselben Eigenthümer gehört.		Bei Zuwiderhandlungen gegen die Bestimmungen werden die Consumenten im ersten Falle schriftlich verwarnt; in jedem Wiederholungsfalle sind dieselben zur Zahlung einer Conventionalstrafe von M 10 an die Wasserwerkscasse verpflichtet; auch ist die Verwaltung berechtigt, unbeschadet der civilrechtlichen Ansprüche, die Wasserlieferung sofort einzustellen.
Ueberleitungen aus der Hausleitung oder dem Reservoir eines Hausbesitzers in das Haus eines andern Besitzers sind unbedingt verboten. In ein anstossendes zweites Haus desselben Besitzers kann eine solche Ueberleitung nur mit magistratischer Genehmigung hergestellt werden; dieselbe muss beseitigt werden, sobald die beiden Häuser nicht mehr einem und demselben Besitzer gehören.	Jeder Wechsel des Besitzes eines versorgten Hauses oder Anwesens muss von dem neuen Erwerber spätestens bis zum Tage seines Besitzantrittes angezeigt werden. Durch denselben gehen die Rechte und Pflichten bezüglich des Wasserbezugs aus einer städtischen Leitung und insbesondere auch die Haftung für die Bezahlung des Wasserzinses auf den neuen Besitzer von seinem Besitzantritt an und für das laufende Quartal über unter fortdauernder solidarischer Mithaftung des Vorbesitzers für die während seiner Besitzdauer fällig gewordenen Wasserzinse, Gebühren und Ersatzleistungen.	Zuwiderhandlungen gegen die Vorschriften, insbesondere Verletzung der amtlichen Plomben etc., werden, insofern sie nicht durch das Pol.-Str.-G.-B. oder nach den Bestimmungen des Reichsstrafgesetzbuches mit Strafe bedroht sind, auf Grund der Gemeinde-Ordnung mit Geldstrafen bis zu M 18, insofern durch dieselben eine rechtswidrige Verkürzung oder Entziehung der städtischen Gefälle beabsichtigt oder herbeigeführt wird, bei einem Betrage dieser Verkürzung oder Entziehung bis einschließlich M 4,50 mit Geldstrafe bis zum zehnfachen, im Rückfalle bis zum zwanzigfachen Betrage des entzogenen Gefälls bestraft. Die eingerichtete Anschluſs- und Hausleitung ebenso wie die Sperrhähne, die Aiche und der Wasserauslauf stehen unter fortwährender Aufsicht des Magistrats und der Organe desselben,

wesshalb der Zutritt zu der Leitung dem Aufsichtspersonal zu jeder Zeit gestattet sein und Jeder Alles, was zur Handhabung dieser Aufsicht nöthig erscheint, unbedingt geschehen lassen muss. Zuwiderhandlungen, insbesondere jede Erschwerung der Controle, ferner eigenmächtige, ohne vorgängige Genehmigung der städtischen Bauabtheilung getroffene Verfügungen über die Privatleitung berechtigen den Magistrat, eine Ordnungsstrafe zu verhängen und sofort den Wasserbezug abzusperren. Hierbei bleiben der Stadtgemeinde und jedem Beschädigten alle Entschädigungs-Ansprüche für die durch solche eigenmächtige Verfügung verursachten Nachtheile ausdrücklich vorbehalten.

Absichtlich oder in Folge grober Fahrlässigkeit herbeigeführte Mehrbezüge des nach dem Aichsystem bezogenen Wassers haben ebenfalls Ordnungsstrafe und Absperrung des Wasserbezugs zur Folge und berechtigen überdiess den Magistrat, wenn sie das Doppelte des berechtigten Bezugs erreichen oder übersteigen, den Wasserzins für das laufende Kalenderjahr bis auf den zehnfachen Betrag zu erhöhen.

Anzeigen wegen gestörten oder geschmälerten Wasserbezugs können entweder schriftlich oder mündlich angebracht werden. Ergiebt sich bei dem Bezuge nach dem Aichsystem, dass die Beschwerde unbegründet war oder dass die Ursache der Störung oder Schmälerung in der Privatleitung des Wassergastes lag, so hat dieser alle durch die Untersuchung erwachsenen Kosten zu ersetzen; dagegen werden diese von der Stadtgemeinde getragen, wenn die Verkürzung des Abnehmers durch einen Mangel an der Hauptleitung verursacht war.

Der jeweilige Besitzer eines Hauses oder Anwesens, welchem Wasser aus einer städtischen Leitung zugeführt ist, haftet für die Erfüllung der durch die Wasserleitungsordnung den Wassergästen auferlegten Verpflichtungen und ist für die Beobachtung der für die Benützung der Wasserleitungen jeweils bestehenden ortspolizeilichen Vorschriften verantwortlich.

Im Falle der Uebertretung dieser Vorschriften ist der Magistrat berechtigt, unabhängig von der strafrechtlichen Verfolgung des Thäters, gegen den Besitzer des Hauses oder Anwesens, in welchem die Übertretung verübt wurde, diejenigen Strafen als Ordnungsstrafen zu verhängen, welche durch die ortspolizeilichen Vorschriften für den Fall von Zuwiderhandlungen gegen die Bestimmungen derselben angedroht sind.

Ausserdem ist der Magistrat jederzeit berechtigt, die für ein Anwesen bewilligte Wasserabgabe wegen Verletzung oder Nichterfüllung der durch die Wasserleitungsordnung auferlegten Verpflichtungen oder wegen Uebertretung der für die Benützung der Wasserleitungen jeweils bestehenden ortspolizeilichen Vorschriften wieder zu entziehen und den Wasserbezug abzusperren.

Die Entziehung des Wasserbezugs hat die Folge, dass der Haus- oder Anwesensbesitzer auf Verlangen des Magistrats verpflichtet ist, den Anstich und seine Privatleitung binnen 14 Tagen auf seine Kosten vom gemeindlichen Eigenthum zu entfernen und die Kosten für Wiederherstellung und Unterhaltung der Strasse und des Trottoirs zu bezahlen. Kommt er dieser Verpflichtung nicht nach, so ist der Magistrat berechtigt, diese Arbeiten von Amtswegen anzuordnen und die erwachsenden Kosten von dem Haus- oder Anwesensbesitzer beizutreiben.

No.	Stadt	Feuerhähne und Verhalten bei Feuersgefahr	Betriebsstörungen u. w. d. a. Ersatzansprüche	Ueberwachung der Hausleitungen und der Wasserentnahme
		21	22	23
99	Oberhausen	Feuerhähne, welche der Einschätzung unterliegen, dürfen nur bei Feuersgefahr geöffnet werden. Die Sicherung derselben gegen unberechtigten Gebrauch erfolgt nach dem Ermessen der Verwaltung. Bei Ausbruch eines Brandes in irgend einem Stadttheile sind auf Verlangen der Polizeibehörde sämmtliche Zapfhähne geschlossen zu halten, insofern dieselben nicht zur Löschung des Brandes benutzt oder zur Speisung von Dampfkesseln verwendet werden. Jeder Besitzer einer Privatleitung ist verpflichtet, seine Leitung während eines Brandes den öffentlichen Löschmannschaften zur Verfügung zu stellen.	Erhebliche Unterbrechungen in der Wasserzuführung, sofern dieselben nicht durch unvorherzusehende oder unvermeidliche Betriebsstörungen veranlasst werden, dürfen seitens des Wasserwerks nicht stattfinden. Sollte die Wasserzuführung ohne solche Gründe länger als 3 Tage unterbrochen bleiben, so ist die Stadt berechtigt, zu Gunsten der Consumenten mit dem 4. Tage eine Ermässigung des Jahreswasserzinses um $^1/_{365}$ für jeden weiteren Tag vom Wasserwerk zu fordern, wo sie von den Consumenten verlangt wird.	Den Beamten ist zwecks Revision jederzeit der Zutritt zu allen Räumlichkeiten des betreffenden Grundstücks zu gestatten.
100	Offenbach a. M.	Die Hähne oder Hydranten, welche nur zur Benutzung bei Feuersgefahr bestimmt sind, werden vom Wasserwerk mit Plomben versehen, sobald kein Wassermesser davor eingeschaltet ist. Diese Plomben dürfen nur bei Feuersgefahr abgenommen werden, und ist nach Gebrauch des Feuerhahns der Direction innerhalb 24 Stunden Anzeige zu machen, damit die Plombe wieder angelegt werden kann. Beim Ausbruch eines Brandes sind alle Hähne, mit Ausnahme derjenigen für die Dampfkessel, in der Nähe der Brandstätte zu schliessen, sofern sie nicht zur Bewältigung des Brandes selbst benutzt werden.	Die Stadt übernimmt dem Abnehmer gegenüber keine Gewähr für genügende Menge, für gute Beschaffenheit oder für gewünschten Druck des Wassers und ist berechtigt, wegen Wassermangel sowie bei Ausbesserungsarbeiten an der Rohrleitung oder bei Feuersgefahr die Anschlussleitung jederzeit abzusperren. Der Abnehmer wird thunlichst vorher benachrichtigt, jedoch kann für die zeitweise Absperrung des Wassers eine Entschädigung irgend welcher Art nicht verlangt werden.	Der Abnehmer hat dem Beamten jederzeit die Besichtigung der ganzen Anlage und des Wassermessers zu gestatten und darf denselben namentlich nicht am Nachsehen des Wassermessers behindern. Er hat dafür Sorge zu tragen, dass die Aufnahme des Messers bei jedem Monatswechsel vorgenommen werden kann, da sonst für jeden weiterhin erforderlichen Gang 10 Pf Botenlohn berechnet wird.

Veränderungen in den Grundlagen des Vertrags. Vertragswidrige Verwendung des Wassers	Besitzwechsel	Uebertretungen, Strafen und Berufungen
24	25	26
Der Verbrauch des Wassers nach Wassermesser unterliegt keiner Beschränkung; jedoch darf keine Abgabe an Unberechtigte stattfinden. Für Wasserentnahme nach Einschätzung treten folgende Beschränkungen ein: Von jeder Veränderung des Hauses oder Grundstücks in Beziehung auf seine Grösse, Einrichtung und Benutzung ist der Verwaltung sofort Anzeige zu machen. Es darf kein Wasser an benachbarte Grundstücke oder deren Bewohner, Nutzniesser etc., gleichviel ob unentgeltlich oder gegen Bezahlung, abgegeben werden. Jeder Hahn muss sofort nach dem Gebrauche geschlossen werden. Jede Vergeudung des Wassers durch Fahrlässigkeit oder Muthwillen ist untersagt. Von jeder in der Hausleitung stattfindenden Undichtigkeit es mag dieselbe den Hausbewohnern zum Nachtheile oder Unbequemlichkeit gereichen oder nicht, ist der Verwaltung sofort Mittheilung zu machen. Das Besprengen der Strasse, welches nur bis zur Mitte des Fahrdammes und bis an die Eigenthumsgrenze stattfinden darf, ist nur mittelst Brauseköpfen, deren Oeffnungen nicht grösser als 1 mm sind, zu bewerkstelligen.	Geht ein Grundstück an einen andern Eigenthümer oder Alleinmiether ohne vorherige Kündigung dieses Vertrages über, so haftet der Antragsteller bezw. Vermiether so lange für die richtige Bezahlung des Wasserzinses, bis sein Nachfolger für ihn in die desfallsigen Verpflichtungen eingetreten ist.	Uebertretungen ziehen ausser dem zu leistenden Schadenersatze eine Conventionalstrafe von M 3 bis 20 in jedem Einzelfalle nach sich. Erfolgt die Zahlung der Strafe nicht innerhalb 8 Tagen, so ist die Verwaltung berechtigt, die Wasserzuführung zu sperren, vorbehaltlich aller sonstigen Schritte zur Einziehung der Strafe. Eine gleiche Berechtigung bleibt der Verwaltung gegen diejenigen Verbraucher vorbehalten, welche bereits dreimal wegen Nichtbeachtung dieser Bedingungen in Strafe genommen wurden. Erfolgt die Zahlung des Wassergeldes nicht innerhalb 2 Wochen, so hat der Verbraucher eine Mahngebühr von M 0,40 zu zahlen. Geschieht die Zahlung im Laufe von 4 Wochen nicht, so steht dem Wasserwerke ausser der gerichtlichen Klage das Recht zu, die Wasserlieferung einzustellen. Erfolgt die Zahlung nachträglich, so wird für die Zeit der Einstellung der Lieferung ein Abzug nicht gemacht, und hat der Säumige für das Wiederanlassen des Wassers einen Betrag von 50 Pf zu zahlen. Wiederholt sich ein derartiges Verfahren mehrere Male im Jahre, so kann die Verwaltung den Säumigen vom Bezuge des Wassers gänzlich ausschliessen. Eine Verpflichtung zum Schadenersatze wegen Entziehung der Wasserzuführung in den vorstehenden Fällen trifft die Verwaltung unter keinen Umständen, auch dann nicht, wenn im Rechtswege festgestellt werden sollte, dass die Uebertretung nicht nachgewiesen und die Strafe bezw. der Schadenersatz seitens des Verbrauchers nicht geleistet zu werden braucht. Für alle Zuwiderhandlungen gegen die Bedingungen bleibt der Antragsteller in Beziehung auf den Schadenersatz und die Zahlung der Strafe verantwortlich, mögen dieselben von ihm selbst oder von einem Dritten ausgegangen sein, vorbehaltlich des Rechtes, auch gegen Letzteren im Wege der Klage vorzugehen. Die strafrechtliche Verantwortlichkeit trifft, wo sie eintritt, lediglich den Zuwiderhandelnden. Wenn mehrere Verbraucher an eine gemeinschaftliche Anschlussleitung angeschlossen sind, so haften dieselben für die ihrerseits übernommenen Verbindlichkeiten solidarisch. Die Verwaltung ist hiernach berechtigt, das gemeinschaftliche Rohr zu schliessen und einen Beliebigen von ihnen zur Zahlung der erwachsenen Strafen oder Kosten heranzuziehen.
	Wenn der Abnehmer während der Dauer dieses Uebereinkommens seine Hofraithe veräussert, so hat er den Käufer zur Erfüllung aller dem Wasserwerk gegenüber obliegenden Verbindlichkeiten in rechtskräftiger Form zu verpflichten; andernfalls bleibt er der Stadt für allen dem Wasserwerk aus Nichtbefolgung dieser Bestimmung etwa entstehenden Schaden verantwortlich.	Bei Verletzung der Bedingungen seitens des Abnehmers ist die Verwaltung berechtigt, demselben das Wasser nach vorhergegangener Mittheilung sofort zu entziehen. Der Abnehmer bleibt in diesem Falle dennoch verpflichtet, die Zahlung für die unterbrochene Vertragszeit zu leisten, und können dagegen keine Entschädigungsansprüche irgend einer Art geltend gemacht werden. Ist die zweite Erinnerung zur Zahlung von Wasserbeiträgen etc. vergeblich, oder weigert sich der Abnehmer, die Bedingungen zu erfüllen, so ist das Wasserwerk berechtigt, ihm das Wasser sofort zu entziehen.

No.	Stadt	Feuerhähne und Verhalten bei Feuersgefahr	Betriebsstörungen u. w. d. a. Ersatzansprüche	Ueberwachung der Hausleitungen und der Wasserentnahme
		21	22	23
101	**Offenburg**	Die Anlage von Feuerhahnen auf Privateigenthum ist nur mit ausdrücklicher Genehmigung des Gemeinderaths gestattet. Dieselben sind mit Plomben zu versehen, deren Lösung nur im Nothfalle gestattet ist. Geschah die Lösung nicht durch die Feuerwehr oder Beamte des Wasserwerks, so hat der Abonnent längstens binnen 24 Stunden Anzeige zu erstatten. Bei Brandfällen in der Stadt ist jede Entnahme aus der städtischen Leitung thunlichst zu unterlassen, und sind alle Ausläufe der Feuerwehr auf Verlangen zur Verfügung zu stellen.	Für einen durch Unterbrechung der Wasserzuleitung entstandenen Schaden leistet die Stadt dem Abonnenten keinen Ersatz; auch gewährt sie für in Folge von Störungen und Unterbrechungen an der Zuleitung hervorgerufenen Wassermangel keinen Nachlass der Wassermiethe. Benützt ein Abonnent die Leitung während kürzerer oder längerer Zeit nicht, so hat er desswegen keinen Anspruch auf völligen oder theilweisen Nachlass des bedungenen Wasserzinses. Die Stadt übernimmt keinerlei Haftbarkeit weder dem Hauseigenthümer noch dem Miether gegenüber für Beschädigungen, welche in Folge der Einleitung des Wassers in ein Grundstück entstehen.	Der Gemeinderath bezw. dessen Beauftragter hat jederzeit das Recht, die Arbeiten der Privatinstallateure zu controliren und zu dem Zweck alle mit Leitung versehenen Theile der Privatgrundstücke zu betreten. Hierbei wahrgenommene Mängel müssen sofort beseitigt werden, widrigenfalls die sofortige Schliessung der Leitung angeordnet wird.
102	**Oldenburg i. Gr.**		Der Umstand, dass die Wasserleitung längere oder kürzere Zeit nicht benutzt worden ist, oder dass dieselbe nicht das erwartete Quantum Wasser geliefert hat, oder dass das Wasser nicht bis zur gewünschten Höhe gestiegen ist, endlich der Umstand, dass die Wasserleitung eine temporäre Unterbrechung erlitten hat, berechtigt den Consumenten nicht, Ansprüche auf gänzlichen oder theilweisen Ersatz der Bezahlung oder sonst einen Schadenersatz zu machen.	Den Beamten und Arbeitern des Wasserwerks muss jederzeit der Zutritt zu allen mit Wasserleitung versehenen Räumen des Grundstücks gestattet werden.
103	**Osnabrück**	Vergl. Tab. IV, 13, Abs. 3.	Sollte die Stadt aus besonderen Gründen das Wasser nicht in genügender Menge, nicht unter genügendem Drucke oder nicht in der erwarteten Reinheit liefern können, so leistet sie keinen Schadenersatz.	
104	**Plauen i. V.**		Sollte sich der Stadtrath aus irgend einem Grunde auf kürzere oder längere Zeit behindert sehen, die Entnehmer versorgen zu können, so steht den Letzteren ein Entschädigungsanspruch in keiner Weise zu, vielmehr begiebt sich der Entnehmer aller und jeder derartigen Ansprüche.	Den Beamten ist jederzeit Zutritt zu den Räumlichkeiten und Gebäuden gestattet, in denen die Wasserleitung, Wassermesser nebst Zubehör u. s. w. angebracht sind.

Veränderungen in den Grundlagen des Vertrags. Vertragswidrige Verwendung des Wassers	Besitzwechsel	Uebertretungen, Strafen und Berufungen
24	25	26
Die Abonnenten und Privatinstallateure sind verpflichtet, jede beabsichtigte Aenderung oder Erweiterung einer Hausleitungsanlage, gegenüber der genehmigten Anlage, dem Gemeinderath vor deren Inangriffnahme zur Kenntniss zu bringen. Es ist untersagt, Wasser zum Verbrauche an Nichtabonnenten abzugeben oder Wasser zu anderen, als den im Anmeldebogen erwähnten und in der Taxation berechneten Zwecken zu benützen, es sei denn, dass der Verbrauch durch Wassermesser fixirt wird.	Eine Veränderung im Eigenthum berechtigt den Abonnenten nicht zur einseitigen Aufhebung des Vertrags; er bleibt vielmehr während der Dauer des Letzteren bezw. bis zur abgelaufenen Kündigungsfrist und nach Abwickelung aller ihm obliegenden Verpflichtungen der Gemeinde gegenüber haftbar.	Zuwiderhandlungen gegen die Vorschriften und gegen die Bestimmungen des Regulativs ermächtigen den Gemeinderath, vorbehaltlich etwaiger sonstiger Entschädigungsansprüche die Wasserabgabe sofort einzustellen. Ein Recht auf Erlassung oder Rückersatz der bereits bezahlten Wasserzinse steht dem Abonnenten in diesem Falle nicht zu. Uebertretungen der Wasserbezugsordnung durch den Abonnenten oder dessen Hausangehörige ziehen jeweils eine Conventionalstrafe bis zu M 50 nach sich. Die Conventionalstrafe ist nicht von einer Inverzugsetzung abhängig und befreit nicht von der Verpflichtung zum Ersatz etwa verursachten Schadens.
Das für ein Haus einschl. Zubehör gelieferte Wasser darf nur für Zwecke der Bewohner verwandt werden; eine Abgabe von Wasser an dritte nicht Berechtigte ist nicht gestattet. Die Verwaltung ist berechtigt, alle Beschädigungen der Leitung, welche eine Vergeudung von Wasser oder eine Betriebsstörung verursachen könnten, sofort auf Kosten der Consumenten beseitigen zu lassen.	Wenn der Besitzer sein Haus oder Grundstück während der Dauer des Uebereinkommens ohne Einhaltung der vorerwähnten Kündigung veräussert, so bleibt er so lange selbst haftbar, als der neue Erwerber nicht in rechtsverbindlicher Weise in die Verpflichtungen eingetreten ist.	Uebertretungen gegen irgend eine der Bestimmungen werden mit einer Conventionalstrafe von M 5, im Wiederholungsfalle von M 10 bestraft. Sind diese Strafen erfolglos, so wird der Wasserzufluss abgeschnitten. Jeder Consument erkennt ausdrücklich an, dass er für alle Contractwidrigkeiten verantwortlich ist gleichviel ob dieselben von ihm oder von einem Dritten ausgegangen sind.
	Im Falle des Wechsels des Besitzers des vertragsmässig versorgten Grundstückes ist von dem neuen Besitzer ein neuer, für ihn verbindlicher Vertrag abzuschliessen.	Alle Abnehmer, welche bei Entnahme von Wasser dadurch eine Hinterziehung von Wasserzins herbeiführen, dass sie den Hauptwasserhahn oder die Küchen- und sonstigen Auslaufhähne nur theilweise aufdrehen, dergestalt, dass die durchlaufende Wassermenge den Wassermesser nicht oder nicht gehörig in Bewegung setzen kann, verfallen in eine innerhalb 8 Tagen zu entrichtende Ordnungsstrafe bis zu M 50 in jedem einzelnen Falle. Im Falle der Wiederholung der Wasserzinshinterziehung und im Falle der Nichtzahlung oder der Uneinbringlichkeit der verwirkten Ordnungsstrafe steht dem Stadtrathe das Recht zu, den betreffenden Entnehmern das Wasser sofort abzusperren. Die Nichtbezahlung der fälligen Beträge und jede Verletzung oder Ueberschreitung der Vertragsbedingungen giebt dem Stadtrathe das Recht, dem betreffenden Entnehmer den ferneren Wasserzufluss abzuschneiden.

No.	Stadt	Feuerhähne und Verhalten bei Feuersgefahr	Betriebsstörungen u. w. d. a. Ersatzansprüche	Ueberwachung der Hausleitungen und der Wasserentnahme
		21	22	23
105	Posen . . .	Feuerhähne dürfen nur bei Feuersgefahr benutzt werden. Die Gewinde der Feuerhähne müssen zu denen der Löschgeräthschaften passen. Bei einer in der Stadt ausbrechenden Feuersbrunst muss jeder Besitzer seine Privatwasserleitung auf Verlangen des Branddirectors sofort verschliessen und darf so lange, als die Schliessung zur Bewältigung des Feuers für erforderlich erachtet wird, aus derselben kein Wasser entnehmen.	Sollte die Wasserversorgung durch ausserordentliche Umstände gestört werden, so steht dem Abnehmer kein Ersatzanspruch aus den ihm etwa dadurch entstehenden Nachtheilen zu. Sollte die Unterbrechung indess länger als 8 Tage dauern, so findet ein Erlass des Wasserzinses pro rata statt. Eine Verpflichtung, das Wasser im Hause bis zu einer bestimmten Höhe zu liefern, wird nicht übernommen.	Der Zutritt zu allen Localitäten der mit einer Privatleitung der städtischen Wasserleitung versehenen Grundstücke ist den Beamten zu gestatten.
106	Potsdam .		Sollte durch ungewöhnliche, von der Verwaltung nicht verschuldete Zufälligkeiten die Zuführung oder die Benutzung des Wassers unterbrochen werden, so begründet diese Unterbrechung keinen Entschädigungsanspruch für den Entnehmer. Derselbe hat indessen für die Dauer der Unterbrechung, wenn solche den Zeitraum von 48 Stunden übersteigt, und das im Vierteljahr verbrauchte Wasser den Mindestsatz nicht erreicht, eine verhältnissmässige Herabsetzung des Mindestbetrages zu beanspruchen.	Der Entnehmer ist verpflichtet, den Beamten jederzeit freien Zutritt zu den Räumlichkeiten, in welchen die Wasserleitung, der Wassermesser und Zubehör angebracht sind, zu verschaffen, und die Controle, Umwechselung oder Reinigung des Wassermessers jederzeit zu gestatten.
107	Quedlinburg	Vorrichtungen zur Entnahme von Wasser bei Feuersgefahr, welche nicht unter Messercontrole stehen, werden vom Wasserwerke mit Bleiverschluss versehen, der nur zur Abwendung einer Feuersgefahr beseitigt werden darf. Die Entfernung des Verschlusses ist innerhalb 24 Stunden anzuzeigen. Die Gewinde solcher Löschvorrichtungen müssen zu den Schlauchgewinden der städtischen Feuerwehr passen. Beim Ausbruche eines Brandes sind in sämmtlichen Privatleitungen der Stadt die Hähne mit Ausnahme derjenigen, welche zur Speisung von Dampfkesseln dienen, geschlossen zu halten, sofern sie nicht zur Bewältigung des Brandes selbst benutzt werden. Ausserdem ist jeder Abnehmer verpflichtet, während des Brandes seine Leitung gegen entsprechende Entschädigung zur Verfügung der Löschmannschaft zu stellen.	Etwa eintretende Unterbrechungen der Wasserlieferung berechtigen die Abnehmer ebensowenig zu einem Entschädigungsanspruche, als schwankende Druckverhältnisse oder die Lieferung des Wassers in ungenügender Menge oder Beschaffenheit.	Behufs Prüfung der Anmeldungen und späterer Ueberwachung ist das Personal des Wasserwerks berechtigt, sämmtliche Räume des mit Wasser zu versorgenden oder versorgten Grundstücks zu betreten und die erforderlichen Prüfungsarbeiten daselbst zu verrichten.

Veränderungen in den Grundlagen des Vertrags. Vertragswidrige Verwendung des Wassers	Besitzwechsel	Uebertretungen, Strafen und Berufungen
24	25	26
Von allen baulichen Veränderungen, welche auf einem Grundstücke vorgenommen werden, durch welche die Anzahl der zu veranlagenden Localitäten oder der Zweck derselben verändert wird, von jeder Veränderung in der Hausleitung, sowie von jeder Veränderung der Verhältnisse, welche maassgebend für die Veranlagung gewesen, ist Anzeige zu machen. Bei Entnahme ohne Wassermesser darf das Wasser weder an Dritte abgegeben, noch in irgend einer Weise vergeudet werden.		Jede contractwidrige Abgebung, Verwendung oder Vergeudung des Wassers, wenn dasselbe ungemessen gegen ein festes Wassergeld geliefert wird, jedes eigenmächtige Abnehmen eines Wassermessers, sowie jede ohne Vorwissen oder Controle der Direction gemachte Veränderung an demselben, an der Zuleitung oder an den inneren Einrichtungen, sowie jede Vernachlässigung hinsichtlich der Instandhaltung der Letzteren, sofern dadurch ein Verlust an Wasser entstehen kann, unterwirft den Abnehmer einer Conventionalstrafe von M 15 bis 90. Derselben Strafe unterwirft ihn auch jede Unterlassung der rechtzeitigen Anmeldung von solchen Veränderungen an Baulichkeiten oder häuslichen Einrichtungen, durch welche eine Erhöhung der Beiträge bedingt wird. Die Feststellung der Conventionalstrafe erfolgt durch die Direction mit Ausschluss des Rechtsweges. Auch ist die Direction befugt, im Falle einer Uebertretung die Leitung zeitweise oder gänzlich zu schliessen.
Der Entnehmer ist verpflichtet, jede Erweiterung oder Veränderung an seiner Hausleitung sofort anzuzeigen.	Wechselt ein Grundstück den Besitzer, so hat sowohl der Vorgänger wie der Nachfolger den Wechsel anzuzeigen, widrigenfalls hat der Vorgänger für das von ihm und seinem Nachfolger verbrauchte Wasser so lange Zahlung zu leisten, bis er die Lieferung abbestellt, oder der Magistrat ihn von seinen Verpflichtungen entbindet, oder bis der nachfolgende Besitzer durch Bezahlung einer Wasserzinsrate thatsächlich in die Verpflichtung des Vorbesitzers eingetreten ist. Der Nachfolger gilt auch vom Beginn des Quartals, an welchem der Besitzwechsel eingetreten ist, als in das Vertragsverhältniss eingetreten, wenn er Wasser ohne besonderen, der Verwaltung gegenüber erklärten Vorbehalt entnimmt. Die Verwaltung ist berechtigt, die Lieferung von Wasser an den Nachfolger von der Berichtigung rückständiger Raten des Vorgängers abhängig zu machen.	Der Besteller erklärt sich damit einverstanden, dass die Verwaltung bei jeder Verletzung oder Ueberschreitung der Bedingungen seitens des Bestellers, sowie bei Nichtzahlung fälliger Quartalsraten und der Kosten für Verbindungen und etwa bestellter Reparaturen an Röhren und Wasserleitungsapparaten ihm, vorbehaltlich ihrer sonstigen Entschädigungs-Ansprüche, sofort den ferneren Wasserzufluss abschneidet.
Die Abnehmer sind ohne ausdrückliche Erlaubniss nicht berechtigt, Wasser aus ihrer Leitung an Dritte abzugeben, ebensowenig Wasser zu verschwenden, oder in nicht angezeigter Weise zu verwenden, sofern ihr Verbrauch nicht unter Messercontrole steht. Von etwa entstehenden Undichtigkeiten haben sie das Wasserwerk sofort zu benachrichtigen.	Beim Besitzwechsel des Grundstücks hat der Wassernehmer den Käufer zur Erfüllung aller ihm obliegenden Verbindlichkeiten in rechtsverbindlicher Form zu verpflichten und bleibt für allen aus der Nichtbefolgung dieser Bestimmungen etwa erwachsenden Schaden verantwortlich. Der Eigenthumswechsel ist sofort anzuzeigen.	Wassernehmer, welche den contractlichen Bestimmungen zuwiderhandeln, werden zur Erfüllung derselben, bezw. zur Abstellung der Uebelstände mit dreitägiger Frist aufgefordert. Bleibt diese Aufforderung erfolglos, so ist das Wasserwerk berechtigt, den Wasserzufluss abzusperren. Eine Absperrung kann auch sofort erfolgen, wenn Gefahr im Verzuge ist. Von solchen Abnehmern, welche diese Bestimmungen wiederholt übertreten, kann die Gestellung einer Caution bis zu M 100 verlangt werden. Dieselbe verfällt bei nochmaliger Uebertretung zu Gunsten des Wasserwerks. Bei Streitigkeiten, welche über die Anwendung oder Auslegung dieser Bestimmungen entstehen, bleibt der Rechtsweg beiderseits ausgeschlossen und es entscheiden die vereinigten Stadtbehörden endgültig.

No.	Stadt	Feuerhähne und Verhalten bei Feuersgefahr	Betriebsstörungen u. w. d. a. Ersatzansprüche	Ueberwachung der Hausleitungen und der Wasserentnahme
		21	22	23
108	**Ratibor** . .	Feuerhähne, d. h. Vorrichtungen, die mit einem oder mehreren Hähnen zum Anschrauben von Schläuchen versehen sind und stets gefüllt erhalten werden, kann der Besitzer einer Privatleitung in beliebiger Zahl anbringen, es dürfen dieselben aber ausschliesslich nur bei Feuersgefahr geöffnet werden. Beim Ausbruch eines Feuers in der Stadt muss jeder Besitzer seine Privatleitung geschlossen halten, es sei denn, dass dieselbe zur Bekämpfung der Feuersgefahr benutzt wird.	Der Umstand, dass die Wasserleitung längere oder kürzere Zeit nicht benutzt gewesen ist, oder dass dieselbe das erwartete Quantum Wasser nicht geliefert hat, oder dass das Wasser nicht zu der gewünschten Höhe gestiegen ist, endlich der Umstand, dass die Wasserleitung eine temporäre Unterbrechung erlitten hat, berechtigt den Besitzer einer Privatleitung nicht, einen Anspruch auf völligen oder theilweisen Erlass der bedungenen Bezahlung, oder auf irgend einen anderen Schadenersatz zu erheben. Nur in dem Falle, wenn die Wasserleitung mindstens 14 Tage völlig unterbrochen war, können diejenigen, welche das Wasser ohne Wassermesser entnommen haben, einen verhältnissmässigen Erlass an dem Jahresbeitrage verlangen. Bei eintretendem Wassermangel wird zunächst das für Luxuszwecke bestimmte Wasser abgesperrt, dann die Abgabe des zum Gewerbebetriebe und zuletzt erst die des zum Haus- und Wirthschaftsbedarf erforderlichen Wassers beschränkt.	Den Behörden und ihren Beamten steht jederzeit der Zutritt zu allen von der Leitung im Innern der Häuser berührten Localitäten frei.
109	**Regensburg**	Feuerhähne und Feuerhydranten sind frei, sofern sie ausschliesslich ihrem Zwecke dienen; doch werden die im Privatbesitz befindlichen Feuerhydranten unter Bleiverschluss gelegt, der nur im Falle der Gefahr gelöst werden darf. Die Benutzung der Feuerhahnen und Privathydranten zu andern als Feuerlöschzwecken und die Wegnahme der Plomben ausser bei Feuersgefahr ist verboten. Bei Feuersgefahr hat der Magistrat das Recht, sowohl ganze Strassenstränge des Rohrnetzes, als auch den Zufluss zu einzelnen Anwesen abzusperren, ohne dass ein Anspruch auf Entschädigung entsteht.	Der Umstand, dass die Wasserleitung längere oder kürzere Zeit nicht benutzt gewesen ist, oder dass die Wasserlieferung eine zeitweilige Unterbrechung erlitten hat, berechtigt den Besitzer einer Privatleitung nicht, einen Anspruch auf völligen oder theilweisen Erlass der bedungenen Bezahlung, noch auf irgend einen andern Schadenersatz zu erheben. Wenn jedoch die Unterbrechung der Wasserlieferung länger als 14 Tage dauert, so findet auf Verlangen für die ganze Zeit der Unterbrechung ein Erlass des Wasserzinses statt.	Den Beamten ist der Zutritt zu den versorgten Grundstücken zu gestatten.
110	**Remscheid**	Beim Ausbruch eines Brandes sind in den Privatleitungen möglichst alle Hähne mit Ausnahme derjenigen, welche zur Speisung von Dampfkesseln dienen, geschlossen zu halten, sofern dieselben nicht zur Bewältigung des Brandes selbst benutzt werden. Jeder Consument ist ausserdem verpflichtet, während des Brandes seine Leitung zur Verfügung zu stellen.	Dem Consumenten steht kein Anspruch auf Schadenersatz zu wegen Unterbrechung der Wasserlieferung, oder weil er das Wasser nicht in genügender Menge und Beschaffenheit oder auf die gewünschte Höhe zu erhalten glaubt. Nur wenn die Wasserleitung durch Schuld des Wasserwerks länger als 10 Tage unterbrochen bleibt, kann eine verhältnissmässige Ermässigung des Wasserpreises gewährt werden.	Den mit Legitimation der Verwaltung versehenen Beamten muss der Zutritt zu den Privatleitungen und die Revision derselben jederzeit gestattet werden.

Veränderungen in den Grundlagen des Vertrags. Vertragswidrige Verwendung des Wassers	Besitzwechsel	Uebertretungen, Strafen und Berufungen
24	25	26
		Jede Vorrichtung zur heimlichen Ableitung des Wassers vor dem Messer ist untersagt und wird strafrechtlich verfolgt. Bei Zuwiderhandlungen gegen das Regulativ oder bei Nichtbezahlung des Wassergeldes wird der Wasserzufluss abgesperrt. Wenn sich mehrere Consumenten ein gemeinschaftliches Abzweigrohr von dem Hauptrohrstrange anlegen, so verpflichten sie sich, für die von ihnen übernommenen Verbindlichkeiten in der Weise solidarisch zu haften, dass der Magistrat berechtigt ist, das gemeinschaftliche Abzweigrohr schon dann zu schliessen, wenn ihm dies Recht einem der Betheiligten gegenüber zusteht.
Jede Veränderung des Gebäudes oder der Hausleitung, durch welche die Anzahl der zu versorgenden Localitäten oder der Verbrauch vermehrt wird, ist beim Magistrate zur Anzeige zu bringen. Wenn die Entnahme nach Einschätzung geschieht, so kann das Wasser zu den bei Festsetzung des Wasserzinses bestimmten Zwecken ohne jede Beschränkung benutzt werden, darf aber nicht durch Nachlässigkeit oder Muthwillen vergeudet, noch an Andere, soweit sie nicht dauernd oder vorübergehend zum Haushalte gehören oder Gäste sind, sei es gegen Entgelt oder unentgeltlich, abgelassen, noch zu irgend welchen andern, als den angegebenen Zwecken verwendet werden. Ein ständiges Laufenlassen des Wassers aus irgend einem Theile der Leitung ist, ausgenommen bei geaichten Hähnen und Wassermessern, unter keinen Umständen, insbesondere auch nicht zum Schutze gegen das Einfrieren derselben, gestattet; auch wird ein längeres Laufenlassen des Wassers für Closetspülung mittels Absteifung oder sonstiger Sperrung des Ventilverschlusses als ungehörige Vergeudung angesehen.	Der Austritt wird durch den Wechsel des Besitzers nicht bewirkt, sondern der neue Besitzer tritt in die Rechte und Pflichten seines Vorgängers ein. Der jeweilige Besitzer haftet in dieser Eigenschaft für die in der Zeit seines Besitzes fällig gewordenen Wasserzinse.	Der Magistrat ist berechtigt, die Wasserabgabe vorzuenthalten, so lange die Hausleitung nicht den bezüglichen Vorschriften entsprechend hergestellt oder unterhalten ist, oder den Wasserbezug gänzlich zu entziehen, wenn der Berechtigte mit dem Wasserzins im Rückstande ist, oder sich wiederholter Uebertretungen der Polizeivorschriften schuldig gemacht hat. Die Gefährdung der Gebühren für die Benutzung des Wasserwerks durch Zuwiderhandlung wird mit Geldstrafe bis zu M 18, die rechtswidrige Entziehung oder Verkürzung der Gefälle, sofern dieselbe den Betrag von M 4,50 nicht übersteigt, mit Geldstrafe bis zu M 45, bei höheren Beträgen mit Geldstrafe bis zum zehnfachen, im Rückfall bis zum zwanzigfachen Betrag des entzogenen Gefälls bestraft. Die Uebertretung der Installationsvorschriften wird mit Geld bis zu M 60 oder mit Haft bis zu 14 Tagen bestraft.
Dem Consumenten ist es untersagt, Wasser an dritte Personen, worunter jedoch Miether und andere Nutzniesser der betreffenden Gebäude oder Grundstücke nicht zu verstehen sind, sei es unentgeltlich, gegen Gegenleistung oder durch Rohrleitung, ohne besondere Genehmigung der Verwaltung abzugeben. Eine Zuwiderhandlung gegen diese Bestimmung berechtigt die Letztere zur sofortigen Sperrung des Wasserzuflusses. Von jeder in der Zu- oder Hausleitung vorgefundenen Undichtigkeit, selbst wenn dieselbe dem Consumenten keinen Nachtheil bereitet, ist die Verwaltung sofort zu benachrichtigen.	Wenn der Consument sein Haus oder Grundstück während der Dauer des Uebereinkommens ohne Innehaltung der vertragsmässigen Kündigung veräussert, oder wenn ein sonstiger Besitzwechsel stattfindet, so hat der Consument den neuen Eigenthümer zur Erfüllung aller ihm obliegenden Verbindlichkeiten in rechtskräftiger Form zu verpflichten und bleibt der Verwaltung für allen dem Wasserwerke aus Nichtbefolgung dieser Bestimmung etwa erwachsenden Schaden verantwortlich.	Consumenten, welche den Bestimmungen zuwiderhandeln, werden von der Verwaltung zur Erfüllung derselben, beziehungsweise zur Abstellung der Uebelstände, mit dreitägiger Frist aufgefordert. Bleibt diese Aufforderung erfolglos, so ist die Verwaltung berechtigt, den Wasserzufluss abzusperren. Eine Absperrung kann auch sofort erfolgen, wenn Gefahr im Verzuge ist. Von solchen Consumenten, welche diese Bestimmungen wiederholt übertreten, kann von der Verwaltung die Gestellung einer Caution bis zu M 30 verlangt werden. Dieselbe verfällt bei nochmaliger Uebertretung zu Gunsten des Wasserwerks. Im Falle mehrere Grundstücke oder Häuser durch eine Zuleitung und einen Wassermesser, resp. mittelst eines Hauptventils gespeist werden, ist die Verwaltung berechtigt, das gemeinschaftliche Rohr zu schliessen, wenn die Handlungen eines Betheiligten hierzu nach diesen Bestimmungen Veranlassung geben.

Der Consument hat die Bezahlung aller Rechnungen, wozu auch die über etwa angelegte Zuleitungen gehören, auch dann innerhalb der festgesetzten Fristen zu leisten, wenn er glaubt, durch die Rechnungsaufstellung benachtheiligt zu sein. Es steht ihm indessen frei, innerhalb 14 Tagen nach Einreichung der Rechnung Einspruch gegen die Richtigkeit derselben zu erheben, und er erhält für den Fall, dass sein Einspruch begründet ist, das etwa zuviel Bezahlte zurückvergütet.

In allen Fällen, in welchen zwischen der Verwaltung und den Consumenten über die Auslegung der Bestimmungen Meinungsverschiedenheiten entstehen sollten, entscheidet die Stadtverordneten-Versammlung mit Ausschluss des Rechtsweges endgültig.

No.	Stadt	Feuerhähne und Verhalten bei Feuersgefahr	Betriebsstörungen u. w. d. a. Ersatzansprüche	Ueberwachung der Hausleitungen und der Wasserentnahme
		21	22	23
111	**Rheydt** . .	Die Feuerhähne und Schieber dürfen nur bei Feuersgefahr geöffnet werden und müssen so eingerichtet sein, dass sich dieselben unmittelbar mit den Schläuchen der öffentlichen Löschanstalten verbinden lassen. Die Feuerhähne und Schieber werden mittelst Schnur und Bleisiegel verschlossen. Bei dem Gebrauche wird die Schnur durchgeschnitten. Nach demselben ist jedesmal behufs Anlegung eines neuen Siegels binnen 24 Stunden der Verwaltung Anzeige zu machen. In gewissen Zeiträumen findet eine Prüfung der Gangbarkeit der Feuerhähne und Schieber seitens des Wasserwerks statt. Für die Prüfung eines Feuerhahns und die Erneuerung der Schnur und des Bleisiegels sind M 0,50 zu entrichten. Bei Ausbruch eines Brandes ist jeder Abnehmer verpflichtet, auf Erfordern seine Leitung den öffentlichen Löschanstalten zur Verfügung zu stellen. Derselbe kann für den muthmaasslichen Verbrauch zum Zwecke des Löschens einen entsprechenden Abzug am Wassergelde verlangen, welcher, wenn eine gütliche Einigung nicht erzielt wird, durch die Wasserwerkscommission endgültig festzusetzen ist.	Eine zeitweise Unterbrechung des Wasserzuflusses, sowie der Umstand, dass den Abnehmern das Wasser nicht in genügender Menge oder nicht bis zu erwünschter Höhe, oder nicht in verlangter oder einwandsfreier Beschaffenheit verabfolgt worden sei, berechtigen dieselben nicht, einen Anspruch auf Schadenersatz zu erheben. Eine Ermässigung des Wasserzinses tritt in einem solchen Falle nur dann ein, wenn die Unterbrechung länger als 8 Tage gedauert hat. Wenn der Abnehmer die Leitung aus freien Stücken oder aus anderen Hinderungsgründen nicht benutzt hat, so entbindet ihn dies nicht von der Zahlung des Mindestbetrages. Das Wasserwerk darf für einzelne oder für alle Abnehmer eine Einschränkung oder Entziehung der Wasserabnahme auch dauernd oder ohne Kündigung eintreten lassen: 1. im Falle höherer Gewalt; 2. wenn die von der Stadt wahrzunehmenden allgemeinen Interessen die Einschränkung oder Entziehung erheischen. Allgemeine Maassregeln, welche zur Ausführung dieser Bestimmungen getroffen werden, sind möglichst frühzeitig öffentlich bekannt zu machen. In allen diesen Fällen steht den Abnehmern ein Anspruch auf Entschädigung nicht zu.	
112	**Riga**	Während einer Feuersbrunst sind die Wasserleitungen auf sämmtlichen Grundstücken in der Umgebung der Brandstätte zu schliessen.	Der Umstand, dass die Wasserleitung die erwartete Wassermenge nicht geliefert hat oder dass das Wasser nicht bis zu der gewünschten Höhe gestiegen ist oder dass die Zuführung wegen Reparaturen und Umänderungen der Leitung oder aus andern Gründen eine zeitweilige Unterbrechung erlitten hat, giebt den Besitzern von Privatleitungen keinen Anspruch auf verhältnissmässigen Erlass der festgesetzten Vergütung oder auf Schadenersatz.	Der Verwaltung steht das Recht zu, durch ihre Beamten die Röhrenleitungen, die Wassermesser, sowie alle zur Wasserleitungseinrichtung gehörigen Gegenstände untersuchen und den Verbrauch im Allgemeinen controliren zu lassen. Der Abnehmer ist demnach verpflichtet, den Beamten zu solchen Zwecken jederzeit den begehrten Zutritt zu gestatten.

Veränderungen in den Grundlagen des Vertrags. Vertragswidrige Verwendung des Wassers	Besitzwechsel	Uebertretungen, Strafen und Berufungen
24	25	26
	Geht das mit Wasser versorgte Grundstück in die Benutzung eines Anderen über, ohne dass eine Anzeige oder eine vertragsmässige Kündigung erfolgt ist, so haftet neben dem neuen Abnehmer der bisherige Inhaber so lange für die Zahlung des Wasserpreises und die Einhaltung der sonstigen Verpflichtungen des neuen Abnehmers, bis der Nachfolger an seiner Stelle angenommen ist.	Uebertretungen der Wasserwerksordnung ziehen ausser dem zu leistenden Schadenersatze für jeden einzelnen Fall eine Vertragsstrafe bis zu M 50 nach sich. Erfolgt die Zahlung derselben nicht innerhalb 8 Tagen, so ist das Wasserwerk berechtigt, die Wasserzuführung zu sperren, vorbehaltlich aller sonstigen Schritte zur Einziehung der Strafe. Eine gleiche Berechtigung bleibt gegen diejenigen Abnehmer vorbehalten, welche bereits dreimal wegen Uebertretung der Ordnung in Strafe genommen wurden. Für alle Zuwiderhandlungen gegen die Ordnung bleibt der Abnehmer in Bezug auf den Schadenersatz und die Zahlung der Strafe der Verwaltung gegenüber verantwortlich, mögen dieselben von ihm selbst, oder von einem Dritten ausgegangen sein, vorbehaltlich des Rechtes der Verwaltung, auch gegen den letzteren im Wege der Klage vorzugehen. Es steht dem Abnehmer daher der Einwand, dass er die Zuwiderhandlung nicht verschuldet habe, nicht zu. Die strafrechtliche Verantwortung trifft, wenn sie eintritt, lediglich den Abnehmer. Wenn zwischen dem Wasserwerk und den Abnehmern über die Auslegung der Bestimmungen Meinungsverschiedenheiten entstehen sollten, so entscheidet die Wasserwerkscommission mit Ausschluss des Rechtsweges endgültig nach den für die Schiedsgerichte geltenden Grundsätzen. Jedoch gilt diese Bestimmung nicht für die Zahlung rückständiger Wasserpreise, worüber lediglich das ordentliche Gericht entscheidet.
Aus einer nicht unter Wassermesser stehenden Privatleitung darf das Wasser nur für den angemeldeten Bedarf entnommen werden. Auch ist es untersagt, aus solcher Leitung an Bewohner andrer Immobilien Wasser abzugeben, oder an der Leitung Vorrichtungen zur heimlichen Entnahme von Wasser anzubringen. Ebenso ist jede Wasservergeudung, auch in Folge von defecten Rohrleitungen u. s. w. verboten. Zuwiderhandelnde unterliegen einer Conventionalstrafe und sind ausserdem zur Bezahlung des widerrechtlich benutzten Wassers verpflichtet.	Geht ein mit Privatleitung versehenes Immobil in andre Hände über, so ist darüber innerhalb 14 Tagen Anzeige zu machen. Bei unterlassener Anzeige bleibt neben dem neuen Besitzer der frühere Besitzer für die eingegangenen Verpflichtungen verhaftet.	Für Nichtbefolgung der Vorschriften unterliegen die Abnehmer, abgesehen von einer Entschädigung für den ordnungswidrigen Wasserverbrauch, einer Conventionalstrafe, welche das erste Mal M 16,25 und bei Wiederholungen innerhalb eines Jahrs das zweite Mal M 32,50, das dritte und die folgenden Male M 65 beträgt, wobei es der Verwaltung anheimgestellt wird, nach der dritten Übertretung die fernere Wasserlieferung einzustellen. Wird die Conventionalstrafe binnen achttägiger Frist nicht erlegt, so erfolgt die Sperrung der Wasserleitung. Die über den Tag der Sperrung hinaus bereits vorausgezahlte Wasservergütung wird, sofern bis zum Ablauf des Zeitraums, für welchen sie erlegt ist, die Wiedereröffnung der Wasserleitung nicht erfolgen sollte, im verhältnissmässigen Betrage unter Verrechnung der ver-

wirkten Strafsumme dem Wasserabnehmer zurückgezahlt.

Conventionalstrafen in gleichem Umfang werden von denjenigen Wasserabnehmern erhoben, welche

1. zuwider den Bestimmungen des Reglements Zuleitungen, Bauwasserleitungen, Elevatoranlagen nicht durch das Wasserwerk, sondern durch private Installateure herstellen lassen;
2. den Beamten des Wasserwerks bei der Ausübung der Controle den Zutritt verweigern;
3. die Sperrung einer Leitung zu verhindern suchen oder eine abgesperrte Leitung unbefugter Weise öffnen.

Der Besitzer eines mit Wasserleitung versehenen Immobils ist für alle Verletzungen der Bestimmungen des Reglements, soweit dieselben auf seinem Grundstück stattgefunden haben, verantwortlich.

Erfolgt die Zahlung der Wasserbeiträge in der bestimmten Frist nicht, so wird dem betreffenden Immobil nach einer 48 Stunden vorher erlassenen Anzeige der Wasserzufluss gesperrt. Eine aus diesem oder aus andern Gründen gesperrte Zuleitung wird erst dann wieder geöffnet, wenn der Besitzer des Immobils die für den Wasserverbrauch schuldige Zahlung nebst Verzugszinsen im Betrage von 1 % monatlich geleistet oder seine sonstigen Schuldverbindlichkeiten erfüllt, sowie auch die Kosten der Sperrung und Wiedereröffnung der Zuleitung entrichtet hat.

No.	Stadt	Feuerhähne und Verhalten bei Feuersgefahr	Betriebsstörungen u. w. d. a. Ersatzansprüche	Ueberwachung der Hausleitungen und der Wasserentnahme
		21	22	23
113	Rostock. .	Wo ausnahmsweise Einrichtungen gestattet worden, welche die Entnahme grösserer Wassermengen ermöglichen, als solche zu dem declarirten Bedarfe erforderlich sind, werden diese Einrichtungen mit einer Plombe versehen, welche nur zur Abwendung einer Feuersgefahr beseitigt werden darf; in solchem Falle ist stets binnen 24 Stunden Anzeige zu machen. Bei Ausbruch eines Feuers muss jeder Privatconsument seine Wasserleitung sofort schliessen und darf, bis das Feuer gelöscht ist, kein Wasser daraus entnehmen. Dagegen ist derselbe verpflichtet, während des Feuers seine Leitung den Löschanstalten zur Verfügung zu stellen.	Der Umstand, dass die Wasserleitung längere oder kürzere Zeit nicht benutzt ist, dass dieselbe nicht das erwartete Quantum Wasser geliefert hat, dass das Wasser zeitweilig nicht filtrirt oder nicht bis zu der erwünschten Höhe gestiegen ist, oder dass die Wasserlieferung eine zeitweilige Unterbrechung erlitten hat, berechtigt den Besitzer einer Privatleitung nicht, einen Anspruch auf theilweisen oder völligen Erlass der bedungenen Zahlung oder auf irgend einen anderen Schadenersatz zu erheben.	Damit die Beamten sich von der Erfüllung der contractlichen Bedingungen überzeugen können, ist ihnen jederzeit der Zutritt zu allen Räumlichkeiten gestattet, in welche Wasserleitungsröhren geführt sind.
114	Rothenburg a. d. T.			
115	Rudolstadt	Bei Ausbruch eines Feuers ist die Verwaltung befugt, das sämmtliche Wasser nach der Brandstätte zu leiten, und hat jeder Abnehmer die Verpflichtung, auf Erfordern seine Hausleitung den öffentlichen Löschanstalten zur Verfügung zu stellen. Steht dieselbe unter Wassermessercontrole, so wird die hiernach zu gewährende Vergütung durch die Verwaltung festgesetzt.	Sollte wegen Vornahme von Reparaturen, Anbohrungen und Erweiterungen des Rohrnetzes oder durch Zufälligkeiten und unvorhergesehene Ereignisse irgend welcher Art eine zeitweise Störung, Minderung oder Unterbrechung des Wasserbezugs herbeigeführt werden, so begründet dies für den Abnehmer keinen Anspruch auf Schadenersatz.	Den Beamten und Beauftragten des Wasserwerks ist der Zutritt zu allen im Innern der Grundstücke und Gebäude von der Leitung berührten Räumen zu jeder Tageszeit zu gestatten und zu ermöglichen, zur Nachtzeit jedoch nur, wenn es sich um Gefahr im Verzuge handelt, oder der Verdacht der Wasservergeudung vorliegt.

Veränderungen in den Grundlagen des Vertrags. Vertragswidrige Verwendung des Wassers	Besitzwechsel	Uebertretungen, Strafen und Berufungen
24	25	26
Das Wasser kann zu den angemeldeten Zwecken ohne jede Beschränkung benutzt werden, dagegen ist jede Vergeudung desselben durch Nachlässigkeit oder Muthwillen, jeder Verkauf und überhaupt jedes Ueberlassen des Wassers an Andere, jedes Ausspülen aller Abflüsse oder Canäle durch Offenhalten des Zapfhahns, überhaupt jede Verwendung des Wassers zu anderen als den angemeldeten Zwecken, sofern nicht die Bezahlung nach einem Wassermesser erfolgt, verboten. Tritt bei den Consumenten, welche das Wasser nicht nach einem Wassermesser erhalten, in den Verhältnissen eine Veränderung ein, welche einen erhöhten Jahresbeitrag zur Folge hat, so ist davon sofort Anzeige zu machen.	Bei dem Eigenthumswechsel eines Grundstücks gehen Rechte und Pflichten aus dem Vertrage des seitherigen Eigenthümers auf den neuen Erwerber stillschweigend über.	Wer nach zweimaliger Aufforderung das Wassergeld nicht bezahlt hat, erhält einen Mahnzettel, innerhalb dreimal 24 Stunden zu zahlen unter dem Präjudiz, dass ihm auf seine Kosten der Wasserzufluss abgeschnitten und die Versorgung so lange eingestellt werde, bis die rückständige Zahlung beschafft worden. Der Besitzer eines mit Privatleitung versehenen Grundstücks ist für alle Uebertretungen verantwortlich, mögen dieselben von ihm selbst oder einem Dritten ausgegangen sein. Es steht ihm daher die Einrede, dass er die Uebertretung nicht verschuldet hat, in keinem Falle zu. Jede Wasservergeudung oder contractwidrige Verwendung des Wassers wird polizeilich mit einer Strafe bis M 12 belegt, im Wiederholungsfalle kann der Wasserzufluss abgesperrt werden. Wer die Anzeige über Veränderungen, welche einen erhöhten Jahresbeitrag zur Folge haben, unterlässt, verfällt in eine Conventionalstrafe von M 15 und hat den Mehrbetrag nachzuzahlen. Erfolgt solche Zahlung nicht binnen 8 Tagen nach Feststellung der fraglichen Zahlungspflicht, so steht es der Deputation frei, den Wasserzufluss abzuschneiden. Unterbleibt die Anzeige von der Verletzung der Plombe einer Feuerlöschleitung und wird eine solche ohne Plombe gefunden, so verfällt der Eigenthümer in eine Strafe bis zu M 300.
Von allen baulichen Veränderungen, welche auf einem angeschlossenen Besitzthume vorgenommen werden, ist sofort Anzeige zu machen.	Bei Besitzwechsel gehen die Rechte und Pflichten wegen des Wasserbezugs auf den Rechtsnachfolger über. Der Vorbesitzer bleibt indess für die während seiner Besitzzeit fällig gewordenen Abgaben und entstandenen Forderungen mit verhaftet.	Uebertretungen der Vorschriften ziehen, vorbehaltlich der Verpflichtung zum Schadenersatz, und soweit nicht durch das Strafgesetzbuch für das deutsche Reich andere Strafen vorgesehen sind, Geldstrafe bis zu M 60 oder Haft bis zu 14 Tagen nach sich. Insbesondere unterliegt der vorstehenden Strafe: wer den Beamten oder Beauftragten der Betriebsverwaltung bei Vornahme dienstlicher Verrichtungen innerhalb eines Grundstückes Widerstand entgegensetzt und die von ihnen bezüglich der Hausleitungen gegebenen Weisungen und getroffenen Anordnungen nicht ungesäumt befolgt; wer die zum Wasserwerk gehörigen Einrichtungen innerhalb der angeschlossenen Grundstücke, als Absperrventile und Revisionsklappen, die Rohre der Anschlussleitung, die Wassermesser mit zugehöriger Absperrvorrichtung, die zur Sicherung der Wassermess- und Absperrvorrichtungen angebrachten Plomben, verletzt oder beschädigt;

wer vorschriftswidrig Leitungswasser abgiebt oder bezieht;
wer die Hausleitung vorzeitig in Betrieb nimmt, eigenmächtig verändert oder erweitert;
wer an dem Wassermesser und Zubehör eigenmächtig Veränderungen vornimmt.

Innerhalb 14 Tagen können Einsprüche gegen die Richtigkeit der Rechnungen bei dem Stadtrath angebracht werden. Durch die Erhebung eines derartigen Einspruchs wird indess bei nicht erfolgter Bezahlung die Einleitung des Zwangsverfahrens bezw. die Erhebung rechtlicher Klage nicht aufgehalten.

Im Falle wiederholter rechtskräftiger Bestrafung eines Abnehmers oder bei Nichtbezahlung von Forderungen der Verwaltung kann das Wasser abgesperrt werden; die hierdurch resp. durch die Wiedereröffnung entstehenden Kosten trägt der Abnehmer.

No.	Stadt	Feuerhähne und Verhalten bei Feuersgefahr	Betriebsstörungen u. w. d. a. Ersatzansprüche	Ueberwachung der Hausleitungen und der Wasserentnahme
		21	22	23
116	Salzburg	Die Hähne zur Benutzung bei Feuersgefahr, von denen jeder Abnehmer eine beliebige Anzahl an seiner Leitung anbringen lassen kann, dürfen den gleichen Querschnitt haben wie die Rohrleitungen, an welchen sie liegen. Die Verwaltung versieht solche Hähne mit Plomben, welche nur bei eingetretener Feuersgefahr abgenommen werden dürfen. In einem solchen Falle muss die Verwaltung innerhalb 24 Stunden benachrichtigt werden. Falls die Feuerhähne in anderen Fällen geöffnet werden, oder wenn von deren Oeffnen der Verwaltung nicht rechtzeitig Anzeige gemacht wird, so ist diese berechtigt, die fernere Wasserabgabe dem betreffenden Abnehmer zu entziehen. Bei eintretender Feuersgefahr bleibt der gesammte Wasservorrath für Löschungszwecke zur Verfügung. Jeder Abnehmer muss alsdann den Anordnungen, welche die Behörden in Bezug auf bezirksweise oder allgemeine Schliessung der Privatleitungen zu treffen für nöthig erachten, sogleich Folge leisten und auf jeden Fall sofort den Wasserverbrauch für Luxuszwecke und Gärten einstellen, bis das Feuer gelöscht ist.	Eine vorübergehende Unterbrechung der Wasserlieferung, wie sie in Folge von Rohrbrüchen, ferner bei Anlage neuer Zweigleitungen, Vornahme von Reparaturen und anderen Arbeiten, sowie bei Feuersgefahr zuweilen eintreten kann, hat keinen Einfluss auf die Bezahlung des Wassergeldes, und berechtigt den Abnehmer weder zu Abzügen an der bedungenen Zahlung noch zur Verweigerung derselben, oder zu irgend anderen Ersatzansprüchen. Ebensowenig kann der Abnehmer ein solches Recht aus dem Umstande ableiten, dass er die Wasserleitung zeitweise nicht benützt hat.	Die Verwaltung hat das Recht, aber nicht die Pflicht, die Privatleitungen und deren Benützung zeitweise oder fortwährend zu beaufsichtigen. Es ist zu dem Behufe den damit beauftragten Beamten der ungehinderte Zutritt zu allen Räumlichkeiten, in welche Zweigleitungen führen, zu gestatten.
117	Schwerin .	Jeder Grundeigenthümer kann an seiner Leitung eine beliebige Zahl von Feuerhähnen anbringen lassen, deren Gewinde dem Normalprofil der Feuerwehr entsprechen muss. Diese Hähne werden, sofern die Leitung nicht mit Wassermesser versehen ist, von dem Stadtpolizeiamt mit Plomben versehen, die nur bei eingetretener Feuersgefahr abgenommen werden dürfen. Von jedem Gebrauche ist dem Stadtpolizeiamte spätestens am folgenden Tage Mittheilung zu machen. Beim Ausbruch eines Grossfeuers in der Stadt und bis zu dessen Beendigung sind mit alleiniger Ausnahme der Zuleitungen zu den Wasserbehältern für Dampfkesselspeisung und zu denjenigen Gebrauchszwecken, für welche aus besonderen Rücksichten der Magistrat besonderen Erlass ertheilt hat, alle Hähne zu schliessen. Jeder Grundeigenthümer ist verpflichtet, während eines Brandes seine Leitung der Löschmannschaft zur Verfügung zu stellen. Für die bei solcher Gelegenheit durch die Wassermesser dem betreffenden Grundeigenthümer zugegangenen Wassermengen wird demselben eine entsprechende Kürzung des durch den Wassermesser angezeigten Verbrauchs nach Ermessen des Magistrats in Anrechnung gebracht.	Den Grundeigenthümern und den Consumenten steht kein Anspruch auf verhältnissmässige Abminderung des tarifmässigen Wassergeldes zu, wenn sie das Wasser nicht in genügender Menge oder Beschaffenheit oder auf die gewünschte Höhe geliefert erhalten. Wenn im städtischen Anschlussrohr ohne Verschulden des Consumenten die Zuleitung des Wassers länger als 10 Tage unterbrochen wird, tritt eine entsprechende Abminderung des Wassergeldes bei solchen Grundstücken ein, welche nicht mit Wassermessern versehen sind. Ein Schadenersatz wegen Nichtlieferung von Wasser findet nicht statt.	Den mit Legitimationszeichen versehenen Beamten ist nach erfolgter Meldung beim Eigenthümer oder dessen Vertreter behufs Ermittelung und Controle des Wasserverbrauchs und der Leitungen stets der Zutritt zu allen Räumen der der Leitung angeschlossenen Grundstücke zu gestatten.
118	Solingen .	Bei Ausbruch eines Brandes muss jeder Besitzer einer Privatleitung dieselbe je nach Verlangen entweder schliessen oder der Feuerwehr zur Verfügung stellen.	Die Stadt ist befugt, eine Einschränkung oder Entziehung der Wasserabgabe zeitweilig oder dauernd für einzelne oder alle Abnehmer eintreten zu lassen in Fällen höherer Gewalt, und wenn die von der Stadt wahrzunehmenden allgemeinen Interessen die Einschränkung oder Entziehung erheischen, worüber bis dahin, dass eine Entscheidung der Stadtverordnetenversammlung herbeigeführt werden kann, die Stadtverwaltung nach Anhörung der Gas- und Wasserwerks-Commission allein zu entscheiden hat. In diesen Fällen steht den Abnehmern ein Anspruch auf Entschädigung nicht zu. Dauert jedoch die Unterbrechung der Wasserzuführung länger als 8 Tage, so kann für die Zeit, um welche die Unterbrechung diesen Zeitraum überschreitet, eine Ermässigung des Wasserzinses eintreten.	Jedem legitimirten Beamten des Wasserwerks ist seitens der Abnehmer der Zutritt zu sämmtlichen Grundstücken und Räumen, welche von der Wasserleitung berührt werden, zu gestatten.

Veränderungen in den Grundlagen des Vertrags. Vertragswidrige Verwendung des Wassers	Besitzwechsel	Uebertretungen, Strafen und Berufungen
24	25	26
Zu jeder Abänderung und Vergrösserung der dem Betriebe übergebenen Privatleitungen ist die Genehmigung der Verwaltung einzuholen. Die Entnahme von Wasser nach Wassermessern berechtigt den Abnehmer das Wasser zu jedem eigenen Zwecke und in beliebiger Menge zu verwenden. Der Abnehmer, welchem das Wasser ohne Messung geliefert wird, hat die Befugniss, aus seiner Leitung alles zum hauswirthschaftlichen Eigenbedarfe sämmtlicher Bewohner der angemeldeten Räume, sowie alles zum Betriebe des angemeldeten Gewerbes erforderliche Wasser zu entnehmen; es ist demselben aber nicht gestattet, das Wasser nach Willkür und über Bedarf laufen zu lassen, oder zu anderen als in der Bestellung aufgeführten Zwecken zu verwenden oder verwenden zu lassen. Die Abgabe von Wasser an Dritte, sei sie entgeltlich oder unentgeltlich, ist nicht gestattet.	Gehen die mit Wasser versorgten Räume in die Benützung eines Anderen über, ohne dass eine Abmeldung erfolgt ist, so haftet neben dem neuen Abnehmer der bisherige Abnehmer so lange für die Zahlung des Wassergeldes und Einhaltung der sonstigen Verpflichtungen des Abnehmers, bis die Verwaltung den Nachfolger an seiner Stelle angenommen hat. Bei jedem Wechsel dieser Art ist die Verwaltung jedoch auch berechtigt, die Leitung sofort abzusperren. Die Kosten der Abtrennung einer Privatleitung hat in allen Fällen deren bisheriger Inhaber zu tragen.	Wenn in Erfahrung gebracht wird, dass ein Abnehmer seinen Verpflichtungen nicht nachkommt, so erfolgt zunächst eine Verwarnung. Im Wiederholungsfalle wird die Verwaltung den Wasserzufluss sofort absperren, ohne dass dem Abnehmer ein Anspruch auf Rückerstattung des zum Voraus entrichteten Wassergeldes zusteht. Die Nichtbezahlung fälliger Wassergeldbeträge nach Ablauf einer vierzehntägigen Frist befugt die Verwaltung ebenfalls zur sofortigen Schliessung der Privatleitung. Der Abnehmer ist für jede vorschriftswidrige Benutzung seiner Leitung verantwortlich, gleichviel ob dieselbe durch ihn oder durch dritte Personen geschehen ist.
Wegen der Veränderung in Grösse, Bebauung und Benutzung eines Grundstücks, durch die eine Aenderung der Haus- und Grundstücksleitung erfolgt, ist bezüglich der letzteren die Genehmigung und zwar vor Beginn dieser Aenderung einzuholen. Ebenso ist von jeder Veränderung in der Zahl der auf einem angeschlossenen Grundstück gehaltenen Pferde, Rinder oder Personenwagen vom Eigenthümer des Grundstücks oder dessen Vertreter sofort die Anzeige zu machen, wenn nicht die Bezahlung des Wassers nach Wassermessern erfolgt. Die Besprengung der Häuserfronten, Fahrstrassen und Trottoirs unmittelbar aus der Hausleitung ist untersagt für alle Grundstücke, welche nicht mit Wassermessern versehen sind. Jede Vergeudung des Wassers durch Nachlässigkeit oder Muthwillen, jeder Verkauf oder Ueberlassen des Wassers an Andere, das Ausspülen der Abflüsse oder Canäle durch Offenhalten des Zapfhahnes, ohne dass eine Person mit deren Reinigung beschäftigt ist, wird, wenn nicht die Bezahlung des Wassers nach Wassermessern erfolgt, untersagt. In diesen Fällen kann neben der festgesetzten Strafe vorübergehend die Abschneidung der Zuleitung des Wassers mittelst Schliessens, beziehentlich Plombirens des Abschlusshahns vom Magistrat verfügt werden. Der Magistrat ist berechtigt, in Uebertretungsfällen vergeudetes oder unberechtigt entnommenes Wasser abschätzen zu lassen und ausser der Strafe in Rechnung zu stellen.		Uebertretungen der Vorschriften werden mit Geldstrafe bis zu M 30, aushülflich Haft bis zu 6 Tagen bestraft. Die Strafen können durch polizeiliche Verfügung festgestellt werden. Im Uebrigen vergl. Sp. 24, Abs. 4 u. 5. Gebühren dürfen nicht wahrgenommen werden, weder für die Prüfung und Genehmigung der Anlage, noch für die Revisionen, soweit nicht Zuwiderhandlungen gegen die Bestimmungen dieses Statuts in Frage kommen.
Alle baulichen Veränderungen, welche auf einem mit Wasser versorgten Grundstück vorgenommen werden und durch welche andere Verhältnisse als bei der ursprünglichen Berechnung des Wassergeldes eintreten können, müssen der Verwaltung angezeigt werden. Es darf kein Wasser aus der Leitung an benachbarte Grundstücke resp. deren Bewohner oder Nutzniesser, gleichviel ob unentgeltlich oder gegen Bezahlung abgegeben werden.	Geht das Haus oder Grundstück auf einen anderen Eigenthümer über, so ist derselbe verpflichtet, hiervon sofort Anzeige zu machen. So lange diese Anzeige nicht erstattet ist, haftet neben dem neuen Besitzer der bisherige Eigenthümer für die Zahlung des Wasserzinses und Einhaltung der sonstigen Verpflichtungen.	Ist die zweite Erinnerung zur Zahlung des Wassergeldes vergeblich, oder weigert sich der Consument, die Bedingungen zu erfüllen, so kann demselben das Wasser entzogen werden, falls er auch einer mit dreitägiger Frist gestellten Aufforderung nicht nachkommt. Es bleibt der Direction auch überlassen, in besonderen Fällen die Gestellung einer Caution zu verlangen. Wenn zwischen der Direction und den Wasserabnehmern über die Auslegung der Bestimmungen Meinungsverschiedenheiten entstehen sollten, so entscheidet die Gas- und Wasserwerks-Commission mit Ausschluss des Rechtsweges entgültig.

No.	Stadt	Feuerhähne und Verhalten bei Feuersgefahr	Betriebsstörungen u. w. d. a. Ersatzansprüche	Ueberwachung der Hausleitungen und der Wasserentnahme
		21	22	23
119	Stettin . .	Zuleitungen für Feuerlöschzwecke erhalten keine Wassermesser, sondern auf Kosten des Antragstellers einen Plombenverschluss, der ohne Genehmigung der Deputation nur bei Feuersgefahr gelöst werden darf. Das entnommene Wasser bezahlt alsdann die Stadt. Ist ein solcher Feuerhydrant von andern als Angestellten der Feuerwehr in Gebrauch genommen, so ist der Deputation binnen 3 Tagen Anzeige zu erstatten. Für Revision und Reinigung eines jeden derartigen Feuerhydranten hat der Antragsteller jährlich eine Gebühr von M 6 im Voraus zu zahlen. Bei einer in der Stadt ausbrechenden Feuersbrunst sind Privatleitungen auf Verlangen des Branddirectors sofort zu schliessen. Es darf, so lange diese Schliessung zur Bewältigung des Feuers von dem Genannten für erforderlich erachtet wird, aus der Leitung Wasser nicht entnommen werden. Ferner sind die Leitungen während des Brandes der Feuerwehr auf Verlangen gegen eine angemessene, später festzusetzende Entschädigung für den Wasserverbrauch zur Verfügung zu stellen. Die Leitungen zu Dampfkesseln sind von diesen Bestimmungen ausgenommen.	Unterbrechungen in der Zuführung und Abgabe, sowie Mängel in der Beschaffenheit des Wassers begründen keinerlei Entschädigungs- oder Erlassanspruch. Ebensowenig wird eine Verpflichtung, dass das Wasser bis zu einer bestimmten Höhe steige, übernommen.	Den Beamten ist jederzeit der Zutritt zu allen mit Wasserversorgung versehenen Räumen eines Grundstücks zu gestatten, soweit dies dem Abnehmer selbst zusteht.
120	Stockholm	Feuerhähne dürfen nur bei Feuersgefahr und zum Zwecke der Prüfung benutzt werden. Dieselben können mit Plombe versehen werden. Bei Feuersbrünsten in der Nähe ist jeder Abnehmer verpflichtet, auf Wunsch der Feuerwehr alle Zapfhähne zu schliessen.	Zeitweilige Einschränkungen oder Unterbrechungen der Wasserlieferung geben dem Abnehmer kein Recht auf Schadenersatz.	Den Beamten muss stets der Zutritt zu den mit Wasser versorgten Gebäuden und Grundstücken gestattet sein.
121	Stralsund	In Waarenhäusern, Fabriken oder ähnlichen Grundstücken können besondere Feuerlöschleitungen angelegt werden. Die Abgabe von Wasser zu diesem Zwecke erfolgt unentgeltlich und ohne Messung. Sämmtliche Feuerlöschventile werden mit Bleiverschluss versehen, welcher nur zu Feuerlöschzwecken gelöst werden darf. Jede Benutzung einer solchen Leitung ist spätestens 24 Stunden nach Beginn der Benutzung anzuzeigen.	Der Umstand, dass eine Leitung kürzere oder längere Zeit nicht benutzt gewesen ist, oder dass das Wasser nicht bis zu der gewünschten Höhe gestiegen ist, sowie der Umstand, dass die Wasserzuleitung zeitweise unterbrochen gewesen ist, oder ähnliche Vorkommnisse berechtigen den Grundstücksbesitzer nicht, einen Anspruch auf Erlass der Bezahlung bezw. des Mindestbetrages zu erheben; ebenso steht ihm kein Recht zu, Schadensersatz für irgend einen ihm entstandenen Verlust zu beanspruchen.	Den mit der Revision beauftragten Beamten ist Zutritt zu allen von der Leitung im Innern des Grundstücks berührten Localitäten zu gestatten.
122	Strassburg i. E.	Beim Ausbruch eines Brandes in irgend einem Stadttheile ist jeder Abnehmer verpflichtet, auf Erfordern seine Leitung der Feuerwehr zur Verfügung zu stellen. Derselbe kann für den zum Zwecke der Löschung stattgehabten Verbrauch einen entsprechenden Abzug am Wassergelde verlangen. Falls die verbrauchte Wassermenge nicht durch den Wassermesser festgestellt ist, wird die Höhe der zu gewährenden Entschädigung nach dem muthmaasslichen Verbrauche endgültig durch die Gemeindeverwaltung bestimmt.	Dem Abnehmer steht kein Anspruch auf Schadenersatz zu wegen Unterbrechung der Wasserlieferung, oder weil er das Wasser nicht in genügender Menge oder Beschaffenheit, oder auf die gewünschte Höhe zu erhalten glaubt.	Den mit Legitimationskarte versehenen Beamten muss behufs Ermittlung und Controle des Verbrauchs sowie der Leitungen stets der Zutritt zu den an die Wasserleitung angeschlossenen Gebäuden und Grundstücken gestattet sein.

Veränderungen in den Grundlagen des Vertrags. Vertragswidrige Verwendung des Wassers	Besitzwechsel	Uebertretungen, Strafen und Berufungen
24	25	26
Der Antragsteller kann das Wasser auf seinem Grundstücke ohne jede Beschränkung benutzen. Eine Abgabe nach anderen Grundstücken ist unzulässig.	Der Eigenthümer eines mit Wasser versorgten Grundstücks ist verpflichtet, von einer freihändigen Veräusserung seines Grundstückes sofort Nachricht zu geben. Er haftet persönlich für die Bezahlung des Wassers, das auf dem Grundstücke bis zur Erstattung der Anzeige verbraucht ist. In gleicher Weise bleibt ein Besitzer (Miether u. s. w.) oder sonstiger Besteller so lange für Zahlung des Wasserzinses gemäss seiner Bestellung verhaftet, bis er den Wechsel im Besitz oder die Rechtsnachfolge angezeigt hat. Einem Rechtsnachfolger wird nur dann Wasser verabfolgt, wenn er selbst die Wasserlieferung beantragt und die etwa noch nicht bezahlten Gegenstände, welche Eigenthum der Stadt geblieben, ihm aber mit übergeben sind, bezahlt.	Zur Schliessung der Leitung ist die Deputation berechtigt, wenn die Zahlungen nicht binnen einer Woche nach Zustellung der Rechnung geleistet werden, oder wenn die verlangte Sicherheit nicht binnen 2 Wochen nach Zustellung der Aufforderung gestellt wird, ferner wenn eine festgesetzte Vertragsstrafe nicht binnen 2 Wochen nach Zustellung des Festsetzungsbeschlusses gezahlt wird, endlich wenn bei vorübergehendem Zweck auf Verlangen der Wassermesser nicht zwecks Prüfung verabfolgt wird. Die obengenannten Zahlungen werden durch Beanstandung einer Rechnung nicht aufgehalten. Der Antragsteller unterwirft sich einer von der Deputation festzusetzenden Vertragsstrafe bis zu M 50 für den Fall: dass Wasser vorschriftswidrig an andere Grundstücke abgegeben wird, dass den Vorschriften für die Installation zuwidergehandelt wird, dass den Beamten der freie Zutritt zu Räumen, die der Verfügung des Antragstellers unterstehen, versagt, oder der Wassermesser unzugänglich gemacht wird, dass ein Feuerhydrant ohne Befugniss von der Plombe gelöst, geöffnet oder benutzt wird, oder die vorgeschriebene Anzeige nicht erstattet wird, in welchem Falle ausserdem das verbrauchte Wasser nach Abschätzung der Deputation zu bezahlen ist, dass die geforderten Anzeigen nicht binnen 2 Wochen nach erfolgtem Wechsel erstattet werden, dass den Vorschriften bei ausbrechendem Feuer zuwidergehandelt wird, und bis zu M 300 für den Fall: dass eine Anbohrung der Leitung vor dem Wassermesser erfolgt, oder an dem Wassermesser Veränderungen vorgenommen werden. Der Antragsteller ist für alle Verletzungen der Bedingungen verantwortlich, gleichviel ob jene von ihm oder von Anderen ausgegangen sind.
Von jeder Veränderung, welche die dem Contract zu Grunde gelegten Verhältnisse erfahren, ist der Verwaltung sofort Anzeige zu machen. Wasserabgabe an Unberechtigte ist durchaus untersagt.	Der Eigenthümer muss, wenn sein Haus oder Grundstück veräussert wird, der Verwaltung Anzeige erstatten und Namen und Wohnsitz des Käufers angeben.	Wenn die Verwaltung durch Versäumniss oder Fehler in den Angaben einen Verlust erleidet, hat der Abnehmer diesen zu ersetzen. Jede Uebertretung der Vorschriften wird mit Strafe von mindestens M 11 bestraft, unbeschadet der Inanspruchnahme für etwaige Verluste der Verwaltung; auch kann die Zuleitung getrennt werden. In letzterem Falle hat der Abnehmer die Kosten zu tragen, auch haftet er für den Wasserzins bis zum ordnungsmässigen Ablauf des Vertrags.
		Uebertretungen der Vorschriften werden mit einer Geldbusse bis zu M 30 geahndet. Der Grundstücksbesitzer ist für alle die Wasserleitung schädigenden Handlungen der auf seinem Grundstück sich aufhaltenden Personen verhaftet. Ist die Benutzung der Feuerleitung ohne thatsächliche Feuersgefahr erfolgt, so wird, ausser der vorgesehenen Busse bei jedem ohne Bleiverschluss gefundenen Ventil ein Betrag bis zu M. 200 als Ersatz für Wasserverschwendung erhoben.
	Geht das mit Wasser versorgte Grundstück in die Benutzung eines Anderen über, so haftet neben demselben der bisherige Inhaber so lange für die Zahlung des Wasserzinses und die Einhaltung der sonstigen Verpflichtungen des Abonnenten, bis die Verwaltung den Nachfolger an seine Stelle angenommen hat.	Erfolgt die Zahlung nach zweimaliger Vorzeigung der Quittung innerhalb 20 Tagen nicht, so steht der Verwaltung ausser der gerichtlichen Klage das Recht zu, die Wasserlieferung einzustellen. Alle Zuwiderhandlungen gegen die Bestimmungen berechtigen die Gemeindeverwaltung, unbeschadet der civilrechtlichen Ansprüche, den Abnehmern den Wasserzufluss sofort zu entziehen. Wenn zwischen der Verwaltung und den Abnehmern über die Auslegung der Bestimmungen Meinungsverschiedenheiten entstehen sollten, so entscheidet die Gemeindeverwaltung über dieselben mit Ausschluss des Rechtswegs, endgültig.

No.	Stadt	Feuerhähne und Verhalten bei Feuersgefahr	Betriebsstörungen u. w. d. a. Ersatzansprüche	Ueberwachung der Hausleitungen und der Wasserentnahme
		21	22	23
123	Stuttgart .		Die Verwilligung von Wasser begründet keinen unbedingten Anspruch auf die Wasserabgabe für den Abnehmer, vielmehr hat die Verwaltung jederzeit das Recht, solche Verwilligungen an Private zeitweise oder bleibend zurückzuziehen, insbesondere wenn das an Private abgegebene Wasser für die Speisung der öffentlichen Brunnen oder für andere öffentliche Zwecke nothwendig wird. Sollten ausserordentliche Umstände, z. B. Wassermangel, Ausbesserung an den Wasserwerken, den Leitungen etc. einen regelmässigen Bezug des Wassers vorübergehend behindern, so ist die Verwaltung verpflichtet, den Wasserlauf möglichst schnell wieder herzustellen, dagegen hat der Abnehmer kein Recht, deshalb Abzüge an seiner Wasserzins leistung zu machen oder Ansprüche auf Schadenersatz zu erheben.	Das Brunnenpersonal führt die Aufsicht über die Privatleitungen mit ihrem Zubehör, und ist demselben zu diesem Zweck jederzeit der Zutritt zu den betreffenden Einrichtungen zu gestatten.
124	Trier . . .	Plombirte Hydranten dürfen bei Feuersgefahr geöffnet werden.	Der Umstand, dass das Wasser längere oder kürzere Zeit durch Anlage neuer Zweigleitungen, Frost, Reparaturen wie Rohrbrüche u. dgl. nicht benutzt werden könnte, berechtigt den Abnehmer nicht zu Abzügen an der bedungenen Zahlung oder zu irgend anderen Schadenersatzansprüchen. Wenn jedoch eine Unterbrechung länger als 6 Tage dauert, so findet auf Verlangen für die Zeit, um welche dieselbe länger als 6 Tage dauert, bei Abnehmern, die ihren Bedarf ohne Wassermesser beziehen, ein Erlass des Wasserzinses pro rata statt; eine entsprechende Ermässigung tritt auch bei denjenigen Abnehmern ein, welche das Wasser nach Wassermesser beziehen, falls am Ende des Quartales das vertragsmässige Mindestquantum nicht erreicht ist. Erfolgt die Unterbrechung des Betriebes durch eigenes Verschulden oder im Privatgebiet des Grundstückes, so kann der Erlass des Wasserzinses nicht stattfinden.	Der Direction steht zum Zwecke der Inspection die Befugniss zu, zu jeder Zeit diejenigen Räumlichkeiten, in welchen sich Wasserleitungen oder Zubehöre derselben befinden oder vermuthet werden, zu betreten oder durch ihre Beamten betreten zu lassen und in der Leitung Vorrichtungen zur Consumermittelung anzubringen. Der Abnehmer ist verpflichtet, zu diesem Zwecke jeden Vorschub zu leisten und in Miethverträgen darauf gebührende Rücksicht zu nehmen. Im Verweigerungsfalle kann das Wasser entzogen werden, und ist der Abnehmer für jeden daraus entstehenden Schaden verantwortlich.

Veränderungen in den Grundlagen des Vertrags. Vertragswidrige Verwendung des Wassers (24)

Besitzwechsel (25)

Uebertretungen, Strafen und Berufungen (26)

24

Werden nach dem Vertragsabschluss Veränderungen vorgenommen, Gewerbe etc. mit vermehrtem Wasserverbrauch eingerichtet, oder treten sonst Thatsachen ein, welche auf die Berechnung des Wasserzinses von Einfluss sind, so ist der Abnehmer bei Strafvermeidung verpflichtet, spätestens 14 Tage nach Vollendung der bezüglichen Arbeiten oder Einrichtungen Anzeige zu erstatten. Bei Einrichtung von Betrieben mit namhaftem Wasserverbrauch, für welche die Anwendung von Wassermessern nöthig erscheint, ist diese Anzeige vor Beginn der Betriebe zu machen.

Im Uebrigen s. Sp. 26, Abs. 2 u. 3.

25

Bei einer durch Verkauf, Tausch etc. bewerkstelligten Veränderung im Besitzstand eines mit Wasserzuleitung versehenen Gebäudes etc. ist der bisherige Eigenthümer verpflichtet, hiervon der Verwaltung sofortige Anzeige zu machen, und bleibt er jedenfalls der letzteren gegenüber für Bezahlung des Wasserzinses bis zu dem Tage verbindlich, an welchem er diese Anzeige erstattet hat. Die Fortdauer des Rechts zum Wasserbezug ist von pünktlicher Bezahlung des Wasserzinses bis zum Tage des Besitzwechsels abhängig. Wird daher von dem bisherigen Besitzer, bezw. in Concurs- oder Zwangsvollstreckungsverfahren vom Verwalter eines Grundstücks der denselben noch betreffende Wasserzins auf Anfordern nicht sofort bezahlt, so kann von der Verwaltung die angedrohte Zwangsmaassregel eingeleitet werden, wogegen dem neuen Besitzer keinerlei Einspruchrecht zusteht.

26

Bei versäumter Reparatur einer Privatleitung oder unterlassener Anmeldung einer Schadhaftigkeit an der Anschlussleitung oder dem Wassermesser darf die Verwaltung dem Abnehmer den Wasserzufluss ohne Ermässigung des Wassergeldes entziehen, bis der Schaden gebessert ist, und ausserdem Ersatz fordern. Erwächst durch eine Schadhaftigkeit an einer Privatleitung einem Dritten Schaden, so haftet für diesen der Eigenthümer der schadhaften Leitung.

Jeder unberechtigte Wasserbezug, jede Verwendung des Wassers zu anderen als den vertragsmässigen Zwecken, jeder Verkauf des von der Verwaltung gelieferten Wassers, sowie jedes Ueberlassen von Wasser an Bewohner anderer Räumlichkeiten, als für welche vertragsmässig das Wasser abgegeben wird, ist bei einer an die Verwaltung zu zahlenden Conventionalstrafe bis zu M 20, nebst Werthersatz für das nachweislich widerrechtlich bezogene, bezw. verwendete Wasser verboten. Im Wiederholungsfalle wird die Strafe verdoppelt. Kommt eine Uebertretung zum drittenmal vor, so hat die Verwaltung das Recht, dem Betreffenden das Wasser sofort zu entziehen.

Ebenso ist das Offenlassen der Hahnen ohne Verwendung des Wassers, so dass letzteres zwecklos abläuft, bei einer Conventionalstrafe bis zu M 15 verboten.

Bei gänzlicher Unterlassung oder bei einer nicht genügenden Wasserberieselung der mit Ableitung des Abwassers in die städt. Canäle genehmigten Pissoirs findet der Ansatz einer Conventionalstrafe statt, welche das erste Mal M 3, das zweite Mal M 5 beträgt. Kommt die Zuwiderhandlung zum dritten Mal vor, so wird die Erlaubniss zur Einleitung des Ablaufs vom Pissoir in den Canal zurückgezogen.

Die Nichtanzeige baulicher Veränderungen hat eine Conventionalstrafe bis zu M 6 zur Folge.

Bei Unterlassung der Anzeige von Wiederbenutzung der Stallung kommt für jeden wiederbenutzten Stand eine Conventionalstrafe bis zu M 10 zum Ansatz.

Ist der Wasserzins, eine Kostenrechnung für die Wasserzuleitung etc. oder eine Conventionalstrafe 8 Tage nach Verfall nicht bezahlt, so hat die Verwaltung das Recht, den Wasserzufluss insolange abzusperren, bis diese Zahlung geleistet ist.

Die Vornahme irgend welcher Arbeiten und Verrichtungen an den Wasserleitungseinrichtungen auf den Strassen, den Hauptleitungen, den Anschlussleitungen und den Vorrichtungen bei deren Abzweigung, ebenso das Oeffnen und Besteigen der Strassenschächte steht nur den Angestellten der Verwaltung zu. Wenn sich der Abnehmer eine Uebertretung dieser Vorschrift zu Schulden kommen lässt, verfällt er in eine Conventionalstrafe bis zu M 10 für jeden einzelnen Fall.

Der Abnehmer hat für die vertragsmässige Benutzung des Wassers Sorge zu tragen und jeden Missbrauch abzustellen. Als Missbrauch wird besonders erklärt die Verwendung des Wassers zu andern als den vereinbarten Zwecken, besonders bei Gewerbebetrieb, Bauwasser etc. und die Abgabe des Wassers an andere Grundstücke, sei es durch Leitungen, sei es auf andern Wegen, z. B. mittelst Eimer. Veränderungen der bewohnten Räume oder im Zubehör zu denselben, Gewerbebetrieb, Viehbestand u. dgl. sind somit der Direction gehörig anzumelden.

Der Abnehmer, welcher das Wasser ohne Messung geliefert erhält, darf dasselbe nicht nach Willkür und über Bedarf hinaus laufen lassen und zu anderen als den speciell vereinbarten Zwecken verwenden. Besonders darf das Wasser nicht laufen gelassen werden zur Abkühlung oder als Mittel gegen das Einfrieren. Die Entnahme von Wasser nach dem Wassermesser berechtigt den Abnehmer dagegen, das Wasser zu jedem eigenen Gebrauchszweck in beliebiger Menge zu verwenden.

Als Bauwasser darf auch der Wassermesser-Consument sein Wasser auf eigenem Grundstück nicht verwenden, wenn das Bauobject den Charakter eines neuen, durch Parcellirung oder Nummerirung besonders zu bezeichnenden Grundstückes hat. Dem Wasserwerk steht hierfür Nachforderung zu.

Gehen die mit Wasser versorgten Räume in die Benutzung eines Anderen über, ohne dass eine vorschriftsmässige Meldung erfolgt ist, so haftet neben dem neuen Abnehmer der bisherige Inhaber so lange für die Zahlung des Wassergeldes und die Einhaltung der sonstigen Verpflichtungen, bis die Direction den Nachfolger an seiner Stelle angenommen hat. Bei jedem Wechsel dieser Art ist die Direction jedoch berechtigt, die Leitung sofort abzusperren.

Die Direction hat das Recht, den Abnehmern des Wassers, welche mit demselben Missbrauch treiben, das Wasser zu entziehen.

Dem Abnehmer, der mit der Zahlung der Wassertaxe im Rückstand ist, kann nach fruchtloser Mahnung das Wasser entzogen werden, wobei er selbstverständlich für den Preis des bezogenen Wassers haftbar bleibt.

Die Entziehung geschieht in der Regel durch Anlegen der Plombe am Haupthahn. Verletzung der Plombe hat Abschneidung der Leitung vom Strassenhauptrohr zur Folge, ausserdem gerichtliche Verfolgung.

Die Kosten, welche Wasserentzug und Wiederabgabe von Wasser verursachen, fallen dem Wasserabnehmer zur Last.

Die Direction behält sich vor, gegen denjenigen Abnehmer, welcher vorsätzlich oder fahrlässig den ihm obliegenden Verpflichtungen nicht nachkommt, namentlich das Wasser zu unerlaubten Zwecken benutzt, oder sich einen Missbrauch derselben zu Schulden kommen lässt, ebenso gegen denjenigen Abnehmer, in dessen Anwesen dergleichen Missbräuche seitens seiner Angehörigen, Bediensteten, Miether und dergl., vorkommen, Schadenersatz bei Gericht geltend zu machen.

No.	Stadt	Feuerhähne und Verhalten bei Feuersgefahr	Betriebsstörungen u. w. d. a. Ersatzansprüche	Ueberwachung der Hausleitungen und der Wasserentnahme
		21	22	23
125	Viersen . .	Auf Antrag und gegen Erstattung der Selbstkosten legt die Verwaltung Feuerhähne an, denen das Wasser mit Umgehung von Wassermessern zugeführt wird. Die Brandkrahnen werden mit Bleiverschluss versehen und dürfen nur beim Ausbruch eines Schadenfeuers benutzt werden. Nach der Benutzung hat der Abnehmer hiervon sofort Mittheilung zu machen. Beim Ausbruch eines Brandes ist jeder Angeschlossene verpflichtet, auf Erfordern seine Leitung den öffentlichen Löschanstalten zur Verfügung zu stellen. Derselbe kann für den muthmaasslichen Verbrauch zum Zwecke der Löschung einen entsprechenden Abzug am Wasserzins verlangen, welcher, wenn eine Einigung mit der Verwaltung nicht erzielt wird, durch die städtische Wasserwerks-Commission endgültig festgesetzt wird.	Ein Anspruch auf entsprechende Ermässigung des Wasserzinses wegen Unterbrechung der Wasserzuleitung steht dem Abnehmer nur dann zu, wenn dieselbe länger als 10 Tage andauert. Im Uebrigen hat derselbe keinen Anspruch auf Schadenersatz, wenn eine Unterbrechung der Wasserlieferung stattgefunden oder wenn er das Wasser nicht in genügender Menge oder nicht auf die gewünschte Höhe erhalten hat.	Den sich legitimirenden Beamten ist, wenn eine örtliche Revision für nöthig erachtet wird, der Zutritt zu allen Räumen des Grundstücks zu gewähren.
126	Wandsbek	Die Hähne zur Benutzung bei Feuersgefahr dürfen den gleichen Querschnitt haben wie die Zuleitungsröhren. Die Verwaltung versieht solche Hähne mit Plomben, welche nur bei eintretender Feuersgefahr abgenommen werden dürfen. Die Verwaltung muss von dem erfolgten Gebrauch eines Feuerhahns innerhalb 24 Stunden benachrichtigt werden. Wird bei eintretender Feuersgefahr seitens der Polizeibehörde die zeitweilige völlige oder theilweise Schliessung der Privatleitungen verlangt, so ist dieser Aufforderung unweigerlich Folge zu leisten.	Dem Abnehmer steht kein Anspruch auf Schadenersatz oder Wassergeld-Ermässigung zu wegen Unterbrechung der Wasserlieferung oder weil er das Wasser nicht in genügender Menge oder Beschaffenheit oder unter dem gewünschten Druck erhält. Sollte der Wasservorrath der städtischen Wasserleitung sich derart verringern, dass für den öffentlichen oder für den unmittelbaren häuslichen und wirthschaftlichen Bedarf ein Wassermangel zu befürchten steht, so kann die Benutzung des Wassers zunächst für Luxus- und sodann für gewerbliche Zwecke beschränkt oder ganz untersagt werden, ohne dass dieserhalb Entschädigungsansprüche irgend welcher Art, insbesondere wegen Entwerthung bestehender Anlagen, geltend gemacht werden können. Jedoch haben die Betheiligten einen Anspruch auf entsprechende Ermässigung des Wassergeldes.	Jeder Abnehmer ist verpflichtet, den Beamten und Beauftragten der Verwaltung jederzeit freien Zutritt zu den Räumlichkeiten, in welchen die Wasserleitung, Messer und Zubehör angebracht sind, zu verschaffen und die Umwechselung oder Reinigung des Wassermessers jederzeit zu gestatten.

Veränderungen in den Grundlagen des Vertrags. Vertragswidrige Verwendung des Wassers	Besitzwechsel	Uebertretungen, Strafen und Berufungen
24	25	26

24

Es ist dem Abnehmer ausdrücklich untersagt, Wasser an andere als in der Anmeldung bezeichnete Grundstücke, auch wenn dieselben sein Eigenthum sind, oder an dritte auf anderen Grundstücken wohnende Personen, gleichviel ob gegen Bezahlung oder unentgeltlich, abzugeben. Eine Zuwiderhandlung gegen diese Vorschrift berechtigt die Verwaltung zur sofortigen Sperrung des Wasserzuflusses.

25

Geht das versorgte Grundstück in die Benutzung eines Andern über, ohne dass der Verwaltung eine Anzeige erstattet ist, so haftet neben dem neuen Abnehmer der bisherige Inhaber so lange für Zahlung des Wasserzinses und Einhaltung der sonstigen Verpflichtungen des Abnehmers, bis die Verwaltung statt seiner den Nachfolger angenommen hat. Verweigert der bisherige Inhaber, gleichgiltig ob derselbe Besitzer, Anpächter oder Nutzniesser des betreffenden Grundstücks war, die Zahlung des rückständigen Wasserzinses und der Wassermessermiethe, oder ist derselbe zahlungsunfähig, so ist die Verwaltung berechtigt, dem Nachfolger im Besitze die Benutzung der der Stadt zugehörigen Zuleitung so lange zu versagen, bis der rückständige Betrag gezahlt ist, wenn der neue Inhaber es nicht vorziehen sollte, durch Zahlung des für Herstellung der betreffenden Zuleitung zu entrichtenden Betrages sich das Recht der Wasserentnahme aus derselben zu erwerben. In letzterem Falle bleibt es der Stadt unbenommen, gegen den bisherigen Inhaber wegen Zahlung des rückständigen Wasserzinses und sonstiger Verpflichtungen gerichtlich vorzugehen.

26

Erfolgen die Zahlungen nicht innerhalb 14 Tagen, so steht der Verwaltung ausser der gerichtlichen Klage das Recht zu, ohne Weiteres die Wasserlieferung einzustellen, unbekümmert darum, ob dem Abnehmer Nachtheile daraus erwachsen können.

Uebertretungen der Bestimmungen ziehen, ausser dem zu leistenden Schadenersatz, für jeden einzelnen Fall eine Zuwiderhandlungsstrafe von M 6 bis M 100 nach sich. Erfolgt die Zahlung derselben nicht innerhalb 8 Tagen, so ist die Verwaltung berechtigt, die Wasserzuführung zu sperren, vorbehaltlich aller sonstigen Schritte zur Einziehung der Strafe.

Findet sich, dass der Bleiverschluss der Feuerhähne unberechtigterweise entfernt ist, so hat der Besitzer, vorbehältlich aller anderen Schadenersatzansprüche, eine Strafe von M 50 verwirkt und ist die Verwaltung ausserdem berechtigt, die Vertragsverhältnisse aufzuheben.

Eine gleiche Berechtigung bleibt der Verwaltung gegen diejenigen Abnehmer vorbehalten, welche bereits dreimal wegen Zuwiderhandlung gegen die Bedingungen in Strafe genommen wurden. Eine Verpflichtung zum Schadenersatze wegen Abschlusses der Wasserzuführung in den vorstehenden Fällen trifft die Verwaltung unter keinen Umständen, selbst wenn im Rechtswege festgestellt werden sollte, dass die Zuwiderhandlung nicht nachgewiesen ist und Strafe, bezw. der Schadenersatz, nicht geleistet zu werden braucht.

Für alle Zuwiderhandlungen gegen die Bestimmungen bleibt der Abnehmer in Bezug auf den Schadenersatz und die Zahlung der Strafe der Verwaltung gegenüber verantwortlich, mögen dieselben von ihm selbst oder von einem Dritten ausgegangen sein, vorbehaltlich des Rechtes der Verwaltung, auch gegen den letzteren im Wege der Klage vorzugehen. Es steht dem Abnehmer daher der Einwand, dass er die Zuwiderhandlung nicht verschuldet habe, nicht zu.

Wenn zwischen der Verwaltung und den Abnehmern über die Auslegung und Anwendung der Bestimmungen Meinungsverschiedenheiten entstehen sollten, so entscheidet die Wasserwerks-Commission mit Ausschluss des Rechtsweges endgültig.

24

Alle baulichen Aenderungen, welche auf einem angeschlossenen Grundstück vorgenommen werden, sowie alle Aenderungen, welche in den sonstigen für die Feststellung des Wassergeldes maassgebenden Thatsachen eintreten, sind der Verwaltung sofort bekannt zu geben.

Bei der Wasserentnahme auf Grund von Veranlagung

darf das Wasser nur für die vertragsmässigen Zwecke benutzt werden, ausser zur Unterdrückung von Feuersgefahr;

insbesondere ist es untersagt, das Wasser zum Besprengen oder Berieseln von Gärten oder Höfen zu verwenden, für welche nicht ein Wassergeld entrichtet wird, jedoch ist ein Begiessen mit Handgiesskannen gestattet;

darf kein Wasser an dritte Personen, sei es unentgeltlich oder gegen Vergütung, abgegeben werden;

darf das Wasser, abgesehen von Springbrunnen, nicht fortdauernd aus der Leitung fliessen, vielmehr ist jeder Krahn sofort nach dem Gebrauch wieder zu schliessen;

dürfen Feuerhähne nur bei Feuersgefahr geöffnet, nicht aber zu anderen Zwecken benutzt werden;

darf auch bei dem befugten Besprengen von Strassen, Gärten und Hofräumen u. s. w. ein Berieseln nur dann stattfinden, wenn eine besondere Vereinbarung hierüber getroffen ist; andernfalls muss derjenige, welcher die Besprengung ausführt, den Schlauch mit der Hand führen.

26

Zuwiderhandlungen gegen die in Spalte 24 genannten Vorschriften werden — unbeschadet der sonstigen civil- und strafrechtlichen Folgen — auf Grund der Polizeiverordnung mit Geldbusse bis zu M 30, event. mit entsprechender Haft bestraft. Ueberdies kann bei fortdauernder Wasservergeudung und vergeblicher Bestrafung die Schliessung der Privatleitung verfügt werden. Bei nicht pünktlicher Zahlung des Wassergeldes ist die Verwaltung ermächtigt, die fernere Zuleitung des Wassers, insbesondere durch den Abschluss der Zuleitungsröhre, einzustellen.

Gegen die Veranlagung oder Berechnung des Wassergeldes seitens der Verwaltung steht binnen einer Ausschlussfrist von 2 Wochen die Beschwerde an den Magistrat zu. Gegen den Beschluss des letzteren findet die Klage im Verwaltungsstreitverfahren statt.

Zuwiderhandlungen gegen die Polizeiverordnung, betr. Schutz der städtischen Wasserleitung, werden, insofern nicht höhere gesetzliche Strafen einzutreten haben, mit Geldstrafe bis zu M 30, im Rückfalle mit einer solchen von mindestens M 10, im Unvermögensfalle mit verhältnissmässiger Haft geahndet.

No.	Stadt	Feuerhähne und Verhalten bei Feuersgefahr	Betriebsstörungen u. w. d. a. Ersatzansprüche	Ueberwachung der Hausleitungen und der Wasserentnahme
		21	22	23
127	Weimar. .	Feuerhähne in Privatgrundstücken dürfen nur bei Feuersgefahr geöffnet werden und werden alsbald nach der ersten Prüfung mittelst Schnur und Plombe verschlossen; bei dem Gebrauch wird die Schnur durchschnitten, nach demselben ist jedesmal Anzeige zu machen. Bei Feuersgefahr haben die Eigenthümer auch der Feuerwehr die Benutzung der Privat-Feuerhähne zu gestatten; ausserdem muss jeder Besitzer einer Privatleitung, soweit er nicht selbst durch das Feuer gefährdet ist, seine Wasserleitung den Löschmannschaften gegen näher festzusetzende Entschädigung zur Verfügung stellen.	Der Umstand, dass die Wasserlieferung eine zeitweilige Unterbrechung erlitten hat, oder dass das Wasser zeitweilig nicht in der erwarteten Menge, oder dass es nicht bis zur erwünschten Höhe oder nicht in der vom Consumenten erwarteten Reinheit geliefert worden ist, berechtigt den Besitzer einer Privatleitung nicht, einen Anspruch auf Schadenersatz zu erheben.	Den legitimirten Beamten oder Beauftragten des Wasserwerks ist jederzeit der Zutritt zu dem Wassermesser, zu den Absperrungshähnen und zu allen Räumlichkeiten zu gestatten, in welche Wasserleitungsröhren geführt worden sind. Den in Bezug auf die Wasserleitung etwa zu gebenden Anordnungen der bezeichneten Beamten haben sämmtliche Bewohner der betr. Grundstücke, mit Vorbehalt der Beschwerde an den Gemeindevorstand, zunächst unbedingt Folge zu leisten.
128	Weissenfels	Beim Ausbruche eines Feuers in der Stadt und während der Dauer desselben sind sämmtliche Privatleitungen geschlossen zu halten bezw. auf Verlangen der Feuerwehr zur Verfügung zn stellen.	Dass der Betrieb der Wasserleitung eine zeitweilige Unterbrechung oder Beschränkung erlitten hat, gewährt keinen Anspruch auf Schadenersatz oder auf Erlass an Wasserzins. Ausnahmsweise Bewilligung von Erlassen unterliegt lediglich der Beschlussnahme des Magistrats.	Den legitimirten Beauftragten der Verwaltung ist jederzeit der Zutritt zu allen von der Leitung im Innern der Grundstücke berührten Localitäten zu gestatten und den auf die Wasserleitung gerichteten Anordnungen dieser Personen in solchen Fällen sowohl, wie den Verfügungen der Verwaltung überhaupt ungesäumt Folge zu leisten.
129	Wien . . .	Feuerwechsel, welche unmittelbar von der Strassenleitung mit Umgehung des Wassermessers gespeist werden, können auf Kosten des Bewerbers im Innern des Hauses angebracht werden. Die Feuerwechsel werden von der Gemeinde geliefert, sind nach deren Anordnung anzubringen und werden mit einer Plombe versehen, welche nur bei Feuersgefahr beseitigt werden darf.	Sollte eine Unterbrechung oder eine Verminderung im Wasserzulaufe eintreten, so ist zwecks Abhilfe unverzüglich Anzeige zu machen. Wäre aber eine Abhilfe wegen zufälliger oder gewaltsamer Unterbrechung des Betriebes unzulässig, so muss sich der Abnehmer die Einstellung des Wasserzuflusses ohne Anspruch auf Entschädigung gefallen lassen.	Dem sich legitimirenden Betriebspersonale ist jederzeit freier Zutritt in die Räumlichkeiten zu verschaffen, in welchen die Wasserleitung und der Wassermesser angebracht sind, damit die Ablesung, Reinigung oder Auswechselung des Wassermessers vorgenommen werden kann.
		Von jeder stattgefundenen Benutzung des Feuerwechsels hat der Eigenthümer desselben innerhalb 24 Stunden das Stadtbauamt zu verständigen. Jede andere Benutzung, sowie die Unterlassung der rechtzeitigen Anzeige würde die Absperrung des Wasserzuflusses, sowie eine Geldstrafe von M 10 bis 100 zur Folge haben.		

Veränderungen in den Grundlagen des Vertrags. Vertragswidrige Verwendung des Wassers	Besitzwechsel	Uebertretungen, Strafen und Berufungen
24	25	26
Aenderungen in den Privatleitungen sind vor der Ausführung behufs Prüfung und Abnahme der Ausführung anzuzeigen und unterliegen der Genehmigung des Gemeindevorstandes.	Geht ein versorgtes Grundstück in andere Hände über, so hat der bisherige Besitzer, event. dessen Erben Anzeige davon zu erstatten, widrigenfalls der bisherige Besitzer oder dessen Erben so lange für die Bezahlung des Wasserzinses haftpflichtig bleiben, bis der Besitznachfolger in die desfallsigen Verpflichtungen eingetreten oder das Vertragsverhältniss durch Kündigung erloschen ist.	Zuwiderhandlungen gegen die Bestimmungen, insoweit sie sich auf die Unterhaltung und Benutzung von Wasserleitungen in Häusern und sonstigen Privatgrundstücken beziehen, unterliegen Conventionalstrafen bis zu M 20; diese Strafen, hinsichtlich deren Beiziehung der Gemeinderath entscheidet, können im Nichtzahlungsfalle alsbald im Wege der Zwangsvollstreckung beigezogen werden. Absichtliche Beschädigungen der Wassermesser und der Zuleitungen unterliegen einer Conventionalstrafe bis zu M 150, insoweit nicht etwa nach dem Strafgesetzbuche zu bestrafende Handlungen vorliegen. Im Uebrigen steht dem Gemeindevorstande im Falle der Zuwiderhandlungen gegen das Regulativ durch Wasserconsumenten neben der Beiziehung der Conventionalstrafen die Entziehung der Wasserzuleitung zu den betr. Privatgrundstücken der Zuwiderhandelnden ohne Weiteres zu. Haftpflichtig für Tragung der den Wasserleitungsanlagen der Stadtgemeinde durch Zuwiderhandlungen gegen das Statut zugefügten Schäden, sowie für die Zahlung der Conventionalstrafen ist in jedem Falle der Besitzer des Hauses und Grundstücks, in welchem sich die betr. Zuleitung befindet, und hat derselbe in dieser Beziehung für Familienglieder, Dienstboten und Mitbewohner oder Pächter seiner Besitzung einzustehen. Erfolgt die Zahlung nicht binnen 8 Tagen nach Behändigung der Rechnung, oder werden Aenderungen an den Privatleitungen nicht zur Anzeige gebracht, so hat der Gemeindevorstand das Recht, dem betreffenden Consumenten die Wasserzuleitung zu entziehen.
Jede vertragswidrige Entnahme von Wasser aus der Leitung ist untersagt, ebenso eine solche durch nicht genehmigte Vorrichtungen an der Leitung, sowie die Vergeudung des Wassers durch Nachlässigkeit oder Muthwillen.	Veränderungen in der Person der zur Zahlung verpflichteten Grundstückseigenthümer sind binnen 14 Tagen der Verwaltung anzuzeigen. Bei unterlassener Anzeige kann sowohl der frühere Besitzer als auch der Nachfolger auf Zahlung in Anspruch genommen werden.	Zuwiderhandlungen gegen den Vertrag sowie gegen das Ortsstatut werden mit einer Geldstrafe von M 3 bis 30, im Unvermögensfalle mit verhältnissmässiger Haft geahndet. Diese Strafe kann sowohl gegen die Hauseigenthümer, Haushaltsvorstände, sowie die Dienstherrschaften, welche wissentlich Uebertretungen der in dieser Verordnung getroffenen Bestimmungen durch ihre Hausbewohner, Familienangehörigen oder Dienstboten dulden, als auch gegen die letzteren selbst und endlich auch gegen diejenigen Personen festgesetzt werden, in deren Gewahrsam oder Aufsicht sich die betr. Leitungen und Leitungstheile zur Zeit der Zuwiderhandlung befanden.
Von Aenderungen an einer bestehenden Hausleitung ist das Stadtbauamt zu verständigen; es ist strengstens verboten, an diesen Leitungen irgend welche Aenderung ohne Wissen des technischen Bureaus vorzunehmen. Wird eine derartige eigenmächtige Abänderung durch die Organe der Commune festgestellt, so ist die ganze Hausleitung wie eine neu ausgeführte anzusehen, und kann die Wasserabgabe insolange eingestellt werden, bis die neuerliche Prüfung durchgeführt ist und allfällige Mängel beseitigt sind.		Uebertretungen der in dem Regulativ für die Installation enthaltenen Bestimmungen werden, insoferne auf dieselben das allgemeine Strafgesetz oder die Gewerbeordnung keine Anwendung finden, mit einer Geldstrafe von M 2 bis 200 oder mit Arrest geahndet. Im Uebrigen siehe Sp. 21, Abs. 3.

<table>
<tr><th>No.</th><th>Stadt</th><th>Feuerhähne und Verhalten bei Feuersgefahr</th><th>Betriebsstörungen u. w. d. a. Ersatzansprüche</th><th>Ueberwachung der Hausleitungen und der Wasserentnahme</th></tr>
<tr><td></td><td></td><td>21</td><td>22</td><td>23</td></tr>
<tr><td>130</td><td>Wiesbaden</td><td></td><td>Sollte das Wasserwerk durch Betriebsarbeiten, Betriebsunfälle, Naturereignisse, Arbeitsausstände u.s.w. an der Abgabe des Wassers verhindert sein, so unterbleibt die Wasserlieferung so lange, bis die Störungen beseitigt sind, ohne dass der Wasserabnehmer irgend welche Entschädigung beanspruchen kann.
Die Verwaltung wird eine beabsichtigte Abstellung — sofern nicht Gefahr im Verzuge liegt — in der Regel vorher ansagen, ohne dass in dieser Hinsicht eine bestimmte Verpflichtung übernommen wird.</td><td>Der Abnehmer ist verpflichtet, den sich legitimirenden Beamten und Bediensteten des Wasserwerks behufs Vornahme von Betriebsarbeiten jedweder Art den Zutritt zu allen Räumlichkeiten, in welchen sich Leitungsröhren, Hähne oder Wassermesser befinden, zu gestatten.
Die Wasserabnehmer haben dafür zu sorgen, dass die Messer, wie auch die städtischen und Privathaupthähne stets leicht zugänglich bleiben.</td></tr>
<tr><td></td><td></td><td colspan="3">Bei verminderter Reichhaltigkeit der Quellen hat die Verwaltung das Recht, solche Vorkehrungen und Bestimmungen insbesondere auch gegen irgend welche Vergeudung zu treffen, welche den dauernden Wasserbezug für öffentliche oder Haushaltungszwecke sichern, namentlich auch bezüglich des Wasserverbrauchs für industrielle, landwirthschaftliche und Luxuszwecke Beschränkungen einzuführen oder die Abgabe von Wasser für letztere Zwecke ganz einzustellen.
Auch kann der Magistrat im Falle eines Wassermangels bestimmen, welche Wassermenge für jedes einzelne Haus oder Grundstück pro Monat zu dem Normalpreise von 25 Pf. pro cbm entnommen werden darf.</td></tr>
<tr><td>131</td><td>Winterthur</td><td>Beim Ausbruch von Feuer sind die Wasserleitungen, soweit sie nicht dem Löschzwecke dienen, zu schliessen. Einrichtungen, wie Hydranten, welche die Entnahme grösserer Wassermengen ermöglichen, werden mit einer Plombe versehen, die vom Eigenthümer nur zur Abwendung von Feuersgefahr beseitigt werden darf. Von der Beseitigung ist der Verwaltung stets binnen 24 Stunden Anzeige zu machen.</td><td>Wenn der Wasserzufluss bleibend erheblich herabsinken sollte, so ist die Verwaltung berechtigt, die Quantität des durch Verkauf sowohl, wie des durch Verpachtung an Private abgegebenen Wassers entsprechend zu vermindern.
Das zeitweilige Zurückgehen oder Ausbleiben des Wassers berechtigt den Besitzer einer Privatleitung nicht, einen Anspruch auf theilweisen oder völligen Erlass der bedungenen Zahlung oder auf irgend einen anderen Schadenersatz zu erheben.</td><td>Damit die Angestellten der Wasserversorgung sich von der Erfüllung der vertraglichen Bedingungen überzeugen können, ist ihnen der Zutritt zu allen Räumlichkeiten zu gestatten, in welche Wasserleitungsröhren geführt sind.</td></tr>
<tr><td>132</td><td>Witten . .</td><td>Feuerhähne dürfen nur bei Feuersgefahr geöffnet werden. Die Sicherung der Feuerhähne gegen unbefugten Gebrauch erfolgt nach dem Ermessen der Direction.
Jeder Consument muss bei ausbrechendem Feuer auf Verlangen der Polizeibehörde die Wasserleitung schliessen oder der Löschmannschaft zur Verfügung stellen. Wasserleitungen für Dampfkessel sind hiervon jedoch ausgeschlossen.</td><td>Sollte das Wasserwerk zeitweise ausser Stande sein, den Consumenten das Wasser in genügender Menge oder Beschaffenheit zu liefern, so erwächst hieraus keinerlei Entschädigungsanspruch an das Wasserwerk.</td><td></td></tr>
</table>

Veränderungen in den Grundlagen des Vertrags. Vertragswidrige Verwendung des Wassers	Besitzwechsel	Uebertretungen, Strafen und Berufungen
24	25	26
		Bei rückständiger Zahlung der Wasserrechnungen hat die Verwaltung, unbeschadet der etwaigen Zwangsbeitreibung im Verwaltungswege, das Recht, die zu der betr. Besitzung führenden Leitungen abzuschliessen, die Messer zu entfernen und nicht eher wieder Wasser zu verabfolgen, bis die rückständigen und die mit der Abstellung und Wiedereinschaltung der Leitungen und Messer verbundenen Kosten vorweg gedeckt worden sind. Der Verwaltung steht das Recht zu, in allen Fällen, in welchen gegen eine der Bestimmungen gefehlt wird, ohne vorherige richterliche Entscheidung die Wasserabgabe in der ihr geeignet erscheinenden Weise zu unterbrechen. Ueberschreitungen der vorgeschriebenen Wassermengen haben die Verpflichtung zur Zahlung des doppelten bis vierfachen Preises für die mehr verbrauchte Wassermenge zur Folge. Im Uebrigen vergl. Tab. III, 12.
Tritt bei einem Abnehmer, welcher das Wasser im Abonnement bezieht, in den angemeldeten und der Berechnung des Wasserzinses zu Grunde gelegten Verhältnissen eine Aenderung ein, so ist davon sofort der Verwaltung Anzeige zu machen, damit die Höhe des Wasserzinses neu festgesetzt werden kann. Es tritt dann auch für den Rest des laufenden Vertragstermines eine entsprechende Aenderung des Zinses ein. Das verkaufte Wasser wird Bestandtheil des Grundstückes des Käufers, für welches das Wasser benutzt werden soll. Die Uebertragung an den Eigenthümer eines andern Grundstückes sowie die Ueberleitung des Wassers auf andere Liegenschaften kann nur mit Bewilligung der Verwaltung stattfinden. Bei Nichtbeachtung dieser Bestimmungen kann der Wasserentzug angeordnet werden.	Handänderungen von Grundstücken sind vom abtretenden Eigenthümer bei Vermeidung von Busse der Verwaltung anzuzeigen, und es haftet derselbe für die Innehaltung des Wasservertrages, bis die Uebertragung des letzteren auf den neuen Eigenthümer stattgefunden hat.	Jeder Eigenthümer eines mit Privatleitung versehenen Grundstückes ist für alle Vertragswidrigkeiten verantwortlich, mögen dieselben von ihm selbst oder von einem Dritten ausgegangen sein. Wer die Anzeige von einer Aenderung der bei der Berechnung des Wassergeldes zu Grunde gelegten Verhältnisse unterlässt, verfällt in eine Conventionalstrafe von M 12 und hat den Mehrbetrag des Wasserzinses nachzuzahlen. Erfolgt die Entrichtung nicht binnen 8 Tagen nach Feststellung der Zahlungsfrist, so steht der Verwaltung das Recht zu, dem Zuwiderhandelnden das Wasser zu entziehen. Jede Vergeudung des Wassers durch Nachlässigkeit oder aus Muthwillen und jede Ueberleitung des Wassers zum Gebrauch ausserhalb des Grundstückes oder der Räumlichkeiten, für welche es laut Vertrag gepachtet worden ist, wird — so fern nicht die Bezahlung nach Wassermesser geschieht — für das erste Mal mit einer Conventionalstrafe von M 2,40 bis 4, im Wiederholungsfalle mit einer solchen von M 4,80 bis 12 geahndet. Unterbleibt die Anzeige von der Benutzung eines Feuerhahns, und wird eine derartige Einrichtung ohne Plombe gefunden, so verfällt der Eigenthümer in eine vom Stadtrathe zu bestimmende Conventionalstrafe von M 16 bis M 160. Die Strafe ist sofort zu entrichten, widrigenfalls die Verwaltung das Recht hat, dem Bestraften den Wasserzufluss abzuschneiden. Die nämliche Befugniss steht ihr zu, wenn nach dreimaliger Bestrafung eine neue Uebertretung stattfindet.
Von jeder Veränderung in der Grösse, Bebauung oder Benutzung eines Grundstückes, welche nach den Bedingungen eine Aenderung der Consumgelder zur Folge hat, ist der Verwaltung sofort Anzeige zu erstatten. Die Consumenten dürfen kein Wasser an benachbarte Grundstücke oder deren Bewohner und Nutzniesser, gleichviel ob unentgeltlich oder gegen Bezahlung, abgeben. Jede Vergeudung des Wassers durch Fahrlässigkeit oder Muthwillen ist streng untersagt. Insbesondere ist es auch nicht gestattet, das Wasser aus irgend einem Theile der Wasserleitung beständig laufen zu lassen.		Erfolgt die Zahlung der Consumgelder und der Rechnungen für Leitungsarbeiten nicht pünktlich, so ist die Verwaltung, unbeschadet der civilrechtlichen Ansprüche, berechtigt, den Consumenten bis zur vollen Zahlung das Wasser zu entziehen. Uebertretungen der Bedingungen werden, abgesehen von event. zu leistendem Schadenersatze, mit einer Conventionalstrafe von M 5 bis 50 bestraft. Erfolgt die Zahlung nicht innerhalb 8 Tagen, so ist die Verwaltung berechtigt, dem Betreffenden, vorbehaltlich aller sonstigen Schritte zur Einziehung der Strafe, das Wasser zu entziehen. Eine gleiche Berechtigung bleibt der Verwaltung gegen diejenigen Consumenten vorbehalten, welche dreimal wegen Uebertretung der Bedingungen bestraft worden sind.

No.	Stadt	Feuerhähne und Verhalten bei Feuersgefahr	Betriebsstörungen u. w. d. a. Ersatzansprüche	Ueberwachung der Hausleitungen und der Wasserentnahme
		21	22	23
133	Worms . .	Bei Ausbruch eines Brandes sind in den Privatleitungen der angeschlossenen Grundstücke alle Hähne zu schliessen, wenn dieselben nicht zur Bewältigung des Feuers selbst benutzt werden. Jeder Wassermiether ist verpflichtet, während eines Brandes seine Leitung zu Löschzwecken zur Verfügung zu stellen; der dadurch verursachte nachweisbare Mehrverbrauch wird durch die Stadt ersetzt.	Eintretende Unterbrechungen der Wasserlieferung berechtigen den Wassermiether nicht zu Ansprüchen an die Stadt, ebensowenig die Behauptung, dass das Wasser nicht in genügender Menge oder Beschaffenheit, oder nicht bis in die gewünschte Höhe geliefert werde.	Den Beamten muss der Zutritt zu dem Wassermesser, sowie zu den an der Wasserleitung angeschlossenen Gebäuden und Grundstücken jederzeit gestattet werden.
134	Würzburg		Der Abnehmer leistet ausdrücklich Verzicht auf jeden Entschädigungsanspruch für den Fall, dass das Wasserwerk aus irgend einem Grunde auf kürzere oder längere Zeit oder auch für immer verhindert sein sollte, ihn mit Wasser zu versorgen.	Die Bediensteten des Wasserwerks sind berechtigt, zu jeder Zeit die Wassereinrichtung und deren Benutzung zu controliren.
135	Zeitz. . . .		Dem Abnehmer steht kein Anspruch auf Schadenersatz zu wegen Unterbrechung der Wasserleitung, oder weil er das Wasser nicht in genügender Menge oder Beschaffenheit oder auf die gewünschte Höhe zu erhalten glaubt.	Den Beauftragten des Magistrats müssen der Wassermesser, der vor demselben befindliche Privatabschlusshahn und die im Innern gelegte Privatleitung jederzeit zugänglich sein und denselben behufs Vornahme der örtlichen Besichtigung obiger Einrichtungen der Zutritt zu allen in Frage kommenden Localitäten seitens desjenigen, welchem zur Zeit die rechtliche Verfügung über die letzteren zusteht, gestattet werden.
136	Zürich . .	Die Eigenthümer von Motoren sind gehalten, bei heftigen Feuersbrünsten den Betrieb einzustellen. Wegen der Feuerhähne vergl. Tab. IV, 13 u. 14.	Eine wegen Reparaturen, neuer Anschlüsse oder wegen Wassermangels nöthig werdende Einschränkung oder Abstellung des Wasserzuflusses berechtigt die Abnehmer nicht zu Entschädigungsansprüchen, und es findet auch, sofern die Einstellung nicht länger als 8 Tage dauert, kein Abzug an dem festgesetzten Mindestzinse statt. Einer vorübergehenden Einschränkung des Wasserverbrauches haben sich in erster Linie die Eigenthümer von Motoren zu unterziehen.	

<table>
<tr><th>Veränderungen in den Grundlagen des Vertrags. Vertragswidrige Verwendung des Wassers</th><th>Besitzwechsel</th><th>Uebertretungen, Strafen und Berufungen</th></tr>
<tr><th>24</th><th>25</th><th>26</th></tr>
<tr><td>Es ist dem Wassermiether ausdrücklich untersagt, Wasser zum Verbrauche ausserhalb der angeschlossenen Liegenschaften abzugeben, sei es entgeltlich oder unentgeltlich.</td><td>Wenn ein Wassermiether sein angeschlossenesGrundstückverkauft, so bleibt er für die Erfüllung der der Stadt gegenüber aus dem Wasseranschluss übernommenen Verpflichtungen so lange selbst haftbar, bis der neue Eigenthümer in rechtsverbindlicher Weise in diese Verpflichtungen eingetreten ist.</td><td>Wer Wasser an Dritte (siehe Sp. 24) abgiebt, kann durch die Stadt in eine Conventionalstrafe bis zu M 25 für jeden einzelnen Fall genommen, und ausserdem kann die Wasserlieferung eingestellt werden. Siehe auch Tab. V, 16, Schlusssatz.
Bleibt ein Abnehmer länger als zwei Monate mit der Bezahlung seiner Schuld im Rückstand, so steht der Stadt, abgesehen von der Beitreibung, das Recht zu, dem Abnehmer den Wasserzufluss zu entziehen. Auch nach Begleichung seiner Schuldigkeit kann derselbe keinen Anspruch auf weiteren Wasserzufluss erheben.</td></tr>
<tr><td>Aenderungen im Wasserbezug sind am 1. April und 1. October anzuzeigen.</td><td>Bei Besitzveränderungen liegt es im Interesse des Käufers, vor Zahlung des Kaufpreises den Erwerb des Gebäudes sofort beim Wasserwerk anzumelden und sich davon zu überzeugen, ob der bisherige Besitzer noch mit Zahlung von Einrichtungskosten, Wasserzinsen etc. sich im Rückstande befindet, da die ganze Leitung herausgenommen werden kann, wenn solche Zahlungen im Rückstande sind.
Bei Subhastation macht das Wasserwerk seine Rechte auf Grund der bayerischen Subhastationsordnung geltend.</td><td>Wird der Wasserzins nicht sofort nach Vorlage der Rechnung gezahlt, so steht der Verwaltung die Befugniss zu, die Wasserabgabe sofort bis nach erfolgter Zahlung einstellen und zu diesem Zwecke die Leitung absperren zu lassen.
Im Falle durch die Schuld des Abnehmers der Aichhahn verrückt oder eine Aenderung an der Wasserleitung ohne Zuziehung der Verwaltung vorgenommen wurde, hat der Abnehmer eine Conventionalstrafe von M 200 zu bezahlen. Ueberdies ist die Verwaltung berechtigt, das Wasser sofort abzusperren und dessen Abgabe für alle Zukunft einzustellen.
Im Falle der Nichterfüllung irgend einer der festgesetzten Bedingungen von Seite der Abnehmer ist die Verwaltung berechtigt, die Leitung absperren zu lassen und die weitere Wasserabgabe zeitweise oder für immer zu versagen. Wegen etwa erlittenen Schadens behält sie sich ausserdem alle ihre Rechte noch besonders vor.
Ueber Streitigkeiten zwischen der Verwaltung und den Abnehmern wird vom Stadtmagistrate entschieden. Die Beitreibung rückständiger Gebühren aller Art erfolgt nach den Bestimmungen der Gemeindeordnung.</td></tr>
<tr><td>Die Abgabe von Wasserleitungswasser an Dritte ist, ausser an die Miether des Grundstückes und in Nothfällen, nur zum Genusse auf der Stelle erlaubt, für alle anderen Fälle jedoch verboten.
Es ist untersagt, das Wasser aus irgend einem Theile der Wasserleitung ohne Wassermessercontrole ständig laufen zu lassen.
Jede Vergeudung des Leitungswassers durch Nachlässigkeit, Muthwillen oder durch Mangel an der Privatanlage ist verboten. Die Entnahme von Wasser aus den öffentlichen Druckständern zu Bau- und sonstigen gewerblichen Zwecken ist untersagt.</td><td>Geht ein an die öffentliche Wasserleitung angeschlossenes Grundstück in andere Hände über, so haben der alte Besitzer resp. dessen Erben hiervon Anzeige zu machen, widrigenfalls sie für die aus der Benutzung der öffentlichen Wasserleitung entstandenen Verpflichtungen haftbar bleiben. Im Falle des Zwangsverkaufes, der Zwangsverwaltung oder des Concurses ist der Magistrat berechtigt, die Zweigleitung zu dem in Frage stehenden Grundstücke so lange abzusperren, bis eine Einigung über Zahlung des rückständigen und laufenden Wasserzinses zu Stande kommt.</td><td>Bei nicht pünktlicher Zahlung des Wassergeldes kann der Magistrat das Wasser absperren lassen.
Einwendungen gegen die über die Wasserentnahme zugefertigte Rechnung sind ausserhalb einer präclusiven Frist von 3 Monaten anzubringen. Hierdurch wird jedoch die Zahlung selbst nicht aufgehalten.
Zuwiderhandlungen gegen die Polizeiverordnung werden mit einer Geldstrafe bis zu M 30, im Unvermögensfalle mit verhältnissmässiger Haft geahndet.
Mit derselben Strafe werden Hausbesitzer, Haushaltungsvorstände und Dienstherrschaften belegt, welche wissentlich Ueberschreitungen der in dieser Verordnung verbotenen Handlungen oder Unterlassungen ihrer Hausbewohner, Angehörigen oder Dienstboten dulden.</td></tr>
<tr><td>Der Abonnent ist verpflichtet, von jeder Aenderung an seiner Liegenschaft, die eine Modification des Wasserzinses zur Folge hat, behufs Nachtaxation Anzeige zu machen. Im Unterlassungsfalle wird die Mehrtaxe bei der nächsten allgemeinen Revision des Abonnements für die ganze Zeit seit der letzten Revision nachgenommen. Eine Rückvergütung bei Ermässigung der Taxe findet nicht statt.
Die Ueberleitung und die Abgabe von Wasser aus einer abon-</td><td>Aenderungen im Besitzstande sind behufs Uebertragung des Abonnementsvertrages auf den neuen Eigenthümer anzuzeigen; bis dahin haftet der frühere Eigenthümer als Abonnent für Innehaltung des Vertrages. Die Wasserzinsrechnungen für das laufende Semester werden dem neuen Eigenthümer zugestellt.</td><td>Sofern ein Abonnent den Vorschriften wiederholt zuwiderhandelt, kann ihm das Wasser ohne Aufkündung gänzlich entzogen werden. Dieses Recht wahrt sich die Verwaltung auch bei Motoren, deren Betrieb die umliegenden Wasserabonnenten belästigt oder schädigt.
Bei Verzug in der Zahlung und fruchtloser Androhung der Absperrung wird der Wasserzufluss abgeschlossen und für den nachträglichen Einzug eine Verzugsgebühr berechnet. Falls das Wasser zum Betriebe einer Kraft bezw. einer Beleuchtungsanlage verwendet wird, kann auch die Zuleitung von Gas oder electrischem Strom eingestellt werden.</td></tr>
</table>

No.	Stadt	Feuerhähne und Verhalten bei Feuersgefahr	Betriebsstörungen u. w. d. a. Ersatzansprüche	Ueberwachung der Hausleitungen und der Wasserentnahme
		21	22	23
137	**Zwickau** .	Feuerhähne, welche an Leitungen von 40 oder mehr mm Durchmesser angebracht werden, sind mit Normalgewinde zu versehen und so herzustellen, dass sie allenthalben zu den Geräthen der städtischen Feuerwehr passen. Bei einem Schadenfeuer muss jeder Besitzer eines an eine Hauptröhre angeschlossenen Grundstücks seine Hausleitung der städtischen Feuerwehr zur Entnahme von Wasser zur Verfügung stellen. Erwächst dem Besitzer in Folge dessen ein Schaden, so ist ihm derselbe von der Stadtgemeinde nach Abschätzung zu vergüten.	Weder durch den Umstand, dass Wasser längere oder kürzere Zeit in einem Grundstücke nicht benutzt worden ist, noch durch den Umstand, dass die Wasserleitung Wasser entweder nicht in der erwarteten Menge oder Beschaffenheit dem Grundstücke zugeführt oder in der Hausleitung des Grundstücks nicht zu der gewünschten Höhe getrieben hat, noch endlich durch den Umstand, dass die Wasserlieferung für ein Grundstück zeitweilig unterbrochen gewesen ist, berechtigt zu einem Anspruch auf Erlass oder Herabsetzung des Wasserzinses oder auf irgend einen Schadenersatz; vielmehr unterliegt die nur ausnahmsweise zulässige Bewilligung des Erlasses oder der Herabsetzung des Wasserzinses für solche Fälle ausschliesslich dem freien Ermessen des Stadtraths.	Der Verwaltung ist zu allen Zeiten auf Anmelden nicht nur der Zutritt zu jedem Theile der Hausleitung, sondern auch die Prüfung der letzteren zu gestatten.

Veränderungen in den Grundlagen des Vertrags. Vertragswidrige Verwendung des Wassers	Besitzwechsel	Uebertretungen, Strafen und Berufungen
24	25	26
nirten in eine nichtabonnirte Liegenschaft ohne Bewilligung der Verwaltung wird ebenfalls mit sofortigem Wasserentzuge geahndet; Ueberweisung an das Gericht bleibt vorbehalten. Beim Bezuge von Wasser auf Grund von Messung oder gegen Mindestzins ist das beständige unnütze Laufenlassen des Wassers verboten; bei Frostwetter sollen die dem Einfrieren ausgesetzten Hausleitungen jedesmal über Nacht entleert werden. Auf besonderes Verlangen ist die Spülung in den dem Froste ausgesetzten Abtritten zu beschränken, event. ganz zu unterbrechen. Im Uebrigen siehe Sp. 26, Abs. 5.		Bei fortgesetzter Zahlungssäumniss wird das Abonnement als aufgehoben betrachtet. Die Wasserversorgung ist nicht verpflichtet, in irgend ein Grundstück Wasser abzugeben, von welchem Wasserzinse, Zuleitungs- oder Reparaturkosten ausstehen. Abonnenten, bei denen wegen Nichtbefolgung des Reglements der Wasserzufluss während eines Theiles des Jahres abgestellt werden muss, sind pflichtig, den Mindestbetrag auch für diese Zeit zu bezahlen. Kommen Aenderungen an den Einrichtungen zur Ausführung, die blosse Reparaturen übersteigen, ohne dass davon behufs Vornahme einer neuen Probe Anzeige bei der Verwaltung gemacht wird, so verfällt der diese Arbeit besorgende Unternehmer resp. der betreffende Abonnent in eine Conventionalstrafe von M 4 bis M 12. Dieselbe Ahndung tritt ein, wenn irgend welche Aenderungen am Wassermesser oder Tourenzähler oder am Haupthahn vorgenommen werden. Im Uebrigen siehe Sp. 24, Abs. 2.
Veränderungen, welche auf die Berechnung der Wasserzinseinheiten Einfluss haben, sind anzuzeigen.		Zuwiderhandlungen gegen die Vorschriften werden, soweit nicht strafgesetzliche Bestimmungen Anwendung zu leiden haben, mit Geldstrafe bis zu M 150 oder entsprechender Haft geahndet. Gewerken und Unternehmer, denen die Ausführung von Hausleitungen übertragen ist, und welche bei dieser Ausführung den getroffenen Bestimmungen nicht nachgehen, werden mit Geldstrafe bis zu M 100 oder entsprechender Haft bestraft. Neben den Strafen sind von dem Schuldigen sämmtliche etwa durch seine Zuwiderhandlung entstandene Schäden zu vergüten. Auch hat derselbe für das etwa durch seine Zuwiderhandlung dem Wasserwerke entzogene Wasser den Wasserzins nachzuzahlen. Grundstücksbesitzer oder Bevollmächtigte derselben, welche wissentlich Zuwiderhandlungen der obengedachten Art seitens ihrer Hausbewohner dulden, haften ebenso wie Dienstherrschaften, welche ihre Dienstboten von solchen zu ihrer Kenntniss gekommenen Zuwiderhandlungen abzuhalten unterlassen, für die entstandenen Schäden und für den etwa nachzuzahlenden Wasserzins als Gesammtschuldner. Die Verhängung einer Geldstrafe steht dem Stadtrathe zu. Der Stadtrath ist befugt, den Wasserzufluss abzusperren im Falle unstatthafter oder vorschriftswidriger Errichtung oder Veränderung der Hausleitung bis zu deren vorschriftsmässiger Herstellung, ferner, wenn der Grundstücksbesitzer mit Berichtigung fälligen Wasserzinses oder einer festgestellten Vergütung für einen Wassermesser, für eine Anschlussleitung oder für eine Verlängerung einer solchen oder auch mit einer verwirkten Geldstrafe im Rückstand geblieben ist, endlich im Falle des Ungehorsams oder der Widersetzlichkeit

gegen eine der Anordnungen, welche wegen Ausführung der Arbeiten oder auch zum Zwecke der Feststellung des Wasserzinses oder Wasserzinszuschlages von dem Stadtrathe oder der Verwaltung getroffen worden sind.

Ansprüche auf Erlass oder Ermässigung des Wasserzinses werden durch eine, in einem der vorstehenden Fälle bewirkte Absperrung des Wasserzuflusses in ein Grundstück nicht begründet.

www.ingramcontent.com/pod-product-compliance
Lightning Source LLC
LaVergne TN
LVHW081346011026
849161LV00013BB/3016